AF252946

ÉLÉMENTS

DE

MÉTHODOLOGIE MATHÉMATIQUE

A L'USAGE DE TOUS CEUX QUI S'OCCUPENT DE

MATHÉMATIQUES ÉLÉMENTAIRES

COMPRENANT :

1° Des considérations générales sur les mathématiques élémentaires et leur enseignement ;
2° Un résumé raisonné des théories arithmétiques, algébriques et géométriques ;
3° Un exposé des méthodes et des procédés de démonstration et de résolution des questions élémentaires de mathématiques ;
4° L'application de ces méthodes à plus de 500 questions.

PAR

M. DAUZAT

INSPECTEUR D'ACADÉMIE

DEUXIÈME ÉDITION

PARIS

VUIBERT ET NONY ÉDITEURS

63, BOULEVARD SAINT-GERMAIN, 63

(Tous droits réservés)

MÉTHODOLOGIE MATHÉMATIQUE

ÉLÉMENTS

DE

MÉTHODOLOGIE MATHÉMATIQUE

A L'USAGE DE TOUS CEUX QUI S'OCCUPENT DE

MATHÉMATIQUES ÉLÉMENTAIRES

COMPRENANT :

1º Des considérations générales sur les mathématiques élémentaires
et leur enseignement ;

2º Un résumé raisonné des théories arithmétiques, algébriques et
géométriques ;

3º Un exposé des méthodes et des procédés de démonstration et
de résolution des questions élémentaires de mathématiques ;

4º L'application de ces méthodes à plus de 500 questions.

PAR

M. DAUZAT

INSPECTEUR D'ACADÉMIE

DEUXIÈME ÉDITION

PARIS

VUIBERT ET NONY ÉDITEURS

63, BOULEVARD SAINT-GERMAIN, 63

PRÉFACE

Cet ouvrage s'adresse à tous ceux qui s'occupent des mathématiques élémentaires pour les apprendre, les enseigner ou s'y perfectionner. Mais il nous a été inspiré par le désir d'être tout particulièrement utile aux jeunes gens qui travaillent en vue d'obtenir un brevet de capacité ou un baccalauréat scientifique, comme à ceux qui aspirent à l'admission aux Écoles de Saint-Cloud ou de Fontenay, ou bien qui recherchent un certificat d'aptitude à l'enseignement scientifique des écoles normales ou des établissements secondaires de jeunes filles.

Dans nombre d'examens et concours ainsi que dans nos tournées d'inspection, nous avons remarqué bien des fois que si les connaissances ne font pas défaut chez beaucoup de candidats, si elles sont d'ordinaire étendues et variées chez les maîtres, elles ne procèdent pas toujours des idées générales qui devraient les synthétiser; on ignore trop souvent les différentes méthodes de raisonnement, les divers procédés pour traiter les questions mathématiques, la raison d'être de l'enchaînement des théories ainsi que des éléments qui les composent ; l'esprit scientifique manque de base et de solidité, et le savoir ne montre pas toujours ce lien qui doit en réunir logiquement les parties.

Je crains qu'une des raisons de cet état de choses ne tienne à ce qu'on ne lit pas avec assez de soin et d'attention les livres de mathématiques ; à ce qu'on passe trop vite sur certaines explications et sur beaucoup de développements toujours précieux cependant et généralement indispensables pour l'entière intelligence du texte et la facile compréhension d'une solution de problème ou d'une démonstration de théorème ; qu'on laisse parfois trop de choses de côté, pour ne suivre dans le sens de la hauteur du livre que les relations entre les quantités sur lesquelles on raisonne, afin d'aller, en toute hâte, par le chemin le plus court, sinon le plus sûr, au résultat de la recherche ou à la conclusion du raisonnement ; que dans l'étude d'une question, proposition ou problème, on ne voit pas toujours au delà, on ne cherche pas à rattacher l'objet de cette étude à ce qui précède et à ce qui suit pour former les ensembles théoriques qu'il s'agit en somme d'édifier dans notre esprit.

Il est certain qu'on néglige trop facilement de prendre connaissance des introductions d'ouvrages, des considérations préliminaires des chapitres, des remarques placées à la fin des démonstrations ou des solutions, des notes consignées au bas des pages, etc., qui sont cependant des éclaircissements indispensables ou utiles, des traits de lumière fort précieux, d'heureux rapprochements d'idées, d'ingénieuses et fécondes comparaisons, des aperçus synthétiques et des vues généralisatrices, des mises en relief d'analogies remarquables ou tout au moins intéressantes, toutes choses qui font comprendre et retenir, qui agrandissent l'horizon intellectuel et en élèvent le niveau.

Par notre travail nous avons voulu tout spécialement appeler et retenir l'attention de l'étudiant et du maître sur la philosophie des mathématiques élémentaires, sur la logique et l'enchaînement des théories qui les constituent, sur les méthodes de recherche et de démonstration.

A cet effet, nous y avons établi trois divisions principales correspondant respectivement à l'*Arithmétique*, à l'*Algèbre* et à la *Géométrie*, et nous les avons fait précéder d'une *Introduction*, qui comprend des généralités sur les mathématiques, un exposé des méthodes générales de raisonnement et des conseils sur l'enseignement mathématique. Chaque division comporte à son tour deux parties, l'une théorique, où se trouve rapidement exposée dans ce qu'elle a d'essentiel la matière qui en fait l'objet, arithmétique, algèbre ou géométrie ; et l'autre pratique, comprenant l'étude des moyens propres à la démonstration des vérités qui se rapportent à cette même matière, celle des procédés de résolution des problèmes qui en dépendent, enfin de nombreuses applications à la suite.

Avec la partie théorique, ce n'est pas un cours que nous avons voulu écrire, mais un résumé raisonné de chacune des trois branches fondamentales des mathématiques pures, qui peut servir de memento pour une revision de cours, et dans lequel nous avons essayé de faire ressortir la raison d'être des choses, les rapports de dépendance des unes à l'égard des autres, les liens qui mettent de l'unité là où il en est besoin, les côtés par lesquels les théories des nombres et de l'étendue se rapprochent, se touchent ou se pénètrent et se prêtent un mutuel appui. Et tout cela avec les seules démonstrations indispensables, nous limitant souvent à de sommaires indications, à des vérités simplement énoncées.

Par son objet comme par sa forme, notre ouvrage est nouveau et nous avons fait de notre mieux pour le mettre au courant des travaux les plus récents sur les méthodes comme sur la science elle-même ; nous serions très heureux qu'il pût rendre quelques services.

M. D.

ÉLÉMENTS

DE

MÉTHODOLOGIE MATHÉMATIQUE

INTRODUCTION

CHAPITRE I

DES SCIENCES MATHÉMATIQUES

1. L'étude du monde physique, réel ou idéal, conduit à la découverte d'un très grand nombre de principes certains, de propositions vraies auxquelles on a donné le nom de *vérités scientifiques*.

Ces vérités sont de deux sortes : les unes, *réelles* ou *concrètes*, appelées *lois*, qui constituent les *sciences physiques et naturelles*; les autres, *abstraites* ou *idéales*, désignées sous le nom de *propositions*, qui constituent les *sciences mathématiques*.

2. Pour appliquer notre esprit avec succès à la recherche ou à la démonstration d'une vérité scientifique, il est nécessaire de suivre certaines règles, variables avec la nature des choses envisagées et qui, prises isolément ou par groupes, suivant les cas, forment ce qu'on appelle des *méthodes*.

A quelque question qu'elle s'applique, toute méthode porte en elle le *raisonnement*, qui procède tantôt par *déduction*, lorsqu'il conduit du général au particulier, tantôt par *induction*, lorsqu'il va du particulier au général.

De là, deux grandes méthodes pour la recherche des vérités scientifiques : la méthode *déductive* ou *rationnelle*, qui est celle des sciences mathématiques, où tout s'établit par déduction en partant de définitions et de principes réputés évidents, et la méthode *inductive* ou *expérimentale*, qui est celle des sciences physiques et naturelles, où la connaissance des faits et des principes s'acquiert par l'observation, l'expérimentation et l'induction.

L'étude des méthodes considérées au double point de vue théorique et pratique fait l'objet de la *méthodologie*.

§ I. — Objet et division des Mathématiques.

3. Parmi les notions qui nous viennent de la vue et de l'observation des corps au milieu desquels nous vivons, celles de la *pluralité*, de l'*étendue* ou de l'*espace*, et du *mouvement*, qui sont des plus simples, servent de point de départ aux sciences mathématiques. Considérée seule, la notion de la pluralité conduit à celle des nombres dont s'occupe l'*Arithmétique*; la notion de l'étendue entraine avec elle celles de la forme, des figures, objet de la *Géométrie*; et la notion du mouvement donne naissance à la *Mécanique*: ce sont là les trois branches essentielles des Mathématiques.

Ces notions, qui représentent tout d'abord des attributs d'êtres matériels, peuvent être conçues indépendamment de la réalité de ces êtres. Par une opération de l'esprit à laquelle on donne le nom d'*abstraction*, nous les dégageons de cette réalité, nous les ramenons à leurs plus simples éléments, qui nous aident ensuite à former tous les nombres et toutes les figures, sur lesquels, à leur tour, nous raisonnons pour en découvrir les rapports ainsi que les propriétés générales ou particulières.

A cette faculté créatrice des sciences mathématiques, qui s'exerce sur les objets dont elles s'occupent, et implicitement sur les propriétés de ces objets, se joignent la rigueur des raisonnements et la certitude des résultats, toutes choses qui leur ont fait donner le nom de *sciences exactes*.

4. Les mathématiques se divisent en *mathématiques pures*, en *mathématiques mixtes* et en *mathématiques appliquées*.

Les premières comprennent, en dehors de l'Arithmétique et de la Géométrie, l'*Algèbre*, née de la généralisation de l'Arithmétique, qui domine les deux sciences précédentes parce qu'elle traite des mêmes choses d'une manière générale, et l'*Analyse*, qui est la partie la plus élevée de l'Algèbre et qui embrasse le *Calcul infinitésimal*. Toutes ces sciences particulières, unies les unes aux autres par des liens nombreux, se soutiennent entre elles comme un tout dont les parties sont inséparables.

Les mathématiques mixtes comprennent la *Mécanique* et l'*Astronomie*.

Les mathématiques appliquées donnent lieu à des branches très variées. Citons, entre autres, le *Calcul des probabilités*, qui recherche pour certains événements le nombre des chances qu'ils ont d'arriver; la *Géométrie descriptive*, qui représente sur un même plan les figures et les constructions de l'espace, et en tire les différentes dimensions; le *Dessin linéaire*, la *Topographie*, les *Constructions civiles, militaires et navales*, les *Machines*, l'*Hydraulique*, la *Balistique*, la *Cosmographie*, etc.

§ II. — Démonstration.

5. La connaissance des propriétés particulières des nombres et des figures, ainsi que celle des rapports des nombres entre eux et des figures entre elles s'acquièrent par la *démonstration*.

C'est une suite de raisonnements déductifs qui repose sur les *définitions* et sur des principes évidents, les *axiomes*, et qui aboutit à l'évidence de ce que l'on veut établir. L'expérience n'y a pas la moindre part. Ce qui est ainsi acquis est « absolument parfait ».

Pascal recommande de « n'entreprendre de démontrer aucune des choses qui sont tellement évidentes d'elles-mêmes, qu'on n'ait rien de plus clair pour les prouver », mais de démontrer toutes celles qui ne portent pas avec elles cette évidence, « en n'employant à leur preuve que des axiomes très évidents d'eux-mêmes ou des propositions déjà démontrées ou accordées ».

§ III. — Définitions.

6. Les définitions mathématiques sont des propositions d'ordre synthétique qui expriment certains rapports des choses qu'elles ont en vue avec des choses connues. Tous les rapports possibles n'ont pas à être exprimés. On doit « se borner, dit Duhamel, à ceux qui sont nécessaires et suffisants pour que l'existence de la chose soit complètement et distinctement assurée ; car toute autre condition ajoutée serait une conséquence des premières, ou serait incompatible avec elles ».

Pour être irréprochables, les définitions doivent être claires, ne contenir que des expressions connues et ne convenir exclusivement qu'aux choses définies.

De ce que pour définir une chose il faut en connaître d'autres, en remontant de proche en proche la série des définitions qui dérivent les unes des autres, on arrive nécessairement à des choses qui ne peuvent pas être définies, telles que l'espace, la ligne droite, l'angle, etc.

Les définitions ont leur place au commencement de toute science ou de toute théorie mathématique; elles sont les principes essentiels des démonstrations.

§ IV. — Axiomes et Postulats.

7. Les axiomes sont des propositions d'ordre analytique, évidentes par elles-mêmes et qui sont indémontrables. Exemple :

D'un point à un autre, on ne peut mener qu'une seule ligne droite.

Ces propositions, qui sont des moyens de démonstration, énoncent des rapports nécessaires entre des choses mathématiques ; c'est ce qui en rend l'évidence indiscutable et la démonstration inutile ou impossible.

La plupart des axiomes revêtent un caractère d'universalité, parce qu'ils s'appliquent à toutes les sciences mathématiques. Tel est le cas du suivant :

Deux quantités égales à une troisième sont égales entre elles.

8. En dehors des axiomes, il existe d'autres propositions auxquelles on est parfois obligé d'avoir recours dans les démonstrations qui sont regardées comme vraies, mais qu'on reconnaît ne pouvoir démontrer : ce sont les *postulats*. On en a un exemple, en géométrie, dans cette proposition (ou une autre équivalente) que l'on énonce, en l'admettant comme vraie, au commencement de la théorie des parallèles :

Par un point pris hors d'une droite, on ne peut mener qu'une parallèle à cette droite.

§ V. — Théorèmes et Problèmes.

9. Un *théorème* est une vérité ou une proposition mathématique qui ne devient évidente que par une démonstration.
Exemple :

L'aire d'une sphère est équivalente au quadruple de l'aire d'un grand cercle.

Dans un théorème, ou pour mieux dire, dans toute proposition, on distingue deux parties essentielles : l'*hypothèse*, qui indique les conditions où l'on se place, et la *conclusion*, qui exprime le fait résultant de l'hypothèse, et dont la démonstration est à faire quand il s'agit d'un théorème.

Lorsqu'on renverse les deux parties d'une proposition, vraie ou fausse, c'est-à-dire lorsqu'on en prend l'hypothèse et la conclusion pour en faire respectivement la conclusion et l'hypothèse d'une autre, on forme une nouvelle proposition qui est dite la *réciproque* de la première. Par opposition, la première s'appelle proposition *directe*. Le théorème suivant :

Tout triangle équilatéral est équiangle

a pour réciproque :

Tout triangle équiangle est équilatéral.

D'autre part, si l'on construit une proposition dans laquelle l'hypothèse et la conclusion sont respectivement les contraires de l'hypothèse et de la conclusion d'une autre, on obtient la proposition *contraire* de cette autre. Le théorème direct précédent a pour contraire celui-ci :

Tout triangle qui n'est pas équilatéral n'est pas équiangle.

Quand deux propositions sont réciproques ou contraires l'une de l'autre, il ne s'ensuit pas qu'elles doivent être vraies ou fausses simultanément ; mais la réciproque et la contraire d'une même proposition sont toujours vraies ou fausses en même temps.

Enfin deux propositions qui sont la négation l'une de l'autre sont dites *contradictoires*. De telles propositions ne sont jamais ou vraies ou fausses simultanément. Exemple :

Dans un triangle la somme des trois angles est égale à deux droits (vraie) ;

Dans un triangle la somme des trois angles n'est pas égale à deux droits (fausse).

10. Un *problème* est toute question dans laquelle il s'agit de déterminer des choses d'espèce désignée d'après leurs rapports avec d'autres choses données. Exemples :

Trouver la somme des cent premiers nombres impairs ;

Construire la perpendiculaire au milieu d'un segment de droite.

CHAPITRE II

DES MÉTHODES GÉNÉRALES DE RAISONNEMENT

---

11. La démonstration d'une proposition peut se faire *directement*, c'est-à-dire en prouvant que cette proposition est vraie, ou *indirectement*, en prouvant que la proposition contradictoire est fausse.

Les méthodes générales de raisonnement qui interviennent dans le premier cas sont l'*analyse* et la *synthèse* ; dans le second, la méthode de *réduction à l'absurde*.

Les deux premières sont, en outre, employées pour la résolution des problèmes.

§ I. — Analyse.

12. L'analyse consiste à ramener la question proposée à une autre dont elle peut se déduire comme conséquence ; celle-ci à une troisième, dont elle peut se déduire à son tour, et ainsi de suite jusqu'à ce qu'on arrive à une question connue. Cette marche rétrograde du raisonnement, de la conséquence au principe, a fait donner à l'analyse le nom de méthode de *régression* ou de *réduction* ; on l'appelle encore, pour cette même raison, méthode des *substitutions successives*.

13. Quand on a à faire la démonstration d'un théorème, on cherche si ce théorème peut être la conséquence immédiate et nécessaire d'une proposition connue ; s'il en est ainsi, le théorème est démontré. Dans le cas contraire, on cherche si ce théorème peut être la conséquence d'une proposition à démontrer, puis si celle-ci, à son tour, peut être déduite d'une proposition reconnue vraie ou d'une proposition à démontrer, et ainsi de suite jusqu'à ce qu'on arrive à une proposition connue ; à ce moment le théorème proposé est démontré. Le succès et la rapidité dans cette recherche dépendent du talent de celui qui la dirige.

C'est ainsi que la démonstration du théorème :

Un nombre impair quelconque est premier avec la moitié du nombre entier suivant,

se ramène successivement à celle des deux autres :

Deux nombres entiers consécutifs sont premiers entre eux ;

Tout nombre qui en divise deux autres divise leur différence.

14. Si l'on se propose de résoudre un problème, on cherche à le ramener à un autre, souvent plus facile, qui donnera des solutions du premier ; si la résolution de ce deuxième problème ne peut être immédiate, on le ramène à un troisième ; ce troisième, à un quatrième, et ainsi de suite jusqu'à ce qu'on arrive à un problème connu, dont chaque solution permet d'en trouver du problème proposé.

Comme exemple, citons le problème suivant :

Construire un carré équivalent à un polygone donné,

auquel on substitue successivement ces trois autres :

Construire un triangle équivalent à un polygone donné ;

Construire un carré équivalent à un triangle donné ;

Construire la moyenne proportionnelle à deux droites données.

Lorsque tous les problèmes par lesquels on passe, de celui qui est à résoudre à celui qui est connu, sont soumis deux à deux, du premier au dernier, à des conditions réciproques, les solutions du dernier sont exactement celles du premier ; dans le cas contraire, le dernier problème peut ne pas fournir toutes les solutions du premier, ou bien les fournir toutes et en contenir d'étrangères en plus, suivant que dans cet enchaînement de problèmes les conditions de chacun d'eux sont des conséquences, dans l'ordre descendant, du suivant ou du précédent.

15. De tout ce qui précède, il résulte que l'analyse est une méthode d'*invention* ou d'*investigation*, qui convient particulièrement à la recherche du moyen propre à démontrer un théorème ou à résoudre un problème.

§ II. — Synthèse.

16. Si dans l'analyse on part du théorème à démontrer ou du problème à résoudre, pour aboutir, par une série de propositions ou de questions, à un théorème ou à un problème connu, dans la synthèse on suit l'ordre inverse de cette opération. On dit, pour cela, que la synthèse est une méthode de *progression* ou de *déduction*.

17. Ainsi, pour la démonstration d'un théorème, on part de propositions connues et l'on en déduit successivement et comme conséquences immédiates et nécessaires une série d'autres qui aboutissent au théorème proposé.

Comme exemple remarquable, pris entre beaucoup d'autres, de l'application de cette méthode à la démonstration des théorèmes, nous avons celui de l'établissement du volume de la sphère, qui demande qu'on exprime successivement *le volume engendré par la révolution entière :*

d'un triangle autour d'un axe situé dans son plan, passant par un de ses sommets et ne le traversant pas ;

d'un secteur polygonal régulier autour d'un axe situé dans son plan, extérieur à sa surface et passant par son centre ;

d'un secteur circulaire autour d'un diamètre extérieur ;

enfin, *d'un demi-cercle autour de son diamètre.*

S'il s'agissait de découvrir une démonstration de théorème, la méthode synthétique serait impuissante, car ne sachant de quelle proposition il faudrait partir, on pourrait en essayer sans succès un nombre indéfini ; mais quand on veut faire connaître à d'autres une démonstration que l'on a découverte par l'analyse ou autrement, ou bien que l'on a apprise, cette méthode est applicable parce qu'on sait alors quelle doit être la proposition connue qui doit servir de point de départ.

18. Pour résoudre un problème, on part d'un problème connu, dont la solution fournit celle d'un deuxième, laquelle donne à son tour celle d'un troisième, et ainsi de suite jusqu'à ce qu'on parvienne au problème proposé, dont la solution s'obtient de celle du précédent de la série ainsi formée.

C'est résoudre synthétiquement le problème qui suit :

Construire une tangente commune à deux cercles,

que de commencer par

construire un cercle concentrique au plus grand des deux cercles donnés avec un rayon égal à la différence ou à la somme des rayons de ces cercles,

suivant qu'il s'agit de tangente extérieure ou de tangente intérieure ;

de mener par le centre du plus petit cercle une tangente au cercle auxiliaire ;

et de *passer ensuite à la tangente demandée.*

Pour les mêmes raisons que nous avons données au sujet de la démonstration des théorèmes, s'il s'agissait de rechercher la solution d'un problème, la méthode synthétique serait encore impuissante ; mais pour faire connaître à d'autres une solution de problème que l'on a découverte par l'analyse ou autrement, ou bien que l'on a apprise, elle est applicable.

19. De tout ce qui précède, il résulte que la synthèse ne peut être qu'une méthode *d'exposition*. On l'emploie souvent de préférence à l'analyse, notamment dans l'enseignement de la géométrie élémentaire.

§ III. — Méthode de réduction à l'absurde.

20. Pour démontrer une proposition par la méthode de réduction à l'absurde, on considère la *contradictoire* de cette proposition et l'on en prouve la fausseté.

Ainsi pour démontrer ce théorème :

Deux droites perpendiculaires à une troisième sont parallèles entre elles,

on admet pour un instant le théorème contradictoire :

Deux droites perpendiculaires à une troisième se rencontrent,

qui revient à cette autre proposition :

Par un point pris hors d'une droite, on peut mener deux per-
pendiculaires distinctes à cette droite,
et dont on fait ressortir aussitôt la fausseté en rappelant la
contradictoire de cette dernière, qui a été précédemment établie :

Par un point pris hors d'une droite on ne peut mener qu'une
perpendiculaire à cette droite.

Cette méthode est sûre, mais si elle convainc elle n'éclaire
pas, et l'on ne doit s'en servir que comme d'un pis aller.

CHAPITRE III

DE L'ENSEIGNEMENT DES SCIENCES MATHÉMATIQUES (¹).

21. L'enseignement des sciences mathématiques n'a pas seulement pour objet de faire acquérir des connaissances et de préparer à des emplois pour lesquels une étude plus ou moins approfondie des sciences exactes est nécessaire ; il vise aussi et surtout à la mise en jeu de certaines facultés de l'intelligence : l'attention, la réflexion, le jugement, le raisonnement. En développant et en fortifiant les unes et les autres, il habitue à la netteté et à la précision en toutes choses ; il contribue essentiellement à mettre de l'ordre dans les idées, à faciliter la découverte de l'erreur et la recherche de la vérité ; il donne de la rectitude et de la solidité à l'esprit ; il concourt ainsi de la manière la plus efficace à la culture générale de ceux qui le reçoivent.

Il s'ensuit que le professeur de mathématiques a une double tâche à remplir : meubler l'esprit et le cultiver. S'il joint au savoir scientifique la connaissance des méthodes ; s'il s'attache à ses élèves et leur inspire confiance ; s'il ne s'adresse qu'à leur intelligence, à leur raison ; s'il a la foi et le feu sacré ; s'il possède, en un mot, de sérieuses aptitudes pédagogiques, il doit réussir dans son entreprise.

Pour faire naître et entretenir l'amour des mathématiques, il faut qu'il sache mettre en relief tout ce qu'elles ont d'attrayante beauté : le rigoureux et admirable enchaînement des

---

(¹) Ce chapitre, écrit tout d'abord pour les maîtres de l'enseignement primaire, a déjà paru dans la *Revue pédagogique* sous le titre : « De l'enseignement des mathématiques dans les écoles normales ». Nous avons pensé qu'il avait sa place toute marquée ici.

vérités, le merveilleux mécanisme du raisonnement, la puissance et la simplicité des moyens de recherche, l'occasion de nombreuses découvertes, inséparables du plaisir qu'elles procurent ; il faut que l'ordre et la régularité président sans cesse au travail, que la méthode et la clarté caractérisent ses leçons, que les applications soient intéressantes, variées et judicieusement graduées.

Il importe, en outre, que chaque séance comprenne deux parties respectivement consacrées, la première, de préférence, à la correction générale des devoirs et aux interrogations sur la précédente leçon du professeur, l'autre, à l'exposition de la suite du cours.

§ I. — La Leçon.

22. Quelque capable que soit un maître, quelque expérience qu'il ait de son enseignement et de sa classe, nous lui recommandons de ne jamais se présenter devant ses élèves sans avoir préparé sa leçon. Et cette préparation est d'autant plus nécessaire qu'en mathématiques rien ne doit être laissé au hasard ; il faut, au contraire, que tout soit ordonné d'avance, que les questions ou les objections des élèves aient été prévues, et que chaque chose soit rigoureusement mise en place dans l'esprit ou les notes du professeur. Au surplus, les procédés d'enseignement, comme la science, ne restent pas en dehors du progrès, et la vie d'une classe, qui entraîne avec elle le succès, tient particulièrement à l'activité du maître, au remaniement incessant de son cours.

Pour être sérieuse, cette préparation exige que chacune des leçons, bien rattachée aux précédentes, soit adaptée à l'âge et au développement intellectuel de ceux à qui elle est destinée ; par suite, qu'elle ne comprenne, d'une manière exclusive, que ce qui peut et doit y entrer, mais sans que rien d'essentiel ou d'important ne soit omis, le tout étant disposé dans uh ordre logique et formant un ensemble complet.

S'il n'est pas donné à tous ceux qui enseignent d'être brillants, chacun est tenu d'apporter dans son langage une netteté et une précision irréprochables.

Il est tout aussi nécessaire que le professeur parle avec une certaine lenteur, qu'il donne aux élèves le temps de saisir, de comprendre et de classer ce qu'il dit, et qu'il revienne parfois sur les points les plus difficiles de ses exposés.

Les raisonnements doivent être clairs, bien ordonnés, d'une rigueur inattaquable ; ennemi des théories ou des démonstrations par trop subtiles, trop abstraites ou trop savantes, il doit les bannir d'une façon absolue de son cours.

Pour exciter l'intérêt et la curiosité de ses élèves, pour leur faciliter l'intelligence de son enseignement, nous lui conseillons, au début de chaque cours, au commencement de toute théorie ou de toute démonstration quelque peu laborieuse, d'en donner tout d'abord un aperçu général, d'en tracer les principales divisions, d'en esquisser les grands traits, d'indiquer soit le lien qui en relie toutes les parties, soit les points qui marquent et justifient la dépendance de certaines de ces parties vis-à-vis des autres : ces préliminaires seront autant de jalons précieux qui fixeront la route à suivre, autant de traits de lumière qui viendront l'éclairer.

Après toute définition qui n'exprime pas le mode de génération de la chose définie, le professeur doit montrer immédiatement que cette chose, nombre ou figure, est réalisable, et faire autant que possible de cette justification, notamment en géométrie, l'objet du premier théorème à démontrer : tel est le cas, par exemple, des droites parallèles, des triangles semblables, de la perpendiculaire au plan, etc.

De plus, il convient qu'il fasse ressortir, à la suite de chaque théorie, les considérations générales ainsi que les conséquences particulières qui s'en dégagent, en ayant soin de bien distinguer l'essentiel de l'accessoire, le fondamental du secondaire.

Nous recommandons que les cours ne soient pas dictés, afin d'éviter une perte de temps considérable sans compensation sensible. D'ailleurs les bons ouvrages de mathématiques, pour les divers degrés de l'enseignement, ne sont pas rares, et il nous paraît bien préférable que le professeur, après avoir fait son choix raisonné, mette entre les mains de ses élèves, pour chaque matière, le livre qui aura ses préférences, et que dans ses leçons il s'en rapproche ensuite d'aussi près que possible. Les élèves prendront des notes et ils auront, pour mieux coordonner et fixer l'enseignement du maître dans leur esprit, des ouvrages où ils trouveront des développements et des considérations qu'on pourra s'abstenir d'exposer en classe, en se bornant à les signaler, où le langage différent, des procédés particuliers de raisonnement, des aperçus originaux concourront à éclairer et à fortifier le cours. Un maître expérimenté saura toujours distinguer le livre rédigé par une plume sans autorité suffisante, à la hâte, dans un but commercial, de celui qui sera le fruit d'un savoir réel et d'une longue pratique, qui aura été pensé, puis écrit avec toute la rigueur que commandent les sciences mathématiques. La nature des définitions, la valeur des raisonnements, la disposition et l'enchaînement des matières, etc., seront autant de côtés dont l'examen attentif et minutieux lui permettra d'établir cette distinction.

Enfin, nous conseillons de faire intervenir souvent les élèves dans certaines parties de l'exposé d'une leçon, celles entre autres où il s'agit de rappeler des propositions ou des règles de calcul précédemment démontrées, d'établir des rapprochements et des comparaisons, de tirer des conclusions, de déduire des conséquences, de traduire en langage ordinaire les formules simples qui naissent sous la main du professeur, etc.

§ II. — Les Interrogations.

23. Les interrogations sont le complément indispensable des leçons. Elles ont pour but immédiat de s'assurer que les élèves ont compris et retenu, qu'il ne s'est glissé aucune erreur dans leur esprit, et que les développements entrepris peuvent être continués. Elles sont aussi le meilleur exercice pour apprendre à réfléchir et à penser, à raisonner et à parler, parce que le professeur doit s'y montrer très exigeant pour la justesse des expressions, la bonne disposition des calculs, la netteté des figures, l'exactitude des comparaisons, la rigueur des démonstrations, la précision et la solidité des conclusions.

Si l'on a dit avec raison que « savoir interroger, c'est savoir enseigner », n'est-ce pas affirmer en même temps que l'exercice est difficile à diriger, qu'il demande une préparation spéciale et des soins tout particuliers ? Il faut, en effet, que le professeur connaisse d'avance pour chaque interrogation la suite des points à élucider, l'ordre dans lequel on doit les examiner, ainsi que les objections qu'ils peuvent provoquer.

Toute question posée doit l'être en termes nets et clairs ; après, il est nécessaire que l'élève interrogé ait quelques courts instants pour se bien pénétrer de ce qu'on lui demande et entrevoir la marche à suivre dans ses raisonnements, ses constructions ou ses calculs ; il faut ensuite que le maître sache le conduire, sans se substituer à lui, à travers les difficultés à résoudre ; qu'il l'empêche de s'écarter de la question jusqu'à ce qu'elle soit élucidée d'une manière satisfaisante ; enfin, qu'il veille à ce que l'interrogation ne tourne pas au colloque à deux, que toute la classe s'y intéresse, y prenne part et en tire le profit attendu. Si l'élève se heurte à quelque obstacle, qu'il l'amène à se tirer seul d'embarras et, pour cela, qu'il le remette en présence des données de la question et lui fasse résumer au besoin ses opérations ; qu'il le fixe très exactement sur le chemin parcouru et sur ce qui le sépare encore du but à atteindre ; qu'il le conduise à la recherche des connaissances à utiliser pour continuer son raisonnement, etc. Si l'élève commet une erreur, il la lui fait découvrir, ainsi que les causes qui l'ont produite, pour qu'il la redresse de lui-même.

Il va sans dire que le professeur doit veiller à ce que les démonstrations ne soient pas apprises de mémoire, qu'elles appartiennent bien à l'élève. On ne doit faire apprendre par cœur que les énoncés des définitions, des propositions et de certaines règles, sous la réserve toutefois qu'ils aient été préalablement commentés de manière qu'ils ne contiennent rien d'obscur ou d'incompris. Pour combattre la tendance à retenir de mémoire des phrases de démonstration, nous engageons le professeur à changer, dans les interrogations, chaque fois qu'il en aura la possibilité, la forme, la disposition ou telles autres particularités des figures ; nous lui signalons, en outre, le procédé qui consiste à faire exposer, sans figures, sans calculs, oralement, les grandes lignes, les points principaux, les liens essentiels d'une démonstration : l'esprit qui s'habitue ainsi à raisonner d'après des figures ou des signes que l'imagination seule lui représente, acquiert une vigueur et une solidité peu communes.

Il y a aussi une très grande utilité à se servir des interrogations pour mettre de temps en temps les élèves en présence de questions inconnues qui ne leur sont pas données d'avance; pour leur apprendre et leur faire appliquer les différentes méthodes de raisonnement ainsi que les procédés divers de calcul ou de construction ; pour les amener à savoir trouver la voie la plus rapide ou la meilleure d'une démonstration de théorème ou d'une solution de problème ; pour les guider ainsi pas à pas vers les découvertes qui contribuent d'une manière autrement puissante que tous les exposés du professeur à ouvrir leur intelligence, à leur dévoiler le mécanisme des sciences mathématiques, à leur inspirer un amour profond et raisonné des connaissances exactes.

Nous recommandons, enfin, de s'en servir pour résumer aussi souvent que possible les différentes parties du cours, et dans ce but nous conseillons de faire énoncer, après les définitions et les axiomes qui peuvent leur servir de base, la série des propositions qui les constituent, en partant fréquemment de la dernière pour remonter analytiquement de proche en proche jusqu'au point de départ. Il nous semble bon aussi, dans cet ordre d'exercices, de faire des rapprochements entre certaines théories, de mettre en évidence les rapports, les analogies qu'il peut y avoir entre elles, de montrer, par exemple, que les unes sont constituées par des cas particuliers d'autres plus générales, que le plus souvent, alors, il faut partir des premières pour établir les secondes, etc.

Ainsi comprises, les interrogations produisent les meilleurs résultats, surtout s'il s'y ajoute beaucoup de bienveillance de la part de celui qui les dirige, et si elles s'adressent successivement à tous les élèves de la classe.

§ III. — Les Devoirs.

24. Les devoirs écrits ont pour double objet le contrôle et la mise en œuvre du savoir des élèves. Il importe donc qu'ils soient des applications ou des suites de leçons sur lesquelles des interrogations ont été déjà faites ; que les questions à traiter, choisies d'avance avec le plus grand soin, présentent une intéressante variété et soient rigoureusement graduées. C'est surtout par le devoir que l'élève est mis aux prises avec les difficultés à vaincre, qu'il est particulièrement excité à l'effort et qu'il donne la mesure de ses moyens. Les interrogations portent généralement sur des questions connues ou préalablement étudiées, tandis qu'il s'agit ici de déchiffrer, de faire des découvertes. On ne saurait donc trop recommander que chaque leçon soit, autant que possible, suivie d'applications écrites.

Mais pour que cet ordre d'exercices donne tous ses fruits, le professeur doit tenir la main à ce que les élèves en fassent l'objet de tous leurs soins, aussi bien dans la forme que dans le fond. De son côté, après avoir recueilli toutes les copies qui se rapportent à un même devoir, et avant de procéder à la correction générale des questions proposées, — qui se fait au tableau noir, par les élèves sous sa direction, — il doit examiner attentivement chaque travail dans le silence du cabinet, y relever les erreurs commises, en les soulignant d'un trait accompagné d'annotations marginales, y signaler toutes les lacunes qu'il présente, y marquer d'une approbation les meilleurs passages, en apprécier finalement l'ensemble par quelques courtes expressions, que résume plus simplement ensuite une note chiffrée prise dans une échelle d'évaluation convenue. Et quelque médiocre que soit la valeur d'une copie, qu'il ait grand soin d'éviter l'emploi de mots durs ou ironiques pour en faire la critique ; une juste sévérité ne doit point exclure les encouragements.

Il faut que le professeur s'acquitte de cette partie de sa tâche avec conscience et régularité ; il n'y a peut-être pas de moyen d'action plus puissant sur les élèves que celui qui résulte d'un très minutieux contrôle de leurs travaux ; non seulement ils sont ainsi exhortés à bien faire, mais ils voient dans ces annotations laborieuses du maître une marque tangible d'un réel et constant intérêt qui les touche et les convie à mieux faire encore.

§ IV. — Considérations générales.

25. Il nous serait difficile, pour ne pas dire impossible, d'entrer ici dans tous les détails que peut comporter un enseignement bien conçu des mathématiques, d'en relever tous les points délicats dans cette introduction. Néanmoins, nous insisterons tout particulièrement sur les soins à donner aux premières leçons, celles qui ont pour but d'asseoir dans les esprits les principes fondamentaux de la science ; sur l'intérêt qu'il y a de réduire au strict nécessaire le nombre des axiomes, c'est-à-dire de ne donner comme tels que les vérités qui n'ont pas à être démontrées ou commentées, parce que l'évidence en est saisissante ; sur la nécessité de prouver, dans l'extension des définitions, que les règles de calcul établies pour les premières choses définies sont applicables à celles en faveur desquelles se fait l'extension ; sur l'utilité de démontrer que les relations entre les grandeurs mathématiques, ou les nombres qui les mesurent, sont indépendantes du choix des unités ; sur celle de bien faire ressortir toute l'importance qui s'attache, dans la démonstration de deux propositions réciproques l'une de l'autre, à cette condition de réciprocité, qui n'est autre qu'une condition nécessaire et suffisante de l'hypothèse de l'une pour que la conclusion correspondante s'ensuive, etc.

Dans les établissements où l'enseignement des mathématiques doit contribuer d'une manière toute spéciale à l'éducation de l'esprit, surtout dans ceux où il s'adresse à de futurs maîtres, comme les écoles normales, et où il doit viser à la fois à l'instruction individuelle et à l'éducation professionnelle, quelques aperçus historiques sur les méthodes et les procédés généraux du calcul, sur certaines théories, nous paraissent avoir une place tout indiquée. Celui qui aspire au professorat ne peut pas ignorer les principales phases de la science qu'il se propose d'enseigner ; il ne la connaîtrait que bien imparfaitement. Empressons-nous d'ajouter, toutefois, que ces notions doivent être données avec sobriété ; ce qui importe, dans les écoles normales en particulier, ce n'est pas d'enseigner beaucoup, mais de bien enseigner, de savoir écarter les choses trop savantes, d'éliminer les propositions par trop spéculatives, qui ne sont pas indispensables à la clarté ainsi qu'à l'enchaînement rigoureux des théories.

ARITHMÉTIQUE

26. De toutes les branches des Mathématiques, la plus importante est, sans contredit, l'Arithmétique, qui sert de base à toutes les autres, et qui est indispensable à tous par le grand nombre de ses applications usuelles. La simplicité de ses moyens, la rigueur de ses démonstrations, l'enchaînement inflexible de ses propositions la rendent, en outre, éminemment propre à l'exercice du raisonnement et en font un excellent instrument de discipline intellectuelle. Gauss l'appelait la reine des Mathématiques.

Elle a pour objet l'étude des règles du *calcul* et des propriétés des *nombres*.

Ces règles, obtenues pour la plupart à l'aide d'exemples numériques, n'en sont pas moins générales, parce que les raisonnements qui permettent de les établir sont indépendants des valeurs particulières des nombres choisis.

LIVRE I

ARITHMÉTIQUE THÉORIQUE

CHAPITRE I

NOTIONS ET VÉRITÉS PREMIÈRES DE L'ARITHMÉTIQUE

27. Les *notions premières* d'une science sont les idées fondamentales qui lui servent de base. Elles entrent dans la composition des *vérités premières* qui sont des propositions ou des principes.

De la notion du *nombre* dérive immédiatement, par la considération d'un seul objet de la pluralité, celle de l'*unité* que l'on dégage de toute désignation d'objet pour avoir l'*unité abstraite*; cette notion conduit à son tour à l'idée qu'un nombre est une *collection d'unités abstraites :* c'est ce qui explique le qualificatif d'*abstrait* que l'on donne aux nombres ainsi compris.

En considérant une de ces collections, et en supposant qu'elle perde successivement toutes ses unités, on est amené à l'idée du nombre *zéro*.

Un nombre qui représente une collection d'objets est dit un nombre *concret*.

On peut arriver à l'idée du nombre, — et à une idée plus étendue que celle qui résulte de la vue de plusieurs objets, — par la mesure des *grandeurs mathématiques*, c'est-à-dire des longueurs, des surfaces, des volumes, des poids, des forces, des vitesses, etc. ; mais cette question ne sera utilement, et avec quelque raison d'être, examinée que plus loin (94).

La comparaison de deux nombres qui contiennent ou ne contiennent pas autant d'unités l'un que l'autre conduit aux notions de *nombres égaux* et de *nombres inégaux*, et, par suite, à celles de *nombre plus grand* et de *nombre plus petit* qu'un autre.

Enfin, la réunion des unités de deux ou de plus de deux nombres fait naître dans l'esprit la notion de *somme*, qui entraîne avec elle celle de *parties* si l'on considère les nombres qui composent la somme, et celle d'*addition* si l'on a en vue l'opération par laquelle on forme cette somme.

28. De ces notions, on arrive sans efforts aux propositions suivantes, que l'on peut regarder comme des vérités premières :

1° *En ajoutant à l'unité une autre unité, puis une autre, et ainsi de suite, on peut former tous les nombres.*

Cet ensemble de nombres ainsi formés constitue la *suite naturelle* des nombres. Si l'on veut y introduire le nombre zéro, on le place le premier, avant l'unité.

2° *La suite naturelle des nombres est illimitée.*

Tout nombre, en effet, quelque grand qu'il soit, est suivi d'un autre. On traduit encore cette vérité en disant que les nombres s'étendent jusqu'à l'*infini*.

3° *La somme de plusieurs nombres est indépendante de l'ordre dans lequel on les additionne.*

4° *Deux nombres égaux à un troisième sont égaux entre eux.*

5° *Deux nombres égaux augmentés l'un et l'autre d'un même nombre quelconque restent égaux.*

29. Il est d'autres notions ou données premières dans le domaine de l'Arithmétique ; nous les ferons intervenir au fur et à mesure que le besoin s'en fera sentir. Celles auxquelles nous nous bornons ici suffisent pour établir toute la théorie des nombres, de ceux que nous appellerons plus loin des nombres entiers pour les distinguer d'autres expressions auxquelles nous devrons donner aussi, par extension, le nom de nombres.

CHAPITRE II

NUMÉRATION

30. L'usage des nombres est vraisemblablement aussi ancien que l'humanité. De tout temps, en effet, l'homme a dû éprouver le besoin de se servir des nombres, et de bonne heure il a dû chercher les moyens de les désigner, soit qu'il eût à les énoncer, soit qu'il voulût en conserver le souvenir par la mémoire ou par l'écriture. Plus tard, la nécessité de soumettre les nombres au ca'cul a demandé une manière de les représenter plus commode que celle du langage écrit ordinaire et a conduit à des signes conventionnels dont l'origine remonterait aux Hindous.

Il s'en est suivi deux procédés différents pour désigner les nombres : l'un ayant pour but de leur donner des noms distincts : c'est l'objet de la *numération parlée* ; l'autre, de leur attribuer des signes particuliers: c'est l'objet de la *numération écrite.*

§ I. — Numération parlée.

31. Il ne pouvait être question, dans la numération parlée, de nommer tous les nombres, puisque la suite en est infinie ; mais on a cherché à donner des noms différents à tous ceux dont on peut avoir à se servir, sans employer, par exigence de la mémoire, autant de mots que de nombres à nommer.

Les noms des premiers nombres sont: un, deux, trois, quatre, cinq, six, sept, huit, neuf, dix, etc. Mais avant d'aller plus loin, voyons comment on a pu se faire une idée exacte d'un nombre quelconque.

Le procédé général employé consiste à décomposer ce nombre en formant d'abord des collections d'un même nombre d'unités, qui représentent des unités de second ordre ; puis de nouvelles collections qui comprennent chacune autant d'unités de second ordre que celles-ci contiennent d'unités simples, et qui deviennent des unités de troisième ordre ; et ainsi de suite, en obtenant successivement des unités de quatrième ordre, de cinquième ordre, etc., jusqu'à ce que toutes les unités du nombre soient épuisées et groupées dans les diverses collections formées.

On conçoit, dès lors, que si l'on donne un nom particulier à chaque nombre inférieur à une unité du second ordre, puis à chaque espèce d'unité composée, et qu'on énonce, pour chaque ordre, le nombre d'unités fournies par le nombre proposé, on aura pour désigner ce nombre, quelque grand qu'il soit, un moyen des plus simples, parce qu'on n'emploiera qu'une très petite quantité de mots.

Dans notre *système* de numération dit *décimal*, où il faut dix unités d'un ordre quelconque pour former une unité d'un ordre immédiatement supérieur, ce que l'on traduit en disant que la *base* est dix, les noms des neuf premiers nombres naturels sont ceux que nous avons donnés plus haut : un, deux, trois, quatre, cinq, six, sept, huit et neuf ; et les noms des collections successives sont : une dizaine ou dix, une centaine ou cent, un mille, une dizaine de mille ou dix mille, une centaine de mille ou cent mille, un million, une dizaine de millions ou dix millions, une centaine de millions ou cent millions, un billion, etc.

Dès lors, pour exprimer un nombre qu'on aura décomposé comme il vient d'être dit, il suffira d'énoncer successivement le nombre d'unités de chaque ordre, en se servant des noms des neuf premiers nombres. Cet énoncé se fait généralement en commençant par les unités de l'ordre le plus élevé.

Il est à remarquer que les unités composées n'ont pas toutes reçu de nom particulier à partir du quatrième ordre. En vue d'abréger encore le langage, on a réuni par groupes de trois, pour en former des classes, les différents ordres consécutifs d'unités, en commençant par les unités simples, et l'on a eu les classes successives des unités simples, des mille, des millions, des billions, etc., pour chacune desquelles il a suffi de trouver un nom, celui des unités de l'ordre inférieur dans chacune d'elles, qu'on a fait précéder des mots dizaine et centaine pour représenter les deux autres ordres d'unités.

Cet exposé demande toutefois quelques restrictions relatives aux irrégularités que l'usage a introduites dans cette si simple et si ingénieuse nomenclature pour désigner les six nombres immédiatement supérieurs à dix (onze au lieu de dix un. etc.), les neuf premières dizaines, à l'exception de la première (vingt au lieu de deux-dix, etc.), et les six nombres qui suivent, d'une part, soixante-dix (soixante-onze au lieu de soixante-dix-un, etc.), et d'autre part, quatre-vingt-dix (quatre-vingt-onze au lieu de quatre-vingt-dix-un, etc.).

On trouve ainsi qu'avec vingt-cinq mots différents on peut énoncer et représenter tous les nombres depuis un jusqu'à neuf cent quatre-vingt-dix-neuf billions, neuf cent quatre-vingt-dix-neuf millions, neuf cent quatre-vingt-dix-neuf mille, neuf cent quatre-vingt-dix-neuf unités.

§ II. — Numération écrite.

32. De ce que pour énoncer un nombre et le représenter dans le langage ordinaire il suffit d'énumérer successivement les unités des différents ordres qu'il contient et qui n'excèdent jamais neuf, il résulte un moyen simple de l'exprimer par des signes conventionnels. A cet effet, on figure les neuf premiers nombres naturels et le nombre zéro par des caractères spéciaux appelés *chiffres* ; on convient que tout chiffre placé à la gauche d'un autre représente des unités d'un ordre immédiatement supérieur ; on remplace par le chiffre zéro, qui n'a pas de valeur, les unités qui peuvent manquer dans le nombre à exprimer ; et l'on écrit ensuite de gauche à droite et successivement, en commençant par les plus hautes unités, les chiffres

qui représentent les unités des différents ordres contenus dans le nombre proposé. Les chiffres qui représentent les neuf premiers nombres naturels sont appelés chiffres significatifs, pour les distinguer du chiffre qui représente le nombre zéro.

Il ressort de ces conventions qu'avec un nombre de caractères égal à celui des unités contenues dans la base du système décimal, en donnant à ces caractères, d'une part une valeur intrinsèque ou absolue, et, d'autre part, une valeur de position ou relative, on peut écrire tous les nombres. Par sa perfection et sa simplicité, ce procédé est une des plus grandes, des plus belles et des plus utiles inventions mathématiques.

33. Lire un nombre, c'est en énoncer successivement, dans l'ordre descendant et par classes, les différents ordres d'unités.

34. Il y a lieu de remarquer ici :

1° que, par le groupement en classes des différents ordres d'unités, la numération écrite revient à l'écriture et à la lecture de nombres de trois chiffres ;

2° qu'un nombre est égal à la somme des valeurs relatives de ses chiffres ;

3° que pour rendre un nombre 10, 100, 1000 fois plus grand, il suffit d'ajouter à sa droite un, deux ou trois zéros, et que pour le rendre, inversement, 10, 100, 1000 fois plus petit, s'il est terminé par des zéros, il suffit de supprimer à sa droite un, deux ou trois zéros.

CHAPITRE III

OPÉRATIONS FONDAMENTALES

---

35. En Arithmétique, les premières opérations sur les nombres ont au fond pour objet ou la formation d'une somme en en réunissant les diverses parties, ou la séparation des différentes parties d'une somme. Or, comme les parties des nombres à former par composition ou par décomposition peuvent être inégales ou égales, on se trouve en présence de quatre cas distincts qui ont donné naissance aux *quatre opérations fondamentales*.

La théorie de la numération conduit à des moyens simples pour effectuer ces opérations. Soumis à cette condition essentielle de s'appliquer à tous les nombres, de façon que la démonstration faite sur un exemple numérique ne soit pas à recommencer pour chaque cas, ces moyens sont autant de *règles générales* de calcul.

36. La règle d'une opération découle de la définition, et la démonstration qu'on en fait sert à prouver la corrélation étroite qu'il y a entre l'une et l'autre. Il s'ensuit que l'étude d'une opération ainsi que des principes qui s'y rapportent dépend essentiellement de la définition que l'on donne de cette opération.

Pour cette raison, les définitions doivent être simples et compréhensibles; il convient, en outre, que celui qui enseigne se borne à n'en donner qu'une, bien choisie, pour chaque opération.

Mais lorsque la nécessité se fera sentir d'étendre l'idée de nombre telle qu'on l'a conçue jusqu'ici et que les définitions adoptées ne s'appliqueront pas aux nouveaux nombres que l'on aura à envisager, on en choisira d'autres qui permettront de prouver la généralité des règles établies et l'on démontrera que les secondes définitions sont implicitement contenues dans les premières.

Nous trouverons plus loin les circonstances dans lesquelles on a besoin d'appliquer ces considérations.

§ I. — Addition.

37. Définition. — *L'addition est une opération qui a pour objet de réunir plusieurs nombres donnés en un seul qui représente leur somme et d'exprimer cette somme qu'on appelle aussi total.*

38. Théorie. — Il ressort immédiatement de cette définition que l'opération pourrait se faire en ajoutant à l'un des nombres successivement toutes les unités d'un deuxième, au résultat toutes les unités d'un troisième, et ainsi de suite jusqu'au dernier nombre donné ; mais ce procédé beaucoup trop long serait loin d'être pratique.

De l'idée d'addition et du principe considéré comme évident (28, 3°), que *la somme de plusieurs nombres est indépendante de l'ordre dans lequel on les additionne,* on déduit que si ces nombres sont formés chacun de plusieurs groupes d'unités, la somme est encore indépendante de la manière dont on réunit entre eux les différentes parties de tous ces nombres.

Il suit de là que pour faire une addition, il suffit d'ajouter d'abord toutes les unités de premier ordre que contiennent les nombres donnés, puis toutes les unités de deuxième ordre, puis toutes les unités de troisième ordre, et ainsi de suite, et d'écrire un nombre qui représente l'ensemble de toutes ces sommes partielles.

La question revient donc en dernière analyse à savoir ajouter un nombre d'un seul chiffre d'abord à un autre nombre d'un seul chiffre, puis à un nombre quelconque, ce qui s'apprend très rapidement par la pratique.

La recherche et la démonstration de la règle à suivre comprennent donc les trois cas suivants :

1º Addition de deux nombres d'un seul chiffre ;

2º Addition d'un nombre quelconque et d'un nombre d'un seul chiffre ;

3º Addition de plusieurs nombres quelconques.

Cette *règle* est la suivante :

On écrit les nombres à additionner les uns sous les autres, de manière que les unités de même ordre se correspondent verticalement, puis on tire au-dessous un trait horizontal. Commençant ensuite par la droite, on additionne les unités simples contenues dans la première colonne verticale et l'on écrit le résultat au-dessous et sous le trait s'il n'excède pas 9 ; dans le cas contraire, on n'écrit que le chiffre des unités simples et l'on reporte toutes les autres unités à la colonne suivante. On opère de même pour toutes les autres colonnes. Le total de la dernière, à gauche, s'écrit tel qu'on le trouve. L'ensemble des chiffres écrits au-dessous du trait forme le nombre qui représente la somme cherchée.

39. L'opération pourrait être tout aussi bien commencée par la gauche que par la droite. Si l'on donne la préférence à la droite, c'est pour éviter d'avoir à corriger des résultats après les avoir écrits. Pour bien faire ressortir l'avantage que présente le premier procédé sur le second, il est bon de donner aux élèves des opérations à effectuer d'après l'un et l'autre de ces procédés.

40. L'addition s'indique au moyen du signe $+$, qui se prononce *plus* et qui se place entre les divers nombres dont on veut faire la somme.

41. Propriétés essentielles de l'addition. — En dehors de cette propriété déjà énoncée que le résultat de l'addition est indépendant de l'ordre dans lequel on ajoute les nombres et qui fait dire que cette opération est *commutative*, en voici une autre qui montre qu'elle est, en outre, *associative : l'addition de plusieurs nombres donnés peut se décomposer en plusieurs additions partielles dont les résultats ajoutés ensemble donnent la somme totale.*

42. Preuve. — La preuve d'une opération consiste dans une seconde opération qui a pour but de vérifier le résultat de la première. La concordance des deux résultats rend très vraisemblable leur exactitude; mais elle n'en est pas une preuve rigoureuse.

Les deux propriétés fondamentales de l'addition sont les principes sur lesquels reposent les deux procédés suivants pour faire la preuve de cette opération :

1° Après avoir additionné en suivant un certain ordre, additionner dans un ordre différent ;

2° Scinder l'opération en plusieurs additions partielles et ajouter les différents résultats.

43. Autres propositions relatives à l'addition. — I. *Pour ajouter à un nombre la somme de plusieurs autres nombres, il suffit d'ajouter au premier chacun des autres successivement.*

II. *Un nombre ne change pas en lui ajoutant le nombre zéro.*

§ II. — Soustraction.

44. Définition. — *La soustraction est une opération qui a pour objet, étant donnés deux nombres, de retrancher du plus grand le plus petit et de trouver ce qui reste du premier.* Le *résultat*, qui représente aussi l'excès du premier sur le second ou la différence des deux nombres proposés, s'appelle, pour toutes ces raisons, *reste, excès* ou *différence*. Les deux nombres sont dits les deux *termes* de la différence.

Cette définition fait ressortir : 1° que la soustraction n'est possible que si le nombre à retrancher est plus petit que l'autre ; 2° qu'elle est l'opération inverse de l'addition.

On tire de ce dernier fait cette autre manière de définir la soustraction : *une opération ayant pour objet, étant donnés deux nombres, d'en trouver un troisième qui, ajouté au plus petit des deux autres, reproduise le plus grand.*

45. Théorie. — Pour effectuer la soustraction, on pourrait du plus grand nombre retrancher successivement toutes les unités de l'autre ; mais ce moyen long et fastidieux ne serait pas pratique. Comme pour l'addition, et pour les mêmes raisons, on procède par groupes de même espèce, c'est-à-dire qu'on retranche les unes après les autres les unités de chaque ordre du plus petit nombre des unités correspondantes de l'autre.

Mais il peut arriver que cette soustraction de nombres d'un seul chiffre ne soit pas toujours possible, un ou plusieurs chiffres du plus grand nombre pouvant être moindres que leurs correspondants du plus petit nombre. On tourne alors la difficulté par l'une des trois méthodes dites des *emprunts*, des *compléments* ou des *compensations* ; mais, en général, on a recours à cette dernière, qui consiste à ajouter à chaque chiffre trop petit du plus grand nombre dix unités de même ordre, sauf à augmenter l'autre nombre d'une unité de l'ordre immédiatement supérieur. Cette double opération n'altère pas le résultat cherché, parce qu'on sait, pour l'avoir démontré préalablement, que *la différence de deux nombres ne change pas lorsqu'on fait subir à ces nombres la même augmentation.*

De tout ce qui précède, il résulte que la soustraction de deux nombres quelconques se ramène finalement à celle de deux nombres tels que le plus petit n'a qu'un chiffre et que le plus grand n'excède pas le premier de dix unités. La pratique de cette dernière et très simple opération s'apprend très rapidement par l'usage.

On est ainsi conduit aux deux cas suivants pour la recherche et la démonstration de la règle générale :

1° Soustraction d'un nombre d'un seul chiffre d'un autre qui ne le surpasse pas de dix unités ;

2° Soustraction de deux nombres quelconques.

Cette *règle* est la suivante :

On écrit les deux nombres à soustraire, le plus petit sous le plus grand, de manière que les unités de même ordre se correspondent verticalement, puis on tire au-dessous un trait horizontal. Commençant ensuite par la droite, on retranche les unités simples du nombre inférieur des unités correspondantes du nombre supérieur et l'on écrit le résultat immédiatement au-dessous et sous le trait.

On opère de même pour toutes les autres unités des deux nombres. Lorsqu'une de ces soustractions partielles est impossible, on ajoute 10 au chiffre trop faible du plus grand nombre et 1 au chiffre suivant du plus petit nombre. L'ensemble des chiffres écrits sous le trait forme le nombre qui représente le reste cherché.

La différence de deux nombres égaux est égale à zéro.

46. L'opération pourrait être tout aussi bien commencée par la gauche que par la droite, mais on aurait alors à modifier souvent les restes déjà écrits, à cause des additions d'unités à faire au petit nombre : c'est ce qui rend préférable la première manière de procéder.

Toutefois, il est utile que les élèves soient exercés à effectuer quelques soustractions en commençant par la gauche ; c'est un excellent moyen pour mettre en évidence les avantages d'un procédé sur l'autre et pour justifier l'emploi exclusif du premier.

47. La soustraction s'indique au moyen du signe — qui se prononce *moins* et qui se place entre les deux nombres sur lesquels on veut opérer, le plus petit étant à la droite du signe et le plus grand à la gauche.

48. Preuve. — D'après la définition de la soustraction, le plus grand des deux nombres sur lesquels on opère est la somme du plus petit et du reste ; il en résulte deux manières de faire la preuve de la soustraction :

1° ajouter le plus petit nombre au reste pour retrouver le plus grand ;

2° retrancher le reste du plus grand nombre pour retrouver le plus petit.

49. Propositions relatives à la soustraction. — I. *Pour ajouter à un nombre la différence de deux autres nombres, il suffit d'ajouter au premier le plus grand des deux autres et de retrancher le plus petit de la somme obtenue.*

II. *Pour retrancher d'un nombre la somme de plusieurs autres nombres, il suffit de retrancher du premier chacun des autres successivement.*

III. *Pour retrancher d'un nombre la différence de deux autres nombres, il suffit d'ajouter au premier le plus petit des deux autres et de retrancher le plus grand de la somme obtenue.*

IV. *Un nombre ne change pas en en retranchant le nombre zéro.*

§ III. — Multiplication.

50. Définition. — *La multiplication est une opération qui a pour objet de répéter un nombre donné autant de fois qu'il y a d'unités dans un second nombre aussi donné et de trouver le résultat de cette répétition.* Le premier nombre s'appelle *multiplicande*, le second *multiplicateur*, et le nombre cherché *produit*. Le multiplicande et le multiplicateur sont encore dits les deux *facteurs* du produit.

51. Théorie. — Cette définition montre que la multiplication n'est qu'un cas particulier de l'addition, celui où tous les nombres à ajouter sont égaux. Il en résulte que l'opération pourrait se faire par une addition ; mais comme elle deviendrait, par ce moyen, souvent impraticable et toujours beaucoup trop longue chaque fois que le multiplicateur serait représenté par un grand nombre, on a recours à une règle spéciale qui permet d'arriver très rapidement au résultat.

Pour montrer comment on établit cette règle, supposons qu'il s'agisse de multiplier un nombre N par le nombre 4375. Par définition, la question consiste à répéter 4375 fois le nombre N, ce qui revient à répéter ce nombre 4000 fois, plus 300 fois, plus 70 fois, plus 5 fois, ou 4 fois 1 000 fois, plus 3 fois 100 fois, plus 7 fois 10 fois, plus 5 fois.

Ce problème, à son tour, se réduit à savoir répéter un nombre quelconque 10, 100, 1000,... fois, et à savoir le répéter un nombre de fois inférieur à 10.

Or répéter un nombre 10, 100, 1000,... fois, c'est former un autre nombre 10, 100, 1000,... fois plus grand que le premier, et l'on sait obtenir ce résultat (34).

Quant à répéter un nombre quelconque un nombre de fois

inférieur à 10, c'est, d'après la théorie de l'addition, répéter ce nombre de fois toutes ses parties, qui sont ici ses unités simples, ses dizaines, ses centaines, ses mille, etc., respectivement représentées par un nombre d'un seul chiffre. De sorte qu'en dernière analyse l'opération consiste à former le produit de deux nombres d'un seul chiffre, ce qui se fait en consultant la table de multiplication, que l'on apprend d'ailleurs de mémoire pour opérer avec rapidité.

En remontant ensuite de proche en proche, de cette opération très élémentaire jusqu'à la multiplication de deux nombres quelconques, on résout facilement cette triple question : multiplier un nombre quelconque d'abord par un nombre d'un seul chiffre, puis par un nombre formé d'un chiffre significatif suivi de zéros, enfin par un autre nombre quelconque.

De là les quatre cas à considérer successivement :

1° Multiplication de deux nombres d'un seul chiffre ;

2° Multiplication d'un nombre quelconque par un nombre d'un seul chiffre ;

3° Multiplication d'un nombre quelconque par un nombre formé d'un seul chiffre significatif suivi de zéros ;

4° Multiplication de deux nombres quelconques.

La *règle générale* à laquelle on est conduit est la suivante :

On écrit le multiplicateur sous le multiplicande, ordinairement de manière que les unités de même ordre se correspondent verticalement, puis on tire au-dessous un premier trait horizontal. Commençant ensuite par la droite, on multiplie le multiplicande successivement par chacun des chiffres du multiplicateur et l'on écrit les produits partiels ainsi obtenus les uns sous les autres au-dessous du trait, de manière que le premier chiffre de chacun d'eux se trouve correspondre verticalement avec le chiffre générateur du multiplicateur. On tire un second trait au-dessous de tous ces produits partiels et on les additionne. La somme obtenue donne le produit cherché.

52. Il est à remarquer : 1° qu'on pourrait opérer sur le multiplicande en commençant par la gauche, et que si ce moyen n'est pas employé, c'est pour les mêmes raisons que

celles qui ont été données à l'addition ; 2° qu'on pourrait former les divers produits partiels en suivant tel ordre que l'on voudrait dans les chiffres du multiplicateur, sauf à mettre exactement à sa place, dans le sens vertical, le premier chiffre à droite de chacun de ces produits partiels.

Une autre particularité importante à faire ressortir, c'est qu'au point de vue pratique le multiplicande et le produit sont de même nature, généralement concrets; et que le multiplicateur est toujours un nombre abstrait. Faute de connaître ce fait ou d'en tenir compte, beaucoup d'élèves commettent des erreurs tout au moins d'indication, lorsqu'elles ne sont pas plus graves.

53. Il ressort de la manière d'être de la multiplication que le multiplicateur est un nombre plus grand que l'unité. Dans le cas d'un multiplicateur égal à l'unité, on continue de dire qu'il y a multiplication et le produit est égal au multiplicande; dans le cas d'un multiplicateur égal à zéro, on convient encore qu'il y a multiplication et le produit est zéro.

54. Un *produit de plusieurs facteurs* est le nombre que l'on obtient en multipliant le premier facteur par le deuxième, puis le résultat par le troisième, et ainsi de suite jusqu'au dernier facteur.

55. La multiplication s'indique au moyen du signe $\times$, qui se prononce *multiplié par* et qui se place entre les différents facteurs du produit à effectuer.

56. **Propriétés de la multiplication.** — La multiplication a pour propriétés principales d'être :

1° *commutative*, c'est-à-dire qu'un produit est indépendant de l'ordre de ses facteurs ;

2° *distributive* par rapport à l'addition, c'est-à-dire que la multiplication d'une somme par un nombre quelconque peut se faire en multipliant les différentes parties de cette somme par ce nombre pour en additionner ensuite tous les résultats.

57. **Preuve.** — La première de ces propriétés fournit un moyen pour faire la preuve de la multiplication, et l'on applique

en réalité la seconde pour établir la règle générale de l'opération.

58. Autres propositions relatives à la multiplication. —
I. *Le nombre des chiffres d'un produit de deux facteurs est égal*
à la somme des nombres de chiffres de ces deux facteurs, ou à
cette somme diminuée d'une unité.

II. *Pour multiplier un nombre par une somme, on peut mul-*
tiplier ce nombre par chaque partie de la somme et ajouter
ensuite les divers résultats obtenus.

III. *Pour multiplier deux sommes l'une par l'autre, on peut*
multiplier chaque partie de l'une par chaque partie de l'autre
et ajouter ensuite les divers résultats obtenus.

IV. *Pour multiplier une différence par un nombre, on peut*
multiplier chaque terme de la différence par ce nombre et retran-
cher ensuite l'un de l'autre les deux résultats obtenus.

V. *Pour multiplier un nombre par une différence, on peut*
multiplier ce nombre par chaque terme de la différence et retran-
cher ensuite l'un de l'autre les deux résultats obtenus.

VI. *Dans un produit de facteurs, on peut remplacer un nombre*
quelconque de ces facteurs par leur produit effectué. Cette propriété fait dire que la multiplication est une opération *asso-*
ciative.

VII. *Pour multiplier un nombre par un produit de facteurs,*
il suffit de le multiplier successivement par chaque facteur du
produit.

VIII. *Pour multiplier un produit de facteurs par un nombre,*
il suffit de multiplier l'un quelconque des facteurs du produit
par ce nombre.

IX. *Pour multiplier entre eux plusieurs produits de facteurs,*
il suffit de faire le produit dans un ordre quelconque de tous
les facteurs de ces produits.

X. *Le produit du nombre zéro par un nombre quelconque est*
zéro.

§ IV. — Division.

59. Définition. — *La division est une opération qui a pour objet de partager un nombre donné en autant de parties égales qu'il y a d'unités dans un autre nombre donné.* Le premier nombre s'appelle *dividende*, le second *diviseur*, et le nombre cherché *quotient*.

Si le partage se fait exactement, le quotient répété autant de fois qu'il y a d'unités dans le diviseur reproduit le dividende ; en d'autres termes, le dividende est rigoureusement le produit du diviseur par le quotient. Cela prouve que la division est l'opération inverse de la multiplication.

Si le partage ne peut pas se faire exactement, il donne lieu à un reste, et la division, telle qu'elle a été définie, est impossible : c'est ce qui se présente dans la généralité des cas. Le dividende est alors égal à ce reste augmenté du produit du diviseur par un certain nombre que l'on appelle encore quotient, mais que l'on qualifie d'*approché*, en donnant, par opposition, au quotient du premier cas le nom d'*exact*. Aussi dit-on, mais dans un sens un peu différent, qu'on effectue encore une division lorsqu'on cherche ce quotient et ce reste. Ce reste est plus petit que le diviseur, et le quotient est dit approché à une unité près par défaut.

En considérant le cas où la division se fait exactement, il y a lieu de remarquer que le quotient représente le nombre de fois que le dividende contient le diviseur ; c'est la raison pour laquelle on peut définir aussi la division : *une opération qui a pour objet de trouver combien de fois un nombre donné est contenu dans un autre nombre donné.* La dénomination de quotient est même due à cette manière d'envisager l'opération.

60. Théorie. — D'après cette seconde définition, on pourrait effectuer la division en retranchant le diviseur du dividende autant de fois qu'il peut y être contenu ; le nombre des opérations représenterait le quotient, et le dernier reste, s'il y en avait un, serait le reste de la division. Ce procédé, beaucoup trop long, est remplacé par une règle déduite de la première définition et qui permet d'arriver avec une très grande rapidité et une plus petite chance d'erreur. C'est en se plaçant au premier point de vue qu'on dit souvent que la division est une soustraction abrégée.

Voici comment on arrive par la méthode analytique à établir cette règle. Soit à diviser le nombre 367 443 par le nombre 837. D'après notre première définition, il s'agit de partager le premier nombre en 837 parties égales. Chacune de ces parties sera représentée par un nombre compris entre 100 et 1000, c'est-à-dire par un nombre de trois chiffres, car le dividende étant le produit du quotient par le diviseur, les produits de 837 par 100, le plus petit nombre de trois chiffres, et par 1 000, le plus petit nombre de quatre chiffres, donnent respectivement les deux nombres 83 700 et 837 000, entre lesquels se trouve le dividende proposé. Ainsi, chaque partie contiendra des unités simples, des dizaines et des centaines. Dans les trois premières opérations fondamentales, on commence par chercher les unités simples du résultat, pour suivre l'ordre ascendant des différentes espèces d'unités ; mais ici l'ordre inverse est de rigueur, pour la raison que si le partage d'une espèce d'unités donne lieu à un reste, ce reste transformé en unités de l'ordre immédiatement inférieur et augmenté des unités de cet ordre du dividende peut donner lieu à un partage possible, ou, s'il donne un reste à son tour, on opère une nouvelle transformation en unités de l'ordre suivant, pour essayer un nouveau partage, et ainsi de suite jusqu'à ce qu'on arrive aux unités simples ou du premier ordre. En appliquant ces considérations à notre exemple, puisque chaque partie doit contenir des centaines, le premier partage à effectuer est celui des centaines du dividende, ou du nombre 3674, en 837 parties égales ; le second partage est celui des dizaines du dividende augmentées de celles qui proviendront du reste transformé de la première division (3674 par 837) ; enfin, le troisième partage est celui des unités simples du dividende augmentées de celles qui proviendront du reste transformé de la deuxième division ; et l'on sait d'avance que chacun de ces trois quotients sera représenté par un nombre d'un seul chiffre.

La question est donc ramenée à la division de deux nombres quelconques mais tels que le plus grand ne contienne pas 10 fois le plus petit.

En raisonnant sur notre exemple (3674 à diviser par 837), on remarquera que le quotient de ces deux nombres est au plus égal à celui de 3674 par 8 centaines, car en diminuant le diviseur, le quotient ne peut qu'augmenter s'il varie ; et le quotient de 3674 par 8 centaines est le même que celui de 36 centaines par 8 centaines, ou de 36 par 8. Ainsi, le quotient de 3674 par 837 est au plus égal à celui de 36 par 8. Le nombre d'un chiffre qu'on obtiendra sera à essayer, et s'il est trop grand on le diminuera d'une ou de plusieurs unités jusqu'à ce que par des essais successifs on arrive au quotient cherché.

La division de deux nombres quelconques dont le quotient ne doit avoir qu'un chiffre est ainsi ramenée à celle de deux nombres dont le plus petit et le quotient n'ont qu'un chiffre ; et cette opération se résout par la consultation de la table de multiplication.

De tout ce raisonnement, il ressort que la recherche et la démonstration de la règle de la division comprennent les trois cas essentiels suivants :

1° Division de deux nombres tels que le diviseur et le quotient n'ont qu'un chiffre ;

2° Division de deux nombres tels que le diviseur est quelconque et que le quotient n'a qu'un chiffre ;

3° Division de deux nombres quelconques.

On est ainsi conduit à la *règle générale* suivante :

On écrit le diviseur à la droite du dividende, on sépare les deux nombres l'un de l'autre par un trait vertical et l'on tire un trait horizontal sous le diviseur. Prenant ensuite sur la gauche du dividende la quantité de chiffres nécessaire pour avoir un nombre plus grand que le diviseur, mais le contenant moins de dix fois, on forme le premier dividende partiel dont le quotient par le diviseur donne le premier chiffre du quotient cherché. On multiplie le diviseur par ce chiffre et le produit obtenu est retranché du premier dividende partiel. A la droite du reste, on écrit le premier des chiffres non utilisés du dividende ; on forme ainsi le deuxième dividende partiel dont le quotient par le diviseur donne le deuxième chiffre du quotient cherché. On multiplie de même le diviseur par ce deuxième chiffre et le produit obtenu est retranché du deuxième dividende partiel. A la droite du reste, on écrit le deuxième des chiffres non utilisés du dividende ; on forme ainsi le troisième dividende partiel dont le quotient par le diviseur donne le troisième chiffre du quotient cherché. On continue ainsi jusqu'à ce que tous les chiffres du dividende soient épuisés, et la dernière division partielle donne le dernier chiffre du quotient cherché. Le dernier reste partiel est le reste de l'opération entière.

D'après ce qui précède, dans toute division le dividende doit être au moins égal au diviseur. S'il en est autrement, par convention le quotient est égal à zéro, et le reste au dividende.

61. Il est à remarquer que la théorie de la division est celle qui présente les premières difficultés sérieuses de l'arithmétique.

La division s'indique quelquefois au moyen du signe : , qui se prononce *divisé par* et que l'on place entre les deux nombres sur lesquels on veut opérer, le dividende étant à gauche du signe et le diviseur à droite ; mais le plus souvent c'est par un trait horizontal, au-dessus duquel on place le dividende et au-dessous le diviseur : le trait se lit *divisé par* ou *sur*.

62. Preuve. — La preuve de la division peut se faire de deux manières différentes : 1° au moyen d'une multiplication, puisque le dividende est égal au produit du quotient par le diviseur, augmenté du reste, s'il y en a un ; 2° au moyen d'une seconde division, celle du dividende par le quotient, après avoir diminué, toutefois, le dividende du reste quand il y en a un : la multiplication de ce quotient, qui devient ici diviseur, par le nombre cherché, qui est le nouveau quotient, devant reproduire le dividende modifié, ce nombre cherché ne pourra être que le diviseur proposé.

63. Principales propositions relatives à la division. — I. *Le* nombre de chiffres d'un quotient est égal à la différence des nombres de chiffres du dividende et du diviseur, ou à cette différence augmentée d'une unité.

II. *Pour trouver le quotient d'une somme par un nombre qui en divise exactement toutes les parties, on peut diviser chaque partie de cette somme par ce nombre et ajouter ensuite les résultats obtenus.*

III. *Pour trouver le quotient d'une différence par un nombre qui en divise exactement les deux termes, on peut diviser chaque terme de cette différence par ce nombre et retrancher ensuite l'un de l'autre les résultats obtenus.*

IV. *Pour trouver le quotient d'un produit de facteurs par un nombre qui divise exactement l'un de ces facteurs, il suffit de diviser ce facteur par ce nombre.*

V. *Pour trouver le quotient d'un nombre par un produit de facteurs, lorsque la division se fait exactement, il suffit de diviser ce nombre successivement par chaque facteur du produit.*

VI. *Pour trouver le quotient à une unité près d'un nombre par un produit de facteurs, lorsque la division ne se fait pas exactement, il suffit de prendre le quotient à une unité près de ce nombre par l'un quelconque de ces facteurs, puis le quotient à une unité près de ce premier quotient par un autre quelconque de ces facteurs, et ainsi de suite jusqu'au dernier facteur du produit.*

VII. *Le quotient de deux nombres ne change pas quand on les multiplie par un troisième nombre quelconque, le reste seul est multiplié par ce troisième nombre.*

VIII. *Le quotient de deux nombres divisibles exactement par un troisième ne change pas quand on les divise l'un et l'autre par ce troisième, le reste seul est divisé par ce même nombre.*

§ V. — Puissances.

64. Définitions. — Lorsque tous les facteurs d'un produit sont égaux, ce produit est une *puissance* du nombre qui représente chacun de ces facteurs. Le nombre des facteurs égaux exprime le degré de la puissance et il en est aussi l'*exposant*.

Par définition, la première puissance d'un nombre est ce nombre lui-même.

On donne le nom particulier de *carré* à la deuxième puissance d'un nombre, et celui de *cube* à la troisième.

Une puissance quelconque m^e du nombre a se représente par l'expression a^m.

Former une puissance quelconque d'un nombre c'est *élever ce nombre à cette puissance*.

65. Propositions relatives aux puissances. — On ramène les opérations sur les puissances d'un même nombre à d'autres plus simples sur les exposants, en s'appuyant sur les propositions suivantes :

I. *Pour faire le produit de plusieurs puissances quelconques d'un même nombre, on élève ce nombre à une puissance ayant pour exposant la somme des exposants des facteurs.*

II. *Pour faire le quotient exact de deux puissances quelconques d'un même nombre, on élève ce nombre à une puissance ayant pour exposant l'excès de l'exposant du dividende sur celui du diviseur.*

III. *Pour élever une puissance d'un nombre à une puissance quelconque, on élève ce nombre à une puissance ayant pour exposant le produit des deux exposants.*

IV. *Pour élever un produit de facteurs à une puissance quelconque, on élève chaque facteur à cette puissance.*

Ainsi, un produit et un quotient de puissances d'un même nombre se ramènent respectivement à une somme et à une différence d'exposants, et une puissance de puissance revient à un produit d'exposants.

66. L'addition, la multiplication et l'élévation aux puissances sont trois opérations de même ordre, ascendantes, et de trois degrés différents ; les opérations inverses, la soustraction, la division, et le retour d'une puissance au nombre initial, dont il sera parlé plus loin (122), sont aussi de même ordre, mais descendantes, et aussi de trois degrés différents. Il résulte de ce fait et de ce qui précède que les opérations des deux degrés supérieurs sur les puissances se ramènent à celles de même ordre d'un degré inférieur sur les exposants.

§ VI. — Égalités et Inégalités.

67. Définitions. — Pour exprimer en langage mathématique ou simplifié qu'un nombre, ou que le résultat d'une ou de plusieurs opérations indiquées sur des nombres, est égal à un autre nombre, ou à un résultat d'opérations sur d'autres nombres, on se sert du signe =, qui se prononce *égale* et qui se place entre les deux expressions reconnues égales ou données comme devant l'être. L'ensemble des deux expressions et du signe forme une *égalité* ; la première expression est le *premier membre* de cette égalité, et la seconde, le *second membre*.

Si l'on veut exprimer qu'un nombre, ou qu'un résultat d'opérations indiquées sur des nombres, est différent d'un autre nombre, ou d'un résultat d'opérations portant sur d'autres nombres, on se sert de l'un des signes >, qui se lit *plus grand que*, ou <, qui se lit *plus petit que*, et que l'on place entre les deux expressions différentes, de manière que la plus grande soit du côté de l'ouverture du signe et la plus petite du côté du sommet. L'ensemble des deux expressions et du signe forme une *inégalité*, dont la première expression est le *premier membre* et la seconde le *second membre*.

68. Propriétés principales des égalités. — **I.** *On peut, sans troubler une égalité :*

1° ajouter ou retrancher le même nombre à ses deux membres ;

2° multiplier ou diviser ses deux membres par un même nombre ;

3° élever ses deux membres à une même puissance.

II. *Si deux égalités ont un membre commun, il y a égalité entre les deux autres membres.*

III. *Étant données plusieurs égalités, en les combinant membre à membre par voie d'addition, de soustraction, de multiplication ou de division, on obtient de nouvelles égalités.*

69. Propriétés principales des inégalités. — **I.** *On peut, sans troubler le sens d'une inégalité :*

1° ajouter ou retrancher le même nombre à ses deux membres ;

2° multiplier ou diviser ses deux membres par un même nombre ;

3° élever ses deux membres à une même puissance.

II. *Étant données plusieurs inégalités de même sens, en les additionnant ou en les multipliant membre à membre, on obtient une nouvelle inégalité de même sens que les proposées.*

La soustraction membre à membre de deux inégalités de même sens n'entraîne pas la connaissance *a priori* de la manière d'être, l'un par rapport à l'autre, des deux résultats. Il en est de même pour la division.

CHAPITRE IV

PROPRIÉTÉS DES NOMBRES

---

§ I. — Divisibilité.

70. Définitions. — Lorsque deux nombres sont exactement divisibles l'un par l'autre, on dit que le second est un *diviseur* du premier et que le premier est un *multiple* du second.

Tout nombre plus grand que 1 admet au moins deux diviseurs, lui-même et l'unité. Le nombre zéro peut être considéré comme ayant tous les autres nombres pour diviseurs.

Lorsqu'un nombre n'a pas d'autre diviseur que lui-même et l'unité, on l'appelle *nombre premier*.

Dans la pratique du calcul, il est à chaque instant utile de savoir, sans longues recherches, si un nombre donné est divisible ou non par un autre, et quel est, dans le second cas, le reste de la division. De là le besoin d'avoir des *caractères de divisibilité*, qui sont des moyens simples et rapides pour découvrir la possibilité de certaines divisions et pour calculer les restes de celles qui sont impossibles.

71. Théorèmes. — La recherche de ces caractères repose sur les théorèmes suivants :

I. *Tout diviseur de plusieurs nombres divise leur somme.* Ce théorème s'énonce encore : *tout diviseur des différentes parties d'une somme est un diviseur de la somme.*

II. *Tout diviseur d'un nombre est un diviseur des multiples de ce nombre.*

III. *Si un nombre est formé de deux parties, tout nombre qui est diviseur de l'une des parties sans l'être de l'autre n'est pas un diviseur de la somme. Le reste de la division de cette somme par ce diviseur est le même que celui de la division, par ce même diviseur, de la partie non divisible.*

72. Caractères de divisibilité. — Voici les principaux caractères de divisibilité, ceux auxquels on a le plus souvent recours dans la pratique.

I. *Pour qu'un nombre soit divisible par 2 ou par 5, il faut et il suffit que son chiffre des unités soit divisible par 2 ou par 5. Le reste de la division d'un nombre quelconque par 2 ou par 5 est le même que celui de la division par 2 ou par 5 de son chiffre des unités.*

II. *Pour qu'un nombre soit divisible par 4 ou par 25, il faut et il suffit que l'ensemble des deux derniers chiffres à droite forme un nombre divisible par 4 ou par 25. Le reste de la division d'un nombre quelconque par 4 ou par 25 est le même que celui de la division, par 4 ou par 25, du nombre formé par l'ensemble de ses deux derniers chiffres à droite.*

III. *Pour qu'un nombre soit divisible par 8 ou par 125, il faut et il suffit que l'ensemble de ses trois derniers chiffres à droite forme un nombre divisible par 8 ou par 125. Le reste de la division d'un nombre quelconque par 8 ou par 125 est le même que celui de la division, par 8 ou par 125, du nombre formé par l'ensemble de ses trois derniers chiffres à droite.*

IV. *Pour qu'un nombre soit divisible par 3 ou par 9, il faut et il suffit que la somme de ses chiffres soit divisible par 3 ou par 9. Le reste de la division d'un nombre quelconque par 3 ou par 9 est le même que celui de la division, par 3 ou par 9, de la somme de ses chiffres.*

V. *Pour qu'un nombre soit divisible par 11, il faut et il suffit que la différence entre la somme de ses chiffres de rang impair à partir de la droite et celle de ses chiffres de rang pair soit divisible par 11. Le reste de la division d'un nombre quelconque par 11 est le même que celui de la division par 11 de l'excès de* *la somme des chiffres de rang impair (augmentée au besoin d'un multiple de 11) sur la somme des chiffres de rang pair.*

73. Méthode générale pour la recherche des caractères de divisibilité. — S'il est des procédés particuliers pour établir des caractères de divisibilité par certains nombres, il y a aussi des méthodes générales pour déterminer le caractère de divisibilité par un nombre donné quelconque. Elles consistent ordinairement à décomposer en deux parties tout nombre sur lequel on veut essayer la division par le nombre donné, de manière que celui-ci divise l'une de ces parties : s'il divise la seconde, il divise aussi le nombre considéré ; dans le cas contraire, le reste de la division est le même que celui de la seconde partie.

La méthode que nous indiquerons ici comme nous paraissant la plus simple est la suivante :

Supposons qu'il s'agisse de trouver un caractère de divisibilité par un nombre quelconque n. En divisant par n les puissances successives de 10, ce qui se fait en effectuant la division par n d'un nombre formé de l'unité et d'une suite indéfinie de zéros, on arrive nécessairement après un maximum de $n-1$ opérations à trouver un reste nul ou égal à l'un de ceux que l'on a déjà obtenus. Deux cas peuvent donc se présenter :

1° Si la division, après une, deux ou un plus grand nombre d'opérations, conduit à un reste nul, il s'ensuit que tout nombre peut être décomposé en deux parties, l'une divisible par n et contenant l'ensemble des unités exprimées par la première puissance de 10 divisible par n, l'autre comprenant toutes les unités des ordres inférieurs. Si la seconde partie est divisible par n, le nombre envisagé est aussi divisible par n ; dans le cas contraire, il ne l'est pas et donne un reste qui est le même que celui de la seconde partie.

Les caractères de divisibilité par 2 et 5, 4 et 25, 8 et 125 rentrent dans ce cas et peuvent être établis en suivant cette méthode. Prenons pour exemple la recherche des conditions de divisibilité d'un nombre quelconque, 57396 par exemple, par 8. On a d'abord :

$$1 = 1 ;$$
$$10 = \text{mult. } 8 + 2 ;$$
$$100 = \text{mult. } 8 + 4 ;$$
$$1\,000 = \text{mult. } 8 ;$$
$$10\,000 = \text{mult. } 8 ; \text{ etc.,}$$

puis
$$57\,396 = 6$$
$$+ \quad 90 \text{ ou mult. } 8 + 2 \times 9$$
$$+ \quad 300 \text{ ou mult. } 8 + 4 \times 3$$
$$+ \quad 7\,000 \text{ ou mult. } 8$$
$$+ 50\,000 \text{ ou mult. } 8,$$

ou
$$57\,396 = \text{mult. } 8 + (6 + 2 \times 9 + 4 \times 3).$$

Ce qui se traduit : *Pour qu'un nombre soit divisible par 8, il faut et il suffit que la somme obtenue en ajoutant au chiffre des unités simples le double du chiffre des dizaines, plus le quadruple de celui des centaines, soit divisible par 8.*

Mais si l'on remarque qu'en ajoutant à l'expression $(6 + 2 \times 9 + 4 \times 3)$ le multiple de 8, $(8 \times 9 + 96 \times 3)$, on ne change pas les conditions de divisibilité, on obtient pour la seconde partie $(6 + 10 \times 9 + 100 \times 3)$, ce qui revient à dire que *pour qu'un nombre soit divisible par 8, il faut et il suffit que le nombre formé par ses trois derniers chiffres à droite soit divisible par 8* : c'est ce qu'on a énoncé plus haut (72).

Remarque. — De ce premier cas, on déduirait de même les caractères de divisibilité par 16 ou 2^4, 32 ou 2^5, etc., 625 ou 5^4, 3125 ou 5^5, etc., et en combinant les facteurs 2 et 5, celui d'un nombre quelconque de la forme générale $2^a \times 5^b$.

2° Si la division conduit à un reste déjà trouvé, les restes qui suivent sont la reproduction périodique et indéfinie des précédents à partir de celui qui se reproduit le premier. En exprimant alors par rapport à n les valeurs respectives de l'unité seule, de la première puissance de 10, de la deuxième, de la troisième, etc., pour multiplier ensuite les deux membres de ces égalités respectivement par les chiffres successifs, en allant de droite à gauche, du nombre sur lequel porte l'essai, le résultat finalement obtenu en additionnant membre à membre ces dernières égalités donne la décomposition du nombre proposé en deux parties, dont l'une est un multiple de n et l'autre celle qui permet de formuler le caractère de divisibilité.

Cette méthode est celle dont on se sert généralement pour établir les caractères de divisibilité déjà donnés par 3, 9 et 11.

Appliquons-la à la recherche d'un caractère de divisibilité par 6 d'un nombre quelconque, 93872 par exemple. La division par 6 d'un nombre formé de l'unité et d'une suite indéterminée de zéros donne le reste 4 qui se reproduit indéfiniment. On a donc :

$$1 = 1 ;$$
$$10 = \text{mult. } 6 + 4 ;$$
$$100 = \text{mult. } 6 + 4 ;$$
$$1000 = \text{mult. } 6 + 4 ;$$
$$10000 = \text{mult. } 6 + 4 ;$$

puis
$$93872 = \qquad 2$$
$$+ \quad 70 \text{ ou mult. } 6 + 4 \times 7$$
$$+ \quad 800 \text{ ou mult. } 6 + 4 \times 8$$
$$+ \quad 3000 \text{ ou mult. } 6 + 4 \times 3$$
$$+ 90000 \text{ ou mult. } 6 + 4 \times 9,$$

ou, enfin,
$$93872 = \text{mult. } 6 + [2 + 4(7 + 8 + 3 + 9)].$$

Ce qui se traduit ainsi : *Pour qu'un nombre soit divisible par 6, il faut et il suffit que la somme obtenue en ajoutant au chiffre des unités le quadruple de la somme de tous les autres soit divisible par 6.*

Soit encore la recherche d'un caractère de divisibilité par 7 d'un nombre quelconque, 2345689 par exemple. La division par 7 d'un nombre formé de l'unité et d'une suite indéterminée de zéros donne la série des restes 3, 2, 6, 4, 5, 1, qui se reproduit indéfiniment. On peut donc écrire :

$$1 = 1 ;$$
$$10 = \text{mult. } 7 + 3 ;$$
$$100 = \text{mult. } 7 + 2 ;$$
$$1000 = \text{mult. } 7 + 6, \text{ ou mult. } 7 + 7 - 1, \text{ ou mult. } 7 - 1 ;$$
$$10000 = \text{mult. } 7 + 4 \quad \text{ou} \quad \text{mult. } 7 - 3 ;$$
$$100000 = \text{mult. } 7 + 5 \quad \text{ou} \quad \text{mult. } 7 - 2 ;$$
$$1000000 = \text{mult. } 7 + 1 ;$$

d'où il vient

$$2\,345\,689 = \qquad\qquad\qquad 9$$
$$+ \qquad\quad 80 \text{ ou mult. } 7 + 3 \times 8$$
$$+ \qquad\quad 600 \text{ ou mult. } 7 + 2 \times 6$$
$$+ \qquad\quad 5\,000 \text{ ou mult. } 7 - 1 \times 5$$
$$+ \qquad 40\,000 \text{ ou mult. } 7 - 3 \times 4$$
$$+ \quad 300\,000 \text{ ou mult. } 7 - 2 \times 3$$
$$+ 2\,000\,000 \text{ ou mult. } 7 + 1 \times 2,$$

ou, enfin, $\quad 2\,345\,689 = \text{mult. } 7$
$$+ [(9 + 3 \times 8 + 2 \times 6) - (1 \times 5 + 3 \times 4 + 2 \times 3) + (1 \times 2)].$$

Ce qui se traduit : *Pour qu'un nombre soit divisible par 7, il faut et il suffit, après l'avoir partagé en tranches de trois chiffres à partir de la droite, avoir additionné dans chaque tranche le chiffre des unités, le triple de celui des dizaines et le double de celui des centaines, avoir fait ensuite la somme, d'une part des résultats des tranches de rang impair, d'autre part des résultats des tranches de rang pair, que la différence de ces deux sommes soit divisible par 7.*

Comme ce caractère de divisibilité comporte un assez long calcul, on le présente généralement sous une forme plus simple, en partant de cette remarque que les puissances de 1000 sont des multiples de 7 plus ou moins 1, suivant qu'elles sont paires ou impaires. On peut donc écrire :

$$1\,000 = \text{mult. } 7 - 1 ;$$
$$1\,000\,000 = \text{mult. } 7 + 1 ;$$
$$1\,000\,000\,000 = \text{mult. } 7 - 1 ; \text{ etc.}$$

De sorte qu'un nombre tel que $6\,329\,580\,471$ peut se décomposer ainsi qu'il suit :

$$6\,329\,580\,471 = \qquad\qquad\qquad 471$$
$$+ \qquad 580\,000 \text{ ou mult. } 7 - 580$$
$$+ \quad 329\,000\,000 \text{ ou mult. } 7 + 329$$
$$+ 6\,000\,000\,000 \text{ ou mult. } 7 - \qquad 6,$$

d'où $\quad 6\,329\,580\,471 = \text{mult. } 7 + [(471 + 329) - (580 + 6)].$

Ce résultat s'énonce : *Pour qu'un nombre soit divisible par 7, il faut et il suffit, après l'avoir partagé en tranches de trois chiffres en allant de droite à gauche, que la différence entre la somme des tranches de rang pair et celle des tranches de rang impair soit divisible par 7.*

REMARQUE. — Cette méthode ne conduit pas toujours à des formules simples de caractères de divisibilité; cependant en voici quelques-unes qui ne sont pas très compliquées :

Il faut et il suffit, pour qu'un nombre soit divisible :

1° par 33, après l'avoir partagé en tranches de deux chiffres à partir de la droite, que la somme de ces tranches soit divisible par 33;

2° par 27 ou 37, après l'avoir partagé en tranches de trois chiffres à partir de la droite, que la somme de ces tranches soit divisible par 27 ou 37;

3° par 13, après l'avoir partagé en tranches de trois chiffres à partir de la droite, que la différence entre la somme des tranches de rang pair et celle des tranches de rang impair soit divisible par 13.

Ce dernier caractère est analogue au second de ceux que nous avons donnés pour le nombre 7.

74. Autres théorèmes relatifs à la divisibilité. — Les théorèmes suivants sont les principaux de ceux qui complètent cette première partie de la divisibilité des nombres.

I. *Tout nombre qui en divise deux autres divise leur différence.*

II. *Tout nombre qui en divise deux autres divise le reste de leur division.*

III. *Deux nombres qui, divisés par un troisième, donnent le même reste, ont leur différence divisible par ce troisième,* et réciproquement.

IV. *Le reste de la division d'une somme par un nombre est égal à celui que fournit le total des restes des différentes parties de la somme, respectivement divisées par ce même nombre.*

V. *Le reste de la division d'une différence par un nombre est égal à celui qu'on obtient en divisant le premier terme de cette différence par ce nombre, diminué de celui qui résulte de la division du second terme par ce même nombre. Si le premier de* *ces deux restes est inférieur à l'autre, on l'augmente du diviseur pour faire la soustraction.*

VI. *Le reste de la division d'un produit de plusieurs facteurs par un nombre est égal à celui que fournit le produit des restes des divers facteurs respectivement divisés par ce nombre.*

Remarque. — Ce dernier théorème trouve son application immédiate dans la preuve par 9, ou par tout autre nombre, de la multiplication et de la division. Le nombre employé dans cette preuve prend généralement le nom de *module.*

§ II. — Plus grand commun diviseur.

75. Définitions. — Tout diviseur de plusieurs nombres s'appelle *diviseur commun* à ces nombres. Plusieurs nombres, quels qu'ils soient, admettent au moins un diviseur commun, l'unité. Le plus grand des diviseurs communs à plusieurs nombres porte le nom de *plus grand commun diviseur* de ces nombres.

Deux nombres qui n'ont pas de diviseur commun autre que l'unité sont dits *premiers entre eux;* et plus de deux nombres qui sont dans le même cas sont dits *premiers dans leur ensemble.*

Si plusieurs nombres sont tels que pris deux à deux, de toutes les manières possibles, ils n'admettent pas de diviseur commun, on dit qu'ils sont *premiers deux à deux.*

Les nombres 3, 4, 5, 6 sont premiers dans leur ensemble, et les nombres 4, 5, 7, 9 sont premiers deux à deux.

On appelle quelquefois nombres *premiers absolus* les nombres premiers qui n'admettent comme diviseurs qu'eux-mêmes et l'unité, pour les distinguer de ceux qui, comme les précédents, sont seulement premiers les uns par rapport aux autres.

76. Recherche du plus grand commun diviseur de deux nombres. — Soient deux nombres A et B, A étant plus grand que B. Si B divise A, tous les communs diviseurs de A et de B sont les diviseurs de B. Si B ne divise pas A, on sait que tout commun diviseur de A et de B est un diviseur du reste C de leur division, et par conséquent un commun diviseur de B et de C. On démontre aussi que, réciproquement, tout commun diviseur de C et de B est un diviseur de A et par conséquent un commun diviseur de A et de B : il en résulte que les deux séries de communs diviseurs de A et de B, d'une part, et de B et de C, d'autre part, sont absolument identiques. Si C divise B, tous les communs diviseurs de B et de C sont les diviseurs de C. Si C ne divise pas B, en représentant par D le reste de leur division, et en raisonnant comme précédemment, on arrive à conclure que les deux séries de communs diviseurs de B et de C, d'une part, et de C et de D, de l'autre, sont absolument identiques. En continuant ainsi, on est amené à un dernier couple de nombres H et K, tel que K divise H, car les restes vont sans cesse en décroissant et il arrive nécessairement un moment où l'un d'eux est nul, même lorsqu'on trouve le reste 1, parce que ce reste devient le dernier diviseur et amène un reste égal à zéro. Mais, d'après notre raisonnement, les communs diviseurs de H et de K, qui sont les diviseurs de K, sont communs au couple de nombres précédents et, en remontant de couple en couple, sont communs diviseurs de A et de B; comme aussi les communs diviseurs de A et de B sont réciproquement communs aux divers couples suivants jusqu'à H et K, et sont les diviseurs de K. De sorte que tous les diviseurs de K sont rigoureusement tous les communs diviseurs de A et de B; et notre raisonnement démontre que pour deux nombres A et B quelconques et différents de zéro, il existe toujours un nombre K qui satisfait à ces conditions. Comme K est à lui-même son plus grand diviseur, il est par suite le plus grand commun diviseur de A et de B.

La règle à suivre pour trouver le plus grand commun diviseur de deux nombres est dès lors la suivante :

On divise le plus grand nombre par le plus petit, et si l'opération se fait exactement, le plus petit nombre est le plus grand commun diviseur cherché. S'il y a un reste, on divise le plus petit nombre par ce reste, et si cette seconde opération se fait exactement, le reste est le plus grand commun diviseur cherché. S'il y a un deuxième reste, on divise le premier reste par le deuxième, et l'on continue ainsi jusqu'à ce qu'on trouve un reste nul. Le dernier diviseur employé est le plus grand commun diviseur des deux nombres proposés.

Si ce dernier diviseur est l'unité, les deux nombres sont premiers entre eux.

77. Théorèmes relatifs au plus grand commun diviseur de deux nombres. — De la théorie qui précède découlent les propriétés suivantes :

I. *Tout nombre qui en divise deux autres divise leur plus grand commun diviseur*, et réciproquement.

II. *Si l'on multiplie ou si l'on divise deux nombres par un troisième, leur plus grand commun diviseur est multiplié ou divisé par ce troisième.*

III. *Les quotients de deux nombres par leur plus grand commun diviseur sont premiers entre eux.*

78. Recherche du plus grand commun diviseur de plus de deux nombres. — Pour la recherche du plus grand commun diviseur de plus de deux nombres, on part de cette proposition facile à démontrer, d'après la théorie précédente, qu'*on ne change pas les résultats de la recherche du plus grand commun diviseur de plusieurs nombres en remplaçant deux de ces nombres par leur plus grand commun diviseur*, et l'on en tire la règle suivante :

Le plus grand commun diviseur de plusieurs nombres s'obtient en cherchant le plus grand commun diviseur de deux de ces nombres, puis le plus grand commun diviseur du résultat obtenu et d'un troisième des nombres proposés, puis le plus grand commun diviseur de ce deuxième résultat et d'un quatrième des nombres proposés, et ainsi de suite jusqu'à ce que tous les nombres donnés soient épuisés. Le dernier plus grand commun diviseur obtenu est le plus grand commun diviseur cherché.

REMARQUE. — Dans la recherche du plus grand commun

diviseur de plusieurs nombres, on abrège les opérations en commençant par les plus petits de ces nombres.

79. Théorèmes relatifs au plus grand commun diviseur de plusieurs nombres. — Les propriétés suivantes résultent de ce qui précède :

I. *Tout nombre qui en divise plusieurs autres divise leur plus grand commun diviseur*, et réciproquement.

II. *Si l'on multiplie ou si l'on divise plusieurs nombres par un autre, leur plus grand commun diviseur est multiplié ou divisé par cet autre.*

III. *Les quotients de plusieurs nombres par leur plus grand commun diviseur sont premiers dans leur ensemble.*

Ces théorèmes sont la généralisation de ceux qui ont été donnés plus haut relativement au plus grand commun diviseur de deux nombres.

Le dernier établit l'*existence de groupes* de nombres premiers entre eux dans leur ensemble.

§ III. — Plus petit commun multiple.

80. Définitions. — Tout nombre divisible par plusieurs autres nombres est un *commun multiple* de ces nombres. Tels sont les résultats, en nombre infini, de la multiplication du produit des nombres considérés par d'autres nombres quelconques.

Le plus petit de tous les communs multiples de plusieurs nombres s'appelle le *plus petit commun multiple* de ces nombres.

81. Recherche du plus petit commun multiple de deux nombres. — Soient deux nombres A et B; représentons par D leur plus grand commun diviseur, et par A', B' leurs quotients respectifs par ce plus grand commun diviseur (ces quotients sont premiers entre eux). Appelons M un commun multiple des deux nombres A et B; on a, d'une part,

$$M = A \times Q,$$

ou, comme A est égal à $A' \times D$,

(1) $M = A' \times D \times Q$.

D'autre part, le nombre B ou $B' \times D$ divise son multiple M, c'est-à-dire le produit $A' \times D \times Q$, d'où il suit que B' divise $A' \times Q$; mais comme on démontre que *tout nombre qui divise un produit de deux facteurs et qui est premier avec l'un d'eux divise l'autre*, il en résulte que B' premier avec A' divise Q. On a donc

$$Q = B' \times Q'$$

et, en remplaçant dans (1), Q par sa valeur $B' \times Q'$, il vient, avec un changement d'ordre des facteurs,

$$M = A' \times B' \times D \times Q'.$$

Ainsi, tout multiple commun aux deux nombres A et B est divisible par le produit $A' \times B' \times D$, et comme ce produit est aussi un multiple de A et B, puisque divisé par A il donne le quotient B', et divisé par B le quotient A', il s'ensuit qu'il est le plus petit commun multiple des deux nombres A et B.

Or, ce plus petit commun multiple peut s'écrire

$$\frac{A' \times D \times B' \times D}{D}, \quad \text{ou} \quad \frac{A \times B}{D},$$

ce qui se traduit par la proposition suivante, qui sert ici de règle à suivre :

Le plus petit commun multiple de deux nombres est égal au quotient du produit de ces nombres par leur plus grand commun diviseur.

REMARQUE. — De cette proposition on déduit immédiatement ce corollaire : *Le produit de deux nombres est égal au produit de leur plus petit commun multiple par leur plus grand commun diviseur.*

82. Recherche du plus petit commun multiple de plus de deux nombres. — Pour la recherche du plus petit commun multiple de plus de deux nombres, on part de cette proposition facile à démontrer, d'après la théorie précédente, qu'*on ne change pas les résultats de la recherche du plus petit commun multiple de* *plusieurs nombres en remplaçant deux de ces nombres par leur plus petit commun multiple,* et l'on en tire la règle suivante :

Le plus petit commun multiple de plusieurs nombres s'obtient en cherchant le plus petit commun multiple de deux de ces nombres, puis le plus petit commun multiple du résultat obtenu et d'un troisième des nombres proposés, puis le plus petit commun multiple de ce deuxième résultat et d'un quatrième des nombres proposés, et ainsi de suite, jusqu'à ce que tous les nombres donnés soient épuisés. Le dernier plus petit commun multiple obtenu est le plus petit commun multiple cherché.

83. Théorèmes relatifs au plus petit commun multiple. — Les propositions suivantes sur le plus petit commun multiple sont utiles à connaître ; elles se déduisent de ce qui précède :

I. *Tout multiple commun à plusieurs nombres est un multiple de leur plus petit commun multiple.*

II. *Le plus petit commun multiple de plusieurs nombres premiers entre eux deux à deux est leur produit.*

III. *Si l'on multiplie ou si l'on divise plusieurs nombres par un même facteur, leur plus petit commun multiple est multiplié ou divisé par ce facteur.*

IV. *Les quotients du plus petit commun multiple de plusieurs nombres par chacun de ces nombres sont premiers entre eux dans leur ensemble,* et réciproquement.

V. *Le plus petit commun multiple de n nombres est égal à leur produit divisé par le plus grand commun diviseur de leurs produits $n-1$ à $n-1$.*

Remarque. — Ce dernier théorème fournit un deuxième procédé pour trouver le plus petit commun multiple de plusieurs nombres.

§ IV. — Nombres premiers.

84. Un nombre premier absolu, d'après la définition qui en a été donnée, est premier avec tout nombre qu'il ne divise pas. Et du fait que tout nombre qui en divise deux autres divise leur différence, on déduit que deux nombres consécutifs quelconques qui n'ont pour différence que l'unité sont premiers entre eux.

Quand on parle de nombres premiers absolus, on dit tout simplement, pour simplifier le langage, *nombres premiers*, sans autre épithète distinctive, tandis que pour les autres on dit nombres premiers entre eux dans leur ensemble ou deux à deux.

L'existence des nombres premiers est mise en évidence par ce théorème :

Tout nombre plus grand que 1 admet au moins un diviseur premier autre que l'unité.

La théorie élémentaire des nombres premiers consiste généralement dans la démonstration des propriétés suivantes que nous diviserons en deux groupes.

85. Théorèmes relatifs aux nombres premiers. — I. *La suite des nombres premiers est illimitée.*

II. *Tout nombre premier qui divise un produit de plusieurs facteurs divise au moins l'un de ces facteurs.*

III. *Tout nombre premier qui divise une puissance d'un nombre divise ce nombre*, et réciproquement.

IV. *Si deux nombres sont premiers entre eux, leurs puissances de degrés quelconques sont premières entre elles*, et réciproquement.

V. *Tout nombre premier avec chacun des facteurs d'un produit est premier avec le produit*, et réciproquement.

VI. *Tout nombre divisible séparément par plusieurs nombres premiers entre eux deux à deux est divisible par leur produit.*

Ce dernier théorème permet d'établir des caractères simples de divisibilité par certains nombres tels que 6, 12, 15, 36, etc.

86. Théorèmes relatifs aux nombres non premiers. — VII. *Plusieurs nombres qui ne sont pas premiers entre eux dans leur ensemble admettent un diviseur premier commun autre que l'unité.*

VIII. *Tout nombre qui n'est pas premier est un produit de facteurs premiers.*

IX. *Un nombre n'est décomposable que d'une seule manière en facteurs premiers.*

X. *Pour qu'un nombre soit divisible par un autre, il faut et il suffit qu'il contienne chaque facteur premier de cet autre avec un exposant au moins égal à celui dont il est affecté dans le nombre diviseur.*

XI. *Pour qu'un nombre soit une puissance déterminée d'un autre, il faut et il suffit que les exposants de ses facteurs premiers soient des multiples du degré de la puissance donnée.*

§ V. — Applications des nombres premiers.

87. I. Former une table de nombres premiers. — Comme on n'a pas encore trouvé de loi ou de formule qui comprenne tous les nombres premiers à l'exclusion de tout autre nombre, on résout la question en écrivant les uns à la suite des autres, sur plusieurs lignes parallèles, tous les nombres naturels inférieurs à la limite qu'on veut assigner à la table et l'on y barre, en partant de l'unité, tous les multiples des nombres premiers successifs 2, 3, 5, 7, etc., en commençant pour chacun d'eux par son carré, ses multiples inférieurs ayant disparu comme multiples des nombres premiers précédents. L'opération est terminée lorsque le carré du nombre premier dont on veut barrer les multiples est plus grand que la limite supérieure de la table. Les nombres qui restent sont évidemment tous les nombres premiers inférieurs à cette limite.

On sait que cette opération porte le nom de *crible d'Ératosthène*.

88. II. Reconnaître si un nombre donné est premier ou ne l'est pas. — Le procédé élémentaire que l'on emploie et qui repose sur le théorème VIII, énoncé plus haut, consiste à essayer la division du nombre donné, successivement par chacun des nombres premiers inférieurs à celui dont le carré est immédiatement supérieur à ce nombre donné. Si aucune des divisions ne réussit, le nombre est premier ; dans le cas contraire, il ne l'est pas.

89. III. Décomposer un nombre donné en ses facteurs premiers. — Un nombre n'étant décomposable que d'une seule manière en facteurs premiers, quel que soit le moyen employé pour opérer cette décomposition, il conduira nécessairement au but proposé. Celui auquel on a généralement recours consiste, en s'aidant de la connaissance des caractères de divisibilité, à chercher successivement quels sont les nombres premiers, en commençant par les plus petits, qui divisent le nombre donné, et à faire la division chaque fois et autant de fois qu'elle est possible par un même nombre premier ; l'essai du nombre premier suivant ne porte que sur le dernier quotient obtenu, et l'opération est terminée lorsqu'on arrive à un quotient que l'on reconnaît être lui-même un nombre premier. L'ensemble des diviseurs trouvés et de ce dernier quotient donne la solution du problème.

Exemple : $3960 = 2^3 \times 3^2 \times 5 \times 11$.

90. IV. Former tous les diviseurs d'un nombre donné. — Après avoir décomposé le nombre proposé en ses facteurs premiers, on écrit, sur autant de lignes horizontales qu'il y a de facteurs premiers différents, l'unité et les puissances successives de chacun de ces facteurs jusqu'à la plus élevée de celles qui entrent dans le nombre ; on multiplie ensuite les nombres de la première ligne par chacun des nombres de la deuxième, puis les produits ainsi formé par chacun des nombres de la troisième, et ainsi de suite. La dernière série de produits obtenue comprend exclusivement tous les diviseurs du nombre donné. On le démontre en prouvant : 1° que tous ces produits sont des diviseurs de ce nombre ; 2° qu'ils sont tous différents ; 3° qu'ils représentent tous les diviseurs du nombre.

On trouve ainsi que le nombre précédent, 3960, a pour diviseurs les nombres suivants : 1, 2, 4, 8, 3, 6, 12, 24, 9, 18, 36, 72, 5, 10, 20, 40, 15, 30, 60, 120, 45, 90, 180, 360, 11, 22, 44, 88, 33, 66, 132, 264, 99, 198, 396, 792, 55, 110, 220, 440, 165, 330, 660, 1320, 495, 990, 1980, 3960.

91. V. Calculer le nombre des diviseurs d'un nombre donné. — Le nombre des termes de chacune des lignes horizontales dont il a été question dans le problème précédent étant égal à l'exposant plus un du facteur premier correspondant, il en résulte que le nombre des diviseurs finalement obtenus est représenté par le produit des exposants, augmentés d'une unité, des divers facteurs premiers du nombre proposé.

Exemple : 3960, ou $2^3 \times 3^2 \times 5 \times 11$, a un nombre de diviseurs égal à $(3+1)(2+1)(1+1)(1+1)$ ou à 48.

92. VI. Trouver le plus grand commun diviseur de plusieurs nombres donnés. — En s'appuyant sur le théorème X du § IV qui précède, on démontre que le plus grand commun diviseur de plusieurs nombres est égal au produit des facteurs premiers communs à ces nombres, chacun de ces facteurs étant pris avec son plus petit exposant.

Exemple : Les nombres $2^3 \times 3^2 \times 5 \times 11$, $2^4 \times 3^3 \times 7 \times 11$, $2^3 \times 3^5 \times 5^2 \times 11$ ont pour plus grand commun diviseur $2^3 \times 3^2 \times 11$.

93. VII. Trouver le plus petit commun multiple de plusieurs nombres donnés. — A l'aide du même théorème X, on prouve que le plus petit commun multiple de plusieurs nombres est égal au produit de tous les facteurs premiers, communs ou non communs, de ces nombres, chacun de ces facteurs étant pris avec son exposant le plus élevé.

Exemple : Les trois nombres précédents ont pour plus petit commun multiple $2^4 \times 3^5 \times 5^2 \times 7 \times 11$.

CHAPITRE V

NOMBRES FRACTIONNAIRES

---

§ I. — Considérations générales.

94. Génération des nombres fractionnaires. — Jusqu'ici nous nous sommes exclusivement occupés des nombres envisagés comme des collections d'unités.

Si maintenant l'on considère une ou la réunion de plusieurs parties égales de l'unité, on a ce qu'on appelle une *fraction*.

Ainsi présentés, le nombre et la fraction paraissent avoir des origines différentes et devoir rester distincts et séparés dans le calcul. Il n'en est rien pourtant, parce qu'on peut leur trouver des modes communs de génération qui permettent d'étendre l'idée et la dénomination de nombre aux fractions. Un de ces modes réside dans la mesure des grandeurs mathématiques.

On donne le nom de *grandeurs mathématiques* à toutes les grandeurs mesurables directement ou par réduction, telles que les longueurs, les surfaces, les volumes, les poids, etc. ; et mesurer une de ces grandeurs, c'est la comparer à une autre de même nature, dont le choix peut être arbitraire, et qui joue le rôle d'*unité*.

Or, dans la mesure d'une grandeur, il peut arriver : 1° que cette grandeur contienne un nombre exact de fois l'unité : l'expression de la mesure est alors ce même nombre ; 2° que la comparaison de cette grandeur à l'unité donne un reste, et que ce reste contienne un nombre exact de fois une certaine partie aliquote de l'unité : la mesure s'exprime dans ce cas par le nombre de fois que cette partie aliquote est contenue dans l'unité et par le nombre de fois que l'une d'elles est contenue dans la grandeur à mesurer, et cette expression est une fraction ; 3° que la grandeur ne contienne exactement aucune des parties aliquotes de l'unité, quelque petites qu'on les considère : nous examinerons ultérieurement ce troisième cas (138).

Ainsi, d'après ce qui précède, les fractions et les nombres considérés en tant que collections d'unités peuvent être formés de la même manière, et c'est pour cette raison d'origine commune, que, par extension de l'idée de nombre aux fractions, on a donné à celles-ci le nom de *nombres fractionnaires*, et que pour les distinguer des nombres collections d'unités, ceux-ci sont particulièrement appelés des *nombres entiers*.

Il est facile de remarquer, toutefois, que les deux modes de génération des nombres entiers et des nombres fractionnaires ne sont pas très différents l'un de l'autre. Dans l'expression de la mesure d'une grandeur, un nombre représente encore à vrai dire une collection d'unités, et le nombre fractionnaire un certain nombre de parties égales de l'unité.

Il est à noter, en outre, qu'une grandeur déterminée peut être représentée par une infinité de nombres, en raison du choix arbitraire que l'on peut faire de l'unité.

Enfin, il y a quelque utilité à faire remarquer ici que les nombres *concrets*, précédemment définis (27), représentent de véritables grandeurs.

95. Représentation et lecture des nombres fractionnaires. — Les nombres fractionnaires comprennent donc *deux termes*, l'un qui exprime combien de fois l'unité contient sa partie aliquote employée : on l'appelle *dénominateur* ; l'autre, combien de fois cette partie aliquote est contenue dans la grandeur mesurée : on l'appelle *numérateur*. On écrit le numérateur au-dessus du dénominateur, en les séparant par un trait horizontal ; et pour lire cette expression, on énonce d'abord le numérateur, puis le dénominateur auquel on ajoute la terminaison *ième*. Cette dernière particularité comporte, on le sait, quelques exceptions.

Pour un nombre fractionnaire, il résulte de la signification attachée à chacun de ses termes :

1° qu'il est inférieur, égal ou supérieur à l'unité suivant que son numérateur est inférieur, égal ou supérieur à son dénominateur ;

2° qu'il est égal à un nombre entier — son numérateur — s'il a pour dénominateur l'unité ;

3° qu'il est nul s'il a pour numérateur le nombre zéro ;

4° qu'il ne peut pas avoir le nombre zéro pour dénominateur.

On donne plus particulièrement le nom de *fractions* aux nombres fractionnaires plus petits que l'unité. Les autres sont appelés des *expressions fractionnaires*.

96. Propriétés élémentaires des nombres fractionnaires. — On peut résumer ainsi qu'il suit les propriétés simples des nombres fractionnaires :

I. *Un nombre fractionnaire est égal au quotient exact de la division de son numérateur par son dénominateur.*

Comme conséquence de cette propriété, on peut dire que le quotient exact de deux nombres entiers est le nombre fractionnaire qui a pour numérateur le dividende et pour dénominateur le diviseur.

II. *Si l'on multiplie ou si l'on divise le numérateur d'un nombre fractionnaire par un même nombre entier, ce nombre fractionnaire est multiplié ou divisé par ce nombre entier.*

III. *Si l'on multiplie ou si l'on divise le dénominateur d'un nombre fractionnaire par un même nombre entier, ce nombre fractionnaire est divisé ou multiplié par ce nombre entier.*

IV. *Si l'on multiplie ou si l'on divise les deux termes d'un nombre fractionnaire par un même nombre entier, ce nombre fractionnaire ne change pas de valeur.*

V. *Si l'on augmente ou si l'on diminue d'un même nombre entier les deux termes d'un nombre fractionnaire, la valeur de ces*

*nombre fractionnaire se rapproche ou s'éloigne de l'unité ; elle
ne change pas si elle est égale à l'unité.*

§ II. — Transformations des nombres fractionnaires.

97. Dans la pratique, on a souvent besoin de faire subir
certaines transformations aux nombres fractionnaires. Voici
les principales.

**98. I. Extraction des unités contenues dans un nombre frac-
tionnaire.** — Si un nombre fractionnaire est plus grand que
l'unité, il peut être utile d'en extraire les unités qu'il contient.
Or, comme dans chaque nombre fractionnaire le dénominateur exprime combien l'unité contient de fois sa partie
aliquote correspondante, et le numérateur combien le nombre
fractionnaire contient de fois cette même partie, on conçoit
que le quotient du numérateur par le dénominateur représente
les unités contenues dans ce nombre fractionnaire. En ajoutant
à ce quotient une fraction qui a pour numérateur le reste de la
division, s'il y en a un, et pour dénominateur celui du nombre
fractionnaire, on reproduit ce nombre fractionnaire sous une
autre forme.

**99. II. Mise sous la forme fractionnaire d'un nombre entier
augmenté d'une fraction.** — Comme cette question est l'inverse
de la précédente, on la résout évidemment par des opérations
inverses de celles qu'on vient d'employer, c'est-à-dire qu'on
forme un nombre fractionnaire qui a pour dénominateur celui
de la fraction et pour numérateur le produit de ce dénominateur par le nombre entier, augmenté du numérateur de la
fraction.

100. III. Simplification des nombres fractionnaires. — Simplifier un nombre fractionnaire c'est l'exprimer, sans en changer la valeur, par des termes plus petits. L'opération qui a
pour objet cette simplification, et qui se justifie par la propriété IV du paragraphe précédent, consiste dans la division
des deux termes du nombre fractionnaire par un même facteur
commun.

Si l'on divise ces deux termes successivement par tous leurs facteurs communs, les derniers quotients sont premiers entre eux, et la simplification ne peut aller au delà. Ce résultat s'obtient directement en divisant les deux termes du nombre fractionnaire par leur plus grand commun diviseur.

Dans ce dernier cas, le nombre fractionnaire simplifié est dit *irréductible*, c'est-à-dire réduit à sa plus simple expression, et cette expression s'appelle la *valeur réduite* du nombre. La justification de ces appellations réside dans les propositions suivantes :

1° *Lorsqu'un nombre fractionnaire a ses deux termes premiers entre eux, tout nombre fractionnaire qui lui est égal a des termes équimultiples de ceux du premier.*

2° *Les deux termes d'un nombre fractionnaire irréductible sont premiers entre eux*, et réciproquement.

101. IV. Réduction des nombres fractionnaires au même dénominateur. — On ne peut facilement comparer des nombres fractionnaires entre eux qu'autant qu'ils ont un terme commun ; cette condition est même indispensable — nous le montrerons plus loin — quand on veut les soumettre à l'addition et à la soustraction ; aussi, lorsqu'elle n'est pas remplie dans les circonstances qui la réclament, transforme-t-on les nombres fractionnaires en d'autres équivalents qui ont un terme commun. Le terme généralement adopté, parce qu'il s'impose pour les deux premières opérations fondamentales, est le dénominateur.

Réduire des nombres fractionnaires au même dénominateur c'est donc en former d'autres qui aient même dénominateur et qui soient respectivement équivalents aux premiers.

On effectue cette opération, qui repose sur la propriété IV du paragraphe précédent, en réduisant d'abord tous les nombres fractionnaires à leur plus simple expression et en en multipliant ensuite les deux termes par un même nombre entier convenablement choisi. Pour chaque nombre fractionnaire, ce nombre multiplicateur peut être le produit des dénominateurs de tous les autres ; mais on choisit de préférence, dans un but de simplification, le quotient du plus petit commun multiple de tous les dénominateurs par le dénominateur du nombre fractionnaire sur lequel on opère.

§ III. — Opérations sur les nombres fractionnaires.

102. Nous avons à montrer ici que les opérations sur les nombres entiers sont applicables aux nombres fractionnaires, sous la réserve, toutefois, que les définitions de quelques-unes demanderont à être modifiées et à recevoir, dans un but de généralisation, une forme qui convienne à la fois aux nombres entiers et aux nombres fractionnaires.

103. I. Addition. — L'addition peut se définir pour les deux catégories de nombres : *une opération qui a pour objet de réunir plusieurs nombres donnés en un seul qui se compose des unités et des parties d'unités contenues dans tous ces nombres.*

Analogue à celle que nous avons donnée pour les nombres entiers, cette définition comprend évidemment la première.

En dernière analyse, toute opération arithmétique se fait sur des nombres entiers. L'addition des nombres fractionnaires doit donc se ramener à celle des nombres entiers. Pour cela, on fait exprimer aux nombres fractionnaires des subdivisions de même nature de l'unité : le dénominateur n'est plus alors qu'un nom commun à toutes les parties à réunir et l'addition porte sur les numérateurs. De là la règle :

Pour additionner plusieurs nombres fractionnaires, il faut les réduire au même dénominateur, puis former un autre nombre fractionnaire qui a pour numérateur la somme des nouveaux numérateurs et pour dénominateur le dénominateur commun : ce nombre est la somme des nombres proposés.

104. II. Soustraction. — Pour les nombres fractionnaires, comme pour les nombres entiers, la soustraction peut être définie : *une opération qui a pour objet, deux nombres étant donnés, de retrancher du plus grand toutes les unités et parties d'unités contenues dans l'autre.*

On peut aussi la définir, ainsi que nous l'avons dit (44), l'opération inverse de l'addition.

Par un raisonnement analogue à celui que nous avons suivi pour l'addition, on est conduit à la règle suivante :

Pour retrancher deux nombres fractionnaires l'un de l'autre, il faut les réduire au même dénominateur, puis former un autre nombre fractionnaire qui a pour numérateur la différence des nouveaux numérateurs et pour dénominateur le dénominateur commun : ce nombre est la différence des deux nombres proposés.

105. III. Multiplication. — La définition de la multiplication des nombres entiers (répéter un nombre donné autant de fois qu'il y a d'unités dans un second nombre aussi donné) n'est pas applicable à la multiplication des nombres fractionnaires. Il a donc fallu en trouver une autre qui convînt pour les deux espèces de nombres, d'après laquelle, par exemple, la valeur d'une marchandise fût représentée dans tous les cas par le produit du prix de l'unité et du nombre qui exprime la mesure de cette marchandise, quels que soient ce prix et ce nombre.

Soit à calculer, au prix de $\frac{3}{4}$ de franc le mètre : 1° la valeur de 2 mètres d'étoffe ; 2° celle de $\frac{1}{6}$ de mètre ; 3° celle de $\frac{5}{6}$ de mètre.

Dans le premier cas, il faut répéter le prix du mètre deux fois, en d'autres termes, multiplier $\frac{3}{4}$ de franc par 2 ; dans le deuxième, prendre le $\frac{1}{6}$ du prix du mètre, c'est-à-dire diviser $\frac{3}{4}$ de franc par 6 ; et dans le troisième, prendre 5 fois le $\frac{1}{6}$ du prix du mètre, ou diviser $\frac{3}{4}$ de franc par 6 et multiplier le quotient par 5. Or, remarquons que le résultat final, dans chacun des trois cas, se trouve être formé avec le prix du mètre de la même manière que le nombre entier ou fractionnaire de mètres l'est avec l'unité ; et comme dans le premier cas ce résultat s'obtient par une multiplication, on dit qu'il s'obtient encore dans les deux autres par la même opération, dans laquelle le prix du mètre et le nombre de mètres sont chaque fois, le multiplicande et le multiplicateur.

On est ainsi conduit à la définition suivante : *la multiplication est une opération qui a pour objet, deux nombres étant donnés, l'un appelé multiplicande, l'autre multiplicateur, de former un troisième nombre avec le multiplicande comme le multiplicateur est formé avec l'unité.*

Il suit de là que le produit de deux nombres est supérieur, égal ou inférieur au multiplicande suivant que le multiplicateur est supérieur, égal ou inférieur à l'unité ; et il en résulte que l'idée attachée jusqu'ici aux mots *multiplication* et *multiplicateur* reçoit ainsi une extension qui comprend, en particulier, le cas où le produit est inférieur au multiplicande. Cette extension trouve sa raison d'être, en dehors du besoin de généralisation, dans le fait qu'un nombre quelconque, par conséquent tout nombre appelé à jouer un rôle de multiplicateur, peut passer d'une valeur inférieure à l'unité à une valeur supérieure, par le changement de cette unité en une autre plus petite.

Remarquons, d'autre part, que, d'après cette définition, multiplier deux nombres quelconques l'un par l'autre, c'est encore répéter un certain nombre de fois le multiplicande ou une de ses parties aliquotes : la première définition que nous avons donnée de la multiplication rentre donc dans la seconde.

Cela dit, soit à multiplier $\frac{7}{12}$ par $\frac{9}{5}$. D'après la définition qui précède, le produit sera les $\frac{9}{5}$ de $\frac{7}{12}$. On le formera en prenant successivement le $\frac{1}{5}$ puis les $\frac{9}{5}$ de $\frac{7}{12}$. Le $\frac{1}{5}$ s'obtiendra en multipliant le dénominateur de $\frac{7}{12}$ par 5, ce qui donnera $\frac{7}{12 \times 5}$ et l'on passera aux $\frac{9}{5}$ en répétant 9 fois ce premier résultat, c'est-à-dire en en multipliant le numérateur par 9. On aura ainsi pour produit l'expression $\frac{7 \times 9}{12 \times 5}$, d'où l'on tire la règle suivante :

Pour multiplier deux nombres fractionnaires l'un par l'autre.

il faut multiplier entre eux, d'une part, les numérateurs, de l'autre, les dénominateurs, puis former un nombre fractionnaire qui a pour numérateur le premier produit et pour dénominateur le second.

Remarque I. — Le cas particulier où le multiplicande est un nombre entier se déduit facilement du cas général.

Remarque II. — Chaque terme du résultat de la multiplication de deux nombres fractionnaires étant le produit de deux nombres entiers, ce résultat est indépendant de l'ordre de ces nombres entiers, et par conséquent de l'ordre des nombres fractionnaires eux-mêmes dans la multiplication.

Si l'on étend aux nombres fractionnaires la définition que nous avons donnée du produit de plusieurs facteurs (54), on en déduit : 1° que le produit de plusieurs nombres fractionnaires s'obtient en en formant un autre qui a pour numérateur le produit des numérateurs, et pour dénominateur le produit des dénominateurs ; 2° que si tous les facteurs fractionnaires sont égaux, le produit est une puissance de l'un de ces facteurs, exprimée par un exposant égal au nombre de ces facteurs.

On démontre ensuite les deux propositions suivantes :

1° *Pour élever un nombre fractionnaire à une puissance, on élève ses deux termes à cette puissance.*

2° *Toute puissance d'un nombre fractionnaire irréductible est elle-même un nombre fractionnaire irréductible.*

106. IV. Division. — Des deux définitions de la division des nombres entiers, la première, qui considère cette opération comme ayant pour objet de partager un nombre donné en autant de parties égales qu'il y a d'unités dans un autre nombre donné, n'est pas applicable aux nombres fractionnaires ; mais la seconde, d'après laquelle la division a pour objet de *trouver combien de fois un nombre donné est contenu dans un autre nombre donné*, peut être généralisée. Il suffit pour cela de convenir que l'expression *combien de fois* s'applique à un nombre quelconque, entier ou fractionnaire, pourvu que le produit du diviseur par le quotient reproduise exactement le dividende.

Toutefois, en s'appuyant sur ce que la division est l'opération inverse de la multiplication, on arrive à définir la division de deux nombres quelconques de la manière suivante, que l'on préfère, le plus souvent, à la précédente : *la division est une opération qui a pour objet, deux nombres étant donnés, l'un appelé dividende, l'autre diviseur, de former un troisième nombre qui multiplié par le second reproduise le premier.*

Mais comme le produit de deux nombres fractionnaires ne change pas dans quelque ordre qu'on les prenne (105, Rem. II), ces deux définitions généralisées de la division peuvent se déduire réciproquement l'une de l'autre et elles ne sont dès lors que deux manières différentes d'envisager un même fait.

De la dernière, il ressort immédiatement que le quotient de deux nombres est inférieur, égal ou supérieur au dividende, selon que le diviseur est supérieur, égal ou inférieur à l'unité ; et il résulte de là que l'idée attachée jusqu'ici aux mots *division* et *diviseur* reçoit ainsi une extension qui comprend, en particulier, le cas où le quotient est supérieur au dividende. Cette extension peut se justifier, en dehors du besoin de généralisation, comme celle des mots multiplication et multiplicateur (105).

Il est à remarquer, en outre, qu'il ne s'agit exclusivement ici que de quotients exacts.

La règle à suivre pour la division des nombres fractionnaires peut se déduire facilement de l'une ou de l'autre de nos deux définitions. Servons-nous de la dernière ; le lecteur pourra résoudre la même question comme exercice, en prenant l'autre pour point de départ. Soit à diviser $\frac{9}{7}$ par $\frac{3}{5}$. Le quotient doit être tel que multiplié par $\frac{3}{5}$ il reproduise $\frac{9}{7}$, ce qui revient à dire que les $\frac{3}{5}$ du quotient sont $\frac{9}{7}$; il s'ensuit que le $\frac{1}{5}$ du quotient sera le $\frac{1}{3}$ de $\frac{9}{7}$ et qu'on aura le quotient en prenant 5 fois ce $\frac{1}{3}$ ou les $\frac{5}{3}$ de $\frac{9}{7}$. D'où la règle :

Pour diviser deux nombres fractionnaires l'un par l'autre, il faut multiplier le nombre fractionnaire dividende par le nombre fractionnaire diviseur renversé.

§ IV. — Extension aux nombres fractionnaires des théorèmes sur les nombres entiers.

107. La conséquence de l'extension, aux nombres fractionnaires, des définitions adoptées pour les opérations fondamentales sur les nombres entiers, est l'obligation de démontrer que les propriétés essentielles de ces opérations, ainsi que les théorèmes établis à la suite de chacune d'elles sur les nombres entiers, s'appliquent aussi aux nombres fractionnaires ; en d'autres termes, que les nombres fractionnaires sont soumis aux mêmes règles de calcul que les nombres entiers.

En s'appuyant sur ce que l'addition et la soustraction des nombres fractionnaires se ramènent respectivement à l'addition et à la soustraction des nombres entiers qui sont les numérateurs des nombres fractionnaires réduits au même dénominateur, on prouve que les propriétés de ces deux opérations, ainsi que les propositions qui y sont relatives, conviennent aussi bien aux nombres fractionnaires qu'aux nombres entiers, c'est-à-dire que l'addition reste commutative et associative pour les deux espèces de nombres auxquels s'appliquent également les théorèmes I et II (43) et I à IV (49).

La multiplication des nombres fractionnaires se ramenant, de son côté, à une multiplication de nombres entiers, portant, d'une part, sur les numérateurs de ces nombres fractionnaires, de l'autre, sur les dénominateurs, on établit que les propriétés essentielles de cette opération appliquée aux nombres entiers, ainsi que les théorèmes qui en découlent, conviennent aussi bien aux nombres fractionnaires qu'aux nombres entiers, c'est-à-dire que la multiplication reste commutative, associative, et distributive par rapport à l'addition, pour les deux espèces de nombres, auxquels s'appliquent également les théorèmes II à X (58).

La division étant l'opération inverse de la multiplication, on prouve facilement que ses propriétés essentielles, ainsi que les théorèmes II à VII (63) qui en sont les conséquences, conviennent nécessairement aux deux espèces de nombres.

Enfin, on démontre que les règles de calcul établies pour les puissances des nombres entiers (65) s'appliquent aussi aux puissances des nombres fractionnaires et que les propriétés des égalités et des inégalités restent les mêmes, avec l'extension qui vient d'être donnée dans ce chapitre à l'idée de nombre.

§ V. — Extension de la définition des nombres fractionnaires.

108. Jusqu'ici nous avons implicitement supposé que les deux termes, numérateur et dénominateur, des nombres fractionnaires, sont des nombres entiers. Or, si l'on considère une expression ayant la forme fractionnaire et dont les deux termes ne sont pas des nombres entiers, on convient de donner aussi à cette expression le nom de nombre fractionnaire, en adoptant toutefois pour définition générale cette propriété connue : *un nombre fractionnaire est le quotient de la division de deux nombres.*

Mais il faut ensuite, et on le peut, démontrer que toutes les règles de calcul et les propositions relatives aux nombres fractionnaires, établies pour le cas où les termes sont des nombres entiers (96, 107), s'appliquent aussi au cas où les termes sont quelconques.

Ces nouveaux nombres fractionnaires sont appelés *composés* ou *complexes.*

CHAPITRE VI

NOMBRES DÉCIMAUX

§ I. — Définition, numération et propriétés élémentaires.

109. Définition. — Lorsque pour mesurer une grandeur on a besoin de recourir à une partie aliquote de l'unité, si cette partie est contenue dans l'unité un nombre de fois représenté par une puissance quelconque de 10, le nombre fractionnaire qui est l'expression de la mesure s'appelle dans ce cas particulier *nombre fractionnaire décimal*, ou plus simplement *nombre décimal*.

On peut encore dire, d'après le premier mode de génération que nous avons donné des nombres fractionnaires, qu'un nombre décimal est une ou la réunion de plusieurs parties de l'unité divisée en un nombre de parties égales représenté par une puissance quelconque de 10.

Les nombres décimaux ont ainsi pour dénominateurs des puissances de 10.

On donne généralement le nom de *fraction décimale* à tout nombre décimal plus petit que l'unité.

La division de l'unité par les puissances successives de 10 donne des parties de dix en dix fois plus petites les unes que les autres ; on les appelle des unités du 1er, 2e, 3e, ... ordre décimal, et elles portent les noms particuliers de *dixièmes, centièmes, millièmes*, etc.

110. Représentation et lecture des nombres décimaux. — Dans le sens du décroissement, les unités successives des divers ordres décimaux sont donc, comme celles des divers ordres des nombres entiers, chacune dix fois plus petite que celle qui la précède. Si ce sens, pour les écrire, est aussi celui de gauche à droite, en plaçant la première série d'unités à la droite de la seconde, on a une suite uniforme et continue, illimitée des deux côtés.

Cette considération permet d'étendre les règles de la numération écrite des nombres entiers aux nombres décimaux, qui sont dès lors représentés sans dénominateur. Toutefois, pour les distinguer des nombres entiers, on place une virgule entre les unités simples et les dixièmes : ce qui est à gauche de cette virgule est la *partie entière* du nombre décimal, et ce qui est à droite en est la *partie décimale*.

Si dans un nombre décimal il n'y a pas de partie entière, on la remplace par un zéro.

On lit généralement un nombre décimal en énonçant d'abord la partie entière, s'il y en a une, puis la partie décimale comme s'il s'agissait d'un nombre entier, en faisant suivre le nom de la plus petite espèce d'unité décimale.

111. Propriétés élémentaires des nombres décimaux. — Les quelques propriétés simples des nombres décimaux peuvent se formuler ainsi :

I. *On ne change pas la valeur d'un nombre décimal en ajoutant ou en retranchant des zéros à sa droite ou à sa gauche.*

II. *On multiplie ou l'on divise un nombre décimal par une puissance quelconque de 10 en déplaçant la virgule vers la droite ou vers la gauche d'autant de rangs qu'il y a d'unités dans l'exposant de cette puissance. Si le nombre des chiffres est insuffisant pour un déplacement complet de la virgule, on ajoute des zéros.*

III. *On divise un nombre entier par une puissance quelconque de 10 en séparant sur la droite de ce nombre, par une virgule, pour en faire une partie décimale, autant de chiffres qu'il y a d'unités dans l'exposant de cette puissance. Au besoin, on ajoute des zéros à la gauche du nombre.*

§ II. — Opérations sur les nombres décimaux.

112. Le mode de représentation des nombres décimaux apporte une très grande simplification dans les opérations sur ces nombres.

En appliquant aux nombres décimaux, auxquels on rend provisoirement leurs dénominateurs, les règles d'addition, de soustraction, de multiplication et de division des nombres fractionnaires, on déduit très facilement les règles suivantes, qu'on pourrait aussi obtenir directement des règles des mêmes opérations sur les nombres entiers.

113. Addition et soustraction. — *Ces deux opérations des nombres décimaux se font comme celles des nombres entiers, en ayant soin : de placer les nombres les uns au-dessous des autres, de manière que les unités de même ordre soient dans une même colonne verticale ; de compléter, dans la soustraction, le plus grand nombre par des zéros, s'il a moins de chiffres décimaux que le plus petit, et de mettre, dans le résultat de chaque opération, une virgule sous la colonne des virgules.*

114. Multiplication. — *La multiplication des nombres décimaux se fait comme si ces nombres, par abstraction de la virgule, étaient des nombres entiers, et l'on sépare sur la droite du produit, par une virgule, autant de chiffres décimaux qu'il y en a dans l'ensemble des deux facteurs.*

115. Division. — *Pour faire la division des nombres décimaux, on multiplie le dividende et le diviseur par une même puissance de 10, choisie de façon que le diviseur devienne entier s'il ne l'est pas, et l'on opère ensuite comme si les deux nombres étaient entiers, en faisant abstraction, s'il y a lieu, de la virgule du dividende, sauf à séparer sur la droite du quotient, par une virgule, autant de chiffres décimaux qu'il en restait au dividende modifié.*

Remarque I. — Lorsque la division des nombres décimaux se fait sans reste, elle donne le quotient exact des deux nombres sur lesquels on opère. Dans le cas contraire, le quotient est dit *approché par défaut* à une unité près de l'ordre du dernier chiffre du dividende modifié, c'est-à-dire qu'il représente le plus grand nombre d'unités de cet ordre dont le produit par le diviseur est contenu dans le dividende proposé. Ce quotient augmenté d'une unité de l'ordre d'approximation, est dit *approché par excès* à une unité près du même ordre décimal.

Remarque II. — On peut toujours obtenir, de deux nombres entiers ou décimaux qui ne sont pas divisibles l'un par l'autre, le quotient approché par défaut ou par excès à une unité près d'un ordre décimal donné. Pour cela, on fait exprimer au dividende, après l'avoir modifié en même temps que le diviseur a été rendu entier, des unités décimales de l'ordre donné, ce qui s'obtient en opérant sur sa droite, suivant le cas, une suppression de chiffres décimaux ou une addition de zéros, de manière que le dernier chiffre à droite exprime des unités de l'ordre décimal d'approximation, et l'on fait ensuite la division comme il est dit précédemment.

Remarque III. — On obtient le quotient exact de deux nombres décimaux en donnant à chacun le même nombre de chiffres décimaux par l'addition de zéros à celui qui en a le moins, en y supprimant ensuite les virgules, et en formant un nombre fractionnaire ayant le nombre dividende pour numérateur et le nombre diviseur pour dénominateur.

116. **Quotient de deux nombres à une fraction $\dfrac{m}{n}$ près.** — On peut aussi exprimer le quotient de deux nombres quels qu'ils soient, entiers ou non, à une fraction quelconque près.

Soient A et B les deux nombres, $\dfrac{m}{n}$ la fraction d'approximation, et p le plus grand nombre de fois que cette fraction $\dfrac{m}{n}$ est contenue dans le quotient $\dfrac{A}{B}$. On a la double inégalité

$$p\,\frac{m}{n} \leqslant \frac{A}{B} < (p+1)\,\frac{m}{n},$$

qui montre que la différence entre $\dfrac{A}{B}$ et chacun des deux nombres $p\dfrac{m}{n}$ et $(p+1)\dfrac{m}{n}$ est moindre que $\dfrac{m}{n}$; c'est pour cette raison que $p\dfrac{m}{n}$ est dit le quotient des deux nombres A et B, approché par défaut à une fraction $\dfrac{m}{n}$ près, et $(p+1)\dfrac{m}{n}$, le quotient des mêmes nombres approché par excès à la même fraction près.

Pour avoir le quotient approché par défaut $p\dfrac{m}{n}$, il suffit de calculer p à une unité près et d'en multiplier la valeur par $\dfrac{m}{n}$. Or, en divisant par $\dfrac{m}{n}$ les trois membres de la double inégalité précédente, il vient

$$p \leqslant \frac{An}{Bm} < p+1,$$

ce qui montre que p est le plus grand nombre entier contenu dans le quotient $\dfrac{An}{Bm}$, et que pour le calculer il faut multiplier l'expression $\dfrac{A}{B}$ du quotient des deux nombres donnés par l'inverse $\dfrac{n}{m}$ de la fraction d'approximation, puis chercher à une unité près le quotient du numérateur du nombre fractionnaire ainsi obtenu par son dénominateur.

La forme du quotient approché par excès $(p+1)\dfrac{m}{n}$ montre suffisamment comment on pourrait calculer cet autre nombre.

§ III. — Conversion des nombres fractionnaires en nombres décimaux.

117. Convertir un nombre fractionnaire $\dfrac{a}{b}$, que nous supposerons irréductible, en un nombre décimal, c'est chercher s'il existe un nombre fractionnaire de la forme $\dfrac{k}{10^n}$ qui lui soit égal, pour en obtenir ensuite la valeur de k.

Si l'on admet cette existence, on peut écrire

$$\frac{k}{10^n} = \frac{a}{b},$$

d'où l'on tire $$k = \frac{a \times 10^n}{b};$$

c'est-à-dire que pour obtenir le nombre décimal équivalent à un nombre fractionnaire, on divise le numérateur de ce nombre fractionnaire par son dénominateur, après avoir multiplié le numérateur par 10^n, autrement dit par une puissance de 10 telle que la division se fasse exactement ; ou bien, ce qui revient au même, on commence la division, au sens des nombres entiers, du numérateur par le dénominateur, et l'on multiplie par 10 chacun des restes successifs de la division, pour convertir le numérateur, d'abord en dixièmes, puis en centièmes, en millièmes, etc., et obtenir ainsi autant de chiffres décimaux qu'il en faut pour constituer le quotient exact. Le nombre décimal limité ainsi obtenu comme quotient est égal au nombre fractionnaire considéré.

S'il n'existe pas de nombre fractionnaire décimal égal à $\frac{a}{b}$, on peut se proposer de chercher le plus grand nombre d'unités décimales d'un ordre donné n contenu dans $\frac{a}{b}$, et si k est ce nombre d'unités, on peut écrire la double inégalité

$$\frac{k}{10^n} < \frac{a}{b} < \frac{k+1}{10^n},$$

d'où, en en multipliant tous les membres par 10^n,

$$k < \frac{a \times 10^n}{b} < k+1;$$

c'est-à-dire que pour obtenir k on divise encore le numérateur du nombre fractionnaire par son dénominateur, après avoir multiplié le numérateur par 10^n ; ou bien, ce qui revient au même, on commence la division, au sens des nombres entiers, du numérateur par le dénominateur, et l'on réduit le numérateur successivement en dixièmes, en centièmes, en millièmes, etc., jusqu'à ce qu'on ait obtenu au quotient le nombre n de chiffres décimaux prévus.

Mais si, au lieu de s'arrêter au n^e chiffre décimal, on poursuit la division, l'opération peut alors se continuer indéfiniment. Les restes successifs présentent cette particularité qu'étant tous inférieurs au diviseur, ils sont nécessairement en nombre limité quant à la figure et se reproduisent alors, d'une manière totale ou partielle, à partir de l'un d'eux, indéfiniment et dans le même ordre, c'est-à-dire *périodiquement*. Il en résulte qu'à partir de cette reproduction dans les restes, le même phénomène se produit dans les chiffres du quotient, lequel se trouve être ainsi un *nombre décimal indéfini et périodique*. L'ensemble des chiffres qui se reproduisent prend le nom de *période*.

Lorsque dans un nombre décimal périodique la période commence immédiatement après la virgule, ce nombre est dit *périodique simple;* dans le cas contraire, il est dit *périodique mixte*, et les chiffres décimaux qui précèdent la période forment la *partie non périodique* ou *irrégulière* de ce nombre. Un nombre décimal périodique inférieur à l'unité est une *fraction décimale périodique*.

On appelle *fraction génératrice* d'une fraction décimale limitée ou périodique la fraction ordinaire qui lui a donné naissance.

118. Première idée de la notion de limite d'une quantité variable. — Pour représenter une fraction décimale périodique, il faut nécessairement la limiter à un certain nombre de ses chiffres, dont la suite est indéfinie. Il en résulte que la valeur d'une fraction décimale ainsi restreinte est d'autant plus grande qu'elle comprend plus de chiffres ; en d'autres termes, cette fraction va en augmentant par degrés successifs au fur et à mesure qu'on la considère avec 1, 2, 3, 4,... chiffres décimaux.

Quant à l'erreur commise en s'arrêtant à un chiffre décimal déterminé, elle est moindre qu'une unité de l'ordre de ce chiffre, parce que dans la génération des fractions décimales périodiques on écrit au quotient, pour chaque division partielle, le chiffre le plus élevé, et que si l'on ajoutait alors une unité à l'un de ces chiffres, le quotient serait à partir de ce moment plus grand que la fraction ordinaire génératrice.

Il suit de là qu'une fraction décimale périodique est une quantité *variable* qui croît indéfiniment avec le nombre de ses chiffres, tout en restant inférieure à une certaine quantité fixe, la fraction ordinaire génératrice ; mais la différence entre ces deux quantités va sans cesse en diminuant et finit par être inférieure à toute unité décimale donnée, quelque éloigné qu'en soit l'ordre. Pour cette raison, on dit que la fraction génératrice d'une fraction décimale périodique est la *limite* vers laquelle tend cette dernière lorsque le nombre de ses chiffres augmente indéfiniment.

D'une manière générale, on appelle *limite* d'une quantité variable une quantité fixe dont la première se rapproche sans cesse, dans son augmentation ou sa diminution continue, de manière à en différer d'aussi peu qu'on le veut, mais sans pouvoir jamais l'atteindre.

§ IV. — Fractions ordinaires génératrices des fractions décimales.

119. Lorsqu'on veut remonter d'une fraction décimale à sa fraction ordinaire génératrice, deux cas généraux peuvent se présenter : ou la fraction décimale est limitée, ou elle est périodique.

Dans le premier cas, par définition, la fraction ordinaire génératrice a pour numérateur la fraction décimale écrite sans virgule, et pour dénominateur une puissance de 10 représentée dans son développement par autant de zéros qu'il y a de chiffres décimaux dans la fraction décimale proposée.

La solution du second cas repose sur le principe suivant : *Si, dans un nombre décimal indéfini, on déplace la virgule de 1, 2, 3, ... rangs vers la droite ou vers la gauche, on multiplie ou l'on divise par 10, 100, 1000, ... la limite de ce nombre décimal.*

Soit, en effet, le nombre décimal indéfini 0,6818181..., dont nous désignerons la limite par L. Si l'on arrête ce nombre décimal à son n^e chiffre p et qu'on représente par ε ce qui lui manque pour valoir la limite L, on aura

$$L = 0,6818181 \ldots p + \varepsilon.$$

En multipliant les deux membres de cette égalité par une puissance quelconque de 10, 1000 par exemple, il viendra

$$1000\,L = 681,8181 \ldots p + 1000\,\varepsilon.$$

Or ε est une quantité qui tend vers zéro lorsque n devient de plus en plus grand ; il en est donc de même de $1000\,\varepsilon$; d'où il suit que le nombre décimal indéfini 681,8181 ... a pour limite 1000 L.

Cela posé, revenons à la recherche de la fraction génératrice d'une fraction décimale périodique. A son tour, cette question en comprend deux autres, qui correspondent aux deux modes possibles de périodicité de cette fraction décimale.

1° *La fraction décimale est périodique simple.* — Soit, comme exemple, la fraction 0,375375375 ..., et désignons par L sa limite à chercher. On peut écrire.

$$L = \text{limite de } 0,375375375\ldots.$$

D'après ce qui précède, en déplaçant la virgule vers la droite pour la mettre après la première période, on multiplie la limite par 1000 ; on aura donc

$$1000\,L = \text{limite de } 375,375375\ldots,$$

ou $$1000\,L = 375 + \text{limite de } 0,375375\ldots,$$

ou $$1000\,L = 375 + L,$$

et, en diminuant de L les deux membres de cette dernière égalité,

$$999\,L = 375,$$

d'où $$L = \frac{375}{999},$$

ce qu'on traduit en langage ordinaire :

La limite d'une fraction décimale périodique simple est une fraction ordinaire qui a pour numérateur le nombre entier formé par une période et pour dénominateur un nombre exprimé par autant de 9 qu'il y a de chiffres dans la période.

Cette limite, d'autre part, est la fraction génératrice de la fraction décimale périodique simple considérée, car si elle pouvait donner naissance à toute autre fraction décimale, on aurait une même limite pour deux fractions décimales différentes ; or cette hypothèse est inadmissible, parce qu'à partir de l'ordre décimal où ces deux fractions commenceraient à différer, elles auraient nécessairement des limites distinctes.

La fraction périodique simple 0,9999... fait exception à cette dernière considération ; elle a pour limite la fraction ordinaire obtenue par l'application de la règle précédente, $\dfrac{9}{9}$, qui donne pour quotient l'unité ; mais elle n'a pas de fraction génératrice.

2° *La fraction décimale est périodique mixte.* — Soit, comme exemple, la fraction 0,25371371371... et désignons par L sa limite à chercher. On peut écrire

(1) $L = $ limite de 0,25371371371...

En déplaçant la virgule vers la droite pour la mettre d'abord après la partie non périodique, on a

$$100\,L = \text{limite de } 25{,}371371371\ldots,$$

ou $100\,L = 25 + \text{limite de } 0{,}371371371\ldots,$

ou enfin, en désignant par L_1 la limite de 0,371371371...,

(2) $100\,L = 25 + L_1.$

En portant ensuite dans (1) la virgule après la première période, il vient

$$100\,000\,L = \text{limite de } 25371{,}371371\ldots,$$

ou $100\,000\,L = 25371 + \text{limite de } 0{,}371371\ldots,$

ou enfin

(3) $100\,000\,L = 25371 + L_1.$

En retranchant (2) de (3), membre à membre, on obtient

$$100\,000\,L - 100\,L = 25\,371 - 25,$$

ou $99\,900\,L = 25\,371 - 25,$

et $$L = \dfrac{25\,371 - 25}{99900},$$

ce qui se traduit comme suit en langage ordinaire :

La limite d'une fraction décimale périodique mixte est une fraction ordinaire qui a pour numérateur l'excès du nombre entier formé par la partie non périodique suivie d'une période sur le nombre formé par la partie non périodique, et pour dénominateur un nombre exprimé par autant de 9 qu'il y a de chiffres dans la période, suivis d'autant de zéros qu'il y a de chiffres dans la partie non périodique.

Pour des raisons identiques à celles que nous avons données à propcs des fractions périodiques simples, cette limite est la fraction génératrice de la fraction décimale périodique mixte considérée.

Toute fraction décimale périodique mixte dont la période est 9 fait exception à cette dernière considération. Ainsi, la fraction décimale périodique 0,3129999... a pour limite la fraction ordinaire obtenue par l'application de la règle précédente, $\dfrac{3129 - 312}{9000}$ ou $\dfrac{2817}{9000}$, qui est exactement égale à la fraction décimale finie 0,313; mais elle n'a pas de fraction génératrice.

120. On peut trouver la fraction génératrice d'une fraction décimale périodique sans l'intervention des limites, de la manière suivante :

1° Soit la fraction décimale périodique simple 0,435435435...; désignons par $\dfrac{a}{b}$ sa fraction ordinaire génératrice. D'après les opérations que demande la conversion de $\dfrac{a}{b}$ en 0,435435435..., pour obtenir au quotient la première période, il faut multiplier a par 1000; l'on retrouve, comme reste correspondant, le nombre a. De sorte qu'en s'appuyant sur la relation qui existe entre le dividende, le diviseur, le quotient et le reste d'une division impossible de nombres entiers, on peut écrire

$$a \times 1000 = b \times 435 + a,$$

ou, en retranchant a de chaque membre de l'égalité,

$$a \times 999 = b \times 435,$$

et, en divisant par $b \times 999$ les deux membres de cette der-nière,

$$\frac{a}{b} = \frac{435}{999}\,(^1).$$

2° Soit la fraction décimale périodique mixte $0,28435435435\ldots$; désignons encore par $\dfrac{a}{b}$ sa fraction ordinaire génératrice. Dans les opérations de conversion, on obtient la partie irrégu-lière 28 après avoir multiplié a par 100; si r est le reste correspondant, on peut écrire

$$a \times 100 = b \times 28 + r.$$

Ce reste r, qui est égal à $a \times 100 - b \times 28$, et qui est plus petit que b, peut être considéré comme le numérateur d'une fraction ordinaire ayant b pour dénominateur et qui est géné-ratrice de la fraction décimale périodique $0,435435435\ldots$. D'après le premier cas, on a donc

$$\frac{r}{b} = \frac{435}{999},$$

ou

$$\frac{a \times 100 - b \times 28}{b} = \frac{435}{999},$$

et, en simplifiant,

$$\frac{a}{b} \times 100 - 28 = \frac{435}{999}.$$

Si l'on ajoute 28 aux deux membres de cette dernière éga-lité, et qu'on mette le second membre sous la forme fraction-naire, il vient successivement

$$\begin{aligned}
\frac{a}{b} \times 100 &= 28 + \frac{435}{999} \\
&= \frac{28 \times 999 + 435}{999} \\
&= \frac{28 \times (1\,000 - 1) + 435}{999} \\
&= \frac{28\,435 - 28}{999},
\end{aligned}$$

$(^1)$ Nous empruntons cette démonstration aux *Leçons d'Arithmétique* de M. Jules Tannery.

et, en divisant par 100 les deux membres de cette dernière égalité, on a finalement

$$\frac{a}{b} = \frac{28435 - 28}{99900}.$$

Les résultats, dans les deux cas, sont exactement ceux que nous avons trouvés par la précédente méthode.

121. Caractères de transformation des fractions ordinaires. — Il existe des caractères qui permettent de reconnaître d'avance la nature du nombre décimal auquel peut donner naissance par la conversion un nombre fractionnaire irréductible ; ces caractères font l'objet des théorèmes suivants :

I. *Pour qu'un nombre fractionnaire irréductible puisse être converti en un nombre décimal limité, il faut et il suffit que son dénominateur ne contienne pas d'autres facteurs premiers que 2 et 5. Le nombre des chiffres décimaux est égal au plus grand exposant des facteurs 2 et 5 de ce dénominateur.*

II. *Pour qu'un nombre fractionnaire irréductible donne naissance à un nombre décimal périodique simple, il faut et il suffit que son dénominateur ne contienne aucun des facteurs premiers 2 et 5. Le nombre des chiffres de la période est égal à l'exposant de la plus petite puissance de 10 qui, divisée par le dénominateur du nombre fractionnaire, donne pour reste l'unité.*

III. *Pour qu'un nombre fractionnaire irréductible donne naissance à un nombre décimal périodique mixte, il faut et il suffit que son dénominateur contienne au moins un des facteurs premiers 2 et 5 en même temps que des facteurs premiers différents de 2 et de 5. Le nombre des chiffres de la partie non périodique est égal au plus grand exposant des facteurs 2 et 5 du dénominateur, et celui des chiffres de la période à l'exposant de la plus petite puissance de 10 qui, divisée par le produit des facteurs premiers du dénominateur autres que 2 et 5, donne pour reste l'unité.*

CHAPITRE VII

RACINES

§ I. — **Définitions et principes généraux.**

122. Définitions. — L'étude des nombres entiers et des nombres fractionnaires nous a appris ce qu'on entend par *puissance* d'un nombre dans l'un et l'autre cas, et comment on forme une puissance donnée d'un nombre entier ou fractionnaire. Dans ce qui va suivre, nous nous occuperons des procédés employés, étant donnée une puissance d'un nombre, pour calculer ce nombre, qui porte le nom de *racine* par rapport à sa puissance.

En précisant, on appelle *racine* m^e d'un nombre un autre nombre dont la m^e puissance reproduit le premier.

On représente la racine m^e d'un nombre a par l'expression $\sqrt[m]{a}$. Le degré de la racine est marqué par le nombre m^e qu'on appelle *indice* ; le signe $\sqrt{\ }$ porte le nom de *radical*.

La racine 2e s'appelle *racine carrée* ; la racine 3e, *racine cubique* ; les autres n'ont pas de nom particulier.

Chercher la racine m^e d'un nombre, c'est donc former un autre nombre qui, élevé à la m^e puissance, reproduit le premier : l'opération à effectuer s'appelle une *extraction de racine* m^e.

Un nombre qui est la m^e puissance d'un autre est dit une *puissance* m^e *parfaite*.

123. Principes généraux. — Nous avons déjà énoncé sur les puissances un certain nombre de propositions (65, 107) ; celles qui suivent en sont le complément dans la théorie générale des puissances et des racines.

I. *Un nombre entier qui n'est pas une puissance m^e parfaite n'est la m^e puissance d'aucun nombre fractionnaire.*

II. *Un nombre fractionnaire irréductible dont les deux termes ne sont pas des puissances m^{es} parfaites n'est la puissance m^e d'aucun nombre entier ou fractionnaire.*

III. *Un nombre entier est une puissance m^e parfaite lorsque, décomposé en ses facteurs premiers, tous ces facteurs sont affectés d'exposants divisibles par m, et réciproquement.*

IV. *La racine m^e d'une puissance d'un nombre, dont l'exposant est divisible par m, est égale à une autre puissance de ce nombre ayant pour exposant le quotient du premier exposant par m.*

V. *La racine m^e d'un produit de facteurs dont les exposants sont tous divisibles par m est égale au produit des racines m^{es} de ces facteurs.*

VI. *La racine m^e d'un nombre fractionnaire dont les deux termes sont affectés d'exposants divisibles par m est égale au quotient des racines m^{es} de ses deux termes.*

Enfin, se rapportant aux propriétés élémentaires des égalités et des inégalités :

VII. *On peut, sans troubler une égalité ou le sens d'une inégalité, en extraire une même racine quelconque des deux membres.*

§ II. — Racine carrée.

124. Définitions. — D'après les données générales qui précèdent, chercher la racine carrée d'un nombre, c'est former un autre nombre qui élevé au carré reproduit le premier.

L'opération qui a cette recherche pour objet est généralement impossible, car un nombre quelconque est très rarement un carré. Pour se rendre compte du fait, il suffit, par exemple, de former successivement les carrés des nombres entiers naturels. On trouve d'abord que parmi les 100 premiers nombres entiers il n'y en a que 10 qui soient des carrés parfaits, soit $\frac{1}{10}$; puis, on voit que cette proportion va sans cesse en décroissant au fur et à mesure qu'on avance : ainsi, les 10000 premiers nombres entiers ne contiennent que 100 carrés parfaits, soit $\frac{1}{100}$; le 1 000 000 de premiers nombres entiers n'en contient que 1000, soit $\frac{1}{1000}$, et en continuant à envisager des quantités successivement 100 fois plus grandes les unes que les autres de nombres entiers consécutifs pris à partir de l'unité, on obtient des proportions de carrés parfaits telles que chacune d'elles est 10 fois plus petite que la précédente. D'autre part, il résulte du théorème I (123) qu'un nombre entier qui n'est pas un carré parfait n'est pas le carré d'un nombre fractionnaire. Enfin, comme ces considérations, complétées par l'application au carré du théorème II (123), conviennent aussi aux nombres fractionnaires, cette rareté de nombres carrés parfaits est ainsi démontrée.

En présence de cette impossibilité ordinaire de l'extraction de la racine carrée exacte de nombres donnés, on a dû chercher des procédés de calcul pour obtenir des racines carrées approchées.

125. Racine carrée à une unité près d'un nombre entier. — La racine carrée à une unité près d'un nombre entier quelconque est la racine carrée du plus grand carré entier contenu dans ce nombre.

Si le nombre entier dont on veut avoir la racine carrée à une unité près est plus petit que 100, cette racine carrée est inférieure à 10, et elle est donnée par le tableau des carrés des neuf premiers nombres entiers.

Mais si le nombre entier est plus grand que 100, sa racine carrée à une unité près est supérieure à 10 ; elle est un nombre entier qui comprend des dizaines et des unités. La règle à suivre pour calculer cette racine carrée repose essentiellement sur la connaissance de la composition du carré d'un nombre formé de dizaines et d'unités. Pour l'établir, on démontre d'abord le théorème suivant :

I. *Le carré de la somme de deux nombres se compose de la somme des carrés de ces deux nombres augmentée de leur double produit.*

On en déduit cette conséquence :

II. *Le carré d'un nombre formé de dizaines et d'unités se compose : 1° du carré des dizaines ; 2° du double produit des dizaines par les unités ; 3° du carré des unités.*

Et l'on complète cette dernière proposition par cette autre :

III. *Le nombre de dizaines de la racine carrée à une unité près d'un nombre entier quelconque est égal à la racine carrée à une unité près du nombre de centaines de ce nombre entier.*

Cela posé, considérons d'abord un nombre entier plus grand que 100, mais plus petit que 10000, le nombre 4095 par exemple, et proposons-nous d'en extraire la racine carrée à une unité près. Cette racine, plus grande que 10, mais plus petite que 100 dont le carré est 10000, aura deux chiffres et, d'après le théorème III précédent, on en obtiendra le chiffre des dizaines en extrayant la racine carrée, à une unité près, du nombre 40, qui résulte de la séparation des deux derniers chiffres à droite du nombre proposé et qui représente ainsi les centaines de ce même nombre : le tableau des carrés des neuf premiers nombres donnera le chiffre 6. Pour obtenir celui des unités, on remarquera que si du carré N^2 d'un nombre formé de dizaines et d'unités on retranche le carré des dizaines, qui est connu, il reste le double produit des dizaines par les unités, plus le carré des unités ; et comme la première de ces deux parties restantes représente un nombre exact de dizaines, on en conclut qu'elle est exclusivement contenue dans les dizaines de N^2, après en avoir retranché le carré des dizaines. Dans notre exemple, le carré des dizaines, 36 centaines ou 3600, retranché de 4095, donne le reste 495, qui contient 49 dizaines, lesquelles représentent le double produit des dizaines de la racine par les unités, plus les dizaines qui peuvent provenir du carré des unités et de l'excès de 4095 sur le carré de la racine cherchée. Il en résulte qu'en divisant 49 dizaines par le double, 12, des dizaines de la racine, le quotient obtenu ne sera pas trop faible, mais il pourrait être trop fort. Pour l'essayer comme chiffre des unités de la racine, on l'écrit à la droite du double des dizaines et l'on multiplie le nombre 124 ainsi formé

par ce même quotient 4 ; de cette manière on obtient la somme
du double produit des dizaines par les unités et du carré des
unités, que l'on essaie de retrancher de 495 : si la soustraction
était possible, le chiffre 4 serait celui des unités ; mais comme
elle ne l'est pas, il faut diminuer ce chiffre d'une unité et
essayer le chiffre 3, que l'on reconnaît être bon ; la racine carrée à une unité près du nombre 4095 est ainsi 63. L'excès de
4095 sur le carré de 63 est 126 ; c'est ce qu'on appelle le reste
de l'opération. Si ce reste était nul, le nombre proposé serait
un carré parfait. Au cas où le chiffre 3 eût été trop fort, on
l'aurait diminué d'une ou de plusieurs unités pour faire des
essais jusqu'à ce que la soustraction devînt possible.

Prenons maintenant un nombre entier quelconque plus grand
que 10000, par exemple le nombre 2 743 286. Sa racine carrée
à une unité près, plus grande que 10, contiendra des dizaines
et des unités et, d'après le théorème III (125), le nombre de
ces dizaines est égal à la racine carrée du nombre 27 432, qui
résulte de la séparation des deux derniers chiffres de droite du
nombre proposé, et qui représente ainsi les centaines de ce
même nombre. On est ainsi amené à extraire la racine carrée
à une unité près du nombre 27 432, qui a deux chiffres de moins
que le proposé. Or ce nombre 27 432 est plus grand que 100, et
sa racine carrée à une unité près, plus grande que 10, contient
des dizaines et des unités. Le nombre de ces dizaines est à son
tour égal à la racine carrée à une unité près du nombre
274, qui résulte de la séparation des deux derniers chiffres
de droite du nombre 27 432 et qui représente les centaines de ce même nombre. De nouveau, on est conduit à
extraire la racine carrée à une unité près d'un nombre, 274,
qui contient deux chiffres de moins que le précédent. Comme
ce nombre, plus grand que 100, est plus petit que 10000, nous
sommes ramenés au premier cas. La racine carrée 16 de 274
représente les dizaines de la racine carrée du nombre 27 432 ;
on trouve le chiffre 5 des unités de cette dernière racine par le
même procédé que pour trouver les unités de la racine carrée
de 274. La racine carrée 165 du nombre 27 432 représente à

son tour les dizaines de la racine carrée du nombre proposé 2743286 ; on calcule le chiffre 6 des unités de cette dernière racine en employant encore le procédé suivi pour calculer les unités des racines carrées des nombres 274 et 27432 : on a dès lors obtenu à une unité près la racine carrée 1656 du nombre entier proposé 2743286 ; l'opération donne pour reste 950.

De l'ensemble de ce raisonnement, on tire la *règle* suivante pour extraire la racine carrée d'un nombre entier quelconque, à une unité près.

Pour extraire la racine carrée d'un nombre entier quelconque, à une unité près, on partage ce nombre en tranches de deux chiffres à partir de la droite. On extrait la racine carrée à une unité près de la première tranche à gauche, qui peut n'avoir qu'un chiffre, et le résultat obtenu est le premier chiffre de la racine. On soustrait de cette première tranche le carré du chiffre obtenu ; à la droite du reste, on écrit le premier chiffre de la deuxième tranche ; on divise le nombre ainsi formé par le double du premier chiffre, et l'on a le deuxième chiffre de la racine ou un chiffre trop fort. On l'essaie en l'écrivant à la droite du double du premier chiffre et en multipliant le nombre ainsi formé par ce second chiffre : le résultat doit pouvoir se retrancher de l'ensemble des deux premières tranches à gauche du nombre proposé. Ce deuxième chiffre de la racine étant trouvé après un ou plusieurs essais, on écrit à la droite du reste correspondant le premier chiffre de la troisième tranche ; on divise le nombre ainsi formé par le double de la partie déjà trouvée de la racine, et l'on a le troisième chiffre de la racine ou un chiffre trop fort. On l'essaie en l'écrivant à la droite du double de la partie déjà trouvée de la racine et en multipliant le nombre ainsi formé par ce troisième chiffre : le résultat doit pouvoir se retrancher de l'ensemble des trois premières tranches à gauche du nombre proposé. On continue ainsi jusqu'à ce que toutes les tranches de ce nombre soient épuisées.

L'application de cette règle donne évidemment la racine carrée exacte si le nombre proposé est un carré parfait.

REMARQUE I. — Comme conséquence de ce qui précède, le

nombre des chiffres de la racine carrée à une unité près d'un nombre entier est égal au nombre des tranches de deux chiffres que l'on peut faire dans ce nombre à partir de la droite, la dernière à gauche pouvant n'avoir qu'un chiffre.

REMARQUE II. — Il peut arriver, au cours des opérations pour extraire une racine carrée, qu'en diminuant de plus d'une unité un chiffre essayé dans le but d'abréger le nombre des essais, on ait un chiffre trop faible : le fait se reconnaît à l'inspection du reste partiel correspondant, qui doit toujours être inférieur au double de la racine trouvée plus l'unité, en vertu de ce que *la différence des carrés de deux nombres entiers consécutifs est égale au double du plus petit nombre plus l'unité.*

Cette importante proposition peut s'énoncer d'une autre manière, car, a et $a+1$ étant deux nombres entiers consécutifs quelconques, elle s'exprime par la relation

$$(a+1)^2 - a^2 = 2a + 1,$$

identique à cette autre :

$$(a+1)^2 - a^2 = (a+1) + a,$$

dont la traduction en langage ordinaire donne : *la différence des carrés de deux nombres entiers consécutifs est égale à la somme de ces deux nombres.*

REMARQUE III. — Du théorème II (125) il découle que le carré d'un nombre entier supérieur à 10 est nécessairement terminé à droite par le même chiffre des unités que le carré des unités de ce nombre. Or, comme les carrés des nombres représentés par les neuf chiffres significatifs sont terminés par les seuls chiffres 1, 4, 5, 6 et 9, et que d'autre part le carré d'un nombre exact de dizaines, de centaines, etc., est nécessairement terminé par un nombre pair de zéros, il en résulte ce *caractère d'impossibilité* pour un nombre entier d'être un carré parfait : se terminer par l'un des chiffres 2, 3, 7, 8, ou par un nombre impair de zéros.

126. La *preuve* d'une extraction de racine carrée à une unité près d'un nombre entier peut se faire de deux manières différentes :

1° En élevant au carré la racine carrée trouvée et en ajoutant au résultat obtenu le reste de l'opération d'extraction, s'il y en a un : cette somme doit reproduire le nombre proposé ;

2° En opérant — comme pour la preuve de la multiplication — sur les restes par rapport à un module quelconque du nombre proposé et des divers nombres qui doivent servir à reconstituer le premier. C'est ce qui s'appelle faire la preuve par ce module, qui est généralement 9 ou 11.

127. Racine carrée à une unité près d'un nombre fractionnaire. — La racine carrée à une unité près d'un nombre fractionnaire est la racine carrée du plus grand carré entier contenu dans ce nombre.

Soit un nombre fractionnaire $N + f$, N représentant la partie entière et f la partie fractionnaire, moindre que l'unité ; si l'on désigne par k la racine carrée à une unité près de N, on aura
$$k^2 \leqslant N < (k+1)^2,$$
et, *a fortiori*,
$$k^2 < N + f.$$

Or, comme $(k+1)^2$ est au moins supérieur à N d'une unité, il est plus grand que $N + f$; on aura donc aussi
$$k^2 < N + f < (k+1)^2.$$

Cette dernière double inégalité, rapprochée de la première, montre que *la racine carrée k, à une unité près, d'un nombre fractionnaire $N + f$ est exactement celle de sa partie entière N.*

D'où il suit que la question est ainsi ramenée à la précédente.

128. Racine carrée à une fraction $\dfrac{p}{q}$ près d'un nombre quelconque entier ou fractionnaire. — La racine carrée à une fraction $\dfrac{p}{q}$ près d'un nombre entier ou fractionnaire est le plus grand multiple de la fraction $\dfrac{p}{q}$ dont le carré est au plus égal à ce nombre.

Soient N un nombre quelconque, entier ou fractionnaire, et $k\,\dfrac{p}{q}$ le plus grand multiple de $\dfrac{p}{q}$ dont le carré est au plus égal à N. On aura
$$\left(k\,\frac{p}{q} \right)^2 < N < \left[(k+1)\,\frac{p}{q} \right]^2,$$

ou
$$k^2 \frac{p^2}{q^2} < N < (k+1)^2 \frac{p^2}{q^2},$$

et, en multipliant tous les membres de ces dernières inégalités par $\frac{q^2}{p^2}$,

$$k^2 < N \frac{q^2}{p^2} < (k+1)^2,$$

ce qui signifie que k est la racine carrée à une unité près du nombre entier ou fractionnaire $N \frac{q^2}{p^2}$.

On tire de là que *pour obtenir, à une fraction $\frac{p}{q}$ près, la racine carrée $k \frac{p}{q}$ d'un nombre quelconque, entier ou fractionnaire, il faut multiplier ce nombre par le carré $\frac{q^2}{p^2}$ de l'inverse de la fraction d'approximation, extraire la racine carrée k à une unité près du résultat et multiplier cette racine par la fraction d'approximation.*

Remarque I. — Si la fraction d'approximation est représentée par une unité d'un ordre décimal $\frac{1}{10^n}$, il résulte de ce qui précède que k est la racine carrée à une unité près de la partie entière du nombre $N \times (10^n)^2$, et que la racine cherchée est $\frac{k}{10^n}$.

Remarque II. — L'extraction de la racine carrée, à une fraction $\frac{1}{10^n}$ près, d'un nombre entier qui n'est pas un carré parfait, donne, si n est indéterminé, une suite indéfinie de chiffres décimaux qui se succèdent d'après une loi dépendant de la nature de l'opération ; mais il n'y a pas de périodicité dans cette succession, car s'il en était autrement, il y aurait un nombre fractionnaire ordinaire générateur de ce nombre fractionnaire décimal périodique, dont le carré reproduirait exactement le nombre proposé. On a vu (123) que cela ne peut être.

§ III. — Racine cubique.

129. Définition. — Nous savons (122) que chercher la racine cubique d'un nombre, c'est former un autre nombre qui élevé au cube reproduit le premier.

L'opération qui a cette recherche pour objet est généralement impossible parce qu'un nombre quelconque est rarement un cube. En effet, en formant successivement les cubes des nombres entiers naturels, on trouve que parmi les 1000 premiers nombres entiers, il n'y en a que 10 qui soient des cubes parfaits, soit $\frac{1}{100}$, et l'on voit, en allant au delà, que cette proportion va sans cesse en diminuant : ainsi, le 1000000 de premiers nombres entiers ne compte que 100 cubes parfaits, soit $\frac{1}{10000}$, et en continuant à envisager des quantités successivement 1000 fois plus grandes les unes que les autres de nombres entiers consécutifs pris à partir de l'unité, on obtient des proportions de cubes parfaits telles que chacune d'elles est 100 fois plus petite que la précédente. D'autre part, il résulte du théorème I (123) qu'un nombre entier qui n'est pas un cube parfait n'est pas le cube d'un nombre fractionnaire.

Enfin, comme ces considérations complétées par l'application au cube du théorème II (123), conviennent aussi aux nombres fractionnaires, cette rareté de nombres cubes parfaits est ainsi démontrée.

En présence de cette impossibilité ordinaire de l'extraction de la racine cubique exacte de nombres donnés, on a dû chercher des procédés de calcul pour obtenir des racines cubiques approchées.

130. Racine cubique à une unité près d'un nombre entier. — La racine cubique à une unité près d'un nombre entier quelconque est la racine cubique du plus grand cube contenu dans ce nombre.

Si le nombre entier dont on veut extraire la racine cubique à une unité près est plus petit que 1000, cette racine cubique est inférieure à 10 et elle est donnée par le tableau des cubes des neuf premiers nombres entiers.

Mais si le nombre entier est plus grand que 1000, sa racine cubique à une unité près est supérieure à 10 ; elle est un nombre entier qui comprend des dizaines et des unités La règle à suivre pour calculer cette racine cubique repose essentiellement sur la connaissance de la composition du cube d'un nombre formé de dizaines et d'unités. Pour l'établir, on démontre d'abord le théorème suivant :

I. *Le cube de la somme de deux nombres se compose de la somme des cubes de ces deux nombres augmentée de celle des triples produits du carré de chacun de ces nombres par l'autre.*

On en déduit cette conséquence :

II. *Le cube d'un nombre formé de dizaines et d'unités se compose : 1º du cube des dizaines ; 2º du triple produit du carré des dizaines par les unités ; 3º du triple produit des dizaines par le carré des unités ; 4º du cube des unités.*

Et l'on complète cette dernière proposition par cette autre :

III. *Le nombre de dizaines de la racine cubique à une unité près d'un nombre entier quelconque est égal à la racine cubique à une unité près du nombre de mille de ce nombre entier.*

Cela posé, considérons d'abord un nombre entier plus grand que 1000, mais plus petit que 1000000, le nombre 19785 par exemple, et proposons-nous d'en extraire la racine cubique à une unité près. Cette racine, plus grande que 10, mais plus petite que 100 dont le cube est 1000000, aura deux chiffres, et l'on obtiendra, d'après le théorème III précédent, le chiffre des dizaines en extrayant la racine cubique à une unité près du nombre 19, qui résulte de la séparation des trois derniers chiffres de droite du nombre et qui représente les mille de ce même nombre : le tableau des cubes des neuf premiers nombres entiers donnera le chiffre 2. Pour obtenir celui des unités, on remarquera que si du cube N^3 d'un nombre N formé de dizaines et d'unités, on retranche le cube des dizaines, qui est connu, il reste le triple produit du carré des dizaines par les unités et deux autres parties ; et comme ce triple produit du carré des dizaines par les unités représente un nombre exact de centaines, on en conclut qu'il est exclusivement contenu dans les centaines de N^3, après en avoir retranché le cube des dizaines. Dans notre exemple, le cube des dizaines, 8 mille ou 8000, retranché de 19785 donne le reste 11785 qui contient 117 centaines, lesquelles représentent le triple produit du carré des dizaines par les unités, plus les centaines qui peuvent provenir du triple produit des dizaines par le carré des unités et du cube des unités ainsi que de l'excès de 19785 sur le cube de la racine cherchée. Il en résulte qu'en divisant 117 centaines par le triple du carré des dizaines, 12, le quotient obtenu, 9, pourra être trop fort, mais il ne sera pas trop faible. Pour l'essayer, on le mettra à la droite de celui des dizaines, 2, et l'on élèvera au cube le nombre résultant, 29. Si ce cube peut se soustraire de 19785, le chiffre 9 sera bon ; dans le cas contraire, il faudra le diminuer d'une ou de plusieurs unités jusqu'à ce que l'essai réussisse. C'est ce qui arrive ici ; non seulement le chiffre 9 est trop fort, mais 8 l'est aussi ; le chiffre convenable est 7 ; la racine cubique à une unité près du nombre 19785 est dès lors 27, et le reste de l'opération est 102. Si l'on trouvait un reste nul, le nombre proposé serait un cube parfait.

Prenons maintenant un nombre entier quelconque plus grand que 1000000, le nombre 34359894743. Sa racine cubique à une unité près, plus grande que 10, contiendra des dizaines et des unités, et d'après le théorème III (130), le nombre de ces dizaines est égal à la racine cubique du nombre 34359894, qui résulte de la séparation des trois derniers chiffres de droite du nombre proposé, et qui représente les mille de ce même nombre. On est ainsi amené à extraire la racine cubique à une unité près du nombre 34359894, qui a trois chiffres de moins que le proposé ; mais comme il est plus grand que 1000, sa racine cubique à une unité près est plus grande que 10 et contient des dizaines et des unités. Le nombre de ces dizaines est égal à son tour à la racine cubique à une unité près du nombre 34359, qui résulte de la séparation des trois derniers chiffres de droite du nombre 34359894, et qui représente les mille de ce même nombre. De nouveau, on est conduit à l'extraction de la racine cubique à une unité près d'un nombre 34359 qui contient trois chiffres de moins que le précédent. Comme ce nombre est plus grand que 1000, mais plus petit que 1000000, nous sommes ramenés au premier cas.

La racine cubique 32 du nombre 34359 représente les dizaines de la racine cubique du nombre 34359894 ; on trouve le chiffre des unités 5 de cette dernière racine par le même procédé que pour trouver les unités de la racine cubique de 34359. La racine cubique 325 du nombre 34359894 représente à son tour les dizaines de la racine cubique du nombre proposé 34359894743 ; on calcule le chiffre 1 des unités de cette dernière racine en employant encore le procédé suivi pour calculer les unités des racines cubiques des nombres 34359 et 34359894. On a dès lors obtenu à une unité près la racine cubique 3251 du nombre entier 34359894743 ; l'opération donne pour reste 72492.

De l'ensemble de ce raisonnement, on tire la *règle* suivante pour extraire la racine cubique d'un nombre entier quelconque à une unité près.

Pour extraire la racine cubique d'un nombre entier quelconque, à une unité près, on partage ce nombre, à partir de la droite, en tranches de trois chiffres ; on extrait à une unité près la racine cubique de la première tranche à gauche, qui peut avoir un nombre de chiffres variant de un à trois, et le résultat donne le premier chiffre de la racine. On soustrait de cette première tranche le cube du chiffre obtenu ; à la droite du reste, on écrit le premier chiffre de la deuxième tranche ; on divise le nombre ainsi formé par le triple carré du premier chiffre, et l'on a le deuxième chiffre de la racine ou un chiffre trop fort. On l'essaie en l'écrivant à la droite du premier et en élevant au cube le nombre ainsi obtenu : le résultat doit pouvoir se retrancher de l'ensemble des deux premières tranches à gauche du nombre proposé. Ce deuxième chiffre de la racine étant trouvé après un ou plusieurs essais, on écrit à la droite du reste correspondant le premier chiffre de la troisième tranche ; on divise le nombre ainsi formé par le triple carré de la partie déjà trouvée de la racine, et l'on a le troisième chiffre de la racine ou un chiffre trop fort. On l'essaie en l'écrivant à la droite de l'ensemble des deux premiers chiffres de la racine et en élevant au cube le nombre ainsi obtenu : le résultat doit pouvoir se retrancher de l'ensemble des trois premières tranches à gauche du nombre proposé. On continue ainsi jusqu'à ce que toutes les tranches de ce nombre soient épuisées.

L'application de cette règle donne évidemment la racine cubique exacte si le nombre proposé est un cube parfait.

REMARQUE I. — De ce qui précède il ressort que le *nombre des chiffres* de la racine cubique à une unité près d'un nombre entier est égal au nombre des tranches de trois chiffres que l'on peut faire dans ce nombre à partir de la droite, la dernière à gauche pouvant n'avoir qu'un ou deux chiffres.

REMARQUE II. — Au cours des opérations pour extraire une racine cubique, il peut arriver qu'en diminuant de plus d'une unité un chiffre essayé, dans le but d'abréger le nombre des essais, on ait un chiffre trop faible : le fait se reconnaît à l'inspection du reste partiel correspondant, qui doit toujours être inférieur à la somme du triple carré de la racine trouvée, du triple de cette racine et de l'unité, en vertu de ce principe : *La différence des cubes de deux nombres entiers consécutifs est égale à la somme du triple carré du plus petit nombre, du triple de ce plus petit nombre et de l'unité.*

Cette proposition peut s'énoncer d'une autre manière, car, a et $a+1$ étant deux nombres entiers consécutifs quelconques, elle s'exprime par la relation

$$(a+1)^3 - a^3 = 3a^2 + 3a + 1,$$

qui peut s'écrire $(a+1)^3 - a^3 = 3a(a+1) + 1$, et dont la traduction en langage ordinaire donne : *La différence des cubes de deux nombres entiers consécutifs est égale au triple produit de ces deux nombres augmenté de l'unité.*

REMARQUE III. — Comme conséquence du théorème II (130), le cube d'un nombre supérieur à 10 est terminé à droite par le même chiffre des unités que le cube des unités de ce nom-

bre ; mais le tableau des cubes des neuf premiers nombres
donnant pour chiffres des unités les neuf chiffres significatifs,
on ne tire pas de cette proposition, comme pour les carrés, de
caractère d'après lequel on peut reconnaître qu'un nombre
entier est ou n'est pas un cube parfait. Tout ce qu'on peut dire
ici c'est que tout nombre entier terminé par un nombre de
zéros non divisible par **3** n'est pas un cube parfait, pour la
raison que le cube d'un nombre exact de dizaines, de centaines, etc., se termine par 3, 6, ... zéros.

La *preuve* d'une extraction de racine cubique à une unité
près d'un nombre entier peut se faire par deux procédés différents :

1° En élevant au cube la racine cubique trouvée et en ajoutant au résultat le reste de l'opération d'extraction, s'il y en a
un : cette somme doit reproduire le nombre proposé.

2° En prenant, par rapport à un module quelconque, 9, 11
ou tout autre, le reste de la racine et celui du reste de l'opération : le cube du premier augmenté du second donne par
rapport au même module un reste qui doit être égal à celui
du nombre proposé par rapport à ce même module.

**131. Racine cubique à une unité près d'un nombre fraction-
naire.** — La racine cubique à une unité près d'un nombre
fractionnaire est la racine cubique du plus grand cube entier
contenu dans ce nombre.

Par un raisonnement analogue à celui que nous avons
employé pour la racine carrée d'un nombre fractionnaire, on
est conduit à cette proposition : *La racine cubique à une unité
près d'un nombre fractionnaire est exactement celle de sa partie
entière.*

La question est ainsi ramenée à la précédente.

**132. Racine cubique à une fraction $\dfrac{p}{q}$ près d'un nombre quel-
conque, entier ou fractionnaire.** — La racine cubique à une
fraction $\dfrac{p}{q}$ près d'un nombre entier ou fractionnaire est le

plus grand multiple de la fraction $\dfrac{p}{q}$ dont le cube est au plus égal à ce nombre.

Un raisonnement analogue à celui qui nous a servi pour la racine carrée conduit à cette règle : *Pour obtenir à une fraction $\dfrac{p}{q}$ près la racine cubique $k\dfrac{p}{q}$ d'un nombre quelconque, entier ou fractionnaire, il faut multiplier ce nombre par le cube de l'inverse de la fraction d'approximation, extraire la racine cubique k à une unité près du résultat et multiplier cette racine par la fraction d'approximation.*

Remarque I. — Si la fraction d'approximation est représentée par une unité d'un ordre décimal $\dfrac{1}{10^n}$, il résulte de ce qui précède que k est la racine cubique à une unité près de la partie entière du produit du nombre proposé par $(10^n)^3$, et que la racine cherchée est $\dfrac{k}{10^n}$.

Remarque II. — Dans une extraction de racine cubique à une fraction $\dfrac{1}{10^n}$ près d'un nombre entier qui n'est pas un cube parfait, si n est indéterminé, on obtient une suite indéfinie de chiffres décimaux qui se succèdent d'après une loi dépendant de la nature de l'opération, mais il n'y a pas de périodicité pour la même raison que nous avons donnée en traitant de la racine carrée (128, Rem. II).

§ IV. — Racines de degré quelconque.

133. Définition. — Nous avons vu (122) ce qu'on appelle racine m^e d'un nombre et nous savons que chercher une telle racine c'est former un autre nombre qui élevé à la m^e puissance reproduise le premier.

L'opération qui a pour objet la recherche d'une racine de degré quelconque est généralement impossible, comme celle qui a trait à l'extraction d'une racine cubique ou d'une racine carrée, parce qu'un nombre quelconque est rarement une puissance parfaite. Il y a plus, le degré d'impossibilité augmente avec l'indice de la racine. Ce double fait peut être mis en évidence par des considérations analogues à celles qui nous ont servi pour prouver que les nombres entiers carrés ou cubes parfaits sont fort peu nombreux, que leur proportion diminue au fur et à mesure que l'on considère une plus grande quantité de nombres entiers, et que cette diminution est plus rapide pour les cubes que pour les carrés. On sait, d'autre part (123), qu'un nombre entier qui n'est pas une puissance m^e parfaite n'est la m^e puissance d'aucun nombre fractionnaire. Enfin comme ces considérations, complétées par le théorème II (123), s'appliquent aussi aux nombres fractionnaires, cette rareté de nombres qui sont des puissances parfaites est ainsi établie. Il s'ensuit que lorsqu'on a besoin de la racine m^e d'un nombre quelconque, entier ou fractionnaire, on a recours à une racine m^e approchée.

Le calcul des racines de degré supérieur au second et au troisième se fait généralement par le moyen des logarithmes, dont l'étude est comprise dans la partie de cet ouvrage consacrée à l'Algèbre.

Mais il nous a paru intéressant de montrer ici que les règles relatives à l'extraction des racines carrées et des racines cubiques ne sont que des cas particuliers d'autres règles plus générales.

134. Racine de degré quelconque m à une unité près d'un nombre entier. — Si le nombre entier dont on voudrait directement extraire la racine m^e à une unité près était plus petit que 10^m, cette racine m^e serait plus petite que 10 et elle serait donnée par le tableau des puissances m^{es} des neuf premiers nombres.

Mais si le nombre entier était plus grand que 10^m, sa racine m^e à une unité près serait supérieure à 10 et comprendrait ainsi des dizaines et des unités. La règle à suivre pour calculer cette racine repose essentiellement sur la connaissance de la composition de la m^e puissance d'un nombre formé de dizaines et d'unités. On a vu toutefois que les deux premières parties de la composition du carré et du cube d'un nombre contenant des dizaines et des unités suffisent pour établir les règles d'extraction correspondantes. Le raisonnement qui va suivre montrera qu'il en est de même ici ; c'est ce qui explique la forme de la proposition suivante que l'on démontre tout d'abord.

I. *La m^e puissance de la somme de deux nombres a pour premier terme la m^e puissance du premier nombre, et pour second terme, m fois la $(m-1)^e$ puissance du premier nombre par le second.*

On en déduit cette conséquence :

II. *La m^e puissance d'un nombre formé de dizaines et d'unités a pour premier terme la m^e puissance des dizaines, et pour second terme, m fois la $(m-1)^e$ puissance des dizaines par les unités.*

Et l'on complète cette dernière proposition par cette autre :

III. *Le nombre de dizaines de la racine m^e à une unité près d'un nombre entier quelconque est égal à la racine m^e à une unité près du nombre des unités de $(m+1)^e$ ordre de ce nombre entier.*

Cela posé, considérons d'abord un nombre entier plus grand que 10^m mais plus petit que 10^{2m} et proposons-nous d'en extraire la racine m^e à une unité près. Cette racine, supérieure à 10 mais inférieure à 10^2, contiendra des dizaines et des unités, et le chiffre des dizaines sera donné par la racine m^e à une unité près des unités du $(m+1)^e$ ordre du nombre proposé. Et comme ces unités du $(m+1)^e$ ordre forment un nombre inférieur à 10^m, cette racine sera fournie par le tableau des m^{es} puissances des neuf premiers nombres. Pour obtenir le chiffre des unités, on remarquera que si de la m^e puissance, N^m, d'un nombre formé de dizaines et d'unités on retranche la m^e puissance des dizaines il reste (Th. II) le m^e produit de la $(m-1)^e$ puissance des dizaines par les unités et la suite de tous les autres termes du développement. Or, comme ce m^e produit de la $(m-1)^e$ puissance des dizaines par les unités représente un nombre exact d'unités du m^e ordre, on en conclut qu'il est exclusivement contenu dans la partie du reste composée de ces unités du m^e ordre, et pour obtenir les unités simples du nombre N qui sont un des facteurs du second terme de N^m, l'autre facteur étant m fois la $(m-1)^e$ puissance des dizaines, on forme donc dans le reste, en en séparant à droite les $m-1$ premiers chiffres, la partie composée des unités du m^e ordre, que l'on divise par m fois la $(m-1)^e$ puissance des dizaines. Le quotient, qui ne peut être trop faible, pourrait être trop fort, car cette partie envisagée du reste peut contenir des unités de m^e ordre provenant des autres termes du développement de la m^e puissance du nombre N. Pour essayer ce quotient, on l'écrira à droite du chiffre déjà trouvé des dizaines et l'on élèvera à la m^e puissance le nombre ainsi formé. Si le résultat peut se retrancher du nombre proposé, le chiffre des unités sera bon ; dans le cas contraire, il faudra le diminuer successivement d'une, de deux, de trois,... unités, jusqu'à ce que la soustraction soit possible : le premier chiffre par ordre descendant qui répondra à cette condition représentera les unités cherchées.

Prenons maintenant un nombre entier quelconque plus grand que 10^m. Sa racine m^e à une unité près, supérieure à 10, contiendra des dizaines et des unités et le chiffre des dizaines sera donné par la racine m^e à une unité près des unités du $(m+1)^e$ ordre du nombre proposé. Si ce nombre d'unités du $(m+1)^e$ ordre est plus grand que 10^m, mais plus petit que 10^{2m}, on se trouve en présence du cas précédent. La racine obtenue contient deux chiffres qui représentent les dizaines de la racine m^e du nombre proposé. Pour avoir le chiffre des unités, on procède comme dans le premier exemple.

On conçoit qu'en reprenant ce raisonnement pour des nombres dont la racine m^e aurait 4, 5, 6,   . chiffres, on ramènerait le cas de 4 chiffres à celui de 3, celui de 5 à celui de 4, et ainsi de suite. On a dès lors la règle générale suivante :

Pour extraire la racine m^e d'un nombre entier quelconque à une unité près, on partage ce nombre, à partir de la droite, en tranches de m chiffres ; on extrait à une unité près la racine m^e de la première tranche à gauche, qui peut avoir un nombre de chiffres variant de 1 à m, et le résultat donne le premier chiffre *de la racine. On soustrait de cette première tranche la m^e puissance du chiffre obtenu ; à la droite du reste, on écrit le premier chiffre de la deuxième tranche ; on divise le nombre ainsi formé par m fois la $(m-1)^e$ puissance du premier chiffre et l'on a le deuxième chiffre de la racine ou un chiffre trop fort. On l'essaie en l'écrivant à la droite du premier et en élevant à la m^e puissance le nombre ainsi obtenu ; le résultat doit pouvoir se retrancher de l'ensemble des deux premières tranches à gauche du nombre proposé. Ce deuxième chiffre de la racine étant trouvé après un ou plusieurs essais, on écrit à la droite du reste correspondant le premier chiffre de la troisième tranche ; on divise le nombre ainsi formé par m fois la $(m-1)^e$ puissance de la partie déjà trouvée de la racine, et l'on a le troisième chiffre de la racine ou un chiffre trop fort. On l'essaie en l'écrivant à la droite de l'ensemble des deux premiers chiffres de la racine et en élevant à la m^e puissance le nombre ainsi obtenu ; le résultat doit pouvoir se retrancher de l'ensemble des trois premières tranches à gauche du nombre proposé. On continue ainsi jusqu'à ce que toutes les tranches de ce nombre soient épuisées.*

L'application de cette règle donne évidemment la racine m^e exacte si le nombre proposé est une puissance m^e parfaite.

REMARQUE I. — Il ressort de ce qui précède que le *nombre des chiffres* de la racine m^e à une unité près d'un nombre entier quelconque est égal au nombre de tranches de m chiffres que l'on peut faire dans ce nombre à partir de la droite, la dernière à gauche pouvant avoir un nombre de chiffres variant de 1 à m.

REMARQUE II. — La m^e puissance d'un nombre entier ne peut être terminée par des zéros que si le nombre lui-même se termine par un ou plusieurs zéros ; mais la m^e puissance d'un nombre exact de dizaines, de centaines, de mille, etc., est toujours terminée par un nombre de zéros divisible par m ; il s'ensuit que tout nombre terminé par des zéros en quantité non divisible par m n'est pas une m^e puissance parfaite.

135. Racine m^e à une unité près d'un nombre fractionnaire. — Par un raisonnement analogue à ceux que nous avons suivis

pour la racine carrée et la racine cubique d'un nombre fractionnaire, on démontre que *la racine m^e à une unité près d'un
nombre fractionnaire est exactement celle de sa partie entière*, et
l'on ramène ainsi la question à la précédente.

**136. Racine m^e à une fraction $\frac{p}{q}$ près d'un nombre quel-
conque, entier ou fractionnaire.** — La racine m^e à une fraction
$\frac{p}{q}$ près d'un nombre entier ou fractionnaire est le plus grand
multiple de la fraction $\frac{p}{q}$ dont la m^e puissance est au plus
égale à ce nombre.

Ici encore, en raisonnant comme on l'a fait dans les deux
cas particuliers précédents, on est conduit à cette règle :

*Pour obtenir à une fraction $\frac{p}{q}$ près la racine m^e, $k\frac{p}{q}$, d'un
nombre quelconque, entier ou fractionnaire, il faut multiplier ce
nombre par la m^e puissance de l'inverse de la fraction d'approximation, extraire la racine m^e, k, à une unité près du résultat,
et multiplier cette racine par la fraction d'approximation.*

Remarque I. — Si la fraction d'approximation est représentée
par une unité d'un ordre décimal $\frac{1}{10^n}$, il résulte de ce qui
précède que k est la racine m^e à une unité près de la partie
entière du produit du nombre proposé par $(10^n)^m$ et que la
racine cherchée est $\frac{k}{10^n}$.

Remarque II. — Dans une extraction de racine m^e à une
fraction $\frac{1}{10^n}$ près d'un nombre entier qui n'est pas une puissance m^e parfaite, si n est indéterminé on obtient une suite
indéfinie de chiffres décimaux qui se succèdent d'après une
loi dépendant de la nature de l'opération ; mais il n'y a pas de
périodicité pour la même raison que nous avons donnée en
traitant de la racine carrée et de la racine cubique.

**137. Racine dont l'indice m est un produit de plusieurs
facteurs.** — I. Soit à extraire la racine 18e d'un nombre N que

nous supposerons être une puissance 18e parfaite et désignons par k cette racine. Nous aurons

$$(1) \qquad k^{18} \quad \text{ou} \quad k^{2\times3\times3} = N.$$

Or, d'après le théorème III (65), $k^{2\times3\times3}$ peut être considéré comme le cube de $k^{2\times3}$ et ce dernier nombre comme le cube de k^2, de sorte que l'on peut écrire

$$k^{2\times3\times3} = [(k^2)^3]^3 = N.$$

Si l'on extrait la racine cubique des deux membres de cette égalité, on a

$$(k^2)^3 = \sqrt[3]{N};$$

en extrayant la racine cubique des deux membres de cette nouvelle égalité, il vient

$$k^2 = \sqrt[3]{\sqrt[3]{N}};$$

et enfin, en extrayant la racine carrée des deux membres de cette dernière égalité, on obtient

$$(2) \qquad k = \sqrt{\sqrt[3]{\sqrt[3]{N}}}.$$

Ce raisonnement d'ordre général conduit à la règle :

Pour extraire une racine dont l'indice est un produit de facteurs, on extrait successivement des racines d'indices respectivement égaux à ces facteurs.

Remarquons que dans l'égalité (1) nous aurions pu écrire les facteurs de l'exposant dans un tout autre ordre, et le raisonnement qui a été suivi nous aurait donné dans l'égalité finale (2) une superposition différente des radicaux ; il en résulte que la racine k est indépendante de l'ordre d'extraction des racines dont les indices sont les facteurs de l'indice initial.

II. Soit maintenant N' un nombre qui n'est pas une puissance m^e parfaite ; sa racine m^e à une unité près s'obtiendra en extrayant successivement à une unité près des racines d'indices respectivement égaux aux facteurs de m.

Admettons que l'on ait $m = a \times b \times c$ et représentons par g la racine a^e à une unité près de N', par h la racine b^e à une unité près de g et par k la racine c^e à une unité près de h; il s'agit de prouver que k est la racine m^e à une unité près de N'.

D'après les conventions précédentes, on aura les inégalités

$$(1) \quad \begin{cases} g^a \leqslant N' < (g+1)^a, \\ h^b \leqslant g < (h+1)^b, \\ k^c \leqslant h < (k+1)^c. \end{cases}$$

Considérons d'abord la première relation de chacun de ces trois groupes d'inégalités et élevons les deux membres de celle du second à la puissance a, et celle du troisième à la puissance ab; on aura

$$\begin{aligned} g^a &\leqslant N', \\ h^{ab} &\leqslant g^a, \\ k^{abc} &\leqslant h^{ab}. \end{aligned}$$

En additionnant membre à membre et simplifiant, il vient

$$(2) \quad k^{abc} \leqslant N'.$$

Si nous considérons ensuite la seconde relation de chacun des trois groupes d'inégalités (1), en remarquant que les deux membres de chacune d'elles diffèrent entre eux au moins d'une unité, on peut écrire les suivantes :

$$\begin{aligned} N' &< (g+1)^a, \\ g+1 &\leqslant (h+1)^b, \\ h+1 &\leqslant (k+1)^c, \end{aligned}$$

qui donnent, par l'élévation des deux membres de la seconde à la puissance a et des deux membres de la troisième à la puissance ab,

$$\begin{aligned} N' &< (g+1)^a, \\ (g+1)^a &\leqslant (h+1)^{ab}, \\ (h+1)^{ab} &\leqslant (k+1)^{abc}. \end{aligned}$$

On tire de là, en additionnant membre à membre et simplifiant,

$$(3) \quad N' < (k+1)^{abc}.$$

Le rapprochement des relations (2) et (3) donne finalement

$$k^{abc} \leqslant N' < (k+1)^{abc},$$

ou

$$k^m \leqslant N' < (k+1)^m,$$

ce qui signifie que k est la racine m^e de N' à une unité près.

C. Q. F. D.

CHAPITRE VIII

NOMBRES INCOMMENSURABLES OU IRRATIONNELS

§ I. — Considérations générales.

138. Modes de génération. — La mesure des grandeurs, dans les deux premiers cas sur trois qu'elle présente (94), nous a fourni un mode commun de génération des nombres entiers et des nombres fractionnaires. Le troisième cas, celui où la grandeur à mesurer ne contient exactement aucune des parties aliquotes de l'unité, a dû être réservé. Nous allons le reprendre ici.

Disons d'abord qu'il existe des grandeurs dans lesquelles ne sont contenues un nombre exact de fois ni l'unité, ni une fraction de l'unité quelque petite qu'elle puisse être. En géométrie on démontre, en effet, que la diagonale du carré n'a pas de commune mesure avec le côté de ce même carré, qu'il en est de même pour la circonférence du cercle et son rayon, etc.

Deux grandeurs qui sont dans un tel état de rapport l'une vis-à-vis de l'autre sont dites *incommensurables*, et il n'y a pas de nombre, entier ou fractionnaire, pour exprimer la mesure de l'une en prenant l'autre pour unité.

Mais alors si l'on considère une grandeur quelconque, une longueur par exemple, et qu'on la fasse varier d'une manière continue, elle passe par une suite indéfinie de valeurs alternativement mesurables et non mesurables, les unes pouvant s'exprimer en nombres, les autres non. Dans un intérêt scientifique, en particulier pour les besoins de la généralisation, on a dû chercher à faire disparaître ces exceptions en donnant à l'idée de nombre une nouvelle extension et en appelant *nombre incommensurable* la manière d'être, dans la comparaison de leurs valeurs, de deux grandeurs incommensurables entre elles.

Et voici l'idée qu'on peut se faire de ces nombres incommensurables.

Soit A une grandeur incommensurable avec l'unité. Supposons qu'elle contienne 4 fois l'unité plus un reste, que ce reste contienne 5 fois le $\frac{1}{10}$ de l'unité plus un reste, que ce second reste contienne 2 fois le $\frac{1}{100}$ de l'unité plus un reste, que ce troisième reste contienne 7 fois le $\frac{1}{1000}$ de l'unité plus un reste, etc., on aura, pour apprécier la mesure de cette grandeur, les deux séries suivantes de nombres :

$$4, \qquad 4,5, \qquad 4,52, \qquad 4,527, \ldots,$$
$$5, \qquad 4,6, \qquad 4,53, \qquad 4,528, \ldots,$$

qui donnent de cette mesure, la première, des valeurs approchées par défaut, successivement à une unité près, à $\frac{1}{10}$ près, à $\frac{1}{100}$ près, à $\frac{1}{1000}$ près, etc. ; la seconde, des valeurs approchées par excès, successivement à une unité près, à $\frac{1}{10}$ près, à $\frac{1}{100}$ près, à $\frac{1}{1000}$ près, etc. La première comprend des nombres qui croissent indéfiniment, tout en restant tous inférieurs à une certaine limite ; ces nombres sont les mesures respectives de grandeurs de même espèce que A, également croissantes, mais toutes plus petites que A. La seconde comprend des nombres qui décroissent indéfiniment, tout en restant tous supérieurs à une certaine limite ; ces nombres sont les mesures respectives de grandeurs de même espèce que A, également décroissantes, mais toutes plus grandes que A. Or, si l'on compare, dans ces deux séries, deux termes de même rang et qu'on envisage en même temps les deux grandeurs correspondantes, on remarque que la différence de ces termes, comme celle des grandeurs qu'ils mesurent, est d'abord d'une unité et qu'elle va sans cesse en diminuant, en passant par les valeurs successives de $\frac{1}{10}$, $\frac{1}{100}$, $\frac{1}{1000}$, ... d'unité ; on conçoit dès lors qu'on puisse obtenir deux termes de même rang assez éloigné pour que leur différence, qui ne peut être nulle, devienne cependant inférieure à toute quantité assignable quelque petite qu'elle soit. On peut donc dire que les deux séries de nombres tendent vers une même *limite* sans pouvoir l'atteindre, en même temps que les deux séries de grandeurs qu'ils mesurent se rapprochent aussi indéfiniment, sans non plus l'atteindre, de la grandeur incommensurable A.

Plus généralement, soit encore cette même grandeur A, incommensurable avec l'unité. Divisons cette unité en n, n', n'', n''', ... parties égales de plus en plus petites ; désignons par a, a', a'', a''', ... les valeurs respectives de ces parties et par m, m', m'', m''', ... les nombres de ces parties respectivement contenues dans A. On aura pour apprécier la mesure de A les deux séries suivantes de nombres :

$$(1) \qquad \frac{m}{n}, \ \frac{m'}{n'}, \ \frac{m''}{n''}, \ \frac{m'''}{n'''}, \ \ldots,$$

$$(2) \qquad \frac{m+1}{n}, \ \frac{m'+1}{n'}, \ \frac{m''+1}{n''}, \ \frac{m'''+1}{n'''}, \ \ldots;$$

qui mesurent, ceux de la première série, une suite de grandeurs commensurables avec l'unité am, $a'm'$, $a''m''$, $a'''m'''$, ..., toutes plus petites que A, et ceux de la seconde, une autre suite de grandeurs également commensurables avec l'unité $a(m+1)$, $a'(m'+1)$, $a''(m''+1)$, $a'''(m'''+1)$, ..., toutes plus grandes que A. Si l'on admet ensuite, ce qui est toujours possible, que les nombres n', n'', n''', ... aient été choisis de manière que les parties correspondantes a', a'', a''', ... soient respectivement plus petites que les excès de A sur am, $a'm'$, $a''m''$, ... ; comme on a, d'autre part, par hypothèse, les inégalités

$$n < n' < n'' < n''' \ldots,$$

qui donnent

$$\frac{1}{n} > \frac{1}{n'} > \frac{1}{n''} > \frac{1}{n'''}, \ \ldots,$$

il en résultera : 1° que les termes de la série (1), qui sont successivement à $\frac{1}{n}$, $\frac{1}{n'}$, $\frac{1}{n''}$, $\frac{1}{n'''}$, ... près, les valeurs approchées par défaut de la mesure de A, vont sans cesse en croissant, comme les grandeurs commensurables qu'ils mesurent, tout en demeurant inférieurs à une certaine limite, en même temps que ces grandeurs croissantes restent moindres que A ;

2° que les termes de la série (2), qui sont successivement à $\frac{1}{n}$, $\frac{1}{n'}$, $\frac{1}{n''}$, $\frac{1}{n'''}$, ... près, les valeurs approchées par excès de la même mesure de A, vont dans leur ensemble en décroissant, comme les grandeurs commensurables qu'ils mesurent, tout en demeurant supérieurs à une certaine limite en même temps que ces grandeurs décroissantes restent plus grandes que A.

Or il est à remarquer que la différence de deux termes de même rang dans les deux séries de nombres (1) et (2), qui se traduit successivement par les fractions $\frac{1}{n}$, $\frac{1}{n'}$, $\frac{1}{n''}$, $\frac{1}{n'''}$, ..., va sans cesse en diminuant; dès lors on conçoit que l'on puisse obtenir deux termes d'un même rang assez éloigné pour que cette différence devienne inférieure à toute quantité assignable quelque petite qu'elle soit; il suffit pour cela de donner à n une valeur suffisamment grande.

On arrive ainsi à la conclusion précédente, que ces deux séries de nombres tendent vers une même *limite* sans pouvoir l'atteindre, en même temps que les grandeurs qu'ils mesurent se rapprochent aussi indéfiniment, sans non plus l'atteindre, de la grandeur incommensurable A.

C'est à cette limite commune de deux séries de nombres, dont la valeur ne peut être exprimée en chiffres et qui est prise comme mesure de la grandeur incommensurable A, qu'on donne le nom de *nombre incommensurable* ou mieux de *nombre irrationnel*. Par opposition, les nombres entiers et les nombres fractionnaires sont appelés *nombres commensurables* ou *rationnels*.

139. La théorie des racines peut conduire comme celle de la mesure des grandeurs aux nombres incommensurables ou irrationnels.

Nous avons vu qu'un nombre entier ou fractionnaire irréductible, qui n'est pas un carré, un cube, une puissance m^e parfaite, n'est le carré, le cube, la m^e puissance d'aucun nombre entier ou fractionnaire. Il s'ensuit qu'il existerait des nombres ayant des racines exprimables en nombres et d'autres beaucoup plus nombreux qui n'en auraient pas. Mais si, considérant un nombre N qui n'est pas un carré parfait, par exemple, on forme une série de nombres fractionnaires indéfiniment croissants, dont les carrés ne cessent pas d'être inférieurs à N, en même temps que ces carrés se rapprocheront sans cesse de N, qui en sera la limite, leurs racines carrées convergeront aussi vers une *limite* qu'on appellera la *racine carrée* de N.

Voici, par exemple, une série de nombres fractionnaires :

1,4 ;   1,41 ;   1,414 ;   1,4142 ;   1,41421 ;...

qui ont respectivement pour carrés les termes de la série

1,96 ;   1,9881 ;   1,999396 ;   1,99996164 ;   1,9999899241 ;...

en continuant les termes de la première avec les chiffres qui conviennent, ceux de la seconde se rapprochent sans cesse du nombre 2, tout en lui restant inférieurs. Il s'ensuit que les premiers convergent aussi vers une limite qui est dite la racine carrée de 2.

De même, les deux séries

1,7 ;   1,73 ;   1,732 ;   1,7320 ;   1,73205 ;...

2,2 ;   2,23 ;   2,236 ;   2,3360 ;   2,23606 ;...

continuées avec les chiffres qui conviennent, donnent, en en élevant les termes au carré, deux séries de nombres qui ont pour limites les nombres 3 et 5. Elles convergent dès lors elles-mêmes, chacune vers une limite qui est dite la racine carrée de 3, pour la première, et la racine carrée de 5, pour la seconde.

Ainsi l'on peut avoir des séries de nombres qui, tout en croissant indéfiniment, convergent vers des *limites* fixes que l'on considère, dans les cas précédents, comme étant chacune la *racine carrée* d'un nombre qui n'est pas un carré parfait.

Cette racine est exprimée par un *nombre incommensurable ou irrationnel* dont le symbole est $\sqrt{N}$. Il en est de même de toutes les racines de nombres qui ne sont pas des puissances parfaites; ce sont des nombres irrationnels figurés par un symbole de la forme générale $\sqrt[m]{N}$: c'est ce qu'on appelle un radical du m^e degré ou d'indice m.

Ce mode de génération des nombres irrationnels par des extractions de racines peut rentrer dans le précédent, car toute série de nombres rationnels croissants ou décroissants, ayant un nombre irrationnel pour limite, peut être considérée comme contenant les mesures respectives d'une suite de grandeurs commensurables, indéfiniment croissantes ou décroissantes et convergeant vers une limite déterminée.

D'où il suit que la mesure des grandeurs est une origine commune à tous les nombres rationnels ou irrationnels.

140. On définit encore le nombre irrationnel en le considérant comme intermédiaire entre deux classes infinies de nombres rationnels. Cette définition, M. Tannery la donne ainsi:

« Toutes les fois qu'on a un moyen défini de séparer la totalité des nombres rationnels en deux classes telles que tout nombre de la première classe soit plus petit que tout nombre de la seconde classe, telles en outre qu'il n'y ait pas dans la première classe un nombre plus grand que les autres nombres de la même classe, et, dans la seconde classe, un nombre plus petit que les autres nombres de la même classe, on convient de dire qu'on a défini un *nombre irrationnel* » (¹).

141. Mode général de représentation. — Notre première définition, à laquelle nous revenons, porte que le nombre irrationnel est la limite commune de deux séries de nombres rationnels et convergents, croissants dans l'une et décroissants dans l'autre; mais il est évident qu'en raison de cette communauté de limite entre ces deux séries, l'une d'elles suffit pour représenter un nombre irrationnel; c'est pour cela qu'on dit que tout nombre irrationnel peut être représenté par

---

(¹) *Introduction à la théorie des fonctions d'une variable.*

une série rationnelle et convergente de nombres qui mesurent des grandeurs commensurables et convergentes ayant pour limite une grandeur incommensurable dont le nombre irrationnel envisagé est la mesure.

Les nombres rationnels peuvent être aussi représentés de cette manière, et comme exemple la série rationnelle et convergente 6, 6,9, 6,99, 6,999, ... définit et représente le nombre 7.

142. Nombres égaux. — Tous les nombres rationnels ou irrationnels pouvant être considérés comme des mesures de grandeurs commensurables ou incommensurables, on dit, d'une manière générale, que deux nombres d'espèce quelconque sont *égaux* lorsqu'ils mesurent deux grandeurs égales de même nature. Dans le cas contraire, ils sont dits *inégaux*.

Remarque I. — L'introduction des nombres irrationnels en arithmétique fait de l'ensemble de tous les nombres une suite continue, ininterrompue, qui va de zéro jusqu'à l'infini. Elle donne ainsi une certaine généralité à l'arithmétique.

Remarque II. — La théorie des fractions décimales périodiques nous a fourni un premier exemple de limites de quantités variables ; celle des racines nous en donne un second, avec cette différence que dans le premier cas la suite indéfinie est périodique et a pour limite un nombre rationnel, tandis que dans le second la suite indéfinie n'est pas périodique et a pour limite un nombre irrationnel.

§ II. — Opérations et principes sur les nombres irrationnels.

143. Guidé par les considérations précédentes, nous donnerons des opérations sur les nombres irrationnels les définitions suivantes, qui conviendront également aux opérations sur les nombres rationnels et qui auront ainsi le caractère de généralité qu'elles doivent revêtir.

144. Addition et soustraction. — Additionner ou soustraire des nombres irrationnels, c'est trouver le nombre qui mesure la grandeur obtenue en ajoutant ou en retranchant les grandeurs de même espèce que mesurent les nombres proposés; autrement dit, c'est trouver la limite d'une série rationnelle et convergente de nombres qui sont les sommes ou les différences respectives des termes de même rang des séries rationnelles et convergentes de nombres qui définissent les nombres irrationnels proposés.

On peut encore dire, pour la soustraction, que c'est l'opération inverse de l'addition, celle-ci étant comprise comme nous venons de la définir.

145. Multiplication. — Multiplier deux nombres irrationnels l'un par l'autre, c'est trouver la limite d'une série rationnelle et convergente de nombres qui sont les produits respectifs des termes de même rang des deux séries rationnelles et convergentes d'autres nombres qui définissent les deux nombres irrationnels proposés.

Si l'un des facteurs de la multiplication est rationnel, la série dont on cherche la limite se compose des termes de celle qui définit le facteur irrationnel respectivement multipliés par le facteur rationnel.

146. Division. — La division étant l'opération inverse de la multiplication, diviser l'un par l'autre deux nombres irrationnels ou non l'un et l'autre, c'est trouver le nombre qui multiplié par le diviseur reproduit le dividende, sous la réserve qu'on attache à l'idée de multiplication le sens que nous venons de lui donner.

Il résulte de cet ensemble de définitions que les opérations sur les nombres irrationnels ne peuvent se faire que sur des nombres rationnels qui diffèrent d'aussi peu que possible des premiers, et le résultat obtenu dans chaque cas, variable avec les nombres rationnels employés, converge au fur et à mesure que ces nombres se rapprochent de leurs limites respectives, vers une certaine limite qui serait le résultat exact final de l'opération.

147. Propriétés des nombres irrationnels. — Cette dernière considération a pour conséquence très importante que les propriétés essentielles des opérations fondamentales sur les nombres rationnels, que les principes généraux relatifs à ces nombres, et que les règles de calcul qui en découlent s'appliquent aux nombres irrationnels, parce que la démonstration en est faite pour des nombres rationnels quelconques, par conséquent pour ceux qui sont approchés, à quelque degré que ce soit, des nombres irrationnels à considérer.

C'est ainsi que pour les nombres irrationnels comme pour les nombres rationnels : 1° l'addition est commutative et associative ; la multiplication est commutative, associative et distributive par rapport à l'addition, etc. ; 2° les théorèmes relatifs aux quatre opérations fondamentales (43, 49, 58 II à X, 63 II à VII), aux nombres fractionnaires (96), aux puissances (65) et aux racines (123), aux égalités et inégalités (68, 69, 123), sont les mêmes et par conséquent d'ordre général.

§ III. — Calcul des radicaux.

148. Sous ce titre nous allons compléter, pour les nombres irrationnels qui 'se présentent sous la forme de radicaux, la théorie des opérations commencée dans le paragraphe précédent.

Le calcul arithmétique des radicaux repose sur les théorèmes suivants :

I. *Le produit de plusieurs radicaux de même indice est un autre radical de même indice portant sur le produit des nombres soumis aux radicaux considérés.*

II. *Le quotient de deux radicaux de même indice est un autre radical de même indice portant sur le quotient des deux nombres soumis aux radicaux considérés.*

III. *Pour élever un radical à une puissance quelconque, il suffit d'élever à cette puissance le nombre soumis à ce radical.*

IV. *Pour extraire une racine quelconque d'un radical, il suffit de multiplier l'indice du radical par celui de la racine à extraire.*

V *Un radical ne change pas de valeur lorsqu'on multiplie ou divise par un même nombre entier l'indice de la racine et l'exposant du nombre soumis à ce radical.*

Ce dernier théorème a pour conséquences deux applications importantes :

1° *la simplification des radicaux,* qui s'effectue en divisant par un même nombre — ou mieux par leur plus grand commun diviseur — l'indice et la puissance du nombre soumis à chaque radical ;

2° *la réduction au même indice de radicaux d'indices différents,* dont la règle consiste à former un commun multiple — ou mieux le plus petit commun multiple — des indices des radicaux donnés, pour diviser ensuite ce commun multiple par chacun des indices et multiplier enfin par chaque quotient, dans le radical correspondant, l'indice et la puissance du nombre placé sous ce radical.

Il est à remarquer qu'on opère, dans les deux circonstances, sur les indices et les puissances des nombres soumis aux radicaux comme sur les dénominateurs et les numérateurs des nombres fractionnaires qu'on veut réduire à leur plus simple expression ou réduire au plus petit commun dénominateur.

La seconde de ces transformations des radicaux permet d'obtenir le produit ou le quotient de radicaux d'indices différents ; pour cela, on réduit ces radicaux au même indice et l'on fait ensuite application des théorèmes I ou II qui précèdent.

CHAPITRE IX

RAPPORTS ET PROPORTIONS

§ I. — Rapports.

149. Définitions. — On appelle *rapport de deux grandeurs* de même espèce le nombre qui mesure la première de ces grandeurs lorsqu'on prend la seconde pour unité.

Pour obtenir ce rapport il n'est pas indispensable de prendre la seconde grandeur pour unité; le théorème suivant nous donne un moyen pratique d'arriver à ce résultat :

Le rapport de deux grandeurs de même espèce est le quotient des deux nombres qui mesurent ces grandeurs lorsqu'on prend pour l'une et l'autre une même unité quelconque.

Soient, en effet, deux grandeurs de même espèce, A et B, que l'on veut mesurer avec une troisième, C, qui est de l'espèce des deux premières.

1° Supposons d'abord que A et B contiennent l'une et l'autre un nombre exact de fois C; leurs mesures seront exprimées par des nombres entiers a et b, et l'on aura

$$\text{mesure de A ou } \frac{A}{C} = a,$$

$$\text{mesure de B ou } \frac{B}{C} = b,$$

d'où : mesure de A par rapport à B ou $\dfrac{A}{B} = \dfrac{A}{C} : \dfrac{B}{C} = \dfrac{a}{b}$.

2° Si A et B ne contiennent exactement qu'une fraction $\dfrac{1}{p}$ de C, leurs mesures sont exprimées par des nombres fractionnaires de la forme $\dfrac{a'}{p}$ et $\dfrac{b'}{p}$; mais en représentant encore par a et b ces deux nombres, un raisonnement analogue au précédent donnera aussi

$$\text{mesure de } A \text{ par rapport à } B \text{ ou } \frac{A}{B} = \frac{a}{b}.$$

3° Enfin, si A et B sont l'une et l'autre incommensurables avec C, leurs mesures seront exprimées par des nombres irrationnels que nous désignerons encore par a et b ; et en prenant une partie aliquote quelconque de C qui s'y trouve contenue q fois et que A et B contiennent respectivement au plus m et n fois, on aura

$$\frac{m}{q} < \frac{A}{C} < \frac{m+1}{q},$$

$$\frac{n}{q} < \frac{B}{C} < \frac{n+1}{q}.$$

Cela posé, considérons, d'une part, le rapport $\dfrac{m}{n+1}$ du nombre $\dfrac{m}{q}$ plus petit que $\dfrac{A}{C}$ au nombre $\dfrac{n+1}{q}$ plus grand que $\dfrac{B}{C}$, d'autre part, le rapport $\dfrac{m+1}{n}$ du nombre $\dfrac{m+1}{q}$ plus grand que $\dfrac{A}{C}$ au nombre $\dfrac{n}{q}$ plus petit que $\dfrac{B}{C}$; le premier est plus petit et le second plus grand que $\dfrac{A}{C} : \dfrac{B}{C}$ ou $\dfrac{A}{B}$; on peut donc écrire

$$\frac{m}{n+1} < \frac{A}{B} < \frac{m+1}{n}.$$

Mais comme par hypothèse les nombres irrationnels a et b sont les mesures respectives de A et de B, C étant l'unité de mesure, on aura aussi

$$\frac{m}{q} < a < \frac{m+1}{q},$$

$$\frac{n}{q} < b < \frac{n+1}{q},$$

et $$\frac{m}{n+1} < \frac{a}{b} < \frac{m+1}{n}.$$

Les rapports $\dfrac{A}{B}$ et $\dfrac{a}{b}$ sont donc compris entre les mêmes nombres approchés, l'un, $\dfrac{m}{n+1}$, par défaut, et l'autre, $\dfrac{m+1}{n}$, par excès. Or ces deux nombres se rapprochent sans cesse l'un de l'autre et tendent vers une limite commune, au fur et à mesure que n croît indéfiniment. En effet, la différence de ces nombres, $\dfrac{m+1}{n} - \dfrac{m}{n+1}$, est égale à $\dfrac{1}{n}\left(1 + \dfrac{m}{n+1}\right)$, et comme $\dfrac{m}{n+1}$ est plus petit que $\dfrac{a}{b}$, on peut écrire

$$\frac{m+1}{n} - \frac{m}{n+1} < \frac{1}{n}\left(1 + \frac{a}{b}\right)$$

Le second membre de cette inégalité est le produit de deux facteurs dont l'un, $\left(1 + \dfrac{a}{b}\right)$, reste constant, et dont l'autre, $\dfrac{1}{n}$, devient de plus en plus petit et tend vers zéro à mesure que q diminue et tend aussi vers zéro ; il s'ensuit que ce produit diminue lui-même avec $\dfrac{1}{n}$ et tend avec lui vers zéro.

Les deux rapports $\dfrac{A}{B}$ et $\dfrac{a}{b}$, constamment compris entre les deux séries de valeurs de plus en plus approchées que prennent $\dfrac{m}{n+1}$ et $\dfrac{m+1}{n}$ avec les accroissements incessants de n, sont l'un et l'autre la limite commune de ces deux séries et sont nécessairement égaux.

On a donc encore

$$\text{mesure de A par rapport à B ou } \quad \frac{A}{B} = \frac{a}{b}.$$

D'après ce qui précède, on appellera *rapport de deux nombres* le quotient du premier de ces nombres par le second. Et ce rapport s'exprimera par un nombre entier, un nombre fractionnaire ou un nombre irrationnel, suivant que les deux nombres sont rationnels et divisibles ou non le premier par le second, ou sont, l'un au moins, irrationnels.

Le premier terme du rapport de deux nombres se nomme *dividende, numérateur* ou *antécédent*, et le second, *diviseur, dénominateur* ou *conséquent*.

On appelle *rapport inverse* de deux grandeurs de même espèce ou de deux nombres, le rapport de la seconde grandeur à la première ou du second nombre au premier.

Si l'on multiplie le rapport direct $\dfrac{a}{b}$ de deux grandeurs ou de deux nombres par leur rapport inverse $\dfrac{b}{a}$, le produit $\dfrac{a}{b} \times \dfrac{b}{a}$ est égal à l'unité.

150. Calcul des rapports. — Si l'idée de rapport rappelle la comparaison de deux grandeurs et si le raisonnement mathématique peut s'appliquer aussi bien aux rapports de grandeurs qu'aux rapports de nombres, il est indispensable dans le calcul de n'avoir comme termes de rapports que les nombres qui mesurent les grandeurs considérées.

Ainsi ramenés à des quotients de deux nombres rationnels ou irrationnels, les rapports, quand ils ne sont pas exprimés par des nombres entiers, sont de véritables nombres fractionnaires soumis par conséquent aux mêmes principes et aux mêmes règles de calcul que les nombres fractionnaires considérés avec toute l'extension de sens que comporte cette expression. En d'autres termes, pour résumer :

1° *Un rapport ne change pas de valeur lorsqu'on en multiplie ou divise les deux termes par un même nombre ;*

2° *On opère comme sur des nombres fractionnaires pour simplifier des rapports, les réduire à leur plus simple expression, les réduire au même dénominateur ou conséquent, les additionner, les soustraire, les multiplier, les diviser, les élever aux puissances et en extraire des racines.*

151. Propriétés des rapports égaux. — Les propriétés essentielles des rapports égaux peuvent se formuler ainsi :

Étant donnée une suite de rapports égaux, on obtient un nouveau rapport égal à chacun des précédents :

1° *En prenant pour numérateur la somme des numérateurs des rapports proposés et pour dénominateur la somme de leurs dénominateurs ;*

2° *En prenant pour numérateur la somme des numérateurs de*

certains rapports proposés, diminuée de celle des numérateurs des autres, et pour dénominateur la somme des dénominateurs des premiers rapports envisagés, diminuée de celle des dénominateurs des autres ;

3° *En multipliant les deux termes de chaque rapport par un nombre quelconque, variable d'un rapport à l'autre, et en prenant ensuite pour numérateur la somme des numérateurs des nouveaux rapports et pour dénominateur la somme de leurs dénominateurs ;*

4° *En élevant tous les rapports à une même puissance m et en prenant ensuite pour numérateur la racine m^e de la somme des numérateurs des nouveaux rapports et pour dénominateur la même racine m^e de la somme de leurs dénominateurs, etc.*

152. Propriété des rapports inégaux. — Nous terminerons ce paragraphe par le théorème important qui suit sur les rapports inégaux :

Étant donnée une suite de rapports inégaux, en prenant pour numérateur la somme de leurs numérateurs et pour dénominateur la somme de leurs dénominateurs, on forme un nouveau rapport qui est compris entre le plus grand et le plus petit des rapports proposés.

§ II. — Proportions.

153. Définitions. — Une *proportion* est l'expression de l'égalité de deux rapports.

Les quatre nombres qui entrent dans une proportion sont les quatre *termes* de cette proportion. On donne le nom d'*extrêmes* au premier et au quatrième et celui de *moyens* au second et au troisième.

154. Propriété fondamentale. — La propriété essentielle et fondamentale des proportions est la suivante :

Dans toute proportion le produit des extrêmes est égal à celui des moyens ; et réciproquement, quatre nombres sont en proportion si le produit de deux d'entre eux est égal au produit des deux autres.

Il faut sous-entendre, dans la proposition réciproque, que les deux groupes de deux nombres dont le produit est le même doivent occuper dans la proportion, l'un quelconque la place des moyens, et l'autre celle des extrêmes.

La première partie de cette propriété se démontre en réduisant les deux rapports au même dénominateur et en tirant, de l'égalité de ces rapports, d'une part, et des nouveaux dénominateurs, de l'autre, l'égalité des nouveaux numérateurs.

Pour démontrer la seconde, on divise les deux membres de l'égalité des deux produits de deux facteurs par le produit de deux quelconques de ces quatre nombres, pourvu qu'ils soient pris, l'un dans un produit et le second dans l'autre, puis on supprime dans chaque rapport résultant, si on ne l'a fait en divisant, le nombre commun au numérateur et au dénominateur.

La seconde partie de cette propriété fondamentale permet d'écrire une proportion de huit manières différentes. Quatre s'obtiennent en prenant la proportion initiale, en y changeant les moyens de place, en y changeant les extrêmes de place, et en y changeant les moyens de place en même temps que les extrêmes ; les quatre autres résultent de ces mêmes transformations opérées sur une proportion dont les deux rapports sont ceux de la proposée, mais écrits dans l'ordre inverse, le premier devenant le second, et le second, le premier.

155. Quatrième proportionnelle. — On appelle *quatrième proportionnelle* à trois nombres un quatrième nombre qui forme avec les trois autres une proportion. Mais comme ce quatrième nombre peut occuper dans une proportion quatre places différentes, pour le définir complètement il faut que cette place soit donnée.

De la propriété principale des proportions, on tire la règle suivante pour trouver une quatrième proportionnelle à trois nombres donnés :

Après avoir mis en proportion les trois nombres donnés et celui qu'on se propose de déterminer, celui-ci étant représenté par une lettre, x par exemple, on fait le produit des extrêmes ou des *moyens, suivant que ce sont les premiers ou les seconds qui sont l'un et l'autre connus, et l'on divise le résultat par le troisième nombre donné.*

156. Moyenne proportionnelle. — On appelle *moyenne proportionnelle* entre deux nombres un troisième nombre qui occupe la place des deux moyens ou des deux extrêmes dans une proportion où entrent les deux premiers.

Pour trouver la moyenne proportionnelle entre deux nombres donnés, on a la règle suivante qui se déduit de la propriété fondamentale des proportions :

On extrait la racine carrée du produit des deux nombres do nés.

Il ne faut pas confondre la moyenne proportionnelle entre deux nombres avec la *moyenne arithmétique* de ces deux nombres : celle-ci est égale à la demi-somme des deux nombres, et l'on démontre qu'elle est toujours plus grande que 'autre, à moins que les deux nombres ne soient égaux, auquel cas les deux moyennes sont aussi égales.

157. Troisième proportionnelle. — On appelle *troisième proportionnelle* à deux nombres un troisième nombre qui forme avec les deux autres une proportion dans laquelle l'un de ces derniers occupe la place de chacun des moyens ou de chacun des extrêmes.

La propriété principale des proportions sert encore de base à la règle qui suit pour trouver la troisième proportionnelle à deux nombres donnés :

On divise le carré du nombre répété dans la proportion par le second nombre donné

158. Autres propriétés des proportions. — Voici quelques autres propriétés importantes des proportions, auxquelles on a souvent recours dans le calcul.

Dans toute proportion :

1° la somme des deux premiers termes est avec le second dans le même rapport que la somme des deux derniers est avec le quatrième.

2° *la différence des deux premiers termes est avec le second dans le même rapport que la différence des deux derniers est avec le quatrième ;*

3° *la somme des deux premiers termes est avec leur différence dans le même rapport que la somme des deux derniers est avec leur différence.*

§ III. — Grandeurs proportionnelles.

159. Définitions. — Deux grandeurs sont dites *directement proportionnelles* lorsque, dépendant l'une de l'autre, le rapport de deux valeurs quelconques de l'une est égal au rapport des valeurs correspondantes de l'autre. Le prix d'une marchandise est proportionnel à sa longueur, à son volume ou à son poids, selon qu'elle se mesure au mètre, au litre ou au kilogramme.

Deux grandeurs sont dites *inversement proportionnelles* lorsque, dépendant l'une de l'autre, le rapport de deux valeurs quelconques de l'une est égal au rapport inverse des valeurs correspondantes de l'autre. Dans une somme à répartir également entre plusieurs ouvriers, la part de chacun est inversement proportionnelle au nombre des copartageants.

Si une grandeur dépend de plusieurs autres et varie en raison directe de chacune d'elles, on dit qu'elle est *directement proportionnelle à ces grandeurs* ; mais si, toujours dépendante de plusieurs autres, elle varie en raison inverse de chacune d'elles, on dit qu'elle est *inversement proportionnelle à ces grandeurs.*

La proportionnalité directe ou inverse des grandeurs ne se démontre pas en arithmétique. Dans certains cas, elle est évidente ou admise par convention ; dans d'autres, elle est la conséquence de démonstrations appartenant au domaine de la géométrie, de la physique, etc.

Mais on peut avoir besoin de vérifier cette proportionnalité. On a recours alors aux propositions suivantes, qui traduisent les propriétés essentielles des grandeurs directement proportionnelles et des grandeurs inversement proportionnelles.

160. Théorèmes. — **I.** *Pour que deux grandeurs soient directement proportionnelles, il faut et il suffit que si une valeur quelconque de l'une devient un certain nombre de fois plus grande ou plus petite, la valeur correspondante de l'autre devienne aussi ce même nombre de fois plus grande ou plus petite.*

II. *Pour que deux grandeurs soient inversement proportionnelles, il faut et il suffit que si une valeur quelconque de l'une devient un certain nombre de fois plus grande ou plus petite, la valeur correspondante de l'autre devienne ce même nombre de fois plus petite ou plus grande.*

161. Autres propriétés. — **III.** *Si une grandeur est directement proportionnelle à plusieurs autres, ses valeurs sont directement proportionnelles aux produits des valeurs correspondantes des autres.*

IV. *Si une grandeur est inversement proportionnelle à plusieurs autres, ses valeurs sont inversement proportionnelles aux produits des valeurs correspondantes des autres.*

V. *Si une grandeur est à la fois directement proportionnelle à certaines grandeurs et inversement proportionnelle à d'autres, ses valeurs sont directement proportionnelles aux produits des valeurs des premières grandeurs et inversement proportionnelles aux produits des valeurs des secondes.*

VI. *Si deux grandeurs sont directement ou inversement proportionnelles à une troisième, elles sont inversement proportionnelles entre elles.*

VII. *Si deux grandeurs sont l'une directement proportionnelle et l'autre inversement proportionnelle à une troisième, elles sont directement proportionnelles entre elles.*

CHAPITRE X

APPROXIMATIONS

§ I. — Considérations générales.

162. Jusqu'ici nous nous sommes surtout occupé du calcul des nombres exacts. Or nous avons vu qu'il est des nombres, comme les fractions décimales périodiques et les nombres irrationnels, qui ne peuvent être exprimés par une suite finie de chiffres, et nous savons que pour soumettre ces nombres aux opérations du calcul il faut leur en substituer d'autres, limités et choisis de manière qu'ils en diffèrent aussi peu que possible.

On n'ignore pas, en outre, que la mesure des grandeurs (longueurs, angles, poids, etc.), quelque perfectionnés que soient les instruments employés, ne donne que des nombres approchés de ces mesures.

D'autre part, dans une application de calcul, il suffit parfois de connaître une valeur approchée d'un résultat d'opération.

En résumé, il est des circonstances où l'emploi des valeurs exactes des nombres est impossible ou inutile.

D'où la nécessité de règles particulières de calcul pour les nombres approchés, en vue d'obtenir rapidement et avec un degré donné, ou facile à déterminer, les résultats des opérations à effectuer sur ces nombres.

163. Définitions. — Nous savons qu'on appelle *nombre approché* ou *valeur approchée* par excès ou par défaut d'un nombre exact, tout nombre qui diffère en plus ou en moins de ce nombre exact d'une quantité très petite. Le degré d'approximation est d'autant plus grand que cette différence, qu'on nomme *erreur*, est plus faible ; il s'exprime ordinairement par la plus petite unité décimale au-dessous de laquelle se maintient l'erreur.

L'erreur peut être envisagée à deux points de vue ; si l'on considère exclusivement la différence entre le nombre exact et le nombre approché, sans souci de la valeur du premier, c'est-à-dire l'erreur commise sur le nombre total, l'erreur est dite *absolue* ; mais si l'on considère le rapport de cette différence au nombre exact, c'est-à-dire l'erreur commise sur une unité simple du nombre total, l'erreur est dite *relative*.

En désignant respectivement par e et ε l'erreur absolue et l'erreur relative d'un nombre exact N, on a la relation

$$\varepsilon = \frac{e}{N},$$

d'où cette autre $\qquad\qquad e = N\varepsilon.$

164. Problème des approximations. — Il résulte de ce qui précède que le problème des approximations comporte, pour chacune des opérations de l'Arithmétique, la résolution des deux questions suivantes :

1° *Des nombres exacts ou susceptibles d'une approximation illimitée étant donnés, avec quelle approximation faut-il évaluer ces nombres pour obtenir le résultat d'une opération, à laquelle on doit les soumettre, avec une approximation déterminée ?*

2° *Des nombres étant donnés chacun avec une approximation déterminée, avec quelle approximation peut-on obtenir le résultat d'une opération à effectuer sur ces nombres ?*

Pour traiter cette double question, on emploie deux méthodes qui reposent respectivement sur la considération des erreurs absolues et sur celle des erreurs relatives.

Toutefois, il nous paraît utile de faire remarquer ici que dans la mesure des grandeurs, comme dans l'appréciation du résultat d'un calcul, il importe bien moins d'envisager l'erreur absolue que l'erreur relative, qui fait connaître le degré de précision avec lequel on a obtenu cette mesure ou ce résultat. Lorsque deux longueurs de 100 et de 1000 mètres, par exemple, ont été mesurées l'une et l'autre avec une erreur de

1 mètre, on peut affirmer, en effet, que la seconde est connue avec une plus grande précision que la première, parce que l'erreur absolue de 1 mètre répartie sur chaque longueur donne une erreur relative d'un centimètre pour la première et d'un millimètre seulement pour la seconde.

Souvent il arrive qu'on ne connaît pas la valeur exacte de l'erreur absolue ou de l'erreur relative ; on en cherche alors des limites supérieures. Nous verrons par la suite ce que sont ces limites dans les différents cas que présente le calcul.

§ II. — Erreurs absolues.

1. — Addition.

165. Problème I. — *Des nombres exacts ou susceptibles d'une approximation illimitée étant donnés, trouver leur somme à une unité près d'un ordre déterminé.*

S'il s'agit, par exemple, d'obtenir à 0,01 près la somme de 10 nombres au plus, il suffira que chacun d'eux soit évalué à $\dfrac{0,01}{10}$ ou 0,001 près ; l'erreur sur chaque nombre étant moindre que 0,001, l'erreur totale sera moindre que $0,001 \times 10$ ou que 0,01. Si la somme doit comprendre plus de 10 nombres, mais 100 au plus, il suffira que chacun de ces nombres soit évalué à $\dfrac{0,01}{100}$ ou 0,0001 près, parce que l'erreur totale sera moindre que $0,0001 \times 100$ ou 0,01. Et ainsi de suite.

D'où la *règle d'une addition abrégée :*

On évalue chacun des nombres à additionner par défaut, à une unité près d'un ordre qui soit, par rapport à celui de l'unité qui exprime l'approximation demandée, inférieure d'un rang s'il n'y a pas plus de dix nombres, de deux rangs s'il y a plus de dix et moins de cent nombres, et ainsi de suite. On fait la somme de ces nombres, sur la droite de laquelle on supprime un chiffre dans le premier cas, deux dans le second, etc., et l'on augmente d'une unité le dernier chiffre de droite conservé.

166. Problème II. — *Des nombres étant donnés avec une approximation connue, avec quelle approximation peut-on obtenir leur somme ?*

Supposons que tous les nombres donnés soient approchés par excès, et désignons par N, N', N'', ... les nombres exacts et par e, e', e'', ... les erreurs absolues respectives ; la somme des nombres approchés est égale à

$$(N + e) + (N' + e') + (N'' + e'') + ...$$

ou à
$$N + N' + N'' + ... + (e + e' + e'' + ...),$$

ce qui montre que l'erreur absolue de la somme des nombres approchés est égale à la somme des erreurs absolues des nombres donnés et de même sens que ces erreurs.

Le raisonnement et ses conclusions sont les mêmes pour des nombres approchés par défaut.

On peut donc dire que si les nombres donnés sont approchés les uns par défaut, les autres par excès, certaines erreurs sont partiellement détruites par d'autres, et il en résulte que l'erreur absolue de la somme est inférieure à la somme des erreurs absolues des nombres additionnés. Le sens de l'erreur totale est celui de la plus forte somme des erreurs partielles de même sens.

En résumé, on peut toujours dire que *l'erreur absolue de la somme de plusieurs nombres approchés ou non dans le même sens est au plus égale à la somme des erreurs absolues de ces nombres.*

2. — Soustraction.

167. Problème I. — *Deux nombres exacts ou susceptibles d'une approximation illimitée étant donnés, trouver leur différence à une unité près d'un ordre déterminé.*

Comme on peut toujours évaluer de tels nombres dans le même sens, à une unité près de l'ordre d'approximation, l'erreur absolue commise sur la différence de ces nombres est ainsi moindre que l'erreur absolue de l'un d'eux et partant inférieure à une unité de l'ordre d'approximation.

D'où la *règle d'une soustraction abrégée :*

On évalue les deux nombres à soustraire l'un de l'autre dans le même sens, à une unité près de l'ordre d'approximation demandée, et l'on fait la différence de ces deux nombres.

168. Problème II. — *Deux nombres étant donnés avec une approximation connue, avec quelle approximation peut-on obtenir leur différence ?*

Supposons que les deux nombres donnés soient approchés par excès, et désignons par N et N′ les deux nombres exacts et par e et e' les erreurs absolues respectives ; la différence des nombres approchés est égale à $(N + e) - (N' + e')$ ou à $(N - N') + e - e'$, ce qui montre que la différence des deux nombres approchés a pour erreur absolue la différence des erreurs absolues des deux nombres donnés, et que cette erreur est en plus ou en moins selon que l'erreur du plus grand nombre est plus grande ou plus petite que celle du plus petit.

Si les deux nombres sont approchés par défaut, la différence des nombres approchés est égale à $(N - e) - (N' - e')$ ou à $(N - N') - e + e'$, d'où l'on tire que la différence des nombres approchés a encore pour erreur absolue la différence des erreurs absolues des deux nombres et que cette erreur est en moins ou en plus selon que l'erreur du plus grand nombre est plus grande ou plus petite que celle du plus petit.

Enfin, si l'un des deux nombres est approché par défaut et l'autre par excès, la différence des nombres approchés est représentée par les deux expressions $(N + e) - (N' - e')$ et $(N - e) - (N' + e')$, qui reviennent à $(N - N') + (e + e')$ et $(N - N') - (e + e')$, ce qui montre que la différence des nombres approchés a pour erreur absolue la somme des erreurs absolues des deux nombres et que le sens de cette erreur est le même que celui de l'erreur du plus grand nombre.

En résumé, on peut toujours dire que *l'erreur absolue de la différence de deux nombres approchés ou non dans le même sens est inférieure au double de la plus grande des erreurs absolues de ces nombres.*

3. — Multiplication.

169. Question I. — *Deux nombres exacts ou susceptibles d'une approximation illimitée étant donnés, trouver leur produit à une unité près d'un ordre déterminé.*

Pour résoudre cette question on suit la *règle* dite *d'Oughtred,* qui est une *règle de multiplication abrégée* et dont voici l'énoncé :

On écrit d'abord le multiplicande, puis au-dessous, le multiplicateur renversé, de manière que le chiffre de ses unités simples soit placé sous le chiffre du multiplicande qui exprime des unités cent fois plus petites que celles de l'ordre d'approximation demandée, et l'on supprime sur la droite du multiplicande tous les chiffres qui dépassent le multiplicateur et sur la gauche du multiplicateur tous les chiffres qui dépassent le multiplicande.

On multiplie ensuite le multiplicande successivement par chacun des chiffres du multiplicateur, en commençant, pour chaque produit partiel, au chiffre du multiplicande placé au-dessus du chiffre employé du multiplicateur ; on écrit tous ces produits partiels les uns au-dessous des autres, de manière que les derniers chiffres de droite se correspondent tous dans une même colonne verticale et l'on fait la somme. On supprime enfin les deux derniers chiffres à droite de cette somme, on augmente le chiffre précédent d'une unité et l'on fait exprimer au résultat des unités de l'ordre d'approximation demandée.

Soit à faire le produit à 0,001 près des deux nombres 4,69532017856... et 52,4963281759....

En appliquant la règle précédente on a le tableau suivant :

```
            | 4,695 320 | 17856
   95718    | 2 369 425 |
   ─────────────────────────────
             23 476 600
               039 064
               187 812
                42 255
                 2 814
                   138
                     8
   ─────────────────────────────
             24 648 691
```

On en déduit que le produit des deux nombres proposés, à 0,001 près, est 246,487 : c'est ce qu'il s'agit d'établir pour démontrer la règle sur cet exemple.

Remarquons d'abord que tous les produits partiels exprimant des unités de même ordre, des cent-millièmes, leur disposition est justifiée. Quant à l'erreur du produit total, elle provient : 1° de la somme des erreurs commises sur les divers produits partiels réalisés, en négligeant dans chacun d'eux le produit d'une partie du multiplicande par le chiffre correspondant du multiplicateur ; 2° de la suppression des produits partiels du multiplicande par les derniers chiffres du multiplicateur. Or, la somme des erreurs des produits partiels réalisés est moindre qu'un cent-millième répété autant de fois qu'il y a d'unités dans la somme des chiffres employés du multiplicateur, c'est-à-dire moindre que

$$0,00001 \times (5 + 2 + 4 + 9 + 6 + 3 + 2)$$

ou que 0,00031. De son côté, la suppression des produits partiels du multiplicande par les derniers chiffres du multiplicateur donne une erreur moindre qu'un cent-millième répété 5 fois, c'est-à-dire moindre que $0,00001 \times 5$ ou que 0,00005. En somme l'erreur totale est moindre que $0,00031 + 0,00005$ ou que 0,00036 et, *a fortiori*, que 0,001. C. Q. F. D.

Remarque I. — Si la somme des chiffres employés du multiplicateur augmentée du premier chiffre plus un du multiplicande était supérieure à 100, la règle serait en défaut. Il faudrait alors, dans la disposition de l'opération, placer le chiffre des unités du multiplicateur sous celui du multiplicande qui représenterait des unités mille fois plus petites que celles de l'ordre d'approximation demandée, et à la droite du produit approché on supprimerait trois chiffres.

Remarque II. — La règle de la multiplication abrégée s'applique sans modification au calcul du carré, à une unité près d'un ordre déterminé, d'un nombre exact ou susceptible d'une approximation illimitée.

170. Question II. — *Deux nombres étant donnés avec une*

*approximation connue, avec quelle approximation peut-on obte-
nir leur produit ?*

Supposons que les deux nombres donnés soient approchés
par excès, et désignons par N et N' les deux nombres exacts
et par e et e' leurs erreurs absolues respectives. Le produit des
nombres approchés est égal à $(N+e)(N'+e')$ ou à

$$N \times N' + (N'+e')e + (N+e)e' - ee',$$

ce qui montre que l'erreur absolue du produit approché, égale
à $(N'+e')e + (N+e)e' - ee'$ ou à $N'e + Ne' + ee'$,   est dans
ce cas inférieure à la somme des produits de chacun des nombres approchés par excès par l'erreur de l'autre, et qu'elle est
de même sens que les erreurs de ces nombres.

Si les deux nombres sont approchés par défaut, un raisonn-
nement analogue démontre que l'erreur absolue du produit
est inférieure à la somme des produits de chacun des nombres exacts par l'erreur de l'autre et qu'elle est de même sens
que les erreurs de ces nombres.

Enfin, si l'un des deux nombres est approché par défaut et
l'autre par excès, on démontre aussi que l'erreur absolue du
produit est inférieure à la somme des produits de chacun des
nombres exacts par l'erreur de l'autre.

On peut donc toujours dire que *l'erreur absolue du produit
de deux nombres approchés ou non dans le même sens est inférieure à la somme des produits de chacun des nombres approchés
par excès par l'erreur absolue de l'autre.*

Le cas particulier où un seul des deux nombres est approché
se déduit facilement de ce qui précède.

Remarque I. — De la limite de l'erreur absolue d'un produit
de deux facteurs approchés dans le même sens, on déduit que
l'erreur absolue du carré d'un nombre approché par excès ou
par défaut est toujours inférieure au double produit du nombre approché par excès par l'erreur absolue de ce nombre et
qu'elle est de même sens que celle-ci.

Remarque II. — Pour le cas de plus de deux facteurs, approchés ou non dans le même sens, on démontre que l'erreur
absolue du produit est inférieure à la somme des produits

obtenus en multipliant l'erreur absolue de chaque facteur par
le produit de tous les autres facteurs approchés par excès.

4. — Division.

171. **Question I.** — *Deux nombres exacts ou susceptibles d'une
approximation illimitée étant donnés, trouver leur quotient à une
unité près d'un ordre déterminé.*

Pour résoudre cette question on suit la *règle de division
abrégée* suivante :

*On commence par déterminer le nombre total des chiffres que
doit avoir le quotient approché. On forme ensuite sur la gauche
du diviseur, avec ce qu'il faut de chiffres, le plus petit nombre
contenant celui qui exprime le nombre des chiffres du quotient ;
on prend à la suite autant de chiffres qu'il doit y en avoir au
quotient et l'on supprime les suivants : l'ensemble des chiffres
conservés forme le premier diviseur. Puis on prend sur la gauche
du dividende assez de chiffres pour former un nombre qui contienne, abstraction faite des virgules, au moins une fois mais
moins de dix fois le premier diviseur, et l'on supprime les suivants : le nombre ainsi formé est le premier dividende partiel.*

*On divise le premier dividende partiel par le premier diviseur
et l'on a le premier chiffre du quotient. On retranche du premier
dividende le produit du premier diviseur par ce premier chiffre
du quotient et l'on obtient le deuxième dividende partiel. On
supprime le dernier chiffre à droite du premier diviseur et l'on
forme le deuxième diviseur. On divise le deuxième dividende
partiel par le deuxième diviseur et l'on a le deuxième chiffre du
quotient. On retranche du deuxième dividende partiel le produit
du deuxième diviseur par ce deuxième chiffre du quotient et l'on
obtient le troisième dividende partiel. On supprime le dernier
chiffre à droite du deuxième diviseur et l'on forme le troisième
diviseur. On continue ainsi jusqu'à ce que l'on ait obtenu tous les
chiffres prévus du quotient, et l'on fait exprimer à ce résultat des
unités de l'ordre d'approximation demandée.*

Soit à trouver le quotient à 0,001 près de 371,48356902...
par 4,23547291....

En appliquant la règle précédente, on a le tableau suivant :

$$
\begin{array}{r|l}
37148356 & 4235472 \\
\cline{2-2}
3264580 & 87707 \\
299751 & \\
3273 & \\
312 &
\end{array}
$$

On en déduit que le quotient des deux nombres proposés,
à 0,001 près, est 87,707. C'est ce qu'il s'agit d'établir pour
démontrer la règle sur cet exemple.

Si nous considérons le résultat obtenu, 87707, comme un
nombre entier, la question revient à prouver que ce nombre
est le quotient à une unité près de 371483,56902 ... par
4,23547291.... Pour cela, il faut montrer que la différence
entre ce nouveau dividende, considéré comme complet, et le
produit par 87707 du diviseur, considéré aussi comme complet, est inférieure au diviseur.

Or le dividende se compose, dans cette opération : 1° de la
somme des produits que l'on en a successivement retranchés ;
2° du reste 3,12902. De son côté, le produit du diviseur par
87707 comprend: 1° la somme des produits tels qu'on les a
formés successivement pour les retrancher du dividende (cette
partie est exactement la même que la première partie du dividende) ; 2° les erreurs commises sur ces différents produits.
Il s'ensuit qu'on est amené à cette autre question plus simple :
prouver que la différence entre le reste final de l'opération et
la somme des erreurs commises dans ces produits partiels du
diviseur par les différents chiffres du quotient est inférieure au
diviseur.

Le reste final est nécessairement moindre que le diviseur
si l'opération est bien faite. Quant à la somme des erreurs des
produits partiels envisagés, elle est inférieure, d'après la règle
abrégée de la multiplication, au produit de un centième par
la somme des chiffres du quotient, c'est-à-dire moindre que
0,29, partant moindre qu'une unité et par suite que le diviseur

qui est plus grand qu'une unité. La différence de ces deux quantités, toutes deux inférieures au diviseur, est elle-même *a fortiori* inférieure à ce diviseur. C. Q. F. D.

Remarque I. — Il peut se faire qu'un des dividendes partiels contienne plus de 10 fois le diviseur correspondant ; on augmente alors d'une unité le dernier chiffre trouvé du quotient et l'on complète ce quotient par des zéros.

Remarque II. — Un diviseur donné peut n'avoir pas assez de chiffres pour former, d'après la règle précédente, le premier diviseur ; on détermine dans ce cas les premiers chiffres du quotient par la méthode ordinaire.

172. Question II. — *Deux nombres étant donnés avec une approximation connue, avec quelle approximation peut-on obtenir leur quotient ?*

Supposons d'abord que les deux nombres donnés soient approchés par excès, et désignons par N et N′ les nombres exacts et par e et e' leurs erreurs absolues respectives. L'erreur absolue du quotient approché, suivant que ce quotient est supérieur ou inférieur au quotient exact, peut se présenter sous les deux formes $\dfrac{N+e}{N'+e'} - \dfrac{N}{N'}$ et $\dfrac{N}{N'} - \dfrac{N+e}{N'+e'}$, qui reviennent à $\dfrac{N'e - Ne'}{N'(N'+e')}$ et $\dfrac{Ne' - N'e}{N'(N'+e')}$. Or ces deux expressions sont respectivement moindres que $\dfrac{N'e - Ne'}{N'^2}$ et $\dfrac{Ne' - N'e}{N'^2}$; il s'ensuit que l'erreur absolue du quotient approché est inférieure au nombre que l'on obtient en divisant par le carré du diviseur exact la différence des produits de chacun des deux nombres exacts par l'erreur de l'autre.

Si les deux nombres sont approchés par défaut, un raisonnement analogue établit que l'erreur absolue du quotient approché est inférieure à la différence des produits de chacun des nombres exacts par l'erreur de l'autre, cette différence étant divisée par le carré du diviseur approché par défaut.

Enfin, si l'un des nombres est approché par défaut, l'autre par excès, on démontre par le même procédé : 1° que l'erreur absolue du quotient est inférieure à la somme des produits de chacun des deux nombres exacts par l'erreur de l'autre, cette somme étant divisée par le carré du diviseur approché par défaut ; 2° que cette erreur est de même sens que celle du dividende.

En résumé, on peut toujours dire que *l'erreur absolue du quotient est inférieure à la somme des produits de chacun des deux nombres exacts par l'erreur de l'autre, cette somme étant divisée par le carré du diviseur approché par défaut.*

Remarque. — Les cas particuliers où un seul des deux nombres est approché se déduisent facilement de ce qui précède.

5. — Racine carrée.

173. Question I. — *Un nombre exact ou susceptible d'une approximation illimitée étant donné, trouver sa racine carrée à une unité près d'un ordre déterminé.*

En posant ce problème précédemment résolu (128), notre intention est de donner une *règle d'extraction abrégée de racine carrée* pour le cas où l'on peut avoir besoin d'un très grand nombre de chiffres. Cette règle suppose que l'on a préalablement multiplié le nombre proposé, comme dans la règle ordinaire (128, Rem. II), par une puissance de 10 choisie de façon à ramener la question à la recherche de la racine carrée d'un nombre à une unité près, sauf à faire exprimer au résultat les unités de l'ordre d'approximation demandée. En voici l'énoncé :

On cherche, par le procédé ordinaire, la moitié plus un des chiffres de la racine et l'on obtient les autres en divisant le reste correspondant à cette première partie de l'opération par le double de la racine trouvée à laquelle on fait exprimer sa valeur relative au moyen de zéros.

Soit N un nombre dont la racine carrée à une unité près contient $(2m + 1)$ chiffres ; désignons par a la partie de cette racine formée avec les $(m + 1)$ premiers chiffres, suivis de m zéros, et par b la seconde, qui est le plus souvent un nombre irrationnel, on aura

$$N = a^2 + 2ab + b^2.$$

On en tire, pour le reste correspondant à la détermination des $(m+1)$ premiers chiffres, l'expression suivante :

$$N - a^2 = 2ab + b^2,$$

et, pour le quotient de ce reste par le double de la racine trouvée,

$$(1) \qquad \frac{N - a^2}{2a} = b + \frac{b^2}{2a}.$$

D'autre part, si l'on désigne par q le quotient entier de $N - a^2$ par $2a$, et par r le reste, il vient

$$(2) \qquad \frac{N - a^2}{2a} = q + \frac{r}{2a}.$$

Il s'agit de prouver que $b = q$.

Les égalités (1) et (2) donnent

$$b = q + \frac{r}{2a} - \frac{b^2}{2a},$$

et si l'on démontre que la différence des deux nombres $\frac{r}{2a}$ et $\frac{b^2}{2a}$ est inférieure à l'unité, on aura prouvé par là même que $b = q$.

$\frac{r}{2a}$, par hypothèse, est plus petit que l'unité. D'un autre côté, la partie entière de b ayant au plus m chiffres, b^2 en aura au plus $2m$ et sera inférieur à 10^{2m}; mais comme $2a$ en aura au moins $(2m+1)$, puisque a en a $(2m+1)$, $2a$ sera supérieur à 10^{2m}; il en résulte donc que $\frac{b^2}{2a}$ sera plus petit que l'unité. Or, la différence de deux nombres inférieurs l'un et l'autre à l'unité est, *a fortiori*, inférieure à cette même quantité.   C. Q. F. D.

REMARQUE. — Des relations précédentes on peut déduire le sens de l'approximation de la racine obtenue ainsi que la valeur du reste de cette racine.

174. Question II. — *Un nombre étant donné avec une approximation connue, avec quelle approximation peut-on obtenir sa racine carrée ?*

Supposons que le nombre donné soit approché par excès, et désignons par N le nombre exact et par e son erreur absolue. L'erreur absolue de sa racine carrée aura pour valeur $\sqrt{N+e} - \sqrt{N}$ ou, en multipliant et en divisant cette expression par $\sqrt{N+e} + \sqrt{N}$, $\dfrac{e}{\sqrt{N+e} + \sqrt{N}}$. Or si l'on remplace, au dénominateur de cette dernière quantité, $\sqrt{N+e}$ par $\sqrt{N}$, on obtient la quantité plus grande $\dfrac{e}{2\sqrt{N}}$, à laquelle nécessairement est inférieure l'erreur absolue de la racine carrée considérée.

Si le nombre donné est approché par défaut, on démontre, par un raisonnement analogue, que l'erreur absolue de sa racine carrée est moindre que le quotient de l'erreur absolue de ce nombre par le double de la racine carrée du nombre approché par défaut.

De sorte qu'en résumé, on peut toujours dire que *l'erreur absolue de la racine carrée d'un nombre approché par excès ou par défaut est inférieure au quotient de l'erreur absolue de ce nombre par le double de la racine carrée du nombre approché par défaut.*

§ III. — Erreurs relatives.

175. L'erreur relative d'un nombre étant le quotient de l'erreur absolue par le nombre exact, sa valeur se traduit toujours par une petite fraction ; il en résulte qu'on peut négliger sans inconvénient, dans le calcul, les puissances des erreurs relatives ainsi que les produits de plusieurs de ces erreurs.

On dit qu'un nombre approché a m *chiffres exacts* lorsque l'erreur absolue de ce nombre est inférieure à une unité de l'ordre marqué par son m^e chiffre à partir de la gauche, le premier devant être un chiffre significatif.

176. Principes généraux. — On peut faire reposer le calcul des erreurs relatives sur les deux théorèmes suivants :

I. *Lorsqu'un nombre approché a m chiffres exacts, l'erreur relative de ce nombre est inférieure à une fraction qui a pour numérateur l'unité et pour dénominateur la* $(m-1)^e$ *puissance de* 10.

II. *Lorsque l'erreur relative d'un nombre approché est inférieure à une fraction qui a pour numérateur l'unité et pour dénominateur une puissance* m^e *de* 10, *ce nombre a généralement* m *chiffres exacts.*

Partant de là, nous allons résoudre pour chaque opération principale, et par la considération des erreurs relatives, les deux questions générales des approximations.

1. — Addition et Soustraction.

177. Entre une somme et ses différentes parties, de même qu'entre une différence et ses deux termes, il n'y a pas de rapport simple comme il en existe entre un produit, un quotient ou une racine et leurs éléments. Il s'ensuit que lorsqu'on veut connaître l'erreur relative d'une somme ou d'une différence, étant données les erreurs relatives de leurs divers termes, on est obligé de chercher les erreurs absolues de ces termes pour en déduire l'erreur absolue de la somme ou de la différence, et passer ensuite à l'erreur relative de ces résultats.

Ces considérations ajoutées à ce qui a été dit au paragraphe des erreurs absolues sur l'addition et la soustraction sont suffisantes pour permettre de traiter, en envisageant les erreurs relatives, le double problème des approximations au point de vue des deux premières opérations ; nous n'insisterons donc pas davantage.

2. — Multiplication.

178. Cherchons d'abord la relation qu'il peut y avoir entre l'erreur relative d'un produit de deux facteurs et les erreurs relatives de ses facteurs. Pour cela, désignons par N et N′ ces facteurs exacts et par e et e' leurs erreurs absolues.

Que ces facteurs soient approchés tous deux par défaut, ou bien l'un par défaut et l'autre par excès, l'erreur absolue du produit (170) est moindre que $N'e + Ne'$; il s'ensuit que l'erreur relative est inférieure à $\dfrac{N'e + Ne'}{NN'}$ ou à $\dfrac{e}{N} + \dfrac{e'}{N'}$.

Si les deux facteurs sont approchés par excès, l'erreur absolue du produit (170) est égale à $N'e + Ne' + ee'$ et l'erreur relative à $\dfrac{e}{N} + \dfrac{e'}{N'} + \dfrac{ee'}{NN'}$. Or le troisième terme de cette dernière expression est très petit et peut être négligé. D'autre part, comme on n'emploie généralement dans le calcul que des limites supérieures e_1 et e'_1 des erreurs absolues des nombres, on peut toujours dire que l'erreur relative est ici moindre que $\dfrac{e_1}{N} + \dfrac{e'_1}{N'}$.

Ainsi, *l'erreur relative d'un produit de deux facteurs approchés ou non dans le même sens est généralement inférieure à la somme des erreurs relatives de ses facteurs.*

Remarque I. — En considérant le cas de plus de deux facteurs, on arrive à une conclusion analogue.

Remarque II. — De ce qui précède on tire que pour le carré d'un nombre approché par excès ou par défaut l'erreur relative est généralement inférieure au double de l'erreur relative de ce nombre.

179. Question I. — *Deux nombres susceptibles d'une approximation illimitée étant donnés, combien faut-il prendre de chiffres exacts dans chacun d'eux pour obtenir leur produit avec m chiffres exacts ?*

D'après le théorème II (176), l'erreur relative de ce produit doit être moindre que $\dfrac{1}{10^m}$; pour cela, il suffira donc que celle de chacun de ses facteurs soit inférieure à $\dfrac{1}{2} \times \dfrac{1}{10^m}$ ou mieux à $\dfrac{1}{10^{m+1}}$. Le nombre des chiffres exacts à prendre dans chaque facteur sera ainsi de $(m + 2)$, d'après le théorème I (176).

180. Question II. — *Deux nombres qui contiennent au moins* *m chiffres exacts étant donnés, avec combien de chiffres exacts peut-on obtenir leur produit ?*

L'erreur relative de chacun des facteurs est moindre que $\dfrac{1}{10^{m-1}}$; celle du produit sera dès lors inférieure à $\dfrac{2}{10^{m-1}}$ et, *a fortiori*, inférieure à $\dfrac{1}{10^{m-2}}$. On peut donc compter sur $m - 2$ chiffres exacts.

3. — Division.

181. Pour établir la relation qui peut exister entre l'erreur relative du quotient de deux nombres approchés et les erreurs relatives de ces deux nombres, désignons par N et N′ les deux nombres exacts et par e et e' leurs erreurs absolues respectives, N étant le dividende et N′ le diviseur.

Dans tous les cas, que le dividende et le diviseur soient ou non approchés dans le même sens, l'erreur absolue du quotient (172) est toujours moindre que $\dfrac{N'e + Ne'}{(N' - e')^2}$. Il s'ensuit que l'erreur relative de ce quotient est toujours inférieure à $\dfrac{N'e + Ne'}{(N' - e')^2} : \dfrac{N}{N'}$. En donnant à cette expression la forme

$$\dfrac{\dfrac{e}{N} + \dfrac{e'}{N'}}{\left(1 - \dfrac{e'}{N'}\right)^2},$$

nous remarquons que le dénominateur, quoique inférieur à l'unité, en est très peu différent, $\dfrac{e'}{N'}$ étant une quantité généralement très petite par rapport à 1 ; de sorte que l'expression considérée est sensiblement égale à $\dfrac{e}{N} + \dfrac{e'}{N'}$. Mais comme on ne fait usage dans le calcul que des limites supérieures e_1 et e'_1 des erreurs absolues e et e', on peut donc dire, en général, que l'erreur relative du quotient est moindre que $\dfrac{e_1}{N} + \dfrac{e'_1}{N'}$.

Ainsi, *l'erreur relative du quotient de deux nombres approchés ou non dans le même sens est généralement inférieure à la somme des erreurs relatives de ces nombres.*

182. Question I. — *Deux nombres susceptibles d'une approximation illimitée étant donnés, combien faut-il prendre de chiffres exacts dans chacun d'eux pour obtenir leur quotient avec m chiffres exacts ?*

Par un raisonnement analogue à celui que nous avons appliqué à la question correspondante de la multiplication, on démontre qu'avec $(m+2)$ chiffres exacts dans chacun des deux nombres on obtient toujours le quotient demandé.

183. Question II. — *Deux nombres qui contiennent au moins m chiffres exacts étant donnés, avec combien de chiffres exacts peut-on obtenir leur produit ?*

Comme pour la seconde question de la multiplication, on démontre qu'on peut compter au moins sur $(m-2)$ chiffres exacts.

4. — Racine carrée.

184. Nous établirons la relation qui peut exister entre l'erreur relative d'un nombre approché et celle de sa racine carrée en désignant par N le nombre exact et par e son erreur absolue.

Que le nombre soit approché par excès ou par défaut, l'erreur absolue de la racine carrée est toujours inférieure (174) à $\dfrac{e}{2\sqrt{N}-e}$ et son erreur relative toujours inférieure à $\dfrac{e}{2\sqrt{N}-e} : \sqrt{N}$ ou à $\dfrac{e}{2\sqrt{N(N-e)}}$. Comme e est une quantité généralement très petite par rapport à N, cette dernière expression est sensiblement égale à $\dfrac{e}{2N}$; mais comme on n'emploie le plus souvent dans le calcul qu'une limite supérieure e_1 de l'erreur absolue e, on peut donc dire, en général, que l'erreur relative de la racine carrée est moindre que $\dfrac{e_1}{2N}$.

Ainsi, *l'erreur relative de la racine carrée d'un nombre approché par excès ou par défaut est généralement inférieure à la moitié de l'erreur relative du nombre.*

185. **Question I.** — *Un nombre susceptible d'une approximation illimitée étant donné, combien faut-il prendre de chiffres exacts dans ce nombre pour obtenir sa racine carrée avec m chiffres exacts?*

L'erreur relative de cette racine carrée doit être moindre que $\frac{1}{10^m}$; il suffira donc, pour cela, que celle du nombre soit inférieure à $\frac{2}{10^m}$ ou mieux à $\frac{1}{10^m}$. Le nombre des chiffres exacts à prendre dans le nombre sera ainsi de $(m+1)$ (176, I).

186. **Question II.** — *Un nombre de m chiffres exacts étant donné, avec combien de chiffres exacts peut-on obtenir sa racine carrée?*

L'erreur relative du nombre donné (176, I) est moindre que $\frac{1}{10^{m-1}}$; celle de sa racine carrée est dès lors inférieure à $\frac{1}{2.10^{m-1}}$ et *a fortiori* à $\frac{1}{10^{m-1}}$. On peut donc compter (176, II) sur $(m-1)$ chiffres exacts.

CHAPITRE XI

DIFFÉRENTS SYSTÈMES DE NUMÉRATION

187. Considérations générales. — Le système de numération d'usage général et dont nous nous sommes exclusivement servi dans toute cette partie théorique de l'Arithmétique est le système décimal, c'est-à-dire celui dans lequel il faut dix unités d'un ordre quelconque pour faire une unité de l'ordre immédiatement supérieur, et l'on sait que ce nombre dix s'appelle pour cette raison la *base* du système.

Mais si l'on prend pour base un nombre quelconque différent de dix, on aura un autre système de numération différent du système décimal. Ajoutons cependant que ce nombre ne peut pas être inférieur à 2, car s'il était 1, les unités des divers ordres seraient toutes égales entre elles et ce ne serait pas, à vrai dire, un système de numération qui en résulterait.

Soit donc a la base d'un système. D'après le raisonnement fait à propos de la numération (32), pour écrire tous les nombres de ce système, il suffira d'avoir a chiffres dont un sera le chiffre 0 et dont les autres serviront à désigner les $(a-1)$ premiers nombres, puis de convenir encore que tout chiffre placé à la gauche d'un autre représentera des unités d'un ordre immédiatement supérieur, et que le chiffre zéro, qui n'a pas de valeur, remplacera les ordres d'unités qui pourront manquer dans le nombre à exprimer.

Il suit de là que si a est inférieur à 10, on désignera les $(a-1)$ premiers nombres par les $(a-1)$ premiers chiffres de notre numération décimale. Si au contraire, a est supérieur à 10, comme il faudra désigner encore les $(a-1)$ premiers nombres par $(a-1)$ caractères, il sera nécessaire d'en ajouter d'autres aux neuf du système décimal. Pour raisonner sur des systèmes de ce dernier genre, on prend généralement comme caractères complémentaires les premières lettres de l'alphabet grec, α, β, γ, etc.

La règle à suivre pour écrire un nombre dans un système quelconque de numération est la même que celle qui a été établie pour écrire un nombre dans le système décimal.

188. Transcription d'un nombre d'un système dans un autre. — Cela dit, on peut se proposer de résoudre le problème de la transcription d'un nombre d'un système de numération dans un autre.

Ce problème comprend quatre termes : les deux bases des systèmes considérés et les deux figures du nombre dans ces systèmes. Or, un nombre, quel que soit le système dans lequel il est écrit, est toujours égal à la somme des valeurs relatives de ses chiffres ; de plus, la valeur relative de chacun de ses chiffres est égale au produit de sa valeur absolue par une puissance de la base dont l'exposant est le nombre, diminué de 1, qui indique l'ordre d'unités représenté par ce chiffre. Il en résulte que les quatre termes du problème sont liés entre eux par cette relation que *la somme des valeurs relatives des chiffres qui donnent la figure d'un nombre dans un système quelconque de numération est égale à la somme des valeurs relatives des chiffres qui donnent la figure de ce même nombre dans un autre système quelconque différent du premier.* D'où il suit qu'on peut déterminer l'un quelconque de ces quatre termes lorsqu'on connaît les trois autres, et par conséquent que ces quatre termes peuvent être considérés successivement comme les inconnues de quatre questions différentes. Mais comme ces termes sont deux à deux de même espèce (deux bases, deux figures), le problème général ne comporte en somme que les deux questions suivantes :

1° Transcrire un nombre d'un système de base donnée dans un autre système de base également donnée ;

2° Connaissant les figures d'un nombre écrit dans deux systèmes différents et la base de l'un de ces systèmes, trouver la base de l'autre.

Toutefois, lorsque l'un des systèmes est le système décimal, l'un des quatre termes du problème général est la base 10, qui est constante, tandis que les autres varient avec les données : de là les trois questions particulières suivantes à ajouter aux deux précédentes :

3° Transcrire un nombre du système décimal dans un système de base donnée ;

4° Transcrire un nombre d'un système quelconque de base donnée dans le système décimal ;

5° Connaissant les figures d'un nombre écrit dans le système décimal et dans un système différent, trouver la base de ce dernier système.

Ces cinq questions, nous allons les examiner dans l'ordre suivant.

189. I. *Transcrire un nombre du système décimal dans un système de base donnée* a.

Soit N le nombre décimal donné. La base a du système dans lequel on veut transcrire ce nombre, désignant le nombre d'unités d'un ordre quelconque nécessaire pour former une unité de l'ordre immédiatement supérieur, si l'on divise N par a, le quotient N_1 donnera le nombre d'unités du second ordre et le reste r sera le chiffre des unités du premier ordre. Si l'on divise de même N_1 par a, le quotient N_2 donnera le nombre d'unités du troisième ordre et le reste r_1 sera le chiffre des unités du second ordre. En continuant ainsi, on arrivera à un quotient N_p inférieur à a ; ce quotient sera le chiffre des unités de l'ordre le plus élevé du nombre à écrire. On aura donc la représentation chiffrée de ce nombre en écrivant successivement de droite à gauche les chiffres r, r_1, ..., N_p.

D'où la règle suivante :

Pour transcrire un nombre du système décimal dans un système dont la base est a, on divise ce nombre par a, puis le quotient par a et l'on continue ainsi jusqu'à ce qu'on arrive à un quotient plus petit que a. Les restes successifs et le dernier quotient obtenus, écrits de droite à gauche, donnent la transcription demandée.

190. II. *Transcrire un nombre d'un système de base donnée* a
dans le système décimal.

Soit N le nombre écrit dans un système de base a. Un
nombre étant égal à la somme des valeurs relatives de ses
chiffres, si l'on exprime cette valeur dans le système décimal
pour chacun des chiffres du nombre N et si l'on additionne
ensuite dans ce même système les divers résultats obtenus,
on aura le nombre N écrit dans le système décimal.

On déduit de ce raisonnement la règle suivante :

*Pour transcrire dans le système décimal un nombre d'un système
dont la base est* a, *on multiplie les chiffres de ce nombre
en allant de droite à gauche respectivement par les nombres* 1, a,
a^2, a^3, ..., *écrits dans le système décimal et l'on additionne
ensemble tous les résultats obtenus : tous les calculs étant effectués
dans le système décimal, le total donne la transcription demandée.*

191. III. *Transcrire un nombre d'un système de base* a *dans
un système de base* b.

On résout généralement ce problème en passant par l'intermédiaire du système décimal, c'est-à-dire en transcrivant
d'abord le nombre du système de base a dans le système
décimal, pour le transcrire ensuite dans le système de base b,
et cela revient à résoudre successivement les problèmes II et I
précédents.

Il est cependant deux procédés directs pour effectuer cette
résolution, qui consistent à appliquer au problème proposé,
l'un, la règle du problème I, avec cette modification que les
divisions successives par b sont faites dans le système de
base a, l'autre, la règle du problème II, avec cette modification que les nombres a, a^2, a^3, ... sont écrits dans le système
de base b et que tous les calculs sont faits dans ce même
système.

Mais à ces opérations, dont on n'a pas l'habitude, on préfère
l'application du procédé indirect.

192. IV et V. — Les deux autres problèmes relatifs au calcul de la base d'un système de numération sont du domaine
de l'Algèbre. Chacun d'eux conduit à une équation à une

inconnue dont le degré est égal au nombre de chiffres moins un de la figure donnée par ce système au nombre sur lequel on opère.

193. Certaines propriétés des nombres peuvent être établies par la considération des divers systèmes de numération. En voici un exemple :

Tout nombre peut être écrit dans un système quelconque, par conséquent dans le système binaire, c'est-à-dire celui dont la base est 2. Or, dans ce système les deux seuls chiffres usités sont 1 et 0. Il s'ensuit que tout nombre y est terminé à droite par 1 ou par 0, et comme la valeur relative de chacun de ses autres chiffres est une puissance de 2, qui va croissant de droite à gauche, on peut énoncer cette proposition :

Tout nombre entier est une somme exacte de puissances de 2 ou une somme de puissances de 2 augmentée de 1.

LIVRE II

ARITHMÉTIQUE PRATIQUE

---

194. Comme applications des théories de l'Arithmétique, on peut avoir à chercher ou à démontrer des propriétés relatives aux nombres ou bien à déterminer des nombres qui satisfassent à certaines conditions données.

De là deux sortes de questions :

1° des *théorèmes* à démontrer ;

2° des *problèmes* à résoudre.

CHAPITRE I

MÉTHODES ET PROCÉDÉS DE DÉMONSTRATION DES THÉORÈMES ARITHMÉTIQUES

---

195. Les vérités arithmétiques sont en si grand nombre et d'ordres si divers qu'il est bien difficile, pour ne pas dire impossible, de les classer d'une manière rigoureuse.

Il en est de même, par voie de conséquence, des procédés auxquels on a recours pour démontrer ces vérités.

En dehors des trois méthodes générales de raisonnement, analyse, synthèse et réduction à l'absurde, qui trouvent ici leur emploi, nous signalerons comme procédés utilisés dans les différents modes de démonstration des théorèmes, les transformations d'expressions, les transformations et les combinaisons d'égalités ou d'inégalités, etc.

C'est par l'application de ces procédés à la démonstration de quelques propositions d'arithmétique que nous entrerons dans les subdivisions de ce chapitre.

§ I. — Transformations d'expressions arithmétiques.

196. I. *Le produit de la somme de deux nombres par leur différence est égal à la différence des carrés de ces nombres.*

Soient a et b deux nombres quelconques, mais tels cependant que a soit plus grand que b. Le produit $(a+b)(a-b)$ de leur somme par leur différence s'effectue par l'application des deux théorèmes arithmétiques relatifs respectivement à la multiplication d'un nombre par une différence et à celle d'une somme par un nombre, et donne pour résultat $a^2 - b^2$, qui répond à l'énoncé du théorème proposé.

En écrivant que les deux expressions $(a+b)(a-b)$ et $a^2 - b^2$ sont égales :

$$(a+b)(a-b) = a^2 - b^2,$$

on a la traduction littérale de ce théorème.

197. II. *La somme* $\dfrac{1}{n} + \dfrac{1}{n+1} + \dfrac{1}{n+2}$ *donne lieu à une fraction périodique mixte.*

En réduisant les trois fractions proposées au même dénominateur pour en mettre la somme sous la forme d'une seule fraction, on obtient comme expression équivalente à

$$\frac{1}{n} + \frac{1}{n+1} + \frac{1}{n+2}$$

la suivante :

$$(1) \qquad \frac{(n+1)(n+2) + n(n+2) + n(n+1)}{n(n+1)(n+2)}.$$

Si n est pair, $n+2$ est aussi pair et l'un de ces deux nombres est au moins doublement pair, c'est-à-dire divisible par 4, car n et $n+2$ sont deux nombres pairs consécutifs ; il s'ensuit que le dénominateur de l'expression (1) contient au moins trois fois le facteur 2. Quant au numérateur, il ne contient qu'une fois le facteur 2, car dans l'hypothèse $n+1$ est impair, et quel que soit celui des deux nombres n et $n+2$ qui est simplement pair, il y a un des termes $(n+1)(n+2)$ et $n(n+1)$ qui est nécessairement simplement pair.

Si n est impair, $n+2$ est aussi impair ; mais $n+1$ est pair et le dénominateur de l'expression (1) contient au moins une fois le facteur 2. Quant au numérateur, il ne contient pas le facteur 2 parce que le second terme $n(n+2)$ est impair comme étant le produit de deux nombres impairs.

Ainsi, que n soit pair ou impair, le dénominateur de l'expression (1) contient le facteur 2 au moins une fois de plus que le numérateur et le conserve ainsi au moins une fois après que cette expression convertie en nombre a été rendue irréductible par toutes les simplifications possibles.

D'autre part, ce même dénominateur, égal au produit de trois nombres consécutifs, contient au moins une fois le facteur 3, car sur 3 nombres entiers consécutifs, il y en a toujours un et un seul qui est divisible par 3 ; mais dans ces conditions le numérateur n'est pas divisible par 3, car ses trois termes $(n+1)(n+2)$, $n(n+2)$ et $n(n+1)$ étant les produits de trois nombres consécutifs pris deux à deux comme facteurs, il y aura nécessairement un de ces termes qui ne sera pas divisible par 3 comme ne contenant pas celui de ces trois nombres qui est divisible par 3.

En résumé, la fraction (1), réduite à sa plus simple expression, après que n y a reçu une valeur quelconque de nombre entier, conserve au dénominateur au moins une fois chacun des facteurs 2 et 3 ; elle donne donc naissance à une fraction périodique mixte.

198. III. *Démontrer que tout nombre de la forme* $4y^4+x^4$ *n'est jamais premier.*

$4y^4$ et x^4 étant les carrés respectifs des nombres $2y^2$ et x^2, si l'on ajoute à leur somme $4y^4+x^4$ le double produit de $2y^2$ par x^2, ou $4y^2x^2$, le résultat donnera le carré de $2y^2+x^2$; mais en retranchant de ce carré le même double produit $4y^2x^2$, on reviendra à l'expression $4y^4+x^4$, qui aura ainsi pour équivalente la suivante :

$$(2y^2 + x^2)^2 - 4y^2x^2,$$

laquelle, décomposée, comme étant la différence de deux carrés, en un produit de deux facteurs, deviendra

$$(2y^2 + x^2 + 2yx)(2y^2 + x^2 - 2yx).$$

Le premier de ces facteurs est essentiellement un nombre entier plus grand que l'unité, dans l'hypothèse sous-entendue que y et x représentent l'un et l'autre des nombres entiers ; il en est de même du second, qui peut se mettre sous une des deux formes entières $(y - x)^2 + y^2$ ou $(x - y)^2 + y^2$, suivant que l'on a $y > x$ ou $x > y$.

Il en résulte que tout nombre de la forme $4y^4 + x^4$ est toujours divisible, quelles que soient les valeurs entières de x et de y, par deux nombres entiers différents de lui-même et de l'unité ; il n'est donc jamais premier.

§ II. — Transformations et combinaisons d'égalités.

199. I. *La différence entre un nombre entier et son cube est égale au produit de ce nombre par le nombre entier qui le précède et celui qui le suit immédiatement.*

Si dans l'expression $k^3 - k$, qui représente la différence d'un nombre entier k et de son cube k^3, on met k en facteur commun, il vient

$$k^3 - k = k(k^2 - 1),$$

et comme on a $\quad k^2 - 1 = (k - 1)(k + 1),$

on peut donc écrire $\quad k^3 - k = k(k - 1)(k + 1).$ $\quad$ C. Q. F. D.

REMARQUE. — Cette décomposition, en un produit de trois facteurs, de la différence entre le cube d'un nombre et ce nombre montre que cette différence est toujours divisible par 6, car les trois facteurs sont trois nombres entiers consécutifs dont un au moins est divisible par 2 et dont un est nécessairement divisible par 3.

200. II. *La différence entre le carré de la somme de deux nombres et le carré de leur différence est égale à 4 fois le produit de ces deux nombres.*

Soient deux nombres quelconques a et b tels que l'on a $a > b$. Le carré $(a+b)^2$ de leur somme donne, par un développement arithmétique facile,

$$(a+b)^2 = a^2 + 2ab + b^2,$$

ou

(1) $$(a+b)^2 = (a^2 + b^2) + 2ab.$$

Celui de leur différence, $(a-b)^2$, dont le développement s'obtient par l'application des théorèmes relatifs respectivement aux produits d'un nombre par une différence (58,V) et d'une différence par un nombre (58, IV), ainsi qu'au moyen de soustraire une différence d'un nombre (49, III), donne l'égalité

$$(a-b)^2 = a^2 - 2ab + b^2,$$

ou

(2) $$(a-b)^2 = (a^2 + b^2) - 2ab.$$

En retranchant membre à membre les égalités (1) et (2), la seconde de la première, il vient

$$(a+b)^2 - (a-b)^2 = 4ab. \qquad \text{C. Q. F. D.}$$

Remarque. — Cette dernière relation, entre les trois quantités $(a+b)^2$, $(a-b)^2$ et ab, qui sont le carré de la somme de deux nombres, le carré de la différence de ces nombres et le produit de ces mêmes nombres, permet de trouver l'une quelconque de ces trois quantités connaissant les deux autres. On en tire ainsi les conséquences suivantes :

1° Le carré de la somme de deux nombres est égal au carré de leur différence augmenté de 4 fois leur produit ;

2° Le carré de la différence de deux nombres est égal au carré de leur somme diminué de 4 fois leur produit ;

3° Le produit de deux nombres est égal au quart de la différence entre le carré de leur somme et le carré de leur différence.

Nous aurons plus d'une fois l'occasion de faire appel à l'une ou à l'autre de ces conséquences.

201. III. *Le carré d'un nombre premier autre que 2 et 3 est un multiple de 24 plus un.*

Soit p un nombre premier autre que 2 et 3. Considérons le

nombre $p-1$, qui le précède dans la suite des nombres entiers naturels, et le nombre $p+1$, qui le suit. Par hypothèse, p n'est divisible ni par 2 ni par 3 ; il s'ensuit que $p-1$ et $p+1$ sont tous les deux pairs, que l'un est au moins doublement pair, puisque ce sont deux nombres pairs consécutifs, de plus, que l'un des trois nombres entiers consécutifs $p-1$, p et $p+1$ est divisible par 3, et comme ce ne peut être p, que c'est nécessairement l'un des deux autres. Il résulte donc de ces diverses considérations que le produit $(p-1)(p+1)$ contient au moins trois fois le facteur 2 et au moins une fois le facteur 3. On peut donc écrire

$$(p-1)(p+1) = m \times 2^3 \times 3,$$

ou, en effectuant les calculs indiqués,

$$p^2 - 1 = m \times 24 ;$$

d'où l'on tire, en ajoutant l'unité aux deux membres de cette dernière égalité,

$$p^2 = m \times 24 + 1. \qquad \text{C. Q. F. D.}$$

202. IV. *Si un nombre pair est la somme de deux carrés, sa moitié est aussi la somme de deux carrés.*

Soit $2k$ un nombre pair égal à la somme des carrés des deux nombres entiers a et b, a représentant le plus grand des deux. On a

$$(1) \qquad 2k = a^2 + b^2.$$

Si l'on pose, ce qui est toujours possible,

$$m = \frac{a+b}{2}$$

et

$$n = \frac{a-b}{2},$$

et qu'ensuite on additionne, d'une part, et l'on retranche, d'autre part, ces deux dernières égalités membre à membre, il vient

$$(2) \qquad \begin{cases} m + n = a, \\ m - n = b. \end{cases}$$

En remplaçant, dans l'égalité (1), a et b par leurs valeurs tirées des relations (2), on a

$$2k = (m + n)^2 + (m - n)^2,$$

et, en développant le second membre de cette dernière égalité,

$$2k = 2m^2 + 2n^2 ;$$

d'où l'on obtient, par la suppression du facteur 2 dans les deux membres,

$$k = m^2 + n^2.$$

Or m et n sont des nombres entiers, car la relation (1) ne peut exister que si a et b sont tous les deux pairs ou tous les deux impairs ; mais alors leur somme $(a + b)$ ou $2m$ et leur différence $(a - b)$ ou $2n$ sont paires, et m et n sont deux nombres entiers.

Le théorème est ainsi démontré.

§ III. — **Transformations et combinaisons d'inégalités.**

203. I. *Dans une division de deux nombres entiers, le reste est toujours plus petit que la moitié du dividende.*

Désignons le dividende, le diviseur, le quotient et le reste de la division respectivement par les lettres D, d, q et r. Le reste, par définition, étant plus petit que le diviseur, on a

$$r < d ;$$

et comme q est un nombre entier, *a fortiori* a-t-on

$$r < d \times q.$$

Or, si l'on ajoute r à chacun des membres de cette dernière inégalité, il vient

$$2r < d \times q + r,$$

et comme on a, d'autre part,

$$D = d \times q + r,$$

on peut écrire $\qquad 2r < D,$

ou, en divisant les deux membres par 2,

$$r < \frac{D}{2}. \qquad\qquad \text{C. Q. F. D.}$$

204. II. *Lorsque plusieurs fractions sont inégales, une fraction* *qui a pour numérateur la somme des numérateurs de toutes les fractions considérées et pour dénominateur la somme de leurs dénominateurs est comprise entre la plus grande et la plus petite de ces fractions.*

Soient les fractions inégales $\dfrac{a}{b}$, $\dfrac{a'}{b'}$, $\dfrac{a''}{b''}$, et représentons la plus grande et la plus petite respectivement par les lettres q et q'. On aura les inégalités suivantes :

$$q \geqslant \frac{a}{b} \geqslant q',$$

$$q \geqslant \frac{a'}{b'} \geqslant q',$$

$$q \geqslant \frac{a''}{b''} \geqslant q',$$

desquelles on tire ces autres :

$$bq \geqslant a \geqslant bq',$$
$$b'q \geqslant a' \geqslant b'q',$$
$$b''q \geqslant a'' \geqslant b''q'.$$

En additionnant ces dernières inégalités membre à membre, il vient

$$(b + b' + b'')q > a + a' + a'' > (b + b' + b'')q';$$

d'où, en divisant les trois membres par $b + b' + b''$,

$$q > \frac{a + a' + a''}{b + b' + b''} > q'. \qquad \text{C. Q. F. D.}$$

§ IV. — Procédés divers.

205. I. *Tout nombre premier plus grand que 3 est un multiple de 6 plus ou moins 1.*

Il s'agit de prouver que tout nombre premier plus grand que 3 appartient à l'une des deux formes $6k + 1$ ou $6k - 1$.

Considérons les six expressions suivantes :

$$6k + 1, \quad 6k + 2, \quad 6k + 3, \quad 6k + 4, \quad 6k + 5, \quad 6k + 6;$$

et écrivons au-dessous de chacune d'elles les nombres auxquels elle donne naissance en faisant k successivement égal à 0, 1, 2, 3, 4, etc.

On aura le tableau :

	$6k+1$	$6k+2$	$6k+3$	$6k+4$	$6k+5$	$6k+6$
pour $k = 0$	1	2	3	4	5	6
$= 1$	7	8	9	10	11	12
$= 2$	13	14	15	16	17	18
$= 3$	19	20	21	22	23	24
$= 4$	25	26	27	28	29	30
$= 5$	31	32	33	34	35	36

Dans ce tableau, qui contient, sans interruption, la suite naturelle des nombres, la deuxième colonne, la quatrième et la sixième donnent les nombres pairs ; la troisième donne des multiples de 3 ; il en résulte que la première colonne et la cinquième seules contiennent les nombres premiers autres que 2 et 3 ; en d'autres termes, que les nombres premiers autres que 2 et 3 rentrent tous dans les deux formules $6k+1$ et $6k+5$. Or cette dernière peut se mettre sous la forme $6(k+1)-1$, qui n'est autre que $6k'-1$, en posant $k' = k+1$.

Le théorème est donc vrai.

REMARQUE I. — Au lieu d'avoir recours, pour cette démonstration, aux six expressions $6k+1$, $6k+2$, etc., on aurait pu se servir des six suivantes :

$$6k-1, \quad 6k-2, \quad 6k-3, \quad 6k-4, \quad 6k-5, \quad 6k-6,$$

qui auraient donné, en faisant k successivement égal à 1, 2, 3, 4, etc., la suite ininterrompue des nombres entiers naturels écrits de droite à gauche, et, dans les seules colonnes ayant pour point de départ $6k-1$ et $6k-5$, les nombres premiers autres que 2 et 3. Et comme l'expression $6k-5$ est égale à $6(k-1)+1$, ou à $6k'+1$, en posant $k' = k-1$, on retrouve ainsi les deux formules précédentes.

REMARQUE II. — Si tous les nombres premiers autres que 2

et 3 appartiennent à la double formule $6k \pm 1$, la réciproque n'est pas vraie, c'est-à-dire que tous les nombres qu'elle comprend ne sont pas premiers.

206. II. *L'expression* $3 \cdot 5^{2n+1} + 2^{3n+1}$ *est divisible par* 17 *quelle que soit la valeur attribuée à* n.

Lorsqu'on remplace n successivement par les nombres 0, 1, 2, 3, ..., le premier terme prend des valeurs qui, divisées par 17, donnent les huit restes successifs, qui se reproduisent périodiquement, 15, 1, 8, 13, 2, 16, 9 et 4; et le second terme prend de son côté des valeurs qui, divisées par 17, donnent les restes successifs, qui se reproduisent aussi périodiquement et sont en même nombre que les précédents, 2, 16, 9, 4, 15, 1, 8 et 13. Or ces derniers restes sont les compléments respectifs à 17 des précédents : l'expression est donc divisible par 17 quel que soit n.

207. III. *Le produit de* n *nombres entiers consécutifs est divisible par le produit des* n *premiers nombres entiers.*

Considérons d'abord le cas de deux nombres entiers consécutifs, et soient m et $m+1$ ces deux nombres. Leur produit est divisible par le produit $1 \cdot 2$ ou 2, car sur deux nombres entiers consécutifs il y en a toujours un qui est pair.

Le produit $m(m+1)(m+2)$ de trois nombres entiers consécutifs est de son côté divisible par le produit $1 \cdot 2 \cdot 3$ ou 6, car d'après ce qui précède, il est divisible par 2, et sur trois nombres consécutifs il y en a toujours un divisible par 3.

Par des procédés analogues, on pourrait démontrer que le produit de 4, 5, 6, ... nombres entiers consécutifs est divisible par le produit des 4, 5, 6, ... premiers nombres entiers.

Mais la démonstration ne peut être complète et générale que si nous prouvons que lorsque le théorème est vrai pour $n-1$ nombres entiers consécutifs, par exemple, il est aussi vrai pour n de ces nombres.

Soit $m(m+1)\ldots(m+n-1)$ le produit de n nombres entiers consécutifs ; le quotient de ce produit par le produit $1 \cdot 2 \ldots n$ des n premiers nombres entiers donne lieu à l'identité suivante :

$$\frac{m(m+1)(m+2)\ldots(m+n-1)}{1.2.3\ldots n}$$
$$= \frac{m(m+1)(m+2)\ldots(m+n-2)}{1.2.3\ldots(n-1)} \times \frac{m+n-1}{n},$$

qui peut s'écrire

$$\frac{m(m+1)(m+2)\ldots(m+n-1)}{1.2.3\ldots n}$$
$$= \frac{m(m+1)(m+2)\ldots(m+n-2)}{1.2.3\ldots(n-1)} \times \left(1 + \frac{m-1}{n}\right),$$

ou enfin

$$(1) \quad \begin{cases} \dfrac{m(m+1)(m+2)\ldots(m+n-1)}{1.2.3\ldots n} = \dfrac{m(m+1)(m+2)\ldots(m+n-2)}{1.2.3\ldots(n-1)} \\ \qquad\qquad + \dfrac{(m-1)m(m+1)\ldots(m+n-2)}{1.2.3\ldots n}. \end{cases}$$

Quelle que soit la valeur de m, cette identité existe; si donc on donne à m les valeurs successives $m-1$, $m-2$, ..., 2, on aura la série d'identités suivantes :

$$\frac{(m-1)m(m+1)\ldots(m+n-2)}{1.2.3\ldots n} = \frac{(m-1)m(m+1)\ldots(m+n-3)}{1.2.3\ldots(n-1)}$$
$$+ \frac{(m-2)(m-1)m\ldots(m+n-3)}{1.2.3\ldots n},$$

$$\frac{(m-2)(m-1)m\ldots(m+n-3)}{1.2.3\ldots n} = \frac{(m-2)(m-1)m\ldots(m+n-4)}{1.2.3\ldots(n-1)}$$
$$+ \frac{(m-3)(m-2)(m-1)\ldots(m+n-4)}{1.2.3\ldots n}$$

$$\cdots\cdots\cdots\cdots\cdots\cdots\cdots\cdots\cdots\cdots\cdots$$

$$\frac{2.3.4\ldots(n+1)}{1.2\ 3\ldots n} = \frac{2.3.4\ldots n}{1.2.3\ldots(n-1)} + \frac{1.2.3\ldots n}{1.2.3\ldots n}.$$

En additionnant membre à membre toutes ces identités à partir de (1), et en supprimant les termes communs aux deux membres de l'égalité résultante, il vient

$$\frac{m(m+1)(m+2)\ldots(m+n-1)}{1.2.3\ldots n} = \frac{m(m+1)(m+2)\ldots(m+n-2)}{1.2.3\ldots(n-1)}$$

$$+ \frac{(m-1)m(m+1)\ldots(m+n-3)}{1.2.3\ldots(n-1)}$$

$$+ \frac{(m-2)(m-1)m\ldots(m+n-4)}{1.2.3\ldots(n-1)}$$

$$\cdot\quad\cdot\quad\cdot\quad\cdot\quad\cdot\quad\cdot\quad\cdot\quad\cdot$$

$$+ \frac{2.3.4\ldots n}{1.2.3\ldots(n-1)}$$

$$+ \frac{1.2.3\ldots n}{1.2.3\ldots n}.$$

Le dernier terme du second membre est identiquement égal à l'unité, et chacun des autres représente le quotient de $n-1$ nombres entiers consécutifs quelconques, variables d'un terme à l'autre, par le produit des $n-1$ premiers nombres entiers.

Si le théorème est vrai pour $n-1$ nombres entiers consécutifs, le second membre de l'égalité se réduit donc à un nombre entier ; il en est de même du premier et le théorème est vrai pour n nombres consécutifs.

Or, à ne considérer qu'un seul des cas particuliers examinés au début de ctte démonstration, le théorème est vrai pour le cas de 2 nombres entiers consécutifs, il est donc vrai pour le cas de 3, de 4, de 5,... et, d'une manière générale, de n nombres consécutifs.

On donne à ce mode de démonstration le nom de *procédé d'induction.*

§ V. — Démonstrations analytiques.

208. I. *Un nombre impair quelconque est premier avec la moitié du nombre entier suivant.*

Soit $2k+1$ un nombre impair quelconque ; $2k+2$ sera le nombre entier suivant, dont la moitié aura pour expression $k+1$. Il s'agit de prouver que $2k+1$ est premier avec

$k+1$. La différence de ces deux nombres est k. Si $k+1$ et k ne sont pas premiers entre eux, ils auront au moins un diviseur commun qui divisera leur somme $2k+1$, et alors $2k+1$ et $k+1$ ne seront pas premiers entre eux. Mais si $k+1$ et k n'admettent pas de diviseur commun, il n'y aura pas de nombre qui divisant l'un d'eux, $k+1$ par exemple, sans diviser l'autre k, divisera leur somme $2k+1$: $2k+1$ et $k+1$ seront donc premiers entre eux.

La question est ainsi ramenée à prouver que

Deux nombres entiers consécutifs quelconques k et $k+1$ sont premiers entre eux.

Cette proposition est évidente, parce que deux nombres entiers consécutifs ayant pour différence l'unité, tout diviseur commun à de tels nombres, pour diviser cette différence, ne peut être lui-même que l'unité.

209. II. *Pour qu'un nombre soit divisible par 6, il faut et il suffit qu'en ajoutant le chiffre des unités à 4 fois la somme de tous les autres, on obtienne un multiple de 6.*

Soit le nombre 38712. Si l'on peut établir l'égalité suivante :

$$(1) \qquad 38712 = m.6 + [(3+8+7+1) \times 4 + 2],$$

il sera facile, par un raisonnement connu, de démontrer le théorème proposé. En effet, le nombre 38712 pouvant être considéré comme formé de deux parties, l'une qui est un multiple de 6, et l'autre qui égale la somme du chiffre des unités et du quadruple des autres chiffres, on dira : si le nombre 6, qui divise la première partie, divise la seconde, le nombre donné sera divisible par 6 (la condition sera montrée suffisante) ; mais s'il ne la divise pas, le nombre donné ne sera pas divisible par 6 (la condition sera montrée nécessaire).

Or l'égalité (1) se déduit naturellement des suivantes en les additionnant membre à membre :

$$30000 = m'6 + 3 \times 4$$
$$8000 = m''6 + 8 \times 4$$
$$700 = m'''6 + 7 \times 4$$
$$10 = m^{IV}6 + 1 \times 4$$
$$2 = \qquad 2$$

La question est donc ramenée à la démonstration de cet autre théorème :

Tout nombre formé d'un chiffre significatif suivi de zéros est un multiple de 6 plus quatre fois ce chiffre significatif.

Il faut démontrer que l'on a, par exemple,

$$8000 = m6 + 8 \times 4.$$

Or cette égalité, à son tour, peut se déduire de la suivante :

$$1000 = m'6 + 4,$$

en en multipliant les deux membres par 8.

Ce qui conduit à démontrer le théorème qui suit :

Toute puissance de 10 est un multiple de 6 plus 4.

Pour la première puissance de 10, on a bien, en effet,

$$10 = 6 + 4.$$

Pour les suivantes, on obtient successivement :

$$100 = (6 + 4)^2,$$

ou, en remplaçant 4 par $6 - 2$,

$$100 = (2 \times 6 - 2)^2$$
$$= m6 + 4 ;$$
$$1000 = 100 \times 10$$
$$= (m6 + 4)(6 + 4),$$

ou, en remplaçant 4 par $6 - 2$,

$$1000 = (m_1 6 - 2)(2 \times 6 - 2)$$
$$= m_2 6 + 4 ;$$

et ainsi de suite. On conçoit, en effet, que si la proposition est vraie pour une n^e puissance quelconque de 10, elle sera vraie pour la $(n + 1)^e$ puissance, car de l'égalité

$$10^n = m_{n-1} 6 + 4$$

on obtiendra $10^{n+1} = (m_{n-1} 6 + 4)(6 + 4),$

et, en remplaçant 4 par $6 - 2$,

$$10^{n+1} = [(m_{n-1} + 1)6 - 2](2 \times 6 - 2)$$
$$= m_n 6 + 4.$$

Cette dernière proposition étant ainsi reconnue vraie, toutes les autres, en remontant de proche en proche jusqu'à la proposée, s'en déduisent successivement par voie de conséquence, ainsi qu'on l'a fait voir, et la proposée se trouve de la sorte démontrée.

§ VI. — Démonstrations synthétiques.

210. I. *La différence des carrés de deux nombres impairs quelconques est divisible par 8.*

La démonstration de ce théorème repose sur cet autre que nous allons d'abord établir :

Le carré de tout nombre impair est un multiple de 8 plus 1.

Soit $2k+1$ un nombre impair ; on a

$$(2k+1)^2 = 4k^2 + 4k + 1,$$

ou, en groupant les deux premiers termes du second membre et mettant $4k$ en facteur commun,

$$(2k+1)^2 = 4k(k+1) + 1.$$

Les deux nombres k et $k+1$ étant consécutifs, l'un des deux est nécessairement divisible par 2 ; il en résulte que le produit $4k(k+1)$ est un multiple de 8. On peut donc écrire

$$(2k+1)^2 = m.8 + 1. \qquad \text{C. Q. F. D.}$$

Cela établi, revenons au théorème proposé et soient $2k+1$ et $2k'+1$ deux nombres impairs quelconques. D'après ce qui précède, on aura

$$(2k+1)^2 = m.8 + 1$$

et

$$(2k'+1)^2 = m'.8 + 1,$$

d'où, en retranchant ces deux égalités membre à membre,

$$(2k+1)^2 - (2k'+1)^2 = m.8 - m'.8$$
$$= m''.8. \qquad \text{C. Q. F. D.}$$

211. II. *La condition nécessaire et suffisante pour qu'un nombre soit premier est qu'il divise le produit, augmenté d'une unité, de tous les nombres entiers qui lui sont inférieurs.* (Théorème de Wilson.)

Cet important théorème fournit la seule propriété exclusive et partant caractéristique des nombres premiers.

Pour le démontrer, nous avons besoin d'établir préalablement les deux principes suivants :

1° *Si a et n sont deux nombres premiers entre eux, les $(n-1)$ premiers multiples de a divisés par n donnent pour restes, dans un certain ordre, les $n-1$ premiers nombres entiers.*

Soient $a, 2a, 3a, \ldots, (n-1)a$ les $n-1$ premiers multiples de a. Comme n est premier avec a et supérieur à chacun des facteurs $1, 2, 3, \ldots, (n-1)$, il ne divise aucun de ces multiples de a.

D'autre part, tous les restes obtenus dans la division de ces multiples par a sont différents, car si deux de ces multiples ah et ak donnaient des restes égaux, leur différence $a(k-h)$ serait divisible par n (74, III), ce qui ne peut pas être, puisque n est premier avec a et qu'il est plus grand que $(k-h)$ comme étant supérieur à chacun des nombres k et h.

Les $n-1$ restes, étant ainsi tous différents et inférieurs à n, représentent donc, dans un certain ordre, les $n-1$ premiers nombres entiers.

2° *Si p est un nombre premier plus grand que 2, il divise le produit $2\times3\times4\times\ldots\times(p-2)$ diminué d'une unité.*

Soit h l'un des facteurs de ce produit ; nous disons qu'il existe dans ce même produit un autre facteur k, et un seul, tel que l'on a $hk = $ mult. de $p+1$. En effet, considérons la suite

$$h, \quad 2h, \quad 3h, \quad \ldots, \quad (p-1)h.$$

Comme p est premier avec h, il y a dans cette suite, d'après le principe précédent, un terme, et un seul, qui divisé par p donne 1 pour reste. Ce terme ne peut être ni h, ni h^2, ni $(p-1)h$: le terme h, plus petit que p, divisé par p donne pour reste h ; si h^2 divisé par p donnait pour reste 1, h^2-1 ou $(h+1)(h-1)$ serait divisible par p, ce qui est impossible, p étant premier absolu et plus grand que chacun des facteurs $h+1$ et $h-1$; enfin, $(p-1)h$, étant égal à $p(h-1)+(p-h)$, divisé par p donne pour reste $p-h$, nombre supérieur à l'unité puisque h par hypothèse ne peut pas être plus grand que $p-2$.

Soit h' un troisième facteur du produit $2\times3\times4\times\ldots\times(p-2)$. Il existe dans ce produit un facteur k', et un seul, différent de h', tel que l'on a $h'k' =$ mult. de $p+1$. On le démontrerait comme précédemment. De plus, ce facteur k' est différent de h et de k, car s'il était égal à l'un quelconque de ces facteurs, h par exemple, la suite h, $2h$, $3h$, $\ldots$, $(p-1)h$ comprendrait deux termes hk et hk' qui divisés par p donneraient pour reste 1 : ce qui est impossible ($1°$).

En continuant ainsi, on prouverait que les facteurs du produit $2\times3\times4\times\ldots\times(p-2)$, qui sont en nombre pair, puisque p est impair par hypothèse, peuvent être groupés deux à deux par multiplication, de manière que chaque résultat divisé par p donne pour reste l'unité.

Il en résulte que l'expression

$$(m_1p+1)(m_2p+1)(m_3p+1)\ldots(m_np+1),$$

qui représente le produit de ces groupes, donne pour reste 1 quand on la divise par p. On s'en rend compte d'ailleurs en effectuant les calculs de proche en proche : les deux premiers facteurs donnent $(m_1m_2p+m_1+m_2)p+1$ ou $m'p+1$; ce résultat multiplié par le troisième facteur donnera également une expression de la forme $m''p+1$ et il en sera de même pour les résultats suivants jusqu'à ce que tous les facteurs soient épuisés.

Donc le produit $2\times3\times4\times\ldots\times(p-2)$ divisé par p donne pour reste l'unité.

Tout cela posé, revenons au théorème de Wilson.

$1°$ *La condition est nécessaire*, c'est-à-dire que l'on doit avoir

$$1\times2\times3\times\ldots\times(p-1)+1 = \text{mult. de } p.$$

En effet, le principe précédent permet d'écrire

$$2\times3\times\ldots\times(p-2) = \text{mult. de } p+1.$$

Or si l'on multiplie les deux membres de cette égalité par $(p-1)$ et si l'on introduit dans le premier le facteur 1 qui n'en change pas la valeur, il vient

$$1 \times 2 \times 3 \times \ldots \times (p-2)(p-1) = (\text{mult. de } p+1)(p-1)$$
$$= \text{mult. de } p-1.$$

D'où, en augmentant d'une unité les deux membres de cette dernière égalité,

$$1 \times 2 \times 3 \times \ldots \times (p-1) + 1 = \text{mult. de } p.$$

Ce qui démontre la nécessité de la condition.

2° *La condition est suffisante*, c'est-à-dire que si l'on a

$$1 \times 2 \times 3 \times \ldots \times (p-1) + 1 = \text{mult. de } p,$$

p est un nombre premier.

En effet, si p n'était pas un nombre premier, il aurait nécessairement pour diviseur un des facteurs du produit

$$2 \times 3 \times \ldots \times (p-1).$$

Or ce facteur diviserait à la fois la somme

$$1 \times 2 \times 3 \times \ldots \times (p-1) + 1,$$

qui est un multiple de p, et la première partie

$$1 \times 2 \times 3 \times \ldots \times (p-1)$$

de cette somme, donc il devrait diviser la seconde, 1, ce qui est absurde.

La condition de suffisance est donc aussi démontrée.

§ VII. — Démonstration par la réduction à l'absurde.

212. I. *Il n'existe aucun nombre qui divisé par 8 donne pour reste 4, et qui divisé par 12 donne pour reste 3.*

Supposons pour un instant que ce nombre existe et désignons-le par n. On aura, d'une part,

$$n = 8q + 4,$$

et d'autre part

$$n = 12q' + 3,$$

d'où

$$12q' + 3 = 8q + 4.$$

Si l'on retranche $3 + 8q$ de chaque membre, il vient

$$12q' - 8q = 1,$$

ou, en mettant 4 en facteur commun dans le premier membre,

$$4(3q' - 2q) = 1.$$

Dans cette égalité, q et q' étant des nombres entiers, le nombre $(3q' - 2q)$ ne peut être aussi qu'un nombre entier, à moins qu'il ne soit nul : s'il est entier, son quadruple ne peut pas être égal à 1, et s'il est nul, son quadruple est aussi nul et non égal à l'unité.

La double absurdité à laquelle on arrive prouve que la proposition contradictoire du théorème proposé est fausse, par suite que le théorème est vrai.

213. II. *Si a et b sont entiers et si $a^2 - b^2$ est un nombre premier, les nombres a et b sont consécutifs.*

On sait que la différence $a^2 - b^2$ des carrés de deux nombres a et b est identiquement égale au produit de la somme de ces deux nombres par leur différence. On peut donc écrire

$$a^2 - b^2 = (a + b)(a - b).$$

Si a et b n'étaient pas consécutifs, la différence $(a - b)$ serait plus grande que l'unité, et comme la somme $(a + b)$ est elle-même plus grande que l'unité, le nombre $a^2 - b^2$ aurait pour diviseurs deux nombres distincts $(a + b)$ et $(a - b)$, différents de 1 et de $a^2 - b^2$; il en résulterait que ce nombre $a^2 - b^2$ ne serait pas premier, ce qui est contraire à l'hypothèse.

a et b sont donc deux nombres entiers consécutifs.

CHAPITRE II

MÉTHODES ET PROCÉDÉS DE RÉSOLUTION
DES PROBLÈMES ARITHMÉTIQUES

214. Il n'existe pas, à proprement parler, de méthode générale pour la résolution des problèmes d'Arithmétique en dehors de l'analyse, qui convient, avons-nous dit, tout particulièrement pour la recherche des choses inconnues. Elle consiste, ici, après avoir pris connaissance du problème d'une manière exacte et complète, à chercher, par l'étude minutieuse des rapports qui existent entre toutes les quantités connues et inconnues de ce problème, la série des questions de plus en plus simples auxquelles la proposée peut être ramenée, jusqu'à ce qu'on arrive à un problème que l'on sait résoudre, soit que l'énoncé en indique la solution, soit qu'on ait appris au préalable à le traiter. Ce travail, délicat et difficile, variable avec chaque ordre de problème — pour ne pas dire avec chaque problème — exige la connaissance entière des règles et des procédés du calcul ainsi que des principes généraux de l'Arithmétique.

Toutefois, en dehors des opérations fondamentales et de leurs dérivées, comme celles qui se rapportent au calcul des puissances et des racines, il est des procédés qui ont pour objet la résolution immédiate et simplifiée de certaines questions élémentaires dont l'étude peut être directement proposée ou qui peuvent résulter des dernières opérations de l'analyse sur un problème complexe.

Parmi ces procédés, qu'on appelle plus généralement des méthodes, nous indiquerons :

1° *la méthode des proportions* ou *des rapports égaux ;*

2ᵉ *la méthode de réduction à l'unité*;

3° *la méthode des hypothèses.*

215. Ainsi, parmi les problèmes arithmétiques, si nombreux et si variés, il en est, et ce sont les plus simples, les plus élémentaires, qui se résolvent immédiatement, c'est-à-dire dont l'énoncé indique clairement l'opération ou la série d'opérations à effectuer (additions, soustractions, multiplications, divisions, etc.) pour en obtenir la solution ; d'autres, dont les opérations finales sont amenées par quelques procédés spéciaux ; d'autres enfin, plus compliqués, qui nécessitent l'emploi de l'analyse pour être ramenés aux uns ou aux autres des précédents.

Dans l'étude de ces diverses catégories de problèmes, nous ferons usage des notations littérales chaque fois que la généralisation d'une question devra nous conduire à des formules d'une certaine utilité pratique ; ces formules nous permettront bien souvent d'ailleurs d'en tirer, avec les solutions qu'elles résument, de très intéressantes questions de même ordre que les problèmes généralisés.

Nous ajouterons même que sans vouloir empiéter sur le domaine de l'Algèbre, par l'emploi des moyens qui lui sont propres, nous aurons plus d'une fois recours, pour la résolution numérique de certains problèmes, à l'usage des lettres, afin de mieux fixer la pensée, de simplifier les indications de calcul, d'abréger le raisonnement et d'y mettre plus de clarté. La ligne de démarcation entre l'Arithmétique et l'Algèbre n'est pas si bien définie, en effet, que l'on soit obligé, pour traiter les questions qui se rapportent à la première, de se tenir sur un terrain exclusivement numérique ; ces deux sciences, qui sont comme la suite l'une de l'autre, ont au contraire, non seulement des points de contact nombreux et variés, mais encore des points communs si multiples que, sans prétention comme sans usurpation, l'Arithmétique peut légitimement se servir de certains procédés d'apparence ou de nature plutôt algébrique.

§ I. — Solutions immédiates.

216. I. *On a mesuré quatre fois une même longueur : la pre-mière fois on a trouvé 35ᵐ,40, la deuxième fois 34ᵐ,95, la troisième fois 35ᵐ,10 et la quatrième fois 35ᵐ,25. Quelle est la mesure moyenne de cette longueur ?*

Chacun sait que la moyenne ou, plus exactement, la moyenne arithmétique de plusieurs quantités de même espèce est le quotient de la somme de ces quantités par leur nombre. La solution de ce problème sera donc donnée en additionnant les quatre nombres 35ᵐ,40, 34ᵐ,95, 35ᵐ,10 et 35ᵐ,25, et en divisant le résultat obtenu par 4. On a ainsi

$$\frac{35^m,40 + 34^m,95 + 35^m,10 + 35^m,25}{4} = 35^m,175.$$

REMARQUE. — Les questions de ce genre sont ordinairement désignées sous le nom de *problèmes sur les moyennes*. Elles se présentent fréquemment dans l'établissement des statistiques et dans certaines recherches des sciences d'observation.

217. II. *La somme de deux nombres est 38 et leur différence 12. Quels sont ces deux nombres ?*

Si les deux nombres étaient égaux, on les obtiendrait en prenant la moitié de leur somme ; or, on peut rendre le plus petit égal au plus grand en l'augmentant de leur différence 12, et si l'on admet que cette augmentation a lieu dans leur somme 38, le résultat de l'addition 38 + 12 contiendra deux fois le plus grand des deux nombres, lequel sera ainsi égal à $\dfrac{38 + 12}{2}$ ou à 25 ; le plus petit se calculera dès lors en retranchant 12 de 25, ce qui donnera 13.

Pour *vérifier* les deux nombres 25 et 13 ainsi obtenus, il suffira de montrer que leur somme est 38, car le second ayant été calculé en s'appuyant sur la différence 12, la vérification devient inutile pour cette seconde donnée.

REMARQUE I. — Au lieu de chercher à rendre, dans la somme des deux nombres, le plus petit égal au plus grand, on pourrait rendre le plus grand égal au plus petit, en le diminuant de leur différence. Le plus petit nombre serait ainsi donné par l'expression $\dfrac{38-12}{2}$, qui se réduit au nombre 13 et amène ainsi un résultat identique au précédent. Le plus grand nombre s'obtiendrait alors en ajoutant au plus petit nombre, 13, la différence donnée, 12.

Remarque II. — En rapprochant ces deux procédés de raisonnement ainsi que les premières opérations auxquelles ils conduisent, on remarque : 1° que le plus grand des deux nombres, représenté par l'expression $\dfrac{38+12}{2}$, est égal au demi-total de la somme et de la différence des deux nombres cherchés, et que le plus petit, représenté par l'expression $\dfrac{38-12}{2}$, est égal au demi-excès de la somme sur la différence de ces mêmes nombres.

On donne à ces indications de calcul une forme générale, en désignant par s la somme des deux nombres et par d leur différence. Les deux nombres sont alors représentés par les expressions $\dfrac{s+d}{2}$ et $\dfrac{s-d}{2}$. Ce sont des formules qui peuvent être mises sous la forme unique

$$x = \frac{s \pm d}{2},$$

laquelle donne ainsi pour x deux valeurs représentant respectivement le plus grand et le plus petit nombre cherchés.

Remarque III. — Un grand nombre de problèmes se ramènent en dernière analyse à la recherche de deux nombres dont on connaît la somme et la différence. Nous en verrons plus d'un exemple dans la suite.

248. III. *Un enfant a 7 ans, son père en a 31 ; dans combien d'années l'âge du père ne sera-t-il plus que le triple de celui de l'enfant ?*

Lorsque l'âge du père contiendra 3 fois l'âge de l'enfant, la différence des deux âges vaudra nécessairement 2 fois celui de l'enfant. Or, cette différence, qui représente l'âge du père à la naissance de l'enfant, est la même à toute époque de leur existence ; c'est un nombre constant qui est égal à $31 - 7$ ou 24. Ce nombre de 24 années valant 2 fois l'âge du fils au moment où se réalisera la condition posée dans le problème, l'âge cherché du fils sera de $\dfrac{24}{2}$ ou 12 ans, et comme il a aujourd'hui 7 ans, la condition sera remplie dans un nombre d'années égal à $12 - 7$ ou 5 ans.

On *vérifiera* ce résultat en montrant que l'âge du père sera dans 5 ans le triple de celui du fils.

Remarque. — Dans les problèmes de ce genre, la différence des âges est une quantité importante à connaître ; elle sert généralement de base à la solution.

§ II. — Solutions analytiques.

219. I. *Un fermier a deux journaliers qu'il paye au même prix : il donne à l'un, pour 56 jours de travail, 4 mesures de blé et 56ᶠʳ, et à l'autre, pour 84 jours, 7 mesures $\frac{1}{2}$ de blé et 69ᶠʳ. Quelle est la valeur de la mesure de blé ?*

La rémunération d'une journée de travail étant la même pour chaque journalier, cherchons-en l'expression dans l'un et l'autre cas.

Pour le premier journalier, elle vaut le $\dfrac{1}{56}$ de 4 mesures de blé et de 56ᶠʳ, ou $\dfrac{4}{56}$ de mesure $+ 1^{fr}$, ou plus simplement $\dfrac{1}{14}$ de mesure $+ 1^{fr}$.

Pour le second, elle vaut le $\dfrac{1}{84}$ de 7 mesures $\frac{1}{2}$ de blé et de 69ᶠʳ, ou $\dfrac{7\frac{1}{2}}{84}$ de mesure $+ \dfrac{69^{fr}}{84}$, ou plus simplement $\dfrac{5}{56}$ de mesure $+ \dfrac{23^{fr}}{28}$. De sorte que l'on a

$$\dfrac{1}{14} \text{ de mesure de blé} + 1^{fr} = \dfrac{5}{56} \text{ de mesure de blé} + \dfrac{23^{fr}}{28}.$$

La question est ainsi ramenée à cette autre :

Chercher un nombre de francs dont le $\dfrac{1}{14}$ *augmenté de* 1^{fr} *vaut les* $\dfrac{5}{56}$ *de ce même nombre augmentés de* $\dfrac{23}{28}$ *de franc.*

On conçoit que ce qu'il y a du nombre cherché en plus dans un des membres de l'égalité doit être représenté par la fraction de franc qu'il y a en plus dans l'autre membre. Or la différence des fractions du nombre cherché, à l'avantage du second membre, est $\dfrac{5}{56} - \dfrac{1}{14} = \dfrac{5}{56} - \dfrac{4}{56} = \dfrac{1}{56}$; et la différence des sommes exprimées, à l'avantage du premier membre, est de $1^{\text{fr}} - \dfrac{23^{\text{fr}}}{28} = \dfrac{5}{28}$ de franc.

On a donc la nouvelle égalité

$$\dfrac{1}{56} \text{ de mesure de blé} = \dfrac{5^{\text{fr}}}{28}$$

et l'on est amené au problème suivant :

Trouver un nombre de francs dont le $\dfrac{1}{56}$ *vaut* $\dfrac{5}{28}$ *de franc.*
Ce nombre est égal à

$$\dfrac{5^{\text{fr}}}{28} \times 56 = 10^{\text{fr}}.$$

La *vérification* donne, pour le premier journalier, une somme totale de $10^{\text{fr}} \times 4 + 56^{\text{fr}} = 96^{\text{fr}}$, soit pour une journée de travail $\dfrac{96^{\text{fr}}}{56} = 1^{\text{fr}}\dfrac{5}{7}$, et pour le second, une somme totale de $10^{\text{fr}} \times 7\dfrac{1}{2} + 69^{\text{fr}} = 144^{\text{fr}}$, soit pour une journée de travail $\dfrac{144^{\text{fr}}}{84} = 1^{\text{fr}}\dfrac{5}{7}$, valeur égale à la précédente, ainsi que cela devait être.

220. II. *On a quatre tonneaux de différentes capacités ; avec le premier, on remplit le deuxième et il en reste les* $\dfrac{4}{7}$ *; du deuxième on remplit le troisième et il reste* $\dfrac{1}{4}$ *du contenu; avec* *le troisième on ne remplit que les* $\frac{9}{16}$ *du quatrième; enfin, si l'on remplissait le troisième et le quatrième avec le contenu du premier, il resterait encore 15 litres. Quelle est la capacité de ces quatre tonneaux ?*

Exprimons par une égalité, comme il suit, que la contenance du premier est égale à la somme de celles du troisième et du quatrième plus 15 litres

$$(1) \qquad 1^{er} = 3^e + 4^e + 15 \text{ litres ;}$$

cherchons ensuite ce que valent les contenances du troisième et du quatrième par rapport à celle du premier. Du deuxième on remplit le troisième et il reste $\frac{1}{4}$ du contenu, ce qui revient à écrire

$$3^e = \frac{3}{4} \text{ du } 2^e.$$

Or, avec le premier on remplit le deuxième et il en reste les $\frac{4}{7}$, autrement dit :

$$2^e = \frac{3}{7} \text{ du } 1^{er}.$$

Le troisième, valant les $\frac{3}{4}$ du deuxième, vaut, d'après cette dernière relation, les $\frac{3}{4}$ des $\frac{3}{7}$ du premier, ce qui s'écrit :

$$3^e = \frac{3}{4} \times \frac{3}{7} \text{ du } 1^{er} = \frac{9}{28} \text{ du } 1^{er}.$$

D'autre part, avec le troisième on ne remplit que les $\frac{9}{16}$ du quatrième ; il en résulte que le quatrième est égal aux $\frac{16}{9}$ du 3e, par suite, aux $\frac{16}{9}$ des $\frac{9}{28}$ du premier, d'où la relation

$$4^e = \frac{16}{9} \times \frac{9}{28} \text{ du } 1^{er} = \frac{4}{7} \text{ du } 1^{er}.$$

En reprenant la relation (1) et en y remplaçant les expressions 3e et 4e par les valeurs que nous venons d'établir, on obtient

$$1^{er} = \frac{9}{28} \text{ du } 1^{er} + \frac{4}{7} \text{ du } 1^{er} + 15 \text{ litres,}$$

ou, en simplifiant,

$$1^{er} = \frac{25}{28} \text{ du } 1^{er} + 15 \text{ litres.}$$

Le problème est ainsi ramené au suivant :

Chercher un nombre qui est égal à ses $\frac{25}{28}$ *plus 15.*

Il ressort immédiatement de cet énoncé que 15 unités représentent une fraction du nombre cherché égale à l'excès de l'unité sur $\frac{25}{28}$ ou à $\frac{3}{28}$ et l'on est conduit à cet autre problème :

Quel est le nombre dont les $\frac{3}{28}$ *sont 15 ?*

Ce nombre, par un raisonnement connu, est égal à

$$\frac{15 \times 28}{3} = 140.$$

La contenance du premier tonneau est donc de 140 litres ; celle du deuxième, d'après l'énoncé du problème, est de

$$140^l \times \frac{3}{7} = 60 \text{ litres ;}$$

celle du troisième, de $\quad 60^l \times \frac{3}{4} = 45 \text{ litres ;}$

et celle du quatrième, de $\quad\quad 45^l \times \frac{16}{9} = 80 \text{ litres.}$

On *vérifie* ces résultats en montrant que la somme des contenances du troisième et du quatrième plus 15 litres, ou $45^l + 80^l + 15^l = 140$ litres, donne la contenance du premier.

221. III. *Une personne dit à une autre : j'ai quatre fois l'âge que vous aviez quand j'avais l'âge que vous avez, et quand vous aurez l'âge que j'ai, nous aurons ensemble 95 ans. Calculer l'âge de chacune de ces deux personnes.*

Il s'agit tout d'abord de chercher la différence des deux âges.

Soient pour fixer les idées d cette différence et a l'âge actuel de l'aînée des deux personnes. D'après cela, l'âge actuel de la plus jeune est $a - d$, et son âge, lorsque celui de l'aînée était $a - d$, avait pour expression $a - 2d$. Or, d'après l'énoncé du problème, a est égal à 4 fois $(a - 2d)$, ce qui revient à dire que le nombre a diminué de $2d$ n'est plus égal qu'à son $\frac{1}{4}$; de sorte que $2d$, ou deux fois la différence des âges des deux personnes, égalent les $\frac{3}{4}$ de l'âge de l'aînée; il en résulte que cet âge de l'aînée est égal aux $\frac{4}{3}$ de $2d$ ou aux $\frac{8}{3}$ de d. D'autre part, lorsque l'âge de la seconde personne sera $\frac{8}{3} d$, celui de l'aînée aura augmenté de d et sera $\frac{11}{3} d$. Mais comme à cette époque la somme de leurs âges vaudra 95 ans, il s'ensuit que les $\frac{8}{3}$ de la différence des deux âges augmentés des $\frac{11}{3}$, soit les $\frac{19}{3}$ de cette différence, valent 95 ans ; cette différence est donc égale à $95 : \frac{19}{3} = 15$ ans.

Le problème est alors ramené au suivant :

Dans 15 ans, deux personnes auront ensemble 95 ans ; calculer l'âge de chacune d'elles, sachant que la différence de leurs âges est de 15 années.

Actuellement la somme des deux âges est égale à 95 ans moins 2 fois 15 ans, ou à 95 ans — 30 ans = 65 ans.

La question est alors réduite à cette autre bien connue :

Trouver deux nombres dont la somme est 65 et la différence 15.

Le plus grand nombre, qui représente en années l'âge de l'aînée des deux personnes, est

$$\frac{65 + 15}{2} = 40 ;$$

et le plus petit, qui représente en années l'âge de la plus jeune, est

$$\frac{65 - 15}{2} = 25.$$

Vérification. — Quand l'aînée des deux personnes avait
25 ans, l'autre avait $40 - 25$ ou 15 ans de moins, c'est-à-
dire $25 - 15$ ou 10 ans : 40 est bien le quadruple de 10. Et
quand la plus jeune des deux personnes aura 40 ans, l'autre
aura 15 ans de plus, c'est-à-dire $40 + 15$ ou 55 ans, et les
deux âges réunis donneront alors pour somme $40 + 55$ ou
95 ans : c'est bien la seconde condition à laquelle devaient
satisfaire les nombres trouvés.

§ III. — Méthode des proportions ou des rapports égaux.

222. La méthode des proportions s'applique à tous les problèmes dans lesquels les grandeurs qui y sont envisagées
(connues et inconnues) donnent lieu à une ou à plusieurs
égalités de rapports, dont on déduit les inconnues en s'appuyant sur la propriété fondamentale des proportions.

De ce nombre sont, en particulier, les problèmes de *règle
de trois*, les problèmes relatifs aux *partages proportionnels* et
tous ceux qui se ramènent à l'une ou à l'autre de ces catégories de questions, les problèmes d'intérêt et d'escompte pour
la première, les problèmes de société et certaines questions
de mélange et d'alliage pour la seconde.

1. — Règle de trois.

223. Dans son sens le plus général, le problème de la règle
de trois peut s'énoncer de la manière suivante :

Soient A, B, C, D des grandeurs telles que l'une d'elles, A
par exemple, soit directement ou inversement proportionnelle
à chacune des autres ; connaissant une série a, b, c, d de
valeurs numériques correspondantes de ces grandeurs, trouver
une seconde valeur x de A correspondant à de nouvelles valeurs b_1, c_1, d_1 des autres grandeurs B, C, D. En d'autres
termes, il s'agit, dans une règle de trois, connaissant les valeurs simultanées de plusieurs grandeurs directement ou
inversement proportionnelles à l'une d'elles, de trouver la

valeur que prend l'une de ces grandeurs pour de nouvelles valeurs données à toutes les autres.

La règle de trois est dite *simple* ou *composée* suivant que l'on considère deux ou plus de deux grandeurs. La règle de trois simple est *directe* ou *inverse* suivant que les deux grandeurs considérées sont directement ou inversement proportionnelles.

Ce nom de règle de trois vient de ce que les questions de ce genre peuvent se résoudre au moyen d'une ou de plusieurs proportions dans chacune desquelles trois termes sont connus.

Ces préliminaires posés, appliquons la méthode des proportions à la résolution de quelques problèmes de règle de trois.

224. **I** (Règle de trois simple directe). — *Une pièce d'étoffe de* $32^m,50$ *a coûté* 338^{fr} ; *combien coûtera une autre pièce de la même étoffe de* $28^m,75$?

La valeur d'une étoffe étant, par convention, proportionnelle à sa longueur, on aura que le nombre inconnu, que nous représenterons par la lettre x, est à la somme de 338^{fr}, ce que la longueur de $28^m,75$ est à celle de $32^m,50$; nous écrirons donc la proportion

$$\frac{x}{338^{fr}} = \frac{28,75}{32,50},$$

d'où l'on tire $\qquad x = \dfrac{338^{fr} \times 28,75}{32,50} = 299^{fr}.$

La valeur de la seconde étoffe est ainsi de 299^{fr}.

Remarque. — Dans la pratique, pour embrasser d'un coup d'œil les conditions du problème et mieux diriger la marche du raisonnement, on dispose les données et l'inconnue sur deux lignes horizontales, comme il suit, de manière que les valeurs de chaque grandeur se correspondent verticalement :

$$32^m,50 \qquad 338^{fr}$$
$$28^m,75 \qquad x^f .$$

225. II (Règle de trois simple inverse). — *Un négociant a acheté* 41^m *de drap à raison de* $12^{fr},30$ *le mètre. Quelle longueur* *d'un drap de* $10^{fr},25$ *le mètre aurait-il eue pour la somme déboursée ?*

La longueur qu'on peut avoir d'une étoffe pour une somme déterminée est inversement proportionnelle au prix du mètre de cette étoffe. Après avoir adopté la disposition précédemment indiquée :

$$41^m \qquad 12^{fr},30$$
$$x^m \qquad 10^{fr},25,$$

on écrit donc que le nombre inconnu x est à la longueur 41^m, ce que le rapport inverse de $10,25$ ou $\dfrac{1}{10,25}$ est au rapport inverse de $12,30$ ou $\dfrac{1}{12,30}$; c'est ce qu'exprime la proportion

$$\frac{x}{41^m} = \frac{\dfrac{1}{10,25}}{\dfrac{1}{12,30}},$$

ou

$$\frac{x}{41^m} = \frac{12,30}{10,25};$$

on en déduit

$$x = \frac{41^m \times 12,30}{10,25} = 49^m,20.$$

C'est-à-dire que la longueur du drap de $10^{fr},25$ qu'on aurait eue avec la somme dépensée dans le premier achat est de $49^m,20$.

226. III (Règle de trois composée). — *Pour creuser une tranchée de* 480^m *de longueur, sur* 6^m *de largeur et* 3^m *de profondeur, il a fallu 24 ouvriers travaillant 16 jours et 9 heures par jour ; quelle serait la profondeur d'une tranchée que creuseraient 30 ouvriers en travaillant 27 jours, à raison de 8 heures par jour, si elle devait avoir* 720^m *de longueur sur* 5^m *de largeur ?*

Cet énoncé se traduit sommairement de la manière suivante, en adoptant les indications qui précèdent :

$$24^o \quad 16^j \quad 9^h \quad 480^m \quad 6^m \quad 3^m$$
$$30^o \quad 27^j \quad 8^h \quad 720^m \quad 5^m \quad x^m.$$

On admet, dans ces sortes de problèmes, que la difficulté du travail, uniforme sur chaque dimension des tranchées, est la même dans les deux cas, et que le travail, dans chacune des directions est proportionnel au temps et au nombre d'ouvriers employés. Il en résulte que la profondeur à déterminer est proportionnelle au nombre d'ouvriers, au nombre de jours et au nombre d'heures quotidiennes, et qu'elle est inversement proportionnelle à la longueur et à la largeur de la tranchée.

Cela dit, le procédé de résolution consiste à décomposer le problème en une série de règles de trois simples. En voici l'application à la question proposée :

Si l'on admet pour un instant que sur les cinq grandeurs dont dépend l'inconnue la première seule varie, les autres conservant leurs premières valeurs 16^j, 9^h, 480^m, 6^m, pour une valeur 30 de la première, l'inconnue prend une valeur x' qui satisfait à la proportion

$$(1) \qquad \frac{24}{30} = \frac{3^m}{x'}.$$

Si l'on fait ensuite varier la seconde grandeur, les autres conservant leurs valeurs $30°$, 9^h, 480^m, 6^m, pour une valeur 27 de la seconde, l'inconnue prend une valeur x'' qui satisfait à la relation

$$(2) \qquad \frac{16}{27} = \frac{x'}{x''}.$$

En raisonnant de même pour les grandeurs suivantes, lorsque la troisième passe de la valeur 9 à la valeur 8, l'inconnue prend une valeur x''' telle que l'on a

$$(3) \qquad \frac{9}{8} = \frac{x''}{x'''};$$

lorsque la quatrième grandeur passe de la valeur 480 à la valeur 720, l'inconnue prend une valeur x^{iv} que détermine la relation suivante dans laquelle la proportionnalité des deux grandeurs considérées est d'ordre inverse :

$$(4) \qquad \frac{720}{480} = \frac{x'''}{x^{iv}}$$

enfin, lorsque la cinquième grandeur passe de la valeur 6 à la valeur 5, x représentant la valeur demandée de l'inconnue, on a pour la même raison de proportionnalité inverse,

$$(5) \qquad \frac{5}{6} = \frac{x^{\mathrm{iv}}}{x}.$$

Si l'on multiplie ensuite membre à membre les relations (1), (2), (3), (4) et (5), on arrive à la relation

$$\frac{24 \times 16 \times 9 \times 720 \times 5}{30 \times 27 \times 8 \times 480 \times 6} = \frac{3^{\mathrm{m}} \times x' \times x'' \times x''' \times x^{\mathrm{iv}}}{x' \times x'' \times x''' \times x^{\mathrm{iv}} \times x},$$

d'où, en simplifiant le second membre par la suppression des facteurs communs à ses deux termes et en tirant ensuite de la nouvelle proportion la valeur de la quatrième proportionnelle x,

$$x = \frac{3^{\mathrm{m}} \times 30 \times 27 \times 8 \times 480 \times 6}{24 \times 16 \times 9 \times 720 \times 5} = 4^{\mathrm{m}},5.$$

Ce nombre exprime en mètres la profondeur demandée de la seconde tranchée.

Remarque. — Après avoir écrit la relation (1), on aurait pu en tirer la valeur de x'; puis, de la relation (2) tirer celle de x'', dans laquelle on aurait remplacé x' par sa valeur déjà trouvée; puis, de la relation (3) tirer la valeur de x''', dans laquelle on aurait remplacé x'' par sa valeur déjà trouvée, et ainsi de suite. On aurait obtenu de cette manière la série des valeurs suivantes, dont la dernière reproduit exactement celle que donne la solution du problème :

$$x' = \frac{3^{\mathrm{m}} \times 30}{24},$$

$$x'' = x' \times \frac{27}{16} = \frac{3^{\mathrm{m}} \times 30 \times 27}{24 \times 16},$$

$$x''' = x'' \times \frac{8}{9} = \frac{3^{\mathrm{m}} \times 30 \times 27 \times 8}{24 \times 16 \times 9},$$

$$x^{\mathrm{iv}} = x''' \times \frac{480}{720} = \frac{3^{\mathrm{m}} \times 30 \times 27 \times 8 \times 480}{24 \times 16 \times 9 \times 720},$$

$$x = x^{\mathrm{iv}} \times \frac{6}{5} = \frac{3^{\mathrm{m}} \times 30 \times 27 \times 8 \times 480 \times 6}{24 \times 16 \times 9 \times 720 \times 5}.$$

227. IV. *Quelle quantité de pain peut-on faire avec le blé récolté dans une propriété de 4 hectares, sachant que 2 ares ont produit 195 gerbes, que 16 gerbes ont fourni 15 litres de blé, que 3 hectolitres de blé pèsent 256 kilogrammes, que 9 kilogrammes de blé rendent 5 kilogrammes de farine, enfin que 3 kilogrammes de farine donnent 4 kilogrammes de pain ?*

Ce problème est un enchaînement de règles de trois simples auquel on donne le nom de *règle conjointe* ou *règle de chaîne*.

Pour le résoudre, désignons par x le nombre cherché de kilogrammes de pain, par x' le nombre de gerbes récoltées dans la propriété, par x'' le volume en litres du blé que ces gerbes ont produit, par x''' le poids de ce blé, et par x^{iv} le poids de la farine obtenue ; on aura les proportions suivantes :

$$\frac{x'}{195} = \frac{400}{2},$$

$$\frac{x''}{15} = \frac{x'}{16},$$

$$\frac{x'''}{256} = \frac{x''}{300},$$

$$\frac{x^{iv}}{5} = \frac{x''}{9},$$

$$\frac{x}{4} = \frac{x^{iv}}{3}.$$

En multipliant toutes ces proportions membre à membre, on obtient la suivante :

$$\frac{x' \times x'' \times x''' \times x^{iv} \times x}{195 \times 15 \times 256 \times 5 \times 4} = \frac{400 \times x' \times x'' \times x''' \times x^{iv}}{2 \times 16 \times 300 \times 9 \times 3},$$

qui devient, par la suppression dans les deux numérateurs des facteurs communs x', x'', x''' et x^{iv},

$$\frac{x}{195 \times 15 \times 256 \times 5 \times 4} = \frac{400}{2 \times 16 \times 300 \times 9 \times 3},$$

et celle-ci donne, en faisant le produit des extrêmes et celui des moyens,

$$2 \times 16 \times 300 \times 9 \times 3 \times x = 400 \times 195 \times 15 \times 256 \times 5 \times 4.$$

On tire de cette dernière relation, en divisant les deux membres par le produit $2 \times 16 \times 300 \times 9 \times 3$,

$$x = \frac{400 \times 195 \times 15 \times 256 \times 5 \times 4}{2 \times 16 \times 300 \times 9 \times 3} = 23111 \frac{1}{9}.$$

C'est-à-dire que la récolte en **blé** de la propriété fournira 23111 kilog. $\frac{1}{9}$ de pain.

Remarque. — On abrège cette solution en disposant deux à deux sur des lignes horizontales les données du problème, de manière à avoir sur chaque ligne les deux grandeurs entre lesquelles il existe une relation, et de façon que le premier terme de chaque ligne soit de même nature que le second de la ligne précédente ; l'inconnue occupe la place du premier terme dans la première ligne. On fait ensuite le produit de tous les nombres de la colonne de droite, puis le produit de tous les nombres de la colonne de gauche qui contient l'inconnue : le quotient du premier produit par le second donne la valeur de cette inconnue.

Cette règle, qui se déduit des indications précédentes, est particulièrement utilisée dans la banque et le commerce. Appliquée au problème proposé, elle donne, comme disposition des grandeurs qui s'y trouvent exprimées,

x kilog. de pain correspondent à 400 ares,

2 ares	—	195 gerbes,
16 gerbes	—	15 litres de blé,
300 litres de blé	—	256 kilog. de blé,
9 kilog. de blé	—	5 kilog. de farine,
3 kilog. de farine	—	4 kilog. de pain,

et pour valeur de l'inconnue,

$$x = \frac{\text{produit des nombres de la colonne de droite}}{\text{produit des nombres de la colonne de gauche}}$$

$$= \frac{400 \times 195 \times 15 \times 256 \times 5 \times 4}{2 \times 16 \times 300 \times 9 \times 3} :$$

c'est la valeur précédente.

2. — Partages proportionnels.

228. Les questions qui dépendent des partages proportionnels sont celles dans lesquelles on se propose de faire d'une quantité ou d'un nombre déterminé plusieurs parties qui soient respectivement dans le même rapport avec des nombres correspondants donnés.

Ainsi le nombre 130 est dit partagé en parties proportionnelles aux nombres 2, 3 et 5 si les trois parties formées sont 26, 39 et 65, parce que les trois rapports $\dfrac{26}{2}$, $\dfrac{39}{3}$ et $\dfrac{65}{5}$ sont égaux entre eux.

Nous allons montrer comment on traite par la méthode des proportions les divers problèmes élémentaires auxquels se réduisent ces questions.

229. I. *Partager le nombre 195 en trois parties proportionnelles aux nombres 3, 5 et 7.*

En représentant les trois parties inconnues par les lettres x, y, z, on doit avoir les relations

$$\frac{x}{3} = \frac{y}{5} = \frac{z}{7},$$

et
$$x + y + z = 195.$$

Si l'on ajoute terme à terme les trois rapports égaux, on a

$$\frac{x}{3} = \frac{y}{5} = \frac{z}{7} = \frac{x + y + z}{3 + 5 + 7},$$

ou
$$\frac{x}{3} = \frac{y}{5} = \frac{z}{7} = \frac{195}{15},$$

ou bien encore, en exprimant séparément que chacun des trois premiers rapports de cette dernière série est égal au dernier,

$$\frac{x}{3} = \frac{195}{15},$$

$$\frac{y}{5} = \frac{195}{15},$$

$$\frac{z}{7} = \frac{195}{15},$$

d'où l'on tire successivement

$$(1) \quad \begin{cases} x = \dfrac{195 \times 3}{15} & \text{ou} \quad \dfrac{195}{15} \times 3, \\[2mm] y = \dfrac{195 \times 5}{15} & \text{ou} \quad \dfrac{195}{15} \times 5, \\[2mm] z = \dfrac{195 \times 7}{15} & \text{ou} \quad \dfrac{195}{15} \times 7, \end{cases}$$

et, en effectuant les calculs,

$$x = 39, \qquad y = 65, \qquad z = 91.$$

REMARQUE I. — **Des deux formes (1) sous lesquelles se présente la valeur de chaque inconnue avant d'effectuer les derniers calculs, la seconde est la plus avantageuse pour ces calculs, parce qu'elle réduit les opérations à une division et à trois multiplications ; mais il faut avoir soin, lorsque la division ne se fait pas exactement, d'obtenir au quotient un nombre suffisant de chiffres décimaux pour qu'après chaque multiplication on soit certain d'avoir les nombres cherchés, si on les veut exprimés en nombres décimaux, avec l'approximation qu'on se sera donnée.**

REMARQUE II. — **On vérifie les résultats des problèmes de ce genre en s'assurant que la somme des parties est égale au nombre à partager.**

REMARQUE III. — **Si, pour généraliser ce problème, on y représente par la lettre N le nombre à partager et par les lettres** a, b, c, **les nombres auxquels doivent être proportionnelles les parties à déterminer, on aura les formules suivantes:**

$$x = \frac{N}{a+b+c} \times a,$$

$$y = \frac{N}{a+b+c} \times b,$$

$$z = \frac{N}{a+b+c} \times c,$$

que l'on traduit par cette règle :

Pour partager un nombre donné en parties proportionnelles

à d'autres nombres aussi donnés, il faut diviser le nombre à partager par la somme des autres et multiplier le quotient obtenu séparément par chacun de ces autres nombres.

230. II. *Partager le nombre* 2 684 *en parties proportionnelles aux fractions* $\dfrac{2}{3}$, $\dfrac{4}{5}$ *et* $\dfrac{6}{7}$.

En reprenant le raisonnement suivi dans le problème précédent, on doit avoir

$$\frac{x}{\frac{2}{3}} = \frac{y}{\frac{4}{5}} = \frac{z}{\frac{6}{7}}$$

et
$$x + y + z = 2\,684.$$

Par l'addition terme à terme des trois rapports égaux, on a

(1)
$$\frac{x}{\frac{2}{3}} = \frac{y}{\frac{4}{5}} = \frac{z}{\frac{6}{7}} = \frac{x+y+z}{\frac{2}{3}+\frac{4}{5}+\frac{6}{7}},$$

ou
$$\frac{x}{\frac{2}{3}} = \frac{y}{\frac{4}{5}} = \frac{z}{\frac{6}{7}} = \frac{2\,684}{\frac{70+84+90}{105}},$$

ou bien encore, en exprimant séparément que chacun des trois premiers rapports de cette dernière suite est égal au quatrième,

$$\frac{x}{\frac{2}{3}} = \frac{2\,684}{\frac{70+84+90}{105}},$$

$$\frac{y}{\frac{4}{5}} = \frac{2\,684}{\frac{70+84+90}{105}},$$

$$\frac{z}{\frac{6}{7}} = \frac{2\,684}{\frac{70+84+90}{105}},$$

d'où l'on obtient
$$x = \frac{2\,684}{70+84+90} \times 70 = 770,$$

$$y = \frac{2\,684}{70+84+90} \times 84 = 924,$$

$$z = \frac{2\,684}{70+84+90} \times 90 = 990.$$

Remarque I. — Les résultats de ce raisonnement font voir que pour partager un nombre proportionnellement à des fractions — et ce serait la même chose pour des nombres fractionnaires quelconques mis sous forme de fractions, — il faut réduire ces fractions au même dénominateur et faire le partage demandé proportionnellement aux nouveaux numérateurs.

Remarque II. — Pour résoudre ce problème, on aurait pu raisonner différemment. En effet, les fractions proportionnellement auxquelles doit se faire le partage peuvent être réduites au même dénominateur sans que ce partage soit altéré, puisqu'elles ne changent pas de valeur par cette transformation. Au lieu de $\dfrac{2}{3}$, $\dfrac{4}{5}$ et $\dfrac{6}{7}$, on aurait ainsi $\dfrac{70}{105}$, $\dfrac{84}{105}$ et $\dfrac{90}{105}$. Il est, en outre, évident qu'on peut substituer à ces fractions des nombres 105 fois plus grands, c'est-à-dire leurs numérateurs respectifs, car la suite des rapports égaux

$$\frac{x}{\dfrac{70}{105}} = \frac{y}{\dfrac{84}{105}} = \frac{z}{\dfrac{90}{105}}$$

n'en sera pas altérée. On aura donc les égalités

$$\frac{x}{70} = \frac{y}{84} = \frac{z}{90},$$

et en continuant comme dans le problème I, on aura la solution de la question sous la forme déjà trouvée.

Remarque III. — La série (1) de rapports égaux donne, en conservant sous leur forme les fractions proposées,

$$x = \frac{2684}{\dfrac{2}{3} + \dfrac{4}{5} + \dfrac{6}{7}} \times \frac{2}{3},$$

$$y = \frac{2684}{\dfrac{2}{3} + \dfrac{4}{5} + \dfrac{6}{7}} \times \frac{4}{5},$$

$$z = \frac{2684}{\dfrac{2}{3} + \dfrac{4}{5} + \dfrac{6}{7}} \times \frac{6}{7},$$

ce qui montre que la règle donnée plus haut (229) s'applique au cas où les nombres proportionnellement auxquels doit se faire le partage sont des fractions ou, plus rigoureusement, des nombres fractionnaires.

231. III. *Partager le nombre 462 en parties inversement proportionnelles aux nombres 2, 3, 4 et 5.*

Cette question revient à faire le partage en parties directement proportionnelles aux rapports inverses des nombres donnés 2, 3, 4 et 5, c'est-à-dire aux fractions $\frac{1}{2}$, $\frac{1}{3}$, $\frac{1}{4}$ et $\frac{1}{5}$. Le problème est ainsi ramené au précédent.

Les fractions réduites au même dénominateur donnent $\frac{30}{60}$, $\frac{20}{60}$, $\frac{15}{60}$ et $\frac{12}{60}$, et comme la somme des numérateurs $30 + 20 + 15 + 12$ est égale à 77, il vient

$$x = \frac{462}{77} \times 30 = 180,$$

$$y = \frac{462}{77} \times 20 = 120,$$

$$z = \frac{462}{77} \times 15 = 90,$$

$$v = \frac{462}{77} \times 12 = 72.$$

232. IV. *Partager une somme de 107^{fr},40 entre deux ouvriers qui ont travaillé à un même ouvrage, le premier pendant 8 jours et 10 heures par jour, et le second pendant 11 jours et 9 heures par jour.*

La rémunération du travail, variant proportionnellement au nombre de jours employés et au nombre d'heures fournies chaque jour, est proportionnelle au produit de ces deux nombres (161, III). Le partage doit se faire dès lors proportionnellement aux nombres $8 \times 10 = 80$ et $11 \times 9 = 99$. On est ainsi conduit au problème I et l'on a

$$x = \frac{107^{\text{fr}},40}{179} \times 80 = 48^{\text{fr}},$$

$$y = \frac{107^{\text{fr}},40}{179} \times 99 = 59^{\text{fr}},40.$$

REMARQUE. — On peut résoudre comme il suit la question, sans invoquer le principe sur lequel s'appuie le raisonnement précédent. Le partage de la somme de $107^{\text{fr}},40$ doit se faire proportionnellement au temps employé par chaque ouvrier. Ce temps, qui ne peut être représenté ici par un seul nombre que s'il est exprimé en heures, est de $10^{\text{h}} \times 8$ ou 80^{h} pour le premier, et de $9^{\text{h}} \times 11$ ou 99^{h} pour le second, et l'on retrouve ainsi les deux nombres précédents.

233. V. *Partager une gratification de 570^{fr} entre trois employés en raison directe de leurs années de service et en raison inverse de leurs appointements. Le premier à 18 ans de services et $2\,000^{\text{fr}}$ d'appointements ; le deuxième, 15 ans de services et $1\,800^{\text{fr}}$ d'appointements, et le troisième, 12 ans de services et $1\,500^{\text{fr}}$ d'appointements.*

La part de chaque employé dans cette gratification devant être en raison directe de ses années de services et en raison inverse de ses appointements, sera directement proportionnelle au produit de ses années de services par le rapport inverse de ses appointements (161, V).

Ces trois produits seront respectivement

$$18 \times \frac{1}{2\,000}, \qquad 15 \times \frac{1}{1\,800}, \qquad 12 \times \frac{1}{1\,500},$$

ou

$$\frac{18}{2000}, \qquad \frac{15}{1\,800}, \qquad \frac{12}{1\,500};$$

en simplifiant ces fractions, on aura

$$\frac{9}{1\,000}, \qquad \frac{1}{120}, \qquad \frac{1}{125},$$

et, en les réduisant au plus petit dénominateur commun,

$$\frac{27}{3\,000}, \qquad \frac{25}{3\,000}, \qquad \frac{24}{3\,000}.$$

La question est ainsi ramenée à cette autre :

Partager la somme de 570^{fr} en trois parties directement proportionnelles aux nombres **27, 25** *et* **24,** qui sont les numérateurs de ces trois fractions.

On a, de la sorte, d'après le problème I,

$$x = \frac{570^{fr}}{27 + 25 + 24} \times 27 = 202^{fr},50,$$

$$y = \frac{570^{fr}}{27 + 25 + 24} \times 25 = 187^{fr},50,$$

$$z = \frac{570^{fr}}{27 + 25 + 24} \times 24 = 180^{fr}.$$

Remarque. — On peut résoudre directement la question, c'est-à-dire sans l'intervention du principe qui a servi de base au raisonnement précédent. Pour cela, représentons par a ce qui reviendrait de cette gratification à un employé qui aurait 1 an de services et 1^{fr} d'appointements. Le premier employé, d'après cette hypothèse, aurait 18 fois plus en raison de ses années de services et 2 000 fois moins en raison de ses appointements, ou $\dfrac{a \times 18}{2000}$; le même raisonnement nous amènerait à écrire $\dfrac{a \times 15}{1800}$ pour la part du deuxième et $\dfrac{a \times 12}{1500}$ pour celle du troisième. Or, ces trois parts, qui contiennent le facteur commun a, sont respectivement proportionnelles aux nombres

$$\frac{18}{2000}, \qquad \frac{15}{1800}, \qquad \frac{12}{1500},$$

qui représentent, pour chacune d'elles, l'ensemble des autres facteurs, et qui sont ceux que nous a donnés le premier procédé.

§ IV. — Méthode de réduction à l'unité.

234. La méthode de réduction à l'unité, plus élémentaire sinon plus rapide que la précédente, s'applique surtout aux règles de trois, aux partages proportionnels et aux problèmes qui se rattachent par leur nature à ces deux ordres de questions.

Dans une règle de trois, elle consiste à chercher, pour la grandeur correspondante à l'inconnue, d'abord sa valeur quand chacune des autres grandeurs du problème prend une valeur égale à l'unité, puis sa valeur lorsque les autres grandeurs prennent les valeurs données correspondantes à l'inconnue.

Dans un partage proportionnel, elle consiste à chercher ce que serait chaque partie à former si le nombre à partager était l'unité, pour passer ensuite à ce que doivent être ces parties lorsqu'on revient au nombre proposé du problème.

L'application de la méthode à quelques exemples va éclairer ces indications.

235. I (Règle de trois simple directe). — *Quelle est la hauteur d'un arbre dont l'ombre a* $12^m,40$, *sachant qu'un bâton de* $3^m,50$ *tenu verticalement donne* 2^m *d'ombre ?*

Après avoir converti en décimètres, pour les rendre entiers l'un et l'autre, les deux nombres $12^m,40$ et 2^m, toutes les données et l'inconnue du problème étant, d'autre part, disposées comme il suit :

$$3^m,50 \qquad 20^{dm}$$
$$x^m \qquad 124^{dm},$$

on raisonne ainsi :

20 décimètres d'ombre étant donnés par une hauteur de $3^m,50$, 1 décimètre d'ombre sera donné par une hauteur 20 fois moindre que $3^m,50$ c'est-à-dire égale à

$$\frac{3^m,50}{20};$$

et 124 décimètres d'ombre le seront par une hauteur 124 fois plus grande que cette dernière, par conséquent égale à

$$\frac{3^m,50 \times 124}{20} = 21^m,70.$$

Cette hauteur de $21^m,70$ représente celle de l'arbre.

236. II (Règle de trois simple inverse). — *15 ouvriers ont employé 24 jours pour faire un certain ouvrage ; combien fau-*

drait-il de jours à 18 *ouvriers travaillant dans les mêmes condi-*
tions pour faire cet ouvrage ?

Le tableau des deux séries de valeurs du problème est le
suivant :

$$15^{\circ} \qquad 24^{\text{j}}$$
$$18^{\circ} \qquad x^{\text{j}},$$

et l'on raisonne ainsi :

15 ouvriers mettant 24 jours pour faire le travail en question, 1 ouvrier mettrait 15 fois plus de temps ou

$$24^{\text{j}} \times 15,$$

et 18 ouvriers, 18 fois moins de temps qu'un seul, ou

$$\frac{24^{\text{j}} \times 15}{18} = 20 \text{ jours.}$$

237. III (Règle de trois composée). — *Un ébéniste a poli*
75 *planches d'acajou de* 1^{m},2 *de longueur sur* 0^{m},6 *de largeur,*
en travaillant 7 heures par jour pendant 9 jours. Combien polira-
t-il de planches de 1^{m},5 *de longueur sur* 0^{m},8 *de largeur, en tra-*
vaillant 9 heures par jour pendant 21 jours ?

Les deux séries de valeurs du problème étant disposées
comme il suit :

$$75^{\text{p}} \qquad 12^{\text{dm}} \qquad 6^{\text{dm}} \qquad 9^{\text{j}} \qquad 7^{\text{h}}$$
$$x^{\text{p}} \qquad 15^{\text{dm}} \qquad 8^{\text{dm}} \qquad 21^{\text{j}} \qquad 9^{\text{h}},$$

on raisonne ainsi :

Lorsque les planches ont 12 décimètres de longueur, l'ébéniste en polit 75 de 6 décimètres de largeur, en 9 jours à raison de 7 heures par jour ; si les planches n'avaient que 1 décimètre de longueur, toutes les autres conditions restant les
mêmes, il en polirait 12 fois plus, ou

$$75^{\text{p}} \times 12,$$

et si elles avaient 15 décimètres de longueur, il en polirait
15 fois moins, ou

$$\frac{75^{\text{p}} \times 12}{15}.$$

Les planches ainsi travaillées ont 6 décimètres de largeur ;
si elles n'avaient que 1 décimètre de largeur, toutes les autres

conditions restant les mêmes, l'ébéniste en polirait 6 fois plus, ou

$$\frac{75^p \times 12 \times 6}{15}$$

et si elles avaient 8 décimètres de largeur, il en polirait 8 fois moins, ou

$$\frac{75^p \times 12 \times 6}{15 \times 8}$$

Mais ce résultat suppose que le travail dure 9 jours ; s'il ne devait durer que 1 jour, l'ébéniste polirait 9 fois moins de planches, ou

$$\frac{75^p \times 12 \times 6}{15 \times 8 \times 9},$$

et s'il y consacrait 21 jours, le nombre de planches polies serait 21 fois plus grand, ou

$$\frac{75^p \times 12 \times 6 \times 21}{15 \times 8 \times 9}.$$

Enfin, chaque journée est de 7 heures ; si elle n'était que de 1 heure, le nombre de planches polies serait 7 fois moindre, ou

$$\frac{75^p \times 12 \times 6 \times 21}{15 \times 8 \times 9 \times 7},$$

et si la journée était de 9 heures, le nombre de planches polies serait 9 fois plus grand, ou

$$\frac{75^p \times 12 \times 6 \times 21 \times 9}{15 \times 8 \times 9 \times 7} = 135 \text{ planches.}$$

REMARQUE. — Si l'on avait à résoudre par la méthode de réduction à l'unité une règle conjointe, celle que nous avons examinée précédemment, par exemple (227), on raisonnerait comme il suit, en remontant de proche en proche, des dernières données aux premières : si 3 kilogrammes de farine fournissent 4 kilogrammes de pain, 1 kilogramme de farine en fournit $\frac{4}{3}$ kilogramme, et 5 kilogrammes de farine en fournissent $\frac{4 \times 5}{3}$; mais ce dernier nombre représente aussi la quantité de kilogrammes de pain donnée par 9 kilogrammes de blé ; à ce compte 1 kilogramme de blé donne $\dfrac{4 \times 5}{3 \times 9}$ kilogrammes de pain, et 256 kilogrammes de blé en donnent $\dfrac{4 \times 5 \times 256}{3 \times 9}$; mais ce dernier nombre représente la quantité de pain obtenue avec 300 litres de blé ; à ce compte 1 litre de blé donne $\dfrac{4 \times 5 \times 256}{3 \times 9 \times 300}$ kilogrammes de pain, et 15 litres de blé en donnent $\dfrac{4 \times 5 \times 256 \times 15}{3 \times 9 \times 300}$; on continue ainsi jusqu'à l'emploi de toutes les données du problème.

238. IV (Partage proportionnel). — *Partager une somme de 1050ᶠʳ entre quatre personnes proportionnellement aux nombres 2, 3, 4 et 5.*

Si l'on avait à partager, dans les mêmes conditions, une somme de $2^{fr} + 3^{fr} + 4^{fr} + 5^{fr} = 14^{fr}$, il est évident que les parts respectives des quatre personnes seraient de 2^{fr}, 3^{fr}, 4^{fr} et 5^{fr} ; mais si la somme à partager n'était que de 1^{fr}, chaque part serait 14 fois moindre, ou

$$\frac{2^{fr}}{14} \text{ pour la première,}$$

$$\frac{3^{fr}}{14} \text{ pour la deuxième,}$$

$$\frac{4^{fr}}{14} \text{ pour la troisième,}$$

$$\frac{5^{fr}}{14} \text{ pour la quatrième ;}$$

enfin, lorsque la somme à partager est de 1050ᶠʳ, chaque part est 1050 fois plus grande ou

$$\frac{2^{fr} \times 1050}{14} = 2^{fr} \times \frac{1050}{14} = 150^{fr} \text{ pour la première,}$$

$$\frac{3^{fr} \times 1050}{14} = 3^{fr} \times \frac{1050}{14} = 225^{fr} \text{ pour la deuxième,}$$

$$\frac{4^{fr} \times 1050}{14} = 4^{fr} \times \frac{1050}{14} = 300^{fr} \text{ pour la troisième,}$$

$$\frac{5^{fr} \times 1050}{14} = 5^{fr} \times \frac{1050}{14} = 375^{fr} \text{ pour la quatrième.}$$

REMARQUE I. — Les calculs se font comme il a été dit plus haut (229).

REMARQUE II. — On peut résoudre une question de partage proportionnel sans aucun recours à l'une ou à l'autre des méthodes des proportions ou de réduction à l'unité. En effet, dans le problème précédent, partager une somme de 1050^{fr} proportionnellement aux nombres 2, 3, 4 et 5, c'est faire de 1050^{fr} un nombre de parties égales telles qu'on les distribuant toutes on puisse en donner 2 à la première personne, 3 à la deuxième, 4 à la troisième et 5 à la quatrième, ce qui revient à dire qu'il faut en faire $2 + 3 + 4 + 5 = 14$, en d'autres termes, qu'il faut diviser 1050^{fr} par 14, pour multiplier ensuite le résultat respectivement par les nombres 2, 3, 4 et 5. Ces opérations s'indiquent ainsi :

$$\frac{1050^{fr}}{14} \times 2, \qquad \frac{1050^{fr}}{14} \times 3, \qquad \frac{1050^{fr}}{14} \times 4, \qquad \frac{1050^{fr}}{14} \times 5.$$

Sous une forme très peu différente, ce sont les résultats trouvés par la méthode de réduction à l'unité, et ce sont exactement ceux que donnerait l'application au problème de la méthode des proportions.

239. V (Partage proportionnel). — *Partager le nombre* 2019 *en parties proportionnelles aux nombres* $2\frac{2}{3}$, $3\frac{3}{4}$, $4\frac{4}{5}$.

Les nombres $2\frac{2}{3}$, $3\frac{3}{4}$ et $4\frac{4}{5}$ mis sous forme de fractions donnent

$$\frac{8}{3}, \qquad \frac{15}{4}, \qquad \frac{24}{5},$$

et ces fractions réduites au plus petit dénominateur commun deviennent

$$\frac{160}{60}, \qquad \frac{225}{60}, \qquad \frac{288}{60}.$$

Dès lors, partager le nombre 2019 proportionnellement aux nombres $2\frac{2}{3}$, $3\frac{3}{4}$ et $4\frac{4}{5}$ revient à le partager proportionnellement aux fractions $\dfrac{160}{60}$, $\dfrac{225}{60}$ et $\dfrac{288}{60}$, par suite, (230, Rem. II) proportionnellement aux numérateurs de ces fractions.

La question est ainsi ramenée à la précédente.

On obtient par la méthode de réduction à l'unité :

$$\text{pour la première partie,} \quad 160 \times \frac{2019}{673} = 480 ;$$

$$- \quad \text{deuxième} \quad - \quad 225 \times \frac{2019}{673} = 675 ;$$

$$- \quad \text{troisième} \quad - \quad 288 \times \frac{2019}{673} = 864.$$

Observation. — Il nous paraît inutile de multiplier davantage ces exemples. Qu'il s'agisse de partages en parties inversement proportionnelles à des nombres donnés, en parties directement proportionnelles à deux séries de nombres, ou en parties directement proportionnelles à une série de nombres et inversement proportionnelles à une seconde série, le raisonnement préliminaire, qui consiste à ramener chaque question à un partage en parties directement proportionnelles à des nombres entiers donnés, est le même dans les deux méthodes des proportions et de réduction à l'unité. Aussi nous semble-t-il suffisant d'avoir traité deux problèmes pour faire connaître la méthode de réduction à l'unité appliquée aux problèmes sur les partages proportionnels.

§ V. — Méthode des hypothèses.

240. La méthode des hypothèses consiste à faire, suivant le cas, une supposition ou deux successives relativement à l'inconnue ou aux inconnues du problème à résoudre, pour opérer ensuite sur ces nombres supposés comme si l'on avait à vérifier la solution de ce problème, et tirer finalement, de la comparaison des résultats ainsi obtenus aux données de même ordre de la question, la solution demandée.

Cette méthode prend aussi le nom de méthode de *fausse position*.

1. — Hypothèse simple.

241. Dans l'hypothèse simple, on suppose un nombre qui tient lieu provisoirement d'inconnue ou d'une des inconnues et l'on s'en sert pour vérifier s'il satisfait aux conditions du problème ; on a de la sorte quatre nombres : le résultat obtenu, celui qu'on devait obtenir, le nombre supposé et l'inconnue, qui sont les quatre termes d'une règle de trois simple, dont la solution est celle du problème proposé.

Lorsqu'il y a plusieurs inconnues dans le problème, on aboutit souvent à une question de partage proportionnel.

242. I. *Quel est le nombre qui augmenté de sa moitié et diminué de son tiers donne 56 ?*

Si le nombre demandé était l'unité, en l'augmentant de sa moitié pour diminuer ensuite le résultat de son tiers, on aurait

$$1 + \frac{1}{2} - \frac{1}{3} = \frac{7}{6}.$$

La question revient ainsi à la suivante, qui est une règle de trois simple :

L'unité augmentée de sa moitié et diminuée de son tiers donne $\frac{7}{6}$; *quel est le nombre qui donne dans les mêmes conditions 56 ?*

On tire de cet énoncé

$$\frac{x}{1} \quad \text{ou} \quad x = \frac{56}{\frac{7}{6}},$$

d'où

$$x = \frac{56 \times 6}{7} = 48.$$

On *vérifie* en ajoutant au nombre 48 sa moitié et en retranchant son tiers du résultat : on doit obtenir le nombre 56.

243. II. *Partager une somme de 834^{fr} entre quatre personnes de manière que la deuxième ait le double de la première, la troisième, la moitié de la somme des deux premières, et la quatrième, le tiers de la somme des précédentes.*

Supposons que la part de la première soit de 1^{fr}; celle de la deuxième sera de 2^{fr}; celle de la troisième, de $\dfrac{1^{fr} + 2^{fr}}{2} = 1^{fr},50$; et celle de la quatrième, de $\dfrac{1^{fr} + 2^{fr} + 1^{fr},50}{3} = 1^{fr},50$. La somme à partager est alors de $1^{fr} + 2^{fr} + 1^{fr},50 + 1^{fr},50 = 6^{fr}$. Pour calculer la première part à faire avec 834^{fr} — laquelle il suffira de multiplier successivement par 2, 1,5 et 1,5 pour avoir les autres — on est alors amené à la règle de trois suivante :

Dans une somme de 6^{fr} à partager entre quatre personnes, la part de la première personne est de 1^{fr}; quelle sera sa part dans une somme de 834^{fr} à répartir de la même manière?

On tire de cet énoncé

$$\frac{x}{1} \quad \text{ou} \quad x = \frac{834^{fr}}{6} = 139^{fr}.$$

La part de la première personne étant de 139^{fr}, celles des autres s'obtiendront, ainsi que nous l'avons déjà dit, en multipliant 139^{fr} successivement par les nombres 2, 1,5 et 1,5. On aura pour la deuxième part $\quad 139^{fr} \times 2 = 278^{fr}$, et pour chacune des deux autres

$$139^{fr} \times 1,5 = 208^{fr},5.$$

On *vérifie* en faisant la somme des quatre parts, qui doit être égale à 834^{fr}.

Remarque. — Après avoir trouvé les nombres 1, 2, 1,5 et 1,5, on peut résoudre la question par un partage de la somme de 834^{fr} en parties proportionnelles à ces nombres.

244. III. *Un terrain a été divisé en deux parties telles que les* $\dfrac{3}{7}$ *de la première représentent les* $\dfrac{2}{5}$ *de la seconde et qu'en retranchant les* $\dfrac{11}{20}$ *de la première des* $\dfrac{9}{13}$ *de la seconde on obtient 174 ares et demi pour différence. Calculer l'étendue de ce terrain et celle de chaque partie.*

Admettons pour un instant que la première partie soit de 1 are; la seconde partie, dont les $\dfrac{2}{5}$ représentent les $\dfrac{3}{7}$ de la première, sera les $\dfrac{5}{2}$ de $\dfrac{3}{7}$ d'are ou

$$\frac{3^a \times 5}{7 \times 2} = \frac{15}{14} \text{ d'are}.$$

En retranchant des $\dfrac{9}{13}$ de la seconde ou de

$$\frac{15^a}{14} \times \frac{9}{13} = \frac{135}{182} \text{ d'are},$$

les $\dfrac{11}{20}$ de la première ou

$$1^a \times \frac{11}{20} = \frac{11}{20} \text{ d'are},$$

on obtient

$$\frac{135^a}{182} - \frac{11^a}{20} = \frac{1350^a}{1820} - \frac{1001^a}{1820} = \frac{349}{1820} \text{ d'are}.$$

La question revient alors à la règle de trois simple :

Lorsque la première partie, sur deux, d'un terrain est représentée par 1 are, l'excès des $\dfrac{9}{13}$ *de la seconde sur les* $\dfrac{11}{20}$ *de la première est de* $\dfrac{349}{1820}$ *d'are ; que doit être la première partie pour que cet excès soit de* 174^a,5 ?

On tire de cet énoncé

$$\frac{x}{1} \text{ ou } x = \frac{174^a,5}{\dfrac{349}{1820}} = \frac{174^a,5 \times 1820}{349} = 910 \text{ ares}.$$

La seconde partie, devant être d'après les calculs précédents les $\dfrac{15}{14}$ de la première, sera de

$$910^a \times \frac{15}{14} = 975 \text{ ares},$$

et le terrain aura pour étendue totale

$$910^a + 975^a = 1885 \text{ ares}.$$

On *vérifie* en montrant que les deux nombres 910 et 975 satisfont aux deux conditions de la question.

2. — Hypothèse double.

245. Dans l'hypothèse double, on suppose un premier nombre sur lequel on opère comme pour vérifier s'il satisfait

aux conditions de l'énoncé du problème. Si le résultat concorde avec les données, le nombre supposé est le nombre demandé, mais il n'en est généralement pas ainsi. On fait alors une seconde hypothèse et l'on recommence sur ce nouveau nombre les mêmes opérations que sur le premier. Le résultat obtenu s'éloigne ou se rapproche, par rapport au précédent, de celui qu'il s'agit de trouver, et lorsqu'il arrive que la variation de ces différences est proportionnelle à celle des valeurs supposées de l'inconnue, la méthode conduit à une solution rigoureusement exacte, parce qu'elle amène à une règle de trois bien définie. Dans le cas contraire, elle n'est qu'une méthode d'approximation qui peut être employée cependant avec avantage dans un certain nombre de questions.

Dans ce qui va suivre nous n'examinerons que des problèmes qui se résolvent exactement par la méthode.

246. I. *Comment payer* 76^{fr} *avec des pièces de* 5^{fr} *et de* 2^{fr}, *en n'employant que* 20 *pièces en tout* ?

1re *hypothèse.* — Supposons que toutes les pièces soient de 2^{fr} (on pourrait tout aussi bien les supposer de 5^{fr}); la somme formée sera de 2$^{fr} \times 20 = 40^{fr}$. Entre la somme donnée 76^{fr} et 40^{fr}, il y a une différence qui représente une erreur en moins de 76$^{fr} - 40^{fr} = 36^{fr}$.

2e *hypothèse.* — Supposons qu'on substitue une pièce de 5^{fr} à une pièce de 2^{fr}; le nombre total des pièces sera le même, mais la somme formée sera augmentée de 5$^{fr} - 2^{fr} = 3^{fr}$ et l'erreur en moins diminuée de pareille somme.

Dès lors, si pour diminuer l'erreur de 3^{fr}, il faut substituer une pièce de 5^{fr} à une pièce de 2^{fr}, pour diminuer l'erreur de 36^{fr}, c'est-à-dire pour l'annuler, il suffira de faire autant de substitutions pareilles que 3^{fr} sont contenus de fois dans 36^{fr}, soit $\dfrac{36}{3} = 12$ substitutions. C'est, comme on le voit, la résolution d'une règle de trois simple qui suit les deux hypothèses.

Pour effectuer le paiement demandé, il faudra donc 12 pièces de 5^{fr} et 20 − 12 = 8 de 2^{fr}.

On *vérifie* en montrant que 12 pièces de 5^{fr} et 8 de 2^{fr} donnent une somme de 76^{fr}.

247. II. *Dans une société nombreuse, il y avait primitivement trois fois autant d'hommes que de femmes; après le départ de 8 couples, le nombre des hommes devint le quintuple de celui des femmes. Combien y avait-il d'abord d'hommes et de femmes ?*

1re hypothèse. — Supposons qu'il y ait eu d'abord 9 femmes (un nombre supérieur à 8 pour pouvoir faire disparaître 8 couples), le nombre d'hommes aurait été de $9 \times 3 = 27$; après le départ de 8 couples, il serait resté $9 - 8 = 1$ femme et $27 - 8 = 19$ hommes. Or, le quintuple des femmes est de $1 \times 5 = 5$, et 19 le dépasse de $19 - 5 = 14$. L'erreur en plus est donc de 14 unités.

2e hypothèse. — Supposons que le nombre de femmes ait été d'abord de 10, le nombre d'hommes aurait été de $10 \times 3 = 30$; la disparition de 8 couples aurait ramené les femmes au nombre de $10 - 8 = 2$ et les hommes à celui de $30 - 8 = 22$. Ce dernier nombre est supérieur au quintuple des femmes, $2 \times 5 = 10$, de $22 - 10 = 12$. L'erreur en plus est ici de 12 unités, inférieure de $12 - 10 = 2$ unités à la précédente.

Si, pour diminuer l'erreur de deux unités, il faut augmenter le premier nombre supposé de femmes d'une unité, pour diminuer l'erreur de 14 unités, c'est-à-dire pour l'annuler, il faudra augmenter le premier nombre supposé de femmes d'autant d'unités que 2 est contenu de fois dans 14, soit de $\frac{14}{2} = 7$ unités, ce qui donne $9 + 7 = 16$.

Il y avait donc 16 femmes et 3 fois plus d'hommes ou $16 \times 3 = 48$.

On *vérifie* en montrant qu'après le départ de 8 couples, il reste 5 fois plus d'hommes que de femmes.

248. III. *Pierre et Jean ont chacun un certain nombre de billes; Pierre dit à Jean : si tu me donnais 5 de tes billes, j'en aurais trois fois plus que toi, mais si je t'en donnais 5 des miennes, tu en aurais autant que moi. Combien ont-ils de billes chacun ?*

1re hypothèse. — Supposons que Pierre ait 31 billes (nous choisissons un nombre qui augmenté de 5 soit divisible par 3); Jean en aura un nombre tel qu'en en donnant 5 à Pierre, celui-ci en ait 3 fois plus que lui, c'est-à-dire $\dfrac{31+5}{3}+5 = 17$. Si Pierre donne 5 de ses billes à Jean, il lui en restera $31-5 = 26$, et Jean en aura $17+5 = 22$. Ces deux nombres devraient être égaux, d'après les données de la question ; l'erreur en moins pour le second est de $26-22 = 4$.

2° hypothèse. — Supposons que Pierre ait 28 billes (3 de moins que dans la première hypothèse pour que ce nombre augmenté de 5 soit aussi divisible par 3) ; Jean devra en avoir, pour que la première condition soit satisfaite, un nombre égal à $\dfrac{28+5}{3}+5 = 16$. Si Pierre donne 5 de ses billes à Jean, il lui en restera $28-5 = 23$, et son camarade en aura $16+5 = 21$. Ces deux nombres devraient être égaux ; l'erreur en moins pour le second est de $23-21 = 2$.

Il résulte de ces deux hypothèses qu'en diminuant le nombre de billes de Pierre de 3 unités, la première erreur a diminué de $4-2$ ou 2 unités ; pour la diminuer de 4 unités, ou l'annuler, il faudra retrancher autant de fois 3 billes à celles que nous avons supposées primitivement à Pierre que 2 est contenu de fois dans 4, c'est-à-dire $\dfrac{4}{2}$ ou 2 fois, ce qui donne $3 \times 2 = 6$ billes à retrancher.

Pierre a donc un nombre de billes égal à $31-6 = 25$ et Jean en a $\dfrac{25+5}{3}+5 = 15$.

On *vérifie* en montrant que 25 diminué de 5 devient égal à 15 augmenté de 5.

249. **IV.** *Une personne en mourant lègue sa fortune à ses héritiers de la manière suivante : elle donne 1000^{fr} et le 10° du reste à l'un d'eux, 2000^{fr} et le 10° du reste à un deuxième, 3000^{fr} et le 10° du reste à un troisième, et ainsi de suite jusqu'au dernier qui recueille le reste. Sachant que toutes les parts sont ainsi égales, calculer la valeur de la fortune totale, le nombre des héritiers et la part de chacun.*

1re hypothèse. — Supposons que la fortune totale soit de 100000^{fr}. La part du premier héritier servi sera de

$$1000^{fr} + \frac{100000^{fr} - 1000^{fr}}{10} = 10900^{fr} ;$$

celle du deuxième, de

$$2000^{fr} + \frac{100000^{fr} - 10900^{fr} - 2000^{fr}}{10} = 10710^{fr}.$$

Cette dernière somme devrait être égale à la première ; il y a donc là une erreur en moins de $10900^{fr} - 10710^{fr} = 190^{fr}$.

2e hypothèse. — Supposons que la fortune totale soit de 90000^{fr}. La part du premier héritier servi sera de

$$1000^{fr} + \frac{90000^{fr} - 1000^{fr}}{10} = 9900^{fr} ;$$

celle du deuxième, de

$$2000^{fr} + \frac{90000^{fr} - 9900^{fr} - 2000^{fr}}{10} = 9810^{fr}.$$

Cette dernière somme, qui devrait être égale à 9900^{fr}, en diffère de $9900^{fr} - 9810^{fr} = 90^{fr}$ et accuse ainsi une erreur en moins de pareille somme.

En diminuant de $100000^{fr} - 90000^{fr} = 10000^{fr}$ le nombre supposé pour la fortune totale, l'erreur en moins sur la part du deuxième a diminué de $190^{fr} - 90^{fr} = 100^{fr}$;   pour diminuer cette erreur de 190^{fr}, ou l'annuler, il faudra retrancher de la somme de 100000^{fr}, primitivement supposée pour représenter la fortune totale demandée, autant de fois 10000^{fr} que 100^{fr} sont contenus de fois dans 190^{fr}, c'est-à-dire $\frac{190}{100}$ ou $\frac{19}{10}$ de fois, ce qui donne à retrancher $\frac{10000^{fr} \times 19}{10} = 19000^{fr}$.

La fortune totale est ainsi de $100000^{fr} - 19000^{fr} = 81000^{fr}$; la part du premier héritier servi est de

$$1000^{fr} + \frac{81000^{fr} - 1000^{fr}}{10} = 9000^{fr} ;$$

et comme toutes les parts sont égales, le nombre des héritiers est de $\frac{81000}{9000} = 9$.

On *vérifie* en montrant que, par le partage d'après les conditions de l'énoncé, on obtient successivement 9 parts égales à la première, et que le total donne 81 000^{fr}.

250. Par les exemples qui précèdent, on voit que, dans une question, l'erreur à laquelle conduit la première hypothèse peut être en plus ou en moins ; cela dépend du choix du premier nombre supposé. Mais quel que soit le sens de l'erreur, pour éviter des complications, il convient que la seconde hypothèse donne lieu à une erreur de même nature, et l'on arrive souvent à ce résultat en prenant comme point de départ de la seconde hypothèse un nombre qui ne soit pas trop différent de celui de la première.

Montrons, toutefois, comment il faudrait s'y prendre pour résoudre un problème dans lequel les deux hypothèses conduiraient à des erreurs de sens contraires. Pour cela, reprenons un des problèmes précédents, le n° IV, par exemple.

1ʳᵉ hypothèse. — Supposons encore ici que la fortune totale soit de 100 000^{fr}. Nous avons vu qu'en raisonnant sur cette somme, on est conduit, pour la part du deuxième héritier servi, à une erreur en *moins* de 190^{fr}.

2ᵉ hypothèse. — Supposons que cette fortune totale soit de 80 000^{fr}. La part du premier héritier servi sera de

$$1\,000^{fr} + \frac{80\,000^{fr} - 1\,000^{fr}}{10} = 8900^{fr},$$

et celle du deuxième, de

$$2000^{fr} + \frac{80\,000^{fr} - 8900^{fr} - 2000^{fr}}{10} = 8910^{fr}.$$

Cette dernière somme, qui devrait être égale à la précédente, lui est supérieure de $8910^{fr} - 8900^{fr} = 10^{fr}$; il en résulte donc une erreur en *plus* de 10^{fr}.

La différence des erreurs est alors de $190^{fr} + 10^{fr} = 200^{fr}$. Les deux nombres 10 et 190 se comptent, en effet, non dans le même sens, comme dans les exemples précédents, à partir de l'erreur nulle, mais de part et d'autre de cette erreur nulle, comme deux longueurs OA et OB parcourues par deux mobiles sur une même droite, à partir d'une origine commune O, et en sens inverse l'un de l'autre, de façon que la distance finale qui les sépare est égale à la somme AB des deux longueurs parcourues.

L'erreur se trouve ainsi diminuée de 200^{fr} par une diminution de $100\,000^{fr} - 80\,000^{fr} = 20\,000^{fr}$ sur le premier nombre supposé comme fortune totale; pour la diminuer de 190^{fr}, ou l'annuler, il faudra retrancher de $100\,000^{fr}$ une somme qui soit par rapport à $20\,000^{fr}$ ce que le nombre 190 est au nombre 200. Cette somme x se tire de la proportion

$$\frac{x}{20\,000^{fr}} = \frac{190}{200};$$

on a
$$x = \frac{20\,000^{fr} \times 190}{200} = 19\,000^{fr}.$$

La fortune totale est ainsi de $100\,000^{fr} - 19\,000^{fr} = 81\,000^{fr}$. Cette somme est bien celle que nous avons précédemment trouvée.

251. Dans la résolution des problèmes par la méthode de la double hypothèse, il faut toujours, avant d'opérer, s'assurer de la proportionnalité de la variation de l'erreur à celle de l'inconnue que l'on prend comme point de départ des hypothèses.

Cette vérification ne se fait d'ordinaire d'une manière exacte et sûre que par des procédés généraux qui se rattachent surtout à l'Algèbre ; cependant elle peut avoir lieu arithmétiquement, en faisant trois hypothèses qui portent sur trois nombras équidifférents : les erreurs correspondantes doivent être aussi équidifférentes si la proportionnalité existe.

Effectuons cette vérification par les deux méthodes pour le problème III, par exemple.

1° Soit A le nombre de billes de Pierre, dans la première hypothèse ; celui des billes de Jean devant être, après une diminution de 5 unités, le tiers de l'autre augmenté du même nombre 5, sera de $\dfrac{A+5}{3} + 5$. En retranchant 5 unités de A pour les ajouter à $\dfrac{A+5}{3} + 5$, les deux nombres résultants,

$A - 5$ et $\dfrac{A + 5}{3} + 10,$ devraient être égaux pour que A exprimât une des inconnues du problème ; en général ils ne le sont pas et présentent une différence qui a ici pour expression $A - 5 - \left(\dfrac{A + 5}{3} + 10\right) = \dfrac{2}{3} A - \dfrac{50}{3}$: c'est l'erreur commise.

Si B est le nombre de billes de Pierre dans la seconde hypothèse, par un calcul analogue, on obtiendra pour la seconde erreur $\dfrac{2}{3} B - \dfrac{50}{3}$.

En retranchant ces deux erreurs, la seconde de la première, le résultat $\dfrac{2}{3}(A - B)$ représente la variation de l'erreur lorsqu'on passe de l'hypothèse A à l'hypothèse B. Or A — B représente de son côté la variation de l'inconnue dans les mêmes conditions : il y a donc proportionnalité entre les variations de l'erreur et les variations correspondantes de l'inconnue, ce qui prouve que la méthode de la double hypothèse est applicable à la résolution du problème III. Nous retrouvons de plus, sous une forme générale, ce que nous avait donné avec des chiffres la solution précédente du problème, que la variation de l'erreur est les $\dfrac{2}{3}$ de celle de l'inconnue.

2° Supposons successivement que Pierre ait 34, 31 et 28 billes ; en opérant sur chacun de ces nombres, on obtiendra les résultats suivants :

1re supposition : 34		1re erreur : 6	
	Différence : 3		Différence : 2
2° — 31		2° — 4	
	— 3		— 2
3° — 28		3° — 2	

L'équidifférence des suppositions entraînant celle des erreurs, la proportionnalité recherchée est démontrée.

252. Il résulte de ce qui précède qu'il est indifférent de prendre, dans la seconde hypothèse, un nombre plus petit ou plus grand que celui de la première ; il suffit de remarquer si la seconde erreur est plus petite ou plus grande que la première et d'établir en conséquence la règle de trois simple qui doit suivre et dont l'inconnue est celle de la question à résoudre.

Dans le problème III, en effet, si après la première hypothèse, qui consiste à choisir le nombre 31, on avait pris pour la seconde 34 au lieu de 28, la seconde erreur eût été de 6 unités et la règle de trois simple à laquelle on eût été conduit se serait ainsi formulée :

Une différence en moins de (34 — 31) *ou 3 unités, de la seconde à la première hypothèse, donne une diminution de* (6 — 4) *ou 2 unités dans les erreurs correspondantes ; quelle devra être la différence en moins de la seconde hypothèse au nombre cherché pour que l'erreur soit diminuée de 6 unités, ou annulée ?*

On en aurait tiré la proportion

$$\frac{x}{3} = \frac{6}{2},$$

d'où
$$x = \frac{6 \times 3}{2} = 9,$$

et l'on aurait ainsi obtenu le même nombre de billes de Pierre, 34 — 9 = 25.

CHAPITRE III

RÉSOLUTION DE PROBLÈMES

---

253. Il n'y a pas de règle générale qui permette de découvrir immédiatement la nature et l'ordre des opérations auxquelles peut donner lieu la résolution d'un problème d'Arithmétique ; c'est affaire surtout de pratique et d'expérience.

Lorsqu'on est en présence d'une question de ce genre, il convient tout d'abord de chercher à quelle catégorie de problèmes elle appartient, à quelle théorie générale ou particulière elle se rattache. Il faut ensuite voir si elle peut être résolue par l'application immédiate d'une ou d'un petit nombre d'opérations fondamentales ; dans le cas contraire, par un examen attentif des conditions de l'énoncé, on établit la série de questions de plus en plus simples qui doivent lui être successivement substituées et l'on applique à la dernière la méthode de résolution qui lui convient le mieux parmi celles qui viennent d'être exposées, à moins que l'énoncé de cette dernière n'indique les opérations à effectuer.

C'est la marche que nous suivrons dans l'étude des problèmes que nous allons passer en revue.

§ I. — Numération et opérations fondamentales.

254. I. *Pour mettre un objet d'art en loterie, on fait un certain nombre de billets. A 5ᶠʳ le billet, la somme réalisée serait inférieure de 40ᶠʳ à la valeur de l'objet ; mais à 6ᶠʳ le billet, la somme réalisée serait supérieure de 70ᶠʳ à cette valeur de l'objet. Combien a-t-on fait de billets et quelle est la valeur de l'objet ?*

La différence entre les sommes réalisées en vendant le billet d'une part 5^{fr}, de l'autre 6^{fr}, est égale à $40^{fr} + 70^{fr} = 110^{fr}$; et cette différence représente l'accroissement de la première somme lorsque le prix du billet est augmenté de 1^{fr} ; elle est donc le produit de 1^{fr} par le nombre de billets, lequel se trouve être ainsi de $\dfrac{110}{1} = 110$.

Le prix de l'objet d'art est dès lors de $5^{fr} \times 110 + 40^{fr} = 590^{fr}$.

On *vérifie* en montrant qu'à raison de 6^{fr} l'un les 110 billets donnent un résultat supérieur de 70^{fr} à 590^{fr}.

255. II. *Trouver trois nombres tels que la somme du premier et du deuxième soit égale à 36, que la somme du deuxième et du troisième soit égale à 54, et que la somme du premier et du troisième soit égale à 48.*

Si nous désignons ces trois nombres, le premier par x, le deuxième par y et le troisième par z, nous pourrons écrire

$$x + y = 36,$$
$$y + z = 54,$$
$$z + x = 48.$$

En additionnant membre à membre ces trois égalités, il viendra

$$(x + y + z) \times 2 = 138,$$

d'où
$$x + y + z = \frac{138}{2} = 69.$$

La question est ramenée à la suivante :

Trouver trois nombres dont on donne la somme totale et celles, par exemple, du deuxième et du troisième d'une part, du premier et du troisième, de l'autre.

Si les trois nombres valent au total 69, le premier sera égal à 69 moins la somme 54 du deuxième et du troisième, ou à

$$69 - 54 = 15 ;$$

le deuxième, à 69 moins la somme 48 du troisième et du premier, ou à

$$69 - 48 = 21 ;$$

et le troisième, à 69 moins la somme des deux nombres trou-

vés, ou à
$$69 - (15 + 21) = 33.$$

On *vérifie* ces résultats en montrant que pris deux à deux comme le porte l'énoncé, ils reproduisent les nombres 36, 54 et 48.

256. III. *Trouver trois nombres dont la somme soit égale à 145 et tels que le premier divisé par le deuxième donne 3 pour quotient et 4 pour reste, et que le troisième divisé par le deuxième donne 4 pour quotient et 5 pour reste.*

Les trois nombres étant désignés, le premier par x, le deuxième par y, et le troisième par z, si l'on exprime la valeur de chacun d'eux par rapport à celle du deuxième, nous aurons le tableau suivant :
$$x = 3y + 4,$$
$$y = y,$$
$$z = 4y + 5 ;$$

en additionnant membre à membre ces trois égalités, il vient
$$x + y + z = 8y + 9,$$

et comme la somme des trois nombres est égale à 145, on peut écrire
$$145 = 8y + 9.$$

Le problème est ramené à cet autre :
Trouver un nombre dont le produit par 8 augmenté de 9 donne 145 pour résultat.

Ce nombre est égal à
$$\frac{145 - 9}{8} = 17.$$

C'est le deuxième nombre demandé.
Le premier est dès lors égal à
$$17 \times 3 + 4 = 55,$$

et le troisième, à
$$17 \times 4 + 5 = 73.$$

On *vérifie* ces trois nombres en montrant que leur somme est égale à 145.

257. IV. *Deux ouvriers travaillent ensemble; le premier, qui* *gagne 3^{fr} par jour de plus que le second, travaille pendant 31 jours et reçoit 38^{fr} de plus que le second, qui a travaillé pendant 42 jours. Quel est le gain journalier de chacun de ces ouvriers ?*

Une hypothèse nous servira de point de départ. Si le deuxième ouvrier gagnait autant que le premier, il recevrait 3$^{fr} \times 42 = 126^{fr}$ de plus qu'il ne reçoit, soit 126$^{fr} - 38^{fr} = 88^{fr}$ de plus que ne reçoit le premier, et ces 88^{fr} représenteraient le salaire du nombre de jours qu'il a fournis de plus que le premier, c'est-à-dire de 42$^j - 31^j = 11$ jours. Le prix de sa journée serait ainsi de $\dfrac{88^{fr}}{11} = 8^{fr}$. Mais d'après l'hypothèse faite, ce prix de 8^{fr} est celui de la journée du premier ouvrier ; celui de la journée du deuxième, inférieur de 3^{fr}, est donc de 8$^{fr} - 3^{fr} = 5^{fr}$.

On *vérifie* en montrant que 31 jours à 8^{fr} donnent une somme qui surpasse de 38^{fr} celle que donnent 42 jours à 5^{fr}.

258. V. *Les roues de devant d'une voiture ont fait 2600 tours de plus que les roues de derrière ; trouver le chemin parcouru par la voiture, sachant que le tour d'une roue de devant mesure 2^m,10 et celui d'une roue de derrière 3^m,40.*

Les 2600 tours en plus d'une roue de devant, qui donnent une longueur de 2^m,10 $\times$ 2600 = 5460^m, représentent ce qu'une roue de derrière, dans le nombre de tours qu'elle a effectués, a développé de plus qu'une roue de devant avec ce même nombre de tours. Cette longueur de 5460^m est donc le produit de la différence des contours des roues par le nombre de tours faits par la plus grande ; ce nombre de tours est ainsi de

$$\frac{5460}{3,40 - 2,10} = 4200.$$

Il s'ensuit que le chemin parcouru par la voiture est de

$$3^m,40 \times 4200 = 14\,280 \text{ mètres.}$$

On *vérifie* ce résultat en cherchant combien le contour de chaque roue est contenu de fois dans ce nombre, et la différence des deux quotients doit reproduire le nombre 2600.

259. VI. *Un négociant achète du vin de deux qualités diffé-rentes, une première fois* 50^{Hl} *de la première qualité et* 75 *de la seconde pour une somme de* 4250^{fr} ; *une seconde fois* 80^{Hl} *de la première qualité et* 45 *de la seconde pour une somme de* 4550^{fr}. *Quel est le prix de l'hectolitre de chaque espèce ?*

Si le nombre d'hectolitres de l'une des deux qualités, de la première, par exemple, était le même dans les deux achats, la différence des sommes payées dans les deux cas représen-terait la valeur de la différence des quantités de vin de seconde qualité achetées dans l'un et l'autre cas ; la division de la première différence par la seconde donnerait alors le prix de l'hectolitre de la seconde qualité.

Cela dit, considérons un commun multiple de 50 et de 80, de préférence le plus petit, 400, et cherchons les quotients de ce nombre par 50 et par 80 ; ils sont respectivement 8 et 5. On conçoit qu'en multipliant par 8 les quantités de vins qui forment le premier achat, on aurait à payer une somme 8 fois plus grande que la première, et qu'en multipliant par 5 les quantités de vins qui forment le second achat on aurait à payer une somme 5 fois plus grande que la seconde ; mais à ce compte on aurait une même quantité de vin de la première qualité dans les deux achats, $50^{Hl} \times 8$ dans le premier et $80^{Hl} \times 5$ dans le second, soit 400^{Hl} dans l'un et l'autre cas. De sorte que la différence des valeurs de ces deux achats, $4250^{fr} \times 8 = 34000^{fr}$, dans le premier cas, et $4550^{fr} \times 5 = 22750^{fr}$ dans le second, ou $34000^{fr} - 22750^{fr} = 11250^{fr}$, représenterait la différence des quantités de vin de seconde qualité dans ces deux achats, $75^{Hl} \times 8 = 600^{Hl}$ dans le premier cas, et $45^{Hl} \times 5 = 325^{Hl}$ dans le second, ou $600^{Hl} - 225^{Hl} = 375^{Hl}$.

La question revient alors à la suivante :

Quel est le prix d'un hectolitre de vin sachant que 375^{Hl} *valent* 11250^{fr} ?

Ce prix d'hectolitre, qui correspond à la seconde qualité, est ainsi de

$$\frac{11250^{fr}}{375} = 30^{fr}.$$

Celui de l'hectolitre de la première qualité s'obtient en raisonnant ainsi : les 50^{Hl} de vin de la première qualité valent 4250^{fr} moins la valeur de 75^{Hl} de la seconde, ou 30$^{fr} \times 75 = 2250^{fr}$, c'est-à-dire 4250$^{fr} - 2250^{fr} = 2000^{fr}$; le prix d'un hectolitre est donc de

$$\frac{2000^{fr}}{50} = 40^{fr}.$$

La *vérification* se fait en montrant que les deux nombres 30 et 40 satisfont aux deux conditions données du problème.

REMARQUE. — Si, dans les opérations précédentes, après avoir obtenu un même nombre d'hectolitres de vin de première qualité dans les deux achats supposés, la plus grande somme ne correspondait pas au plus grand nombre d'hectolitres de la seconde qualité, l'énoncé de la question contiendrait une absurdité qui rendrait évidemment le problème insoluble.

260. VII. *Un nombre compris entre 10 et 100, dont la somme des chiffres est 9, augmente de 45 unités lorsqu'on intervertit l'ordre de ses chiffres. Quel est ce nombre ?*

Tout nombre étant égal à la somme des valeurs relatives de ses chiffres, 45 unités représentent, pour le nombre inconnu, le décuple de la valeur absolue du chiffre des unités, augmenté de la valeur absolue du chiffre des dizaines, moins le décuple de la valeur absolue du chiffre des dizaines, augmenté de la valeur absolue du chiffre des unités, en d'autres termes, l'excès de 9 fois la valeur absolue du chiffre des unités sur 9 fois la valeur absolue du chiffre des dizaines ; ce qui revient à dire que 9 fois la différence entre les valeurs absolues des deux chiffres du nombre — celui des unités devant être le plus grand des deux — valent 45 unités. Cette différence est donc de

$$\frac{45}{9} = 5.$$

Le problème est ainsi ramené à cet autre :

Trouver deux chiffres dont la somme est 9 et la différence 5.

Ces deux chiffres, dont le plus grand représente les unités du nombre cherché, et le plus petit les dizaines, sont, le premier

$$\frac{9+5}{2} = 7,$$

et l'autre

$$\frac{9-5}{2} = 2.$$

Le nombre demandé est ainsi 27.

On *vérifie* ce résultat en montrant que la somme des valeurs absolues de ses deux chiffres est 9 et que le nombre 72 obtenu en intervertissant l'ordre de ces mêmes chiffres surpasse 27 de 45 unités.

Remarque. — Ce problème peut être aussi résolu très simplement par la méthode de la double hypothèse.

§ II. — Propriétés des nombres.

261. I. *Quelle est la plus haute puissance d'un nombre premier tel que 7 qui divise le produit des 1 000 premiers nombres entiers?*

Parmi les 1000 premiers nombres entiers, il y en a autant de divisibles par 7 que 7 est contenu de fois dans 1000 : soit 142 nombres entiers. Mais parmi ces nombres il en est de divisibles par 7^2 ou 49, et autant que 49 est contenu de fois dans 1000 : soit 20 de ces nombres. Enfin, parmi ces 20 derniers nombres il en est de divisibles par 7^3 ou 343, et autant que 343 est contenu de fois dans 1000 : soit 2 de ces derniers nombres. En résumé, parmi les 1000 premiers nombres entiers, 2 sont divisibles par 7^3, $20-2$ ou 18 sont divisibles par 7^2, et $142-20$ ou 122 sont divisibles par 7. Le nombre de facteurs 7 contenu dans le produit proposé est ainsi de

$$3\times 2 + 2\times 18 + 122 = 164.$$

C'est dès lors ce nombre 164 qui représente l'exposant de la plus haute puissance de 7 cherchée.

262. II. *Un marchand ayant 4200 litres de cognac à 3fr,60 le litre, 1944 litres d'une deuxième qualité à 2fr,80 et 3024 litres d'une troisième qualité à 2fr,40 voudrait vendre la totalité de ces trois qualités en fûts d'égale valeur, mais aussi grands que pos-*

sible. Quelle devra être la valeur commune des fûts, ainsi que la capacité de chacun d'eux et leur nombre pour chaque espèce?

Les trois espèces de cognac ont respectivement pour valeur

$$3^{fr},60 \times 4\,200 = 15\,120^{fr} \text{ ou } 151\,200 \text{ décimes,}$$

$$2^{fr},80 \times 1\,944 = 5\,443^{fr},20 \text{ ou } 54\,432 \quad —$$

$$2^{fr},40 \times 3\,024 = 7\,257^{fr},60 \text{ ou } 72\,576 \quad —$$

Nous réduisons en décimes pour avoir des nombres entiers.

La plus grande valeur commune des fûts pour les trois qualités doit être contenue un nombre exact de fois dans chacune des trois sommes précédentes ; par conséquent, elle est exprimée en décimes, par le plus grand commun diviseur des trois nombres qui les représentent. Comme on a

$$151\,200 = 2^5 \times 3^3 \times 5^2 \times 7,$$

$$54\,432 = 2^5 \times 3^5 \times 7,$$

$$72\,576 = 2^7 \times 3^4 \times 7,$$

ce plus grand commun diviseur est égal à

$$2^5 \times 3^3 \times 7 = 6\,048.$$

La valeur commune cherchée des fûts est ainsi de **604^{fr},80.**
La contenance des fûts est dès lors, en litres,

pour la première qualité, de $\dfrac{604,80}{3,60} = 168,$

— la deuxième — de $\dfrac{604,80}{2,80} = 216,$

— la troisième — de $\dfrac{604,80}{2,40} = 252.$

et le nombre de fûts,

pour la première qualité est de $\dfrac{4\,200}{168} = 25,$

— la deuxième — de $\dfrac{1\,944}{216} = 9,$

— la troisième — de $\dfrac{3\,024}{252} = 12.$

263. **III.** *Trouver deux nombres connaissant leur rapport et leur plus grand commun diviseur.*

Soient $\dfrac{m}{n}$ le rapport et D le plus grand commun diviseur de deux nombres inconnus que nous représenterons par A et B.

Si a et b sont les quotients respectifs de A et de B par D,

on a
$$A = D \times a$$

et
$$B = D \times b,$$

d'où l'on tire
$$\frac{A}{B} = \frac{a}{b};$$

mais comme on a aussi, par hypothèse,
$$\frac{A}{B} = \frac{m}{n},$$

il vient
$$\frac{a}{b} = \frac{m}{n}.$$

Or, si le rapport $\dfrac{m}{n}$ est réduit à sa plus simple expression, ce qu'on peut toujours obtenir dans le cas contraire, comme a et b sont des nombres premiers entre eux, on a
$$a = m \qquad \text{et} \qquad b = n,$$

d'où
$$A = D \times m$$

et
$$B = D \times n.$$

264. IV. *Combien y a-t-il au-dessous de 100000 de nombres divisibles à la fois par 225 et 315 ?*

Tout nombre divisible à la fois par 225 et 315 est divisible par le plus petit commun multiple de ces nombres.

Comme on a
$$225 = 3^2 \times 5^2$$

et
$$315 = 3^2 \times 5 \times 7,$$

le plus petit commun multiple des deux nombres proposés est
$$3^2 \times 5^2 \times 7 = 1575.$$

Le problème est ainsi ramené au suivant :

Calculer le nombre entier de fois que 1575 est contenu dans 100000.

En divisant 100000 par 1575, on obtient 63 pour quotient entier et 775 pour reste.

La réponse demandée est donc 63.

265. V. *Trois bateaux à vapeur partent pour la même destina-tion, le premier tous les 5 jours, le deuxième tous les 8 jours et le troisième tous les 10 jours. Ces bateaux sont partis ensemble un lundi ; au bout de combien de temps partiront-ils de nouveau le même jour ?*

Le temps exprimé en jours après lequel les trois bateaux repartiront ensemble doit être un multiple de 5, de 8 et de 10, et pour que ce départ ait lieu un lundi, ce même temps doit être en outre un multiple du nombre de jours compris entre deux lundis consécutifs, c'est-à-dire 7.

La question est donc ramenée à la *recherche du plus petit commun multiple des quatre nombres* 5, 8, 10 *et* 7.

On obtient comme solution 280 jours.

266. VI. *Trouver le plus petit nombre qui divisé par 2, par 3 par 4,..., par 11, donne les restes respectifs 1, 2, 3,..., 10.*

Soit N ce nombre. On doit avoir, en premier lieu,

$$N = \text{mult. de } 2 + 1,$$

ou, en ajoutant 1 aux deux membres de cette égalité,

$$N + 1 = \text{mult. de } 2 + 2,$$
$$= \text{mult. de } 2.$$

En raisonnant de la même manière pour les autres nombres diviseurs, on sera conduit aux égalités

$$N + 1 = \text{mult. de } 3,$$
$$N + 1 = \text{mult. de } 4,$$
$$\cdots\cdots\cdots\cdots\cdots\cdots$$
$$N + 1 = \text{mult. de } 11.$$

La question revient donc à celle-ci :

Trouver un nombre $N + 1$ *qui soit le plus petit commun multiple des nombres* 2, 3, 4,..., 11.

Ce plus petit commun multiple est 27720.

On a donc
$$N + 1 = 27720,$$

d'où, en retranchant une unité de chacun des membres de cette égalité,
$$N = 27719.$$

267. VII. *Trouver deux nombres connaissant leur somme et leur plus petit commun multiple.*

Soient les deux nombres A et B et leur plus petit commun multiple M. En désignant par D leur plus grand commun diviseur et par a et b les quotients de leur division par D, on a

$$M = \frac{A \times B}{D} = a \times b \times D$$

et
$$A + B = (a + b) \times D.$$

Or de ce que a et b sont premiers entre eux, il résulte que $a \times b$ et $a + b$ sont aussi deux nombres premiers entre eux, car si un nombre premier n est diviseur du produit $a \times b$, il ne peut être qu'un facteur de a ou de b et non un facteur de l'un et de l'autre, d'où il suit qu'il ne divise pas leur somme $a + b$.

La conséquence à tirer de là est que D est aussi le plus grand commun diviseur de M et de A + B, les deux quantités données.

Cela établi, si l'on calcule ce plus grand commun diviseur D de M et de A + B, qui est aussi celui de A et de B, et qu'on multiplie M par ce plus grand commun diviseur, on aura, d'après la première des relations précédentes,

$$M \times D = A \times B.$$

C'est-à-dire que le résultat obtenu donnera le produit des deux nombres inconnus.

Le problème est donc ramené au suivant :

Trouver deux nombres dont on donne la somme et le produit.

On verra plus loin (280) comment on résout ce problème.

268. VIII. *Etant donné un nombre entier quelconque, trouver combien il y a de nombres premiers avec lui parmi les nombres entiers qui lui sont inférieurs.*

Soit $N = a^m.b^n.c^p.d^q. \ldots$ le nombre entier donné. On conçoit que si de la suite naturelle des nombres entiers

(1) $1, 2, 3, 4, \ldots, N,$

on retranche d'abord tous les multiples de a, puis tous les multiples de b, puis tous les multiples de c, puis tous les multiples de $d, \ldots$ les nombres restants seront nécessairement premiers avec N, tous les autres ayant avec lui des diviseurs communs.

Or, les multiples de a contenus dans cette suite sont

$$a, \quad 2a, \quad 3a, \quad ..., \quad \frac{N}{a}\,a,$$

et sont par conséquent au nombre de $\dfrac{N}{a}$. En les retranchant de la suite donnée, il restera un nombre de termes égal à

$$N - \frac{N}{a} \qquad \text{ou} \qquad N\left(1 - \frac{1}{a}\right).$$

Les multiples de b contenus dans la suite (1) sont

$$(2) \qquad\qquad b, \quad 2b, \quad 3b, \quad ..., \quad \frac{N}{b}\,b,$$

et leur nombre est $\dfrac{N}{b}$. Mais parmi ces multiples de b, il en est de divisibles par a et qui ont été supprimés. Ce sont ceux, évidemment, qui résultent de la multiplication par b des multiples de a contenus dans la suite

$$1, \quad 2, \quad 3, \quad ..., \quad \frac{N}{b},$$

et en raisonnant comme précédemment, on trouve que ces multiples de a dans cette dernière suite sont au nombre de $\dfrac{N}{b \times a}$. Dans la suite (2) des multiples de b, il y a donc $\dfrac{N}{b \times a}$ multiples de a. Le nombre de multiples de b à retrancher de la suite (1) est donc de

$$\frac{N}{b} - \frac{N}{b \times a} \qquad \text{ou} \qquad \frac{N}{b}\left(1 - \frac{1}{a}\right).$$

Après cette deuxième soustraction, la suite (1) ne contiendra plus qu'un nombre de termes égal à

$$N\left(1 - \frac{1}{a}\right) - \frac{N}{b}\left(1 - \frac{1}{a}\right) \qquad \text{ou} \qquad N\left(1 - \frac{1}{a}\right)\left(1 - \frac{1}{b}\right).$$

On démontre, par un raisonnement semblable, qu'après avoir retranché les multiples de c le nombre des termes de la suite (1) a pour expression

$$N\left(1 - \frac{1}{a}\right)\left(1 - \frac{1}{b}\right)\left(1 - \frac{1}{c}\right).$$

En continuant ainsi, on établit donc que l'expression générale de la quantité de nombres entiers inférieurs à un nombre entier N et premiers avec lui est

$$N\left(1-\frac{1}{a}\right)\left(1-\frac{1}{b}\right)\left(1-\frac{1}{c}\right)\left(1-\frac{1}{d}\right)\cdots$$

Mise sous forme entière quant aux parenthèses, cette expression devient

$$\frac{N}{a.b.c.d\cdots}\,(a-1)(b-1)(c-1)(d-1)\cdots,$$

ou, en remplaçant N par sa valeur $\;a^m.\,b^n.\,c^p.\,d^q\cdots,$

$$a^{m-1}.\,b^{n-1}.\,c^{p-1}.\,d^{q-1}\cdots(a-1)(b-1)(c-1)(d-1)\cdots$$

§ III. — Fractions.

269. I. *Ajouter aux deux termes de la fraction* $\dfrac{8}{15}$ *un nombre tel que la fraction obtenue diffère de l'unité de* $\dfrac{1}{10000}$.

En représentant par x le nombre cherché, la fraction proposée devient $\dfrac{8+x}{15+x}$ et l'excès, sur cette fraction, de l'unité qui peut être exprimée par $\dfrac{15+x}{15+x}$, est égal à

$$\frac{15+x-8-x}{15+x}=\frac{7}{15+x}.$$

Or, cette dernière fraction doit valoir $\dfrac{1}{10000}$, ce qui revient à dire que son dénominateur $15+x$ est égal à 10000 fois son numérateur 7. La question revient donc à cette autre :

Trouver un nombre x *qui augmenté de 15 est égal à* 7×10000 *ou 70000.*

Ce nombre est $\;70000-15\;$ ou 69985.

La *vérification* de ce résultat se fait en montrant que si l'on ajoute le nombre 69985 à chacun des termes de la fraction $\dfrac{8}{15}$ on obtient une fraction inférieure de $\dfrac{1}{10000}$ à l'unité.

RᴇᴍᴀʀQᴜᴇ.— On conçoit que le problème n'est possible qu'autant que la fraction donnée diffère de l'unité d'une quantité plus grande que la fraction d'approximation. S'il en était autrement, il faudrait non ajouter, mais retrancher un même nombre aux deux termes de la fraction proposée.

270. II. *Trouver l'expression simplifiée de la somme suivante, en lui assignant un nombre déterminé de termes, et calculer ce que devient cette expression lorsque le nombre de termes croît indéfiniment :*

$$\frac{1}{1\times 2}+\frac{1}{2\times 3}+\frac{1}{3\times 4}+\frac{1}{4\times 5}+\cdots$$

1° Examinons successivement ce que devient cette expression lorsqu'elle comprend 1 terme, 2 termes, 3 termes, etc.

Le premier terme seul donne $\frac{1}{2}$;

la somme des deux premiers donne

$$\frac{1}{2}+\frac{1}{2\times 3}=\frac{3}{2\times 3}+\frac{1}{2\times 3}=\frac{2}{3}\ ;$$

la somme des trois premiers,

$$\frac{2}{3}+\frac{1}{3\times 4}=\frac{8}{3\times 4}+\frac{1}{3\times 4}=\frac{3}{4}\ ;$$

celle des quatre premiers,

$$\frac{3}{4}+\frac{1}{4\times 5}=\frac{15}{4\times 5}+\frac{1}{4\times 5}=\frac{4}{5},\ \text{etc.}$$

On remarque que la somme limitée à 1, 2, 3, 4 termes, est égale à une fraction dont le numérateur représente en unités le nombre de ces termes et dont le dénominateur surpasse le numérateur d'une unité.

Pour compléter cette démonstration, il suffit de prouver que si la somme cherchée affecte cette forme pour $n-1$ termes, elle la conserve pour n termes.

Posons donc que la somme de $n-1$ termes est $\dfrac{n-1}{n}$, ce qui est toujours possible puisque le fait est au moins vérifié pour 1, 2, 3 et 4 termes ; il s'ensuivra que la somme de n termes sera, en ajoutant à $\dfrac{n-1}{n}$ la valeur $\dfrac{1}{n(n+1)}$ du n^e

terme,

$$\frac{n-1}{n} + \frac{1}{n(n+1)} = \frac{n^2-1}{n(n+1)} + \frac{1}{n(n+1)} = \frac{n}{n+1}.$$

La forme précédemment entrevue est donc générale et $\frac{n}{n+1}$ représente la somme des n premiers termes de la série proposée.

2° Si le nombre des termes augmente indéfiniment, la différence entre la somme $\frac{n}{n+1}$ et l'unité ou $\frac{n+1}{n+1}$, égale à $\frac{1}{n}$, devient plus petite que toute quantité assignable ; il en résulte que la somme tend vers l'unité.

271. III. *Un tonneau contient 210 litres de vin ; on en tire 45 litres que l'on remplace par une quantité égale d'eau ; on tire de nouveau 45 litres du contenu du tonneau, que l'on remplace par une quantité égale d'eau ; on fait une troisième fois la même opération, et l'on demande combien le tonneau contient alors d'eau et de vin.*

En tirant une première fois 45 litres de vin d'un tonneau qui en contient 210, on enlève les $\frac{45}{210}$ ou les $\frac{3}{14}$ de son contenu ; il en reste donc les $\frac{11}{14}$ ou $210^l \times \frac{11}{14}$. Dans la deuxième opération, on enlève les $\frac{3}{14}$ du vin restant ; le deuxième reste est donc les $\frac{11}{14}$ du premier, ou $210^l \times \frac{11}{14} \times \frac{11}{14}$, et en raisonnant de la même manière, on trouve qu'après la troisième opération, il y a un reste de vin qui représente les $\frac{11}{14}$ du précédent reste, ou $210^l \times \frac{11}{14} \times \frac{11}{14} \times \frac{11}{14}$, ou plus simplement $210^l \times \frac{1331}{2744}$.

La question revient donc à *prendre les* $\frac{1331}{2744}$ de 210.

Le résultat de l'opération est $101^l \frac{169}{196}$.

La quantité d'eau contenue dans le tonneau après la troisième opération s'obtient par différence ; elle est égale à $210^l - 101^l \frac{169}{196}$ ou $108^l \frac{27}{196}$.

REMARQUE. — On pourrait calculer directement et de la manière suivante cette quantité d'eau :

Sur les 45 litres d'eau introduits dans le tonneau par la première opération, il n'en reste, après la deuxième, que les $\frac{11}{14}$ ou $45^l \times \frac{11}{14}$; mais en en ajoutant 45, il s'en trouve ensuite $45_l \times \frac{11}{14} + 45^l$ ou $45^l\left(\frac{11}{14} + \frac{14}{14} \right) = 45^l \times \frac{25}{14}$. De cette quantité, il ne reste, après la troisième opération, que les $\frac{11}{14}$, ou $45^l \times \frac{25}{14} \times \frac{11}{14}$; or, comme on en ajoute ensuite 45 litres, il y en a finalement $45^l \times \frac{25}{14} \times \frac{11}{14} + 45^l$, ou, tous calculs effectués, $108^l \frac{27}{196}$, nombre déjà trouvé par le procédé indirect.

272. IV. *Deux personnes ont ensemble* 132^{fr} ; *l'une d'elles dépense le* $\frac{1}{3}$ *de son avoir, l'autre le* $\frac{1}{4}$ *du sien. Calculer l'avoir de chacune sachant que la dépense totale est de* 38^{fr}.

Nous appliquerons à la résolution de ce problème la méthode de la double hypothèse.

1re hypothèse. — Supposons que l'avoir de la première personne soit de 90^{fr} (nous choisissons un nombre dont le tiers soit un nombre entier pour ne pas compliquer les calculs); celui de la seconde sera de $132^{fr} - 90^{fr} = 42^{fr}$. Le tiers du premier avoir augmenté du $\frac{1}{4}$ du second donne $\frac{90^{fr}}{3} + \frac{42^{fr}}{4} = 30^{fr} + 10^{fr},50 = 40^{fr},50$. La dépense totale surpasse donc celle de 38^{fr}, qu'on devait trouver, de $40^{fr},50 - 38^{fr} = 2^{fr},50$. Il y a donc là une erreur en plus de $2^{fr},50$.

2e hypothèse. — Diminuons l'avoir supposé de la première

personne de 3^{fr} (pour avoir encore un nombre exactement divisible par 3); il ne sera plus que de 87^{fr} et celui de la seconde sera de $132^{fr} - 87^{fr} = 45^{fr}$. Le $\frac{1}{3}$ du premier avoir augmenté du $\frac{1}{4}$ du second donne $\frac{87}{3} + \frac{45}{4} = 29^{fr} + 11^{fr},25 = 40^{fr},25$. L'erreur en trop n'est plus que de $40^{fr},25 - 38^{fr} = 2^{fr},25$. La seconde hypothèse produit donc une diminution de l'erreur de $0^{fr},25$.

Si pour diminuer l'erreur de $0^{fr},25$, il suffit de retrancher 3^{fr} du premier avoir supposé, pour la diminuer de $2^{fr},50$, c'est-à-dire pour l'annuler, il suffira de retrancher de ce premier avoir supposé autant de fois 3^{fr} que $0^{fr},25$ sont contenus de fois dans $2^{fr},50$, soit $\frac{2,50}{0,25} = 10$ fois, ou $3^{fr} \times 10 = 30^{fr}$.

Le premier avoir est ainsi de $90^{fr} - 30^{fr} = 60^{fr}$, et le second de $132^{fr} - 60^{fr} = 72^{fr}$.

On *vérifie* en montrant que le $\frac{1}{3}$ de 60^{fr} augmenté du $\frac{1}{4}$ de 72^{fr} donne 38^{fr}.

273. V (Problème des fontaines). — *Pour remplir un bassin, un premier robinet mettrait $11^h \frac{3}{4}$ et un deuxième $15^h \frac{2}{9}$; pour le vider, il faudrait $12^h \frac{2}{7}$ à un troisième robinet. On ouvre d'abord le premier robinet seul pendant $2^h \frac{1}{2}$; ensuite les trois robinets fonctionnent simultanément. On demande combien il faudra de temps pour achever de remplir le bassin.*

Avant que les trois robinets coulent ensemble, le premier a fonctionné pendant $2^h \frac{1}{2}$. Cherchons la fraction du bassin qu'il a remplie. S'il met $11^h \frac{3}{4}$ pour remplir la totalité du bassin, en 1 heure il en remplit $\dfrac{1}{11\frac{3}{4}}$ ou $\dfrac{4}{47}$, et en $2^h \frac{1}{2}$, $\dfrac{4}{47} \times 2\frac{1}{2} = \dfrac{10}{47}$. Ce qui reste à remplir du bassin à partir du moment où les trois robinets fonctionnent simultanément est dès lors représenté par $1 - \dfrac{10}{47} = \dfrac{37}{47}$.

La question est ainsi ramenée à celle-ci :

Pour remplir un bassin, un premier robinet mettrait $11^h\dfrac{3}{4}$ et un deuxième $15^h\dfrac{2}{9}$; pour le vider il faudrait $12^h\dfrac{2}{7}$ à un troisième robinet. En ouvrant les trois robinets à la fois, quel temps mettront-ils pour remplir les $\dfrac{37}{47}$ du bassin ?

Etablissons le débit à l'heure de chaque robinet. Le premier, avons-nous trouvé, remplit en une heure les $\dfrac{4}{47}$ du bassin ; par un raisonnement analogue à celui qui nous a servi pour obtenir ce résultat, on établit que le deuxième en remplit dans le même temps d'une heure les $\dfrac{9}{137}$ et que le troisième en vide les $\dfrac{7}{86}$. Il s'ensuit qu'au bout d'une heure le bassin a conservé de sa contenance entière une fraction égale à

$$\frac{4}{47} + \frac{9}{137} - \frac{7}{86} = \frac{38\,433}{47 \times 137 \times 86}.$$

On est ainsi conduit à cet autre problème plus élémentaire, qui est une règle de trois simple :

Quel temps faut-il pour remplir les $\dfrac{37}{47}$ d'un bassin lorsqu'en une heure il s'en remplit les $\dfrac{38\,433}{47 \times 137 \times 86}$?

Les quantités connues et l'inconnue donnent le tableau :

$$x \qquad \frac{37}{47}$$

$$1^h \qquad \frac{38\,433}{47 \times 137 \times 86} ;$$

on en tire

$$x = 1^h \times \frac{37}{47} \times \frac{47 \times 137 \times 86}{38\,433}$$

$$= 11^h \frac{13\,171}{38\,433}.$$

Remarque I. — Pour que le problème soit possible, tel qu'il est énoncé, il faut évidemment que le troisième robinet vide moins que ne donnent ensemble les deux premiers. S'il en était autrement, le problème ne pourrait consister que dans la recherche du temps nécessaire aux trois robinets coulant ensemble pour vider le bassin supposé partiellement ou totalement plein. La marche à suivre dans ce dernier cas pour résoudre la question est suffisamment indiquée par ce qui précède.

Remarque II. — Dans toutes les questions du même genre, que l'on ait à considérer un ou plusieurs robinets destinés à donner de l'eau au bassin, et qu'il y en ait ou non pour le vider, le point de départ est de savoir ce que contient le bassin au moment où commencent à fonctionner tous les robinets ; on compare ensuite ce que le bassin reçoit à ce qu'il perd en l'unité de temps, et la différence de ces deux quantités permet alors de calculer le temps nécessaire pour en remplir ou en vider, selon le cas, une fraction donnée ou précédemment déterminée par un commencement de calcul.

274. VI (Problème inverse des fontaines). — *Trois fontaines coulent dans un bassin. La première et la deuxième le rempliraient en* $4^h \dfrac{4}{5}$; *la première et la troisième, en* $5^h \dfrac{5}{23}$; *la deuxième et la troisième, en* $6^h \dfrac{2}{3}$. *Quel temps faudrait-il pour remplir ce bassin : 1° aux trois fontaines coulant ensemble ; 2° à chaque fontaine coulant isolément ?*

Cherchons d'abord ce que chaque groupement des fontaines deux à deux donne en une heure. Si la première et la deuxième réunies mettent $4^h \dfrac{4}{5}$ pour remplir le bassin, en une heure elles en remplissent une partie égale à $\dfrac{1}{4\frac{4}{5}} = \dfrac{5}{24}$. En raisonnant de la même manière, on trouve qu'en une heure, la première et la troisième réunies en remplissent une partie égale à $\dfrac{1}{5\frac{5}{23}} = \dfrac{23}{120}$, et la deuxième réunie à la troisième,

une partie égale à $\dfrac{1}{6\frac{2}{3}} = \dfrac{3}{20}$. Ce qu'on peut représenter

ainsi :

en une heure, 1re + 2^e donnent $\dfrac{5}{24}$ du bassin ;

—   1re + 3^e — $\dfrac{23}{120}$ —   ;

—   2e + 3^e — $\dfrac{3}{20}$ —   .

Il ressort de ce tableau que la somme des trois fractions $\dfrac{5}{24} + \dfrac{23}{120} + \dfrac{3}{20} = \dfrac{11}{20}$ exprime le double du débit à l'heure des trois fontaines coulant ensemble. Ce débit a donc pour valeur $\dfrac{11}{20} : 2 = \dfrac{11}{40}$. Il en résulte que les trois fontaines coulant ensemble mettraient un nombre d'heures égal à $\dfrac{40}{11} = 3^h\dfrac{7}{11}$ pour remplir le bassin.

Pour la recherche de la seconde réponse, nous ramenons le problème au suivant :

Trois fontaines, en coulant ensemble, remplissent dans une heure les $\dfrac{11}{40}$ d'un bassin ; dans le même temps, la première et la deuxième en remplissent ensemble les $\dfrac{5}{24}$, et la première avec la troisième, les $\dfrac{23}{120}$. Quel temps faudrait-il à chaque fontaine coulant seule pour remplir ce bassin ?

Nous n'introduisons pas dans cet énoncé la troisième donnée du problème proposé ; il la contient implicitement par sa première donnée.

L'excès de $\dfrac{11}{40}$ sur $\dfrac{5}{24}$, égal à $\dfrac{1}{15}$, donne le débit à l'heure de la troisième fontaine ; on en déduit que cette fontaine met 15 heures pour remplir le bassin.

De même l'excès de $\dfrac{11}{40}$ sur $\dfrac{23}{120}$, égal à $\dfrac{1}{12}$, donne le débit à l'heure de la deuxième fontaine, qui met ainsi 12 heures pour remplir le bassin.

Quant au débit à l'heure de la première, il est égal à l'excès de $\dfrac{11}{40}$ sur la somme $\dfrac{1}{15} + \dfrac{1}{12}$; le calcul donne $\dfrac{1}{8}$ pour résultat et l'on en tire que cette fontaine met 8 heures pour remplir le bassin.

La *vérification* de ces divers nombres consiste dans la résolution de ce quadruple problème :

Trois fontaines mettent respectivement 8, 12 et 15 heures pour remplir un bassin, chacune d'elles coulant séparément. Quel temps faudrait-il pour remplir ce bassin : 1° aux trois fontaines coulant ensemble ; 2° à la première réunie à la deuxième ; 3° à la première réunie à la troisième ; 4° à la deuxième réunie à la troisième ?

275. VII. *Une personne apporte au marché un certain nombre d'œufs qu'elle vend ainsi : une première fois, la moitié de ce qu'elle a plus un demi-œuf ; une deuxième fois, la moitié de ce qu'elle a plus un demi-œuf ; et ainsi de suite jusqu'à une cinquième et dernière vente, après laquelle il ne lui reste rien. Calculer le nombre d'œufs qu'avait cette personne.*

Pour fixer les idées, représentons par x le nombre total d'œufs et cherchons à exprimer la valeur de chacune des cinq ventes.

La première est égale à la moitié des œufs plus un demi-œuf, ou à $\dfrac{x}{2} + \dfrac{1}{2}$; le premier reste est dès lors de $x - \dfrac{x}{2} - \dfrac{1}{2}$, ou de $\dfrac{x}{2} - \dfrac{1}{2}$. En ajoutant un demi-œuf à la moitié $\left(\dfrac{x}{4} - \dfrac{1}{4}\right)$ de ce nombre, on a la valeur de la deuxième vente, $\dfrac{x}{4} - \dfrac{1}{4} + \dfrac{1}{2}$ ou $\dfrac{x}{4} + \dfrac{1}{4}$, et le deuxième reste est égal à $\dfrac{x}{2} - \dfrac{1}{2} - \dfrac{x}{4} - \dfrac{1}{4}$ ou à $\dfrac{x}{4} - \dfrac{3}{4}$. En prenant la moitié de ce nouveau reste, à laquelle on ajoute un demi-œuf, on obtient la valeur de la troisième vente, qui est ainsi de $\dfrac{x}{8} - \dfrac{3}{8} + \dfrac{1}{2}$ ou de $\dfrac{x}{8} + \dfrac{1}{8}$. On trouve, en continuant de la même manière, que la quatrième vente a pour expression $\dfrac{x}{16} + \dfrac{1}{16}$, et la cinquième et dernière $\dfrac{x}{32} + \dfrac{1}{32}$.

Les cinq ventes ayant épuisé le nombre total d'œufs, on a l'égalité suivante :

$$\left(\dfrac{x}{2} + \dfrac{1}{2}\right) + \left(\dfrac{x}{4} + \dfrac{1}{4}\right) + \left(\dfrac{x}{8} + \dfrac{1}{8}\right) + \left(\dfrac{x}{16} + \dfrac{1}{16}\right)$$
$$+ \left(\dfrac{x}{32} + \dfrac{1}{32}\right) = x,$$

ou $\quad\left(\dfrac{x}{2} + \dfrac{x}{4} + \dfrac{x}{8} + \dfrac{x}{16} + \dfrac{x}{32}\right)$
$$+ \left(\dfrac{1}{2} + \dfrac{1}{4} + \dfrac{1}{8} + \dfrac{1}{16} + \dfrac{1}{32}\right) = x,$$

et la question est ramenée à celle-ci :

Trouver un nombre x tel que sa moitié augmentée de son quart, de son huitième, de son seizième, de son trente-deuxième et de la somme des fractions $\dfrac{1}{2} + \dfrac{1}{4} + \dfrac{1}{8} + \dfrac{1}{16} + \dfrac{1}{32}$ *donne pour résultat le nombre x lui-même.*

Le calcul donnant $\dfrac{31}{32}$ pour la somme des fractions $\dfrac{1}{2} + \dfrac{1}{4} + \dfrac{1}{8} + \dfrac{1}{16} + \dfrac{1}{32}$, ce problème revient à son tour au suivant :

Trouver un nombre x dont les $\dfrac{31}{32}$ *augmentés de la fraction* $\dfrac{31}{32}$ *donnent pour résultat le nombre x lui-même.*

De cet énoncé il ressort que la fraction $\dfrac{31}{32}$ exprime le $\dfrac{1}{32}$ du nombre cherché, et l'on arrive ainsi à ce quatrième problème, encore plus simple que les précédents :

Trouver un nombre x dont le $\dfrac{1}{32}$ *égale la fraction* $\dfrac{31}{32}$.

Ce nombre est égal à $\dfrac{31}{32} \times 32 = 31$. Il donne le total des œufs apportés au marché.

La *vérification* se fait en calculant le nombre d'œufs de chaque vente : après la cinquième, tous les œufs doivent être vendus.

REMARQUE I. — Dans cette vérification, on constatera que chaque vente comprend un nombre entier d'œufs, bien que chacune d'elles se complète par un demi-œuf.

REMARQUE II. — Pour résoudre ce problème, au lieu de prendre le nombre inconnu comme base du raisonnement, ce qui s'appelle opérer par *déduction*, on peut partir du résultat final, calculer de proche en proche le nombre d'œufs de chaque vente, et terminer par la somme des cinq ventes qui donne le nombre total d'œufs vendus. Cette marche en sens inverse de la précédente constitue le procédé de recherche dit par *réduction*. En voici l'application à notre problème.

La cinquième vente comprenant la moitié du quatrième reste plus un demi-œuf qui épuise le nombre total d'œufs, ce demi-œuf représente l'autre moitié de ce quatrième reste ; la cinquième vente est ainsi de 1 œuf. La quatrième vente comprenant la moitié du troisième reste plus un demi-œuf, ce demi-œuf et l'œuf de la cinquième vente, ou $1\frac{1}{2}$ œuf, représentent l'autre moitié de ce reste ; la quatrième vente est ainsi de $1\frac{1}{2}$ œuf $+ \frac{1}{2}$ œuf ou de 2 œufs. La troisième vente comprenant la moitié du second reste plus un demi-œuf, ce demi-œuf et les $1 + 2$ ou 3 œufs de la quatrième et de la cinquième vente, ou $3\frac{1}{2}$ œufs, représentent l'autre moitié de ce reste ; la troisième vente est ainsi de $3\frac{1}{2}$ œufs $+ \frac{1}{2}$ œuf ou de 4 œufs. En continuant de la même manière, on trouve pour la seconde vente 8 œufs, et pour la première 16, soit au total $1 + 2 + 4 + 8 + 16 = 31$ œufs.

Ce nombre 31 peut encore s'obtenir en remarquant que 16

est la moitié plus $\dfrac{1}{2}$ du nombre total : la moitié est donc $15\dfrac{1}{2}$ et le nombre total $15\dfrac{1}{2} \times 2 = 31$.

Remarque III. — Un autre procédé pour résoudre ce même problème, en partant soit du nombre inconnu, soit du résultat final, consiste dans le calcul de chacun des restes qui suit chaque vente, au lieu de se servir des valeurs respectives de ces ventes. Dans le premier cas, on formule les restes successifs, du premier au dernier, et l'on exprime que le dernier est nul ; dans le second, on établit ces mêmes restes, du dernier au premier, et l'on exprime que le premier est la moitié du nombre cherché diminuée de $\dfrac{1}{2}$.

276. VIII. *75 bœufs ont brouté en 12 jours l'herbe fournie par un pré de 60 ares ; 81 bœufs ont brouté, d'autre part, en 15 jours l'herbe fournie par un pré de 72 ares. On demande combien il faudra de bœufs pour brouter en 18 jours l'herbe fournie par un pré de 96 ares, en supposant que l'herbe est à la même hauteur dans les trois prés à l'entrée des bœufs et qu'elle continue de croître uniformément.*

Pour fixer les idées, représentons par H la hauteur de l'herbe dans les trois prés à l'arrivée des bœufs et par h son développement quotidien. La quantité d'herbe fournie par une surface est proportionnelle à cette surface et à la hauteur de l'herbe. Si donc l'on prend pour unité de surface l'are, la quantité d'herbe contenue dans chacun des deux premiers prés, à l'arrivée des bœufs, sera exprimée par 60 H et 72 H ; celle qui aura poussé dans le premier en 12 jours, par $60\,h \times 12$, et celle qui aura poussé dans le second en 15 jours, par $72\,h \times 15$. Or 75 bœufs ayant brouté pendant 12 jours toute l'herbe du premier pré, en un jour, un bœuf en a brouté une quantité égale à $$\dfrac{60\,\mathrm{H} + 60\,h \times 12}{75 \times 12} = \dfrac{1}{15}\mathrm{H} + \dfrac{4}{5}\,h\,;$$

et en raisonnant de même pour le second pré, on trouve qu'un bœuf, en un jour, a brouté une quantité d'herbe égale à

$$\frac{72\,H + 72\,h \times 15}{81 \times 15} = \frac{8}{135}\,H + \frac{8}{9}\,h.$$

Ces deux expressions de ce que broute un bœuf en un jour dans chaque pré doivent être égales ; mais comme le premier terme $\frac{1}{15}H$ de la première est plus grand que le premier terme $\frac{8}{135}H$ de la seconde, il en résulte que leur différence est égale à l'excès de $\frac{8}{9}h$ sur $\frac{4}{5}h$. En effectuant ces soustractions, on a

$$\frac{1}{15}H - \frac{8}{135}H = \frac{8}{9}h - \frac{4}{5}h,$$

ou

$$\frac{1}{135}H = \frac{4}{45}h.$$

Si les $\frac{4}{45}$ de h valent $\frac{1}{135}$ de H, h vaut $\frac{1}{135}H : \frac{4}{45} = \frac{1}{12}H$.

Ce qui veut dire que chaque jour l'herbe croît du $\frac{1}{12}$ de sa hauteur primitive.

La question est dès lors ramenée à la suivante :

75 bœufs ont brouté en 12 jours l'herbe fournie par un pré de 60 ares, dans lequel la poussée journalière a été du $\frac{1}{12}$ de la hauteur qu'avait l'herbe à l'entrée des bœufs; combien faudrait-il de bœufs pour brouter en 18 jours dans les mêmes conditions l'herbe fournie par un pré de 96 ares ?

Nous n'introduisons pas dans cet énoncé la seconde donnée du problème proposé : il la contient implicitement par l'expression de la poussée quotidienne de l'herbe.

D'après ce qui précède, l'herbe fournie par le premier pré est égale à $60\,H + 60\,\dfrac{H}{12} \times 12$, ou à 120 H, et elle a été broutée par 75 bœufs en 12 jours ; d'autre part l'herbe fournie par le second pré est égale à $96\,H + 96\,\dfrac{H}{12} \times 18$, ou à 240 H, et elle a été broutée en 18 jours par un nombre inconnu de bœufs. Nous sommes ainsi conduits à la règle de trois composée suivante :

Pour brouter en 12 jours une quantité d'herbe représentée par 120 H, il faut 75 bœufs ; combien faudrait-il de bœufs pour brouter en 18 jours une quantité d'herbe représentée par 240 H?

Du tableau suivant :

$$75^b \qquad 12^j \qquad 120\,H$$
$$x \qquad 18^j \qquad 240\,H,$$

on tire
$$x = \frac{75^b \times 240 \times 12}{120 \times 18} = 100.$$

La *vérification* se fait en montrant que la quantité d'herbe broutée journellement par un bœuf est la même dans les trois cas. Elle est la même dans les deux premiers cas, puisqu'on s'est appuyé sur cette hypothèse pour établir que la poussée quotidienne de l'herbe est égale au $\frac{1}{12}$ de la hauteur primitive de cette herbe. Partant de là, on exprime par rapport à cette hauteur primitive, que nous avons représentée par H, la quantité d'herbe poussée en 18 jours dans le troisième pré ; en divisant ensuite l'expression que l'on obtient par le produit du nombre de bœufs, 100, et du nombre de jours, 18, pendant lesquels ces bœufs séjournent dans ce pré, on trouve $\frac{2}{15}$ H qui exprime la consommation journalière de chaque bœuf ; cette quantité doit être celle que donne l'un quelconque des autres prés.

§ IV. — Puissances et Racines.

277. **1.** *Trouver une fraction équivalente à la fraction* $\frac{5}{7}$ *et dont le produit des deux termes soit égal à* 10115.

Toute fraction équivalente à la fraction $\frac{5}{7}$, dont les termes sont premiers entre eux, résulte de la multiplication des deux termes de cette dernière par un même nombre x et se présente sous la forme $\frac{5x}{7x}$. Le produit de ses deux termes $5x \times 7x$ est $35x^2$; on a donc l'égalité
$$35x^2 = 10115.$$

Le problème est ainsi ramené à celui-ci :

Trouver un nombre dont 35 fois le carré égalent 10 115.

On a tout d'abord

$$x^2 = \frac{10\,115}{35} = 289,$$

d'où $\qquad\qquad x = \sqrt{289} = 17.$

La fraction demandée est dès lors égale à $\dfrac{5 \times 17}{7 \times 17} = \dfrac{85}{119}$.

Pour *vérifier* ce résultat, comme la première condition du problème est satisfaite puisqu'on obtient $\dfrac{85}{119}$ en multipliant les deux termes de $\dfrac{5}{7}$ par le même nombre 17, il suffit de montrer que le produit de 85 par 119 est égal à 10 115.

278. II. *Avec une provision d'environ 200 arbres, on veut faire une plantation en carré : en mettant un certain nombre d'arbres par chaque rangée, il en reste 13, mais en en mettant un de moins par rangée, il en manque 16. De combien d'arbres s'est-on approvisionné ?*

S'il y a un nombre x d'arbres par rangée dans le premier carré, il y en aura $x + 1$ dans le second et les deux plantations comprendront un nombre d'arbres égal à x^2 pour la première et à $(x + 1)^2$ pour la seconde ; or la différence $[(x + 1)^2 - x^2]$ entre ces carrés de deux nombres consécutifs est égale, d'une part, à deux fois le plus petit nombre plus un ou à $2x + 1$, d'autre part, d'après les données du problème, à $13 + 16 = 29$. On a donc la relation

$$2x + 1 = 29.$$

La question revient dès lors à cette autre :

Trouver un nombre dont le double augmenté de l'unité donne 29.

Ce nombre est $\dfrac{29 - 1}{2} = 14$. La provision d'arbres est ainsi de $14^2 + 13 = 209$.

La *vérification* se fait en montrant que si l'on retranche 13 de 209 et qu'on ajoute ensuite 16 à ce même nombre 209, on obtient comme résultats les carrés de deux nombres entiers consécutifs.

279. III. *Trouver deux nombres dont la différence est 4 et la différence de leurs carrés 72.*

Nous connaissons, pour l'avoir précédemment démontré (196), ce théorème :

Le produit de la somme de deux nombres par leur différence est égal à la différence des carrés de ces nombres.

On en tire cette conséquence qu'en divisant la différence 72 des carrés des deux nombres cherchés par la différence 4 de ces mêmes nombres, le quotient $\dfrac{72}{4}$ ou 18 représente la somme de ces deux nombres.

Le problème est ainsi ramené à cet autre bien connu :

Trouver deux nombres connaissant leur somme 18 et leur dif-férence 4.

Le plus grand nombre est $\dfrac{18+4}{2} = 11$

et l'autre $\dfrac{18-4}{2} = 7$

La *vérification* consiste à montrer que ces deux nombres ont pour différence 4 et que la différence de leurs carrés est 72.

REMARQUE. — Si au lieu de la différence des deux nombres cherchés l'énoncé du problème portait la somme, le quotient de la différence des carrés par cette somme donnerait la diffé-rence des deux nombres, et le problème serait encore ramené à la recherche de deux nombres dont on connaîtrait la somme et la différence.

280. IV. *Trouver deux nombres dont la somme est 21 et le produit 104.*

Le théorème précédemment démontré (200)

La différence entre le carré de la somme de deux nombres et le carré de leur différence est égale à 4 fois le produit de ces deux nombres,

permet d'obtenir des données de la question la différence des deux nombres cherchés. Le carré de cette différence est en effet $$21^2 - 4 \times 104 = 25,$$

et la différence, $$\sqrt{25} = 5.$$

Le problème est ainsi ramené, comme le précédent, à celui-ci :

Trouver deux nombres dont on connaît la somme et la différence.

Le plus grand nombre est

$$\frac{21 + 5}{2} = 13,$$

et l'autre $$\frac{21 - 5}{2} = 8.$$

On *vérifie* en montrant que la somme des deux nombres est 21 et que leur produit est 104.

Remarque. — Si au lieu de la somme, l'énoncé du problème portait la différence des deux nombres cherchés, on obtiendrait le carré de la somme, d'après le même théorème que nous venons d'invoquer, en ajoutant au carré de la différence quatre fois le produit des deux nombres ; on aurait ensuite cette somme en extrayant la racine carrée du résultat, et l'on serait encore amené à la recherche de deux nombres dont on connaîtrait la somme et la différence.

284. V. *Un enfant s'amuse à empiler des dés à jouer les uns sur les autres, de manière à former un cube parfait. Lorsqu'il en met un certain nombre sur chaque arête, il lui reste 5 dés sans emploi ; mais, pour en mettre un de plus par arête, il lui en manque 32. Combien a-t-il de dés ?*

Soit x le nombre de dés de chaque arête du cube lorsqu'il en reste 5 ; $x + 1$ sera ce nombre lorsqu'il en manquera 32. La différence entre le nombre de dés employés dans les deux cas est, d'une part, égale à $(x + 1)^3 - x^3$, d'autre part, à $5 + 32 = 37$. Ce nombre 37 représente ainsi la différence des cubes de deux nombres consécutifs $x + 1$ et x, et cette différence est égale à $3x^2 + 3x + 1$. On peut donc écrire

$$3x^2 + 3x + 1 = 37.$$

Si des deux membres de cette égalité, on retranche 1, il vient $$3x^2 + 3x = 36$$

et, en divisant les deux membres de cette nouvelle égalité
par 3, $x^2 + x = 12,$
ou $x(x + 1) = 12.$

Cette dernière relation exprime que le produit du nombre
cherché par ce même nombre augmenté de l'unité est égal
à 12. La question est dès lors ramenée à la suivante :

Trouver deux nombres dont le produit est 12 et la différence 1.

Le carré de la somme de ces deux nombres étant égal à
$$1^2 + 4 \times 12 = 49,$$
la somme est égale à $\sqrt{49} = 7,$
et le plus petit des deux nombres, qui est celui que nous cherchons, est alors
$$\frac{7 - 1}{2} = 3.$$

Le premier cube construit contient donc un nombre de dés
égal à 3^3 ou à 27, et le nombre de dés dont dispose l'enfant est
de $27 + 5 = 32.$

On *vérifie* en montrant que si l'on retranche d'une part 5
de 32, et qu'on augmente, d'autre part, ce même nombre 32
de 32, on obtient comme résultat les cubes de deux nombres
consécutifs.

282. VI. *Quels sont les deux nombres dont la somme est 109 et
la somme des cubes 342151 ?*

Soient x et y les deux nombres cherchés ; on a les deux
relations
(1) $x + y = 109,$
(2) $x^3 + y^3 = 342151.$

Les deux membres de la première, élevés au cube, donnent
$(x + y)^3 = 109^3,$ ou $x^3 + 3x^2y + 3xy^2 + y^3 = 1295029.$

Si des deux membres de cette relation, on retranche respectivement les deux membres de (2), les restes seront égaux et
l'on aura $3x^2y + 3xy^2 = 952878,$
ou, en divisant les deux membres par 3,
$$x^2y + xy^2 = 317626;$$
et comme le premier membre de cette dernière relation peut
être considéré comme le produit de xy par $(x + y)$, on

peut écrire $$xy(x+y) = 317626.$$

Or $x+y$, ou la somme des deux nombres cherchés, vaut 109; à l'égalité précédente, on peut donc substituer celle-ci :

$$109xy = 317626,$$

qui exprime que 109 fois le produit des deux nombres demandés valent 317626; on en tire, pour la valeur de ce produit,

$$xy = \frac{317626}{109} = 2914.$$

Le problème est ramené au n° IV : *Trouver deux nombres connaissant leur somme et leur produit.*

Le carré de la différence de ces nombres étant égal à

$$109^2 - 4 \times 2914 = 225,$$

et la différence, à $\qquad \sqrt{225} = 15,$

le plus grand nombre est ainsi

$$\frac{109 + 15}{2} = 62,$$

et l'autre $\qquad \dfrac{109 - 15}{2} = 47.$

La *vérification* doit montrer que la somme des deux nombres est 109 et que la somme de leurs cubes donne 342151.

283. **VII.** *Quels sont les deux nombres dont la différence est 6 et la différence des cubes 2646 ?*

Soit x le plus petit des deux nombres cherchés; le plus grand sera $x+6$. On aura la relation

$$(x+6)^3 - x^3 = 2646.$$

En développant $(x+6)^3$ et en retranchant $x^3 + 216$ du résultat, il vient $\qquad 18x^2 + 108x = 2430.$

La division des deux membres de cette égalité par 18 donne

$$x^2 + 6x = 135, \qquad \text{ou} \qquad x(x+6) = 135.$$

Cette relation indique que le produit des deux nombres cherchés est 135. Le problème est dès lors ramené à cet autre déjà connu :

Trouver deux nombres dont la différence est 6 et le produit 135.

Le carré de la somme des deux nombres cherchés étant égal à $\qquad 6^2 + 4 \times 135 = 576,$

la somme est égale à $\sqrt{576} = 24$.

Il s'ensuit que le plus grand nombre est

$$\frac{24 + 6}{2} = 15,$$

et l'autre $$\frac{24 - 6}{2} = 9.$$

On *vérifie* en montrant que les deux nombres 15 et 9 ont pour différence 6 et pour différence de cubes 2646.

284. VIII. *Trouver trois nombres entiers tels que chacun d'eux est égal au précédent augmenté de 2 unités et dont le produit est 2145.*

Soit x le nombre moyen; le plus petit est alors $x - 2$ et le plus grand $x + 2$. On doit avoir

$$(x - 2)x(x + 2) = 2145,$$

ou $$(x^2 - 4)x = 2145.$$

Établissons d'abord que 2145 est plus grand que $(x - 1)^3$. D'après l'énoncé du problème, x doit être un nombre entier au moins égal à 3, car s'il était plus petit que 3, le nombre $x - 2$ serait nul ou n'existerait pas, ce qui ne peut pas être. On démontrera donc que 2145 est plus grand que $(x - 1)^3$ si l'on peut établir, sous la réserve que x est au moins égal à 3, l'inégalité

(1) $$(x^2 - 4)x > (x - 1)^3.$$

En en développant les deux membres, il vient

$$x^3 - 4x > x^3 - 3x^2 + 3x - 1,$$

et, en ajoutant $3x^2 + 4x + 1$ à chacun d'eux,

$$x^3 + 3x^2 + 1 > x^3 + 7x,$$

ou bien, après avoir retranché x^3 des deux membres de cette dernière inégalité, $3x^2 + 1 > 7x.$

Maintenant, si l'on fait x, d'après la condition précédente, égal à $3 + y$, on obtient $3(3 + y)^2 + 1 > 7(3 + y)$, ou, par le développement des calculs indiqués,

$$27 + 18y + 3y^2 + 1 > 21 + 7y,$$

et, en retranchant $21 + 7y$ des deux membres,

$$7 + 11y + 3y^2 > 0.$$

Or cette relation est toujours satisfaite quelle que soit la valeur attribuée à y. Il en est donc de même de la relation (1) d'où l'on est parti pour obtenir ce résultat; par conséquent il est établi que 2145 est plus grand que $(x-1)^3$.

D'autre part, 2145 est plus petit que x^3, car étant égal à $(x^2-4)x$ ou à x^3-4x, il est inférieur à x^3 de $4x$. On peut donc écrire la double inégalité

$$(x-1)^3 < 2145 < x^3,$$

qui devient, en extrayant la racine cubique de chaque membre,

$$x - 1 < \sqrt[3]{2145} < x.$$

La racine cubique de 2145 à une unité près par excès sera donc égale au nombre moyen x. Cette racine étant 13, x est égal à 13 et les trois nombres demandés sont 11, 13 et 15.

On *vérifie* en montrant que le produit de ces trois nombres, qui satisfont à la première condition du problème, est égal à 2145.

REMARQUE. — S'il s'agissait de *trouver trois nombres entiers consécutifs dont on donne le produit*, en représentant, comme précédemment, le moyen de ces trois nombres par x et en désignant leur produit par P, on aurait la relation

$$(x-1)x(x+1) = P,$$

qui permet de voir immédiatement que P est plus grand que $(x-1)^3$ et qu'il est plus petit que x^3. D'où la double inégalité

$$(x-1)^3 < P < x^3,$$

qui donne $\quad\quad\quad\quad x - 1 < \sqrt[3]{P} < x,$

et d'où l'on conclut aussi que la racine cubique de P, à une unité près par excès, donne la valeur de x.

§ V. — Intérêt simple.

285. Définitions. — Lorsqu'une personne prête à une autre une somme d'argent, on appelle *intérêt* l'indemnité due à la première personne par la seconde à titre de loyer de la somme prêtée.

Cette somme prêtée se nomme *capital*.

L'intérêt, variable avec le capital, dépend en outre de la *durée* du prêt ou placement et du *taux* de l'intérêt, qui est ordinairement l'intérêt de 100^{fr} pour une durée d'un an.

Si le capital reste le même pendant toute la durée du prêt, l'intérêt est *simple*; si au contraire le capital augmente périodiquement de l'intérêt qu'il a produit à la fin de chaque période, l'intérêt est *composé*.

La convention générale pour l'intérêt simple est qu'il est proportionnel au capital, au taux et à la durée du placement. Il en résulte que les questions élémentaires de ce genre sont de véritables règles de trois.

L'intérêt composé, qui exige d'autres ressources de calcul que celles de l'Arithmétique, sera l'objet d'une étude spéciale en Algèbre.

Nous nous bornerons donc ici à l'examen des problèmes *d'intérêt simple*.

Pour le calcul de l'intérêt simple, si l'on représente par C le capital, par I l'intérêt, par i le taux et par t la durée du prêt, le problème général peut être énoncé ainsi qu'il suit:

Une somme de 100^{fr} *rapporte un intérêt* i *en* 1 *an; quel sera l'intérêt* I *rapporté par un capital* C *en* t *années?*

Ce problème renferme six quantités dont deux restent fixes, 100^{fr} et 1 an; les quatre autres sont essentiellement variables et peuvent être à tour de rôle inconnues dans des problèmes de même ordre: de là quatre problèmes différents auxquels peuvent donner lieu les questions d'intérêt simple.

Nous verrons que pour résoudre chacun d'eux il suffira que les trois autres quantités variables soient données.

286. I (Calcul de l'intérêt). — *Quel est l'intérêt simple produit par un capital de* 5 000^{fr} *placé au taux de* 4,50 *pour* 100 *pendant* 3 *ans* 2 *mois* 16 *jours?*

Dans les calculs relatifs à l'intérêt, on considère le mois comme formé de 30 jours et l'année de 360; de plus, lorsque le temps est exprimé par un nombre à plusieurs unités, on l'évalue en unités de la plus petite espèce.

Ici, le temps évalué en jours sera exprimé par 1156 jours. D'après cela, les données et l'inconnue du problème donneront le tableau suivant d'une règle de trois composée :

$$100^{fr} \qquad 360^{j} \qquad 4^{fr},50$$
$$5000^{fr} \qquad 1156^{j} \qquad x.$$

L'intérêt étant proportionnel au capital, au taux et au temps, en appliquant à cette question l'une quelconque des méthodes exposées plus haut pour la résolution des règles de trois, on aura

$$x = \frac{4^{fr},50 \times 5000 \times 1156}{100 \times 360} = 722^{fr},50.$$

287. II (Calcul du capital). — *Quel capital faut-il placer à intérêt simple au taux de 3,75 pour 100, pendant 4 ans 8 mois pour produire un intérêt simple de 423 fr,50 ?*

Le temps étant exprimé en mois par le nombre 56, les données et l'inconnue du problème donnent lieu à la disposition suivante d'une règle de trois composée :

$$3^{fr},75 \qquad 12^{m} \qquad 100^{fr}$$
$$423^{fr},50 \qquad 56^{m} \qquad x.$$

On en tire, en remarquant que le capital est proportionnel à son intérêt et inversement proportionnel au taux et au temps,

$$x = \frac{100^{fr} \times 423,50 \times 12}{3,75 \times 56} = 2420^{fr}.$$

288. III (Calcul du taux). — *A quel taux faut-il placer pendant 5 ans un capital de 540 fr pour produire un intérêt simple de 114 fr,75 ?*

Autre règle de trois, qui fournit la disposition suivante des données et de l'inconnue :

$$540^{fr} \qquad 5^{a} \qquad 114^{fr},75$$
$$100^{fr} \qquad 1^{a} \qquad x.$$

On obtient, après avoir observé que le taux est proportionnel à l'intérêt et inversement proportionnel au capital et au temps,

$$x = \frac{114^{fr},75 \times 100}{540 \times 5} = 4^{fr},25.$$

REMARQUE. — L'expression *pour 100* qui suit généralement le chiffre du taux est souvent remplacée par le signe °/₀ ; aussi écrit-on indifféremment qu'une somme est placée à **4,25** pour **100** ou à 4,25 °/₀.

289. IV (Calcul du temps). — *Quel temps faut-il à une somme de* 3648^fr *pour produire au taux de 5 pour* 100 *un intérêt simple de* 273^fr,60 ?

Les données et l'inconnue de cette autre règle de trois étant disposées comme il suit :

$$100^{fr} \qquad 5^{fr} \qquad 1^{a}$$
$$3\,648^{fr} \qquad 273^{fr},60 \qquad x,$$

et l'observation étant faite que le temps est proportionnel à l'intérêt et inversement proportionnel au capital et au taux, on a

$$x = \frac{1^{a} \times 100 \times 273,60}{3648 \times 5} = 1 \text{ an } 6 \text{ mois.}$$

Remarque. — La *vérification* des résultats fournis par la résolution des quatre problèmes élémentaires de l'intérêt simple se fait, pour chacun d'eux, par la résolution d'un problème analogue à l'un quelconque des trois autres ; la valeur obtenue pour l'inconnue du problème à vérifier y devient une donnée et l'on prend pour inconnue l'une quelconque des trois autres quantités de nature variable.

290. Généralisation des questions d'intérêt simple. — La solution de chacune des quatre questions sur l'intérêt simple peut être donnée par la formule générale

$$I = \frac{C \times i \times t}{100},$$

qui s'obtient du premier problème généralisé sous la condition que t exprime le temps en années.

Cette formule montre, en effet, par la relation qu'elle établit entre les quatre quantités C, i, t, I, ce que nous avons déjà annoncé, qu'il suffit de connaître trois de ces quantités pour calculer la quatrième.

Les trois quantités C, i, t considérées successivement

comme inconnues, se calculent par le moyen des formules :

$$C = \frac{100 \times I}{i \times t},$$

$$i = \frac{100 \times I}{C \times t},$$

$$t = \frac{100 \times I}{C \times i},$$

qui se déduisent de la précédente en en multipliant les deux membres par 100, pour les diviser ensuite par $i \times t$ pour la première question, par $C \times t$ pour la deuxième, et par $C \times i$ pour la troisième.

Ces formules, traduites en langage ordinaire, donnent les règles suivantes pour résoudre les quatre problèmes élémentaires de l'intérêt simple :

1° *L'intérêt est égal au produit du capital, du taux et du temps, divisé par 100 ;*

2° *Le capital est égal au centuple de l'intérêt, divisé par le produit du taux et du temps ;*

3° *Le taux est égal au centuple de l'intérêt, divisé par le produit du capital et du temps ;*

4° *Le temps est égal au centuple de l'intérêt, divisé par le produit du capital et du taux.*

291. La combinaison des quatre éléments variables des questions d'intérêt simple donne lieu à beaucoup d'autres problèmes dont quelques-uns vont suivre.

292. V. *Une somme a été placée à un taux tel qu'après 18 mois elle est devenue, capital et intérêt compris, 9083^{fr},75, et après 2 ans et demi, 9506^{fr},25. Quelle est cette somme et à quel taux a-t-elle été placée ?*

La différence entre 9506^{fr},25 et 9083^{fr},75, ou 422^{fr},50, représente l'intérêt du capital inconnu pour 2 ans et demi moins 18 mois, ou 12 mois. Il en résulte que l'intérêt de ce même capital pour 18 mois se monte à

$$\frac{422^{fr},50 \times 18}{12} = 633^{fr},75 ;$$

que le capital cherché vaut
$$9083^{\text{fr}},75 - 633^{\text{fr}},75 = 8450^{\text{fr}};$$
et que le taux demandé est égal à
$$\frac{633^{\text{fr}},75 \times 100 \times 12}{8450 \times 18} = 5^{\text{fr}}.$$

La *vérification* se fait en cherchant ce que devient à 5 pour 100 la somme de 8450^{fr} après 18 mois, d'une part, et 2 ans et demi, de l'autre ; on doit trouver successivement $9083^{\text{fr}},75$ et $9506^{\text{fr}},25$.

293. VI. *5 frères ont dépensé en 9 mois un capital de 4800^{fr} avec les intérêts ; dans les mêmes conditions, deux autres personnes auraient dépensé 3320^{fr} avec les intérêts en 16 mois. Le taux étant le même dans les deux cas, quel est le montant de la dépense par mois de chacun des 5 frères ?*

La dépense par personne et par mois a été, dans le premier cas de $\dfrac{4800^{\text{fr}}}{5 \times 9}$, ou $106^{\text{fr}}\dfrac{2}{3}$, plus les intérêts de cette somme pendant 9 mois, et dans le second cas, de $\dfrac{3320^{\text{fr}}}{2 \times 16}$, ou $103^{\text{fr}}\dfrac{3}{4}$, plus les intérêts de cette somme pendant 16 mois.

Or, les deux dépenses étant égales, il s'ensuit que la somme de $106^{\text{fr}}\dfrac{2}{3}$ augmentée de ses intérêts au taux inconnu pendant 9 mois est égale à la somme de $103^{\text{fr}}\dfrac{3}{4}$ augmentée de ses intérêts au même taux pendant 16 mois. Il en résulte que l'excès de $106^{\text{fr}}\dfrac{2}{3}$ sur $103^{\text{fr}}\dfrac{3}{4}$ est compensé, dans le second cas, par un excès d'intérêt ; on peut donc écrire, si x représente le taux inconnu,

$$106\frac{2}{3} - 103\frac{3}{4} = \frac{103\frac{3}{4} \times 16 \times x}{1\,200} - \frac{106\frac{2}{3} \times 9 \times x}{1\,200},$$

ou
$$2\frac{11}{12} = \frac{166x}{120} - \frac{96x}{120} = \frac{7}{12}x.$$

Ici la question revient à cette autre :

Trouver un nombre dont les $\dfrac{7}{12}$ valent $2\dfrac{11}{12}$.

Ce nombre est $2\frac{11}{12}\times\frac{12}{7}=\frac{35}{12}\times\frac{12}{7}=5.$

Le taux étant de 5 pour 100, la dépense par mois de chacun des 5 frères sera donc de

$$\frac{4800+\dfrac{4800\times5\times9}{1\,200}}{5\times9}=110^{\text{fr}}\frac{2}{3}.$$

On *vérifie* cette solution en montrant que la dépense serait exprimée par le même chiffre mensuel de $110^{\text{fr}}\frac{2}{3}$ pour chacune des **2** personnes qui dépenseraient 3320^{fr} avec leurs intérêts à 5 pour 100 en 16 mois.

294. VII. *Deux personnes qui possèdent ensemble une somme de $167\,280^{\text{fr}}$, placent leurs fonds, la première à 4 pour 100 pendant 3 mois, et la seconde à 5 pour 100 pendant 7 mois. On demande de calculer l'avoir et l'intérêt de chaque personne, sachant que l'intérêt de la première est double de celui de la seconde.*

La solution a pour point de départ ici l'hypothèse que deux autres personnes ont placé des fonds dans les mêmes conditions et que la seconde personne a reçu 1^{fr} d'intérêt ; il s'ensuit que la première aura reçu 2^{fr} et que les capitaux qui auront produit ces intérêts seront :

pour la première, $\dfrac{100^{\text{fr}}\times2\times12}{4\times3}=200^{\text{fr}},$

et pour la seconde, $\dfrac{100^{\text{fr}}\times1\times12}{5\times7}=\dfrac{240^{\text{fr}}}{7}.$

Les deux capitaux cherchés sont donc entre eux comme les nombres 200 et $\dfrac{240}{7}$. Le problème proposé, dans sa première partie, revient donc au suivant :

Partager la somme de $167\,280^{\text{fr}}$ en deux parties proportionnelles aux nombres 200 et $\dfrac{240}{7}$.

On a, pour le premier capital, $\dfrac{167\,280^{\text{fr}}\times200}{200+\dfrac{240}{7}}=142800^{\text{fr}},$

et pour le deuxième, $\dfrac{167\,280^{\text{fr}} \times \dfrac{240}{7}}{200 + \dfrac{240}{7}} = 24\,480^{\text{fr}}.$

Les intérêts produits peuvent s'obtenir directement des deux sommes trouvées, $142\,800^{\text{fr}}$ et $24\,480^{\text{fr}}$; mais on peut les calculer aussi en résolvant le double problème de règle de trois simple suivant :

Une somme de deux capitaux égale à $200^{\text{fr}} + \dfrac{240^{\text{fr}}}{7}$ *ou* $\dfrac{1\,640^{\text{fr}}}{7}$, *procure un intérêt de* 2^{fr} *à la personne qui possède le premier de ces capitaux et de* 1^{fr} *à celle qui possède le second ; quels sont les intérêts que procurera dans les mêmes conditions une somme de deux capitaux égale à* $167\,280^{\text{fr}}$?

La question donne lieu aux deux tableaux suivants :

$$1° \qquad 2^{\text{fr}} \qquad \dfrac{1\,640^{\text{fr}}}{7},$$
$$x \qquad 167\,280^{\text{fr}};$$
$$2° \qquad 1^{\text{fr}} \qquad \dfrac{1\,640^{\text{fr}}}{7},$$
$$x' \qquad 167\,280^{\text{fr}};$$

on en tire

$$x = \dfrac{2^{\text{fr}} \times 167\,280 \times 7}{1\,640} = 1\,428^{\text{fr}}$$

et

$$x' = \dfrac{1^{\text{fr}} \times 167\,280 \times 7}{1\,640} = 714^{\text{fr}}.$$

On peut se contenter de calculer le premier intérêt et d'en prendre la moitié pour avoir le second.

Pour *vérifier* les deux parties de la solution, on montre que les nombres trouvés satisfont aux conditions de l'énoncé du problème. Mais on peut aussi vérifier la première sans connaître la seconde, en établissant que les deux capitaux, $142\,800^{\text{fr}}$ et $24\,480^{\text{fr}}$, ont pour somme $167\,280^{\text{fr}}$ et donnent, le premier en 3 mois à 4 pour 100, et le second en 7 mois à 4 pour 100, des revenus tels que le premier est double du second. La vérification de la seconde partie peut aussi se faire sans s'appuyer sur la première, en montrant que les revenus de $1\,428^{\text{fr}}$ et 714^{fr}

sont doubles l'un de l'autre, si on les a calculés tous les deux directement, et sont produits, le premier en 3 mois à 4 pour 100, et le second en 7 mois à 5 pour 100, par des capitaux dont la somme totale est 167 280^{fr}.

295. VIII. *On place un capital inconnu C à un taux inconnu i. Ce capital, retiré au bout d'un an, augmenté de 1 000^{fr} et placé à 1 pour 100 de plus, a produit un revenu annuel supérieur de 80^{fr} au revenu précédent. Un an après, on retire de nouveau le capital, on y ajoute 500^{fr} et on le replace de nouveau à 1 pour 100 de plus que la seconde année; le revenu annuel augmente encore de 70^{fr}. Trouver le capital primitif C et le premier taux i.*

L'excès 80^{fr} du second revenu annuel sur le premier représente le revenu annuel du capital C à 1 pour 100 ou $\dfrac{C}{100}$, plus le revenu annuel de 1 000^{fr} à i pour 100, d'une part, et à 1 pour 100, de l'autre, ou $\dfrac{1000i}{100} + \dfrac{1000}{100}$, ou plus simplement $10i + 10$. On a donc la relation

$$80 = \frac{C}{100} + 10i + 10,$$

ou, en retranchant 10 des deux membres,

$$(1) \qquad 70 = \frac{C}{100} + 10i.$$

En second lieu, l'excès 70^{fr} du troisième revenu annuel sur le second représente le revenu annuel du capital C à 1 pour 100, ou $\dfrac{C}{100}$, plus le revenu annuel de 1 000^{fr} à 1 pour 100, ou 10^{fr}, plus le revenu annuel de 500^{fr} au taux initial de i pour 100, d'une part, et au taux de 2 pour 100, d'autre part, ou $\dfrac{500i}{100} + \dfrac{500 \times 2}{100}$, ou encore $5i + 10$. On a ainsi

$$70 = \frac{C}{100} + 10 + 5i + 10,$$

ou, en retranchant 20 de chaque membre de l'égalité,

$$(2) \qquad 50 = \frac{C}{100} + 5i.$$

La comparaison des égalités (1) et (2) fait ressortir que les deux membres de la première surpassent les deux membres de la seconde respectivement de 20 et de 5i, ce qui revient à dire que 5 fois le taux valent 20 et à résoudre ce problème :

Quel est le nombre dont le quintuple est 20 ?

Le taux est ainsi égal à $\dfrac{20}{5}$ ou 4.

Pour avoir le capital, il suffit de considérer une des égalités (1) ou (2), la première, par exemple, qui exprime que 70^{fr} valent le centième du capital inconnu, augmenté de 10 fois le taux, ou 40^{fr}, autrement dit, que 70^{fr} — 40^{fr} ou 30^{fr} valent le centième du capital. On est ainsi amené à résoudre cette question :

Trouver une somme dont le centième est 30^{fr}.

Cette somme est 30$^{fr} \times 100 = 3000^{fr}$.

On *vérifie* en appliquant au capital 3000^{fr} et au taux 4 pour 100 les conditions successives du problème : les trois revenus annuels doivent être tels que le second surpasse le premier de 80^{fr} et que le troisième surpasse le second de 70^{fr}.

296. IX. *En plaçant sa fortune, partie à 5 et partie à 3 pour 100, une personne se fait un revenu annuel total de* 3 800^{fr}. *Mais si la première somme était placée à 3 pour 100 et la seconde à 5, son revenu augmenterait de* 400^{fr}. *Quels sont ses deux placements?*

De ce que le revenu annuel augmente en intervertissant l'ordre des placements, il résulte que le second placement est plus élevé que le premier.

Faisons l'hypothèse que cette différence est de 100^{fr}. Par l'interversion des placements le revenu sera augmenté de la différence des deux taux ou de 2^{fr} ; or, comme l'augmentation donnée est de 400^{fr}, la différence de ces placements est de

$$\frac{100^{fr} \times 400}{2} = 20000^{fr}.$$

Ces 20000^{fr} placés à 3 pour 100 donnent un revenu annuel

de $\dfrac{3^{fr} \times 20000}{100} = 600^{fr}$.

L'excès de revenu total 3 800^{fr} sur 600^{fr}, ou 3 200^{fr}, est alors produit par deux capitaux égaux, l'un placé à 5 pour 100, l'autre à 3; les deux parties de ce revenu sont donc nécessairement entre elles comme 5 est à 3. La question est ainsi ramenée à la suivante :

Partager 3 200^{fr} *en parties proportionnelles aux nombres* 5 *et* 3.

On a pour la première $\dfrac{3\,200^{fr} \times 5}{5 + 3} = 2000^{fr}$,

et pour la seconde $\dfrac{3\,200^{fr} \times 3}{5 + 3} = 1\,200^{fr}$.

Les deux capitaux égaux qui ont produit ces revenus sont, en calculant le premier seul, par exemple, de

$$\frac{100^{fr} \times 2000}{5} = 40000^{fr}.$$

Ce chiffre représente en même temps le montant du premier placement. Le second, supérieur de 20000^{fr}, est alors de 40 000^{fr} + 20 000^{fr} = 60 000^{fr}.

La *vérification* consiste à montrer qu'en soumettant ces deux sommes, 40 000^{fr} et 60 000^{fr}, aux conditions successives du problème, on trouve un premier revenu annuel de 3 800^{fr} et un second qui surpasse le premier de 400^{fr}.

Remarque. — Si le second revenu était inférieur au premier, ce serait l'indication que le premier placement est plus élevé que le second, et en partant de cette première observation, on raisonnerait comme précédemment pour résoudre la question.

297. X. *Deux capitaux dont le total est de* 60000^{fr} *sont placés, l'un à* 4 *pour* 100 *pendant* 6 *mois, l'autre à* 5 *pour* 100 *pendant* 8 *mois ; ils donnent une somme d'intérêt égale à* 1 680^{fr}. *Calculer ces deux capitaux.*

Nous appliquerons à ce problème la méthode de la double hypothèse.

1re hypothèse. Supposons d'abord que le premier capital soit de 10 000^{fr} ; le second sera de 50 000^{fr}. Le revenu de 10 000^{fr} à 4 pour 100 pendant 6 mois est de

$$\frac{4^{fr} \times 10000 \times 6}{1\,200} = 200^{fr},$$

et celui de 50.000^{fr} à 5 pour 100 pendant 8 mois est de

$$\frac{5^{fr} \times 50000 \times 8}{1200} = 1666^{fr}\frac{2}{3}.$$

La somme de ces deux revenus, $200^{fr} + 1666^{fr}\frac{2}{3}$ ou $1866^{fr}\frac{2}{3}$, est supérieure à 1680^{fr} de

$$1866^{fr}\frac{2}{3} - 1680^{fr} = 186^{fr}\frac{2}{3}.$$

2º hypothèse. — Supposons en second lieu que le premier capital soit de 10000^{fr} plus élevé que nous l'avons tout d'abord imaginé, c'est-à-dire de 20000^{fr}; le second sera de 40000^{fr}. Le revenu de 20000^{fr} à 4 pour 100 pendant 6 mois est de

$$\frac{4^{fr} \times 20000 \times 6}{1200} = 400^{fr},$$

et celui de 40000^{fr} à 5 pour 100 pendant 8 mois est de

$$\frac{5^{fr} \times 40000 \times 8}{1200} = 1333^{fr}\frac{1}{3}.$$

La somme de ces deux revenus, $400^{fr} + 1333^{fr}\frac{1}{3}$ ou $1733^{fr}\frac{1}{3}$, est supérieure à 1680^{fr} de

$$1733^{fr}\frac{1}{3} - 1680^{fr} = 53^{fr}\frac{1}{3}.$$

Ainsi, en augmentant le premier capital supposé de 10000^{fr}, le revenu a baissé de $186^{fr}\frac{2}{3} - 53^{fr}\frac{1}{3}$, ou de $133^{fr}\frac{1}{3}$. On est donc amené à résoudre la règle de trois suivante :

De combien faut-il augmenter le premier capital supposé pour diminuer le revenu total de $186^{fr}\frac{2}{3}$, si une augmentation de 10000^{fr} produit une diminution de revenu de $133^{fr}\frac{1}{3}$?

Du tableau 10000^{fr} $133^{fr}\frac{1}{3}$

                         x $186^{fr}\frac{2}{3}$,

$$\text{on tire} \qquad x = \frac{10000^{fr} \times 186\,\frac{2}{3}}{133\,\frac{1}{3}} = 14000^{fr}.$$

Le premier capital est donc de $10000^{fr} + 14000^{fr} = 24000^{fr}$, et le second, de $60000^{fr} - 24000^{fr} = 36000^{fr}$.

On *vérifie* en montrant que les sommes de 24000^{fr} et de 36000^{fr} placées respectivement à 4 pour 100 pendant 6 mois et à 5 pour 100 pendant 8 mois donnent un total d'intérêts égal à 1680^{fr}.

REMARQUE. — Si l'énoncé du problème portait la différence au lieu de la somme des intérêts produits par les deux placements, la méthode de résolution serait exactement la même, sauf que dans chaque hypothèse on raisonnerait sur des différences d'intérêts au lieu de le faire sur des sommes.

§ VI. — Escompte.

298. **Définitions.** — Lorsqu'une personne achète à terme des marchandises, elle s'engage généralement à payer la somme due sur la présentation, à l'expiration du délai convenu, d'un effet de commerce, billet à ordre, traite ou autre, souscrit ou accepté par elle. Mais le créancier peut obtenir un payement anticipé par la vente, la négociation, la transmission de son effet à un banquier qui lui en verse le montant en espèces, en lui faisant subir toutefois une retenue qu'on appelle *escompte*.

La somme inscrite sur un effet de commerce est sa *valeur nominale*, et la somme payée par le banquier (différence entre la valeur nominale et l'escompte) est la *valeur au comptant* de cet effet.

L'époque à laquelle doit être payé un effet s'appelle l'*échéance*.

L'escompte, variable avec la valeur nominale de l'effet et le temps à courir jusqu'à l'échéance, dépend encore d'un *taux* qui représente l'intérêt attribué à 100^{fr} pour un an.

Ordinairement l'escompte se calcule comme s'il s'agissait de l'intérêt simple de la valeur nominale de l'effet pendant le temps qui sépare le jour de l'opération de celui de l'échéance. Cette manière de procéder, quoique légale, n'est pas rigoureusement juste, car le banquier retient un intérêt plus élevé que celui de la somme qu'il débourse.

Rationnellement l'escompte devrait être l'intérêt de la valeur au comptant de l'effet et non celui de la valeur nominale.

Le premier escompte se nomme *escompte commercial* ou *en dehors* ; l'autre, *escompte rationnel* ou *en dedans*.

En outre de l'escompte, le banquier perçoit généralement une *commission*, qui s'augmente d'un *change de place* si l'effet doit être payé en dehors de sa résidence. Commission et change de place sont proportionnels à la valeur nominale de l'effet.

Dans ce qui va suivre nous ne nous occuperons pas de ces frais accessoires.

1. — Escompte commercial.

299. En considérant comme valeur de l'effet sa valeur nominale, l'*escompte commercial* ou *en dehors* donne lieu à quatre problèmes élémentaires analogues à ceux de l'intérêt simple et se résolvant par les mêmes procédés. En voici l'énoncé avec des données numériques :

I (Calcul de l'escompte commercial). — *Quel est l'escompte commercial qu'a subi un effet de* 2 400^{fr} *payé 6 mois avant son échéance, le taux de l'escompte étant de 5 pour 100 ?*

II (Calcul de la valeur nominale). — *Quelle était la valeur nominale d'un effet qui a subi pour 1 an 3 mois, au taux de 5,50 pour 100, un escompte commercial de* 132^{fr} *?*

III (Calcul du taux). — *A quel taux a dû être escompté un effet dont la valeur nominale était de* 3850^{fr} *et qui, payé 8 mois 25 jours avant son échéance, a donné* 165^{fr},625 *d'escompte commercial ?*

IV (Calcul du temps). — *De combien de temps a-t-on avancé le payement d'un effet dont la valeur nominale était de* 1875^{fr}, *l'escompte commercial, au taux de 6 pour 100, ayant donné* 37^{fr},50 *?*

Nous laisserons au lecteur le soin de résoudre ces questions qui ne diffèrent uniquement de celles de l'intérêt simple que par quelques termes, valeur nominale au lieu de capital, et escompte au lieu d'intérêt.

300. Mais, si au lieu de faire entrer dans les problèmes relatifs à l'escompte la valeur nominale de l'effet, on considère la valeur au comptant, les questions deviennent très différentes et demandent une transformation pour être mises sous la forme de règles de trois.

C'est ce que vont montrer les exemples suivants :

301. V (Calcul de l'escompte commercial). — *Pour un effet payé 6 mois avant son échéance on a reçu 1 950^{fr} ; quel escompte commercial a-t-on prélevé au taux de 5 pour 100 ?*

Pour formuler ici la règle de trois, il faut chercher la valeur au comptant d'un billet de 100^{fr} escompté pour 6 mois au taux de 5 pour 100, c'est-à-dire la valeur de même espèce que 1950^{fr} qui correspond à une valeur nominale de 100^{fr}.

L'intérêt de 100^{fr} pendant 6 mois à 5 pour 100 est de $\frac{5^{fr} \times 6}{12} = 2^{fr},50$. Un billet de 100^{fr} escompté dans les conditions du problème est donc ramené à la somme de

$$100^{fr} - 2^{fr},50 = 97^{fr},50.$$

On est alors conduit à la règle de trois simple :

Une valeur au comptant de 97^{fr},50 correspondant à un escompte de 2^{fr},50, à quel escompte correspond, dans les mêmes conditions, une valeur au comptant de 1 950^{fr}?

Les deux grandeurs envisagées étant directement proportionnelles, on a

$$\frac{x}{2^{fr},50} = \frac{1\,950}{97,50},$$

d'où
$$x = \frac{2^{fr},50 \times 1\,950}{97,50} = 50^{fr}.$$

302. VI (Calcul de la valeur au comptant). — *Quelle est la valeur au comptant d'un effet payable dans 8 mois, qui a donné 65^{fr} d'escompte commercial au taux de 6 pour 100 ?*

De nouveau il faut commencer par chercher la valeur au comptant d'un effet de 100^{fr} escompté dans les mêmes conditions que celui dont on s'occupe.

L'intérêt de 100^{fr} pendant 8 mois, **au taux de 6 pour 100,**
étant de $\dfrac{6^{fr} \times 8}{12} = 4^{fr}$, un effet de 100^{fr} devient

$$100^{fr} - 4^{fr} = 96^{fr}.$$

Et la règle de trois simple à laquelle on aboutit est la suivante :

Un escompte de 4^{fr} correspond à une valeur au comptant de 96^{fr} ; à quelle valeur au comptant correspond dans les mêmes conditions un escompte de 65^{fr} ?

Les deux grandeurs considérées étant directement proportionnelles, on a

$$\frac{x}{96^{fr}} = \frac{65}{4},$$

d'où

$$x = \frac{96^{fr} \times 65}{4} = 1\,560^{fr}.$$

303. VII (Calcul du taux).— *Un effet payé 9 mois avant son échéance a été ramené par un escompte commercial de 45^{fr} à la somme de $1\,205^{fr}$; à quel taux a-t-il été escompté ?*

Le taux étant le revenu de 100^{fr} pour 1 an, il faut ici chercher la somme qui a donné 45^{fr} d'intérêt en 9 mois. Cette somme est égale à la valeur au comptant de l'effet, augmentée de l'escompte, c'est-à-dire à $1\,205^{fr} + 45^{fr} = 1\,250^{fr}$.

Le problème auquel se ramène le proposé est alors le suivant :

A quel taux faut-il placer une somme de $1\,250^{fr}$ pour produire un intérêt de 45^{fr} en 9 mois ?

C'est un problème connu d'intérêt simple, qui a pour solution

$$x = \frac{45^{fr} \times 100 \times 12}{1\,250 \times 9} = 4^{fr},80.$$

304. VIII (Calcul du temps). — *Au bout de combien de temps était payable un effet qui a donné, au taux de 6 pour 100, une valeur au comptant de $1149^{fr},495$ et un escompte commercial de $17^{fr},505$?*

$17^{fr},505$ étant l'intérêt de $1149^{fr},495 + 17^{fr},505 = 1167^{fr}$ pendant le temps cherché, la question est ramenée à celle-ci :

Quel temps faut-il à une somme de 1167^{fr} pour produire, au taux de 6 pour 100, un intérêt de 17^{fr},505 ?

Ce problème connu d'intérêt simple a pour solution

$$x = \frac{1^a \times 100 \times 17,505}{1167 \times 6} = \frac{1}{4} \text{ d'année ou 3 mois.}$$

305. Généralisation des questions d'escompte commercial. — En résolvant le problème I, après y avoir remplacé respectivement par N, E, i, t la valeur nominale de l'effet, l'escompte commercial, le taux, et le temps exprimé en années, on arrive à la formule

$$(1) \qquad E = \frac{N \times i \times t}{100},$$

qui établit une relation entre les quatre quantités essentielles et variables des questions sur l'escompte commercial, et qui permet de résoudre directement, par des transformations identiques à celles que nous avons fait subir à la formule de l'intérêt, les quatre premiers problèmes que nous avons énoncés.

La solution des quatre problèmes qui ont suivi peut aussi se déduire d'une formule un peu différente de la précédente, que l'on obtient par la généralisation du problème V, dans lequel on désigne par A la valeur au comptant et par les mêmes lettres que ci-dessus l'escompte, le taux et le temps. Cette formule est la suivante :

$$(2) \qquad E = \frac{A \times i \times t}{100 - i \times t}.$$

Si l'on exprime que les seconds membres des formules (1) et (2), qui sont l'un et l'autre égaux à la même quantité E, sont égaux entre eux, on a la proportion

$$\frac{A \times i \times t}{100 - i \times t} = \frac{N \times i \times t}{100}.$$

En divisant les deux rapports égaux par $i \times t$ et en faisant ensuite le produit des extrêmes et celui des moyens, il vient

$$A \times 100 = N(100 - i \times t),$$

d'où, en divisant les deux membres de cette dernière relation par 100,

(3)
$$A = \frac{N(100 - i \times t)}{100}.$$

Cette formule donne la facilité de passer directement de la valeur nominale à la valeur au comptant d'un effet, et réciproquement, lorsqu'on connaît avec une de ces valeurs le taux et le temps, sans avoir recours au calcul de l'escompte.

D'autre part, comme elle comprend quatre quantités qui peuvent être à tour de rôle considérées comme inconnues, elle permet de résoudre quatre autres problèmes élémentaires sur l'escompte, un peu différents de ceux que nous avons résolus, mais dont le lecteur peut facilement trouver l'énoncé ainsi que la solution par des transformations de cette formule même.

2. — Escompte rationnel.

306. En considérant d'abord pour valeur de l'effet sa valeur nominale, l'*escompte rationnel* ou *en dedans* donne lieu, comme l'escompte commercial, à quatre problèmes élémentaires que nous allons énoncer et résoudre successivement.

307. I (Calcul de l'escompte rationnel). — *Quel est l'escompte rationnel opéré, au taux de 6 pour 100, sur un effet de* 1 248^{fr} *payé 8 mois avant son échéance ?*

100^{fr} donnent en 8 mois, au taux de 6 pour 100, un intérêt de $\dfrac{6^{fr} \times 8}{12} = 4^{fr}$; l'escompte rationnel d'un effet dont la valeur au comptant est de 100^{fr} sera de 4^{fr} dans les conditions de l'énoncé du problème ; par suite, sa valeur nominale sera de 100$^{fr} + 4^{fr} = 104^{fr}$. La règle de trois simple à laquelle on ramène le problème est ainsi la suivante :

Un effet de 104^{fr} *donne un escompte rationnel de* 4^{fr} ; *quel est l'escompte correspondant pour un effet de* 1 248^{fr} ?

Les deux espèces de grandeurs sont directement proportionnelles ; on a donc
$$\frac{x}{4^{fr}} = \frac{1248}{104},$$

d'où
$$x = \frac{4^{fr} \times 1248}{104} = 48^{fr}.$$

308. II (Calcul de la valeur nominale). — *Un effet payé 90 jours avant son échéance a produit, au taux de 5 pour 100, un escompte rationnel de 70fr. Quelle en était la valeur nominale ?*

100fr au taux de 5 pour 100 produisent en 90 jours un intérêt de $\dfrac{5^{fr} \times 90}{360} = 1^{fr},25$; l'escompte rationnel d'un effet dont la valeur au comptant est de 100fr sera, dans les conditions de l'énoncé du problème, de 1fr,25 ; sa valeur nominale sera donc de 100fr + 1fr,25 = 101fr,25. Nous sommes dès lors conduit à la règle de trois simple qui suit :

Il a été fait un escompte de 1fr,25 sur un effet d'une valeur nominale de 101fr,25 ; quelle est la valeur nominale d'un effet qui a donné, dans les mêmes conditions, 70fr d'escompte ?

Les deux grandeurs considérées sont directement proportionnelles ; on a donc

$$\frac{x}{101^{fr},25} = \frac{70}{1,25},$$

d'où l'on tire $\qquad x = \dfrac{101^{fr},25 \times 70}{1,25} = 5670^{fr}.$

309. III (Calcul du taux). — *A quel taux a-t-on escompté un effet de 2575fr payable dans 6 mois pour donner un escompte rationnel de 75fr ?*

75fr étant l'intérêt pour 6 mois d'une somme de 2575fr — 75fr = 2500fr, la question est ramenée à la suivante :

L'intérêt de 2500fr pour 6 mois est de 75fr ; quel est le taux ?

C'est un problème connu sur l'intérêt simple, dont la solution est

$$x = \frac{75^{fr} \times 100 \times 12}{2500 \times 6} = 6^{fr}.$$

310. IV (Calcul du temps). — *De combien de temps a-t-on avancé le payement d'un effet de 1676fr,40 pour que l'escompte rationnel au taux de 4 pour 100 ait donné 26fr,40 ?*

La valeur au comptant de l'effet étant de

$$1676^{fr},40 - 26^{fr},40 = 1650^{fr},$$

la question à laquelle on est ramené est la suivante :

Quel temps faut-il à une somme de 1 650^{fr} pour produire 26^{fr},40 d'intérêt au taux de 4 pour 100 ?

C'est encore un problème connu d'intérêt simple, d'où l'on tire

$$x = \frac{360^j \times 26,40 \times 100}{1\,650 \times 4} = 144 \text{ jours.}$$

311. Si au lieu de faire entrer dans des questions de ce genre la valeur nominale d'un effet, on y introduit la valeur au comptant, l'escompte rationnel donne lieu, comme l'escompte commercial, à quatre autres problèmes différents des précédents, et dont les énoncés et les solutions suivent.

312. V (Calcul de l'escompte rationnel). — *Un effet payable dans 128 jours a été ramené, par un escompte rationnel au taux de 6 pour 100, à une valeur au comptant de 750^{fr} ; quel est l'escompte ?*

C'est le calcul de l'intérêt de 750^{fr}, pendant 128 jours, à 6 pour 100. Le problème est connu et donne

$$x = \frac{6^{fr} \times 750 \times 128}{36\,000} = 16^{fr}.$$

313. VI (Calcul de la valeur au comptant). — *Quelle est la valeur au comptant d'un effet payable dans 11 mois et qui a donné, au taux de 4,5 pour 100, un escompte rationnel de 115^{fr},50 ?*

C'est le calcul du capital qui a produit 115^{fr},50 d'intérêt en 11 mois, au taux de 4,5 pour 100. On a

$$x = \frac{115^{fr},50 \times 100 \times 12}{4,5 \times 11} = 2800^{fr}.$$

314. VII (Calcul du taux). — *A quel taux a-t-on escompté un effet payable dans 45 jours, qui a été ramené par un escompte rationnel de 8^{fr},10 à une valeur au comptant de 1 080^{fr} ?*

C'est le calcul du taux dans un problème d'intérêt simple. On a

$$x = \frac{8^{fr},10 \times 100 \times 360}{1\,080 \times 45} = 6^{fr}.$$

315. VIII (Calcul du temps). — *Au bout de combien de temps était payable un effet qui a été ramené à 1 800^{fr} par un escompte rationnel de 135^{fr}, au taux de 5 pour 100 ?*

C'est le calcul du temps dans un problème d'intérêt simple.
On a

$$x = \frac{1^{a} \times 135 \times 100}{1800 \times 5} = 1 \text{ an } 6 \text{ mois.}$$

316. Généralisation des questions d'escompte rationnel. —
La généralisation des questions sur l'escompte rationnel donne
lieu, en partant du problème I, à la formule suivante, dans
laquelle les lettres N, E', i, t représentent respectivement la
valeur nominale de l'effet, l'escompte rationnel, le taux, et le
temps en années :

$$(4) \qquad E' = \frac{N \times i \times t}{100 + i \times t}.$$

Cette formule permet de résoudre les quatre premiers
problèmes dont nous nous sommes occupé.

On peut déduire la solution des quatre derniers d'une autre
formule un peu différente, qui s'établit en partant du problème
V, dans lequel on représente par A' la valeur au comptant,
mais où l'on conserve les mêmes notations que ci-dessus pour
les quantités communes aux deux sortes de questions. Cette
formule est la suivante :

$$(5) \qquad E' = \frac{A' \times i \times t}{100}.$$

L'analogie qu'elle présente avec la formule (1) et celle qui
est relative à l'intérêt simple est une nouvelle preuve de ce
que nous avons dit touchant la marche commune à suivre
pour résoudre les problèmes auxquels elles se rapportent.

Il peut être utile de trouver, comme dans le cas de l'escompte
commercial, une relation entre la valeur nominale et la valeur
au comptant d'un effet. Pour cela, il suffit d'exprimer que les
seconds membres des formules (4) et (5) sont égaux entre eux
comme étant respectivement égaux à une même quantité E',
et l'on a

$$\frac{A' \times i \times t}{100} = \frac{N \times i \times t}{100 + i \times t};$$

en divisant les deux membres de cette égalité par $i \times t$ et en
les multipliant ensuite par 100, il vient

$$(6) \qquad A' = \frac{N \times 100}{100 + i \times t}.$$

Cette formule, qui établit une relation entre quatre quantités différentes des précédentes par leur ensemble, permet de résoudre quatre nouveaux problèmes dont l'énoncé est facile à trouver.

REMARQUE. — L'escompte commercial appliqué à une longue échéance conduit à des absurdités ; il suffit pour s'en convaincre de considérer le cas où l'on cherche la valeur au comptant d'un effet payable au bout de 20 ans, en prenant pour taux de l'escompte commercial 5 pour 100 : on obtient une valeur nulle. D'une manière générale, et c'est ce que montre la formule (3), cette valeur est nulle lorsque le produit du taux et du temps exprimé en années est égal à 100.

Le qualificatif de rationnel appliqué à l'escompte en dedans se justifie une fois de plus par le fait que cet escompte, quels que soient le taux et le temps d'après lesquels il est calculé, n'annule jamais — ce qui doit être — la valeur au comptant de l'effet escompté : c'est ce que montre la formule (6) ; et si l'on reprend le cas d'un effet payable au bout de 20 ans, le taux de l'escompte rationnel étant de 5 pour 100, on trouve pour valeur au comptant la moitié de la valeur nominale.

3. — Relation entre l'escompte commercial et l'escompte rationnel.

317. Entre l'escompte commercial et l'escompte rationnel, opérés sur une même valeur nominale d'effet, d'après le même taux et pour le même temps, il existe une relation simple que l'on obtient en partant des formules (1) et (4).

Si l'on retranche, en effet, ces deux relations membre à membre, la seconde de la première, on a

$$E - E' = \frac{N \times i \times t}{100} - \frac{N \times i \times t}{100 + i \times t},$$

ou
$$E - E' = N \times i \times t \left(\frac{1}{100} - \frac{1}{100 + i \times t} \right);$$

ou bien, en effectuant la soustraction indiquée entre parenthèses et simplifiant,

$$E - E' = N \times i \times t \times \frac{i \times t}{100(100 + i \times t)} = \frac{N \times i \times t}{100 + i \times t} \times \frac{i \times t}{100}.$$

Enfin, si l'on remplace dans cette dernière relation $\frac{N \times i \times t}{100 + i \times t}$ par sa valeur E', il vient

$$E - E' = E' \times \frac{i \times t}{100},$$

ou autrement

(7) $$E - E' = \frac{E' \times i \times t}{100}.$$

Ce que l'on traduit ainsi en langage ordinaire :

L'excès de l'escompte commercial sur l'escompte rationnel est égal à l'intérêt de ce dernier escompte.

La formule précédente, qui établit une relation entre quatre quantités d'un ensemble également différent de ceux qui précèdent, peut à son tour donner la solution de quatre autres problèmes trop faciles à énoncer pour que nous insistions davantage.

318. La combinaison entre eux ou séparément des éléments des deux espèces d'escompte conduit à un très grand nombre de problèmes intéressants dont quelques exemples vont suivre.

319. 1. *Pour deux billets, l'un de 552^{fr} payable dans 7 mois et l'autre de 720^{fr} payable dans 4 mois, un banquier a donné une somme de 1243^{fr},90 ; quel est le taux d'après lequel ces deux billets ont été escomptés commercialement ?*

La somme des valeurs nominales étant de

$$552^{fr} + 720^{fr} = 1272^{fr},$$

et celle des valeurs au comptant de 1243^{fr},90, la somme des escomptes est égale à 1272^{fr} — 1243^{fr},90 = 28^{fr},10. Elle représente l'intérêt de 552^{fr} pendant 7 mois au taux inconnu, plus l'intérêt de 720^{fr} pendant 4 mois au même taux. Or 552^{fr} en 7 mois rapportent le même intérêt qu'une somme 7 fois plus grande en un mois ou que 552$^{fr} \times 7 = 3864^{fr}$; de même 720^{fr} en 4 mois rapportent le même intérêt qu'une somme

4 fois plus grande en un mois ou que $720^{fr} \times 4 = 2880^{fr}$. En d'autres termes $28^{fr},10$ sont l'intérêt au taux inconnu et pendant un mois d'une somme de $3864^{fr} + 2880^{fr} = 6744^{fr}$. Le problème est alors ramené au suivant :

A quel taux faut-il placer un capital de 6744^{fr} pour produire en un mois un intérêt de $28^{fr},10$?

Ce taux, qui est celui de l'escompte commercial opéré sur les deux billets, est égal à

$$\frac{28^{fr},10 \times 100 \times 12}{6744} = 5^{fr}.$$

On *vérifie* ce résultat en montrant qu'après escompte des deux billets, dans les conditions du problème, la somme des deux valeurs au comptant est bien égale à $1243^{fr},90$.

REMARQUE. — Les questions de ce genre peuvent se résoudre très simplement en partant d'une hypothèse.

Pour le problème précédent, supposons que le taux inconnu soit de 1^{fr}. L'escompte du premier billet sera de

$$\frac{1^{fr} \times 552 \times 7}{100 \times 12} = 3^{fr},22 ;$$

celui du second, de

$$\frac{1^{fr} \times 720 \times 4}{100 \times 12} = 2^{fr},40,$$

et leur somme, de $3^{fr},22 + 2^{fr},40 = 5^{fr},62.$

Chacun des escomptes étant proportionnel au taux, il en est de même de leur somme ; de sorte que l'on est conduit à cette règle de trois simple :

L'escompte opéré sur une certaine somme, pendant un temps déterminé, au taux de 1 pour 100, a produit $5^{fr},62$; quel serait dans les mêmes conditions le taux qui produirait $28^{fr},10$ d'escompte ?

Du tableau

$$\begin{array}{cc} 1^{fr} & 5,62 \\ x & 28,10, \end{array}$$

on tire

$$x = \frac{1^{fr} \times 28,10}{5,62} = 5^{fr}.$$

320. 11. *A quel taux faut-il escompter commercialement* *deux billets, l'un de 1800ᶠʳ à 8 mois d'échéance et l'autre de 1760ᶠʳ à 45 jours d'échéance, pour que la valeur au comptant du second soit supérieure de 18ᶠʳ,80 à celle du premier ?*

La valeur au comptant du premier billet étant inférieure à celle du second, la différence des deux escomptes est égale à l'excès de 1800ᶠʳ sur 1760ᶠʳ, ou 40ᶠʳ, plus 18ᶠʳ,80, c'est-à-dire à 58ᶠʳ,80.

Cette somme de 58ᶠʳ,80 représente l'intérêt de 1800ᶠʳ pendant 8 mois, au taux inconnu, moins l'intérêt de 1760ᶠʳ pendant 45 jours au même taux.

Le premier de ces intérêts est le même que celui d'une somme 240 fois plus grande que 1800ᶠʳ en un jour, et le second, le même que celui d'une somme 45 fois plus grande que 1760ᶠʳ en un jour ; c'est-à-dire que 58ᶠʳ,80 sont l'intérêt, en un jour, d'une somme de $1800^{fr} \times 240 - 1760^{fr} \times 45$ ou de 352800ᶠʳ. La question revient ainsi à cette autre :

A quel taux faut-il placer une somme de 352800ᶠʳ pour produire en un jour un intérêt de 58ᶠʳ,80 ?

Ce taux, qui est celui qu'on cherche, est égal à

$$\frac{58^{fr},80 \times 100 \times 360}{352800} = 6^{fr}.$$

La *vérification* consiste à montrer que les deux billets, escomptés dans les conditions données, sont ramenés à des valeurs telles que la seconde surpasse la première de 18ᶠʳ,80.

Remarque. — Comme le précédent, ce problème peut être résolu d'une façon très simple en partant d'une hypothèse.

321. III. *On présente à un banquier deux effets de commerce, payables l'un dans 50 jours, l'autre dans 70 jours ; l'escompte commercial fait par le banquier a été de 20ᶠʳ,50 à raison de 7 pour 100. Si l'escompte avait été fait 10 jours plus tard, il aurait été moindre de 3ᶠʳ,55. Quelle était la valeur de chacun de ces effets ?*

3ᶠʳ,55 sont les intérêts, à 7 pour 100, pour 10 jours, de la somme des deux billets ; cette somme est dès lors donnée par l'expression suivante, qui représente le calcul du capital dont l'intérêt, au taux de 7 pour 100 pour 10 jours, est de 3ᶠʳ,55 :

$$\frac{100^{\text{fr}} \times 3,55 \times 360}{7 \times 10} = 1825^{\text{fr}} \frac{5}{7}.$$

La question est ainsi ramenée à la suivante :

Trouver les valeurs de deux effets qui ont pour somme totale $1825^{\text{fr}} \frac{5}{7}$, *dont l'un est payable dans 50 jours, l'autre dans 70, et qui donnent* $20^{\text{fr}},50$ *d'escompte commercial au taux de 7 pour 100.*

C'est le problème X sur l'intérêt. Pour le résoudre, nous aurons, comme précédemment, recours à la méthode de la double hypothèse.

Supposons d'abord que le premier effet ait une valeur de 100^{fr}, le second vaudra $1725^{\text{fr}} \frac{5}{7}$, et les deux escomptes, respectivement égaux à

$$\frac{7^{\text{fr}} \times 50}{360} = \frac{35^{\text{fr}}}{36}$$

et à

$$\frac{7^{\text{fr}} \times 1725 \frac{5}{7} \times 70}{36000} = 23^{\text{fr}} \frac{22}{45}$$

auront pour total

$$\frac{35^{\text{fr}}}{36} + 23^{\text{fr}} \frac{22}{45} = 24^{\text{fr}} \frac{83}{180},$$

somme supérieure à $20^{\text{fr}},50$ de

$$24^{\text{fr}} \frac{83}{180} - 20^{\text{fr}},50 = 3^{\text{fr}} \frac{173}{180}.$$

Supposons ensuite que la valeur du premier effet soit de 200^{fr}, celle du second sera de $1625^{\text{fr}} \frac{5}{7}$, et les deux escomptes, respectivement égaux à

$$\frac{7^{\text{fr}} \times 200 \times 50}{36000} = \frac{35^{\text{fr}}}{18}$$

et à

$$\frac{7^{\text{fr}} \times 1625 \frac{5}{7} \times 70}{36000} = 22^{\text{fr}} \frac{23}{180},$$

auront pour total

$$\frac{35^{fr}}{18} + 22^{fr}\frac{23}{180} = 24^{fr}\frac{13}{180},$$

somme inférieure à la précédente de

$$24^{fr}\frac{83}{180} - 24^{fr}\frac{13}{180} = \frac{70^{fr}}{180}.$$

Nous sommes alors conduit, par ces résultats, à résoudre cette règle de trois simple :

Une augmentation de 100^{fr} *pour le premier effet produit une diminution d'escompte de* $\dfrac{70^{fr}}{180}$ *sur l'excès primitif de* 3$^{fr}\dfrac{173}{180}$; *quelle doit être l'augmentation du premier effet pour que la diminution correspondante d'escompte soit égale à l'excès primitif lui-même ?*

Du tableau $\qquad\qquad$ 100$^{fr}\qquad\qquad\dfrac{70}{180}$

$$x \qquad\qquad 3\frac{173}{180},$$

on tire $\quad x = \dfrac{100^{fr}\times 3\dfrac{173}{180}}{\dfrac{70}{180}} = \dfrac{100^{fr}\times 713}{70} = 1018^{fr}\dfrac{4}{7}.$

La valeur du premier effet est donc de

$$1018^{fr}\frac{4}{7} + 100 = 1118^{fr}\frac{4}{7},$$

et celle du second, de

$$1825^{fr}\frac{5}{7} - 1118^{fr}\frac{4}{7} = 707^{fr}\frac{1}{7}.$$

On *vérifie* ces résultats en montrant que les deux effets, dont les échéances respectives sont à 50 et à 70 jours, donnent au taux de 7 pour 100, d'une part un escompte total de 20^{fr},50, d'autre part, un escompte inférieur au premier de 3^{fr},55 si chaque échéance est avancée de 10 jours.

322. IV. *Quelle doit être la valeur nominale d'un billet payable dans 162 jours pour que la différence des deux escomp-*

tcs, *commercial et rationnel, calculés au même taux de 6 pour* 100, *soit de* 4fr,05 ?

D'après la formule (7) la somme de 4fr,05 représente l'intérêt de l'escompte rationnel pendant 162 jours, au taux de 6 pour 100. Cet escompte rationnel est ainsi de

$$\frac{4^{fr},05 \times 100 \times 360}{6 \times 162} = 150^{fr},$$

et l'escompte commercial est de   150fr + 4fr,05 = 154fr,05.

La question revient dès lors à celle-ci :

Calculer le capital qui a rapporté en 162 *jours, au taux de* 6 *pour* 100, *un intérêt de* 154fr,05.

Ce capital, qui représente la valeur nominale du billet, est

égal à $\dfrac{154^{fr},05 \times 100 \times 360}{6 \times 162} = 5705^{fr}\dfrac{5}{9}$.

La *vérification* se fait en montrant que l'escompte rationnel opéré à 6 pour 100 pendant 162 jours sur la somme de $5705^{fr}\dfrac{5}{9}$ est de 150fr.

323. V. *En escomptant un effet, commercialement au taux de* 6 *pour* 100, *et rationnellement au taux de* 6,25 *pour* 100, *on obtient des valeurs au comptant égales. Quelle est l'échéance de cet effet ?*

Les deux escomptes étant proportionnels à la valeur nominale de l'effet, l'échéance cherchée, que nous représenterons par x, est indépendante de cette valeur nominale. Considérons dès lors un effet qui se réduit à 100fr après escompte commercial. L'escompte rationnel pour x jours à 6,25 pour 100

est égal à $\dfrac{6^{fr},25 \times x}{360}$; il s'ensuit que la valeur nominale de

cet effet est de $100^{fr} + \dfrac{6^{fr},25 \times x}{360}$,   et que l'escompte com-

mercial calculé séparément sur les deux parties de cette valeur nominale est égal à

$$\frac{6^{fr} \times x}{360} + \frac{6^{fr},25 \times x \times 6 \times x}{360 \times 100 \times 360} = \frac{6^{fr} \times x}{360} + \frac{6^{fr},25 \times 6 \times x^2}{360^2 \times 100}.$$

Or, les deux escomptes sont les mêmes ; on a donc l'égalité

$$\frac{6{,}25 \times x}{360} = \frac{6 \times x}{360} + \frac{6{,}25 \times 6 \times x^2}{360^2 \times 100},$$

de laquelle on tire, en divisant les deux membres par x et en les multipliant par 360,

$$6{,}25 = 6 + \frac{x}{960};$$

ce qui revient à cette question :

Trouver un nombre dont le quotient de la division par 960, augmenté de 6, donne 6,25 pour résultat.

Ce quotient est égal à $6{,}25 - 6 = 0{,}25$, et le nombre est

$$0{,}25 \times 960 = 240.$$

L'échéance cherchée est donc de 240 jours.

On *vérifie* en montrant que les deux escomptes d'un effet quelconque, calculés pour une échéance de 240 jours et aux taux indiqués, sont égaux.

324. VI. *Étant donnés deux effets, l'un de 6120^{fr}, l'autre de 6400^{fr}, et l'échéance du premier étant de 45 jours plus éloignée que celle du second, l'escompte rationnel du premier au taux de 4 pour 100 est égal à l'escompte commercial du second au taux de 5 pour 100. Quelles sont les échéances de ces deux effets ?*

Représentons par x le nombre de jours qui marque l'échéance du premier effet ; celui qui marque l'échéance du second sera de $x - 45$. L'escompte rationnel du premier au taux de 4 pour 100 aura pour expression

$$\frac{4 \times 6120 \times \dfrac{x}{360}}{100 + \dfrac{4 \times x}{360}} = \frac{4 \times 6120 \times x}{36000 + 4 \times x} = \frac{6120x}{9000 + x}.$$

L'escompte commercial du second effet aura pour expression

$$\frac{5 \times 6400 \times \dfrac{x - 45}{360}}{100} = \frac{5 \times 6400(x - 45)}{36000} = \frac{8(x - 45)}{9}.$$

Les deux escomptes étant égaux, on pourra écrire

$$\frac{8(x-45)}{9} = \frac{6120x}{9000+x},$$

et, en égalant dans cette proportion le produit des extrêmes à celui des moyens, $72000(x-45) + 8x(x-45) = 55080x$, ce qui revient à $72000x - 3240000 + 8x^2 - 360x = 55080x$, ou, plus simplement, en écrivant le troisième terme au premier rang et effectuant la soustraction $72000x - 360x$,

$$8x^2 + 71640x - 3240000 = 55080x.$$

Si l'on retranche ensuite $55080x$ des deux membres de cette dernière égalité, pour leur ajouter 3240000 et les diviser enfin par 8, on a

(1) $$x^2 + 2070x = 405000.$$

On est ainsi conduit à résoudre ce problème :

Trouver un nombre dont le carré augmenté de 2070 fois ce nombre donne pour résultat 405.000.

Une question de ce genre appartient au domaine de l'Algèbre, mais on peut la résoudre arithmétiquement en s'appuyant sur la composition du carré de la somme de deux nombres, qui comprend le carré du premier nombre, plus le double produit du premier par le second, plus le carré du second.

Ici, x sera considéré comme le premier des deux nombres envisagés, et $2070x$, comme le double produit du premier par le second ; le second nombre sera donc la moitié de 2070 ou 1035. dont le carré est égal à 1071225. En ajoutant ce dernier nombre aux deux termes de l'égalité (1), on a

$$x^2 + 2070x + 1071225 = 1476225 ;$$

et comme le premier membre de cette dernière relation est le carré de la somme des deux nombres $x + 1035$, on peut écrire $$(x + 1035)^2 = 1476225.$$

En extrayant la racine carrée des deux membres de cette égalité, il vient $x + 1035 = \sqrt{1476225}$,

ou $$x + 1035 = 1215,$$

et, en retranchant 1035 de chacun des deux membres,

$$x = 180.$$

L'échéance du premier effet est à 180 jours et celle du second à 180 — 45 ou à 135 jours.

La *vérification* de ces deux nombres a lieu en montrant que l'escompte rationnel d'un effet de 6120^{fr}, calculé au taux de 4 pour 100, pour 180 jours, est égal à l'escompte commercial d'un effet de 6400^{fr}, calculé au taux de 5 pour 100, pour 135 jours.

§ VII. — Échéance commune.

325. Dans le commerce et dans la banque, on a parfois besoin de remplacer plusieurs valeurs à échéances différentes par une seule dont on détermine, soit l'époque unique du payement, si l'on donne le montant de cette valeur, soit cette valeur, si l'on n'en connaît que l'échéance, de manière qu'il n'y ait de préjudice ni pour le créancier, ni pour le débiteur.

On donne à cette opération le nom de *règle d'échéance commune*.

En voici un premier exemple :

326. I (Problème direct). — *Une personne a souscrit trois effets de commerce, le premier de* 800^{fr} *payable dans 3 mois, le deuxième de* 900^{fr} *payable dans 6 mois, le troisième de* 1000^{fr} *payable dans 9 mois. Elle voudrait les remplacer par un seul d'une valeur de* 2700^{fr} *égale à la somme de leurs valeurs ; à quelle époque cet effet unique sera-t-il payable ?*

De la définition de la règle d'échéance commune, il résulte que la valeur au comptant de l'effet unique doit être égale à la somme des valeurs au comptant des trois effets donnés, en d'autres termes, que l'escompte opéré sur le premier doit être égal à la somme des escomptes opérés sur les trois autres.

Si on représente par i le taux de l'escompte — sachant d'ailleurs que cet escompte se calcule d'ordinaire commercialement — et par x le nombre de mois à courir jusqu'à l'échéance de l'effet unique, on aura l'égalité suivante :

$$\frac{2700 \times i \times x}{1200} = \frac{800 \times i \times 3}{1200} + \frac{900 \times i \times 6}{1200} + \frac{1000 \times i \times 9}{1200},$$

dans laquelle le facteur i et le diviseur 1200 sont communs à tous les termes. En divisant les deux membres de cette égalité par i et en les multipliant par 1200, il vient

$$2700x = 800 \times 3 + 900 \times 6 + 1000 \times 9 ;$$

d'où l'on tire, en divisant par 2700 les deux membres de cette nouvelle égalité,

$$x = \frac{800 \times 3 + 900 \times 6 + 1000 \times 9}{2700} = 6\frac{2}{9}.$$

L'effet unique sera donc payable au bout de 6 mois $\frac{2}{9}$.

REMARQUE. — Le nombre i que le raisonnement nous avait conduit à introduire dans nos indications de calcul, en a disparu par la première des transformations que nous avons fait subir à ces indications. Ce fait nous montre que la solution du problème est indépendante du taux.

Deuxième solution. — Ce problème peut être résolu en calculant à un taux déterminé l'escompte commercial opéré sur chacun des effets donnés et en cherchant ensuite le temps nécessaire à l'effet total pour produire au même taux un intérêt égal à la somme de ces escomptes.

Prenons, pour cela, le taux de 6 pour 100. L'escompte du premier effet est de

$$\frac{6^{fr} \times 800 \times 3}{1200} = 12^{fr} ;$$

celui du deuxième, de

$$\frac{6^{fr} \times 900 \times 6}{1200} = 27^{fr} ;$$

et celui du troisième, de

$$\frac{6^{fr} \times 1000 \times 9}{1200} = 45^{fr} ;$$

soit un total d'escomptes de $\quad 12^{fr} + 27^{fr} + 45^{fr} = 84^{fr}$.

On est alors amené à résoudre le problème d'intérêt simple :

Quel temps faut-il à une somme de 2700^{fr} *pour produire* 84^{fr} *d'intérêt, au taux de 6 pour 100 par an ?*

En appliquant la formule connue pour le calcul du temps en

fonction du capital, de l'intérêt et du taux, on a

$$x = \frac{12^m \times 100 \times 84}{2700 \times 6} = 6 \text{ mois } \frac{2}{9} \cdot$$

Troisième solution. — L'escompte commercial étant proportionnel à la valeur nominale d'un effet et au temps pour lequel on le calcule, on peut encore résoudre la même question en raisonnant comme il suit :

L'escompte commercial opéré sur un effet de 800^{fr} payable dans 3 mois est le même que celui qui serait opéré sur un effet d'une valeur nominale trois fois plus grande, payable dans un mois, c'est-à-dire sur un effet de $800^{fr} \times 3 = 2400^{fr}$; de même, pour un effet de 900^{fr} payable dans 6 mois, l'escompte serait le même que pour un effet de $900^{fr} \times 6 = 5400^{fr}$, payable dans un mois ; et pour un effet de 1000^{fr} payable dans 9 mois, il y aurait le même escompte que pour un effet de $1000^{fr} \times 9 = 9000^{fr}$, payable dans un mois. De sorte que la somme des trois escomptes est égale à la retenue qui serait faite sur trois effets de 2400^{fr}, 5400^{fr} et 9000^{fr}, tous payables dans un mois, ou sur un seul effet de $2400^{fr} + 5400^{fr} + 9000^{fr}$ ou de 16800^{fr} payable dans le même temps d'un mois. Cela posé, il ne reste plus qu'à *chercher le temps nécessaire à une somme de* 2700^{fr} *pour produire le même intérêt qu'une somme de* 16800^{fr} *en un mois, les deux taux étant identiques :* c'est une règle de trois inverse qui donne le tableau suivant :

$$1^m \qquad\qquad 16800^{fr}$$
$$x \qquad\qquad 2700^{fr},$$

d'où l'on tire $\quad x = \dfrac{1^m \times 16800}{2700} = 6 \text{ mois } \dfrac{2}{9} \cdot$

Si l'on remarque que 16800 est égal à $2400 + 5400 + 9000$, ou à $800 \times 3 + 900 \times 6 + 1000 \times 9$, on peut écrire

$$x = \frac{800 \times 3 + 900 \times 6 + 1000 \times 9}{2700} \cdot$$

Cette expression nous a été déjà donnée par la première méthode.

327. Généralisation de la question. — Soient N, N′, N″ les valeurs nominales des trois effets, payables dans des temps t, t', t'', rapportés à la même unité, t_1 le temps, exprimé de la même manière, après lequel doit être payé l'effet unique égal à   N + N′ + N″,   et i le taux de l'escompte.

D'après la première méthode de résolution précédemment exposée, on a, suivant que l'unité de temps est l'année, le mois ou le jour, l'une des trois égalités suivantes :

$$\frac{(N+N'+N'')\times i\times t_1}{100} = \frac{N\times i\times t}{100} + \frac{N'\times i\times t'}{100} + \frac{N''\times i\times t''}{100},$$

$$\frac{(N+N'+N'')\times i\times t_1}{1200} = \frac{N\times i\times t}{1200} + \frac{N'\times i\times t'}{1200} + \frac{N''\times i\times t''}{1200},$$

$$\frac{(N+N'+N'')\times i\times t_1}{36000} = \frac{N\times i\times t}{36000} + \frac{N'\times i\times t'}{36000} + \frac{N''\times i\times t''}{36000},$$

qui donnent, en divisant les deux membres de chacune d'elles par i et en multipliant les deux membres de la première par 100, ceux de la seconde par 1200 et ceux de la troisième par 36000, l'unique égalité

$$(N + N' + N'')t_1 = Nt + N't' + N''t'',$$

d'où l'on tire en en divisant les deux membres par   N + N′ + N″,

$$(1) \qquad t_1 = \frac{Nt + N't' + N''t''}{N + N' + N''}.$$

Traduite en langage ordinaire, cette formule fournit la règle suivante :

L'échéance commune de plusieurs effets s'obtient en multipliant la valeur nominale de chaque effet par le temps à courir jusqu'à son échéance et en divisant la somme des produits ainsi obtenus par la somme des valeurs nominales des effets.

Il va sans dire que le temps doit être rapporté, pour tous les effets, à la même unité, qui est l'année, le mois ou le jour, suivant que toutes les échéances peuvent se traduire par un nombre exact d'années, de mois ou de jours.

La formule (1) montre, d'autre part, que t_1 est compris entre le plus grand et le plus petit des nombres t, t', t'' (152), et ce fait justifie l'expression d'*échéance moyenne* employée plus loin (332).

328. Si l'on voulait traiter la question en ayant recours à l'escompte rationnel, l'échéance commune ne serait plus indépendante du taux.

Reprenons les données générales précédentes et exprimons que la somme des valeurs au comptant des effets donnés est égale à la valeur au comptant de l'effet unique ; nous aurons (316), t, t', t'' et t_1 étant exprimés en années,

$$\frac{100\text{N}}{100+it} + \frac{100\text{N}'}{100+it'} + \frac{100\text{N}''}{100+it''} = \frac{100(\text{N}+\text{N}'+\text{N}'')}{100+it_1},$$

ou, en divisant les deux membres de l'égalité par 100,

$$\frac{\text{N}}{100+it} + \frac{\text{N}'}{100+it'} + \frac{\text{N}''}{100+it''} = \frac{\text{N}+\text{N}'+\text{N}''}{100+it_1};$$

d'où l'on tire

$$t_1 = \frac{\dfrac{\text{N}t}{100+it} + \dfrac{\text{N}'t'}{100+it'} + \dfrac{\text{N}''t''}{100+it''}}{\dfrac{\text{N}}{100+it} + \dfrac{\text{N}'}{100+it'} + \dfrac{\text{N}''}{100+it''}}.$$

Il est facile de voir qu'il n'y a pas de simplification du second membre de cette formule qui puisse faire disparaître i.

329. La formule (1),

$$t_1 = \frac{\text{N}t + \text{N}'t' + \text{N}''t''}{\text{N}+\text{N}'+\text{N}''},$$

qui contient deux espèces de quantités, des valeurs d'effets N, N', N'', et des temps t_1, t, t', t'', permet de calculer l'une quelconque de ces quantités connaissant toutes les autres.

De là deux sortes de problèmes consistant :

1° dans le calcul de la valeur nominale d'un des effets connaissant celles des autres, l'échéance de chacun d'eux et celle de l'effet unique ;

2° dans la recherche de l'échéance d'un des effets, connaissant celles des autres et de l'effet unique ainsi que les valeurs nominales de tous les effets.

Ce sont ces deux questions que nous allons traiter successivement.

330. II (Problème inverse). — *Un commerçant a reçu d'un même débiteur quatre effets : l'un de 1200^{fr} payable dans 90 jours, un deuxième de 800^{fr} payable dans 60 jours, un troisième de 1500^{fr} payable dans 120 jours et un quatrième payable dans 80 jours. Sachant qu'un effet unique de valeur nominale égale à la somme des valeurs nominales de ces quatre effets serait payable dans 94 jours, on demande de calculer la valeur nominale du quatrième effet.*

Dans la formule (1), qui devient pour quatre effets

$$t_1 = \frac{Nt + N't' + N''t'' + N'''t'''}{N + N' + N'' + N'''},$$

en prenant N''' pour inconnue et en remplaçant les autres quantités par leurs valeurs respectives, il vient

$$94 = \frac{1200 \times 90 + 800 \times 60 + 1500 \times 120 + N''' \times 80}{1200 + 800 + 1500 + N'''},$$

ou

$$94 = \frac{336000 + 80N'''}{3500 + N'''},$$

et, en multipliant les deux membres de cette égalité par $3500 + N'''$,

$$94(3500 + N''') = 336000 + 80N''',$$

ou (a) $$329000 + 94N''' = 336000 + 80N'''.$$

Nous sommes ainsi conduits à *trouver un nombre tel qu'en ajoutant son produit par 94 à 329000 on ait le même résultat qu'en ajoutant à 336000 le produit par 80 de ce même nombre.*

En retranchant des deux membres de l'égalité précédente 329000 et $80N'''$, il vient

$$14N''' = 7000,$$

d'où $$N''' = \frac{7000}{14} = 500.$$

La valeur nominale du quatrième effet est ainsi de 500^{fr}.

Solution directe. — On peut obtenir le nombre cherché N''' en exprimant comme dans le premier problème que l'escompte opéré sur l'effet unique est égal à la somme des escomptes opérés sur les quatre effets dans le cas où tous ces effets seraient présentement payés. En prenant 6 pour 100 comme taux de l'escompte commercial, on aura

$$\frac{(1200+800+1500+N''')\times 6\times 94}{36000} = \frac{1200\times 6\times 90}{36000}$$

$$+\frac{800\times 6\times 60}{36000}+\frac{1500\times 6\times 120}{36000}+\frac{N'''\times 6\times 80}{36000};$$

en divisant les deux membres de cette égalité par 6 et en les multipliant par 36000, il vient

$$(1200+800+1500+N''')\times 94 = 1200\times 90+800\times 60$$
$$+1500\times 120+80N''',$$

ou, en effectuant les calculs et simplifiant les indications,

$$329000+94N''' = 336000+80N'''.$$

Nous retrouvons ainsi l'égalité (a) de la première solution, sur laquelle on opère comme précédemment.

334. III (Problème inverse). — *Pour se libérer d'une dette de* 5000^{fr} *payable au bout d'un an, un négociant souscrit trois effets de* 1000^{fr}, 1500^{fr} *et* 2500^{fr}, *payables le premier dans 5 mois et le deuxième dans 10 mois. Quelle doit être l'échéance du troisième effet ?*

Dans la formule

$$t_1 = \frac{Nt+N't'+N''t''}{N+N'+N''},$$

qui s'applique exactement à la question, si N'' représente l'effet dont l'échéance t'' est à calculer, en remplaçant N'' et les autres quantités connues par leurs valeurs respectives, on a

$$12 = \frac{1000\times 5+1500\times 10+2500t''}{5000}.$$

En effectuant les calculs indiqués au numérateur du second membre, il vient

$$12 = \frac{20000+2500t''}{5000},$$

et si, dans cette dernière égalité on divise par 2500 les deux termes du rapport qui forme le second membre, on obtient

$$12 = \frac{8 + t''}{2},$$

d'où, en multipliant par 2 les deux membres de cette nouvelle
relation, $24 = 8 + t''.$

On est ainsi amené à *trouver un nombre qui augmenté de 8
donne 24.*

Ce nombre est évidemment égal à 24 — 8 ou 16.

On l'obtient aussi en retranchant 8 des deux membres de la
dernière égalité, ce qui donne, en effet,

$$16 = t''.$$

L'échéance du troisième effet aura donc lieu 16 mois après
l'opération.

Remarque. — La solution de ce problème peut être aussi
obtenue directement comme celle du problème précédent.

332. Dans tout ce qui précède, nous avons supposé que la
valeur nominale de l'effet unique est constamment égale à la
somme des valeurs nominales des effets qu'il représente, et
nous avons fait ainsi des calculs d'échéance *moyenne* ; mais il
peut arriver qu'il n'en soit pas ainsi et alors l'échéance commune n'est plus indépendante du taux de l'escompte.

En nous plaçant à ce nouveau point de vue nous allons
résoudre les principaux problèmes directs et inverses de
l'échéance réellement dite *commune*.

333. IV (Problème direct). — *Un marchand a souscrit trois
effets, le premier de* 1 000^{fr} *payable dans* 90 *jours, le deuxième
de* 1 200^{fr} *payable dans* 105 *jours et le troisième de* 1 500^{fr} *payable
dans* 120 *jours ; il se propose de les remplacer par un effet
unique de* 3 750^{fr} *; quelle en sera l'échéance, le taux de l'escompte
étant de* 6 *pour* 100 ?

Le point de départ de la solution de ce problème et de ceux
qui vont suivre est le même que précédemment : la valeur au
comptant de l'effet unique doit être égale à la somme des
valeurs au comptant des effets à remplacer.

Ici, la valeur au comptant du premier effet est de

$$1\,000^{\text{fr}} - \frac{6^{\text{fr}} \times 1\,000 \times 90}{36\,000} = 985^{\text{fr}} ;$$

celle du deuxième, de

$$1\,200^{\text{fr}} - \frac{6^{\text{fr}} \times 1\,200 \times 105}{36\,000} = 1179^{\text{fr}} ;$$

et celle du troisième, de

$$1\,500^{\text{fr}} - \frac{6^{\text{fr}} \times 1\,500 \times 120}{36\,000} = 1\,470^{\text{fr}}.$$

La valeur actuelle de l'effet unique doit donc être égale à

$$985^{\text{fr}} + 1\,179^{\text{fr}} + 1\,470^{\text{fr}} = 3\,634^{\text{fr}} ;$$

dès lors la différence entre cette valeur et la valeur nominale, $3\,750^{\text{fr}} - 3\,634^{\text{fr}} = 116^{\text{fr}}$, représente l'escompte commercial fait à 6 pour 100, pour un temps à calculer, sur un effet de $3\,750^{\text{fr}}$.

La question est ainsi ramenée au problème d'escompte commercial suivant :

Quelle est l'échéance d'un effet de $3\,750^{\text{fr}}$ *qui donne au taux de 6 pour 100 un escompte commercial de* 116^{fr} ?

Cette échéance est donnée par le calcul qui suit :

$$\frac{360^{\text{j}} \times 100 \times 116}{3\,750 \times 6} = 185 \text{ jours } \frac{3}{5},$$

ce qui fait, en nombre rond, 186 jours.

334. V (Problème direct). — *Une personne doit deux effets, le premier de* 540^{fr} *payable dans 5 mois et le second de* 700^{fr} *payable dans 9 mois ; elle veut les remplacer par un effet unique payable dans 8 mois ; quelle doit être la valeur nominale de cet effet unique, l'escompte commercial étant calculé au taux de 6 pour 100 ?*

La valeur actuelle du premier effet est de

$$540^{\text{fr}} - \frac{6^{\text{fr}} \times 540 \times 5}{1\,200} = 526^{\text{fr}},50,$$

et celle du second, de

$$700^{\text{fr}} - \frac{6^{\text{fr}} \times 700 \times 9}{1\,200} = 668^{\text{fr}},50 ;$$

la valeur actuelle de l'effet unique est donc de

$$526^{\text{fr}},50 + 668^{\text{fr}},50 = 1\,195^{\text{fr}}.$$

Le problème revient donc à celui-ci :

Quelle est la valeur nominale d'un effet payable dans 8 mois et qui escompté commercialement au taux de 6 pour 100 a été ramené à 1195^fr ?

La solution de cette question, précédemment développée, est donnée par la formule (3) de l'escompte commercial ; on en tire

$$N = \frac{A \times 100}{100 - i \times t},$$

et, en remplaçant les lettres par leur valeur,

$$N = \frac{1195^{fr} \times 100}{100 - 6 \times \dfrac{8}{12}} = 1244^{fr}\,\frac{19}{24}.$$

335. VI (Problème inverse). — *Trois effets, le premier de 520^fr payable dans 6 mois, le deuxième de 740^fr payable dans 8 mois, et le troisième, dont le montant est inconnu, payable dans 156 jours, peuvent être remplacés par un effet unique de 2200^fr payable dans 7 mois. Quelle est la valeur nominale du troisième effet, l'escompte commercial étant calculé au taux de 6 pour 100 ?*

La valeur au comptant de l'effet unique est de

$$2200^{fr} - \frac{6^{fr} \times 2200 \times 7}{1200} = 2123^{fr}\,;$$

celle du premier des effets à remplacer, de

$$520^{fr} - \frac{6^{fr} \times 520 \times 6}{1200} = 504^{fr},40\,;$$

celle du deuxième, de

$$740^{fr} - \frac{6^{fr} \times 740 \times 8}{1200} = 710^{fr},40\,;$$

de sorte que celle du troisième doit être de

$$2123^{fr} - (504^{fr},40 + 710^{fr},40) = 908^{fr},20.$$

La question revient à résoudre celle à laquelle on a été ramené dans le problème précédent :

Quelle est la valeur nominale d'un effet payable dans 156 jours et qui escompté commercialement, au taux de 6 pour 100, a été ramené à 908^fr,20 ?

En appliquant la même formule, on a

$$N = \frac{908^{fr},20 \times 100}{100 - 6 \times \dfrac{156}{360}} = 932^{fr} \frac{216}{487}.$$

336. VII (Problème inverse). — *Deux effets, l'un de* 900^{fr} *payable dans* 100 *jours, l'autre de* 1100^{fr} *payable à une époque indéterminée, peuvent être équitablement remplacés par un effet unique de* 1980^{fr} *payable dans* 160 *jours. Trouver l'échéance du second effet, le taux de l'escompte commercial étant de* 6 *pour* 100.

La valeur au comptant de l'effet unique est de

$$1980^{fr} - \frac{6^{fr} \times 1980 \times 160}{36000} = 1927^{fr},20 ;$$

celle du premier effet à remplacer est de

$$900^{fr} - \frac{6^{fr} \times 900 \times 100}{36000} = 885^{fr} ;$$

il s'ensuit que celle du second est de

$$1927^{fr},20 - 885^{fr} = 1042^{fr},20.$$

La question est ramenée à cette autre :

A quelle date était payable un effet de 1100^{fr} *qui escompté commercialement au taux de* 6 *pour* 100 *a été ramené à* 1042^{fr},20 ?

L'escompte prélevé est de　1100^{fr} — 1042^{fr},20 = 57^{fr},80,　et le temps pour lequel l'effet de 1100^{fr} produit un escompte commercial de 57^{fr},80 est donné en jours par l'expression

$$\frac{360^{j} \times 100 \times 57,80}{1100 \times 6} = 315 \text{ jours } \frac{3}{11},$$

ou, en chiffre rond, 316 jours.

La *vérification* des solutions précédentes se fait en introduisant chaque nombre trouvé dans l'énoncé du problème correspondant et en se proposant de calculer une des données considérée comme inconnue.

337. (Autres problèmes). **VIII.** *Trois effets, l'un de* 1000^{fr}, *le deuxième de* 400^{fr}, *et le troisième de* 700^{fr}, *sont souscrits pour être payés, le premier dans* 3 *mois, le deuxième dans* 6 *mois, et le troisième dans* 9 *mois. Le débiteur de ces effets les remplace* *équitablement par un autre de* 2160^{fr} *payable dans* 10 *mois ; à quel taux a-t-on calculé l'escompte commercial ?*

Soit x le taux à calculer. La valeur au comptant des trois effets remplacés est respectivement de

$$1000 - \frac{1000 \times 3 \times x}{1200} = 1000 - \frac{10x}{4},$$

$$400 - \frac{400 \times 6 \times x}{1200} = 400 - \frac{8x}{4},$$

$$700 - \frac{700 \times 9 \times x}{1200} = 700 - \frac{21x}{4},$$

et celle de l'effet unique, de

$$2160 - \frac{2160 \times 10 \times x}{1200} = 2160 - \frac{72x}{4}.$$

La somme des trois premières valeurs au comptant étant égale à la quatrième, on a

$$1000 - \frac{10x}{4} + 400 - \frac{8x}{4} + 700 - \frac{21x}{4} = 2160 - \frac{72x}{4},$$

ou, en simplifiant dans le premier membre de cette dernière relation,

$$2100 - \frac{39x}{4} = 2160 - \frac{72x}{4}.$$

La question revient à *trouver un nombre tel qu'en retranchant ses* $\frac{39}{4}$ *de* 2100 *on ait le même résultat qu'en retranchant ses* $\frac{72}{4}$ *de* 2160.

La différence entre les deux fractions du nombre cherché est donc égale à $2160 - 2100$ ou à 60. On a donc

$$\frac{72x}{4} - \frac{39x}{4} = 60,$$

d'où

$$\frac{33x}{4} = 60,$$

et

$$x = \frac{60 \times 4}{33} = 7\frac{3}{11}.$$

Le taux demandé est ainsi de $7\frac{3}{11}$ pour 100.

On *vérifie* en montrant que d'après ce taux la valeur au comptant de l'effet unique est égale à la somme de celles des trois effets remplacés.

338. IX. *Quelqu'un a acheté des marchandises pour* 4500[fr], *qu'il s'est d'abord engagé à payer dans un an ; mais il a obtenu de payer comptant* 1500[fr] *et de solder les* 3000[fr] *restants en quatre payements égaux de* 750[fr] *à des termes équidistants. Quel est l'intervalle d'un terme au suivant ?*

Soit x cet intervalle et supposons un taux d'escompte commercial, 6 pour 100 par exemple. Les échéances successives des quatre payements égaux de 750[fr] seront représentées par x, $2x$, $3x$ et $4x$; les escomptes prélevés sur ces quatre payements, au cas où ils auraient lieu au comptant, seraient de

$$\frac{750 \times 6 \times x}{1200}, \quad \frac{750 \times 6 \times 2x}{1200}, \quad \frac{750 \times 6 \times 3x}{1200}, \quad \frac{750 \times 6 \times 4x}{1200},$$

et leur somme égalerait l'escompte prélevé sur 4500[fr] payables dans un an, les 1500[fr] payés comptant ne donnant pas d'escompte ; on a donc l'égalité

$$\frac{750 \times 6 \times x}{1200} + \frac{750 \times 6 \times 2x}{1200} + \frac{750 \times 6 \times 3x}{1200} + \frac{750 \times 6 \times 4x}{1200}$$
$$= \frac{4500 \times 6 \times 12}{1200},$$

ou, en en divisant les deux membres par 6 et en les multipliant par 1200,

$$750x + 1500x + 2250x + 3000x = 54000,$$

et, en simplifiant, $\qquad 7500x = 54000,$

d'où $\qquad\qquad x = \dfrac{54000}{7500} = 7\,\dfrac{1}{5}.$

L'intervalle entre les payements consécutifs est donc de 7 mois $\dfrac{1}{5}$.

On *vérifie* ce résultat en montrant que la somme des escomptes prélevés sur les quatre payements de 750[fr], considérés comme effectués au comptant, est égale à celui qui provient, dans les mêmes conditions, de 4500[fr] payables au bout d'un an.

339. X. *J'ai acheté pour* 2000^{fr} *de marchandises à 6 mois de crédit ; au bout de 2 mois je ferai une avance qui me permettra de garder le reste un an sans faire tort à mon créancier. Quel est le montant de chaque payement ?*

Soit x le montant du payement à faire dans un an, l'autre sera de $2000 - x$. En supposant un taux d'escompte commercial, 6 pour 100, par exemple, la somme des escomptes prélevés sur les deux payements partiels, au cas où ils auraient lieu au comptant, serait de

$$\frac{x \times 6 \times 12}{1\,200} + \frac{(2000 - x) \times 6 \times 2}{1\,200}$$

et représenterait l'escompte fait, dans les mêmes conditions, sur la somme de 2000^{fr} payable dans 6 mois, soit

$$\frac{2000 \times 6 \times 6}{1\,200},$$

d'où l'égalité

$$\frac{x \times 6 \times 12}{1\,200} + \frac{(2000 - x) \times 6 \times 2}{1\,200} = \frac{2000 \times 6 \times 6}{1\,200},$$

qui devient, en divisant ses deux membres par 6 et en les multipliant par 1 200,

$$12x + (2000 - x) \times 2 = 2000 \times 6,$$

et, en effectuant les calculs indiqués,

$$12x + 4000 - 2x = 12000.$$

Si l'on retranche 4000 des deux membres de cette dernière égalité et qu'on effectue la soustraction $12x - 2x$ dans le premier membre, il vient

$$10x = 8000,$$

d'où
$$x = \frac{8000}{10} = 800.$$

Le montant du payement à faire dans un an est ainsi de 800^{fr}; l'autre est de $2000^{fr} - 800^{fr} = 1\,200^{fr}$.

On *vérifie* par un procédé analogue au précédent.

340. Certaines questions se rattachent à celles de l'échéance commune parce qu'elles se résolvent de la même manière. En voici un exemple :

341. XI. *Un propriétaire s'était engagé par contrat à laisser paître sur sa prairie 400 vaches de son voisin pendant 16 mois ; le voisin en envoie d'abord 200 du consentement du propriétaire ; 7 mois plus tard, 250, et 8 mois après ce second envoi, 150 autres. Combien de temps le propriétaire doit-il laisser paître ce troupeau de 600 vaches sur sa prairie pour remplir son engagement ?*

Soit x le nombre de mois, comptés après le troisième envoi de vaches, pendant lesquels devra paître le troupeau entier.

Les 200 premières vaches paissant pendant $(7+8+x)$ mois, ou $(15+x)$ mois, consomment comme un nombre de vaches égal à $200(15+x)$ pendant un mois.

Les 250 suivantes, paissant pendant $(8+x)$ mois, consomment comme un nombre de vaches égal à $250(8+x)$ pendant un mois.

Et les 150 dernières, paissant pendant x mois, consomment comme un nombre de vaches égal à $150x$ pendant un mois.

En somme les 600 vaches consomment comme un nombre de vaches représenté par l'expression suivante, pendant un mois :

$$200(15+x)+250(8+x)+150x.$$

Ce nombre de vaches doit être égal à celui qui aurait pu paître pendant un mois d'après la première condition du contrat, c'est-à-dire à 400×16 ; d'où l'égalité suivante :

$$200(15+x)+250(8+x)+150x = 400 \times 16.$$

En effectuant les calculs et simplifiant, il vient

$$5000+600x = 6400,$$

ou, en retranchant 5000 des deux membres de cette égalité,

$$600x = 1400 ;$$

d'où
$$x = \frac{1400}{600} = 2\frac{1}{3}.$$

C'est-à-dire que le troupeau de 600 vaches pourra paître pendant 2 mois $\frac{1}{3}$.

§ VIII. — Rentes sur l'État.

342. Lorsqu'un État a besoin de grosses sommes d'argent, au lieu de recourir à une augmentation ou à une création d'impôts, il fait parfois des emprunts à des capitalistes grands et petits et s'engage à leur servir un revenu annuel qui s'appelle *rente sur l'État*.

Si les emprunts doivent être remboursés à des époques déterminées d'avance, la rente est dite *amortissable ;* dans le cas contraire, qui est le plus général, c'est-à-dire lorsque les capitaux prêtés ne peuvent être exigés à aucune époque, la rente est dite *perpétuelle*.

Actuellement il y a *trois sortes de rentes françaises :* le 3 pour 100 perpétuel, le 3 pour 100 amortissable et le 3 1/2 pour 100 ; ce qui veut dire que 3^{fr} de rente, dans les deux premiers cas, et $3^{fr},50$, dans le troisième, sont le revenu d'un capital nominal de 100^{fr} que l'État s'oblige à verser le jour où il veut effectuer des remboursements.

On donne le nom de *titre* ou d'*inscription de rente* au certificat qui atteste le droit à une rente déterminée.

La somme qu'il faut au jour de l'emprunt pour avoir 3^{fr} ou $3^{fr},50$ de rente s'appelle *cours d'émission* de la rente.

Si le possesseur d'un titre de rente ne peut en exiger le remboursement par l'État, il a le loisir de le vendre ; la somme qu'il reçoit pour 3^{fr} ou $3^{fr},50$ de rente, suivant le cas, représente le *cours* de la rente. Soumis aux lois de l'offre et de la demande, le cours est très variable. La vente des titres de rente se fait à la Bourse par l'intermédiaire des agents de change qui prélèvent un *courtage* calculé ordinairement à raison de 1 pour 1000 du capital brut et que payent à la fois le vendeur et l'acheteur ; elle est *au comptant* ou *à terme* selon qu'elle est suivie d'un règlement en espèces ou qu'elle est une opération fictive, un jeu de Bourse.

Nous ne nous occuperons que des négociations au comptant et sans tenir compte du courtage. Ces questions conduisent pour la plupart à des règles de trois. Nous allons résoudre les principales.

343. I. *Quel revenu aura-t-on en achetant pour* 6615^{fr} *de rente* 3 *pour* 100 *au cours de* 94,50 ?

Du tableau   94,50   3^{fr}
                          6615 x,

on tire

$$\frac{x}{3^{fr}} = \frac{6615}{94,50},$$

d'où

$$x = \frac{3^{fr} \times 6615}{94,50} = 210^{fr}.$$

On *vérifie* ce résultat en montrant que 210^{fr} de rente 3 pour 100, au cours de 94,50, valent 6615^{fr}.

344. II. *Quelle somme faut-il employer à l'achat de rente* 3 $\frac{1}{2}$ *pour* 100, *au cours de* 104,75, *pour se faire un revenu annuel de* 2135^{fr} ?

Du tableau   3,5   104^{fr},75
                       2135 x,

on tire

$$\frac{x}{104^{fr},75} = \frac{2135}{3,5},$$

d'où

$$x = \frac{104^{fr},75 \times 2135}{3,5} = 63897^{fr},50.$$

La *vérification* se fait en montrant qu'une somme de 63897^{fr},50 employée à l'achat de rente 3,50 pour 100 au cours de 104,75 donne un revenu de 2135^{fr}.

345. III. *On a payé* 651^{fr} *de rente* 3 *pour* 100 *la somme de* 20853^{fr},70. *Quel était le cours de la rente ?*

Du tableau   651   20853^{fr},70
                       3   x,

on tire

$$\frac{x}{20853^{fr},70} = \frac{3}{651},$$

d'où

$$x = \frac{20853^{fr},70 \times 3}{651} = 96^{fr},10.$$

On *vérifie* en montrant que 651^{fr} de rente 3 pour 100 au cours de 96^{fr},10 coûtent 20 853^{fr},70, ou que cette dernière somme employée à l'achat de rente 3 pour 100, au cours de 96,10, donne un revenu de 651^{fr}.

346. IV. *A quel taux place-t-on son argent en achetant de la rente 3 pour 100 au cours de 93^{fr},75 ?*

Du tableau   93,75   3^{fr}

                     100   x,

on tire

$$\frac{x}{3^{fr}} = \frac{100}{93,75},$$

d'où

$$x = \frac{3^{fr} \times 100}{93,75} = 3,2.$$

La *vérification* consiste à montrer qu'au taux de 3,2 pour 100, une somme de 93^{fr},75 rapporte 3^{fr} d'intérêt.

347. V. *Une personne qui avait acheté* 924^{fr} *de rente* 3 $\frac{1}{2}$ *pour 100, au cours de 103,75, les revend au cours de 104^{fr},10. Quel bénéfice a-t-elle réalisé ?*

Sur 3^{fr},50 de rente elle réalise   104^{fr},10 — 103^{fr},75 = 0^{fr},35. La question revient donc à la règle de trois simple :

Quel bénéfice réalise-t-on sur 924^{fr} *de rente lorsque sur* 3^{fr},50 *on réalise un bénéfice de* 0^{fr},35 ?

Du tableau   3,50   0^{fr},35

                  924   x,

on tire

$$\frac{x}{0^{fr},35} = \frac{924}{3,50},$$

d'où

$$x = \frac{0^{fr},35 \times 924}{3,50} = 92^{fr},40.$$

On peut *vérifier* en cherchant ce que valent 924^{fr} de rente 3 $\frac{1}{2}$ pour 100, d'une part, au cours de 103,75, d'autre part, au cours de 104,10 : la différence doit être égale à 92^{fr},40.

348. VI. *Quelle est la plus avantageuse des deux opérations suivantes . acheter de la rente 3 pour 100 au cours de 96,30 ou prendre de la rente* 3 $\frac{1}{2}$ *pour 100 au cours de 103,25 ?*

Il faut chercher ce que coûte 1^{fr} de rente dans chaque cas.

1^{fr} de rente dans le premier cas coûte

$$\frac{96^{fr},30}{3} = 32^{fr},10 \; ;$$

1^{fr} de rente dans le second, coûte

$$\frac{103^{fr},25}{3,5} = 29^{fr},50.$$

Il résulte de ces calculs que la seconde opération est plus avantageuse que la première.

349. VII. *Quel est le chiffre de rente 3 pour 100 que possède une personne pour laquelle une hausse de $0^{fr},25$ dans le cours représente un accroissement de capital de 725^{fr} ?*

La question revient à cette règle de trois simple :

Lorsqu'une hausse de $0^{fr},25$ correspond à 3^{fr} de rente, à quelle quantité de rente correspond une hausse de 725^{fr} ?

Du tableau
$$0,25 \qquad 3^{fr}$$
$$725 \qquad x,$$

on tire
$$\frac{x}{3^{fr}} = \frac{725}{0,25},$$

d'où
$$x = \frac{3^{fr} \times 725}{0,25} = 8700^{fr}.$$

La *vérification* consiste à montrer que la vente de 8700^{fr} de rente 3 pour 100, avec un bénéfice de $0^{fr},25$ sur 3^{fr} de rente, produirait un bénéfice total de 725^{fr}.

<h3 align="center">§ IX. — Partages proportionnels.</h3>

350. Nous avons précédemment défini (228) les partages proportionnels et résolu les principaux problèmes élémentaires qui s'y rapportent.

Ici nous nous proposons d'examiner quelques questions complémentaires.

351. I. *Partager le nombre 210 en quatre parties dont les racines carrées soient proportionnelles aux nombres 1, 2, 3 et 4.*

Si x, y, z et v représentent les quatre parties à former, on aura les relations

$$\frac{\sqrt{x}}{1} = \frac{\sqrt{y}}{2} = \frac{\sqrt{z}}{3} = \frac{\sqrt{v}}{4},$$

qui deviennent, en en élevant les divers membres au carré,

$$\frac{x}{1} = \frac{y}{4} = \frac{z}{9} = \frac{v}{16}.$$

La question revient ainsi à partager le nombre donné en parties proportionnelles aux nombres 1, 4, 9 et 16, et l'on obtient

$$x = \frac{210}{1 + 4 + 9 + 16} = 7,$$

$$y = \frac{210}{1 + 4 + 9 + 16} \times 4 = 28,$$

$$z = \frac{210}{1 + 4 + 9 + 16} \times 9 = 63,$$

$$v = \frac{210}{1 + 4 + 9 + 16} \times 16 = 112.$$

On *vérifie* ces résultats en montrant que les quatre nombres 7, 28, 63 et 112 ont leurs racines carrées $\sqrt{7}$, $2\sqrt{7}$, $3\sqrt{7}$ et $4\sqrt{7}$ proportionnelles aux nombres 1, 2, 3 et 4, et que la somme de ces quatre nombres est 210.

352. II. *Partager le nombre 1148 en quatre parties de manière que la première soit à la deuxième comme 7 est à 9, la deuxième à la troisième comme 4 est à 5, et la troisième à la quatrième comme 9 est à 11.*

Si l'on prend la première part comme terme de comparaison, elle sera représentée par l'unité, la seconde sera les $\frac{9}{7}$ de cette unité ou $\frac{9}{7}$, la troisième les $\frac{5}{4}$ de $\frac{9}{7}$ ou $\frac{45}{28}$, et la quatrième les $\frac{11}{9}$ de $\frac{45}{28}$ ou $\frac{55}{28}$. La question reviendra donc à la suivante :

Partager le nombre 1148 en parties proportionnelles aux nombres 1, $\frac{9}{7}$, $\frac{45}{28}$ *et* $\frac{55}{28}$.

Ces quatre nombres, multipliés respectivement par leur plus petit dénominateur commun, deviendront 28, 36, 45 et 55, et c'est proportionnellement à ces derniers que se fera le partage. On aura successivement, d'après ce qu'on sait déjà, pour les quatre parts que nous désignerons par x, y, z et v,

$$x = \frac{1148}{28 + 36 + 45 + 55} \times 28 = 196,$$

$$y = \frac{1148}{28 + 36 + 45 + 55} \times 36 = 252,$$

$$z = \frac{1148}{28 + 36 + 45 + 55} \times 45 = 315,$$

$$v = \frac{1148}{28 + 36 + 45 + 55} \times 55 = 385.$$

On *vérifie* ces nombres en montrant que leur somme est égale à 1148 et qu'il existe entre eux les rapports exprimés dans l'énoncé du problème.

353. III. *Un ouvrier, sa femme et son fils ont reçu 183ᶠʳ,96 pour 25 journées du père, 18 de la mère et 21 du fils. Le prix de la journée de la mère vaut les 0,75 de la journée du père, et la journée du fils les 0,80 de la journée de la mère. Quel est le prix de la journée pour chacun d'eux et combien chacun reçoit-il en tout ?*

La somme de 183ᶠʳ,96 doit être répartie proportionnellement à la durée et à la valeur du travail de chaque personne, par conséquent proportionnellement au produit de ces deux éléments de travail.

La durée est représentée par les trois nombres 25, 18 et 21 ; quant à la valeur de la journée, si l'on prend pour unité celle d'une journée du père, celle d'une journée de la mère sera de 0,75 et celle d'une journée du fils de $0,75 \times 0,80$ ou 0,6.

La question revient ainsi à la suivante :

Partager 183ᶠʳ,96 en trois parties proportionnelles aux nombres 25×1 *ou 25*, $18 \times 0,75$ *ou 13,5, et* $21 \times 0,60$ *ou 12,6.*

On aura pour chacune des trois parties, que nous désignerons respectivement par x, y et z,

$$x = \frac{183^{\text{fr}},96}{25 + 13,5 + 12,6} \times 25 = 90^{\text{fr}},$$

$$y = \frac{183^{\text{fr}},96}{25 + 13,5 + 12,6} \times 13,5 = 48^{\text{fr}},60,$$

$$z = \frac{183^{\text{fr}},96}{25 + 13,5 + 12,6} \times 12,6 = 45^{\text{fr}},36.$$

Les prix des journées seront :

pour le père, de $\dfrac{90^{\text{fr}}}{25} = 3^{\text{fr}},60$;

pour la mère, de $\dfrac{48^{\text{fr}},60}{18} = 2^{\text{fr}},70$;

et pour le fils, de $\dfrac{45^{\text{fr}},36}{21} = 2^{\text{fr}},16$.

La *vérification* aura lieu en montrant que la somme des trois parts est égale à $183^{\text{fr}},96$ et que les prix des journées sont entre eux dans les rapports donnés.

354. **IV.** *Un oncle a quatre neveux respectivement âgés de vingt ans, de dix-neuf ans, de dix-sept ans et de onze ans ; il leur laisse à se partager 45037^{fr}, mais à la condition qu'en plaçant immédiatement leurs parts à intérêt simple, au taux de 5 pour 100, ils aient successivement la même somme à leur majorité (21 ans). De combien faut-il que soit la part actuelle de chacun ?*

Il s'agit de trouver d'abord des nombres proportionnellement auxquels doit se faire le partage. Soient x, y, z et v les quatre parts ; la première restera placée pendant un an et deviendra

$$x + \frac{5 \times x}{100} = \frac{21}{20}\,x \;;$$

la deuxième restera placée pendant deux ans et deviendra

$$y + \frac{5 \times y \times 2}{100} = \frac{11}{10}\,y \;;$$

la troisième restera placée pendant quatre ans et deviendra

$$z + \frac{5 \times z \times 4}{100} = \frac{6}{5}\,z \;;$$

enfin, la quatrième restera placée pendant dix ans et deviendra

$$v + \frac{5 \times v \times 10}{100} = \frac{3}{2}\,v\,.$$

En égalant chacune des trois dernières parts à la première, on aura les relations

$$\frac{11}{10}\,y = \frac{21}{20}\,x,$$

$$\frac{6}{5}\,z = \frac{21}{20}\,x,$$

$$\frac{3}{2}\,v = \frac{21}{20}\,x.$$

Si l'on divise dans chacune de ces égalités les deux membres par le multiplicateur de l'inconnue du premier membre, il viendra

$$y = \frac{21}{20}\,x \;:\; \frac{11}{10} = \frac{21}{22}\,x,$$

$$z = \frac{21}{20}\,x \;:\; \frac{6}{5} = \frac{7}{8}\,x,$$

$$v = \frac{21}{20}\,x \;:\; \frac{3}{2} = \frac{7}{10}\,x,$$

ce qui se traduit ainsi : les trois dernières parts sont respectivement les $\frac{21}{22}$, les $\frac{7}{8}$ et les $\frac{7}{10}$ de la première. De sorte que si l'on prend pour unité la part du premier neveu, celles des autres seront représentées par les nombres $\frac{21}{22}$, $\frac{7}{8}$ et $\frac{7}{10}$. La question est alors ramenée à cette autre :

Partager la somme de 45037[fr] en parties proportionnelles aux quatre nombres 1, $\frac{21}{22}$, $\frac{7}{8}$ *et* $\frac{7}{10}$.

En multipliant chacun de ces nombres par leur plus petit dénominateur commun, qui est 440, on les remplace équitablement par les nombres entiers suivants : 440, 420, 385 et 308 ; et l'on a successivement

$$x = \frac{45\,037^{\text{fr}}}{440 + 420 + 385 + 308} \times 440 = 12\,760^{\text{fr}},$$

$$y = \frac{45\,037^{\text{fr}}}{440 + 420 + 385 + 308} \times 420 = 12\,180^{\text{fr}},$$

$$z = \frac{45\,037^{\text{fr}}}{440 + 420 + 385 + 308} \times 385 = 11\,165^{\text{fr}},$$

$$v = \frac{45\,037^{\text{fr}}}{440 + 420 + 385 + 308} \times 308 = 8\,932^{\text{fr}}.$$

La *vérification* consiste à montrer que ces quatre sommes ont un total égal à 45037^{fr} et que placées à intérêt simple, au taux de 5 pour 100, la première pendant 1 an, la deuxième pendant 2, la troisième pendant 4 et la quatrième pendant 10, elles deviennent égales.

§ X. — Règles de société.

355. Lorsque plusieurs personnes se réunissent pour fonder et diriger à frais communs une entreprise, on dit qu'elles forment une *société*, et l'apport de chacune d'elles se nomme sa *mise*.

Les bénéfices ou les pertes qui peuvent résulter d'une association sont répartis entre tous les membres, d'après certaines conventions, et tout problème relatif à cette répartition est une *règle de société*.

On dit que la règle de société est *simple* lorsque les mises seules, ou les temps seuls pendant lesquels les mises restent engagées sont différents ; elle est dite *composée* lorsque les mises et les temps sont différents à la fois.

Pour résoudre les questions de ce genre, on admet que la part de bénéfice ou de perte de chacun est proportionnelle à sa mise et au temps pendant lequel cette mise est restée dans l'association.

On voit ainsi que les règles de société doivent se traiter comme les problèmes de partages proportionnels.

Lorsqu'il s'agit de répartir un bénéfice ou une perte, la question à résoudre est d'ordre direct ; quand on se propose au contraire de calculer des mises ou des durées d'emploi de mises, la question est d'ordre inverse.

356. I (Problème direct). — *Quatre personnes se sont associées pour l'achat d'une marchandise qui leur a procuré en la revendant un bénéfice total de 8050ᶠʳ. Quelle est la part de chaque personne dans ce bénéfice, sachant que la première avait fourni 2000ᶠʳ, la deuxième 2500ᶠʳ, la troisième 3000ᶠʳ et la quatrième 4000ᶠʳ ?*

Les parts de bénéfice, que nous désignerons par x, y, z, v, étant proportionnelles aux mises, on aura, pour la première,

$$x = \frac{8050^{fr}}{2000 + 2500 + 3000 + 4000} \times 2000 = 1400^{fr} ;$$

pour la deuxième,

$$y = \frac{8050^{fr}}{2000 + 2500 + 3000 + 4000} \times 2500 = 1750^{fr},$$

pour la troisième,

$$z = \frac{8050^{fr}}{2000 + 2500 + 3000 + 4000} \times 3000 = 2100^{fr},$$

et pour la quatrième,

$$v = \frac{8050^{fr}}{2000 + 2500 + 3000 + 4000} \times 4000 = 2800^{fr}.$$

On sait *vérifier* ces résultats.

357. II (Problème direct). — *Trois associés ont mis dans une entreprise chacun la même somme, le premier pendant 2 ans, le deuxième pendant 4 ans et le troisième pendant 5 ans. Comment répartir entre eux la perte de 6952ᶠʳ subie par l'association ?*

Les mises étant les mêmes, la répartition de la perte doit se faire proportionnellement aux temps pendant lesquels ces mises sont restées dans l'association, c'est-à-dire proportionnellement aux nombres 2, 4 et 5.

Si l'on désigne par x, y, z les pertes respectives des trois associés, on a

$$x = \frac{6952^{fr}}{2 + 4 + 5} \times 2 = 1264^{fr},$$

$$y = \frac{6952^{fr}}{2 + 4 + 5} \times 4 = 2528^{fr},$$

$$z = \frac{6952^{fr}}{2 + 4 + 5} \times 5 = 3160^{fr}.$$

358. III (Problème direct). — *Trois négociants ont engagé dans une affaire, le premier* 1800^{fr} *pendant un an, le deuxième* 2200^{fr} *pendant* 15 *mois, et le troisième* 3000^{fr} *pendant* 21 *mois. Que revient-il à chacun du bénéfice réalisé, qui s'élève à la somme de* 3528^{fr} ?

Les trois parts de bénéfice, que nous désignerons par x, y, z, sont ici proportionnelles aux mises et aux temps pendant lesquels ces mises sont restées dans l'association, par conséquent proportionnelles aux produits des mises par les temps exprimés dans ce cas en mois, c'est-à-dire aux quantités

1800×12 ou 21600, 2200×15 ou 33000, 3000×21 ou 63000.

Elles auront donc les valeurs suivantes :

$$x = \frac{3528^{fr}}{21600 + 33000 + 63000} \times 21600 = 648^{fr},$$

$$y = \frac{3528^{fr}}{21600 + 33000 + 63000} \times 33000 = 990^{fr},$$

$$z = \frac{3528^{fr}}{21600 + 33000 + 63000} \times 63000 = 1890^{fr}.$$

Autre méthode. — On peut résoudre cette question en substituant, aux mises utilisées pendant des temps différents, des mises utilisées pendant le même temps.

On conçoit, en effet, que la mise de 1800^{fr} du premier associé, dont l'emploi dure un an ou 12 mois, donne les mêmes droits au partage du bénéfice qu'une mise 12 fois plus grande, ou de 1800$^{fr} \times 12 = 21600^{fr}$, dont l'emploi durerait un mois. En raisonnant de la même manière pour les autres mises, on trouve que la seconde peut être remplacée par une autre égale à $2200^{fr} \times 15 = 33000^{fr}$ et la troisième par une mise de $30000^{fr} \times 21 = 63000^{fr}$.

La question est alors ramenée au *partage du bénéfice de* 3528^{fr} *proportionnellement aux mêmes nombres* 21600, 33000 et 63000, que nous avons trouvés plus haut.

359. Généralisation de la question. — En désignant par A la part ou le bénéfice total réalisé dans l'association, par

m, m', m'' les mises des trois négociants, et par t, t', t'' les temps respectifs pendant lesquels ces mises ont été utilisées, les parts de perte ou de bénéfice seront données par les formules

$$(1) \quad \begin{cases} x = \dfrac{A}{mt + m't' + m''t''} \times mt, \\[2mm] y = \dfrac{A}{mt + m't' + m''t''} \times m't', \\[2mm] z = \dfrac{A}{mt + m't' + m''t''} \times m''t''. \end{cases}$$

REMARQUE I. — Si le temps pendant lequel chaque mise a été utilisée dans l'association est le même, t par exemple, on a que t' et t'' égalent t, et il s'ensuit que ce nombre t, qui devient à la fois multiplicateur et diviseur du second membre de chacune des formules (1), peut être légitimement supprimé dans chacune d'elles par simplification.

Ces formules deviennent alors

$$x = \frac{A}{m + m' + m''} \times m,$$

$$y = \frac{A}{m + m' + m''} \times m',$$

$$z = \frac{A}{m + m' + m''} \times m''.$$

Elles montrent, sous cette forme, que *lorsque toutes les mises sont employées pendant le même temps, le partage de la perte ou du bénéfice total se fait proportionnellement aux mises.*

Le résultat était prévu; mais il fait logiquement ressortir que cette règle est un cas particulier de la règle générale pour résoudre les questions directes de société, et que traduisent en langage mathématique les formules (1).

REMARQUE II. — Si toutes les mises sont égales, les temps restant différents, on a $m = m' = m''$. Dans ce cas, la mise commune devient multiplicateur et diviseur du second membre de chacune des formules (1); ce qui permet de l'en faire disparaître. Il en résulte les formules suivantes:

$$x = \frac{A}{t + t' + t''} \times t,$$

$$y = \frac{A}{t + t' + t''} \times t',$$

$$z = \frac{A}{t + t' + t''} \times t'',$$

qui montrent que *lorsque les mises sont égales, le partage de la perte ou du bénéfice total se fait proportionnellement aux temps pendant lesquels ces mises sont employées.*

Encore un résultat qui était prévu, mais qui donne une preuve mathématique de ce que cette dernière règle est un cas particulier de la règle générale des questions directes de société.

Les deux problèmes qui vont suivre sont des règles inverses de société.

360. IV (Problème inverse). — *De trois sociétaires, le deuxième a mis dans la société la moitié de plus que le premier, et le troisième 300ᶠʳ de plus que les deux autres réunis ; le troisième retire du gain total, qui se monte à 5020ᶠʳ, la somme de 2570ᶠʳ. Quelle est la mise de chaque sociétaire ?*

Le troisième ayant retiré 2570ᶠʳ du gain total, les deux autres ont reçu ensemble 5020ᶠʳ — 2570ᶠʳ = 2450ᶠʳ, soit 2570ᶠʳ — 2450ᶠʳ = 120ᶠʳ de moins que le troisième seul. Ces 120ᶠʳ proviennent des 300ᶠʳ que le troisième a mis de plus que les deux autres. Il en résulte que pour avoir la mise du troisième nous résoudrons la règle de trois simple suivante :

Si 120ᶠʳ de gain proviennent de 300ᶠʳ de mise, de quelle mise proviendront 2570ᶠʳ de gain ?

Du tableau   120   300ᶠʳ

                               2570 x,

on tire $\dfrac{x}{300^{fr}} = \dfrac{2570}{120}$,

d'où $x = \dfrac{300^{fr} \times 2570}{120} = 6425^{fr}.$

Pour les deux premiers sociétaires, comme on ne connaît que

leur gain total, on détermine d'abord la somme de leurs mises
en résolvant cette autre règle de trois simple :

*Si 120^fr de gain proviennent d'une mise de 300^fr, de quelle mise
proviendront 2450^fr ?*

Du tableau   120   300^fr

                              2450 x,

on tire $\dfrac{x}{300^{fr}} = \dfrac{2450}{120}$,

d'où $x = \dfrac{300^{fr} \times 2450}{120} = 6125^{fr}$.

Mais on sait, d'autre part, que la mise du deuxième est la
moitié en plus de celle du premier, c'est-à-dire qu'elle en est
les $\dfrac{3}{2}$. Nous aurons donc à résoudre cette troisième question,
pour en finir avec le problème proposé :

*Partager 6125^fr en parties proportionnelles aux nombres 1
et $\dfrac{3}{2}$.*

En multipliant les deux nombres 1 et $\dfrac{3}{2}$ par le dénominateur du second, on obtient pour résultat les deux nombres
entiers 2 et 3, respectivement proportionnels aux deux premiers ; le partage proposé revient donc à celui qui est fait
proportionnellement à ces deux derniers nombres. Si nous
désignons les deux parties par y et z, on a

$$y = \frac{6125^{fr}}{2+3} \times 2 = 2450^{fr},$$

$$z = \frac{6125^{fr}}{2+3} \times 3 = 3675^{fr}.$$

Ainsi, les trois mises, d'après le rang des sociétaires dans
l'énoncé du problème, sont 2450^fr, 3675^fr et 6425^fr.

La *vérification* consiste à montrer que ces trois mises satisfont
aux premières conditions de l'énoncé et que le gain total et la
part de gain du troisième sociétaire sont respectivement
proportionnels à la somme des trois mises et à celle du
troisième.

361. V (Problème inverse). — *Trois commerçants ont fait une entreprise à frais communs : la mise du troisième est de 5 600ᶠʳ, celle du premier de 320ᶠʳ moindre que celle du deuxième ; le premier laisse ses fonds pendant 7 mois, le deuxième pendant 14 et le troisième pendant 12 ; le gain total est de 2 402ᶠʳ $\frac{1}{6}$, et le deuxième reçoit pour sa part 879ᶠʳ $\frac{2}{3}$. Quelles sont les mises des deux premiers commerçants ?*

Soit x la mise du premier commerçant ; celle du deuxième sera $x + 320$. On sait, d'autre part, que celle du troisième est de 5 600ᶠʳ. Comme ces mises sont employées pendant des temps différents, les nombres proportionnellement auxquels devrait se faire le partage du gain total seront

$$x \times 7 \quad \text{ou} \quad 7x, \qquad (x + 320) \times 14 \quad \text{ou} \quad 14x + 4480,$$

et $\qquad 5 600 \times 12 \quad$ ou $\quad 67 200.$

Ces trois nombres n'étant pas tous connus, il ne peut être question de procéder immédiatement à un partage proportionnel ; mais comme on connaît la part de gain du deuxième, on peut écrire que le rapport entre la mise et le gain du deuxième est égal au rapport entre la somme des mises et le gain total ; c'est ce que traduit l'égalité suivante :

$$\frac{14x + 4480}{879\,\frac{2}{3}} = \frac{21x + 71\,680}{2402\,\frac{1}{6}}.$$

En réduisant les dénominateurs en fractions, et en multipliant les deux termes du premier membre de l'égalité par 3 et les deux termes du second par 6, il vient

$$\frac{42x + 13\,440}{2639} = \frac{126x + 430\,080}{14\,413},$$

ou $\qquad \dfrac{42x + 13\,440}{13 \times 203} = \dfrac{126x + 430\,080}{71 \times 203}.$

Cette nouvelle égalité donne successivement :

1° en multipliant les deux membres par leur plus petit commun multiple $13 \times 71 \times 203$,

$$2982x + 954\,240 = 1638x + 5\,591\,040 ;$$

2° en retranchant des deux membres de cette dernière 954240 et 1638x, $\qquad$ 1344x = 4636800,

d'où $\qquad x = \dfrac{4636800}{1344} = 3450.$

La mise du premier commerçant est donc de 3450^{fr} ; celle du deuxième, d'après l'énoncé du problème, est de

$$3450^{\text{fr}} + 320^{\text{fr}} = 3770^{\text{fr}}.$$

La *vérification* consiste à montrer que le rapport au gain du deuxième, 870$^{\text{fr}}\dfrac{2}{3}$, de sa mise combinée avec le temps, 3770$^{\text{fr}} \times 14$, égale le rapport au gain total, 2402$^{\text{fr}}\dfrac{1}{6}$, de la somme des trois mises combinées avec les temps correspondants, $3450^{\text{fr}} \times 7 + 3770^{\text{fr}} \times 14 + 5600^{\text{fr}} \times 12.$

§ XI. — Mélanges.

362. Certaines denrées alimentaires, telles que les céréales, les farines, les cafés, les vins, etc., sont l'objet de mélanges assez fréquents, destinés à faciliter la vente de ces marchandises et parfois à en rendre la consommation plus agréable.

De là une source de problèmes, d'espèces différentes suivant qu'il s'agit de chercher soit le prix de l'unité d'un mélange, soit le prix de celle d'une des substances mélangées, soit les proportions dans lesquelles doit être fait un mélange, lorsque dans chaque cas on a un nombre suffisant de données.

Nous allons traiter successivement les principales de ces questions en commençant par la plus élémentaire.

363. I. *On a mélangé 225 litres de vin à 0*^{fr}*,40 le litre avec 300 litres à 0*^{fr}*,50 et 120 litres à 0*^{fr}*,60. On demande le prix du litre du mélange.*

Il est évident que le prix du litre du mélange est égal au quotient de la valeur totale du mélange par le nombre de litres mélangés.

Or, la valeur totale du mélange est égale à

$$0^{fr},40 \times 225 + 0^{fr},50 \times 300 + 0^{fr},60 \times 120$$

et le nombre de litres mélangés est de

$$225 + 300 + 120.$$

Il s'ensuit que le prix cherché est égal à

$$\frac{0^{fr},40 \times 225 + 0^{fr},50 \times 300 + 0^{fr},60 \times 120}{225 + 300 + 120} = 0^{fr},48 \, \frac{16}{43}.$$

La *vérification* se fait en établissant que 225 litres à $0^{fr},40$ le litre, plus 300 litres à $0^{fr},50$, plus 120 litres à $0^{fr},60$ valent autant que $\quad 225$ litres $+ 300$ litres $+ 120$ litres à $0^{fr},48 \, \dfrac{16}{43}$.

364. Généralisation de la question. — Si l'on désigne par n, n' et n'' les nombres de litres des trois espèces mélangées, par a, a' et a'' les prix correspondants du litre, et par a_1 le prix du litre du mélange, on obtient la formule

$$(1) \qquad\qquad a_1 = \frac{an + a'n' + a''n''}{n + n' + n''},$$

qui met en évidence cette règle que *pour trouver le prix de l'unité d'un mélange, il faut calculer la valeur de chacune des substances qui composent le mélange et diviser la somme de ces valeurs par la somme des unités mélangées.*

Elle montre, en outre, que a_1 est intermédiaire entre la plus grande et la plus petite des quantités a, a' et a'' (152).

Remarque I. — Cette formule n'est autre que celle que nous avons trouvée en traitant les questions d'échéance commune, ce qui prouve que ces deux sortes de questions, sous des noms différents, ont de nombreux points communs dans les calculs auxquels elles conduisent.

Remarque II. — Lorsque chaque substance entre pour la même quantité dans le mélange, on a $\quad n = n' = n''$, et la formule (1) donne

$$a_1 = \frac{an + a'n + a''n}{3n},$$

ou, en divisant les deux termes du second membre par n,

$$a_1 = \frac{a + a' + a''}{3}.$$

Dans ce cas particulier, le prix de l'unité de mélange est la moyenne arithmétique des prix des unités des substances mélangées, et la question devient un simple problème de moyenne.

365. La formule (1) qui établit une relation entre les quantités n, n', n'' des matières à mélanger, les prix a, a', a'' de l'unité de chacune de ces matières, et le prix a_1 de l'unité du mélange, ce qui fait pour ainsi dire trois groupes de grandeurs, montre que l'on peut calculer une grandeur quelconque de l'un de ces groupes connaissant toutes les autres grandeurs de la formule.

Dans le problème précédent, on a déterminé a_1, seule grandeur de son groupe, toutes les autres étant données ; nous nous proposons de montrer successivement comment on calcule une des quantités n, n', n'', et une des quantités a, a', a'', en supposant chaque fois toutes les autres quantités connues : ce sera l'objet des deux problèmes qui vont suivre.

366. II. *Dans un mélange de 665 litres d'un vin à 1ᶠʳ,50 le litre et de 875 litres d'un autre vin à 1ᶠʳ,75 le litre, combien faut-il mettre de vin à 0ᶠʳ,25 le litre pour que le nouveau mélange revienne à 1ᶠʳ,20 le litre ?*

Si dans la formule (1), où a_1, a, a' et a'' sont respectivement égaux à 1ᶠʳ,20, 1ᶠʳ,50, 1ᶠʳ,75 et 0ᶠʳ,25, n et n' à 665 litres et 875 litres, et où n'' est l'inconnue, on substitue aux lettres les valeurs qu'elles représentent, on a

$$1{,}20 = \frac{1{,}50 \times 665 + 1{,}75 \times 875 + 0{,}25 \times n''}{665 + 875 + n''},$$

ou

$$1{,}20 = \frac{2528{,}75 + 0{,}25 \times n''}{1540 + n''}.$$

En multipliant les deux membres de cette égalité par $1540 + n''$, il vient

$$1{,}20 \times 1540 + 1{,}20 \times n'' = 2528{,}75 + 0{,}25 \times n'',$$

ou

$$1848 + 1{,}20n'' = 2528{,}75 + 0{,}25n'',$$

et, en retranchant de chacun de ces nouveaux membres $1848 + 0{,}25n''$,

$$0{,}95n'' = 680{,}75,$$

d'où
$$n'' = \frac{680,75}{0,95} = 716\,\frac{11}{19}.$$

Solution directe. — On peut résoudre directement ce problème en raisonnant comme il suit :

La quantité de vin à $0^{fr},25$ le litre doit être telle que le bénéfice réalisé sur ce vin dans la vente du mélange à $1^{fr},20$ le litre soit égal à la perte résultant de la vente, dans ce même mélange, au même prix de $1^{fr},20$ le litre, des 665 litres à $1^{fr},50$ le litre et des 875 litres à $1^{fr},75$.

La perte sur ces deux derniers vins est égale à
$$(1^{fr},50 - 1^{fr},20) \times 665 + (1^{fr},75 - 1^{fr},20) \times 875,$$
ce qui donne $680^{fr},75$.

La question revient ainsi à cette autre :

Trouver ce qu'il faut de vin à $0^{fr},25$ le litre vendu à $1^{fr},20$ pour réaliser un bénéfice de $680^{fr},75$.

Ce nombre de litres est égal à $\dfrac{680,75}{1,20 - 0,25} = 716\,\dfrac{11}{19}.$

C'est le nombre que nous avons obtenu par l'application de la formule (1).

On *vérifie* ce résultat par l'emploi du procédé indiqué pour le problème précédent.

367. III. *Avec du blé de deux qualités différentes, prises dans les proportions de 5 à 3, on a fait un mélange qui revient à 24^{fr} l'hectolitre. Sachant que le prix de la première qualité est de 27^{fr} l'hectolitre, quel est celui de la seconde?*

Les qualités de blé à mélanger n'étant qu'au nombre de deux, la formule (1) se réduit ici à la suivante :
$$a_1 = \frac{an + a'n'}{n + n'},$$
dans laquelle, en se bornant à ne considérer que 8 hectolitres du mélange, n et n' sont respectivement égaux à 5 et à 3, a_1 et a égaux à 24^{fr} et à 27^{fr}, et où a' représente l'inconnue. Cette formule donne, en y remplaçant les lettres par leurs valeurs,
$$24 = \frac{27 \times 5 + 3a'}{5 + 3},$$

ou
$$24 = \frac{135 + 3a'}{8},$$

et, en multipliant les deux membres de cette dernière égalité par 8, et en retranchant 135 dès deux nouveaux membres,
$$57 = 3a',$$

d'où l'on tire
$$a' = \frac{57}{3} = 19.$$

Le prix de l'hectolitre de la seconde qualité est ainsi de 19^{fr}.

Solution directe. — Comme le précédent, ce problème se résout très simplement par le procédé direct suivant. Les proportions dans lesquelles les deux qualités de blé entrent dans le mélange indiquent que sur $5 + 3$ ou 8 hectolitres de mélange, il y a 5 hectolitres de la première qualité, c'est-à-dire à 27^{fr} l'hectolitre, et 3 de la seconde. Les 8 hectolitres de mélange à 24^{fr} l'hectolitre donnent une somme de
$$24^{\text{fr}} \times 8 = 192^{\text{fr}},$$

dans laquelle la première espèce entre pour $27^{\text{fr}} \times 5 = 135^{\text{fr}}$; il en résulte que la seconde y entre pour $192^{\text{fr}} - 135^{\text{fr}} = 57^{\text{fr}}$, ce qui donne pour valeur de chaque hectolitre $\dfrac{57^{\text{fr}}}{3} = 19^{\text{fr}}$.

La *vérification* se fait comme dans les problèmes précédents.

368. Le problème suivant a pour but de montrer comment on détermine les proportions dans lesquelles doivent être mélangées deux substances de qualités différentes lorsqu'on donne pour chacune le prix de l'unité et que l'on connaît en outre le prix de l'unité du mélange.

369. IV. *Un marchand a deux qualités de blé qui lui reviennent à 26^{fr} et à 21^{fr} l'hectolitre. Combien doit-il prendre de l'une et de l'autre pour avoir un mélange de 1100 hectolitres à 23^{fr}?*

Si l'on connaissait le rapport dans lequel les deux blés doivent être mélangés, il suffirait pour terminer la solution du problème de partager 1100 hectolitres proportionnellement aux deux termes de ce rapport. La question est donc ramenée à la suivante :

Dans quelles proportions faut-il mélanger deux qualités de blé *à 26^{fr} et à 21^{fr} l'hectolitre pour faire un mélange qui revienne à 23^{fr} l'hectolitre ?*

La recherche de ces proportions repose sur ce fait que la perte subie par la vente, à 23^{fr} l'hectolitre, du blé qui en vaut 26 doit être compensée par le gain réalisé sur la vente, à 23^{fr}, du blé qui n'en vaut que 21. Or, sur un hectolitre à 26^{fr}, la perte est de   26^{fr} — 23^{fr} = 3^{fr},   et sur un hectolitre à 21^{fr}, le gain est de   23^{fr} — 21^{fr} = 2^{fr}.   Cela établi, supposons qu'on commence le mélange en prenant un hectolitre à 26^{fr} ; il en résultera, pour cet hectolitre, une perte de 3^{fr}, et pour la compenser, il faudra prendre un nombre d'hectolitres à 21^{fr} égal au nombre de fois que le gain de 2^{fr} est contenu dans la perte de 3^{fr} : ce nombre est $\dfrac{3}{2}$. Le mélange devra donc être fait dans le rapport de 1 hectolitre à 26^{fr} pour $\dfrac{3}{2}$ hectolitres à 21^{fr}, ou, en nombres entiers — ce qu'on obtient légitimement en multipliant les deux termes 1 et $\dfrac{3}{2}$ du rapport des quantités mélangées par le dénominateur 2 — dans le rapport de 2 hectolitres à 26^{fr} pour 3 hectolitres à 21^{fr}.

Il ne reste plus qu'à *partager 1100 hectolitres en deux parties proportionnelles aux nombres 2 et 3.*

Si x et y représentent les deux parties, on a

$$x = \frac{1100}{2+3} \times 2 = 440,$$

$$y = \frac{1100}{2+3} \times 3 = 660.$$

Le mélange contiendra donc 440 hectolitres de blé à 26^{fr} et 660 à 21^{fr}.

On *vérifie* en montrant que 440 hectolitres à 26^{fr} plus 660 hectolitres à 21^{fr} donnent la même somme que 1100 hectolitres à 23^{fr}.

REMARQUE 1. — Dans ce partage, le nombre 2, qui correspond à la première qualité de blé, provient de la différence entre le prix moyen et celui de la seconde qualité, et le nombre 3, qui correspond à la seconde qualité, provient de la différence entre le prix moyen et celui de la première qualité.

REMARQUE II. — On peut obtenir de la formule (1) le rapport dans lequel deux substances dont on connaît le prix des unités doivent être mélangées pour satisfaire à un prix donné de l'unité du mélange.

En effet, la formule (1) appliquée au cas de deux substances devient

$$(2) \qquad a_1 = \frac{an + a'n'}{n + n'}.$$

Soit $a > a'$, on aura, d'après ce que nous avons déjà dit, $a > a_1 > a'$. En multipliant les deux membres de cette relation (2) par $n + n'$, il vient

$$a_1 n + a_1 n' = an + a'n'.$$

Si l'on retranche de chacun des membres de cette égalité $a_1 n$ et $a'n'$, on obtient

$$a_1 n' - a'n' = an - a_1 n,$$

ou

$$n'(a_1 - a') = n(a - a_1),$$

d'où, en divisant les deux membres de cette égalité par n et par $a_1 - a'$,

$$\frac{n'}{n} = \frac{a - a_1}{a_1 - a'}.$$

Cette égalité démontre que dans la question qui nous occupe *les quantités à mélanger des deux substances sont en raison inverse des différences entre les prix des unités correspondantes et celui de l'unité du mélange.*

Ce résultat, qui confirme l'objet de la première remarque, conduit au moyen mnémonique suivant pour résoudre la même question :

On écrit, l'un au-dessous de l'autre, les deux prix d'unité des substances à mélanger, et entre les deux, un peu à droite, celui de l'unité du mélange :

$$\begin{matrix} 26 & & 2 \\ & 23 & \\ 21 & & 3 \end{matrix}$$

On cherche ensuite les différences entre ce dernier prix et les deux autres pour les inscrire chacune en regard du prix dont elle est indépendante. Ces nombres différences indiquent pour les substances en regard des prix desquelles ils se trouvent les proportions dans lesquelles elles doivent être mélangées.

REMARQUE III. — Si au lieu d'avoir à former un mélange de quantité déterminée, comme dans le problème précédent où il s'agit d'avoir 1100 hectolitres de blé à 23^{fr} l'hectolitre, on avait à *chercher le nombre d'hectolitres du prix de 21^{fr} à mélanger avec un nombre déterminé d'hectolitres à 26^{fr}, 380 par exemple, pour que le mélange revînt à 23^{fr}*, après avoir trouvé les proportions 2 et 3 dans lesquelles doit se faire le mélange, en représentant par x le nombre d'hectolitres à 21^{fr}, on écrirait que ce nombre x est avec 380 dans le même rapport que 3 est avec 2 : c'est une règle de trois qui donnerait la proportion

$$\frac{x}{380} = \frac{3}{2},$$

d'où l'on tirerait $x = \dfrac{380 \times 3}{2} = 570.$

REMARQUE IV. — Lorsque dans un mélange il entre une matière dont la valeur est négligeable, comme l'eau dans le mouillage des vins, on peut appliquer à la résolution de la question le principe de la remarque II, mais en général on a recours à un procédé plus rapide.

Soit à résoudre le problème suivant qui appartient à ce cas :

Quelle quantité d'eau faut-il ajouter à 450 litres de vin du prix de 0^{fr},57 le litre pour faire un mélange qui revienne à 0^{fr},50 le litre ?

On raisonne ainsi : la valeur, à 0^{fr},50 le litre, du mélange de 450 litres de vin et d'une certaine quantité d'eau est la même que celle de ces 450 litres à raison de 0^{fr},57 le litre. Or celle-ci est de   0^{fr},57 $\times$ 450 = 256^{fr},50,   ce qui suppose un mélange d'un nombre de litres égal au quotient de 256^{fr},50 par 0^{fr},50, soit de 513 litres. Il en résulte que la quantité d'eau ajoutée est de 513 litres — 450 litres = 63 litres.

370. Quand on a plus de deux substances de prix différents à mélanger, si l'on se proposait simplement de trouver dans quelles proportions il faut les prendre pour obtenir un mélange dont le prix de l'unité est donné d'avance, le problème serait indéterminé.

Supposons, en effet, qu'il s'agisse de mélanger trois qualités de café revenant respectivement à 2^{fr}, $2^{fr},75$ et 3^{fr} le kilogramme, pour obtenir une qualité à $2^{fr},50$ le kilogramme. On conçoit, par exemple, que quelles que soient les quantités à $2^{fr},75$ et à 3^{fr} qu'on fasse entrer dans le mélange, comme il en résultera deux pertes qui s'ajouteront, on pourra toujours déterminer une quantité à 2^{fr} qui permette de les compenser ; dès lors, à chaque combinaison pour faire entrer les deux qualités supérieures dans le mélange correspondra un nombre déterminé, différent d'une combinaison à l'autre, pour fixer la quantité de la qualité inférieure : d'où autant de solutions qu'on voudra.

Mais l'indétermination disparaît, si l'on ajoute en nombre suffisant de nouvelles données au problème ; c'est ce qui a lieu dans la question suivante.

371. V. *Avec des vins à $0^{fr},45$, $0^{fr},50$ et $0^{fr},70$ le litre, on veut faire un mélange de 35 hectolitres qui revienne à $0^{fr},60$ le litre. Quelle quantité faut-il prendre de chaque espèce, sachant d'ailleurs qu'on veut faire entrer dans ce mélange deux fois plus de vin à $0^{fr},45$ qu'à $0^{fr},50$?*

Comme précédemment, nous allons d'abord chercher les trois nombres proportionnellement auxquels il faut partager 35 hectolitres.

Supposons qu'on commence le mélange en prenant 1 litre de vin à $0^{fr},50$; on devra prendre 2 litres à $0^{fr},45$. Ces trois litres, vendus dans le mélange à raison de $0^{fr},60$, donneront un gain de $0^{fr},60 - 0^{fr},50 = 0^{fr},10$ pour le premier litre, et de $(0^{fr},60 - 0^{fr},45) \times 2 = 0^{fr},30$ pour les deux autres, soit un gain total de $0^{fr},10 + 0^{fr},30 = 0^{fr},40$.

Or, sur un litre à $0^{fr},70$, vendu dans le mélange $0^{fr},60$, il y a une perte de $0^{fr},10$; pour avoir une perte de $0^{fr},40$, il faudra donc prendre un nombre de litres à $0^{fr},70$ égal au quotient de $0^{fr},40$ par $0^{fr},10$ ou à 4.

Ainsi le mélange devra être fait dans les proportions de 1 litre à $0^{fr},50$, 2 litres à $0^{fr},45$ et 4 litres à $0^{fr},70$.

Il ne reste plus, pour trouver la solution du problème, qu'à *partager 35 hectolitres en 3 parties proportionnelles aux nombres 1, 2 et 4.*

Cette opération donne, en représentant les trois inconnues par x, y et z,

$$x = \frac{35}{1 + 2 + 4} \times 1 = 5,$$

$$y = \frac{35}{1 + 2 + 4} \times 2 = 10,$$

$$z = \frac{35}{1 + 2 + 4} \times 4 = 20.$$

Le mélange contiendra donc 5 hectolitres à $0^{fr},50$ le litre, 10 à $0^{fr},45$ et 20 à $0^{fr},70$.

On *vérifie* comme pour le problème précédent.

Remarque. — Dans les questions où il s'agit du mélange de plus de deux substances, les proportions dans lesquelles certaines de ces substances doivent être mélangées ne sont pas absolument arbitraires ; mal choisies, elles peuvent donner lieu à une impossibilité.

Si, dans le problème précédent, par exemple, au lieu de faire entrer dans le mélange deux fois plus de vin à $0^{fr},45$ qu'à $0^{fr},50$ le litre, on voulait y mettre deux fois plus de vin à $0^{fr},45$ qu'à $0^{fr},70$, on trouverait qu'en vendant le mélange à $0^{fr},60$ le litre, le vin à $0^{fr},45$ donnerait un gain supérieur à la perte éprouvée par le vin à $0^{fr},70$ et que, par suite, le vin à $0^{fr},50$ qui devrait entrer dans le mélange viendrait accroître encore le bénéfice au lieu de le compenser par une perte d'égale valeur.

372. VI. *Un négociant a deux pièces de vin, l'une de 450 litres, qui lui revient à $0^{fr},90$ le litre et à laquelle il fait subir un mouillage de 20 pour 100 ; une seconde de 400 litres, qui lui revient à $0^{fr},75$ le litre et qu'il mouille à raison de 25 pour 100. On demande combien il faudrait prendre de chacun des vins ainsi préparés pour faire un mélange de 750 litres qui revînt à $0^{fr},65$ le litre.*

La valeur d'un vin mouillé est en raison inverse de la quantité de liquide obtenu par le mouillage. En effet, supposons qu'un nombre de litres m de vin devienne m_1 par le mouillage et passe du prix p par litre au prix p_1 ; comme la valeur totale du liquide reste la même, on doit avoir $p_1 m_1 = pm$, d'où l'on tire la proportion $\dfrac{p_1}{p} = \dfrac{m}{m_1}$, qui justifie notre principe.

Il en résulte que pour le premier vin, mouillé à raison de 20 pour 100 et dont la quantité augmente dans le rapport de 100 à 120, le prix du litre diminue dans le rapport inverse de 120 à 100 et devient

$$0^{\text{fr}},90 \times \frac{100}{120} = 0^{\text{fr}},75.$$

Pour le second vin, mouillé à raison de 25 pour 100 et dont la quantité augmente dans le rapport de 100 à 125, le prix du litre diminue dans le rapport inverse de 125 à 100 et devient

$$0^{\text{fr}},75 \times \frac{100}{125} = 0^{\text{fr}},60.$$

Le problème revient dès lors au suivant :

Chercher ce qu'il faut prendre de deux vins à $0^{\text{fr}},75$ et à $0^{\text{fr}},60$ le litre pour faire un mélange de 750 litres qui revienne à $0^{\text{fr}},65$ le litre.

C'est le problème IV précédent. En opérant comme il a été dit, on trouve successivement que les deux vins doivent être mélangés dans le rapport de 1 litre à $0^{\text{fr}},75$ pour 2 litres à $0^{\text{fr}},60$, et qu'il faut prendre 250 litres du premier pour 500 litres du second.

Pour que le problème soit pratiquement possible — il l'est toujours arithmétiquement — il faut que le mouillage produise pour chaque vin une quantité de liquide au moins égale à celle que donne la solution. S'il est facile de voir qu'on peut prendre après le mouillage 250 litres du premier vin, puisque la pièce en contient sans mouillage 450, il n'en est pas de même pour la seconde qualité, dont on n'a avant le mouillage que 400 litres et dont il faut prendre 500 litres après le mouillage. Il faut alors chercher ce que deviennent 400 litres après un mouillage à raison de 25 pour 100, et cette question revient à augmenter 400 litres du quart, ce qui donne 500 litres au total : c'est le nombre de litres du second vin mouillé qui doit entrer dans le mélange. Le problème en question est donc possible.

La *vérification* se fait en cherchant d'abord de quelles quantités de vin pur proviennent les 250 litres mouillés à 20 pour 100 et les 500 litres mouillés à 25 pour 100, puis en établissant que la valeur de ces deux quantités de vin pur, la première à raison de 0^{fr},90 le litre et la seconde à raison de 0^{fr},75, est égale à celle de 750 litres à raison de 0^{fr},65 le litre.

373. VII. *On a trois tonneaux dont les capacités sont respectivement de 360 litres, 600 litres et 400 litres. On remplit les* $\dfrac{2}{3}$ *du premier d'un vin à 0^{fr},45 le litre, et le reste d'un vin à 0^{fr},30 ; on remplit les* $\dfrac{5}{6}$ *du second d'un vin à 0^{fr},40 et le reste d'un vin à 0^{fr},70 ; on remplit les* $\dfrac{3}{4}$ *du troisième d'un vin à 0^{fr},75 et le reste d'un vin à 0^{fr},55. Combien doit-on prendre de litres dans chacun de ces tonneaux pour former un mélange de 520 litres au prix de 0^{fr},60 le litre, avec cette condition qu'on prendra quatre fois plus de vin dans le second tonneau que dans le premier ?*

Il est évident que la recherche de ce qu'on doit prendre de vin dans chaque tonneau pour faire un mélange dans les conditions données suppose la connaissance préalable du prix du litre de chaque tonneau. Or, chaque litre ayant la même composition que le tonneau correspondant, pour le premier tonneau le prix du litre est de

$$0^{fr},45 \times \frac{2}{3} + 0^{fr},30 \times \frac{1}{3} = 0^{fr},40$$

pour le deuxième tonneau, il est de

$$0^{fr},40 \times \frac{5}{6} + 0^{fr},70 \times \frac{1}{6} = 0^{fr},45 ;$$

et pour le troisième tonneau, de

$$0^{fr},75 \times \frac{3}{4} + 0^{fr},55 \times \frac{1}{4} = 0^{fr},70.$$

Le problème est dès lors ramené à celui-ci :

Combien doit-on prendre de litres de trois vins différents, qui coûtent respectivement 0^{fr},40, 0^{fr},45 et 0^{fr},70 le litre, pour faire un mélange de 520 litres au prix de 0^{fr},60 le litre, avec cette condition qu'on prendra quatre fois plus de la seconde qualité que de la première ?

En opérant comme dans le problème **V**, on trouve successivement que les trois vins doivent entrer dans le mélange pour des quantités proportionnelles aux nombres **1, 4** et **8**, et que ces quantités sont respectivement de 40 litres à 0^{fr},40, 160 litres à 0^{fr},45 et 320 litres à 0^{fr},70.

La *vérification,* pour être complète, doit se faire de la manière suivante : 1° chercher la valeur de 40 litres de vin dont les $\frac{2}{3}$ sont au prix de 0^{fr},45 le litre et le reste au prix de 0^{fr},30 ; puis la valeur de 160 litres dont les $\frac{5}{6}$ sont à 0^{fr},40 le litre et le reste à 0^{fr},70 ; enfin la valeur de 320 litres dont les $\frac{3}{4}$ sont à 0^{fr},75 le litre et le reste à 0^{fr},55 ; 2° évaluer, à raison de 0^{fr},60 le litre, le prix de $40^l + 160^l + 320^l$, dont le total doit être de 520 litres ; 3° montrer que cette dernière valeur est égale à la somme des trois précédentes.

374. VIII. *Pour remplir un tonneau de 450 litres, un marchand emploie une certaine quantité d'eau et trois espèces de vin qui coûtent respectivement 40^{fr}, 44^{fr} et 55^{fr} l'hectolitre. Pour un litre de vin à 40^{fr} l'hectolitre, il met 3 litres à 44^{fr} l'hectolitre et il ajoute un litre d'eau pour 24 litres de vin. En vendant le mélange à raison de 0^{fr},60 le litre, il gagne 54^{fr}. Combien a-t-il employé de litres de chaque espèce de liquide ?*

Le marchand retire de sa vente une somme de

$$0^{fr},60 \times 450 = 270^{fr}$$

sur laquelle il gagne 54^{fr} ; le mélange lui revient donc à

$$270^{fr} - 54^{fr} = 216^{fr}.$$

Or ces 216^{fr} représentent la valeur, non de 450 litres de vin, puisque le tonneau contient $\frac{1}{25}$ d'eau, mais des $\frac{24}{25}$ de

450 litres, ou de 432 litres, dont le prix moyen est de

$$\frac{216^{fr}}{432} = 0^{fr},50.$$

Le problème est ainsi ramené à cet autre :

Comment faire un mélange de 432 litres de vin qui revienne à 0^{fr},50 le litre avec trois espèces de vin qui coûtent respectivement 0^{fr},40, 0^{fr},44, et 0^{fr},55 le litre, sachant d'ailleurs que pour un litre de vin à 0^{fr},40 on met 3 litres à 0^{fr},44 ?

Nous retrouvons une question analogue au problème V. En opérant comme il a été fait, on obtient successivement que les 432 litres de mélange doivent être partagés proportionnellement aux nombres 5, 15 et 28, et que ce partage donne les quantités respectives de 45 litres à 0^{fr},40, 135 litres à 0^{fr},44 et 252 litres à 0^{fr},55.

Pour faire la *vérification*, il faut montrer : 1° que la somme des trois nombres de litres, 45, 135 et 252, augmentée de son $\frac{1}{24}$ donne 450 litres ; 2° que la valeur de ces 450 litres à 0^{fr},60 surpasse de 54^{fr} celle de 45 litres, 135 litres et 252 litres, aux prix respectifs de 40^{fr}, 44^{fr} et 55^{fr} l'hectolitre.

§ XII. — Alliages.

375. Lorsqu'on fond plusieurs métaux ensemble et dans des proportions déterminées, on forme un *alliage*, dont le *titre* par rapport à l'un d'eux est le rapport du poids de ce métal contenu dans l'alliage au poids total de cet alliage.

Les monnaies et les bijoux d'or ou d'argent sont des alliages de deux métaux : l'un précieux, or ou argent, qu'on appelle le métal *fin*, et l'autre vulgaire, le cuivre généralement, dont la valeur est considérée comme négligeable par rapport à celle du premier métal. Le titre des alliages de ce genre est exprimé par le rapport au poids total de l'alliage du poids de métal fin qui s'y trouve.

Dans ce cas particulier, en représentant par p le poids d'un lingot d'alliage, par p_1 le poids de métal fin qu'il contient et par t son titre, on a la relation

$$t = \frac{p_1}{p},$$

d'où l'on tire les deux autres :

$$p_1 = pt \qquad \text{et} \qquad p = \frac{p_1}{t},$$

qui se traduisent respectivement ainsi en langage ordinaire :

1° Le poids de métal fin contenu dans un lingot d'alliage est égal au produit du poids de ce lingot par son titre ;

2° Le poids d'un lingot d'alliage est égal au quotient du poids du métal fin qu'il contient par son titre.

Il est utile de remarquer ici que si l'on considère le titre par rapport au cuivre d'un lingot formé de cuivre et d'un métal précieux, la somme du premier titre et de ce dernier est égale à l'unité, puisque les rapports qui expriment ces titres ont un dénominateur commun (le poids du lingot) égal à la somme des numérateurs (les poids respectifs des deux métaux du lingot).

376. Comme les questions de mélange, dont elles se rapprochent beaucoup, celles d'alliage peuvent se ranger dans trois catégories principales correspondant respectivement à la recherche du titre d'un alliage formé de plusieurs lingots, du titre d'un des lingots qui entrent dans un alliage, enfin des proportions dans lesquelles doivent être alliés plusieurs lingots pour donner un alliage de titre déterminé, lorsque dans chaque cas on a un nombre suffisant de données.

De ces différentes questions, que nous allons passer successivement en revue, voici celle qui se présente comme étant la plus simple :

377. I. *On fond ensemble trois lingots formés d'argent et de cuivre, dont les poids respectifs sont de 3, 5 et 7 kilogrammes, et les titres, 0,900, 0,850 et 0,800. Quel est le titre de l'alliage résultant ?*

Le titre demandé est le quotient du poids total de l'argent contenu dans le lingot résultant par le poids de ce lingot.

Ce poids total d'argent est égal, d'après ce qui précède, à la somme des produits obtenus en multipliant le poids de chaque lingot par son titre, c'est-à-dire à

$$3^{kg} \times 0,900 + 5^{kg} \times 0,850 + 7^{kg} \times 0,800 = 12^{kg},55.$$

D'autre part, le poids du lingot résultant est égal à

$$3^{kg} + 5^{kg} + 7^{kg} = 15^{kg}.$$

Le titre de ce lingot est ainsi de

$$\frac{12,55}{15} = 0,836\frac{2}{3}.$$

On *vérifie* ce résultat en s'assurant que le poids de métal fin contenu dans le lingot résultant de $3+5+7$ ou 15 kilogrammes, au titre de $0,836\frac{2}{3}$, est égal à la somme des poids du même métal contenu séparément dans les trois lingots de 3, 5 et 7 kilogrammes, aux titres respectifs de 0,900, 0,850 et 0,800.

378. Généralisation de la question. — En désignant par p, p' et p'' les poids respectifs des trois lingots donnés, par t, t' et t'' leurs titres, et par t_1 le titre du lingot résultant, on obtient la formule

$$(1) \qquad t_1 = \frac{pt + p't' + p''t''}{p + p' + p''},$$

qui est analogue à celle des mélanges et des questions d'échéance commune.

Elle résume la règle suivante : *Pour calculer le titre d'un lingot résultant de l'alliage de plusieurs autres dont les poids et les titres respectifs sont connus, il faut faire la somme des produits du poids de chaque lingot par son titre et la diviser par la somme des poids de ces mêmes lingots.*

Elle montre, en outre, que t_1 est intermédiaire entre la plus petite et la plus grande des quantités t, t' et t'' (152).

Remarque. — Cette formule, qui établit une relation entre les poids p, p' et p'' des lingots fondus ensemble, les titres t, t' et t'' de ces lingots, et le titre t_1 du lingot résultant, confirme ce que nous avons déjà dit que les questions d'alliage comportent trois problèmes principaux consistant dans le calcul de l'une quelconque des grandeurs de chacun des trois groupes (p, p', p''), (t, t', t'') et t_1, lorsque toutes les autres grandeurs de la formule sont connues.

Notre premier problème a eu pour objet le calcul de t_1; dans les deux qui vont suivre, nous allons montrer comment on calcule une des quantités de chacun des deux autres groupes.

379. II. *Quel est le poids d'un lingot d'or et de cuivre, au titre de 0,840, qui a donné, en le fondant avec un autre lingot, composé des mêmes métaux, du poids de 5 kilogrammes, au titre de 0,950, un lingot résultant au titre de 0,900 ?*

De la formule (1), qui se réduit ici à la suivante :

$$t_1 = \frac{pt + p't'}{p + p'},$$

et dans laquelle p' est l'inconnue, on obtient, en remplaçant les lettres par les valeurs qu'elles représentent,

$$0,900 = \frac{5 \times 0,950 + p' \times 0,840}{5 + p'},$$

ou

$$0,900 = \frac{4,75 + 0,840p'}{5 + p'}.$$

En multipliant les deux membres de cette égalité par $5 + p'$, il vient

$$0,900 \times 5 + 0,900p' = 4,75 + 0,840p',$$

ou

$$4,5 + 0,900p' = 4,75 + 0,840p'.$$

Si l'on retranche ensuite de ces deux derniers membres $4,5 + 0,840p'$, on a

$$0,900p' - 0,840p' = 4,75 - 4,5,$$

ou

$$0,060p' = 0,25,$$

d'où

$$p' = \frac{0,25}{0,060} = 4\frac{1}{6}.$$

La quantité cherchée du lingot au titre de 0,840 est ainsi de $4^{kg}\frac{1}{6}$.

Solution directe. — On peut résoudre directement la question en raisonnant comme il suit :

Après la fusion des deux lingots, il y a homogénéité dans toute la masse et le résultat est le même que si chaque kilogramme du lingot au titre de 0,950 avait cédé $0^{kg},950 - 0^{kg},900$ ou 50 grammes d'or au second, pour recevoir 50 grammes de cuivre, et que chaque kilogramme du second eût reçu $0^{kg},900 - 0^{kg},840$ ou 60 grammes d'or, pour céder 60 grammes de cuivre. Or, comme le premier lingot pèse 5^{kg}, il a cédé au second $50^{gr} \times 5 = 250$ grammes, et le poids de celui-ci, pour recevoir ces 250 grammes à raison de 60 grammes par kilogramme, doit être égal au quotient de 250 par 60 ou à $4^{kg}\dfrac{1}{6}$.

On *vérifie* comme dans le problème précédent.

380. III. *En fondant trois alliages d'argent et de cuivre pesant respectivement 400, 350 et 500 grammes, on en a obtenu un quatrième au titre de 0,950 ; on sait que le premier et le deuxième lingot étaient aux titres respectifs de 0,980 et 0,900. Quel était le titre du troisième ?*

Si dans la formule (1), où t'' est l'inconnue, on remplace les autres lettres par leurs valeurs numériques, il vient

$$0,950 = \frac{400 \times 0,980 + 350 \times 0,900 + 500 \times t''}{400 + 350 + 500},$$

ou

$$0,950 = \frac{707 + 500t''}{1250}.$$

En multipliant les deux membres de cette égalité par 1 250, on a

$$1187,50 = 707 + 500t'',$$

et, en retranchant 707 de ces deux nouveaux membres,

$$480,50 = 500t'',$$

d'où

$$t'' = \frac{480,50}{500} = 0,961.$$

Solution directe. — Le poids de l'argent contenu dans le quatrième lingot, et qui est de $(400^{gr} + 350^{gr} + 500^{gr}) \times 0,950$

ou de $1187^{gr},50$, doit être égal au poids de ce même métal contenu dans les trois lingots composants. Or le premier de ces trois lingots contient un poids d'argent de $400^{gr} \times 0,980 = 392^{gr}$, et le second, un poids de $350^{gr} \times 0,900 = 315^{gr}$; il s'ensuit que le troisième en contient

$$1187^{gr},50 - (392^{gr} + 315^{gr}) = 480^{gr},50,$$

et que son titre est de $\dfrac{480,5}{500} = 0,961$. C'est le nombre trouvé par le premier procédé.

La *vérification* se fait comme pour le problème précédent.

La question qui suit est relative à la détermination des proportions dans lesquelles doit être composé un lingot dont on donne le titre ainsi que ceux des lingots composants.

381. IV. *Quels sont les poids de deux lingots formés d'or et de cuivre, aux titres respectifs de 0,960 et 0,820, qui fondus ensemble en ont donné un troisième du poids de 1610 grammes, au titre de 0,900 ?*

Si nous connaissions le rapport des poids dans lequel les deux lingots doivent être fondus, il suffirait pour terminer la solution du problème de partager 1610 grammes en parties proportionnelles aux deux termes de ce rapport. La question est donc ramenée à la suivante :

Dans quelles proportions faut-il allier deux lingots aux titres respectifs de 0,960 et 0,820 pour que le titre de l'alliage résultant soit de 0,900 ?

La fusion des deux lingots donnant une masse homogène, le résultat est le même que si chaque kilogramme du premier avait cédé $0^{kg},960 - 0^{kg},900$ ou 60 grammes d'or pour recevoir 60 grammes de cuivre, et que chaque kilogramme du second eût reçu $0^{kg},900 - 0^{kg},820$ ou 80 grammes d'or, pour donner 80 grammes de cuivre ; et dans cet échange, le poids d'or cédé par le premier lingot doit être égal à celui que reçoit le second.

Considérons dans l'alliage résultant 1 kilogramme du premier lingot, qui cède 60 grammes d'or, et cherchons quel devra être le poids correspondant du second pour recevoir cet or. Si 1 kilogramme du second reçoit 80 grammes d'or, pour recevoir les 60 grammes d'or que cède 1 kilogramme du premier, il faudra un nombre de kilogrammes du second égal à $\frac{60}{80}$ ou à $\frac{3}{4}$, ce qui revient à dire que l'alliage doit être fait dans le rapport de 1 kilogramme du premier pour $\frac{3}{4}$ de kilogramme du second, ou, en multipliant les deux termes de ce rapport par 4 afin d'avoir des nombres entiers, dans le rapport de 4 à 3.

Il ne reste plus qu'à partager 1610 *grammes en deux parties proportionnelles aux nombres* 4 *et* 3.

Si x et y désignent les deux parties, il vient

$$x = \frac{1610}{4+3} \times 4 = 920,$$

$$y = \frac{1610}{4+3} \times 3 = 690.$$

L'alliage contiendra donc 920 grammes du lingot au titre de 0,960 et 690 grammes du lingot au titre de 0,820.

La *vérification* se fait comme dans les précédents problèmes.

REMARQUE I. — Le rapport dans lequel on doit allier deux lingots de titres connus pour en obtenir un autre dont le titre est donné d'avance peut s'obtenir au moyen de la formule (1).

Cette formule, en effet, appliquée au cas de deux lingots, devient

$$t_1 = \frac{pt + p't'}{p + p'}$$

et donne, par un procédé de calcul identique à celui qui nous a servi pour la transformation de la formule des mélanges, en supposant d'ailleurs $t > t'$, ce qui entraîne les inégalités $t > t_1 > t'$,

$$\frac{p'}{p} = \frac{t - t_1}{t_1 - t'} \cdot$$

Cette égalité montre que dans la question qui nous occupe *les poids à prendre des deux lingots sont en raison inverse des différences entre les titres respectifs de ces lingots et le titre du lingot résultant.*

Le moyen mnémonique déjà indiqué pour certaines questions de mélange s'applique donc ici et donne le tableau suivant, dans lequel nous prenons les millièmes pour unités

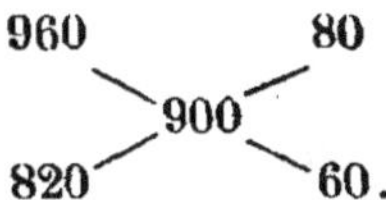

80 et 60 sont les deux termes du rapport dans lequel doivent être les poids respectifs des lingots aux titres de 0,960 et 0,820 pour en former un autre au titre de 0,900. Il est à remarquer que ces deux termes, 80 et 60, sont entre eux comme les nombres 4 et 3 obtenus par un autre procédé.

Remarque II. — Si au lieu d'avoir à former un lingot de poids donné, comme dans le problème précédent, il s'agissait de calculer le poids à prendre de l'un de ces deux lingots constituants pour le fondre avec un poids déterminé de l'autre, on chercherait d'abord, comme il vient d'être fait, le rapport des poids à fondre de ces deux lingots et l'on aurait à résoudre, comme pour les mélanges (369, Rem. III) une règle de trois simple au lieu d'un partage proportionnel.

382. En dehors des questions précédentes, on peut encore avoir à chercher ce qu'il faudrait ajouter ou retrancher de métal fin ou de métal vulgaire à un lingot de poids et de titre connus pour l'amener à un autre titre déterminé d'avance : ce sera l'objet des deux problèmes qui vont suivre.

383. V. *Un lingot formé d'argent et de cuivre, du poids de* $2^{kg},5$, *est au titre de* 0,900 *; quel poids de cuivre faudrait-il lui ajouter pour l'amener au titre de* 0,800 ?

Après sa transformation, le lingot donné contiendra le même poids d'argent ; or ce poids est de $2^{kg},50 \times 0,900 = 2^{kg},25$, et comme le nouveau lingot doit être au titre de 0,800, $2^{kg},25$ représentent les $\dfrac{800}{1\,000}$ de son poids total, lequel est ainsi de $\dfrac{2^{kg},25 \times 1\,000}{800} = 2^{kg},8125$. (On pourrait aussi dire, d'après les considérations préliminaires, que ce poids est le quotient du poids du métal fin par le titre ou $\dfrac{2^{\text{kg}},25}{0,800}$, ce qui revient au même). Il résulte de là que le poids de cuivre à ajouter est égal à l'excès de $2^{\text{kg}},8125$ sur le poids primitif, c'est-à-dire à $2^{\text{kg}},8125 - 2^{\text{kg}},5 = 0^{\text{kg}},3125$.

La *vérification* consiste à s'assurer que le poids d'argent contenu dans un lingot de $2^{\text{kg}},50$ au titre de $0,900$ est égal au poids du même métal contenu dans un lingot de $2^{\text{kg}},8125$ au titre de $0,800$.

REMARQUE. — Le titre d'un lingot formé, comme le précédent, d'argent et de cuivre peut être abaissé théoriquement soit en ajoutant du cuivre, soit en retranchant de l'argent. Si la question, qui vient d'être résolue au premier point de vue, devait l'être au second, on raisonnerait comme il suit :

Après sa transformation, le lingot donné contiendra le même poids de cuivre ; or ce poids de cuivre est égal au produit du poids du lingot par son titre par rapport au cuivre, et comme ce titre, d'après ce qui a été dit au commencement du paragraphe, est égal à $1 - 0,900 = 0,100$, on a un poids de cuivre de $2^{\text{kg}},50 \times 0,100 = 0^{\text{kg}},25$. Le second lingot devant être au titre de $0,800$ par rapport à l'argent ou au titre de $1 - 0,800 = 0,200$ par rapport au cuivre, $0^{\text{kg}},25$ représentent les $\dfrac{200}{1000}$ du poids de ce lingot, lequel est ainsi de $\dfrac{0^{\text{kg}},25 \times 1000}{200} = 1^{\text{kg}},25$. Il s'ensuit que le poids d'argent à retrancher serait de $2^{\text{kg}},50 - 1^{\text{kg}},25 = 1^{\text{kg}},25$.

On *vérifie* en montrant que le poids de cuivre contenu dans un lingot de $2^{\text{kg}},50$ au titre de $0,900$ est le même que celui qui est contenu dans un lingot de $2^{\text{kg}},50 - 1^{\text{kg}},25 = 1^{\text{kg}},25$, au titre de $0,800$. La vérification pourrait aussi se faire en s'assurant que la différence entre le poids d'argent contenu dans le premier lingot et le poids de même métal contenu dans le second est de $1^{\text{kg}},25$.

384. VI. *Quel poids de métal fin faudrait-il ajouter à un lingot formé d'or et de cuivre, du poids de 4 kilogrammes et au titre de 0,835, pour l'amener au titre de 0,850 ?*

La marche à suivre pour résoudre ce problème est exactement celle que nous avons exposée dans la remarque précédente, car qu'il s'agisse de retrancher ou d'ajouter du métal fin, le point de départ, toujours le même, consiste à poser que le poids du cuivre est invariable. Ce poids, on l'obtient du premier lingot comme il vient d'être dit, et son quotient par le titre du lingot à former, considéré par rapport au cuivre, donne le poids de ce nouveau lingot. L'excès de ce dernier poids sur celui du premier lingot donne le poids d'argent à ajouter.

En opérant ainsi sur les données du problème en question, on trouve pour solution $0^{kg},4$.

Remarque. — Théoriquement on peut élever le titre d'un lingot de métal fin et de cuivre en lui retranchant du cuivre. Ainsi envisagée, la question précédente se traiterait en suivant la marche donnée pour résoudre le problème V.

385. Lorsqu'on a plus de deux lingots de titres différents pour en former un autre, si l'on se demande simplement dans quelles proportions il faudrait les fondre ensemble pour obtenir cet autre, de titre donné d'avance, le problème est indéterminé.

Supposons, en effet, qu'il s'agisse de former un lingot d'or et de cuivre au titre de 0,900 avec trois autres lingots composés des mêmes métaux, aux titres respectifs de 0,820, 0,875 et 0,940. Quels que soient, par exemple, les poids employés des deux premiers lingots, qui doivent emprunter l'un et l'autre, dans la fusion, de l'or au troisième pour passer au titre de 0,900, il est évident qu'on pourra toujours déterminer un poids de ce troisième lingot, au titre de 0,940, qui permette d'y trouver l'or emprunté par les deux autres. De sorte qu'à chaque combinaison de poids pris sur les deux premiers correspondra un poids déterminé du troisième : d'où une infinité de solutions.

Mais si l'on ajoute un nombre suffisant de nouvelles données à la question, l'indétermination disparaît, comme dans le problème suivant.

386. VII. *On a trois lingots d'or et de cuivre aux titres respec-*

tifs de 0,820, 0,875 et 0,940 ; quel poids faut-il prendre du second pour en former un quatrième au titre de 0,900, sachant qu'on prend 2 kilogrammes du premier et 7 kilogrammes du troisième ?

Un kilogramme du premier lingot, dont le titre est de 0,820, reçoit dans l'alliage $900^{gr} - 820^{gr} = 80^{gr}$ d'or contre 80^{gr} de cuivre ; les 2^{kg} employés reçoivent donc $80^{gr} \times 2 = 160^{gr}$ d'or contre 160^{gr} de cuivre. De son côté, le troisième lingot, étant au titre de 0,940, cède par kilogramme $940^{gr} - 900^{gr} = 40^{gr}$ d'or contre le même poids de cuivre ; il s'ensuit que les 7^{kg} à prendre cèdent $40^{gr} \times 7 = 280^{gr}$ d'or contre un égal poids de cuivre. Or les 2^{kg} du premier lingot reçoivent 160^{gr} de cet or ; il en reste donc $280^{gr} - 160^{gr} = 120^{gr}$ pour élever, en échange de 120^{gr} de cuivre, le titre de ce que l'on doit prendre du deuxième. La question est ainsi ramenée à la suivante :

Quel poids d'un lingot d'or et de cuivre, au titre de 0,875, peut-on faire passer au titre de 0,900 en y substituant 120^{gr} d'or à un égal poids de cuivre ?

Un kilogramme de ce lingot recevant $900^{gr} - 875^{gr} = 25^{gr}$ d'or contre une perte de même poids de cuivre, pour recevoir, dans les mêmes conditions, 120^{gr} d'or, il faut un nombre de kilogrammes égal à $\dfrac{120}{25} = 4^{kg},8$.

Le procédé de *vérification* est encore celui du problème I.

REMARQUE. — Comme pour les mélanges de plus de deux substances, quand il s'agit d'allier plus de deux lingots, les proportions dans lesquelles certains de ces lingots doivent être fondus ensemble ne sont pas absolument arbitraires. Par un raisonnement analogue à celui que nous avons employé pour les mélanges, on ferait ressortir que les données complémentaires peuvent dans certains cas conduire à des impossibilités.

387. **VIII**. *Quelle est la somme en argent monnayé, au titre de 0,900, qui augmente de 455^{fr} lorsqu'on l'amène au titre de 0,835 par une addition de cuivre ?*

Cherchons l'augmentation que subit une somme de 1^{fr} en argent monnayé, au titre de 0,900, lorsqu'on lui ajoute du cuivre pour la faire passer au titre de 0,835.

Dans 1^{fr} au titre de 0,900, il y a $4^{gr},5$ d'argent pur, qui donnent, au titre de 0,835, un alliage du poids de $\dfrac{4^{gr},5}{0,835}$ et dont la valeur exprimée en francs, à raison de 1^{fr} par 5^{gr}, est de $\dfrac{4,5}{0,835\times 5}=\dfrac{180}{167}$ de franc. L'augmentation de la somme de 1^{fr} est donc de $\dfrac{180^{fr}}{167}-1^{fr}=\dfrac{13^{fr}}{167}$.

La question est alors ramenée à cette autre, qui est une règle de trois simple :

Quelle est la somme en argent monnayé qui, par un changement de titre dans l'alliage, augmente de 455^{fr} lorsque, dans les mêmes conditions, la somme de 1^{fr} augmente de $\dfrac{13^{fr}}{167}$?

Du tableau

$$x \qquad 455$$
$$1^{fr} \qquad \dfrac{13}{167},$$

on tire

$$\dfrac{x}{1^{fr}}=\dfrac{455}{\dfrac{13}{167}},$$

d'où

$$x=\dfrac{1^{fr}\times 455}{\dfrac{13}{167}}=5\,845^{fr}.$$

La *vérification* consiste à s'assurer que dans une somme d'argent monnayé de 5845^{fr}, au titre de 0,900, il y a la même quantité d'argent pur que dans une somme d'argent monnayé de $5845^{fr}+455^{fr}$, au titre de 0,835.

388. IX. *Quel poids d'argent pur faut-il enlever à un lingot composé d'argent et de cuivre, au titre de 0,900 et du poids de 5 kilogrammes, pour qu'en ajoutant en même temps un poids de cuivre égal aux $\dfrac{3}{5}$ du poids d'argent pur enlevé on ait un lingot résultant au titre de $0,833\dfrac{1}{3}$?*

Soit x le poids en kilogrammes de l'argent pur enlevé au lingot donné ; le poids du cuivre ajouté sera de $\dfrac{3x}{5}$ kilogrammes ; il s'ensuivra que le lingot résultant pèsera $\left(5 - x + \dfrac{3x}{5}\right)$ ou $\left(5 - \dfrac{2x}{5}\right)$ kilogrammes. D'un autre côté, comme le poids d'argent qui s'y trouvait primitivement était en kilogrammes de $5 \times 0,900$ ou 4,5, après une soustraction de x kilogrammes, ce poids n'est plus que de $4,5 - x$. Le titre du lingot résultant est ainsi représenté par l'expression $\dfrac{4,5 - x}{5 - \dfrac{2x}{5}}$, et comme il doit être égal à $0,833\,\dfrac{1}{3}$, on a la relation

$$\frac{4,5 - x}{5 - \dfrac{2x}{5}} = 0,833\,\frac{1}{3},$$

ou

$$\frac{4,5 - x}{5 - \dfrac{2x}{5}} = \frac{2,5}{3}.$$

En faisant, dans cette proportion, le produit des extrêmes et celui des moyens, on obtient

$$13,5 - 3x = 12,5 - x.$$

Et si l'on ajoute $3x$ aux deux membres de cette dernière relation pour en retrancher ensuite 12,5, il vient

$$13,5 - 12,5 = 3x - x,$$

ou

$$1 = 2x,$$

d'où l'on tire

$$x = \frac{1}{2}.$$

Le poids d'argent pur à retrancher est de $\dfrac{1}{2}$ kilogramme.

On *vérifie* ce résultat en montrant que si l'on enlève au lingot donné $\dfrac{1}{2}$ kilogramme d'argent pur pour lui ajouter $\dfrac{1}{2} \times \dfrac{3}{5}$ ou $\dfrac{3}{10}$ de kilogramme de cuivre, le rapport du poids d'argent restant au poids total du lingot résultant est égal à $0,833\,\dfrac{1}{3}$.

§ XIII. — Mouvement.

389. Lorsqu'un corps se déplace dans l'espace, on dit qu'il est en *mouvement*, et on lui donne généralement pour cette raison le nom de *mobile*. S'il parcourt successivement la même distance pendant chaque unité de temps, quelle que soit cette unité, son mouvement est dit *uniforme*, et cette distance parcourue par unité de temps s'appelle sa *vitesse*.

Si deux mobiles se déplacent uniformément suivant la même direction, dans le même sens ou dans des sens contraires, on peut avoir à déterminer, avec des données suffisantes, le moment de leur rencontre, le temps qu'ils ont mis pour aller de leurs points de départ à leur point de rencontre, les distances qu'ils ont parcourues pendant ce temps, etc.

Ce sont des questions de ce genre que nous allons examiner dans ce qui va suivre ; mais auparavant résolvons le problème élémentaire ci-après.

390. I. *Un cycliste parti d'Orléans pour se rendre à Rouen passe à Chartres à 9^h du matin ; sa vitesse est de 36^{km} à l'heure et la distance d'Orléans à Chartres est de 76^{km}. A quelle distance sera-t-il d'Orléans à midi 25 minutes ?*

A midi 25^m, il y aura 3^h25^m que le cycliste est parti de Chartres ; il aura donc parcouru $\quad 36^{km} \times 3\,\dfrac{25}{60} = 123^{km}, \quad$ et il sera ainsi à une distance d'Orléans égale à

$$76^{km} + 123^{km} = 199^{km}.$$

391. Généralisation de la question. — Pour généraliser le problème, si l'on représente la distance d'Orléans à Chartres par a, la vitesse du cycliste par v, le temps compté à partir de son passage à Chartres par t, enfin l'espace parcouru total par e, on aura

$$e = a + vt.$$

Cette formule contient quatre quantités variables ; elle permet dès lors de calculer l'une quelconque d'entre elles connaissant les trois autres, c'est-à-dire que chacune de ces quantités peut être considérée comme l'inconnue d'un problème ; de là trois autres questions très simples, différentes à la fois les unes des autres et de la précédente, sur l'énoncé et la solution desquelles nous ne nous arrêterons pas, en raison même de cette simplicité.

REMARQUE. — Si l'on prend comme origine de l'espace parcouru le point à partir duquel on compte le temps, la donnée a disparaît et la formule se réduit à la suivante :

$$e = vt.$$

392. II. *Deux trains partent, l'un à* 5ʰ *du matin de Paris pour se diriger sur Lyon, avec une vitesse de* 48ᵏᵐ *à l'heure, l'autre à* 8ʰ *du matin de Lyon pour se diriger sur Paris, avec une vitesse de* 44ᵏᵐ *à l'heure. On demande l'heure à laquelle ces deux trains se rencontreront, sachant que la distance de Paris à Lyon est de* 512ᵏᵐ.

Lorsque le train de Lyon se met en marche (8ʰ — 5ʰ) ou 3ʰ après le train de Paris, celui-ci a déjà parcouru une distance de 48ᵏᵐ × 3 = 144ᵏᵐ ; et à ce moment les deux trains ne sont plus distants que de 512ᵏᵐ — 144ᵏᵐ = 368ᵏᵐ. Le problème revient dès lors au suivant :

Deux trains distants de 368ᵏᵐ *vont à la rencontre l'un de l'autre avec des vitesses respectives de* 48ᵏᵐ *et* 44ᵏᵐ *à l'heure ; après combien de temps se rencontreront-ils ?*

En une heure ces deux trains parcourent ensemble, de la distance qui les sépare, 48ᵏᵐ + 44ᵏᵐ = 92ᵏᵐ, et se rapprochent d'autant ; pour se rapprocher des 368ᵏᵐ qui les séparent, c'est-à-dire pour se rencontrer, il leur faudra donc un nombre d'heures égal à $\dfrac{368}{92} = 4$. Et comme ces 4ʰ sont comptées à partir de 8ʰ du matin, c'est à 8ʰ + 4ʰ ou à midi que se fera leur rencontre.

La *vérification* consiste à s'assurer que la somme des distances parcourues à midi par le train parti de Paris à 5ʰ du matin, avec une vitesse de 48ᵏᵐ à l'heure, et par le train parti de Lyon à 8ʰ du matin, avec une vitesse de 44ᵏᵐ à l'heure, est égale à la distance de 512ᵏᵐ qui sépare les deux villes de départ.

393. Généralisation de la question. — Si l'on désigne par v la vitesse du premier train, par v' celle du second, par d la distance des deux points de départ, par t le temps qui sépare les deux départs et par t_1 le temps à compter du départ du second train jusqu'à l'heure de la rencontre, on obtient la formule

$$(1) \qquad t_1 = \frac{d - vt}{v + v'}$$

qui montre que *le temps nécessaire aux deux courriers pour se rencontrer à partir de l'heure du départ du second est égal au quotient obtenu en divisant par la somme des deux vitesses l'excès de la distance des deux points de départ sur l'espace parcouru par le premier avant le départ du second.*

Remarque. — D'après cette formule, on peut voir que le problème est toujours possible, pourvu que la distance des deux points de départ reste supérieure ou au moins égale à celle que parcourt le premier courrier avant le départ du second.

394. Cette même formule qui établit une relation entre les cinq quantités variables v, v', d, t et t_1, permet de calculer l'une quelconque de ces quantités lorsque les quatre autres sont connues. Elle résume donc la solution de cinq problèmes différents, dont le précédent et les quatre qui suivent :

1° *Quelle vitesse doit avoir un courrier qui va à la rencontre d'un autre parti* 4h *après lui, avec une vitesse de* 35km *à l'heure, pour que la rencontre ait lieu* 8h *après le second départ, sachant d'ailleurs que les deux points de départ sont distants de* 760km *?*

En remplaçant dans la formule (1) les lettres par leurs valeurs respectives, v étant l'inconnue, on a

$$8 = \frac{760 - v \times 4}{v + 35},$$

d'où l'on tire, par des procédés de calcul déjà employés,

$$v = \frac{760 - 35 \times 8}{8 + 4} = 40.$$

Solution directe. — Au moment de la rencontre, le parcours du second courrier est de $35^{km} \times 8 = 280^{km}$; le premier a donc parcouru, depuis le moment de son départ, $760^{km} - 280^{km} = 480^{km}$, et il a mis pour cela $4^h + 8^h = 12^h$: sa vitesse est donc de $\dfrac{480^{km}}{12} = 40^{km}$. C'est le nombre obtenu par l'application de la formule.

2° *Quelle vitesse doit avoir un courrier qui va à la rencontre d'un autre parti 3^h avant lui, avec une vitesse de 42^{km} à l'heure, pour que la rencontre ait lieu 7^h après le second départ, sachant que les deux points de départ sont distants de 686^{km}?*

En appliquant la formule (1), on a

$$7 = \frac{686 - 42 \times 3}{42 + v'};$$

on en tire

$$v' = \frac{686 - 42(3 + 7)}{7} = 38.$$

Solution directe. — Au moment de la rencontre, le premier courrier a parcouru $42^{km} \times (3 + 7) = 420^{km}$ et le second $686^{km} - 420^{km} = 266^{km}$. Cette dernière distance ayant exigé 7^h pour son parcours, la vitesse du second courrier est de $\dfrac{266^{km}}{7} = 38^{km}$. C'est le même nombre que le précédent.

3° *A quelle distance se trouvaient deux courriers qui, allant à la rencontre l'un de l'autre avec des vitesses de 8^{km} et 11^{km} à l'heure, se sont rencontrés après que le premier a eu marché pendant 9^h et le second pendant 7^h?*

De la formule (1), dans laquelle $t_1 = 7$ et $t = 9 - 7$, on obtient

$$7 = \frac{d - 8(9 - 7)}{8 + 11},$$

d'où l'on tire $d = 149.$

Solution directe. — La distance totale est égale à $8^{km} \times 9 + 11^{km} \times 7 = 149^{km}$, nombre identique au précédent.

4° *Deux courriers vont à la rencontre l'un de l'autre, avec des vitesses respectives de 18^{km} et 25^{km} à l'heure ; ils sont partis de deux points distants de 337^{km} et se rencontrent 7^h après le départ du second. Quel est le temps qui s'était écoulé entre les deux départs?*

La formule (1) donne

$$7 = \frac{337 - 18 \times t}{18 + 25},$$

d'où l'on tire $\quad t = \dfrac{337 - (18 + 25)7}{18} = 2.$

Solution directe. — Le second courrier en 7^h a parcouru $25^{km} \times 7 = 175^{km}$. Le parcours du premier, avant la rencontre, a donc été de $337^{km} - 175^{km} = 162^{km}$; et comme sa vitesse à l'heure est de 18^{km}, il a mis à l'effectuer un nombre d'heures égal à $\dfrac{162}{18} = 9$. Il était donc parti $(9^h - 7^h) = 2^h$ avant l'autre. Ce résultat reproduit le précédent.

On peut encore raisonner ainsi : les deux courriers en 7^h ont parcouru $(18^{km} + 25^{km}) \times 7 = 301^{km}$; l'excès de 337^{km} sur 301^{km}, ou 36^{km}, représente dès lors la distance parcourue par le premier avant le départ du second, ce qui donne pour la durée de ce trajet $\dfrac{36}{18}$ heures ou 2 heures.

395. Cas particuliers. — Si dans le problème II les deux trains partent en même temps, t est nul et la formule (1) se réduit à la suivante :

$$(2) \qquad\qquad t_1 = \frac{d}{v + v'},$$

qui montre que *le temps nécessaire à deux courriers partant en même temps de deux points différents pour aller à la rencontre l'un de l'autre s'obtient en divisant la distance qui sépare ces deux points par la somme des vitesses des deux courriers.*

Cette relation entre les quatre quantités v, v', d et t_1 permet de calculer l'une quelconque de ces quantités connaissant les trois autres. Mais comme le calcul de v et de v' est le même, les problèmes auxquels on est conduit ici se réduisent aux trois suivants, plus simples que ceux qui précèdent, comme en étant des cas particuliers, et dont la solution se tire très facilement de celle des premiers.

1° Deux courriers partent en même temps de deux points distants de 150^{km} et vont à la rencontre l'un de l'autre avec des *vitesses respectives de 9ᵏᵐ et de 12ᵏᵐ à l'heure. Quel temps mettront-ils pour se rencontrer ?*

Réponse : 7ʰ $\frac{1}{7}$.

2° *Deux courriers qui vont à la rencontre l'un de l'autre, avec des vitesses respectives de 18ᵏᵐ et de 14ᵏᵐ à l'heure, sont partis en même temps de deux points dont la distance est inconnue. Calculer cette distance sachant qu'ils ont mis 7ʰ pour se rencontrer.*
Réponse : **224ᵏᵐ**.

3° *Deux courriers qui partent en même temps de deux points distants de 126ᵏᵐ, pour se diriger l'un vers l'autre, se rencontrent au bout de 9ʰ. Sachant que la vitesse de l'un d'eux est de 6ᵏᵐ à l'heure, quelle est la vitesse de l'autre ?*
Réponse : 8ᵏᵐ.

396. III. *Après avoir expédié dans une certaine direction un courrier qui fait 45ᵏᵐ en 6ʰ, on fait partir, 4 heures après pour le rejoindre, un second courrier qui fait 78ᵏᵐ en 9ʰ. Quel temps faudra-t-il à ce dernier courrier pour atteindre l'autre, et à quelle distance du point de départ la rencontre se fera-t-elle ?*

Au départ du second courrier le premier a marché pendant 4ʰ à raison de 45ᵏᵐ en 6ʰ, autrement dit avec une vitesse de $\frac{45}{6}$ km à l'heure ; il a donc parcouru une distance de $\frac{45}{6}$ km $\times$ 4 ou de 30ᵏᵐ.

La question est alors ramenée à la suivante :

Deux courriers distants de 30ᵏᵐ partent en même temps et vont à la poursuite l'un de l'autre ; le premier fait 45ᵏᵐ en 6ʰ et le second 78ᵏᵐ en 9ʰ. Quel temps faudra-t-il à ce dernier pour atteindre l'autre et à quelle distance du point de départ la rencontre se fera-t-elle ?

Le second courrier, dont la vitesse à l'heure, $\frac{78}{9}$ km, est supérieure à celle du premier de $\frac{78}{9}$ km $- \frac{45}{6}$ km $= \frac{7}{6}$ km, se rapproche, par heure, du premier, de cette dernière distance ; pour l'atteindre ou s'en rapprocher de 30^{km}, il lui faudra donc un nombre d'heures égal à $\dfrac{30}{\dfrac{7}{6}}$ ou à $25\dfrac{5}{7}$.

La distance du point de départ au point de rencontre s'obtient dès lors en multipliant la vitesse à l'heure du second par le nombre d'heures qu'il a mis à parcourir cette distance. On a ainsi $\dfrac{78}{9}\,km \times 25\dfrac{5}{7} = 222^{km}\dfrac{6}{7}$.

Ici la *vérification* consiste à s'assurer que le premier courrier a parcouru en $4^h + 25^h\dfrac{5}{7}$ la même distance que le second en $25^h\dfrac{5}{7}$.

397. Généralisation de la question. — Si l'on désigne par v et v' les vitesses à l'heure du premier et du second courrier, par t le temps qui sépare les deux départs et par t_1 le temps que mettra le second courrier pour atteindre le premier, le raisonnement précédent conduit à la formule

$$(3) \qquad t_1 = \frac{vt}{v' - v},$$

qui montre que *le temps employé par le second courrier pour atteindre le premier est égal au quotient obtenu en divisant par la différence des deux vitesses le produit de la vitesse du premier par le temps dont il a précédé le second.*

Remarque. — On conçoit qu'un problème de ce genre n'est possible qu'autant que la vitesse du second est plus grande que celle du premier. Toutefois le cas de deux courriers qui vont à la poursuite l'un de l'autre, la vitesse du second étant moindre que celle du premier, n'est pas à rejeter comme comportant une impossibilité. Si l'on admet, en effet, que leur point de départ est suffisamment éloigné derrière eux, ces deux courriers se sont nécessairement rencontrés et celui qui était le second avant la rencontre est passé ensuite le premier pour s'éloigner de plus en plus de l'autre.

On peut donc avoir à *déterminer l'instant où ces deux courriers se sont rencontrés et la distance qu'ils ont parcourue depuis cette rencontre.*

Le raisonnement est alors le suivant : Celui des deux courriers qui devient le premier après la rencontre s'éloigne à chaque heure du second de la différence des deux vitesses ; il s'ensuit que pour s'en éloigner de la distance qui les sépare, il lui a fallu un nombre d'heures égal au quotient de cette distance par la différence des vitesses. Quant au parcours de l'un quelconque des deux courriers, depuis leur rencontre, on l'obtient en multipliant la vitesse de ce courrier par le nombre d'heures écoulé à partir de l'instant considéré.

398. La formule (3), qui établit une relation entre les quatre quantités v, v', t et t_1, permet de calculer l'une quelconque de ces quantités connaissant les trois autres, et par conséquent de résoudre en dehors du précédent les trois problèmes qui suivent.

1° *Quelle est la vitesse d'un courrier parti* 3^h *avant un second qui fait* 8^{km} *à l'heure et par lequel il est atteint au bout de* 17^h ?

La formule (3), où l'on remplace les lettres par leurs valeurs numériques, donne

$$17 = \frac{v \times 3}{8 - v} \; ;$$

on en tire
$$v = \frac{8 \times 17}{3 + 17} = 6,8.$$

Solution directe. — En 17^h le second fait $8^{km} \times 17 = 136^{km}$; cette distance ayant été parcourue par le premier en $3^h + 17^h = 20^h$, sa vitesse est de $\dfrac{136^{km}}{20} = 6^{km},8$.

2° *Quelle vitesse doit avoir un courrier parti* 5^h *après un autre, qui fait* 6^{km} *à l'heure, pour atteindre cet autre au bout de* 8^h ?

De la formule (3) on obtient

$$8 = \frac{6 \times 5}{v' - 6},$$

d'où
$$v' = \frac{6(5 + 8)}{8} = 9\,\frac{3}{4}.$$

Solution directe. — Avant d'être atteint, le premier courrier parcourt une distance de $6^{km} \times (5 + 8) = 78^{km}$; or le second courrier doit parcourir cette même distance en 8^h ; sa vitesse sera donc de $\dfrac{78^{km}}{8} = 9^{km}\dfrac{3}{4}$.

3° *Après avoir expédié un premier courrier, qui fait* 8^{km} *à l'heure, combien faut-il attendre de temps pour en faire partir un second, dont la vitesse est de* 11^{km} *à l'heure, et qui doit atteindre le premier au bout de* 5^h ?

La formule (3) donne

$$5 = \frac{8 \times t}{11 - 8},$$

d'où l'on tire $\quad t = \dfrac{(11 - 8)5}{8} = 1\dfrac{7}{8}$.

Solution directe. — Le second courrier faisant à l'heure $11^{km} - 8^{km} = 3^{km}$ de plus que le premier, en 5^h il fait $3^{km} \times 5 = 15^{km}$ de plus : c'est la distance que le premier a parcourue avant le départ du second ; il lui a donc fallu pour cela un nombre d'heures égal à $\dfrac{15}{8} = 1\dfrac{7}{8}$.

399. A ce problème III se rattache encore le suivant :

Deux courriers séparés par une certaine distance vont à la poursuite l'un de l'autre ; la vitesse du premier est de 6^{km} *à l'heure et celle du second de* $8^{km},5$. *Quelle est la distance qui les sépare sachant que leur rencontre a lieu après* 14^h ?

La solution est celle-ci : la distance demandée étant celle qu'a parcourue le second courrier en plus du premier, elle est égale à $(8^{km},5 - 6^{km}) \times 14 = 35^{km}$.

En généralisant, on a la formule

$$(4) \qquad\qquad d = (v' - v)t.$$

400. IV. *Une montre marque midi ; à quelle heure les deux aiguilles de cette montre se rencontreront-elles pour la première fois et combien y aura-t-il de rencontres en douze heures ?*

1° Dès que les deux aiguilles ont marqué midi, elles se séparent, la grande dépassant la petite et gagnant à chaque instant de l'espace sur elle pour la rencontrer de nouveau peu de temps après 1^h5^m. Ces deux aiguilles, qui se déplacent uniformément chacune, peuvent donc être considérées comme deux courriers qui vont à la poursuite l'un de l'autre avec des vitesses inégales. Si l'on prend comme unité d'espace une des 60 divisions égales du cadran, la grande aiguille a une vitesse de 60 divisions à l'heure, la petite une vitesse de 5 divisions, et elles sont distantes, à midi, pour la première rencontre future, de 60 divisions.

Cela posé, nous dirons qu'en une heure la grande aiguille se rapproche de la petite d'un nombre de divisions égal à $60-5$ ou 55 ; pour l'atteindre, ou s'en rapprocher de 60, il lui faudra un nombre d'heures égal à $\dfrac{60}{55} = 1^h5^m27^s\dfrac{3}{11}$.

La formule (4), qui convient ici, donne

$$60 = (60-5)\times t,$$

d'où l'on tire aussi que t est égal à $\dfrac{60}{55}$.

2° Les deux aiguilles se retrouvant à $1^h5^m27^s\dfrac{3}{11}$ dans les mêmes conditions de distance et de vitesses qu'à midi, la deuxième rencontre aura nécessairement lieu après un nouvel intervalle de temps de $1^h5^m27^s\dfrac{3}{11}$; la troisième, après deux fois ce même temps, et ainsi de suite, de sorte qu'il y aura autant de rencontres en 12 heures que ce temps contient de fois $1^h5^m27^s\dfrac{3}{11}$ ou $\dfrac{60}{55}$ d'heure. Le quotient est

$$12 : \dfrac{60}{55} = \dfrac{12\times55}{60} = 11.$$

La *vérification* consiste à s'assurer d'abord que le nombre de divisions du cadran parcourues par la grande aiguille en $1^h5^m27^s\dfrac{3}{11}$ — ou mieux, pour faciliter cette vérification, en $\dfrac{60}{55}$ d'heure — surpasse de 60 celui des divisions qu'a parcourues la petite dans le même temps, puis que 11 fois cet intervalle de temps donnent 12 heures.

401. V. *Un lévrier poursuit un lièvre qui a 50 sauts d'avance* *sur lui ; le lévrier fait 5 sauts pendant que le lièvre en fait 6 ; mais 9 sauts du lièvre n'en valent que 7 du lévrier. Combien le lièvre fera-t-il de sauts avant d'être atteint par le lévrier ?*

Le lévrier et le lièvre sont deux courriers, séparés par une certaine distance, qui vont à la poursuite l'un de l'autre. Pour résoudre la question, il faut donc exprimer la vitesse de chaque courrier et la distance qui les sépare en se servant de la même unité de mesure, le saut du lièvre, par exemple, qui convient mieux d'ailleurs, avec l'énoncé du problème, que celui du lévrier.

La distance est de 50 sauts de lièvre.

La vitesse du lièvre, en prenant pour unité de temps ce qu'il lui faut pour faire un saut, sera représentée par 1. Celle du lévrier se calculera comme il suit : en l'unité de temps, c'est-à-dire pendant que le lièvre fait un saut, le lévrier, à raison de 5 pendant que le lièvre en fait 6, en fera $\frac{5}{6}$; mais comme 7 de ses sauts en valent 9 du lièvre, $\frac{5}{6}$ de son saut vaudront $\frac{9}{7} \times \frac{5}{6}$ ou $\frac{15}{14}$ du saut du lièvre ; c'est ce nombre $\frac{15}{14}$ qui représentera la vitesse du lévrier.

Si donc dans l'unité de temps adoptée le lévrier se rapproche du lièvre de $\frac{15}{14} - 1$ ou $\frac{1}{14}$ de saut de lièvre, pour se rapprocher de 50 sauts ou l'atteindre, il lui faudra un nombre d'unités de temps égal à $50 : \frac{1}{14} = 700$; et dans cet intervalle de 700 unités de temps, le lièvre, dont la vitesse est de 1 saut par unité de temps, fera 700 sauts : c'est le nombre cherché de sauts du lièvre.

Vérification. — Pendant que le lièvre fait 700 sauts, le lévrier en fait $\frac{5 \times 700}{6}$, qui valent en sauts de lièvre $\frac{5 \times 700}{6} \times \frac{9}{7}$ ou 750 : c'est bien la distance qu'a parcourue le lévrier pour atteindre le lièvre.

402. **VI.** *Un train parti de Paris à 7ʰ du matin se dirige sur Bordeaux avec une vitesse de 40ᵏᵐ à l'heure ; à 8ʰ un deuxième train part du même point pour aller dans la même direction avec une vitesse de 60ᵏᵐ à l'heure ; à 9ʰ un troisième train part à son tour du même point et va à la suite des deux premiers avec une vitesse de 57ᵏᵐ à l'heure. Calculer le temps que mettra le troisième train pour être à égale distance des deux autres.*

Pour que le troisième train puisse se trouver à égale distance des deux autres, il faut d'abord qu'il rattrape le premier dont la vitesse est moindre que la sienne. A son départ, la distance qui le sépare du premier est de $40^{km} \times 2 = 80^{km}$; or comme il s'en rapproche de $57^{km} - 40^{km} = 17^{km}$ à l'heure, pour l'atteindre, il mettra un nombre d'heures égal à $\dfrac{80}{17} = 4\,\dfrac{12}{17}$.

A ce moment, le premier et le troisième train sont à une même distance de Paris, égale à $57^{km} \times 4\,\dfrac{12}{17} = 268^{km}\,\dfrac{4}{17}$; et le deuxième, parti une heure avant le troisième, se trouve à une distance du même point égale à

$$60^{km} \times 5\,\frac{12}{17} = 342^{km}\,\frac{6}{17}\ ;$$

il précède ainsi les deux autres de

$$342^{km}\,\frac{6}{17} - 268^{km}\,\frac{4}{17} = 74^{km}\,\frac{2}{17}.$$

Le problème est dès lors ramené au suivant :

Deux trains dont les vitesses à l'heure sont de 40ᵏᵐ et de 57ᵏᵐ partent en même temps d'un même point pour se diriger dans le même sens qu'un troisième train dont la vitesse est de 60ᵏᵐ et qui est devant eux à une distance de 74ᵏᵐ $\dfrac{2}{17}$. On demande le temps que mettra le train dont la vitesse est de 57ᵏᵐ pour être à égale distance des deux autres.

Au bout d'une heure, le train de vitesse 57ᵏᵐ sera distant de $57^{km} - 40^{km} = 17^{km}$ de celui qui part en même temps que lui et de $74^{km}\,\dfrac{2}{17} + (60^{km} - 57^{km}) = 77^{km}\,\dfrac{2}{17}$ de celui qui est devant lui : la différence entre ces deux distances, qui doivent devenir égales, est alors de $77^{km} \dfrac{2}{17} - 17^{km} = 60^{km} \dfrac{2}{17}$.

Or au moment où les deux trains de vitesse 57^{km} et 40^{km} se trouvaient ensemble, leur distance était nulle et le train de vitesse 57^{km} était distant de $74^{km} \dfrac{2}{17}$ de celui de vitesse 60^{km}; la différence de ces deux distances était donc à ce moment de $74^{km} \dfrac{2}{17}$. Au bout d'une heure, cette différence, étant devenue $60^{km} \dfrac{2}{1}$, a diminué de $74^{km} \dfrac{2}{17} - 60^{km} \dfrac{2}{17} = 14^{km}$, et cette diminution qui représente l'excès de 57 sur 40 diminué de l'excès de 60 sur 57, se reproduira après chaque heure de marche; pour que la différence $74 \dfrac{2}{17}$ s'annule il faudra donc un nombre d'heures égal à $74 \dfrac{2}{17} : 14 = 5 \dfrac{5}{17}$.

En remontant au problème initial, le troisième train mettra donc $4^h \dfrac{12}{17} + 5^h \dfrac{5}{17} = 10^h$ pour être à égale distance des deux autres.

Autre solution. — On peut résoudre ce problème d'une manière très simple en ayant recours à un train fictif qui se déplacerait avec une vitesse calculée de façon à ce qu'il se trouve à chaque instant à égale distance des deux trains dont les vitesses sont de 60^{km} et de 40^{km} à l'heure, et en cherchant le temps que mettrait pour l'atteindre le train dont la vitesse est de 57^{km} à l'heure.

Lorsque le troisième train se met en marche, le train fictif, se trouvant équidistant des deux autres, est à une distance du point commun de départ égale à la demi-somme des distances parcourues par ces deux autres, c'est-à-dire à $\dfrac{40^{km} \times 2 + 60^{km}}{2} = 70^{km}$; d'un autre côté sa vitesse est évidemment égale à la demi-somme des deux vitesses de ces deux trains, autrement dit à $\dfrac{60^{km} + 40^{km}}{2} = 50^{km}$.

La question revient dès lors à cette autre:

Quel temps faut-il à un train dont la vitesse est de 57^{km} à l'heure pour en atteindre un autre qui marche devant lui avec une vitesse de 50^{km} à l'heure et dont il est distant de 70^{km}?

A chaque heure le second train se rapproche du premier de la différence des deux vitesses, c'est-à-dire de   57^{km} — 50^{km} = 7^{km}; pour s'en rapprocher de 70^{km} ou l'atteindre, il mettra un nombre d'heures égal à $\dfrac{70}{7} = 10$.   C'est le nombre déjà trouvé.

Vérification. — Dix heures après le départ du troisième train, le deuxième, qui a marché pendant 1^h de plus, a fait 60^{km} × 11 = 660^{km};   le premier, qui a marché pendant 2^h de plus, a fait   40^{km} × 12 = 480^{km};   enfin le troisième a fait 57^{km} × 10 = 570^{km}.   A ce moment, le troisième train est distant du deuxième de   660^{km} — 570^{km} = 90^{km},   et la distance qui le sépare du premier est de   570^{km} — 480^{km} = 90^{km} : l'égalité des deux distances vérifie les résultats obtenus.

Remarque. — D'après notre premier procédé de résolution, pour que le problème soit possible, il faut que la vitesse du troisième train soit supérieure à celle de l'un des deux autres et que la différence entre la vitesse du troisième et celle du train le plus lent soit supérieure .à la différence entre cette même vitesse du troisième et celle du train le plus rapide. Si l'on désigne par v, v' et v'' les vitesses respectives du train le plus rapide, du train le plus lent et du troisième train, la dernière condition s'exprime par l'inégalité

$$v'' - v' > v - v'',$$

qui donne la suivante, en ajoutant $v' + v''$ aux deux membres,

$$2v'' > v + v',$$

d'où l'on tire $$v'' > \frac{v + v'}{2}.$$

C'est-à-dire que la vitesse du troisième train doit être supérieure à la demi-somme de celles des deux autres. Il est facile de voir que si cette condition est remplie, la première, relative à la supériorité de la vitesse du troisième train sur celle de l'un des deux autres, l'est *a fortiori ;* elle résume donc à elle seule tout ce qu'il faut pour la possibilité du problème.

Le second procédé de résolution conduirait, par un chemin plus court, au même résultat.

ALGÈBRE ÉLÉMENTAIRE

1. L'Algèbre est née de la *généralisation* de l'Arithmétique, par l'emploi constant des signes des opérations, par l'usage des lettres pour représenter les nombres, par l'extension des définitions et des règles à des quantités ou à des symboles que présente le calcul affranchi des procédés de l'Arithmétique.

On a une première idée de cette généralisation en considérant que les opérations qu'exige la résolution d'un problème dépendent exclusivement des relations qui existent entre les données de ce problème et sont par suite complètement indépendantes des valeurs numériques de ces données; qu'on peut dès lors représenter ces dernières par des lettres pour obtenir ainsi, comme solution, une expression qui indique la nature et l'ordre des opérations à effectuer sur les données de tous les problèmes du même genre, c'est-à-dire qui ne diffèrent entre eux que par les valeurs numériques de ces données.

Cette expression est ce que nous avons déjà appelé, en Arithmétique, une *formule*. Pour en tirer des solutions particulières, on n'a qu'à y remplacer les lettres par les nombres qu'elles représentent dans les questions qu'on envisage et à procéder ensuite aux opérations qui y sont indiquées.

Les formules permettent, en outre, d'apporter une très grande abréviation dans les énoncés des théorèmes, et d'en faire ressortir très simplement les conséquences ; on sait, enfin, qu'on en tire d'autres formules en prenant comme inconnues successivement toutes les quantités entre lesquelles elles établissent des relations.

En dehors de ce caractère de généralité qu'il donne à l'Algèbre, l'usage des signes et des lettres présente le grand avantage de simplifier le langage parlé comme le langage écrit et d'apporter ainsi beaucoup de clarté et de brièveté dans les raisonnements.

2. Les signes de l'Algèbre sont ceux de l'Arithmétique pour l'indication des quatre opérations fondamentales et pour l'expression des puissances, des racines, des égalités et des inégalités. Nous n'y reviendrons pas.

Pour exprimer simplement que deux nombres sont inégaux, sans distinction du plus petit ou du plus grand, on se sert du signe $\neq$, que l'on place entre les deux nombres et qu'on lit *différent de,* et pour marquer que deux expressions sont identiques, on emploie le signe $\equiv$.

On peut avoir à indiquer des opérations sur des nombres qui sont eux-mêmes les résultats d'opérations non effectuées ; dans ce cas, il faut mettre ces nombres entre parenthèses ( ) ou entre crochets [ ]. C'est ce que nous avons déjà fait, du reste, plus d'une fois en Arithmétique.

LIVRE I

ALGÈBRE ÉLÉMENTAIRE THÉORIQUE

CHAPITRE I

NOMBRES ET EXPRESSIONS ALGÉBRIQUES

§ I. — Nombres positifs et nombres négatifs.

3. Définitions. — La mesure des grandeurs nous a fourni, en Arithmétique, un mode commun de génération des nombres entiers, des nombres fractionnaires et des nombres incommensurables ; elle va nous servir ici à donner une nouvelle extension à l'idée de nombre.

Considérons une droite indéfinie et un point fixe pris sur cette droite ; imaginons ensuite qu'on porte, à partir de ce point, différentes longueurs sur cette droite, les unes dans un sens et les autres dans l'autre ; on conçoit que l'une quelconque de ces longueurs ne sera complètement déterminée qu'autant que l'on connaîtra le nombre qui la mesure et le sens dans lequel elle a été portée.

Pour distinguer et représenter mathématiquement ces longueurs qui peuvent être comptées dans deux sens contraires et qui dépendent ainsi de deux éléments, *on convient* de placer devant les nombres qui en expriment les mesures, le signe $+$ lorsqu'elles sont portées dans un sens déterminé, de gauche à droite ordinairement, et le signe — lorsqu'elles sont portées dans le sens opposé, de droite à gauche.

Le temps, la température d'un milieu, etc., sont d'autres grandeurs susceptibles comme les longueurs d'être comptées dans deux sens opposés, la première, après ou avant un instant déterminé, la seconde, au-dessus ou au-dessous d'une température fixe prise comme point de comparaison.

Les nombres qui mesurent arithmétiquement toutes ces grandeurs, ainsi précédés, pour en faire partie intégrante, les uns du signe + et les autres du signe —, sont dits les *mesures algébriques* de ces grandeurs. Ce sont de purs symboles auxquels on donne, par extension, le nom de *nombres :* ceux qui portent le signe + sont appelés *nombres positifs* et ceux qui portent le signe —, *nombres négatifs.*

Le nombre arithmétique qui fait partie d'un de ces symboles algébriques s'appelle la *valeur absolue* de ce symbole.

A une valeur absolue nulle correspond le nombre zéro, qui ne peut avoir, par définition des nombres qui nous occupent, aucun signe, mais qui est aussi un nombre algébrique.

Deux de ces nombres sont dits *égaux* lorsqu'ils sont formés du même nombre arithmétique et du même signe ; ils sont dits *égaux en valeur absolue et de signes contraires* lorsqu'ils sont formés du même nombre arithmétique et d'un signe différent.

Les nombres négatifs ne représentent pas toujours dans la solution des questions algébriques, des grandeurs susceptibles d'être comptées dans un sens opposé à des nombres positifs ; on verra plus loin qu'ils font uniquement ressortir quelquefois une absurdité ou une impossibilité dans l'énoncé d'un problème, parfois une erreur dans la mise en équation.

4. Cela dit, il s'agit de montrer comment on soumet au calcul ces symboles que nous désignerons, pour abréger le langage, par le nom commun de *nombres algébriques.*

Pour cela, nous commencerons par définir le sens qu'il faut attribuer à chacune des opérations fondamentales et nous en déduirons des règles, qui ne seront, par voie de conséquence, que des conventions comme les définitions, mais qui devront n'être dans aucun cas contradictoires, et conduire aux mêmes résultats qu'en Arithmétique lorsqu'on opérera sur des nombres positifs.

5. Addition. — On convient d'appeler *somme* de deux nombres positifs ou de deux nombres négatifs, le nombre algébrique dont la valeur absolue est égale à la somme des valeurs absolues des deux nombres, et dont le signe est le signe commun de ces deux nombres.

On convient d'appeler *somme* d'un nombre positif et d'un nombre négatif, le nombre algébrique dont la valeur absolue est égale à la différence des valeurs absolues des deux nombres et dont le signe est celui du nombre qui a la plus grande de ces valeurs absolues. Si les deux nombres sont égaux en valeur absolue, on dit que leur somme est zéro.

On convient enfin que si l'un des deux nombres algébriques est zéro, leur somme est égale à l'autre.

L'opération qui a pour objet de former l'une quelconque de ces sommes, c'est-à-dire d'ajouter l'un à l'autre deux nombres algébriques quelconques, tels que nous les avons précédemment définis, porte le nom *d'addition*.

La *règle* à suivre pour additionner deux nombres algébriques se tire immédiatement des définitions que nous venons de donner de leur somme.

6. *Somme de plus de deux nombres algébriques.* — On convient d'appeler somme d'un nombre quelconque de nombres algébriques le résultat que l'on obtient en ajoutant algébriquement au premier nombre le deuxième, à la somme obtenue le troisième nombre, à cette nouvelle somme le quatrième, et ainsi de suite jusqu'à l'emploi du dernier des nombres considérés.

Il est facile de prouver : 1° que ce résultat est indépendant de l'ordre dans lequel se fait l'opération, et 2° que dans une somme algébrique on peut remplacer plusieurs des nombres qui la composent par leur somme effectuée. Et une première conséquence de ce double fait c'est que l'addition est encore *commutative* et *associative* pour les nombres algébriques. On en déduit, en outre, que pour additionner plusieurs nombres algébriques on peut d'abord remplacer par leurs sommes respectives tous les nombres positifs d'une part, et tous les nombres négatifs de l'autre.

7. Soustraction. — On convient d'appeler *différence* de deux nombres algébriques, pris dans un ordre déterminé, le nombre algébrique qui, ajouté au second, reproduit le premier.

L'opération qui a pour objet de former cette différence porte le nom de *soustraction*, et elle est l'inverse de l'addition telle qu'elle a été précédemment définie ; quand on l'effectue, on dit aussi que l'on *retranche* le second nombre du premier.

Soit à retrancher du nombre a le nombre b, et considérons l'expression $a + (-b)$ dans laquelle $-b$ représente le nombre b changé de signe.

1° Si b est un nombre positif égal à $+m$, on a $b = +m$, d'où, d'après la convention qui précède, $-b = -m$. L'expression $a + (-b)$ devient, en y remplaçant $-b$ par $-m$, $a + (-m)$, ce qui donne, d'après la règle de l'addition des nombres algébriques, $a - m$. Or, si l'on ajoute $+m$ ou b à cette dernière expression, on a $a - m + m$ ou a ; on reproduit ainsi le premier nombre proposé : dans ce cas la différence des deux nombres proposés est ainsi $a + (-b)$.

2° Si b est un nombre négatif égal à $-m$, on a $b = -m$ d'où, d'après la précédente convention, $-b = +m$. L'expression $a + (-b)$ devient, en y remplaçant $-b$ par sa valeur $+m$, $a + (+m)$, ce qui donne, d'après la règle de l'addition des nombres algébriques, $a + m$. Or, si l'on ajoute $-m$ ou b à cette dernière expression, on a $a + m - m$ ou a ; on reproduit ainsi le premier nombre proposé : dans ce cas, la différence des deux nombres proposés est encore $a + (-b)$. Il en résulte la règle suivante :

Pour retrancher d'un nombre algébrique un autre nombre algébrique, on ajoute au premier le second changé de signe.

La soustraction de deux nombres algébriques se ramenant ainsi à une addition, cette opération est toujours possible en Algèbre, ce qui n'a pas lieu en Arithmétique, où le second nombre doit être nécessairement au plus égal au premier.

8. Multiplication. — On convient d'appeler *produit* de deux nombres algébriques un autre nombre algébrique dont la valeur absolue est le produit arithmétique des valeurs absolues des deux nombres envisagés et dont le signe est le signe + si les deux nombres sont affectés du même signe, et le signe — s'ils sont affectés de signes contraires. Si l'un des nombres est zéro, le produit est zéro. L'opération qui a pour objet de former ce produit porte le nom de *multiplication,* et les deux nombres envisagés s'appellent *multiplicande* et *multiplicateur* ou bien encore les *facteurs* du troisième nombre, qui en est le *produit.*

La règle à suivre pour multiplier l'un par l'autre deux nombres algébriques se tire immédiatement de la définition que nous venons de donner de leur produit.

9. *Produit de plus de deux nombres algébriques.* — On convient d'appeler produit d'un nombre quelconque de nombres algébriques, le résultat que l'on obtient en multipliant algébriquement le premier nombre par le deuxième, le produit obtenu par le troisième nombre, le nouveau produit par le quatrième, et ainsi de suite jusqu'à l'emploi du dernier des nombres considérés.

Il est facile de démontrer : 1° que ce résultat est indépendant de l'ordre des facteurs ; 2° que dans un produit de nombres algébriques on peut remplacer plusieurs facteurs par leur produit effectué. Et la conséquence de ce double fait c'est que la multiplication est encore *commutative* et *associative* pour les nombres algébriques. On démontre, en outre, en s'appuyant sur le mode de formation du produit considéré ainsi que sur les conventions relatives au signe du produit de deux nombres algébriques, que le produit d'un nombre quelconque de nombres algébriques, dont aucun n'est zéro, est positif ou négatif suivant que les facteurs négatifs de ce produit sont en nombre pair ou impair.

10. Division. — On convient d'appeler *quotient* de deux nombres algébriques, le second étant différent de zéro, un autre nombre algébrique par lequel il faut multiplier le second pour reproduire le premier.

L'opération qui a pour objet de former ce quotient porte le nom de *division* et elle est l'inverse de la multiplication telle que nous l'avons précédemment définie. D'autre part, les deux nombres envisagés s'appellent, le premier *dividende* et le second *diviseur*.

De la définition du quotient de deux nombres algébriques ainsi que des conventions relatives au signe du produit de deux de ces mêmes nombres, on déduit la règle suivante : *Pour obtenir le quotient de deux nombres algébriques, on forme le quotient arithmétique des valeurs absolues des deux nombres et l'on donne au résultat le signe + si les deux nombres sont de même signe et le signe — s'ils sont de signes contraires.*

On démontre, comme pour les nombres arithmétiques, que le quotient de deux nombres algébriques ne change pas quand on multiplie ou divise à la fois le dividende et le diviseur par un même nombre qui n'est pas zéro.

11. Puissances. — On convient d'appeler *puissance* m^e d'un nombre algébrique (m étant un nombre entier plus grand que l'unité) le produit, tel que nous l'avons défini plus haut, de m facteurs égaux à ce nombre.

De ce que nous avons dit relativement au signe d'un produit de plusieurs facteurs algébriques, il résulte qu'une puissance quelconque d'un nombre positif est toujours positive et qu'une puissance quelconque d'un nombre négatif est positive ou négative suivant que l'exposant de cette puissance est pair ou impair.

La puissance m^e d'un nombre algébrique a se représente par l'expression a^m.

12. Remarques générales. — I. Nous avons montré que les propriétés essentielles des opérations fondamentales sur les nombres arithmétiques sont aussi celles des opérations sur les nombres algébriques. Ce n'est pas tout, on démontre, en outre, que la plupart des propositions relatives à ces opérations (addition d'une somme à un nombre, produit d'une somme par un nombre, produit de deux sommes, quotient d'une somme par un nombre, etc.), aux puissances ainsi qu'aux égalités sont applicables aux nombres algébriques, sous la forme que nous leur avons donnée en les établissant pour des nombres arithmétiques.

II. Il ressort des opérations sur les nombres algébriques que le calcul des nombres positifs est exactement le même que celui des nombres arithmétiques ; on peut donc dire que les premiers ne sont pas différents des seconds, et que le nombre zéro algébrique ne diffère pas non plus du nombre zéro arithmétique.

13. *Observation.* — Au lieu de tirer la notion des nombres négatifs de la considération d'une soustraction impossible, et de ne la présenter qu'après la multiplication algébrique ou au moment de l'interprétation des solutions négatives des équations du premier degré, on la fait naître aujourd'hui de la mesure des grandeurs, et on la place au commencement de l'Algèbre. On se donne ainsi le grand avantage de raisonner dès le début d'une manière tout à fait générale et de ne formuler que des règles définitives.

§ II. — Fractions algébriques.

14. **Définitions.** — Tout ensemble de lettres, de nombres et de signes qui indique une suite d'opérations à effectuer sur les nombres tant exprimés que représentés par les lettres est une *expression algébrique*.

Et toute expression de la forme $\dfrac{A}{B}$ qui représente le quotient de deux expressions algébriques A et B s'appelle *fraction algébrique*. Comme en Arithmétique, le dividende A porte le nom de *numérateur*, et le diviseur B, celui de *dénominateur* ; A et B sont dits, en outre, les deux *termes* de la fraction.

Une fraction algébrique se distingue d'une fraction arithmétique en ce que ses deux termes peuvent représenter des nombres quelconques, entiers ou fractionnaires, rationnels ou irrationnels, positifs ou négatifs, et que les valeurs absolues de ces nombres peuvent varier de 0 jusqu'à l'infini.

15. Lorsque, dans une fraction algébrique, un des termes ou tous les deux prennent la valeur 0 ou deviennent infinis pour certaines valeurs numériques attribuées aux lettres, la valeur de la fraction présente des particularités qu'il est nécessaire de connaître :

1° Si le numérateur devient nul, le dénominateur étant différent de zéro, la fraction devient aussi nulle. En effet, le produit de la fraction par son dénominateur devant reproduire son numérateur, il n'y a que le nombre zéro qui, multiplié par un nombre différent de zéro, donne pour produit zéro.

2° Si le dénominateur devient nul, le numérateur étant différent de zéro, la fraction n'est représentée par aucune valeur numérique. Il n'existe pas, en effet, de nombre qui, multiplié par zéro, donne pour produit un résultat différent de zéro.

Mais si l'on considère une fraction dont le numérateur est quelconque et le dénominateur très petit en valeur absolue, on constate que la valeur absolue de cette fraction est très grande ; et si l'on suppose ensuite que, le numérateur restant fixe, la valeur absolue du dénominateur aille sans cesse en diminuant jusqu'à devenir plus petite que toute quantité assignable, il s'ensuivra que la valeur absolue de la fraction ira, de son côté, sans cesse en croissant jusqu'à devenir plus grande que toute quantité donnée quelque grande qu'elle soit. C'est ce qui fait dire, lorsque le dénominateur d'une fraction est nul, le numérateur étant différent de zéro, que la valeur de cette fraction est *infinie*. On se sert du signe ∞ pour représenter une telle valeur.

3° Si le numérateur et le dénominateur sont nuls à la fois, la fraction peut être représentée par un nombre quelconque : un nombre quelconque multiplié par zéro donne, en effet, pour produit le nombre zéro. C'est ce qui fait dire que la valeur de la fraction, dans la circonstance, est *indéterminée*.

4° Si le numérateur devient infini, le dénominateur étant fini et différent de zéro, la fraction devient aussi infinie. Il n'y a, en effet, qu'un nombre infini qui, multiplié par un nombre fini et différent de zéro, donne pour produit un nombre infini.

5° Si le dénominateur devient infini, le numérateur étant fini et différent de zéro, la fraction devient nulle. Aucun nombre différent de zéro, multiplié par un nombre infini, ne peut, en effet, donner pour produit un nombre fini et différent de zéro.

6° Si le numérateur et le dénominateur deviennent infinis à la fois, la fraction peut être représentée par un nombre quelconque. Un nombre quelconque multiplié par un nombre infini donne, en effet, pour produit un nombre infini.

16. Calcul. — On démontre que les règles du calcul des fractions algébriques sont les mêmes que celles du calcul des fractions arithmétiques, sous la réserve, toutefois, que dans la substitution des valeurs numériques aux lettres qui les représentent, les fractions algébriques ne prennent que des valeurs finies et déterminées.

Quelques-unes de ces règles reposent sur la propriété suivante des fractions algébriques :

Si l'on multiplie ou si l'on divise à la fois les deux termes d'une fraction algébrique par une même expression algébrique de valeur numérique finie et différente de zéro, on obtient une nouvelle fraction algébrique équivalente à la proposée.

On tire directement, en effet, de cette proposition les deux règles qui suivent relatives à la simplification et à la réduction au même dénominateur des fractions algébriques :

I. *Pour simplifier une fraction algébrique, on supprime tous les facteurs communs à ses deux termes.*

II. *Pour réduire plusieurs fractions algébriques au même dénominateur, on multiplie les deux termes de chacune d'elles par une même expression algébrique convenablement choisie.* Pour chaque fraction, cette expression multiplicateur peut être le produit des dénominateurs de toutes les autres fractions ;

mais on choisit de préférence, dans un but de simplification, le quotient du plus petit commun multiple de tous les dénominateurs par le dénominateur de la fraction sur laquelle on opère.

On démontre ensuite, très simplement, les règles relatives aux quatre opérations fondamentales :

I. *Pour additionner plusieurs fractions algébriques, il faut les réduire au même dénominateur, puis former une autre fraction qui a pour numérateur la somme des nouveaux numérateurs et pour dénominateur le dénominateur commun : cette fraction est la somme des fractions proposées.*

II. *Pour retrancher deux fractions algébriques l'une de l'autre, il faut les réduire au même dénominateur, puis former une autre fraction qui a pour numérateur la différence des nouveaux numérateurs et pour dénominateur le dénominateur commun : cette fraction est la différence des deux fractions proposées.*

III. *Pour multiplier deux fractions algébriques l'une par l'autre, il faut multiplier entre eux, d'une part les numérateurs, de l'autre les dénominateurs, puis former une fraction qui a pour numérateur le premier produit et pour dénominateur le second : cette fraction est le produit des deux fractions proposées.*

IV. *Pour diviser deux fractions algébriques l'une par l'autre, il faut multiplier la fraction dividende par la fraction diviseur renversée : le résultat est le quotient des deux fractions proposées.*

Quant à l'application de ces règles, elle demande généralement la connaissance du calcul des expressions algébriques, qui fera l'objet du chapitre II.

17. Autres propriétés des fractions algébriques. — *Étant donnée une suite de fractions algébriques égales, on obtient une nouvelle fraction algébrique égale à chacune des précédentes :*

1° En prenant pour numérateur la somme des numérateurs des fractions proposées et pour dénominateur la somme de leurs dénominateurs :

$$\frac{a}{b} = \frac{a'}{b'} = \frac{a''}{b''} = \frac{a + a' + a''}{b + b' + b''};$$

2° En prenant pour numérateur la somme des numérateurs de

certaines fractions proposées, diminuée de celle des numérateurs des autres, et pour dénominateur la somme des dénominateurs des premières fractions envisagées, diminuée de celle des dénominateurs des autres :

$$\frac{a}{b} = \frac{a'}{b'} = \frac{a''}{b''} = \frac{a - a' + a''}{b - b' + b''} \,;$$

3° *En multipliant les deux termes de chaque fraction par un même nombre quelconque, variable d'une fraction à l'autre, et en prenant ensuite pour numérateur la somme des numérateurs des nouvelles fractions et pour dénominateur la somme de leurs dénominateurs :*

$$\frac{a}{b} = \frac{a'}{b'} = \frac{a''}{b''} = \frac{am + a'm' + a''m''}{bm + b'm' + b''m''} \,;$$

4° *En élevant toutes les fractions à une même puissance m et en prenant ensuite pour numérateur la racine m^e de la somme des numérateurs des nouvelles fractions et pour dénominateur la racine m^e de la somme de leurs dénominateurs :*

$$\frac{a}{b} = \frac{a'}{b'} = \frac{a''}{b''} = \frac{\sqrt[m]{a^m + a'^m + a''^m}}{\sqrt[m]{b^m + b'^m + b''^m}} \,; \text{ etc.}$$

On remarquera que ces propositions sont celles qui expriment, en Arithmétique, les propriétés essentielles des rapports égaux, lesquels ne sont, en définitive, que des fractions arithmétiques.

§ III. — Expressions algébriques.

18. Définitions. — Après avoir défini (14) les *expressions algébriques*, nous examinerons les différentes formes qu'elles peuvent revêtir.

Une expression algébrique est dite *rationnelle* lorsqu'elle ne contient aucune indication d'extraction de racine portant sur les nombres représentés par des lettres ; elle est dite *irrationnelle* dans le cas contraire.

Une expression algébrique rationnelle est dite *entière* lorsqu'elle ne contient aucune indication de division par un nombre représenté par une lettre ; elle est dite *fractionnaire* dans le cas contraire.

Toute expression algébrique qui ne contient aucune indication d'addition ou de soustraction s'appelle *monome*. Les facteurs numériques que peut renfermer un monome doivent toujours être réduits à un seul en en faisant le produit ; le résultat, que l'on écrit avant les lettres, est appelé *coefficient*. Un monome qui n'a pas de coefficient exprimé est considéré comme ayant l'unité pour coefficient.

Lorsqu'une expression algébrique est formée de plusieurs monomes réunis entre eux par les signes $+$ ou $-$, on lui donne le nom de *polynome*. Les monomes qui la composent en sont les *termes*, que l'on considère comme inséparables de leurs signes ; de là des *termes positifs* et des *termes négatifs*. Lorsque le premier terme d'un polynome n'est précédé d'aucun signe, on le considère comme ayant le signe $+$ et par conséquent comme un terme positif.

Un polynome à deux termes est un *binome*; un polynome à trois termes, un *trinome* ; un polynome à quatre termes, un *quadrinome*, etc.

Dans un polynome, des termes qui ne diffèrent que par le signe ou le coefficient sont dits des *termes semblables*.

On appelle *degré* d'un monome algébriquement entier la somme des exposants de tous les facteurs représentés par les lettres qui le composent. Toute lettre qui n'a pas d'exposant exprimé est considérée comme ayant l'unité pour exposant, en raison de ce que l'on entend par exposant d'une puissance et première puissance d'un nombre.

Un polynome dont tous les termes sont du même degré est dit *homogène*, et le degré commun des termes s'appelle le *degré d'homogénéité* du polynome.

On appelle degré d'un polynome entier par rapport à une lettre déterminée l'exposant le plus élevé de cette lettre considérée dans les différents termes de ce polynome.

19. Valeur numérique des expressions algébriques. — Si

dans une expression algébrique on remplace les lettres par les nombres qu'elles représentent respectivement, et si l'on effectue ensuite sur tous les nombres exprimés la série des opérations indiquées dans l'expression, le nombre final que l'on obtient s'appelle la *valeur numérique* de cette expression algébrique. Il est des expressions algébriques qui n'ont aucun sens lorsqu'on attribue aux lettres certains systèmes de valeurs numériques, par exemple lorsque des dénominateurs deviennent nuls ou des quantités placées sous des radicaux d'indice pair deviennent négatives.

La *règle* à suivre pour obtenir la valeur numérique d'une expression algébrique quelconque est tout entière contenue dans cette définition. Toutefois, il est utile de remarquer que pour un polynome, les additions et les soustractions à effectuer sur les valeurs numériques de ses termes sont toujours possibles, en raison des conventions faites sur les nombres algébriques, et, par suite, que ces additions et ces soustractions peuvent toujours être faites dans l'ordre où elles sont indiquées. Souvent, on opère en faisant, d'une part, la somme des termes positifs, d'autre part, la somme des termes négatifs, et en additionnant ensuite les deux nombres algébriques ainsi obtenus : cette manière de procéder se justifie par le principe *in fine* de l'addition des nombres algébriques (6).

Lorsque deux expressions algébriques sont telles qu'elles ont toujours la même valeur numérique lorsqu'on y remplace les mêmes lettres par les mêmes nombres choisis arbitrairement, on dit qu'elles sont *équivalentes*.

Remarque I. — Il résulte de ce qui précède et de la définition de la somme de deux nombres algébriques, qu'un polynome quelconque peut toujours être considéré comme étant la somme de tous ses termes.

Remarque II. — Le résultat d'une somme de nombres algébriques étant indépendant de l'ordre dans lequel se fait l'opération (6), il s'ensuit que la valeur numérique d'un polynome ne change pas lorsqu'on intervertit l'ordre de ses termes.

———————

CHAPITRE II

OPÉRATIONS ALGÉBRIQUES

20. On conçoit que les expressions algébriques, qui représentent des nombres, soient susceptibles d'être soumises aux mêmes opérations de calcul que les nombres eux-mêmes, c'est-à-dire qu'on puisse les combiner entre elles par voie d'addition, dé soustraction, de multiplication et de division, qu'on puisse en former des puissances et en extraire des racines ; toutefois, comme les nombres qu'elles représentent ne sont pas exprimés, on ne peut effectuer ces opérations, comme on les entend jusqu'ici, mais on peut les indiquer et transformer l'expression résultante en une autre équivalente : c'est en cela que consistent les *opérations algébriques*, dont l'étude fait l'objet du présent chapitre.

§ I. — Addition.

21. Définition. — L'addition algébrique a pour objet de former une expression algébrique, la plus simple possible, dont la valeur numérique soit égale à la somme des valeurs numériques de plusieurs expressions algébriques données, quelles que soient les valeurs particulières attribuées aux lettres qui entrent dans ces expressions.

Comme les expressions algébriques se présentent sous la forme de monomes ou de polynomes, nous considérerons les deux cas suivants dans l'addition algébrique.

22. Addition des monomes. — *Pour additionner plusieurs monomes, on les écrit à la suite les uns des autres en les sépa-*

rant par le signe +. Le polynome résultant est la somme des monomes considérés.

23. Addition des polynomes. — Soient à additionner les deux polynomes

$$P \equiv a - b + c - d,$$
$$Q \equiv e - f + g - h,$$

dans lesquels nous représenterons chaque terme par une seule lettre.

On a comme expression immédiate de la somme

$$P + Q \equiv (a - b + c - d) + (e - f + g - h).$$

Imaginons que l'on attribue aux lettres qui entrent dans chacun de ces polynomes des valeurs numériques quelconques, positives ou négatives, et soient P', Q', a', b', c', d', e', f', g', h' les valeurs numériques que prennent dans la circonstance les polynomes P et Q, ainsi que les termes qui les composent ; on aura

$$P' + Q' \equiv (a' - b' + c' - d') + (e' - f' + g' - h').$$

Or, d'après ce qui a été dit à propos de l'addition des nombres algébriques, on peut écrire

$$(a' - b' + c' - d') + (e' - f' + g' - h')$$
$$\equiv a' - b' + c' - d' + e' - f' + g' - h',$$

et comme cette égalité est indépendante des valeurs numériques attribuées aux lettres des deux polynomes P et Q, il en résulte nécessairement l'équivalence des deux expressions

$$(a - b + c - d) + (e - f + g - h)$$
et
$$a - b + c - d + e - f + g - h.$$

Ce qui se traduit par l'identité

$$(a - b + c - d) + (e - f + g - h)$$
$$\equiv a - b + c - d + e - f + g - h.$$

D'où la règle : *Pour additionner deux polynomes, on les écrit à la suite l'un de l'autre en conservant le signe de chacun des termes qui les composent : le polynome résultant est la somme des deux polynomes considérés.*

Cette règle peut s'étendre au cas de plus de deux polynomes, car additionner plusieurs polynomes c'est ajouter au premier le deuxième, puis au résultat obtenu le troisième, et ainsi de suite. Le résultat final est l'ensemble des polynomes à additionner écrits à la suite les uns des autres, chacun de leurs termes ayant conservé son signe.

Par la considération des valeurs numériques des polynomes et du calcul des nombres algébriques, on démontre que la somme de plusieurs polynomes est indépendante de l'ordre dans lequel on les additionne.

24. Réduction des termes semblables. — Il arrive très souvent qu'un polynome, surtout lorsqu'il résulte d'une opération algébrique, contient des termes semblables ; on peut alors remplacer tous les termes semblables par un seul terme, qui est une expression équivalente à la somme de tous les termes semblables considérés : c'est ce qu'on appelle une *réduction de termes semblables*, et le polynome qui en résulte est un polynome réduit. On obtient cette réduction par l'application de la règle suivante, qui se déduit du double fait que la valeur numérique d'un polynome ne change pas lorsqu'on intervertit l'ordre de ses termes et que dans une somme de nombres algébriques on peut remplacer plusieurs des nombres qui la composent par leur somme effectuée.

Pour réduire à un seul les termes semblables d'un polynome, on fait la somme des coefficients des termes positifs, puis celle des coefficients des termes négatifs, on retranche ensuite la plus petite somme de la plus grande, on donne au résultat le signe de cette dernière et l'on écrit à la suite du nombre ainsi obtenu, qui est le coefficient du terme unique, l'ensemble de lettres commun aux termes semblables.

Un polynome dont tous les termes disparaissent dans une réduction de termes semblables est dit identiquement nul.

§ II. — Soustraction.

25. Définition. — La soustraction algébrique a pour objet de former une expression algébrique, la plus simple possible, dont la valeur numérique soit égale à la différence des valeurs numériques de deux expressions algébriques données, quelles que soient les valeurs particulières attribuées aux lettres qui entrent dans ces expressions.

On peut encore définir la soustraction une opération qui a pour but, étant données deux expressions algébriques, d'en former une troisième qui ajoutée à la seconde reproduise la première.

La soustraction est, comme en Arithmétique, l'opération inverse de l'addition.

Ici encore nous considérerons successivement deux cas : celui de la soustraction des monomes et celui de la soustraction des polynomes.

26. Soustraction des monomes. — *Pour retrancher d'un monome un autre monome, on écrit le second à la droite du premier en les séparant l'un de l'autre par le signe — : le binome résultant est la différence des deux monomes considérés.*

27. Soustraction de deux polynomes. — Soit à retrancher du polynome

$$P \equiv a - b + c - d$$

le polynome

$$Q \equiv e - f + g - h,$$

chacun des termes de ces polynomes étant représenté par une seule lettre.

D'après la définition de la soustraction, la différence de ces deux polynomes est telle que si l'on y ajoute le polynome Q, le résultat reproduit le polynome P. Il s'ensuit que cette différence doit être la somme du polynome P et du polynome Q dans lequel on aura changé le signe de chaque terme ; elle a pour expression

$$a - b + c - d - e + f - g + h;$$

en y ajoutant le polynome Q, on a, en effet, après avoir effectué l'opération et les réductions des termes semblables

$$(a - b + c - d - e + f - g + h) + (e - f + g - h) \equiv a - b + c - d.$$

De là, la règle suivante : *Pour retrancher d'un polynome un autre polynome, on écrit le second à la suite du premier en changeant le signe de chacun de ses termes : le polynome résultant est la différence des deux polynomes considérés.*

Si ce dernier polynome présente des termes semblables, on en fait la réduction. Cette considération s'applique à tout résultat d'opération : nous ne la reproduirons pas dans la suite.

REMARQUE. — De ce qui précède, il ressort qu'une soustraction algébrique se ramène à une addition.

§ III. — Multiplication.

28. Définition. — La multiplication algébrique a pour objet de former une expression algébrique, la plus simple possible, dont la valeur numérique soit égale au produit des valeurs numériques de deux expressions algébriques données, quelles que soient les valeurs particulières attribuées aux lettres qui entrent dans ces expressions.

La multiplication des fractions algébriques et celle des polynomes, que nous étudierons plus loin, démontrent que toute multiplication d'expressions algébriques se ramène, en dernière analyse, à la multiplication de deux monomes entiers : c'est donc ce cas que nous commencerons par examiner. en ne considérant tout d'abord que des monomes positifs.

29. I. Multiplication de deux monomes entiers positifs. — En s'appuyant : $1°$ sur les principes arithmétiques relatifs à la multiplication de deux produits de plusieurs facteurs ; $2°$ sur les propriétés commutative et associative de la multiplication ; $3°$ sur le produit de deux puissances d'un même nombre ; $4°$ sur le calcul des nombres algébriques, on démontre la règle suivante :

Pour multiplier deux monomes entiers positifs l'un par l'autre, on fait le produit de leurs coefficients, on écrit à la suite toutes les lettres différentes qui entrent dans ces deux monomes, et l'on affecte chacune d'elles d'un exposant égal à la somme de ses exposants dans les deux facteurs ; une lettre qui n'entre que dans l'un des facteurs est écrite avec son exposant. Le monome résultant est le produit des deux monomes considérés.

Cette règle peut s'étendre au cas de plus de deux monomes, car effectuer un produit de plusieurs monomes, c'est multiplier le premier par le deuxième, puis le résultat obtenu par le troisième, et ainsi de suite. Le résultat final est un monome dont le coefficient est le produit des coefficients des monomes facteurs et dont la partie littérale comprend toutes les lettres différentes qui entrent dans l'ensemble de ces monomes, chacune d'elles étant affectée d'un exposant égal à la somme de ses exposants dans les divers facteurs.

REMARQUE. — Si les deux monomes étaient fractionnaires, on appliquerait la règle de la multiplication de deux fractions, et l'on serait ainsi amené, pour chacun des termes de la fraction résultante, au produit de deux monomes entiers.

30. II. Multiplication de deux polynomes. — Soient à multiplier l'un par l'autre les deux polynomes

$$P \equiv a - b + c - d,$$
$$Q \equiv e - f + g - h,$$

dans lesquels nous représenterons chaque terme par une seule lettre.

On a pour expression immédiate du produit :

$$P \times Q \equiv (a - b + c - d)(e - f + g - h).$$

Imaginons que l'on attribue aux lettres qui entrent dans chacun de ces polynomes des valeurs numériques quelconques, positives ou négatives, et soient P', Q', a', b', c', d', e', f', g', h' les valeurs numériques que prennent dans la circonstance les polynomes P et Q ainsi que les termes qui les composent; on aura

$$P' \times Q' \equiv (a' - b' + c' - d')(e' - f' + g' - h').$$

Or, le principe arithmétique relatif au produit de deux sommes l'une par l'autre s'appliquant aux nombres algébriques (12), on peut écrire

$$(a' - b' + c' - d')(e' - f' + g' - h') \equiv a'e' - b'e' + c'e' - d'e'$$
$$- a'f' + b'f' - c'f' + d'f'$$
$$+ a'g' - b'g' + c'g' - d'g'$$
$$- a'h' + b'h' - c'h' + d'h',$$

et comme cette identité est indépendante des valeurs numériques attribuées aux lettres des deux polynomes P et Q, il en résulte nécessairement l'équivalence des deux expressions

$$(a - b + c - d)(e - f + g - h)$$

et

$$ae - be + ce - de - af + bf - cf + df + ag - bg + cg - dg$$
$$- ah + bh - ch + dh,$$

ce qui se traduit par l'identité

$$(1) \quad (a - b + c - d)(e - f + g - h) \equiv ae - be + ce - de$$
$$- af + bf - cf + df + ag - bg + cg - dg - ah$$
$$+ bh - ch + dh.$$

D'où la règle : *Pour multiplier deux polynomes l'un par l'autre, on multiplie successivement chaque terme du polynome multiplicande par chaque terme du polynome multiplicateur ; on écrit à la suite les uns des autres les résultats ainsi obtenus et l'on affecte chacun d'eux du signe + ou du signe − selon qu'il est le produit de deux facteurs de même signe ou de deux facteurs de signes contraires . le polynome résultant est le produit des deux polynomes considérés.*

Cette règle peut s'étendre au cas de plus de deux polynomes, car effectuer le produit de plusieurs polynomes c'est multiplier le premier par le deuxième, puis le résultat obtenu par le troisième, et ainsi de suite. Le résultat final est un polynome qui se compose de tous les produits que l'on peut former en prenant de toutes les manières possibles un terme comme facteur dans chacun des polynomes considérés : ces produits partiels qui sont les termes du produit général sont précédés du signe + ou du signe − selon que le nombre de leurs facteurs négatifs est pair ou impair.

La loi de formation d'un tel produit n'étant pas subordonnée à l'ordre des facteurs de ce produit, on trouve ici, pour les polynomes, la justification de ce principe démontré en Arithmétique qu'*un produit est indépendant de l'ordre de ses facteurs*, en d'autres termes, que la multiplication algébrique est *commutative* pour les polynomes.

31. III. Multiplication d'un polynome par un monome. — Si dans la multiplication d'un polynome par un polynome, le multiplicateur se réduit à l'un de ses termes, positif ou négatif, l'identité (1) d'où l'on a tiré la règle pour la formation du produit prend la forme

$$(a - b + c - d) \times e \equiv ae - be + ce - de,$$

ou $$(a - b + c - d) \times (-f) \equiv -af + bf - cf + df.$$

Ce que l'on peut traduire, en étendant l'idée de multiplication à cette dernière indication, par la règle suivante, qui n'est qu'un cas particulier de la précédente : *Pour multiplier un polynome par un monome, on multiplie successivement chaque terme du polynome par le monome ; on écrit à la suite les uns des autres les résultats ainsi obtenus en conservant ou en changeant le signe de chaque terme correspondant du multiplicande selon que le monome multiplicateur est positif ou négatif. Le polynome résultant est dit le produit du polynome par le monome.*

On pourrait arriver directement au même résultat par un raisonnement analogue à celui qui nous a servi pour la multiplication des polynomes.

La mise d'un nombre, d'une lettre ou d'un monome en *facteur commun*, dans un polynome, est une conséquence de cette règle.

Remarque. — Un produit de polynomes étant indépendant de l'ordre de ses facteurs, on déduit de ce qui précède que le *produit d'un monome par un polynome* s'obtient en intervertissant l'ordre des facteurs et en ramenant ainsi le cas au précédent.

32. IV. Multiplication de deux monomes de signes quelconques. — Si dans la multiplication de deux polynomes, le multiplicande et le multiplicateur se réduisent chacun à l'un

de ses termes, positif ou négatif, l'identité (1) prend la forme
de l'une des quatre expressions suivantes :

$$a \times e \equiv ae,$$
$$a \times (-f) \equiv -af,$$
$$(-b) \times e \equiv -be,$$
$$(-b) \times (-f) \equiv bf,$$

ce que l'on peut traduire, en étendant l'idée de multiplication
à chacune de ces indications, par la règle suivante :

*Pour multiplier deux monomes de signes quelconques, on opère
comme si les monomes étaient positifs, sauf à placer devant le
résultat le signe + ou le signe — selon que les deux monomes
sont de même signe ou de signes contraires. Le monome résultant
est dit le produit des deux monomes.*

On pourrait arriver directement au même résultat par la
double considération des valeurs numériques des monomes et
du produit des nombres algébriques.

Cette règle peut s'étendre au cas de plus de deux monomes
de signes quelconques, pour les mêmes raisons que nous
avons données plus haut (29). Le résultat final est un monome
dont le coefficient et la partie littérale s'obtiennent comme s'il
s'agissait de monomes positifs et devant lequel on met le
signe + ou le signe — selon que le nombre des facteurs
négatifs est pair ou impair.

La loi de formation d'un tel produit n'étant pas subordonnée
à l'ordre des facteurs de ce produit, on trouve ici, pour les
monomes de signes quelconques, la justification de ce principe,
vérifié déjà pour les polynomes, qu'un produit est indépendant
de l'ordre de ses facteurs, en d'autres termes que la multiplication algébrique est commutative pour les monomes de signes
quelconques.

33. Polynomes ordonnés. — On facilite la réduction des
termes semblables dans la multiplication de deux polynomes
en rangeant les termes de chacun d'eux de manière que les
exposants d'une même lettre aillent soit en augmentant soit
en diminuant du premier terme au dernier, et l'on dispose les

différents produits partiels en lignes horizontales, de façon que les termes semblables se trouvent placés verticalement les uns sous les autres.

Ranger les termes d'un polynome d'après l'ordre croissant ou décroissant des exposants d'une même lettre c'est *ordonner ce polynome* par rapport à cette lettre.

34. Théorèmes. — **I.** *Lorsque deux polynomes et leur produit sont ordonnés dans le même sens par rapport à la même lettre, le premier et le dernier terme du produit sont respectivement, sans réduction, les produits du premier terme du multiplicande par le premier terme du multiplicateur et du dernier terme du multiplicande par le dernier terme du multiplicateur.*

Cette proposition a pour conséquence la suivante :

Le produit de deux polynomes est toujours un polynome, car il a toujours au moins deux termes.

II. *Le produit de deux polynomes homogènes est un autre polynome homogène dont le degré est exprimé par la somme des degrés des deux polynomes facteurs.*

35. Produits remarquables :

$$(a + b)^2 \equiv a^2 + 2ab + b^2,$$
$$(a - b)^2 \equiv a^2 - 2ab + b^2,$$
$$(a + b)(a - b) \equiv a^2 - b^2,$$
$$(a + b)^3 \equiv a^3 + 3a^2b + 3ab^2 + b^3,$$
$$(a - b)^3 \equiv a^3 - 3a^2b + 3ab^2 - b^3.$$

Des deux premiers on tire

$$(a + b)^2 - (a - b)^2 \equiv 4ab.$$

§ IV. — Division.

36. Définition. — La division algébrique a pour objet de former une expression algébrique, la plus simple possible, dont la valeur numérique soit égale au quotient des valeurs numériques de deux expressions algébriques données, quelles que soient les valeurs particulières attribuées aux lettres qui entrent dans ces expressions.

On peut encore définir la division une opération qui a pour but, étant données deux expressions algébriques, appelées l'une dividende, l'autre diviseur, d'en former une troisième appelée quotient, dont le produit par le diviseur reproduise le dividende.

La division est, comme en Arithmétique, l'opération inverse de la multiplication.

Le quotient de deux expressions algébriques A et B peut toujours s'écrire sous la forme fractionnaire $\dfrac{A}{B}$, et généralement il n'y a pas d'expression plus simple pour le représenter.

Mais il arrive parfois que cette fraction algébrique peut être ramenée à la forme entière, lorsque ses deux termes contiennent des lettres communes ; opérer cette transformation c'est ce qu'on appelle effectuer une division algébrique.

Nous rechercherons successivement les différentes règles à suivre pour faire cette opération, selon que les termes de la division sont des monomes ou des polynomes et nous commencerons par la division des monomes, car c'est à cette dernière que se ramènent, en dernière analyse, comme nous le verrons par la suite, toutes les divisions algébriques.

37. I. Division des monomes. — 1° *Quotient de deux puissances d'un même nombre.* — On a vu en Arithmétique (65, II) que *le quotient de deux puissances d'un même nombre est ce nombre élevé à une autre puissance marquée par un exposant égal à l'excès de l'exposant du dividende sur celui du diviseur :*

$$\frac{a^m}{a^n} = a^{m-n}.$$

Mais cette règle n'est applicable jusqu'ici qu'au seul cas où l'exposant du dividende est supérieur à celui du diviseur. Or il peut se faire que l'exposant du dividende soit égal ou inférieur à celui du diviseur. De là, deux autres cas :

Si l'exposant du dividende est égal à celui du diviseur, le

quotient est l'unité. En appliquant la règle précédente, on obtiendrait pour quotient une expression de la forme a^0, qui n'a aucun sens par elle-même, mais que l'on introduit en Algèbre, dans un intérêt de généralisation, en lui attribuant pour valeur l'unité, ce qui permet d'écrire $a^0 = 1$.

Si l'exposant du dividende est inférieur à celui du diviseur, le quotient est représenté par une fraction qui, simplifiée, prend la forme $\dfrac{1}{a^p}$. En appliquant la règle précédente, avec l'hypothèse $n = m + p$, on obtiendrait pour quotient une expression de la forme a^{-p}, qui n'a aucun sens par elle-même, mais que l'on introduit en Algèbre, dans un but de généralisation, en lui attribuant la valeur $\dfrac{1}{a^p}$, ce qui permet d'écrire $a^{-p} = \dfrac{1}{a^p}$.

Ces deux conventions donnent ainsi un caractère d'absolue généralité à la règle qui détermine le quotient de deux puissances d'un même nombre.

2° *Quotient de deux monomes entiers quelconques.* — La règle suivante relative au quotient de deux monomes entiers quelconques se déduit de celle de la multiplication de deux monomes :

Pour diviser deux monomes entiers quelconques l'un par l'autre, on divise le coefficient du dividende par celui du diviseur, et l'on écrit à la suite du résultat les différentes lettres du dividende, en affectant chacune d'elles d'un exposant égal à l'excès de son exposant au dividende sur celui qu'elle a au diviseur.

Il va sans dire, toujours d'après la théorie de la multiplication de deux monomes quelconques, que les coefficients doivent être considérés avec leur signe, par suite que leur quotient est celui de deux nombres algébriques.

D'après cette règle, la division, dont le but est d'obtenir une expression entière, n'est possible qu'autant que le dividende contient toutes les lettres du diviseur, chacune avec un exposant au moins égal à celui qu'elle a dans ce diviseur.

REMARQUE. — Si les deux monomes étaient fractionnaires,

on appliquerait d'abord la règle de la division de deux fractions, puis, dans chaque terme de la fraction résultante, la règle de la multiplication de deux monomes.

38. II.Division d'un polynome par un monome. — En s'appuyant sur la multiplication d'un polynome par un monome, on démontre la règle suivante :

Pour diviser un polynome par un monome, on divise successivement chaque terme du polynome par le monome.

Il suit de là que la division n'est possible qu'autant qu'on peut obtenir un quotient entier avec chaque terme du polynome.

39. III.Division d'un polynome par un polynome. —Soient A et B deux polynomes à diviser l'un par l'autre, et qui sont tels que A est le produit de B par un troisième polynome Q ; ce dernier est ainsi le quotient des deux polynomes proposés. Imaginons que ces trois polynomes soient ordonnés dans le même sens par rapport à la même lettre. Le premier terme de A est ainsi le produit du premier terme de B par le premier terme de Q ; on obtiendra donc ce dernier terme, qui sera le premier du quotient, en divisant les deux autres, le premier par le second. Si de A on retranche ensuite le produit de B par le premier terme trouvé de Q, le reste, que nous représenterons par R, sera le produit exact de B par l'ensemble des termes complémentaires de Q, et si R est ordonné de la même manière que B et Q, son premier terme sera le produit du premier terme de B par le premier des termes complémentaires de Q, autrement dit, par le deuxième terme de Q ; ce dernier terme sera donc le quotient du premier terme de R par le premier terme de B. Si de R on retranche le produit de B par le deuxième terme de Q, le reste R' sera le produit exact de B par l'ensemble des termes de Q qui suivent le deuxième ; en opérant sur R' comme sur R et A, on obtiendra le troisième terme de Q, et en continuant ainsi, on arrivera, d'après l'hypothèse faite, à trouver un reste nul : le quotient formé représentera le polynome Q. De là la règle suivante :

Pour diviser deux polynomes l'un par l'autre, on les ordonne par rapport à une même lettre et dans le même sens. On divise le premier terme du dividende par le premier terme du diviseur, et l'on obtient le premier terme du quotient. On multiplie le diviseur par ce premier terme du quotient et l'on retranche le produit obtenu du dividende. On divise le premier terme du reste par le premier terme du diviseur, et l'on obtient le deuxième terme du quotient. On multiplie le diviseur par ce deuxième terme du quotient et l'on retranche le produit obtenu du reste précédent. On divise le premier terme du deuxième reste par le premier terme du diviseur et l'on obtient le troisième terme du quotient. On continue ainsi jusqu'à ce que l'opération donne un reste nul ou soit reconnue impossible.

De ce qui précède, il résulte que la division des polynomes est impossible, ces deux polynomes étant ordonnés par rapport à la même lettre et dans le même sens : 1° lorsque le premier terme du dividende n'est pas divisible par le premier terme du diviseur, ou que le dernier terme du dividende ne l'est pas par le dernier terme du diviseur ; 2° lorsque le premier terme de l'un des restes de la division n'est pas divisible par le premier terme du diviseur, ou que le dernier terme de l'un de ces restes ne l'est pas par le dernier terme du diviseur ; 3° lorsqu'on arrive à écrire au quotient un terme de degré égal à l'excès du degré du dernier terme du dividende sur le degré du dernier terme du diviseur, et que ce terme n'est pas le quotient du dernier terme du dividende par le dernier terme du diviseur, ou bien, qu'étant représenté par ce quotient, le reste qui suit n'est pas nul.

40. Théorèmes. — I. *Lorsque deux polynomes entiers par rapport à une même lettre x ne sont pas divisibles l'un par l'autre, on peut toujours exprimer leur quotient par la somme d'un polynome entier en x et d'une fraction qui a pour dénominateur le diviseur et pour numérateur un autre polynome entier en x de degré moindre que le diviseur : cette expression n'est possible que d'une seule manière.*

II. *Lorsqu'on divise par $x - a$ un polynome entier en x, le* *reste de l'opération est ce que l'on obtient en remplaçant x par a dans le polynome.*

On déduit de là :

III. *Pour qu'un polynome entier en x soit divisible par $x - a$, il faut et il suffit que ce polynome se réduise à zéro quand on y remplace x par a.*

IV. *Lorsqu'un polynome entier en x est divisible séparément par plusieurs binomes différents*
$$(x - a), \qquad (x - b), \qquad (x - c), \dots$$
il est divisible par leur produit.

V. *Lorsqu'un polynome entier en x de degré m est divisible séparément par m binomes différents*
$$(x - a), \qquad (x - b), \qquad etc.,$$
il est équivalent au produit du coefficient de son terme du degré le plus élevé par le produit des m binomes.

VI. *Un polynome entier en x de degré m qui serait divisible séparément par plus de m binomes différents*
$$(x - a), \qquad (x - b), \qquad etc.,$$
serait identiquement nul.

41. Quotients remarquables :

$$\frac{x^m - a^m}{x - a} = x^{m-1} + ax^{m-2} + a^2 x^{m-3} + a^3 x^{m-4} \dots + a^{m-1}$$

$$\frac{x^m - a^m}{x + a} = \begin{cases} m = 2n : \\[4pt] x^{m-1} - ax^{m-2} + a^2 x^{m-3} - a^3 x^{m-4} \dots - a^{m-1} \\[4pt] m = 2n + 1 : \\[4pt] x^{m-1} - ax^{m-2} + a^2 x^{m-3} - a^3 x^{m-4} \dots + a^{m-1} - \dfrac{2a^m}{x + a} \end{cases}$$

$$\frac{x^m + a^m}{x - a} = x^{m-1} + ax^{m-2} + a^2 x^{m-3} + a^3 x^{m-4} \dots + a^{m-1} + \frac{2a^m}{x - a}$$

$$\frac{x^m + a^m}{x + a} = \begin{cases} m = 2n : \\[4pt] x^{m-1} - ax^{m-2} + a^2 x^{m-3} - a^3 x^{m-4} \dots - a^{m-1} + \dfrac{2a^m}{x + a} \\[4pt] m = 2n + 1 : \\[4pt] x^{m-1} - ax^{m-2} + a^2 x^{m-3} - a^3 x^{m-4} \dots + a^{m-1}. \end{cases}$$

§ V. — Puissances.

42. Définition. — Le produit de m facteurs égaux à une même expression algébrique s'appelle la puissance m^e de cette expression.

La formation de la puissance m^e d'une expression algébrique est soumise à des règles qui dépendent de la forme que cette expression affecte.

S'il s'agit d'un polynome, nous nous bornerons à dire ici qu'on l'élève successivement au carré, au cube, etc., en appliquant la règle de la multiplication des polynomes : les règles générales qui permettent d'écrire immédiatement l'expression d'une puissance quelconque d'un polynome sortent du cadre de notre travail.

S'il s'agit d'un monome, qui peut se présenter sous la forme entière ou fractionnaire, on applique les théorèmes suivants, que nous avons déjà rencontrés en Arithmétique.

43. Théorèmes. — **I.** *Pour élever une puissance d'une expression algébrique à une puissance quelconque, on élève cette expression à une puissance ayant pour exposant le produit des deux exposants :*

$$(a^n)^m = a^{nm}.$$

REMARQUE. — De ce théorème on tire que $(a^n)^m = (a^m)^n$, ce qui signifie que lorsqu'on veut élever une expression algébrique à une certaine puissance, puis le résultat à une autre puissance, on peut indifféremment commencer par l'une ou l'autre de ces puissances.

II. *Pour élever un produit de facteurs à une puissance quelconque, on élève chaque facteur à cette puissance :*

$$(abc)^m = a^m b^m c^m.$$

III. *Pour élever un quotient à une puissance quelconque, on élève le dividende et le diviseur à cette puissance :*

$$\left(\frac{a}{b}\right)^m = \frac{a^m}{b^m}.$$

§ VI. — Racines.

44. Définition. — On appelle racine m^e d'une expression algébrique toute autre expression algébrique dont la puissance m^e reproduit la première expression.

Il peut y avoir, pour une même expression algébrique, plusieurs racines m^{es}.

Soit, en effet, l'expression $\sqrt[m]{a}$ qui représente la racine m^e de a. Si a est positif, suivant que m sera pair ou impair, l'expression $\sqrt[m]{a}$ aura deux valeurs égales en valeur absolue et de signes contraires, ou une seule valeur positive. Si a est négatif, suivant que m sera impair ou pair, l'expression $\sqrt[m]{a}$ aura une valeur négative ou n'en aura aucune.

On donne le nom de *valeur arithmétique* d'un radical à la valeur positive de l'expression $\sqrt[m]{a}$ lorsque a est lui-même un nombre positif.

Le calcul des racines des expressions algébriques est soumis, comme celui des puissances, à des règles qui dépendent de la forme de ces expressions.

S'il s'agit d'un polynome, la règle que fournit l'Algèbre sort des limites de cet ouvrage.

Mais s'il s'agit d'un monome, on applique les théorèmes qui suivent, déjà vus en Arithmétique.

45. Théorèmes. — **I.** *La racine m^e d'une puissance d'une expression algébrique dont l'exposant est divisible par m est égale à une autre puissance de cette expression, ayant pour exposant le quotient du premier exposant par m :*

$$\sqrt[m]{a^{mn}} = a^{\frac{mn}{m}} = a^n.$$

II. *La racine m^e d'un produit de facteurs positifs est égale au produit des racines m^{es} de ses facteurs :*

$$\sqrt[m]{abc} = \sqrt[m]{a} \times \sqrt[m]{b} \times \sqrt[m]{c}.$$

De l'ensemble de ces deux théorèmes, on déduit les moyens : 1° de faire sortir d'un radical du m^e degré un facteur exprimé par une puissance d'un nombre dont l'exposant est divisible par m ; 2° inversement, de faire passer un facteur quelconque sous un radical de degré quelconque.

III. *La racine m^e d'un quotient dont les deux termes sont positifs est égale au quotient de la racine m^e du dividende par la racine m^e du diviseur.*

§ **VII**. — Calcul des radicaux.

46. La question du calcul des radicaux a été examinée en Arithmétique (148) d'une manière générale, comme nous aurions pu le faire ici. Nous y renvoyons donc le lecteur.

Toutefois, nous la compléterons par la théorie des exposants fractionnaires, ce que nous ne pouvions faire plus tôt.

47. Exposants fractionnaires. — Nous avons vu, dans le précédent paragraphe, que pour extraire la racine m^e d'une puissance d'une expression algébrique, lorsque l'exposant de cette puissance est divisible par m, il suffit d'effectuer cette division ; en d'autres termes, cette racine m^e est représentée par une puissance de la même expression algébrique, dont l'exposant est le quotient par m de l'exposant de la puissance considérée.

Mais lorsque ce dernier exposant n'est pas divisible par m, la règle n'est plus applicable : c'est ce qui a lieu d'ordinaire. Pour généraliser cette règle, on convient de représenter, dans tous les cas, la valeur du radical $\sqrt[m]{a^n}$ par l'expression $a^{\frac{m}{n}}$, et lorsque m n'est pas divisible par n, le nombre fractionnaire $\dfrac{m}{n}$ est dit l'*exposant fractionnaire* de a.

L'introduction des exposants fractionnaires en Algèbre présente le très sérieux avantage de remplacer les indications d'extraction de racines par des indications de puissances et de ramener ainsi les calculs à effectuer sur des radicaux à des calculs sur des puissances.

On conçoit, toutefois, que cet avantage ne peut exister

qu'autant que les règles relatives au calcul des exposants entiers sont applicables aux exposants fractionnaires.

Après avoir établi que si les deux nombres fractionnaires $\dfrac{m}{n}$ et $\dfrac{m'}{n'}$ sont équivalents, on a aussi

$$a^{\frac{m}{n}} = a^{\frac{m'}{n'}},$$

on prouve que les théorèmes relatifs au produit ou au quotient de deux puissances d'un même nombre et à l'élévation d'une puissance à une puissance, démontrés pour des exposants entiers, sont encore vrais pour des exposants fractionnaires.

48. Exposants négatifs. — On prouve, en outre, que ces théorèmes conviennent au cas où les exposants, entiers ou fractionnaires, sont négatifs.

De sorte que l'on a, dans tous les cas, que m et n soient entiers ou fractionnaires, positifs ou négatifs :

$$a^m \times a^n = a^{m+n};$$
$$\frac{a^m}{a^n} = a^{m-n},$$
$$(a^n)^m = a^{mn}.$$

Il est à remarquer que parmi les opérations dont il vient d'être question, nous avons omis l'extraction des racines ; c'est à dessein, pour la raison qu'une racine, d'après les précédentes conventions, n'est qu'une puissance à exposant fractionnaire, et que l'opération passée sous silence se ramène à l'élévation d'une puissance à une puissance.

49. REMARQUE. — De l'ensemble des conventions adoptées pour introduire les exposants fractionnaires et négatifs dans le calcul algébrique, il résulte qu'un monome quelconque, entier ou fractionnaire, rationnel ou irrationnel, peut toujours s'écrire sous la forme entière et rationnelle, c'est-à-dire sans dénominateur et sans radicaux.

CHAPITRE III

NOTIONS GÉNÉRALES SUR LES ÉQUATIONS ET LES INÉQUATIONS

§ I. — Définitions.

50. Égalité, identité, équation. — Nous avons vu en Arithmétique ce qu'on entend par égalité de deux quantités numériques, et comment s'écrit une égalité.

Lorsque deux expressions algébriques sont égales, on indique le fait de la même manière et la relation que l'on obtient est aussi une *égalité*.

Mais en Algèbre, les égalités sont de deux sortes.

Si les quantités égales sont numériques, c'est-à-dire d'une égalité évidente, ou si elles sont deux expressions algébriques équivalentes, l'égalité s'appelle *identité*.

Si les quantités que l'on considère comme devant être égales ne peuvent l'être que pour des valeurs particulières attribuées à quelques-unes des lettres qu'elles contiennent, l'égalité porte le nom d'*équation* ; ce qui veut dire qu'une équation est une égalité qui se transforme en identité par la substitution exclusive de certaines valeurs à une ou plusieurs lettres de cette égalité. Aussi a-t-on défini quelquefois l'équation une *égalité conditionnelle*.

Les lettres, ordinairement x, y, z, ..., qui doivent recevoir des valeurs particulières pour que l'équation se transforme en identité, sont dites les *inconnues* de l'équation ; ces valeurs particulières sont les *racines* de l'équation, et l'on dit, pour exprimer cette transformation de l'équation en identité, que ces valeurs *satisfont* à l'équation ou la *vérifient*.

Une équation est dite *entière* ou *fractionnaire*, *rationnelle* ou *irrationnelle*, suivant que ses deux membres sont entiers ou fractionnaires, rationnels ou irrationnels par rapport aux inconnues.

51. Inégalité, inidentité, inéquation. — L'Arithmétique nous a appris, d'autre part, à distinguer deux quantités numériques qui ne sont pas égales et à exprimer cette inégalité.

En Algèbre, on dit qu'un nombre a est plus grand ou plus petit qu'un nombre b — ces deux nombres étant quelconques, positifs ou négatifs — suivant que a est égal à b augmenté ou diminué d'un nombre positif, en d'autres termes, suivant que la différence $a - b$ est positive ou négative.

Cette définition donne lieu aux conséquences suivantes :

1° Zéro est supérieur à tout nombre négatif ;

2° Tout nombre positif étant plus grand que zéro est supérieur à tout nombre négatif ;

3° Le plus grand de deux nombres négatifs est celui qui a la plus petite valeur absolue.

Il suit de là que tous les nombres, positifs et négatifs, forment, en les écrivant les uns à la suite des autres, de manière qu'ils aillent en croissant de l'un à l'autre, dans le même sens, une série illimitée de part et d'autre du nombre zéro. Les conséquences précédentes permettent d'exprimer qu'un nombre est positif ou négatif suivant qu'il est plus grand ou plus petit que zéro.

On indique comme en Arithmétique que deux quantités algébriques sont inégales, et la relation que l'on obtient est aussi une *inégalité*.

Mais, comme pour les égalités, les inégalités sont ici de deux sortes.

Si les quantités inégales sont numériques, c'est-à-dire d'une inégalité évidente, ou si elles sont deux expressions algébriques non équivalentes, l'inégalité s'appelle *inidentité*.

Si les quantités que l'on considère comme devant être inégales ne peuvent l'être que pour des valeurs particulières attribuées à quelques-unes des lettres qu'elles contiennent, l'inégalité porte le nom d'*inéquation*. Ce qui veut dire qu'une inéquation est une inégalité qui se transforme en inidentité par la substitution exclusive de certaines valeurs à une ou plusieurs lettres de cette inégalité. C'est pour cela qu'on a quelquefois défini l'inéquation une *inégalité conditionnelle*. Les lettres qui doivent recevoir des valeurs particulières pour que l'inéquation se transforme en inidentité sont dites les *inconnues* de l'inéquation ; ces valeurs particulières sont les *solutions* de l'inéquation, et l'on dit, pour exprimer cette transformation de l'inéquation en inidentité, que ces valeurs *satisfont* à l'inéquation ou la *vérifient*.

Une inéquation est *entière* ou *fractionnaire*, *rationnelle* ou *irrationnelle*, suivant que ses deux membres sont entiers ou fractionnaires, rationnels ou irrationnels par rapport aux inconnues.

§ II. — Identités et Inidentités.

52. Propriétés principales des identités. — I. *On peut, sans troubler une identité :*

1° *ajouter ou retrancher une même quantité algébrique à ses deux membres ;*

2° *multiplier ou diviser ses deux membres par une même quantité algébrique qui n'est ni nulle ni susceptible de devenir nulle ou infinie ;*

3° *élever ses deux membres à une même puissance.*

Ce théorème est évident et permet :

1° de faire passer un terme d'un membre dans un autre en en changeant le signe ;

2° de changer les signes de tous les termes d'une identité ;

3° d'isoler un terme dans un membre en faisant passer tous les autres termes dans l'autre membre ;

4° de chasser les dénominateurs des termes fractionnaires en multipliant tous les termes par le produit de tous les dénominateurs ;

5° d'isoler dans un membre un facteur quelconque d'un terme en isolant d'abord ce terme et en divisant les deux membres de l'identité résultante par le produit des autres facteurs du terme envisagé ;

6° de dégager d'un radical un nombre ou une expression algébrique en isolant le radical et en élevant les deux membres de l'identité résultante à une puissance marquée par l'indice du radical.

II. *Etant données plusieurs identités, en les combinant membre à membre par voie d'addition, de soustraction, de multiplication ou de division, on obtient de nouvelles identités.*

Ce théorème est aussi évident.

53. Propriétés principales des inidentités. — **I**. *On peut, sans troubler une inidentité :*

1° *ajouter ou retrancher une même quantité algébrique à ses deux membres ;*

2° *multiplier ou diviser ses deux membres par une même quantité algébrique positive ;*

3° *multiplier ou diviser ses deux membres par une même quantité algébrique négative, pourvu qu'on change le sens de l'inidentité.*

Ce théorème permet :

1° de faire passer un terme d'un membre dans un autre en en changeant le signe ;

2° de changer les signes de tous les termes d'une inidentité, pourvu qu'on change le sens de l'inégalité ;

3° d'isoler un terme dans un membre en faisant passer tous les autres termes dans l'autre membre ;

4° de chasser les dénominateurs des termes fractionnaires en multipliant tous les termes par le produit de tous les dénominateurs, pourvu qu'on change le sens de l'inégalité si ce produit est négatif ;

5° d'isoler dans un membre un facteur quelconque d'un terme en isolant d'abord ce terme et en divisant les deux membres de l'inidentité résultante par le produit des autres facteurs du terme envisagé, pourvu qu'on change le sens de l'inégalité si ce produit est négatif.

II. *En élevant les deux membres d'une inidentité à une même puissance, on peut avoir comme résultat : une inidentité de même* *sens ou une inidentité de sens contraire, ou une identité. Si l'exposant de la puissance est impair, on a toujours une inidentité de même sens que la première.*

L'application de ce théorème demande une attention toute spéciale.

Il permet de dégager d'un radical un nombre ou une expression algébrique, en isolant le radical et en élevant les deux membres de l'inidentité résultante à une puissance marquée par l'indice du radical. Mais il faut avoir grand soin d'examiner si l'inidentité finale est de même signe que la proposée ou de signe contraire, ou bien encore si l'inidentité ne s'est pas transformée en une identité.

III. *Etant données plusieurs inidentités de même sens, en les additionnant membre à membre on obtient une inidentité de même sens que les proposées.*

La soustraction membre à membre de deux inidentités de même sens n'entraîne pas la connaissance *a priori* de la manière d'être, l'un par rapport à l'autre, des deux résultats. Il en est de même pour la multiplication et la division.

§ III. — Équations et Inéquations.

54. Équations. — La recherche des racines des équations est la plus importante des questions dont s'occupe l'Algèbre. Effectuer cette recherche pour une équation, c'est *résoudre* cette équation.

La résolution des équations dépend essentiellement de leur forme. On les classe d'après leur degré et le nombre de leurs inconnues.

On appelle *degré* d'une équation, dont les deux membres sont rationnels et entiers par rapport à chacune des inconnues, le nombre qui exprime la plus grande somme des exposants des inconnues considérées dans un même terme.

Cela dit, on peut classer les équations de la manière suivante :

1º *Equations du 1ᵉʳ degré*, à une inconnue, à deux inconnues, à un nombre quelconque d'inconnues ;

2° *Equations du 2ᵉ degré*, à une ou à plusieurs inconnues ;

3° *Equations d'un degré quelconque*, à une ou à plusieurs inconnues.

Nous n'aurons à nous occuper que des deux premières classes, dont les méthodes de résolution — si l'on met à part les équations du deuxième degré à plusieurs inconnues — sont relativement simples et partant très différentes de celles que l'on emploie pour résoudre les autres catégories d'équations.

Quand on a une ou plusieurs équations à résoudre, on leur fait généralement subir des transformations pour les remplacer par d'autres *équivalentes*, c'est-à-dire qui admettent les mêmes racines, et dont la résolution est plus facile. L'équivalence de deux équations s'établit en montrant que les racines de l'une sont les racines de l'autre, et réciproquement.

55. Principes généraux relatifs à la transformation des équations. — A quelque classe qu'appartienne une équation et quel que soit le nombre de ses inconnues, les trois théorèmes suivants donnent les moyens de la transformer en une autre équivalente.

I. *En ajoutant ou en retranchant une même quantité finie aux deux membres d'une équation, on obtient une nouvelle équation équivalente à la première.*

De ce premier théorème on tire la règle à suivre pour faire passer un terme d'un membre dans un autre : supprimer ce terme dans le membre qui le contient et l'écrire dans l'autre avec un signe contraire.

On en déduit aussi qu'on peut changer les signes de tous les termes de l'équation.

II. *En multipliant ou en divisant les deux membres d'une équation par une même quantité qui ne contient pas les inconnues et qui est finie et différente de zéro, on obtient une nouvelle équation équivalente à la première.*

Ce deuxième théorème permet, si l'équation a des termes fractionnaires et que les dénominateurs soient numériques, de chasser ces dénominateurs en multipliant les deux membres de l'équation par le produit, ou mieux par le plus petit commun multiple de ces dénominateurs.

Mais si les dénominateurs contiennent les inconnues, l'expression algébrique par laquelle il faut multiplier les deux membres de l'équation pour chasser ces dénominateurs, peut devenir nulle ou infinie pour certaines valeurs des inconnues ; alors, le théorème précédent n'est pas applicable, et l'on ne peut, sans examen de chaque cas particulier, affirmer que l'on a dans l'équation résultante une équation équivalente à la proposée. Toutefois on peut dire ·

1° si les deux membres de l'équation proposée ainsi que le multiplicateur, que nous représenterons respectivement par A, B et M, sont entiers par rapport aux inconnues, que l'équation résultante $A \times M = B \times M$, ou mieux $M(A - B) = 0$, est plus générale que la proposée $A - B = 0$, qu'elle contient des racines étrangères introduites par la multiplication, et que ces racines sont celles de l'équation $M = 0$, obtenue en égalant à zéro le multiplicateur ;

2° si le multiplicateur seul est entier par rapport aux inconnues, que l'équation résultante $M(A - B) = 0$ admet toutes les racines de l'équation proposée $A - B = 0$, parce qu'aucune de ces racines ne peut rendre M infini, mais on ne peut plus affirmer qu'elle admet en outre toutes les racines de l'équation $M = 0$, car il peut arriver que certaines de ces racines rendent infinie l'expression $A - B$, et alors le produit $M(A - B)$, qui peut être nul, peut aussi être différent de zéro.

III. *En élevant les deux membres d'une équation à une même puissance, on obtient une nouvelle équation qui admet toutes les racines de la première, mais qui peut aussi admettre des racines étrangères.*

Ce troisième théorème permet souvent de faire disparaître d'une équation les radicaux qui peuvent s'y trouver.

56. Inéquations. — Chercher les solutions d'une inéquation, c'est la *résoudre*.

Cette opération dépend, comme pour les équations, du degré et du nombre d'inconnues des inéquations.

Le *degré* d'une inéquation, dont les deux membres sont rationnels et entiers par rapport à chacune des inconnues, est aussi exprimé par le nombre qui représente la plus grande somme des exposants des inconnues considérées dans un même terme.

On peut classer les inéquations de la même manière que les équations. Mais nous n'aurons à nous occuper que des inéquations du premier degré à une et à plusieurs inconnues et du deuxième degré à une inconnue.

Lorsqu'on a une inéquation à résoudre, on lui fait généralement subir des transformations pour la remplacer par une autre *équivalente*, c'est-à-dire qui admet les mêmes solutions, et dont la résolution est plus facile.

57. Principes généraux relatifs à la transformation des inéquations. — A quelque classe qu'appartienne une inéquation et quel que soit le nombre de ses inconnues, les théorèmes qui suivent donnent les moyens de la transformer en une inéquation équivalente.

I. *En ajoutant ou en retranchant une même quantité finie aux deux membres d'une inéquation, on obtient une nouvelle inéquation équivalente à la première.*

Il résulte de ce premier théorème :

1° qu'on peut faire passer un terme d'une inéquation d'un membre dans un autre en supprimant ce terme dans le membre qui le contient et en l'écrivant dans l'autre avec un signe contraire ;

2° qu'on peut changer les signes de tous les termes d'une inéquation pourvu qu'on change aussi le sens de l'inéquation.

II. *En multipliant ou en divisant les deux membres d'une inéquation par une même quantité qui ne contient pas les inconnues et qui est finie, différente de zéro et positive, on obtient une nouvelle inéquation équivalente à la première.*

III. *En multipliant ou en divisant les deux membres d'une inéquation par une même quantité qui ne contient pas les inconnues* *et qui est finie, différente de zéro et négative, on obtient une nouvelle inéquation équivalente à la première pourvu qu'on change le sens de cette inéquation.*

Le premier de ces théorèmes permet de chasser les dénominateurs des termes fractionnaires d'une inéquation, si ces dénominateurs sont numériques et entiers, en multipliant les deux membres de l'inéquation par le produit, ou mieux, par le plus petit commun multiple de ces dénominateurs. Si l'un ou plusieurs des dénominateurs sont négatifs, on les rend positifs en changeant le signe des numérateurs correspondants et l'on applique ensuite la règle précédente.

Mais si les dénominateurs contiennent les inconnues, l'expression algébrique par laquelle il faut multiplier les deux membres de l'inéquation pour chasser ces dénominateurs peut être, pour certaines valeurs des inconnues, positive, négative, nulle ou infinie ; alors les théorèmes précédents ne sont pas applicables ; l'on peut même dire que l'inéquation qui résulte de cette multiplication n'est généralement pas équivalente à la proposée. Chaque cas demande un examen particulier.

Si l'inéquation est de la forme

$$(1) \qquad A \times B > 0,$$

dans laquelle A et B représentent des polynomes entiers en x (x étant l'inconnue), toute solution de cette inéquation rendra A et B à la fois positifs ou négatifs, puisque leur produit doit être positif, et sera, par conséquent, une solution commune à $A > 0$ et à $B > 0$ ou à $A < 0$ et à $B < 0$. Il s'ensuit que toutes les solutions de l'inéquation (1) seront celles de l'un et l'autre des deux systèmes d'inéquations

$$(2) \qquad A > 0, \quad B > 0, \quad \text{et} \quad A < 0, \quad B < 0 ;$$

et par solutions d'un système il faut entendre celles qui sont communes aux inéquations qui le composent. Il est facile de voir que la réciproque est vraie. On en conclut que l'ensemble des deux systèmes (2) est équivalent à l'inéquation (1).

Si l'inéquation est de la forme

$$(3) \qquad \frac{A}{B} > 0,$$

dans laquelle A et B représentent des polynomes entiers en x, toute solution de cette inéquation qui ne sera pas racine de l'équation $B = 0$, rendra A et B à la fois positifs ou négatifs puisque leur quotient doit être positif ; il s'ensuit que toutes les solutions de l'inéquation (3) qui ne seront pas racines de $B = 0$, seront les solutions de l'un et l'autre des deux systèmes d'inéquations

$$(4) \qquad A > 0, \quad B > 0, \quad \text{et} \quad A < 0, \quad B < 0;$$

il est facile de prouver que la réciproque est vraie. On peut donc dire que l'ensemble des deux systèmes (4) est équivalent à l'inéquation (3), sous la réserve des racines de $B = 0$ qui peuvent être en outre des solutions de cette inéquation.

58. Équations et inéquations combinées. — Il arrive parfois qu'une relation entre deux expressions algébriques contenant des inconnues se présente sous la double forme, $A \gtrless B$, de l'équation et de l'inéquation.

On donne le nom de solutions d'une telle relation à l'ensemble des racines de l'équation et des solutions de l'inéquation.

Pour résoudre des relations de ce genre, on leur fait généralement subir, comme aux équations et aux inéquations, des transformations en vue de les remplacer par d'autres équivalentes, c'est-à-dire qui admettent les mêmes solutions, et dont la résolution soit plus facile.

Les principes généraux qui président à la transformation de ces relations sont les mêmes que ceux que nous avons donnés pour les inéquations ; les conséquences qu'on en déduit seront aussi celles qui se rapportent aux inéquations.

On peut démontrer comme précédemment, si A et B sont des polynomes entiers en x :

1° que toute relation de la forme

$$A \times B \geqslant 0$$

est équivalente à l'ensemble des systèmes

$$A \geqslant 0, \quad B \geqslant 0, \qquad \text{et} \qquad A \leqslant 0, \quad B \leqslant 0;$$

2° que toute relation de la forme

$$\frac{A}{B} \geqslant 0,$$

si l'on met à part les solutions qui peuvent être en même temps racines de l'équation $\ B = 0,\ $ équivaut à l'ensemble des deux systèmes

$$A \geqslant 0, \qquad B \geqslant 0, \qquad \text{et} \qquad A \leqslant 0, \qquad B \leqslant 0.$$

CHAPITRE IV

ÉQUATIONS ET INÉQUATIONS DU PREMIER DEGRÉ
A UNE INCONNUE

§ I. — Résolution de l'équation du premier degré à une inconnue.

59. Pour résoudre une équation du premier degré à une inconnue, on lui fait subir, en s'appuyant sur les principes énoncés dans le § III du chapitre précédent (55), une série de transformations qui la ramènent, par une suite d'équations équivalentes, à une dernière équation où l'inconnue soit isolée dans un membre et où il n'y ait dans l'autre membre qu'une quantité connue.

La règle est la suivante : *On chasse les dénominateurs ; on fait passer dans un des membres tous les termes qui contiennent l'inconnue et dans l'autre tous les termes connus ; on réduit à un seul les termes de chaque membre, et l'on divise les deux membres par le coefficient de l'inconnue.*

60. Formule générale. — Toute équation du premier degré à une inconnue ne peut avoir que deux espèces de termes, ceux qui contiennent l'inconnue et ceux qui sont connus ; il s'ensuit que par une transposition de termes et une réduction de termes semblables, elle peut toujours être ramenée à la forme

$$(1) \qquad ax = b,$$

sous laquelle elle est équivalente à la proposée, a et b étant des nombres connus que l'on appelle les *coefficients* de l'équation, et x représentant l'inconnue.

Il suffit, pour obtenir ce résultat, de faire passer dans le premier membre tous les termes en x, dans le second tous les termes connus, et de réduire à un seul les termes de chaque membre.

61. Discussion de la formule générale. — **I.** *Si a n'est pas nul,* on peut diviser les deux membres de l'équation (1) par a et obtenir l'équation équivalente

$$(2) \qquad x = \frac{b}{a},$$

qui n'a qu'une racine, laquelle est aussi, par conséquent, racine unique de l'équation (1).

II. *Si a est nul,* la division par a des deux membres de l'équation (1) n'est plus permise ; il faut alors recourir à l'examen direct de cette équation pour en découvrir, s'il y a lieu, les racines. Deux cas sont à distinguer : ou b est différent de zéro, ou b est égal à zéro.

1° b *est différent de zéro.* L'équation (1) prend la forme

$$0 \times x = b$$

et montre qu'il n'y a pas de nombre qui mis à la place de x puisse la vérifier, car quelle que soit la valeur attribuée à x, le premier membre de l'équation est toujours nul et par conséquent différent du second qui est égal à b. Dans ce cas, on dit que l'équation est *impossible.*

Mais si l'on admet pour un instant que a, au lieu d'être nul, est très petit en valeur absolue, l'équation (2) est équivalente à l'équation (1) et donne pour x, si b reste fixe, une racine unique, très grande en valeur absolue, qui va en augmentant et croît au delà de toute limite au fur et à mesure que a diminue en valeur absolue et tend vers zéro. Ainsi envisagée, on dit que l'équation a une racine *infinie.*

En appliquant la formule (2) au cas où a est nul et b différent de zéro, on aurait pour représenter x l'expression $\dfrac{b}{0}$ qui n'a aucun sens par elle-même. Cependant, comme cette expression se présente dans le calcul algébrique pour le cas où l'équation (1) est impossible, on la regarde comme un nouveau symbole, celui de l'*impossibilité* et aussi celui de l'*infini.*

L'impossibilité d'une équation du premier degré à une inconnue se constate parfois dans la forme que revêt cette équation. Considérons, en effet, l'équation

$$px + q = px + q',$$

dans laquelle on a $q \neq q'$.

Après la transposition et la réduction des termes semblables, cette équation prend la forme de l'impossibilité

$$0 \times x = b.$$

Il est évident, en effet, qu'elle ne peut être vérifiée par aucune valeur attribuée à x, car, quelle que soit cette valeur, le produit px augmenté de q ne peut pas être égal à ce même produit augmenté de q'.

2° *b est égal à zéro.* L'équation (1) prend la forme

$$0 \times x = 0,$$

et montre que tout nombre mis à la place de x peut la vérifier, car quelle que soit la valeur attribuée à x le premier membre de l'équation est toujours nul comme le second. Dans ce cas, on dit que l'équation et sa racine sont *indéterminées*, en d'autres termes que l'équation admet une infinité de racines.

En appliquant la formule (2) au cas où a et b sont nuls en même temps, on aurait pour représenter x l'expression $\dfrac{0}{0}$, qui n'a aucun sens par elle-même. Mais comme cette expression se présente dans le calcul algébrique pour le cas où l'équation (1) est indéterminée, on la regarde comme un nouveau symbole, celui de l'*indétermination*.

L'indétermination d'une équation du premier degré à une inconnue se constate aussi parfois dans la forme que revêt cette équation. Considérons, en effet, l'équation

$$px + q = px + q,$$

qui prend, après la transposition et la réduction des termes semblables, la forme de l'indétermination

$$0 \times x = 0.$$

Il est évident que toute valeur attribuée à x vérifie cette équation, puisque les deux membres sont identiques dans leur composition.

62. REMARQUE. — Il arrive parfois que le symbole $\dfrac{0}{0}$ n'indique qu'une indétermination apparente ; c'est lorsque les deux termes de l'expression $\dfrac{a}{b}$ ont un facteur commun qui s'annule pour certaines valeurs attribuées aux lettres dont se compose ce facteur. Aussi, pour avoir la *vraie valeur* de toute expression fractionnaire, faut-il, avant d'attribuer aux lettres leurs valeurs numériques, supprimer tout d'abord, s'il en existe, les facteurs communs à ses deux termes.

63. Équations de la forme $A \times B = 0$. — Toute équation de la forme

$$(1) \qquad\qquad A \times B = 0,$$

dans laquelle A et B sont des polynomes entiers par rapport à x, est équivalente au système de deux équations à une inconnue

$$(2) \qquad\qquad A = 0 \qquad \text{et} \qquad B = 0,$$

car toute valeur attribuée à x qui vérifie l'équation (1) annule l'un ou l'autre au moins des deux facteurs A et B et vérifie l'une au moins des deux équations du système (2), et, réciproquement, toute valeur de x qui vérifie l'une des deux équations du système (2) annulant ainsi l'un des facteurs de l'équation (1), vérifie aussi cette équation.

Il en résulte que pour résoudre l'équation (1) lorsque A et B sont des polynomes entiers et du premier degré par rapport à x, il suffit de résoudre le système (2) formé de deux équations du premier degré à une inconnue.

64. Vérification des racines. — Lorsqu'on a résolu des équations, il est utile d'en vérifier les racines. Pour cela, il suffit de substituer aux inconnues les valeurs trouvées, d'effectuer les calculs indiqués et d'opérer toutes les simplifications possibles : les deux membres résultants doivent être identiques.

Cette observation, d'ordre général, est applicable à toutes les classes d'équations ; nous ne la reproduirons pas.

§ II. — Résolution de l'inéquation du premier degré à une inconnue.

65. Pour résoudre une inéquation du premier degré à une inconnue, on procède comme si l'on avait affaire à une équation, en s'appuyant sur les principes énoncés dans le § III du chapitre précédent (57), c'est-à-dire qu'on lui fait subir une série de transformations qui la ramènent, par une suite d'inéquations équivalentes, à une dernière inéquation où l'inconnue soit isolée dans un membre et où il n'y ait dans l'autre membre qu'une quantité connue. Cette quantité est une limite inférieure ou supérieure de l'inconnue suivant que l'inéquation finale est de l'une ou l'autre des deux formes $x > m$ ou $x < m$.

La règle est la même que pour la résolution de l'équation du premier degré à une inconnue ; il suffit, en l'appliquant, de tenir compte, pour le sens de chacune des inéquations successives que l'on obtient, des signes des quantités par lesquelles les deux membres de l'inéquation précédente sont multipliés ou divisés.

66. Formule générale. — Toute inéquation du premier degré à une inconnue peut toujours être ramenée, pour les raisons données à propos de l'équation de même ordre, à la forme générale

$$(1) \qquad ax > b,$$

dans laquelle elle équivaut à la proposée, a et b étant des nombres connus que l'on appelle les *coefficients* de l'inéquation, et x représentant l'inconnue.

A cet effet, si l'inéquation est de la forme $A > B$, on fait passer dans le premier membre tous les termes en x, dans le second tous les termes connus, et l'on réduit à un seul les termes de chaque membre. Si l'inéquation est de la forme $A < B$, par un changement de signe dans chaque terme, on la transforme en l'inéquation équivalente $A' > B'$ et l'on opère comme précédemment.

67. Discussion de la formule générale. — I. *Si a n'est pas nul*, on peut diviser par a les deux membres de l'inéquation (1) et obtenir :

1° *si a est positif*, l'inéquation équivalente

$$x > \frac{b}{a},$$

qui a pour solutions tous les nombres plus grands que $\frac{b}{a}$, lesquels sont aussi les solutions de l'inéquation (1);

2° *si a est négatif*, l'inéquation équivalente

$$x < \frac{b}{a},$$

qui a pour solutions tous les nombres plus petits que $\frac{b}{a}$, lesquels sont aussi les solutions de l'inéquation (1).

II. *Si a est nul*, la division par a des deux membres de l'inéquation n'est plus permise; il faut alors recourir à l'examen direct de cette inéquation pour en découvrir, s'il y a lieu, les solutions :

1° *si b est négatif et égal à* $-b'$, l'inéquation (1) prend la forme

$$0 \times x > -b',$$

qui montre que cette inéquation est vérifiée pour toute valeur attribuée à l'inconnue;

2° *si b est positif*, l'inéquation (1) prend la forme

$$0 \times x > b,$$

qui montre que cette inéquation n'est vérifiée par aucune valeur attribée à l'inconnue;

3° *si b est égal à zéro*, l'inéquation (1) prend la forme

$$0 \times x > 0,$$

qui montre que cette inéquation n'est encore vérifiée par aucune valeur attribuée à l'inconnue.

§ III. — Résolution d'un système d'inéquations simultanées du premier degré à une même inconnue.

68. Plusieurs inéquations peuvent être assujetties à la condition d'être vérifiées par les mêmes valeurs attribuées à leurs inconnues. On dit de l'ensemble de ces inéquations qu'il forme un *système d'inéquations simultanées*.

Résoudre un tel système, lorsque toutes les inéquations sont du premier degré à une inconnue, c'est trouver toutes les solutions communes à toutes les inéquations.

Pour effectuer cette résolution, on transforme le système en un autre équivalent, c'est-à-dire dont les solutions soient celles du proposé, et qui comprenne le minimum possible d'inéquations, dans chacune desquelles l'inconnue soit isolée dans un des membres.

En résolvant toutes les inéquations par rapport à l'inconnue, il peut se présenter trois cas :

1° Toutes les inéquations du nouveau système, équivalent au premier, se présentent sous la forme $x > m$. Dans ce cas, la plus grande valeur de m est la limite inférieure des solutions du système. Si m_1 est cette valeur, l'inéquation $x > m_1$ est équivalente au système envisagé.

2° Toutes les inéquations du nouveau système se présentent sous la forme $x < n$. Dans ce cas, la plus petite valeur de n est la limite supérieure des solutions du système. Si n_1 est cette valeur, l'inéquation $x < n_1$ est équivalente au système envisagé.

3° Certaines inéquations du nouveau système se présentent sous la forme $x > m$, et les autres sous la forme $x < n$. Dans ce cas, la plus grande valeur de m est la limite inférieure des solutions du système et la plus petite valeur de n en est la limite supérieure. Soient m_1 la première et n_1 la seconde. Le système des deux inéquations $x > m_1$ et $x < n_1$ est équivalent au proposé.

Si l'on a $m_1 < n_1$, tous les nombres compris entre m_1 et n_1 sont solutions du système initial ; mais si l'on a $m_1 \geqslant n_1$, il n'y a pas de nombre qui vérifie ce système : on dit alors que le système est *incompatible*.

69. Inéquations de la forme $A \times B > 0$. — Lorsqu'une inéquation se présente sous la forme

$$A \times B > 0,$$

et que A et B sont des polynomes entiers et du premier degré par rapport à une inconnue x, cette inéquation est équivalente à l'ensemble des deux systèmes d'inéquations simultanées du premier degré à une inconnue

$$A > 0, \quad B > 0, \qquad \text{et} \qquad A < 0, \quad B < 0.$$

Il s'ensuit que pour la résoudre, il suffit de trouver les solutions de chacun de ces systèmes.

70. Inéquations de la forme $\dfrac{A}{B} > 0$. — Une inéquation de la forme

$$(1) \qquad \frac{A}{B} > 0,$$

dans laquelle A et B sont des polynomes entiers et du premier degré par rapport à l'inconnue x, est équivalente à l'ensemble des deux systèmes d'inéquations simultanées

$$(2) \qquad A > 0, \quad B > 0, \qquad \text{et} \qquad A < 0, \quad B < 0,$$

sous la réserve qu'aux solutions de ce double système il faut ajouter parfois la racine de l'équation $B = 0$, parce qu'elle peut être une autre solution de l'inéquation envisagée (57). Il s'ensuit que pour résoudre l'inéquation (1), il suffit de trouver les solutions de chacun des systèmes (2) et d'y ajouter la racine de l'équation $B = 0$ si elle est solution de l'inéquation (1).

CHAPITRE V

ÉQUATIONS ET INÉQUATIONS DU PREMIER DEGRÉ
A PLUSIEURS INCONNUES

§ I. — Généralités.

71. Équations. — Si l'on considère *une équation isolée du premier degré à plusieurs inconnues, il est facile de démontrer qu'elle admet une infinité de solutions.* En effet, en donnant à toutes les inconnues moins une des valeurs arbitraires, on obtient une équation du premier degré à une inconnue qui permet, en général, de déterminer cette inconnue ; par conséquent, à chaque système de valeurs arbitraires attribuées à toutes les inconnues moins une correspond généralement une valeur pour cette dernière inconnue.

Mais si l'on se trouve en présence de plusieurs équations assujetties à être vérifiées à la fois par les mêmes valeurs des inconnues, les faits ne se présentent plus de la même manière.

On donne le nom de *système d'équations simultanées* à l'ensemble des équations qui doivent être satisfaites en même temps par les mêmes racines.

Résoudre un semblable système, c'est en trouver les différentes solutions, et par solution il faut entendre ici ensemble de valeurs qui, attribuées aux inconnues, satisfont aux équations considérées.

Imaginons que l'on ait à résoudre un système d'équations simultanées du premier degré formé d'une équation à une inconnue x, d'une équation à deux inconnues x et y, d'une équation à trois inconnues x, y, z,..., et d'une équation à n inconnues x, y, z,..., t. Si la première de ces équations que l'on sait résoudre admet une racine, cette valeur substituée à l'inconnue x dans la deuxième équation la transformera en une équation à une inconnue y ; si cette deuxième équation ainsi transformée admet aussi une racine, les deux valeurs trouvées, substituées à x et à y dans la troisième équation, la transformeront à son tour en une équation à une inconnue z ; et si l'on continue ainsi de proche en proche à substituer dans chaque équation les valeurs précédemment trouvées, en admettant que l'on ne soit arrêté par aucune impossibilité, on arrivera à obtenir un système de valeurs qui constituent la solution unique et déterminée du système d'équations simultanées envisagé. Les équations étant, en effet, toutes supposées du premier degré, chacune d'elles est ramenée, par des substitutions numériques, à la forme de l'équation à une inconnue et n'admet par conséquent, s'il n'y a ni impossibilité ni indétermination, qu'une seule racine : l'ensemble des valeurs trouvées pour les inconnues constitue donc bien à l'égard du système considéré d'équations simultanées du premier degré une solution unique et déterminée.

C'est à un système ainsi constitué qu'on cherche à ramener un système quelconque d'équations simultanées du premier degré à plusieurs inconnues, en le faisant passer, au moyen d'une série de transformations, par une suite de systèmes qui lui sont respectivement équivalents, c'est-à-dire qui en admettent les mêmes solutions. Chaque transformation consiste à remplacer un système de m équations à m inconnues par un système équivalent formé d'une équation à m inconnues et de $m-1$ équations à $m-1$ inconnues, et lorsqu'on passe du premier système au deuxième, on dit qu'on *élimine* l'inconnue qui cesse de figurer dans les $m-1$ équations à $m-1$ inconnues.

72. Méthodes de résolution. — Il existe plusieurs méthodes pour opérer ces transformations. Celle à laquelle on a le plus souvent recours, parce qu'elle est la plus régulière, est la *méthode de substitution*. Elle est fondée sur le théorème qui suit :

Étant donné un système d'équations simultanées, si de l'une de ces équations on tire la valeur d'une des inconnues, de x par exemple, en considérant les autres inconnues comme des quantités connues, et si l'on remplace x par cette valeur dans les autres équations auxquelles on joint ensuite la première, on obtient un nouveau système équivalent au système proposé.

Appliquons ce théorème au système

$$(1) \qquad \left\{ \begin{array}{l} ax + by + cz + du + \cdots = k, \\ a'x + b'y + c'z + d'u + \cdots = k', \\ a''x + b''y + c''z + d''u + \cdots = k'', \\ \cdots\cdots\cdots\cdots\cdots\cdots\cdots \end{array} \right.$$

qui comprend m équations à n inconnues, et dans chacune desquelles nous supposerons contenues toutes les inconnues.

En tirant la valeur de x de la première équation pour la porter dans chacune des autres, on aura l'équivalent du système (1) dans le système (2) :

$$(2) \qquad \left\{ \begin{array}{l} ax + by + cz + du + \cdots = k \\ \qquad \text{ou} \quad x = \dfrac{k - (by + cz + du + \cdots)}{a}, \\ b_1'y + c_1'z + d_1'u + \cdots = k_1', \\ b_1''y + c_1''z + d_1''u + \cdots = k_1'', \\ \cdots\cdots\cdots\cdots\cdots\cdots \end{array} \right.$$

où toutes les équations moins une ne renferment pas x.

Si de la deuxième équation du système (2) on tire la valeur de y pour la porter dans chacune des suivantes, on aura l'équivalent du système (2) dans le système (3) :

$$(3) \qquad \left\{ \begin{array}{l} ax + by + cz + du + \cdots = k, \\ \qquad \text{ou} \quad x = \dfrac{k - (by + cz + du + \cdots)}{a}, \\ b_1'y + c_1'z + d_1'u + \cdots = k_1', \\ \qquad \text{ou} \quad y = \dfrac{k_1' - (c_1'z + d_1'u + \cdots)}{b_1'}, \\ c_2''z + d_2''u + \cdots = k_2'', \\ \cdots\cdots\cdots\cdots\cdots\cdots\cdots \end{array} \right.$$

où toutes les équations moins deux ne renferment ni x ni y.

En continuant ainsi, et en admettant que toutes les éliminations successives soient possibles, on arrivera à un dernier système équivalent au proposé, qui peut se présenter sous trois formes différentes :

1° Si $m = n$, la dernière équation du dernier système n'aura plus qu'une inconnue. On réalisera ainsi le système d'équations simultanées dont il a été parlé plus haut (71), que l'on sait résoudre et qui admet en général une solution unique et déterminée.

2° Si $m > n$, l'élimination de $n - 1$ inconnues donnera un dernier système qui contiendra $m - n + 1$ équations à une inconnue : comme il n'y a pas de nombres, en général, qui satisfassent à la fois plusieurs équations à une inconnue, le système proposé, dans ce cas, n'a pas de solution.

3° Si $m < n$, on ne pourra éliminer que $m - 1$ inconnues, ce qui donnera un dernier système dans lequel la dernière équation contiendra $n - m + 1$ inconnues. En substituant dans toutes les équations du système des valeurs arbitraires à $n - m$ de ces inconnues, on transformera ce système en un autre qui comprendra m équations à m inconnues et au moyen duquel on pourra déterminer ces m inconnues dont les valeurs formeront une solution unique. D'autres valeurs arbitraires donneraient une autre solution pour le système de m équations à m inconnues. Il s'ensuit que dans ce troisième cas, le système proposé est indéterminé.

Une autre méthode, très souvent employée parce qu'elle simplifie beaucoup dans certains cas l'élimination, est la *méthode de réduction* ou *d'addition et de soustraction*. Elle repose sur le théorème suivant :

Étant donné un système quelconque d'équations simultanées, si l'on substitue à l'une d'elles celle qu'on forme en ajoutant membre à membre l'équation considérée à une ou plusieurs autres équations du système, on obtient un nouveau système équivalent au proposé.

Quelquefois on se sert d'une *méthode* dite *de comparaison,* par laquelle on forme un système d'équations simultanées équivalent au système proposé, en tirant la valeur d'une même inconnue de chacune des équations de ce système, en égalant la première valeur respectivement à chacune des autres, et en joignant aux équations ainsi formées l'une quelconque du système considéré.

Signalons enfin la *méthode des facteurs indéterminés*, qui consiste, étant donné un système de m équations, que nous supposerons à m inconnues, chaque équation contenant, en outre, toutes les inconnues : 1° à multiplier les deux membres de $m-1$ d'entre elles par un même facteur littéral, différent pour chaque équation, 2° à additionner membre à membre les m équations du nouveau système et 3° à égaler à zéro les coefficients de $m-1$ inconnues de l'équation résultante.

Cette dernière opération donne un système de $m-1$ équations à $m-1$ nouvelles inconnues. Elle transforme, en outre, l'équation résultante dont il vient d'être question en une équation à une inconnue qui permet généralement de déterminer cette inconnue, qui appartient au premier système, lorsqu'on a résolu le système plus simple que le proposé de $m-1$ équations à $m-1$ inconnues. Pour calculer les $m-1$ autres inconnues du système donné, on suit le même procédé.

73. Inéquations. — Plusieurs inéquations à plusieurs inconnues, qui doivent être vérifiées à la fois par les mêmes valeurs de ces inconnues, forment un *système d'inéquations simultanées*.

Résoudre un système de ce genre, c'est trouver les limites des valeurs de chaque inconnue.

Il n'est pas toujours possible d'opérer cette résolution, et les méthodes utilisées pour les systèmes d'équations simultanées ne conviennent pas, si l'on excepte toutefois la méthode de réduction, qui peut être employée surtout quand il s'agit d'inéquations de même sens et que par l'addition on peut éliminer des inconnues.

L'application de cette méthode repose sur ce principe : *Étant données deux inéquations de même sens, on peut les ajouter membre à membre : l'inéquation résultante est de même sens que les proposées.*

Mais cette inéquation résultante jointe à l'une des proposées ne forme pas un système équivalent à celui que constituent les deux premières inéquations.

§ II. — Résolution d'un système de deux équations simultanées du premier degré à deux inconnues.

74. Si l'une des équations du système ne contient qu'une inconnue, elle permet généralement de trouver la valeur de cette inconnue ; dès lors, si l'on remplace cette même inconnue, dans la seconde équation, par sa valeur ainsi tirée de la première, on forme une autre équation à une inconnue qui donne la valeur de la seconde inconnue du système proposé ; et comme les deux équations à une inconnue, ainsi obtenues, forment un système équivalent au proposé (72), la solution de ce système est celle du premier.

Quand on a à résoudre un système de deux équations simultanées du premier degré à deux inconnues, et que les deux équations renferment l'une et l'autre les deux inconnues, on ramène la question à la précédente, c'est-à-dire qu'on élimine une inconnue entre les deux équations, par l'une des méthodes précédemment indiquées, et l'on opère ensuite comme il vient d'être dit.

Il en résulte la règle suivante, si l'on emploie la méthode de *substitution :*

On tire de l'une des deux équations la valeur de l'une des inconnues, comme si l'autre était connue ; on substitue cette valeur à l'inconnue correspondante dans la seconde équation, et l'on obtient ainsi une équation du premier degré à une inconnue. La résolution de cette équation donne la valeur de la seconde inconnue. On substitue cette valeur à l'inconnue correspondante dans l'équation précédente, et l'on tire de l'équation résultante, qui est à une inconnue, la valeur de la première inconnue du système.

Si l'on a recours à la méthode de *réduction*, la règle devient la suivante :

On multiplie les deux membres de chaque équation par le coefficient de l'inconnue à éliminer, pris dans l'autre équation ; on ajoute ou l'on retranche membre à membre les deux équations ainsi obtenues, suivant que les termes qui contiennent l'inconnue à éliminer sont de signes contraires ou de même signe. La résolution de l'équation résultante, qui est à une inconnue, donne la valeur de cette inconnue. Pour avoir la valeur de l'autre inconnue, on procède de la même manière.

L'opération peut être simplifiée lorsque les coefficients de l'inconnue à éliminer contiennent des facteurs communs : au lieu d'avoir recours au produit de ces coefficients pour réaliser l'élimination, on emploie leur plus petit commun multiple.

Nous passerons sur les deux autres méthodes, dont on ne se sert que très rarement et dans des cas tout particuliers.

75. Formules générales. — Toute équation du premier degré à deux inconnues x et y ne peut contenir que trois sortes de termes : des termes en x, des termes en y, et des termes tout connus. Il s'ensuit qu'une équation de cet ordre peut toujours être ramenée, par une transposition de termes et une réduction des termes semblables, à la formule équivalente

$$ax + by = c,$$

a, b et c étant des nombres connus qui sont les coefficients de l'équation.

D'où il résulte qu'un système de deux équations du premier degré à deux inconnues peut toujours s'écrire

$$(1) \quad \begin{cases} ax + by = c, \\ a'x + b'y = c'. \end{cases}$$

Si l'on suppose que a est différent de zéro, en tirant de la première de ces équations la valeur de x pour la substituer dans la seconde équation, on élimine x — par la méthode de substitution — et l'on remplace, toutes simplifications opérécs, le système proposé par le suivant, qui lui est équivalent :

$$(2) \qquad \begin{cases} x = \dfrac{c - by}{a}, \\ (ab' - ba')y = ac' - ca'. \end{cases}$$

Dans l'hypothèse que $ab' - ba'$ n'est pas nul, la seconde équation de ce dernier système peut s'écrire

$$y = \frac{ac' - ca'}{ab' - ba'},$$

et en substituant dans la première de ces équations cette valeur de y, qui est unique pour la seconde équation, il vient

$$x = \frac{cb' - bc'}{ab' - ba'}.$$

Le système (2), et par conséquent le système (1), est équivalent au suivant :

$$(3) \qquad \begin{cases} x = \dfrac{cb' - bc'}{ab' - ba'}, \\ y = \dfrac{ac' - ca'}{ab' - ba'} \end{cases}$$

On dit, pour cela, que les équations du système (3) sont les formules générales qui donnent la solution du système d'équations (1).

Il est à remarquer, dans la composition de ces formules : 1° que le dénominateur $ab' - ba'$ est commun ; 2° que ce dénominateur peut être formé en multipliant en croix, dans les équations proposées, les coefficients des inconnues, et en retranchant l'un de l'autre les deux produits ; 3° que chaque numérateur peut se déduire du dénominateur commun en y substituant, aux coefficients de l'inconnue correspondante, les termes connus pris respectivement dans les mêmes équations que ces coefficients.

L'ensemble de ces remarques constitue une règle pour obtenir immédiatement d'un système de deux équations du premier degré à deux inconnues la solution de ce système.

76. Discussion des formules générales. — I. *Si* $ab' - ba'$ *n'est pas nul,* la condition est suffisante pour que le système

(3) soit équivalent au système (1), car alors a et a' ne peuvent pas être nuls à la fois. Mais s'il arrivait que l'on eût $a = 0$, on aurait nécessairement $a' \neq 0$; dans ce cas, comme on ne pourrait plus partir de l'hypothèse $a \neq 0$ pour établir l'équivalence des deux systèmes (1) et (3), il suffirait de tirer de la seconde équation du système (1) la valeur de x pour la porter dans la première et l'on obtiendrait comme équivalent au système proposé le même système (3) que ci-dessus. Ainsi, lorsque $ab' - ba'$ n'est pas nul, le système de deux équations du premier degré à deux inconnues admet une solution unique donnée par les formules (3).

II. *Si $ab' - ba'$ est nul*, la division par $ab' - ba'$ des deux membres de la seconde équation du système (2) n'est plus permise et il en résulte que les formules (3) ne sont plus applicables. Il faut alors recourir à l'examen direct des équations. Plusieurs cas sont à distinguer :

1° $ac' - ca'$ *est différent de zéro.* Dans ce cas, les deux coefficients a et a' ne peuvent pas être nuls à la fois. Si c'est a qui est différent de zéro, on peut obtenir le système (2) équivalent au système (1) ; mais il n'y a pas de valeur qui, mise à la place de y, puisse vérifier la seconde équation de ce système, lequel n'admet pas alors de solution ; il en est donc de même du système (1) qui lui est équivalent. On traduit le fait en disant que les deux équations proposées sont incompatibles.

Si l'on supposait a', au lieu de a, différent de zéro, on arriverait au même résultat en tirant la valeur de x de la seconde équation pour la porter dans la première.

On pourrait aussi partir de l'hypothèse $cb' - bc' \neq 0$ pour établir tout ce raisonnement.

En appliquant les formules (3) au cas qui nous occupe, c'est-à-dire quand on a à la fois $ab' - ba' = 0$ et $ac' - ca' \neq 0$, les inconnues se présenteraient l'une et l'autre sous la forme $\frac{m}{0}$: de la double hypothèse qui distingue ce cas, on déduit, en effet, que $cb' - bc'$ est aussi différent de zéro. Ici, comme dans les équations du premier degré à une inconnue, le symbole $\frac{m}{0}$ indique l'*impossibilité.*

Lorsque deux équations se présentent sous la forme

$$ax + by = c,$$
$$kax + kby = k'c,$$

et que k est différent de k', elles conduisent à l'impossibilité. On conçoit, en effet, que le produit par k du premier membre $ax + by$ de la première équation ne puisse pas être égal au produit du second membre c par un nombre k' différent de k.

2° $ac' - ca'$ *est égal à zéro, mais l'un au moins des quatre coefficients a, a', b, b' est différent de zéro.* Si c'est a qui n'est pas nul, on peut obtenir le système (2) équivalent au système (1); mais toute valeur mise à la place de y vérifie la seconde équation de ce système, lequel admet alors une infinité de solutions; il en est donc de même du système (1) qui lui est équivalent. On traduit le fait en disant que le système proposé est *indéterminé*.

Si, au lieu de a, on supposait différent de zéro tout autre des quatre coefficients a, a', b, b', on arriverait au même résultat.

On pourrait aussi partir de l'hypothèse $cb' - bc' = 0$ pour établir ce raisonnement.

En appliquant les formules (3) au cas qui nous occupe, c'est-à-dire quand on a à la fois $ab' - ba' = 0$ et $ac' - ca' = 0$, les inconnues se présenteraient l'une et l'autre sous la forme $\frac{0}{0}$: de la double hypothèse qui caractérise ce cas, on déduit en effet que $cb' - bc'$ est aussi égal à zéro. Ici, comme dans les équations du premier degré à une inconnue, le symbole $\frac{0}{0}$ indique l'*indétermination*. Mais il va sans dire que dans ce système indéterminé on ne peut donner de valeur arbitraire qu'à l'une des inconnues.

Lorsque deux équations se présentent sous la forme

$$ax + by = c,$$
$$kax + kby = kc,$$

elles conduisent à l'indétermination. On le conçoit, car la seconde équation n'étant que la première dont on a multiplié les deux membres par le même nombre k, le système se réduit à une seule équation.

3° *a, a', b et b' sont égaux à zéro.* Si c et c' ne sont pas nuls, le système (1) donne

$$0 = c,$$
$$0 = c',$$

et montre qu'il y a incompatibilité entre les deux équations qui le constituent.

Si c et c' sont nuls, le système (1) se réduit à

$$0 = 0,$$
$$0 = 0,$$

et montre qu'il y a indétermination : les deux inconnues sont dans ce cas l'une et l'autre arbitraires.

En appliquant les formules (3) à chacun des deux cas qui se présentent ici, les inconnues se présenteraient l'une et l'autre, chaque fois, sous la forme $\dfrac{0}{0}$, mais dans le premier cas, ce symbole indiquerait l'*impossibilité* et dans le second l'*indétermination.*

§ III. — Résolution d'un système de n équations du premier degré à n inconnues.

77. D'après les théories exposées au § 1 du présent chapitre, la règle à suivre pour résoudre par la *méthode de substitution*, la seule dont nous nous occuperons ici, un système de n équations à n inconnues est la suivante :

On tire de l'une des équations la valeur de l'une des inconnues, comme si les autres étaient connues ; on substitue cette valeur à l'inconnue correspondante dans les $n-1$ autres équations et l'on obtient ainsi un système équivalent au proposé, qui comprend une équation à n inconnues et $n-1$ équations à $n-1$ inconnues. De l'une des $n-1$ équations à $n-1$ inconnues on tire la valeur d'une deuxième inconnue, comme si les autres étaient connues ; on substitue cette valeur à l'inconnue correspondante dans les $n-2$ autres équations, et l'on obtient ainsi un autre système équivalent au proposé, qui comprend une équation à n inconnues, une équation à $n-1$ in-

connues et $n-2$ équations à $n-2$ inconnues. On continue de la même manière jusqu'à ce qu'on arrive à un dernier système, équivalent au proposé, qui comprend une équation à n inconnues, une équation à $n-1$ inconnues, une équation à $n-2$ inconnues, ... une équation à 2 inconnues et une équation à une inconnue.

De cette dernière équation, on tire la valeur de la dernière inconnue ; on porte cette valeur dans la précédente équation, qui n'a plus alors qu'une inconnue ; la résolution de cette équation donne la valeur de l'avant-dernière inconnue. En remontant ainsi d'équation en équation jusqu'à la première, on calcule successivement les valeurs de toutes les inconnues du système proposé.

78. Système de trois équations du premier degré à trois inconnues. — Toute équation du premier degré à trois inconnues x, y, z, ne peut contenir que quatre sortes de termes : des termes en x, des termes en y, des termes en z et des termes tout connus ; elle peut donc toujours être ramenée à la forme équivalente

$$ax + by + cz = d,$$

a, b, c et d étant des nombres connus qui sont les coefficients de l'équation. Il s'ensuit qu'un système de trois équations du premier degré à trois inconnues peut toujours s'écrire

$$ax + by + cz = d,$$
$$a'x + b'y + c'z = d',$$
$$a''x + b''y + c''z = d''.$$

Si l'on suppose que a est différent de zéro, en tirant de la première de ces équations la valeur de x pour la substituer dans les deux autres, on élimine x et l'on remplace, toutes simplifications opérées, le système proposé par le suivant, qui lui est équivalent :

$$x = \frac{d - by - cz}{a},$$
$$(ab' - ba')y + (ac' - ca')z = ad' - da',$$
$$(ab'' - ba'')y + (ac'' - ca'')z = ad'' - da'',$$

et dans lequel les deux dernières équations ne contiennent plus que deux inconnues, y et z.

La question est ainsi ramenée à la résolution d'un système de deux équations du premier degré à deux inconnues.

On sait qu'un système de ce genre admet une solution unique si le dénominateur commun des valeurs de y et z, qui est ici

$$(ab' - ba')(ac'' - ca'') - (ac' - ca')(ab'' - ba''),$$

n'est pas nul.

Sous le bénéfice de cette hypothèse, on aura le système suivant, équivalent au proposé :

$$x = \frac{d - by - cz}{a},$$

$$y = \frac{(ad' - da')(ac'' - ca'') - (ac' - ca')(ad'' - da'')}{(ab' - ba')(ac'' - ca'') - (ac' - ca')(ab'' - ba'')},$$

$$z = \frac{(ab' - ba')(ad'' - da'') - (ad' - da')(ab'' - ba'')}{(ab' - ba')(ac'' - ca'') - (ac' - ca')(ab'' - ba'')},$$

qui admet une solution unique.

Les valeurs de y et de z peuvent être simplifiées, en effectuant les produits indiqués, en supprimant ensuite les termes semblables et en divisant par le facteur commun a le numérateur et le dénominateur de chaque valeur. Si l'on remplace alors y et z dans la première équation du précédent système par leurs valeurs simplifiées, on obtient finalement le système suivant, qui équivaut au premier :

$$x = \frac{db'c'' - dc'b'' + cd'b'' - bd'c'' + bc'd'' - cb'd''}{ab'c'' - ac'b'' + ca'b'' - ba'c'' + bc'a'' - cb'a''},$$

$$y = \frac{ad'c'' - ac'd'' + ca'd'' - da'c'' + dc'a'' - cd'a''}{ab'c'' - ac'b'' + ca'b'' - ba'c'' + bc'a'' - cb'a''},$$

$$z = \frac{ab'd'' - ad'b'' + da'b'' - ba'd'' + bd'a'' - db'a''}{ab'c'' - ac'b'' + ca'b'' - ba'c'' + bc'a'' - cb'a''}.$$

On dit que les équations de ce dernier système sont les formules qui donnent la solution du système d'équations proposées.

Il est à remarquer dans la composition de ces formules : 1° que le dénominateur est le même ; 2° que ce dénominateur peut être formé en écrivant d'abord les deux produits ab et ba, en faisant occuper à la lettre c, comme troisième facteur, dans chacun de ces produits, successivement toutes les places à partir de la droite ($abc, acb, cab, bac, bca, cba$), en mettant dans chacun de ces nouveaux produits un accent à la deuxième lettre et deux à la troisième, et en plaçant devant ces mêmes produits alternativement le signe $+$ et le signe $-$; 3° que chaque numérateur peut se déduire du dénominateur commun, en y substituant aux coefficients de l'inconnue correspondante les termes connus pris respectivement dans les mêmes équations que ces coefficients.

L'ensemble de ces remarques constitue une règle pour obtenir immédiatement d'un système de trois équations du premier degré à trois inconnues la solution de ce système.

La discussion de ces formules est très intéressante ; mais comme elle sort du cadre de notre travail, nous ne nous y arrêterons pas.

§ IV. — Représentation graphique de l'équation
$$ax + by = c.$$

79. Définitions. — Pour fixer dans un plan la position d'un point, on trace d'ordinaire deux droites qui se coupent sous un angle quelconque. Ici nous supposerons les droites rectan-

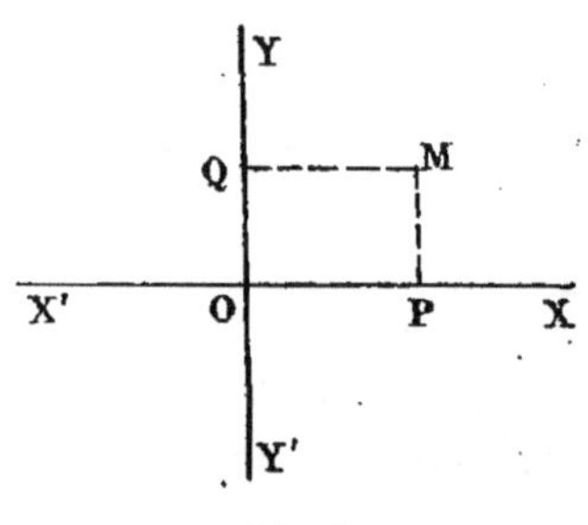

Fig. 1.

gulaires. Soient (*fig. 1*) X'X et YY' ces deux droites, et O leur intersection.

Soit d'autre part le point M du plan. Si par ce point on mène une parallèle à chacune des droites X'X et YY', ces parallèles déterminent sur ces droites, à partir du point O, deux longueurs OP et OQ qui fixent le point M dans le plan. En effet, si ces deux longueurs OP et OQ sont portées respectivement sur X'X et YY', à partir du point O, et chacune dans le sens qui lui convient, on obtient les deux points P et Q et pas d'autres ; puis si par ces deux points on mène aux droites YY′ et X′X les parallèles PM et QM, ces parallèles se rencontrent nécessairement et en un seul point, qui est le point M.

La longueur OP s'appelle l'*abscisse* du point M, la longueur OQ, son *ordonnée*, et les deux longueurs portent le nom commun de *coordonnées* du point.

Le point O est l'*origine* des coordonnées, et les droites X′X et YY′ en sont les *axes*. La première porte le nom particulier d'axe des abscisses ou des x et la seconde celui d'axe des ordonnées ou des y.

Par convention, l'abscisse d'un point est *positive* si elle est comptée dans le sens OX, et elle est *négative* dans le sens contraire OX′. De même, l'ordonnée d'un point est positive lorsqu'elle est comptée dans le sens OY, et elle est négative dans le sens contraire OY′.

80. Représentation graphique d'une équation à deux inconnues. — Soit une équation de degré quelconque à deux inconnues, de la forme

$$y = ax^m + bx^{m-1} + \ldots + kx + l.$$

On conçoit qu'à toute valeur arbitraire x_1 attribuée à x correspond pour y une valeur déterminée y_1. Il s'ensuit que si, après avoir construit dans un plan deux axes rectangulaires (*fig.* 2), on porte sur l'axe des x une longueur $x_1 = $ OP, et sur l'axe des y une longueur $y_1 = $ OQ, et qu'on mène ensuite par le point P une parallèle à l'axe des y et par le point Q une parallèle à l'axe des x, on détermine un point M

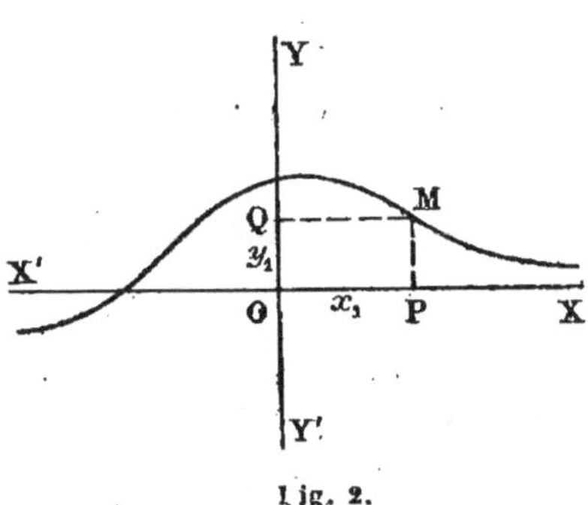

Fig. 2.

du plan, et un seul, qui répond aux deux valeurs x_1 et y_1 des deux variables de l'équation considérée. On peut ainsi déterminer pour chaque valeur de x un point correspondant du plan ; de sorte que si l'on fait, dans cette équation, varier x d'une manière continue de $-\infty$ à $+\infty$., le point P décrit l'axe X'X et le point M une courbe qui est la représentation graphique des variations de y en même temps qu'elle est celle de l'équation proposée.

Cela posé, venons à l'équation du premier degré à deux inconnues

$$(1) \qquad ax + by = c,$$

et considérons d'abord les trois cas particuliers résultant respectivement des trois hypothèses suivantes :

$$a = 0,$$
$$b = 0,$$
$$c = 0.$$

1° Si $a = 0$, b et c étant différents de zéro, l'équation (1) prend la forme

$$(2) \qquad by = c,$$

d'où l'on tire $\qquad y = \dfrac{c}{b}.$

Cette dernière relation montre que tout point du plan dont l'ordonnée est égale à $\dfrac{c}{b}$ satisfait à l'équation (2) ; il s'ensuit que ce point se trouve (*fig.* 3) sur la parallèle AB à l'axe des x distante de cet axe d'une longueur $OQ = \dfrac{c}{b}$, et située au-dessus ou au-dessous de X'X suivant que $\dfrac{c}{b}$ est positif ou négatif. Réciproquement, tout point de la droite AB ayant pour ordonnée $\dfrac{c}{b}$ satisfait à l'équation (2).

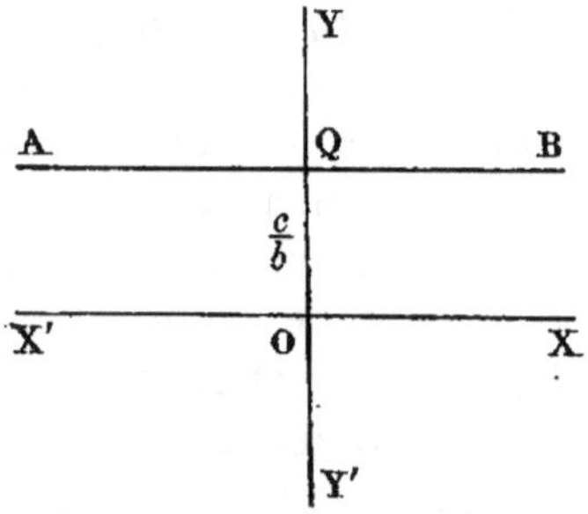

Fig. 3.

Il résulte de là que toute équation de la forme

$$y = \frac{c}{b}$$

est représentée par une parallèle à l'axe des x.

2° Si $b = 0$, a et c étant différents de zéro, l'équation (1) prend la forme

$$(3) \qquad\qquad ax = c,$$

d'où

$$x = \frac{c}{a} \cdot$$

Cette dernière relation montre que tout point du plan dont l'abscisse est égale à $\frac{c}{a}$ satisfait à l'équation (3) ; il s'ensuit

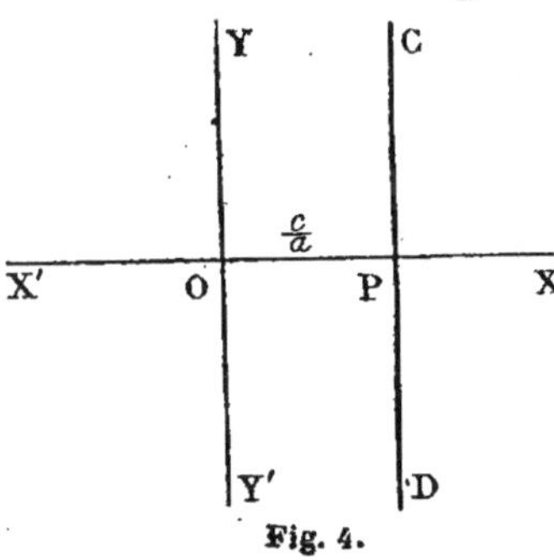

Fig. 4.

que ce point se trouve (*fig. 4*) sur la parallèle CD à l'axe des y distante de cet axe d'une longueur $OP = \frac{c}{a}$ et située à droite ou à gauche de YY' suivant que $\frac{c}{a}$ est positif ou négatif. Réciproquement, tout point de la droite CD ayant pour abscisse $\frac{c}{a}$ satisfait à l'équation (3).

Il résulte de là que toute équation de la forme

$$x = \frac{c}{a}$$

est représentée par une parallèle à l'axe des y.

3° Si $c = 0$, a et b étant différents de zéro, l'équation (1) prend la forme

$$(4) \qquad\qquad ax + by = 0,$$

d'où l'on tire

$$y = -\frac{a}{b}\, x.$$

Si, dans cette dernière relation, on fait d'abord $x = 0$, on a $y = 0$, ce qui établit en premier lieu que l'origine des coordonnées est un point de la ligne cherchée. Si l'on fait ensuite

$x = b$, on a $y = -a$, c'est-à-dire qu'on obtient un second

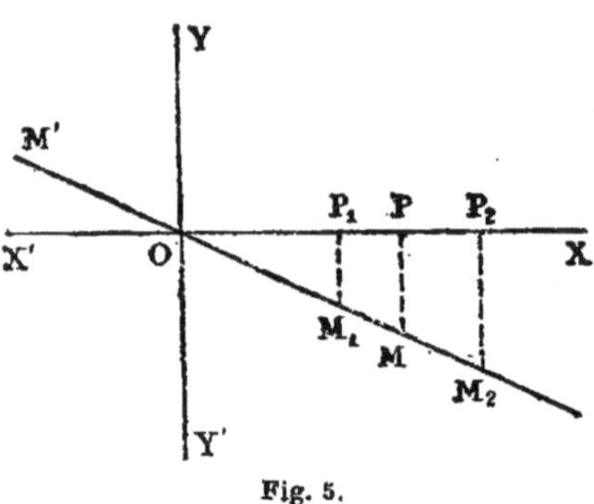

Fig. 5.

point M (*fig.* 5) situé dans l'angle Y'OX si a et b sont positifs, dans l'angle YOX si a est négatif et b positif, dans l'angle YOX' si a et b sont négatifs, dans l'angle Y'OX' si a est positif et b négatif. En joignant par une droite le point O au point M et en prolongeant au delà des deux points O et M, on a la droite OM qui représente l'équation (4).

En effet, tout ensemble de deux valeurs x_1 et y_1 qui satisfait à l'équation (4) donne un rapport $\dfrac{y_1}{x_1}$ égal à $-\dfrac{a}{b}$. Si M_1 est le point qui a pour coordonnées ces valeurs, en menant par ce point la parallèle M_1P_1 à YY' et en le joignant ensuite à l'origine des coordonnées, on obtient un triangle rectangle OP_1M_1 dans lequel on a

$$\frac{M_1P_1}{OP_1} = \frac{y_1}{x_1} = -\frac{a}{b}.$$

D'autre part, on a pour le point M de la droite OM

$$\frac{MP}{OP} = -\frac{a}{b}.$$

Il s'ensuit que l'on peut écrire

$$\frac{M_1P_1}{OP_1} = \frac{MP}{OP},$$

ce qui conduit à dire que les deux triangles rectangles OP_1M_1 et OPM sont semblables et par suite que leurs deux angles homologues P_1OM_1 et POM sont égaux ; d'où l'on déduit que la droite OM_1 se confond avec OM et par conséquent que le point M_1 est sur la droite OM.

Réciproquement, tout point de la droite OM satisfait à l'équation (4). Soit M_2 un point quelconque de cette droite. En menant la parallèle M_2P_2 à YY', on forme le triangle rectangle OP_2M_2

semblable au triangle OPM, et ces deux triangles donnent la relation

$$\frac{M_2P_2}{OP_2} = \frac{MP}{OP}.$$

Or on a
$$\frac{M_2P_2}{OP_2} = \frac{y_2}{x_2},$$

d'où
$$\frac{y_2}{x_2} = \frac{MP}{OP} = -\frac{a}{b},$$

et
$$y_2 = -\frac{a}{b}x_2. \qquad\qquad \text{C. Q. F. D.}$$

On arriverait au même résultat si le point était pris sur le prolongement OM′ de la droite OM.

La position de la droite OM dans la figure répond au cas où le rapport $\frac{a}{b}$ est positif ; si ce rapport était négatif, la droite OM serait dans l'angle YOX et son opposé par le sommet Y′OX′.

Ainsi, toute équation de la forme

$$ax + by = 0$$

ou
$$y = mx$$

est représentée par une droite oblique aux deux axes et passant par l'origine des coordonnées.

Le nombre m s'appelle le *coefficient angulaire* de la droite.

Revenons maintenant à l'équation générale

$$ax + by = c,$$

qu'on peut écrire

$$y = -\frac{a}{b}x + \frac{c}{b}.$$

Si, après avoir construit la droite OA (*fig.* 6) qui représente l'équation
$$y = -\frac{a}{b}x,$$

on porte sur des parallèles menées à l'axe des y par chacun des points A, A₁, etc., de cette droite, des longueurs égales à

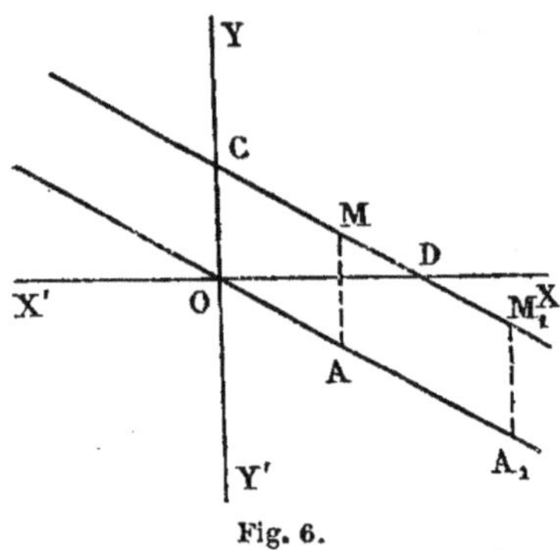

Fig. 6.

$\dfrac{c}{b}$ et dans le sens indiqué par la valeur du rapport $+\dfrac{c}{b}$, on obtiendra des points M, M_1, etc., qui seront sur une même droite, parallèle à OA, et cette droite représentera l'équation générale ci-dessus. En effet, d'une part, tous les points ainsi déterminés seront sur cette droite ; d'autre part, tous les points de cette droite auront des ordonnées qui différeront de celles des points de même abscisse de la droite OA d'une longueur constante $\dfrac{c}{b}$ et par conséquent vérifieront par leurs coordonnées l'équation considérée.

Il résulte de là que toute équation de la forme

$$ax + by = c$$

est représentée par une droite oblique aux deux axes.

Pour construire la droite qui représente une équation de la forme précédente, on en détermine deux points en faisant dans cette équation successivement x et y égaux à zéro ; on obtient ainsi les deux relations

$$y = \frac{c}{b}$$

et

$$x = \frac{c}{a},$$

qui donnent respectivement l'ordonnée d'un point C d'abscisse nulle et l'abscisse d'un point D d'ordonnée nulle. On joint ensuite les deux points.

81. Remarque I. — Si dans l'équation $ax + by = c$, mise sous la forme

$$y = -\frac{a}{b}x + \frac{c}{b},$$

on considère x comme une quantité variable susceptible de prendre toutes espèces de valeurs, y sera aussi une variable dont les valeurs dépendront essentiellement de celles de x et l'on traduira ce fait en disant que y est fonction de x.

En se plaçant à ce point de vue, la droite représentative de l'équation envisagée montre que lorsque x varie d'une manière continue de $-\infty$ à $+\infty$, y varie aussi d'une manière continue de $+\infty$ à $-\infty$ ou de $-\infty$ à $+\infty$, suivant que la droite se trouve dans l'angle Y'OX et son opposé par le sommet ou dans les deux autres angles, autrement dit, suivant que le rapport $\dfrac{a}{b}$ est positif ou négatif.

Remarque II. — La représentation géométrique des équations à deux inconnues donne le moyen de résoudre un système de deux équations de ce genre. Pour cela on construit les lignes figuratives de ces équations, et les ordonnées de chaque point d'intersection de ces deux lignes entre elles fournissent une solution du système.

Lorsqu'il s'agit de deux équations du premier degré à deux inconnues

$$ax + by = c,$$
$$a'x + b'y = c',$$

si les deux droites représentatives se coupent, le système admet une solution et une seule ; si elles sont parallèles, les équations sont incompatibles et le système n'admet aucune solution ; enfin si les deux droites se confondent, le système est indéterminé et admet une infinité de solutions.

Et ces trois cas correspondent effectivement aux trois groupes de conditions suivantes :

$$(A) \qquad ab' - ba' \neq 0 ;$$

$$(B) \qquad \begin{cases} ab' - ba' = 0, \\ ac' - ca' \neq 0 ; \end{cases}$$

$$(C) \qquad \begin{cases} ab' - ba' = 0, \\ ac' - ca' = 0. \end{cases}$$

CHAPITRE VI

ÉQUATIONS ET INÉQUATIONS DU SECOND DEGRÈ
A UNE INCONNUE

§ I. — Résolution de l'équation du second degré à une inconnue.

82. Toute équation du second degré à une inconnue ne peut contenir que trois espèces de termes : des termes du second degré, des termes du premier degré et des termes tout connus. Il s'ensuit que par une transposition de termes et une réduction de termes semblables, une équation de cet ordre peut toujours être ramenée à la forme équivalente

$$(1) \qquad ax^2 + bx + c = 0,$$

a, b et c étant des nombres connus que l'on appelle les coefficients de l'équation, et x représentant l'inconnue.

Pour obtenir ce résultat, il suffit de faire passer tous les termes dans le premier membre et de procéder ensuite à la réduction des termes de chaque degré et des termes constants.

La résolution de cette équation générale du second degré se ramène à celle d'une équation du premier degré par la transformation du premier membre en la somme algébrique du carré d'un binome du premier degré et d'un nombre constant, d'où l'on tire ensuite la valeur de ce carré, puis celle du binome lui-même par une extraction de racine carrée. Pour cela, on considère les deux premiers termes de l'équation (1) comme les deux premiers termes du développement ordonné du carré d'un binome du premier degré, et pour éviter des radicaux et des dénominateurs, on a soin de multiplier au préalable les deux membres de cette équation par la quantité $4a$ (a étant supposé différent de zéro); on a ainsi l'équation équivalente

$$(2) \qquad 4a^2x^2 + 4abx + 4ac = 0.$$

Sous cette nouvelle forme, si les deux termes $4a^2x^2$ et $4abx$ sont les deux premiers termes du carré ordonné d'un binome du premier degré, le premier de ces termes, $4a^2x^2$, est le carré du premier terme du binome, qui est ainsi $2ax$ ou $-2ax$, car l'on démontre que *tout nombre positif a deux racines carrées algébriques de même valeur absolue, l'une positive et l'autre négative.* Le second terme de l'équation, $4abx$, est le double produit des deux termes du binome; l'un de ces derniers étant $2ax$ ou $-2ax$, l'autre est nécessairement $\dfrac{2abx}{2ax}$ ou $\dfrac{2abx}{-2ax}$, c'est-à-dire b ou $-b$. Le binome du premier degré est dès lors $2ax + b$ ou $-2ax - b$. Or son carré, sous l'une et l'autre de ces formes, est $4a^2x^2 + 4abx + b^2$.

De sorte que si l'on ajoute et si l'on retranche au premier membre de l'équation (2) la quantité b^2, cette équation peut s'écrire

$$4a^2x^2 + 4abx + b^2 - b^2 + 4ac = 0,$$

ou sous la forme équivalente

$$(2ax + b)^2 - b^2 + 4ac = 0,$$

ou encore, en isolant dans le premier membre l'expression $(2ax + b)^2$,

$$(3) \qquad (2ax + b)^2 = b^2 - 4ac.$$

Ici, trois cas se présentent :

$1°$ $b^2 - 4ac > 0.$ En extrayant la racine carrée des deux membres de cette dernière équation, il vient

$$2ax + b = \pm\sqrt{b^2 - 4ac},$$

équation du premier degré d'où l'on tire

$$(4) \qquad x = \frac{-b \pm \sqrt{b^2 - 4ac}}{2a}.$$

On trouve ainsi deux racines et l'on n'en trouve que deux. En désignant la plus petite par x' et la plus grande par x'', on a

$$(5) \quad \begin{cases} x' = \dfrac{-b - \sqrt{b^2 - 4ac}}{2a}, \\[2ex] x'' = \dfrac{-b + \sqrt{b^2 - 4ac}}{2a}. \end{cases}$$

2° $b^2 - 4ac = 0$. L'équation (3) devient

$$(2ax + b)^2 = 0,$$

et ne peut être satisfaite que par la seule valeur de x égale à $-\dfrac{b}{2a}$. Dans ce cas l'équation du second degré n'a qu'une racine.

Cependant, si l'on suppose que $b^2 - 4ac$ est très petit au lieu d'être égal à zéro, l'équation envisagée a pour racines les deux valeurs que donne la formule (4); en admettant ensuite que $b^2 - 4ac$ diminue indéfiniment et tend à devenir nul, les deux racines varient en se rapprochant sans cesse l'une et l'autre de la quantité $-\dfrac{b}{2a}$, qu'elles atteignent lorsque $b^2 - 4ac$ est égal à zéro. Pour cette raison, on dit, dans ce cas, que l'équation du second degré a encore deux racines, mais que ces deux racines sont *égales*.

3° $b^2 - 4ac < 0$. On ne peut pas extraire la racine carrée des deux membres de l'équation (3), un nombre négatif n'ayant pas de racine carrée. Dans ce cas, l'équation du second degré n'a pas de racines.

Toutefois, dans un but de généralisation, on considère encore la formule (4) comme donnant les deux racines de l'équation envisagée ; mais l'expression $\sqrt{b^2 - 4ac}$ n'a plus alors aucun sens : c'est un symbole nouveau qu'on introduit dans le calcul algébrique sous le nom d'*expression imaginaire*, et l'on dit que l'équation du second degré, dans le cas qui nous occupe, a deux *racines imaginaires*.

Par opposition, on appelle *réelles* les racines positives et négatives, et l'on donne à la quantité $b^2 - 4ac$ dont le rôle est ici fondamental, le nom de *discriminant* de l'équation du second degré.

Pour résumer cette discussion, nous dirons que l'équation

du second degré à une inconnue $ax^2 + bx + c = 0$ admet toujours deux racines que donne la formule (4) et qui sont :

1° *réelles et distinctes,* si l'on a $\quad b^2 - 4ac > 0$;

2° *réelles et égales,* $\qquad$ — $\qquad b^2 - 4ac = 0$;

3° *imaginaires,* $\qquad$ — $\qquad b^2 - 4ac < 0$.

83. REMARQUE I. — L'équation du second degré peut encore être résolue en la mettant préalablement sous la forme

$$x^2 + px + q = 0,$$

ce qui se fait en divisant les deux membres par a et en posant $\dfrac{b}{a} = p$ et $\dfrac{c}{a} = q$. On obtient alors la formule

$$(6) \qquad x = -\frac{p}{2} \pm \sqrt{\frac{p^2}{4} - q},$$

qui peut aussi se déduire de la formule (4), et qui donne les deux racines de l'équation.

On trouvera plus loin (88) un troisième procédé de résolution tout à fait différent des deux précédents, qu'on peut dire plus élégant et auquel vont beaucoup de préférences.

REMARQUE II. — On convient d'appliquer aux expressions imaginaires toutes les règles de calcul établies pour les quantités réelles, en admettant que le carré de $\sqrt{-a}$ est $-a$.

84. Cas particuliers. — Tout le raisonnement qui précède repose sur la seule hypothèse $a \neq 0$. Il nous reste à examiner les différents cas qui peuvent se présenter lorsqu'un ou plusieurs coefficients de l'équation du second degré deviennent nuls.

1° *a et b sont différents de zéro, et c est nul.* L'équation (1) se réduit à

$$(7) \qquad ax^2 + bx = 0,$$

et la formule (4) donne

$$x = \frac{-b \pm b}{2a},$$

ou, par la séparation des racines,

$$x' = -\frac{b}{a} \quad \text{et} \quad x'' = 0.$$

Ce résultat peut être obtenu en résolvant directement l'équation (7). Pour cela, on remarque, en la mettant sous la forme

$$x(ax + b) = 0,$$

qu'elle est équivalente (63) au système des deux équations du premier degré $x = 0$, $ax + b = 0$, qui donnent deux racines, 0 et $-\dfrac{b}{a}$.

2° *a et c sont différents de zéro, et b est nul.* L'équation (1) se réduit à

(8) $$ax^2 + c = 0,$$

et la formule (4) donne, après simplification,

$$x = \pm \sqrt{-\frac{c}{a}}.$$

Si la quantité $-\dfrac{c}{a}$ est positive, l'équation a deux racines réelles, égales en valeur absolue et de signes contraires; si elle est négative, les deux racines de l'équation sont imaginaires.

On obtiendrait le même résultat en résolvant directement l'équation (8).

3° *b et c sont différents de zéro, et a est nul.* L'équation (1) s'abaisse au premier degré et devient

(9) $$bx + c = 0,$$

et n'a qu'une seule racine,

$$x = -\frac{c}{b}.$$

Toutefois, si l'on suppose que a est très petit au lieu d'être égal à zéro, et qu'on cherche ce que deviennent les racines données par la formule (4) lorsque a tend vers zéro, on trouve que l'une de ces racines devient infinie, tandis que l'autre devient égale à $-\dfrac{c}{b}$. C'est ce qui permet de rattacher ce cas particulier au cas général et de dire qu'il comporte deux racines comme les précédents.

On arrive à ce résultat soit en partant de la formule (4), soit en raisonnant sur une équation qui a pour racines les inverses des racines de l'équation (1).

4° a est différent de zéro, b et c sont nuls. L'équation (1) se réduit à

$$(10) \qquad ax^2 = 0,$$

et la formule (4) donne

$$x' = 0, \qquad x'' = 0.$$

Les deux racines sont nulles. Ce résultat, évident d'ailleurs, se déduit directement de l'équation (10).

5° c est différent de zéro, a et b sont nuls. L'équation qui a pour racines les inverses des racines de l'équation (1) devient

$$cy^2 = 0 \, ;$$

ses deux racines sont nulles et par conséquent les deux racines de l'équation (1) sont infinies, l'inverse de zéro étant l'infini.

85. Relations entre les coefficients et les racines de l'équation du second degré à une inconnue. — Il existe entre les coefficients et les racines de l'équation du second degré à une inconnue deux relations simples qu'il importe beaucoup de connaître parce qu'elles sont de la plus grande utilité. Elles se traduisent ainsi en langage ordinaire :

Dans l'équation du second degré $ax^2 + bx + c = 0$: *1° la somme des deux racines est égale et de signe contraire au quotient du coefficient de x divisé par le coefficient de x^2, c'est-à-dire à* $-\dfrac{b}{a}$; *2° le produit de ces deux racines est égal au quotient du terme tout connu divisé par le coefficient de x^2, c'est-à-dire à* $\dfrac{c}{a}$.

On en fait la démonstration, en additionnant d'une part, et en multipliant d'autre part, membre à membre, les deux relations (5) que donne la formule (4) par la séparation des racines de l'équation du second degré.

La découverte de cette double relation peut être amenée en partant des identités

$$ax'^2 + bx' + c \equiv 0,$$
$$ax''^2 + bx'' + c \equiv 0,$$

qui résultent de la substitution à x, dans l'équation

$ax^2 + bx + c = 0$, successivement de chacune des racines x' et x'' de cette même équation.

Si l'on divise les deux membres de chacune d'elles par a et que l'on considère les identités résultantes

$$x'^2 + \frac{b}{a}\,x' + \frac{c}{a} \equiv 0,$$

$$x''^2 + \frac{b}{a}\,x'' + \frac{c}{a} \equiv 0,$$

comme deux équations du premier degré à deux inconnues $\dfrac{b}{a}$ et $\dfrac{c}{a}$, la résolution de ces équations donne

$$x' + x'' \equiv -\frac{b}{a},$$

$$x'x'' \equiv \frac{c}{a}.$$

Ce mode de démonstration nous paraît supérieur au précédent, parce qu'il est réellement un procédé de recherche et que l'autre suppose connues les relations à établir.

Il en est de même de celui que l'on tire de la décomposition du premier membre de l'équation du second degré en un produit de deux facteurs du premier degré (88).

Remarque. — Le théorème précédent permet d'écrire immédiatement l'équation du second degré à une inconnue dont on donne les deux racines, ainsi que celle, de même espèce, à laquelle conduit la recherche de deux nombres dont on donne la somme et le produit. Il sert aussi à déterminer, à la seule inspection d'une équation du second degré à une inconnue, le signe de chacune de ses racines lorsqu'on s'est préalablement assuré que ces racines sont réelles.

§ II. — Trinome du second degré.

86. On donne le nom de *trinome du second degré* au polynome entier en x de la forme $ax^2 + bx + c$, dans lequel on considère a, b et c comme des nombres donnés qui restent constants et x comme un nombre essentiellement variable qui peut prendre toutes les valeurs possibles depuis $-\infty$ jusqu'à $+\infty$.

Pour simplifier le langage, on convient d'appeler *racines* de ce trinome les racines de l'équation obtenue en égalant le trinome à zéro.

La connaissance des propriétés du trinome du second degré est indispensable pour l'étude d'un très grand nombre de questions algébriques.

87. Formes diverses du trinome. — Si l'on divise par a, supposé différent de zéro, chacun des termes du trinome et qu'on multiplie ensuite par cette même quantité a le quotient obtenu, on a identiquement

$$ax^2 + bx + c \equiv a\left(x^2 + \frac{b}{a}x + \frac{c}{a}\right).$$

En considérant ensuite les deux premiers termes, $x^2 + \frac{b}{a}x$, de l'expression mise entre parenthèses, comme les deux premiers termes du carré ordonné du binome $x + \frac{b}{2a}$, si l'on ajoute et retranche à la fois, dans la parenthèse, la quantité $\frac{b^2}{4a^2}$ complémentaire de ce carré, il vient

$$ax^2 + bx + c \equiv a\left[\left(x + \frac{b}{2a}\right)^2 - \left(\frac{b^2 - 4ac}{4a^2}\right)\right].$$

Or la quantité $b^2 - 4ac$ peut être positive, nulle ou négative.

1° Si $b^2 - 4ac$ est une quantité positive, l'expression $\frac{b^2 - 4ac}{4a^2}$ peut s'écrire identiquement $\left(\frac{\sqrt{b^2 - 4ac}}{2a}\right)$, et l'on a

$$ax^2 + bx + c \equiv a\left[\left(x + \frac{b}{2a}\right)^2 - \left(\frac{\sqrt{b^2 - 4ac}}{2a}\right)^2\right].$$

2° Si $b^2 - 4ac$ est une quantité égale à zéro, on a

$$ax^2 + bx + c \equiv a\left(x + \frac{b}{2a}\right)^2.$$

3° Si $b^2 - 4ac$ est une quantité négative, l'expression

$\dfrac{4ac - b^2}{4a^2}$ est positive ; or comme elle est égale à $-\dfrac{b^2 - 4ac}{4a^2}$ et qu'elle peut s'écrire identiquement $\left(\dfrac{\sqrt{4ac - b^2}}{2a}\right)^2$, on a

$$ax^2 + bx + c \equiv a\left[\left(x + \dfrac{b}{2a}\right)^2 + \left(\dfrac{\sqrt{4ac - b^2}}{2a}\right)^2\right].$$

En résumé, *le trinome du second degré* $ax^2 + bx + c$, *dans l'hypothèse que a n'est pas nul, peut s'écrire identiquement sous la forme du produit de a par la différence de deux carrés, par un carré, ou par la somme de deux carrés, selon que* $b^2 - 4ac$ *est supérieur, égal ou inférieur à zéro.*

Dans la première forme, à la différence des deux carrés on peut substituer identiquement le produit de la somme de leurs racines carrées par la différence, c'est-à-dire un produit de deux facteurs du premier degré, et l'on a

$$ax^2 + bx + c \equiv a\left(x + \dfrac{b + \sqrt{b^2 - 4ac}}{2a}\right)\left(x + \dfrac{b - \sqrt{b^2 - 4ac}}{2a}\right).$$

La seconde forme $a\left(x + \dfrac{b}{2a}\right)^2$ présente de son côté le carré d'une expression du premier degré.

Ces considérations permettent d'ajouter à ce qui précède : lorsque $b^2 - 4ac$ n'est pas inférieur à zéro, *le trinome du second degré se décompose en un produit de deux facteurs du premier degré.*

88. REMARQUE. — Ces diverses propriétés du trinome du second degré fournissent le moyen de résoudre l'équation du second degré à une inconnue par un procédé qui consiste à décomposer le premier membre de cette équation en un produit de deux facteurs du premier degré et à résoudre les deux équations du premier degré obtenues en égalant respectivement à zéro chacun de ces facteurs. Dans le cas où $b^2 - 4ac$ est négatif, on convient d'appliquer encore cette décomposition en admettant que $b^2 - 4ac$ est encore le carré de l'expression imaginaire $\sqrt{b^2 - 4ac}$, ce qui permet alors de regarder le premier membre de l'équation du second degré comme pouvant se transformer en un produit de a par la différence de

deux carrés et par suite en un produit de a et de deux facteurs imaginaires du premier degré.

La décomposition du trinome du second degré en un produit de deux facteurs du premier degré trouve une autre application dans la simplification des fractions algébriques dont les deux termes sont au plus des polynomes du second degré. Si les deux équations obtenues en égalant à zéro ces deux termes ont, en effet, une racine commune, on obtient par la décomposition un facteur du premier degré commun aux deux termes, que l'on peut supprimer. Cette simplification s'impose pour obtenir la vraie valeur d'une expression algébrique fractionnaire, lorsque les deux termes s'annulent par la substitution de certains nombres ou de certaines lettres à une ou à plusieurs lettres qui entrent dans cette expression.

89. Signe du trinome. — Lorsque dans le trinome du second degré on donne à x des valeurs pouvant varier de $-\infty$ à $+\infty$, ce trinome prend des valeurs correspondantes, qui sont, suivant le cas, positives ou négatives. Le simple examen du trinome, mis sous une des formes précédentes, permet de déterminer dans chaque cas la nature de son signe. En effet :

1° Si les racines du trinome sont réelles et distinctes, en désignant par x' et x'' ces deux racines, respectivement égales à $\dfrac{-b-\sqrt{b^2-4ac}}{2a}$ et $\dfrac{-b+\sqrt{b^2-4ac}}{2a}$, x' étant ainsi plus petit que x'', on a

$$ax^2 + bx + c \equiv a(x-x')(x-x''),$$

et l'on voit ainsi : que pour toute valeur de x inférieure à x' les deux facteurs $(x-x')$ et $(x-x'')$ sont négatifs, que leur produit est positif et par suite que le trinome prend le signe de a ; que pour toute valeur de x comprise entre x' et x'' les deux facteurs $(x-x')$ et $(x-x'')$ sont, le premier positif et l'autre négatif, que leur produit est aussi négatif et par suite que le trinome prend le signe de $-a$; enfin, que pour toute valeur de x supérieure à x'' les deux facteurs $(x-x')$ et $(x-x'')$ sont positifs, que leur produit est aussi positif, et par suite que le trinome prend le signe de a.

$2°$ Si les racines sont réelles et égales, en désignant par x' leur valeur commune $-\dfrac{b}{2a}$, on a

$$ax^2 + bx + c \equiv a(x - x')^2,$$

et l'on voit ainsi que pour toute valeur de x différente de x', le carré $(x - x')^2$ est toujours positif, et, par suite, que le trinome est toujours du signe de a. Pour la valeur $x = x' = -\dfrac{b}{2a}$ le trinome s'annule.

$3°$ Si les racines sont imaginaires, on a

$$ax^2 + bx + c \equiv a\left[\left(x + \frac{b}{2a}\right)^2 + \frac{4ac - b^2}{4a^2}\right].$$

Quelle que soit la valeur attribuée à x, le carré $\left(x + \dfrac{b}{2a}\right)^2$ est toujours positif, et comme la quantité $\dfrac{4ac - b^2}{4a^2}$ est aussi positive par hypothèse, il s'ensuit que la quantité placée entre crochets est elle-même toujours positive ; d'où il suit que le trinome est toujours du signe de a.

En résumé : *Lorsque le trinome du second degré a ses racines réelles et distinctes, il prend le signe de a pour toute valeur de x non comprise entre les deux racines, et le signe de $-a$ pour toute valeur de x comprise entre ces deux racines.*

Si le trinome a ses racines égales, il prend le signe de a pour toutes les valeurs de x, sauf pour la valeur $x = -\dfrac{b}{2a}$ qui annule le trinome.

Si le trinome a ses racines imaginaires, il prend le signe de a pour toutes les valeurs de x, sans aucune exception.

90. Comparaison des racines du trinome à un nombre donné. — Sans connaître les racines d'un trinome du second degré, mais après en avoir déterminé la nature, on peut, en s'appuyant sur le théorème précédent, trouver, lorsque les racines sont réelles, si un nombre donné est inférieur à la plus petite racine, ou compris entre les deux, ou supérieur à la plus grande.

Soit un nombre α que nous substituons à x dans le trinome du second degré ; deux cas peuvent se présenter :

1° Si le trinome prend le signe de a, les racines étant reconnues réelles — car elles pourraient être imaginaires — α est moindre que les deux racines ou leur est supérieur. En comparant α à la demi-somme $-\dfrac{b}{2a}$ des racines, qui est comprise entre ces deux racines, si α est plus grand que $-\dfrac{b}{2a}$ il est aussi plus grand que les deux racines, et si α est plus petit que $-\dfrac{b}{2a}$ il est aussi plus petit que les deux racines.

2° Si le trinome prend le signe de $-a$, les racines sont réelles et distinctes ; on sait en effet que si elles étaient réelles et égales, ou imaginaires, le trinome ne prendrait pour aucune valeur réelle de x ce signe de $-a$; mais alors α est compris entre les deux racines, car s'il en était autrement le signe du trinome serait celui de a.

Ainsi : *Lorsqu'un nombre α mis à la place de x dans le trinome du second degré donne à ce trinome une valeur dont le signe est celui de a, les deux racines du trinome sont réelles ou imaginaires ; quand elles sont réelles, α leur est inférieur s'il est plus petit que $-\dfrac{b}{2a}$, et il leur est supérieur s'il est plus grand que $-\dfrac{b}{2a}$.*

Lorsque le signe du trinome est celui de $-a$, les racines du trinome sont réelles et distinctes et α est compris entre ces deux racines.

91. Séparation des racines du trinome. — Lorsque deux nombres sont tels que l'un est plus petit et l'autre plus grand qu'une seule des racines d'un trinome du second degré — et d'une manière générale d'un polynome quelconque entier en x égalé à zéro — on dit que ces deux nombres séparent cette racine.

Effectuer une séparation de racines dans un trinome du second degré, c'est donc trouver deux intervalles qui comprennent chacun une des racines de ce trinome. Cette opération facilite les calculs dans beaucoup de cas. Elle repose sur le théorème suivant :

Pour que deux nombres α et β séparent une racine du trinome du second degré, il faut et il suffit que les résultats de la substitution de α et de β à x dans ce trinome soient de signes contraires.

En effet, si les résultats sont de signes contraires, le trinome prend le signe de $-a$ pour l'un des deux nombres, α par exemple, et, d'après ce qui précède, les deux racines sont réelles et distinctes, et le nombre α est compris entre les deux racines ; le nombre β fait dès lors prendre au trinome le signe de a et se trouve en dehors des deux racines ; les deux nombres α et β séparent ainsi une racine. La condition est donc suffisante.

Si α et β séparent une racine, l'un de ces nombres est nécessairement compris entre les deux racines et l'autre est en dehors : le premier fait prendre au trinome le signe de $-a$ et l'autre le signe de a. La condition est donc nécessaire.

Remarque. — Il résulte de ce qui précède que lorsque deux nombres α et β substitués à x dans un trinome du second degré dont les racines sont réelles et distinctes donnent à ce trinome des valeurs de même signe, ils ne séparent aucune racine ; dans ce cas, ils sont l'un et l'autre ou compris entre les deux racines du trinome, ou situés en dehors de ces racines.

Pour établir ce fait, supposons d'abord que les résultats des deux substitutions soient du signe de $-a$; il s'ensuivra (90) que les racines du trinome sont réelles et distinctes et que chacun des nombres α et β se trouve compris entre ces racines.

Si les deux résultats sont du signe de a, les racines du trinome peuvent être réelles ou imaginaires. Si elles sont réelles, les deux nombres α et β sont l'un et l'autre en dehors de ces racines (90). En comparant ces nombres à la quantité

$-\dfrac{b}{2a}$, qui est la valeur commune des racines lorsqu'elles sont égales, et la demi-somme des racines lorsqu'elles sont distinctes, on voit s'ils sont l'un et l'autre plus petits ou plus grands que cette quantité ou bien s'ils la comprennent entre eux, auxquels cas ils sont l'un et l'autre inférieurs ou supérieurs aux racines, ou bien situés de part et d'autre de ces racines.

92. Variations du trinome. — Sous ce titre nous allons étudier la marche que suit dans ses variations la valeur du trinome du second degré lorsqu'on y fait croître x, d'une manière continue, de $-\infty$ à $+\infty$.

Pour cela, démontrons d'abord le théorème qui suit :

Lorsque dans le trinome du second degré on fait varier x d'une manière continue de $-\infty$ à $+\infty$, la valeur du trinome varie d'une manière continue.

En représentant par y la valeur du trinome qui correspond à une valeur quelconque de x, on peut écrire

$$y = ax^2 + bx + c.$$

Soient x_0 et $x_0 + h$ deux valeurs de x très rapprochées l'une de l'autre ; désignons par y_0 et $y_0 + k$ les valeurs correspondantes de y. On aura les deux relations

$$y_0 = ax_0^2 + bx_0 + c,$$
$$y_0 + k = a(x_0 + h)^2 + b(x_0 + h) + c.$$

En les retranchant membre à membre, il vient

$$k = 2ax_0 h + ah^2 + bh$$
$$= h(2ax_0 + ah + b).$$

Il s'agit de prouver, à l'aide de cette relation, que l'on peut toujours donner à h une valeur absolue assez petite pour que la variation k du trinome ait une valeur absolue plus petite que tout nombre positif donné, quelque petit qu'il soit.

Nous pouvons supposer que la valeur absolue de h est moindre que l'unité ; il en résulte que la valeur absolue de la quantité $2ax_0 + ah + b$ est inférieure à la somme des valeurs absolues des nombres $2ax_0$, a et b. Si nous désignons par m cette somme, on aura que la valeur absolue de k est moindre que celle de hm. Or, pour que k soit, d'autre part, en valeur absolue moindre qu'un nombre positif ε aussi petit que l'on voudra, il suffira que l'on ait, en ne considérant toujours que des valeurs absolues, $hm < \varepsilon$ ou $h < \dfrac{\varepsilon}{m}$, ce qui est toujours possible, et *a fortiori* aura-t-on alors que la valeur absolue de k est plus petite que ε. Ainsi, à une variation pour x inférieure en valeur absolue à $\dfrac{\varepsilon}{m}$ correspond pour le trinome une variation inférieure en valeur absolue au nombre ε quelque petit qu'il soit. Notre théorème est ainsi démontré.

Il nous reste à étudier le sens des variations du trinome quand x croît de $-\infty$ à $+\infty$.

A cet effet, mettons le trinome sous la forme

$$y = a\left[\left(x + \frac{b}{2a}\right)^2 + \frac{4ac - b^2}{4a^2}\right],$$

et considérons successivement les deux cas qui se présentent suivant que l'on a $a > 0$ ou $a < 0$.

1° *a est positif*. Le trinome, ou y, étant le produit du nombre fixe a et de la somme de deux quantités, l'une constante $\dfrac{4ac - b^2}{4a^2}$, et l'autre variable $\left(x + \dfrac{b}{2a}\right)^2$, pour en suivre les variations il suffit de voir comment varie cette dernière quantité.

Si l'on fait croître x de $-\infty$ à $-\dfrac{b}{2a}$, la quantité $x + \dfrac{b}{2a}$ est négative, elle croît de $-\infty$ à 0, sa valeur absolue décroît donc de $+\infty$ à 0 et il en est de même de son carré $\left(x + \dfrac{b}{2a}\right)^2$. De sorte que x croissant de $-\infty$ à $-\dfrac{b}{2a}$, y décroît de $+\infty$ à $\dfrac{4ac - b^2}{4a}$.

Si x croît ensuite de $-\dfrac{b}{2a}$ à $+\infty$, la quantité

$x + \dfrac{b}{2a}$ devient positive, elle croît de 0 à $+\infty$ et il en est de même de son carré $\left(x + \dfrac{b}{2a}\right)^2$. De sorte que x croissant de $-\dfrac{b}{2a}$ à $+\infty$, y croît de $\dfrac{4ac - b^2}{4a}$ à $+\infty$.

Cette discussion se résume ainsi qu'il suit :

$$
\begin{array}{c|ccccc}
x & -\infty & \ldots \text{ croît } \ldots & -\dfrac{b}{2a} & \ldots \text{ croît } \ldots & +\infty \\[2ex]
\hline
y & +\infty & \ldots \text{ décroît} \ldots & \dfrac{4ac - b^2}{4a} & \ldots \text{ croît } \ldots & +\infty \,.
\end{array}
$$

Il est à remarquer que la quantité $\dfrac{4ac - b^2}{4a}$, à partir de laquelle y cesse de décroître pour varier en sens contraire, est la valeur minima du trinome, et que cette valeur est atteinte pour $x = -\dfrac{b}{2a}$; il s'ensuit que le trinome, dans l'ensemble de ses variations, passe deux fois par toutes les valeurs exclusivement comprises entre $\dfrac{4ac - b^2}{4a}$ et $+\infty$, une première fois pour $x < -\dfrac{b}{2a}$ et une seconde fois pour $x > -\dfrac{b}{2a}$. De plus, si la quantité $\dfrac{4ac - b^2}{4a}$ est inférieure à zéro, c'est-à-dire si $b^2 - 4ac$ est positif, le trinome s'annule deux fois pour deux valeurs différentes de x ; si $\dfrac{4ac - b^2}{4a}$ est supérieur à zéro, c'est-à-dire si $b^2 - 4ac$ est négatif, le trinome reste toujours positif et ne s'annule pas ; enfin si $\dfrac{4ac - b^2}{4a}$ est égal à zéro, c'est-à-dire si $b^2 - 4ac$ est nul, le trinome s'annule, mais une seule fois, pour la valeur $x = -\dfrac{b}{2a}$.

Ces considérations mettent de nouveau en évidence les conditions auxquelles doivent satisfaire les coefficients du trinome ou de l'équation du second degré à une inconnue pour que les racines en soient réelles ou imaginaires, et, dans le cas de la réalité, pour qu'elles soient distinctes ou égales.

2° *a est négatif*. Dans ce cas, la valeur du trinome, ou de y, a le signe contraire à celui de la somme des quantités $\left(x + \dfrac{b}{2a}\right)^2$ et $\dfrac{4ac - b^2}{4a^2}$; elle croît donc quand cette somme décroît, et vice versa. En en suivant les variations par le procédé précédent, on trouve les résultats suivants :

$$x \quad\Big|\quad -\infty \ \dots \ \text{croît} \ \dots \ -\frac{b}{2a} \ \dots \ \text{croît} \ \dots \ +\infty$$

$$y \quad\Big|\quad -\infty \ \dots \ \text{croît} \ \dots \ \frac{4ac - b^2}{4a} \ \dots \ \text{décroît} \ \dots \ -\infty .$$

Ici, la quantité $\dfrac{4ac - b^2}{4a}$, à partir de laquelle y cesse de croître pour varier en sens contraire, est la valeur maxima du trinome et cette valeur est aussi atteinte pour $x = -\dfrac{b}{2a}$.

Il s'ensuit que le trinome, dans l'ensemble de ses variations, passe deux fois par toutes les valeurs exclusivement comprises entre $\dfrac{4ac - b^2}{4a}$ et $-\infty$, une première fois pour $x < -\dfrac{b}{2a}$ et une seconde fois pour $x > -\dfrac{b}{2a}$. De plus si la quantité $\dfrac{4ac - b^2}{4a}$ est supérieure à zéro, c'est-à-dire si $b^2 - 4ac$ est positif, a étant négatif, le trinome s'annule deux fois pour deux valeurs différentes de x ; si $\dfrac{4ac - b^2}{4a}$ est inférieur à zéro, c'est-à-dire si $b^2 - 4ac$ est négatif, le trinome reste toujours négatif et ne s'annule pas ; enfin, si $\dfrac{4ac - b^2}{4a}$ est égal à zéro, c'est-à-dire si $b^2 - 4ac$ est nul, le trinome s'annule, mais une seule fois pour $x = -\dfrac{b}{2a}$.

On retrouve pour la réalité, l'inégalité ou l'égalité des racines du trinome ou de l'équation du second degré à une inconnue, au cas où a est négatif, les mêmes conditions que précédemment.

REMARQUE. — Dans tous les cas, quelles que soient les racines du trinome, quel que puisse être aussi le signe de a, les deux valeurs de x, l'une inférieure et l'autre supérieure à $-\dfrac{b}{2a}$, pour lesquelles le trinome prend une même valeur, sont toujours équidistantes de cette dernière quantité.

En effet, considérons le trinome sous la forme connue

$$y = a\left[\left(x + \frac{b}{2a}\right)^2 + \frac{4ac - b^2}{4a^2}\right]$$

et représentons par k la valeur que prend le carré $\left(x + \dfrac{b}{2a}\right)^2$ dans une valeur donnée de y. Cette valeur de y sera

$$y = ak + \frac{4ac - b^2}{4a},$$

et les deux valeurs correspondantes de x se déduiront de la relation

$$\left(x + \frac{b}{2a}\right)^2 = k,$$

et seront données par la formule

$$x = -\frac{b}{2a} \pm \sqrt{k}.$$

Que k soit positif ou nul — il ne peut être négatif — les deux racines

$$x' = -\frac{b}{2a} - \sqrt{k} \quad \text{et} \quad x'' = -\frac{b}{2a} + \sqrt{k}$$

mettent bien en évidence l'objet de la présente démonstration.

93. Représentation graphique des variations du trinome. — Pour rendre plus frappantes que dans les tableaux précédents les variations du trinome $ax^2 + bx + c$, quand on fait croître x de $-\infty$ à $+\infty$, on figure géométriquement la marche des valeurs successives que prend ce trinome.

Ce graphique s'obtient, après avoir posé $y = ax^2 + bx + c$, en appliquant à cette relation le procédé géométrique qui a servi à la représentation graphique de l'équation du premier degré à deux inconnues (80). On obtient ainsi (*fig.* 7) une courbe qui présente deux branches infinies, lesquelles sont, d'après la remarque (92), symétriques par rapport à une droite AC parallèle à YY' et passant par le point B dont l'abscisse est $-\dfrac{b}{2a}$ et l'ordonnée $\dfrac{4ac-b^2}{4a}$, la plus petite valeur de y. Pour cette raison la droite AC est dite l'axe de symétrie de la courbe ; le point B en est le sommet. La géométrie nous apprend que cette courbe est une *parabole*.

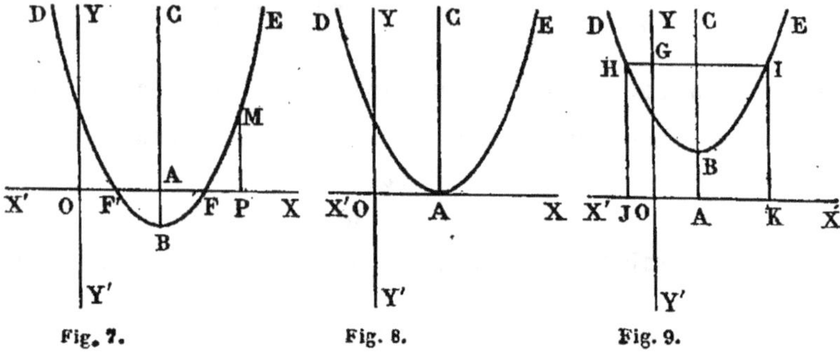

Fig. 7.   Fig. 8.   Fig. 9.

Lorsque a est positif, les branches de la courbe sont dirigées dans le sens OY. De plus, si b^2-4ac est supérieur à zéro, cette courbe rencontre l'axe des abscisses en deux points F et F' (*fig.* 7) ; si b^2-4ac est égal à zéro, elle est tangente à cet axe (*fig.* 8), et si b^2-4ac est inférieur à zéro, elle ne rencontre pas l'axe (*fig.* 9).

Lorsque a est négatif, les branches de la courbe sont dirigées dans le sens OY', et, comme précédemment, cette courbe rencontre l'axe des abscisses en deux points, lui est tangente ou ne le rencontre pas, selon que b^2-4ac est supérieur, égal ou inférieur à zéro.

Remarque. — On peut se servir de la courbe représentative des variations du trinome du second degré, lorsqu'elle est construite avec exactitude, pour trouver graphiquement soit les racines de l'équation $ax^2+bx+c=0$, soit les valeurs de x qui correspondent à une valeur donnée du trinome.

La courbe étant tracée (*fig.* 7) par exemple, on résout le premier problème en évaluant les abscisses OF et OF' des points dont l'ordonnée est nulle. La solution du second s'obtient en portant sur l'axe des ordonnées, dans le sens OY ou dans le sens contraire, suivant qu'elle est positive ou négative, la valeur donnée OG du trinome (*fig.* 9), en menant par le point G une parallèle HI à X'X et en évaluant ensuite les abscisses OJ et OK des points H et I.

§ III. — Résolution des inéquations du second degré à une inconnue.

94. Toute inéquation du second degré à une inconnue peut être mise sous l'une des deux formes $ax^2 + bx + c > 0$ et $ax^2 + bx + c < 0$, dans lesquelles a est différent de zéro ; mais comme la seconde inéquation peut prendre la forme de la première par un changement de signe dans chacun des termes (57), nous nous bornerons à examiner le premier cas.

D'après l'étude qui vient d'être faite du trinome du second degré, lorsque a est positif l'inéquation est satisfaite, si $b^2 - 4ac$ est supérieur à zéro, pour toutes les valeurs de x prises en dehors des racines du trinome ; si $b^2 - 4ac$ est inférieur à zéro, pour toutes les valeurs de x, sans exception, et si $b^2 - 4ac$ est égal à zéro, pour toutes les valeurs de x, sauf pour celle qui annule le trinome.

Lorsque a est négatif, l'inéquation est satisfaite, si $b^2 - 4ac$ est supérieur à zéro, pour toutes les valeurs de x comprises entre les racines ; si $b^2 - 4ac$ est égal ou inférieur à zéro, l'inéquation n'a pas de solution.

95. Système de deux inéquations simultanées à une inconnue. — Que les deux inéquations soient l'une du premier degré et l'autre du second degré ou toutes deux du second degré, les solutions du système sont évidemment les solutions communes aux deux inéquations considérées.

1. Soit d'abord le système de deux inéquations simultanées à une inconnue

$$(1) \qquad ax^2 + bx + c > 0,$$
$$(2) \qquad a_1 x + b_1 > 0,$$

l'une d'elles étant du second degré, l'autre du premier.

1° $b^2 - 4ac > 0$. Si a est positif, l'inéquation (1) est satisfaite pour toutes les valeurs de x prises en dehors des racines du trinome, et si a est négatif, elle est satisfaite pour toutes les valeurs de x comprises entre les deux racines. D'un autre côté, les solutions de l'inéquation (2) sont tous les nombres plus grands ou plus petits que $-\dfrac{b_1}{a_1}$ selon que a_1 est positif ou négatif (67). Pour avoir les solutions communes, il n'y a plus qu'à ranger par ordre de grandeur croissante les racines x' et x'' de l'inéquation (1), et la racine $-\dfrac{b_1}{a_1}$ de l'inéquation (2), puis de chercher quels sont les intervalles dans lesquels les valeurs attribuées à x satisfont aux deux inéquations proposées. Ces intervalles comprennent tous les nombres dont l'ensemble forme les solutions du système proposé.

2° $b^2 - 4ac = 0$. Si a est positif, l'inéquation (1) est satisfaite pour toutes les valeurs de x, sauf pour la valeur $-\dfrac{b}{2a}$ qui annule le trinome ; il s'ensuit que les solutions du système sont celles de l'inéquation (2), à l'exception de la racine double du trinome si elle est comprise dans ces dernières solutions. Si a est négatif, l'inéquation (1) n'est satisfaite pour aucune valeur de x ; il s'ensuit que le système n'a pas de solution.

3° $b^2 - 4ac < 0$. Si a est positif, l'inéquation (1) est satisfaite pour toutes les valeurs de x de $-\infty$ à $+\infty$; il s'ensuit que le système a pour solutions celles de l'inéquation (2). Si a est négatif, l'inéquation (1) n'est satisfaite pour aucune valeur de x ; il s'ensuit que le système n'a pas de solution.

II. Soit maintenant le système de deux inéquations simultanées du second degré à une inconnue

$$(1) \qquad\qquad ax^2 + bx + c > 0,$$
$$(2) \qquad\qquad a_1x^2 + b_1x + c_1 > 0.$$

1° *Les deux discriminants* $b^2 - 4ac$ *et* $b_1^2 - 4a_1c_1$ *sont l'un et l'autre plus grands que zéro.* La résolution des deux inéquations donne pour chacune d'elles des racines réelles et distinctes, x' et x'' pour la première, x'_1 et x''_1 pour la seconde. Ces quatre valeurs rangées par ordre de grandeur croissante déterminent des intervalles parmi lesquels on cherche ceux dans lesquels les valeurs attribuées à x satisfont aux deux inéquations. Ces intervalles comprennent tous les nombres dont l'ensemble constitue les solutions du système proposé.

2° *L'un des discriminants,* $b^2 - 4ac$ *par exemple, est plus petit que zéro.* Si a est positif, l'inéquation (1) est satisfaite pour toutes les valeurs de x de $-\infty$ à $+\infty$; il s'ensuit que le système a pour solutions celles de l'inéquation (2). Si a est négatif, l'inéquation (1) n'est satisfaite pour aucune valeur de x ; il s'ensuit que le système n'a pas de solution.

On arriverait à des conclusions analogues si c'était le discriminant $b_1^2 - 4a_1c_1$ qui fût plus petit que zéro.

3° *L'un des discriminants,* $b^2 - 4ac$ *par exemple, est nul.* Si a est positif, l'inéquation (1) est satisfaite pour toutes les valeurs de x, sauf pour la valeur $-\dfrac{b}{2a}$ qui annule le trinome ; il s'ensuit que les solutions du système sont celles de l'inéquation (2), à l'exception de la racine double du trinome précédent, si elle est comprise dans ces dernières solutions. Si a est négatif, l'inéquation (1) n'est satisfaite pour aucune valeur de x ; il s'ensuit que le système n'a pas de solution.

96. Inéquation de la forme $A \times B > 0$. — Lorsqu'une inéquation se présente sous la forme $A \times B > 0$ et que A et B sont des polynomes entiers dont l'un au moins est du second degré par rapport à une inconnue x, cette inéquation est équivalente à l'ensemble des deux systèmes d'inéquations simultanées à une inconnue

$$A > 0, \quad B > 0, \quad \text{et} \quad A < 0, \quad B < 0. \tag{57}$$

Aussi pour la résoudre, suffit-il de trouver, comme nous venons de le voir, les solutions de chacun de ces deux systèmes.

Cependant, il est parfois plus avantageux de déterminer di-

rectement le signe du premier membre de l'inéquation, mis,
suivant le cas, sous la forme d'un produit de trois ou de quatre
facteurs du premier degré, lorsqu'on fait croître x de $-\infty$
à $+\infty$. Parmi les intervalles que déterminent les racines
rangées par ordre de grandeur croissante des deux équations
$A = 0$ et $B = 0$, ceux qui satisfont à l'inéquation proposée comprennent tous les nombres dont l'ensemble constitue les solutions de cette inéquation.

97. Inéquation de la forme $\dfrac{A}{B} > 0$. — On sait que lorsqu'une inéquation se présente sous cette forme et que A et B
sont des polynomes entiers dont l'un au moins est du second
degré par rapport à une inconnue x, cette inéquation est aussi,
comme la précédente, équivalente à l'ensemble des deux systèmes d'inéquations simultanées à une inconnue

$$A > 0, \quad B > 0, \qquad \text{et} \qquad A < 0, B < 0; \qquad (57)$$

d'où il suit que pour la résoudre, il suffit de trouver les solutions de chacun de ces deux systèmes.

En général, il est plus avantageux de déterminer directement le signe du premier membre de l'inéquation, dans lequel
on a décomposé numérateur et dénominateur en produits de
facteurs du premier degré, lorsqu'on fait croître x de $-\infty$
à $+\infty$. En rangeant ensuite par ordre de grandeur les
valeurs qui annulent ces différents facteurs du premier degré,
c'est-à-dire les racines des deux équations $A = 0$ et $B = 0$,
on détermine des intervalles parmi lesquels on cherche ceux
où les valeurs attribuées à x satisfont à l'inéquation proposée : ces intervalles comprennent tous les nombres dont
l'ensemble forme les solutions de cette inéquation.

98. Équation du second degré et inéquations. — Lorsqu'on
a à résoudre un système formé d'une équation du second
degré et d'inéquations dont on sait trouver les solutions, les
solutions de l'équation qui satisfont à la fois à toutes les inéquations proposées sont celles du système.

Si l'équation a ses racines imaginaires ou si les inéquations données n'ont pas de solution commune, le système n'a pas de solution.

Si l'équation a ses racines réelles et si les inéquations ont des solutions communes, toute racine de l'équation comprise dans les limites des solutions communes des inéquations est une solution du système.

§ IV. — Résolution de l'équation bicarrée.

99. Il est des équations à une inconnue, d'un degré supérieur au second, dont on peut ramener la résolution, par des artifices de calcul, à celle de l'équation du second degré. Tel est le cas de l'*équation bicarrée*.

On appelle ainsi une équation à une inconnue, du quatrième degré, qui ne contient que des termes de degré pair de l'inconnue, c'est-à-dire du quatrième et du second degré, et des termes tout connus. Une équation de cet ordre, par la transposition de tous les termes dans le premier membre, suivie d'une réduction des termes semblables, peut toujours être ramenée à la forme équivalente

$$(1) \qquad ax^4 + bx^2 + c = 0.$$

On conçoit que si l'on regarde, dans cette équation, comme inconnue auxiliaire, le carré x^2 de l'inconnue envisagée, cette équation s'abaisse au second degré. En posant $x^2 = y$, on est donc amené à résoudre l'équation du second degré à une inconnue, qu'on appelle la *résolvante* de l'équation (1),

$$(2) \qquad ay^2 + by + c = 0\,;$$

et si y' et y'' en sont les deux racines, on obtiendra celles de l'équation (1) des relations

$$x_1 = \pm \sqrt{y'} \qquad \text{et} \qquad x_2 = \pm \sqrt{y''},$$

ce qui montre que ces racines sont au nombre de quatre, égales en valeur absolue et de signes contraires deux à deux.

La nature de chacune de ces racines se déduit de la formule générale qui les donne. Comme les racines de l'équation (2) sont

représentées par l'expression double $\quad y = \dfrac{-b \pm \sqrt{b^2 - 4ac}}{2a}$,
obtenue en partant de l'hypothèse $a \neq 0$, les racines de l'équation (1) le seront par la suivante :

$$(3) \qquad\qquad x = \pm \sqrt{\dfrac{-b \pm \sqrt{b^2 - 4ac}}{2a}},$$

dans laquelle on combine, des quatre manières possibles, le double signe qui précède le radical supérieur avec le double signe du radical inférieur, pour avoir les quatre racines.

Il est évident que la première condition pour que les valeurs de x soient réelles est que celles de y le soient. Ajoutons toutefois que cette condition serait insuffisante et qu'il faut encore que ces dernières valeurs soient positives. En d'autres termes, la réalité des racines de l'équation (1) dépend d'abord du signe de la quantité $b^2 - 4ac$, puis de celui de chacune des deux autres quantités ac et $-\dfrac{b}{a}$. De là trois cas principaux, que nous allons successivement examiner.

I. $b^2 - 4ac > 0$. Les deux racines de l'équation (2) sont réelles et distinctes, mais elles peuvent être l'une et l'autre positives ou négatives, ou bien l'une positive et l'autre négative.

1° Si l'on a $ac > 0$, le radical inférieur a une valeur absolue moindre que celle de b ; les deux racines de l'équation (2) sont donc du signe de $-\dfrac{b}{2a}$. Il s'ensuit que si $\dfrac{-b}{a}$ est positif, les deux racines de l'équation (2) sont positives et inégales, et les quatre racines de l'équation (1) sont réelles, deux à deux égales en valeur absolue et de signes contraires ; si au contraire $\dfrac{-b}{a}$ est négatif, les deux racines de l'équation (2) sont négatives et les quatre racines de l'équation (1) sont imaginaires.

2° Si l'on a $ac < 0$, le radical inférieur a une valeur absolue plus grande que celle de b ; les deux racines de l'équation (2) sont donc l'une positive et l'autre négative. Il s'ensuit que l'équation (1) a deux racines réelles, égales en valeur absolue et de signes contraires, et deux racines imaginaires.

II. $b^2 - 4ac = 0$. Les deux racines de l'équation (2) sont réelles et égales, mais elles peuvent être positives ou négatives.

1° Si l'on a $-\dfrac{b}{a} > 0$,   ces racines sont positives, et les quatre racines de l'équation (1) sont réelles, égales en valeur absolue, deux sont positives et les deux autres sont négatives.

2° Si l'on a $-\dfrac{b}{a} < 0$,   les racines de l'équation (2) sont négatives, et les quatre racines de l'équation (1) sont imaginaires.

III. $b^2 - 4ac < 0$. Les deux racines de l'équation (2) sont imaginaires. Ces racines peuvent être mises sous la forme $\alpha \pm \sqrt{-\beta^2}$,   ou, en faisant sortir β^2 du radical, $\alpha \pm \beta\sqrt{-1}$, et comme l'on convient d'appeler racine carrée d'une quantité imaginaire $\alpha \pm \beta\sqrt{-1}$,   une autre quantité imaginaire de la même forme $\alpha' \pm \beta'\sqrt{-1}$,   dont le carré reproduise la première, on dit encore, lorsque les racines de l'équation (2) sont imaginaires, que celles de l'équation (1) le sont aussi.

100. Cas particuliers. — La résolution de l'équation bicarrée $ax^4 + bx^2 + c = 0$ repose, comme celle de l'équation du second degré $ay^2 + by + c = 0$,   sur la seule hypothèse $a \neq 0$. Il peut arriver que l'un ou plusieurs des coefficients de l'équation envisagée deviennent nuls.

1° *a et b sont différents de zéro et c est nul.*
L'équation (1) se réduit à

(4) $ax^4 + bx^2 = 0$,

et la formule (3) donne

$$x = \pm \sqrt{\dfrac{-b \pm b}{2a}},$$

c'est-à-dire deux racines nulles et deux racines réelles ou imaginaires suivant que l'on a $-\dfrac{b}{a}$ positif ou négatif.

Ce résultat peut être obtenu en résolvant directement l'équation (4). Pour cela on remarque, en la mettant sous la forme

$$x^2(ax^2 + b) = 0,$$

qu'elle peut se décomposer (63) en deux équations du second degré, dont l'ensemble forme un système qui lui est équivalent,

$$x^2 = 0, \qquad ax^2 + b = 0,$$

lesquelles donnent les racines précédemment trouvées.

2° *a et c sont différents de zéro et b est nul.*

L'équation (1) se réduit à

$$(5) \qquad ax^4 + c = 0,$$

et la formule (3) donne

$$x = \pm \sqrt{\frac{\pm \sqrt{-4ac}}{2a}} = \pm \sqrt{\pm \sqrt{-\frac{c}{a}}},$$

c'est-à-dire quatre racines imaginaires si $-\dfrac{c}{a}$ est négatif,

et deux racines réelles avec deux racines imaginaires si $-\dfrac{c}{a}$ est positif.

On obtiendrait le même résultat en résolvant directement l'équation (5).

3° *a est différent de zéro, b et c sont nuls.*

L'équation (1) se réduit à

$$(6) \qquad ax^4 = 0,$$

et la formule (3) donne quatre racines nulles. Ce résultat, évident d'ailleurs, se déduit directement de l'équation (6).

101. REMARQUE. — Les racines de l'équation bicarrée complète se présentent sous la forme $\sqrt{A \pm \sqrt{B}}$, qui contient deux radicaux superposés et qui donne lieu, pour cela, lorsque B est positif et n'est pas un carré parfait — ce qui arrive généralement — à des difficultés de calcul ainsi que d'appréciation dans le degré d'approximation des résultats. Aussi a-t-on cherché à transformer les expressions de ce genre en d'autres équivalentes qui soient la somme ou la différence de deux radicaux du second degré.

On démontre, à cet effet, que lorsque A et B sont deux nombres rationnels et positifs et que $A^2 - B$ est un carré, cette transformation est toujours possible et qu'elle ne l'est pas si ces conditions ne sont pas remplies. C'est ce que traduit la relation suivante, qui exprime le résultat de la transformation :

$$\sqrt{A \pm \sqrt{B}} \equiv \sqrt{\frac{A + \sqrt{A^2 - B}}{2}} \pm \sqrt{\frac{A - \sqrt{A^2 - B}}{2}}.$$

§ V. — Trinome bicarré.

102. On appelle *trinome bicarré* un polynome entier en x de la forme $ax^4 + bx^2 + c$, dans lequel on considère a, b et c comme des nombres donnés qui restent constants et x comme un nombre essentiellement variable qui peut prendre toutes les valeurs possibles depuis $-\infty$ jusqu'à $+\infty$. On convient d'appeler *racines* de ce trinome les racines de l'équation obtenue en égalant le trinome à zéro.

103. Décomposition du trinome en un produit de facteurs du second degré. — Tout trinome bicarré dont les coefficients sont réels peut toujours être décomposé en un produit de deux facteurs réels du second degré; bien plus, la question peut comporter jusqu'à trois solutions.

Nous n'entrerons pas dans les détails de la résolution générale de ce problème, qui nous paraît sortir du cadre que nous nous sommes tracé, mais nous dirons qu'elle consiste dans la recherche des valeurs réelles qu'on peut attribuer aux lettres m, n, m' et n' pour que le second membre de la relation

$$ax^4 + bx^2 + c = a(x^2 + mx + n)(x^2 + m'x + n')$$

soit identiquement égal au premier.

En général, quand on veut simplement obtenir une décomposition en facteurs réels du second degré, quels qu'ils soient, parce qu'on a besoin de cette transformation du trinome, on procède ainsi qu'il suit :

1° *Si* $b^2 - 4ac$ *est positif*, on considère le trinome bicarré comme un trinome du second degré dont l'inconnue est x^2, et comme ce trinome a ses deux racines réelles et distinctes, on a (87) la décomposition suivante :

$$ax^4 + bx^2 + c \equiv a\left(x^2 + \frac{b + \sqrt{b^2 - 4ac}}{2a}\right)\left(x^2 + \frac{b - \sqrt{b^2 - 4ac}}{2a}\right).$$

2° Si $b^2 - 4ac$ *est négatif*, on considère, dans le trinome bicarré mis sous la forme $a\left(x^4 + \frac{b}{a}x^2 + \frac{c}{a}\right)$, les termes x^4 et $\frac{c}{a}$ comme les termes extrêmes du développement ordonné du carré du binome $x^2 + \sqrt{\frac{c}{a}}$. En ajoutant et en retranchant dans la parenthèse le double produit $2x^2\sqrt{\frac{c}{a}}$ des deux termes de ce binome, le trinome bicarré peut s'écrire

$$ax^4 + bx^2 + c \equiv a\left[\left(x^2 + \sqrt{\frac{c}{a}}\right)^2 - x^2\left(2\sqrt{\frac{c}{a}} - \frac{b}{a}\right)\right].$$

Or de $b^2 - 4ac < 0$, on déduit $2\sqrt{\frac{c}{a}} > \frac{b}{a}$; il s'ensuit que la quantité $2\sqrt{\frac{c}{a}} - \frac{b}{a}$ est positive et, par suite, que l'expression entre crochets peut être regardée comme une différence de deux carrés décomposable de la manière suivante en deux facteurs réels du second degré :

$$ax^4 + bx^2 + c \equiv a\left(x^2 + x\sqrt{2\sqrt{\frac{c}{a}} - \frac{b}{a}} + \sqrt{\frac{c}{a}}\right)$$
$$\times \left(x^2 - x\sqrt{2\sqrt{\frac{c}{a}} - \frac{b}{a}} + \sqrt{\frac{c}{a}}\right).$$

3° Si $b^2 - 4ac$ *est nul*, le trinome est le carré multiplié par a du binome $x^2 + \frac{b}{2a}$, la décomposition est immédiate et donne

$$ax^4 + bx^2 + c = a\left(x^2 + \frac{b}{2a}\right)^2.$$

REMARQUE. — On trouve dans cette propriété du trinome bicarré un moyen de résoudre l'équation bicarrée. Pour cela, on décompose le premier membre de cette équation en un produit de deux facteurs du second degré et l'on résout ensuite les deux équations obtenues en égalant respectivement à zéro chacun de ces facteurs.

104. Variations du trinome. — Comme pour l'étude des variations du trinome du second degré, il est nécessaire de démontrer préalablement que *lorsque dans le trinome bicarré on fait varier x d'une manière continue de* $-\infty$ *à* $+\infty$, *la valeur du trinome varie d'une manière continue*. Mais comme cette démonstration est analogue à celle que nous avons faite de cette même propriété pour le trinome du second degré, nous ne nous y arrêterons pas.

Pour étudier ensuite le sens des variations du trinome bicarré quand x croît de $-\infty$ à $+\infty$, nous mettrons ce trinome sous la forme

$$y = a\left[\left(x^2 + \frac{b}{2a}\right)^2 + \frac{4ac - b^2}{4a^2}\right],$$

et nous considérerons successivement les deux cas qui se présentent suivant que l'on a $a > 0$ ou $a < 0$.

I. $a > 0$. — Le trinome, ou y, étant le produit du nombre fixe a et de la somme de deux quantités, l'une constante $\frac{4ac - b^2}{4a^2}$ et l'autre variable $\left(x^2 + \frac{b}{2a}\right)^2$, pour en suivre les variations, il suffit de voir comment varie cette dernière quantité. Or, comme le signe de $x^2 + \frac{b}{2a}$ dépend de celui de $\frac{b}{2a}$, nous subdiviserons la première partie de cette étude en deux autres cas.

1° Si $\frac{b}{2a}$ est *positif*, en faisant croître x de $-\infty$ à 0, $x^2 + \frac{b}{2a}$ décroît de $+\infty$ à $\frac{b}{2a}$, et $\left(x^2 + \frac{b}{2a}\right)^2$ de $+\infty$ à $\frac{b^2}{4a^2}$; il s'ensuit que le trinome décroît de $+\infty$ à c. Si x croît ensuite de 0 à $+\infty$, $x^2 + \frac{b}{2a}$ croît de $\frac{b}{2a}$ à $+\infty$, et $\left(x^2 + \frac{b}{2a}\right)^2$ de $\frac{b^2}{4a^2}$ à $+\infty$; il s'ensuit que le trinome croît de c à $+\infty$.

Cette discussion se résume ainsi qu'il suit :

x	$-\infty$	croît	0	croît	$+\infty$
y	$+\infty$	décroît	c	croît	$+\infty$

Il est à remarquer que la valeur c, à partir de laquelle y cesse de décroître pour varier en sens contraire, est la valeur *minima* du trinome et que cette valeur est atteinte pour $x = 0$. Il s'ensuit que le trinome dans l'ensemble de ses variations passe deux fois par toute valeur exclusivement comprise entre c et $+\infty$, et ce pour deux valeurs de x égales en valeur absolue et de signes contraires. De plus, si c est négatif, le trinome s'annule deux fois pour deux valeurs de x égales et de signes contraires ; si c est nul, le trinome s'annule mais une seule fois pour $x = 0$; enfin, si c est positif, le trinome reste toujours positif et ne s'annule pas.

2° Si $\dfrac{b^2}{2a}$ *est négatif*, $x^2 + \dfrac{b}{2a}$ est positif ou négatif selon que x est en dehors ou en dedans de l'intervalle compris entre $-\sqrt{-\dfrac{b}{2a}}$ et $+\sqrt{-\dfrac{b}{2a}}$. En faisant croître x de $-\infty$ à $-\sqrt{-\dfrac{b}{2a}}$, $x^2 + \dfrac{b}{2a}$ décroît ainsi que son carré $\left(x^2 + \dfrac{b}{2a}\right)^2$ de $+\infty$ à 0 ; il s'ensuit que le trinome décroît de $+\infty$ à $\dfrac{4ac - b^2}{4a}$. Si x croît ensuite de $-\sqrt{-\dfrac{b}{2a}}$ à 0, $x^2 + \dfrac{b}{2u}$ décroît de 0 à $\dfrac{b}{2a}$, et son carré $\left(x^2 + \dfrac{b}{2a}\right)^2$ croît de 0 à $\dfrac{b^2}{4a^2}$; il s'ensuit que le trinome croît de $\dfrac{4ac - b^2}{4a}$ à c. Si x continue de croître de 0 à $+\sqrt{-\dfrac{b}{2a}}$, $x^2 + \dfrac{b}{2a}$ croît de $\dfrac{b}{2a}$ à 0, et son carré $\left(x^2 + \dfrac{b}{2a}\right)^2$ décroît de $\dfrac{b^2}{4a}$ à 0 ; il s'ensuit que le trinome décroît de c à $\dfrac{4ac - b^2}{4a}$. Enfin, si x croît de $+\sqrt{-\dfrac{b}{2a}}$ à $+\infty$, $x^2 + \dfrac{b}{2a}$ croît ainsi que son carré $\left(x^2 + \dfrac{b}{2a}\right)^2$ de 0 à $+\infty$; il s'ensuit que le trinome croît de $\dfrac{4ac - b^2}{4a}$ à $+\infty$.

Cette discussion se résume ainsi qu'il suit :

$$x \quad \Big| \quad -\infty \quad \text{croît} \quad -\sqrt{-\dfrac{b}{2a}} \quad \text{croît} \quad 0 \quad \text{croît} \quad +\sqrt{-\dfrac{b}{2a}} \quad \text{croît} \quad +\infty$$

$$y \quad \Big| \quad +\infty \quad \text{décroît} \quad \dfrac{4ac-b^2}{4a} \quad \text{croît} \quad c \quad \text{décroît} \quad \dfrac{4ac-b^2}{4a} \quad \text{croît} \quad +\infty$$

Remarquons ici que la valeur $\dfrac{4ac-b^2}{4a}$ au-dessous de laquelle ne descend pas le trinome est un *minimum* qu'il atteint deux fois pour deux valeurs de x égales et de signes contraires $-\sqrt{-\dfrac{b}{2a}}$ et $+\sqrt{-\dfrac{b}{2a}}$; que la valeur c que ne dépasse pas le trinome entre ses deux maxima est un *maximum* par rapport aux valeurs qui précèdent et qui suivent immédiatement et que l'on appelle pour cette raison maximum relatif. Il s'ensuit que le trinome dans l'ensemble de ses variations passe deux fois par toute valeur exclusivement comprise entre c et $+\infty$, pour deux valeurs de x égales en valeur absolue et de signes contraires ; qu'il passe quatre fois par toute valeur exclusivement comprise entre $\dfrac{4ac-b^2}{4a}$ et c, pour quatre valeurs de x deux à deux égales en valeur absolue et de signes contraires, et qu'il passe trois fois par la valeur c pour trois valeurs de x, l'une égale à zéro, les deux autres de signes contraires et égales en valeur absolue à $\sqrt{-\dfrac{b}{a}}$.

De plus, si l'on a $\dfrac{4ac-b^2}{4a} < 0$ en même temps que $c > 0$, le trinome s'annule quatre fois, pour quatre valeurs de x deux à deux égales en valeur absolue et de signes contraires ; si l'on a $\dfrac{4ac-b^2}{4a} < 0$ en même temps que $c = 0$, le trinome s'annule trois fois, pour deux valeurs de x égales en valeur absolue et de signes contraires et pour $x = 0$; si l'on a $\dfrac{4ac-b^2}{4a} < 0$ en même temps que $c < 0$, le trinome s'annule deux fois, pour deux valeurs de x égales en valeur absolue et de signes contraires ; si l'on a $\dfrac{4ac-b^2}{4a} = 0$, le trinome s'annule deux fois, pour les deux valeurs de x égales en valeur absolue et de signes contraires $-\sqrt{-\dfrac{b}{2a}}$ et

$+\sqrt{-\dfrac{b}{2a}}$; enfin si l'on a $\dfrac{4ac-b^2}{4a}>0$, le trinome ne s'annule pas.

Ces considérations mettent de nouveau en évidence les conditions auxquelles doivent satisfaire les coefficients du trinome ou de l'équation bicarrée pour que les quatre racines soient réelles, et alors distinctes, ou égales deux à deux, ou deux distinctes et les deux autres égales, ou bien pour que deux racines soient réelles et les deux autres imaginaires, ou bien enfin pour qu'elles soient toutes imaginaires.

II. $a<0$. — La valeur du trinome ou de y a le signe contraire à celui de la somme des quantités $\left(x^2+\dfrac{b}{2a}\right)^2$ et

$\dfrac{4ac-b^2}{4a^2}$; elle croît donc quand cette somme décroît et vice versa. Il en résulte que la marche des variations du trinome, dans les deux cas particuliers où l'on a $\dfrac{b}{2a}>0$ et $\dfrac{b}{2a}<0$, est le contraire de celle que donnent les deux tableaux correspondants pour l'hypothèse $a>0$. C'est-à-dire que y part de $-\infty$ pour retourner à $-\infty$ en passant par des *maxima* au lieu de minima et par un *minimum relatif* au lieu d'un maximum.

105. Représentation graphique des variations du trinome. — En procédant ici comme pour le trinome du second degré, on obtient des figures dont la forme et la position dépendent du signe de a et de $\dfrac{b}{2a}$.

1º *a positif.* Si $\dfrac{b}{2a}$ est aussi positif, on obtient une courbe (*fig.* 10) à deux branches infinies, dirigées dans le sens OY, et symétriques par rapport à l'axe YY'. Selon que c est négatif, nul ou positif, la courbe rencontre l'axe X'X en deux points, lui est tangente ou ne le rencontre pas.

Si $\dfrac{b}{2a}$ est négatif, on obtient une courbe (*fig.* 11) à deux branches infinies, dirigées dans le sens OY et symétriques par rapport à l'axe YY', et cette courbe présente deux minima

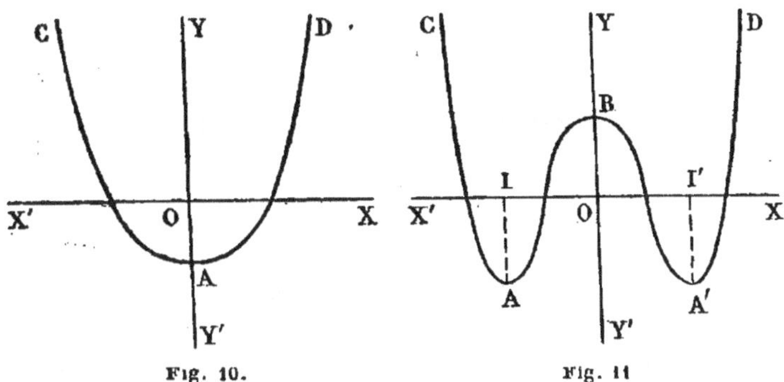

Fig. 10.   Fig. 11

en A et A' et un maximum relatif en B. Lorsqu'on a $\dfrac{4ac - b^2}{4a} < 0$ et $c > 0$, la courbe rencontre l'axe X'X en quatre points, comme dans la figure 11 ; lorsqu'on a $\dfrac{4ac - b^2}{4a} < 0$ et $c = 0$, la courbe est tangente en B à l'axe X'X et rencontre cet axe en deux autres points ; lorsqu'on a $\dfrac{4ac - b^2}{4a} < 0$ et $c < 0$, la courbe rencontre l'axe X'X en deux points seulement ; lorsqu'on a $\dfrac{4ac - b^2}{4a} = 0$, la courbe est tangente aux deux points A et A' à l'axe X'X ; enfin, lorsqu'on a $\dfrac{4ac - b^2}{4a} > 0$, la courbe ne rencontre pas l'axe X'X.

2° *a négatif*. Si $\dfrac{b}{2a}$ est négatif, on obtient la courbe de la figure 10 renversée, et si $\dfrac{b}{2a}$ est positif, la courbe de la figure 11 également renversée. Ces courbes coupent l'axe X'X ou lui sont tangentes, ou ne le rencontrent pas, en fournissant autant de cas particuliers que précédemment, mais avec des conditions toutes contraires de signes dans les quantités c et $\dfrac{4ac - b^2}{4a}$.

CHAPITRE VII

ÉQUATIONS DU SECOND DEGRÉ A PLUSIEURS INCONNUES

§ I. — Généralités.

106. Toute équation du second degré à deux inconnues, x et y par exemple, ne contient au plus que des termes du second degré en x^2, y^2 et xy, des termes du premier degré en x et en y et des termes tout connus. Si l'on réunit tous les termes dans le premier membre, par un changement de signe pour ceux qui se trouvent dans le second, et si l'on réduit à un seul terme chaque groupe de termes semblables, une équation du second degré à deux inconnues, quelle qu'elle soit, peut donc toujours être ramenée à la forme générale

$$ax^2 + bxy + cy^2 + dx + ey + f = 0.$$

En considérant des équations du second degré à trois, quatre, cinq,... inconnues, on pourrait tout aussi facilement en donner l'expression générale, qui contiendrait dix, quinze, vingt-un termes, etc.

Une équation isolée du second degré à plusieurs inconnues admet, comme l'équation du premier degré à plusieurs inconnues, une infinité de solutions. Le fait se démontre de la même manière et l'on prouve aussi, par les procédés dont on s'est servi au chapitre V (72), qu'un système d'équations simultanées du second degré à plusieurs inconnues ne peut être déterminé qu'autant que le nombre d'équations distinctes est exclusivement égal à celui des inconnues.

C'est à des systèmes d'équations simultanées comprenant autant d'équations que d'inconnues que nous aurons affaire ici.

§ II. — Résolution d'un système de n équations simultanées à n inconnues, dont l'une est du second degré et les $n-1$ autres du premier degré.

107. Soit le système de ce genre

$$(1) \begin{cases} ax^2 + by^2 + cz^2 + \cdots + exy + fxz + gyz + \cdots \\ \qquad\qquad + hx + jy + kz + \cdots + l = 0, \\ mx + ny + pz + \cdots + t = 0, \\ m'x + n'y + p'z + \cdots + t' = 0, \\ \cdots\cdots\cdots\cdots\cdots \end{cases}$$

Les $n-1$ équations du premier degré permettent d'exprimer $n-1$ inconnues en fonction de la n^e et d'avoir ainsi $n-1$ nouvelles équations du premier degré à deux inconnues qui se présentent de la manière suivante :

$$(2) \begin{cases} y = \alpha x + \beta, \\ z = \alpha'x + \beta', \\ \cdots\cdots\cdots \end{cases}$$

Si l'on remplace dans l'équation du second degré les $n-1$ inconnues $y, z,\ldots$ par leurs valeurs exprimées dans ces dernières équations, on obtiendra une nouvelle équation du second degré, qui n'aura plus qu'une inconnue x, et qui prendra dès lors la forme

$$(3) \qquad\qquad Ax^2 + Bx + C = 0.$$

Si l'on a $B^2 - 4AC > 0$, cette équation aura ses racines réelles et distinctes, x' et x'', qui, transportées dans chacune des équations (2), donneront pour chacune des autres inconnues deux valeurs y' et y'', z' et z'', etc. Dans ce cas, le système proposé admettra deux solutions

$$\begin{cases} x = x', \\ y = y', \\ z = z', \\ \cdots\cdots; \end{cases} \qquad \text{et} \qquad \begin{cases} x = x'', \\ y = y'', \\ z = z'', \\ \cdots\cdots \end{cases}$$

Si l'on a $B^2 - 4AC = 0$, l'équation (3) aura ses racines réelles et égales et le système (1) n'admettra qu'une solution.

Enfin, si l'on a $B^2 - 4AC < 0$, les racines de l'équation (3) seront imaginaires et le système proposé n'admettra aussi que des solutions imaginaires.

§ III. — Résolution d'un système de deux équations simultanées du second degré à deux inconnues.

108. Soit le système

$$(1) \quad \begin{cases} ax^2 + bxy + cy^2 + dx + ey + f = 0, \\ a'x^2 + b'xy + c'y^2 + d'x + e'y + f' = 0. \end{cases}$$

En multipliant les deux membres de la première équation par le coefficient c' de y^2 pris dans la seconde, et les deux membres de la seconde par le coefficient c de la même inconnue pris dans la première équation, si l'on retranche ensuite membre à membre les deux équations résultantes, on élimine y^2 entre les deux équations proposées et l'on obtient une nouvelle équation du premier degré en y,

$$(2) \quad (ac' - ca')x^2 + (bc' - cb')xy + (dc' - cd')x + (ec' - ce')y + fc' - cf' = 0,$$

qui, jointe à l'une de celles du système proposé, forme un nouveau système équivalent au premier.

Si de cette équation (2), que nous mettrons sous la forme plus simple

$$gx^2 + hxy + jx + ky + l = 0,$$

on tire la valeur de y en fonction de x,

$$(3) \quad y = -\frac{gx^2 + jx + l}{hx + k},$$

pour la porter dans l'une des équations (1), la première par exemple, on obtiendra l'équation

$$ax^2 - bx\left(\frac{gx^2 + jx + l}{hx + k}\right) + c\left(\frac{gx^2 + jx + l}{hx + k}\right)^2$$
$$+ dx - e\left(\frac{gx^2 + jx + l}{hx + k}\right) + f = 0,$$

qui formera avec l'équation (3) un autre système équivalent encore au système proposé.

Mais cette dernière équation, mise sous la forme entière en en multipliant les deux membres par la quantité $(hx + k)^2$, donne généralement une équation complète du quatrième degré de la forme

$$Ax^4 + Bx^3 + Cx^2 + Dx + E = 0.$$

On ne sait résoudre cette équation que dans quelques cas particuliers.

Lorsque cette résolution pourra être effectuée, on aura quatre valeurs pour x, auxquelles correspondront quatre valeurs pour y données par l'équation (3), ce qui constituera quatre solutions pour le système donné.

REMARQUE. — Si la résolution d'un système quelconque de deux équations du second degré à deux inconnues présente généralement des impossibilités vis-à-vis des procédés de l'Algèbre élémentaire, par contre un assez grand nombre de systèmes particuliers peuvent être résolus, même très simplement, par quelques artifices de calcul tirés pour la plupart des propriétés de l'équation du second degré.

CHAPITRE VIII

PROGRESSIONS

---

§ I. — Progressions arithmétiques.

109. Définitions. — Une suite de nombres tels que chacun d'eux est égal au précédent plus ou moins un nombre constant est ce qu'on appelle une *progression arithmétique*. Les divers nombres de cette suite sont les *termes* de la progression, et le nombre constant qui s'ajoute à chaque terme ou s'en retranche pour former le suivant s'appelle la *raison* de la progression.

Suivant que la raison est additive ou soustractive, les termes de la progression vont en augmentant ou en diminuant et l'on dit que la progression est *croissante* ou *décroissante*.

En considérant la raison comme positive dans le premier cas, et comme négative dans le second, on peut dire que dans toute progression arithmétique chaque terme est la somme algébrique du précédent et de la raison.

On écrit une progression arithmétique en en plaçant tous les termes sur une même ligne horizontale dans leur ordre de grandeur croissante ou décroissante, suivant le cas, et en les séparant entre eux par un point ; devant le premier terme on met le signe $\div$. Si les nombres a, b, c, d, e, f,... forment, dans cet ordre, une progression arithmétique, on exprime le fait ainsi :

$$\div a . b . c . d . e . f . \ldots$$

On conçoit que si cette progression est croissante, en l'écrivant en sens inverse on aurait une progression décroissante, et réciproquement.

110. Propriétés. — Les progressions arithmétiques jouissent des importantes propriétés qui vont suivre.

I. *Dans toute progression arithmétique, un terme quelconque est égal au premier plus autant de fois la raison qu'il y a de termes avant lui.*

Cette proposition permet de trouver facilement des nombres, en quantité déterminée, tels que placés entre deux nombres donnés a et b, ils forment une progression arithmétique ayant respectivement pour premier et pour dernier terme ces nombres a et b. C'est ce qu'on appelle insérer entre deux nombres des moyens arithmétiques.

Il suffit en effet pour résoudre la question de calculer la raison de la progression à établir et de former ensuite de proche en proche, en partant de a, les termes de cette progression. Si nous désignons par m le nombre des moyens arithmétiques à insérer, et par r la raison à chercher, le dernier terme b de la progression s'écrira, d'après le théorème précédent,

$$b = a + (m + 1)r,$$

d'où l'on aura pour valeur de la raison de la progression à former

$$r = \frac{b - a}{m + 1}.$$

II. *Si, dans une progression arithmétique, on insère entre chaque terme et le suivant un même nombre de moyens arithmétiques, et si l'on écrit ensuite, les unes à la suite des autres, les progressions ainsi formées, de manière que le premier terme de chacune d'elles soit le dernier de la précédente, on obtient dans l'ensemble une seule progression arithmétique.*

III. *Dans toute progression arithmétique croissante, les termes augmentent indéfiniment et peuvent devenir plus grands que toute quantité donnée.*

IV. *Dans toute progression arithmétique limitée, la somme de deux termes équidistants des extrêmes est constante et égale à la somme des extrêmes.*

De cette proposition on déduit la suivante :

V. *Dans toute progression arithmétique limitée, la somme de tous les termes est égale au produit de la demi-somme des deux extrêmes par le nombre des termes.*

111. Remarque. — Si, dans une progression arithmétique limitée, on représente par a et l le premier et le dernier terme, par r la raison, par n le nombre des termes et par s la somme de ces termes, le premier des théorèmes qui précèdent se traduit algébriquement :

$$l = a + (n - 1)r,$$

et le dernier,

$$s = \frac{(a + l)n}{2}.$$

On a ainsi deux relations entre cinq quantités, a, l, r, n, s, qui permettent de calculer deux quelconques d'entre elles connaissant les trois autres : de là dix problèmes différents que met en évidence la combinaison de ces cinq quantités deux à deux de toutes les manières possibles et que l'on peut résoudre au moyen de ces deux relations.

§ II. — Progressions géométriques.

112. Définitions. — Une *progression géométrique* est une suite de nombres tels que chacun d'eux est égal au précédent multiplié par un nombre constant appelé *raison* de la progression. Les divers nombres de cette suite sont les *termes* de la progression. Si la raison est supérieure à l'unité, les termes vont en augmentant et la progression est dite *croissante* ; si, au contraire, la raison est inférieure à l'unité, les termes vont en diminuant et la progression est dite *décroissante*.

On écrit une progression géométrique en en plaçant tous les termes sur une même ligne horizontale, dans leur ordre de grandeur croissante ou décroissante, suivant le cas, et en les séparant entre eux par deux points disposés verticalement ; devant le premier terme on met le signe $\div$. Si les nombres a, b, c, d, e f, ... forment, dans cet ordre, une progression géométrique, on exprime le fait ainsi :

$$\div\ a : b : c : d : e : f : \ldots$$

On conçoit que si cette progression est croissante, en l'écrivant en sens inverse on aurait une progression décroissante, et réciproquement.

113. Propriétés. — Les progressions géométriques étant définies, voici leurs propriétés générales.

I. *Dans toute progression géométrique, un terme quelconque est égal au premier multiplié par une puissance de la raison dont l'exposant est égal au nombre de termes qui précèdent celui que l'on considère.*

Cette proposition permet de trouver des nombres, en quantité déterminée, tels que placés entre deux nombres donnés a et b ils forment une progression géométrique ayant respectivement pour premier et pour dernier terme ces nombres a et b. C'est ce qu'on appelle insérer entre deux nombres des moyens géométriques.

Pour résoudre la question, il suffit de calculer la raison de la progression à établir et de former ensuite de proche en proche, en partant de a, les termes de cette progression. Si nous désignons par m le nombre des moyens géométriques à insérer et par q la raison à chercher, le dernier terme, b, de la progression s'écrira, d'après le théorème précédent,

$$b = aq^{m+1},$$

d'où l'on aura pour raison de la progression à former

$$q = \sqrt[m+1]{\dfrac{b}{a}}.$$

II. *Si, dans une progression géométrique, on insère entre chaque terme et le suivant un même nombre de moyens géométriques, et si l'on écrit ensuite les unes à la suite des autres les progressions ainsi formées, de manière que le premier terme de chacune d'elles soit le dernier de la précédente, on obtient dans l'ensemble une seule progression géométrique.*

III. *Dans toute progression géométrique croissante, les termes* *augmentent indéfiniment et peuvent devenir plus grands que toute quantité donnée quelque grande qu'elle soit.*

Pour démontrer cette proposition, on établit d'abord que *les puissances successives d'un nombre plus grand que l'unité croissent indéfiniment et deviennent plus grandes que toute quantité donnée.*

IV. *Dans toute progression géométrique décroissante, les termes diminuent indéfiniment et peuvent devenir plus petits que toute quantité donnée quelque petite qu'elle soit.*

On démontre cette proposition en établissant d'abord que *les puissances successives d'un nombre positif plus petit que l'unité décroissent indéfiniment et deviennent plus petites que toute quantité donnée.*

V. *Dans toute progression géométrique limitée, le produit de deux termes équidistants des extrêmes est constant et égal au produit des extrêmes.*

De cette proposition on déduit facilement la suivante :

VI. *Dans toute progression géométrique limitée, le produit de tous les termes est égal à la racine carrée du produit des deux extrêmes élevé à une puissance dont l'exposant est le nombre des termes.*

VII. *Dans toute progression géométrique limitée, la somme de tous les termes s'obtient en multipliant le dernier terme par la raison, en retranchant de ce produit le premier terme et en divisant le résultat par l'excès de la raison sur l'unité.*

Si dans une progression géométrique limitée, on représente par a et l le premier terme et le dernier, par q la raison et par s la somme de tous les termes, le précédent théorème se traduit algébriquement

$$(1) \qquad S = \frac{lq - a}{q - 1}.$$

Si, d'autre part, on désigne par n le nombre des termes de la progression, le dernier terme, d'après le théorème I, a pour expression

$$(2) \qquad l = aq^{n-1}.$$

Cette valeur de l substituée dans la relation (1) donne

$$(3) \qquad S = \frac{a(q^n - 1)}{q - 1}.$$

De cette formule, établie dans l'hypothèse d'un nombre déterminé de termes, en déduit la limite de la somme des termes d'une progression géométrique décroissante illimitée.

Pour cela, continuons un instant à supposer que n est fini, et comme la raison, dans le cas qui nous occupe, est plus petite que l'unité, pour rendre positifs les deux termes de la formule (3) mettons-la sous la forme

$$S = \frac{a(1 - q^n)}{1 - q},$$

ou, en séparant les deux termes du numérateur,

$$S = \frac{a}{1 - q} - \frac{aq^n}{1 - q}.$$

On voit ainsi que la somme des termes d'une progression géométrique décroissante limitée à n termes se compose de deux parties, l'une fixe $\dfrac{a}{1 - q}$, et l'autre variable avec n, $\dfrac{aq^n}{1 - q}$. Dès lors, si l'on admet que n augmente, $\dfrac{aq^n}{1 - q}$ diminue, et S augmente et se rapproche de $\dfrac{a}{1 - q}$; enfin, si n augmente au delà de toute limite, $\dfrac{aq^n}{1 - q}$ descend au-dessous de toute quantité assignable et S finit par différer d'aussi peu que l'on veut de $\dfrac{a}{1 - q}$. Cette quantité $\dfrac{a}{1 - q}$ est ainsi la limite vers laquelle tend la somme S quand n croît indéfiniment.

On trouve une intéressante application de cette limite dans la recherche de la fraction ordinaire génératrice d'une fraction décimale périodique.

114. Remarque. — Les relations (2) et (3) qui contiennent cinq quantités, a, l, q, n, S, permettent de calculer deux quelconques de ces quantités connaissant les trois autres : de là dix problèmes différents que la combinaison de ces cinq quantités deux à deux de toutes les manières possibles met en évidence, et que l'on peut résoudre au moyen de ces deux relations. Parmi ces problèmes, il en est trois qui n'ont pour inconnues ni q ni n : ceux-là ne dépendent que du premier degré ; mais les autres sont plus difficiles ; quelques-uns veulent l'aide des logarithmes, d'autres sortent du domaine de l'Algèbre élémentaire.

CHAPITRE IX

LOGARITHMES

---

§ I. — Définition des logarithmes.

115. Le rapprochement des formules relatives aux progressions géométriques de celles qui se rapportent aux progressions arithmétiques fait ressortir cette particularité remarquable que toute opération indiquée dans l'une des formules du premier groupe est remplacée dans sa correspondante du second par une opération de même espèce mais de degré inférieur, c'est-à-dire que les multiplications et les élévations aux puissances sont respectivement remplacées par des additions et des multiplications, les divisions et les extractions de racines, par des soustractions et des divisions. L'idée des logarithmes est née de cette comparaison.

Si l'on considère deux progressions croissantes, l'une géométrique commençant par l'unité, l'autre arithmétique commençant par zéro,

$$\div 1 : q : q^2 : q^3 : \ldots : q^n : \ldots,$$
$$\div 0 \, . \, r \, . \, 2r \, . \, 3r \, \ldots \, . \, nr \, \ldots,$$

chaque terme de la seconde est dit le *logarithme* du terme correspondant de la première et les deux progressions constituent ce qu'on appelle un *système* de logarithmes.

Cette définition, qui ne s'applique tout d'abord qu'aux seuls nombres qui composent la progression géométrique, peut s'étendre à beaucoup d'autres que l'on obtient en insérant un même nombre de moyens géométriques dans chaque intervalle de deux termes consécutifs de la progression géométrique, et

ce même nombre de moyens arithmétiques dans chaque intervalle de deux termes consécutifs de la progression arithmétique.

Mais il est des nombres que cette opération n'introduira
jamais dans la progression géométrique et auxquels il a fallu
étendre, pour les besoins du calcul, la définition précédente.

A cet effet, on démontre d'abord : 1° *qu'on peut insérer dans
chaque intervalle de deux termes consécutifs de la progression
géométrique un nombre de moyens géométriques assez grand pour
que la raison de la nouvelle progression diffère d'aussi peu qu'on
voudra de l'unité ;*

2° *qu'on peut rendre la raison de la nouvelle progression géométrique assez proche de l'unité pour que la différence de deux
termes consécutifs de cette progression soit aussi petite qu'on
voudra ;*

3° *qu'on peut insérer dans chaque intervalle de deux termes
consécutifs de la progression arithmétique un nombre de moyens
arithmétiques assez grand pour que la raison de la nouvelle progression, autrement dit que la différence de deux termes consécutifs de cette progression, soit aussi petite qu'on voudra.*

Cela posé, tout nombre plus grand que l'unité peut être
considéré comme faisant partie, avec telle approximation qu'on
voudra, de la progression géométrique, et l'on dit que son
logarithme est la limite commune vers laquelle tendent les
logarithmes des deux termes de la progression géométrique
qui comprennent entre eux le nombre envisagé, lorsque ces
deux termes viennent à différer l'un de l'autre d'une quantité
plus petite que toute quantité assignable.

Réciproquement, tout nombre positif peut être considéré
comme faisant partie, avec telle approximation qu'on voudra,
de la progression arithmétique, et l'on dit qu'il est le logarithme
de la limite commune vers laquelle tendent les termes de la
progression géométrique dont les logarithmes comprennent
entre eux le nombre envisagé, lorsque ces deux logarithmes
viennent à différer l'un de l'autre d'une quantité plus petite que
toute quantité assignable.

Tout ce qui précède s'applique exclusivement aux nombres plus grands que l'unité. Mais si l'on prolonge indéfiniment vers la gauche les deux progressions qui forment le système de logarithmes que nous avons envisagé, on dit encore que les termes négatifs de la progression arithmétique sont les logarithmes des termes correspondants de la progression géométrique. Et si l'on insère dans chaque intervalle de deux termes consécutifs de l'une et l'autre progression le même nombre de moyens, et que l'on prenne ce nombre assez grand pour que la différence de deux termes consécutifs, dans chaque progression, soit plus petite que toute quantité assignable, on pourra dire que tout nombre plus petit que l'unité a un logarithme, qui est négatif, et réciproquement, que tout nombre négatif est le logarithme d'un nombre qui est positif et plus petit que l'unité.

En résumé, tout nombre positif a ainsi un logarithme positif ou négatif selon qu'il est plus grand ou plus petit que l'unité, et tout nombre est le logarithme d'un nombre plus grand ou plus petit que l'unité, selon qu'il est positif ou négatif. Les nombres négatifs ne pouvant trouver place dans la progression géométrique d'un système de logarithmes, n'ont pas de logarithmes.

§ II. — Propriétés des logarithmes.

116. Les propriétés fondamentales des logarithmes sont les suivantes :

I. *Le logarithme d'un produit de facteurs est égal à la somme des logarithmes de ces facteurs.*

II. *Le logarithme d'une puissance d'un nombre est égal au produit du logarithme de ce nombre par l'exposant de la puissance.*

III. *Le logarithme du quotient de deux nombres est égal à l'excès du logarithme du dividende sur le logarithme du diviseur.*

IV. *Le logarithme d'une racine d'un nombre est égal au quotient du logarithme de ce nombre divisé par l'indice de la racine.*

Il ressort de l'ensemble de ces propositions que l'emploi des

logarithmes permet d'abaisser d'un degré les opérations sur
les nombres, c'est-à-dire de substituer respectivement des
additions et des multiplications aux multiplications et aux
élévations aux puissances, des soustractions et des divisions
aux divisions et aux extractions de racines. De là la très grande
utilité des tables de logarithmes.

§ III. — Logarithmes vulgaires.

117. Il peut y avoir une infinité de systèmes de logarithmes
et chacun d'eux est défini par sa *base*. On appelle ainsi le nombre qui a pour logarithme l'unité.

Cette détermination d'un système par la donnée de la base
se conçoit aisément, car on connaît alors deux termes de la
progression géométrique et les deux termes correspondants
de la progression arithmétique. Or ces conditions suffisent
pour exprimer chacune des deux progressions ; il s'ensuit
donc bien que le système est défini.

Si l'on ne connaît d'un système de logarithmes que les deux
progressions qui le constituent ou deux termes de l'une des
progressions avec les deux termes correspondants de l'autre
— ce qui suffit pour déterminer ces deux progressions — on
peut trouver la base de ce système, en cherchant le nombre
qui, compris ou introduit par une insertion de moyens géométriques, dans la première progression, a pour correspondant,
dans la seconde, l'unité, qui s'y trouve comprise ou qu'on y a
introduite par une insertion de moyens arithmétiques en nombre égal à celui des moyens géométriques précédents.

On définit aussi le logarithme d'un nombre dans un système
donné, *l'exposant de la puissance à laquelle il faut élever la base
de ce système pour reproduire ce nombre.*

Pour montrer que cette définition concorde avec la première, considérons les deux progressions suivantes qui déterminent un système de logarithmes :

$$\div\ 1 : (1 + \alpha) : (1 + \alpha)^2 : \ldots : (1 + \alpha)^n : \ldots,$$
$$\div\ 0 .\quad r\quad .\quad 2r\quad \ldots\ldots\quad nr\quad .\quad \ldots,$$

et soit nr le terme de la progression arithmétique qui est égal à l'unité ; le terme correspondant $(1 + \alpha)^n$, dans la progression géométrique, sera donc la base du système. Si l'on représente par a cette base, on pourra écrire $a = (1 + \alpha)^n$,

et comme on a
$$nr = 1,$$

ou
$$n = \frac{1}{r},$$

la base aura pour expression

(1)
$$a = (1 + \alpha)^{\frac{1}{r}}.$$

Soient maintenant un nombre quelconque, $N = (1 + \alpha)^p$, de la progression géométrique et x son logarithme ; on aura

$$x = pr,$$

d'où
$$p = \frac{x}{r}.$$

Il s'ensuit que l'on peut écrire N sous la forme suivante :

$$N = (1 + \alpha)^{\frac{x}{r}},$$

ou
$$N = \left[(1 + \alpha)^{\frac{1}{r}} \right]^x,$$

ou enfin, d'après (1), $N = a^x$.

Ce qui justifie bien la définition ci-dessus considérée par rapport à la première.

Une expression de la forme a^x est appelée une *fonction exponentielle*.

Dans les calculs ordinaires, on emploie généralement le système de logarithmes dont la base est 10. Ce système jouit des propriétés suivantes :

Seules les puissances de 10 ont des logarithmes commensurables, qui sont les exposants de ces puissances.

Les logarithmes de tous les autres nombres sont incommensurables ; évalués en nombres décimaux avec une certaine approximation, ils comprennent deux parties, l'une entière qu'on appelle la *caractéristique* du logarithme, et l'autre décimale qui est la *mantisse*.

Si l'on multiplie ou si l'on divise un nombre positif par une puissance de 10, on augmente ou l'on diminue son logarithme d'autant d'unités qu'il y en a dans l'exposant de cette puissance ; en d'autres termes, dans une multiplication de ce genre, la partie décimale du logarithme ne change pas, la caractéristique seule est augmentée de l'exposant de la puissance de 10 multiplicatrice.

Les nombres plus grands que l'unité ont des logarithmes dont la caractéristique contient autant d'unités moins une que ces nombres ont de chiffres à leur partie entière.

Les nombres plus petits que l'unité ont tous des logarithmes négatifs. Dans la pratique, on remplace avec avantage ces logarithmes par d'autres dont la caractéristique seule est négative. Pour cela, on ajoute une unité à la partie décimale et l'on en retranche une à la caractéristique. Ainsi modifiée, la caractéristique négative du logarithme d'un nombre moindre que l'unité, exprimé en décimales, contient un nombre d'unités marqué par le rang, après la virgule, du premier chiffre significatif de ce nombre.

118. Tables de logarithmes. — On utilise ce remarquable instrument de calcul qu'on appelle les logarithmes, et dont toute la valeur ressort de la théorie précédente, en dressant des tables qui contiennent la suite naturelle des nombres entiers depuis 1 jusqu'à un nombre donné et, placés en regard, les logarithmes de ces nombres, évalués avec une approximation déterminée. Les procédés de calcul employés pour cela, beaucoup plus commodes et plus rapides que celui qui consiste dans des insertions de moyens, n'appartiennent pas à l'Algèbre élémentaire.

Les principales tables en usage contiennent généralement les logarithmes avec cinq décimales des 10000 premiers nombres entiers, ou les logarithmes avec sept décimales des 100000 ou 108000 premiers nombres entiers.

Pour s'en servir, il faut savoir résoudre le double problème qui suit:

Un nombre étant donné, trouver son logarithme, et réciproquement, *le logarithme d'un nombre étant donné, trouver ce nombre.*

119. Calculs logarithmiques. — L'application des logarithmes à la résolution de certaines questions algébriques conduit à l'addition, la soustraction, la multiplication ou la division des logarithmes.

Pour *additionner* des logarithmes, on fait d'abord la somme des parties décimales, puis la somme algébrique des caractéristiques, à laquelle on ajoute, s'il y a lieu, la retenue provenant de la première addition.

Pour *retrancher* un logarithme, on ajoute un autre logarithme qu'on appelle le complément du premier, ou *cologarithme*, et qu'on obtient de la manière suivante : on forme sa caractéristique en augmentant d'une unité la caractéristique du logarithme à soustraire et en changeant le signe du résultat, et pour avoir la partie décimale, on retranche celle du logarithme donné de l'unité.

Pour *multiplier* un logarithme par un nombre entier, on multiplie la partie décimale, puis la caractéristique, et à ce dernier produit, positif ou négatif suivant le signe de la caractéristique, on ajoute la retenue du premier produit.

Pour *diviser* un logarithme par un nombre entier, on procède comme pour les divisions ordinaires si la caractéristique est positive. Si elle est négative, on la rend divisible par le nombre diviseur en lui ajoutant autant d'unités négatives qu'il est nécessaire, sauf à augmenter la partie décimale d'autant d'unités positives, puis on divise successivement la caractéristique et la partie décimale ainsi modifiées : les deux quotients expriment respectivement la caractéristique et la partie décimale du quotient cherché.

LIVRE II

ALGÈBRE ÉLÉMENTAIRE PRATIQUE

CHAPITRE I

MÉTHODES ET PROCÉDÉS DE DÉMONSTRATION DES THÉORÈMES ALGÉBRIQUES

120. Les vérités algébriques sont, en grand nombre, de même nature que les vérités arithmétiques : c'est une conséquence de ce fait, déjà énoncé, que l'Algèbre est sortie de la généralisation de l'Arithmétique.

Il en résulte que les méthodes et les procédés dont on se sert pour démontrer les vérités algébriques sont tout naturellement ceux que nous a fournis l'Arithmétique, auxquels viennent se joindre les moyens plus puissants dus à l'Algèbre, et que l'on tire soit de la généralisation même des questions sur les nombres, soit de la théorie des équations, etc.

Dans ce qui va suivre, nous appliquerons donc à la démonstration de quelques théorèmes les procédés connus des transformations d'expressions, des transformations et des combinaisons d'égalités et d'inégalités ; nous montrerons comment on peut se servir des ressources que fournissent les principales théories algébriques, entre autres celle des quantités imaginaires, et nous donnerons à la suite quelques exemples de démonstrations par les trois méthodes générales : l'analyse, la synthèse et la méthode de réduction à l'absurde.

§ I. — Transformations d'expressions.

121. I. *L'expression* $3.5^{2n+1} + 2^{3n+1}$ *est divisible par* 17 *quelle que soit la valeur attribuée à* n.

On peut écrire successivement

$$3.5^{2n+1} + 2^{3n+1} = 3.5(5^2)^n + 2(2^3)^n$$
$$= 15.25^n + 2.8^n$$
$$= (17 - 2)25^n + 2.8^n$$
$$= 17.25^n - 2(25^n - 8^n).$$

L'expression est ainsi ramenée à la différence des deux termes 17.25^n et $2(25^n - 8^n)$ respectivement divisibles par 17 : le premier parce qu'il contient le facteur 17, et le second parce qu'il est divisible par $(25 - 8)$ ou 17.

Nous avons donné précédemment (*Arithm.*, 206) une démonstration arithmétique de cette proposition.

122. II. *Le carré d'un polynome est égal à la somme des carrés de tous ses termes augmentée de la somme des doubles produits de ces mêmes termes pris deux à deux de toutes les manières possibles.*

Soit un polynome $a + b + c + \ldots + l$.

Son carré $(a + b + c + \ldots + l)^2$ contient deux sortes de termes, ceux qui résultent des produits de deux termes égaux des deux facteurs du carré, a^2, b^2, c^2, etc., et ceux qui proviennent des produits de deux termes différents, ab, ac, bc, etc. Des premiers, il y en a autant que de lettres dans le polynome proposé ; des seconds, autant qu'on peut obtenir de combinaisons différentes avec toutes les lettres du polynome en les prenant deux à deux ; mais il est à remarquer que chacun de ces derniers termes s'obtient de deux manières, comme le terme ab, par exemple, qui résulte du produit de a, pris dans l'un des facteurs du carré, par b, pris dans l'autre, et vice versa. Le développement cherché se compose donc de la somme $a^2 + b^2 + c^2 + \ldots + l^2$ augmentée de la suivante : $2ab + 2ac + 2bc$, etc.

On a donc

$$(a + b + c + \ldots + l)^2 = a^2 + b^2 + c^2 + \ldots + l^2$$
$$+ 2ab + 2ac + 2bc + \ldots + 2kl.$$

123. III. *La condition nécessaire et suffisante pour que $x^m - a^m$ soit divisible par $x^n - a^n$ est que m soit un multiple de n.*

En effectuant la division $\dfrac{x^m - a^m}{x^n - a^n}$ on obtient pour quotient le polynome $x^{m-n} + a^n x^{m-2n} + a^{2n} x^{m-3n} + \ldots$

Si p représente le nombre de fois que n est contenu dans m, on arrive nécessairement par l'application de la règle de la division algébrique à écrire au quotient le terme $+ a^{(p-1)n} x^{m-pn}$. Le reste suivant est $+ a^{pn} x^{m-pn} - a^m$.

On a ainsi

$$\frac{x^m - a^m}{x^n - a^n} = x^{m-n} + a^n x^{m-2n} + a^{2n} x^{m-3n} + \ldots$$
$$+ a^{(p-1)n} x^{m-pn} + \frac{a^{pn} x^{m-pn} - a^m}{x^n - a^n}.$$

Le reste $a^{pn} x^{m-pn} - a^m$ est nul ou ne l'est pas.

S'il est nul, les deux termes $a^{pn} x^{m-pn}$ et a^m sont identiquement égaux, et il faut que l'on ait $a^{pn} = a^m$ et $x^{m-p} = 1$; or cette double relation est satisfaite par cette autre $m = pn$: la condition que m soit un multiple de n est donc *suffisante*.

Si le reste $a^{pn} x^{m-pn} - a^m$ n'était pas nul, c'est-à-dire si m n'était pas égal à pn, on serait amené à écrire au quotient le terme $+ a^{pn} x^{m-(p+1)n}$, dans lequel l'exposant de x serait négatif, $(p+1)n$ étant par hypothèse supérieur à m; dès lors la division se continuerait indéfiniment et l'expression $x^m - a^m$ ne serait pas divisible par $x^n - a^n$: la condition que m soit égal à pn, autrement dit qu'il soit un multiple de n est donc *nécessaire*.

124. IV. *Lorsqu'on ajoute à une fraction quelconque cette même fraction renversée, on obtient une somme qui ne descend pas au-dessous d'une certaine limite, et cette limite est le nombre 2.*

Soit la fraction $\dfrac{b}{a}$, dans laquelle a et b sont deux nombres positifs quelconques. En lui ajoutant la fraction $\dfrac{a}{b}$, on a

l'expression $\dfrac{b}{a} + \dfrac{a}{b}$ identiquement égale à cette autre :

$\dfrac{a^2 + b^2}{ab}$.

Si l'on retranche et si l'on ajoute au numérateur de cette dernière fraction l'expression $2ab$, elle devient

(1) $$\frac{(a-b)^2}{ab} + 2$$

ou $$\frac{(b-a)^2}{ab} + 2.$$

Mais raisonner sur l'une ou sur l'autre de ces deux expressions c'est exactement la même chose.

Il s'agit donc d'étudier les variations de l'expression (1) par exemple, lorsque, supposant fixe le dénominateur a de la fraction proposée, on fait passer b par toutes les valeurs possibles de 0 à ∞

Si b est très petit et tend vers zéro, $a-b$ tend vers a et ab vers zéro ; l'expression (1) devient donc très grande et tend vers l'infini.

Si b augmente, $a-b$ diminue et ab augmente : deux raisons pour que $\dfrac{(a-b)^2}{ab}$ diminue ; il s'ensuit donc que l'expression (1) diminue.

Si b devient égal à a, le numérateur s'annule, le dénominateur prend la valeur a^2 et l'expression (1) se réduit au nombre 2.

Si b augmente encore et devient plus grand que a, l'expression (1) ne peut plus nous servir pour raisonner, il faut la

mettre sous la forme $\dfrac{\left(\dfrac{a}{b} - 1\right)^2}{\dfrac{a}{b}} + 2$ que l'on obtient en

divisant les deux termes de $\dfrac{(a-b)^2}{ab}$ par b^2.

Nous voyons alors que si b devient plus grand que a,

$\left(\dfrac{a}{b} - 1\right)^2$ augmente, $\dfrac{a}{b}$ diminue : deux raisons pour

que la fraction $\dfrac{\left(\dfrac{a}{b} - 1\right)^2}{\dfrac{a}{b}}$ augmente et par suite que l'ex-

pression (1) augmente.

Enfin, lorsque b devient très grand et tend vers l'infini, $\left(\dfrac{a}{b} - 1\right)^2$ tend vers l'unité et $\dfrac{a}{b}$ vers zéro ; la fraction

$\dfrac{\left(\dfrac{a}{b} - 1\right)^2}{\dfrac{a}{b}}$ tend donc vers l'infini et par suite l'expression (1)

tend aussi vers l'infini.

Les résultats de cette étude peuvent être consignés ainsi dans le tableau suivant :

b	0	croît	$+a$	croît	$+\infty$
$\dfrac{(a-b)^2}{ab} + 2$	$+\infty$	décroît	$+2$	croît	$+\infty$

L'expression (1) a donc une limite inférieure et cette limite est le nombre 2.   C. Q. F. D.

§ II. — Transformations et combinaisons d'égalités.

125. I. *Si deux nombres a et b sont premiers entre eux, on peut toujours en trouver deux autres m et n, entiers et de signes contraires, tels que l'on ait*
$$am + bn = 1.$$

a étant supposé plus grand que b — ce que permet la symétrie de la relation donnée par rapport aux deux nombres a et b — la recherche du plus grand commun diviseur de ces deux nombres, qui conduit à un reste égal à l'unité, donne lieu aux identités suivantes, dans lesquelles $q_1, q_2, q_3, \ldots, q_n$ représenteront les quotients successifs et $r_1, r_2, r_3, \ldots, r_n$ les restes successifs, le dernier étant égal à 1 :

$$a = bq_1 + r_1,$$
$$b = r_1 q_2 + r_2,$$
$$r_1 = r_2 q_3 + r_3,$$
$$\cdots \cdots \cdots,$$
$$r_{n-2} = r_{n-1} q_n + r_n.$$

On en déduit

$$r_1 = a - bq_1,$$
$$r_2 = b - r_1 q_2 = -aq_2 + b(1 + q_1 q_2),$$
$$r_3 = r_1 - r_2 q_3 = a(1 + q_2 q_3) - b[q_1 + (1 + q_1 q_2)q_3],$$

ce qui montre, sans aller plus loin, que tous les restes successifs se présentent sous la forme $am + bn$, dans laquelle
m et n sont entiers et de signes contraires.

Il en sera de même du dernier, et comme il est égal à l'unité,
on pourra écrire

$$am + bn = 1. \qquad \text{C. Q. F D.}$$

126. II. *Pour que la valeur numérique de la fraction*

$$\frac{ax^2 + bx + c}{a'x^2 + b'x + c'}$$

soit indépendante de x, *il faut et il suffit que l'on ait*

$$\frac{a}{a'} = \frac{b}{b'} = \frac{c}{c'}.$$

Soit m la valeur numérique constante que prend la fraction donnée pour toute valeur attribuée à x. On pourra écrire
successivement

$$\frac{ax^2 + bx + c}{a'x^2 + b'x + c'} = m,$$
$$ax^2 + bx + c = ma'x^2 + mb'x + mc',$$
$$(a - ma')x^2 + (b - mb')x + c - mc' = 0.$$

Or on démontre (142) qu'il faut pour qu'un polynome entier en
x soit égal à zéro, que chaque terme soit nul ; on aura donc

$$a = ma' ; \qquad b = mb' ; \qquad c = mc' ;$$

d'où l'on tire

$$\frac{a}{a'} = \frac{b}{b'} = \frac{c}{c'} = m.$$

La condition est donc nécessaire.

Elle est suffisante. En effet, si l'on remplace dans le numérateur de la fraction proposée les lettres a, b et c par leurs valeurs respectives ma', mb' et mc', cette fraction prend la forme $m\,\dfrac{a'x^2 + b'x + c'}{a'x^2 + b'x + c'}$, dont la valeur est évidemment constante et égale à m.

127. III. *La somme des m^{es} puissances des racines de l'équation*

$$ax^2 + bx + c = 0$$

est donnée par la formule

$$aS_m + bS_{m-1} + cS_{m-2} = 0,$$

dans laquelle S_m *représente la somme de ces* m^{es} *puissances.*

En remplaçant x, dans l'équation donnée, successivement par chacune des racines x' et x'' de cette équation, on obtient les deux identités

$$(1) \qquad ax'^2 + bx' + c \equiv 0,$$

$$(2) \qquad ax''^2 + bx'' + c \equiv 0.$$

En les ajoutant membre à membre, on a

$$a(x'^2 + x''^2) + b(x' + x'') + 2c \equiv 0,$$

ou

$$(3) \qquad aS_2 + bS_1 + 2c = 0.$$

Si l'on multiplie les deux identités (1) et (2) respectivement par x' et x'' et qu'on les ajoute ensuite membre à membre ; puis qu'on multiplie ces mêmes identités respectivement par x'^2 et x''^2, pour les ajouter encore membre à membre après cette opération, et que l'on continue ainsi jusqu'à ce qu'on les multiplie respectivement par x'^{m-2} et x''^{m-2} afin d'ajouter encore membre à membre les identités résultantes, on aura la série suivante d'identités :

$$a(x'^3 + x''^3) + b(x'^2 + x''^2) + c(x' + x'') \equiv 0,$$

$$a(x'^4 + x''^4) + b(x'^3 + x''^3) + c(x'^2 + x''^2) \equiv 0,$$

$$\cdots\cdots\cdots\cdots\cdots\cdots\cdots\cdots\cdots$$

$$a(x'^m + x''^m) + b(x'^{m-1} + x''^{m-1}) + c(x'^{m-2} + x''^{m-2}) \equiv 0,$$

ou
$$aS_3 + bS_2 + cS_1 = 0,$$
$$aS_4 + bS_3 + cS_2 = 0,$$
$$\cdot \quad \cdot \quad \cdot \quad \cdot \quad \cdot \quad \cdot \quad \cdot \quad \cdot$$

(4) $$aS_m + bS_{m-1} + cS_{m-2} = 0.$$

Cette formule, qu'on appelle une *formule de récurrence*, permet de calculer S_m lorsqu'on connaît S_{m-1} et S_{m-2}. On sait que $S_1 = -\dfrac{b}{a}$ et l'on peut déduire S_2 de la relation (3). Il s'ensuit qu'on peut exprimer successivement S_3, S_4, S_5, ...

§ III. — Transformations et combinaisons d'inégalités.

128. I. *L'équation du second degré*
$$A(x - a) + B(x - b) + C(x - a)(x - b) = 0$$
a ses deux racines réelles lorsque A *et* B *sont de même signe.*

En effectuant les multiplications indiquées, et en groupant les termes de même degré, cette équation peut se mettre sous la forme
$$Cx^2 + [A + B - C(a + b)]x - (Aa + Bb - Cab) = 0.$$

Pour que les racines de cette équation soient réelles, il faut que l'on ait
$$[A + B - C(a + b)]^2 + 4C(Aa + Bb - Cab) \geqslant 0,$$
ou, en effectuant les calculs et simplifiant,

(1) $$(A + B)^2 + C^2(a - b)^2 + 2(A - B)C(a - b) \geqslant 0.$$

Si A et B sont de même signe, $A + B$ est égal en valeur absolue à la somme des valeurs absolues de chacun des deux nombres A et B ; il s'ensuit que la valeur absolue de $A + B$ est supérieure à celle de $A - B$. De sorte que la somme des deux premiers termes essentiellement positifs $(A + B)^2$ et $C^2(a - b)^2$ de l'inégalité (1) est plus grande que le troisième $2(A - B)C(a - b)$. On a toujours, en effet (135),
$$m^2 + n^2 > 2mn ;$$
par conséquent,
$$(A + B)^2 + C^2(a - b)^2 > 2(A + B)C(a - b)$$

et, à plus forte raison, en ne considérant que des valeurs absolues,

$$(A + B)^2 + C^2(a - b)^2 > 2(A - B)C(a - b).$$

Il en résulte que le premier membre de l'inégalité (1) est toujours positif quel que soit le signe commun de A et de B, et quel que soit, comme conséquence, celui de l'expression $2(A - B)C(a - b)$: les deux racines de l'équation proposée sont donc réelles.

129. II. *Le trinome du second degré*

$$b^2x^2 + (b^2 + c^2 - a^2)x + c^2$$

est toujours positif, quel que soit x, si a, b, c sont les trois côtés d'un triangle.

Pour que le trinome proposé, dont le coefficient du premier terme est positif, soit toujours positif quel que soit x, il faut et il suffit que ses racines soient imaginaires, c'est-à-dire que l'on ait

$$(1) \qquad (b^2 + c^2 - a^2)^2 - 4b^2c^2 < 0,$$

ce qui peut s'écrire

$$(b^2 + c^2 - a^2 + 2bc)(b^2 + c^2 - a^2 - 2bc) < 0,$$

ou, si l'on admet que b soit plus grand que c (en admettant le contraire on arriverait au même résultat),

$$(2) \qquad [(b + c)^2 - a^2][(b - c)^2 - a^2] < 0.$$

Or, si a, b, c sont les trois côtés d'un triangle, on a les deux inidentités suivantes :

$$b + c > a$$
et
$$b - c < a,$$

qui donnent respectivement

$$(b + c)^2 > a^2$$
et
$$(b - c)^2 < a^2,$$

d'où il suit que dans cette hypothèse le premier facteur du premier membre de l'inidentité (2) est positif et le second négatif ; cette inidentité est donc satisfaite. Il s'ensuit que l'inidentité (1) l'est aussi, par conséquent que les racines du trinome proposé sont imaginaires et finalement que ce trinome est toujours positif, quel que soit x.

§ IV. — Emploi des quantités imaginaires.

130. La résolution de l'équation générale du second degré a conduit à dire, dans le cas où l'on a $b^2 - 4ac < 0$, que l'équation admet des racines imaginaires représentées encore par l'expression $\dfrac{-b \pm \sqrt{b^2 - 4ac}}{2a}$, qui n'est plus alors qu'un symbole. Ce symbole peut être mis sous la forme $m \pm n\sqrt{-1}$, et, si l'on représente $\sqrt{-1}$ par i, sous la suivante, plus commode, $m \pm ni$. Les deux racines imaginaires $m + ni$ et $m - ni$ sont dites des *expressions imaginaires conjuguées*.

On sait d'autre part que l'on est convenu d'appliquer à ces expressions toutes les règles de calcul établies pour les quantités réelles, en admettant que le carré de $\sqrt{-1}$ ou i est -1.

Cela dit, les expressions imaginaires peuvent être parfois utilisées pour démontrer des vérités mathématiques. En voici des exemples dans la démonstration de deux théorèmes que nous établissons plus loin (138) par d'autres procédés.

131. I. *Deux nombres qui sont chacun une somme de deux carrés ont pour produit une somme de deux carrés.*

Soient deux nombres $a + bi$ et $c + di$; leur produit donne

$$(a + bi)(c + di) = (ac - bd) + (bc + ad)i.$$

Soient deux autres nombres, les conjugués des premiers, $a - bi$ et $c - di$; leur produit donne

$$(a - bi)(c - di) = (ac - bd) - (bc + ad)i.$$

En multipliant membre à membre ces deux identités, il vient

$$(a^2 + b^2)(c^2 + d^2) = (ac - bd)^2 + (bc + ad)^2.$$

C. Q. F. D.

132. II. *Deux nombres qui sont chacun la somme de quatre carrés ont pour produit une somme de quatre carrés.*

Le développement de l'expression facile à retenir $(ab' - ba')$

$(cd' - dc')$ donne, en écrivant tout d'abord les deux termes positifs puis les deux termes négatifs, l'identité suivante :

$$(ab' - ba')(cd' - dc') \equiv acb'd' + bda'c' - bca'd' - adb'c',$$

qui devient, en ajoutant et en retranchant ensuite au second membre les deux expressions $aca'c'$ et $bdb'd'$,

$$(ab' - ba')(cd' - dc') \equiv acb'd' + bda'c' - bca'd' - adb'c'$$
$$+ aca'c' + bdb'd' - aca'c' - bdb'd'$$
$$\equiv ac(a'c' + b'd') + bd(a'c' + b'd')$$
$$- ca'(ac' + bd') - db'(ac' + bd'),$$

ou, enfin,

$$(1) \qquad (ab' - ba')(cd' - dc') \equiv (ac + bd)(a'c' + b'd')$$
$$- (ca' + db')(ac' + bd').$$

Si l'on pose maintenant

$$a = m + ni, \quad b = p + qi, \quad c = m' + n'i, \quad d = p' + q'i,$$
$$a' = -p + qi, \quad b' = m - ni, \quad c' = -p' + q'i, \quad d' = m' - n'i,$$

et si l'on substitue aux lettres de l'identité (1) les expressions imaginaires qui les représentent, cette identité deviendra

$$(m^2 + n^2 + p^2 + q^2)(m'^2 + n'^2 + p'^2 + q'^2)$$
$$\equiv [(mm' - nn' + pp' - qq') + (mn' + nm' + pq' + qp')i]$$
$$\times [(mm' - nn' + pp' - qq') - (mn' + nm' + pq' + qp')i]$$
$$- [(mp' + nq' - pm' - qn') + (mq' - np' - pn' + qm')i]$$
$$\times [-(mp' + nq' - pm' - qn') + (mq' - np' - pn' + qm')i],$$

ou enfin

$$(m^2 + n^2 + p^2 + q^2)(m'^2 + n'^2 + p'^2 + q'^2)$$
$$= (mn' + nm' + pq' + qp')^2 + (mm' - nn' + pp' - qq')^2$$
$$+ (mq' - np' - pn' + qm')^2$$
$$+ (mp' + nq' - pm' - qn')^2.$$

C. Q. F. D.

REMARQUE. — L'usage que nous faisons ici de lettres accentuées a pour but de faire retenir plus facilement la démonstration.

§ V. — Procédés divers.

133. I. *Le système d'équations suivant :*

$$
\begin{cases}
(1) & \dfrac{x}{a} + \dfrac{z}{c} = \lambda\left(1 + \dfrac{y}{b}\right), \\[2mm]
(2) & \dfrac{x}{a} - \dfrac{z}{c} = \dfrac{1}{\lambda}\left(1 - \dfrac{y}{b}\right), \\[2mm]
(3) & \dfrac{x}{a} + \dfrac{z}{c} = \mu\left(1 - \dfrac{y}{b}\right), \\[2mm]
(4) & \dfrac{x}{a} - \dfrac{z}{c} = \dfrac{1}{\mu}\left(1 + \dfrac{y}{b}\right)
\end{cases}
$$

admet une solution unique.

Si l'on retranche membre à membre les équations (1) et (3), on obtient l'équation

$$
\lambda\left(1 + \frac{y}{b}\right) - \mu\left(1 - \frac{y}{b}\right) = 0,
$$

qui, simplifiée, devient

$$
(5) \qquad \frac{y}{b} = \frac{\mu - \lambda}{\mu + \lambda}.
$$

Cette équation, jointe aux équations (2), (3) et (4), donne le système suivant d'équations simultanées équivalent au proposé :

$$
\begin{cases}
(5) & \dfrac{y}{b} = \dfrac{\mu - \lambda}{\mu + \lambda}, \\[2mm]
(2) & \dfrac{x}{a} - \dfrac{z}{c} = \dfrac{1}{\lambda}\left(1 - \dfrac{y}{b}\right), \\[2mm]
(3) & \dfrac{x}{a} + \dfrac{z}{c} = \mu\left(1 - \dfrac{y}{b}\right), \\[2mm]
(4) & \dfrac{x}{a} - \dfrac{z}{c} = \dfrac{1}{\mu}\left(1 + \dfrac{y}{b}\right),
\end{cases}
$$

et si l'on substitue, dans les trois dernières, à $\dfrac{y}{b}$ sa valeur tirée de la première, on obtient le nouveau système d'équations simultanées qui suit, encore équivalent au proposé :

$$(5) \qquad \frac{y}{b} = \frac{\mu - \lambda}{\mu + \lambda},$$

$$(6) \qquad \frac{x}{a} - \frac{z}{c} = \frac{2}{\mu + \lambda},$$

$$(7) \qquad \frac{x}{a} + \frac{z}{c} = \frac{2\mu\lambda}{\mu + \lambda},$$

$$(8) \qquad \frac{x}{a} - \frac{z}{c} = \frac{2}{\mu + \lambda},$$

dans lequel les équations (6) et (8) sont identiques ; ce qui le réduit au suivant, qui ne comprend plus que trois équations à trois inconnues :

$$(5) \qquad \frac{y}{b} = \frac{\mu - \lambda}{\mu + \lambda},$$

$$(6) \qquad \frac{x}{a} - \frac{z}{c} = \frac{2}{\mu + \lambda},$$

$$(7) \qquad \frac{x}{a} + \frac{z}{c} = \frac{2\mu\lambda}{\mu + \lambda}.$$

Or, dans ce système, les deux équations (6) et (7) constituent ensemble un système de deux équations simultanées à deux inconnues, et leur forme indique d'une manière évidente que ce système admet une solution et une seule. En les additionnant ou en les retranchant membre à membre, on obtient, en effet, une équation à une inconnue, en x ou en z, suivant le cas, qui admet une solution et une seule.

Le système précédent se transforme ainsi en cet autre équivalent :

$$(5) \qquad \frac{y}{b} = \frac{\mu - \lambda}{\mu + \lambda},$$

$$(8) \qquad \frac{x}{a} = \frac{\mu\lambda + 1}{\mu + \lambda},$$

$$(9) \qquad \frac{z}{c} = \frac{\mu\lambda - 1}{\mu + \lambda},$$

qui admet une solution unique.

Il en est donc de même du système proposé.

134. II. *Démontrer la formule suivante :*

$$1.2.3\ldots p + 2.3.4\ldots(p+1) + \ldots + n(n+1)(n+2)\ldots(n+p-1)$$
$$\equiv \frac{n(n+1)(n+2)\ldots(n+p)}{p+1}.$$

Si on représente par P le produit $1.2.3\ldots p$, et si l'on exprime chacun des termes du premier membre de la formule en fonction de P, on aura la série d'identités suivantes :

$$1.2.3\ldots p \equiv P,$$
$$2.3.4\ldots(p+1) \equiv P\left(\frac{p+1}{1}\right),$$
$$3.4.5\ldots(p+2) \equiv P\frac{(p+1)(p+2)}{1.2},$$
$$\cdots\cdots\cdots\cdots\cdots\cdots$$
$$n(n+1)(n+2)\ldots(n+p-1) \equiv P\frac{(p+1)(p+2)\ldots(n+p-1)}{1.2\ldots(n-1)},$$

et l'on pourra mettre le premier membre de la formule proposée sous la forme

$$(1) \qquad P\left[1 + \frac{p+1}{1} + \frac{(p+1)(p+2)}{1.2} + \ldots\right.$$
$$\left. + \frac{(p+1)(p+2)\ldots(n+p-1)}{1.2\ldots(n-1)}\right].$$

Il nous reste à interpréter l'expression contenue dans la parenthèse.

Pour cela, écrivons sur une ligne verticale un certain nombre de fois l'unité ; puis, à droite, en commençant à la seconde ligne horizontale, l'unité et, au-dessous, successivement les nombres que l'on obtient en ajoutant au nombre précédemment écrit celui qui se trouve à sa gauche ; dans une troisième colonne verticale, inscrivons, à la troisième ligne horizontale, l'unité et, au-dessous, successivement les nombres que l'on obtient en ajoutant au nombre précédemment écrit celui qui se trouve à sa gauche ; et ainsi de suite. On obtient de la sorte le tableau suivant auquel on donne le nom de *triangle arithmétique de Pascal :*

1

1 1

1 2   1

1 3   3   1

1 4   6   4   1

1 5   10   10   5   1

. . . .

$$1 \quad n \quad \frac{n(n-1)}{1.2} \quad \frac{n(n-1)(n-2)}{1.2.3} \quad \frac{n(n-1)\dots(n-3)}{1.2\dots4} \quad \frac{n(n-1)\dots(n-4)}{1.2\dots5} \dots$$

Or, il est à remarquer que les termes de la parenthèse (1) sont les n premiers nombres de la $(p+1)^e$ colonne verticale de ce tableau, ce qu'il est facile, du reste, de vérifier en donnant à p les valeurs successives 0, 1, 2, 3, etc. ; il en résulte, d'après la loi de formation précédente, que leur somme est égale au n^e terme de la $(p+2)^e$ colonne verticale, c'est-à-dire à

$$\frac{(p+2)(p+3)\dots(n+p)}{1.2\dots(n-1)}.$$

L'expression (1) devient alors, en y remplaçant P par sa valeur,

$$1.2\dots p\,\frac{(p+2)(p+3)\dots(n+p)}{1.2\dots(n-1)},$$

ou, en multipliant par $(p+1)$ les deux termes de la fraction algébrique,

$$\frac{1.2\dots p(p+1)(p+2)(p+3)\dots(n+p)}{1.2\dots(n-1)(p+1)},$$

et, en supprimant au numérateur et au dénominateur de cette dernière expression le facteur commun $1.2\dots(n-1)$,

$$\frac{n(n+1)(n+2)\dots(n+p)}{p+1},$$

qui représente exactement le second membre de la formule proposée.

REMARQUE. — Le triangle arithmétique de Pascal donne dans

chacune de ses lignes horizontales les coefficients des termes du développement des puissances successives 0, 1, 2, 3, etc., d'un binome.

Autre démonstration. — Voici un autre procédé pour établir la précédente proposition.

Considérons le produit

$$m(m+1)(m+2)\ldots(m+p-1)(m+p)$$

des $p+1$ nombres consécutifs m, $m+1$, $m+2$, ..., $m+p-1$, $m+p$.

On a identiquement

$$m(m+1)(m+2)\ldots(m+p-1)(m+p)$$
$$\equiv m(m+1)(m+2)\ldots(m+p-1)[(m-1)+(p+1)]$$
$$(1)\qquad \equiv [m(m+1)(m+2)\ldots(m+p-1)]\times(p+1)$$
$$+(m-1)m(m+1)\ldots(m+p-1).$$

Si dans cette relation on fait m successivement égal à n, $n-1$, $n-2$, ..., 2, 1, on obtient les suivantes :

$$n(n+1)(n+2)\ldots(n+p-1)(n+p)$$
$$\equiv [n(n+1)(n+2)\ldots(n+p-1)]\times(p+1)+(n-1)n(n+1)\ldots(n+p-1),$$
$$(n-1)n(n+1)\ldots(n+p-2)(n+p-1)$$
$$\equiv [(n-1)n(n+1)\ldots(n+p-2)]\times(p+1)+(n-2)(n-1)n\ldots(n+p-2),$$
$$(n-2)(n-1)n\ldots(n+p-3)(n+p-2)$$
$$\equiv [(n-2)(n-1)n\ldots(n+p-3)]\times(p+1)+(n-3)(n-2(n-1)\ldots(n+p-3),$$

$$\cdots\cdots\cdots\cdots\cdots\cdots\cdots\cdots\cdots\cdots\cdots$$

$$2.3.4\ldots(p+1)(p+2)$$
$$\equiv [2.3.4\ldots(p+1)]\times(p+1)+1.2.3\ldots(p+1),$$
$$1.2.3\ldots p.(p+1)$$
$$\equiv [1.2.3\ldots p]\times(p+1).$$

En additionnant ces n identités membre à membre et simplifiant, on a

$$n(n+1)(n+2)...(n+p-1)(n+p)$$
$$\equiv [n(n+1)(n+2)...(n+p-1)] \times (p+1)$$
$$+ [(n-1)n(n+1)...(n+p-2)] \times (p+1)$$
$$+ [(n-2)(n-1)n...(n+p-3)] \times (p+1)$$
$$\cdot \quad \cdot \quad \cdot \quad \cdot \quad \cdot \quad \cdot \quad \cdot \quad \cdot \quad \cdot \quad \cdot \quad \cdot \quad \cdot$$
$$+ [2.3.4...(p+1)] \times (p+1)$$
$$+ [1.2.3...p] \times (p+1),$$

d'où, en divisant les deux membres par $p+1$,

$$\frac{n(n+1)(n+2)...(n+p-1)(n+p)}{p+1}$$
$$\equiv 1.2.3...p+2.3.4...(p+1)+\cdots+n(n+1)(n+2)...(n+p-1),$$

c'est-à-dire la formule à démontrer.

§ VI. — Démonstrations analytiques.

135. I. *La somme des carrés de trois nombres inégaux est toujours plus grande que la somme des produits de ces mêmes nombres pris deux à deux de toutes les manières possibles.*

Soient les trois nombres a, b, c; il s'agit de démontrer l'inidentité

(1) $$a^2 + b^2 + c^2 > ab + ac + bc.$$

Admettons, pour un instant, qu'elle soit vraie.

Si l'on en multiplie les deux membres par 2, elle devient

(2) $$2a^2 + 2b^2 + 2c^2 > 2ab + 2ac + 2bc.$$

Sous cette forme, elle peut être considérée comme provenant de l'addition membre à membre des trois inidentités analogues

(3) $$\begin{cases} a^2 + b^2 > 2ab, \\ a^2 + c^2 > 2ac, \\ b^2 + c^2 > 2bc. \end{cases}$$

La question revient donc à la suivante :

Démontrer que la somme des carrés de deux nombres inégaux est plus grande que le double produit de ces nombres.

L'une de ces dernières inidentités, la première par exemple, peut s'écrire sous la forme

$$a^2 + b^2 - 2ab > 0$$
ou
$$(a - b)^2 > 0.$$

Les deux nombres a et b étant inégaux par hypothèse, cette dernière inidentité est évidente.

Il en est de même du groupe (3); par suite, en remontant, de l'inidentité (2), et enfin de l'équivalente de cette dernière, l'inidentité (1).   C. Q. F. D.

136. **II.** *Le produit de quatre nombres entiers consécutifs augmenté de 1 est toujours un carré parfait.*

Soit x le plus petit de ces quatre nombres; leur produit sera

$$x(x + 1)(x + 2)(x + 3),$$

ou, en développant le calcul indiqué,

$$x^4 + 6x^3 + 11x^2 + 6x.$$

Il s'agit donc de prouver que le polynome

$$(1) \qquad x^4 + 6x^3 + 11x^2 + 6x + 1$$

est un carré parfait.

S'il en est ainsi, ce polynome entier réduit, qui comprend cinq termes ordonnés par rapport aux puissances décroissantes de x, et de la forme

$$x^4 + Ax^3 + Bx^2 + Cx + 1,$$

ne peut être que le carré d'un trinome de la forme $x^2 + ax + 1$. En effet, le premier et le dernier terme du polynome ordonné de la même manière, qui sera la racine carrée du polynome proposé doivent être, d'après la théorie de la multiplication algébrique, les racines carrées respectives du premier et du dernier terme de ce polynome, c'est-à-dire x^2 et 1; or un polynome entier en x dont le terme le plus élevé est du second degré ne peut être, au plus, quand il est complet, qu'un trinome dont le second terme est du premier degré.

Cela posé, on a, en ordonnant le développement de la même manière que le trinome,

$$(x^2 + ax + 1)^2 \equiv x^4 + 2ax^3 + (a^2 + 2)x^2 + 2ax + 1.$$

Le second membre de cette identité donne lieu, entre autres, aux remarques suivantes :

1° Les coefficients du deuxième et de l'avant-dernier terme du développement sont égaux entre eux et au double du coefficient du deuxième terme du trinome ;

2° Le coefficient du troisième terme du développement est égal au carré du coefficient du deuxième terme du trinome augmenté de 2.

La question est dès lors ramenée à la suivante : *démontrer que l'expression* (1) *satisfait aux conditions précédentes.* Le coefficient du troisième terme, diminué de 2 donne 9 ; le deuxième et l'avant-dernier terme ont même coefficient 6 ; or la racine carrée de 9 et la moitié de 6 sont représentées par le même nombre 3 : il s'ensuit que le polynome proposé est le carré du trinome $x^2 + 3x + 1$.

§ VII. — Démonstrations synthétiques.

137. I. *La moyenne arithmétique d'un nombre quelconque n de quantités, qui ne sont pas toutes égales, est toujours plus grande que la racine n^e de leur produit* (Théorème de Cauchy).

1° Démontrons d'abord que le théorème est vrai pour $n = 2$, c'est-à-dire que l'on a, a et b étant deux quantités qui ne sont pas égales,

$$(1) \qquad \frac{a+b}{2} > \sqrt{ab}.$$

On a identiquement

$$\left(\frac{a+b}{2}\right)^2 - \left(\frac{a-b}{2}\right)^2 \equiv ab,$$

d'où

$$\left(\frac{a+b}{2}\right)^2 > ab,$$

et

$$\frac{a+b}{2} > \sqrt{ab}.$$

On pourrait encore faire cette démonstration en admettant l'existence de l'inidentité (1) et en élevant les deux membres au carré, pour faire passer ensuite dans le premier membre de l'inidentité résultante le terme du second membre : on aurait ainsi

$$\frac{a^2 + 2ab + b^2}{4} - ab > 0,$$

ou, en simplifiant,

$$(a - b)^2 > 0.$$

Cette inidentité étant évidente, celle d'où l'on est parti est vraie.

2° Cela posé, on démontre comme il suit que le théorème est encore vrai pour n égal à une puissance quelconque de 2.

Si a, b, c, d sont quatre quantités qui ne sont pas toutes égales, on a d'abord

$$\frac{a + b + c + d}{4} \equiv \frac{\frac{a + b}{2} + \frac{c + d}{2}}{2},$$

puis successivement, d'après ce qui précède,

$$\frac{\frac{a + b}{2} + \frac{c + d}{2}}{2} > \frac{\sqrt{ab}}{2} + \frac{\sqrt{cd}}{2},$$

$$\frac{\sqrt{ab}}{2} + \frac{\sqrt{cd}}{2} > \sqrt{\sqrt{ab} \cdot \sqrt{cd}} \qquad \text{ou} \qquad \sqrt[4]{abcd},$$

d'où $$\frac{a + b + c + d}{4} > \sqrt[4]{abcd}.$$

Si a, b, c, d, e, f, g, h sont huit quantités qui ne sont pas toutes égales, on a d'abord

$$\frac{a+b+c+d+e+f+g+h}{8} \equiv \frac{\frac{a+b}{2} + \frac{c+d}{2} + \frac{e+f}{2} + \frac{g+h}{2}}{4},$$

puis, successivement, d'après ce qui précède,

$$\frac{\frac{a+b}{2} + \frac{c+d}{2} + \frac{e+f}{2} + \frac{g+h}{2}}{4} > \frac{\sqrt{ab}}{4} + \frac{\sqrt{cd}}{4} + \frac{\sqrt{ef}}{4} + \frac{\sqrt{gh}}{4},$$

$$\frac{\sqrt{ab}}{4} + \frac{\sqrt{cd}}{4} + \frac{\sqrt{ef}}{4} + \frac{\sqrt{gh}}{4} > \sqrt[4]{\sqrt{ab} \cdot \sqrt{cd} \cdot \sqrt{ef} \cdot \sqrt{gh}},$$

ou $$\sqrt[8]{abcdefgh},$$

d'où
$$\frac{a+b+c+d+e+f+g+h}{8} > \sqrt{abcdefgh}.$$

En continuant ainsi, on démontrerait le théorème successivement pour le cas où n serait égal à 16, 32,..., 2^m.

3° Pour généraliser la démonstration, il ne reste donc plus qu'à établir que si le théorème est vrai pour $n = p + 1$, il est aussi vrai pour $n = p$.

Il est à remarquer que nous allons prendre ici une méthode inverse de la méthode dite d'induction que l'on suit ordinairement pour la généralisation de certaines propriétés sur les nombres. On la doit à Cauchy, qui s'en est servi pour démontrer le présent théorème qui porte son nom.

Soient $p + 1$ quantités, $a, b, c, d, ..., k, l, \sqrt[p]{ab...kl}$, qui ne sont pas toutes égales.

On a, par hypothèse,
$$\frac{a+b+ \cdots +l+\sqrt[p]{ab...l}}{p+1} > \sqrt[p+1]{ab...l\sqrt[p]{ab...l}};$$

or, $\sqrt[p+1]{ab...l\sqrt[p]{ab...l}}$ est identiquement égal à $\sqrt[p]{ab...l}$; l'inidentité précédente devient donc, par la substitution de cette dernière quantité à l'autre,
$$\frac{a+b+ \cdots +l+\sqrt[p]{ab...l}}{p+1} > \sqrt[p]{ab...l},$$

ou $\qquad a+b+ \cdots +l > (p+1)\sqrt[p]{ab...l}-\sqrt[p]{ab...l},$

ou enfin
$$\frac{a+b+ \cdots +l}{p} > \sqrt[p]{ab...l}.$$

C. Q. F. D.

REMARQUE. — Il est évident que si toutes les quantités étaient égales, les deux moyennes le seraient aussi.

138. **II.** *Deux nombres qui sont chacun la somme de quatre carrés ont pour produit une somme de quatre carrés* [1].

Démontrons d'abord la proposition suivante:

Deux nombres qui sont chacun la somme de deux carrés ont pour produit une somme de deux carrés.

---

[1] Proposition démontrée directement, plus haut, par l'emploi des quantités imaginaires.

Soient les deux nombres $(a^2 + b^2)$ et $(c^2 + d^2)$, qui sont chacun la somme de deux carrés.

On a identiquement

$$(a^2 + b^2)(c^2 + d^2) \equiv a^2c^2 + b^2c^2 + a^2d^2 + b^2d^2.$$

En rapprochant deux à deux les termes du second membre de cette relation qui ne contiennent que des lettres différentes, on forme les deux groupes $a^2c^2 + b^2d^2$ et $b^2c^2 + a^2d^2$. Or il est facile de voir que dans chaque groupe le double produit des racines carrées des deux termes est le même, $2abcd$. Si donc on ajoute ce double produit au premier groupe et qu'on le retranche au second, on pourra écrire

$$(a^2 + b^2)(c^2 + d^2) \equiv (a^2c^2 + 2abcd + b^2d^2) + (b^2c^2 - 2abcd + a^2d^2)$$

ou

$$(1) \qquad (a^2 + b^2)(c^2 + d^2) \equiv (ac + bd)^2 + (bc - ad)^2.$$

Cette proposition préliminaire étant ainsi démontrée, soient les deux nombres $(a^2 + b^2 + c^2 + d^2)$ et $(e^2 + f^2 + g^2 + h^2)$, qui sont chacun la somme de quatre carrés.

On a identiquement

$$(a^2 + b^2 + c^2 + d^2)(e^2 + f^2 + g^2 + h^2)$$
$$\equiv (a^2 + b^2)(e^2 + f^2) + (c^2 + d^2)(e^2 + f^2)$$
$$+ (a^2 + b^2)(g^2 + h^2) + (c^2 + d^2)(g^2 + h^2),$$

ou, d'après la relation (1) précédente,

$$(2) \qquad (a^2 + b^2 + c^2 + d^2)(e^2 + f^2 + g^2 + h^2)$$
$$\equiv (ae + bf)^2 + (be - af)^2 + (ce + df)^2 + (de - cf)^2$$
$$+ (ag + bh)^2 + (bg - ah)^2 + (cg + dh)^2 + (dg - ch)^2.$$

En rapprochant deux à deux les termes du second membre de cette relation qui ne contiennent que des lettres différentes, on forme les quatre groupes $(ac + bf)^2 + (cg + dh)^2$, $(be - af)^2 + (dg - ch)^2$, $(ce + df)^2 + (ag + bh)^2$ et $(de - cf)^2 + (bg - ah)^2$. Si l'on considère ensuite chaque groupe en particulier, on conçoit qu'en y ajoutant ou en y retranchant le double produit des racines carrées des deux termes, on forme le carré de la somme ou de la différence de ces mêmes racines carrées. Or, en ajou-

tant au premier et au quatrième groupe le double produit correspondant, et en le retranchant du deuxième groupe et du
troisième, on ajoute algébriquement au second membre de la
relation (2) le tableau de termes suivant :

$$2aceg + 2adeh + 2bcfg + 2bdfh$$
$$- 2bdeg + 2bceh + 2adfg - 2acfh$$
$$- 2acey - 2adfg - 2bceh - 2bdfh$$
$$+ 2bdeg - 2bcfg - 2adeh + 2acfh,$$

qui se réduit à zéro.

La relation (2) peut donc s'écrire

$$(a^2 + b^2 + c^2 + d^2)(e^2 + f^2 + g^2 + h^2)$$
$$\equiv [(ae + bf)^2 + 2(ae + bf)(cg + dh) + (cg + dh)^2]$$
$$+ [(be - af)^2 - 2(be - af)(dg - ch) + (dg - ch)^2]$$
$$+ [(ce + df)^2 - 2(ce + df)(ag + bh) + (ag + bh)^2]$$
$$+ [(de - cf)^2 + 2(de - cf)(bg - ah) + (bg - ah)^2],$$

ou

$$(a^2 + b^2 + c^2 + d^2)(e^2 + f^2 + g^2 + h^2)$$
$$\equiv (ae + bf + cg + dh)^2 + (be - af - dg + ch)^2$$
$$+ (ce + df - ag - bh)^2 + (de - cf + bg - ah)^2,$$

ou mieux

$$(3) \quad (a^2 + b^2 + c^2 + d^2)(e^2 + f^2 + g^2 + h^2)$$
$$\equiv (ae + bf + cg + dh)^2 + (af - be - ch + dg)^2$$
$$+ (ag + bh - ce - df)^2 + (ah - bg + cf - de)^2.$$

C. Q. F. D.

De la relation (3) on peut déduire ce corollaire : *Lorsque
plusieurs nombres sont chacun la somme de quatre carrés, leur
produit est une somme de quatre carrés.*

Considérons le cas de trois nombres. Si, pour abréger l'écriture, on remplace dans la relation (3) les quatre termes du
second membre par les expressions M^2, N^2, P^2, Q^2, et si l'on
considère un troisième nombre $(i^2 + j^2 + k^2 + l^2)$ qui soit
la somme de quatre carrés, on aura identiquement

$$(a^2 + b^2 + c^2 + d^2)(e^2 + f^2 + g^2 + h^2)(i^2 + j^2 + k^2 + l^2)$$
$$= (M^2 + N^2 + P^2 + Q^2)(i^2 + j^2 + k^2 + l^2),$$

et comme le second membre de cette relation est le produit de deux nombres qui sont chacun la somme de quatre carrés, leur produit sera une somme de quatre carrés.

Pour le cas de quatre nombres, on procède de la même manière, et ainsi de suite. La proposition en question est donc vraie quel que soit le nombre des facteurs du produit considéré.

Remarque. — De la relation (1) on peut déduire de la même manière un corollaire analogue au précédent, c'est-à-dire que *le produit de plusieurs nombres qui sont chacun la somme de deux carrés est aussi une somme de deux carrés.*

139. III. *La puissance* m^e *d'un binome de la forme* $(x + a)$ *est un polynome ainsi composé :*

1° *Ses termes, tous positifs, sont au nombre de* $m + 1$;

2° *Tous ces termes sont formés des deux facteurs a et x, à l'exception du premier qui ne contient que le nombre x, et du dernier, le nombre a ;*

3° *Les exposants de x, dont le premier est m, vont en diminuant, d'un terme à l'autre, d'une unité, de m jusqu'à* 1, *et ceux de a vont en augmentant, d'un terme à l'autre, d'une unité, de* 1 *jusqu'à m ;*

4° *Le coefficient d'un terme quelconque s'obtient en faisant le produit du coefficient du terme précédent par l'exposant de x, pris dans ce même terme, et en divisant le résultat par le nombre qui exprime le rang de ce terme.*

Autrement dit, on aura la formule suivante, à laquelle on donne le nom de *formule du binome de Newton :*

$$(x + a)^m = x^m + \frac{m}{1}\, ax^{m-1} + \frac{m(m-1)}{1.2}\, a^2 x^{m-2} + \ldots$$
$$+ \frac{m(m-1)\ldots(m-p+1)}{1.2.3\ldots p}\, a^p x^{m-p} + \ldots + a^m.$$

Considérons d'abord *le produit de* m *binomes de la forme* $x + a, \quad x + b, \quad x + c, \ldots, \quad x + l,$ et supposons-le ordonné par rapport aux puissances décroissantes de x. Le premier terme sera évidemment x^m, provenant du produit des premiers termes des m facteurs binomes. Le deuxième terme sera en x^{m-1}, provenant d'une somme de produits ayant chacun pour facteurs les premiers termes de $m-1$ binomes et le second terme du m^e binome, ces produits résultant de toutes les combinaisons possibles avec les m facteurs binomes pris $m-1$ à $m-1$; le coefficient de x^{m-1} sera donc la somme des seconds termes de tous les facteurs binomes, ou $a+b+c+\ldots+l$. Le troisième terme sera en x^{m-2}, provenant d'une somme de produits ayant chacun pour facteurs les premiers termes de $m-2$ binomes et les seconds termes des 2 autres binomes, ces produits résultant de toutes les combinaisons possibles avec les m facteurs binomes pris $m-2$ à $m-2$; le coefficient de x^{m-2} sera donc la somme des produits deux à deux des seconds termes de tous les facteurs binomes, ou $ab+ac+\ldots+bc+cd+\ldots+kl$. En continuant ainsi, on trouvera que le quatrième terme du produit est en x^{m-3} et que le coefficient est la somme des produits trois à trois des seconds termes de tous les facteurs binomes, et, d'une manière générale, que le terme de rang $p+1$ est en x^{m-p}, et que le coefficient est la somme des produits p à p des seconds termes de tous les facteurs binomes.

Si donc l'on représente par $S_1, S_2, \ldots, S_p \ldots$ ces différents coefficients, on aura la formule suivante :

$$(1) \quad (x+a)(x+b)\ldots(x+l) = x^m + S_1 x^{m-1}$$
$$+ S_2 x^{m-2} + \ldots + S_p x^{m-p} + \ldots S_m.$$

En y faisant tous les seconds termes des facteurs binomes égaux à a, si l'on représente par $C_m^1, C_m^2, \ldots, C_m^p$, le nombre des combinaisons de m nombres pris 1 à 1, 2 à 2, ..., p à p, on aura

$$S_1 = C_m^1 a \; ; \quad S_2 = C_m^2 a^2 \; ; \quad \ldots; \quad S_p = C_m^p a^p \; ; \quad \ldots; \quad S_m = a^m,$$

et la formule (1) se présentera sous la forme

$$(2) \quad (x+a)^m = x^m + C_m^1 a x^{m-1} + C_m^2 a^2 x^{m-2} + \ldots$$
$$+ C_m^p a^p x^{m-p} + \ldots + a^m.$$

Ce qui démontre les trois premières parties du théorème proposé, relatives au nombre, au signe, à la composition et aux exposants des termes du produit.

Pour démontrer la quatrième et dernière partie, qui constitue la règle des coefficients, établissons l'expression qui donne *le nombre de combinaisons de m lettres prises n à n de toutes les manières possibles*.

Soit C_m^n le nombre de ces combinaisons, qui diffèrent toutes deux à deux au moins par une lettre. Le nombre total de lettres comprises dans l'ensemble de ces combinaisons sera nC_m^n, chacune d'elles en contenant n. D'un autre côté, comme une lettre quelconque, a par exemple, entre dans autant de combinaisons qu'on peut en obtenir avec $m-1$ lettres prises $n-1$ à $n-1$, ou à C_{m-1}^{n-1}, chaque lettre sera comprise ce même nombre de fois dans l'ensemble des combinaisons C_m^n, ce qui donnera pour le nombre total des lettres mC_{m-1}^{n-1}. Ce nombre étant déjà exprimé par nC_m^n, on aura l'identité

$$nC_m^n \equiv mC_{m-1}^{n-1}.$$

Si dans cette relation on donne successivement à n les valeurs $n-1$, $n-2$, ..., 2 et à m les valeurs $m-1$, $m-2$, ..., $m-n+2$, on obtient la série suivante d'identités :

$$(n-1)C_{m-1}^{n-1} \equiv (m-1)C_{m-2}^{n-2},$$
$$(n-2)C_{m-2}^{n-2} \equiv (m-2)C_{m-3}^{n-3},$$
$$\cdot \quad \cdot \quad \cdot \quad \cdot \quad \cdot \quad \cdot \quad \cdot \quad \cdot$$
$$2C_{m-n+2}^2 \equiv (m-n+2)C_{m-n+1}^1 ;$$

en multipliant membre à membre ce groupe d'identités et celle qui le précède, et en supprimant ensuite les facteurs communs, il vient

$$n(n-1)\ldots 2C_m^n = m(m-1)\ldots(m-n+2)C_{m-n+1}^1,$$

et comme l'expression C_{m-n+1}^1 est égale à $m-n+1$, puisqu'elle représente le nombre de combinaisons de $(m-n+1)$ lettres prises une à une, on a

$$n(n-1)\ldots 2 . C_m^n = m(m-1)\ldots(m-n+1),$$

d'où l'on tire

$$(3) \qquad C_m^n = \frac{m(m-1)\ldots(m-n+1)}{1.2\ldots(n-1)n}.$$

Cela établi, si l'on fait dans cette expression n successivement égal à $1, 2, \ldots, p$, la formule (2) devient

$$(4) \quad (x+a)^m = x^m + \frac{m}{1}\, ax^{m-1} + \frac{m(m-1)}{1.2}\, a^2 x^{m-2} + \ldots$$

$$+ \frac{m(m-1)\ldots(m-p+1)}{1.2\ldots p}\, a^p x^{m-p} + a^m.$$

C. Q. F. D.

140. Corollaire. — *Dans la formule du binome, les coefficients de deux termes équidistants des extrêmes sont égaux.*

Pour établir cette proposition, il suffit de démontrer que le nombre de combinaisons de m lettres p à p est égal au nombre de combinaisons de ces mêmes lettres $m-p$ à $m-p$, c'est-à-dire que l'on a

$$C_m^p = C_m^{m-p}.$$

On sait que

$$C_m^p = \frac{m(m-1)\ldots(m-p+1)}{1.2\ldots p}$$

et

$$C_m^{m-p} = \frac{m(m-1)\ldots(p+1)}{1.2\ldots(m-p)}.$$

Si l'on multiplie les deux termes de chacun des seconds membres de ces deux dernières relations par le dénominateur de l'autre, on obtient deux expressions dont les dénominateurs sont nécessairement égaux et dont les numérateurs le sont aussi.

Cette démonstration pourrait encore être faite en disant qu'à toute combinaison de m lettres p à p correspondra une combinaison des $m-p$ lettres restantes et que le nombre des premières combinaisons est ainsi exactement égal à celui des secondes.

141. Remarque I. — La relation (3) montre que le produit de n nombres entiers consécutifs quelconques est toujours divisible par le produit des n premiers nombres entiers.

Remarque II. — Dans cette même relation, le numérateur

du second membre exprime le nombre d'*arrangements* que l'on peut obtenir avec m lettres en les prenant n à n, c'est-à-dire le nombre de groupes formés avec n quelconques de ces m lettres écrites les unes à la suite des autres de toutes les manières possibles, autrement dit de façon que deux groupes diffèrent au moins par l'ordre des lettres.

REMARQUE III. — Le dénominateur du second membre de cette même relation (3) exprime le nombre de *permutations* que l'on peut obtenir avec n lettres, c'est-à-dire le nombre de groupes formés avec ces n lettres écrites les unes à la suite des autres de toutes les manières possibles. Il suit de là que le nombre de permutations de n lettres n'est autre que le nombre d'arrangements de ces n lettres n à n.

REMARQUE IV. — Des deux remarques précédentes combinées avec la relation (3) on tire que le nombre de combinaisons de m lettres n à n est égal au quotient du nombre des arrangements de ces m lettres n à n par le nombre de permutations de n lettres. Si l'on représente ces arrangements par le système A_m^n et ces permutations par P_n, on a la relation

$$C_m^n = \frac{A_m^n}{P_n}.$$

REMARQUE V. — On obtient le développement de la puissance m^e du binome $(x - a)$ en changeant a en $-a$ dans la formule (4), ce qui revient à écrire les termes du développement alternativement avec le signe $+$ et le signe $-$.

§ VIII. — Démonstrations par la réduction à l'absurde.

142. 1. *Pour qu'un polynome entier en x soit équivalent à zéro, il faut et il suffit que tous ses coefficients soient nuls.*

Soit le polynome entier en x,

$$Ax^m + Bx^{m-1} + Cx^{m-2} + \ldots + F.$$

Admettons pour un instant que ce polynome soit équivalent

à zéro sans que cette condition entraîne cette autre que tous les coefficients sont nuls. Si l'on y remplace x par une série de m nombres tous différents les uns des autres, mais quelconques, $a, b, c, ..., k, l$, en raison de cette équivalence à zéro, le polynome s'annulera pour chacun d'eux. On aura ainsi, d'après un théorème connu (41),

$$Ax^m + Bx^{m-1} + Cx^{m-2} + ... + F$$
$$= A(x-a)(x-b)(x-c)...(x-k)(x-l).$$

Mais on voit que mis sous cette forme, le polynome ne s'annulerait pour aucune autre valeur p différente des m précédentes, si A est différent de zéro, ce qui est contraire à l'hypothèse. A est donc nul. On démontrerait de même que les coefficients B, C, etc., sont aussi nuls.

La condition est donc nécessaire ; il est évident qu'elle est suffisante.

143. II. *Démontrer que les trois nombres* $\sqrt{2}$, $\sqrt{3}$ *et* $\sqrt{5}$ *ne peuvent pas faire partie d'une même progression arithmétique.*

Supposons un instant le contraire, et soient r la raison de la progression, et m et n les nombres de termes respectivement compris entre $\sqrt{2}$ et les deux autres nombres, $\sqrt{3}$ et $\sqrt{5}$; on aura

$$\sqrt{3} = \sqrt{2} + (m+1)r,$$
$$\sqrt{5} = \sqrt{2} + (n+1)r,$$

d'où l'on tirera

$$\sqrt{3} - \sqrt{2} = (m+1)r,$$
$$\sqrt{5} - \sqrt{2} = (n+1)r,$$

et, en divisant membre à membre ces deux égalités,

$$\frac{\sqrt{3} - \sqrt{2}}{\sqrt{5} - \sqrt{2}} = \frac{m+1}{n+1},$$

ou bien, en multipliant les deux termes du premier rapport par $\sqrt{5} + \sqrt{2}$,

$$\frac{\sqrt{5}(\sqrt{3} - \sqrt{2}) + \sqrt{2}\sqrt{3} - 2}{3} = \frac{m+1}{n+1}.$$

Or il est à remarquer que cette dernière égalité aurait pour premier membre un nombre essentiellement irrationnel et pour second membre, au contraire, un nombre rationnel : elle est donc impossible et, par suite, l'hypothèse initiale de la démonstration est fausse.

La proposition est donc vraie.

CHAPITRE II

MÉTHODE GÉNÉRALE DE RÉSOLUTION DES PROBLÈMES ALGÉBRIQUES

144. Pour résoudre un problème d'Algèbre, on suit une marche uniforme pour tous les problèmes, qu'on peut considérer comme une méthode d'ordre général, et qui consiste à ramener ce problème à la résolution d'une ou de plusieurs équations et à chercher ensuite si les deux questions admettent les mêmes solutions. Elle comprend : 1° la traduction algébrique des relations qui existent entre les données et les inconnues du problème : c'est la *mise en équation ;* 2° le calcul, par les procédés généraux que l'on connaît, des racines ou des solutions de ces relations : c'est la *résolution des équations ;* 3° la recherche des conditions que doivent remplir les données pour que le problème soit possible, l'étude de toutes les particularités qui peuvent se présenter, la constatation que les solutions des équations sont bien celles du problème, enfin, l'interprétation, quand on le peut, des solutions qui paraîtraient tout d'abord n'avoir aucune signification : c'est la *discussion.*

L'expression des relations entre les données et les inconnues conduit dans certains problèmes à des *inéquations* que l'on résout comme on sait le faire.

§ I. — Mise en équation.

145. On met d'ordinaire un problème en équation en procédant comme il suit :

Les inconnues étant représentées par les lettres x, y, z, ..., on indique sur ces lettres et les données numériques ou littérales de la question les opérations qu'il y aurait à effectuer pour vérifier les valeurs des inconnues si elles étaient déterminées, et l'on obtient des expressions de quantités qui doivent être égales : la traduction algébrique de ces égalités donne les équations du problème.

Appliquons cette règle à quelques exemples :

146. I. *Deux personnes achètent un cheval à frais communs, mais comme l'une d'elles ne peut payer que le $\dfrac{1}{3}$ du prix de l'animal et l'autre les $\dfrac{2}{5}$, elles empruntent 128^{fr} pour parfaire la somme nécessaire. Quelle est la valeur du cheval ?*

Soit x cette valeur. L'avoir de chacune des deux personnes est respectivement de $\dfrac{x}{3}$ et de $\dfrac{2x}{5}$. En ajoutant 128 à la somme de ces deux quantités, on a un total de $\dfrac{x}{3}+\dfrac{2x}{5}+128$ qui représente la valeur x du cheval. L'équation du problème est donc la suivante :

$$x = \frac{x}{3} + \frac{2x}{5} + 128,$$

qui devient successivement

$$15x = 5x + 6x + 1920$$

et
$$4x = 1920 ;$$

d'où
$$x = \frac{1920}{4} = 480.$$

Le prix du cheval est de 480^{fr}.

On peut *vérifier* ce résultat en montrant que le total du $\dfrac{1}{3}$ et des $\dfrac{2}{5}$ de 480^{fr}, augmenté de 128^{fr}, reproduit cette même somme de 480^{fr}.

Les vérifications se font en Algèbre comme en Arithmétique ; nous ne nous en occuperons donc que très rarement.

147. II. *Un ouvrier fait un travail a dans un temps m ; un deuxième ouvrier, un travail b dans un temps n, et un troisième, un travail c dans un temps p. Quel temps faudrait-il à* ces trois ouvriers, en travaillant ensemble, pour faire un travail d ?

Soit x le temps nécessaire aux trois ouvriers pour faire le travail d. En l'unité de temps, le premier fait un travail $\dfrac{a}{m}$, et en x unités, un travail $\dfrac{ax}{m}$. De même on a que le deuxième et le troisième ouvrier, dans le même temps x, font des travaux respectifs $\dfrac{bx}{n}$ et $\dfrac{cx}{p}$. L'équation du problème sera donc la suivante :

$$\frac{ax}{m} + \frac{bx}{n} + \frac{cx}{p} = d,$$

qui devient, par la disparition des dénominateurs et la mise en facteur commun de l'inconnue,

$$(anp + bmp + cmn)\, x = dmnp \,;$$

d'où l'on tire

$$x = \frac{dmnp}{anp + bmp + cmn}.$$

148. III. *Trouver une fraction qui se réduise à* $\dfrac{1}{4}$ *quand on diminue ses deux termes de* 3 *unités, et qui devienne* $\dfrac{1}{2}$ *en en ajoutant* 5 *à ses deux termes.*

Soit $\dfrac{x}{y}$ la fraction cherchée. En traduisant algébriquement l'énoncé du problème, on est conduit au système suivant de deux équations à deux inconnues :

$$(1) \qquad \begin{cases} \dfrac{x-3}{y-3} = \dfrac{1}{4}, \\[2mm] \dfrac{x+5}{y+5} = \dfrac{1}{2}. \end{cases}$$

En chassant les dénominateurs et simplifiant, on obtient le système équivalent :

$$(2) \qquad \begin{cases} 4x - y = 9, \\ 2x - y = -5. \end{cases}$$

Par la soustraction membre à membre de ces deux équations,

il vient
$$2x = 14,$$
d'où
$$x = 7.$$

Cette valeur de x, portée dans l'une des équations du système (2), la première par exemple, donne
$$28 - y = 9,$$
d'où
$$y = 19.$$

La fraction demandée est donc $\dfrac{7}{19}$.

149. IV. *Trois joueurs* A, B, C *conviennent en se mettant au jeu que le perdant doublera l'avoir des deux autres ; A perd la première partie, B la deuxième et C la troisième. Après ces trois parties, chaque joueur a la même somme a. Quel était l'avoir de chacun d'eux en entrant au jeu ?*

Représentons par x, y et z les avoirs respectifs des joueurs A, B et C.

Après la première partie

$$\begin{aligned}
&\text{A possède} \quad x - y - z, \\
&\text{B} \quad\quad\quad\quad 2y, \\
\text{et}\quad &\text{C} \quad\quad\quad\quad 2z.
\end{aligned}$$

Après la deuxième,

$$\begin{aligned}
&\text{A possède} \quad 2(x - y - z), \\
&\text{B} \quad\quad\quad 2y - (x - y - z) - 2z, \\
\text{ou}\quad &\quad\quad\quad\quad\quad 3y - x - z, \\
\text{et}\quad &\text{C} \quad\quad\quad 4z.
\end{aligned}$$

Après la troisième,

$$\begin{aligned}
&\text{A possède} \quad 4(x - y - z), \\
&\text{B} \quad\quad\quad 2(3y - x - z), \\
\text{et}\quad &\text{C} \quad\quad\quad 4z - 2(x - y - z) - (3y - x - z), \\
\text{ou}\quad &\quad\quad\quad\quad\quad 7z - x - y.
\end{aligned}$$

Les équations du problème sont donc les suivantes :
$$\begin{aligned}
4(x - y - z) &= a, \\
2(3y - x - z) &= a, \\
7z - x - y &= a,
\end{aligned}$$

ou, en divisant les deux membres de la première par 4, les deux membres de la deuxième par 2 et disposant dans chacune les inconnues par ordre alphabétique,

$$(1) \quad \begin{cases} x - y - z = \dfrac{a}{4}, \\[2mm] -x + 3y - z = \dfrac{a}{2}, \\[2mm] -x - y + 7z = a. \end{cases}$$

Si l'on additionne membre à membre la première et la deuxième, puis la première et la troisième, on obtient le système suivant de deux équations à deux inconnues :

$$(2) \quad \begin{cases} 2y - 2z = \dfrac{3a}{4}, \\[2mm] -2y + 6z = \dfrac{5a}{4}. \end{cases}$$

L'addition membre à membre de ces deux équations donne

$$4z = \frac{8a}{4},$$

d'où

$$z = \frac{a}{2}.$$

En substituant cette valeur de z dans l'une des équations (2), la première par exemple, il vient

$$y = \frac{7a}{8}.$$

Enfin, la première des équations (1), dans laquelle on remplace y et z par leurs valeurs respectives, donne pour x

$$x = \frac{13a}{8}.$$

Les trois joueurs avaient ainsi, en se mettant au jeu :

$$A, \frac{13}{8}a; \quad B, \frac{7}{8}a; \quad C, \frac{a}{2}.$$

150. V. *Une société de 30 personnes, composée d'hommes et de femmes, a dépensé, dans un hôtel, une somme totale de 144^{fr}, dont la moitié par les hommes et l'autre moitié par les* *femmes ; on sait en outre que l'écot d'un homme a dépassé de 2^{fr} celui d'une femme. Combien y avait-il d'hommes ?*

Soit x le nombre d'hommes ; celui des femmes sera de $30 - x$. L'écot d'un homme, que représentera le quotient de la moitié de la somme dépensée par x, aura pour expression $\dfrac{144}{2} : x$ ou $\dfrac{72}{x}$ et celui d'une femme $\dfrac{72}{30 - x}$.

Comme le premier écot surpasse de 2^{fr} le second, l'équation du problème sera la suivante :

$$\frac{72}{x} - \frac{72}{30 - x} = 2,$$

ou, en chassant les dénominateurs,

$$2160 - 72x - 72x = 60x - 2x^2,$$

ou enfin, sous la forme la plus simple,

$$x^2 - 102x + 1080 = 0.$$

On en tire

$$x = 51 \pm \sqrt{51^2 - 1080}$$
$$= 51 \pm 39,$$

d'où

$$x' = 51 + 39 = 90,$$
$$x'' = 51 - 39 = 12.$$

La première racine étant supérieure au nombre total des hommes et des femmes est à rejeter. La seconde indique qu'il y avait 12 hommes dans la société, et par suite que les femmes étaient au nombre de $30 - 12 = 18$. On vérifie que ces nombres constituent bien la solution du problème, en calculant l'écot d'un homme, qui est de $\dfrac{72^{fr}}{12} = 6^{fr}$, celui d'une femme, qui est de $\dfrac{72^{fr}}{18} = 4^{fr}$, et en constatant que le premier est supérieur de 2^{fr} au second.

Remarque. — Si la première racine de l'équation du problème ne convient pas à la question, on peut se rendre compte qu'elle vérifie l'équation, ce qui veut dire que l'équation exprime d'autres conditions que celles du problème. Ce fait se présente souvent, c'est-à-dire qu'il n'y a pas toujours de réciprocité complète entre les relations des données d'une question et celles que traduisent les équations. Aussi, répéterons-nous qu'il est indispensable de vérifier les différentes solutions des équations d'un problème avant de les adopter comme solutions du problème lui-même.

151. VI. *Trouver deux nombres dont la somme est* m *et le produit* $\dfrac{2m^2}{9}$.

Soit x l'un de ces nombres; l'autre sera $m - x$, et l'on aura pour équation du problème

$$x(m - x) = \frac{2m^2}{9},$$

ou

$$x^2 - mx + \frac{2m^2}{9} = 0.$$

Les données de la question permettent d'écrire immédiatement cette équation, en se rappelant que les deux nombres cherchés sont les racines d'une équation du second degré de la forme $x^2 + px + q = 0$, dans laquelle la somme des racines est égale au coefficient du second terme changé de signe et le produit de ces mêmes racines égal au terme constant.

Cela dit, l'équation précédente donne

$$x = \frac{m}{2} \pm \sqrt{\frac{m^2}{4} - \frac{2m^2}{9}}$$

$$= \frac{m}{2} \pm \frac{m}{6},$$

d'où l'on tire

$$x' = \frac{m}{2} + \frac{m}{6} = \frac{2}{3}m$$

$$x'' = \frac{m}{2} - \frac{m}{6} = \frac{1}{3}m.$$

Ces deux valeurs représentent, ainsi que nous l'avons dit, les deux nombres cherchés. On peut s'en rendre compte d'une autre manière en remarquant que leur somme, $x' + x''$, comme celle des nombres demandés, étant égale à

m, quand on prendra x' pour l'un des deux nombres, l'autre sera $m - x'$ ou x'' et vice versa.

Il n'y a donc que deux nombres qui répondent à la question et ce sont les racines de l'équation du problème.

152. VII. *Quels sont les deux nombres arithmétiques dont le produit est 187 et la somme de leurs carrés 410 ?*

Soient x et y ces deux nombres. On aura pour équations du problème

$$(1) \qquad \left\{ \begin{array}{l} xy = 187, \\ x^2 + y^2 = 410. \end{array} \right.$$

Pour résoudre ce système d'équations simultanées, on remarquera que le produit des deux nombres étant donné, si l'on connaissait leur somme, on pourrait écrire immédiatement une équation dont les racines seraient les deux nombres cherchés. Or il ne manque à l'expression $x^2 + y^2$ que le double produit des deux nombres x et y pour qu'elle devienne le carré de la somme de ces deux nombres. Multiplions donc les deux membres de la première équation par 2 ; il viendra

$$2xy = 374.$$

Additionnons ensuite, membre à membre, cette dernière équation et la seconde du système ; on aura

$$x^2 + 2xy + y^2 = 784,$$

ou
$$(x + y)^2 = 784,$$

d'où, en considérant qu'il s'agit ici de nombres arithmétiques,

$$x + y = \sqrt{784} = 28.$$

Le système (1) d'équations simultanées est ainsi ramené au suivant, qui lui est équivalent :

$$(2) \qquad \left\{ \begin{array}{l} xy = 187, \\ x + y = 28. \end{array} \right.$$

Et l'on sait que les deux inconnues x et y de ce dernier système sont les racines des équations

$$X^2 - 28X + 187 = 0.$$

On a donc pour valeurs de x et y celles de X que donne l'expression suivante :

$$X = 14 \pm \sqrt{14^2 - 187}$$
$$= 14 \pm 3,$$

et qui sont ainsi :

$$x = X' = 17,$$
$$y = X'' = 11.$$

153. VIII. *En divisant les produits de trois nombres arithmétiques pris deux à deux comme facteurs par le troisième nombre, on obtient les trois quotients a, b, c. Quels sont ces trois nombres ?*

Soient x, y et z les trois nombres. L'expression algébrique des conditions du problème conduit au système suivant de trois équations simultanées à trois inconnues :

$$\frac{xy}{z} = a,$$

$$\frac{yz}{x} = b,$$

$$\frac{zx}{y} = c.$$

En multipliant les deux premières de ces équations membre à membre, on obtient l'équation du second degré à une inconnue

$$y^2 = ab,$$

d'où l'on tire, en considérant qu'il s'agit ici de nombres arithmétiques,

$$y = \sqrt{ab},$$

En multipliant de même la première par la troisième, puis la deuxième par la troisième, on a respectivement les deux équations

$$x^2 = ac$$

et

$$z^2 = bc,$$

d'où l'on tire

$$x = \sqrt{ac}$$

et

$$z = \sqrt{bc}.$$

Remarque. — Par leur forme, les équations de ce problème permettent de déduire directement et par analogie, de la valeur de l'une quelconque des inconnues, de y par exemple, celles des deux autres : il suffit de remarquer, en effet, que chaque inconnue est moyenne proportionnelle des seconds membres des deux équations qui contiennent cette inconnue au numérateur du premier membre. Une inconnue étant donc déterminée, on peut exprimer immédiatement les deux autres.

154. Emploi d'inconnues auxiliaires. — On facilite parfois la mise en équation des problèmes en ayant recours à des inconnues auxiliaires, dont on n'a pas à trouver les valeurs, et qui doivent être, par conséquent, éliminées entre les équations qui les contiennent. On résout ensuite les équations qui résultent de cette opération et qui ne renferment plus que les inconnues à déterminer.

En voici un exemple dans la question suivante :

155. IX. *n bœufs ont brouté en t jours l'herbe fournie par un pré de S ares ; n' bœufs ont brouté, d'autre part, en t' jours, l'herbe fournie par un pré de S' ares. On demande combien il faudra de bœufs pour brouter en t'' jours l'herbe fournie par un pré de S'' ares, en supposant que l'herbe est à la même hauteur dans les trois prés à l'entrée des bœufs et qu'elle continue de croître uniformément.*

Soit x le nombre de bœufs demandé. Si l'on représente par H la hauteur de l'herbe dans les trois prés à l'arrivée des bœufs, par h l'accroissement quotidien de cette herbe et par v le volume en mètres cubes de l'espace occupé par l'herbe qu'un bœuf consomme journellement (H, h et v étant des inconnues auxiliaires), en exprimant, pour chaque pré, que le volume de l'herbe consommée par les bœufs est égal à celui qui s'y trouvait augmenté de celui qui s'y est développé, on aura les trois équations suivantes :

$$nvt = S(H + ht),$$
$$n'vt' = S'(H + ht'),$$
$$xvt'' = S''(H + ht'').$$

Pour résoudre ce système d'équations, on tire des deux premières les valeurs de H et de h, qui sont respectivement

$$H = \frac{vtt'(Sn' - S'n)}{SS'(t - t')},$$

$$h = \frac{v(S'nt - Sn't')}{SS'(t - t')},$$

et on les porte dans la troisième équation, qui donne ainsi

$$x = \frac{S''}{SS'} \cdot \frac{Sn't'(t - t'') + S'nt(t'' - t')}{t''(t - t')}.$$

L'inconnue auxiliaire v disparaît comme facteur commun des deux membres de l'équation d'où l'on tire la valeur de x.

§ II. — Problèmes indéterminés.

156. La résolution ou le simple examen des équations d'un problème peuvent indiquer que ce problème admet une infinité de solutions ou tout au moins qu'il en admet plusieurs, c'est-à-dire qu'il est *indéterminé*, et le fait peut tenir à des causes très différentes.

Si l'équation, mise sous une de ses formes les plus simples, montre qu'elle peut être satisfaite par un nombre quelconque, comme dans l'exemple qui suit, le problème est indéterminé.

157. I. *Après avoir perdu* 10 000^{fr}, *une personne augmente sa fortune primitive de ses* $\dfrac{3}{4}$ *et se trouve alors posséder le* $\dfrac{1}{4}$ *d'une somme égale à* **7** *fois son premier avoir moins* 40 000^{fr}. *Quel était cet avoir ?*

Soit x l'avoir initial de cette personne. Les modifications qu'il subit l'amènent à l'expression $x - 10\,000 + \dfrac{3x}{4}$; et comme le résultat représente $\dfrac{7x - 40000}{4}$, on a pour équation du problème

$$x - 10\,000 + \frac{3x}{4} = \frac{7x - 40\,000}{4},$$

d'où l'on tire $7x - 40\,000 = 7x - 40\,000$.

Tout nombre substitué à x vérifie cette équation et par suite satisfait aux conditions du problème : le problème est donc indéterminé.

Cela tient à ce que les conditions de la question conviennent à tous les nombres indistinctement : tout nombre diminué de 10 000 et augmenté de ses $\frac{3}{4}$ donne en effet le $\frac{1}{4}$ de son septuple augmenté de 40 000.

158. Si le problème conduit, comme le suivant, à un nombre d'équations inférieur à celui des inconnues, il y aura encore indétermination.

159. II. *D'une vente de bœufs et de moutons aux prix de 250^{fr} le bœuf et de 30^{fr} le mouton, un marchand a retiré 7500^{fr}. Combien a-t-il vendu de bœufs et de moutons?*

Soient x et y les nombres respectifs de bœufs et de moutons vendus. Les conditions du problème conduisent à l'unique équation du premier degré à deux inconnues

$$250x + 30y = 7\,500 \qquad \text{ou} \qquad 25x + 3y = 750.$$

En principe cette équation isolée admet une infinité de solutions, c'est-à-dire qu'on peut donner à l'une des inconnues autant de valeurs arbitraires qu'on voudra et qu'à chacune de ces valeurs il en correspondra une pour la seconde inconnue. Il s'ensuit que le problème est indéterminé. Toutefois cette indétermination a des limites en raison même de la nature des données : x et y doivent être des nombres entiers positifs. Si donc on égale successivement x et y à la plus petite valeur, zéro, des nombres positifs, on déduira de l'équation, pour y et pour x, les valeurs

$$y = \frac{750}{3} = 250,$$

$$x = \frac{750}{25} = 30,$$

qui sont les limites entre lesquelles doit se trouver le nombre total de bêtes vendues.

Tout en étant indéterminé, le problème admet donc un nombre restreint de solutions, et chacune d'elles est constituée par deux nombres qui satisfont à l'équation ci-dessus et dont la somme est comprise entre 30 et 250 inclusivement.

Ces solutions sont au nombre de 11.

160. Il y a aussi indétermination lorsque les équations étant en nombre égal à celui des inconnues, l'une ou plusieurs d'entre elles sont des conséquences des autres, comme dans les deux problèmes qui suivent :

161. III. *Des camarades d'école se sont réunis dans un banquet. S'ils avaient été 6 de plus, en payant chacun 3^{fr} de moins, ils auraient dépensé la même somme totale; mais s'ils' avaient été 2 de plus, en payant chacun 1^{fr} de moins, la dépense se serait trouvée augmentée de 4^{fr}. Quels étaient le nombre de convives et l'écot de chacun ?*

Soient x le nombre de convives et y l'écot de chacun. La dépense totale est représentée par l'expression xy. Si les convives avaient été 6 de plus, en payant chacun 3^{fr} de moins, cette dépense aurait eu pour expression $(x + 6)(y - 3)$;   et si les convives avaient été 2 de plus, en payant chacun 1^{fr} de moins, la dépense aurait eu pour expression $(x + 2)(y - 1)$. En indiquant que la seconde expression de dépense est égale à la première et que la troisième surpasse la première de 4^{fr}, on aura les deux équations suivantes :

$$(x + 6)(y - 3) = xy,$$
$$(x + 2)(y - 1) = xy + 4;$$

qui deviennent, ramenées à leur plus simple forme,

$$6y - 3x = 18,$$
$$2y - x = 6.$$

Or, il est à remarquer que la seconde de ces dernières équations se déduit de la première en en divisant tous les termes par 3. Le problème est donc indéterminé, et cette indétermination qui a une limite inférieure ($x = 2$ et $y = 4$) n'a pas de limite supérieure, car à toute valeur entière de x correspondra une valeur de y : c'est ce qu'indique la seconde équation, par exemple, mise sous la forme

$$y = 3 + \frac{x}{2}.$$

162. IV. *Un nombre de trois chiffres satisfait aux conditions suivantes : la somme de ses chiffres est égale à 17 ; le double du* *chiffre des centaines diminué du chiffre des dizaines est égal à 3 ; et le triple du chiffre des centaines augmenté du chiffre des unités est égal à 20. Quel est ce nombre ?*

Soient x le chiffre des centaines du nombre, y celui des dizaines, et z celui des unités. En exprimant algébriquement les différentes conditions auxquelles ces inconnues et les données du problème doivent satisfaire, on a le système suivant de trois équations simultanées du premier degré à trois inconnues :

$$\left\{\begin{array}{l} x + y + z = 17, \\ 2x - y = 3, \\ 3x + z = 20. \end{array}\right.$$

Si, dans la première, on substitue à y et à z leurs valeurs tirées respectivement de la seconde et de la troisième, on obtient l'équation en x

$$x + 2x - 3 + 20 - 3x = 17,$$

qui se réduit, par simplification, à la suivante :

$$0 \times x = 0.$$

Tout nombre mis à la place de x vérifiant cette équation, le problème est indéterminé.

Cela provient de ce que l'une quelconque des trois équations se déduit des deux autres, la troisième par exemple, par l'addition membre à membre des deux premières.

Toutefois, comme la somme des trois inconnues doit être égale à 17, l'indétermination est très limitée. Si l'on donne, en effet, successivement à x les valeurs des neuf premiers nombres, qui sont les seules acceptables, des deux équations du système écrites ainsi qu'il suit

$$y = 2x - 3,$$
$$z = 20 - 3x.$$

on obtient pour y et z des valeurs correspondantes déterminées, et l'on trouve ainsi que les solutions du problème sont exclusivement représentées par les trois nombres 458, 575 et 692.

§ III. — Problèmes impossibles.

163. Il arrive parfois que les équations d'un problème n'ont pas de solutions, ou bien encore que ces solutions ne conviennent pas au problème. Dans ces cas, le problème n'admet pas de solution : il est *impossible*.

C'est ce qui a lieu lorsque les équations sont impossibles ou incompatibles comme dans les deux exemples suivants :

164. I. *Deux robinets mettent, l'un 4 heures et l'autre 6 heures pour remplir un même bassin ; d'autre part, une soupape peut vider ce bassin en 2 heures 24 minutes. Sachant qu'on ouvre à la fois les deux robinets et la soupape, calculer le temps nécessaire pour vider le bassin supposé plein d'eau au moment où commencent à fonctionner les trois ouvertures.*

Soit x le nombre d'heures employé par les deux robinets et la soupape fonctionnant ensemble pour vider le bassin. Comme en une heure le premier robinet remplit le $\frac{1}{4}$ du bassin, en x heures, il en remplit une quantité $\frac{x}{4}$; on trouve de même qu'en x heures le second robinet remplit une quantité $\frac{x}{6}$ de ce même bassin, et, pendant le même temps, la soupape, qui le vide en 2 heures 24 minutes ou $\frac{144}{60}$ d'heure, en vide une quantité $\frac{60x}{144}$. Cette dernière quantité devant être égale à la somme des deux autres augmentée du bassin plein ou de l'unité, on a l'équation

$$\frac{60x}{144} = \frac{x}{4} + \frac{x}{6} + 1,$$

qui devient successivement

$$\frac{5x}{12} = \frac{x}{4} + \frac{x}{6} + 1,$$

$$5x - 3x - 2x = 12,$$

$$0 \times x = 12.$$

Il n'y a pas de nombre qui, substitué à x, vérifie cette dernière équation. Le problème est donc impossible.

Ce résultat est dû à ce que l'écoulement qui se produit par la soupape représente à chaque instant ce que donnent ensemble les deux robinets. La quantité d'eau contenue dans le bassin reste donc constante et l'épuisement en est impossible.

165. II. *Trouver deux nombres dont la différence est 3 et dont la somme des carrés diminuée du double produit des deux nombres est 10.*

Soient x et y les deux nombres, x étant le plus grand des deux. La traduction des relations qui lient ces deux nombres aux données de la question fournit le système suivant de deux équations à deux inconnues :

$$(1) \qquad \begin{cases} x - y = 3, \\ x^2 + y^2 - 2xy = 10. \end{cases}$$

En substituant à x, dans la seconde de ces équations, sa valeur tirée de la première,

$$x = y + 3,$$

on obtient l'équation en y

$$(y + 3)^2 + y^2 - 2y(y + 3) = 10,$$

qui se réduit à

$$0 \times y^2 + 0 \times y = 1.$$

Il n'y a pas de nombre qui, mis à la place de y, puisse vérifier cette équation. Le problème est donc impossible.

Cette impossibilité provient de ce que les deux équations du système (1) sont incompatibles. En effet, en élevant les deux membres de la première au carré, on obtient la suivante :

$$x^2 + y^2 - 2xy = 9.$$

Rapprochée de la seconde, elle fait ressortir que la quantité $x^2 + y^2 - 2xy$ devrait être à la fois égale à 9 et à 10, ce qui est une absurdité.

166. Les inconnues d'un problème peuvent être assujetties à certaines conditions inhérentes à la nature même de la question et que les équations sont impuissantes à traduire, comme d'être entières ou comprises entre certaines limites. Dans ce cas, si les valeurs données par la résolution des équations ne satisfont pas à ces conditions, comme dans les deux exemples suivants, le problème est impossible.

167. III. *Un fermier emploie pendant deux jours aux travaux des champs un certain nombre d'hommes et de femmes. Le premier jour, à raison de 5ᶠʳ par homme et de 3ᶠʳ par femme, il dépense 76ᶠʳ ; le second jour, à raison de 6ᶠʳ par homme et de 4ᶠʳ par femme, il dépense 97ᶠʳ. Combien a-t-il employé d'hommes et de femmes ?*

Soient x le nombre d'hommes et y le nombre de femmes. En exprimant que le montant des sommes versées aux hommes et aux femmes est de 76ᶠʳ le premier jour et de 97ᶠʳ le second, on a le système suivant de deux équations du premier degré à deux inconnues :

$$5x + 3y = 76,$$
$$6x + 4y = 97.$$

En le résolvant par les procédés en usage, on obtient

$$x = 6\,\frac{1}{2},$$
$$y = 14\,\frac{1}{2}.$$

Ces nombres devraient être entiers ; comme ils ne le sont pas, le problème est impossible.

168. IV. *Trouver un nombre de deux chiffres dont le double du chiffre des dizaines diminué du chiffre des unités soit égal à 7, et tel, en outre, qu'en intervertissant l'ordre des chiffres on obtienne un nouveau nombre dont les $\frac{3}{4}$ augmentés de 8 reproduisent le nombre cherché.*

Soient x le chiffre des dizaines de ce nombre et y son chiffre des unités. Le double du chiffre des dizaines diminué du chiffre des unités est $2x - y$; le nombre cherché est $10x + y$, et le nombre obtenu en renversant l'ordre des chiffres est $10y + x$. En exprimant d'une part que la première expression est égale à 7 ; d'autre part que la seconde est égale aux $\frac{3}{4}$ de la troisième, plus 8, on aura le système suivant de deux équations du premier degré à deux inconnues :

$$(1) \qquad \begin{cases} 2x - y = 7, \\ 10x + y = \dfrac{3}{4}(10y + x) + 8. \end{cases}$$

Ce système se ramène au suivant :

$$2x - y = 7,$$
$$37x - 26y = 32.$$

On en tire les valeurs suivantes :

$$x = 10,$$
$$y = 13.$$

Ces deux nombres ne devraient pas être supérieurs à 9 ; comme ils ne remplissent pas cette condition, le problème est impossible.

§ IV. — Solutions négatives.

169. La résolution des équations d'un problème peut donner des valeurs négatives pour les inconnues. Comme ces valeurs n'ont pas toujours par elles-mêmes de signification, elles annoncent alors que le problème est impossible dans les termes mêmes où il est énoncé.

L'impossibilité est parfois absolue, comme dans les deux exemples qui suivent.

170. I. *Quel est le nombre arithmétique qui, augmenté de ses* $\dfrac{2}{3}$ *et diminué de son* $\dfrac{1}{6}$ *donne pour résultat les* $\dfrac{4}{3}$ *du même nombre moins 1 ?*

L'équation de ce problème est la suivante :

$$x + \frac{2x}{3} - \frac{x}{6} = \frac{4x}{3} - 1.$$

En la résolvant, on trouve

$$x = -6.$$

Ce résultat négatif n'a ici aucun sens et le problème est impossible, c'est-à-dire qu'il n'y a pas de nombre arithmétique qui réponde aux données de la question.

On peut s'en rendre compte en remarquant que si l'on augmente un nombre de ses $\frac{2}{3}$ pour en retrancher ensuite le $\frac{1}{6}$, on obtient les $\frac{3}{2}$ de ce même nombre, par conséquent un résultat supérieur à ses $\frac{4}{3}$ et *a fortiori* à ses $\frac{4}{3}$ diminués de l'unité.

171. II. *Pour le transport des marchandises, une compagnie de chemins de fer demande* $0^{fr},15$ *par tonne et par kilomètre, plus un droit de chargement évalué à* $1^{fr},60$ *par tonne. A quelle distance peut-on faire transporter* 48 *tonnes de marchandises pour* 55^{fr} ?

Soit x la distance cherchée en kilomètres. Le prix du transport sera de $0,15 \times 48 \times x$, et le droit de chargement, de $1,60 \times 48$; on aura donc pour équation du problème

$$0,15 \times 48 \times x + 1,60 \times 48 = 55,$$

ou

$$7,2x + 76,8 = 55,$$

d'où

$$x = \frac{55 - 76,8}{7,2} = -3\frac{1}{36}.$$

Une solution négative pour ce problème n'a aucune signification ; elle n'indique même pas que la question puisse avoir une interprétation quelconque ; il ne pourrait y avoir qu'un changement de sens dans le transport, mais il n'en résulterait aucune modification dans les frais. Elle annonce donc que le problème est impossible.

On peut se rendre compte, d'ailleurs, de cette impossibilité, en remarquant que le droit de chargement qui s'élève à $76^{fr},80$ dépasse à lui seul la somme dont on dispose pour le total des frais.

172. Très souvent l'inconnue ou les inconnues d'un problème sont des grandeurs susceptibles d'être comptées, à partir d'une origine commune, dans deux sens opposés ; c'est lorsqu'elles représentent des longueurs prises sur une même droite à partir d'un même point, des nombres à ajouter ou à retrancher à un nombre donné, des températures évaluées au-dessus ou au-dessous du zéro de la graduation, des durées comptées dans l'avenir ou dans le passé à partir du présent. Parfois aussi elles désignent des quantités qui, sans avoir d'origine commune, ont des significations contraires, comme les vitesses de deux mobiles qui vont dans des sens opposés, le doit et l'avoir d'un commerçant, le gain ou la perte qui résultent d'une opération financière, etc.

Dans ces différents cas, les solutions négatives peuvent recevoir d'ordinaire une interprétation. Elles indiquent généralement que les inconnues doivent être prises dans un sens opposé à celui qui leur a été attribué dans la mise en équation du problème.

On s'en assure d'ailleurs par une nouvelle mise en équation, en faisant sur les inconnues des hypothèses contraires aux précédentes, et si la solution négative tient à une erreur de sens, on obtient, par la résolution des nouvelles équations, des valeurs positives, égales, abstraction faite du signe, aux valeurs négatives déjà trouvées, et qui satisfont aux conditions du problème.

Il résulte de là que pour distinguer les deux sens ou les deux significations des inconnues, dans des problèmes de ce genre, qu'il s'agisse de mettre ces problèmes en équation ou d'en interpréter les solutions, on se sert de la convention adoptée pour l'introduction des nombres algébriques dans le calcul, c'est-à-dire qu'on regarde comme positifs les nombres qui mesurent les segments de droites horizontales comptés à droite de l'origine et les segments de droites verticales comptés au-dessus de l'origine, les nombres à ajouter, les degrés de température au-dessus du zéro de la graduation, les nombres qui expriment le temps futur, l'avoir d'un commerçant, le gain réalisé dans une affaire, etc. et comme négatifs les nombres qui représentent les quantités opposées aux précédentes.

Voici quelques problèmes qui conduisent à des solutions négatives interprétables.

173. III. *Deux trains partent en même temps de deux points* *différents* A *et* B, *distants de* 25 *kilomètres, et vont à la suite l'un de l'autre dans le sens* AB; *celui qui part de* A *fait* 163 *kilomètres en* 3 *heures et l'autre* 117 *en* 2 *heures. Trouver la distance au point* A *du lieu de leur rencontre.*

Supposons que cette rencontre ait lieu en un point C situé à droite du point B, et soit x la distance AC. Le premier train, qui a parcouru toute cette distance, a mis pour cela $\dfrac{3x}{163}$ heures; quant au second, qui n'a eu à parcourir que la distance $x - 25$, il lui a fallu $\dfrac{2(x - 25)}{117}$. En exprimant que les deux trains ont mis le même temps pour aller de leurs points respectifs de départ à leur lieu de rencontre, on a l'équation du problème

$$\frac{3x}{163} = \frac{2(x - 25)}{117},$$

ou $\qquad\qquad 351x = 326x - 8150,$

ou bien $\qquad\quad 351x - 326x = -8150,$

d'où $\qquad\qquad\quad 25x = -8150,$

et $\qquad\qquad\qquad\quad x = -326.$

Le résultat étant négatif, il s'ensuit que les deux trains ne se sont pas rencontrés à droite du point B, mais à gauche du point A et à une distance de 326 kilomètres. Si l'on remet, en effet, le problème en équation avec l'hypothèse qu'il en a été ainsi, on a

$$\frac{3x}{163} = \frac{2(x + 25)}{117},$$

d'où l'on tire $\qquad\qquad x = 326.$

L'énoncé du problème montre d'ailleurs que la vitesse du train qui part de B étant supérieure à celle de l'autre, la rencontre a déjà eu lieu.

174.IV. *On veut faire un alliage de cuivre et d'étain qui contienne respectivement ces deux métaux dans la proportion de* 9 *à* 5; *quelle quantité de cuivre faut-il ajouter ou retrancher à cet effet à un lingot de* 11 *kilogrammes formé de cuivre et d'étain dans le rapport de* 7 *à* 3?

Le lingot donné contient un poids de cuivre égal à $\dfrac{11 \times 7}{10}$ ou $\dfrac{77}{10}$ kilog. et un poids d'étain égal à $\dfrac{11 \times 3}{10}$ ou $\dfrac{33}{10}$ kilog. Cela posé, supposons qu'il faille ajouter une certaine quantité de cuivre à ce lingot pour obtenir l'alliage demandé, et soit x le poids de ce cuivre ; l'équation du problème sera la suivante :

$$\frac{\frac{77}{10} + x}{\frac{33}{10}} = \frac{9}{5},$$

qui devient successivement $\dfrac{77 + 10x}{33} = \dfrac{9}{5}$,

$$385 + 50x = 297,$$

$$50x = -88,$$

d'où $\qquad x = -\dfrac{88}{50} = -\dfrac{44}{25}.$

Ce résultat négatif indique qu'au lieu d'ajouter du cuivre au lingot de 11 kilog. il faut en retrancher. Si l'on part, en effet, de l'hypothèse d'une soustraction de cuivre pour remettre le problème en équation, on a alors

$$\frac{\frac{77}{10} - x}{\frac{33}{10}} = \frac{9}{5},$$

ce qui donne successivement $\dfrac{77 - 10x}{33} = \dfrac{9}{5}$,

$$385 - 50x = 297,$$

$$50x = 88,$$

d'où l'on tire $\qquad x = \dfrac{88}{50} = \dfrac{44}{25}.$

Au surplus, comme le rapport $\dfrac{9}{5}$ est inférieur à $\dfrac{7}{3}$, on conçoit que pour passer du second au premier sans toucher au dénominateur, il faille diminuer le numérateur et non l'augmenter.

175. V. *Deux personnes ont l'une 43 ans et l'autre 25 ; à quel moment l'âge de la première est-il les* $\dfrac{5}{2}$ *de celui de la seconde ?*

Supposons que l'événement ait lieu dans l'avenir, et soit x le nombre d'années à compter jusque-là. A cette époque, l'âge de la première personne sera $43 + x$ et celui de la seconde $25 + x$; en exprimant que le premier de ces âges est les $\dfrac{5}{2}$ du second, on aura l'équation suivante du problème :

$$43 + x = \frac{5}{2}(25 + x),$$

qui devient successivement

$$2(43 + x) = 5(25 + x),$$
$$86 + 2x = 125 + 5x,$$
$$5x - 2x = 86 - 125$$
$$3x = -39, .$$

d'où
$$x = -13.$$

Comme le résultat est négatif, on en déduit que l'âge de la première personne ne peut pas être dans l'avenir les $\dfrac{5}{2}$ de celui de la seconde ; le fait s'est produit dans le passé, 13 ans avant le moment présent. Si l'on part, en effet, pour le sens de l'inconnue, d'une hypothèse contraire à la précédente, une nouvelle mise en équation de la question donne

$$43 - x = \frac{5}{2}(25 - x),$$

d'où l'on tire
$$x = 13.$$

On se rend compte, au surplus, de ces résultats, en remarquant que l'âge de la première personne, qui n'est déjà plus le double de celui de la seconde, n'en peut plus être *a fortiori* les $\dfrac{5}{2}$.

176. VI. *On sait que le thermomètre centigrade marque succes-*

sivement 0° et 100° aux températures respectives de la glace fondante et de la vapeur d'eau bouillante, tandis que le thermomètre Fahrenheit marque 32° et 212° à ces mêmes températures. D'après cela, trouver la température à laquelle ces deux thermomètres marquent le même nombre de degrés.

Supposons que cette température soit supérieure au zéro de la graduation centigrade, et représentons-la par x. Le nombre de degrés compris entre cette température et la glace fondante est ainsi représenté par x sur le thermomètre centigrade et par $x - 32$ sur le thermomètre Fahrenheit. Or, 100 degrés centigrades valent $212 - 32$ ou 180 degrés Fahrenheit, c'est-à-dire qu'entre deux températures données le nombre de degrés centigrades et le nombre de degrés Fahrenheit sont dans le rapport de 100 à 180, ou plus simplement de 5 à 9. En exprimant que les nombres x et $x - 32$ sont dans ce rapport, on a l'équation suivante du problème

$$\frac{x}{x - 32} = \frac{5}{9},$$

qui devient successivement

$$9x = 5x - 160,$$
$$4x = -160,$$

d'où
$$x = -40.$$

Ce résultat négatif indique que la température à laquelle les deux thermomètres marquent le même nombre de degrés doit être comptée au-dessous du zéro de chaque graduation.

En remettant, en effet, le problème en équation avec cette hypothèse, contraire à la précédente, on a

$$\frac{x}{x + 32} = \frac{5}{9},$$

d'où l'on tire
$$x = 40.$$

On peut se convaincre, du reste, que cette température ne peut pas être au-dessus de celle de la glace fondante, attendu que l'échelle Fahrenheit, qui porte déjà le nombre 32 pour cette dernière température, croît beaucoup plus vite que l'autre et fait que la différence des degrés indiqués par les deux échelles, pour une même température supérieure à celle de la

glace fondante, va en augmentant avec cette température ;
cette différence ne peut donc s'annuler qu'au-dessous.

177. Il ressort des quatre problèmes précédents, où les
solutions négatives s'interprètent parce que l'inconnue est
une grandeur susceptible d'être prise dans deux sens opposés,
que les deux équations obtenues pour chacun d'eux par deux
hypothèses opposées, faites sur le sens de l'inconnue, peuvent
se déduire l'une de l'autre par le changement de x en $-x$.

Considérons, en effet, les deux équations du problème III,

$$(1) \qquad \frac{3x}{163} = \frac{2(x-25)}{117}$$

$$\text{et } (2) \qquad \frac{3x}{163} = \frac{2(x+25)}{117}.$$

Si l'on change x en $-x$ dans (1), il vient

$$\frac{-3x}{163} = \frac{2(-x-25)}{117},$$

ou, en changeant le signe de chaque membre,

$$\frac{3x}{163} = \frac{2(x+25)}{117},$$

équation identique à l'équation (2).

Il est à remarquer, en outre, que lorsqu'une de ces deux
équations, qui proviennent de deux sens contraires attribués à
l'inconnue, admet une racine négative, cette racine prise posi-
tivement satisfait à l'autre équation.

En effet, considérons de nouveau l'équation

$$\frac{3x}{163} = \frac{2(x-25)}{117}.$$

Comme elle admet pour racine le nombre négatif -326, on
a l'identité

$$\frac{3\times(-326)}{163} = \frac{2\times(-326-25)}{117},$$

qui montre que l'équation

$$\frac{3(-x)}{163} = \frac{2(-x-25)}{117},$$

obtenue de la précédente par le changement de x en $-x$ est vérifiée par le nombre 326.

D'une manière générale on peut donc dire que toutes les solutions négatives de la première équation deviennent par un changement de signe des solutions positives de la seconde, et que toutes les solutions positives de la première deviennent, par le même changement, des solutions négatives de la seconde.

De là cette règle, dite de Descartes : *Pour que les solutions négatives de l'équation d'un problème où les inconnues sont des quantités susceptibles d'être comptées dans deux sens opposés puissent être interprétées, il faut et il suffit que la nouvelle équation obtenue par des hypothèses contraires faites sur le sens des inconnues se déduise de la première en changeant x en $-x$.*

Et la conséquence importante à déduire de tout cela, c'est que l'une quelconque des deux équations devient comme une équation générale comprenant tous les cas qui peuvent se présenter et répondant à chacun lorsqu'on donne comme il convient les signes $+$ et $-$ aux deux sens des inconnues.

178. Il arrive parfois, pour des problèmes qui ne comportent d'après leur énoncé que des solutions positives, que la résolution de leurs équations conduit à des solutions négatives. Ainsi formulés ces problèmes sont impossibles. Toutefois, il est des cas où l'énoncé peut être modifié de manière que le nouveau problème devienne possible.

En voici un exemple parmi tant d'autres qui pourraient être donnés.

179. VII. *Un spéculateur place dans une entreprise une somme de 14000^{fr} pendant trois ans. La première année, son gain est égal à la moitié de la somme totale qu'il retirera à la fin de l'entreprise ; la deuxième année, il perd les quatre cinquièmes de cette même somme totale qui doit lui revenir l'année suivante ; enfin, la troisième année il gagne 1600^{fr}. Quelle somme a-t-il gagnée finalement ?*

Soit x la somme gagnée en fin de compte. Il retirera donc de l'entreprise $14000 + x$ francs. D'autre part, la première année lui donne un gain de $\dfrac{14000 + x}{2}$, la deuxième, une perte de $\dfrac{4}{5}(14000 + x)$, et la troisième, un gain de 1600^{fr}; il lui revient ainsi, à la fin de cette dernière année, une somme de

$$14000 + \frac{14000 + x}{2} - \frac{4}{5}(14000 + x) + 1600.$$

L'équation du problème est dès lors la suivante :

$$14000 + \frac{14000 + x}{2} - \frac{4}{5}(14000 + x) + 1600 = 14000 + x,$$

qui devient, en supprimant le terme 14000 commun aux deux membres, en chassant les dénominateurs et en effectuant les multiplications indiquées,

$$70000 + 5x - 112000 - 8x + 16000 = 10x,$$

ou

$$13x = -26000,$$

d'où

$$x = -2000.$$

Ce résultat négatif indique que le problème est impossible dans les termes où il est énoncé.

Mais comme l'inconnue est une grandeur qui peut être considérée dans deux sens opposés, faisons l'hypothèse qu'au lieu d'un gain il s'agit d'une perte et remettons le problème en équation. On aura

$$14000 + \frac{14000 - x}{2} - \frac{4}{5}(14000 - x) + 1600 = 14000 - x.$$

Or cette équation se déduit de la précédente par le changement de x en $-x$. De sorte que la racine négative de la précédente équation s'interprète dans ce sens qu'elle annonce une perte au lieu d'un gain.

Pour rendre le problème possible, il faut donc modifier ainsi la fin de l'énoncé : *Quelle somme a-t-il perdue finalement ?*

On pourrait encore lui donner, comme aux problèmes qui le précèdent, une forme générale, en en terminant l'énoncé comme il suit, par exemple : *Quelle somme a-t-il gagnée ou perdue finalement ?* Si dans la mise en équation l'hypothèse n'est pas la vraie, la solution négative qui interviendra indiquera que l'inconnue doit avoir une signification contraire.

180. La règle de Descartes n'est pas d'une application absolue ; il est certaines questions dont les inconnues peuvent être considérées dans deux sens opposés, et où elle se trouve en défaut. En voici un exemple :

181. VIII. *Étant donnés sur une droite horizontale indéfinie deux points* A *et* B, *le second étant situé à droite du premier, trouver un troisième point* C *tel que le rapport de ses distances respectives aux points* A *et* B *soit égal à* $\dfrac{2}{3}$·

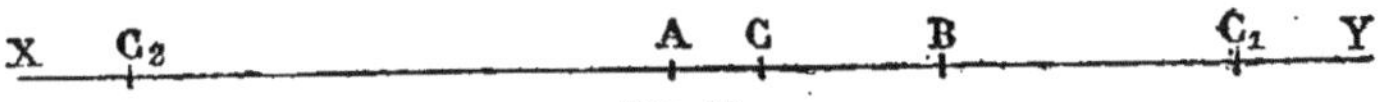

X C_2 A   C   B C_1 Y

Fig. 12.

Soit XY (*fig.* 12) la droite horizontale indéfinie. Le point cherché peut se trouver à l'intérieur de AB, car le partage d'une quantité en deux parties qui soient entre elles dans un rapport donné est toujours possible, abstraction faite du signe ; d'autre part, le point C peut aussi se trouver à l'extérieur de AB, à droite ou à gauche, car on trouve toujours une quantité dont le rapport à cette même quantité augmentée d'une autre déterminée — ou le rapport inverse — soit égal à un rapport donné.

Lorsque le point est à l'intérieur, on a la relation $\dfrac{CA}{CB} = \dfrac{2}{3}$·
En représentant par x la distance du point C au point A, et par a la distance AB, on a $\;CA = x,\;\; CB = a - x,\;$ et l'équation du problème est la suivante :

$$(1) \qquad\qquad \frac{x}{a - x} = \frac{2}{3},$$

d'où
$$3x = 2a - 2x,$$

et
$$x = \frac{2}{5}\,a.$$

Lorsque le point est à l'extérieur, en supposant qu'il se trouve à droite du point B en C_1, on a la relation $\dfrac{C_1 A}{C_1 B} = \dfrac{2}{3}$·
En représentant de même par x la distance du point C_1 au

point A, a désignant toujours la longueur AB, on a $C_1A = x$, $C_1B = x - a$,   et l'équation du problème est la suivante :

$$(2) \qquad \frac{x}{x - a} = \frac{2}{3},$$

d'où $\qquad\qquad 3x = 2x - 2a,$

et $\qquad\qquad x = -2a.$

Ce résultat négatif indique que le point C_1 n'est pas à droite du point B, mais à gauche du point A. On peut s'en convaincre en partant de cette hypothèse pour la mise en équation du problème. Si C_2 est ce point, on a la relation $\frac{C_2A}{C_2B} = \frac{2}{3}$, dans laquelle $C_2A = x$, et $C_2B = x + a$, d'où l'équation

$$(3) \qquad \frac{x}{x + a} = \frac{2}{3},$$

qui, résolue, donne la solution positive

$$x = 2a.$$

De plus il est à remarquer que l'équation (3) se déduit de l'équation (2) par le changement de x en $-x$. Il s'ensuit que l'une quelconque des équations (2) et (3) contient la seconde et que, généralisée, elle donnerait les solutions des deux, c'est-à-dire qu'elle comprendrait les deux cas où le point C se trouverait soit à droite, soit à gauche du segment AB.

Il n'en est pas de même de l'équation (1), qui ne peut se déduire d'aucune des équations (2) et (3) par un changement de x en $-x$, pas plus, évidemment, que celles-ci ne peuvent se déduire de la première par la même opération.

De sorte qu'il n'y a pas pour ce problème d'équation qui convienne à tous les cas ; en d'autres termes, il est des questions où la règle de Descartes ne trouve pas son entière application.

<h2 align="center">§ V. — Discussion.</h2>

182. La discussion d'un problème consiste dans la recherche des différentes solutions que comporte ce problème lorsqu'on fait sur ses données toutes les hypothèses possibles.

Pour cela, après avoir obtenu les équations qui traduisent algébriquement la question, on cherche tout d'abord les relations auxquelles doivent satisfaire les données pour que les racines soient réelles : on obtient ainsi des inégalités que l'on résout par rapport à l'une des données du problème. D'autres inégalités résultent : 1° de ce que les inconnues sont assujetties par leur nature même ou celle de la question à être positives ou négatives ; 2° de ce que les inconnues doivent être comprises entre des limites données ou imposées par l'énoncé même du problème ; 3° des différentes valeurs par lesquelles on peut faire passer les données du problème, etc. ; on résout ces dernières inégalités comme les précédentes, par rapport à la même donnée, si possible.

On compare ensuite toutes les inégalités que comporte la question ; on détermine celles qui sont nécessaires et l'on y subordonne les autres. S'il se rencontre des inégalités contradictoires des nécessaires on les écarte ; on élimine de même celles qui sont des conséquences d'autres déjà exprimées ; et de l'ensemble de celles qui restent on déduit les limites à assigner aux données pour la possibilité de la question.

Il arrive parfois que les solutions des équations du problème ne sont pas toutes des solutions de ce problème : il faut alors écarter celles qui ne conviennent pas et chercher, quand on le peut, les causes d'introduction de ces solutions étrangères.

Enfin, il est nécessaire d'interpréter autant qu'il est possible toutes les solutions qui se présentent sous une forme qui peut paraître tout d'abord inacceptable : négative, infinie, indéterminée, etc., pour retenir celles qui ont un sens et rejeter les autres, en en cherchant, s'il se peut, l'origine.

Il est généralement avantageux, pour des raisons d'ordre, de netteté, de précision et de simplicité, de condenser dans un tableau les divers éléments ainsi que les résultats d'une discussion lorsqu'elle présente des longueurs ou des complications.

Les quelques exemples qui suivent vont éclairer ces diverses considérations.

183. I. *Partager un nombre a en deux parties telles que la somme des quotients obtenus en divisant l'une par m et l'autre par n soit égale à b, tous ces nombres étant des nombres arithmétiques.*

Soit x l'une de ces parties ; l'autre sera $a - x$, et l'on aura pour équation

$$\frac{x}{m} + \frac{a - x}{n} = b,$$

ou
$$nx + am - mx = bmn,$$

ou bien

(1)
$$(n - m)x = m(bn - a).$$

Discussion. — **1°** $n - m \neq 0$. L'équation (1) donne toujours une valeur pour x,

$$x = \frac{m(bn - a)}{n - m},$$

et une valeur pour la seconde partie du nombre a qui est $\dfrac{n(a - bm)}{n - m}$.

Comme il s'agit ici de nombres positifs, pour que le problème soit possible, il faut de plus que les deux termes de chacune des expressions précédentes soient de même signe ; par suite, que l'on ait en même temps

(2) $n > m,$ $bn > a$ et $a > bm,$

ou bien

(3) $n < m,$ $bn < a$ et $a < bm.$

En divisant les deux membres des deux dernières inégalités du groupe (2) par b, ce groupe devient

$$n > m, \qquad n > \frac{a}{b}, \qquad \frac{a}{b} > m,$$

et se réduit à

(4)
$$n > \frac{a}{b} > m.$$

En opérant de la même manière sur le groupe (3), on le ramène au suivant :

(5)
$$n < \frac{a}{b} < m.$$

Le rapprochement des inégalités (4) et (5) de la relation $n - m \neq 0$ montre que les conditions pour que le problème soit possible sont que m et n doivent être différents et que le quotient $\dfrac{a}{b}$ soit compris entre ces deux nombres.

2° $m - n = 0$. Les deux nombres m et n sont alors égaux et l'équation du problème, prise sous sa forme

$$(n - m)x = m(bn - a),$$

devient

$$0 \times x = m(bm - a).$$

Il n'y a pas de solution et le problème est impossible si $bm - a \neq 0$; mais si l'on a

$$bm - a = 0,$$

ou

$$b = \frac{a}{m},$$

toutes les valeurs attribuées à x vérifient l'équation, et le problème est indéterminé, c'est-à-dire que le nombre a peut être divisé d'une infinité de manières en deux parties telles que la somme des quotients de chacune d'elles par m soit égale à b. C'est ce qui ressort évidemment des deux relations $m - n = 0$ et $b = \dfrac{a}{m}$, car quelles que soient les deux parties α et β dont la réunion égale a, la somme de leurs quotients par les nombres égaux m et n, $\dfrac{\alpha}{m} + \dfrac{\beta}{n}$ ou $\dfrac{\alpha + \beta}{m}$ sera toujours égale à $\dfrac{a}{m}$, par suite à b.

184. **II.** *Deux mobiles se déplacent d'un mouvement uniforme sur une même droite, avec des vitesses v et v'; on sait de plus que le premier passe en un point* A *en même temps que le second passe en un point* A'. *D'après cela, trouver le point de la droite où ces deux mobiles se rencontrent.*

Soit O l'origine des espaces (*fig.* 13).

O   A   A'   M

Fig. 13.

Représentons par a et a' les distances respectives à cette origine des points A et A', et supposons que ces points sont situés dans cet ordre à la droite du point O. Imaginons de plus que les deux mobiles se déplacent dans le sens AA' et que la vitesse v de celui que l'on considère en A est plus grande que la vitesse v' de celui qui se trouve au même instant en A'. Cela posé, il est évident que les deux mobiles se rencontreront en un point M situé aussi à droite du point O et au delà du point A. Désignons par x la distance OM.

En écrivant que le temps employé par le mobile qui est en A pour se rendre en M, $\dfrac{x-a}{v}$ (quotient de l'espace parcouru total par l'espace parcouru dans l'unité de temps), est égal au temps employé par le mobile qui est en A' pour aller en M, $\dfrac{x-a'}{v'}$, on aura l'équation

$$\frac{x-a}{v} = \frac{x-a'}{v'},$$

ou

(1) $$(v-v')x = va' - v'a.$$

Cette équation est générale et comprend tous les cas que peut présenter le problème lorsqu'on fait sur la position des points A et A' ainsi que sur le rapport et le sens des vitesses v et v' toutes les hypothèses possibles, en même temps que les conventions connues relatives aux signes : c'est ce qui va résulter d'ailleurs de la discussion suivante.

Discussion. — 1° $v-v'$ est *différent de zéro*. L'équation (1) donne toujours une valeur pour x,

$$x = \frac{va' - v'a}{v - v'}.$$

a). Si l'on a $v > v'$, le signe de x est celui de $va' - v'a$. Or, lorsque $va' > v'a$, x est positif et la rencontre a lieu à droite du point O, et lorsque $va' < v'a$, x est négatif et la rencontre a lieu à gauche du point O.

b). Si l'on a $v < v'$, le signe de x est le contraire de celui de $va' - v'a$. Or, lorsque $va' > v'a$, x est négatif et la rencontre a lieu à gauche du point O, et lorsque $va' < v'a$, x est positif et la rencontre a lieu à droite du point O.

c). Si l'on a seulement $v \neq v'$, lorsque $va' - v'a = 0$, x est nul et la rencontre se fait au point **O**.

2° $v - v'$ est *nul*. L'équation (1) se réduit à

$$0 \times x = va' - v'a.$$

a). Si l'on a $va' \neq v'a$, cette équation n'admet pas de racine finie et le problème est impossible ; il n'y a pas de rencontre.

C'est le cas où les deux points **A** et **A'** sont distincts et où les deux mobiles se déplacent dans le même sens avec la même vitesse : ils ne peuvent évidemment pas se rencontrer.

b). Si l'on a $va' = v'a$, l'équation (1) prend la forme

$$0 \times x = 0.$$

Elle se trouve ainsi vérifiée pour toute valeur attribuée à x, et le problème est indéterminé : la rencontre est permanente.

C'est le cas où les deux points **A** et **A'** se confondent et où les deux mobiles se déplacent dans le même sens avec la même vitesse : ils ne se séparent pas.

185. III. *Partager un nombre arithmétique a en deux parties telles que le quotient de la somme de leurs cubes divisée par la somme de leurs carrés soit égal à b.*

Soit x l'une de ces parties ; l'autre sera $a - x$, et le problème aura pour équation

$$\frac{x^3 + (a - x)^3}{x^2 + (a - x)^2} = b.$$

Si l'on chasse le dénominateur, qu'on développe les puissances indiquées pour transposer ensuite tous les termes dans le premier membre, cette équation, toutes simplifications et réductions faites, prend la forme

$$(1) \qquad (3a - 2b)x^2 - a(3a - 2b)x + a^2(a - b) = 0.$$

Discussion. — Pour que cette dernière équation ait ses racines réelles, il faut que son discriminant soit supérieur ou égal à zéro, c'est-à-dire que l'on ait

$$a^2(3a - 2b)^2 - 4a^2(3a - 2b)(a - b) \geqslant 0,$$

ou $\qquad\qquad a^2(3a - 2b)(2b - a) \geqslant 0.$

Cette relation est satisfaite si l'on a à la fois

$$3a > 2b \qquad \text{et} \qquad 2b > a$$
$$\text{ou} \qquad 3a < 2b \qquad \text{et} \qquad 2b < a,$$

ou bien $\quad 3a = 2b,\quad$ ce qui revient à $\quad b = \dfrac{3}{2}\,a,$

ou enfin $\quad 2b = a,\quad$ ce qui revient à $\quad b = \dfrac{a}{2}\cdot$

1° Les relations $\ 3a > 2b\ $ et $\ 2b > a\ $ reviennent à
$$3a > 2b > a$$
ou
$$\frac{3}{2}a > b > \frac{a}{2},$$

c'est-à-dire que b doit être compris entre $\dfrac{3}{2}a$ et $\dfrac{a}{2}$. Dans ce cas, les racines de l'équation sont réelles et données par l'expression

$$x = \frac{a(3a - 2b) \pm a\sqrt{(3a - 2b)(2b - a)}}{2(3a - 2b)}$$

ou
$$x = \frac{a}{2}\left(1 \pm \frac{\sqrt{(3a - 2b)(2b - a)}}{3a - 2b}\right).$$

Et ces deux racines représentent les deux parties du nombre a qui satisfont aux conditions du problème.

Mais ces deux parties ne sont positives, c'est-à-dire additives, que si aux conditions précédentes s'ajoute celle de $b < a$; c'est ce qui résulte de l'examen du produit $\dfrac{a^2(a - b)}{3a - 2b}$ des deux racines, qui ne peut être positif comme le nombre a qu'autant que b est inférieur à a, puisqu'on a déjà $2b < 3a$.

Quand on a $\ b > a,\ $ les deux parties sont soustractives, c'est-à-dire que l'une est positive et l'autre négative ; en d'autres termes, le problème est impossible si l'on ne considère que des nombres positifs.

Quand on a $\ b = a,\ $ l'une des parties est nulle et l'autre est égale au nombre donné a.

2° Les relations $\ 3a < 2b\ $ et $\ 2b < a\ $ sont incompatibles si l'on ne considère que des nombres positifs. Dans le cas contraire, les racines de l'équation (1) répondent encore à la question.

3° Lorsque la relation $3a = 2b$ est satisfaite, le problème est impossible, parce que le produit $\dfrac{a^2(a-b)}{3a-2b}$ des deux racines devient infini ; on peut encore donner pour raison que l'équation (1) prend la forme $0 \times x^2 - 0 \times x + a^2(a-b) = 0$ sous laquelle l'impossibilité est évidente.

4° Lorsque la relation $2b = a$ est satisfaite, les deux racines sont égales et ont pour valeur commune $\dfrac{a}{2}$.

186. IV. *Deux lumières d'intensités différentes i et i' sont distantes l'une de l'autre d'une longueur d. A quelle distance de la première, sur la droite qui les joint, faut-il placer un écran pour qu'il soit également éclairé par les deux lumières ?*

Soit x la distance cherchée ; celle de la seconde lumière à l'écran sera $d - x$. L'éclairement d'une source lumineuse variant en raison inverse du carré de la distance qui la sépare de la surface éclairée, on aura ici, pour les deux éclairements, les expressions $\dfrac{i}{x^2}$ et $\dfrac{i'}{(d-x)^2}$, qui doivent être égales d'après l'énoncé de la question.

L'équation du problème est donc la suivante :

$$\frac{i}{x^2} = \frac{i'}{(d-x)^2},$$

qui peut se mettre sous la forme

(1) $$(i - i')x^2 - 2dix + d^2i = 0.$$

Les deux racines de cette équation sont réelles, car la condition nécessaire

$$d^2i^2 - (i - i')d^2i > 0,$$

revient à $\qquad d^2ii' > 0,$

et cette dernière relation est évidente.

De l'équation, on tire alors

(2) $$x = \frac{d(i \pm \sqrt{ii'})}{i - i'},$$

d'où

$$x' = \frac{d(i - \sqrt{ii'})}{i - i'},$$

$$x'' = \frac{d(i + \sqrt{ii'})}{i - i'}.$$

Discussion. — 1° On a $i > i'$. Les deux valeurs de x, toutes deux positives, sont acceptables : la plus petite, x', donne un point situé entre les deux lumières, et la plus grande, x'', donne un second point situé en dehors des deux lumières, au delà de celle d'intensité i'.

2° On a $i < i'$. Les deux valeurs de x sont encore acceptables : la plus petite en valeur absolue, x', qui est positive, donne comme précédemment un point situé entre les deux lumières, et la plus grande en valeur absolue, x'', qui est négative, donne un second point situé en dehors des deux lumières en deçà de celle d'intensité i.

3° On a $i = i'$. L'équation (1) se réduit à la suivante :

$$- 2dix + d^2i = 0,$$

d'où l'on tire
$$x = \frac{d}{2}.$$

Dans ce cas, il n'y a qu'un point, le milieu de la distance qui sépare les deux lumières.

Le second point a été rejeté à l'infini : c'est ce que l'on peut déduire de la formule (2) pour la valeur de x''.

CHAPITRE III

RÉSOLUTION DE QUESTIONS

§ I. — Calcul algébrique.

187. I. *Vérifier l'égalité suivante :*

$$\frac{2+\sqrt{3}}{\sqrt{2}+\sqrt{2+\sqrt{3}}} + \frac{2-\sqrt{3}}{\sqrt{2}-\sqrt{2-\sqrt{3}}} = \sqrt{2}.$$

Pour cela, nous chercherons d'abord à simplifier les dénominateurs, en multipliant les deux termes du premier rapport $\dfrac{2+\sqrt{3}}{\sqrt{2}+\sqrt{2+\sqrt{3}}}$ par le nombre $\sqrt{2+\sqrt{3}}-\sqrt{2}$, afin d'avoir pour nouveau dénominateur le produit de la somme de deux radicaux par leur différence, ce qui donnera pour résultat la différence des carrés de ces radicaux et par suite une notable simplification dans le dénominateur de ce premier rapport. De même, on multipliera les deux termes du deuxième rapport $\dfrac{2-\sqrt{3}}{\sqrt{2}-\sqrt{2-\sqrt{3}}}$ par le nombre $\sqrt{2}+\sqrt{2-\sqrt{3}}$ pour la même raison. L'égalité proposée, si elle existe, se trouve ainsi transformée en cette autre équivalente :

$$\frac{(2+\sqrt{3})(\sqrt{2+\sqrt{3}}-\sqrt{2})+(2-\sqrt{3})(\sqrt{2}+\sqrt{2-\sqrt{3}})}{\sqrt{3}} = \sqrt{2},$$

ou

$$\frac{(2+\sqrt{3})\sqrt{2+\sqrt{3}}+(2-\sqrt{3})\sqrt{2-\sqrt{3}}-2\sqrt{2}\sqrt{3}}{\sqrt{3}} = \sqrt{2}.$$

En chassant dans cette dernière le dénominateur $\sqrt{3}$ pour faire passer ensuite dans le second membre le terme $2\sqrt{2}\sqrt{3}$. il vient

$$(2+\sqrt{3})\sqrt{2+\sqrt{3}}+(2-\sqrt{3})\sqrt{2-\sqrt{3}}=3\sqrt{2}\sqrt{3},$$

ou
$$\sqrt{(2+\sqrt{3})^3}+\sqrt{(2-\sqrt{3})^3}=3\sqrt{2}\sqrt{3}\,;$$

enfin, si l'on élève au carré les deux membres de cette nouvelle égalité, on a la suivante :

$$(2+\sqrt{3})^3+2\sqrt{(2+\sqrt{3})^3(2-\sqrt{3})^3}+(2-\sqrt{3})^3=54,$$

ou
$$(2+\sqrt{3})^3+2+(2-\sqrt{3})^3=54,$$

qui donne, toutes opérations et simplifications faites, l'identité

$$54=54.$$

L'égalité proposée est ainsi vérifiée, puisque par des transformations permises, on la ramène à une identité.

188. II. *A quelle condition doivent satisfaire les coefficients du polynome*

$$a^2x^4+ax^3+bx^2+cx+c^2$$

pour qu'il soit un carré parfait ?

Nous avons déjà vu (136) qu'un polynome de ce genre n'est un carré parfait que sous la condition d'être le carré d'un trinome dont le premier terme est la racine carrée $\pm\,ax^2$ du premier terme du polynome, le troisième, la racine carrée $\pm\,c$ du dernier terme du polynome, et le second, un terme de la forme yx, y étant un coefficient dont la valeur et le signe sont à déterminer.

Les différentes formes que peut affecter le trinome sont les suivantes :

(1) $$ax^2+yx+c,$$
(2) $$-ax^2+yx-c,$$
(3) $$-ax^2+yx+c,$$
(4) $$+ax^2+yx-c.$$

Si l'on élève le premier trinome au carré on obtient

$$(ax^2+yx+c)^2\equiv a^2x^4+2ayx^3+(y^2+2ac)x^2+2cyx+c^2,$$

et si l'on égale deux à deux les coefficients correspondants du second membre de cette identité et du polynome donné, on a les trois relations

$$(5) \qquad 2ay = a,$$
$$(6) \qquad y^2 + 2ac = b,$$
$$(7) \qquad 2cy = c.$$

De la première et de la troisième on tire une même valeur

pour y, $$y = \frac{1}{2}.$$

En la portant dans la seconde, il vient

$$(8) \qquad \frac{1}{4} + 2ac = b.$$

C'est la condition cherchée.

En étudiant de la même manière le trinome (2) on arrive exactement au même résultat.

Il n'en est pas de même des deux autres (3) et (4). Chacun d'eux conduit à deux valeurs égales en valeur absolue mais de signes contraires pour y, $+\dfrac{1}{2}$ et $-\dfrac{1}{2}$, tirées des deux relations correspondantes à (5) et (7). En les introduisant successivement dans la relation correspondante à (6) on obtient comme condition cherchée la suivante :

$$(9) \qquad \frac{1}{4} - 2ac = b,$$

différente au premier abord de la relation (8) ; mais si l'on remarque que le produit $2ac$ dans la dernière est négatif, à cause du signe — de a ou de c suivant qu'elle résulte de la forme (3) ou de la forme (4), elle est en somme la même que la relation (8).

De toutes façons, la relation cherchée est donc bien la suivante :

$$\frac{1}{4} + 2ac = b.$$

189. III. *Déterminer la valeur de* λ *pour laquelle le polynome*

$$ax^2 + 2bxy + ay^2 + \lambda(x^2 + y^2)$$

est le carré d'une fonction linéaire en x *et* y.

Une *fonction linéaire* d'une ou de plusieurs quantités variables est un polynome entier, rationnel et du premier degré par rapport à ces quantités.

La question consiste donc à chercher une expression de la forme $k(\alpha x + \beta y)^2$ qui soit équivalente à la précédente.

En effectuant le produit $\lambda(x^2 + y^2)$ et en rapprochant les termes en x^2 et en y^2 pour mettre x^2, d'une part, et y^2, de l'autre, en facteur commun, le polynome proposé s'écrit

$$(a + \lambda)x^2 + 2bxy + (a + \lambda)y^2,$$

ou, en mettant $(a + \lambda)$ en facteur commun,

$$(a + \lambda)\left[x^2 + \frac{2b}{a + \lambda}xy + y^2 \right].$$

On n'a pas à s'occuper du facteur numérique $a + \lambda$, mais seulement du trinome

$$x^2 + \frac{2b}{a + \lambda}xy + y^2.$$

Pour que ce trinome soit un carré parfait, il faut et il suffit que le second terme soit le double produit, positif ou négatif, des racines carrées des deux termes extrêmes, c'est-à-dire que l'on ait

$$\pm \frac{2b}{a + \lambda}xy = 2xy,$$

d'où

$$\pm \frac{2b}{a + \lambda} = 2.$$

On en tire

$$\lambda = \pm b - a,$$

et le polynome, suivant qu'on prend b positif ou négatif, affecte l'une des formes

$$b(x + y)^2$$

ou

$$- b(x - y)^2.$$

190. IV. *Trouver la loi de formation des termes du quotient de la division, par* $x - a$, *du polynome entier en* x *et ordonné par rapport aux puissances décroissantes de* x

$$A_m x^m + A_{m-1}x^{m-1} + A_{m-2}x^{m-2} + \ldots + A_0.$$

En effectuant la division et en représentant les coefficients des termes successifs du quotient par Q_{m-1}, Q_{m-2}, $\ldots$, Q_0, on trouve pour premier terme du quotient

$$Q_{m-1}x^{m-1} = A_m x^{m-1},$$

pour second terme

$$Q_{m-2}x^{m-2} = (A_{m-1} + aQ_{m-1})x^{m-2},$$

pour troisième

$$Q_{m-3}x^{m-3} = (A_{m-2} + aQ_{m-2})x^{m-3},$$

pour quatrième

$$Q_{m-4}x^{m-4} = (A_{m-3} + aQ_{m-3})x^{m-4},$$

et ainsi de suite. Et le dernier reste se présente sous la forme

$$A_0 + aQ_0.$$

Il résulte de là :

1° que le quotient, dont le premier terme est du $(m-1)^e$ degré, est un polynome entier en x de même degré $(m-1)$, ordonné suivant les puissances décroissantes de x, et dont le nombre des termes est m lorsqu'il est complet ;

2° que le coefficient d'un terme quelconque du quotient s'obtient en additionnant le coefficient du terme correspondant du dividende et le produit par a du coefficient du terme précédent du quotient ;

3° que le reste de la division s'obtient en additionnant le terme constant du dividende et le produit par a du terme constant du quotient.

191. V. *Chercher si le polynome*

$$nx^{n+1} - (n + 1)x^n + 1$$

est divisible par $(x-1)^2$ *et exprimer le quotient simplifié de ces deux expressions.*

Pour que le polynome donné soit divisible par $(x-1)^2$, il faut qu'il soit divisible deux fois successivement par $x-1$.

En le mettant sous la forme

$$nx^n(x-1) - (x^n - 1),$$

on constate qu'il est divisible par $x-1$, parce que $x-1$ divise chacune de ses parties $nx^n(x-1)$ et $x^n - 1$.

Si l'on exprime le quotient du polynome ainsi transformé par $x-1$, on trouve immédiatement

$$(1) \qquad nx^n - x^{n-1} - x^{n-2} - x^{n-3} \ldots - x - 1.$$

Si cette expression est à son tour divisible par $x-1$, le polynome proposé le sera aussi.

Or l'expression (1) est composée d'un terme positif nx^n et de n termes négatifs ; si l'on fait $x = 1$, le premier terme se réduit à n et la somme des n autres à $-n$; le résultat d'ensemble est donc nul, et cela prouve que la division de (1) par $x - 1$ se fait exactement. Il en résulte que le polynome proposé est divisible par $(x - 1)^2$.

Pour avoir le quotient de ces deux quantités, il suffit de diviser l'expression (1) par $x - 1$; on trouve

$$nx^{n-1} + (n - 1)x^{n-2} + (n - 2)x^{n-3} + \ldots + 3x^2 + 2x + 1.$$

192. VI. *Déterminer p et q par la condition que le trinome $x^4 + px^2 + q$ soit divisible par $x^2 + 2x + 5$, et exprimer le quotient correspondant.*

Le quotient des deux trinomes donnés sera de la forme $\alpha x^2 + \beta x + \gamma$.

En effectuant la division jusqu'au moment où le quotient comprend ses trois termes, qui sont respectivement du deuxième degré, du premier et du degré zéro, on obtient pour reste

$$-2(p - 6)x - 5p + q + 5.$$

Or, pour que la division soit exacte, il faut que ce reste soit égal à zéro, c'est-à-dire que le terme du premier degré et le terme constant soient séparément nuls, ce qui donne

$$-2(p - 6)x = 0$$

et

$$-5p + q + 5 = 0,$$

d'où l'on tire $\qquad p = 6 \qquad$ et $\qquad q = 25.$

Le trinome dividende s'écrit donc

$$x^4 + 6x^2 + 25.$$

Quant au quotient, il se présente, avec ses trois termes, sous la forme

$$x^2 - 2x + (p - 1) ;$$

en y remplaçant p par sa valeur 6, il devient

$$x^2 - 2x + 5.$$

Autre méthode. — On peut encore raisonner de la manière suivante. Le quotient cherché devant affecter la forme $\alpha x^2 + \beta x + \gamma$, il s'ensuit que l'on doit avoir

$$(x^2 + 2x + 5)(\alpha x^2 + \beta x + \gamma) = x^4 + px^2 + q,$$

ou
$$\alpha x^4 + (2\alpha + \beta)x^3 + (5\alpha + 2\beta + \gamma)x^2 + (5\beta + 2\gamma)x + 5\gamma$$
$$= x^4 + px^2 + q\,;$$

en identifiant les coefficients des termes de même degré pris dans les deux membres de la relation, on a

(1) $\alpha = 1,$

(2) $2\alpha + \beta = 0,$

(3) $5\alpha + 2\beta + \gamma = p,$

(4) $5\beta + \gamma = 0,$

(5) $5\gamma = q,$

soit cinq relations entre les cinq inconnues α, β, γ, p et q.

On en tire successivement, la valeur de α étant déjà donnée par la première
$$\beta = -2,$$
$$\gamma = 5,$$
$$p = 6,$$
$$q = 25.$$

Le trinome dividende et le quotient prennent donc les formes respectives déjà trouvées,
$$x^4 + 6x^2 + 25$$
et
$$x^2 - 2x + 5.$$

193. VII. *Trouver la vraie valeur de la fraction*
$$\frac{x^2 + 2x - 15}{x^2 - 9}$$
pour $x = 3$.

Les deux termes de cette fraction s'annulent pour $x = 3$ et la fraction se présente, pour cette valeur particulière de x. sous la forme indéterminée $\dfrac{0}{0}$.

Mais de cette annulation on conclut que chaque terme est divisible par $x - 3$.

En effectuant la division du numérateur par $x - 3$, on obtient pour quotient $x + 5$; et comme d'autre part le dénominateur est égal à $(x - 3)(x + 3)$, la fraction donnée peut s'écrire

$$\frac{(x-3)(x+5)}{(x-3)(x+3)}.$$

Par la suppression du facteur $(x-3)$, commun au numérateur et au dénominateur, elle prend la forme équivalente

$$\frac{x+5}{x+3},$$

qui donne, pour $x=3$,

$$\frac{8}{6} \quad \text{ou plus simplement} \quad \frac{4}{3}.$$

C'est ce qu'on appelle la vraie valeur de la fraction proposée quand on y fait $x=3$.

194. VIII. *Vers quelle limite tend l'expression*

$$\frac{Ax^m + Bx^{m-1} + Cx^{m-2} + \cdots + Ex + F}{A_1 x^n + B_1 x^{n-1} + C_1 x^{n-2} + \cdots + E_1 x + F_1}$$

lorsque x croît indéfiniment?

En divisant par x^m chacun des termes du numérateur et du dénominateur de l'expression proposée, on obtient l'expression équivalente

$$(1) \qquad \frac{A + \dfrac{B}{x} + \dfrac{C}{x^2} + \cdots + \dfrac{E}{x^{m-1}} + \dfrac{F}{x^m}}{A_1 x^{n-m} + B_1 x^{n-1-m} + \cdots + E_1 x^{1-m} + F_1 x^{-m}},$$

dans laquelle le numérateur tend vers A lorsqu'on fait $x = \infty$. Quant au dénominateur, sa limite est différente suivant que m est supérieur, égal ou inférieur à n.

1° Soit $m > n$, et posons, pour préciser, $m = n + p$. Le dénominateur de l'expression (1) prend la forme

$$\frac{A_1}{x^p} + \frac{B_1}{x^{p+1}} + \frac{C_1}{x^{p+2}} + \cdots + \frac{E_1}{x^{p+n-1}} + \frac{F_1}{x^{p+n}},$$

et tend vers zéro lorsque $x = \infty$.

Dans ce premier cas, l'expression (1) a pour limite l'infini; il en est de même de l'expression donnée.

2° Soit $m = n$. Le dénominateur de l'expression (1), qui devient

$$A_1 + \frac{B_1}{x} + \frac{C_1}{x^2} + \ldots + \frac{E_1}{x^{m-1}} + \frac{F_1}{x^m},$$

tend vers A_1 lorsque $x = \infty$.

Dans ce deuxième cas, l'expression (1) a pour limite la fraction $\dfrac{A}{A_1}$, et cette limite est aussi celle de l'expression donnée.

3° Soit $m < n$, et posons, pour préciser, $m = n - q$. Le dénominateur de l'expression (1) qui s'écrit

$$A_1 x^q + B_1 x^{q-1} + C_1 x^{q-2} + \ldots + E_1 x^{q-n+1} + F_1 x^{q-n},$$

tend vers l'infini lorsque $x = \infty$.

Dans ce troisième cas, l'expression (1) a pour limite zéro ; il en est de même de l'expression proposée.

§ II. — Équations et Inéquations du premier degré.

195. I. *Résoudre l'équation*

$$\sqrt{a + x} - \sqrt{\frac{a^2}{a + x}} = \sqrt{2a + x}.$$

En élevant au carré les deux membres de l'équation, on obtient, après toutes simplifications faites,

$$\frac{a^2}{a + x} = 3a,$$

d'où $$x = -\frac{2}{3}\,a.$$

Si dans l'équation proposée on remplace x par la valeur $-\dfrac{2}{3}\,a$, on constate que cette valeur ne convient pas et l'on en conclut que cette équation n'admet pas de racine.

Mais il est à remarquer que l'élévation au carré des deux membres de l'équation proposée donne le même résultat que si l'opération avait porté sur l'équation

$$\sqrt{a + x} - \sqrt{\frac{a^2}{a + x}} = -\sqrt{2a + x}.$$

Aussi la valeur précédemment trouvée pour x vérifie-t-elle cette dernière équation.

196. II. *Résoudre le système d'équations simultanées*

$$7\sqrt{3x+y} - 3\sqrt{8x+3y} = 6,$$
$$5\sqrt{3x+y} + 2\sqrt{8x+3y} = 25.$$

Si nous représentons les radicaux $\sqrt{3x+y}$ et $\sqrt{8x+3y}$ respectivement par u et v, le système proposé prend la forme

$$7u - 3v = 6,$$
$$5u + 2v = 25,$$

et donne comme solution

$$u = 3,$$
$$v = 5.$$

En écrivant alors

$$\sqrt{3x+y} = 3$$

et

$$\sqrt{8x+3y} = 5,$$

on obtient d'abord, par une élévation au carré des deux membres de chacune de ces équations,

$$3x + y = 9,$$
$$x + 3y = 25,$$

d'où l'on tire

$$x = 2,$$
$$y = 3.$$

L'ensemble de ces deux valeurs, pour x et y, forme la solution du système d'équations proposé.

197. III. *Résoudre l'inéquation*

$$\frac{3x+4}{5x-2} > 1.$$

Faisons passer 1 dans le premier membre ; on aura

$$\frac{3x+4}{5x-2} - 1 > 0,$$

ou, en réduisant au même dénominateur et simplifiant,

$$(1) \qquad \frac{-2x+6}{5x-2} > 0.$$

Ce que l'on peut écrire encore, en changeant les signes du numérateur,

$$\frac{2x - 6}{5x - 2} < 0.$$

Or, pour que cette expression soit inférieure à zéro, il faut que ses deux termes soient de signes contraires, par conséquent que le produit de ces mêmes termes soit négatif. On doit donc avoir

$$(2x - 6)(5x - 2) < 0.$$

Cette relation est satisfaite pour toute valeur comprise entre les deux valeurs de x que donnent les relations

$$2x = 6$$

et
$$5x = 2,$$

c'est-à-dire entre les deux valeurs 3 et $\dfrac{2}{5}$.

La solution de la question se résume donc dans la double relation

$$3 > x > \frac{2}{5}.$$

Pour toute valeur de x inférieure à $\dfrac{2}{5}$ ou supérieure à 3, le premier membre de l'inéquation proposée serait inférieur à l'unité, et pour les valeurs de x égales à $\dfrac{2}{5}$ ou à 3, ce premier membre serait égal à zéro.

198. IV. *Dans le système d'équations simultanées*

$$\lambda x + y = 3\lambda,$$
$$(\lambda - 1)x - 2\lambda y = 4,$$

déterminer λ *de manière que les deux équations admettent une solution et une seule.*

Déduite du système général de deux équations du premier degré à deux inconnues, la condition nécessaire et suffisante pour que les deux équations proposées aient une solution unique est la suivante :

$$ab' - ba' \neq 0,$$

ce qui donne pour le problème en question la relation

$$-2\lambda^2 - (\lambda - 1) \neq 0,$$

qui peut s'écrire plus simplement

$$2\lambda^2 + \lambda - 1 \neq 0,$$

ou mieux encore, en décomposant le trinome en deux facteurs du premier degré,

$$2\left(\lambda - \frac{1}{2}\right)(\lambda + 1) \neq 0.$$

Cette relation est satisfaite pour toute valeur attribuée à λ, à l'exception des deux valeurs $\frac{1}{2}$ et -1 qui en annulent le premier membre.

Il s'ensuit que le problème est possible pour toutes les valeurs particulières attribuées à λ sauf pour les deux valeurs $\frac{1}{2}$ et -1.

199. V. *Dans le système d'équations simultanées*

$$\lambda x - 6y = 5\lambda - 3,$$
$$2x + (\lambda - 7)y = -7\lambda + 29,$$

déterminer λ de manière que les deux équations soient incompatibles.

Déduites du système général de deux équations du premier degré à deux inconnues, les conditions nécessaires et suffisantes pour que les deux équations proposées soient incompatibles sont les suivantes :

$$ab' - ba' = 0,$$
$$cb' - bc' \neq 0,$$

ce qui donne, pour le problème en question, les deux relations

$$\lambda(\lambda - 7) + 12 = 0$$

et
$$(5\lambda - 3)(\lambda - 7) + 6(-7\lambda + 29) \neq 0,$$

qui peuvent s'écrire plus simplement

$$\lambda^2 - 7\lambda + 12 = 0$$

et
$$\lambda^2 - 16\lambda + 39 \neq 0,$$

ou mieux encore, en décomposant chaque trinome en deux facteurs du premier degré,

$$(\lambda - 4)(\lambda - 3) = 0,$$
$$(\lambda - 13)(\lambda - 3) \neq 0.$$

La première de ces relations est satisfaite pour les deux valeurs 4 et 3 de λ, et la seconde, pour toute valeur de λ différente de 13 et de 3.

Il s'ensuit que les deux relations ne peuvent être satisfaites à la fois que pour la valeur $\lambda = 4$.

Le problème admet donc une solution et une seule, le nombre 4 attribué à λ.

200. VI. *Du système d'équations*

$$x = by + cz + du,$$
$$y = ax + cz + du,$$
$$z = ax + by + du,$$
$$u = ax + by + cz,$$

déduire la relation

$$1 = \frac{a}{a+1} + \frac{b}{b+1} + \frac{c}{c+1} + \frac{d}{d+1}.$$

Si l'on retranche membre à membre les deux premières équations, la seconde de la première, on a

$$x - y = by - ax,$$

d'où l'on tire

$$y = \frac{a+1}{b+1}x.$$

On obtient, de la même manière,

$$z = \frac{a+1}{c+1}x,$$
$$u = \frac{a+1}{d+1}x.$$

Si l'on ajoute aux deux membres de la première des équations proposées le terme ax, il vient

$$(a+1)x = ax + by + cz + du$$

et si, dans cette relation, on remplace y, z et u par leurs valeurs ci-dessus exprimées en fonction de x, on obtient

$$(a+1)x = ax + b\frac{a+1}{b+1}x + c\frac{a+1}{c+1}x + d\frac{a+1}{d+1}x.$$

En divisant, maintenant, tous les termes de cette équation

par x et par $a+1$, on a la relation demandée,

$$1 = \frac{a}{a+1} + \frac{b}{b+1} + \frac{c}{c+1} + \frac{d}{d+1}.$$

§ III. — Problèmes du premier degré.

201. I. *Trouver trois nombres qui surpassent également les nombres donnés a, b, c et qui forment entre eux une proportion continue.*

Soit x la quantité dont les trois nombres cherchés surpassent respectivement les nombres donnés a, b, c. Ces trois nombres à trouver ont dès lors pour expression

$$a+x, \qquad b+x \qquad \text{et} \qquad c+x$$

et forment la proportion continue

$$\frac{a+x}{b+x} = \frac{b+x}{c+x},$$

d'où l'on tire
$$x = \frac{b^2 - ac}{a + c - 2b}.$$

Discussion. — Pour que le problème, tel qu'il est énoncé, soit possible, il faut et il suffit que x soit un nombre fini et positif, et cette double condition est remplie si l'on a à la fois

$$b^2 > ac \qquad \text{et} \qquad a + c > 2b$$
$$\text{ou} \qquad b^2 < ac \qquad \text{et} \qquad a + c < 2b.$$

Des deux premières relations, on tire

$$\frac{a+c}{2} > b > \sqrt{ac},$$

et des deux dernières
$$\frac{a+c}{2} < b < \sqrt{ac}.$$

Ce qui revient à dire que la possibilité du problème tient à ce fait nécessaire et suffisant que le nombre b soit compris entre la moyenne arithmétique et la moyenne géométrique des deux autres.

202. II. *Un poids p d'un alliage de deux métaux subit dans* *l'eau une perte de poids a, et l'on sait qu'un même poids p de chacun des métaux composants subit dans les mêmes circonstances, pour l'un une perte de poids b, et pour l'autre, une perte de poids c. D'après cela chercher la composition de l'alliage proposé.*

Soit x le poids de ce qu'il entre du premier métal dans un poids p de l'alliage en question ; $p - x$ sera le poids du second métal composant. En exprimant que la somme des pertes de poids subies dans l'eau par les deux métaux constituants est égale à la perte de poids de l'alliage, on aura

$$\frac{bx}{p} + \frac{c(p - x)}{p} = a,$$

et cette relation sera l'équation du problème, qui se transforme en

(1) $$(b - c)x = p(a - c).$$

Deux cas principaux se présentent ici, suivant que l'on a $b - c \neq 0$ ou $b - c = 0$.

1° $b - c \neq 0$. L'équation (1) donne

$$x = \frac{p(a - c)}{b - c};$$

mais cette valeur de x n'est acceptable qu'autant qu'elle est positive et plus petite que p, autrement dit, si l'on a à la fois,

ou $\quad b - c > 0, \quad a - c > 0 \quad$ et $\quad \dfrac{p(a - c)}{b - c} < p,$

c'est-à-dire $\quad b - c > 0, \quad a - c > 0 \quad$ et $\quad a < b,$

ce qui revient à $\quad\quad b > a > c;$

ou $\quad b - c < 0, \quad a - c < 0 \quad$ et $\quad \dfrac{p(a - c)}{b - c} < p,$

c'est-à-dire $\quad b - c < 0, \quad a - c < 0 \quad$ et $\quad a > b,$

ce qui revient à $\quad\quad b < a < c.$

Dans ce cas, le problème admet une solution et une seule.

2° $b - c = 0$. L'équation (1) devient

$$0 \times x = p(a - c).$$

Le problème est impossible si l'on a $a - c \neq 0$, et il est indéterminé si l'on a $a - c = 0$.

L'impossibilité tient à ce que deux métaux, qui, pour un

même poids p, éprouvent dans l'eau la même perte de poids b, doivent donner dans l'alliage qu'ils composent, quelle que soit la proportion pour laquelle ils y entrent, lorsqu'on prend un poids p de cet alliage, la même perte de poids b dans l'eau et non une perte différente a.

L'indétermination tient à ce que deux métaux, qui éprouvent pour un même poids p une même perte de poids b dans l'eau, donnent toujours un alliage, dans quelque proportion qu'ils y entrent, dont un poids p éprouve dans l'eau une perte de poids égale aussi à b.

En résumé, pour que le problème ait une solution et n'en ait qu'une, il faut et il suffit que l'on ait

$$b > a > c \qquad \text{ou} \qquad b < a < c,$$

c'est-à-dire que la perte d'un certain poids d'alliage dans l'eau soit comprise entre les pertes du même poids de chacun des deux métaux constituants.

203. III. *Sur une ligne droite sont rangées n pierres, à 10 mètres de distance les unes des autres. Trouver sur cette droite un point A tel que le chemin à faire pour y transporter toutes les pierres soit double de celui que l'on ferait pour transporter ces mêmes pierres à la place occupée par la première d'entre elles. Dans les deux cas on suppose que l'on part de la première pierre.*

Supposons que le point A se trouve au delà de la n^e pierre, et soit x leur distance. Remarquons, ensuite, que le nombre d'intervalles de 10 mètres déterminés par les n pierres est $n-1$.

Cela posé, le chemin parcouru pour transporter la première pierre en A est $10(n-1)+x$. Le chemin parcouru pour revenir de A vers la deuxième pierre et transporter cette deuxième pierre en A est $2[10(n-2)+x]$. Le trajet correspondant au retour vers la troisième pierre et au transport de cette troisième pierre en A est $2[10(n-3)+x]$. En continuant ainsi, on trouve pour le retour de A vers chaque pierre et le transport de chacune d'elles en A, $2[10(n-4)+x],\ldots,$ $2[10+x]+2x$.

De sorte que le chemin total pour effectuer tous ces transports est égal à

$$10(n-1)+x+2[10(n-2)+x]+2[10(n-3)+x]$$
$$+\ldots+2[10+x]+2x.$$

D'autre part, on trouve que le chemin total pour transporter les n pierres à la place occupée par la première a pour expression

$$10\times2+20\times2+30\times2+\ldots+10(n-1)\times2.$$

Et comme d'après l'énoncé de la question le premier chemin est double de celui-ci, le problème a pour équation

$$10(n-1)+x+2[10(n-2)+x]+2[10(n-3)+x]+\ldots$$
$$+2[10+x]+2x=2[20+20\times2+20\times3+\ldots+20(n-1)],$$

qui devient successivement

$$(2n-1)x+10(n-1)+20(n-2)+20(n-3)+\ldots+20$$
$$=2[20+20\times2+20\times3+\ldots+20(n-1)],$$
$$(2n-1)x=20[1+2+3+\ldots+(n-2)]+30(n-1)$$
$$(2n-1)x=20\,\frac{(n-1)(n-2)}{2}+30(n-1)$$
$$(2n-1)x=10(n-1)(n+1),$$

d'où
$$x=\frac{10(n-1)(n+1)}{2n-1}.$$

204. IV. *Deux robinets mettent l'un a heures et l'autre b heures pour remplir un même bassin ; d'autre part, une soupape peut vider ce bassin en c heures. Sachant qu'on ouvre à la fois les deux robinets et la soupape, calculer le temps nécessaire pour vider le bassin supposé plein d'eau au moment où commencent à fonctionner les trois ouvertures. (Généralisation du problème n° 164.)*

Soit x le nombre d'heures employé par les deux robinets et la soupape fonctionnant ensemble pour vider le bassin. Comme en une heure le premier robinet remplit une fraction $\frac{1}{a}$ du bassin, en x heures il en remplit une quantité $\frac{x}{a}$; on trouve de même qu'en x heures le second robinet remplit une quantité $\frac{x}{b}$ de ce même bassin, et pendant le même temps, la soupape, qui le vide en c heures, en vide une quantité $\frac{x}{c}$.

Cette dernière quantité devant être égale à la somme des deux autres augmentée du bassin plein ou de l'unité, on a l'équation

$$\frac{x}{c} = \frac{x}{a} + \frac{x}{b} + 1,$$

qui donne $abx = bcx + acx + abc,$

ou

(1) $(ab - bc - ac)x = abc.$

Discussion. — 1° $ab > bc + ac$. L'équation (1) donne une valeur positive pour x,

$$x = \frac{abc}{ab - bc - ac},$$

et le problème est possible.

2° $ab = bc + ac$. L'équation (1) se réduit à

$$0 \times x = abc.$$

Elle n'admet pas de racine finie et le problème est impossible : le bassin ne peut pas être vidé. Pour s'expliquer ce résultat, on divise par abc les deux membres de la relation $ab = bc + ac$ et l'on obtient cette autre :

$$\frac{1}{c} = \frac{1}{a} + \frac{1}{b},$$

qui exprime que la fraction du bassin vidée en une heure par la soupape est exactement égale à la fraction remplie dans le même temps par l'ensemble des deux robinets. Il en résulte donc bien que le bassin, étant plein au début des opérations et recevant à chaque instant autant d'eau qu'il lui en est enlevé, reste toujours plein et ne peut jamais se vider.

3° $ab < bc + ac$. L'équation (1) donne pour x une valeur négative, qui indique, dans la circonstance, que le problème est impossible. On se rend compte de cette impossibilité en divisant par abc les deux membres de la relation $ab < bc + ac$, qui devient ainsi

$$\frac{1}{c} < \frac{1}{a} + \frac{1}{b}.$$

Sous cette forme elle exprime que la fraction du bassin vidée en une heure par la soupape est inférieure à la fraction remplie dans le même temps par l'ensemble des deux robinets.

Il en résulte donc que le bassin étant plein et recevant à chaque instant plus d'eau qu'il ne lui en est enlevé, ne peut jamais être vidé. Mais il est à remarquer que l'excédent de $\dfrac{1}{c}$ sur $\dfrac{1}{a} + \dfrac{1}{b}$ s'écoule par-dessus les bords du bassin, qui ne reste pas exactement plein comme dans le cas précédent.

Cette solution négative peut s'interpréter en changeant x en $-x$ dans l'équation

$$\frac{x}{c} = \frac{x}{a} + \frac{x}{b} + 1$$

et en remarquant ensuite que la nouvelle équation qui en résulte

$$\frac{-x}{c} = \frac{-x}{a} + \frac{-x}{b} + 1,$$

ou mieux

$$\frac{x}{c} = \frac{x}{a} + \frac{x}{b} - 1,$$

est la traduction d'un problème dont l'énoncé commence comme le précédent, mais se termine ainsi : *Calculer le temps nécessaire pour remplir le bassin supposé vide au moment où commencent à fonctionner les trois ouvertures.*

Cette interprétation montre que la valeur négative de x ne pourrait pas représenter ici un temps compté dans le passé.

205. V. *Des joueurs au nombre de n conviennent qu'à la fin de chaque partie le perdant doublera l'argent de chacun des autres joueurs. Or il arrive que chacun des joueurs, après avoir perdu une partie, se retire avec une somme a. Quelle somme chaque joueur avait-il en entrant au jeu ?* (Généralisation du problème n° 149.)

Représentons les sommes que possèdent à l'entrée en jeu

les n joueurs, pris dans l'ordre où ils perdent leurs parties, par $x_1, x_2, x_3, x_4, \ldots, x_n$.

Après la première partie, le premier joueur possède

$$x_1 - (x_2 + x_3 + x_4 + \ldots + x_n)$$

et les autres $\qquad 2x_2, 2x_3, 2x_4, \ldots, 2x_n.$

Après la deuxième partie, le premier joueur possède

$$[\, x_1 - (x_2 + x_3 + x_4 + \ldots + x_n)] \times 2,$$

le deuxième, $\quad [3x_2 - (x_1 + x_3 + x_4 + \ldots + x_n)],$

et les suivants, $\qquad 4x_3, 4x_4, \ldots, 4x_n.$

Après la troisième partie, le premier joueur possède

$$[x_1 - (x_2 + x_3 + x_4 + \ldots + x_n)] \times 2^2,$$

le deuxième, $\quad [3x_2 - (x_1 + x_3 + x_4 + \ldots + x_n)] \times 2,$

le troisième, $\quad [7x_3 - (x_1 + x_2 + x_4 + \ldots + x_n)],$

et les suivants, $\qquad 8x_4, \ldots, 8x_n.$

Après la quatrième partie, le premier joueur possède

$$[x_1 - (x_2 + x_3 + x_4 + \ldots + x_n)] \times 2^3,$$

le deuxième, $\quad [\, 3x_2 - (x_1 + x_3 + x_4 + \ldots + x_n)] \times 2^2,$

le troisième, $\quad [\, 7x_3 - (x_1 + x_2 + x_4 + \ldots + x_n)] \times 2,$

le quatrième, $\quad [15x_4 - (x_1 + x_2 + x_3 + \ldots + x_n)],$

et le n^e, $\qquad\qquad 16x_n.$

Après la n^e partie, le premier joueur possède

$$[x_1 - (x_2 + x_3 + x_4 + \ldots + x_n)]2^{n-1},$$

le deuxième, $\quad [(2^2 - 1)x_2 - (x_1 + x_3 + x_4 + \ldots + x_n)]2^{n-2},$

le troisième, $\quad [(2^3 - 1)x_3 - (x_1 + x_2 + x_4 + \ldots + x_n)]2^{n-3},$

le quatrième, $\quad [(2^4 - 1)x_4 - (x_1 + x_2 + x_3 + \ldots + x_n)]2^{n-4},$

et le n^e, $\qquad [(2^n - 1)x_n - (x_1 + x_2 + x_3 + \ldots + x_{n-1})].$

Cela trouvé, si l'on exprime que chacune de ces sommes est égale à a, en écrivant le premier terme de l'avoir du premier joueur sous la forme $(2-1)x_1$, on obtient le système suivant de n équations à n inconnues :

$$[(2-1)x_1 - (x_2 + x_3 + x_4 + \ldots + x_n)]2^{n-1} = a,$$
$$[(2^2-1)x_2 - (x_1 + x_2 + x_4 + \ldots + x_n)]2^{n-2} = a,$$
$$[(2^3-1)x_3 - (x_1 + x_2 + x_4 + \ldots + x_n)]2^{n-3} = a,$$
$$[(2^4-1)x_4 - (x_1 + x_2 + x_3 + \ldots + x_n)]2^{n-4} = a,$$
$$\cdots \cdots \cdots \cdots \cdots$$
$$(2^n-1)x_n - (x_1 + x_2 + x_3 + \ldots + x_{n-1}) = a,$$

qui peut s'écrire

$$2^n x_1 - 2^{n-1}(x_1 + x_2 + x_3 + x_4 + \ldots + x_n) = a,$$
$$2^n x_2 - 2^{n-2}(x_1 + x_2 + x_3 + x_4 + \ldots + x_n) = a,$$
$$2^n x_3 - 2^{n-3}(x_1 + x_2 + x_3 + x_4 + \ldots + x_n) = a,$$
$$2^n x_4 - 2^{n-4}(x_1 + x_2 + x_3 + x_4 + \ldots + x_n) = a,$$
$$\cdots \cdots \cdots \cdots \cdots$$
$$2^n x_n - (x_1 + x_2 + x_3 + x_4 + \ldots + x_n) = a.$$

Or, comme la somme totale possédée par les joueurs à leur entrée au jeu,

$$x_1 + x_2 + x_3 + x_4 + \ldots + x_n,$$

est égale à celle qu'ils ont après la n^e partie, c'est-à-dire à na, on a

$$x_1 + x_2 + x_3 + x_4 + \ldots + x_n = na ;$$

il s'ensuit que le système d'équations précédent peut s'écrire plus simplement encore

$$2^n x_1 - 2^{n-1}na = a,$$
$$2^n x_2 - 2^{n-2}na = a,$$
$$2^n x_3 - 2^{n-3}na = a,$$
$$2^n x_4 - 2^{n-4}na = a,$$
$$\cdots \cdots \cdots \cdots$$
$$2^n x_n - na = a.$$

On en tire successivement

$$x_1 = \frac{a}{2^n} + \frac{na}{2},$$

$$x_2 = \frac{a}{2^n} + \frac{na}{2^2},$$

$$x_3 = \frac{a}{2^n} + \frac{na}{2^3},$$

$$x_4 = \frac{a}{2^n} + \frac{na}{2^4},$$

$$\cdot \quad \cdot \quad \cdot \quad \cdot \quad \cdot \quad \cdot \quad \cdot$$

$$x_n = \frac{a}{2^n} + \frac{na}{2^n}.$$

REMARQUE. — Pour un joueur de rang p, l'avoir à l'entrée en jeu a pour expression

$$x_p = \frac{a}{2^n} + \frac{na}{2^p}.$$

On peut de cette formule déduire toutes les valeurs déjà trouvées, en y faisant p successivement égal à $1, 2, 3, \ldots, n$.

206. VI. *Trouver deux nombres arithmétiques dont on connaît la différence a et le quotient b.*

Soient x et y ces deux nombres, x étant supposé le plus grand des deux. La traduction algébrique des conditions du problème donne les deux équations simultanées suivantes :

$$x - y = a,$$

$$\frac{x}{y} = b.$$

Si de la première on tire la valeur de y,

$$(1) \qquad y = x - a,$$

pour la porter dans la seconde, celle-ci devient

$$(2) \qquad (b - 1)\, x = ab.$$

Discussion. — 1° $b > 1$. L'équation (2) donne toujours une valeur pour x,

$$x = \frac{ab}{b - 1},$$

et l'équation (1) une valeur correspondante pour y,

$$y = \frac{a}{b - 1}.$$

2° $b = 1$.   L'équation (2) se réduit à

$$0 \times x = ab,$$

et ne peut être satisfaite par aucune valeur finie attribuée à x. Il en est conséquemment de même pour y. Le problème est donc impossible. On s'explique cette impossibilité en considérant que lorsque b est égal à 1, les deux nombres sont égaux entre eux et par suite ne peuvent pas avoir pour différence un nombre a qui n'est pas nul.

3° $b < 1$.   Les équations (2) et (1) donnent toujours une valeur pour x et une valeur pour y, mais ces deux valeurs sont l'une et l'autre négatives. Ce résultat s'explique par le fait que lorsque b est plus petit que l'unité, x est plus petit que y, et a, que l'on a considéré comme un nombre positif dans la mise en équation du problème. doit être au contraire un nombre négatif. Si l'on changeait, en effet, a en $-a$, b restant plus petit que l'unité, les deux valeurs de x et de y deviendraient positives.

207. VII. *Sur une rivière dont la vitesse du courant est inconnue, deux bateaux parcourent la même distance en sens inverse. Sachant que ces deux bateaux sont conduits par la même force motrice, qu'ils mettent respectivement, celui qui descend et celui qui remonte la rivière, h et h' heures pour parcourir la distance donnée, on demande d'exprimer la vitesse du courant.*

Dans le mouvement d'un bateau sur une rivière, il y a deux éléments à considérer, le glissement du bateau sur l'eau et le déplacement de l'eau, qui s'ajoutent ou se retranchent suivant que le bateau descend ou remonte la rivière.

Soient x la vitesse du courant et y la vitesse de glissement due à l'action de la force motrice qui agit sur chaque bateau ; soit en outre d la distance commune parcourue.

Pour le bateau qui descend, on aura

$$(y + x)h = d,$$

et pour l'autre

$$(y - x)h' = d.$$

On en tire

$$y = \frac{d(h + h')}{2hh'}$$

et
$$x = \frac{d(h' - h)}{2hh'}.$$

Discussion. — La seule condition nécessaire et suffisante pour que le problème soit possible est que l'on ait $h' > h$, c'est-à-dire que le temps employé par le bateau qui remonte la rivière soit supérieur au temps employé par celui qui la descend : ce qui est évident *a priori*.

208. VIII. *Trois ouvriers* A, B *et* C *sont engagés pour faire un travail que* A *et* B *feraient ensemble en* a *jours, que* A *et* C *feraient ensemble en* b *jours et que* B *et* C *feraient en* c *jours. Chercher le temps qu'il faudrait à chaque ouvrier travaillant seul pour faire l'ouvrage.*

Représentons par x, y et z les temps respectifs employés par ces ouvriers pour effectuer séparément le travail en question. A et B mettant ensemble a jours pour le faire, cela revient à dire qu'en a jours ils font du travail : le premier une fraction égale à $\dfrac{a}{x}$, le second une fraction $\dfrac{a}{y}$ et que la somme de ces deux fractions est égale à l'unité ; d'où la première équation du problème,

$$\frac{a}{x} + \frac{a}{y} = 1.$$

En raisonnant de la même manière, on obtient les deux autres,

$$\frac{b}{x} + \frac{b}{z} = 1,$$

$$\frac{c}{y} + \frac{c}{z} = 1.$$

Ces trois équations peuvent être mises sous la forme

$$\frac{1}{x} + \frac{1}{y} = \frac{1}{a},$$

$$\frac{1}{x} + \frac{1}{z} = \frac{1}{b},$$

$$\frac{1}{y} + \frac{1}{z} = \frac{1}{c}.$$

En les additionnant membre à membre, et en divisant par 2 les deux membres de l'équation résultante, on a

$$\frac{1}{x} + \frac{1}{y} + \frac{1}{z} = \frac{1}{2a} + \frac{1}{2b} + \frac{1}{2c}.$$

En remplaçant dans cette dernière équation la quantité $\frac{1}{y} + \frac{1}{z}$ par sa valeur $\frac{1}{c}$ tirée de la dernière des équations précédentes, on obtient

$$\frac{1}{x} = \frac{1}{2a} + \frac{1}{2b} - \frac{1}{2c},$$

d'où

$$x = \frac{2abc}{ac + bc - ab}.$$

On obtient de même, ou en s'appuyant sur la symétrie des données,

$$y = \frac{2abc}{ab + bc - ac},$$

$$z = \frac{2abc}{ab + ac - bc}.$$

§ IV. — Équations et Inéquations du second degré.

209. 1. *A quelle relation doivent satisfaire les coefficients de l'équation générale du second degré à une inconnue pour que l'une des racines de cette équation soit un multiple de l'autre?*

Soient $ax^2 + bx + c = 0$ l'équation générale du second degré à une inconnue et x' et x'' ses deux racines.

Supposons que l'on veuille avoir $x' = mx''$.

On aura les trois relations suivantes entre les deux racines x' et x'' :

$$x' + x'' = -\frac{b}{a},$$

$$x'x'' = \frac{c}{a},$$

$$x' = mx''.$$

En remplaçant x' par sa valeur mx'' dans les deux premières relations, il vient

$$(m+1)x'' = -\frac{b}{a},$$

$$mx''^2 = \frac{c}{a}.$$

Et si l'on élimine x'' entre ces deux dernières égalités, on a, pour relation cherchée,

$$mb^2 - (m+1)^2ac = 0.$$

210. II. *Chercher les valeurs de m pour lesquelles le polynome*

$$ax^2 + bx + c + m(x^2 + 1)$$

est un carré parfait.

En ordonnant ce polynome par rapport aux puissances décroissantes de x il prend la forme

$$(a+m)x^2 + bx + c + m.$$

Ce polynome sera un carré parfait si l'équation obtenue en l'égalant à zéro,

$$(1) \qquad (a+m)x^2 + bx + c + m = 0,$$

a ses deux racines égales.

Or, pour que cette condition soit satisfaite, il faut que le discriminant de l'équation soit nul, c'est-à-dire que l'on ait

$$b^2 - 4(a+m)(c+m) = 0,$$

ou, en ordonnant par rapport aux puissances décroissantes de m, après avoir effectué le produit indiqué,

$$(2) \qquad 4m^2 + 4(a+c)m + 4ac - b^2 = 0.$$

On a ainsi une équation du second degré en m dont les racines sont réelles car le discriminant est positif.

Ce discriminant est, en effet,

$$4(a+c)^2 - 4(4ac - b^2)$$

ou $$\qquad 4[(a-c)^2 + b^2]$$

et représente la somme de deux carrés.

L'équation (2) a donc ses racines réelles et il en résulte qu'il y a deux valeurs de m pour lesquelles le premier membre de l'équation (1) et par suite le polynome proposé devient un carré parfait.

Ces deux valeurs, données par la **résolution** de l'équation (2), sont les suivantes :

$$m = \frac{-(a+c) \pm \sqrt{(a-c)^2 + b^2}}{2}.$$

REMARQUE. — Nous avons résolu par un autre procédé (189) une question du même genre.

211. III. *Trouver la transformée en x^4 de l'équation*

$$x^2 + px + q = 0.$$

Cette question consiste dans la recherche de l'équation du second degré dont les racines seront respectivement les quatrièmes puissances des racines de l'équation proposée ; en d'autres termes, si x' et x'' représentent les racines de cette dernière équation, x'^4 et x''^4 devront être les racines de l'équation à former.

Pour obtenir cette équation, il suffit de déterminer les coefficients qui doivent remplacer p et q dans la formule précédente, et comme les relations entre ces nouveaux coefficients et ces nouvelles racines restent les mêmes qu'entre les coefficients et les racines de l'équation ci-dessus, la question revient à chercher l'expression des quantités $x'^4 + x''^4$ et $x'^4 . x''^4$ sachant que l'on a

$$x' + x'' = -p \qquad \text{et} \qquad x'x'' = q.$$

De la première de ces deux identités on déduit

$$x'^2 + 2x'x'' + x''^2 = p^2,$$

et en combinant ce résultat avec l'identité $x'x'' = q,$ on a

$$x'^2 + x''^2 = p^2 - 2q.$$

De cette dernière, on obtient

$$x'^4 + 2x'^2x''^2 + x''^4 = p^4 - 4p^2q + 4q^2,$$

et en remplaçant $2x'^2x''^2$ par sa valeur tirée de l'identité $x'x'' = q,$ il vient

$$x'^4 + x''^4 = p^4 - 4p^2q + 2q^2 ;$$

d'autre part, on a $\quad x'^4x''^4 = q^4,$

d'où l'équation cherchée :

$$x^2 - (p^4 - 4p^2q + 2q^2)x + q^4 = 0.$$

212. IV. *Chercher la nature des racines de l'équation*

$$x^2 - 2(m + 1)x + 2m^2 - 4m + 1 = 0$$

quand m prend toutes les valeurs possibles.

La nature des racines d'une équation dépend tout d'abord du signe du discriminant, puis, quand les racines sont réelles, des signes de leur somme et de leur produit.

Ici, le discriminant, que nous représenterons par ρ, est

$$\rho = (m + 1)^2 - (2m^2 - 4m + 1)$$

$$= - m(m - 6) ;$$

la somme des racines

$$\frac{-b}{a} = 2(m + 1),$$

et leur produit

$$\frac{c}{a} = 2m^2 - 4m + 1$$

$$= 2\left[m - \left(1 + \frac{\sqrt{2}}{2}\right) \right]\left[m - \left(1 - \frac{\sqrt{2}}{2}\right) \right].$$

Les valeurs remarquables de m, c'est-à-dire celles pour lesquelles le discriminant, la somme des racines ou leur produit changent de signe, sont les suivantes :

$$0 \text{ et } 6, \text{ pour le discriminant ;}$$

$$1 + \frac{\sqrt{2}}{2} \qquad \text{et} \qquad 1 - \frac{\sqrt{2}}{2}, \quad \text{pour le produit des racines ;}$$

la valeur -1 tirée de l'expression de la somme des racines n'est pas à retenir, attendu que cette somme est toujours positive.

En disposant l'ensemble de ces valeurs remarquables dans un ordre croissant, on a

$$0, \quad 1 - \frac{\sqrt{2}}{2}, \qquad 1 + \frac{\sqrt{2}}{2}, \quad 6.$$

Il suffit maintenant de faire varier m d'une manière continue de $-\infty$ à $+\infty$, et de noter ce que deviennent ρ, $\cdot\dfrac{-b}{a}$ et $\dfrac{c}{a}$ lorsque m passe par ses valeurs remarquables et les intervalles qu'elles forment entre elles et avec leurs limites infinies $-\infty$ et $+\infty$, pour déterminer la nature des racines de l'équation proposée.

Le tableau suivant résume cette discussion :

m	ρ	$-\dfrac{b}{a}$	$\dfrac{c}{a}$	RÉSULTATS
$-\infty$	—			Les racines sont imaginaires.
0	0			Les deux racines sont réelles et égales ; $x' = x'' = 1$.
	$+$	$+$	$+$	Les deux racines sont inégales et positives.
$1 - \dfrac{\sqrt{2}}{2}$			0	Une des racines change de signe en passant par zéro.
	$+$	$+$	$-$	Les deux racines sont de signes contraires; la plus grande en valeur absolue est la racine positive.
$1 + \dfrac{\sqrt{2}}{2}$			0	La racine négative change de signe en passant par zéro.
	$+$	$+$	$+$	Les deux racines inégales sont positives.
6	0			Les deux racines deviennent égales ; $x' = x'' = 7$.
$+\infty$	—			Les racines sont imaginaires.

213. V. *Pour quelles valeurs de* m *l'équation*

$$(m + 1)x^2 - 4mx + 2m + 3 = 0$$

a-t-elle une ou deux racines supérieures à 1 ?

Tout d'abord, pour que cette équation ait ses racines réelles, son discriminant doit être différent de zéro, c'est-à-dire qu'on doit avoir

$$4m^2 - (m + 1)(2m + 3) \geqslant 0,$$

ou $$2m^2 - 5m - 3 \geqslant 0,$$

ou mieux encore $\quad 2(m-3)\left(m + \dfrac{1}{2}\right) \geqslant 0.$

Or les valeurs de m qui satisfont à cette relation sont données par les deux conditions

$$(1) \qquad m > 3 \qquad \text{et} \qquad m < -\frac{1}{2}\,;$$

en d'autres termes, toute valeur de m supérieure à 3 ou inférieure à $-\dfrac{1}{2}$ attribuée à m fait que l'équation proposée a deux racines réelles.

1° Cela posé, cherchons quelles sont celles de ces valeurs de m pour lesquelles l'équation a une seule racine supérieure à 1, et représentons, pour simplifier l'écriture, par $f(1)$ et $f(\mp\infty)$ ce que devient le premier membre de l'équation donnée lorsqu'on y remplace x par 1 et par $\mp\infty$.

Le nombre 1 séparant les deux racines, $f(1)$ et $f(\mp\infty)$ sont de signes contraires. Or $f(\mp\infty)$ est du signe de $m+1$: on doit donc avoir

$$(m+1)f(1) < 0,$$

ou, comme on a $\qquad f(1) = -m + 4,$

$$(m+1)(m-4) > 0,$$

d'où la double condition

$$(2) \qquad m < -1 \qquad \text{et} \qquad m > 4.$$

En rapprochant les conditions (2) de (1), on remarque que les premières sont toujours satisfaites lorsque les secondes l e sont. D'où cette première conclusion :

Pour toute valeur de m inférieure à -1 ou supérieure à 4 l'équation proposée a toujours une racine, et une seule, supérieure à 1.

2° Déterminons maintenant les valeurs de m pour lesquelles l'équation donnée a ses deux racines supérieures à 1.

Les deux racines étant en dehors du nombre 1, $f(1)$ et $f(\mp\infty)$ sont de même signe, c'est-à-dire qu'on a

$$(m+1)f(1) > 0,$$

ou $$(m+1)(m-4) < 0,$$

d'où la double condition

(3) $$-1 < m < 4.$$

D'autre part, si ces deux racines sont supérieures à 1, leur demi-somme $\dfrac{2m}{m+1}$ est supérieure à 1, ce qui donne

$$\frac{2m}{m+1} > 1,$$

ou

$$\frac{2m}{m+1} - 1 > 0,$$

ou, plus simplement,

$$\frac{m-1}{m+1} > 0,$$

d'où la double condition

(4) $$m > 1 \qquad \text{et} \qquad m < -1.$$

Le rapprochement des relations (1), (3) et (4), desquelles dépend la réalisation de la seconde partie du problème, montre qu'il n'y a pas de valeur inférieure à $-\dfrac{1}{2}$ qui réponde à la question et que parmi les valeurs supérieures à 3 il n'y a que celles qui satisfont à la double condition

$$3 < m < 4 ;$$

en d'autres termes, l'équation proposée n'a ses deux racines supérieures à 1 que pour les seules valeurs de m comprises entre 3 et 4.

On peut résoudre cette question de la manière suivante : noter les valeurs remarquables de m, c'est-à-dire celles pour lesquelles il y a changement de signe dans le discriminant ou le premier membre de l'équation lorsqu'on y a remplacé x successivement par $-\infty$, 1 et $+\infty$; faire varier m d'une manière continue de $-\infty$ à $+\infty$, et déterminer la nature, le signe et la position des racines de l'équation par les signes que prennent, dans les intervalles des valeurs remarquables de m et de leurs limites $-\infty$ et $+\infty$, le discriminant et les trois formes précédentes du premier membre de l'équation. Nous représenterons ce discriminant et ces trois formes par les notations respectives ρ, $f(-\infty)$, $f(1)$ et $f(+\infty)$.

Pour le discriminant, on a

$$\rho = 2(m-3)\left(m+\frac{1}{2}\right);$$

$f(-\infty)$ et $f(+\infty)$ prennent le signe de $m+1$; et l'on a
$$f(1) = -m+4.$$

Les valeurs remarquables de m sont donc, pour le discriminant, 3 et $-\frac{1}{2}$; pour $f(\mp\infty)$, -1, et pour $f(1)$, 4.

En disposant ces valeurs dans leur ordre croissant, elles donnent l'ensemble
$$-1, \quad -\frac{1}{2}, \quad 3, \quad 4.$$

Le tableau suivant résume cette discussion:

m	ρ	$f(-\infty)$	$f(1)$	$f(+\infty)$	RÉSULTATS
$-\infty$					
	$+$	$-$	$+$	$-$	Les deux racines sont réelles : $x'<1$, $x''>1$.
-1	—				La plus grande racine change de signe en passant par l'infini; l'autre est négative.
	$+$	$+$	$+$	$+$	La somme $\dfrac{4m}{m+1}$ des racines étant négative et leur produit $\dfrac{2m+3}{m+1}$, positif, les deux racines sont négatives.
$-\frac{1}{2}$	0				Deux racines égales négatives $x'=x''=-2<1$.
	—				Racines imaginaires.
3	0				Deux racines égales positives $x'=x''=\dfrac{3}{2}>1$.
	$+$	$+$	$+$	$+$	La demi-somme des racines $\dfrac{2m}{m+1}$ étant supérieure à 1 dans cet intervalle, les deux racines le sont aussi.
4			0		Deux racines inégales $x'=1$, $x''>1$.
$+\infty$	$+$	$+$	$-$	$+$	Deux racines inégales $x'<1$, $x''>1$.

Les expressions $f(-\infty)$, $f(1)$ et $f(+\infty)$ ayant le même signe pour les intervalles $\left(-1, -\dfrac{1}{2}\right)$ et $(3, 4)$, les deux racines sont toutes deux comprises entre $-\infty$ et 1 ou entre 1 et $+\infty$, car s'il en était autrement 1 séparerait les deux racines et $f(1)$ serait d'un signe contraire à celui des expressions $f(-\infty)$ et $f(+\infty)$ qui est le même. Dans ce cas, on a recours à la somme et au besoin au produit des racines.

Pour l'intervalle $\left(-1, -\dfrac{1}{2}\right)$ la somme des racines étant négative et le produit positif, les deux racines sont négatives, par conséquent inférieures l'une et l'autre à 1.

Pour l'intervalle $(3, 4)$ la demi-somme des racines étant supérieure à 1, les deux racines le sont aussi, en raison de ce qui précède.

De ce tableau il ressort clairement aussi que l'équation proposée a :

1° une racine et une seule supérieure à 1, pour toute valeur de m qui satisfait aux relations
$$m < -1, \qquad m > 4 ;$$
2° ses deux racines supérieures à 1 lorsqu'on a
$$3 < m < 4.$$

On peut ajouter qu'elle a une ou deux racines supérieures à 1 pour toutes les valeurs fournies par les relations
$$m < -1, \qquad m > 3.$$

214. VI. *Chercher les valeurs de x pour lesquelles l'inégalité*
$$\dfrac{4x^2 - 5x - 1}{2x^2 - 5x + 3} > 1 \quad \text{est satisfaite.}$$

Si l'on fait passer le terme du second membre dans le premier pour réduire ensuite tous les termes au même dénominateur, on a l'inégalité équivalente
$$\dfrac{2(x^2 - 2)}{2x^2 - 5x + 3} > 0,$$
qui revient à
$$(1) \qquad \dfrac{x^2 - 2}{2x^2 - 5x + 3} > 0.$$

Le numérateur est égal au produit $(x + \sqrt{2})(x - \sqrt{2})$;

quant au dénominateur, c'est un trinome du second degré dont le discriminant $5^2 - 4 \times 2 \times 3$ est positif et dont les racines sont par conséquent réelles et égales, l'une à $\dfrac{3}{2}$ et l'autre à 1 ; il peut dès lors s'écrire

$$2\left(x - \frac{3}{2}\right)(x - 1).$$

L'inéquation (1) peut donc se mettre sous la forme

$$\frac{(x + \sqrt{2})(x - \sqrt{2})}{2\left(x - \dfrac{3}{2}\right)(x - 1)} > 0.$$

En cherchant le signe que prend chacun des facteurs $x + \sqrt{2}$, $x - \sqrt{2}$, $x - \dfrac{3}{2}$, $x - 1$ lorsqu'on fait passer x par toutes les valeurs comprises entre $-\infty$ et $+\infty$, on détermine le signe que prend la fonction qui forme le premier membre de l'inéquation. Les intervalles à considérer sont déterminés par les valeurs remarquables de x, celles qui font changer de signe aux facteurs précédents. Ces valeurs disposées par ordre de grandeur croissante sont :

$$-\sqrt{2}, \qquad 1, \qquad \sqrt{2}, \qquad \frac{3}{2}.$$

Le tableau suivant, dans lequel le premier membre de l'inéquation est représenté par $f(x)$, résume cette recherche.

x	$x + \sqrt{2}$	$x - 1$	$x - \sqrt{2}$	$x - \dfrac{3}{2}$	$f(x)$
$-\infty$	$-$	$-$	$-$	$-$	$+$
$-\sqrt{2}$	$+$	$-$	$-$	$-$	$-$
1	$+$	$+$	$-$	$-$	$+$
$\sqrt{2}$	$+$	$+$	$+$	$-$	$-$
$\dfrac{3}{2}$					
$+\infty$	$+$	$+$	$+$	$+$	$+$

Il ressort de l'examen de ce tableau que l'inégalité proposée

est satisfaite exclusivement pour toutes les valeurs de x :
1° inférieures à $-\sqrt{2}$; 2° comprises entre 1 et $\sqrt{2}$; 3° supérieures à $\dfrac{3}{2}$.

215. VII. *Dans l'inéquation*

$$\frac{(h+1)x^2 + hx + h}{x^2 + x + 1} > k,$$

où h est une quantité donnée, quelle valeur faut-il attribuer à k pour que cette inéquation soit satisfaite par toutes les valeurs positives et négatives de x ?

Le dénominateur du premier membre de l'inéquation est un trinome du second degré dont les racines sont imaginaires ; ce trinome est donc toujours positif quelles que soient les valeurs de x : il s'ensuit qu'en multipliant les deux membres de l'inéquation par ce dénominateur, on obtient une inéquation de même sens, qui se ramène après simplification à la suivante :

$$(h + 1 - k)x^2 + (h - k)x + h - k > 0.$$

Les conditions pour que cette dernière inéquation soit satisfaite sont : 1° que le coefficient $(h + 1 - k)$ de x^2 soit positif ; 2° que le discriminant de l'équation obtenue en égalant à zéro le premier membre de l'inéquation soit négatif, c'est-à-dire que les racines de cette équation soient imaginaires ; en d'autres termes que l'on ait

$$h + 1 - k > 0$$

et $\qquad (h - k)^2 - 4(h + 1 - k)(h - k) < 0.$

De la première de ces relations on tire

$$(1) \qquad\qquad k < h + 1.$$

La seconde se met sous la forme

$$(h - k)(3h + 4 - 3k) > 0$$

et peut être satisfaite si l'on a à la fois

$$h - k > 0 \qquad \text{et} \qquad 3h + 4 - 3k > 0$$

ou bien $\quad h - k < 0 \qquad \text{et} \qquad 3h + 4 - 3k < 0.$

La seconde de ces deux hypothèses est incompatible avec la relation (1) et doit être rejetée.

De la première on tire

$$k < h$$

et

$$k < h + \frac{4}{3}.$$

En rapprochant ces conditions de celles qu'exprime la relation (1), on voit qu'elles sont toutes les trois satisfaites lorsqu'on a $k < h$.

L'inéquation proposée aura donc lieu pour toutes les valeurs de k inférieures à h, quelles que soient les valeurs attribuées à x.

Si k est égal à h, l'inéquation n'est satisfaite qu'autant que x n'est pas nul. Pour $x = 0$, les deux membres de l'inéquation deviennent identiques.

216. VIII. *Déterminer les valeurs de m pour lesquelles les quatre racines de l'équation bicarrée*

$$x^4 - (3m + 5)x^2 + (m + 1)^2 = 0$$

sont en progression arithmétique.

Si nous représentons par x' et x'' les deux racines positives de l'équation, les deux racines négatives auront pour expressions $-x'$ et $-x''$; et si nous admettons $x'' > x'$, on aura la relation

$$x'' - x' = x' - (-x'),$$

comme on aura aussi la suivante :

$$x' - (-x') = (-x') - (-x''),$$

qui revient à la première.

De l'une d'elles quelconque on déduit

$$(1) \qquad x'' = 3x'.$$

On a, d'autre part,

$$x'^2 + x''^2 = 3m + 5$$

et

$$x'^2 x''^2 = (m + 1)^2.$$

Si dans ces deux dernières relations, on remplace x'' par sa valeur $3x'$ prise dans (1), il vient

(2) $10x'^2 = 3m + 5$

et (3) $9x'^4 = (m + 1)^2$.

En élevant les deux membres de (2) au carre et divisant membre · à membre la relation résultante par (3), on obtient l'équation du second degré en m

$$19m^2 - 70m - 125 = 0,$$

d'où l'on tire $m' = -\dfrac{25}{19}$

et $m'' = 5$.

En donnant à m la valeur 5, on déduit successivement de (2) et de (1)

$$x' = \sqrt{2} \qquad \text{et} \qquad x'' = 3\sqrt{2},$$

et en donnant à m la valeur $-\dfrac{25}{19}$, on a

$$x' = \frac{\sqrt{2 \times 19}}{19} \qquad \text{et} \qquad x'' = \frac{3\sqrt{2 \times 19}}{19}.$$

Dans le premier cas, les quatre nombres de la progression arithmétique sont, par ordre decroissant,

$$3\sqrt{2}, \qquad \sqrt{2}, \qquad -\sqrt{2}, \qquad -3\sqrt{2},$$

et la raison est $2\sqrt{2}$;

dans le second cas, les quatre nombres sont

$$\frac{3\sqrt{2 \times 19}}{19}, \qquad \frac{\sqrt{2 \times 19}}{19}, \qquad -\frac{\sqrt{2 \times 19}}{19}, \qquad -\frac{3\sqrt{2 \times 19}}{19}$$

avec $\dfrac{2\sqrt{2 \times 19}}{19}$ pour raison.

217. IX. *A quelle relation doivent satisfaire les coefficients de deux équations générales du second degré à une inconnue pour que ces deux équations aient une racine commune ?*

Soient $ax^2 + bx + c = 0,$

$$a'x^2 + b'x + c' = 0$$

les deux équations générales du second degré à une inconnue, x' et x'' les racines de la première, x'_1 et x''_1 les racines de la seconde.

Supposons que l'on veuille avoir
$$x' = x'_1.$$

On aura les cinq relations suivantes entre les racines et les coefficients des deux équations proposées :

$$(1) \begin{cases} x' + x'' = -\dfrac{b}{a}, \\[2mm] x'_1 + x_1 = -\dfrac{b'}{a'}, \\[2mm] x'x'' = \dfrac{c}{a}, \\[2mm] x'_1x''_1 = \dfrac{c'}{a'}, \\[2mm] x' = x'_1. \end{cases}$$

Si l'on remplace x'_1 dans la seconde et la quatrième de ces relations par sa valeur x' tirée de la cinquième, on aura

$$(2) \begin{cases} x' + x'' = -\dfrac{b}{a}, \\[2mm] x' + x''_1 = -\dfrac{b'}{a'}, \\[2mm] x'x'' = \dfrac{c}{a}, \\[2mm] x'x_1 = \dfrac{c'}{a'}. \end{cases}$$

En retranchant membre à membre, dans ce dernier groupe de relations, la seconde de la première et en divisant membre à membre la troisième par la quatrième, il vient

$$x'' - x''_1 = \frac{ab' - ba'}{aa'},$$
$$\frac{x''}{x''_1} = \frac{ca'}{ac'}.$$

Ces deux relations jointes à la première et à la troisième du groupe (2) forment le groupe suivant équivalent au précédent :

$$(3) \quad \begin{cases} x' + x'' = -\dfrac{b}{a}, \\[2mm] x'x'' = \dfrac{c}{a}, \\[2mm] x'' - x_1'' = \dfrac{ab' - ba'}{aa'}. \\[2mm] \dfrac{x''}{x_1''} = \dfrac{ca'}{ac'}. \end{cases}$$

Des deux dernières de ces relations, par l'élimination de x_1'', on tire

$$x'' = -\frac{c}{a} \cdot \frac{ab' - ba'}{ac' - ca'}.$$

Cette valeur de x'' portée dans la première relation de (3) donne après simplification

$$x' = -\frac{bc' - cb'}{ac' - ca'},$$

et si l'on multiplie ces deux dernières relations membre à membre, pour remplacer ensuite le produit $x'x''$ par sa valeur $\dfrac{c}{a}$, on aura

$$\frac{c}{a} = \frac{c}{a} \cdot \frac{(ab' - ba')(bc' - cb')}{(ac' - ca')^2},$$

ou, divisant les deux membres par $\dfrac{c}{a}$, chassant ensuite les dénominateurs et faisant passer tous les termes dans le premier membre,

$$(ac' - ca')^2 - (ab' - ba')(bc' - cb') = 0.$$

On peut résoudre plus simplement la question en éliminant x', la racine commune des deux équations, des deux relations

$$ax'^2 + bx' + c = 0,$$
$$a'x'^2 + b'x' + c' = 0.$$

Pour cela on multiplie les deux membres de la première par a', les deux membres de la seconde par a et l'on retranche membre à membre les deux relations résultantes ; on a ainsi

$$x'(ab' - ba') + ac' - ca' = 0,$$

d'où
$$x' = -\frac{ac' - ca'}{ab' - ba'}.$$

Si l'on porte cette valeur de x' dans une des relations précédentes, la première par exemple, il vient

$$a\left(\frac{ac' - ca'}{ab' - ba'}\right)^2 - b\left(\frac{ac' - ca'}{ab' - ba'}\right) + c = 0,$$

et cette relation simplifiée donne celle que nous avons trouvée par une autre méthode.

REMARQUE. — Pour valeur de x' nous trouvons ici $-\dfrac{ac' - ca'}{ab' - ba'}$ et plus haut $-\dfrac{bc' - cb'}{ac' - ca'}$. Il est à remarquer que ces deux valeurs sont égales, et c'est ce que l'on déduit de la relation trouvée

$$(ac' - ca')^2 - (ab' - ba')(bc' - cb') = 0,$$

qui devient, en en divisant les deux membres par le produit $(ab' - ba')(ac' - ca')$,

$$\frac{ac' - ca'}{ab' - ba'} - \frac{bc' - cb'}{ac' - ca'} = 0,$$

et donne par conséquent

$$\frac{ac' - ca'}{ab' - ba'} = \frac{bc' - cb'}{ac' - ca'}$$

§ V. — Problèmes du second degré.

218. I. *Un nombre s'écrit 254 dans le système de numération dont la base est 6 et 127 dans un système de base inconnue. Quelle est cette base?*

Soit x la base inconnue du second système. Le nombre en question comprend, avec ce système, 1 unité du troisième ordre, 2 unités du deuxième et 7 unités du premier, soit un total d'unités simples ou du premier ordre égal à

$$x^2 + 2x + 7.$$

Avec le système dont la base est 6, ce total est

$$2.6^2 + 5.6 + 4,$$

et comme ces deux totaux sont nécessairement égaux, l'équation du problème est

$$x^2 + 2x + 7 = 2.6^2 + 5.6 + 4,$$

ou, en simplifiant,

$$x^2 + 2x - 99 = 0,$$

d'où
$$x' = 9,$$
$$x'' = -11.$$

Par sa nature le problème ne peut admettre qu'une solution positive : il s'ensuit que le nombre 9 convient seul à la question.

9 est donc la base cherchée.

219. II. *En revendant un objet a francs, on perd sur le prix de cet objet autant pour cent qu'il avait coûté. Quel avait été le prix de cet objet?*

Soit x le prix de l'objet; la perte est égale à $\dfrac{x^2}{100}$ et l'équation du problème est ainsi

$$x - \frac{x^2}{100} = a,$$

ou
$$x^2 - 100x + 100a = 0.$$

La condition pour que les racines de cette équation soient réelles, c'est-à-dire pour que le problème soit possible, est que l'on ait

$$50^2 - 100a \geqslant 0,$$

d'où
$$a \leqslant 25.$$

Sous cette réserve, l'équation donne

$$x = 50 \pm 10\sqrt{25 - a}.$$

Si l'on a $a < 25$, les deux racines inégales et positives conviennent à la question, qui admet alors deux solutions.

Si l'on a $a = 25$, les deux racines sont égales et le problème n'a plus alors qu'une solution.

Ainsi le problème admet deux solutions, une ou point, selon que a est inférieur, égal ou supérieur à 25.

220. III. *Trouver deux nombres dont on donne la somme a et la somme des cubes b^3.*

Soit x l'un des nombres; l'autre sera $a - x$ et l'on aura pour équation du problème

$$(1) \qquad x^3 + (a - x)^3 = b^3,$$

ou, en développant et simplifiant,

$$(2) \qquad 3ax^2 - 3a^2x + a^3 - b^3 = 0.$$

Pour que les racines de cette dernière équation soient réelles, il faut et il suffit que l'on ait

$$9a^4 - 12a(a^3 - b^3) > 0,$$

ou

$$a(4b^3 - a^3) > 0.$$

Cette condition est remplie si l'on a en même temps

$$a > 0 \quad \text{et} \quad 4b^3 > a^3, \quad \text{c'est-à-dire} \quad 4b^3 > a^3 > 0,$$

ou $\quad a < 0 \quad$ et $\quad 4b^3 < a^3, \qquad - \qquad 4b^3 < a^3 < 0,$

ou bien $\quad 4b^3 - a^3 = 0, \qquad - \qquad 4b^3 = a^3,$

ou enfin $\qquad\qquad a = 0.$

Examinons successivement ces divers cas.

1° $\quad 4b^3 > a^3 > 0.$ — L'équation (2) a ses deux racines distinctes, et comme leur somme est a, ces racines expriment les deux nombres cherchés.

2° $\quad 4b^3 < a^3 < 0.$ — L'équation (2) a encore ses deux racines distinctes, qui ont a pour somme : ces racines sont donc aussi dans ce cas les deux nombres demandés.

3° $\quad 4b^3 = a^3.$ — L'équation (2) a ses deux racines égales dont la somme est a : ces racines expriment encore les deux nombres cherchés, qui sont alors égaux.

4° Enfin $\quad a = 0.$ — L'équation (2), ou bien son équivalente l'équation (1) qui se prête mieux à l'examen de ce dernier cas, n'est satisfaite par aucun nombre, si b^3 n'est pas nul, et le problème est impossible. Si au contraire on a $\quad b^3 = 0,$ l'équation (1) est vérifiée par tout nombre substitué à x, et le problème est indéterminé.

221. IV. *Calculer la profondeur d'un puits, sachant qu'il s'est* *écoulé t secondes entre le moment où l'on a laissé tomber une pierre au-dessus de son orifice et celui où l'on a entendu le bruit du choc de la pierre au fond du puits.*

Le temps t comprend deux périodes : celle que met la pierre pour atteindre le fond du puits et celle que met le son produit par le choc de la pierre pour monter à l'oreille de l'observateur. Soient t' et t'' ces deux périodes et x la profondeur du puits. Le mouvement de la pierre étant uniformément accéléré, on a, d'après une des formules de ce mouvement,

$$(1) \qquad x = \frac{1}{2} g t'^2 ;$$

et le mouvement du son étant uniforme, si v en est la vitesse, on a, d'autre part,

$$(2) \qquad x = v t''.$$

Comme les deux quantités t' et t'' sont liées entre elles par la relation

$$(3) \qquad t' + t'' = t,$$

en éliminant t' et t'' entre ces trois équations on obtient la suivante :

$$(4) \qquad \sqrt{\frac{2x}{g}} + \frac{x}{v} = t,$$

qui devient, en faisant passer $\dfrac{x}{v}$ dans le second membre et en élevant au carré l'équation résultante,

$$\frac{2x}{g} = t^2 - \frac{2tx}{v} + \frac{x^2}{v^2},$$

ou, enfin,

$$(5) \qquad g x^2 - 2v(v + gt)x + g v^2 t^2 = 0.$$

Discussion. — Le discriminant de cette équation étant

$$v^2(v + gt)^2 - g^2 v^2 t^2,$$

ou

$$v^3(v + 2gt),$$

c'est-à-dire essentiellement positif, les deux racines de l'équation (5) sont réelles et inégales. D'autre part, le produit $v^2 t^2$ et la somme $\dfrac{2v(v + gt)}{g}$ de ces deux racines étant l'un et l'autre positifs, ces deux racines sont toutes deux positives. L'équation (4) montre en outre que l'on doit avoir $\dfrac{x}{v} < t$, d'où $x < vt$. Or, comme le produit de ces deux racines réelles et inégales est v^2t^2, il s'ensuit que l'une de ces racines est plus grande que vt et l'autre plus petite. C'est donc cette dernière seule qui répond à la question. Elle a pour expression

$$x = \frac{v}{g}\left[v + gt - \sqrt{v(v + 2gt)}\,\right].$$

La plus grande racine a été introduite par l'élévation au carré des deux membres de l'équation (4) après avoir transposé le terme $\dfrac{x}{v}$.

222. V. *Un vase cylindrique de hauteur l, fermé aux deux extrémités et disposé verticalement, contient de l'eau jusqu'à une hauteur l' et au-dessus de l'air à la pression atmosphérique. A la partie inférieure de ce vase on ouvre un robinet et il se produit un écoulement partiel d'eau qui cesse de lui-même. Quelle est à ce moment la hauteur de l'eau dans le vase?*

Soient x la hauteur de l'eau dans le vase après l'expérience, H la hauteur de la colonne barométrique au moment de l'expérience et d la densité du mercure.

Lorsque l'écoulement de l'eau s'est arrêté et que l'équilibre est établi, les deux pressions intérieure et extérieure qui s'exercent sur la tranche liquide déterminée par le plan de l'orifice sont égales.

Soit s la surface de cet orifice.

La pression extérieure est égale au produit sHd de cette surface par la pression atmosphérique. La pression intérieure est la somme de la pression de l'eau restante sx et de la force élastique de l'air, que nous représenterons par $sH'd$; on la déduit comme il suit de la loi de Mariotte : la colonne verticale d'air qui exerce une pression sur la surface s avait primitivement pour volume $s(l - l')$ et sa force élastique était celle d'une atmosphère, soit sHd ; après l'expérience, ce volume devient $s(l - x)$ et la force élastique qui est à déterminer est $sH'd$. La loi de Mariotte, qui exprime que les volumes d'une même masse gazeuse, à température constante, sont en raison inverse des pressions que cette masse supporte, donne, entre les quatre quantités précédentes, la relation

$$\frac{sH'd}{sHd} = \frac{s(l-l')}{s(l-x)},$$

d'où

$$sH'd = \frac{sHd(l-l')}{l-x}.$$

L'équation du problème est dès lors la suivante :

$$sx + \frac{sHd(l-l')}{l-x} = sHd,$$

ou, en simplifiant,

$$x^2 - (l + Hd)x + l'Hd = 0.$$

Les racines de cette équation sont réelles, car l'on a

(1)
$$\left(\frac{l+Hd}{2}\right)^2 - l'Hd > 0.$$

En effet, si l'on remplace l' par l dans cette expression on a nécessairement

(2)
$$\left(\frac{l+Hd}{2}\right)^2 - lHd > 0,$$

puisque cette relation revient à cette autre :

$$(Hd - l)^2 > 0,$$

qui est évidente.

Or, comme lHd est une quantité plus grande que $l'Hd$, puisque la relation (2) est satisfaite, la relation (1) l'est *a fortiori*.

Dès lors, on a

$$x = \frac{l+Hd}{2} \pm \sqrt{\left(\frac{l+Hd}{2}\right)^2 - l'Hd}.$$

Ces deux racines sont évidemment positives, mais la plus petite de ces racines convient seule, car pour $l' = 0$, il faut que l'on ait $x = 0$.

La solution du problème est ainsi la suivante :

$$x = \frac{l+Hd}{2} - \sqrt{\left(\frac{l+Hd}{2}\right)^2 - l'Hd}.$$

223. VI. *Les rapports direct et inverse de deux nombres arithmétiques donnent pour somme* a *; les nombres eux-mêmes donnent pour somme* b *; trouver ces deux nombres.*

Soient x et y les deux nombres ; on aura pour équations du problème

$$\frac{x}{y} + \frac{y}{x} = a,$$

$$x + y = b.$$

Si l'on chasse les dénominateurs dans la première, et si l'on élève au carré les deux membres de la seconde, on obtient le système suivant, qui peut être substitué au précédent, quoique plus général dans sa seconde équation,

$$x^2 + y^2 = axy,$$

$$x^2 + 2xy + y^2 = b^2.$$

En remplaçant, dans la dernière équation, l'ensemble des deux termes $x^2 + y^2$ par leur valeur axy tirée de l'autre équation, on a

$$(a + 2)xy = b^2,$$

d'où

$$xy = \frac{b^2}{a + 2}.$$

Connaissant alors la somme b et le produit $\dfrac{b^2}{a + 2}$ des deux nombres cherchés x et y, ces deux nombres sont les racines de l'équation du second degré

$$X^2 - bX + \frac{b^2}{a + 2} = 0.$$

Pour que ces racines soient réelles, il faut et il suffit que l'on ait

$$b^2 - \frac{4b^2}{a + 2} \geqslant 0,$$

ou

$$b^2 \frac{a - 2}{a + 2} \geqslant 0,$$

c'est-à-dire

$$a \geqslant 2.$$

Lorsque cette condition est remplie, les deux nombres sont donnés par la formule

$$X = \frac{b}{2}\left(1 \pm \sqrt{\frac{a-2}{a+2}}\right),$$

et ces deux nombres sont positifs, le radical étant inférieur à l'unité. Cette dernière considération se déduit aussi de ce double fait que la somme et **le** produit des deux nombres sont l'un et l'autre positifs.

Remarque. — On aurait pu mettre le problème en équation en représentant l'un des nombres par x et l'autre par $b-x$ (leur somme étant égale à b) : on n'aurait eu alors qu'une équation,

$$\frac{x}{b-x} + \frac{b-x}{x} = a.$$

La première marche nous paraît plus simple et plus élégante.

224. VII. *Deux miroirs sphériques concaves de même rayon sont disposés vis-à-vis l'un de l'autre de manière que leurs axes principaux coïncident. Déterminer le point de cet axe commun où il faut placer une source lumineuse pour que les deux images se confondent.*

Soient r le rayon commun de ces deux miroirs, d la distance de leurs sommets, x et y les distances respectives du point lumineux et de son image à l'un de ces miroirs.

En appliquant à ce premier miroir la formule

$$\frac{1}{p} + \frac{1}{p'} = \frac{1}{f},$$

on aura comme première équation du problème

$$(1) \qquad \frac{1}{x} + \frac{1}{y} = \frac{2}{r}.$$

La seconde équation résultera de l'application de cette même formule au second miroir :

$$(2) \qquad \frac{1}{d-x} + \frac{1}{d-y} = \frac{2}{r}.$$

En chassant les dénominateurs, ces équations (1) et (2) deviennent, après toutes simplifications

(3) $$r(x+y) - 2xy = 0,$$

(4) $$(2d-r)(x+y) - 2xy = 2d(d-r).$$

Si l'on prend pour inconnues auxiliaires $x+y$ et xy, les équations (3) et (4) constituent un système d'équations simultanées du premier degré à deux inconnues, d'où l'on tire

$$x + y = d,$$
$$xy = \frac{dr}{2}.$$

Les deux inconnues x et y sont alors données par les deux racines de l'équation du second degré

$$X^2 - dX + \frac{dr}{2} = 0.$$

Pour que les racines de cette équation soient réelles, il faut que le discriminant soit supérieur ou égal à zéro, c'est-à-dire que l'on ait

$$d^2 - 2dr > 0,$$

d'où $$d > 2r.$$

1° Si l'on a $d > 2r$, les deux racines de l'équation sont réelles et inégales ; l'expression en est la suivante :

$$X = \frac{d \pm \sqrt{d(d-2r)}}{2}.$$

Le point lumineux et le point où se forment les deux images sont distincts.

2° Si l'on a $d = 2r$, les deux racines de l'équation sont réelles et égales ; elles ont pour valeur commune

$$X = \frac{d}{2}.$$

Dans ce cas, le point lumineux est situé au milieu de la distance des deux miroirs et les deux images se forment en ce même point.

225. VIII. *Trouver quatre nombres arithmétiques connaissant leur somme a, leur produit b, la somme c des inverses des deux premiers nombres et la somme d des inverses des deux derniers.*

En désignant par x, y, z, v les quatre nombres cherchés, la mise en équation du problème conduit au système suivant d'équations simultanées :

$$x + y + z + v = a,$$
$$xyzv = b,$$
$$\frac{1}{x} + \frac{1}{y} = c,$$
$$\frac{1}{z} + \frac{1}{v} = d \, ;$$

mais comme les deux dernières de ces équations, en y chassant les dénominateurs, prennent la forme

$$x + y = cxy,$$
$$z + v = dzv,$$

l'ensemble des quatre équations du système peut s'écrire

$$(x + y) + (z + v) = a,$$
$$(xy)(zv) = b,$$
$$(x + y) = c(xy),$$
$$(z + v) = d(zv).$$

Si l'on prend pour inconnues auxiliaires les sommes $x + y$, $z + v$ et les produits xy et zv ainsi mis en évidence, en les représentant respectivement par les lettres S, S_1, P, P_1, le système d'équations s'abrège ainsi :

$$(1) \qquad S + S_1 = a,$$
$$(2) \qquad PP_1 = b,$$
$$(3) \qquad S = cP,$$
$$(4) \qquad S_1 = dP_1.$$

En multipliant membre à membre les deux dernières équations de ce nouveau système, il vient

$$SS_1 = cdPP_1,$$

ou, en remplaçant PP_1 par sa valeur b,

$$(5) \qquad SS_1 = bcd.$$

Le rapprochement de (1) et de (5) montre que la somme et le produit des deux inconnues auxiliaires S et S_1 sont connus ; dès lors ces inconnues sont les racines de l'équation du second degré

$$(6) \qquad U^2 - aU + bcd = 0.$$

Pour que ces racines soient réelles, il faut que l'on ait

$$a^2 - 4bcd \geqslant 0.$$

Si la première de ces conditions est remplie, on a

$$U = \frac{a \pm \sqrt{a^2 - 4bcd}}{2}.$$

En prenant pour valeur de S la plus grande racine, on a

$$S = x + y = \frac{a + \sqrt{a^2 - 4bcd}}{2},$$

$$S_1 = z + v = \frac{a - \sqrt{a^2 - 4bcd}}{2},$$

et de (3) et (4) on tire

$$P = xy = \frac{a + \sqrt{a^2 - 4bcd}}{2c},$$

$$P_1 = zv = \frac{a - \sqrt{a^2 - 4bcd}}{2d}.$$

La question est ainsi ramenée au calcul des deux couples de nombres x et y, z et v, dans chacun desquels on connaît la somme et le produit des deux nombres qui les forment. Il nous paraît inutile de faire ce calcul dont nous avons donné de nombreux exemples en dehors de celui qui se trouve dans ce même problème.

Si l'on avait pris pour valeur de S la plus petite racine de l'équation (6), on aurait obtenu une autre série de nombres, par conséquent une seconde solution.

Le problème peut donc admettre dans ce cas deux solutions.

Si l'on a $a^2 - 4bcd = 0$, le problème n'admet qu'une solution.

§ VI. — Problèmes sur les maxima et les minima.

226. Définitions. — Toute quantité susceptible de prendre différentes valeurs s'appelle *une variable*. Si ces valeurs peuvent être quelconques, la variable est dite *indépendante* ; dans le cas contraire, c'est-à-dire si ces valeurs dépendent de celles d'une ou de plusieurs autres variables, elle est dite *dépendante*.

Cette dépendance d'une variable par rapport à d'autres s'exprime aussi en disant que la première est *une fonction* des autres. C'est ainsi que le trinome du second degré, $ax^2 + bx + c$, est une fonction de la variable x.

Pour représenter une fonction d'une seule variable x, on se sert généralement de la lettre y ou du symbole $f(x)$, et l'on écrit, en prenant comme exemple le trinome précédent,

$$y = ax^2 + bx + c$$

ou
$$f(x) = ax^2 + bx + c.$$

Lorsqu'on fait varier d'une manière continue la variable indépendante d'une fonction, celle-ci varie aussi, et ses variations peuvent être de même sens que celles de la variable indépendante, ou de sens contraire. Quand la fonction va en augmentant, elle est dite *croissante* ; dans le cas contraire, elle est dite *décroissante*.

Il arrive parfois qu'une fonction, après avoir varié dans un sens, varie dans le sens contraire, c'est-à-dire qu'elle cesse de croître pour décroître, ou de décroître pour croître. On exprime le fait en disant qu'elle passe, dans le premier cas, par un *maximum* et dans le second, par un *minimum*. Comme exemple, rappelons que le trinome du second degré en x, lorsqu'on fait varier x d'une manière continue de $-\infty$ à $+\infty$, passe par un minimum ou un maximum suivant que le coefficient a du terme du second degré est positif ou négatif.

Un maximum (ou un minimum), dans les variations d'une fonction, n'est pas nécessairement la plus grande (ou la plus petite) des valeurs que puisse prendre cette fonction ; il représente une valeur plus grande (ou plus petite) que toutes les valeurs voisines.

Si cette valeur maxima (ou minima) est plus grande (ou plus petite) que toutes les valeurs possibles de la fonction, on a un maximum (ou un minimum) *absolu* ; dans le cas où cette condition n'est pas remplie, le maximum (ou le minimum) est *relatif*.

On dit qu'une fonction est *continue* dans l'intervalle de deux de ses valeurs lorsque pour passer de l'une à l'autre elle prend successivement toutes les valeurs qu'elles comprennent entre elles. La condition nécessaire et suffisante pour qu'une fonction soit continue est que la variation de cette fonction qui correspond à un accroissement suffisamment petit de la variable indépendante soit plus petite en valeur absolue que tout nombre positif donné, quelque petit qu'il soit. On a démontré (92) en s'appuyant sur cette proposition que le trinome du second degré est une fonction continue quel que soit l'intervalle de deux de ses valeurs que l'on considère.

Ces préliminaires posés, nous allons examiner comment on détermine, dans certaines questions, le maximum et le minimum des fonctions auxquelles ces questions conduisent.

Plusieurs méthodes sont employées pour cela.

227. Méthode directe. — La méthode la plus naturelle pour déterminer le maximum ou le minimum d'une fonction, et qu'on appelle pour cela méthode *directe*, consiste dans l'étude des variations de cette fonction, quand on fait passer la variable indépendante successivement par toutes les valeurs qu'elle est susceptible de prendre depuis la plus petite jusqu'à la plus grande.

C'est par cette méthode qu'on a étudié (92 et 104) les variations du trinome du second degré et du trinome bicarré.

Appliquons-la encore aux questions suivantes :

228. I. *Etudier les variations d'un produit de deux facteurs* *dont la somme est constante, pour en déterminer le maximum ou le minimum.*

Soient a la somme constante des deux facteurs et x l'un de ces facteurs; l'autre sera $a - x$ et leur produit, que nous représenterons par y, aura pour expression

$$y = x(a - x),$$

ou
$$y = -x^2 + ax.$$

La fonction à étudier est ici un trinome du second degré dont le terme constant est nul et dont le coefficient de x^2 est négatif.

On sait (92) que ce trinome, en y faisant croître x de $-\infty$ à $+\infty$, varie d'une manière continue en croissant d'abord de $-\infty$ à $\dfrac{a^2}{4}$ et en décroissant ensuite de $\dfrac{a^2}{4}$ à $-\infty$.

Il passe donc par un *maximum* $\dfrac{a^2}{4}$ pour la valeur $\dfrac{a}{2}$ de x. L'autre facteur $a - x$ du produit étudié est alors aussi égal à $\dfrac{a}{2}$.

La conclusion au point de vue du maximum ou du minimum de la fonction considérée est que : *le produit de deux facteurs variables dont la somme est constante passe par un maximum lorsque ces deux facteurs sont égaux.*

229. II. *Étudier les variations d'une somme de deux facteurs dont le produit est constant, pour en déterminer le maximum ou le minimum.*

Soient m le produit constant de deux facteurs et x l'un de ces facteurs ; l'autre sera $\dfrac{m}{x}$ et leur somme, que nous représenterons par y, aura pour expression

$$y = x + \dfrac{m}{x}.$$

Dans l'étude de cette fonction, qui est continue pour toutes les valeurs de x, deux cas se présentent, suivant que m est négatif ou positif.

1° *m est négatif.* Si l'on remplace dans la fonction le nombre m

par le nombre positif qui a même valeur absolue, m' représentant ce nombre, on a

$$y = x - \frac{m'}{x},$$

et sous cette forme il est facile de remarquer que pour deux valeurs quelconques égales mais de signes contraires, α et $-\alpha$ par exemple, attribuées à x, y prend deux valeurs égales et de signes contraires. On a bien, en effet,

$$\alpha - \frac{m'}{\alpha} = -\left(-\alpha + \frac{m'}{\alpha}\right)\cdot$$

De sorte que l'étude des variations de la fonction considérée peut être réduite à l'intervalle correspondant aux valeurs 0 et $+\infty$ de x.

Dans cet intervalle, on trouve que si l'on fait croître x de 0 à $+\infty$, chacune des deux parties dont se compose la fonction $y = x - \frac{m'}{x}$ va en croissant, la première de 0 à $+\infty$ et la seconde de $-\infty$ à 0; par conséquent la fonction croît dans cet intervalle de $-\infty$ à $+\infty$. Et d'après ce qui précède, on peut dire que si l'on fait croître x de $-\infty$ à 0, la fonction croît aussi de $-\infty$ à $+\infty$.

En somme, lorsque x croît de $-\infty$ à 0, la fonction croît de $-\infty$ à $+\infty$; lorsque x croît d'une quantité infiniment petite, la fonction passe brusquement de $+\infty$ à $-\infty$; enfin, lorsque x continue de croître jusqu'à $+\infty$, la fonction croît de $-\infty$ à $+\infty$. La fonction croît sans cesse et ne décroît pas : elle n'a donc ni maximum ni minimum. Elle passe deux fois par toutes les valeurs comprises entre $-\infty$ et $+\infty$. Si l'on veut avoir les valeurs de x pour lesquelles la fonction s'annule deux fois, il suffit d'égaler la fonction à zéro et de résoudre l'équation qui en résulte :

$$x - \frac{m'}{x} = 0.$$

On en tire $\qquad x = \pm\sqrt{m'}.$

En représentant par une courbe les variations de la fonction, on obtient la figure **14**, dans laquelle les branches de courbe

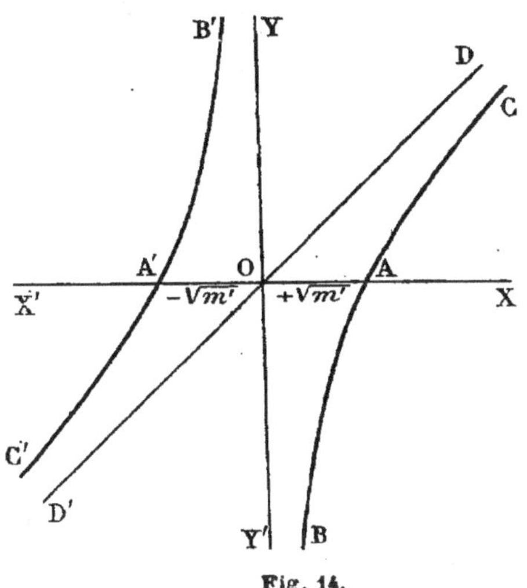

Fig. 14.

infinies AB et A'B' sont telles par rapport à l'axe des y que la distance de leurs points à cet axe diminue et tend vers zéro quand ces points s'éloignent indéfiniment sur ces branches de courbe. On dit qu'une branche de courbe et une droite qui satisfont à cette condition sont *asymptotes* l'une à l'autre.

En remarquant, d'autre part, que, x croissant indéfiniment dans la fonction $y = x - \dfrac{m'}{x}$, y et x tendent à prendre des valeurs égales, on déduit que la bissectrice DD' de l'angle YOX et de son opposé par le sommet est asymptote aux branches de courbe AC et A'C', car si la différence des ordonnées des points correspondants sur la courbe et sur la droite tend vers zéro, la distance des points de la courbe à la droite tend nécessairement aussi vers zéro. Cette courbe est une *hyperbole* (voir Géométrie).

Il résulte de tout ce qui précède que *la somme de deux facteurs variables dont le produit est constant n'a ni maximum ni minimum, lorsque ce produit est négatif.*

2° *m est positif.* Lorsque x croît de $-\infty$ à $+\infty$, les deux parties de la fonction $y = x + \dfrac{m}{x}$

varient en sens inverse ; la première croît en effet de $-\infty$ à $+\infty$ tandis que la seconde décroît de 0 à $-\infty$, puis de $+\infty$ à 0. On n'aperçoit donc pas immédiatement la nature des variations de la fonction. Mais si l'on élève au carré la somme $x + \dfrac{m}{x}$ pour écrire que le résultat $\left(x + \dfrac{m}{x}\right)^2$ est identiquement égal au carré de la différence $x - \dfrac{m}{x}$ augmenté du quadruple produit des deux termes x et $\dfrac{m}{x}$ ou $4m$, on aura

$$y = \sqrt{\left(x - \dfrac{m}{x}\right)^2 + 4m},$$

et sous cette forme l'étude des variations de la fonction devient facile.

Tout d'abord si l'on considère comme précédemment que la fonction

$$y = x + \dfrac{m}{x}$$

prend deux valeurs égales et de signes contraires pour deux valeurs quelconques égales et de signes contraires, α et $-\alpha$ par exemple, attribuées à x, il s'ensuit que l'étude des variations de la fonction, sous sa nouvelle forme, peut se limiter à l'intervalle correspondant aux valeurs 0 et $+\infty$ de x.

Remarquons, d'autre part, que pour toute valeur de x différente de $\sqrt{m}$, la quantité $\left(x - \dfrac{m}{x}\right)^2 + 4m$ placée sous le radical, est supérieure à $4m$, mais que pour $x = \sqrt{m}$ elle prend sa valeur minima $4m$. Cela dit, si l'on fait croître x de 0 à $\sqrt{m}$ puis de $\sqrt{m}$ à $+\infty$, la quantité $x - \dfrac{m}{x}$ croît de $-\infty$ à 0 puis de 0 à $+\infty$ et son carré $\left(x - \dfrac{m}{x}\right)^2$ décroît de $+\infty$ à 0 pour croître ensuite de 0 à ∞. Quant à la fonction $y = \sqrt{\left(x - \dfrac{m}{x}\right)^2 + 4m}$, qui varie toujours dans le même sens que $\left(x - \dfrac{m}{x}\right)^2$, si l'on y fait croître x de 0 à $\sqrt{m}$, puis de $\sqrt{m}$ à $+\infty$, elle décroît de $+\infty$ à $2\sqrt{m}$ pour croître ensuite de $2\sqrt{m}$ à $+\infty$. Elle passe donc par un minimum $2\sqrt{m}$ pour $x = \sqrt{m}$. A ce moment, l'autre facteur $\dfrac{m}{x}$ est aussi égal à $\sqrt{m}$.

On peut dire en outre, d'après les considérations du paragraphe précédent, que si l'on fait croître x de $-\infty$ à $-\sqrt{m}$ puis de $-\sqrt{m}$ à 0, la fonction y croît de $-\infty$ à $-2\sqrt{m}$ pour décroître ensuite de $-2\sqrt{m}$ à $-\infty$. Elle passe donc par un maximum $-2\sqrt{m}$ pour $x = -\sqrt{m}$. L'autre facteur $\dfrac{m}{x}$ est alors aussi égal à $-\sqrt{m}$.

Enfin, lorsque x passe par zéro, la fonction passe brusquement de $-\infty$ à $+\infty$.

Si l'on représente graphiquement les variations de la fonction, on obtient la courbe (*fig.* 15) qui présente un maximum

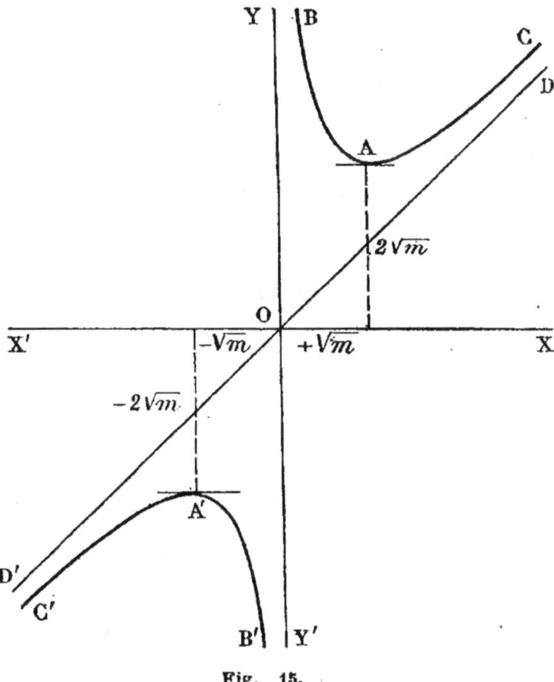

Fig. 15.

en A', un minimum en A, et dans laquelle les branches infinies AB et A'B' sont asymptotes à l'axe des y.

En remarquant, d'autre part, que, x croissant indéfiniment dans la fonction $y = x + \dfrac{m}{x}$, y et x tendent à prendre des valeurs égales, on déduit que la bissectrice DD' de l'angle YOX et de son opposé par le sommet est asymptote aux branches de courbe infinies AC et A'C'. Cette courbe est encore une *hyperbole*.

Il résulte de tout ce qui précède que *la somme de deux facteurs variables dont le produit est constant et positif passe : 1° par un maximum, lorsque les deux facteurs sont égaux et négatifs ; 2° par un minimum, lorsque les deux facteurs sont égaux et positifs.*

230. III. *Étudier les variations de la fonction*
$$y = \sqrt{-x^2 + 3x - 2}$$
pour en déterminer le maximum ou le minimum.

Le trinome placé sous le radical étant continu pour toutes les valeurs de x, il en est de même de la fonction.

Les racines du trinome sont réelles et égales à 1 et à 2. Il s'ensuit que ce trinome n'est positif et par suite que y n'est réel que pour les valeurs de x comprises entre 1 et 2. Ici l'étude des variations de la fonction proposée est donc limitée à l'intervalle que déterminent les valeurs 1 et 2 de x.

Si l'on fait croître x de 1 à $\dfrac{3}{2}$ qui représente la demi-somme des racines, et de $\dfrac{3}{2}$ à 2, le trinome croît de 0 à $\dfrac{1}{4}$ pour décroître ensuite de $\dfrac{1}{4}$ à 0.

Il s'ensuit que dans ce même intervalle la fonction y croît de 0 à $\sqrt{\dfrac{1}{4}}$ ou $\dfrac{1}{2}$, pour décroître ensuite de $\dfrac{1}{2}$ à 0.

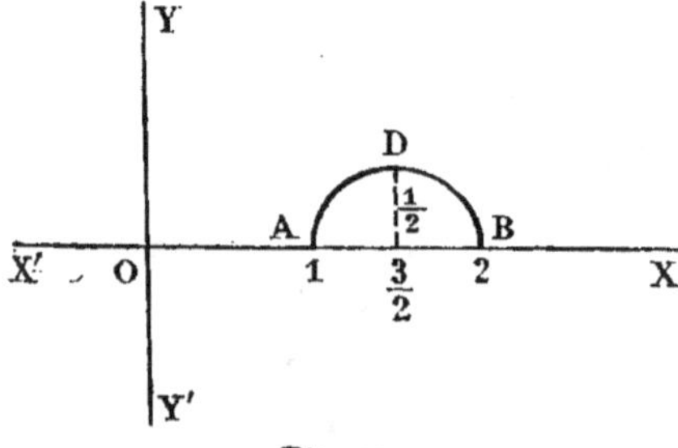

Fig. 16.

La représentation graphique de ces variations donne la courbe ADB (*fig.* 16), qui présente un maximum en D. Cette courbe est un *demi-cercle.*

Il résulte de cette discussion que *la fonction*

étudiée passe par un maximum pour une valeur de x égale à la demi-somme des deux racines du trinome placé sous le radical.

Remarque. — Les variations de la fonction

$$y = -\sqrt{-x^2 + 3x - 2}$$

seraient représentées par une courbe symétrique de la précédente qui présenterait un minimum pour la même valeur de $x = \dfrac{3}{2}$.

234. IV. *Etudier les variations de la fonction*

$$y = \frac{1}{2x^2 - 3x - 5}$$

pour en déterminer le maximum ou le minimum.

Le dénominateur de la fonction s'annule pour les valeurs de x égales à $\dfrac{5}{2}$ et à -1; de plus il passe, dans ses variations, par un minimum $-\dfrac{49}{8}$ pour la valeur de x égale à la demi-somme $\dfrac{\dfrac{5}{2} - 1}{2}$, ou $\dfrac{3}{4}$, des valeurs qui l'annulent.

Cela posé, on range par ordre de grandeur croissante les trois valeurs remarquables de x, $\dfrac{5}{2}$, -1 et $\dfrac{3}{4}$, en y ajoutant les valeurs $-\infty$ et $+\infty$, et l'on a la série de nombres

$$-\infty, \quad -1, \quad \frac{3}{4}, \quad \frac{5}{2}, \quad +\infty.$$

On fait ensuite croître x de $-\infty$ à $+\infty$ en s'arrêtant successivement sur chacune de ses valeurs particulières pour déterminer, au moyen de la fonction mise sous la forme

$$y = \frac{1}{2(x+1)\left(x - \dfrac{5}{2}\right)},$$

et les valeurs correspondantes de y et le sens de ses variations dans les intervalles formés par ces valeurs.

Le tableau qui suit, dans lequel D représente le dénominateur de la fonction, résume la discussion et les résultats obtenus.

x	D	y
$-\infty$	$+\infty$	0
	décroît	croît
-1	0	$\dfrac{+\infty}{-\infty}$
	décroît	croît
$\dfrac{3}{4}$	$-\dfrac{49}{8}$	$-\dfrac{8}{49}$ (maximum)
	croît	décroît
$\dfrac{5}{2}$	0	$\dfrac{-\infty}{+\infty}$
	croît	décroît
$+\infty$	$+\infty$	0

En représentant graphiquement ces variations, on obtient la courbe *(fig. 17)*, symétrique par rapport à la droite BC menée

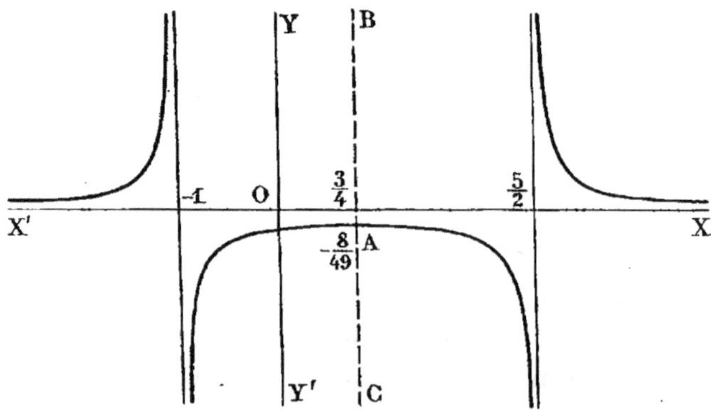

Fig. 17.

parallèlement à l'axe des y par le point A où cette courbe présente un maximum; deux de ses branches infinies sont asymptotes à l'axe des x et les quatre autres sont asymptotes deux à deux aux droites parallèles à l'axe des y menées par les points $x_1 = -1$ et $x_2 = +\dfrac{5}{2}$.

Il résulte de tout ce qui précède que *la fonction étudiée passe par un maximum pour une valeur de x égale à la demi-somme des deux racines du trinome qui forme son dénominateur.*

232. Méthode indirecte. — Les fonctions auxquelles la méthode directe est applicable sont bien peu nombreuses ; aussi a-t-on recours parfois, surtout lorsque la question ne comporte exclusivement que la recherche d'un maximum ou d'un minimum, à une autre méthode dite *indirecte*, qui peut se résumer ainsi qu'il suit. On égale comme précédemment la fonction à la lettre y que l'on considère comme représentant une valeur déterminée ; on résout par rapport à x l'équation qui en résulte ; on discute la solution et l'on cherche les limites entre lesquelles doit être comprise la valeur y pour que x ait des valeurs acceptables : on trouve dans ces limites les maxima ou les minima de la fonction étudiée.

Nous allons appliquer cette méthode à quelques questions.

233. I. *Déterminer le maximum ou le minimum d'un produit de deux facteurs dont la somme est constante.*

Si a représente la somme constante et x l'un des deux facteurs, le produit a pour expression $x(a-x)$; en l'égalant à la valeur y, on a $\qquad y = x(a-x)$.

Cette équation en x se met sous la forme

$$(1) \qquad\qquad x^2 - ax + y = 0.$$

Pour que les racines de cette équation soient réelles, il faut et il suffit que l'on ait $a^2 - 4y \geqslant 0$, d'où il vient

$$y \leqslant \frac{a^2}{4}.$$

y a donc une valeur maxima $\dfrac{a^2}{4}$, mais n'a pas de minimum, et lorsque y atteint cette valeur $\dfrac{a^2}{4}$, l'équation (1) donne

$x = \dfrac{a}{2}$, et l'on a aussi $a - x = \dfrac{a}{2}$; c'est-à-dire que *le produit de deux facteurs dont la somme est constante n'a pas de minimum, mais il prend une valeur maxima lorsque les deux facteurs sont égaux.*

C'est ce que nous avons trouvé par la méthode précédente.

234. II. *Déterminer le maximum ou le minimum de la somme de deux facteurs dont le produit est constant.*

Si m représente le produit constant et x l'un des deux facteurs, la somme a pour expression $x + \dfrac{m}{x}$; en l'égalant à la valeur y, on a

$$y = x + \frac{m}{x}.$$

Cette équation en x, par l'évanouissement du dénominateur et la transposition de tous les termes dans un même membre, donne

(1) $x^2 - yx + m = 0.$

Pour que les racines de cette équation soient réelles, il faut et il suffit que l'on ait $y^2 - 4m \geqslant 0$.

Deux cas se présentent selon que m est négatif ou positif.

1° Si m est négatif, cette dernière relation est toujours satisfaite et y n'a ni maximum ni minimum.

2° Si m est positif, la relation précédente peut s'écrire

$$(y + 2\sqrt{m})(y - 2\sqrt{m}) \geqslant 0,$$

et sous cette forme on voit qu'elle ne peut être satisfaite que si l'on a

$$y \leqslant -2\sqrt{m}$$

ou $y \geqslant +2\sqrt{m}.$

y a donc : 1° un maximum, $-2\sqrt{m}$, pour lequel l'équation (1) donne $-\sqrt{m}$ comme valeur correspondante de x; 2° un minimum, $+2\sqrt{m}$, qui correspond à $x = +\sqrt{m}$; dans les deux cas les deux facteurs x et $\dfrac{m}{x}$ deviennent égaux.

En résumé, *la somme de deux facteurs dont le produit est constant n'a ni maximum ni minimum si ce produit est négatif; elle a un maximum et un minimum si ce produit est positif : le maximum correspond au cas de deux facteurs égaux et négatifs et le minimum au cas de deux facteurs égaux et positifs.*

C'est le résultat auquel nous avons été précédemment amené.

235. III. *Déterminer les maxima et les minima de la fraction*

$$\frac{x^2 - 2x + 1}{2x^2 + 2x + 1}.$$

Écrivons que cette fraction est égale à la valeur y :

$$y = \frac{x^2 - 2x + 1}{2x^2 + 2x + 1},$$

et mettons l'équation du second degré en x qui en résulte sous la forme entière :

$$(1) \qquad (2y - 1)x^2 + 2(y + 1)x + (y - 1) = 0.$$

Pour que cette équation ait ses racines réelles, il faut et il suffit que l'on ait

$$(y + 1)^2 - (2y - 1)(y - 1) \geqslant 0.$$

Ce qui revient à $\qquad -y^2 + 5y \geqslant 0,$

ou, en changeant les signes et mettant y en facteur commun,

$$y(y - 5) \leqslant 0.$$

Or cette inégalité du second degré, dont le premier membre s'annule pour les deux valeurs $y = 0$ et $y = 5$, ne peut être satisfaite que pour les valeurs de y comprises entre 0 et 5. Il s'ensuit que 0 est un minimum de y, que 5 est un maximum et qu'il y a, d'après l'équation (1), deux valeurs réelles et distinctes de x pour lesquelles y prend toute valeur comprise entre 0 et 5. Mais pour chacune de ces deux dernières valeurs de y, celles de x deviennent égales. On les calcule en remplaçant y successivement par ses deux valeurs 0 et 5 dans l'expression

$$x = -\frac{y + 1}{2y - 1}$$

que donne l'équation (1) quand y atteint son maximum ou son minimum, c'est-à-dire lorsque le discriminant de l'équation s'annule.

On obtient $\qquad x' = 1$ et $x'' = -\dfrac{2}{3}.$

Ainsi *la fraction donnée prend une valeur maxima égale à 5 pour* $x = -\dfrac{2}{3}$ *et une valeur minima égale à 0 pour* $x = 1$.

Etude des variations. — Cette détermination faite, on peut étudier les variations de cette fraction lorsqu'on fait croître x de $-\infty$ à $+\infty$.

Pour cela, on cherche d'abord les racines des deux trinomes qui forment les deux termes de cette fraction. Le numérateur a ses deux racines égales à 1 et le dénominateur n'admet pas de racines réelles. Il est à remarquer ici que le nombre 1, qui est une racine double du numérateur de la fraction, est en même temps la valeur de x pour laquelle cette fraction atteint son minimum. De sorte que les valeurs remarquables de x se réduisent à deux, $-\dfrac{2}{3}$ et 1. Si on les range par ordre de grandeur croissante en y ajoutant les valeurs $-\infty$ et $+\infty$, on a la série de nombres

$$-\infty, \qquad -\frac{2}{3}, \qquad 1, \qquad +\infty,$$

qui sert à trouver, au moyen de la fraction donnée mise sous la forme

$$y = \frac{(x-1)^2}{2x^2 + 2x + 1},$$

et en suivant la même marche que dans le problème IV (231), les valeurs correspondantes de y, en même temps que le sens de sa variation dans chacun des intervalles déterminés par ces valeurs, lorsqu'on fait croître x de $-\infty$ à $+\infty$,

Le tableau suivant résume la discussion

x	y
$-\infty$	$\dfrac{1}{2}$
	croît
$-\dfrac{2}{3}$	5 (maximum)
	décroît
$+1$	0 (minimum)
	croît
$+\infty$	$\dfrac{1}{2}$

Les valeurs de y pour $x = \pm\infty$ s'obtiennent par le procédé déjà employé (194) pour calculer la vraie valeur d'une fraction lorsqu'elle se présenté sous la forme $\dfrac{\infty}{\infty}$ pour une certaine valeur attribuée à l'une de ses lettres. Ici, en divisant le numérateur et le dénominateur de la fraction par x^2 nous obtenons

$$y = \frac{\left(1 - \dfrac{1}{x}\right)^2}{2 + \dfrac{2}{x} + 1}$$

et en faisant $x = \pm\infty$, il vient $y = \dfrac{1}{2}$.

La représentation graphique de ces variations donne la courbe (*fig.* 18) tout entière comprise entre son maximum en

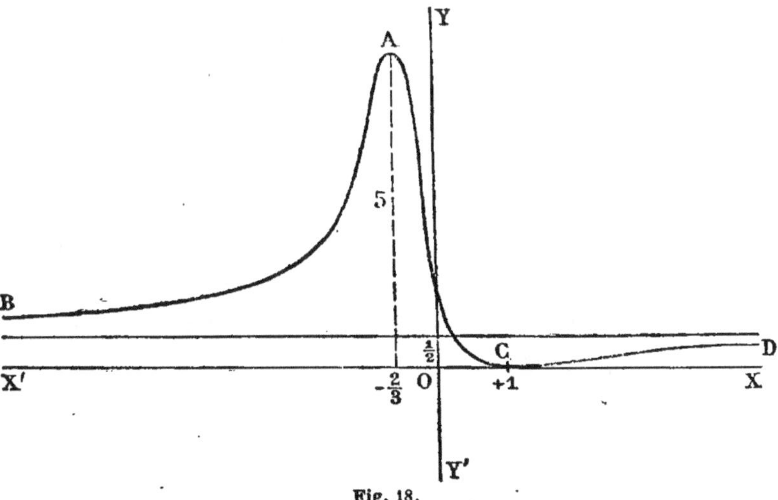

Fig. 18.

A et son minimum en C, et dont les branches infinies AB et CD sont respectivement asymptotes au-dessus et au-dessous à la parallèle menée à l'axe des x à une distance $y = +\dfrac{1}{2}$.

236. **IV.** *Déterminer les maxima et les minima de la fraction*

$$\frac{x^2 - 4x + 4}{x^2 - 5x + 4}.$$

Cette fraction, égalée à y, donne l'équation du second degré en x

$$(1) \qquad y = \frac{x^2 - 4x + 4}{x^2 - 5x + 4},$$

qui, mise sous la forme entière, s'écrit

$$(2) \qquad (y-1)x^2 - (5y-4)x + 4(y-1) = 0.$$

Pour que cette équation ait ses racines réelles, il faut et il suffit que l'on ait $\quad (5y-4)^2 - 16(y-1)^2 \geqslant 0,$
ce qui revient à $\quad y(9y-8) \geqslant 0.$

Cette inégalité du second degré, dont le premier membre s'annule pour les deux valeurs $y = 0$ et $y = \dfrac{8}{9}$, ne peut être satisfaite que pour les valeurs de y inférieures à 0 ou supérieures à $\dfrac{8}{9}$. Il s'ensuit que 0 est un maximum, que $\dfrac{8}{9}$ est un minimum, et qu'il y a, d'après l'équation (2), deux valeurs réelles et distinctes de x pour lesquelles y prend toute valeur inférieure à 0 ou supérieure à $\dfrac{8}{9}$. Mais pour chacune de ces deux dernières valeurs de y, celles de x deviennent égales. On les calcule en remplaçant y successivement par ces deux valeurs 0 et $\dfrac{8}{9}$ dans l'expression

$$x = \frac{5y - 4}{2(y-1)}$$

que donne l'équation (2) quand y atteint son minimum ou son maximum, c'est-à-dire lorsque le discriminant de l'équation s'annule.

On obtient $\quad x' = 2 \quad$ et $\quad x'' = -2.$

Ainsi *la fraction donnée prend une valeur minima égale* à $\dfrac{8}{9}$ *pour* $x = -2$ *et une valeur maxima égale à* 0 *pour* $x = 2.$

Étude des variations. — Comme dans la question précédente, on peut avec ces résultats étudier les variations de cette fraction lorsqu'on fait croître x de $-\infty$ à $+\infty$.

Pour cela, on procède de la même manière, c'est-à-dire qu'on cherche les valeurs de x qui annulent le numérateur et le dénominateur de cette fraction.

Ces valeurs sont, pour le trinome numérateur, la racine double $+2$ et pour le trinome dénominateur les racines $+4$ et $+1$.

Si l'on range maintenant par ordre de grandeur croissante les quatre valeurs remarquables de x trouvées, en y ajoutant les valeurs $-\infty$ et $+\infty$, on a la série de nombres

$$-\infty, \quad -2, \quad 1, \quad 2, \quad 4, \quad +\infty,$$

qui sert à déterminer, au moyen de la fonction (1) mise sous la forme

$$y = \frac{(x-2)^2}{(x-1)(x-4)},$$

et les valeurs correspondantes de y, et le sens de sa variation dans chacun des intervalles limités par ces valeurs, lorsque x croît de $-\infty$ à $+\infty$.

Le tableau suivant résume la discussion :

x	y
$-\infty$	$+1$
	décroît
-2	$+\dfrac{8}{9}$ (minimum)
	croît
$+1$	$\dfrac{+\infty}{-\infty}$
	croît
$+2$	0 (maximum)
	décroît
$+4$	$\dfrac{-\infty}{+\infty}$
	décroît
$+\infty$	$+1$

En représentant graphiquement ces variations, on obtient la courbe (*fig. 19*) située partie au-dessus de sa valeur minima en A et partie au-dessous de sa valeur maxima en B. Deux

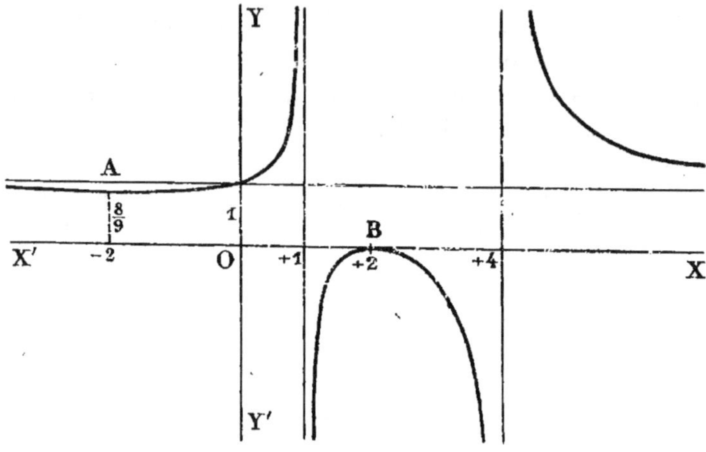

Fig. 19.

de ses branches infinies sont asymptotes à la droite menée parallèlement à l'axe des x à une distance $y = +1$, et les quatre autres sont asymptotes deux à deux aux parallèles menées à l'axe des y à des distances $x_1 = +1$ et $x_2 = +4$.

237. V. *Déterminer les maxima et les minima de la fraction*

$$\frac{x^2 - x + 3}{x^2 - 2x + 1}.$$

Cette fraction égalée à y donne l'équation du second degré en x

$$(1) \qquad y = \frac{x^2 - x + 3}{x^2 - 2x + 1},$$

qui, mise sous la forme entière, s'écrit

$$(2) \qquad (y - 1)x^2 - (2y - 1)x + (y - 3) = 0.$$

Pour que cette équation ait ses racines réelles, il faut et il suffit que l'on ait

$$(2y - 1)^2 - 4(y - 1)(y - 3) \geqslant 0,$$

ce qui revient à

$$y - \frac{11}{12} \geqslant 0.$$

Cette inégalité du premier degré, dont le premier membre s'annule pour la valeur $y = \frac{11}{12}$, ne peut être satisfaite que pour les valeurs de y supérieures à $\frac{11}{12}$. Il s'ensuit que $\frac{11}{12}$ est un minimum et qu'il y a, d'après l'équation (2), deux valeurs réelles et distinctes de x pour lesquelles y prend toute valeur supérieure à $\frac{11}{12}$. Mais pour cette dernière valeur de y, celles de x deviennent égales. On calcule cette valeur commune en remplaçant y par sa valeur $\frac{11}{12}$ dans l'expression

$$x = \frac{2y - 1}{2(y - 1)}$$

que donne l'équation (2) quand y atteint son minimum, c'est-à-dire lorsque le discriminant de l'équation s'annule.

On obtient

$$x = -5.$$

Ainsi *la fraction donnée prend une valeur minima égale à* $\frac{11}{12}$ *pour* $x = -5,$ *mais elle n'a pas de maximum.*

Etude des variations. — Il n'y a pas de valeur de x qui rende nul le numérateur de la fraction, mais le dénominateur s'annule pour la racine double $+1$ de ce trinome.

Si l'on range par ordre de grandeur croissante les deux valeurs remarquables de x trouvées, en y joignant les valeurs $-\infty$ et $+\infty$, on a la série de nombres

$$-\infty, \quad -5, \quad +1, \quad +\infty$$

qui sert à déterminer, au moyen de la fonction (1) mise sous la forme

$$y = \frac{x^2 - x + 3}{(x - 1)^2},$$

et les valeurs correspondantes de y, et le sens de sa variation dans chacun des intervalles limités par ces valeurs, lorsque x croît de $-\infty$ à $+\infty$.

Le tableau suivant résume la discussion :

x	y
$-\infty$	$+1$
	décroît
-5	$+\dfrac{11}{12}$ (minimum)
	croît
$+1$	$+\infty$
	décroît
$+\infty$	$+1$

La représentation graphique de ces variations donne la courbe (*fig.* 20) située tout entière au-dessus de son minimum

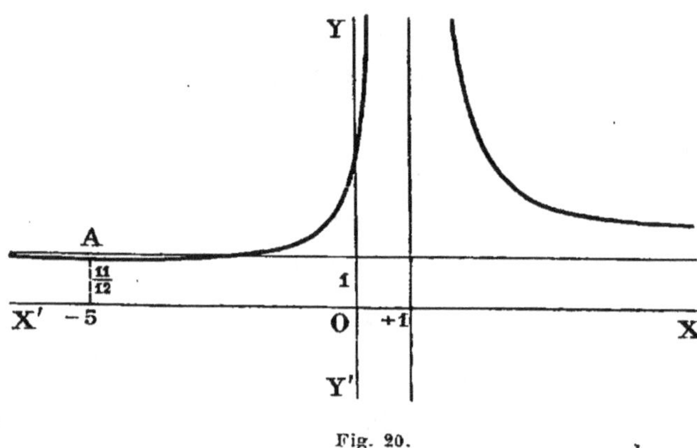

Fig. 20.

en A et dont les quatre branches infinies sont asymptotes, deux à la parallèle menée à l'axe des x à une distance $y = +1$ et deux à la parallèle menée à l'axe des y à une distance $x = +1$.

238. VI. *Déterminer les maxima et les minima de la fraction*

$$\frac{2x^2 - x - 3}{x^2 + x - 2}.$$

En égalant cette fraction à y, on obtient l'équation du second degré en x

$$(1) \qquad y = \frac{2x^2 - x - 3}{x^2 + x - 2},$$

qui, mise sous la forme entière, s'écrit

$$(2) \qquad (y - 2)x^2 + (y + 1)x - (2y - 3) = 0.$$

Pour que cette équation ait ses racines réelles, il faut et il suffit que l'on ait

$$(y + 1)^2 + 4(y - 2)(2y - 3) \geqslant 0,$$

ce qui revient à

$$9y^2 - 26y + 25 \geqslant 0.$$

Or, quel que soit y, cette condition est toujours remplie, car les racines du trinome qui en forme le premier membre sont imaginaires, et, par suite, ce trinome est positif pour toutes les valeurs de y. Il en résulte que *la fraction donnée n'a ni maximum ni minimum.*

Étude des variations. — Les valeurs de x qui annulent le numérateur de la fraction sont -1 et $+\frac{3}{2}$, et celles qui annulent le dénominateur, -2 et $+1$.

Si l'on range par ordre de grandeur croissante ces quatre valeurs remarquables de x en y ajoutant les valeurs $-\infty$ et $+\infty$, on a la série de nombres

$$-\infty, \quad -2, \quad -1, \quad 1, \quad \frac{3}{2}, \quad +\infty,$$

qui sert à trouver, au moyen de la fonction (1) mise sous la forme

$$y = \frac{(x + 1)(2x - 3)}{(x + 2)(x - 1)},$$

et les valeurs correspondantes de y, et le sens de sa variation dans chacun des intervalles déterminés par ces valeurs, lorsque x croît de $-\infty$ à $+\infty$.

Le tableau suivant résume la question :

x	y
$-\infty$	$+2$
	croît
-2	$+\infty$
	$-\infty$
	croît
-1	0
	croît
$+1$	$+\infty$
	$-\infty$
	croît
$+\dfrac{3}{2}$	0
	croît
$+\infty$	$+2$

La représentation graphique de ces variations donne la courbe (*fig.* 21) dont quatre branches infinies sont asymptotes

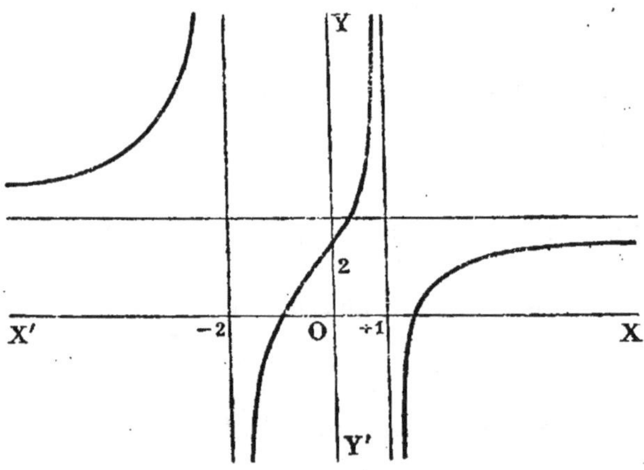

Fig. 21.

deux à deux aux parallèles menées à l'axe des y à des distances $x_1 = -2$ et $x_2 = +1$, et les deux autres asymptotes à la parallèle menée à l'axe des x à une distance $y = +2$.

239. Théorèmes généraux sur les maxima et les minima. — En dehors des deux méthodes précédentes, l'Algèbre élémentaire se sert des théorèmes suivants pour résoudre un très grand nombre de questions, avec cet avantage particulier que les fonctions auxquelles conduisent ces questions peuvent dépendre de plusieurs variables.

I. *Lorsque la somme de plusieurs nombres positifs variables est constante, le produit de ces nombres est maximum quand ils sont égaux, s'ils peuvent le devenir.*

II. *Lorsque la somme de plusieurs nombres positifs variables est constante, le produit de puissances positives de ces nombres est maximum quand ces nombres sont proportionnels à leurs exposants, s'ils peuvent le devenir.*

III. *Lorsque le produit de plusieurs nombres positifs variables est constant, la somme de ces nombres est minima quand ils sont égaux, s'ils peuvent le devenir.*

IV. *Lorsque le produit de plusieurs puissances positives de nombres positifs variables est constant, la somme de ces nombres est minima quand ils sont proportionnels à leurs exposants, s'ils peuvent le devenir.*

Ces théorèmes énoncés, passons à l'étude de quelques questions.

240. I. *Quelle est la valeur de x qui rend maximum le produit $(4x - a)(b - 3x)$?*

La somme des deux facteurs du produit donné n'est pas constante ; mais si l'on multiplie ces deux facteurs respectivement par deux nombres choisis de façon que les coefficients de x deviennent égaux, cette somme deviendra constante. Les multiplicateurs entiers les plus petits sont ici, 3 pour le premier facteur et 4 pour le second. En effectuant les multiplications, le produit prend la forme

$$(1) \qquad (12x - 3a)(4b - 12x),$$

ce qui revient à

$$(2) \qquad 12(4x - a)(b - 3x).$$

Et comme il est évident que le maximum de ce dernier produit correspond au maximum du produit de ses deux facteurs variables, chercher le maximum du produit proposé revient à chercher celui du produit (2) ou du produit (1) qui lui est égal.

Or celui-ci a ses deux facteurs dont la somme

$$(12x - 3a) + (4b - 12x)$$

est constante et égale à $4b - 3a$.

D'après le théorème I (239), le produit (1) et par suite le produit donné sera maximum si l'on a

$$12x - 3a = 4b - 12x,$$

d'où
$$x = \frac{4b + 3a}{24}.$$

241. II. *Trouver les valeurs de x et de y qui rendent maximum leur produit xy, sachant que ces deux variables sont liées entre elles par la relation*

$$\frac{x}{m} + \frac{y}{n} = 1.$$

m et n étant des constantes, il est évident que le maximum de xy correspond à celui de $\dfrac{xy}{mn}$, que l'on peut écrire $\dfrac{x}{m} \cdot \dfrac{y}{n}$. Or la relation ci-dessus indique que les deux facteurs de ce dernier produit ont une somme constante. Il s'ensuit, d'après le théorème I (239), que le produit $\dfrac{x}{m} \cdot \dfrac{y}{n}$ est maximum si l'on a

$$\frac{x}{m} = \frac{y}{n},$$

ce qui est possible.

En remplaçant dans la relation donnée $\dfrac{y}{n}$ par sa valeur égale $\dfrac{x}{m}$, on obtient

$$x = \frac{m}{2},$$

d'où
$$y = \frac{n}{2}.$$

Ce sont là les deux valeurs cherchées de x et de y.

Le maximum de xy a pour expression $\dfrac{mn}{4}$.

Remarque. — En Géométrie, on peut ramener à cette question le problème suivant : *De tous les rectangles inscriptibles dans un triangle donné, quel est celui dont l'aire est maxima?*

242. III. *Partager le nombre 48 en trois parties telles que le produit de la première par le carré de la seconde et par le cube de la troisième soit maximum.*

Si x, y et z représentent les trois parties du nombre 48, on a

$$x + y + z = 48,$$

et le produit dont il s'agit de trouver le maximum a pour expression

$$xy^2z^3.$$

D'après le théorème II (239), ce produit sera maximum si l'on a

$$\frac{x}{1} = \frac{y}{2} = \frac{z}{3}.$$

Ces conditions sont compatibles ; elles donnent

$$\frac{x}{1} = \frac{y}{2} = \frac{z}{3} = \frac{x+y+z}{1+2+3} = \frac{48}{6} = 8,$$

d'où l'on tire

$$x = 8, \qquad y = 16, \qquad z = 24.$$

Les trois parties du nombre donné pour que le produit xy^2z^3 soit maximum sont donc 8, 16 et 24 ; et ce produit est 3072.

243. IV. *Trouver les valeurs de x et de y qui rendent maximum le produit x^2y, sachant que ces deux variables sont liées entre elles par la relation*

$$x^2 + y^2 = a^2.$$

Le maximum de x^2y correspond évidemment au maximum de son carré x^4y^2, que l'on peut écrire

$$(x^2)^2 y^2,$$

et qui exprime sous cette forme le produit de deux facteurs respectivement égaux au carré et à la première puissance des deux nombres x^2 et y^2 dont la somme est constante, ainsi que l'indique la relation ci-dessus. Il en résulte, d'après le théorème II (239), que le produit $(x^2)^2y^2$ est un maximum si l'on a

$$\frac{x^2}{2} = \frac{y^2}{1},$$

c'est-à-dire $\qquad\qquad x^2 = 2y^2,$

ce qui est possible.

En substituant à x^2 sa valeur $2y^2$ dans la relation

$$x^2 + y^2 = a^2,$$

on obtient

$$y^2 = \frac{a^2}{3} \qquad \text{et} \qquad y = \frac{a\sqrt{3}}{3},$$

d'où $\qquad\qquad x = \frac{a\sqrt{6}}{3}.$

Ces deux valeurs de x et de y qui rendent maximum le produit x^4y^2 rendent aussi maximum, comme nous l'avons dit, le produit x^2y.

Ce produit maximum a pour expression $\dfrac{2a^3\sqrt{3}}{9}.$

Remarque. — On peut ramener à cette question les deux problèmes de Géométrie suivants :

1° *De tous les cylindres inscrits dans une sphère de rayon donné, quel est celui dont le volume est maximum ?*

2° *De tous les cônes qui ont leur sommet au centre d'une sphère de rayon donné et pour base un cercle quelconque de cette sphère, quel est celui dont le volume est maximum ?*

244. V. *Quelles sont les valeurs de x, y et z qui rendent minima la somme* $xy + yz + zx$, *sachant que ces trois variables sont liées entre elles par la relation*

$$xyz = a^3 \ ?$$

En élevant au carré les deux membres de cette relation on obtient la suivante :

$$x^2y^2z^2 = a^6,$$

qu'on peut écrire

$$(xy)(yz)(zx) = a^6,$$

et qui exprime, sous cette forme, que le produit des trois nombres xy, yz et zx est constant. Il s'ensuit, d'après le théorème III (239), que la somme de ces trois nombres

$$xy + yz + zx$$

est minima si l'on a

$$xy = yz = zx,$$

ce qui est possible et d'où l'on tire

$$x = y = z.$$

En rapprochant ces relations de celle que contient l'énoncé du problème,

$$xyz = a^3,$$

on obtient $\qquad x = y = z = a.$

C'est cette valeur a commune à chacune des inconnues x, y et z, qui rend minima la somme de $\;xy + yz + zx,\;$ et cette valeur minima a pour expression $3a^2$.

Remarque. — On ramène à cette question le problème géométrique suivant :

De tous les parallélépipèdes rectangles de même volume, quel est celui dont l'aire totale est minima ?

245. VI. *Trouver les valeurs de x et de y qui rendent minima la somme $\;x^2 + xy,\;$ suchant que ces deux variables sont liées entre elles par la relation*

$$x^2 y = a^3.$$

Si l'on élève au carré les deux membres de cette relation, on a la suivante :

$$x^4 y^2 = a^6,$$

qui peut s'écrire

$$(x^2)(xy)^2 = a^6,$$

et qui exprime, sous cette forme, que le produit de la première partie de la somme $\;x^2 + xy\;$ par le carré de la seconde est constant. Il s'ensuit, d'après le théorème IV (239), que cette somme est minima si l'on peut avoir

$$\frac{x^2}{1} = \frac{xy}{2},$$

c'est-à-dire $\qquad y = 2x,$

ce qui est possible.

En portant cette valeur de y dans la relation

$$x^2 y = a^3,$$

on obtient

$$x = \frac{a}{\sqrt[3]{2}} = \frac{a\sqrt[3]{2^2}}{2},$$

d'où

$$y = a \sqrt[3]{2^2}.$$

Ce sont là les valeurs demandées de x et de y.

Le minimum de $x^2 + xy$ a pour expression

$$\frac{3a^2 \sqrt[3]{2}}{2}.$$

REMARQUE. — En Géométrie, on peut ramener à cette question le problème suivant :

De tous les cylindres de même volume, quel est celui dont l'aire totale est minima?

§ VII. — Progressions.

246. I. *Trouver le premier terme et la raison d'une progression arithmétique sachant que la somme des n premiers termes de cette progression est, pour toutes les valeurs de n, égale à* $n(3n + 1)$.

Soient a le premier terme et r la raison de cette progression, qu'on peut dès lors écrire

$$\div a.(a + r).(a + 2r)\ldots[a + (n - 1)r]\ldots$$

Si l'on ne prend que le premier terme a de cette progression, l'expression $n(3n + 1)$, dans laquelle on fera $n = 1$, donnera la somme correspondante, et l'on aura

$$a = 3 + 1 = 4.$$

Si l'on prend les deux premiers termes, a et $(a + r)$, la somme aura pour expression

$$a + (a + r) = 2(3.2 + 1),$$

ou

$$2a + r = 14.$$

En remplaçant, dans cette dernière équation, a par sa valeur 4 déjà trouvée, on obtiendra

$$r = 6.$$

Ainsi, 4 est le premier terme de la progression considérée et 6 en est la raison. Cette progression est la suivante :

$$\div 4.10.16.22\ldots$$

Pour montrer que l'expression $n(3n+1)$ donne toujours la somme des n premiers termes, quel que soit n, exprimons la somme des n premiers termes. Le n^e terme étant $4+(n-1)6$, cette somme est égale à

$$\frac{n[2\times 4+(n-1)6]}{2},$$

et en simplifiant ce résultat on reproduit l'expression $n(3n+1)$.

247. II. *Deux mobiles* M *et* M′ *partent en même temps de deux points* A *et* B, *distants de* 76ᵐ, *et marchent sur la droite* AB *dans le même sens,* M′ *poursuivant* M. *Le premier parcourt* 1ᵐ *dans la première minute,* 2ᵐ *dans la deuxième,* 3ᵐ *dans la troisième, et ainsi de suite, de sorte que la vitesse croisse en progression arithmétique. Le second parcourt* 3ᵐ *dans la première minute,* 4ᵐ *dans la seconde,* 5ᵐ *dans la troisième, et ainsi de suite. Après combien de minutes le mobile* M′ *atteindra-t-il le mobile* M ?

Soit n le nombre de minutes que mettra le mobile M′ pour atteindre le mobile M. Le chemin qu'aura parcouru le mobile M sera exprimé par la somme des termes de la progression arithmétique limitée

$$\div 1.2.3\ldots n,$$

et celui qu'aura parcouru le mobile M′ le sera par la somme des termes de la progression arithmétique limitée

$$\div 3.4.5\ldots[3+(n-1)].$$

Or la première somme a pour expression

$$\frac{n(1+n)}{2},$$

et la seconde,

$$\frac{n[3\times 2+(n-1)]}{2};$$

d'où l'équation du problème :

$$\frac{n[3 \times 2 + (n-1)]}{2} = \frac{n(1+n)}{2} + 76,$$

qui donne $$n = 38.$$

248. III. *Calculer le premier terme d'une progression arithmétique et le nombre de ses termes, sachant que la raison est égale à 2, la somme des termes égale à 72 et le dernier terme égal à 21.*

En appliquant à ces données les deux formules connues

$$l = a + (n-1)r,$$

$$S = \frac{n(a+l)}{2},$$

on aura le système suivant de deux équations du second degré à deux inconnues a et n :

$$21 = a + 2(n-1),$$

$$72 = \frac{n(a+21)}{2}.$$

De la première de ces équations on tire

$$(1) \qquad a = 23 - 2n ;$$

en introduisant cette expression de a dans la seconde équation, on obtient, après simplification, la suivante :

$$n^2 - 22n + 72 = 0,$$

qui donne $$n = 11 \pm 7,$$

d'où $$n' = 4$$

et $$n'' = 18.$$

Les valeurs correspondantes de a tirées de (1) sont

$$a' = 15$$

et $$a'' = -13.$$

Le problème admet donc deux solutions, c'est-à-dire qu'il y a deux progressions arithmétiques qui répondent à la question: l'une qui a 4 termes et dont le premier est 15, l'autre qui a 18 termes et dont le premier terme est — 13.

249. IV. *Dans la suite des nombres impairs 1, 3, 5, 7,... on forme des groupes de manière que le premier groupe contienne*

*le premier nombre, le deuxième groupe les deux nombres suivants,
le troisième groupe les trois nombres suivants, et ainsi de suite.
On demande d'exprimer la somme des nombres de chacun des
groupes successifs.*

Si l'on effectue ces sommes, on obtient successivement

pour la première, 1 ;
pour la deuxième, $3+5$ ou 8 ;
pour la troisième, $7+9+11$ ou 27 ;
pour la quatrième, $13+15+17+19$ ou 64 ; etc.

Or ces nombres 1, 8, 27, 64,... forment la suite naturelle
des cubes des nombres entiers 1^3, 2^3, 3^3, 4^3, etc.

Pour démontrer que cette loi de formation est générale,
c'est-à-dire que la somme des nombres d'un groupe quelconque est égale au cube du nombre qui marque le rang de ce
groupe, cherchons à exprimer la somme des nombres qui composent le groupe de rang n.

Avant ce groupe, il y en a $n-1$ qui contiennent successivement $1, 2, 3, \ldots, (n-1)$ nombres ou $\dfrac{n(n-1)}{2}$. Or le

nombre impair de rang $\dfrac{n(n-1)}{2}$ est égal à $2\left[\dfrac{n(n-1)}{2}\right]-1$

ou à $n(n-1)-1$; et comme le premier nombre du n^e groupe,
qui est égal au précédent augmenté de 2 unités, a pour expression $n(n-1)+1$, il s'ensuit que ce n^e groupe comprend
la série suivante de nombres impairs :

$$n(n-1)+1,\ n(n-1)+3,\ n(n-1)+5, \ldots, n(n-1)+(2n-1)$$

dont la somme est

$$n^2(n-1)+[1+3+5+\ldots+(2n-1)],$$

ou $\qquad\qquad n^2(n-1)+\dfrac{n[1+(2n-1)]}{2}$,

ou enfin $\qquad\qquad\qquad n^3.$

Ce résultat indique bien que la somme du n^e groupe est
égale au cube du nombre n qui marque le rang du groupe.

250. V. *Quels sont les quatre nombres en progression arithmétique dont le produit est N, la raison étant r ?*

Si l'on prend pour inconnue le premier nombre cherché, la mise en équation du problème donne une équation du quatrième degré, que l'on peut résoudre par l'emploi de certains artifices ; mais on peut tourner la difficulté en choisissant l'inconnue de manière que l'équation soit bicarrée.

Pour cela posons $r = 2r'$, et représentons par $x - r'$ le second nombre ; le premier sera $x - 3r'$; le troisième $x + r'$ et le quatrième $x + 3r'$.

On aura dès lors l'équation

$$(x - 3r')(x - r')(x + r')(x + 3r') = N,$$

ou
$$(x^2 - 9r'^2)(x^2 - r'^2) = N,$$

ou encore

$$(1) \qquad x^4 - 10r'^2x^2 + 9r'^4 - N = 0,$$

et, si l'on pose $\qquad y = x^2,$

$$(2) \qquad y^2 - 10r'^2y + 9r'^4 - N = 0.$$

Pour que cette équation ait ses racines réelles, il faut et il suffit que l'on ait

$$25r'^4 - 9r'^4 + N \geqslant 0,$$

ou
$$16r'^4 + N \geqslant 0.$$

Lorsque la première de ces relations,

$$16r'^4 + N > 0,$$

est satisfaite, les deux racines de l'équation (2) sont réelles et distinctes ; quant à leur signe, il dépend de celui de leur somme et de celui de leur produit. Or, la somme de ces racines, $10r'^2$ ou $\dfrac{5}{2}r^2$, est toujours positive, et leur produit, $9r'^4 - N$ ou $\dfrac{9}{16}r^4 - N$, est positif, négatif ou nul suivant que N est inférieur, supérieur ou égal à $\dfrac{9}{16}r^4$.

Lorsque la seconde relation

$$16r'^4 + N = 0,$$

qui revient à $\qquad N = - r^4,$

est satisfaite, les deux racines de l'équation (2) sont réelles et égales.

Examinons successivement les quatre cas que comportent ces considérations.

$1°\quad -r^4 < N < \dfrac{9}{16}r^4$. L'équation (2) a ses deux racines positives et l'équation (1) donne quatre valeurs pour x, égales deux à deux en valeur absolue et de signes contraires.

Dans ce cas, le problème a quatre solutions représentées par les quatre progressions suivantes, dans lesquelles nous désignons par y' et y'' les racines de l'équation (2) :

$(a) \div \quad \sqrt{y'} - \dfrac{3}{2}r. \quad \sqrt{y'} - \dfrac{1}{2}r. \quad \sqrt{y'} + \dfrac{1}{2}r. \quad \sqrt{y'} + \dfrac{3}{2}r.$

$(b) \div \quad \sqrt{y''} - \dfrac{3}{2}r. \quad \sqrt{y''} - \dfrac{1}{2}r. \quad \sqrt{y''} + \dfrac{1}{2}r. \quad \sqrt{y''} + \dfrac{3}{2}r.$

$(c) \div \; - \sqrt{y'} - \dfrac{3}{2}r. \quad - \sqrt{y'} - \dfrac{1}{2}r. - \sqrt{y'} + \dfrac{1}{2}r. - \sqrt{y'} + \dfrac{3}{2}r.$

$(d) \div \; - \sqrt{y''} - \dfrac{3}{2}r. \quad - \sqrt{y''} - \dfrac{1}{2}r. - \sqrt{y''} + \dfrac{1}{2}r. - \sqrt{y''} + \dfrac{3}{2}r.$

Mais il est à remarquer que les termes des deux progressions (c) et (d) sont respectivement ceux des deux progressions (a) et (b) changés de signe.

$2°\quad N > \dfrac{9}{16}r^4$. L'équation (2) n'a qu'une racine positive, et par suite l'équation (1) n'admet que deux valeurs pour x, égales et de signes contraires.

Dans ce cas, le problème n'a que deux solutions représentées par les deux progressions suivantes, dans lesquelles y'' désigne la racine positive de l'équation (2), et où les termes de la seconde sont ceux de la première pris avec des signes contraires :

$(e) \div \quad \sqrt{y''} - \dfrac{3}{2}r. \quad \sqrt{y''} - \dfrac{1}{2}r. \quad \sqrt{y''} + \dfrac{1}{2}r. \quad \sqrt{y''} + \dfrac{3}{2}r.$

$(f) \div - \sqrt{y''} - \dfrac{3}{2}r. - \sqrt{y''} - \dfrac{1}{2}r. - \sqrt{y''} + \dfrac{1}{2}r. - \sqrt{y''} + \dfrac{3}{2}r.$

3° $N = \dfrac{9}{16} r^4$.   L'équation (2) a une racine nulle et une racine positive, et l'équation (1) admet dès lors trois valeurs pour x, une égale à zéro et les deux autres différentes de zéro, mais égales en valeur absolue et de signes contraires, qui donnent les trois solutions suivantes :

$(g) \div$ $-\dfrac{3}{2} r$ $-\dfrac{1}{2} r$. $\dfrac{1}{2} r$. $\dfrac{3}{2} r$.

$(h) \div$ $\dfrac{\sqrt{10}-3}{2} r$. $\dfrac{\sqrt{10}-1}{2} r$. $\dfrac{\sqrt{10}+1}{2} r$. $\dfrac{\sqrt{10}+3}{2} r$.

$(i) \div$ $-\dfrac{\sqrt{10}+3}{2} r$. $-\dfrac{\sqrt{10}+1}{2} r$. $-\dfrac{\sqrt{10}-1}{2} r$. $-\dfrac{\sqrt{10}-3}{2} r$.

Les termes de la progression (i) sont ceux de la progression (h) changés de signe.

4° Enfin, $16 r'^4 + N = 0$,   ou $r^4 + N = 0$,   ou bien $N = -r^4$. L'équation (2) a ses deux racines égales, positives parce que leur somme $\dfrac{5}{2} r^2$ est positive, et l'équation (1) ne donne ainsi que deux valeurs distinctes pour x, égales en valeur absolue et de signes contraires.

Dans ce cas, le problème a deux solutions représentées par les deux progressions suivantes, dans lesquelles les termes de la seconde sont ceux de la première pris avec des signes contraires :

$(j) \div$ $\dfrac{\sqrt{5}-3}{2} r$. $\dfrac{\sqrt{5}-1}{2} r$. $\dfrac{\sqrt{5}+1}{2} r$. $\dfrac{\sqrt{5}+3}{2} r$.

$(k) \div$ $-\dfrac{\sqrt{5}+3}{2} r$. $-\dfrac{\sqrt{5}+1}{2} r$. $-\dfrac{\sqrt{5}-1}{2} r$. $-\dfrac{\sqrt{5}-3}{2} r$.

En résumé, le problème admet 4, 3 ou 2 solutions suivant que N est inférieur, égal ou supérieur à $\dfrac{9}{16} r^4$, avec cette double restriction toutefois que lorsque N est inférieur à $\dfrac{9}{16} r^4$, le problème n'a que 2 solutions si N est égal à $-r^4$, et n'en a pas si N est plus petit que $-r^4$.

251. VI. *Trois nombres sont à la fois en progression arithmétique et en progression géométrique. Quelle est la relation entre ces nombres qui résulte de cette double condition?*

Soient a, b, c les trois nombres. On a d'une part

(1) $$b - a = c - b,$$

d'aùtre part,

(2) $$\frac{b}{a} = \frac{c}{b}.$$

De cette seconde relation on déduit, en retranchant chaque dénominateur du numérateur correspondant,

$$\frac{b - a}{a} = \frac{c - b}{b}.$$

Or, comme les numérateurs de ces deux derniers rapports égaux sont égaux, il s'ensuit que les dénominateurs le sont aussi et que l'on a

$$a = b.$$

Cette condition introduite dans (1) donne, d'un autre côté,

$$c = b.$$

Il résulte de ces deux dernières relations que les trois nombres a, b, c sont égaux.

Autre méthode. — Représentons les trois nombres par les expressions $a - r$, a, $a + r$, qui sont en progression arithmétique. Pour que ces trois nombres soient aussi en progression géométrique, il faut que l'on ait

$$a^2 = (a - r)(a + r)$$

ou $$a^2 = a^2 - r^2.$$

Or cette égalité ne peut exister que si r est nul. D'où il suit que les trois nombres, respectivement égaux à a, sont égaux entre eux.

252. VII. *Trouver, par l'emploi des progressions géométriques, la règle à suivre pour exprimer la fraction ordinaire génératrice d'une fraction décimale périodique simple.*

Soit une fraction décimale périodique simple

$$0,\ 475\ 475\ 475\ \ldots.$$

On peut l'écrire de la manière suivante :

$$\frac{475}{1\,000} + \frac{475}{1\,000^2} + \frac{475}{1\,000^3} + \ldots$$

Or, sous cette forme, elle est la somme des termes d'une progression géométrique décroissante illimitée qui a pour premier terme $\dfrac{475}{1\,000}$ et dont la raison est $\dfrac{1}{1\,000}$; cette somme a donc pour expression limite

$$\frac{\dfrac{475}{1\,000}}{1 - \dfrac{1}{1\,000}},$$

ou, après simplifications, $\dfrac{475}{999}$.

Ce résultat se traduit en langage ordinaire en disant que *la fraction ordinaire génératrice d'une fraction périodique simple a pour numérateur le nombre formé par la période et pour dénominateur le nombre formé par autant de 9 qu'il y a de chiffres dans la période.*

C'est bien la règle formulée en Arithmétique.

253. VIII. *Une personne vend des pommes de la manière suivante : une première fois elle en cède la moitié, plus une demi-pomme ; la deuxième fois la moitié de ce qui lui reste, plus une demi-pomme ; la troisième fois la moitié de ce qui lui reste, plus une demi-pomme, et ainsi de suite jusqu'à la n^e vente après laquelle toutes ses pommes sont vendues. Quel était le nombre total de ses pommes ?*

Soit x ce nombre total de pommes.

La première vente a pour expression $\dfrac{x}{2} + \dfrac{1}{2}$ ou $\dfrac{x+1}{2}$;

la deuxième, $\dfrac{x - \dfrac{x}{2} - \dfrac{1}{2}}{2} + \dfrac{1}{2}$ ou $\dfrac{x+1}{2^2}$;

la troisième, $\dfrac{x - \dfrac{x}{2} - \dfrac{1}{2} - \dfrac{x}{2^2} - \dfrac{1}{2^2}}{2} + \dfrac{1}{2}$ ou $\dfrac{x+1}{2^3}$, et en continuant ainsi, on trouve, pour la quatrième, $\dfrac{x+1}{2^4}$;

pour la cinquième, $\dfrac{x+1}{2^5}$; enfin, pour la n^e, $\dfrac{x+1}{2^n}$.

L'équation du problème est dès lors la suivante :

$$x = \frac{x+1}{2} + \frac{x+1}{2^2} + \frac{x+1}{2^3} + \ldots + \frac{x+1}{2^n},$$

ou, en considérant que le second membre de cette équation est la somme des n premiers termes d'une progression géométrique, dont le premier est $\dfrac{x+1}{2}$, le n^e, $\dfrac{x+1}{2^n}$ et la raison $\dfrac{1}{2}$,

$$x = \frac{\dfrac{x+1}{2} - \dfrac{x+1}{2^n} \times \dfrac{1}{2}}{1 - \dfrac{1}{2}} ;$$

d'où l'on tire $\qquad 2^n x = 2^n(x+1) - (x+1)$

et enfin $\qquad\qquad x = 2^n - 1$.

254. IX. *Exprimer la somme des n premiers termes de la suite* $q + 2q^2 + 3q^3 + \ldots + nq^n$ *et trouver la limite de cette somme lorsque n tend vers l'infini.*

Cette somme peut se décomposer ainsi :

$$(1)\quad \left\{\begin{array}{l} q + q^2 + q^3 + \ldots + q^n \\ + q^2 + q^3 + \ldots + q^n \\ + q^3 + \ldots + q^n \\ \cdots\cdots\cdots\cdots\cdots \\ + q^n \end{array}\right.$$

c'est-à-dire en une suite de n progressions géométriques, disposées dans le sens horizontal du tableau.

La somme des termes de la première a pour expression $\dfrac{q^{n+1} - q}{q - 1}$; celle des termes de la deuxième, $\dfrac{q^{n+1} - q^2}{q - 1}$;

celle des termes de la troisième, $\dfrac{q^{n+1} - q^3}{q - 1}$, et en continuant ainsi, celle des termes de la $(n-1)^e$, $\dfrac{q^{n+1} - q^{n-1}}{q - 1}$, et celle des termes de la n^e, q^n.

On a dès lors pour la somme totale :

$$S = \frac{(n-1)q^{n+1}}{q-1} - \frac{q + q^2 + q^3 + \dots + q^{n-1}}{q-1} + q^n$$

$$= \frac{(n-1)q^{n+1}}{q-1} - \frac{q^n - q}{(q-1)^2} + q^n$$

$$= \frac{nq^{n+2} - (n+1)q^{n+1} + q}{(q-1)^2}.$$

En second lieu, pour trouver la limite de cette somme lorsque n tend vers l'infini, nous considérerons les trois cas suivants :

$1°$ $q > 1$. Mettons la somme précédente sous la forme

$$S = \frac{q^{n+1}[n(q-1) - 1] + q}{(q-1)^2},$$

et remarquons que le numérateur de cette expression est une somme de deux parties dont l'une, q, est constante, et l'autre, $q^{n+1}[n(q-1) - 1]$, est le produit de deux facteurs q^{n+1} et $[n(q-1) - 1]$ qui tendent en même temps que n vers l'infini ; ce numérateur devient donc infini avec n ; et comme le dénominateur reste constant, leur quotient, ou la somme S envisagée a pour limite l'infini lorsque n devient infiniment grand. On peut encore dire que les n progressions géométriques (1) sont toutes croissantes et, comme elles sont illimitées, que leurs termes croissent au delà de toute limite ; il en résulte que les sommes de leurs termes respectifs tendent vers l'infini ainsi que la somme S de ces sommes.

$2°$ $q < 1$. Dans ce cas les n progressions géométriques (1) sont toutes décroissantes, et comme elles sont illimitées, les sommes de leurs termes respectifs ont pour limites les expressions suivantes :

la première,
$$\frac{q}{1-q} \; ;$$

la deuxième,
$$\frac{q^2}{1-q} \; ;$$

la troisième,
$$\frac{q^3}{1-q} \; ;$$
et ainsi de suite.

La somme de toutes ces expressions a, de son côté, pour limite

$$\frac{q}{(1-q)^2} \cdot$$

3° $q = 1$. La suite proposée se réduit alors à la suite naturelle des nombres entiers,

$$1 + 2 + 3 + \dots,$$

dont la somme devient infinie pour n infiniment grand.

255. X. *Quels sont les quatre nombres en progression géométrique dont la somme des moyens est a et la somme des extrêmes b?*

Une méthode élégante et simple, due à Sturm, pour résoudre cette question, consiste à prendre pour inconnue x la demi-différence des moyens.

Posons $a = 2a'$ et représentons les deux moyens par m et n, sous la condition $n > m$; on aura

$$\frac{n-m}{2} = x$$

et
$$n + m = 2a',$$

d'où l'on tire
$$n = a' + x$$

et
$$m = a' - x.$$

La raison de la progression est $\dfrac{a'+x}{a'-x}$, le premier terme de la progression, $(a' - x) : \dfrac{a'+x}{a'-x}$ ou $\dfrac{(a'-x)^2}{a'+x}$, et le quatrième terme, $(a'+x) \cdot \dfrac{a'+x}{a'-x}$ ou $\dfrac{(a'+x)^2}{a'-x} \cdot$

L'équation du problème est dès lors

$$\frac{(a'-x)^2}{a'+x} + \frac{(a'+x)^2}{a'-x} = b,$$

ou
$$(6a' + b)x^2 = a'^2(b - 2a'),$$

et, en y remplaçant a' par sa valeur $\dfrac{a}{2}$,

$$(3a + b)x^2 = \dfrac{a^2}{4}(b - a),$$

d'où l'on tire

$$x = \pm \dfrac{a}{2}\sqrt{\dfrac{b - a}{3a + b}}\,.$$

Par hypothèse les nombres a et b sont positifs ; pour que les valeurs de x soient réelles et acceptables, il faut que l'on ait $b > a$; mais ces deux valeurs de x ne constituent pas deux solutions distinctes ; les quatre nombres donnés par la racine négative sont ceux que fournit la racine positive disposés dans l'ordre inverse.

Si l'on avait $b = a$, les deux valeurs de x seraient nulles et le problème n'admettrait pas de solution.

256. XI. *Trouver trois nombres en progression géométrique dont la somme est a et la somme des carrés b².*

Soient x, y et z ces trois nombres ; les équations du problème sont les suivantes :

$$(1) \qquad x + y + z = a,$$

$$(2) \qquad x^2 + y^2 + z^2 = b^2,$$

$$(3) \qquad y^2 = xz.$$

Pour résoudre ce système, nous éliminerons y entre les trois équations qui le composent.

De la première, on tire

$$(4) \qquad y = a - (x + z),$$

d'où

$$(5) \qquad y^2 = a^2 - 2a(x + z) + (x + z)^2.$$

En substituant à y^2 dans les équations (2) et (3) sa valeur tirée de l'équation (5) on obtient, après toutes simplifications faites, les deux équations du second degré à deux inconnues

$$x^2 + z^2 + (x + z)^2 - 2a(x + z) + a^2 = b^2,$$

$$(x + z)^2 - 2a(x + z) + a^2 = xz,$$

dans lesquelles nous prendrons $(x + z)$ et xz comme inconnues auxiliaires.

En ajoutant $2xz$ aux deux membres de la première de ces équations et en multipliant par 2 les deux membres de la seconde, on obtient les deux équations suivantes, qui leur sont respectivement équivalentes :

$$2(x + z)^2 - 2a(x + z) + a^2 = b^2 + 2xz \, ;$$

$$2(x + z)^2 - 4a(x + z) + 2a^2 = 2xz.$$

En les retranchant membre à membre, la seconde de la première, on a

$$2a(x + z) - a^2 = b^2,$$

d'où

$$(x + z) = \frac{a^2 + b^2}{2a},$$

et cette valeur de $(x + z)$ portée dans l'une des deux équations précédentes donne pour xz

$$xz = \left(\frac{a^2 - b^2}{2a} \right)^2.$$

C'est aussi la valeur de y^2 d'après l'équation (3),

d'où

$$y = \frac{a^2 - b^2}{2a}.$$

Quant aux valeurs de x et de z — comme on connait $x + z$ et xz — elles sont données par l'équation du second degré

$$(6) \qquad u^2 - \frac{a^2 + b^2}{2a} u + \left(\frac{a^2 - b^2}{2a} \right)^2 = 0.$$

Pour que le problème soit possible, il faut et il suffit que cette équation ait ses racines réelles et distinctes, différentes de zéro, et de même signe, leur produit y^2 étant positif.

Les racines seront réelles et distinctes si l'on a

$$\left(\frac{a^2 + b^2}{2a} \right)^2 - 4 \left(\frac{a^2 - b^2}{2a} \right)^2 > 0,$$

ou

$$\frac{(3a^2 - b^2)(3b^2 - a^2)}{4a^2} > 0.$$

Or, cette relation, dans laquelle le dénominateur $4a^2$ est essentiellement positif, est satisfaite si l'on a à la fois

$$3a^2 > b^2 \quad \text{et} \quad 3b^2 > a^2, \quad \text{c'est-à-dire} \quad 3a^2 > b^2 > \frac{1}{3}a^2,$$

$$\text{ou} \quad 3a^2 < b^2 \quad \text{et} \quad 3b^2 < a^2, \quad\quad — \quad\quad 3a^2 < b^2 < \frac{1}{3}a^2.$$

Les deux dernières inégalités sont incompatibles, car b^2 ne peut être en même temps plus grand que $3a^2$ et plus petit que $\frac{1}{3}a^2$.

Quant aux deux premières — qui sont acceptables — lorsqu'elles sont satisfaites les deux racines de l'équation (6) sont de même signe, leur produit $\left(\dfrac{a^2 - b^2}{2a}\right)^2$ étant positif.

Mais il y a lieu de considérer en particulier le cas où l'on a $b^2 = a^2$, car le produit des racines de l'équation (6) est alors égal à zéro.

De là trois cas à examiner.

1° $3a^2 > b^2 > a^2$. L'équation (6) a ses deux racines distinctes, différentes de zéro et de même signe : le problème admet donc une solution.

2° $b^2 = a^2$. L'équation (6) a une racine égale à zéro et l'autre égale à a ; comme leur produit ou y^2 est nul, on a aussi $y = 0$: les trois nombres 0, 0 et a ne pouvant être trois termes consécutifs d'une progression géométrique, le problème est impossible.

3° $a^2 > b^2 > \frac{1}{3}a^2$. L'équation (6) a deux racines distinctes, différentes de zéro et de même signe ; le problème admet une solution.

En résumé, lorsque le problème est possible — et il l'est pour toute valeur de b^2 comprise entre $3a^2$ et $\frac{1}{3}a^2$ à l'exception de la valeur particulière $b^2 = a^2$ — il n'admet qu'une solution, d'apparence double parce qu'on peut donner à x ou à z la plus petite des valeurs de u, et cette solution est représentée par les nombres suivants :

$$x = \frac{a^2 + b^2 \pm \sqrt{(a^2 + b^2)^2 - 4(a^2 - b^2)^2}}{4a},$$

$$y = \frac{a^2 - b^2}{2a},$$

$$z = \frac{a^2 + b^2 \pm \sqrt{(a^2 + b^2)^2 - 4 a^2 - b^2)^2}}{4a}.$$

La raison de la progression est, dans le premier cas,

$$q' = \frac{a^2 + b^2 + \sqrt{(a^2 + b^2)^2 - 4(a^2 - b^2)^2}}{2(a^2 - b^2)},$$

et dans le second,

$$q'' = \frac{a^2 + b^2 - \sqrt{(a^2 + b^2)^2 - 4(a^2 - b^2)^2}}{2(a^2 - b^2)}.$$

Il est à remarquer que le produit $q'q''$ donne pour résultat l'unité, comme cela doit être, d'ailleurs, ces deux nombres étant l'inverse l'un de l'autre.

§ VIII. — Logarithmes.

257. I. *Exprimer la raison et le nombre des termes d'une progression géométrique dont on connaît le premier terme, le dernier et la somme des termes.*

Les deux formules dont on a à se servir ici,

$$(1) \qquad l = aq^{n-1},$$

$$(2) \qquad S = \frac{lq - a}{q - 1},$$

contiennent les deux inconnues q et n et permettent de les déterminer en fonction des trois quantités données a, l et S.

De (2) on tire

$$q = \frac{S - a}{S - l};$$

en introduisant cette valeur dans (1), il vient

$$l = a\left(\frac{S - a}{S - l}\right)^{n-1},$$

d'où l'on obtient

$$\log l = \log a + (n - 1)[\log(S - a) - \log(S - l)],$$

puis
$$n - 1 = \frac{\log l - \log a}{\log(S - a) - \log(S - l)}$$

et
$$n = 1 + \frac{\log l - \log a}{\log(S - a) - \log(S - l)}.$$

258. II. *Trouver un nombre entier x tel que le double de son logarithme vulgaire surpasse d'une unité le logarithme du nombre $x - \dfrac{9}{10}$.*

L'équation immédiate du problème est
$$2 \log x = \log\left(x - \frac{9}{10}\right) + 1,$$

qui peut s'écrire
$$\log x^2 = \log\left(x - \frac{9}{10}\right) + \log 10,$$

et, en remontant de cette équation logarithmique à l'équation ordinaire génératrice,
$$x^2 = 10\left(x - \frac{9}{10}\right)$$

ou
$$x^2 - 10x + 9 = 0,$$

d'où l'on tire
$$x = 5 \pm 4,$$

ou
$$x' = 1, \qquad x'' = 9.$$

Le problème admet deux solutions, l'une et l'autre acceptables.

259. III. *Pour quelles valeurs de n les racines de l'équation*
$$x^2 - 4x + \log n = 0$$
sont-elles réelles, et quels sont les signes des racines pour ces mêmes valeurs de n ?

$1°$ Pour que les racines de l'équation soient réelles, il faut et il suffit que l'on ait
$$4 - \log n \geqslant 0,$$
ce qui revient à
$$\log n \leqslant 4,$$
ou
$$n \leqslant 10\,000.$$

$2°$ La somme des racines, qui est ici 4, est positive ; si leur produit $\log n$ est positif, les deux racines seront positives.

Dans ce cas on aura

$$\log n > 0,$$

d'où
$$n > 1.$$

Si au contraire le produit des racines est négatif, les deux racines seront l'une positive et l'autre négative. Dans ce cas on aura

$$\log n < 0,$$

d'où
$$n < 1.$$

Il résulte de tout cela que les deux racines de l'équation proposée seront toutes deux positives pour toutes les valeurs de n supérieures à 1 et inférieures à 10000 ; elles seront l'une positive et l'autre négative pour toutes les valeurs de n inférieures à 1, c'est-à-dire comprises entre 0 et 1 ; enfin, si $n = 1$, l'équation proposée devient $x^2 - 4x = 0$; elle a une racine nulle et l'autre racine est positive.

260. IV. *Trouver la base du système de logarithmes dans lequel le nombre 8 a pour logarithme* $\dfrac{3}{5}$.

Il s'agit de trouver le nombre qui a pour logarithme l'unité. De la relation

$$\frac{3}{5} = \log 8$$

on obtient, en multipliant les deux membres de cette égalité par $\dfrac{5}{3}$,

$$1 = \frac{5}{3} \log 8 = \log \sqrt[3]{8^5}.$$

La base du système proposé est donc le nombre

$$\sqrt[3]{8^5} \qquad \text{ou} \qquad 32.$$

Autre méthode. — En partant de la définition des logarithmes par la fonction exponentielle, si x est la base cherchée, on a

$$x^{\frac{3}{5}} = 8,$$

ou, en élevant les deux membres de l'équation à la cinquième puissance,

$$x^3 = 8^5,$$

et, en extrayant la racine cubique des deux membres de cette dernière équation,

$$x = \sqrt[3]{8^5} = 32.$$

261. V. *Quel est le logarithme de 729 dans le système dont la base est 3 ?*

Si l'on représente par x le logarithme de 729 dans le système envisagé, les deux progressions qui constituent ce système sont les suivantes :

$$\div\ 1 : 3 : \ldots : 729,$$
$$\div\ 0.\ 1.\ \ldots\ \ x.$$

Il s'agit donc de trouver dans la progression arithmétique le terme correspondant au nombre 729 considéré comme faisant partie de la progression géométrique.

Pour cela, cherchons d'abord le rang de 729 dans la première progression. A cet effet, et d'après la formule

$$l = aq^{n-1},$$

on a

$$729 = 3^{n-1}.$$

Or,

$$729 = 3^6,$$

d'où

$$n - 1 = 6$$

et

$$n = 7.$$

x est donc le 7e terme de la progression arithmétique, et comme le premier terme de cette progression est 0, que sa raison est 1, son 7º terme est évidemment 6.

Le logarithme de 729 dans le système dont la base est 3 est donc 6.

Autre méthode. — En partant de la définition des logarithmes par la fonction exponentielle, on peut écrire immédiatement

$$(1) \qquad 3^x = 729,$$

ou

$$3^x = 3^6,$$

d'où

$$x = 6.$$

REMARQUE. — L'équation peut encore se résoudre en prenant le logarithme ordinaire des deux membres :

$$x \log 3 = \log 729,$$

d'où

$$x = \frac{\log 729}{\log 3} = \frac{2{,}86273}{0{,}47712} = 6.$$

262 .VI. *Une balle rebondit, chaque fois qu'elle touche le sol, aux $\dfrac{2}{3}$ de la hauteur d'où elle est tombée ; si elle tombe la première fois d'une hauteur de $8^m,10$, après combien de bonds s'élèvera-t-elle à $1^m,60$?*

La première fois qu'elle rebondit, elle monte à une hauteur de

$$8^m,10 \times \frac{2}{3} \; ;$$

la seconde fois, à une hauteur de

$$8^m,10 \times \frac{2}{3} \times \frac{2}{3} \qquad \text{ou} \qquad 8^m,10 \times \left(\frac{2}{3}\right)^2,$$

et en continuant à raisonner ainsi, on aura à écrire, si x représente le nombre de bonds, qu'elle s'élève à une hauteur de

$$8^m,10 \times \left(\frac{2}{3}\right)^x.$$

On a donc

$$8^m,10 \times \left(\frac{2}{3}\right)^x = 1^m,60,$$

ou

$$\left(\frac{2}{3}\right)^x = \frac{1,6}{8,1} = \frac{16}{81},$$

d'où

$$x\,(\log 2 - \log 3) = \log 16 - \log 81,$$

et

$$x = \frac{\log 16 - \log 81}{\log 2 - \log 3} = \frac{0,20412 - 1,90849}{0,30103 - 0,47712} = 4.$$

Dans cet exemple l'emploi des cologarithmes n'aurait pas simplifié les calculs, tout au contraire ; c'est pour cela que nous n'en avons pas fait usage.

REMARQUE I. — On peut ici simplifier les derniers calculs en remarquant que $\dfrac{16}{81}$ est égal à $\left(\dfrac{2}{3}\right)^4$, ce qui donne immédiatement $x = 4$.

REMARQUE II. — Pour que ce problème, qui exige un nombre entier comme solution, soit possible, il est nécessaire que les deux termes de la fraction à laquelle conduit la division de la hauteur finale par la hauteur initiale soient des puissances de même ordre des termes correspondants de la fraction donnée.

263. VII. *Résoudre l'équation*

$$\frac{1}{3^x} + 3^x = \frac{6\,562}{81}.$$

En chassant les dénominateurs, il vient

$$81 + 81.3^{2x} = 6\,562.3^x,$$

ou mieux

$$81.3^{2x} - 6\,562.3^x + 81 = 0.$$

Si l'on pose $\qquad y = 3^x,$

on a à résoudre l'équation du second degré à une inconnue

$$81y^2 - 6\,562y + 81 = 0,$$

qui donne $\qquad y = \dfrac{3\,281 \mp 3\,230}{81},$

d'où $\qquad y' = \dfrac{1}{81},$

$$y'' = 81.$$

Et l'on a finalement à résoudre les deux équations

(1) $\qquad\qquad 3^{x'} = \dfrac{1}{81},$

(2) $\qquad\qquad 3^{x''} = 81,$

ou bien les suivantes :

$$3^{x'} = \frac{1}{3^4} = 3^{-4}$$

$$3^{x''} = 3^4,$$

qui donnent

$$x' = -4,$$

$$x'' = 4.$$

Ces deux solutions ne sont qu'apparentes ; en réalité, il n'y en a qu'une, car les deux expressions $\dfrac{1}{3^{-x}} + 3^{-x}$ et $\dfrac{1}{3^x} + 3^x$ sont identiquement égales.

REMARQUE. — Les équations (1) et (2) peuvent encore se résoudre comme il suit :

De la première, on tire

$$x' \log 3 = -\log 81,$$

d'où $\qquad x' = -\dfrac{\log 81}{\log 3} = -\dfrac{1,90849}{0,47712} = -4.$

De (2) on obtient

$$x'' \log 3 = \log 81,$$

d'où $\qquad x'' = \dfrac{\log 81}{\log 3} = 4.$

264. VIII. *Résoudre le système d'équations suivant :*

(1) $\qquad\qquad \log x + \log y = 1,$

(2) $\qquad\qquad x^2 + y^2 = 101.$

En remontant de l'équation logarithmique (1) à l'équation ordinaire qui lui a donné naissance, on obtient

(3) $\qquad\qquad xy = 10,$

d'où $\qquad\qquad 2xy = 20.$

En additionnant membre à membre avec (2) cette dernière équation, on a

$$(x + y)^2 = 121,$$

d'où (4) $\qquad\qquad x + y = 11.$

Ces deux nombres devront être positifs d'après l'équation (1).

Connaissant dès lors la somme et le produit des deux inconnues x et y, ces inconnues sont données par l'équation du second degré

$$X^2 - 11X + 10 = 0.$$

On en tire $\qquad\qquad X = \dfrac{11}{2} \mp \dfrac{9}{2},$

d'où $\qquad\qquad X' = x = 1$

et $\qquad\qquad X'' = y = 10.$

265. IX. *Résoudre le système d'équations suivant :*

(1) $\qquad\qquad x^y = y^x,$

(2) $\qquad\qquad x^a = y^b.$

En prenant le logarithme de chacun des membres de ces équations, on obtient le système suivant équivalent au premier :

$$y \log x = x \log y,$$

$$a \log x = b \log y.$$

Si l'on divise ces deux dernières équations membre à membre, il vient

$$\frac{y}{a} = \frac{x}{b},$$

d'où   (3)

$$y = \frac{ax}{b},$$

et en remplaçant y par cette valeur dans (2), on a

$$x^a = \left(\frac{a}{b}\right)^b \cdot x^b,$$

ou

$$x^{a-b} = \left(\frac{a}{b}\right)^b$$

et

$$x = \sqrt[a-b]{\left(\frac{a}{b}\right)^b}.$$

Cette valeur de x introduite dans (3) donne

$$y = \frac{a}{b} \sqrt[a-b]{\left(\frac{a}{b}\right)^b} = \sqrt[a-b]{\left(\frac{a}{b}\right)^a}.$$

§ IX. — Intérêts composés.

266. Nous avons vu en Arithmétique ce qu'on entend par somme ou *capital* prêté, *intérêt* du capital, et *taux* de l'intérêt.

Nous avons dit que si le capital reste le même pendant toute la durée du prêt ou placement, l'intérêt est *simple*, proportionnel, par convention, au capital, au taux et à la durée du prêt; que si, au contraire, le capital s'augmente périodiquement de l'intérêt qu'il a produit à la fin de chaque période, l'intérêt est *composé*. Dans ce cas, si l'intérêt reste proportionnel au capital, il ne l'est plus au taux et à la durée du prêt; c'est ce qui ressortira des calculs suivants.

Dans les questions d'intérêts composés, le *taux* est l'intérêt de 1^{fr} pendant la période de temps après laquelle les intérêts se capitalisent, et cette période, qui est généralement d'un an, peut être aussi une fraction quelconque d'année : ces deux cas seront successivement examinés dans l'étude du problème général des intérêts composés.

Ce problème général peut être posé tout d'abord ainsi, en prenant l'année pour unité de temps :

Exprimer ce que devient un capital a placé au taux r, à intérêts composés, pendant n années.

Au bout d'un an le capital a, qui a produit un intérêt ar, devient $a + ar$ ou $a(1 + r)$. On obtient ainsi la valeur acquise par un capital donné, après un an de placement, en le multipliant par le binome $(1 + r)$. Il s'ensuit qu'au bout de deux ans, le capital considéré deviendra $a(1 + r)^2$; au bout de trois ans, $a(1 + r)^3$; et au bout de n années, $a(1 + r)^n$. Si donc on représente ce résultat par A, on pourra écrire

$$(1) \qquad A = a(1 + r)^n.$$

Il est à remarquer que si la période était différente d'une année, que r représentât le taux de l'intérêt pour cette période et n le nombre de périodes comprises dans la durée du placement, on obtiendrait exactement la même formule.

267. Cas où la durée du placement n'est pas un nombre entier d'années. — Imaginons que cette durée du placement se compose de n années plus d'une fraction d'année égale à $\dfrac{p}{q}$. La formule précédente donne ce que devient le capital a au bout de n années; mais pour établir la valeur qu'acquiert ce nouveau capital $a(1 + r)^n$ au bout d'une fraction $\dfrac{p}{q}$ d'année, deux conventions peuvent être faites.

1° Admettre que le capital $a(1 + r)^n$ est placé à intérêt simple pendant un temps $\dfrac{p}{q}$ d'année. Cet intérêt étant $a(1 + r)^n \cdot \dfrac{p}{q} r$, le capital primitif a devient ainsi après un nombre d'années égal à $n + \dfrac{p}{q}$,

$$a(1 + r)^n + a(1 + r)^n \frac{p}{q} r. \quad \text{ou} \quad a(1 + r)^n\left(1 + \frac{p}{q} r\right),$$

d'où cette autre formule :

$$(2) \qquad A = a(1 + r)^n\left(1 + \frac{p}{q} r\right).$$

2° Admettre que la capitalisation des intérêts a lieu après chaque période de temps égale à une fraction $\frac{1}{q}$ d'année, sous la condition que tout capital, par ce moyen, devienne encore au bout d'un an ce que donne la formule (1); en d'autres termes, si r' est le taux de l'intérêt pour la période $\frac{1}{q}$ d'année, que l'on ait

$$(1 + r')^q = 1 + r.$$

Cela posé, comme le capital est placé pendant $nq + p$ périodes de $\frac{1}{q}$ d'année, la formule (1), qui est ici applicable, donne

$$A = a(1 + r')^{nq+p},$$

ou

$$A = a(1 + r')^{q(n+\frac{p}{q})},$$

et, en remplaçant $(1 + r')^q$ par sa valeur $(1 + r)$,

$$(3) \qquad A = a(1 + r)^{n+\frac{p}{q}}.$$

La comparaison des formules (2) et (3) est toute en faveur de la seconde, plus simple que la première et se prêtant beaucoup mieux aux calculs logarithmiques. C'est la seule adoptée par les banquiers. Elle présente pour eux cet autre avantage qu'elle donne pour A des valeurs un peu inférieures à celles de la formule (2).

Mais la formule (3) n'est autre que la formule (1) pour laquelle il suffit de convenir que n représente un nombre entier ou fractionnaire d'années. On peut même déduire de tout ce qui précède que la formule (1) est encore applicable au cas où la période est une fraction d'année, que r est le taux d'intérêt pour cette période, et que n représente un nombre entier ou fractionnaire de périodes. Aussi est-elle appelée la *formule générale* des intérêts composés. Nous nous en servirons exclusivement pour traiter les questions qui vont suivre.

Cette formule renfermant les quatre quantités A, a, r et n, il est évident qu'elle peut donner la valeur de chacune d'elles lorsqu'on connaît les valeurs des trois autres. Dès lors, suivant qu'on prend l'une ou l'autre de ces quatre quantités comme inconnue, on a quatre problèmes différents sur les intérêts composés. Ce sont ces problèmes que nous allons tout d'abord résoudre.

268. I. *Que devient au bout de 4 ans 4 mois un capital de 3856^{fr} placé à intérêts composés au taux de 5 °/₀ par an ?*

De la formule (1) on tire

$$\log A = \log a + n \log (1 + r).$$

En appliquant cette relation aux données, on a

$$\log A = \log 3856 + 4\frac{1}{3} \log (1,05)$$

$$= 3,58614 + 0,09182$$

$$= 3,67796,$$

d'où $\qquad A = 4763^{fr},9.$

269. II. *Quel est le capital qui, placé à intérêts composés, au taux de 4,5 °/₀ par an, devient 6930^{fr} au bout de 5 ans 6 mois ?*

La formule (1) donnant

$$\log A = \log a + n \log (1 + r),$$

on en tire

$$\log a = \log A - n \log (1 + r),$$

ou $\qquad \log a = \log A + n \operatorname{colog} (1 + r).$

En appliquant cette dernière relation aux données de la question, il vient

$$\log a = \log 6930 + 5\frac{1}{2} \operatorname{colog} (1,045)$$

$$= 3,84073 + \overline{1},89484$$

$$= 3,73557,$$

d'où $\qquad a = 5439^{fr},6.$

Remarque. — La somme a s'appelle la *valeur actuelle* de la somme A ; son expression, d'après la formule (1), est

$$a = \frac{A}{(1 + r)^n}.$$

270. III. *A quel taux faut-il placer à intérêts composés un capital de 8000^{fr} pour qu'il devienne au bout de 3 ans 9 mois 10000^{fr} ?*

On a d'après la formule (1)

$$\log A = \log a + n \log (1 + r);$$

on tire de là

$$\log (1 + r) = \frac{\log A - \log a}{n},$$

ou

$$\log (1 + r) = \frac{\log A + \operatorname{colog} a}{n}.$$

En appliquant cette relation aux données du problème, on obtient

$$\log (1 + r) = \frac{\log 10000 + \operatorname{colog} 8000}{3\,\frac{3}{4}}$$

$$= \frac{4 + \overline{4},09691}{3\,\frac{3}{4}}$$

$$= 0{,}02584,$$

d'où
$$1 + r = 1{,}0613$$

et
$$r = 0{,}0613,$$

c'est-à-dire que le taux cherché est de 6,13 %.

271. IV. *Au bout de combien de temps un capital de* 7980^{fr} *placé à intérêts composés au taux de* 4,75 % *par an sera-t-il devenu* 9600^{fr} ?

La même relation tirée de la formule (1),

$$\log A = \log a + n \log (1 + r),$$

donne ici

$$n = \frac{\log A - \log a}{\log (1 + r)},$$

ou

$$n = \frac{\log A + \operatorname{colog} a}{\log (1 + r)};$$

mais pour éviter une division de logarithmes, on peut encore écrire

$$\log n = \log (\log A + \operatorname{colog} a) + \operatorname{colog} \log (1 + r).$$

En appliquant cette dernière relation aux données précédentes on a

$$\log n = \log (\log 9600 + \operatorname{colog} 7980) + \operatorname{colog} \log (1,0475)$$
$$= \log 0,08027 + \operatorname{colog} 0,02015$$
$$= \overline{2},90455 + 1,69572$$
$$= 0,60027,$$

d'où $n = 3,9835 = 3$ ans 11 mois 24 jours.

Comme application des questions précédentes, résolvons encore les problèmes suivants.

272. V. *La population d'une ville se trouve annuellement augmentée de son $\frac{1}{40}$ par les naissances et diminuée de son $\frac{1}{45}$ par les décès. Quel temps faudra-t-il pour que la population de cette ville soit doublée ?*

Si nous prenons comme unité la population actuelle de la ville, au bout d'un an cette population sera représentée par l'expression

$$1 + \frac{1}{40} - \frac{1}{45} ;$$

au bout de deux ans, elle deviendra

$$\left(1 + \frac{1}{40} - \frac{1}{45}\right) + \left(1 + \frac{1}{40} - \frac{1}{45}\right)\frac{1}{40} - \left(1 + \frac{1}{40} - \frac{1}{45}\right)\frac{1}{45}$$

ou
$$\left(1 + \frac{1}{40} - \frac{1}{45}\right)^{2},$$

et en continuant de raisonner ainsi, on aura comme expression de la population au bout de 3 ans,

$$\left(1 + \frac{1}{40} - \frac{1}{45}\right)^{3} ;$$

enfin, au bout du nombre cherché d'années, que nous désignerons par x,

$$\left(1 + \frac{1}{40} - \frac{1}{45}\right)^{x}.$$

On aura donc pour équation du problème

$$\left(1 + \frac{1}{40} - \frac{1}{45}\right)^{x} = 2,$$

d'où
$$\left(x \log 1 + \frac{1}{40} - \frac{1}{45}\right) = \log 2$$

et
$$x = \frac{\log 2}{\log\left(1 + \frac{1}{40} - \frac{1}{45}\right)}$$

$$= \frac{\log 2}{\log \frac{361}{360}}$$

$$= \frac{\log 2}{\log 361 + \text{colog } 360}$$

$$= \frac{0,30103}{2,55751 + \overline{3},44370}$$

$$= \frac{0,30103}{0,00121}$$

$$= 249 \text{ ans.}$$

273. VI. *Deux capitaux a et a' sont placés à intérêts composés aux taux annuels respectifs de r et r'. Quel temps faudra-t-il pour que les valeurs acquises de ces capitaux soient égales ?*

Remarquons d'abord que le problème n'est possible qu'autant que le plus petit taux d'intérêt s'applique au plus grand des deux capitaux.

Cela étant, et x représentant le nombre d'années cherché, l'équation du problème sera
$$a(1+r)^x = a'(1+r')^x.$$

On en tire
$$\log a + x \log (1+r) = \log a' + x \log (1+r'),$$

d'où
$$x = \frac{\log a' - \log a}{\log(1+r) - \log(1+r')}.$$

274. VII. *Deux capitaux a et a' sont placés à intérêts composés pendant des temps respectifs n et n'. Quel doit être le taux annuel d'intérêt pour que les valeurs acquises de ces capitaux soient égales au bout de ces temps ?*

Ici encore nous ferons avant tout une remarque analogue à la précédente, en disant que ce problème n'est possible qu'autant que le plus petit nombre d'années représente la durée du placement du plus grand des deux capitaux.

Cela étant, et x représentant le taux annuel de l'intérêt pour 1^{fr}, nous aurons pour équation du problème

$$a(1 + x)^n = a'(1 + x)^{n'}.$$

On en tire

$$\log a + n \log (1 + x) = \log a' + n' \log (1 + x),$$

d'où
$$\log (1 + x) = \frac{\log a' - \log a}{n - n'}.$$

Cette dernière relation permet de calculer $1 + x$; du résultat on déduit x.

275. VIII. *A quel taux faut-il placer à intérêts composés un capital de* 1400^{fr} *pendant* 5 *ans et un capital de* 800^{fr} *pendant* 10 *ans pour que la somme des valeurs acquises soit de* $2698^{fr},12$?

En représentant par x le taux annuel de l'intérêt pour 1^{fr}, l'équation du problème sera

$$1400(1 + x)^5 + 800(1 + x)^{10} = 2698^{fr},12,$$

ou, plus simplement,

$$7(1 + x)^5 + 4(1 + x)^{10} = 13,4906,$$

et, si l'on prend pour inconnue auxiliaire l'expression $(1 + x)^5$, que l'on désignera par y, l'équation deviendra

$$7y + 4y^2 = 13,4906,$$

ou
$$4y^2 + 7y - 13,4906 = 0,$$

d'où l'on tire
$$y = \frac{-7 \pm \sqrt{49 + 16 \times 13,4906}}{8},$$

ou, la racine négative ne convenant pas,

$$y = \frac{-7 + 16,2742}{8} = 1,1593.$$

On a donc, pour en revenir à l'inconnue x de la question,

$$(1 + x)^5 = 1,1593,$$

d'où
$$5 \log (1 + x) = \log 1,1593$$

et $\qquad \log(1+x) = \dfrac{\log 1{,}1593}{5} = \dfrac{0{,}06\,419}{5} = 0{,}01\,284.$

On tire de là

$$1 + x = 1{,}03,$$

d'où $\qquad\qquad x = 0{,}03.$

C'est donc au taux de $3\,{}^{\circ}/_{\circ}$ que les deux capitaux doivent être placés.

276. IX. *Une personne en mourant lègue à ses trois neveux, qui ont respectivement 8, 12 et 16 ans, une somme de 20000^{fr}, de manière que les trois parts placées à intérêts composés au taux de 5 $\,{}^{\circ}/_{\circ}$ par an constituent des capitaux égaux à la majorité des héritiers. Quelle est la valeur actuelle de chaque part ?*

Soient x, y et z les trois parts actuelles ; les données du problème conduisent au système de trois équations simultanées

$$x + y + z = 20\,000,$$
$$x(1{,}05)^{13} = y(1{,}05)^{9},$$
$$x(1{,}05)^{13} = z(1{,}05)^{5}.$$

Des deux dernières, on tire

(1) $\qquad\qquad y = (1{,}05)^{4}x,$

(2) $\qquad\qquad z = (1{,}05)^{8}x,$

et en introduisant ces deux valeurs dans la première, il vient

$$x + (1{,}05)^{4}x + (1{,}05)^{8}x = 20\,000,$$

d'où $\qquad x = \dfrac{20\,000}{1 + (1{,}05)^{4} + (1{,}05)^{8}} = \dfrac{20\,000}{3{,}692\,961}.$

Si l'on fait cette division par l'emploi des logarithmes, ce qui simplifie les calculs, on a

$$\log x = \log 20\,000 + \operatorname{colog} 3{,}692\,961$$
$$= 4{,}30\,103 + \overline{1}{,}43\,263$$
$$= 3{,}73\,366,$$

d'où l'on tire $\qquad x = 5416.$

Si dans les équations (1) et (2) on donne à x cette valeur, on obtient successivement

$$y = 6583$$

et $$z = 8001.$$

Les trois parts sont exprimées en nombres ronds, à un franc près, par défaut ou par excès.

277. X. *Un capital de* 10800^{fr} *est placé à intérêts composés ; le taux de l'intérêt et la durée du placement sont tels que si cette durée était moindre d'un an la valeur acquise par le capital serait diminuée de* $525^{fr},63$ *; si au contraire, cette durée s'augmentait d'un an, la valeur acquise par le capital serait accrue de* $546^{fr},67$. *Calculer le taux de l'intérêt et le taux du placement.*

Si l'on représente par x le taux de l'intérêt pour 1^{fr} et par y la durée du placement, on a, d'après la formule (1), le système de deux équations simultanées suivant :

$$10800(1+x)^y = 10800(1+x)^{y-1} + 525,63,$$

$$10800(1+x)^y = 10800(1+x)^{y+1} - 546,67,$$

qui peut s'écrire

$$10800(1+x)^{y-1}x = 525,63,$$

$$10800(1+x)^y x = 546,67.$$

Par l'emploi des logarithmes, on lui substitue cet autre équivalent :

(1) $\log 10800 + (y-1)\log(1+x) + \log x = \log 525,63,$

(2) $\log 10800 + y\log(1+x) + \log x = \log 546,67.$

En retranchant membre à membre ces deux dernières équations, la première de la seconde, il vient

$$\log(1+x) = \log 546,67 + \operatorname{colog} 525,63$$

$$= 2,73772 + \bar{3},27932$$

$$= 0,01704,$$

d'où $$1 + x = 1,04$$

et $$x = 0,04 ;$$

le taux de l'intérêt est ainsi de 4 °/₀.

Portons cette valeur de x dans une des équations (1) ou (2), la seconde de préférence, pour obtenir immédiatement y au lieu de $y-1$, et l'on aura

$$\log 10800 + y \log 1,04 + \log 0,04 = \log 546,67,$$

d'où

$$y = \frac{\log 546,67 + \operatorname{colog} 10800 + \operatorname{colog} 0,04}{\log 1,04}$$

$$= \frac{2,73772 + \overline{5},96658 + \overline{1},39794}{0,01703}$$

$$= \frac{0,10224}{0,01703}$$

$$= \frac{10224}{1703}.$$

Au lieu d'effectuer cette division, on peut encore faire usage des logarithmes, et l'on a

$$\log y = \log 10224 + \operatorname{colog} 1703$$

$$= 4,00962 + \overline{4},76879$$

$$= 0,77841,$$

d'où

$$y = 6.$$

Ce nombre représente la durée du placement.

En résumé, le capital est placé au taux de $4\,^{\circ}/_{\circ}$ pendant 6 ans.

§ X. — Annuités.

278. Sous ce titre nous grouperons plusieurs sortes de questions que certaines analogies rapprochent, mais qui présentent cependant des différences nettement tranchées. Telles sont : la formation d'un capital, ou l'amortissement d'une dette par un nombre déterminé de versements périodiques, la constitution d'une rente temporaire par le placement d'un capital, etc.

Les versements et les paiements, ainsi que la rente, sont généralement représentés par des sommes constantes ; le plus souvent ils sont annuels, mais ils peuvent être semestriels, trimestriels, ou fixés par d'autres périodes de temps.

Et dans toutes ces questions, on tient compte des intérêts composés des sommes empruntées ou versées.

Nous allons les examiner l'une après l'autre.

279. Formation d'un capital. — Voici le problème :

I. *Quel capital* C *constitue-t-on en plaçant pendant n années consécutives à intérêts composés, au commencement de chaque année, une somme constante a, le taux de l'intérêt étant de r pour* 1^{fr} *par an ?*

Le premier versement, restant placé pendant n années, devient au bout de ce temps, d'après la formule (1) des intérêts composés,

$$a(1 + r)^n ;$$

le deuxième, restant placé pendant $(n - 1)$ années, devient au bout de ce temps

$$a(1 + r)^{n-1} ;$$

en continuant ainsi, on trouve que les valeurs acquises par les versements successifs ont pour expressions

$$a(1 + r)^n, \qquad a(1 + r)^{n-1}, \qquad a(1 + r)^{n-2}, \ldots, a(1 + r)$$

et sont les termes d'une progression géométrique décroissante.

Le capital constitué C, étant la somme de tous ces termes, on a

$$C = a[(1 + r)^n + (1 + r)^{n-1} + (1 + r)^{n-2} + \ldots + (1 + r)],$$

ou
$$C = \frac{a[(1 + r)^{n+1} - (1 + r)]}{r},$$

ou mieux encore

$$(1) \qquad C = \frac{a(1 + r)[(1 + r)^n - 1]}{r}.$$

On en tire

$$\log C = \log a + \log (1 + r) + \log [(1 + r)^n - 1] - \log r.$$

Pour obtenir $\log [(1 + r)^n - 1]$, on calcule d'abord $(1 + r)^n$, puis $[(1 + r)^n - 1]$ et les tables donnent ensuite le logarithme du résultat.

La formule (1) établit une relation entre les quatre quantités C, a, n et r ; elle permet donc de calculer l'une quelconque de ces quantités lorsqu'on connaît les trois autres. De là quatre problèmes différents, suivant que l'on prend comme inconnue l'une ou l'autre de ces quatre quantités.

Le premier de ces problèmes est le précédent ; les trois autres sont les suivants :

280. II. *Quell· est la valeur commune des* n *placements annuels qu'il faut effectuer au commencement de chaque année pour constituer un capital* C, *le taux de l'intérêt étant de* r *pour* 1^{tr} *par an ?*

La formule (1) donne

$$\log a = \log C + \log r - \log (1 + r) - \log [(1 + r)^n - 1].$$

On a dit plus haut comment s'obtient le logarithme de $[(1 + r)^n - 1]$.

281. III. *Combien faut-il de placements annuels de valeur commune* a, *effectués au commencement de chaque année, pour constituer un capital* C, *le taux de l'intérêt étant de* r *pour* 1^{tr} *par an ?*

De la formule (1) on obtient

$$(1 + r)^n = \frac{Cr + a(1 + r)}{a(1 + r)},$$

d'où l'on tire

$$n \log (1 + r) = \log [Cr + a(1 + r)] - \log a - \log (1 + r)$$

et $\qquad n = \dfrac{\log [Cr + a(1 + r)] - \log a - \log (1 + r)}{\log (1 + r)}.$

Il est à remarquer ici que le problème n'est possible, avec ses données numériques, qu'autant que n est un nombre entier. Toutefois, en prenant pour valeur de n la partie entière du quotient ou cette partie augmentée d'une unité, on aurait une solution approchée à une unité près par défaut ou par excès.

282. IV. *A quel taux faut-il calculer les intérêts composés de* n *versements annuels de valeur* a *effectués au commencement de chaque année pour constituer un capital* C ?

La formule (1) ne permet pas d'obtenir immédiatement la

valeur de l'inconnue, parce que mise sous la forme entière elle donne l'équation en r du $(n + 1)^e$ degré

$$a(1 + r)^{n+1} - (C + a)r = a,$$

qui ne peut être résolue par les procédés de l'Algèbre élémentaire. Mais on peut en tirer une valeur de l'inconnue, aussi approchée que l'on veut, par la méthode des approximations successives.

Pour cela, mettons la formule (1) sous la forme

$$\frac{C + a}{a} = \frac{(1 + r)^{n+1} - 1}{r},$$

et remarquons que le capital constitué après n années par des placements annuels égaux à a, sera d'autant plus grand que r sera plus élevé ; par conséquent l'expression $\dfrac{C + a}{a}$, où nous considérerons C comme une variable et a comme une constante, variera dans le même sens que r, et il en sera de même de son égale $\dfrac{(1 + r)^n - 1}{r}$.

Il suit de là que si, dans cette dernière expression, on donne à r une certaine valeur quelconque, suivant que le résultat numérique obtenu pour cette expression sera supérieur ou inférieur à $\dfrac{C + a}{a}$, la valeur attribuée arbitrairement à r sera supérieure ou inférieure à la valeur cherchée. On pourra donc obtenir ainsi d'abord deux nombres quelconques qui comprendront entre eux la valeur réelle de r, puis, par des essais successifs, des couples de nombres de plus en plus rapprochés de cette valeur tout en la comprenant entre eux, et l'on s'arrêtera dans cette recherche au couple qui présentera entre ses deux nombres une différence aussi faible qu'on le désirera : la demi-somme de ces deux derniers nombres donnera la valeur de r avec une erreur moindre que leur demi-différence.

283. Autre mode de formation d'un capital. — Au lieu de considérer les placements annuels comme effectués au commencement de chaque année, on peut les regarder comme effectués à la fin, de manière que le capital à former se trouve constitué au moment même du dernier versement. Dans ce cas, on donne aux placements annuels le nom d'*annuités*.

Le problème est le suivant :

284. V. *Quel capital* C' *constitue-t-on par le versement de* n *annuités* a, *le taux de l'intérêt étant de* r *pour* 1^{fr} *par an?*

Cette question se résout comme le problème I, en tenant compte de ce fait que les versements restent placés ici un an de moins ; il s'ensuit que le capital constitué après n années a pour expression

$$C' = a(1 + r)^{n-1} + a(1 + r)^{n-2} + a(1 + r)^{n-3} + \ldots + a,$$

ou (2)
$$C' = \frac{a[(1 + r)^n - 1]}{r}.$$

On en tire
$$\log C' = \log a + \log [(1 + r)^n - 1] - \log r.$$

Le calcul de $\log [(1 + r)^n - 1]$ a déjà été indiqué.

Cette formule (2) établit une relation entre les quatre quantités C', a, n et r; elle permet donc de calculer l'une quelconque de ces quantités lorsqu'on connaît les trois autres. De là quatre problèmes différents, suivant que l'on prend comme inconnue l'une ou l'autre de ces quatre quantités.

Le premier de ces problèmes est celui que nous venons de résoudre. Nous allons étudier successivement les trois autres.

285. VI. *Quelle est la valeur commune des* n *annuités à verser pour constituer un capital* C', *le taux de l'intérêt étant de* r *pour* 1^{fr} *par an ?*

De la formule (2) on tire
$$\log a = \log C' + \log r - \log [(1 + r)^n - 1].$$

286. VII. *Combien faut-il d'annuités* a *pour constituer un capital* C', *le taux de l'intérêt étant de* r *pour* 1^{fr} *par an?*

La formule (2) donne
$$(1 + r)^n = \frac{C'r + a}{a} ;$$

on en tire $\quad n \log (1 + r) = \log (C'r + a) - \log a,$

d'où $\qquad n = \dfrac{\log (C'r + a) - \log a}{\log (1 + r)}.$

Pour que le problème soit possible, avec ses données numériques, il faut que n soit entier ; dans le cas contraire, on peut admettre que la dernière annuité est différente des autres et que n est donné par la partie entière du quotient précédent augmentée d'une unité.

287. VIII. *A quel taux faut-il calculer les intérêts composés de n annuités a, pour constituer un capital C' ?*

La formule (2) ne permet pas d'obtenir immédiatement la valeur de l'inconnue, parce que mise sous forme entière elle donne une équation en r du n^e degré,

$$a(1 + r)^n - C'r = a,$$

qui ne peut être résolue par les procédés de l'Algèbre élémentaire. Mais on peut en tirer une valeur de l'inconnue, aussi approchée que l'on veut, par la méthode des approximations successives.

Pour cela, on écrit la formule (2) sous la forme

$$\frac{C'}{a} = \frac{(1 + r)^n - 1}{r},$$

et l'on procède exactement comme pour le problème IV.

288. Amortissement d'une dette. — On entend par amortissement d'une dette ou d'un emprunt le remboursement qui en est fait par un nombre déterminé de versements annuels ou d'annuités. Chaque annuité sert ainsi, pour une partie, à solder les intérêts de la dette, et, pour une autre partie, à rembourser une portion de cette dette.

Pour établir la relation qui existe entre la somme empruntée A, l'annuité a, le nombre d'annuités n et le taux r de l'intérêt, on exprime que la somme des valeurs acquises par les n annuités versées doit être égale à la valeur acquise au bout de n années par la somme A.

La somme A, après n années, devient $A(1 + r)^n,$ et la

somme des valeurs acquises par les n annuités est égale, d'après la formule (2), à

$$\frac{a[(1+r)^n - 1]}{r},$$

d'où la formule cherchée,

$$(3) \qquad A(1+r)^n = \frac{a[(1+r)^n - 1]}{r}.$$

On pourrait établir cette relation en cherchant ce que devient la dette après le versement de chaque annuité. Après le premier versement, la dette est réduite à

$$A(1+r) - a;$$

après le deuxième, à $\quad A(1+r)^2 - a(1+r) - a$;

après le troisième, à $\quad A(1+r)^3 - a(1+r)^2 - a(1+r) - a,$

et en continuant ainsi, on a, après le n^e versement, la valeur

$$A(1+r)^n - a(1+r)^{n-1} - a(1+r)^{n-2} - \cdots - a(1+r) - a,$$

qui doit être nulle.

On peut donc écrire

$$A(1+r)^n - a(1+r)^{n-1} - a(1+r)^{n-2} - \cdots - a(1+r) - a = 0,$$

d'où l'on tire

$$A(1+r)^n - \frac{a[(1+r)^n - 1]}{r} = 0,$$

relation qui reproduit la formule (3) par la transposition dans le second membre de la partie fractionnaire du premier.

Si l'on veut exprimer, pour chaque annuité, la part affectée à l'amortissement, on procédera comme il suit.

Soient α_1, α_2, α_3, ..., α_n les parts respectives des n annuités. Au bout d'un an, l'intérêt simple de la somme A est Ar, le premier amortissement est donc l'excès de l'annuité sur cet intérêt, c'est-à-dire $a - Ar$, ce qui nous montre sans aller plus loin que a doit être supérieur à Ar pour qu'il y ait amortissement. On a donc

$$\alpha_1 = a - Ar.$$

Pendant la deuxième année, l'intérêt simple de la dette, réduite d'après ce qui précède à $\quad A(1+r) - a,\quad$ est $\quad [A(1+r) - a]r;$

le second amortissement est donc $a - [\mathrm{A}(1 + r) - a]r$, ou $(a - \mathrm{A}r)(1 + r)$, et comme $a - \mathrm{A}r$ est égal à α_1, on a $\alpha_2 = \alpha_1(1 + r)$.

Pen ant la troisième année, l'intérêt simple de la dette, réduite à $\mathrm{A}(1+r)^2 - a(1+r) - a$, est $[\mathrm{A}(1+r)^2 - a(1+r) - a]r$; le troisième amortissement est donc $a - [\mathrm{A}(1+r)^2 - a(1+r) - a]r$, ou $(a - \mathrm{A}r)(1 + r)^2$, c'est-à-dire qu'on a

$$\alpha_3 = \alpha_1(1 + r)^2.$$

En continuant ainsi, on obtient

$$\alpha_4 = \alpha_1(1 + r)^3$$

et, finalement,

$$\alpha_n = \alpha_1(1 + r)^{n-1}.$$

Il est à remarquer que les amortissements successifs sont représentés par les termes d'une progression géométrique croissante dont le premier est $a - \mathrm{A}r$ et la raison $(1 + r)$; de plus, que chaque terme exprime la valeur acquise par le premier amortissement après un nombre d'années marqué par son rang diminué d'une unité. On peut s'assurer, en outre, qu'en faisant la somme de ces n amortissements on reproduit la dette A.

La formule (3) contient les quatre quantités A , a, n et r ; elle permet ainsi de calculer l'une quelconque de ces quantités lorsqu'on connaît les trois autres. On a donc sur l'amortissement quatre problèmes différents suivant que l'on prend comme inconnue l'une ou l'autre de ces quantités. Les voici successivement :

289. IX. *Quelle dette peut-on amortir par le versement de n annuités a, le taux de l'intérêt étant de r pour 1^{fr} par an ?*

La formule (3) donne

$$\log \mathrm{A} = \log a + \log [(1 + r)^n - 1] - n \log (1 + r) - \log r.$$

290. X. *Quelle est la valeur commune des n annuités nécessaires pour amortir une dette A, le taux de l'intérêt étant de r pour 1^{fr} par an ?*

De la formule (3) on tire

$$\log a = \log \mathrm{A} + n \log(1 + r) + \log r - \log [(1 + r)^n - 1].$$

291. XI. *Combien faut-il d'annuités a pour amortir une dette* **A**, *le taux de l'intérêt étant de r pour 1^{fr} par an?*

En multipliant par r les deux membres de la formule (3), on obtient la relation

$$Ar(1+r)^n = a(1+r)^n - a,$$

qui peut se mettre sous la forme

$$(a - Ar)(1+r)^n = a;$$

on en tire

$$\log(a - Ar) + n\log(1+r) = \log a,$$

d'où

$$n = \frac{\log a - \log(a - Ar)}{\log(1+r)}.$$

Pour que le problème soit possible, il faut d'abord que la quantité $a - Ar$ soit positive — condition déjà exprimée plus haut — car les nombres négatifs n'ont pas de logarithmes ; de plus, que n soit un nombre entier. — Si n n'est pas entier, on peut admettre que la dernière annuité est inférieure aux autres et prendre alors pour valeur de n la partie entière du quotient ci-dessus, augmentée d'une unité.

292. XII. *A quel taux faut-il calculer les intérêts composés d'une dette* **A** *et des n annuités a destinées à amortir cette dette ?*

La formule (3) ne permet pas d'obtenir immédiatement la valeur de r parce que mise sous la forme entière elle donne une équation en r du $(n+1)^o$ degré,

$$Ar(1+r)^n = a(1+r)^n - a,$$

qui ne peut être résolue par les procédés élémentaires de l'Algèbre. Mais on peut en tirer une valeur de l'inconnue, aussi approchée que l'on veut, par la méthode des approximations successives.

Pour cela, mettons cette formule (3) sous la forme

$$\frac{a}{A} = \frac{r(1+r)^n}{(1+r)^n - 1},$$

et remarquons que l'annuité nécessaire pour amortir une dette donnée A en n années est d'autant plus grande que le taux r est plus élevé, car les intérêts à servir sont augmentés et la somme des amortissements reste constante ; par conséquent l'expression $\dfrac{a}{A}$, où nous considérerons a comme une variable et A comme une constante, variera dans le même sens que r et il en sera de même de son égale $\dfrac{r(1+r)^n}{(1+r)^n-1}$.

Il suit de là que si dans cette dernière expression, on donne à r une certaine valeur quelconque, suivant que le résultat numérique obtenu pour cette expression sera supérieur ou inférieur à $\dfrac{a}{A}$, la valeur attribuée arbitrairement à r sera supérieure ou inférieure à la valeur cherchée. Partant de là, on continuera comme pour la résolution du problème IV.

REMARQUE. — Si l'amortissement avait pour objet d'éteindre une somme A′ exigible seulement au bout de n années, on n'aurait pas à tenir compte des intérêts composés de cette somme, et alors la relation entre A′, la valeur a d'une annuité, le nombre n d'annuités, et le taux r de l'intérêt, se traduirait par la formule

$$(4) \qquad A' = \frac{[a(1+r)^n - 1]}{r},$$

qui n'est autre que la formule (2), et les quatre problèmes qu'elle fait entrevoir se résoudraient comme ceux qui ont tiré leur solution de la formule (2).

293. Constitution d'une rente temporaire. — Cette question peut s'énoncer ainsi :

XIII. *Quelle somme B faut-il verser pour obtenir une rente annuelle a pendant n années, le taux de l'intérêt étant r pour 1^{fr} par an ?*

Pour résoudre la question, il faut exprimer que la somme des valeurs acquises par les n annuités au bout de n années est égale à la valeur acquise par B après le même temps. On obtient ainsi une relation identique à la formule (3),

$$(5) \qquad B(1+r)^n = \frac{a[(1+r)^n - 1]}{r}.$$

Ce problème et les trois autres qui s'y rattachent sont donc semblables aux problèmes IX, X, XI et XII de l'amortissement et se résolvent de la même manière.

REMARQUE I. — La somme B s'appelle la valeur actuelle de la rente annuelle a servie pendant n années. D'après (5) elle a pour expression

$$B = \frac{a[(1+r)^n - 1]}{r(1+r)^n}.$$

REMARQUE II. — Si dans cette dernière formule, mise sous la forme

$$B = \frac{a}{r}\left[1 - \frac{1}{(1+r)^n}\right],$$

on fait croître n indéfiniment, $\dfrac{1}{(1+r)^n}$ tend vers zéro et B a pour limite $\dfrac{a}{r}$. On en déduit

$$a = Br,$$

c'est-à-dire que la rente, dans ce cas, est égale à l'intérêt simple de la somme versée, et comme elle cesse d'être temporaire, n étant sans limite, elle est dite *rente perpétuelle*.

C'est le cas des rentes d'État consolidées; les annuités ne concourent pas à les amortir, elles peuvent même ne pas être amorties, mais lorsqu'elles le sont, c'est par d'autres moyens.

294. Comme applications de ce qui vient d'être dit sur les annuités, nous donnerons encore les quelques problèmes suivants.

295. XIV. *Une personne place d'abord à intérêts composés, au taux de r pour 1fr par an un capital a, puis elle l'augmente à la fin de chaque année d'une somme a'. Quel temps faudra-t-il pour que le capital ainsi constitué devienne égal à une somme A ?*

Soit n le nombre d'années cherché.

Le capital à constituer se composera de la valeur acquise de la somme a après n années, augmentée du capital constitué par le placement en fin d'année de n annuités a'; on aura donc

$$A = a(1+r)^n + \frac{a'[(1+r)^n - 1]}{r},$$

ou, en chassant le dénominateur r,

$$\mathrm{A}r = ar(1+r)^n + a'(1+r)^n - a',$$

puis, en groupant les deux termes en $(1+r)^n$,

$$(ar+a')(1+r)^n = \mathrm{A}r+a',$$

d'où

$$(1+r)^n = \frac{\mathrm{A}r+a'}{ar+a'}.$$

On tire de là

$$n \log(1+r) = \log(\mathrm{A}r+a') - \log(ar+a'),$$

et, finalement

$$n = \frac{\log(\mathrm{A}r+a') - \log(ar+a')}{\log(1+r)}.$$

296. XV. *On doit payer à la fin de chaque année, pendant 12 ans, une somme a, mais on préférerait remplacer cette annuité par un seul paiement à effectuer dans 4 ans. Quel serait le montant de ce paiement, le taux de l'intérêt étant de r pour 1ᶠʳ par an?*

L'équation du problème s'obtiendra en exprimant que le capital constitué dans 12 ans par ce paiement, c'est-à-dire 8 années après que le versement en aura été effectué, est égal à la somme des valeurs acquises par les 12 annuités prévues. Soit x le montant du paiement cherché. D'après la formule générale des intérêts composés et la formule (2) de la constitution d'un capital, on a

$$x(1+r)^8 = \frac{a[(1+r)^{12}-1]}{r}.$$

On tire de cette équation

$$x = \frac{a[(1+r)^{12}-1]}{r(1+r)^8},$$

et l'emploi des logarithmes donne

$$\log x = \log a + \log[(1+r)^{12}-1] - \log r - 8\log(1+r),$$

d'où l'on obtient la valeur de x.

Remarque. — On aurait pu établir l'équation du problème en exprimant que la valeur actuelle de x est égale à la somme des valeurs actuelles des 12 annuités, et l'on aurait eu, d'après les remarques du problème II des intérêts composés et du problème XIII des amortissements,

$$\frac{x}{(1+r)^4} = \frac{a\left[(1+r)^{12}-1\right]}{r(1+r)^{12}},$$

d'où l'on obtient, comme précédemment,

$$x = \frac{a\left[(1+r)^{12}-1\right]}{r(1+r)^8}.$$

297. XVI. *Une personne emprunte une somme* a *qu'elle doit amortir par deux paiements égaux* b *effectués respectivement au bout de 4 ans et de 8 ans. Quel est le taux annuel d'intérêt adopté ?*

Exprimons que la valeur acquise par la somme a dans 8 ans sera égale à la somme des valeurs acquises des deux annuités à la même époque. La valeur acquise de a sera de

$$a(1+r)^8\,;$$

celle de la première annuité, versée dans 4 ans, sera

$$b(1+r)^{8-4} \qquad \text{ou} \qquad b(1+r)^4\,;$$

et celle de la deuxième annuité sera simplement b, le versement étant effectué à l'expiration de la huitième année.

On aura donc la relation

$$a(1+r)^8 = b(1+r)^4 + b,$$

de laquelle il s'agit de tirer la valeur de r en fonction de a et de b.

Si l'on pose

$$x = (1+r)^4,$$

on obtient l'équation du second degré

$$ax^2 = bx + b,$$

ou

$$ax^2 - bx - b = 0,$$

qui donne, la racine positive étant la seule acceptable,

$$x = \frac{b + \sqrt{b^2 + 4ab}}{2a}.$$

On pourra donc écrire

$$(1+r)^4 = \frac{b + \sqrt{b^2 + 4ab}}{2a},$$

et l'on obtiendra, par l'emploi des logarithmes,

$$4 \log (1 + r) = \log \left[b + \sqrt{b^2 + 4ab} \right] - \log 2a,$$

d'où

$$\log (1 + r) = \frac{\log \left[b + \sqrt{b^2 + 4ab} \right] - \log 2a}{4}.$$

Connaissant $\log (1 + r)$, on en déduira $1 + r$, puis r.

298. XVII. *Un même emprunt pouvant être amorti par m annuités a ou par n annuités a', calculer le taux de l'intérêt dans le cas où l'on a m = 3n.*

D'après cet énoncé, pour que le problème soit possible, il faut que l'on ait $a' > a$.

Représentons par A la valeur de l'emprunt; d'après la formule (3) de l'amortissement, on a successivement

$$A(1 + r)^{3n} = \frac{a[(1 + r)^{3n} - 1)}{r},$$

$$A(1 + r)^{n} = \frac{a'[(1 + r)^{n} - 1]}{r},$$

et en divisant ces deux relations membre à membre,

$$(1 + r)^{2n} = \frac{a[(1 + r)^{3n} - 1]}{a'[(1 + r)^{n} - 1]},$$

et, comme les deux expressions entre crochets du second membre sont divisibles l'une par l'autre,

$$a'(1 + r)^{2n} = a[(1 + r)^{2n} + (1 + r)^{n} + 1],$$

ou, en faisant passer tous les termes dans le premier membre,

$$(a' - a)(1 + r)^{2n} - a(1 + r)^{n} - a = 0.$$

C'est de cette relation qu'il s'agit de tirer la valeur de r. Pour cela, posons

$$x = (1 + r)^{n},$$

et nous aurons l'équation du second degré

$$(a' - a)x^2 - ax - a = 0,$$

qui donne, la racine positive étant seule acceptable,

$$x = \frac{a + \sqrt{a(4a' - 3a)}}{2(a' - a)}.$$

On a dès lors

$$(1 + r)^n = \frac{a + \sqrt{a(4a' - 3a)}}{2(a' - a)},$$

et, en faisant usage des logarithmes,

$$n \log (1 + r) = \log [a + \sqrt{(4a' - 3a)}] - \log 2 - \log (a' - a),$$

d'où

$$\log (1 + r) = \frac{\log [a + \sqrt{a(4a' - 3a)}] - \log 2 - \log (a' - a)}{n} .$$

Connaissant $\log (1 + r)$, on en tire $(1 + r)$, puis r.

299. XVIII. *Quel est le montant d'une rente annuelle payable pendant n années, dont la valeur actuelle est égale à celle d'une rente a payable pendant m années ?*

Soit x la rente cherchée. En exprimant que les valeurs actuelles des deux rentes sont égales (problème XIII, Remarque I), on a l'équation

$$\frac{x[(1 + r)^n - 1]}{r(1 + r)^n} = \frac{a[(1 + r)^m - 1]}{r(1 + r)^m},$$

qui donne

$$x = a(1 + r)^{n-m} . \frac{(1 + r)^m - 1}{(1 + r)^n - 1} ;$$

par l'emploi des logarithmes on obtient

$$\log x = \log a + (n - m) \log (1 + r) + \log [(1 + r)^m - 1]$$
$$- \log [(1 + r)^n - 1],$$

d'où l'on déduit la valeur de x.

300. XIX. *Une personne verse à une compagnie d'assurances, pendant n années consécutives, une somme a, sous la condition que le capital ainsi accumulé lui sera remboursé au moyen de $2n$ annuités a', dont la première lui sera payée un an après son n^e versement. Quel doit être le nombre n pour que le rapport $\frac{a}{a'}$ soit égal à k, le taux de l'intérêt étant de r pour 1^{fr} par an ?*

D'après la formule (2) relative au second mode des placements annuels, le capital formé au moment du n^e versement est

$$\frac{a[(1 + r)^n - 1]}{r},$$

et c'est cette somme qu'il s'agit d'amortir par le moyen de $2n$ annuités a' en commençant un an après le dernier versement a. La formule (3) relative à l'amortissement permet alors d'écrire

$$\frac{a\left[(1+r)^n - 1\right]}{r}(1+r)^{2n} = \frac{a'\left[(1+r)^{2n} - 1\right]}{r} \; ;$$

on en tire

$$\frac{a}{a'} = \frac{(1+r)^{2n} - 1}{\left[(1+r)^n - 1\right](1+r)^{2n}} \, ,$$

ou, en remplaçant $\dfrac{a}{a'}$ par sa valeur donnée k et simplifiant le second membre,

$$k = \frac{(1+r)^n + 1}{(1+r)^{2n}} .$$

Cette relation mise sous forme entière donne la suivante :

$$k(1+r)^{2n} = (1+r)^n + 1,$$

qui permet d'obtenir la valeur de l'inconnue n. Pour cela, posons

$$x = (1+r)^n,$$

et la relation précédente deviendra l'équation du second degré

$$kx^2 - x - 1 = 0,$$

qui donne, la racine positive étant la seule acceptable,

$$x = \frac{1 + \sqrt{1 + 4k}}{2k} .$$

En remplaçant x par la valeur qu'il représente, on aura

$$(1+r)^n = \frac{1 + \sqrt{a + 4k}}{2k} ,$$

d'où l'on obtient, par l'emploi des logarithmes,

$$n \log (1+r) = \log \left(1 + \sqrt{1 + 4k}\right) - \log 2 - \log k,$$

puis

$$n = \frac{\log \left(1 + \sqrt{1 + 4k}\right) - \log 2 - \log k}{\log (1+r)} .$$

NOTE

SUR LES DÉRIVÉES ET LEUR APPLICATION
A L'ÉTUDE DE QUELQUES FONCTIONS

---

304. Définitions. — Soit $y = f(x)$ une fonction algébrique quelconque de la variable x. On sait qu'à chaque valeur de la variable correspond une valeur de la fonction. Si donc l'on considère deux valeurs voisines x et $x + h$ de la variable, à ces valeurs correspondront les deux valeurs de la fonction $y = f(x)$ et $y + k = f(x + h)$; h et k sont appelés les *accroissements* respectifs de la variable et de la fonction, et ces accroissements peuvent être séparément positifs ou négatifs.

Cela dit, considérons le rapport $\dfrac{k}{h}$ de l'accroissement de la fonction à l'accroissement de la variable. Si, h tendant vers zéro, ce rapport tend vers une limite bien déterminée, cette limite s'appelle la *dérivée* de la fonction y pour la valeur x de la variable.

On peut donc écrire, lorsque le rapport $\dfrac{k}{h}$ a une limite L,

$$\frac{k}{h} = L + \varepsilon,$$

ε étant une quantité variable qui tend vers zéro en même temps que h, et l'on tire de cette égalité la suivante :

$$k = h(L + \varepsilon),$$

qui montre que k tend vers zéro en même temps que h, ce qui revient à dire qu'une fonction $y = f(x)$ n'admet une dérivée, pour une valeur donnée de la variable x, qu'autant que cette fonction est continue pour cette valeur.

Mais il ne résulte pas de là, lorsque k et h tendent simultanément vers zéro, que le rapport $\dfrac{k}{h}$ a toujours une limite.

Toutefois, si dans ces conditions ce rapport tend vers l'infiniment grand, on dit aussi que la fonction admet une dérivée qui est infiniment grande.

Ajoutons ici que *la dérivée d'une constante est égale à zéro*, car dans une fonction constante l'accroissement qui correspond à un accroissement quelconque de la variable est toujours nul.

La dérivée d'une fonction $y = f(x)$ est elle-même une fonction de la même variable, qui admet généralement une dérivée, et cette dérivée de la dérivée s'appelle la *dérivée seconde* de la fonction $y = f(x)$. La dérivée seconde, à son tour, est une fonction de x, qui admet en général une dérivée à laquelle on donne le nom de *dérivée troisième* de la fonction $y = f(x)$, et ainsi de suite. On distingue la dérivée proprement dite d'une fonction des dérivées seconde, troisième, etc. en l'appelant *dérivée première*; mais, quand on dit simplement dérivée, c'est toujours d'elle qu'il s'agit.

On désigne la dérivée première par l'une des notations $f'(x)$ ou y', la dérivée seconde par $f''(x)$ ou y'', etc.

Pour donner un exemple de dérivée première et de dérivée seconde, considérons la fonction

$$y = ax^2 + bx + c.$$

Si l'on donne à x un accroissement h, la fonction y prend un accroissement k, et l'on a

$$y + k = a(x + h)^2 + b(x + h) + c;$$

en retranchant ensuite, membre à membre, la première de ces relations de la seconde, il vient

$$k = 2ahx + bh + ah^2,$$

d'où
$$\frac{k}{h} = 2ax + b + ah.$$

Cette relation montre que si l'on fait tendre h vers zéro, le terme ah tend aussi vers zéro; on obtient dès lors

$$\lim \frac{k}{h} = 2ax + b.$$

$2ax + b$ est la dérivée première de la fonction considérée ; le fait s'indique en écrivant

$$y' = 2ax + b.$$

Si dans cette fonction y' on donne à x un accroissement h_1, il en résulte pour la fonction un accroissement k_1, et l'on a

$$y' + k_1 = 2a(x + h_1) + b.$$

En retranchant, membre à membre, la précédente relation de cette dernière, il vient

$$k_1 = 2ah_1,$$

d'où

$$\frac{k_1}{h_1} = 2a.$$

$2a$ est une constante qui est égale au rapport $\dfrac{k_1}{h_1}$ pour toutes les valeurs de h_1 et les valeurs correspondantes de k_1 ; elle lui est donc encore égale lorsque h_1 tend vers zéro ; il s'ensuit qu'elle est la dérivée de la fonction y' et par conséquent la dérivée seconde de la fonction y. On traduit le fait en écrivant

$$y'' = 2a.$$

302. Représentation géométrique de la dérivée. — Reprenons la fonction $y = f(x)$ et construisons (*fig.* 22) la courbe

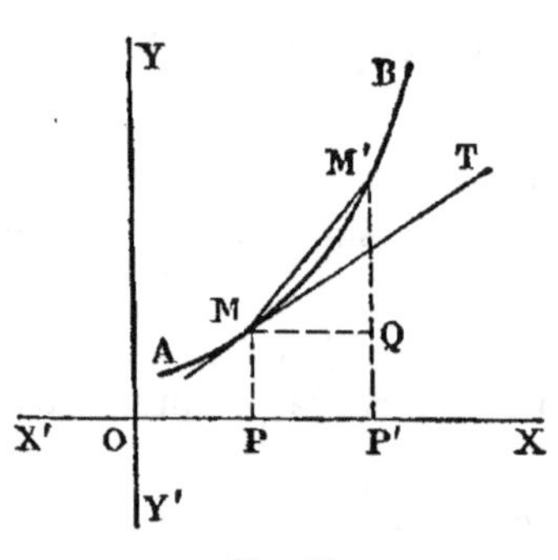

Fig. 22.

AB représentative de cette fonction, en prenant pour abscisses les différentes valeurs de x et pour ordonnées les valeurs correspondantes de y. Considérons sur cette courbe deux points M et M′ voisins l'un de l'autre, ayant respectivement pour coordonnées (x_1, y_1) et $(x_1 + h, y_1 + k)$, et menons la sécante MM′. D'après ce qui a été dit (80) sur la représentation graphique de l'équation d'une droite, la corde MM′ aura une équation de la forme

$$y = ax + b,$$

et comme cette équation doit être vérifiée par les coordonnées des deux points M et M′, on aura les deux relations

$$y_1 = ax_1 + b,$$

$$y_1 + k = a(x_1 + h) + b,$$

qui donnent, en retranchant membre à membre la première de la seconde,

$$k = ah,$$

d'où

$$a = \frac{k}{h},$$

ce qui revient à dire que la corde MM′ a pour coefficient angulaire le rapport $\dfrac{k}{h}$ des deux accroissements de la fonction $y = ax + b$ et de sa variable x, en d'autres termes, le rapport

$$\frac{M'P' - MP}{OP' - OP} = \frac{M'Q}{MQ}.$$

Cela posé, si l'on fait tendre h vers zéro, autrement dit si le point M′ se rapproche indéfiniment du point M, le rapport $\dfrac{k}{h}$ tend vers sa limite, qui est la dérivée de la fonction $y = f(x)$, en même temps que la sécante MM′ tend à prendre la position de la tangente à la courbe au point M. D'une manière générale, en effet, on définit la tangente à une courbe en un point donné la position limite que prend une sécante à la courbe, passant par ce point donné, lorsqu'un second point d'intersection, dans son rapprochement du premier, vient à se confondre avec celui-ci.

Il résulte de là que la dérivée d'une fonction $y = f(x)$, pour une valeur donnée x_1 de la variable, est représentée géométriquement par le coefficient angulaire de la tangente à la courbe représentative de la fonction, au point qui a pour abscisse x_1.

C'est ce qu'en Trigonométrie on appelle la tangente trigonométrique de l'angle que fait avec l'axe des x la tangente géométrique.

303. Calcul des dérivées. — Le calcul des dérivées des fonctions repose sur des propositions dont les principales sont les suivantes :

I. *La dérivée d'une somme de plusieurs fonctions d'une même variable, qui admettent chacune une dérivée, est égale à la somme des dérivées de ces fonctions.*

La somme de fonctions $y = u + v + w$

a pour dérivée $\qquad y' = u' + v' + w'.$

II. *La dérivée d'un produit de plusieurs fonctions d'une même variable, qui admettent chacune une dérivée, est égale à la somme des produits obtenus en remplaçant successivement dans le produit donné chaque fonction par sa dérivée.*

Le produit de fonctions $\quad y = uvw$

a pour dérivé $\qquad y' = u'vw + uv'w + uvw'.$

De ce théorème on déduit le corollaire :

La dérivée d'une puissance entière et positive d'une fonction qui admet une dérivée est égale au produit de l'exposant de cette puissance par cette puissance elle-même, dont l'exposant est diminué d'une unité, et par la dérivée de la fonction.

La puissance de fonction $\quad y = u^m$

a pour dérivée $\qquad y' = mu^{m-1}u'.$

Sur ce même théorème II on peut appuyer la démonstration du suivant :

III. *La dérivée du quotient de deux fonctions d'une même variable, qui admettent chacune une dérivée, est égale à une fraction qui a pour numérateur le produit de la dérivée du numérateur par le dénominateur, diminué du produit de la dérivée du dénominateur par le numérateur, et pour dénominateur le carré du dénominateur du quotient proposé.*

Le quotient de deux fonctions

$$y = \frac{u}{v}$$

a pour dérivée $\qquad$ $$y = \frac{u'v - v'u}{v^2}.$$

On déduit de ce théorème le corollaire suivant :

La dérivée d'une puissance entière et négative d'une fonction qui admet une dérivée est égale au produit de l'exposant négatif de cette puissance par cette puissance elle-même, dont l'exposant est diminué d'une unité, et par la dérivée de la fonction.

La puissance de fonction

$$y = u^{-m}$$

a pour dérivée $\qquad y' = -mu^{-m-1}u'.$

En rapprochant ce corollaire de celui du théorème II, on voit que la règle à suivre est la même pour calculer la dérivée d'une puissance entière d'une fonction, que l'exposant de la fonction soit positif ou négatif.

Cette règle permet d'établir la proposition suivante :

IV. *La dérivée de la racine carrée d'une fonction qui admet une dérivée est égale au quotient de la dérivée de la fonction par le double de la racine carrée proposée, sous la condition que la fonction soit différente de zéro.*

La racine carrée de fonction

$$y = \sqrt{u}$$

a pour dérivée $\qquad y' = \dfrac{u'}{2\sqrt{u}}.$

304. Théorèmes relatifs à l'étude des variations des fonctions. — Avant de passer à l'application des dérivées à l'étude des variations de quelques fonctions, il est indispensable de connaître certains théorèmes dont les suivants sont les principaux :

I. *Une fonction dont la dérivée est constamment nulle est une fonction constante.*

II. *Une fonction $f(x)$ dont la dérivée est positive pour $x = x_1$ est une fonction croissante pour $x = x_1$; si la dérivée est négative, elle est une fonction décroissante.*

III. *Réciproquement, si une fonction $f(x)$ croissante pour $x = x_1$ admet une dérivée, cette dérivée est positive ou nulle pour $x = x_1$; si la fonction est décroissante, la dérivée est négative ou nulle.*

IV. *Une fonction $f(x)$ qui admet une dérivée et qui est maxima ou minima pour $x = x_1$ a sa dérivée nulle pour $x = x_1$.*

V. *Réciproquement, une fonction f(x) est maxima ou minima pour x = x₁ suivant que la dérivée s'annule pour x = x₁ en passant, dans le sens croissant de x, de valeurs positives à des valeurs négatives ou de valeurs négatives à des valeurs positives.*

305. Si l'on représente graphiquement la dérivée d'une fonction f(x) lorsque cette fonction passe par un maximum ou un minimum on obtient, au point maximum ou minimum de la courbe figurative de la fonction, une tangente parallèle à l'axe des x.

Mais il ne serait pas vrai de dire que lorsque la tangente à la courbe figurative d'une fonction est parallèle à l'axe des x la fonction passe toujours par un maximum ou un minimum. Si la dérivée d'une fonction f(x) s'annule, en effet, pour une cer-

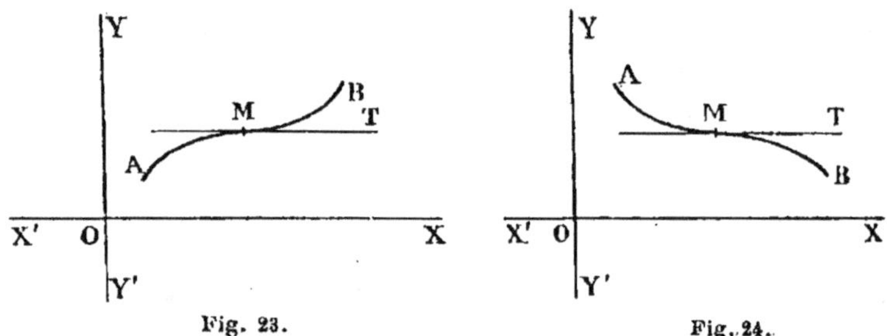

Fig. 23.   Fig. 24.

taine valeur de x en conservant après ce passage le signe qu'elle avait avant, il n'y a ni maximum ni minimum et le fait se traduit géométriquement par l'une des deux figures 23 ou 24 suivant que la dérivée, en dehors de sa valeur zéro, reste positive ou négative. Le point M de la courbe où la tangente est parallèle à l'axe X′X et traverse cette courbe est un point d'*inflexion*.

Un point d'inflexion peut se trouver sur la courbe représentative d'une fonction f(x) sans que la tangente soit en ce point parallèle à l'axe des x ; c'est lorsque la dérivée f′(x) passe, pour la valeur correspondante de la variable, par un maximum ou un minimum. Dans ce cas, la valeur x₁ de x pour laquelle ce maximum ou ce minimum a lieu est celle qui annule, d'après le théorème IV (304), la dérivée de f′(x), si elle en admet une, autrement dit la dérivée seconde de la fonction $f(x)$. D'autre part, ce maximum ou ce minimum, qui est ici le coefficient angulaire de la tangente au point d'inflexion, est donné par la valeur que prend la dérivée $f'(x)$ pour $x = x_1$.

Réciproquement, si la dérivée seconde d'une fonction $f(x)$ s'annule en changeant de signe pour une valeur x_1 de la variable, la dérivée première présente un maximum ou un minimum pour cette même valeur x_1 et la fonction présente une *inflexion* au point correspondant.

Enfin, si l'on représente graphiquement la dérivée d'une fonction $f(x)$ lorsque cette dérivée devient infiniment grande, on obtient une droite parallèle à l'axe des y, dont le point de contact avec la courbe figurative de la fonction est rejeté à l'infini. Cette droite est dite une *asymptote* de la courbe ([1]).

306. Applications. — L'étude des variations d'une fonction $y = f(x)$ se fait en cherchant d'abord les intervalles dans lesquels la fonction est définie et continue, puis, pour chaque intervalle, le sens de la variation de la fonction. A cet effet, on détermine les valeurs remarquables de x, celles qui limitent ces intervalles, au moyen desquelles on obtient les valeurs correspondantes de la fonction.

Parmi les valeurs remarquables de x, notons les racines des équations $f(x) = 0$ et $\dfrac{1}{f(x)} = 0$, qui rendent respectivement nulle et infinie la fonction; les racines de l'équation $f'(x) = 0$, si la fonction admet une dérivée, ces racines pouvant indiquer des maxima, des minima ou des inflexions; les racines de l'équation $f''(x) = 0$, si la fonction admet une dérivée seconde, ces racines pouvant indiquer des inflexions; enfin, les valeurs $x = -\infty$ et $x = +\infty$. On facilite singulièrement l'étude d'une fonction en construisant sa courbe représentative; on ajoute alors aux valeurs particulières de x précédemment indiquées la valeur $x = 0$, pour laquelle la valeur correspondante de la fonction donne l'ordonnée du point où la courbe rencontre l'axe des y.

---

[1] Voir Géométrie théorique.

307. I. *Étudier les variations de la fonction*

$$y = -x^2 - \frac{x}{2} + \frac{3}{16}.$$

Nous nous trouvons ici en présence d'une fonction parfaitement définie et continue pour toutes les valeurs que peut prendre la variable x.

Les racines de l'équation $\quad -x^2 - \dfrac{x}{2} + \dfrac{3}{16} = 0$

sont $\qquad\qquad x' = -\dfrac{3}{4}, \qquad x'' = \dfrac{1}{4}.$

D'autre part, l'expression $\quad \dfrac{1}{-x^2 - \dfrac{x}{2} + \dfrac{3}{16}} \quad$ s'annule pour

les valeurs $\quad x = -\infty \quad$ et $\quad x = +\infty$.

Enfin, la fonction y ayant une dérivée égale à $\quad -2x - \dfrac{1}{2}$,

la racine de l'équation $\quad -2x - \dfrac{1}{2} = 0$

est $\qquad\qquad x_1 = -\dfrac{1}{4}.$

Si l'on dispose alors par ordre de grandeur croissante les valeurs remarquables de x que nous venons de trouver, on a la suite

$$-\infty, \quad -\frac{3}{4}, \quad -\frac{1}{4}, \quad \frac{1}{4}, \quad +\infty,$$

qui permet de calculer les valeurs correspondantes de y, de y', et d'étudier dans chacun des intervalles qu'elles déterminent la variation de ces fonctions y et y'. Le tableau suivant résume la discussion et les résultats obtenus :

x	y'	y
$-\infty$	$+\infty$	$-\infty$
		croît
$-\dfrac{3}{4}$	décroît	0
		croît
$-\dfrac{1}{4}$	0	$\dfrac{1}{4}$ max.
		décroît
$\dfrac{1}{4}$	décroît	0
		décroît
$+\infty$	$-\infty$	$-\infty$

La représentation graphique de ces variations donne la courbe (*fig.* 25), à deux branches infinies BA et BC symétriques par rapport à la droite BD menée parallèlement à l'axe OY par le point B où cette courbe présente un maximum. C'est une parabole.

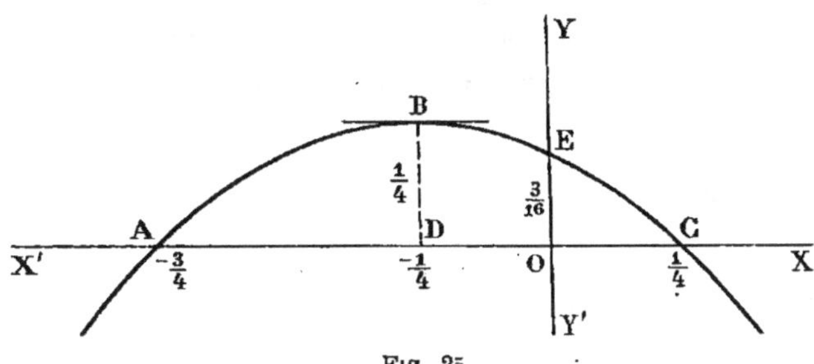

Fig. 25.

L'ordonnée du point E représente la valeur $\dfrac{3}{16}$ de la fonction pour $x = 0$.

308. II. *Étudier les variations de la fonction*

$$y = \frac{x^2 - 2x + 3}{x + 1}.$$

Remarquons tout d'abord que cette fonction est continue pour toutes les valeurs de x à l'exception de la valeur $x = -1$ qui annule son dénominateur.

L'équation
$$\frac{x^2 - 2x + 3}{x + 1} = 0$$
n'a pas de racines.

Celles de l'équation
$$\frac{1}{y} = 0,$$
ou
$$\frac{x + 1}{x^2 - 2x + 3} = 0,$$
sont $\quad x' = -\infty, \quad x'' = -1 \quad$ et $\quad x''' = +\infty$.

La fonction y ayant une dérivée égale à
$$\frac{(2x - 2)(x + 1) - (x^2 - 2x + 3)}{(x + 1)^2} \quad \text{ou à} \quad \frac{x^2 + 2x - 5}{(x + 1)^2},$$
l'équation
$$\frac{x^2 + 2x - 5}{(x + 1)^2} = 0$$
a pour racines $\quad x_1 = -1 - \sqrt{6}, \qquad x_2 = -1 + \sqrt{6}$.

Si l'on dispose par ordre de grandeur croissante les valeurs remarquables de x que nous venons de trouver, on a la suite

$$-\infty, \quad (-1-\sqrt{6}) \quad ,-1, \quad (-1+\sqrt{6}), \quad +\infty,$$

qui permet de calculer les valeurs correspondantes de y et de y', et d'étudier dans chacun des intervalles qu'elles déterminent la variation de ces fonctions y et y'. Le tableau suivant résume la discussion et les résultats obtenus :

x	y'	y
$-\infty$	$+1$	$-\infty$
	décroît	croît
$-1-\sqrt{6}$	0	$-2(\sqrt{6}+2)$ max.
	décroît	décroît
-1	$-\infty$	$\dfrac{-\infty}{+\infty}$
	croît	décroît
$-1+\sqrt{6}$	0	$2(\sqrt{6}-2)$ min.
	croît	croît
$+\infty$	$+1$	$+\infty$

La représentation graphique de ces variations donne la courbe (*fig. 26*), à quatre branches infinies AB, AC, A'B', A'C', qui présente un maximum au point A', un minimum au point A, dont les deux branches AB et A'C' ont pour asymptote la droite GH d'équation $x = -1$, et dont les branches AC et A'B' ont pour asymptote une droite DD' oblique aux deux axes des coordonnées. C'est une hyperbole.

La droite GH est bien l'asymptote des deux branches AB et A'C', car si l'on considère un point M pris sur A'C', par exemple, l'étude de la fonction montre que lorsque le pied P de l'ordonnée de ce point se rapproche d'une manière continue du point I, d'abscisse -1, y augmente en valeur absolue d'une manière continue et tend à devenir infiniment grand, et comme la distance MQ du point M à la droite GH est représentée à chaque instant par la longueur PI, on peut dire, en renversant les termes du raisonnement, qu'au fur et à mesure que M s'éloigne indéfiniment de X'X sur la branche A'C', sa distance à la droite GH tend à devenir nulle. On démontrerait de même que la branche AB a pour asymptote la même droite.

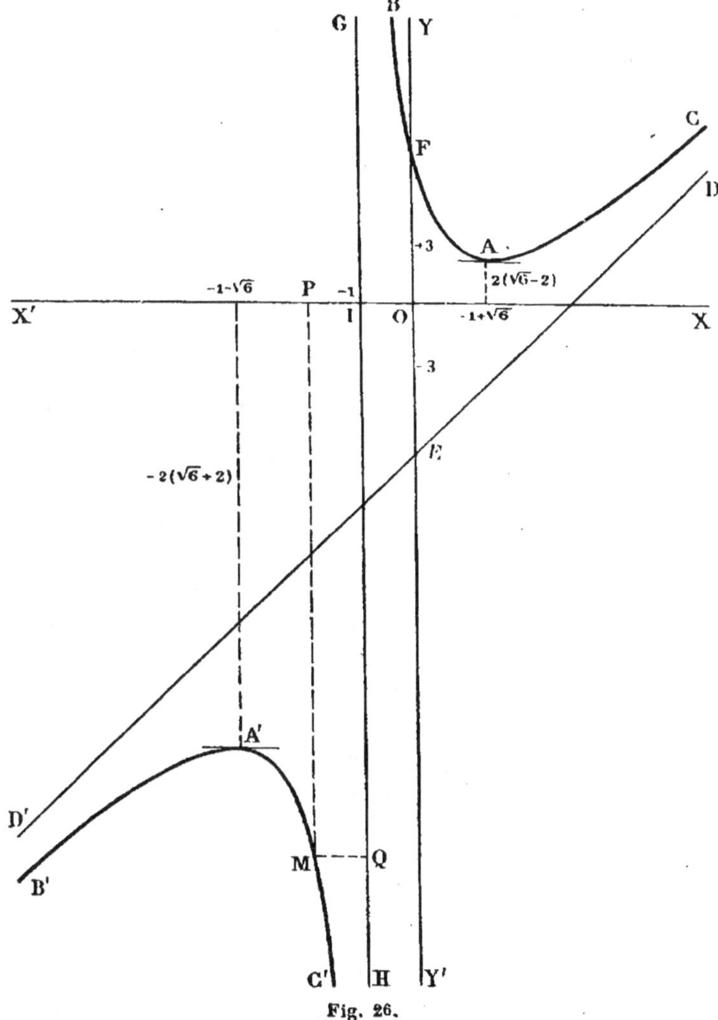

Fig. 26.

Quant à la droite DD′, on peut en déterminer la position et montrer qu'elle est asymptote aux deux autres branches AC et A′B′ de la manière suivante. Si, reprenant la fonction donnée $y = \dfrac{x^2 - 2x + 3}{x + 1}$, on divise le numérateur du second membre par son dénominateur et qu'on poursuive la division jusqu'à ce que le reste soit d'un degré inférieur au diviseur, on peut mettre cette fonction sous la forme

$$y = x - 3 + \frac{6}{x + 1} \, ;$$

ce qui signifie que la courbe figurative de la fonction peut être construite en traçant d'abord la droite qui a pour équation

$$(1) \qquad\qquad y = x - 3,$$

et en portant, pour chaque point à déterminer, au-dessus de cette droite la longueur $\dfrac{6}{x + 1}$. Or, si l'on considère la branche AC, il est à remarquer que la quantité $\dfrac{6}{x + 1}$ va sans cesse en diminuant et tend vers zéro au fur et à mesure que x, partant de -1, augmente indéfiniment. La droite (1) est donc asymptote à cette branche de courbe AC. Par un raisonnement analogue, on démontrerait qu'elle est aussi asymptote à la branche A′B′. Or cette droite (1), que nous représentons par DD′ sur la figure, est facile à construire, car elle a pour coefficient angulaire le coefficient de x dans son équation, en d'autres termes l'unité, ce qui revient à dire qu'elle est parallèle à la bissectrice de l'angle YOX ; d'autre part, le point E où elle rencontre l'axe YY′ est donné par la longueur $y = -3$ tirée de l'équation (1) dans laquelle on fait x égal à zéro.

Le point F où la courbe BAC rencontre l'axe YY′ est donné par la valeur $y = 3$ de la fonction dans laquelle on fait $x = 0$.

309. III. *Étudier les variations de la fonction*
$$y = -(x + 1)(x - 1)(x - 3).$$

Dans cette question la fonction est continue pour toutes les valeurs de x.

Les racines de l'équation
$$-(x + 1)(x - 1)(x - 3) = 0$$

sont $\quad x' = -1, \qquad x'' = 1 \qquad$ et $\qquad x''' = 3,$

et l'expression $\quad \dfrac{1}{-(x+1)(x-1)(x-3)} \quad$ s'annule pour les valeurs $x = -\infty$ et $x = +\infty$.

Si l'on effectue le produit sous lequel se présente la fonction à étudier, il vient $\quad y = -x^3 + 3x^2 + x - 3.$

Cette fonction a pour dérivée

$$y' = -3x^2 + 6x + 1,$$

et l'équation $\qquad -3x^2 + 6x + 1 = 0$

a pour racines $\quad x_1 = \dfrac{3 - 2\sqrt{3}}{3}, \qquad x_2 = \dfrac{3 + 2\sqrt{3}}{3}.$

Si l'on dispose par ordre de grandeur croissante les valeurs remarquables de x que nous venons de trouver, on a la suite

$$-\infty, \quad -1, \quad \frac{3 - 2\sqrt{3}}{3}, \quad 1, \quad \frac{3 + 2\sqrt{3}}{3}, \quad 3, \quad +\infty,$$

qui permet de calculer les valeurs correspondantes de y et de y', et d'étudier dans chacun des intervalles qu'elles déterminent la variation de ces fonctions y et y'. Le tableau suivant résume la discussion et les résultats obtenus :

x	y'	y
$-\infty$	$-\infty$	$+\infty$
		décroît
-1	croît	0
		décroît
$\dfrac{3 - 2\sqrt{3}}{3}$	0	$-\dfrac{16\sqrt{3}}{9}$ (min.)
	croît	croît
1	4 (max.)	0
	décroît	croît
$\dfrac{3 + 2\sqrt{3}}{3}$	0	$+\dfrac{16\sqrt{3}}{9}$ (max.)
	décroît	décroît
3		0
		décroît
$+\infty$	$-\infty$	$-\infty$

La représentation graphique de ces variations donne la
courbe C'B'ABC (*fig.* 27), à deux branches infinies BC, B'C',
qui présente un minimum au point B', un maximum au point
B, et un point d'inflexion en A, car la dérivée seconde de la
fonction

$$y'' = -6x + 6$$

s'annule pour la valeur de x égale à 1, abscisse du point A,
et qu'elle change de signe dans le passage de x par cette

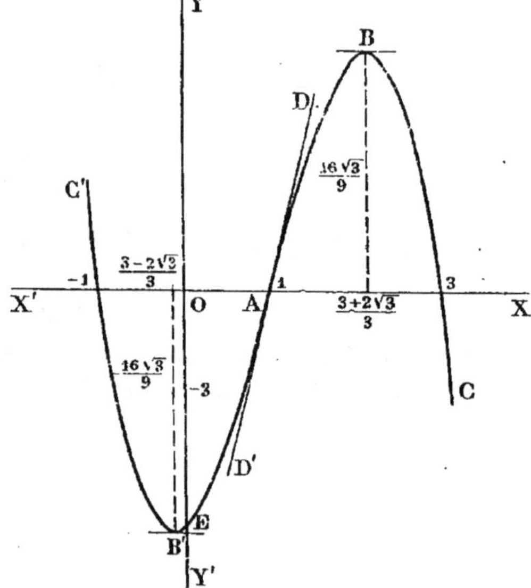

Fig. 27.

valeur. Quant au coefficient angulaire de la tangente DD' à la
courbe en ce point, il est égal à la valeur que prend la dérivée
première de la fonction pour $x = 1$, c'est-à-dire à 4. Enfin le
point E, où la courbe rencontre l'axe YY', est donné par la
valeur $y = -3$ que prend la fonction lorsqu'on y fait x
égal à zéro.

GÉOMÉTRIE ÉLÉMENTAIRE

1. La Géométrie est la science de l'étendue figurée, autrement dit la science des figures considérées dans leur forme, leur situation et leur mesure.

Les figures géométriques sont des conceptions de l'esprit, des perfections idéales des formes réelles, sur lesquelles on raisonne pour découvrir des vérités mathématiques qui conviennent ensuite d'autant mieux aux figures matérielles que celles-ci sont moins différentes des premières. Tandis que les formes géométriques réelles sont très limitées, il peut y avoir une infinité de figures géométriques. « L'espace est pour le mathématicien une sorte de milieu intérieur et idéal, un monde de formes dont il est le créateur. Il dit à sa manière : Que les figures soient, et les figures sont. Le *fiat* magique qui les évoque à l'existence, sa puissance créatrice, c'est l'activité synthétique de son esprit(¹). »

Dans cette branche des mathématiques, les définitions expriment parfois la génération des figures qu'elles ont pour but de définir, comme la suivante : la sphère est le volume engendré par un demi-cercle dans une révolution entière autour de son diamètre. Ces définitions sont les meilleures que l'on puisse donner des figures géométriques parce qu'elles en énoncent « le caractère essentiel primitif et irréductible, celui duquel tous les autres dérivent (²). » Quand elles ne sont pas conçues sous cette forme, la possibilité géométrique des figures définies n'est pas toujours évidente, et c'est la raison pour laquelle il nous paraît alors indispensable de faire suivre immé-

---

(¹) Alexis Bertrand. — *Principes de philosophie scientifique et de philosophie morale.*

(²) Liard. — *Des définitions géométriques et des définitions empiriques.*

diatement la définition de l'exemple, le plus souvent d'une proposition qui la justifie.

Diderot considère la Géométrie comme « la meilleure et la plus simple de toutes les logiques, la plus propre à donner de l'inflexibilité au jugement et à la raison. » Bossut dit, de son côté, que « les propositions spéculatives subsisteront toujours comme un des moyens les plus propres à développer et à faire connaître toutes les forces de l'intelligence humaine. »

2. La Géométrie pure, c'est-à-dire envisagée en dehors de ses nombreuses applications, comprend la *Géométrie ancienne*, celle d'Euclide, et la *Géométrie moderne*. Celle-ci se distingue de la première surtout « par la généralité, l'uniformité et l'abstraction de ses méthodes[1] ». Dans leur application, ces méthodes, dites de transformation, permettent de déduire des propriétés de certaines figures, en en suivant les variations, d'autres propriétés qui se rapportent aux figures dérivées des premières, de façon que propriétés et figures dans le second cas sont respectivement corrélatives des propriétés et des figures qui ont servi de point de départ. La Géométrie moderne peut ainsi « créer à volonté des vérités géométriques sans nombre[2]. »

Dans la Géométrie ancienne, « chaque méthode ne comportait rien de général et se bornait à la question particulière qui y avait donné lieu ; chaque courbe connue, et le nombre en était très restreint, avait été étudiée isolément, et par des moyens qui lui étaient tout spéciaux, et sans que ses propriétés et les procédés qui y avaient conduit, servissent à découvrir les propriétés d'une autre courbe[3] ».

C'est de la Géométrie ancienne dont il sera surtout question ici. Nous consacrerons le dernier chapitre théorique à donner un aperçu des principes et des méthodes de la Géométrie moderne, et dans la partie pratique nous résoudrons un certain nombre de questions à l'aide de ces mêmes méthodes.

---

[1] Chasles. — *Aperçu historique*.
[2]   Id.
[3]   Id.

LIVRE I

GÉOMÉTRIE ÉLÉMENTAIRE THÉORIQUE

CHAPITRE I

NOTIONS ET VÉRITÉS PREMIÈRES DE LA GÉOMÉTRIE

§ I. — Généralités.

3. Après avoir reçu de l'observation des corps la notion de l'espace occupé par chacun d'eux, lequel s'appelle l'étendue en *volume*, l'esprit distingue par abstraction celle de la limite de ces volumes ou de l'étendue en *surface*, celle de la limite d'une surface ou de l'étendue en *longueur*, ou de la *ligne*, enfin celle de la limite d'une portion de ligne ou du *point* et qui ne comporte aucune idée d'étendue.

4. Grandeurs géométriques. — Le *volume*, la *surface* et la *ligne* sont des grandeurs géométriques.

Conçues indépendamment des corps, ces trois sortes d'étendue peuvent être considérées comme formées par le concours de trois éléments essentiels, l'espace indéfini, le point et le mouvement; un point mobile décrira une ligne, une ligne engendrera une surface, et une surface engendrera un volume.

Un quelconque de ces éléments géométriques, point, ligne, surface, volume, ou l'ensemble de plusieurs considéré comme invariable dans sa forme, reçoit le nom de *figure géométrique*.

5. Grandeurs égales. — La coïncidence exacte par superposition de deux grandeurs géométriques de même espèce (deux lignes, deux surfaces ou deux volumes) donne la notion de l'*égalité* de deux grandeurs, autrement dit de deux *lignes égales*, ou de deux *surfaces égales*, ou de deux *volumes égaux*.

Mais si deux grandeurs de même espèce sont telles que l'une d'elles peut coïncider dans son entier avec une partie seulement de l'autre, on dit que la seconde est *plus grande* que la première et que la première est *plus petite* que la seconde. Cette coïncidence partielle d'une grandeur avec la totalité d'une autre de même espèce caractérise l'*inégalité* des deux grandeurs que l'on envisage.

Cette superposition des figures est la méthode géométrique générale de comparaison.

§ II. — Ligne.

6. Ligne droite. — La plus simple de toutes les lignes est la *ligne droite*, qu'on nomme plus simplement *droite* et que certains auteurs définissent, à tort : *Le plus court chemin d'un point à un autre.* Cette définition est, en effet, vicieuse, parce qu'on ne peut définir une chose que par l'expression de ses rapports avec d'autres connues, précédemment définies. M. Duhamel (¹) dit fort justement : « Qu'entend-on, en effet, par une ligne plus grande qu'une autre ? C'est celle qui se compose d'une partie égale à la première et d'un reste quelconque. Or, deux lignes égales sont celles qui peuvent coïncider, et par conséquent l'égalité ne peut être conçue entre deux lignes dont la figure ne se prête pas à la superposition. Quelle idée peut-on se faire alors de cette définition donnée au commencement même de la science, lorsque l'on n'a pu encore faire savoir ce que l'on appelle *lignes d'égale longueur*, dans le cas où il ne peut y avoir coïncidence ? Nous rejetons donc entièrement cette définition, qui a encore l'inconvénient de ne donner

---

(¹) *Des méthodes dans les sciences de raisonnement.*

aucune idée de la figure de la ligne droite à ceux qui ne l'auraient pas déjà. »

La notion de la ligne droite ne pouvant être ramenée à une autre plus simple, on ne la définit pas. Chacun en a le sentiment : un fil tendu en donne l'image.

La ligne droite a pour propriété fondamentale ce principe tout intuitif, indémontrable, qui est une vérité première de la géométrie : *Deux points déterminent une ligne droite.* Ce qui revient à dire que par deux points on peut toujours mener une ligne droite et qu'on n'en peut mener qu'une.

Il résulte de cela : 1° que si l'on prend une partie de ligne droite pour l'appliquer par ses extrémités sur la même ligne, il y aura coïncidence pour les deux lignes entre les deux points communs, et cette coïncidence ne cessera pas d'exister dans le glissement de la première sur la seconde ;

2° que la forme de la ligne droite est la même dans toute son étendue ;

3° que deux lignes droites qui ont deux points communs coïncident dans toute leur étendue ;

4° que deux lignes droites distinctes ne peuvent avoir qu'un point commun.

Quand on parle d'une droite, on doit entendre qu'elle est indéfinie dans les deux sens de sa direction.

Si l'on considère une droite limitée par un point dans un sens et indéfinie dans l'autre, on a une *demi-droite* ; le point qui la limite dans un sens en est l'*origine*. Si l'on considère une droite limitée par deux points dans les deux sens on a un *segment* ou une *portion de droite* : les deux points marquent les *extrémités* du segment ; on dit encore, en supposant le segment décrit par un point qui se meut dans un sens déterminé, que le point de départ est l'*origine* du segment et que le second en est l'*extrémité*.

7. Deux portions de droite sont dites *égales* lorsqu'elles sont exactement superposables. Ce fait s'exprime aussi en disant que les deux portions de droite ont la même *longueur*. Si dans un essai de superposition, c'est-à-dire après avoir

appliqué les deux portions de droite l'une sur l'autre de manière à leur donner une extrémité commune, les deux autres ne coïncidaient pas, on aurait l'idée de deux portions de droite inégales ; celle qui ne serait pas entièrement recouverte serait dite plus grande que l'autre, et l'autre plus petite que la première.

Si sur une droite indéfinie, et à partir d'un de ses points quelconques, on porte successivement et dans le même sens deux portions de droite, on conçoit, d'après ce qui précède, qu'elles n'en feront qu'une. Le segment de droite indéfinie compris entre le point initial et l'extrémité finale de la seconde droite, est dit la *somme* de ces deux portions de droite. En d'autres termes, la longueur de cette portion de droite indéfinie est la somme des longueurs des deux portions de droite juxtaposées. Quand on fait cette opération, on dit qu'on *ajoute* deux portions ou deux segments de droite, ou mieux leurs longueurs l'une à l'autre.

En portant à la suite de cette longueur totale celle d'une troisième portion de droite, on aurait la somme de trois portions de droite ou de leurs longueurs, et en continuant ainsi on peut obtenir la somme d'un nombre quelconque de portions de droite ou de leurs longueurs : cette somme est indépendante de l'ordre dans lequel on ajoute les segments.

On appelle *distance de deux points* la portion de droite qui réunit ces deux points : on trouvera plus loin la justification de cette définition (25).

8. **Ligne courbe.** — Toute ligne qui n'est ni droite ni décomposable en lignes droites a reçu le nom de *ligne courbe.*

§ III. — Plan.

9. La notion de *plan* nous est donnée par une glace bien polie, la surface d'une eau tranquille. On définit généralement le plan : *Une surface telle que toute droite qui y a deux de ses points y est tout entière contenue.*

Quand on parle d'un plan, on doit entendre qu'il est indéfini dans tous les sens.

Si l'on considère un plan dans lequel se trouve tracée une droite illimitée, il est partagé par cette droite en deux parties à chacune desquelles on donne le nom de *demi-plan*.

De la définition du plan, il résulte que deux plans amenés à coïncider directement ou après retournement, par trois au moins de leurs points non situés sur une même droite, coïncident dans toute leur étendue.

§ IV. — Angle.

10. L'*angle*, pas plus que la droite, ne saurait être défini. Cette notion nous est donnée par la figure que forment deux demi-droites, issues d'un même point et de directions différentes. Le point commun aux deux demi-droites est le *sommet* de l'angle et les deux demi-droites en sont les *côtés*.

On dit que deux angles sont *égaux* lorsqu'ils sont exactement superposables, la coïncidence ne se rapportant, bien entendu, qu'aux directions des côtés des deux angles et non à leur longueur.

Dans l'essai d'une superposition de deux angles, c'est-à-dire après avoir fait coïncider leurs deux plans, leurs deux sommets et deux des demi-droites qui les forment, de manière à placer les deux autres d'un même côté de la demi-droite commune, si ces deux autres lignes ne se recouvrent pas on a l'idée de deux angles inégaux ; celui dont le deuxième côté est entre les deux côtés de l'autre est dit plus petit que le second et celui-ci plus grand que le premier.

En plaçant deux angles dans un même plan de façon à amener la coïncidence de leurs sommets et de deux des demi-droites qui les forment, et en ayant soin que les deux autres soient situées de part et d'autre de la demi-droite commune, l'angle formé par les côtés extrêmes est dit la *somme* des deux angles considérés. Effectuer cette opération, c'est *ajouter* deux angles l'un à l'autre. On conçoit que par la juxtaposition, de la même manière, d'un troisième angle à cet angle total, on aurait la somme de trois angles, et qu'en continuant ainsi on obtiendrait la somme d'un nombre quelconque d'angles : cette somme est indépendante de l'ordre dans lequel on ajoute les angles.

Pour se faire une idée exacte de ce qu'on appelle la grandeur d'un angle, on suppose qu'un de ses côtés restant fixe, l'autre, d'abord appliqué sur le premier, se met à tourner autour du sommet ; ce second côté fait ainsi avec le premier un angle qui va croissant progressivement. Ce mode de génération des angles met en outre en évidence que *la grandeur d'un angle est indépendante de la longueur de ses côtés*.

11. Tels sont les notions et les principes fondamentaux de la Géométrie auxquels nous nous limiterons ici : ils permettent d'établir les commencements de cette science.

Il en est d'autres, mais nous ne les ferons intervenir qu'au fur et à mesure que leur introduction dans cette étude deviendra nécessaire.

CHAPITRE II

LIGNE DROITE

---

§ I. — Mesure des droites.

12. On a vu en Arithmétique (94) qu'on donne le nom de *grandeurs mathématiques* à toutes les grandeurs mesurables directement ou par réduction, et que mesurer une de ces grandeurs c'est la comparer à une autre de même nature arbitrairement choisie, à laquelle on donne le nom d'*unité* de mesure.

La possibilité de définir l'égalité et l'addition de deux grandeurs de même espèce caractérise les grandeurs mathématiques, car elle a pour conséquence la comparaison et partant la mesure de ces grandeurs.

Il résulte de là et de ce que l'on sait déjà sur la droite que les droites sont des grandeurs mathématiques.

13. Mesure d'un segment de droite. — Pour mesurer un segment de droite, on y porte autant de fois qu'elle peut y être contenue la longueur que l'on a prise pour unité, ou bien, au besoin, une de ses parties aliquotes. Trois cas peuvent se présenter :

1° Si le segment de droite à mesurer contient un nombre exact de fois l'unité, ce nombre exprime la mesure cherchée ;

2° Si le segment de droite n'est pas égal à un nombre exact d'unités, mais s'il contient exactement un certain nombre de fois une partie aliquote de l'unité, la mesure du segment de droite est exprimée par un nombre fractionnaire qui a respectivement pour numérateur et pour dénominateur les nombres de fois que la partie aliquote de l'unité est contenue dans le segment et dans l'unité ;

3° Si le segment de droite n'est pas égal à un nombre exact de parties aliquotes de l'unité, quelque petites qu'elles soient, on dit que le segment de droite est incommensurable avec l'unité choisie. Dans ce cas, si l'on considère une suite de longueurs commensurables avec l'unité, toutes inférieures (ou supérieures) à la longueur incommensurable donnée, et indéfiniment croissantes (ou décroissantes), on appelle, par extension de sens, mesure de la longueur incommensurable la limite vers laquelle tend la série des mesures respectives des longueurs commensurables lorsque celles-ci tendent vers la longueur incommensurable donnée. On sait que cette mesure est exprimée par un nombre irrationnel.

En effectuant ces mesures au moyen du compas, quelque perfectionné que soit cet instrument, on obtient toujours un nombre entier ou fractionnaire comme résultat, parce que les longueurs cessent d'être perceptibles au-dessous de certaines limites.

Dans la pratique, on mesure un segment de droite isolé en prenant pour unité le mètre ou les unités secondaires qui en dérivent, et en faisant intervenir, au besoin, le dixième de la plus petite unité, par l'emploi d'un *vernier linéaire*.

14. Plus grande commune mesure de deux segments de droite. — En Géométrie, on a moins souvent à mesurer un segment de droite qu'à exprimer le rapport de deux segments. Dans ce cas on cherche la plus grande commune mesure de ces deux longueurs en suivant la marche établie pour le calcul du plus grand commun diviseur de deux nombres. A cet effet, on retranche la plus petite longueur de la plus grande autant de fois qu'elle peut y être contenue ; s'il n'y a pas de reste, la plus petite longueur est la plus grande commune mesure cherchée ; s'il y a un reste, on le retranche de la plus petite des deux longueurs données autant de fois qu'il peut y être contenu ; s'il n'y a pas de nouveau reste, le premier est la plus grande commune mesure ; s'il y a un deuxième reste, on le retranche du premier autant de fois qu'il peut y être contenu et l'on continue ainsi jusqu'à ce qu'on arrive à un reste nul ou qu'on s'aperçoit que les deux longueurs proposées n'ont pas de commune mesure.

Lorsque ces deux longueurs sont données graphiquement, on opère avec des instruments; il en résulte qu'on finit par se trouver en présence de longueurs pratiquement inappréciables en raison de leur petitesse et que l'opération se termine.

Mais lorsque les deux longueurs sont dans une dépendance déterminée l'une par rapport à l'autre, il peut arriver, comme pour la diagonale et le côté du carré, que l'opération elle-même par la manière dont elle est faite en indique l'incommensurabilité commune.

Si les deux longueurs ont une commune mesure, leur rapport est égal au quotient des deux nombres qui expriment respectivement combien chacune d'elles contient de fois cette commune mesure que l'on prend pour unité. Ce quotient est généralement un nombre fractionnaire; il est un nombre entier si, dans la comparaison de la plus grande longueur à la plus petite, celle-ci se trouve être la plus grande commune mesure des deux.

Si les deux longueurs sont incommensurables, leur rapport, dans la comparaison de la plus grande à la plus petite, et en prenant celle-ci pour unité, est exprimé par le nombre irrationnel qui mesure la première longueur, incommensurable avec l'unité (*Arithm.*, 138).

§ II. — Angles.

15. Angles adjacents. — Deux angles qui ont à la fois même sommet et un côté commun, s'ils sont situés de part et d'autre de ce côté commun, reçoivent le nom d'*angles adjacents*. Cette position des deux angles n'est autre que celle qui résulterait de leur addition.

16. Droites perpendiculaires. — Lorsqu'une demi-droite rencontre, par le point qui la limite dans un sens, une droite indéfinie, elle forme avec celle-ci deux angles adjacents. Si ces deux angles sont égaux, on dit que la demi-droite est *perpendiculaire* sur la droite ; dans le cas contraire, on dit qu'elle est *oblique*. Le point commun à la demi-droite et à la droite est, selon le cas, le *pied* de la perpendiculaire ou de l'oblique.

17. Angle droit. — Un angle dont l'un des côtés est perpendiculaire sur l'autre porte le nom d'*angle droit*.

18. On démontre sur les angles et les droites perpendiculaires les premiers théorèmes qui vont suivre.

I. *Par un point d'une droite, on peut mener à cette droite, d'un côté donné, une demi-droite perpendiculaire et l'on ne peut en mener qu'une.*

Cette proposition a pour conséquence ou *corollaire* cette autre :

Tous les angles droits sont égaux.

Ce qui revient à dire que l'angle droit est invariable de grandeur. Cette propriété essentielle et caractéristique l'a fait adopter comme terme de comparaison ; c'est à l'angle droit que l'on compare tous les autres.

Selon qu'un angle est plus petit ou plus grand qu'un angle droit, on lui donne le nom d'*angle aigu* ou d'*angle obtus*.

Lorsque la somme de deux angles est égale à un angle droit l'un quelconque de ces angles est dit le *complément* de l'autre, et les deux angles qui se complètent l'un l'autre à un angle droit sont appelés *angles complémentaires* (¹).

II. *Deux angles adjacents dont les côtés extérieurs sont en ligne droite ont leur somme égale à deux angles droits, et réciproquement.*

De la proposition directe se déduisent les deux corollaires :

1° *La somme de tous les angles consécutifs formés dans un*

(¹) Contrairement à ce que l'on trouve généralement dans les ouvrages de Géométrie, nous définissons le complément d'un angle avant de définir les angles complémentaires. L'idée de complément étant contenue dans celle d'angles complémentaires, la première doit logiquement précéder la seconde dans l'ordre d'acquisition de nos connaissances.

plan autour d'un point d'une droite et d'un même côté de cette droite est égale à deux angles droits.

2° *La somme de tous les angles consécutifs formés dans un plan tout autour d'un même point est égale à **quatre angles droits.***

De la réciproque on obtient le corollaire :

Deux demi-droites perpendiculaires à une droite en un même point et de chaque côté de cette droite, sont le prolongement l'une de l'autre.

La droite formée par les deux demi-droites est dite perpendiculaire à l'autre, et la seconde, perpendiculaire à la première.

Il suit de ce corollaire que *par un point d'une droite on peut mener à cette droite une perpendiculaire indéfinie de part et d'autre de la droite et qu'on ne peut en mener qu'une.*

Lorsque la somme de deux angles est égale à deux angles droits, l'un quelconque de ces angles est dit le *supplément* de l'autre, et les deux angles sont appelés pour cette raison *angles supplémentaires* (¹) .

III. *Par un point pris hors d'une droite on peut mener une perpendiculaire à cette droite et l'on ne peut en mener qu'une.*

Ce théorème et l'antéprécédent peuvent se fondre dans le suivant :

Un point détermine une perpendiculaire à une droite donnée.

19. Angles opposés par le sommet. — Si deux angles sont tels que les côtés de l'un sont les prolongements des côtés de l'autre au delà du sommet, ils sont dits *opposés par le sommet.*

IV. *Deux angles opposés par le sommet sont égaux.*

20. Bissectrice d'un angle. — La demi-droite qui partage un angle en deux parties égales s'appelle *bissectrice* de l'angle.

V. *Les bissectrices de deux angles adjacents supplémentaires sont perpendiculaires entre elles.*

(¹) Observation analogue à celle du Th. I.

VI. *Les bissectrices de deux angles opposés par le sommet sont le prolongement l'une de l'autre.*

On déduit de ces deux théorèmes le corollaire suivant :

Les bissectrices des quatre angles formés par deux droites qui se coupent forment deux droites perpendiculaires l'une à l'autre.

§ III. — Triangles.

21. Polygone. — On donne le nom de *polygone* à toute figure formée par une suite de portions de droite ayant chacune une direction différente de celle qui la précède et constituant par leur ensemble un circuit fermé. Ces portions de droite sont les *côtés* du polygone, et leur somme en est le *périmètre*. Les points où les côtés se limitent entre eux et les angles que ces côtés forment consécutivement deux à deux sont respectivement les *sommets* et les *angles* du polygone. Toute droite qui joint deux sommets non consécutifs du polygone est une *diagonale*.

La ligne formée par le périmètre d'un polygone est une *ligne brisée* ou *ligne polygonale*. Une ligne brisée est fermée si elle est le contour d'un polygone ; elle est ouverte s'il manque un ou plusieurs côtés à ce contour.

Si tous les côtés d'une ligne polygonale sont dans un même plan, cette ligne est *plane* ; dans le cas contraire, elle est *gauche*. Un polygone est aussi *plan* ou *gauche*, selon qu'il correspond au premier ou au second cas.

Il ne sera question dans ce qui va suivre que de lignes polygonales et de polygones plans.

Une ligne polygonale plane et un polygone plan sont dits *convexes* lorsqu'ils sont tout entiers d'un même côté de chacune des portions de droite qui les forment, prolongées indéfiniment.

On démontre qu'*une droite du plan d'une ligne polygonale convexe ne peut rencontrer cette ligne en plus de deux points.*

Quelques polygones ont reçu des noms qui rappellent le nombre de leurs côtés ou de leurs angles. Ainsi, on désigne par les expressions de *triangle, quadrilatère, pentagone, hexagone, heptagone, octogone*, etc.. les polygones de 3, 4, 5, 6, 7, 8 côtés, etc.

22. Triangle. — Le triangle est le plus simple des polygones.

On l'appelle *scalène* s'il a ses trois côtés inégaux, *isocèle*, s'il a deux côtés égaux, et *équilatéral*, s'il a ses trois côtés égaux.

Un triangle qui a un angle droit porte le nom de triangle *rectangle* ; le côté opposé à l'angle droit s'appelle *hypoténuse*.

Les trois perpendiculaires menées des trois sommets d'un triangle sur les côtés opposés sont les trois *hauteurs* du triangle, et chaque côté, considéré par rapport à la hauteur correspondante, prend le nom de *base*. Dans un triangle isocèle, on donne plus particulièrement le nom de base au côté qui n'est égal à aucun des deux autres.

Les trois droites qui joignent les trois sommets d'un triangle aux milieux des côtés opposés sont les trois *médianes* du triangle.

Si l'on prolonge dans un même sens circulaire les trois côtés d'un triangle, on forme en chacun de ses sommets deux angles, soit six angles au total, dont trois situés à l'intérieur du triangle et trois à l'extérieur ; pour les distinguer, les premiers sont dits les *angles intérieurs* du triangle, et les autres, les *angles extérieurs*.

Les bissectrices des angles intérieurs et des angles extérieurs d'un triangle, limitées les unes et les autres aux côtés opposés, sont appelées *bissectrices intérieures* et *bissectrices extérieures* du triangle.

23. Nous ferons reposer la théorie générale des triangles sur les deux propositions suivantes relatives au triangle isocèle.

I. *Dans un triangle isocèle les angles opposés aux côtés égaux sont égaux*, et réciproquement.

La démonstration qu'on donne de ce théorème met en évidence les vérités qui suivent :

1° *Un triangle isocèle est superposable à lui-même après retournement* ;

2° *Un triangle équilatéral est équiangle*, et réciproquement.

II. *Dans un triangle isocèle, la bissectrice de l'angle formé par les deux côtés égaux est à la fois une hauteur et une médiane du triangle.*

24. Égalité des triangles. — Deux triangles sont dits égaux lorsqu'ils sont superposables, c'est-à-dire lorsque, placés l'un sur l'autre, ils peuvent coïncider. Comme un triangle est formé de six éléments, trois côtés et trois angles, deux triangles égaux ont nécessairement leurs six éléments égaux deux à deux et pris dans le même ordre, ce qui donne six conditions auxquelles satisfont ces deux triangles. Inversement, deux triangles sont égaux si les six éléments de l'un sont respectivement égaux aux six éléments de l'autre.

Toutefois, pour affirmer que deux triangles sont égaux, il n'est pas nécessaire d'être assuré que les six conditions auxquelles ils sont subordonnés sont satisfaites ; l'égalité de certains éléments convenablement choisis entraîne celle des autres et par suite celle des deux triangles eux-mêmes. C'est ce qu'exprime le triple théorème suivant, qui traduit ce qu'on appelle les *trois cas généraux d'égalité des triangles* :

III. *Deux triangles sont égaux lorsqu'ils ont :*

1° un côté égal adjacent à deux angles égaux chacun à chacun ;

2° un angle égal compris entre deux côtés égaux chacun à chacun ;

3° les trois côtés égaux chacun à chacun.

Les deux premiers cas se démontrent par la superposition des deux triangles. Pour le troisième, on procède par juxtaposition après retournement de l'un des deux triangles (*fig.* 1) ;

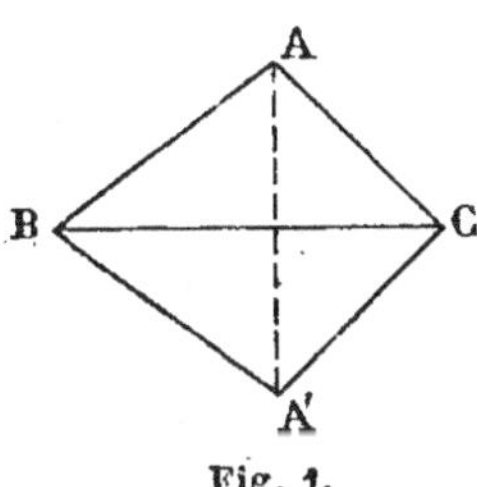

Fig. 1.

en joignant ensuite par une droite AA' les deux sommets A et A' situés de part et d'autre du côté commun BC des deux triangles ABC et A'BC, on forme deux triangles isocèles ABA' et ACA', d'où l'on déduit la perpendicularité des deux droites BC et AA', par suite l'égalité des angles en B, par exemple, et finalement celle des deux triangles.

Il ressort ainsi de cette triple proposition que sur les six conditions contenues dans l'égalité de deux triangles, trois suffisent pour entraîner les trois autres et par suite cette égalité des deux triangles ; mais il faut que ces trois conditions soient groupées de façon à comprendre dans chaque triangle : soit un côté et les deux angles adjacents, soit deux côtés et l'angle qu'ils forment, soit les trois côtés.

La théorie de l'égalité des triangles trouve surtout son application dans la démonstration, très fréquente en Géométrie, de l'égalité de deux segments de droite ou de deux angles. Pour cela, on cherche à faire entrer les deux segments ou les deux angles en question dans deux triangles dont on puisse prouver l'égalité par leurs autres éléments, pour en déduire ensuite celle des côtés ou des angles envisagés.

25. Relations entre les côtés et les angles des triangles. — Dans un même triangle, ou dans deux triangles qui satisfont à certaines conditions, il existe entre les angles, entre les côtés, et entre les angles et les côtés, des relations qui sont l'objet des théorèmes qui suivent.

IV. *Si dans un triangle on prolonge un des côtés, l'angle extérieur formé est plus grand que chacun des angles intérieurs non adjacents.*

V. *Si deux côtés d'un triangle sont inégaux, les angles opposés sont aussi inégaux, et au plus grand côté est opposé le plus grand angle, et réciproquement.*

VI. *Dans un triangle :*

1° *un côté quelconque est plus petit que la somme des deux autres ;*

2° *un côté quelconque est plus grand que la différence des deux autres.*

De ce dernier théorème on déduit qu'on ne peut pas toujours construire un triangle avec trois segments quelconques de droite ; il faut que le plus grand soit moindre que la somme des deux autres, ou, ce qui revient au même, que le plus petit soit supérieur à la différence des deux autres.

Ce même théorème a pour conséquences immédiates les corollaires suivants :

1° *Un segment de droite est plus court que toute ligne brisée ayant mêmes extrémités que le segment.*

2° *Une ligne polygonale convexe est plus petite que toute ligne polygonale enveloppante ayant mêmes extrémités que la première.*

Ainsi se trouve établi que *la ligne droite est le plus court chemin d'un point à un autre*, lorsqu'on ne considère que des chemins exclusivement composés de lignes droites. Ce principe sera étendu plus loin aux lignes courbes.

3° *Une ligne polygonale convexe est plus petite que toute ligne polygonale qui l'enveloppe de toutes parts.*

VII. *Si deux triangles ont deux côtés égaux chacun à chacun et si les angles compris entre ces côtés sont inégaux, les troisièmes côtés sont aussi inégaux et au plus petit angle est opposé le plus petit côté,* et réciproquement.

Le raisonnement que l'on suit pour démontrer la réciproque de ce dernier théorème, et que l'on a déjà utilisé pour la réciproque du théorème V précédent, consiste à passer en revue toutes les hypothèses possibles ; il est très souvent employé en Géométrie et il permet dès à présent de formuler la règle importante qui suit :

Si dans une proposition ou dans une série de propositions, l'examen de toutes les hypothèses possibles conduit à des conclusions respectives distinctes et exclusives, les réciproques des propositions démontrées sont toutes vraies.

§ IV. — Perpendiculaires et Obliques.

26. I. *Si d'un point pris hors d'une droite on mène la perpendiculaire et diverses obliques à cette droite :*

1° *La perpendiculaire est plus courte que toute oblique ;*

2° *Deux obliques dont les pieds sont à égale distance de celui de la perpendiculaire sont égales ;*

3° *Deux obliques dont les pieds sont à des distances inégales de celui de la perpendiculaire sont inégales, et la plus longue est celle pour laquelle cette distance est la plus grande ;*

et réciproquement.

La perpendiculaire étant ainsi la plus courte des lignes qu'on puisse mener à une droite d'un point extérieur, c'est elle que l'on prend pour exprimer la *distance d'un point à une droite*, et cette distance est alors représentée par le segment de la perpendiculaire compris entre son pied sur la droite et le point extérieur.

II. *Tout point de la perpendiculaire menée par le milieu d'un segment de droite est équidistant des deux extrémités de ce segment*, et réciproquement.

Cette propriété que possèdent seuls tous les points de cette perpendiculaire, d'être équidistants des deux extrémités du segment de droite, caractérise ce qu'on appelle en Géométrie un *lieu géométrique* ou plus simplement un *lieu*. On donne, en effet, ce nom à toute figure dont tous les points jouissent, à l'exclusion de tout autre, d'une propriété commune.

Partant de là, on énonce encore ainsi le théorème précédent :

La perpendiculaire menée par le milieu d'un segment de droite est le lieu géométrique des points équidistants des deux extrémités de ce segment.

Lorsqu'on veut établir qu'une figure est le lieu géométrique des points qui jouissent d'une certaine propriété, on démontre : 1° que tout point de la figure jouit de cette propriété; 2° que tout point extérieur à la figure n'en jouit pas, ou bien que tout point qui en jouit fait partie de la figure.

Cela revient à démontrer deux propositions, l'une directe, l'autre réciproque ou contraire de la première. En général, on préfère l'emploi de la réciproque à celui de la contraire, pour éviter de nouvelles constructions. Les deux procédés s'équivalent en raison de ce fait déjà énoncé que la réciproque et la contraire d'une même proposition sont toujours vraies ou fausses en même temps (*Introd.*, 9).

27. Égalité des triangles rectangles. — De ce qu'il y a dans un triangle rectangle un élément invariable de grandeur, l'angle droit, il s'ensuit qu'une des trois conditions à remplir par les triangles quelconques pour être égaux est ainsi satisfaite quand il s'agit de l'égalité des triangles rectangles, et que deux conditions réunissant des éléments convenablement choisis, pris en dehors des angles droits, deviennent alors suffisantes. C'est ce qu'établit la double proposition suivante :

III. *Deux triangles rectangles sont égaux :*

1° *Lorsqu'ils ont l'hypoténuse égale et un angle aigu égal ;*

2° *Lorsqu'ils ont l'hypoténuse égale et un côté de l'angle droit égal.*

Elle traduit ce qu'on appelle les *cas particuliers d'égalité des triangles rectangles.* Complètement indépendante de celle qui se rapporte aux triangles en général, elle n'en est ni une conséquence, ni une particularité

Lieu géométrique des points équidistants de deux droites qui se coupent. — La théorie des triangles rectangles permet d'établir la proposition qui suit :

IV. *Le lieu des points d'un plan équidistants de deux droites qui se coupent comprend les deux droites bissectrices des quatre angles formés par les deux droites données.*

§ V. — Parallèles.

28. On dit que deux droites sont *parallèles* lorsque, situées dans un même plan, elles ne se rencontrent pas, à quelque distance qu'on les prolonge.

L'existence des droites parallèles nous est prouvée par la démonstration du théorème suivant :

I. *Deux droites perpendiculaires à une troisième sont parallèles.*

De cette proposition on tire le corollaire :

Par un point pris hors d'une droite, on peut mener une parallèle à cette droite.

Ici, l'on admet comme vrai que *par un point pris hors d'une droite, on ne peut mener qu'une parallèle à cette droite.*

Cette proposition est un *postulatum* qui remplace généralement celui d'Euclide dans l'établissement de la théorie des parallèles. On a reconnu, en effet, l'impossibilité de déduire cette théorie de l'ensemble de la définition des parallèles et des vérités précédemment admises ou démontrées.

Le postulatum d'Euclide, ou mieux son axiome XI, était le suivant : *Si deux droites coupées par une troisième font avec elle deux angles intérieurs situés d'un même côté de cette dernière, dont la somme soit inférieure à deux angles droits, ces deux droites prolongées indéfiniment finissent par se rencontrer du côté des deux angles intérieurs considérés.*

Ce postulatum et celui qu'on lui substitue d'ordinaire constituent deux propositions telles que l'une quelconque étant admise, l'autre est facilement démontrable. De sorte qu'il est indifférent de prendre l'un ou l'autre comme théorème fondamental des parallèles.

De nombreuses tentatives, toutes infructueuses, ont été faites pour démontrer le postulatum d'Euclide, notamment par Legendre, qui après avoir cherché une démonstration directe, essaya de prouver, sans le secours des parallèles, que la somme des trois angles d'un triangle est égale à deux angles droits, parce que le postulatum serait une conséquence de cette proposition.

Dans un ordre de recherches opposé pour ainsi dire à celui-ci, deux géomètres, l'un russe, Lobatschewsky, et l'autre hongrois, Bolyai, se sont demandé, chacun de son côté, vers la fin du premier tiers de ce siècle, ce que serait la Géométrie si le postulatum d'Euclide n'était pas vrai, et ils ont établi, en partant de cette hypothèse, un ensemble de théorèmes qui constitue un nouveau système de Géométrie auquel on a donné le nom de *Géométrie non euclidienne* ou de *Géométrie imaginaire*. Dès 1792, le grand mathématicien Gauss était en possession de ces théories : c'est ce que nous a appris la publication de sa correspondance avec Schumacher dans laquelle il appuie de son autorité les travaux que nous venons d'indiquer. Enfin, Beltrami et Riemann, pour ne citer que ces deux noms, sont venus depuis très heureusement compléter les résultats acquis.

De l'ensemble de ces recherches il résulte que le postulatum d'Euclide n'est pas démontrable ; il faut l'admettre comme une vérité expérimentale. Hâtons-nous de dire que cette impossibilité n'entame aucunement la solidité de la théorie des parallèles.

Du postulatum de la parallèle unique menée à une droite par un point extérieur, on tire immédiatement cette conséquence :

Deux droites parallèles à une troisième sont parallèles entre elles.

II. *Lorsque deux droites sont parallèles, toute perpendiculaire à l'une est perpendiculaire à l'autre.*

29. Égalité de certains angles. — Lorsque deux droites AB et CD (*fig*. 2) sont rencontrées par une sécante EF, elles forment

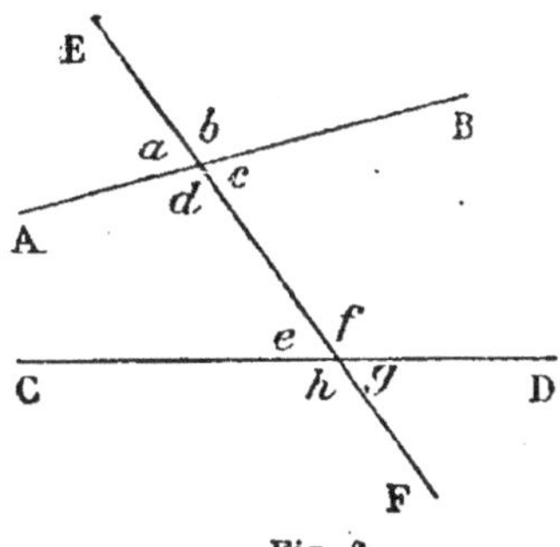

Fig. 2.

avec celle-ci huit angles auxquels on a donné des noms particuliers. On appelle : **1°** angles *alternes-internes*, deux angles situés en dedans des deux droites, de part et d'autre de la sécante, et non adjacents, tels que c et e, d et f ; **2°** angles *alternes-externes*, deux angles situés en dehors des deux droites, de part et d'autre de la sécante, et non adjacents, tels que a et g, b et h ; **3°** angles *correspondants*, deux angles situés l'un en dedans et l'autre en dehors des deux droites, d'un même côté de la sécante, et non adjacents, tels que a et e, d et h, b et f, c et g ; **4°** angles *intérieurs d'un même côté*, deux angles situés en dedans des deux droites et d'un même côté de la sécante, tels que d et e, c et f ; **5°** angles *extérieurs d'un même côté*, deux angles situés en dehors des deux droites et d'un même côté de la sécante, tels que a et h, b et g.

III. *Deux droites parallèles rencontrées par une sécante forment généralement avec cette dernière quatre angles aigus et quatre angles obtus ; les angles aigus sont égaux entre eux, il en est de même des angles obtus, et deux de ces angles, l'un aigu et l'autre obtus, sont supplémentaires ; et réciproquement.*

De cette double proposition se déduit le double corollaire :

Deux droites parallèles rencontrées par une sécante forment avec cette dernière :

1° *des angles alternes-internes égaux ;*

2° *des angles alternes-externes égaux ;*

3° *des angles correspondants égaux ;*

4° *des angles intérieurs d'un même côté supplémentaires ;*

5° *des angles extérieurs d'un même côté supplémentaires* ; et réciproquement.

Ces deux dernières propositions, réciproques l'une de l'autre, étant démontrées, il en résulte que leurs propositions contraires sont vraies, c'est-à-dire que : 1° *si deux droites non parallèles sont rencontrées par une sécante, les angles ne satisfont pas aux précédentes relations ;* 2° *si deux droites rencontrées par une sécante ne forment pas des angles qui satisfont aux précédentes relations, elles ne sont pas parallèles.*

On tire de là les deux conséquences :

1° *Deux droites l'une perpendiculaire et l'autre oblique à une troisième ne sont pas parallèles ;*

2° *Deux droites respectivement perpendiculaires à deux droites qui se coupent ne sont pas parallèles.*

IV. *Deux angles qui ont leurs côtés respectivement parallèles sont égaux ou supplémentaires. Ils sont égaux si les côtés parallèles sont dirigés deux à deux dans le même sens ou deux à deux en sens contraires ; ils sont supplémentaires si deux côtés parallèles sont dirigés dans le même sens et les deux autres en sens contraires.*

V. *Deux angles qui ont leurs côtés respectivement perpendiculaires sont égaux ou supplémentaires. Ils sont égaux s'ils sont en même temps aigus ou obtus ; ils sont supplémentaires si l'un est aigu et l'autre obtus.*

§ VI. — Somme des angles d'un polygone.

30. 1. *La somme des angles d'un triangle quelconque est égale à deux angles droits.*

On tire de ce théorème les corollaires qui suivent :

1° *Un angle extérieur d'un triangle est égal à la somme des deux angles intérieurs non adjacents ;*

2° *Un triangle ne peut avoir qu'un seul angle droit ou qu'un seul angle obtus ;*

3° *Dans un triangle rectangle, les deux angles aigus sont complémentaires ;*

4° *Deux triangles qui ont deux angles égaux chacun à chacun ont aussi les troisièmes angles égaux ;*

5° *Deux triangles qui ont leurs côtés respectivement parallèles ou perpendiculaires ont leurs angles égaux chacun à chacun.*

Le corollaire 4° permet de donner au premier cas de l'égalité des triangles quelconques la forme plus générale :

Deux triangles sont égaux lorsqu'ils ont un côté égal et deux angles égaux chacun à chacun.

II. *La somme des angles intérieurs d'un polygone convexe est égale à autant de fois deux angles droits qu'il a de côtés moins deux.*

III. *La somme des angles extérieurs d'un polygone convexe est égale à quatre angles droits.*

§ **VII**. — **Parallélogrammes**.

31. Dans le quadrilatère convexe on distingue les cas particuliers suivants :

1° Le *trapèze*, dont deux côtés sont parallèles ;

2° Le *parallélogramme*, dont les côtés sont parallèles deux à deux ;

3° Le *rectangle*, dont les quatre angles sont égaux, et par suite droits, leur somme valant quatre angles droits (30, II) ;

4° Le *losange*, dont les quatre côtés sont égaux ;

5° Le *carré*, dont les quatre côtés sont égaux ainsi que les angles. Ceux-ci sont par suite droits comme ceux du rectangle.

Le carré est ainsi un rectangle et un losange à la fois. On dira plus loin que ces deux figures et le rectangle sont des parallélogrammes.

Les deux côtés parallèles du trapèze sont appelés les *bases* de cette figure ; dans un parallélogramme, un rectangle, un losange et un carré, on désigne par le nom de *base* un côté quelconque.

I. *Dans un parallélogramme :*

1° *Les côtés opposés sont égaux ;*

2° *Les angles opposés sont égaux ;*

3° *Les angles adjacents à un même côté quelconque sont supplémentaires ;*

4° *Les diagonales se coupent mutuellement en deux parties égales ;*

et réciproquement.

De la première partie de ce théorème on déduit le corollaire :
Deux parallèles sont partout également distantes.

Dans un trapèze, la distance constante des deux bases est la *hauteur* du trapèze, et dans les autres figures qui précèdent, la distance constante de la base et du côté opposé est la *hauteur* de ces figures.

II. *Un quadrilatère dont deux côtés opposés sont égaux et parallèles est un parallélogramme.*

III. *Un rectangle est un parallélogramme dont les diagonales sont égales,* et réciproquement.

IV. *Un losange est un parallélogramme dont les diagonales sont :*

1° *perpendiculaires l'une à l'autre ;*

2° *bissectrices des quatre angles ;*

et réciproquement.

Il y a lieu de faire ressortir ici que la réciproque de la seconde partie de ce théorème est vraie pourvu qu'une diagonale soit bissectrice des deux angles du parallélogramme dont elle joint les sommets ; la seconde diagonale est alors nécessairement bissectrice des deux autres angles.

De ce que le carré est un rectangle et un losange, on déduit de l'ensemble de ces deux dernières propositions et de leurs réciproques, les conséquences suivantes :

1° *Un carré est un parallélogramme dont les diagonales sont égales, perpendiculaires l'une à l'autre et bissectrices des angles ;*

2° Réciproquement, *un parallélogramme est un carré lorsque ses diagonales sont égales et perpendiculaires l'une à l'autre ; ou bien lorsqu'elles sont égales et que l'une d'elles est de plus bissectrice des deux angles dont elle joint les sommets.*

§ VIII. — Symétrie dans le plan.

32. La symétrie dans le plan peut exister par rapport à un point et par rapport à une droite.

1° On dit que deux points sont *symétriques* par rapport à un troisième lorsque la droite qui les joint est divisée en deux parties égales par le troisième point.

Si deux figures sont telles que l'une d'elles est l'ensemble des points symétriques des points de l'autre par rapport à un certain point fixe, ces deux figures sont dites *symétriques* par rapport à ce point fixe que l'on appelle *centre de symétrie.*

Lorsque dans une figure tout point a son symétrique sur la figure même par rapport à un point fixe, celui-ci prend le nom de *centre de symétrie de la figure* ou plus simplement de *centre de la figure.* Dans un parallélogramme, le point de concours des diagonales est le centre de la figure.

2° On dit que deux points sont *symétriques* par rapport à une droite, lorsque la droite qui joint les deux points est perpendiculaire à la première et divisée par elle en deux parties égales.

Si deux figures sont telles que l'une quelconque est l'ensemble des points symétriques des points de l'autre par rapport à une droite, ces deux figures sont dites *symétriques* par rapport à cette droite que l'on appelle *axe de symétrie.*

Lorsque dans une figure tout point a son symétrique sur la figure même par rapport à une droite fixe, celle-ci prend le nom d'*axe de symétrie de la figure* ou plus simplement d'*axe de la figure.* Dans un triangle isocèle, la médiane comprise entre les deux côtés égaux est un axe de figure, et dans un triangle équilatéral, les trois médianes sont les trois axes de cette figure. Dans un rectangle, les droites qui joignent les milieux des côtés opposés sont les deux axes de la figure ; dans un losange, les diagonales en sont les deux axes ; et dans un carré, les diagonales ainsi que les droites qui joignent les milieux des côtés opposés sont les quatre axes de la figure.

33. Sur la symétrie dans le plan on démontre les propositions suivantes :

I. *Deux figures symétriques par rapport à un point sont égales et superposables par un simple déplacement de l'une dans le plan commun.*

II. *Deux figures symétriques par rapport à une droite sont égales mais ne sont superposables qu'après retournement de l'une d'elles.*

C'est ce qu'on appelle quelquefois l'égalité symétrique ou par retournement, par opposition à l'égalité directe ou par glissement.

III. *Dans une figure qui a un ou plusieurs axes de symétrie, les deux parties situées de part et d'autre d'un axe sont égales et superposables par rotation de l'une autour de cet axe.*

CHAPITRE III

CERCLE

---

§ I. — Définitions.

34. Le *cercle* est la figure formée par une ligne dont tous les points, situés dans un même plan, sont également distants d'un point de ce plan. Ce point s'appelle le *centre* du cercle; la distance constante est le *rayon* et la ligne en est la *circonférence*.

Trois points d'une ligne droite ne pouvant être à égale distance d'un quatrième point, la circonférence n'est ni une ligne droite, ni une ligne brisée; c'est donc une *ligne courbe*.

Or, si dans le plan de cette courbe on mène du centre une demi-droite quelconque sur laquelle on porte la longueur du rayon, on obtient un point de la courbe. Cette considération apporte à ce qui précède un degré de plus de précision et permet de dire que la circonférence est une ligne courbe *fermée*.

Ajoutons qu'elle est la plus simple et la plus importante des lignes courbes.

Enfin, il convient de dire qu'on emploie pour la désigner tout aussi souvent le nom de cercle que celui de circonférence.

De tout cela, il résulte immédiatement :

1° *que tous les rayons d'un même cercle sont égaux ;*

2° *que deux cercles de même rayon sont égaux.* Et cette égalité existe aussi bien pour les deux aires que pour les deux circonférences;

3° *que la circonférence est le lieu géométrique des points d'un plan distants d'un point fixe de ce plan d'une longueur donnée.*

On appelle *diamètre* du cercle toute portion de droite passant par le centre et limitée de part et d'autre à la circonférence.

Il suit de là :

1° *que tout diamètre d'un cercle est égal au double du rayon de ce cercle ;*

2° *que tous les diamètres d'un cercle sont égaux.*

On démontre en outre que *dans un cercle tout diamètre est un axe de symétrie*, c'est-à-dire que tout diamètre divise le cercle en deux parties égales et superposables par rotation de l'une autour de ce diamètre.

§ II. — Positions relatives d'une droite et d'un cercle.

35. Trois cas se présentent quand on considère les différentes positions d'une droite par rapport à un cercle :

1° La droite peut être extérieure au cercle, c'est-à-dire n'avoir pas de point commun avec la circonférence ;

2° Elle peut avoir un point commun avec la circonférence ;

3° Elle peut avoir deux points communs avec la circonférence.

Ces trois cas sont déterminés par la triple proposition suivante :

I. *Étant donnés un cercle et une droite située dans son plan :*

1° *Si la distance de la droite au centre du cercle est plus grande que le rayon, la droite est extérieure au cercle et n'a aucun point commun avec la circonférence ;*

2° *Si cette distance est égale au rayon, la droite a un point commun avec la circonférence et n'en a qu'un ;*

3° *Enfin, si cette distance est plus petite que le rayon, la droite a deux points communs avec la circonférence et n'en a que deux,* et réciproquement.

Les réciproques de ces propositions partielles sont les conséquences de la règle énoncée plus haut (25, VII).

Toute droite qui a deux points communs avec une circonférence est une *sécante* du cercle, et toute droite qui n'en a qu'un est une *tangente* : ce point s'appelle *point de contact*.

36. Tangente. — Les corollaires qui suivent et qui résument les propriétés essentielles de la tangente au cercle sont des conséquences de ce qui précède :

1° *La perpendiculaire menée à l'extrémité d'un rayon du cercle est tangente au cercle*, et réciproquement ;

2° *Par un point d'une circonférence on peut mener une tangente au cercle et l'on n'en peut mener qu'une ;*

3° *Le cercle et sa tangente en un point sont extérieurs l'un à l'autre, à l'exception du point commun ;*

4° *Par un point situé à l'intérieur du cercle on ne peut mener aucune tangente au cercle.*

Remarque I. — Nous avons commencé par établir qu'il existe des droites qui n'ont qu'un point commun avec la circonférence du cercle et nous avons ensuite donné à chacune de ces droites le nom de tangente. On peut définir tout d'abord la tangente au cercle, et c'est ce que font bon nombre de géomètres, sauf à démontrer immédiatement après qu'il existe des tangentes au cercle et qu'en chaque point de la circonférence on peut en mener une, mais une seule.

Remarque II. — La tangente peut être considérée comme la position limite que prend une sécante d'un cercle en tournant autour d'un de ses points communs avec la circonférence lorsque le second point vient se confondre avec le premier.

37. Normale. — On appelle *normale* au cercle ou à la circonférence en un point, la perpendiculaire menée par ce point à la tangente au cercle en ce même point.

Il résulte de cette définition et de ce qui a été dit plus haut :

1° que la normale au cercle en un point donné se confond avec le rayon mené en ce point ;

2° que toutes les normales à un cercle concourent au centre de ce cercle ;

3° que par un point donné on peut mener à un cercle deux normales, qui se confondent avec le diamètre passant par ce point.

On démontre que *la longueur de toute portion de droite qui*

*joint un point donné extérieur ou intérieur à un cercle et un point
quelconque de la circonférence de ce cercle est comprise entre les
longueurs des deux normales menées au même cercle par le point
donné.*

Il suit de là que la *distance d'un point à une circonférence*, qui
doit être la plus courte de ce point à cette ligne, se mesure
par la plus petite des deux normales que l'on peut mener à la
circonférence par ce point.

§ III. — Arcs et Cordes.

38. Un *arc* de cercle est une portion quelconque de la circonférence limitée par deux points. La portion de droite qui joint
les deux extrémités d'un arc s'appelle la *corde* de cet arc. On
dit de la corde qu'elle *sous-tend* l'arc, et de l'arc qu'il est *sous-
tendu* par la corde. La portion de surface comprise entre un
arc et sa corde porte le nom de *segment de cercle* ou *segment
circulaire*.

Lorsque deux arcs appartiennent à un même cercle ou à
deux cercles égaux, on peut les comparer par superposition.
En appliquant les deux arcs l'un sur l'autre de manière qu'il y
ait à la fois coïncidence pour les centres des cercles auxquels
ils appartiennent et pour l'une de leurs extrémités, de façon,
d'autre part, que le sens dans lequel chacun des arcs serait
décrit par un point mobile partant de cette extrémité commune
soit le même, si les deux autres extrémités coïncident, on dit
que les deux arcs sont *égaux* ; dans le cas contraire, ils sont
dits *inégaux*, et le plus grand arc est celui dont la seconde
extrémité ne serait atteinte par le point mobile qu'après avoir
passé par la seconde extrémité de l'autre.

Deux arcs regardés comme décrits dans le même sens par
un point mobile sont dits de *même sens* ; dans le cas contraire,
ils sont dits de *sens contraire*.

Si l'on considère sur un même cercle deux arcs de même
sens disposés de façon que la première extrémité de l'un coïncide avec la seconde de l'autre, l'arc décrit par le point mobile

en les parcourant successivement l'un après l'autre est la *somme* de ces deux arcs.

On peut obtenir la somme d'un nombre quelconque d'arcs de même cercle en les plaçant ainsi les uns à la suite des autres, et cette somme est indépendante de l'ordre dans lequel on ajoute ces arcs. Mais il peut arriver, dans cette opération, que pour décrire l'arc somme, le point mobile repasse par la première extrémité du premier arc et la dépasse : dans ce cas, la somme des arcs considérés comprend une circonférence entière plus un certain arc. Si le point mobile revient exactement à la première extrémité du premier arc sans la dépasser, la somme est représentée par une circonférence entière. Enfin, si le point mobile ne revient pas à la première extrémité du premier arc, la somme est inférieure à une circonférence.

Dans un cercle, une corde sous-tend deux arcs dont la somme est égale à la circonférence.

39. La théorie des arcs et des cordes comprend les propositions essentielles qui suivent :

I. *Dans un cercle, le diamètre est plus grand que toute corde.*

Cette vérité s'exprime encore en disant que *le diamètre est la plus grande corde d'un cercle.*

II. *Si, dans un même cercle ou dans deux cercles égaux, on considère deux arcs plus petits qu'une demi-circonférence, la corde qui sous-tend l'un de ces arcs est inférieure, égale ou supérieure à celle qui sous-tend l'autre, suivant que le premier arc est inférieur, égal ou supérieur au second, et réciproquement.*

III. *Le diamètre perpendiculaire à une corde d'un cercle divise la corde et les deux arcs qu'elle sous-tend en deux parties égales.*

Il résulte de cette proposition que le diamètre perpendiculaire à une corde satisfait à cinq conditions : il passe par le centre du cercle, par le milieu de la corde, par le milieu de chacun des arcs qu'elle sous-tend, et il est perpendiculaire à la corde. Or, comme deux points déterminent une droite et que par un point on ne peut mener qu'une perpendiculaire à une droite, il s'ensuit que toute droite qui remplira deux des cinq conditions précédentes remplira aussi les trois autres.

On déduit de là une série de propositions dont voici quelques-unes :

1° *Dans un cercle, la droite qui joint le milieu d'un arc au milieu de la corde qui le sous-tend est perpendiculaire à cette corde, et passe par le centre du cercle ainsi que par le milieu du second arc que cette même corde sous-tend;*

2° *Dans un cercle, la perpendiculaire menée à une corde en son milieu passe par le centre du cercle et par le milieu de chacun des arcs que cette corde sous-tend ;*

3° *Dans un cercle, le lieu des milieux des cordes parallèles à une même direction est un diamètre perpendiculaire à cette direction.*

IV. *Si, dans un même cercle ou dans deux cercles égaux, on considère deux cordes, la distance au centre de l'une d'elles est inférieure, égale ou supérieure à la distance au centre de l'autre suivant qu'elle est supérieure, égale ou inférieure à l'autre,* et réciproquement.

V. *Deux droites parallèles interceptent sur une circonférence des arcs égaux.*

§ IV. — Positions relatives de deux cercles.

40. Nous établirons d'abord que deux circonférences ne peuvent avoir plus de deux points communs sans se confondre. C'est ce qui résulte du théorème suivant :

I. *Trois points non en ligne droite déterminent une circonférence.*

Dès lors, si l'on considère deux circonférences dans leurs positions l'une par rapport à l'autre, il se présente trois cas principaux :

1° Les deux circonférences peuvent n'avoir aucun point commun ;

2° Elles peuvent avoir un point commun ;

3° Elles peuvent avoir deux points communs.

Ces trois cas sont déterminés par la triple proposition suivante :

II. *Étant données deux circonférences :*

1° *Si la distance des centres est plus grande que la somme des rayons ou plus petite que leur différence, les deux circonférences sont extérieures ou intérieures l'une à l'autre et n'ont aucun point commun ;*

2° *Si la distance des centres est égale à la somme ou à la différence des rayons, les deux circonférences ont un point commun ;*

3° *Si la distance des centres est plus petite que la somme des rayons ou plus grande que leur différence, les deux circonférences ont deux points communs ;*
et réciproquement.

Les réciproques de ces propositions partielles sont les conséquences de la règle précédemment énoncée (25, VII).

Deux circonférences qui ont deux points communs sont dites *sécantes*, et quand elles n'en ont qu'un elles sont dites *tangentes ;* le point commun s'appelle *point de contact*.

Il suit de là que deux circonférences peuvent avoir l'une par rapport à l'autre cinq positions différentes. Elles sont :

1° extérieures, si la distance des centres est supérieure à la somme des rayons ;

2° tangentes extérieurement, si la distance des centres est égale à la somme des rayons ;

3° sécantes, si la distance des centres est inférieure à la somme des rayons et supérieure à leur différence ;

4° tangentes intérieurement, si la distance des centres est égale à la différence des rayons ;

5° intérieures, si la distance des centres est inférieure à la différence des rayons.

Dans le cas où les centres des deux circonférences intérieures coïncident, on dit que ces deux circonférences sont *concentriques*, et la portion de plan comprise entre elles s'appelle *couronne circulaire*.

III. *Lorsque deux circonférences sont sécantes, la droite des centres est perpendiculaire à la corde commune, en son milieu.*

De ce théorème découlent les conséquences :

1° *Si deux circonférences sont sécantes, les deux points communs sont symétriques par rapport à la droite des centres ;*

2° *Si deux circonférences ont un point commun en dehors de la droite des centres, elles en ont un second symétrique du premier par rapport à cette droite ;*

3° *Si deux circonférences sont tangentes, leur point commun est sur la droite des centres ; et, réciproquement, si deux circonférences ont un point commun sur la droite des centres, elles sont tangentes ;*

4° *Si deux circonférences sont tangentes, elles ont une droite tangente en leur point commun.*

§ V. — Mesure des angles.

41. Les angles, dont on a pu définir l'égalité et la somme, sont des grandeurs mesurables ; il en est de même des arcs.

Dans la pratique, une mesure d'angle se ramène à une mesure d'arc.

On simplifie ainsi les opérations géométriques à effectuer sur les angles en même temps que les moyens employés pour évaluer ces grandeurs. Dans ce qui va suivre, nous allons montrer comment se justifie cette substitution d'une mesure à l'autre et comment se fait la mesure des arcs.

42. Angle au centre. — Dans un cercle, on appelle *angle au centre* tout angle qui a son sommet au centre du cercle.

Les angles au centre jouissent des propriétés suivantes :

I. *Dans le même cercle ou dans deux cercles égaux :*

1° *Deux angles au centre égaux interceptent des arcs égaux ;*

2° *Deux angles au centre inégaux interceptent des arcs inégaux et au plus grand angle correspond le plus grand arc ;*
et réciproquement.

II. *Dans le même cercle ou dans deux cercles égaux, le rapport de deux angles au centre est égal au rapport des deux arcs qu'ils interceptent.*

Cette proposition s'énonce encore et plus simplement ainsi :
Les angles au centre sont proportionnels aux arcs interceptés par leurs côtés.

La démonstration rigoureuse de ce théorème comporte l'examen des deux cas où le plus grand arc est ou n'est pas commensurable avec l'autre. Le premier cas ne présente aucune difficulté. Quant au second, il demande l'intervention :
1° de deux séries d'arcs commensurables avec le plus petit des arcs donnés, ne comprenant respectivement que des arcs inférieurs et des arcs supérieurs au plus grand arc donné, les premiers croissant et les seconds décroissant indéfiniment ;
2° de deux séries d'angles au centre correspondant aux deux séries des arcs précédents. On prouve alors que les rapports au plus petit arc donné des arcs de chacune des deux séries tendent vers une limite commune qui est aussi celle vers laquelle tendent les rapports au plus petit angle donné des deux séries d'angles commensurables envisagés.

On déduit de là le théorème relatif à la mesure de l'angle au centre :

III. *Un angle au centre a même mesure que l'arc compris entre ses côtés, quel que soit le rayon du cercle, pourvu que l'on prenne pour unité d'arc l'arc compris entre les côtés de l'angle au centre pris pour unité d'angle.*

Ce théorème, auquel on a souvent recours, se formule d'ordinaire d'une manière vicieuse en ces termes plus concis : *L'angle au centre a pour mesure l'arc compris entre ses côtés.*

L'angle droit étant pris pour unité d'angle, l'arc unité est le quart de la circonférence, que l'on nomme *quadrant*.

En général, on adopte pour unité d'arc la 360ᵉ partie de la circonférence, à laquelle on donne le nom de *degré*, et l'unité d'angle est alors l'angle au centre correspondant à cet arc. Le degré est divisé en 60 parties égales appelées *minutes*, et la minute en 60 parties égales appelées *secondes*.

Il résulte de là qu'à un arc d'un nombre déterminé de degrés, de minutes et de secondes, correspond un angle du même nombre de degrés, de minutes et de secondes.

Deux arcs ayant même mesure en degrés, minutes et secondes ne sont généralement pas égaux ; pour qu'il y ait égalité il faut que ces arcs appartiennent à un même cercle ou à des cercles égaux ; mais les angles au centre correspondant à ces arcs sont toujours égaux.

43. Angle inscrit. — Dans un cercle, on appelle *angle ins-crit* tout angle formé par deux cordes qui se rencontrent sur la circonférence. Un angle est dit inscrit dans un segment de cercle lorsqu'il a son sommet sur l'arc du segment et que ses côtés passent par les deux extrémités de la corde de ce segment.

IV. *Tout angle inscrit dans un cercle a même mesure que la moitié de l'arc compris entre ses côtés.*

Comme cas particulier de ce théorème, on a la proposition :

Tout angle formé par une tangente et une corde qui se ren-contrent au point de contact a même mesure que la moitié de l'arc compris entre ses côtés.

Les corollaires suivants se déduisent de ce qui précède :

1° *Tous les angles inscrits dans un même segment sont égaux.*

C'est pour cela qu'on dit que le segment est *capable de l'angle* auquel sont égaux tous ceux que l'on peut y inscrire ;

2° *Un angle inscrit dans un segment est aigu, droit ou obtus selon que ce segment est supérieur, égal ou inférieur à un demi-cercle ;*

3° *Deux angles respectivement inscrits dans les deux segments de cercle ayant la même corde sont supplémentaires.*

44. Angle de deux sécantes. — Deux sécantes d'un cercle peuvent se couper à l'intérieur ou à l'extérieur du cercle. Dans l'un et l'autre cas, il existe une relation entre la mesure des angles formés et celle des arcs interceptés par les sécantes qui en sont les côtés. Ces relations sont l'objet des deux théorèmes suivants :

V. *Tout angle formé par deux sécantes qui se coupent à l'inté-rieur d'un cercle a même mesure que la demi-somme des arcs com-pris entre ses côtés et leurs prolongements.*

VI. *Tout angle formé par deux sécantes qui se coupent à l'exté-rieur d'un cercle a même mesure que la demi-différence des arcs compris entre ses côtés.*

Les propositions relatives à l'angle inscrit et à l'angle de deux sécantes conduisent à ces conséquences :

1° *Le lieu géométrique des points d'où l'on voit une portion de droite sous un même angle donné se compose de deux arcs de cercle égaux et symétriques par rapport à cette portion de droite qui leur sert de corde commune. Si l'angle donné est droit, le lieu complet est une circonférence dont la portion de droite est un diamètre ;*

2° *Dans un quadrilatère convexe inscrit dans un cercle, c'est-à-dire dont les quatre sommets sont sur la circonférence du cercle, deux angles opposés quelconques sont supplémentaires.*

Et réciproquement, *si deux angles opposés d'un quadrilatère convexe sont supplémentaires, ce quadrilatère est inscriptible dans un cercle,* c'est-à-dire que la circonférence déterminée par trois de ses sommets passe par le quatrième.

§ VI. — Déplacement dans son plan d'une figure plane de forme invariable.

45. Définitions. — Déplacer dans son plan une figure plane F, de forme invariable, c'est obtenir, par un ensemble de points de son plan, correspondant respectivement à ses différents points, une seconde figure F' avec laquelle elle puisse coïncider en la transportant sans retournement.

Deux points qui se correspondent dans ces deux figures sont dits *homologues* ; de même que deux droites, deux angles correspondants sont des droites, des angles *homologues*.

Une figure de forme invariable peut être déplacée dans son plan par *translation* ou par *rotation*.

46. Translation. — La translation est un déplacement dans lequel tous les points de la figure décrivent des droites parallèles entre elles, de même sens et de même longueur.

On démontre sur la translation les propositions suivantes :

I. *Le déplacement par translation ne déforme pas les figures.*

II. *Dans la translation toute droite de la figure se déplace parallèlement à elle-même.*

III. *Le déplacement d'une figure résultant de plusieurs translations est une translation.*

Cette dernière translation est dite la *résultante* des autres et
celles-ci sont appelées les *composantes* de la résultante.

La résultante de plusieurs translations OA, OB, OC, ...,
OK, d'un point d'une figure, c'est-à-dire de déplacements
successifs OA, AB′, B′C′, ..., H′K′, de ce point, respectivement
parallèles et égaux aux droites OA, OB, OC, ..., OK, est la
droite OK′ qui ferme le polygone OAB′C′...K′.

En particulier, la résultante de deux translations OA et OB
est la diagonale OB′ du parallélogramme OAB′B construit sur
les deux droites OA et OB.

La résultante de plusieurs translations est indépendante de
l'ordre dans lequel on effectue ces translations.

47. Rotation. — La rotation est un déplacement dans
lequel tous les points de la figure tournent autour d'un même
point fixe appelé *centre de rotation* et décrivent des arcs de
cercle de même sens et de même mesure.

On démontre sur la rotation les propositions suivantes :

IV. *Le déplacement par rotation ne déforme pas les figures.*

V. *Dans la rotation toutes les droites de la figure se déplacent
d'un même angle.*

Et l'on établit ensuite ce théorème d'ordre général :

VI. *Tout déplacement, dans son plan, d'une figure plane de
forme invariable peut être produit par une translation ou par
une rotation.*

CHAPITRE IV

FIGURES SEMBLABLES.

§ I. — Longueurs proportionnelles.

48. Rappelons d'abord que deux grandeurs sont dites *proportionnelles* (*Arithm.*, 159) lorsque le rapport de deux valeurs quelconques de l'une est égal au rapport des valeurs correspondantes de l'autre.

Il suit de là que si A et A′ sont deux valeurs de la première grandeur, B et B′ deux valeurs correspondantes de la seconde, la proportionnalité s'exprime par l'égalité

$$\frac{A}{A'} = \frac{B}{B'},$$

qui est aussi une *proportion*, où les termes portent les mêmes noms qu'en Arithmétique, mais qui diffère cependant, par certains points, de la proportion arithmétique. En effet:

1° Si les deux grandeurs sont de même espèce, les quatre valeurs A, A′, B et B′ sont aussi de même espèce, et alors la plupart des propriétés des rapports égaux et des proportions arithmétiques sont applicables à ces nouvelles proportions. C'est ainsi qu'on peut intervertir l'ordre des moyens ou celui des extrêmes ; écrire pour une suite de rapports égaux qu'on forme un nouveau rapport égal à chacun des précédents en prenant pour numérateur la somme des numérateurs des rapports proposés et pour dénominateur la somme de leurs dénominateurs, etc.

2° Mais si les deux grandeurs ne sont pas de même espèce, les propriétés arithmétiques des rapports égaux et certaines propriétés des proportions ne sont pas applicables à ces nouvelles proportions. Un changement d'ordre dans les moyens ou dans les extrêmes n'aurait pas de sens. On peut cependant écrire, par exemple, que la somme ou la différence des deux premiers termes est au second comme la somme ou la différence des deux derniers est au quatrième ; c'est-à-dire obtenir de la proportion donnée, par les principes arithmétiques établis, toute proportion dans laquelle chaque rapport ne comprend que des valeurs d'une même grandeur ou deux grandeurs de même espèce.

Cela dit, revenons aux longueurs proportionnelles, au sujet desquelles on démontre tout d'abord les théorèmes qui suivent :

I. *Sur une droite indéfinie que déterminent deux points* A *et* B, *il existe toujours deux points* M *et* M', *et seulement deux, tels que les rapports* $\dfrac{MA}{MB}$ *et* $\dfrac{M'A}{M'B}$ *des distances de chacun d'eux aux deux points* A *et* B, *aient une même valeur quelconque donnée. L'un de ces points est situé entre* A *et* B *et l'autre en dehors ; de plus, l'un et l'autre se trouvent toujours d'un même côté du milieu de* AB, *celui de* A *ou celui de* B *selon que le rapport donné est inférieur ou supérieur à l'unité.*

Lorsque le point M est entre A et B, les deux segments MA et MB ont pour somme la longueur AB ; dans le cas contraire, AB est la différence des deux segments. Dans le premier cas, on dit que les deux segments sont *additifs* ; dans le second, qu'ils sont *soustractifs*.

II. *Toute parallèle à l'un des côtés d'un triangle détermine sur les deux autres côtés des segments proportionnels.*

La démonstration rigoureuse de ce théorème demande l'examen des deux cas où les deux segments déterminés sur un même côté sont ou ne sont pas commensurables entre eux. Le premier cas ne présente aucune difficulté. Pour le second, on se sert du procédé qui a servi à établir la proportionnalité des angles au centre et des arcs correspondants (42, II).

III. Réciproquement, *toute droite qui détermine sur deux côtés d'un triangle des segments proportionnels à la fois additifs, ou soustractifs, est parallèle au troisième côté.*

De ces deux propositions on déduit ce double corollaire :

Trois droites parallèles déterminent sur deux droites quelconques des segments proportionnels ; et, réciproquement, si trois droites, dont deux sont parallèles, déterminent sur deux droites quelconques des segments proportionnels disposés de la même manière, dans le premier groupe de droites la troisième est parallèle aux deux autres.

IV. *Dans tout triangle, la bissectrice d'un des angles, intérieur ou extérieur, détermine sur le côté opposé deux segments, additifs ou soustractifs, proportionnels aux côtés adjacents,* et réciproquement.

Ce théorème a pour conséquence le suivant :

V. *Le lieu des points dont les distances, pour chacun d'eux, à deux points fixes, sont dans un rapport donné est un cercle ayant pour diamètre la portion de droite comprise entre les deux points qui partagent, dans ce rapport donné, la distance des deux points fixes.*

§ II. — Polygones semblables.

49. Définitions. — On dit que deux polygones d'un même nombre de côtés sont *semblables* lorsque leurs angles pris dans le même sens circulaire sont égaux chacun à chacun, et que les côtés adjacents, dans l'un et l'autre, à des angles respectivement égaux sont proportionnels.

Aux angles respectivement égaux dans les deux polygones, on donne le nom d'*angles homologues* ; aux côtés respectivement adjacents à ces angles, celui de *côtés homologues* ; et aux sommets respectifs de ces angles, celui de *sommets homologues.*

D'une manière générale, on dit que deux systèmes quelconques de points ou de droites sont semblables, lorsqu'en joignant les points homologues par des droites, on forme des angles homologues égaux, des droites homologues proportionnelles, des polygones semblables.

Dans deux figures semblables, le rapport constant de deux

côtés ou de deux droites homologues s'appelle *rapport de similitude*.

50. Triangles semblables. — L'existence des polygones semblables est mise en évidence par les théorèmes I et IV qui suivent.

I. *Toute droite parallèle à l'un des côtés d'un triangle détermine un nouveau triangle semblable au premier.*

Lorsque deux triangles sont semblables, ils satisfont à cinq conditions, dont trois expriment l'égalité des angles et deux la proportionnalité des côtés. Le triple théorème suivant, qui traduit ce qu'on appelle les *trois cas généraux de similitude des triangles*, montre que lorsque certaines de ces cinq conditions sont remplies, les autres le sont aussi et les deux triangles envisagés sont semblables.

II. *Deux triangles sont semblables lorsqu'ils ont :*

1° *Deux angles égaux chacun à chacun ;*

2° *Un angle égal compris entre deux côtés proportionnels ;*

3° *Les trois côtés proportionnels.*

De ce théorème on tire les corollaires suivants :

1° *Deux triangles qui ont les côtés respectivement parallèles ou perpendiculaires entre eux sont semblables ;*

2° *Deux triangles rectangles qui ont un angle aigu égal sont semblables.*

Le rapprochement du théorème II et de la définition des figures semblables conduit à ce fait exclusivement relatif à la similitude de deux triangles, que l'égalité des angles et la proportionnalité des côtés se déduisent réciproquement l'une de l'autre.

Il résulte en outre de ce même théorème que sur les cinq conditions contenues dans la similitude de deux triangles, deux suffisent pour entraîner les trois autres et par suite cette similitude des deux triangles ; mais il faut que ces deux conditions soient réunies de manière à former dans chaque triangle un des groupes suivants : deux angles, un angle et les côtés qui le comprennent, ou les trois côtés.

La théorie de la similitude des triangles trouve surtout son application dans la démonstration, très fréquente en Géométrie, de l'égalité de deux angles ou de la proportionnalité de segments de droite.

Remarquons enfin l'analogie qui existe, dans l'égalité et la similitude des triangles, entre leurs cas généraux : trois cas de part et d'autre, mais avec cette différence, d'une part, que l'égalité des triangles contient six conditions, et que la similitude n'en comprend que cinq; d'autre part, que le nombre des conditions nécessaires et suffisantes pour entraîner l'égalité est de trois, et qu'il n'est que de deux pour que la similitude s'ensuive. On peut dire que l'égalité des triangles constitue un cas particulier de leur similitude, celui où les côtés des deux triangles considérés deviennent respectivement égaux.

L'important théorème qui suit est une application en même temps qu'un complément de la similitude des triangles :

III. *Des droites en nombre quelconque, issues d'un même point, déterminent sur deux droites parallèles qu'elles rencontrent des segments proportionnels, et réciproquement.*

51. Polygones quelconques semblables. — Voici les deux théorèmes essentiels sur la similitude des polygones quelconques.

IV. *Deux polygones composés d'un même nombre de triangles semblables chacun à chacun et disposés de la même manière sont semblables, et réciproquement.*

V. *Le rapport des périmètres de deux polygones semblables est égal au rapport de similitude de ces deux polygones.*

§ III. — Relations métriques entre les différentes droites d'un triangle.

52. On entend par *relation métrique* entre différents segments de droite la relation constante qui peut exister entre les nombres qui mesurent ces segments, quelle que soit l'unité de mesure. Dans une relation de ce genre, où n'entrent que des indications de portions de droite, on sous-entend donc toujours les nombres qui mesurent ces longueurs.

Pour énoncer en langage ordinaire les relations métriques entre les différentes droites de certains triangles, on a besoin de se servir d'expressions nouvelles que nous allons définir.

Si l'on considère un point et un segment de droite, distincts l'un et l'autre d'une droite indéfinie, on appelle *projection du point* sur la droite indéfinie le pied de la perpendiculaire menée par ce point sur cette droite, et l'on appelle *projection du segment de droite* sur la droite indéfinie la portion de cette dernière droite comprise entre les projections des deux extrémités du segment considéré.

53. Cela dit, passons en revue les théorèmes qui traduisent les principales relations métriques relatives aux éléments des triangles.

I. *Si du sommet de l'angle droit d'un triangle rectangle on mène la perpendiculaire à l'hypoténuse :*

1° *La perpendiculaire est moyenne proportionnelle entre les deux segments déterminés sur l'hypoténuse ;*

2° *Chaque côté de l'angle droit est moyen proportionnel entre l'hypoténuse entière et sa projection sur l'hypoténuse.*

De ce théorème on tire les conséquences suivantes :

1° *Le rapport des carrés des deux côtés de l'angle droit d'un triangle rectangle est égal au rapport des projections de ces côtés sur l'hypoténuse ;*

2° *Une corde quelconque d'un cercle est moyenne proportionnelle entre le diamètre qui passe par une de ses extrémités et sa projection sur ce diamètre ;*

3° *La perpendiculaire menée d'un point quelconque d'un cercle sur un diamètre est moyenne proportionnelle entre les deux segments déterminés sur ce diamètre.*

II. *Dans un triangle rectangle, le carré de l'hypoténuse est égal à la somme des carrés des deux côtés de l'angle droit* (Théorème de Pythagore).

Ce théorème fournit le moyen de calculer un côté quelconque d'un triangle rectangle connaissant les deux autres côtés. Et si l'on rapproche de la relation qu'il exprime les trois qui sont contenues dans le théorème I, on obtient quatre relations entre six segments de droite, qui permettent de calculer quatre de ces segments connaissant les deux autres.

REMARQUE. — Le théorème II appliqué à l'un des triangles rectangles déterminés dans un carré par sa diagonale montre que dans un carré *le rapport de la diagonale au côté est égal au nombre irrationnel* $\sqrt{2}$, c'est-à-dire que la diagonale et le côté sont deux longueurs incommensurables entre elles.

III. *Dans un triangle quelconque, le carré d'un côté opposé à un angle aigu est égal à la somme des carrés des deux autres côtés, diminuée du double produit de l'un de ces côtés par la projection de l'autre sur lui.*

IV. *Dans un triangle qui a un angle obtus, le carré du côté opposé à cet angle obtus est égal à la somme des carrés des deux autres côtés, augmentée du double produit de l'un de ces côtés par la projection de l'autre sur lui.*

Du rapprochement de ces trois derniers théorèmes on déduit ce corollaire :

Dans un triangle, selon que le carré d'un côté est inférieur, égal ou supérieur à la somme des carrés des deux autres côtés, l'angle opposé au premier côté est aigu, droit ou obtus, et réciproquement.

Les théorèmes II et III trouvent une importante application dans le calcul des trois hauteurs d'un triangle dont on connaît les trois côtés.

V. *Dans tout triangle, la somme des carrés de deux côtés est égale au double du carré de la médiane correspondant au troisième côté, augmenté du double du carré de la moitié de ce troisième côté.*

Cette proposition a pour conséquence les suivantes :

1° *Dans tout quadrilatère, la somme des carrés des quatre côtés est égale à la somme des carrés des diagonales, augmentée du quadruple du carré de la droite qui joint les milieux de ces diagonales ;*

2° *Dans tout parallélogramme, la somme des carrés des quatre*

côtés est égale à la somme des carrés des diagonales, et récipro-
quement ;

*3° Le lieu des points dont la somme des carrés des distances à
deux points fixes est constante, est un cercle qui a pour centre le
milieu de la droite qui joint les deux points fixes.*

Le théorème **V** trouve une application immédiate dans le
calcul des trois médianes d'un triangle dont on connaît les
trois côtés.

Comme pendant à ce théorème on peut démontrer celui-ci :

*Dans tout triangle, la différence des carrés de deux côtés est
égale au double produit du troisième côté par la projection sur ce
côté de la médiane correspondante.*

A son tour, cette dernière proposition conduit à la conséquence :

*Le lieu des points dont la différence des carrés des distances à
deux points fixes est constante, est une perpendiculaire à la droite
qui joint les deux points fixes.*

VI. *Dans tout triangle* ABC *dont le côté* BC *est divisé par un
point* D *en deux segments additifs quelconques* BD *et* DC, *on a*

$$\overline{AB}^2 \cdot \overline{DC} + \overline{AC}^2 \cdot \overline{BD} - \overline{AD}^2 \cdot BC = \overline{BC} \cdot \overline{DC} \cdot \overline{BD}$$ (Théorème de Stewart.)

A l'aide de ce théorème on établit une relation très intéressante entre chaque bissectrice d'un triangle, les côtés de ce
triangle qui la comprennent et les deux segments qu'elle détermine sur le troisième côté. Et cette relation permet ensuite
de calculer très simplement les trois bissectrices d'un triangle
dont on connaît les côtés (339).

VII. *Dans tout triangle, le produit de deux côtés quelconques
est égal au produit du diamètre du cercle circonscrit à ce triangle par la hauteur correspondante au troisième côté.*

Ce théorème permet de calculer le rayon du cercle circonscrit à un triangle dont on connaît les trois côtés (341).

Enfin, terminons ce paragraphe par une importante propriété
du quadrilatère inscriptible.

VIII. *Dans tout quadrilatère inscriptible, le produit des deux* *diagonales est égal à la somme des produits des côtés opposés,* et réciproquement (Théorème de Ptolémée.)

De cette proposition résulte le corollaire suivant :

Dans tout quadrilatère inscriptible, le rapport des deux diagonales est égal au rapport des sommes respectives des produits des côtés qui aboutissent à chacune des extrémités de ces diagonales, et réciproquement.

On trouve dans le théorème VIII et son corollaire le moyen de calculer les deux diagonales d'un quadrilatère inscriptible quand on en donne les quatre côtés.

§ IV. — Droites proportionnelles dans le cercle.

54. Lorsque des sécantes issues d'un même point rencontrent une circonférence, les segments de droite que déterminent sur chacune d'elles le point d'origine et les points d'intersection sont liés entre eux par une relation métrique, indépendante de la position de la sécante, et cette relation fait l'objet du théorème suivant :

Si par un point du plan d'un cercle on mène deux sécantes à ce cercle, le produit des distances de ce point aux deux points d'intersection de chaque sécante avec la circonférence est constant.

Et réciproquement, si quatre points **A, B, C** *et* **D** *sont tels que les droites* **AB** *et* **CD** *se rencontrent en un point* **O** *et donnent ainsi des segments à la fois additifs ou soustractifs entre lesquels on ait la relation*

$$OA \times OB = OC \times OD,$$

ces quatre points sont sur une même circonférence.

Comme cas particulier de ce théorème on a la proposition :

Si par un point extérieur à un cercle on mène une tangente et une sécante à ce cercle, la tangente est moyenne proportionnelle entre la sécante entière et sa partie extérieure.

Et réciproquement, si trois points **A, B** *et* **C** *sont situés, le premier, sur un côté d'un angle* **O,** *les deux autres, sur le second côté de cet angle, et si l'on a la relation*

$$\overline{OA}^2 = OB \times OC,$$

la circonférence qui passe par ces trois points est tangente en **A** *au côté* **OA**.

§ V. — Polygones réguliers.

55. On dit qu'un polygone convexe est *régulier* lorsqu'il satisfait à la double condition d'avoir tous ses côtés et tous ses angles égaux.

Une ligne brisée convexe est aussi dite *régulière* quand elle remplit cette même condition.

Lorsqu'un polygone a tous ses sommets sur une circonférence, on dit que le polygone est inscrit dans le cercle et que le cercle est circonscrit au polygone ; et lorsqu'un polygone a tous ses côtés tangents à une circonférence, on dit que le polygone est circonscrit au cercle et que le cercle est inscrit dans le polygone.

L'existence des polygones réguliers est mise en évidence par le théorème qui suit :

I. *Une circonférence étant divisée en un certain nombre de parties égales :*

1° les cordes qui joignent consécutivement les points de division forment un polygone régulier inscrit dans le cercle ;

2° les tangentes au cercle aux points de division forment un polygone régulier circonscrit au même cercle.

Ce théorème s'énonce encore ainsi :

On peut inscrire et circonscrire à un cercle un polygone régulier d'un nombre quelconque de côtés.

Il a pour réciproque le théorème suivant :

II. *On peut inscrire et circonscrire un cercle à un polygone régulier donné d'un nombre quelconque de côtés.*

La démonstration de ces théorèmes fait ressortir que les deux cercles inscrit et circonscrit à un polygone régulier ont le même centre. On dit que ce point est aussi le *centre* du polygone régulier.

Le rayon du cercle circonscrit s'appelle le *rayon* du polygone et le rayon du cercle inscrit reçoit le nom d'*apothème* du polygone.

L'angle formé par deux rayons consécutifs d'un polygone régulier est l'*angle au centre* du polygone.

Il est facile d'établir que l'angle au centre et l'angle au sommet d'un polygone régulier sont supplémentaires. Or comme l'angle au centre diminue avec le nombre des côtés et que l'angle au sommet varie en sens inverse, on peut dire que dans cette double variation lorsqu'un des angles décroît d'une certaine quantité, l'autre croît exactement de la même quantité.

Il résulte, en outre, de ce qui précède que la construction et par suite le calcul des éléments des polygones réguliers reposent sur la division de la circonférence en parties égales. C'est un côté de la question qui entre dans la Géométrie pratique (321 et suivants).

III. *Deux polygones réguliers d'un même nombre de côtés sont semblables, et le rapport de leurs périmètres est égal au rapport de leurs rayons ou de leurs apothèmes.*

56. Polygones étoilés. — Considérons une circonférence divisée en n parties égales et dans laquelle on joint les points de division de p en p au lieu de les joindre consécutivement. Plusieurs cas peuvent se présenter :

1° Si n et p sont premiers entre eux, on ne revient au point de départ, autrement dit, la ligne polygonale régulière que l'on obtient ne se ferme, qu'après avoir parcouru un nombre de divisions égal en même temps à un multiple de n et à un multiple de p, c'est-à-dire à np. On obtient ainsi un polygone dont le nombre des côtés est égal au quotient n du nombre total de divisions parcourues, np, par le nombre de divisions p que sous-tend chaque côté. Ce polygone est régulier, tous ses côtés étant égaux, de même que tous ses angles, mais il n'est pas convexe, la somme de ses arcs étant supérieure à un cercle. On dit qu'il est *étoilé*.

2° Si n et p ne sont pas premiers entre eux, ils admettent un plus grand commun diviseur, que nous désignerons par d.

Dans ce cas, on revient au point de départ après avoir parcouru un nombre de divisions égal à $\dfrac{np}{d}$, et le nombre des côtés du polygone régulier formé sera de $\dfrac{n}{d}$, inférieur à n. Ce polygone est étoilé ou non selon que la somme de ses arcs $\dfrac{np}{d}$ est supérieure ou égale à un cercle, c'est-à-dire suivant que d est inférieur ou égal à p.

Il est à remarquer qu'en joignant les n points de division d'un cercle de $n-p$ en $n-p$, au lieu de les joindre de p en p, on obtient le même résultat, attendu que la corde qui sous-tend d'un côté un arc de p divisions en sous-tend un autre à l'opposé de $n-p$ divisions.

Il s'ensuit que tous les polygones réguliers de n côtés, convexes ou étoilés, s'obtiennent deux fois en donnant à p successivement la valeur de chacun des nombres premiers inférieurs à n; par conséquent le nombre de ces polygones réguliers de n côtés est égal à celui des nombres premiers avec n inférieurs à $\dfrac{n}{2}$.

On conclut de tout cela qu'il n'y a qu'un triangle équilatéral, qu'un carré et qu'un hexagone régulier; qu'il y a deux pentagones réguliers, deux octogones réguliers et deux décagones réguliers, dont un est étoilé dans chaque groupe; qu'il y a trois heptagones réguliers dont deux étoilés, quatre pentédécagones réguliers, dont trois étoilés, etc.

A tout polygone régulier étoilé on peut inscrire et circonscrire un cercle. La démonstration ne diffère pas de celle qui est relative aux polygones réguliers convexes.

La ligne brisée régulière jouit des mêmes propriétés. Toutefois il faut distinguer les deux cas où l'angle au centre d'une ligne de cette nature est ou n'est pas une partie aliquote de quatre droits. Dans le premier cas seul elle est une portion du périmètre d'un polygone régulier, qu'on peut fermer avec un nombre suffisant de côtés.

Remarque. — Lorsqu'on sait inscrire dans le cercle des

polygones réguliers de m et de n côtés, m et n étant des nombres premiers, on peut y inscrire des polygones réguliers de mn côtés. Considérons en effet, sur la circonférence, deux arcs AB et BC disposés l'un à la suite de l'autre, et représentant respectivement la m^e et la n^e parties de la circonférence; l'arc AC, qui est leur somme, aura pour expression $\dfrac{1}{m} + \dfrac{1}{n}$ ou $\dfrac{m+n}{mn}$. La corde correspondante sous-tendra donc dans la circonférence divisée en mn parties égales $m+n$ de ces divisions, et comme $m+n$ et mn sont des nombres premiers entre eux, cette corde sera le côté d'un polygone régulier de mn côtés.

§ VI. — Mesure de la circonférence.

57. Pour aborder la question de la mesure de la circonférence, il faut d'abord savoir ce qu'on doit entendre par longueur d'un arc de cercle, ou, plus généralement, longueur d'un arc de courbe.

Après avoir défini l'égalité et l'addition des segments de droite, on a pu comparer l'une à l'autre les longueurs de deux de ces segments et par suite mesurer la longueur d'un segment de droite quelconque en prenant pour unité de longueur un autre segment donné.

En ne considérant que des arcs d'un même cercle ou de cercles égaux, on a pu également définir l'égalité et l'addition des arcs, par conséquent comparer des arcs entre eux et en déterminer la mesure en prenant l'un d'eux comme unité. Mais si les arcs appartiennent à des cercles de rayons différents, la comparaison par ce procédé n'est plus possible, parce que de pareils arcs ne sont pas superposables.

On a donc cherché le moyen de réaliser cette comparaison, non seulement pour deux arcs de cercle, mais encore pour deux arcs de courbes quelconques, et mieux encore, pour un arc de courbe et une droite. Pour cela, on a ramené la mesure d'un arc quelconque à celle de la longueur d'une ligne brisée, en adoptant la définition suivante de la *longueur* d'un arc de courbe :

La longueur d'un arc de courbe convexe dans toute son étendue est la limite vers laquelle tend le périmètre d'une ligne polygonale inscrite dans cet arc lorsque les côtés de cette ligne, croissant en nombre d'une manière continue, tendent indéfiniment vers zéro.

Mais cette définition a besoin d'être justifiée, en montrant que la limite existe, et qu'elle est unique quelle que soit la loi d'après laquelle sont formés les côtés des lignes polygonales successives.

A cet effet, on considère, d'une part, une ligne polygonale de n côtés inscrite dans un arc de courbe donné, d'autre part, la ligne polygonale circonscrite à ce même arc en lui menant des tangentes par les sommets de la ligne inscrite ; on démontre ensuite les faits suivants :

1° Si l'on double indéfiniment le nombre des côtés de la ligne brisée inscrite, le périmètre de cette ligne va sans cesse en augmentant tout en restant inférieur au périmètre de la ligne circonscrite : il admet donc une limite ;

2° Si à chaque multiplication des côtés de la ligne polygonale inscrite, on fait correspondre une ligne polygonale circonscrite et formée comme il vient d'être dit, les périmètres des deux lignes polygonales, inscrite et circonscrite, tendent vers la même limite, quand on double indéfiniment le nombre des côtés de la première ;

3° Enfin, si l'on fait croître indéfiniment, d'après une loi quelconque, le nombre des côtés d'une ligne polygonale inscrite de n' côtés, cette variation entraînant celle d'une ligne polygonale circonscrite correspondante, c'est-à-dire construite comme précédemment, la limite commune vers laquelle tendent ces deux lignes est la même que celle des deux lignes polygonales précédemment envisagées.

Les conséquences qui suivent résultent immédiatement de cette démonstration :

1° *Le plus court chemin d'un point à un autre est la ligne droite ;*

2° *Une ligne convexe quelconque, courbe ou brisée, est plus courte que toute ligne enveloppante qui a les mêmes extrémités ;*

3° *Une ligne convexe fermée quelconque, courbe ou brisée, est plus courte que toute ligne fermée qui l'enveloppe.*

58. Cela posé, pour arriver à la mesure de la circonférence, on démontre préalablement les théorèmes suivants :

I. *Le rapport de deux circonférences est égal au rapport de leurs rayons.*

D'où le corollaire :

Le rapport d'une circonférence à son diamètre est un nombre constant.

On accompagne ces deux propositions de cette autre relative aux arcs semblables, c'est-à-dire aux arcs qui correspondent, dans des cercles différents, à des angles au centre égaux :

II. *Le rapport de deux arcs semblables est égal à celui de leurs rayons.*

Et c'est ici que se place le calcul du nombre constant qui exprime le rapport de la longueur d'une circonférence à celle de son diamètre et qu'on représente par la lettre grecque π. On démontre, par des procédés qui ne sont pas du domaine des mathématiques élémentaires, que ce nombre est irrationnel ; les calculs que nous allons indiquer n'en donnent donc qu'une valeur approchée.

59. Calcul du nombre π. — La recherche du nombre π peut se faire par deux méthodes inverses l'une de l'autre et qui consistent : l'une, à partir de la connaissance du rayon d'une circonférence pour calculer la longueur de cette circonférence ; l'autre, à partir de la connaissance de la longueur d'une circonférence pour en calculer le rayon. La première porte le nom de *méthode des périmètres* et la seconde celui de *méthode des isopérimètres.*

Méthode des périmètres. — D'après ce qui précède, la longueur C d'une circonférence de rayon R sera exprimée par la formule

$$(1) \qquad\qquad C = 2\pi R\,;$$

et cette longueur donnera, par l'adoption du diamètre de la circonférence pour unité de longueur, le nombre π.

Dès lors, il suffira de calculer le périmètre d'un polygone régulier inscrit dans cette circonférence, et d'évaluer ensuite successivement les périmètres d'une suite de polygones réguliers dont le nombre des côtés de chacun sera double de celui du précédent. On arrivera ainsi à une valeur approchée par défaut de la circonférence, par conséquent de π, aussi voisine de ce nombre qu'on le voudra.

En considérant d'autre part un polygone régulier circonscrit, dont on doublera un certain nombre de fois le nombre des côtés, on obtiendra une valeur approchée par excès de la circonférence, ou du nombre π, aussi voisine de ce nombre qu'on le voudra.

Le nombre π, compris entre les deux résultats précédents, auxquels on fait exprimer des périmètres d'un même nombre de côtés, différera de chacun d'eux d'une quantité moindre que leur différence.

Dans cette recherche, on part généralement du carré ou de l'hexagone, et les calculs que la question comporte demandent qu'on résolve au préalable les deux problèmes suivants :

1° Connaissant le côté a d'un polygone régulier inscrit dans un cercle de rayon donné R, calculer le côté a_1 du polygone régulier d'un nombre double de côtés inscrit dans le même cercle (343) ;

2° Connaissant le côté a d'un polygone régulier inscrit dans un cercle de rayon donné R, calculer le côté a' du polygone régulier du même nombre de côtés circonscrit au même cercle.

Ces deux problèmes ont pour solutions respectives :

$$a_1 = \sqrt{R\left(2R - \sqrt{4R^2 - a^2}\right)},$$

$$a' = \frac{2a\,R}{\sqrt{4R^2 - a^2}}.$$

Méthode des isopérimètres. — Si l'on se donne une circonférence de longueur égale à 2, pour en calculer le rayon, l'expression $\frac{1}{\pi} = R$, qui se déduit de la formule $C = 2\pi R$, montre que ce rayon exprimera l'inverse du nombre π.

On calculera donc le rayon r et l'apothème a d'un polygone régulier de périmètre égal à 2 et l'on aura ainsi deux longueurs qui seront les rayons respectifs de la circonférence circonscrite et de la circonférence inscrite au polygone. La première de ces circonférences sera plus grande que le périmètre du polygone et la seconde sera plus petite. On aura donc dans les quantités r et a deux valeurs respectivement approchées par excès et par défaut de R ; et en prenant l'un ou l'autre pour R on commettra une erreur moindre que leur différence. Et comme on démontre que cette différence est inférieure, dans tout polygone régulier de n côtés, à $\frac{4}{n}$, il suffira de prendre n assez grand pour avoir une valeur de R aussi voisine de ce nombre qu'on le voudra. Pour cela, on évaluera successivement les rayons et les apothèmes d'une série de polygones réguliers de périmètre égal à 2 et dont le nombre des côtés de chacun d'eux sera double de celui du précédent.

Dans cette recherche, on part généralement du carré ou de l'hexagone, et les calculs que la question comporte demandent que l'on résolve au préalable le problème suivant .

Connaissant le rayon r et l'apothème a d'un polygone régulier, calculer le rayon r_1 et l'apothème a_1 d'un polygone régulier isopérimètre d'un nombre double de côtés.

La solution de ce problème se résume dans les deux formules : $a_1 = \frac{a + r}{2}$ et $r_1 = \sqrt{ra_1}$ qui signifient que dans la suite $a,\ r,\ a_1,\ r_1,\ a_2,\ r_2,\ \ldots$, les termes, à partir du troisième, sont alternativement la moyenne arithmétique et la moyenne géométrique des deux termes qui précèdent chacun d'eux.

Or si l'on part du carré, on a $a = \dfrac{1}{4}$ et $r = \dfrac{\sqrt{2}}{4}$, et si l'on remarque que $\dfrac{1}{4}$ est la moyenne arithmétique entre $\dfrac{1}{2}$ et 0 et que $\dfrac{\sqrt{2}}{4}$ est la moyenne géométrique entre $\dfrac{1}{2}$ et $\dfrac{1}{4}$, on arrive à la règle suivante due à Schwab :

Le nombre $\dfrac{1}{\pi}$ est la limite vers laquelle tend la suite des termes

$$0, \quad \frac{1}{2}, \quad a, \quad r, \quad a_1, \quad r_1, \quad a_2, \quad r_2, \quad \ldots$$

formés, à partir du troisième, en prenant alternativement la moyenne arithmétique et la moyenne géométrique des deux termes précédents.

De ces deux méthodes, la plus simple est celle des isopérimètres ; cependant si l'on applique celle des périmètres à la recherche d'une valeur approchée de $\dfrac{1}{\pi}$, on effectue des calculs qui sont exactement ceux qui se présentent dans l'emploi de l'autre méthode.

L'illustre géomètre grec Archimède, qui vivait au IIIe siècle avant J.-C., est le premier qui ait déterminé le rapport de la circonférence au diamètre ; il a démontré que ce rapport est compris entre les nombres $3 + \dfrac{10}{71}$ et $3 + \dfrac{10}{70}$. Cette dernière valeur, ou $\dfrac{22}{7}$, réduite en décimales donne $3{,}1428 \ldots$: elle surpasse π de moins de deux millièmes.

Au XVIe siècle, Adrien Métius nous a donné le nombre $\dfrac{355}{113} = 3{,}14159292\ldots$, qui surpasse π de moins de trois dix-millionièmes.

Par des méthodes qui dépendent des hautes mathématiques on peut rapidement obtenir une valeur très approchée du nombre π. Avec 10 décimales, cette valeur est $\pi = 3{,}1415926535$.

On calculera donc la longueur d'une circonférence dont on connaît le rayon en se servant de la formule précédemment indiquée, $C = 2\pi R$, dans laquelle on remplacera π et R par leurs valeurs respectives.

La longueur l d'un arc de cercle de rayon R et de n degrés sera exprimée par cette autre formule, qui se déduit très facilement de la première :

$$l = \frac{\pi R n}{180}.$$

CHAPITRE V

AIRES

---

§ I. — Aires des polygones.

60. Définitions. — On appelle *aire* d'une portion de surface l'étendue de cette surface.

Lorsque deux portions de surface sont superposables, on dit qu'elles sont *égales*. Et si l'on juxtapose les unes aux autres plusieurs portions de surface de manière qu'il n'y ait de recouvrement dans aucune de leurs parties, on dit que la surface limitée qui en résulte est la *somme* des portions de surface qui la composent. Dans le premier cas, on dit aussi que les aires des deux figures sont égales, et dans le second, que l'aire de la figure résultante est la somme des aires des figures composantes.

Les aires sont donc des grandeurs mesurables. Il résulte aussi de ce qui précède que les aires de deux figures peuvent être égales, c'est-à-dire exprimées par un même nombre, sans que ces figures soient superposables : on dit alors que les deux figures sont *équivalentes*.

En dehors d'un nombre de cas fort restreint, la mesure des aires ne peut pas s'obtenir, comme celle des droites et des angles, par la superposition, à cause des difficultés de l'opération. On la déduit, par des considérations d'équivalence, de la mesure de certaines lignes des figures, en prenant pour unité d'aire l'aire du carré dont le côté est l'unité de longueur. C'est ce qu'établissent les théorèmes qui vont suivre.

L'unité d'aire est ainsi le mètre carré, auquel on adjoint ses multiples et ses sous-multiples.

Les géomètres ont choisi le carré comme figure de l'unité d'aire, de préférence à tout autre polygone, comme le triangle par exemple — bien que toutes les figures polygonales soient décomposables en triangles et non en carrés — en raison des complications que présenteraient les propositions sur la mesure des aires et des difficultés de calcul qui en seraient la conséquence.

En rapprochant le fait évident que tout polygone est décomposable en triangles de ces deux propositions : 1° *le triangle est la moitié du parallélogramme de même base et de même hauteur* ; 2° *le parallélogramme quelconque est équivalent au rectangle de même base et de même hauteur*, on conçoit que la mesure de l'aire d'un polygone quelconque puisse être subordonnée à celle de l'aire du rectangle qui est la figure dont la forme se rapproche le plus de celle de l'unité d'aire adoptée. C'est la raison pour laquelle on commence la théorie de la mesure des aires des polygones par les propositions suivantes relatives au rectangle :

61. Rectangle. — I. *Les aires de deux rectangles qui ont même base (ou même hauteur) sont entre elles comme les hauteurs (ou les bases) de ces rectangles.*

II. *Les aires de deux rectangles quelconques sont entre elles comme les produits respectifs de la base par la hauteur de ces rectangles.*

III. *L'aire d'un rectangle a pour mesure le produit des deux nombres qui mesurent sa base et sa hauteur.*

Ce théorème, dont l'application est très fréquente, s'énonce généralement d'une manière incorrecte, mais que l'usage a consacrée parce qu'elle est plus simple, et qui est la suivante :

L'aire du rectangle est égale au produit de sa base par sa hauteur.

Sous l'expression abrégée de *produit de deux lignes* qui se rencontre ici, et que nous utiliserons pour la simplicité du langage dans l'énoncé des propositions qui vont suivre, il faut toujours entendre le produit des deux nombres qui mesurent ces deux lignes.

On dit de même *carré d'une ligne* pour carré du nombre qui mesure cette ligne.

La mesure de l'aire du rectangle conduit à cette conséquence :

L'aire d'un carré a pour mesure le carré de son côté.

62. Parallélogramme. — IV. *L'aire d'un parallélogramme a pour mesure le produit de sa base par sa hauteur.*

D'où se déduisent les deux corollaires :

1° *Deux parallélogrammes de même base et de même hauteur sont équivalents ;*

2° *Deux parallélogrammes de même base (ou de même hauteur) sont entre eux comme leurs hauteurs (ou leurs bases).*

63. Triangle. — V. *L'aire d'un triangle a pour mesure le demi-produit de sa base par sa hauteur.*

Ce théorème a pour corollaires les suivants :

1° *Deux triangles de même base et de même hauteur sont équivalents ;*

2° *Deux triangles de même base (ou de même hauteur) sont entre eux comme leurs hauteurs (ou leurs bases).*

64. Trapèze. — VI. *L'aire d'un trapèze a pour mesure le produit de la demi-somme de ses bases par sa hauteur.*

La demi-somme des bases d'un trapèze étant égale à la droite qui joint dans ce trapèze les milieux des deux côtés non parallèles, on énonce encore de la manière suivante le théorème précédent :

L'aire d'un trapèze a pour mesure le produit de sa hauteur par la droite qui joint les milieux de ses deux côtés non parallèles.

65. Polygone quelconque. — En principe, l'aire d'un polygone quelconque s'obtient par la décomposition de ce polygone en figures dont on sait évaluer les aires. La somme des aires de toutes les figures composantes donne l'aire du polygone. Ordinairement, on décompose le polygone en triangles par des diagonales qui partent ou non d'un même sommet, ou bien par des droites qui joignent un point intérieur à tous les sommets du polygone.

Un autre procédé, que l'on emploie particulièrement sur le terrain, consiste à tracer la plus grande diagonale du polygone et à mener sur cette diagonale des perpendiculaires de tous les sommets du polygone situés en dehors de cette diagonale. La décomposition donne des triangles rectangles et des trapèzes à deux angles droits que l'on appelle pour cette raison trapèzes rectangles.

66. Polygone régulier. — VII. *L'aire d'un polygone régulier a pour mesure le demi-produit de son périmètre par son apothème.*

On appelle *secteur polygonal régulier* la figure formée par une ligne brisée régulière et les rayons qui vont du centre de cette ligne à ses deux extrémités.

VIII. *L'aire d'un secteur polygonal régulier a pour mesure le demi-produit de sa ligne brisée régulière par son apothème.*

§ II. — Aire du cercle.

67. Considérons deux polygones réguliers semblables, l'un inscrit et l'autre circonscrit à un cercle. Par la duplication indéfinie du nombre des côtés du polygone inscrit, le périmètre tend vers une limite qui est la circonférence du cercle, et l'apothème, vers le rayon de ce cercle. De même, en doublant indéfiniment le nombre des côtés du polygone circonscrit, le périmètre tend vers une limite qui est encore la circonférence du cercle, mais l'apothème reste constant et égal au rayon de ce cercle. Il en résulte que les aires des deux polygones d'après l'expression de leurs mesures, tendent vers une même limite, qu'on appelle l'*aire du cercle*, cette dernière figure restant constamment comprise dans son étendue entre les deux premières.

En considérant, d'autre part, un *secteur circulaire*, c'est-à-dire la portion de cercle comprise entre un arc et les deux rayons qui aboutissent à ses extrémités, de ce qui précède, ou par un raisonnement analogue, on déduit que l'aire d'un secteur circulaire est la limite commune vers laquelle tendent les aires de deux secteurs polygonaux réguliers semblables, l'un inscrit et l'autre circonscrit au secteur, dont on double indéfiniment le nombre des côtés.

D'où les théorèmes :

I. *L'aire d'un cercle a pour mesure le demi-produit de sa circonférence par son rayon.*

II. *L'aire d'un secteur circulaire a pour mesure le demi-produit de son arc par son rayon.*

III. *L'aire d'un segment circulaire inférieur à un demi-cercle a pour mesure le demi-produit de son rayon par l'excès de son arc sur la moitié de la corde de l'arc double.*

§ III.— Comparaison des aires.

68. De la comparaison des aires des figures planes semblables on déduit les théorèmes suivants :

I. *Le rapport des aires de deux polygones semblables est égal au carré du rapport de similitude de ces deux polygones.*

D'après la définition du rapport de similitude de deux polygones semblables, ce théorème s'énonce encore ainsi :

Le rapport des aires de deux polygones semblables est égal au rapport des carrés des côtés homologues.

II. *Le rapport des aires de deux polygones réguliers semblables est égal au rapport des carrés de leurs rayons ou de leurs apothèmes.*

III. *Le rapport des aires de deux cercles est égal au rapport des carrés de leurs rayons.*

IV. *Le rapport des aires de deux secteurs ou de deux segments circulaires semblables est égal au rapport des carrés de leurs rayons.*

69. A ces propositions nous ajouterons les suivantes, qui se rapportent à la représentation géométrique de certaines relations métriques entre les différentes droites d'un triangle, et dont il a été précédemment question :

V. *Dans un triangle rectangle, le carré construit sur l'hypoténuse est équivalent à la somme des carrés construits sur les deux autres côtés.*

On tire de ce théorème le moyen de construire un carré équivalent à la somme ou à la différence de deux carrés donnés.

VI. *Dans un triangle quelconque, le carré construit sur un côté opposé à un angle aigu est équivalent à la somme des carrés construits sur les deux autres côtés, diminuée de deux fois le rectangle construit sur l'un de ces côtés et la projection de l'autre sur lui.*

VII. *Dans un triangle qui a un angle obtus, le carré construit sur le côté opposé à cet angle obtus est équivalent à la somme des carrés construits sur les deux autres côtés, augmentée de deux fois le rectangle construit sur l'un de ces côtés et la projection de l'autre sur lui.*

En adoptant, comme il a été dit, le carré construit sur l'unité de longueur pour unité d'aire, il est à remarquer que le carré du nombre qui mesure une portion de droite exprime l'aire du carré construit sur cette droite, et que le produit des deux nombres qui mesurent deux portions de droite n'est autre que l'expression de l'aire du rectangle construit sur ces droites. Il s'ensuit que les trois derniers théorèmes énoncés peuvent être regardés comme précédemment établis. Ils ne sont d'ailleurs, présentés sous une autre forme, que les théorèmes II, III et IV sur les relations métriques entre certains éléments d'un triangle.

Cependant, on en donne ici, par des considérations d'équivalence de figures, une démonstration directe, d'où l'on pourrait inversement déduire les relations métriques qui leur correspondent.

CHAPITRE VI

DROITES ET PLANS DE L'ESPACE

§ I. — Notions préliminaires.

70. On a défini le plan (9) : une surface telle que toute droite qui y a deux de ses points y est tout entière contenue. Et l'on a dit que cette surface doit être regardée comme indéfinie dans tous les sens.

De sorte que pour représenter un plan, on ne peut en considérer qu'une portion limitée à laquelle on donne ordinairement la forme d'un parallélogramme.

71. Détermination du plan. — De la définition du plan, on déduit la proposition suivante relative à la détermination de cette surface :

Un plan est déterminé :

1° par une droite et un point extérieur à cette droite ;

2° par trois points non en ligne droite ;

3° par deux droites concourantes ;

4° par deux droites parallèles.

72. Génération du plan. — Cette proposition permet d'établir qu'une droite mobile engendre un plan :

1° lorsqu'elle passe par un point fixe et qu'elle est assujettie dans son mouvement à rencontrer une droite qui ne contient pas le point fixe ;

2° lorsqu'elle reste parallèle à elle-même et qu'elle est assujettie dans son mouvement à rencontrer une autre droite.

37. Positions relatives d'une droite et d'un plan. — Une autre conséquence de la définition du plan est qu'une droite peut avoir trois positions différentes par rapport à un plan et n'en peut avoir que trois :

1° La droite et le plan ont deux points communs : la droite est alors tout entière contenue dans le plan ;

2° La droite et le plan n'ont qu'un point commun : on dit que la droite et le plan *se coupent* ; le point commun s'appelle le *pied* de la droite sur le plan ;

3° La droite et le plan n'ont aucun point commun : on dit que la droite et le plan sont *parallèles*.

74. Positions relatives de deux plans. — Deux plans peuvent avoir trois positions différentes l'un par rapport à l'autre.

1° On sait déjà (9) que deux plans qui ont au moins trois points communs non situés en ligne droite *coïncident* dans toute leur étendue.

2° Si deux plans distincts ont un ou plusieurs points communs, on dit que ces deux plans *se coupent*, et l'on démontre que *leur intersection est une droite* qui contient tous les points communs.

3° Si deux plans distincts n'ont aucun point commun quelque loin qu'on les prolonge, on dit que ces deux plans sont *parallèles*.

75. Positions relatives de deux droites. — Dans l'espace, deux droites sont situées ou non dans un même plan. Dans le premier cas, elles peuvent être :

1° concourantes ;

2° parallèles ;

3° coïncidentes.

Dans le second cas, elles ne peuvent être :

4° ni concourantes, ni parallèles, ni coïncidentes.

De là la nécessité d'introduire dans la définition du parallé lisme de deux droites la condition de situation des deux droites dans un même plan. De même, lorsqu'on veut prouver que deux droites de l'espace sont parallèles, faut-il en général démontrer à la fois qu'elles sont situées dans un même plan et qu'elles n'ont aucun point commun.

On démontre que, dans l'espace, *par un point pris hors d'une droite on peut mener une parallèle à cette droite et l'on ne peut en mener qu'une.*

§ II. — Droites et plans perpendiculaires.

76. Lorsqu'une droite coupe un plan, on dit qu'elle est *perpendiculaire* à ce plan quand elle est perpendiculaire à toutes les droites qui peuvent satisfaire à la double condition de passer par son pied et d'être situées dans le plan. On dit aussi qu'un tel plan est perpendiculaire à la droite.

Une droite qui coupe un plan sans lui être perpendiculaire est dite *oblique* au plan.

L'existence de la perpendiculaire au plan est mise en évidence par le théorème suivant :

I. *Une droite qui, en coupant un plan, est perpendiculaire à deux droites situées dans ce plan et passant par son pied, est perpendiculaire au plan.*

On établit d'abord qu'il est toujours possible d'avoir une droite perpendiculaire à deux droites d'un même plan.

II. *Par un point donné, on peut mener un plan perpendiculaire à une droite donnée et l'on ne peut en mener qu'un.*

Autrement dit :

Un point détermine un plan assujetti à être perpendiculaire à une droite donnée.

De ce théorème on peut rapprocher le suivant :

III. *Le lieu des perpendiculaires à une droite en un point donné est le plan mené par ce point perpendiculairement à cette droite.*

IV. *Par un point donné, on peut mener une droite perpendiculaire à un plan et l'on ne peut en mener qu'une.*

Autrement dit :

Un point détermine une droite assujettie à être perpendiculaire à un plan donné.

V. *Si d'un point pris hors d'un plan on mène la perpendiculaire et diverses obliques à ce plan :*

1° La perpendiculaire est plus courte que toute oblique ;

2° Deux obliques dont les pieds sont à égale distance de celui de la perpendiculaire sont égales ;

3° Deux obliques dont les pieds sont à des distances inégales de celui de la perpendiculaire sont inégales et la plus longue est celle pour laquelle cette distance est la plus grande ;
et réciproquement.

La perpendiculaire étant ainsi la plus courte des lignes qu'on puisse mener à un plan d'un point extérieur, c'est elle que l'on prend pour exprimer la *distance d'un point à un plan* et cette distance est alors représentée par le segment de la perpendiculaire compris entre son pied sur le plan et le point extérieur.

Le théorème précédent a pour autre conséquence que *le lieu des points d'un plan également distants d'un point donné est une circonférence dont le centre est le pied de la perpendiculaire menée du point au plan.*

VI. *Si du pied d'une perpendiculaire à un plan on mène une perpendiculaire à une droite quelconque du plan, et si l'on joint par une droite le pied de cette seconde perpendiculaire à un point quelconque de la première, on a une droite perpendiculaire à la droite du plan.*

On donne à ce théorème le nom de *théorème des trois perpendiculaires.*

§ III. — Droites et plans parallèles.

77. Nous avons défini plus haut ce qu'on entend par droites parallèles (28, 75), droite parallèle à un plan (73) et plans parallèles (74).

De ces définitions on déduit les théorèmes qui suivent :

78. Droites parallèles. — **I.** *Deux droites perpendiculaires à un même plan sont parallèles.*

II. *Lorsque deux droites sont parallèles, tout plan perpendiculaire à l'une est perpendiculaire à l'autre.*

III. *Deux droites parallèles à une troisième sont parallèles entre elles.*

79. Droites parallèles à un plan. — IV. *Une droite extérieure à un plan et parallèle à une droite de ce plan est parallèle au plan.*

Ce théorème met en évidence l'existence d'une droite parallèle à un plan.

V. *Lorsqu'une droite est parallèle à un plan, l'intersection de ce plan et d'un autre plan quelconque mené par la droite est parallèle à cette droite.*

On déduit de cette proposition qu'*une droite et un plan parallèles sont partout également distants.*

VI. *Lorsqu'une droite est parallèle à un plan, la parallèle à cette droite menée par un point du plan est tout entière contenue dans ce plan.*

VII. *Deux plans qui se coupent et qui sont parallèles à une même droite ont leur intersection parallèle à cette droite.*

80. Plans parallèles. — VIII. *Deux plans perpendiculaires à une même droite sont parallèles.*

Ce théorème met en évidence l'existence des plans parallèles.

IX. *Les intersections de deux plans parallèles par un troisième sont parallèles.*

X. *Par un point extérieur à un plan on peut mener à ce plan un plan parallèle et l'on ne peut en mener qu'un.*

Autrement dit :

Un point détermine un plan assujetti à être parallèle à un autre plan donné.

De ce théorème on peut rapprocher le suivant :

Le lieu des droites menées d'un point donné parallèlement à un plan donné est le plan parallèle au premier mené par ce point.

XI. *Lorsque deux plans sont parallèles, toute perpendiculaire à l'un est perpendiculaire à l'autre.*

XII. *Deux plans parallèles à un troisième sont parallèles entre eux.*

XIII. *Les segments de deux droites parallèles interceptés par deux plans parallèles sont égaux.*

Et si les droites parallèles sont perpendiculaires aux plans, on en déduit que *deux plans parallèles sont partout également distants.*

XIV. *Les segments de deux droites quelconques interceptés par trois plans parallèles sont proportionnels.*

XV. *Deux angles non situés dans un même plan qui ont leurs côtés respectivement parallèles sont égaux ou supplémentaires et leurs plans sont parallèles.*

81. **Angle de deux droites quelconques.** — Dans un intérêt de généralisation, on a étendu l'idée d'angle au cas de deux droites de l'espace qui ne se rencontrent pas. On appelle, dans ce cas, angles des deux droites ceux que l'on forme en menant par un même point de l'espace deux droites respectivement parallèles aux deux droites envisagées. Si ces angles sont droits, on dit que les deux droites sont perpendiculaires l'une à l'autre.

§ IV. — Angles dièdres.

82. On donne le nom d'*angle dièdre*, ou plus simplement de *dièdre*, à la figure formée par deux demi-plans limités à une droite commune. La droite est l'*arête* du dièdre, et les demi-plans en sont les *faces.*

Deux angles dièdres sont dits *égaux* lorsqu'ils sont superposables. Dans le cas contraire, qui est général, c'est-à-dire lorsque la superposition n'est pas possible, autrement dit lorsque, après avoir fait coïncider les deux arêtes et deux des faces de manière que les deux autres soient d'un même côté que le demi-plan commun, ces deux autres faces ne se recouvrent pas, on dit que les angles dièdres sont *inégaux,* de plus, que celui dont la seconde face se trouve dans l'intérieur de l'autre angle dièdre est plus petit que cet autre, et que ce dernier est plus grand que le premier.

83. Si l'on dispose deux angles dièdres de façon que leurs arêtes coïncident ainsi que deux de leurs faces, en ayant soin que les deux autres soient situées de part et d'autre de la face commune, l'angle dièdre formé par les faces extrêmes est dit la *somme* des angles dièdres considérés. Effectuer cette opération, c'est *ajouter* deux angles dièdres l'un à l'autre. On conçoit que par la juxtaposition, de la même manière, d'un troisième angle dièdre à cet angle dièdre total, on aurait la somme de trois angles dièdres, et qu'en continuant ainsi on obtiendrait la somme d'un nombre quelconque d'angles dièdres : cette somme serait indépendante de l'ordre dans lequel on ajouterait les dièdres.

84. On se fait une idée exacte de ce qu'on appelle la grandeur d'un angle dièdre en supposant qu'une de ses faces restant fixe, l'autre, d'abord appliquée sur la première, se met à tourner autour de l'arête : la seconde face fait ainsi avec la première un angle dièdre qui va croissant progressivement. Ce mode de génération des angles dièdres, analogue à celui des angles de la Géométrie plane, met en outre en évidence que *la grandeur d'un angle dièdre est indépendante de l'étendue de ses faces.*

85. Angles dièdres adjacents. — Deux angles dièdres qui ont à la fois même arête et une face commune, s'ils sont situés de part et d'autre de cette face commune, reçoivent le nom d'*angles dièdres adjacents*. Cette position de deux angles dièdres n'est autre que celle qui résulterait de leur addition.

86. Plans perpendiculaires. — Lorsqu'un demi-plan rencontre, par la droite qui le limite dans un sens, un plan indéfini, il forme avec celui-ci deux angles dièdres adjacents. Si ces deux angles dièdres sont égaux, on dit que le demi-plan est *perpendiculaire* sur le plan indéfini ; dans le cas contraire, on dit qu'il est *oblique*.

87. Angle dièdre droit. — Un angle dièdre dont l'une des faces est perpendiculaire sur l'autre porte le nom d'*angle dièdre droit.*

Il est à remarquer que la théorie des angles dièdres présente une analogie complète avec celle des angles de la Géométrie plane ; c'est ce que vont confirmer la plupart des théorèmes suivants.

I. *Par une droite d'un plan on peut mener à ce plan, d'un côté donné, un demi-plan perpendiculaire, et l'on ne peut en mener qu'un.*

Ce théorème a pour corollaire :
Tous les angles dièdres droits sont égaux.

Ce qui revient à dire que l'angle dièdre droit est invariable de grandeur. Cette propriété essentielle et caractéristique l'a fait adopter comme terme de comparaison. Selon qu'un angle dièdre est plus petit ou plus grand qu'un angle dièdre droit, on lui donne le nom *d'angle dièdre aigu* ou d'*angle dièdre obtus*.

Lorsque la somme de deux angles dièdres est égale à un angle droit, l'un quelconque de ces angles dièdres est dit le *complément* de l'autre et les deux angles sont appelés pour cette raison *angles complémentaires.*

II. *Deux angles dièdres adjacents dont les faces extérieures sont dans un même plan ont leur somme égale à deux angles dièdres droits,* et réciproquement.

De la proposition directe se déduisent les deux corollaires :

1° *La somme de tous les angles dièdres consécutifs formés autour d'une même arête et d'un même côté d'un plan qui contient cette arête, est égale à deux angles dièdres droits.*

2° *La somme de tous les angles dièdres consécutifs formés tout autour d'une même arête est égale à quatre angles dièdres droits.*

De la réciproque du théorème II on obtient le corollaire :

Deux demi-plans menés perpendiculairement à un plan par une même droite du plan et de chaque côté de ce plan, sont le prolongement l'un de l'autre.

Le plan formé par les deux demi-plans est dit perpendiculaire à l'autre, et le second, perpendiculaire au premier.

De ce corollaire il suit que *par une droite d'un plan on peut mener à ce plan un plan perpendiculaire indéfini dans les deux sens et qu'on ne peut en mener qu'un seul.*

Lorsque la somme de deux angles dièdres est égale à deux

angles dièdres droits, l'un quelconque de ces angles dièdres est dit le *supplément* de l'autre et les deux sont appelés pour cette raison *angles dièdres supplémentaires*.

88. Angles dièdres opposés par l'arête. — Si deux angles dièdres sont tels que les faces de l'un sont les prolongements des faces de l'autre, au delà de l'arête, ils sont dits *opposés par l'arête*.

III. *Deux angles dièdres opposés par l'arête sont égaux.*

89. Plan bissecteur. — Le demi-plan qui partage un angle dièdre en deux parties égales s'appelle le *plan bissecteur* de l'angle dièdre.

IV. *Les plans bissecteurs de deux angles dièdres adjacents supplémentaires sont perpendiculaires entre eux.*

V. *Les plans bissecteurs de deux angles dièdres opposés par l'arête sont le prolongement l'un de l'autre.*

On déduit de ces deux théorèmes le corollaire suivant :

Les plans bissecteurs des quatre angles dièdres formés par deux plans qui se coupent forment deux plans perpendiculaires entre eux.

90. Mesure des angles dièdres. — Les angles dièdres, dont on a pu définir l'égalité et la somme, sont des grandeurs mesurables ; mais on en ramène la mesure à celle d'angles rectilignes. Cette substitution sera justifiée par ce qui va suivre.

On appelle *angle rectiligne* ou *angle plan* d'un dièdre, l'angle formé par les deux perpendiculaires menées à l'arête, dans chaque face, par un même point de cette arête.

Il est facile d'établir que l'angle plan d'un dièdre a toujours la même valeur, quelque point que l'on prenne sur l'arête pour le construire.

On démontre en outre les théorèmes suivants :

VI. *Deux angles dièdres égaux ont leurs angles plans égaux,* et réciproquement.

VII. *Un angle dièdre droit a pour angle plan un angle droit,* et réciproquement.

VIII. *Le rapport de deux angles dièdres est égal au rapport de leurs angles plans,*
autrement dit :

Les angles dièdres sont proportionnels à leurs angles plans.

La démonstration entière et rigoureuse de ce théorème se fait comme celle du théorème relatif à la proportionnalité des angles au centre aux arcs interceptés par leurs côtés (42, II).

On déduit de là le théorème relatif à la mesure de l'angle dièdre.

IX. *Un angle dièdre a même mesure que son angle plan, pourvu que l'on prenne pour unité d'angle dièdre le dièdre qui a pour angle plan l'unité d'angle.*

En général, on abrège cet énoncé en disant simplement :
Un angle dièdre a pour mesure celle de son angle plan.

X. *Deux plans parallèles rencontrés par un troisième forment des angles dièdres alternes-internes égaux, des angles dièdres alternes-externes égaux, des angles dièdres correspondants égaux, des angles dièdres intérieurs d'un même côté supplémentaires, des angles dièdres extérieurs d'un même côté supplémentaires.*

XI. *Deux angles dièdres qui ont leurs faces respectivement parallèles sont égaux ou supplémentaires.*

§ V. — Plans perpendiculaires.

91. Sur les plans perpendiculaires, précédemment définis, on démontre les théorèmes suivants :

I. *Lorsqu'une droite est perpendiculaire à un plan, tout plan mené par cette droite est perpendiculaire au premier plan.*

II. *Lorsque deux plans sont perpendiculaires entre eux, toute droite menée dans l'un de ces plans perpendiculairement à leur intersection est perpendiculaire à l'autre plan.*

III. *Lorsque deux plans sont perpendiculaires entre eux, toute droite menée par un point de l'un de ces plans perpendiculairement à l'autre est tout entière contenue dans le premier plan.*

IV. *Lorsque deux plans qui se coupent sont perpendiculaires à* *un troisième plan, leur intersection est perpendiculaire à ce troi-sième plan.*

V. *Par une droite non perpendiculaire à un plan on peut mener un plan perpendiculaire au premier et l'on ne peut en mener qu'un seul.*

En rapprochant de ce théorème la dernière conséquence qui découle du théorème II sur les angles dièdres (87), on peut formuler la proposition suivante qui les contient l'un et l'autre ·

Une droite quelconque située ou non dans un plan, pourvu qu'elle ne lui soit pas perpendiculaire, détermine un plan perpen-diculaire au premier.

§ VI. — Angle d'une droite et d'un plan.

92. On appelle *projection d'un point* sur un plan le pied de la perpendiculaire menée de ce point sur le plan.

D'après cela, on entend par *projection d'une ligne* sur un plan le lieu des projections de tous ses points sur ce plan.

I. *La projection d'une droite sur un plan est une droite.*

II. *Lorsqu'une droite est oblique à un plan, l'angle aigu qu'elle fait avec sa projection sur ce plan est plus petit que celui qu'elle fait avec toute autre droite passant par son pied dans le plan.*

Cet angle minimum est ce qu'on appelle l'*angle d'une droite et d'un plan.*

III. *Lorsque deux plans se coupent, parmi toutes les droites que l'on peut mener par un point dans l'un de ces plans, celle qui fait le plus grand angle avec l'autre plan est la perpendicu-laire à l'intersection des deux plans.*

Lorsque le second plan est horizontal, la droite du premier qui fait avec l'autre le plus grand angle s'appelle *ligne de plus grande pente* de ce premier plan.

Il est à remarquer que toutes les lignes de plus grande pente d'un plan sont parallèles entre elles et que l'angle constant qui mesure cette plus grande pente est l'angle plan du dièdre formé par les deux plans.

§ VII. — Plus courte distance de deux droites.

93. Lorsque deux droites sont quelconques dans l'espace, c'est-à-dire qu'elles ne peuvent pas être contenues dans un même plan, elles jouissent des propriétés qui font l'objet du théorème suivant :

Pour deux droites non situées dans un même plan :

1° il existe une perpendiculaire commune et une seule ;

2° la portion de cette perpendiculaire commune comprise entre les deux droites exprime la plus courte distance de ces deux droites.

Pour obtenir en position et en grandeur cette plus courte distance, il suffit de mener par l'une des droites un plan parallèle à l'autre, de déterminer sur ce plan la projection de la seconde droite, et d'élever par l'intersection de cette projection et de la première droite une perpendiculaire au plan.

§ VIII. — Angles polyèdres.

94. **Définitions.** — Lorsque plusieurs plans se coupent en passant par un même point, si ces plans sont limités à leurs intersections et si ces intersections sont elles-mêmes limitées d'un côté à leur point commun, la figure formée s'appelle un *angle polyèdre* ou un *angle solide*. Le point commun à tous les plans est le *sommet* de l'angle polyèdre, les demi-droites d'intersection en sont les *arêtes*, les angles plans de ces demi-droites prises deux à deux dans les plans considérés en sont les *faces*, et les dièdres de ces plans en sont les *dièdres*.

Le plus simple de tous les angles polyèdres a trois faces : on lui donne le nom d'*angle trièdre* ou plus simplement de *trièdre*.

Si un angle polyèdre se trouve tout entier d'un même côté du plan indéfiniment prolongé de chacune de ses faces, on dit qu'il est *convexe*. Dans le cas contraire il est *concave*.

Un angle trièdre est toujours convexe.

Si dans un angle polyèdre, on prolonge les arêtes au delà du sommet, on forme un second angle polyèdre qu'on appelle le *symétrique* du premier.

Deux angles polyèdres symétriques sont composés des mêmes éléments, faces et dièdres, et néanmoins ils ne sont pas superposables, parce que ces éléments y sont disposés dans un ordre inverse.

Pour la même raison, deux trièdres symétriques ne sont généralement pas superposables, à moins que le trièdre primitif n'ait deux dièdres égaux.

95. La théorie des trièdres présente une très grande analogie avec celle des triangles : c'est ce que vont mettre en évidence les propositions suivantes qui la constituent.

I. *Dans un angle trièdre, une face quelconque est plus petite que la somme des deux autres.*

II. *Dans un angle polyèdre, la somme des faces est plus petite que quatre angles droits.*

Ces deux théorèmes montrent que pour former un trièdre avec trois faces données, deux conditions sont *nécessaires* : 1° que la plus grande face soit moindre que la somme des deux autres ; 2° que la somme des trois faces soit inférieure à quatre angles droits. On démontre aussi que ces deux conditions sont *suffisantes*.

III. *Si un angle trièdre a deux dièdres égaux, les faces opposées à ces dièdres sont égales.*

IV. *Si un angle trièdre a deux dièdres inégaux, les faces opposées à ces dièdres sont inégales et au plus grand dièdre est opposée la plus grande face.*

Les réciproques de ces deux propositions sont nécessairement vraies d'après la règle du n° 25, **VII**.

96. Trièdres supplémentaires. — Lorsque par le sommet d'un trièdre on mène à chaque face une demi-droite perpendiculaire, située du côté de l'arête opposée, on forme un nouveau trièdre qu'on appelle le *trièdre supplémentaire* du premier.

V. *Si un angle trièdre est supplémentaire d'un autre, réciproquement cet autre est supplémentaire du premier.*

Cette propriété de deux trièdres supplémentaires leur a fait donner aussi le nom de *trièdres réciproques*.

VI. *Si deux angles trièdres sont supplémentaires, chaque dièdre de l'un est le supplément de la face opposée de l'autre.*

On trouve dans cette proposition la justification de l'expression *trièdres supplémentaires*.

Il résulte du théorème II précédent que dans un angle trièdre la somme des faces est comprise entre zéro et quatre droits. La proposition correspondante de celle-ci, qu'on dit surtout la *corrélative*, est la suivante :

VII. *Dans un angle trièdre, la somme des angles dièdres est comprise entre deux droits et six droits.*

D'après le théorème I précédent, dans un angle trièdre, la plus grande face est plus petite que la somme des deux autres. Cette proposition a pour corrélative celle qui suit :

VIII. *Dans un angle trièdre, le plus petit angle dièdre augmenté de deux droits est plus grand que la somme des deux autres.*

Ces deux derniers théorèmes, VII et VIII, mettent ce fait en évidence que pour former un trièdre avec trois dièdres donnés, deux conditions sont *nécessaires* : 1º que la somme des trois dièdres soit comprise entre deux droits et six droits ; 2º que le plus petit dièdre augmenté de deux droits devienne plus grand que la somme des deux autres. On démontre aussi que ces deux conditions sont *suffisantes*.

Un trièdre est *rectangle*, *birectangle* ou *trirectangle* suivant qu'il a un dièdre droit, qu'il en a deux ou qu'il en a trois.

97. Cas d'égalité des trièdres. — Comme les triangles, les trièdres ont six éléments, qui sont trois faces et trois dièdres ; il s'ensuit que lorsque deux trièdres sont égaux, ils ont nécessairement leurs six éléments égaux chacun à chacun, ce qui donne six conditions auxquelles satisfont ces deux trièdres. Réciproquement, deux trièdres sont égaux si les six éléments de l'un sont respectivement égaux aux six éléments de l'autre et semblablement disposés. Toutefois, pour affirmer que deux trièdres sont égaux, il n'est pas nécessaire d'être assuré que les six conditions auxquelles ils sont subordonnés sont satisfaites. Cette égalité résulte de celle de trois éléments disposés dans le même ordre sous la réserve que ces éléments forment un des groupes suivants: une face et les deux dièdres adjacents, un dièdre et les deux faces qui le comprennent, les trois faces, les trois dièdres. C'est ce qu'établit le théorème qui suit : .

IX. *Deux angles trièdres sont égaux lorsqu'ils ont :*

1° *Une face égale adjacente à deux angles dièdres égaux chacun à chacun et semblablement disposés ;*

2° *Un dièdre égal compris entre deux faces égales chacune à chacune et semblablement disposées ;*

3° *Les trois faces égales chacune à chacune et semblablement disposées ;*

4° *Les trois angles dièdres égaux chacun à chacun et semblablement disposés.*

Si les éléments égaux des deux angles trièdres n'étaient pas disposés de la même manière dans l'un et l'autre, pour chacun de ces quatre cas l'*égalité* cesserait d'exister ; il y aurait *symétrie.*

X. *Si deux angles trièdres ont deux faces égales chacune à chacune et si les angles dièdres compris entre ces faces sont inégaux, les troisièmes faces sont aussi inégales, et au plus petit angle dièdre est opposée la plus petite face, et réciproquement.*

98. En faisant correspondre aux côtés et aux angles des triangles les faces et les dièdres des trièdres, l'analogie entre les deux théories des triangles et des trièdres, sans être complète, est très grande ainsi que nous l'avons annoncé : à chaque propriété des triangles correspond en effet une propriété des trièdres. Mais l'inverse n'a pas toujours lieu ; les trièdres, par exemple, admettent quatre cas d'égalité, tandis qu'il n'y en a que trois pour les triangles : deux triangles qui ont leurs trois angles égaux chacun à chacun sont, en effet, simplement semblables et non égaux comme le sont deux trièdres qui ont leurs trois dièdres égaux chacun à chacun et semblablement disposés.

CHAPITRE VII

POLYÈDRES

---

§ I. — Définitions.

99. On donne le nom de *polyèdre* à tout corps limité de toutes parts par des portions de plan. Ces portions de plan ou polygones sont les *faces* du polyèdre ; leur somme en forme la *surface*. Les côtés de ces polygones, les dièdres et les angles solides des faces, les sommets de ces angles sont respectivement les *arêtes*, les *dièdres*, les *angles solides* et les *sommets* du polyèdre. Toute droite qui joint deux sommets d'un polyèdre non situés sur une même face est une *diagonale*.

Les polyèdres reçoivent des noms qui rappellent le nombre de leurs faces. Le plus simple de tous est le *tétraèdre*, qui a quatre faces. On donne le nom d'*hexaèdre*, d'*octaèdre*, de *dodécaèdre*, d'*icosaèdre* aux polyèdres de six, huit, douze et vingt faces.

Un polyèdre est dit *convexe* lorsqu'il est tout entier d'un même côté de chacune de ses faces indéfiniment prolongées. Toutes ses faces sont des polygones convexes et tous ses angles solides sont convexes.

D'après cela, on conçoit qu'un plan quelconque rencontre la surface d'un tel polyèdre suivant un polygone convexe et, conséquemment, qu'une droite ne puisse rencontrer cette même surface en plus de deux points.

Entre les différentes formes de polyèdres, il y a lieu de considérer tout particulièrement le *prisme* et la *pyramide*.

§ II. — Prisme.

100. Définitions. — Un *prisme* est un polyèdre dont deux faces sont situées dans des plans parallèles et dont les autres sont des parallélogrammes qui ont chacun un côté commun avec chacune des deux premières faces. Ces deux faces à plans parallèles sont les *bases* du prisme et ce sont deux polygones égaux ; les autres faces sont les *faces latérales* du prisme. L'ensemble des faces latérales forme la *surface latérale* du solide ; en y ajoutant les deux bases, on a la *surface totale*. Les arêtes déterminées par les intersections des faces latérales entre elles sont les *arêtes latérales* du prisme ; elles sont toutes égales et parallèles entre elles. La portion de droite qui mesure la distance des deux bases est la *hauteur* du prisme.

On dit qu'un prisme est *triangulaire, quadrangulaire, pentagonal*, etc., lorsque ses bases sont des triangles, des quadrilatères, des pentagones, etc.

On établit très facilement qu'un prisme est déterminé par sa base et l'une de ses arêtes latérales, donnée en longueur et en direction.

Suivant que la direction des arêtes latérales d'un prisme est perpendiculaire ou non à ses bases, ce prisme est *droit* ou *oblique*. Et tout prisme droit dont les bases sont des polygones réguliers est un *prisme régulier*.

Le solide compris entre une des bases d'un prisme et une section non parallèle à cette base, mais rencontrant toutes les arêtes latérales du prisme d'un même côté de la base considérée, est un *tronc de prisme*.

101. Parallélépipède. — Entre les différentes formes de prismes, il y a lieu de considérer tout particulièrement le *parallélépipède*, prisme à base quadrangulaire, dont toutes les faces sont des parallélogrammes. C'est sur ses propriétés que repose toute la théorie des polyèdres.

Comme le prisme en général dont il n'est qu'un cas particulier, le parallélépipède peut être *droit* ou *oblique*. Quand il est droit et que ses bases sont des rectangles, les faces latérales affectent aussi la forme rectangulaire ; il porte alors le nom de *parallélépipède rectangle*. A son tour, ce dernier présente un cas particulier intéressant, celui où toutes ses faces sont des carrés ; on l'appelle *cube*.

Il est facile d'établir qu'un parallélépipède est déterminé par un de ses angles trièdres et la longueur de chacune des arêtes de ce trièdre, qu'un parallélépipède rectangle est déterminé par les longueurs des trois arêtes qui partent d'un même sommet, enfin qu'un cube est déterminé par la longueur d'une de ses arêtes.

Dans un parallélépipède rectangle, les longueurs des trois arêtes issues d'un même sommet sont appelées les trois dimensions du solide.

102. Propriété générale du prisme. — I. *Dans un prisme, les sections faites par deux plans parallèles sont deux polygones égaux.*

La section obtenue par un plan perpendiculaire aux arêtes latérales du prisme est une *section droite*.

Propriétés particulières du parallélépipède. — II. *Dans un parallélépipède, les faces opposées sont des parallélogrammes égaux, dont les plans sont parallèles.*

De ce théorème découlent les conséquences suivantes :

1° *Un parallélépipède est un prisme dans lequel on peut prendre pour bases deux faces opposées quelconques.*

2° *La section faite dans un parallélépipède par un plan qui rencontre quatre arêtes latérales est un parallélogramme.*

III. *Dans un parallélépipède, les quatre diagonales se coupent mutuellement en deux parties égales.*

On appelle *centre* du parallélépipède le point où se fait cette rencontre commune de ses diagonales.

Lorsque le parallélépipède est rectangle, les quatre diagonales sont égales.

De là on tire :

1° *que le carré de la diagonale d'un parallélépipède rectangle est égal à la somme des carrés des trois dimensions du parallélépipède ;*

2° *que le carré de la diagonale d'un cube est égal au triple carré de l'arête du cube.*

103. Aire latérale du prisme. — IV. *L'aire latérale d'un prisme a pour mesure le produit du périmètre de la section droite par l'arête latérale.*

Dans le cas particulier où le *prisme est droit, l'aire latérale a pour mesure le produit du périmètre de la base du prisme par sa hauteur,* car la section droite devient égale à la base, et l'arête latérale égale à la hauteur.

Il est évident que l'*aire totale* d'un prisme est égale à la somme de son aire latérale et du double de l'aire de sa base

104. Volume du prisme. — On appelle *volume* d'un corps, l'étendue de la portion d'espace que ce corps occupe.

Lorsque deux corps sont superposables, on dit qu'ils sont *égaux*; et si l'on juxtapose les uns aux autres plusieurs corps de manière qu'il n'y ait de pénétration dans aucune de leurs parties, on dit que le corps résultant est la *somme* des corps qui le composent. Dans le premier cas, on dit aussi que les volumes des deux corps ou des deux figures sont égaux, et dans le second, que le volume du corps ou de la figure résultante est égal à la somme des volumes des corps ou des figures composantes.

Les volumes sont donc des grandeurs mesurables.

Il résulte aussi de ce qui précède que les volumes de deux figures peuvent être égaux, c'est-à-dire exprimés par le même nombre sans que ces figures soient superposables : on dit alors que les deux figures sont *équivalentes*.

La mesure des volumes ne peut pas s'obtenir par la superposition ; on la déduit de la mesure de certaines lignes des figures, en prenant pour unité de volume le volume du cube dont le côté est l'unité de longueur. C'est ce qu'établissent les théorèmes qui vont suivre.

L'unité de volume est ainsi le mètre cube.

Les géomètres ont choisi le cube comme figure de l'unité de volume de préférence à toute autre figure, telle que le tétraèdre, par exemple — bien que tous les polyèdres soient décomposables en tétraèdres — en raison des complications que présenteraient les propositions sur la mesure des volumes et des difficultés de calcul qui en seraient la conséquence.

Nous ferons précéder les théorèmes relatifs à la mesure des volumes des trois propositions préliminaires suivantes :

V. *Deux prismes droits de même base et de même hauteur sont égaux.*

VI. *Un prisme oblique est équivalent à un prisme droit ayant pour base et pour hauteur respectives la section droite et l'arête latérale du prisme oblique.*

VII. *Dans un parallélépipède, le plan mené par deux arêtes opposées détermine deux prismes triangulaires équivalents.*

En partant de ce dernier théorème et du fait évident que tout prisme est décomposable en prismes triangulaires, on rattache la mesure du volume d'un prisme quelconque à celle du volume du parallélépipède.

Aussi commence-t-on la théorie de la mesure du prisme par les propositions suivantes relatives à la mesure du parallélépipède, en plaçant tout d'abord celles qui ont trait au parallélépipède rectangle parce que c'est la figure qui se rapproche le plus de celle de l'unité de volume adoptée et qu'*un parallélépipède quelconque est équivalent à un parallélépipède rectangle de même base et de même hauteur.*

VIII. *Les volumes de deux parallélépipèdes rectangles de même base sont entre eux comme les hauteurs de ces parallélépipèdes.*

Autrement dit : *Les volumes de deux parallélépipèdes rectangles qui ont deux dimensions communes sont entre eux comme les troisièmes dimensions de ces parallélépipèdes.*

IX. *Les volumes de deux parallélépipèdes rectangles de même hauteur sont entre eux comme les bases de ces parallélépipèdes,* autrement dit, *comme les produits de leurs deux autres dimensions.*

X. *Les volumes de deux parallélépipèdes rectangles quelconques sont entre eux comme les produits des trois dimensions de ces parallélépipèdes.*

On déduit de là, sachant que l'unité de volume et l'unité d'aire sont respectivement le cube et le carré qui ont l'unité de longueur pour côté :

XI. *Le volume d'un parallélépipède rectangle a pour mesure le produit des deux nombres qui mesurent respectivement sa base et sa hauteur,* autrement dit, *le produit des trois nombres qui mesurent respectivement ses trois dimensions.*

Ce théorème, dont l'application est très fréquente, s'énonce généralement d'une manière incorrecte, mais que l'usage a consacrée parce qu'elle est plus simple, et qui est la suivante :

Le volume d'un parallélépipède rectangle est égal au produit de sa base et de sa hauteur, ou au produit de ses trois dimensions.

La mesure du volume du parallélépipède conduit à ce corollaire :

Le volume d'un cube a pour mesure le cube de son côté.

Comme on entend par produit de lignes le produit des nombres qui mesurent ces lignes, on dit le *cube d'une droite* pour le cube du nombre qui mesure cette droite.

XII. *Le volume d'un parallélépipède droit a pour mesure le produit de sa base par sa hauteur.*

XIII. *Le volume d'un parallélépipède quelconque a pour mesure le produit de sa base par sa hauteur*

De ce dernier théorème découlent les corollaires suivants :

1º *Deux parallélépipèdes de bases équivalentes et de même hauteur sont équivalents ;*

2º *Deux parallélépipèdes de bases équivalentes sont entre eux comme leurs hauteurs ;*

3º *Deux parallélépipèdes de même hauteur sont entre eux comme leurs bases ;*

4º *Deux parallélépipèdes quelconques sont entre eux comme les produits respectifs de leur base par leur hauteur.*

XIV. *Le volume d'un prisme triangulaire a pour mesure le produit de sa base par sa hauteur.*

XV. *Le volume d'un prisme quelconque a pour mesure le produit de sa base par sa hauteur.*

Les corollaires suivants se déduisent de ce dernier théorème :

1° *Deux prismes qui ont des bases équivalentes et même hauteur sont équivalents ;*

2° *Deux prismes qui ont des bases équivalentes sont entre eux comme leurs hauteurs ;*

3° *Deux prismes qui ont même hauteur sont entre eux comme leurs bases ;*

4° *Deux prismes quelconques sont entre eux comme les produits respectifs de leur base par leur hauteur.*

§ III. — Pyramide.

105. Définitions. — Une *pyramide* est un polyèdre dont toutes les faces moins une sont des triangles ayant un sommet commun et pour côtés opposés à ce sommet les côtés de la dernière face qui est un polygone quelconque. Le sommet commun de ces triangles est le *sommet* de la pyramide ; les triangles en sont les *faces latérales*, et le polygone quelconque, la *base*. L'ensemble des faces latérales forme la *surface latérale* du solide, et en y ajoutant la base, on a la *surface totale*. [Les arêtes déterminées par les intersections des faces latérales sont les *arêtes latérales* de la pyramide. Enfin, la distance du sommet de la pyramide à sa base en est la *hauteur*.

Une pyramide est dite *triangulaire, quadrangulaire, pentagonale*, etc., suivant que sa base est un triangle, un quadrilatère, un pentagone, etc. La pyramide triangulaire est un tétraèdre.

Une pyramide est déterminée par sa base et son sommet.

Lorsque la base d'une pyramide est un polygone régulier et que le pied de la hauteur du solide se confond avec le centre de la base, la pyramide est dite *régulière*. Dans une pyramide de ce genre, toutes les arêtes latérales sont égales et toutes les faces latérales sont des triangles isocèles égaux. La hauteur commune de ces triangles est *l'apothème* de la pyramide régulière.

Si l'on fait passer dans une pyramide un plan qui coupe toutes les arêtes latérales, on obtient entre ce plan et la base de la pyramide un solide qu'on appelle *tronc de pyramide*. Un tronc de pyramide est dit à bases *parallèles* lorsque le plan sécant est parallèle au plan de la base de la pyramide. Les deux faces parallèles de ce polyèdre en sont les *bases* et leur distance la *hauteur*. Les portions d'arêtes latérales et de faces latérales de la pyramide sont les *arêtes latérales* et les *faces latérales* du tronc de pyramide.

Un tronc de pyramide à bases parallèles est dit *régulier* lorsqu'il appartient à une pyramide régulière ; ses faces latérales sont des trapèzes isocèles égaux, et la hauteur commune de ces trapèzes s'appelle l'*apothème* du tronc de pyramide.

Dans ce qui va suivre il ne sera question que du tronc de pyramide à bases parallèles.

106. Propriétés de la pyramide. — I. *Lorsqu'une pyramide est coupée par un plan parallèle à sa base :*

1° Ses arêtes latérales et sa hauteur sont divisées en segments proportionnels ;

2° La section est un polygone semblable au polygone de base de la pyramide ;

3° Le rapport des aires de la section et de la base de la pyramide est égal au rapport des carrés des distances des plans de ces polygones au sommet de la pyramide.

II. *Dans deux pyramides de même hauteur, les sections faites par des plans parallèles aux bases et à la même distance de sommets sont proportionnelles aux bases des pyramides.*

On déduit de là ce corollaire :

Dans deux pyramides de même hauteur et de bases équivalentes, les sections faites par des plans parallèles aux bases et à la même distance des sommets sont équivalentes.

107. Aire latérale de la pyramide. — Dans une pyramide quelconque, l'aire latérale s'obtient en faisant la somme des aires de ses faces latérales.

Pour une pyramide régulière, on a le théorème suivant :

III. *L'aire latérale d'une pyramide régulière a pour mesure le demi-produit du périmètre de sa base par son apothème.*

Lorsqu'un tronc de pyramide à bases parallèles est quelconque, son aire latérale s'obtient en faisant la somme des aires de ses faces latérales.

S'il est régulier, son aire latérale s'exprime ainsi :

IV. *L'aire latérale d'un tronc de pyramide régulier à bases parallèles a pour mesure le produit de la demi-somme des périmètres de ses bases par son apothème.*

108. Volume de la pyramide. — Comme un polyèdre, dont elle n'est qu'un cas particulier, une pyramide quelconque peut toujours être décomposée en pyramides triangulaires. D'autre part, on démontre les théorèmes suivants :

V. *Deux pyramides triangulaires de bases équivalentes et de même hauteur sont équivalentes.*

VI. *Toute pyramide triangulaire est le tiers d'un prisme de même base et de même hauteur.*

Il résulte de l'ensemble de ces vérités que la mesure du volume de la pyramide peut se déduire de la mesure du volume du prisme. Cette mesure s'exprime ainsi :

VII. *Le volume d'une pyramide a pour mesure le tiers du produit de sa base par sa hauteur.*

De ce théorème découlent les corollaires suivants :

1° *Deux pyramides qui ont des bases équivalentes et même hauteur sont équivalentes ;*

2° *Deux pyramides qui ont des bases équivalentes sont entre elles comme leurs hauteurs ;*

3° *Deux pyramides qui ont même hauteur sont entre elles comme leurs bases ;*

4° *Deux pyramides quelconques sont entre elles comme les produits respectifs de leur base par leur hauteur.*

Le volume du tronc de pyramide s'exprime ainsi :

VIII. *Le volume d'un tronc de pyramide à bases parallèles est équivalent à la somme des volumes de trois pyramides ayant pour* *hauteur commune la hauteur du tronc et pour bases respectives les deux bases du tronc et leur moyenne proportionnelle.*

A ce théorème on rattache la mesure du volume d'un tronc de prisme, qui se traduit ainsi, lorsque le tronc est triangulaire :

IX. *Le volume d'un tronc de prisme triangulaire est équivalent à la somme des volumes de trois pyramides ayant pour base commune l'une des bases du tronc et pour sommets respectifs les trois sommets de l'autre base.*

Ce volume s'exprime encore de la manière suivante :

Le volume d'un tronc de prisme triangulaire a pour mesure le produit de sa section droite par le tiers de la somme de ses trois arêtes latérales.

Lorsque le tronc de prisme est quelconque, on le décompose en prismes triangulaires, dont la somme des volumes donne celui du tronc de prisme en question.

Enfin, s'il s'agit d'un polyèdre quelconque, on le décompose en solides que l'on sache mesurer, par exemple en pyramides triangulaires ou tétraèdres, et cette décomposition est toujours possible. La somme des volumes partiels donne le volume total.

§ IV. — Symétrie dans l'espace.

109. La symétrie dans l'espace peut exister par rapport à un point, par rapport à un axe et par rapport à un plan.

1° Deux points sont symétriques par rapport à un troisième point lorsque ce dernier divise en deux parties égales la droite qui joint les deux premiers.

Et l'on dit que deux figures sont symétriques par rapport à un point lorsque l'une d'elles est l'ensemble des points symétriques des points de l'autre par rapport au point considéré, que l'on appelle *centre de symétrie.*

Lorsque dans une figure tout point a son symétrique sur la figure même par rapport à un point fixe, celui-ci prend le nom de *centre de la figure*. Dans un parallélépipède, le point de concours des diagonales est le centre de la figure.

2° Deux points sont symétriques par rapport à une droite lorsque cette droite est perpendiculaire à celle qui joint les deux points et la divise en deux parties égales.

Et l'on dit que deux figures sont symétriques par rapport à une droite lorsque l'une d'elles est l'ensemble des points symétriques des points de l'autre par rapport à la droite, que l'on appelle *axe de symétrie*.

Lorsque dans une figure tout point a son symétrique sur la figure même par rapport à une droite, celle-ci prend le nom d'*axe de la figure*. Dans un parallélépipède rectangle, les trois droites qui joignent respectivement les centres des faces opposées sont les trois axes de la figure.

3° Deux points sont symétriques par rapport à un plan lorsque ce plan est perpendiculaire à la droite qui joint les deux points et la divise en deux parties égales.

Et l'on dit que deux figures sont symétriques par rapport à un plan lorsque l'une d'elles est l'ensemble des points symétriques des points de l'autre par rapport à ce plan, que l'on appelle *plan de symétrie*.

Lorsque dans une figure tout point a son symétrique sur la figure même par rapport à un plan, celui-ci prend le nom *de plan de symétrie de la figure*. Dans un parallélépipède rectangle, les trois plans menés respectivement par les milieux de trois arêtes issues d'un même sommet et perpendiculairement à chacune d'elles sont les trois plans de symétrie de la figure. Dans un cube, les trois plans menés respectivement par les milieux des trois arêtes issues d'un même sommet et perpendiculairement à chacune d'elles, et les six plans menés par deux arêtes opposées sont les neuf plans de symétrie de la figure. Dans un tétraèdre régulier, les six plans que déterminent chaque arête et le milieu de l'arête opposée sont les six plans de symétrie de la figure.

On démontre que *deux figures symétriques par rapport à un axe sont superposables*. Il s'ensuit que la symétrie par rapport à une droite ne présente aucun intérêt spécial en dehors de celte égalité de figures.

110. Les deux autres modes de symétrie donnent lieu aux théorèmes suivants :

I. *Deux figures respectivement symétriques d'une troisième par rapport à deux centres différents sont superposables.*

De là on déduit ce corollaire :

La forme et l'orientation d'une figure symétrique d'une autre sont indépendantes du centre de symétrie.

II. *Deux figures respectivement symtériques d'une troisième par rapport à un plan et par rapport à un centre sont superposables.*

Autrement dit : *Si deux figures sont symétriques dans un des deux modes de symétrie, par rapport à un plan ou par rapport à un point, on peut toujours les placer de manière qu'elles soient symétriques dans l'autre mode.*

Ce théorème conduit aux deux corollaires qui suivent :

1° *Deux figures respectivement symétriques d'une troisième par rapport à un plan quelconque et par rapport à un point quelconque sont superposables ;*

2° *Deux figures respectivement symétriques d'une troisième par rapport à deux plans quelconques sont superposables.*

Et de l'ensemble de ces propositions on tire les deux conséquences :

1° *Une figure donnée n'a qu'une figure symétrique ;*

2° Dans une démonstration sur les figures symétriques, on peut choisir tel mode de symétrie — par rapport à un centre ou par rapport à un plan — qui conduit le plus facilement au résultat demandé.

III. *La figure symétrique d'une droite est une droite.*

Les corollaires suivants découlent de ce théorème :

1° *La figure symétrique d'une portion de droite est une portion de droite égale ;*

2° *La figure symétrique d'un angle est un angle égal ;*

3° *Deux droites symétriques par rapport à un point sont paral-*

lèles, dirigées en sens contraires et également distantes de ce point ;

4° Deux droites symétriques par rapport à un plan sont, ou également inclinées sur le plan, qu'elles rencontrent au même point, ou parallèles l'une et l'autre au plan.

IV. *La figure symétrique d'un plan est un plan.*

On déduit de cette proposition :

1° La figure symétrique d'une figure plane est une figure plane superposable à la première ;

2° La figure symétrique d'un dièdre est un dièdre égal ;

3° Deux plans symétriques par rapport à un point sont parallèles et également distants de ce point ;

4° Deux plans symétriques par rapport à un plan sont, ou également inclinés sur le plan, qu'ils rencontrent suivant la même droite, ou parallèles l'un et l'autre à ce plan.

V. *La figure symétrique d'un polyèdre est un polyèdre dont les faces et les dièdres sont respectivement égaux aux faces et aux dièdres du premier, mais dont les angles polyèdres, symétriques de ceux du premier, ne leur sont pas superposables (94).*

Si la superposition d'un polyèdre à son symétrique est généralement impossible, il est des cas particuliers où elle peut avoir lieu, c'est lorsque ce polyèdre admet un centre, un axe ou un plan de symétrie.

Dans tous les cas, ils jouissent de la propriété suivante :

VI. *Deux polyèdres symétriques sont équivalents.*

§ V. — Polyèdres semblables.

111. Définitions. — On dit que deux polyèdres d'un même nombre d'angles polyèdres et d'un même nombre de faces sont *semblables* lorsque leurs angles polyèdres, pris dans le même ordre, sont égaux chacun à chacun, et que leurs faces prises également dans un même ordre sont des figures semblables chacune à chacune.

Les éléments qui se correspondent dans deux polyèdres

semblables — arêtes, faces, dièdres, angles polyèdres — sont appelés *homologues*.

De la définition même des polyèdres semblables, il résulte que deux dièdres homologues sont égaux.

Les arêtes homologues sont proportionnelles comme conséquence de ce double fait que les faces homologues sont semblables et que deux arêtes homologues appartiennent de part et d'autre à deux faces contiguës qui sont respectivement homologues dans les deux polyèdres.

Ce rapport constant de deux arêtes homologues est ce qu'on appelle le *rapport de similitude* des deux polyèdres.

Entre la théorie des polyèdres semblables et celle des polygones semblables, il y a une très grande analogie : c'est ce que vont établir les théorèmes suivants, dont le premier met en évidence l'existence des polyèdres semblables.

I. *Tout plan sécant mené dans une pyramide parallèlement à la base détermine une seconde pyramide semblable à la première.*

II. *Deux tétraèdres sont semblables lorsqu'ils ont un angle dièdre égal compris entre deux faces semblables chacune à chacune et disposées de la même manière.*

III. *Deux polyèdres composés d'un même nombre de tétraèdres semblables chacun à chacun et disposés de la même manière sont semblables,* et réciproquement.

IV. *Le rapport des volumes de deux polyèdres semblables est égal au cube du rapport de similitude de ces deux polyèdres.*

CHAPITRE VIII

CORPS RONDS

---

§ I. — Généralités sur les surfaces.

112. Définitions. — On peut considérer toute *surface géométrique* comme engendrée par une ligne droite ou courbe qui se déplace d'après une loi déterminée, en conservant ou non sa première forme et qu'on appelle la *génératrice* de la surface. Ordinairement cette ligne est assujettie à rencontrer dans chacune de ses positions une ou plusieurs autres lignes fixes auxquelles on donne le nom de *directrices*.

Si la génératrice est une droite assujettie dans son mouvement à la double condition de passer constamment par un point fixe et de s'appuyer sans cesse sur une ligne déterminée quelconque, la surface engendrée est dite *conique* et le point fixe en est le *sommet*. En considérant la génératrice comme s'étendant de part et d'autre du sommet, la surface conique comprend deux parties, séparées par le sommet et qu'on appelle les deux *nappes* de cette surface.

Lorsque la directrice est une droite, la surface conique se réduit à un *plan*.

Si la génératrice est une droite assujettie dans son mouvement à la double condition de rester constamment parallèle à elle-même et de s'appuyer sans cesse sur une ligne déterminée quelconque, la surface engendrée est dite *cylindrique*. On peut considérer cette surface comme un cas particulier de surface conique, dans lequel le sommet est situé à l'infini dans l'un quelconque des sens de la direction commune des génératrices.

113. Propriétés générales des surfaces cylindriques et coniques. — Comme propriétés générales des deux variétés de surfaces que nous venons de définir, nous énoncerons les suivantes :

I. *Les sections faites dans une surface cylindrique par deux plans parallèles sont deux figures superposables.*

Si l'on considère le volume compris entre une surface cylindrique et deux plans parallèles qui en coupent toutes les génératrices, on a un *cylindre*. La portion de surface cylindrique qui le limite est la *surface latérale* du cylindre ; les deux sections planes parallèles en sont les *bases* et leur distance s'appelle la *hauteur* du cylindre. Lorsque les bases sont des sections faites par des plans perpendiculaires aux génératrices, c'est-à-dire sont des *sections droites*, le cylindre est *droit*, et si, de plus, ces bases sont des cercles, on a un cylindre *droit à base circulaire*.

II. *Les sections faites dans une surface conique par deux plans parallèles sont deux figures semblables.*

Si l'on considère le volume compris entre une surface conique et un plan qui en coupe toutes les génératrices, dans la partie qui va du sommet au plan, on a un *cône*. La portion de surface conique qui le limite est la *surface latérale* du cône ; la section plane en est la *base*, et la distance de cette base au sommet s'appelle la *hauteur* du cône. Lorsque la base est un cercle, le cône est *circulaire*, et si, de plus, la droite qui joint le sommet au centre du cercle est perpendiculaire à la base, on a un cône *droit à base circulaire*.

III. *Dans une surface cylindrique ou conique, le plan déterminé par une génératrice et la tangente menée à une courbe quelconque de la surface au point où cette courbe rencontre la génératrice, contient la tangente menée dans les mêmes conditions à toute autre courbe de la surface.*

On donne à ce plan le nom de *plan tangent* à la surface cylindrique ou à la surface conique le long de la génératrice considérée.

114. Surfaces de révolution. — Lorsque la génératrice est assujettie à tourner autour d'une droite fixe à laquelle elle est invariablement liée, la surface engendrée est dite de *révolution*. La droite fixe est l'*axe* de cette surface.

Dans ce mouvement, tout point de la génératrice décrit une circonférence dont le plan est perpendiculaire à l'axe. Ces circonférences, dont les plans sont parallèles entre eux, sont dites les *parallèles* de la surface. Elles sont des sections droites de cette surface. Il résulte de ces propriétés des parallèles un autre mode de génération des surfaces de révolution; il consiste dans le mouvement d'une circonférence dont le plan est et reste perpendiculaire à un axe fixe passant par son centre, qui s'appuie constamment, en changeant au besoin de dimensions, sur une ligne de la surface considérée. Cette ligne est la *directrice* de la surface, et la circonférence en est la *génératrice*.

Toute section plane d'une surface de révolution qui passe par l'axe, s'appelle *méridien*, et la ligne qui est l'intersection de la surface et du plan porte le nom de *méridienne*. Tous les méridiens d'une même surface de révolution sont superposables.

On peut prendre pour génératrice d'une surface de révolution une ligne quelconque de cette surface, mais en général on choisit la demi-méridienne.

Si la demi-méridienne est une droite parallèle à l'axe, la surface engendrée est une *surface cylindrique de révolution* ;

Si la demi-méridienne est une droite qui rencontre l'axe, la surface engendrée est une *surface conique de révolution ;*

Et si la demi-méridienne est une demi-circonférence, la surface engendrée est une *surface sphérique*, qu'on appelle aussi simplement *sphère*.

Le volume compris entre une surface cylindrique de révolution et deux sections droites est un *cylindre de révolution*. C'est ce que nous avons déjà appelé un cylindre droit à base circulaire. Ce volume peut être obtenu par la rotation d'un rectangle autour d'un de ses côtés : le côté opposé est la génératrice de la surface latérale du cylindre, et les deux autres, rayons égaux des deux bases du cylindre, sont les génératrices de ces bases. La hauteur d'un cylindre de révolution est représentée par son axe ou une de ses génératrices.

Le volume compris entre une surface conique de révolution et un plan perpendiculaire à l'axe, dans la partie qui va du sommet au plan, est un *cône de révolution*. C'est ce que nous avons déjà appelé un cône droit à base circulaire : ce volume peut être obtenu par la rotation d'un triangle rectangle autour d'un des côtés de l'angle droit : l'autre côté de l'angle droit, rayon de la base du cône, est la génératrice de cette base, et l'hypoténuse, la génératrice de la surface latérale. Cette hypoténuse, qui mesure ainsi la longueur commune de toutes les génératrices, prend le nom de *côté* ou d'*apothème* du cône. La hauteur d'un cône de révolution est représentée par son axe. L'angle constant que fait cet axe avec une génératrice quelconque de la surface latérale s'appelle *demi-angle au sommet*.

§ II. — Cylindre de révolution.

115. Aire latérale. — L'unité d'aire précédemment adoptée, qui est une portion de surface plane, ne peut être superposée à aucune portion de surface courbe ; il s'ensuit que la comparaison des surfaces courbes avec cette unité et par suite leur mesure ne peuvent avoir comme point de départ le procédé de la coïncidence. De là la nécessité de définir d'une manière générale l'aire d'une surface courbe, ou bien de donner une définition particulière pour chaque espèce de surface courbe, comme nous allons le faire dans ce qui va suivre.

L'aire latérale d'un cylindre de révolution est la limite vers laquelle tend l'aire latérale d'un prisme régulier inscrit dans ce cylindre lorsque les faces latérales de ce prisme, croissant en nombre d'une manière continue, tendent indéfiniment vers zéro.

Mais cette définition a besoin d'être justifiée, en montrant que la limite existe et qu'elle est unique, quelle que soit la loi d'après laquelle sont formées les faces latérales des prismes réguliers successifs.

A cet effet, on considère un prisme régulier inscrit dans le cylindre, c'est-à-dire dont la hauteur est égale à celle du cylindre et dont les deux bases sont inscrites dans les circonférences des bases du cylindre ; on en fait croître indéfiniment le nombre des faces, par une loi quelconque, et l'on constate que la hauteur du prisme reste constante et égale à celle du cylindre et que le périmètre de sa base tend vers une limite, la circonférence de base du cylindre ; comme à chaque instant l'aire latérale du prisme a pour mesure le produit du périmètre de sa base par sa hauteur, on arrive à cette proposition :

I. *L'aire latérale d'un cylindre de révolution a pour mesure le produit de la circonférence de base par sa hauteur.*

On démontre que la surface latérale d'un cylindre en général est développable et que celle d'un cylindre de révolution donne par son développement un rectangle dont la hauteur est celle du cylindre et dont la base est égale à la longueur de la circonférence de base du cylindre.

116. Volume. — Par la considération de deux prismes réguliers d'un même nombre de faces latérales, l'un inscrit au cylindre de révolution et l'autre circonscrit, c'est-à-dire ayant même hauteur que le cylindre et dont les deux bases sont circonscrites aux circonférences des bases du cylindre, on établit que *le volume d'un cylindre de révolution est la limite commune des volumes de deux prismes réguliers de bases semblables, l'un inscrit et l'autre circonscrit au cylindre, lorsque leurs faces latérales, croissant en nombre d'une manière continue, tendent indéfiniment vers zéro.*

Il en résulte la proposition suivante :

II. *Le volume d'un cylindre de révolution a pour mesure le produit de sa base par sa hauteur.*

117. Cylindres de révolution semblables. — On dit que deux cylindres de révolution sont *semblables* lorsque leurs hauteurs sont proportionnelles aux rayons de leurs bases, en d'autres termes lorsqu'ils sont engendrés par des rectangles semblables.

Les propriétés essentielles des cylindres de révolution semblables sont résumées dans le théorème suivant, qui est une conséquence des deux précédents :

III. *Lorsque deux cylindres de révolution sont semblables :*

1° *le rapport de leurs aires latérales ou de leurs aires totales est égal au rapport des carrés de leurs rayons ou de leurs hauteurs;*

2° *le rapport de leurs volumes est égal au rapport des cubes de leurs rayons ou de leurs hauteurs.*

§ III. — Cône de révolution.

118. Aire latérale. — Pour les raisons invoquées au précédent paragraphe, nous définirons *l'aire latérale d'un cône de révolution* et nous dirons qu'*elle est la limite vers laquelle tend l'aire latérale d'une pyramide régulière inscrite dans ce cône lorsque les faces latérales de cette pyramide, croissant en nombre d'une manière continue, tendent indéfiniment vers zéro.*

Mais cette définition a aussi besoin d'être justifiée, en montrant que la limite existe et qu'elle est unique, quelle que soit la loi d'après laquelle sont formées les faces latérales des pyramides régulières successives.

A cet effet, on considère une pyramide régulière inscrite dans le cône, c'est-à-dire dont le sommet est celui du cône et dont la base est inscrite dans la circonférence de base du cône ; on en fait croître indéfiniment le nombre des faces par une loi quelconque et l'on constate que l'apothème de la pyramide et le périmètre de sa base tendent respectivement vers deux limites, l'apothème du cône et la circonférence de sa base ; et comme à chaque instant l'aire latérale de la pyramide a pour mesure le demi-produit du périmètre de sa base par son apothème, on arrive à cette proposition :

I. *L'aire latérale d'un cône de révolution a pour mesure le demi-produit de la circonférence de base par son apothème.*

Ce que l'on exprime sous cette autre forme :

L'aire latérale d'un cône de révolution a pour mesure le produit de son apothème par la circonférence équidistante de sa base et de son sommet.

On démontre que la surface latérale d'un cône en général est développable et que celle d'un cône de révolution donne par son développement un secteur circulaire dont le rayon et l'arc ont respectivement pour longueur l'apothème et la circonférence du cône.

Si l'on mène dans un cône de révolution un plan parallèle à la base, on détermine entre cette base et le plan un solide qu'on appelle *tronc de cône de révolution*, et comme les deux cercles qui le limitent ainsi dans deux sens opposés ont leurs plans parallèles et qu'on les nomme les *bases* du tronc, on dit que le tronc de cône de révolution est à bases parallèles. La distance des deux bases est la *hauteur* du tronc ; la portion de côté ou d'apothème du cône primitif, le *côté* ou l'*apothème* de ce tronc ; la droite qui joint les centres des deux bases en est l'*axe*, et la surface comprise entre les deux bases, la *surface latérale*.

Un tronc de cône de révolution à bases parallèles peut être obtenu par la rotation d'un trapèze rectangle autour du côté perpendiculaire aux deux côtés parallèles : le côté fixe est à la fois l'axe et la hauteur du tronc, les deux côtés parallèles sont les rayons générateurs des bases, et le quatrième côté l'apothème générateur de la surface latérale.

De la définition du tronc de cône de révolution à bases parallèles, il résulte que la surface latérale de ce solide est la différence des surfaces latérales de deux cônes de révolution : de là on déduit cette proposition :

11. *L'aire latérale d'un tronc de cône de révolution à bases parallèles a pour mesure le produit de la demi-somme des circonférences des bases par l'apothème.*

Ce que l'on exprime encore ainsi :

L'aire latérale d'un tronc de cône de révolution à bases parallèles a pour mesure le produit de son apothème par la circonférence équidistante des deux bases.

De ce que la surface latérale d'un cône est développable, il s'ensuit que celle d'un tronc de cône l'est aussi. Et dans le cas d'un tronc de cône de révolution à bases parallèles, le développement donne un secteur de couronne circulaire dont les rayons sont égaux aux apothèmes du cône primitif et du cône qu'on en a détaché, et dont les arcs ont pour longueurs les circonférences des bases du tronc de cône.

119. Volume. — Par la considération de deux pyramides régulières d'un même nombre de faces latérales, l'une inscrite au cône de révolution et l'autre circonscrite, c'est-à-dire ayant même sommet que le cône et dont la base est circonscrite à la circonférence de base du cône, on établit que *le volume d'un cône de révolution est la limite commune des volumes de deux pyramides régulières, de bases semblables, l'une inscrite et l'autre circonscrite au cône lorsque leurs faces latérales, croissant en nombre d'une manière continue, tendent indéfiniment vers zéro.*

Il en résulte la proposition qui suit :

III. *Le volume d'un cône de révolution a pour mesure le produit de sa base par le tiers de sa hauteur.*

Des considérations analogues à la précédente conduisent à l'expression suivante du volume d'un tronc de cône :

IV. *Le volume d'un tronc de cône de révolution à bases parallèles est équivalent à la somme des volumes de trois cônes ayant pour hauteur commune la hauteur du tronc et pour bases respectives les deux bases du tronc et leur moyenne proportionnelle.*

120. Cônes de révolution semblables. — On dit que deux cônes de révolution sont *semblables* lorsque leurs hauteurs sont proportionnelles aux rayons de leurs bases, en d'autres termes, lorsqu'ils sont engendrés par des triangles rectangles semblables.

Les propriétés essentielles des cônes de révolution semblables sont résumées dans le théorème suivant, qui est une conséquence des théorèmes I et III :

V. *Lorsque deux cônes de révolution sont semblables :*

1° le rapport de leurs aires latérales ou de leurs aires totales est égal au rapport des carrés de leurs rayons, ou de leurs hauteurs, ou de leurs apothèmes ;

2° le rapport de leurs volumes est égal au rapport des cubes de leurs rayons, ou de leurs hauteurs, ou de leurs apothèmes.

§ IV. — Sphère.

121 Définitions. — Bien que le nom de *sphère* soit très souvent appliqué à la surface sphérique, que nous avons précédemment définie, on le donne plus particulièrement au volume que limite cette surface.

Ce volume peut être engendré par la rotation d'un demi-cercle autour du diamètre qui le détermine : la demi-circonférence est la génératrice de la surface sphérique.

Le centre du demi-cercle est le *centre* de la sphère, et toute droite menée du centre à la surface de la sphère en est le *rayon*.

Du mode de génération de la sphère, on déduit immédiatement les conséquences qui suivent :

1° *Tous les rayons d'une même sphère sont égaux ;*

2° *Deux sphères de même rayon sont égales ;*

3° *Le lieu des points équidistants d'un même point fixe est une surface sphérique.*

On donne le nom de *diamètre* à toute droite qui passe par le centre de la sphère et se termine de part et d'autre à sa surface.

De cette définition découlent les deux conséquences :

1° *Tout diamètre de la sphère est égal au double du rayon ;*

2° *Tous les diamètres d'une même sphère sont égaux entre eux.*

122. Positions relatives d'un plan et d'une sphère. — Quand on considère les différentes positions d'un plan par rapport à une sphère, trois cas se présentent :

1° Le plan peut être extérieur à la sphère, c'est-à-dire n'avoir pas de point commun avec la sphère ;

2° Il peut avoir un point commun avec la sphère ;

3° Il peut avoir plus d'un point commun avec la sphère.

Ces trois cas sont déterminés par la triple proposition suivante :

ɪ. *Étant donnés une sphère et un plan :*

1° *Si la distance du plan au centre de la sphère est plus grande que le rayon, le plan est extérieur à la sphère et n'a aucun point commun avec sa surface ;*

2° *Si cette distance est égale au rayon, le plan a un point commun avec la surface de la sphère et n'en a qu'un ;*

3° *Enfin, si cette distance est plus petite que le rayon, le plan a une infinité de points communs avec la surface de la sphère ;* et réciproquement.

Les réciproques de ces propositions partielles sont les conséquences de la règle précédemment énoncée (25, VII).

Tout plan qui a plus d'un point commun avec la surface d'une sphère est un *plan sécant* de la sphère, et tout plan qui n'en a qu'un est un *plan tangent* : ce point s'appelle *point de contact.*

123. Sections planes. — Un plan sécant d'une sphère détermine dans la sphère une *section plane.*

La théorie des sections planes de la sphère peut s'établir comme il suit.

ɪɪ. *Toute section plane de la sphère est un cercle dont le centre est au pied de la perpendiculaire menée du centre de la sphère au plan.*

La grandeur d'une section plane de sphère dépend de la distance du plan sécant au centre de la sphère.

Si le plan sécant passe par le centre de la sphère, le rayon de la section est celui de la sphère, et toutes les sections ainsi obtenues sont égales : on leur donne le nom de *grands cercles* de la sphère parce que ce sont les sections planes maxima que l'on y peut obtenir.

Si le plan sécant ne passe pas par le centre de la sphère, le rayon de la section est inférieur à celui de la sphère, et l'on démontre qu'il est d'autant plus petit qu'il s'éloigne davantage du centre : ces sections portent le nom de *petits cercles* de la sphère. Il est facile d'établir que deux petits cercles d'une même sphère dont les plans sont équidistants du centre de cette sphère sont égaux.

III. *Une droite ne peut rencontrer la surface d'une sphère en plus de deux points.*

En rapprochant le mode de démonstration de ce théorème de ce qui a été dit sur les positions relatives d'une droite et d'un cercle, on déduit cette conséquence :

Une droite peut avoir trois positions relatives par rapport à une sphère : elle n'a aucun point commun avec la surface de la sphère, elle en a un, ou elle en a deux, suivant que sa distance au centre de la sphère est supérieure, égale, ou inférieure au rayon de la sphère, et réciproquement.

Une droite qui a deux points communs avec la surface d'une sphère est une *sécante* de la sphère, et une droite qui n'en a qu'un est une *tangente :* ce point s'appelle le *point de contact.*

IV. *Un grand cercle d'une sphère la divise ainsi que sa surface en deux parties égales.*

Chaque partie s'appelle un *hémisphère.*

V. *Deux grands cercles d'une même sphère se coupent mutuellement en deux parties égales.*

VI. *Trois points quelconques de la surface d'une sphère déterminent un cercle de cette sphère.*

VII. *Deux points quelconques de la surface d'une sphère déterminent généralement un grand cercle de cette sphère.*

Il y a exception lorsque les deux points sont diamétralement opposés.

VIII. *Quatre points non situés dans un même plan déterminent une sphère.*

Si l'on mène à un cercle quelconque d'une sphère une droite perpendiculaire à son plan et passant par son centre, les deux points où cette droite rencontre la surface de la sphère sont dits les deux *pôles* du cercle.

Il découle de cette définition la conséquence que dans une même sphère tous les cercles parallèles à un même plan ont mêmes pôles.

Les pôles d'un cercle de sphère jouissent de la propriété suivante :

IX. *Chaque pôle d'un cercle d'une sphère est équidistant de tous les points de ce cercle.*

Cette distance rectiligne constante s'appelle, par rapport au pôle considéré, le *rayon polaire* du cercle, et l'arc de grand cercle qui mesure, sur la sphère, la distance de ce pôle à un point quelconque du cercle envisagé prend le nom de *rayon sphérique* de ce cercle.

124. Plan tangent. — Le théorème I (122), qui établit l'existence de plans tangents à la sphère, conduit aux corollaires suivants relatifs aux propriétés essentielles de ces plans tangents :

1° *Le plan mené perpendiculairement à l'extrémité d'un rayon de la sphère est tangent à la sphère*, et réciproquement ;

2° *Par un point de la surface d'une sphère on peut mener un plan tangent à la sphère et l'on n'en peut mener qu'un ;*

3° *La sphère et son plan tangent en un point sont extérieurs l'un à l'autre, à l'exception du point commun ;*

4° *Par un point situé à l'intérieur d'une sphère on ne peut mener aucun plan tangent à cette sphère ;*

5° *Le plan tangent en un point à une sphère est le lieu géométrique des tangentes en ce point à toutes les courbes que l'on peut faire passer par ce point sur la surface de la sphère.*

Remarque. — Au lieu d'établir l'existence du plan tangent à la sphère pour lui donner ensuite son nom, on aurait pu tout d'abord le définir, comme le font beaucoup de géomètres, sauf à démontrer immédiatement après qu'il existe des plans tangents à la sphère et qu'en chaque point de la surface sphérique on peut en mener un, mais un seul.

A la suite du théorème III on a montré qu'il existe des droites tangentes à la sphère.

On tire de cette proposition les corollaires suivants relatifs aux propriétés essentielles de la tangente à la sphère :

1° *La perpendiculaire menée à l'extrémité d'un rayon de la sphère est tangente à la sphère*, et réciproquement ;

2° *Le lieu des tangentes à la sphère en un point de sa surface est le plan tangent à la sphère en ce point ;*

3° *Le lieu des tangentes à la sphère menées par un point exté-rieur est une surface conique de révolution.*

Dans ce dernier cas, le lieu des points de contact des tangentes avec la surface de la sphère est un cercle dont le plan est perpendiculaire à l'axe de la surface conique et en chaque point duquel les deux surfaces ont même plan tangent : on l'appelle *cercle de contact*.

La surface conique est dite *circonscrite* à la surface sphérique et celle-ci *inscrite* à la première.

Si l'on imagine que le sommet du cône s'éloigne à l'infini, on réalise le cas où les tangentes à la sphère sont parallèles à une même direction : le lieu est alors un *cylindre circonscrit* et le cercle de contact devient un grand cercle de la sphère perpendiculaire à la direction commune des tangentes.

On déduit de tout cela que par un point extérieur à une sphère, ou parallèlement à une direction donnée, on peut mener à cette sphère une infinité de plans tangents.

125. Positions relatives de deux sphères. — Quand on considère deux sphères dans leurs positions l'une par rapport à l'autre, il se présente trois cas principaux :

1° les sphères peuvent n'avoir aucun point commun ;

2° elles peuvent avoir un point commun ;

3° elles peuvent avoir plus d'un point commun.

Ces trois cas sont déterminés par la triple proposition suivante :

X. *Étant données deux sphères :*

1° *Si la distance des centres est plus grande que la somme des rayons ou plus petite que leur différence, les deux surfaces sphériques sont extérieures ou intérieures l'une à l'autre et n'ont aucun point commun ;*

2° *Si la distance des centres est égale à la somme ou à la différence des rayons, les deux surfaces sphériques ont un point commun ;*

3° *Si la distance des centres est plus petite que la somme des rayons et plus grande que leur différence, les deux surfaces sphériques ont une infinité de points communs ;*

et réciproquement.

Les réciproques de ces propositions partielles sont les conséquences de la règle précédemment énoncée (25, VII).

Deux surfaces sphériques qui ont plus d'un point commun sont dites *sécantes*, et quand elles n'en ont qu'un, elles sont dites *tangentes* : le point commun s'appelle *point de contact*.

Il suit de là que deux sphères peuvent avoir l'une par rapport à l'autre cinq positions différentes, correspondant à celles de deux cercles situés dans le même plan. Elles sont :

1° extérieures, si la distance des centres est supérieure à la somme des rayons ;

2° tangentes extérieurement, si la distance des centres est égale à la somme des rayons ;

3° sécantes, si la distance des centres est inférieure à la somme des rayons et supérieure à leur différence ;

4° tangentes intérieurement, si la distance des centres est égale à la différence des rayons ;

5° intérieures, si la distance des centres est inférieure à la différence des rayons.

Dans le cas où les centres des deux sphères intérieures coïncident, on dit que ces sphères sont *concentriques*.

XI. *Lorsque deux sphères sont sécantes, l'intersection est un cercle dont le plan est perpendiculaire à la droite des centres et dont le centre est sur cette droite.*

On tire de cette proposition les corollaires suivants :

1° *Si deux sphères sont tangentes, leur point commun est sur la droite des centres et, réciproquement, si deux sphères ont un point commun sur la droite des centres, elles sont tangentes ;*

2° *Deux sphères tangentes ont même plan tangent en leur point de contact.*

126. Aire de la sphère. — La circonférence étant la limite du périmètre d'un polygone régulier qui lui est inscrit, lorsque les côtés, croissant en nombre d'une manière continue, tendent indéfiniment vers zéro, on fait dériver la mesure de l'aire de la sphère, qu'engendre la révolution d'une demi-circonférence autour du diamètre qui la limite, de celle de l'aire engendrée par une ligne polygonale régulière qui tourne autour d'un axe situé dans son plan et passant par son centre. De là la nécessité de savoir exprimer tout d'abord cette dernière mesure, qui repose à son tour sur celle de l'aire engendrée par la rotation d'une droite autour d'un axe avec lequel elle est dans un même plan. Les deux théorèmes suivants répondent à cet objet :

XII. *L'aire engendrée par la révolution entière d'une portion de droite autour d'un axe avec lequel elle est dans un même plan, et qu'elle ne traverse pas, a pour mesure le produit de la projection de cette portion de droite sur l'axe par la circonférence dont le rayon est égal à la perpendiculaire menée à la droite en son milieu et limitée d'une part à son pied, de l'autre à son point de rencontre avec l'axe.*

XIII. *L'aire engendrée par la révolution entière d'une ligne polygonale régulière autour d'un axe situé dans son plan, extérieur à cette ligne, et passant par son centre, a pour mesure le produit de la projection de cette ligne polygonale sur l'axe par la circonférence inscrite dans cette même ligne.*

Cela posé, on appelle *zone* de la sphère une portion de la surface sphérique comprise entre deux plans parallèles. Les deux cercles suivant lesquels ces deux plans coupent la sphère sont les deux *bases* de la zone et la distance de ces plans est sa *hauteur*. Si l'un des plans est tangent à la sphère, la zone n'a qu'une base : on lui donne le nom de *calotte sphérique*.

D'autre part : *l'aire de la zone engendrée par la révolution entière d'un arc de cercle autour d'un de ses diamètres qu'il ne traverse pas est la limite vers laquelle tend l'aire engendrée par une ligne polygonale régulière inscrite dans cet arc de cercle, lorsque les côtés, croissant en nombre d'une manière continue, tendent indéfiniment vers zéro.*

Mais cette définition a besoin d'être justifiée, en montrant que la limite existe et qu'elle est unique, quelle que soit la loi d'après laquelle sont formés les côtés des lignes polygonales régulières successives.

A cet effet, on considère une ligne polygonale régulière inscrite dans l'arc de cercle ; on en fait croître indéfiniment le nombre des côtés par une loi quelconque et l'on constate que la projection de la ligne polygonale sur l'axe de rotation reste constante et égale à celle de l'arc et que le rayon de la circonférence inscrite tend vers une limite qui est le rayon de l'arc considéré ; or comme à chaque instant l'aire engendrée par la ligne polygonale régulière a pour mesure le produit de la projection de cette ligne sur l'axe par la circonférence qui lui est inscrite, on arrive à cette proposition :

XIV. *L'aire d'une zone sphérique a pour mesure le produit de sa hauteur par la circonférence d'un grand cercle de la sphère à laquelle elle appartient.*

De ce théorème on déduit les corollaires suivants :

1° *Le rapport des aires de deux zones d'une même sphère est égal au rapport des hauteurs de ces zones ;*

2° *Deux zones d'une même sphère qui ont des hauteurs égales sont équivalentes.*

On passe ensuite sans difficulté de ce théorème XIV au suivant, qui en est comme une conséquence :

XV. *L'aire d'une sphère a pour mesure le produit de son diamètre par la circonférence d'un grand cercle.*

De cette dernière proposition découlent les deux corollaires que voici :

1° *L'aire d'une sphère est équivalente au quadruple de l'aire d'un grand cercle ;*

2° *Le rapport des aires de deux sphères est égal au rapport des carrés de leurs rayons.*

127. Volume de la sphère. — Pour une raison analogue à celle que nous avons donnée à propos de la mesure de l'aire de la sphère, on fait dériver la mesure du volume de ce solide, qu'engendre la révolution d'un demi-cercle autour du diamètre qui le limite, de celle du volume engendré par un secteur polygonal régulier qui tourne autour d'un axe situé dans son plan et passant par son centre. De là la nécessité de savoir exprimer tout d'abord cette dernière mesure, qui repose à son tour sur celle du volume engendré par la rotation d'un triangle autour d'un axe situé dans son plan et passant par un de ses sommets. Les deux théorèmes suivants répondent à cet objet :

XVI. *Le volume engendré par la révolution entière d'un triangle autour d'un axe situé dans son plan, passant par un de ses sommets et ne le traversant pas, a pour mesure le produit de l'aire qu'engendre le côté opposé au sommet fixe par le tiers de la hauteur correspondante à ce côté.*

XVII. *Le volume engendré par la révolution entière d'un secteur polygonal régulier autour d'un axe situé dans son plan, extérieur à sa surface et passant par son centre, a pour mesure le produit de l'aire qu'engendre sa ligne polygonale régulière par le tiers de son apothème.*

Cela établi, si l'on considère deux secteurs polygonaux réguliers d'un même nombre de côtés, l'un inscrit et l'autre circonscrit à un secteur circulaire, et que l'on mette en rotation l'ensemble de cette figure dans les conditions posées dans le théorème précédent, on établit que *le volume engendré par la révolution entière d'un secteur circulaire autour d'un diamètre extérieur a pour mesure le produit de l'aire de la zone qu'engendre l'arc de cercle qui limite le secteur circulaire par le tiers du rayon de ce secteur.* Ce volume est un *secteur sphérique* qui a pour *base* la zone correspondante.

On déduit de là :

XVIII. *Le volume d'une sphère a pour mesure le produit de son aire par le tiers de son rayon.*

Et de cette proposition découle le corollaire suivant :
Le rapport des volumes de deux sphères est égal au rapport des cubes de leurs rayons.

On complète la théorie du volume de la sphère par l'expression du volume qu'engendre un segment de cercle dans sa rotation autour d'un diamètre extérieur à sa surface, et par celle du volume du *segment sphérique*, c'est-à-dire de la portion de sphère comprise entre deux plans parallèles. Les deux cercles qui limitent un segment sphérique en sont les *bases*, et leur distance, la *hauteur*. Si l'un des plans devient tangent à la sphère, le segment sphérique qui en résulte n'a qu'une base.

Ces deux expressions font l'objet des deux théorèmes qui suivent :

XIX. *Le volume engendré par la révolution entière d'un segment circulaire autour d'un diamètre extérieur à sa surface est équivalent au sixième du volume d'un cylindre ayant pour rayon de base la corde du segment et pour hauteur la projection de cette corde sur l'axe de rotation.*

XX. *Le volume d'un segment sphérique est équivalent au volume d'une sphère dont le diamètre serait égal à la hauteur du segment, augmenté de la demi-somme des volumes de deux cylindres ayant même hauteur que le segment sphérique et pour bases respectives les bases du segment.*

§ V. — Déplacement dans l'espace d'une figure de forme invariable.

128. Définitions. — Déplacer dans l'espace une figure F de forme invariable, c'est obtenir, par un ensemble de points de l'espace, correspondant respectivement aux points de la figure F, une seconde figure F′ avec laquelle la première transportée puisse coïncider.

Deux points, deux droites, deux plans ou deux angles qui se correspondent dans ces deux figures sont dits *homologues*.

Une figure quelconque de forme invariable peut être déplacée dans l'espace par translation ou par rotation.

129. Translation. — La translation dans l'espace est, comme en Géométrie plane, un déplacement dans lequel tous les points de la figure décrivent des droites parallèles entre elles, de même sens et de même longueur.

On démontre sur la translation dans l'espace les propositions suivantes déjà connues :

I. *Le déplacement par translation ne déforme pas les figures.*

II. *Dans la translation toute droite de la figure se déplace parallèlement à elle-même.*

III. *Le déplacement d'une figure résultant de plusieurs transla-tions est une translation.* Elle est dite la *résultante* des premières et celles-ci s'appellent à leur tour les *composantes* de la résultante.

La résultante de plusieurs translations d'un point d'une figure est encore la droite qui ferme le polygone décrit par ce point dans ses différentes translations, et cette résultante est indépendante de l'ordre dans lequel on effectue ces translations.

En particulier, la résultante des trois translations OA, OB et OC, non situées dans le même plan, est la diagonale OC′ du parallélépipède construit sur les trois droites OA, OB et OC.

30. Rotation. — La rotation dans l'espace est un déplace-ment dans lequel tous les points de la figure tournent autour d'une même droite fixe appelée *axe de rotation* et décrivent des arcs de cercle dont les plans sont parallèles entre eux ; de plus ces arcs sont de même sens et ont même mesure.

On démontre les propositions suivantes sur la rotation dans l'espace :

IV. *Le déplacement par rotation ne déforme pas les figures.*

V. *Tout déplacement, sur une sphère, d'une figure tracée sur cette sphère, peut être produit par une rotation autour d'un dia-mètre de la sphère.*

Et l'on établit ensuite ce théorème d'ordre général :

VI. *Tout déplacement, dans l'espace, d'une figure de forme invariable, peut être produit par une translation et une rotation.*

CHAPITRE IX

COURBES USUELLES

---

§ I. — Généralités sur les lignes courbes.

131. Lorsqu'une ligne courbe a tous ses points situés dans un même plan, on dit qu'elle est *plane* ; dans le cas contraire, elle est dite *gauche* ou à *double courbure*.

Une ligne courbe plane est *convexe* lorsqu'elle ne peut être rencontrée par une ligne droite en plus de deux points.

On appelle *axe* d'une ligne courbe toute droite par rapport à laquelle tous les points de la courbe sont deux à deux symétriques. Les points d'intersection d'une ligne courbe et de ses axes sont les *sommets* de cette courbe.

On donne le nom de *centre*, dans une ligne courbe, au point par rapport auquel tous les points de la courbe sont deux à deux symétriques. Le centre d'une ligne courbe est un point commun à ses axes.

On dit qu'une droite est *sécante* à une ligne courbe lorsqu'elle la rencontre au moins en deux points. Et l'on appelle *tangente* à une ligne courbe en un point déterminé, la position limite que prend une sécante qui passe par ce point, lorsqu'un second point d'intersection, dans la rotation de la sécante autour du premier, vient à se confondre avec ce premier. Le point déterminé est dit le *point de contact* de la courbe et de sa tangente. D'une manière générale, on appelle tangente à une ligne courbe la position limite que prend une sécante lorsque par un déplacement quelconque elle amène deux de ses points d'intersection à se confondre en un seul. En définissant ainsi la tangente à une courbe, on admet implicitement qu'une sécante arrive toujours, dans le mouvement qu'on lui assigne, à occuper la position limite que détermine la réunion en un seul de deux de ses points d'intersection avec la courbe. Or ce fait n'est pas évident *a priori*, ni pour toute espèce de courbes ni pour tous les points d'une même courbe ; il est donc nécessaire dans toute étude de ligne courbe de fixer cette importante particularité : si la courbe, en chacun de ses points, admet ou non une tangente.

Remarquons d'autre part qu'il serait inexact de définir la tangente à une courbe quelconque, comme celle du cercle : une droite qui n'a qu'un point commun avec la courbe. Cette définition convient aux seules courbes convexes, qu'une droite ne coupe jamais en plus de deux points. Toute courbe non convexe peut avoir plus de deux points communs avec une sécante et, par suite, lorsque deux de ces points viennent à se confondre, être encore rencontrée en d'autres points par la position limite de la sécante ou la tangente.

En menant en un point d'une courbe une perpendiculaire à la tangente en ce point, on obtient la *normale* à la courbe au même point. Ce point s'appelle le *pied* de la normale.

§ II. — Ellipse.

132. Définitions. — L'ellipse est le lieu des points d'un plan tels que la somme des distances de chacun d'eux à deux points fixes du plan est égale à une longueur constante.

Les deux points fixes sont les *foyers* de l'ellipse, et les deux droites qui mesurent les distances aux foyers d'un point quelconque de la courbe sont les *rayons vecteurs* de ce point. La distance des deux foyers s'appelle *distance focale*.

Il résulte de la définition de l'ellipse que cette courbe est fermée de toutes parts.

133. Tracés de l'ellipse. — Cette même définition fournit immédiatement deux procédés pour tracer l'ellipse.

1° *Par un mouvement continu*, à l'aide d'un fil d'une longueur égale à la somme constante de deux rayons vecteurs, fixé par ses extrémités aux deux foyers, et tendu constamment avec un crayon, que l'on déplace autour des foyers en en appuyant la pointe sur une feuille de papier ;

2° *Par points*, en construisant les intersections d'une série de couples de cercles, chaque couple ayant pour centres les deux foyers et pour rayons deux longueurs variables dont la somme est égale à la somme constante de deux rayons vecteurs.

134. Propriétés de l'ellipse. — Du procédé de tracé par points de l'ellipse, on déduit d'abord la proposition suivante :

I. *L'ellipse a deux axes, qui sont la droite déterminée par les deux foyers et la perpendiculaire menée à cette droite par le milieu de la distance focale.*

A son tour, cette proposition conduit aux deux conséquences :

1° *L'ellipse a un centre, qui est le point d'intersection des deux axes ;*

2° *L'ellipse a quatre sommets.*

La portion de chaque axe comprise entre les deux sommets correspondants est ce qu'on appelle la *longueur* de l'axe. On démontre que les deux axes de l'ellipse, envisagés à ce point de vue, sont inégaux, que le plus grand des deux, égal à la somme constante de deux rayons vecteurs d'un même point de la courbe, est celui qui contient les deux foyers : on lui donne pour cela le nom de *grand axe*, et à l'autre, celui de *petit axe*.

En représentant la longueur du grand axe par $2a$, celle du petit axe par $2b$ et la distance focale par $2c$, on a l'importante relation

$$a^2 - b^2 = c^2.$$

Comme une ellipse est déterminée par sa distance focale et la somme constante des deux rayons vecteurs d'un de ses points, autrement dit son grand axe, la relation précédente, qui permet de calculer ou de construire l'une quelconque des trois quantités a, b, c connaissant les deux autres, autorise à dire que la courbe est déterminée lorsqu'on connaît deux quelconques des trois longueurs, grand axe, petit axe ou distance focale.

Il est à remarquer que la forme d'une ellipse s'arrondit ou s'aplatit, en d'autres termes, se rapproche ou s'éloigne de celle du cercle, lorsque, le grand axe restant constant, la distance focale diminue ou augmente. Il en résulte qu'elle dépend essentiellement de la valeur du rapport de la distance focale au grand axe. Lorsque ce rapport, qu'on appelle l'*excentricité* de l'ellipse, est très petit et tend vers zéro, qui est sa limite inférieure, l'ellipse est très arrondie et tend à devenir un cercle; lorsqu'au contraire, l'excentricité partant de zéro augmente indéfiniment et tend vers sa limite supérieure, l'unité, l'ellipse va en s'aplatissant graduellement et tend à se réduire à une droite.

II. *L'ellipse est une courbe convexe.*

La démonstration de ce théorème repose sur la résolution du problème suivant :

Déterminer les points de rencontre d'une droite et d'une ellipse dont on donne le grand axe et les deux foyers.

Si l'on considère que chaque point de rencontre se trouve équidistant d'un foyer quelconque, du symétrique de ce foyer par rapport à la droite sécante, et d'un cercle ayant pour centre l'autre foyer et pour rayon le grand axe, on ramène le problème à cet autre :

Trouver le centre d'un cercle qui passe par deux points donnés et qui soit tangent à un cercle donné.

Or, on établit (316) que ce dernier problème admet au plus deux solutions, ce qui démontre qu'une droite ne peut rencontrer une ellipse en plus de deux points et par conséquent que la courbe est convexe.

Le cercle auquel nous venons de faire allusion dans le problème précédent, et qui est décrit de l'un des foyers de l'ellipse avec un rayon égal au grand axe, porte le nom de *cercle directeur* de l'ellipse. Il y a évidemment dans une ellipse d⁙ux cercles directeurs, dont les centres sont les deux foyers de la courbe.

III. *L'ellipse est le lieu des points équidistants de l'un quelconque de ses foyers et du cercle directeur qui a l'autre pour centre.*

Ce que l'on peut encore énoncer, en remarquant que chaque foyer de l'ellipse est à l'intérieur du cercle directeur qui a l'autre foyer pour centre :

Le lieu des points équidistants d'un cercle et d'un point fixe intérieur à ce cercle est une ellipse qui a pour foyers le centre du cercle et le point fixe, et pour grand axe le rayon du cercle.

On tire de là un *deuxième* procédé pour construire l'ellipse par points, moins simple que le premier, mais qui présente la particularité de donner à la fois, pour chaque construction de point, le point et la tangente à la courbe en ce point. A cet effet, après avoir décrit le cercle directeur relatif à l'un des foyers, pour obtenir un point de l'ellipse à tracer, on mène un rayon quelconque de ce cercle, on en joint l'intersection avec la circonférence à l'autre foyer et l'on élève sur cette dernière droite et en son milieu la perpendiculaire dont l'intersection avec le rayon considéré donne le point cherché, et qui est elle-même la tangente à la courbe en ce point.

IV. *L'ellipse détermine deux régions dans son plan, l'une intérieure et l'autre extérieure, pour lesquelles la somme des distances d'un point aux deux foyers est respectivement inférieure ou supérieure au grand axe de l'ellipse.*

Comme les deux propositions que cet énoncé renferme sont contraires, la réciproque du théorème est vraie (25, VII).

En rapprochant théorème et réciproque de la définition de l'ellipse, on est conduit à ce fait qu'un point est à l'intérieur d'une ellipse, sur l'ellipse ou à l'extérieur, suivant que la somme de ses distances aux deux foyers de la courbe est inférieure, égale ou supérieure au grand axe.

V. *L'ellipse admet en chacun de ses points une tangente, qui est tout entière en dehors de l'angle des deux rayons vecteurs du point de contact, et qui fait de chaque côté de ce point avec ces mêmes rayons vecteurs des angles égaux.*

Il résulte immédiatement de ce théorème qu'en chacun de ses points l'ellipse admet une normale.

On en déduit, en outre, les corollaires suivants :

1° *Tous les points d'une tangente à l'ellipse, à l'exception du point de contact, sont extérieurs à la courbe.*

2° *La normale en un point de l'ellipse est bissectrice de l'angle des rayons vecteurs de ce point.*

Cette propriété de la normale explique et justifie l'appellation de *foyers* appliquée aux deux points qu'elle désigne, parce que, d'après une loi physique bien connue, tout rayon lumineux ou calorifique qui émanerait de l'un de ces points doit passer par l'autre point après avoir été réfléchi par la courbe.

3° *En chaque sommet de l'ellipse, la normale coïncide avec l'axe correspondant et la tangente est perpendiculaire à cet axe.*

De ce troisième corollaire il résulte que si l'on mène les tangentes aux quatre sommets de l'ellipse on a un rectangle construit sur les deux axes de la courbe, dans lequel l'ellipse est inscrite.

VI. *Dans l'ellipse, le lieu des projections des foyers sur les tangentes à la courbe est le cercle décrit sur le grand axe comme diamètre.*

Ce lieu s'appelle le *cercle principal* de l'ellipse.

Les deux propositions suivantes sont des corollaires de ce théorème :

1° *Le produit des distances des deux foyers de l'ellipse à une même tangente est constant et égal au carré du demi-petit axe.*

2° *Le produit des distances d'un foyer de l'ellipse à deux tangentes parallèles est constant et égal aussi au carré du demi-petit axe.*

La résolution du problème relatif à la construction de la tangente à l'ellipse, que nous étudierons plus loin (332), montre que lorsque la tangente est assujettie à passer par un point extérieur à la courbe, la question admet deux solutions. Ces deux tangentes jouissent de propriétés importantes qui font l'objet du théorème suivant :

VII. *Dans l'ellipse :*

1° les tangentes menées à la courbe par un point extérieur font des angles égaux avec les droites qui vont de ce point aux deux foyers ;

2° la droite qui joint l'un des foyers au point extérieur d'où sont issues les tangentes, est bissectrice de l'angle des rayons vecteurs menés de ce même foyer aux deux points de contact des tangentes.

VIII. *La projection orthogonale d'un cercle sur un plan oblique au sien est une ellipse.*

Si l'on fait varier l'angle du plan du cercle et du plan de projection, l'ellipse varie de forme tout en conservant le même grand axe. Lorsque l'angle diminue et tend vers zéro, le petit axe de l'ellipse augmente et tend à devenir égal au grand axe ; la courbe, de son côté, se rapproche indéfiniment du cercle. Lorsque, au contraire, l'angle augmente et tend vers 90°, le petit axe diminue et tend vers zéro, et la courbe se rapproche indéfiniment de la ligne droite.

En supposant les deux plans rabattus l'un sur l'autre, de manière que le grand axe de l'ellipse coïncide avec un diamètre du cercle — ce qui revient à une ellipse et son cercle principal — et si l'on considère deux points situés l'un sur le cercle, l'autre sur l'ellipse, de manière qu'ils aient même projection sur le grand axe de l'ellipse, les deux projetantes sont dites les *ordonnées* respectives des deux points correspondants du cercle et de l'ellipse.

Sur ces ordonnées de deux points correspondants des deux courbes, on a les corollaires suivants que l'on déduit du précédent théorème :

1° Les ordonnées perpendiculaires au grand axe d'une ellipse, de deux points correspondants de cette ellipse et de son cercle principal, sont dans un rapport constant et égal au rapport du petit au grand axe de l'ellipse.

Cette proposition fournit un *troisième* procédé de construction par points de l'ellipse. Pour cela, on décrit un cercle sur chacun des axes de l'ellipse pris successivement comme diamètres, et l'on obtient un point de la courbe en procédant ainsi : on trace un rayon quelconque du grand cercle, qui rencontre nécessairement le petit ; de son intersection avec le premier cercle on mène une parallèle au petit axe de l'ellipse, et de son intersection avec le second on mène une parallèle au grand axe : la rencontre de ces deux parallèles donne le point de l'ellipse correspondant au rayon envisagé.

Il est à remarquer qu'on établit aussi, pour les ordonnées perpendiculaires au petit axe de l'ellipse, de deux points correspondants de cette ellipse et du cercle décrit sur le petit axe comme diamètre, qu'elles sont dans un rapport constant égal au rapport du grand au petit axe de l'ellipse.

De ce qui précède il résulte que l'ellipse peut être considérée comme obtenue par la réduction ou l'agrandissement dans un rapport déterminé des ordonnées, perpendiculaires à un même diamètre, des différents points d'un cercle.

2° *Les tangentes à l'ellipse et à son cercle principal, en deux points respectifs qui ont même projection sur le grand axe de l'ellipse, rencontrent cet axe au même point.*

On démontre aussi que les tangentes à l'ellipse et au cercle décrit sur son petit axe pour diamètre, en deux points respectifs qui ont même projection sur le petit axe de l'ellipse, rencontrent le petit axe au même point.

IX. *La ligne décrite par un point quelconque d'une droite dont deux points fixes sont assujettis à glisser sur deux droites rectangulaires est une ellipse.*

Cette proposition fournit un *quatrième* procédé de tracé par points de l'ellipse.

§ III. — Hyperbole.

135. Définitions. — L'hyperbole est le lieu des points d'un plan, tels que la différence des distances de chacun d'eux à deux points fixes du plan est égale à une longueur constante.

Les deux points fixes sont les *foyers* de l'hyperbole et les deux droites qui mesurent les distances aux foyers d'un point quelconque de la courbe sont les *rayons vecteurs* de ce point. La distance des deux foyers s'appelle *distance focale*.

Il résulte de la définition de l'hyperbole que cette courbe est ouverte et indéfinie.

136. Tracés de l'hyperbole. — Cette même définition fournit immédiatement deux procédés pour tracer l'hyperbole.

1° *Par un mouvement continu*, à l'aide d'un fil attaché par l'une de ses extrémités à l'un des bouts d'une règle qui surpasse la longueur du fil d'une quantité égale à ce que nous appelons plus loin la longueur de l'axe transverse ; on fixe les extrémités libres de la règle et du fil aux deux foyers de l'hyperbole à tracer et l'on promène le long du fil constamment tendu, en l'appliquant sans cesse contre la règle, qui tourne autour de son foyer, un crayon dont la pointe s'appuie sur une feuille de papier : on obtient ainsi un arc de l'hyperbole. Si l'on intervertit les positions des extrémités libres de la règle et du fil, en recommençant l'opération précédente on obtient un second arc de l'hyperbole ;

2° *Par points*, en construisant les intersections d'une série de couples de cercles, chaque couple ayant pour centres les deux foyers, et pour rayons deux longueurs dont la différence est égale à la différence constante de deux rayons vecteurs.

137. Propriétés de l'hyperbole. — Il ressort de ce qui précède que l'hyperbole est une courbe à deux branches infinies qui n'ont aucun point commun.

On déduit en outre, du procédé de tracé par points de l'hyperbole, la proposition suivante :

I. *L'hyperbole a deux axes, qui sont la droite déterminée par les deux foyers et la perpendiculaire menée à cette droite par le milieu de la distance focale.*

Le premier de ces axes, qui rencontre la courbe en deux points, est appelé pour cette raison *axe transverse* ; le second, qui ne la rencontre pas, reçoit pour cela le nom d'*axe non transverse.*

Deux conséquences découlent du théorème et des explications qui précèdent :

1° L'hyperbole a un centre, qui est le point d'intersection des deux axes ;

2° L'hyperbole a deux sommets.

On démontre que la longueur de l'axe transverse, limité de part et d'autre à la courbe, est égale à la différence constante des deux rayons vecteurs d'un même point.

En représentant cette longueur par $2a$ et la distance focale par $2c$, on convient de représenter la longueur de l'axe non transverse par la quantité $2b$, de manière que l'on ait

$$a^2 + b^2 = c^2.$$

Comme une hyperbole est déterminée par sa distance focale et la différence constante des deux rayons vecteurs d'un de ses points, autrement dit, de son axe transverse, la relation précédente, qui permet de calculer ou de construire l'une quelconque des trois quantités a, b, c, connaissant les deux autres, autorise à dire que la courbe est déterminée lorsqu'on connaît deux quelconques des trois longueurs, axe transverse, axe non transverse, ou distance focale.

Il est à remarquer que la forme d'une hyperbole dont l'axe transverse reste constant est subordonnée aux variations de la distance focale ; il résulte de là que cette forme dépend essentiellement de la valeur du rapport de la distance focale à l'axe transverse. Lorsque ce rapport, qu'on appelle l'*excentricité* de l'hyperbole, et qui est toujours supérieur à l'unité, diminue et tend vers sa limite inférieure, les deux branches de l'hyperbole s'aplatissent et tendent à se réduire aux deux portions de la droite des foyers que sépare la distance focale ; lorsqu'au contraire l'excentricité partant de l'unité augmente indéfiniment et tend vers l'infini, les deux branches de l'hyperbole s'ouvrent de plus en plus et tendent à se confondre avec la perpendiculaire menée à l'axe transverse par son milieu.

II. *L'hyperbole est une courbe convexe.*

Ce théorème se démontre par un procédé semblable à celui qui sert pour établir le théorème correspondant relatif à l'ellipse.

Comme l'ellipse, l'hyperbole a deux cercles *directeurs*, qui ont pour centres les foyers de la courbe et pour rayon commun la longueur de l'axe transverse.

III. *L'hyperbole est le lieu des points équidistants de l'un quelconque de ses foyers et du cercle directeur qui a l'autre pour centre.*

Ce que l'on peut encore énoncer, en remarquant que chaque foyer de l'hyperbole est à l'extérieur du cercle directeur qui a l'autre foyer pour centre :

Le lieu des points équidistants d'un cercle et d'un point fixe extérieur à ce cercle est une hyperbole qui a pour foyers le centre du cercle et le point fixe, et pour axe transverse le rayon du cercle.

On tire de là un *deuxième* procédé pour construire l'hyperbole par points, moins simple que le premier, mais qui présente la particularité de donner à la fois, pour chaque construction de point, le point et la tangente à la courbe en ce point. Il est identique au procédé correspondant pour le tracé de l'ellipse.

IV. *L'hyperbole détermine deux régions dans son plan, l'une intérieure, formée des deux parties comprises dans les deux branches de la courbe, l'autre extérieure, située entre les deux branches, pour lesquelles la différence des distances d'un point aux deux foyers est respectivement supérieure ou inférieure à l'axe transverse de l'hyperbole.*

Comme les deux propositions que cet énoncé renferme sont contraires, la réciproque du théorème est vraie (25, VII).

En rapprochant théorème et réciproque de la définition de l'hyperbole, on est conduit au fait qu'un point est à l'intérieur d'une hyperbole, sur l'hyperbole ou à l'extérieur, suivant que la différence de ses distances aux deux foyers de la courbe est supérieure, égale ou inférieure à l'axe transverse.

V. *L'hyperbole admet en chacun de ses points une tangente, qui est bissectrice de l'angle des deux rayons vecteurs du point de contact.*

Il résulte immédiatement de ce théorème qu'en chacun de ses points l'hyperbole admet une normale.

On en déduit, en outre, les corollaires suivants :

1° *Tous les points d'une tangente à l'hyperbole, à l'exception du point de contact, sont extérieurs à la courbe ;*

2° *La normale en un point de l'hyperbole est bissectrice de l'angle formé par un des rayons vecteurs de ce point et le prolongement de l'autre rayon.*

On trouve dans cette propriété de la normale l'explication et la justification du terme *foyer* appliqué à chacun des points qu'il désigne, parce que, d'après une loi physique déjà rappelée, tout rayon lumineux ou calorifique qui émanerait de l'un de ces points semblerait provenir de l'autre après avoir été réfléchi par la courbe.

3° *En chaque sommet de l'hyperbole, la normale coïncide avec l'axe transverse et la tangente est perpendiculaire à cet axe.*

De ce troisième corollaire, il résulte que si l'on mène les tangentes aux deux sommets de l'hyperbole et que par les extrémités de l'arc non transverse on mène des parallèles à l'autre axe, on forme un rectangle auquel on donne le nom de rectangle des axes.

4° *Une hyperbole et une ellipse qui ont les mêmes foyers, et qu'on dit alors homofocales, se coupent à angle droit.*

VI. *Dans l'hyperbole, le lieu des projections des foyers sur les tangentes à la courbe est le cercle décrit sur l'axe transverse comme diamètre.*

Ce lieu s'appelle le *cercle principal* de l'hyperbole.

Les deux propositions suivantes sont des corollaires de ce théorème :

1° *Le produit des distances des deux foyers de l'hyperbole à une même tangente est constant et égal au carré du demi-axe non transverse ;*

2° *Le produit des distances d'un foyer de l'hyperbole à deux tangentes parallèles est constant et égal aussi au carré du demi-axe non transverse.*

La résolution du problème relatif à la construction de la tangente à l'hyperbole, que nous étudierons plus loin, montre que lorsque la tangente est assujettie à passer par un point extérieur à la courbe, la question admet deux solutions.

Ces deux tangentes jouissent de propriétés importantes qui font l'objet du théorème suivant :

VII. *Dans l'hyperbole :*

1° les tangentes menées à la courbe par un point extérieur font des angles égaux avec les droites qui vont de ce point aux deux foyers ;

2° la droite qui joint l'un des foyers au point extérieur d'où sont issues les tangentes est bissectrice de l'angle intérieur ou de l'angle extérieur des rayons vecteurs menés de ce même foyer aux deux points de contact des tangentes, suivant que ces points de contact sont sur une même branche ou sur deux branches différentes de l'hyperbole.

138. Asymptotes. — Lorsqu'une droite située dans le voisinage d'une branche infinie de courbe est telle que la distance d'un point quelconque de la courbe à la droite tend vers zéro lorsque le point s'éloigne à l'infini sur la courbe, on dit que la droite est *asymptote* de la branche infinie.

VIII. *L'hyperbole a deux asymptotes, qui sont les deux perpendiculaires menées par le centre de la courbe aux deux tangentes menées de l'un des foyers au cercle directeur qui a l'autre foyer pour centre.*

Chacune de ces perpendiculaires est asymptote à deux demi-branches appartenant respectivement aux deux arcs distincts de la courbe.

Les corollaires suivants se déduisent du théorème qui précède :

1° L'asymptote à une demi-branche quelconque de l'hyperbole est la limite vers laquelle tend la tangente à cette demi-branche en un de ses points, lorsque ce point s'éloigne à l'infini ;

2° Les deux asymptotes de l'hyperbole coïncident avec les diagonales du rectangle des axes de la courbe ;

3° Toute parallèle à l'une des asymptotes ne rencontre l'hyperbole qu'en un point.

139. Hyperbole équilatère. — Une hyperbole dont les deux axes sont égaux est dite *équilatère.*

Il résulte de là et du second des corollaires précédents que les asymptotes de l'hyperbole équilatère sont perpendiculaires l'une à l'autre.

140. Hyperboles conjuguées. — Deux hyperboles qui ont le même centre et les mêmes axes, mais dans lesquelles l'axe transverse de l'une est l'axe non transverse de l'autre, et vice versa, sont dites *conjuguées*.

De cette définition et du second des corollaires précédents il résulte que deux hyperboles conjuguées ont les mêmes droites pour asymptotes.

§ IV. — Parabole.

141. Définitions. — La parabole est le lieu des points d'un plan tels que chacun d'eux est équidistant d'un point et d'une droite fixes du plan.

Le point fixe est le *foyer* de la parabole et la droite fixe en est la *directrice*. La droite qui mesure la distance d'un point quelconque de la courbe au foyer est le *rayon vecteur* de ce point. La distance du foyer à la directrice s'appelle *paramètre*.

Il ressort de cette définition de la parabole que cette courbe est ouverte et indéfinie.

142. Tracé de la parabole. — Cette même définition fournit immédiatement deux procédés pour tracer la parabole.

1° *Par un mouvement continu*, à l'aide d'un fil attaché par l'une de ses extrémités au sommet de l'un des angles aigus d'une équerre, ce fil ayant pour longueur celle du côté de l'angle droit de l'équerre correspondant à ce sommet, on fixe l'autre extrémité du fil au foyer de la parabole et l'on dispose l'équerre sur le plan de la courbe de manière que le côté opposé au sommet d'attache du fil s'appuie sur une règle, placée le long de la directrice ; on fait ensuite glisser l'équerre le long de la règle en appliquant sans cesse le fil contre le côté qui lui est égal au moyen d'un crayon dont la pointe s'appuie sur une feuille de papier : on obtient ainsi un arc de parabole ;

2° *Par points,* en contruisant les intersections d'une série de couples de lignes telles que chaque couple comprenne une droite parallèle à la directrice et un cercle ayant pour centre le foyer de la courbe, la droite étant distante de la directrice d'une longueur égale au rayon du cercle.

143. Propriétés de la parabole. — Ces tracés montrent que la parabole se compose d'une seule branche, qui s'étend indéfiniment de part et d'autre, et qui est située tout entière, par rapport à la directrice, du côté où se trouve le foyer.

On déduit en outre du procédé de tracé par points de la parabole la proposition suivante :

I. *La parabole a un axe qui est la perpendiculaire menée du foyer à la directrice.*

Le corollaire qui suit découle de ce théorème :

La parabole a un sommet qui est le milieu de la distance paramétrique.

De ce qui précède il ressort qu'une parabole est déterminée par son paramètre.

II. *La parabole est une courbe convexe.*

La démonstration de ce théorème repose sur la résolution du problème suivant :

Déterminer les points de rencontre d'une droite et d'une parabole dont on donne le foyer et la directrice.

Si l'on considère que chaque point de rencontre se trouve équidistant du foyer, de son symétrique par rapport à la droite sécante, et de la directrice, on ramène le problème à cet autre :

Trouver le centre d'un cercle qui passe par deux points donnés et qui soit tangent à une droite donnée.

Or on établit que ce dernier problème (314) admet au plus deux solutions, ce qui démontre qu'une droite ne peut rencontrer une parabole en plus de deux points et par conséquent que la courbe est convexe.

Il est à remarquer que la directrice de la parabole représente le cercle directeur de l'ellipse et de l'hyperbole.

Il s'ensuit qu'on peut indiquer ici un *deuxième* procédé pour construire la parabole par points, analogue à celui dont il a été question pour l'ellipse et l'hyperbole. Il est moins simple que le premier, mais il présente la particularité de donner à la fois, pour chaque recherche de point, le point et la tangente à la courbe en ce point. A cet effet, pour obtenir un point de la parabole à construire, on mène par le foyer une droite quelconque qui rencontre la directrice ; par ce point d'intersection on trace une parallèle à l'axe de la courbe, puis sur la portion de la première droite comprise entre le foyer et la directrice, on élève en son milieu la perpendiculaire, dont la rencontre avec la parallèle à l'axe donne le point cherché, et qui est elle-même la tangente à la courbe en ce point.

Une autre remarque à faire sur ce problème de l'intersection d'une droite et d'une parabole, c'est que dans le cas où la droite est parallèle à l'axe de la courbe elle ne peut pas avoir deux points équidistants du foyer et de la directrice de cette courbe, et il s'ensuit cette vérité :

Toute parallèle à l'axe d'une parabole ne rencontre la courbe qu'en un point.

De là un argument de plus à l'appui du fait déjà établi que ce serait une erreur de définir la tangente à une courbe : une droite qui n'a qu'un point commun avec cette courbe.

III. *La parabole détermine deux régions dans son plan, l'une intérieure et l'autre extérieure, pour lesquelles la distance d'un point au foyer est respectivement inférieure ou supérieure à sa distance à la directrice.*

Comme les deux propositions que cet énoncé renferme sont contraires, la réciproque du théorème est vraie (25, VII).

En rapprochant théorème et réciproque de la définition de la parabole, on est conduit à ce fait qu'un point est à l'intérieur d'une parabole, sur la parabole ou à l'extérieur, suivant que sa distance au foyer est inférieure, égale ou supérieure à sa distance à la directrice.

IV. *La parabole admet en chacun de ses points une tangente, qui est bissectrice de l'angle formé par le rayon vecteur du point de contact et la parallèle à l'axe menée par ce même point à l'extérieur de la courbe.*

Il résulte immédiatement de ce théorème qu'en chacun de ses points la parabole admet une normale.

On en déduit en outre les corollaires suivants :

1° *Tous les points d'une tangente à la parabole, à l'exception du point de contact, sont extérieurs à la courbe ;*

2° *La tangente en un point de la parabole est perpendiculaire au milieu de la droite qui joint le foyer de la courbe au pied de la perpendiculaire menée du point de contact à la directrice ;*

3° *La normale en un point de la parabole est bissectrice de l'angle formé par le rayon vecteur du point de contact et la parallèle à l'axe menée par ce même point à l'intérieur de la courbe.*

Cette propriété de la normale explique et justifie l'appellation de *foyer* appliquée au point qu'elle désigne, parce que, d'après une loi physique déjà rappelée deux fois, tout rayon lumineux ou calorifique qui émanerait de ce point irait passer par un point situé à l'infini sur l'axe de la parabole, après avoir été réfléchi par la courbe, ce qui revient à dire qu'il deviendrait parallèle à l'axe ; et réciproquement, tout rayon lumineux ou calorifique partant d'un point situé à l'infini sur l'axe, autrement dit parallèle à l'axe, irait passer par le point appelé foyer après avoir subi la réflexion sur la courbe.

4° *Au sommet de la parabole la normale coïncide avec l'axe et la tangente est perpendiculaire à cet axe ;*

5° *Si l'on mène à la parabole et en un même point une tangente et une normale, le foyer de la courbe est équidistant de ce point et des intersections avec l'axe de cette tangente et de cette normale.*

Sous-tangente et sous-normale. — Dans la parabole, on donne le nom de *sous-tangente* en un point de la courbe à la projection sur l'axe de la portion de tangente menée en ce point comprise entre le point de contact et sa rencontre avec l'axe. Et l'on appelle *sous-normale* en un point la projection sur l'axe de la portion de normale menée en ce point comprise entre son pied et sa rencontre avec l'axe.

6° *La sous-tangente, dans la parabole, est divisée en deux parties égales par le sommet de la courbe ;*

7° *La sous-normale, dans la parabole, est constante et égale au paramètre ;*

8° *Les carrés des ordonnées de la parabole perpendiculaires à l'axe sont proportionnels aux distances des pieds de ces ordonnées au sommet de la courbe.*

V. *Dans la parabole, le lieu des projections du foyer sur les tangentes à la courbe est la tangente au sommet de la parabole.*

Il est à remarquer que cette tangente au sommet de la parabole représente le cercle principal de l'ellipse et de l'hyperbole.

Le problème relatif à la construction de la tangente à la parabole, que nous indiquons plus loin (332, Rem. III) dans le cas où la tangente est assujettie à passer par un point extérieur à la courbe, admet deux solutions. Ces deux tangentes jouissent de propriétés importantes qui font l'objet du théorème suivant :

VI. *Dans la parabole :*

1° *Les tangentes menées à la courbe par un point extérieur font des angles égaux avec la droite qui va de ce point au foyer et avec la parallèle à l'axe, intérieure à la courbe, menée par ce même point extérieur ;*

2° *La droite qui joint le foyer au point extérieur d'où sont issues les tangentes est bissectrice des rayons vecteurs menés aux deux points de contact des tangentes.*

VII. *La parabole peut être considérée comme la courbe limite d'une ellipse ou d'une hyperbole dans lesquelles, un sommet et un foyer voisin restant fixes, l'autre foyer s'éloigne indéfiniment du premier.*

Ce théorème permet de déduire directement la plupart des propriétés de la parabole de celles de l'ellipse ou de l'hyperbole.

§ V. — Analogies de l'ellipse, de l'hyperbole et de la parabole.

144. Il ressort de ce qui vient d'être dit sur l'ellipse, l'hyperbole et la parabole que ces trois courbes présentent de nombreuses analogies. Il en est d'autres, dont quelques-unes vont faire l'objet du présent paragraphe.

I. *Le lieu des points d'un plan pour chacun desquels les distances à un point fixe et à une droite fixe du même plan sont dans un rapport constant, est une ellipse, une hyperbole ou une parabole, suivant que ce rapport constant est inférieur, supérieur ou égal à l'unité.*

Le point fixe est un *foyer* de la courbe et la droite fixe s'appelle *directrice* de cette courbe. A chaque foyer correspond une directrice, de sorte que pour l'ellipse et l'hyperbole il y a deux directrices, tandis qu'il n'y en a qu'une pour la parabole.

De ce théorème découle le corollaire qui suit :

Le rapport constant des distances d'un point quelconque d'une ellipse ou d'une hyperbole à l'un des foyers et à la directrice correspondante est égal à l'excentricité de la courbe.

La nouvelle et commune définition de l'ellipse, de l'hyperbole et de la parabole, contenue dans le précédent théorème, procède d'un mode unique de génération : elle établit donc déjà une origine commune qui leur a fait donner un nom commun, celui de *coniques*, que le théorème suivant justifie.

II. *La section faite dans un cône de révolution par un plan qui ne passe pas par le sommet est une ellipse, une hyperbole ou une parabole, suivant que le plan sécant rencontre toutes les génératrices du cône sur une même nappe, ou qu'il rencontre les deux nappes du cône, ou qu'il est parallèle à l'une des génératrices du cône.*

La démonstration de ce théorème exige l'inscription au cône générateur de sphères tangentes au plan sécant. Il y a deux sphères pour le cas de l'ellipse et de l'hyperbole et une pour celui de la parabole. Les points de contact de ces sphères avec les plans tangents donnent les foyers des courbes, et les intersections de ces mêmes plans avec ceux des cercles de contact des sphères inscrites, les directrices de ces mêmes courbes.

On démontre en outre cette proposition :

La section faite dans un cylindre de révolution par un plan oblique à l'axe est une ellipse.

Mais en dehors d'une démonstration directe, ce fait est une conséquence du théorème précédent en ce que le cylindre de révolution peut être considéré comme la limite d'un cône de révolution dont le sommet s'éloigne à l'infini sur son axe.

§ VI. — Hélice.

145. Définitions. — L'hélice est une courbe gauche, c'est-à-dire non plane, qui résulte de la transformation d'une droite tracée dans un plan lorsqu'on enroule ce plan sur une surface cylindrique de révolution.

Si l'on suppose le plan et la droite indéfinis, et la surface cylindrique limitée d'un côté par un plan perpendiculaire à ses génératrices, ce plan est dit la *base* de l'hélice, et le point où la courbe le rencontre s'appelle l'*origine* de l'hélice.

Une génératrice quelconque du cylindre et l'hélice se rencontrent un nombre indéfini de fois, et l'on démontre que les points d'intersection déterminent sur l'hélice des arcs égaux que l'on nomme des *spires*, et sur la génératrice des longueurs égales, qui représentent chacune le *pas* de l'hélice.

Si la génératrice considérée passe par l'origine de l'hélice et si l'on coupe la surface cylindrique suivant cette génératrice pour la développer sur un plan, on obtient un rectangle indéfini — c'est-à-dire deux droites parallèles perpendiculaires à une troisième droite — et une série de droites parallèles entre elles et obliques aux côtés de ce rectangle. En joignant sur ce développement, par une ligne droite, les extrémités de la première et de la deuxième oblique, qui représentent respectivement la fin de la première spire et le commencement de la deuxième, puis par une deuxième droite les extrémités de la seconde et de la troisième oblique, qui représentent respectivement la fin de la deuxième spire et le commencement de la troisième, et ainsi de suite, on obtient une série de rectangles égaux ayant chacun, pour diagonale, et successivement, une des obliques parallèles du développement.

De là un *second* mode de génération, qui consiste à tracer d'abord cette figure plane pour l'enrouler sur le cylindre, en observant que la longueur commune de chaque rectangle doit être égale à la longueur de la circonférence de base du cylindre.

Comme l'enroulement du plan sur lequel se trouve tracée la droite du premier mode de génération — ou la série de rectangles du second — peut se faire dans deux sens opposés, l'hélice est dite *dextrorsum* lorsque pour un observateur placé suivant l'axe du cylindre, un point mobile la décrit dans le sens de gauche à droite en s'éloignant des pieds pour se rapprocher de la tête ; elle est dite *sinistrorsum* dans le cas contraire.

146. Propriétés de l'hélice. — De ce qui précède il résulte que l'hélice est déterminée par le rayon du cylindre et deux points d'une même spire.

La définition de l'hélice conduit en outre à cette autre proposition : *le plus court chemin entre deux points d'un cylindre. est la portion d'hélice qui passe par ces deux points.*

Si l'on appelle *abscisse curviligne* d'un point de l'hélice la projection circulaire, sur la base de la courbe, de la portion d'hélice comprise entre son origine et ce point, et *ordonnée* du point sa distance à la même base, on formule et l'on démontre le théorème suivant :

I. *Dans l'hélice, l'ordonnée d'un point est proportionnelle à son abscisse curviligne, et réciproquement.*

D'où ce *troisième* mode de génération de la courbe, qui consiste dans le double mouvement uniforme d'un point qui tourne sur la surface cylindrique en se déplaçant longitudinalement.

Dans l'hélice, on donne le nom de *sous-tangente*, en un point de la courbe, à la projection, sur le plan de la base, de la portion de tangente à la courbe en ce point comprise entre ce plan de base et le point de contact.

La sous-tangente de l'hélice jouit de l'importante propriété qui suit :

II. *Dans l'hélice, la sous-tangente est égale à l'abscisse curviligne.*

De l'ensemble de ces deux premiers théorèmes on tire les conséquences :

1° *La tangente à l'hélice fait un angle constant avec les génératrices du cylindre ;*

2° *La portion de tangente à l'hélice, comprise entre le point de contact et le plan de la base de la courbe, a pour longueur celle de l'arc d'hélice compris entre ce même point de contact et l'origine de la courbe.*

Cette dernière proposition fournit le moyen de mesurer un arc quelconque d'hélice. A cet effet, on construit un triangle rectangle dont les deux côtés de l'angle droit sont respectivement égaux aux différences des deux ordonnées et des deux abscisses curvilignes des points extrêmes de l'arc considéré : l'hypoténuse de ce triangle rectangle représente la longueur de cet arc.

CHAPITRE X

PREMIÈRES NOTIONS DE GÉOMÉTRIE MODERNE

§ I. — Préliminaires.

147. Principales méthodes. — La Géométrie moderne emprunte ses moyens de recherche et de démonstration à la *théorie des transversales* et particulièrement à des *méthodes de transformation* des figures qui s'appuient pour la plupart sur la *théorie des rapports anharmoniques*.

Pour donner une idée de ces deux théories et de quelques-unes de ces méthodes, nous commencerons par revenir sur la convention adoptée dans un but de généralisation pour désigner un segment de droite.

148. Emploi des signes + et —. — Un segment de droite AB peut être parcouru par un mobile dans le sens AB ou dans le sens BA. On distingue les deux sens, en les désignant par les expressions de *segment* AB, dans le premier cas, et de *segment* BA, dans le second. Généralement le point A est appelé l'*origine* du segment et le point B, l'*extrémité*.

Si sur une même droite ou sur des droites parallèles on a à considérer plusieurs segments, on convient d'appeler *sens positif* l'un des deux sens dans lesquels ces segments peuvent être parcourus, et *sens négatif* l'autre. On fait ensuite précéder le nombre qui exprime la mesure de chaque segment du signe + ou du signe —, suivant qu'il est parcouru dans le sens positif ou dans le sens négatif. L'expression ainsi obtenue s'appelle la *valeur algébrique du segment*.

Cette convention, qui nous a déjà servi de base pour arriver en Algèbre à la notion des nombres négatifs, permet de simplifier les énoncés des questions, de rendre le raisonnement plus général et par suite de simplifier et de faciliter les démonstrations.

§ II. — Transversales.

149. Lorsqu'un triangle est rencontré par une transversale, c'est-à-dire par une droite qui en coupe les trois côtés considérés comme indéfinis, chaque point d'intersection détermine sur le côté correspondant deux segments qui ont ce point pour origine commune, et qui se terminent aux extrémités de ce côté. De plus, suivant que le point d'intersection se trouve sur le côté même du triangle ou sur son prolongement, ces deux segments sont de signes contraires ou de même signe, et par suite leur rapport est négatif ou positif.

Si l'on désigne par A', B', C' les intersections respectives d'une transversale avec les côtés BC, AC, AB d'un triangle ABC, on démontre le théorème suivant dû au géomètre grec Ménélaüs :

I. *Dans un triangle* ABC, *une transversale détermine sur les trois côtés, considérés comme indéfinis, six segments qui satisfont à la relation*

$$\frac{A'B}{A'C} \times \frac{B'C}{B'A} \times \frac{C'A}{C'B} = 1,$$

et, réciproquement, si trois points A', B', C' *déterminent sur les trois côtés, considérés comme indéfinis, d'un triangle* ABC, *six segments qui satisfont à la relation précédente, ces trois points sont en ligne droite.*

On se sert de ce théorème pour démontrer, en particulier, que trois points de certaines figures sont sur une même droite, comme dans les exemples suivants :

1° *Dans un triangle, les intersections avec les côtés opposés, considérés comme indéfinis, de deux bissectrices intérieures et de la bissectrice extérieure correspondant au troisième sommet, sont en ligne droite ;*

2° *Dans un triangle, les intersections avec les côtés opposés:*

considérés comme indéfinis, des trois bissectrices extérieures, sont en ligne droite.

3° *Dans un hexagone convexe ou non convexe inscrit dans un cercle, les trois points de rencontre des trois couples de côtés opposés sont en ligne droite.*

Ce dernier théorème est dû à Pascal.

La théorie des transversales comprend un second théorème fondamental, que l'on attribue **au géomètre italien Jean de Céva.** Le voici :

II. *Dans le plan d'un triangle ABC, les droites menées d'un point aux trois sommets déterminent sur les côtés, considérés comme indéfinis, six segments qui satisfont à la relation*

$$\frac{A'B}{A'C} \times \frac{B'C}{B'A} \times \frac{C'A}{C'B} = -1,$$

et réciproquement, *si trois droites issues des trois sommets d'un triangle déterminent sur les côtés six segments qui satisfont à la relation précédente, ces trois droites se coupent en un même point.*

Ce double énoncé suppose, comme précédemment, que les points d'intersection A′, B′, C′ se trouvent respectivement sur les côtés, BC, AC et AB.

On se sert de ce théorème pour démontrer, en particulier, que trois droites de certaines figures concourent en un même point, comme dans les exemples suivants :

1° *Dans un triangle, les trois bissectrices sont concourantes ;*

2° *Dans un triangle, les trois médianes sont concourantes ;*

3° *Dans un triangle, les trois hauteurs sont concourantes ;*

4° *Dans un triangle, les trois droites qui joignent les sommets aux points de contact des côtés opposés avec un cercle inscrit sont concourantes.*

§ III. — Rapports anharmoniques.

150. Rapport anharmonique de quatre points. — Etant donnés quatre points A, B, C, D situés en ligne droite, si l'on exprime successivement les rapports des distances du troisième et du quatrième point à chacun des deux premiers,

$\dfrac{CA}{CB}$ et $\dfrac{DA}{DB}$, le quotient du premier par le second de ces rap-

ports, $\dfrac{CA}{CB} : \dfrac{DA}{DB}$, est ce qu'on appelle le *rapport anharmoni-*
que des quatre points considérés. On le représente ordinaire-
ment par la notation (ABCD), où les points sont pris dans
l'ordre que nous venons d'indiquer.

Connaissant trois points A, B, C, sur une droite indéfinie,
on peut généralement déterminer un quatrième point D sur
cette même droite, de manière que le rapport anharmonique
des quatre points ait une valeur donnée *m*.

La démonstration de cette proposition établit que *m* peut
avoir une valeur quelconque, positive ou négative, à l'exception des valeurs 0, $+1$ et ∞, pour lesquelles le point D se
confondrait respectivement avec les points B, C, A.

Une propriété importante du rapport anharmonique de
quatre points est que sa valeur n'est pas changée par la permutation de deux points quelconques pourvu que l'on fasse
aussi permuter les deux autres.

151. Rapport anharmonique d'un faisceau de droites. — Un
ensemble de droites issues d'un même point et situées dans
un même plan porte le nom de *faisceau*. Le point commun est
le *centre* du faisceau et les droites en sont les *rayons*.

1. *Dans la rencontre d'un faisceau de quatre droites par une*
transversale quelconque, le rapport anharmonique des quatre
points d'intersection est constant.

Une conséquence immédiate de ce théorème est que le rapport anharmonique des quatre points d'intersection d'un faisceau de quatre droites par une transversale quelconque, parce
qu'il est constant, est dit le *rapport anharmonique du faisceau*
des quatre droites. Le faisceau étant formé par les quatre
droites OA, OB, OC, OD issues du même point O, le rapport
anharmonique est représenté par l'expression (O.ABCD).

Lorsque deux transversales quelconques coupent un faisceau de quatre droites, la figure formée par les quatre points
d'intersection de l'une de ces transversales peut être consi-

dérée comme la perspective de la figure formée par les quatre points d'intersection de l'autre, ou comme sa projection conique (155, 157) ; il s'ensuit, d'après le théorème précédent, que le rapport anharmonique de quatre points situés en ligne droite est *projectif*. Cette propriété a une très grande importance en Géométrie moderne.

En rapprochant la définition du rapport anharmonique d'un faisceau de quatre droites des propriétés du rapport anharmonique de quatre points en ligne droite, on établit que la valeur du rapport anharmonique de quatre droites n'est pas altérée par la permutation de deux rayons quelconques, pouvu que l'on opère la permutation des deux autres.

II. *Si deux faisceaux de quatre droites ont leurs angles respectivement égaux, leurs rapports anharmoniques sont égaux.*

De là résultent ces deux conséquences :

1° *Dans un cercle, le rapport anharmonique du faisceau de quatre droites obtenues en joignant un point quelconque O de la circonférence à quatre points fixes de cette circonférence est constant, quelle que soit la position du point O.*

On donne à ce rapport constant le nom de *rapport anharmonique des quatre points* ;

2° *Dans un cercle, le rapport anharmonique des quatre points d'intersection de quatre tangentes par une cinquième est constant et égal au rapport anharmonique des quatre points de contact.*

Au premier rapport on donne le nom de *rapport anharmonique des quatre tangentes.*

III. *Si deux faisceaux de quatre droites ont un rapport anharmonique égal et un rayon homologue commun, les trois points d'intersection des autres rayons homologues, considérés deux à deux, sont en ligne droite.*

IV. *Si deux systèmes de quatre points en ligne droite ont un rapport anharmonique égal et un point homologue commun, les trois droites qui joignent les autres points homologues, considérés deux à deux, se rencontrent en un même point.*

Cette théorie des rapports anharmoniques peut servir à démontrer indifféremment que dans certaines figures trois points sont en ligne droite, ou trois droites se coupent en un même point, comme dans les deux exemples suivants :

1° *Dans un hexagone convexe ou non convexe inscrit dans un cercle, les trois points de rencontre des trois couples de côtés opposés sont en ligne droite.*

Nous avons déjà indiqué ce théorème comme pouvant être démontré par la théorie des transversales ;

2° *Dans un hexagone convexe ou non convexe circonscrit à un cercle, les trois diagonales qui joignent les sommets opposés se rencontrent en un même point.*

Ce théorème est dû au géomètre Brianchon.

On pourrait multiplier ces applications, énoncer les théorèmes analogues de la Géométrie dans l'espace, et l'on verrait, comme pour ces deux exemples et les deux théorèmes III et IV qui les précèdent, qu'à chaque proposition relative à des points en ligne droite en correspond une autre se rapportant à des droites qui se rencontrent en un même point.

152. Principe de dualité. — Il résulte de là que la Géométrie, à deux ou à trois dimensions, comporte deux espèces de propositions relatives, les unes à des points, les autres à des droites ou à des plans, et qui se correspondent deux à deux ; cette propriété remarquable de l'étendue figurée constitue le principe de *dualité*.

Deux propositions ou deux figures qui ont entre elles cette correspondance sont dites *corrélatives*.

En voici des exemples simples :

1° Dans un plan :

a) Deux points déterminent une droite ;

b) Deux droites déterminent un point.

2° Dans l'espace :

a) Deux points déterminent une droite ;

b) Deux plans déterminent une droite.

3° *a*) Trois points non en ligne droite déterminent un plan ;

b) Trois plans non parallèles à une même droite déterminent un point.

Il est à remarquer, dans les propositions corrélatives, qu'on passe facilement d'un énoncé ou d'une démonstration à l'autre. Bien plus, les figures comportent, d'après ce qui précède, deux modes de construction.

Exemples : 1° Un triangle peut être construit avec la donnée de ses trois sommets ou celle de ses trois côtés ;

2° Une courbe peut être décrite par un point mobile, ou être l'enveloppe des différentes positions d'une droite mobile.

153. Divisions harmoniques. — On sait (48) qu'étant donnés deux points A et B sur une droite, il existe toujours deux autres points C et D situés sur la même droite, l'un en dedans et l'autre en dehors des deux premiers, tels que les rapports des distances de chacun d'eux aux deux points A et B ont une même valeur absolue. En faisant intervenir dans ces rapports les signes des segments qui les forment, le premier de ces rapports $\dfrac{CA}{CB}$, si C est entre A et B, sera négatif, et le second $\dfrac{DA}{DB}$, positif ; de sorte qu'on aura la relation

$$(1) \qquad \frac{CA}{CB} = -\frac{DA}{DB},$$

qu'on appelle *proportion harmonique*. On dit en outre que le segment de droite AB est divisé *harmoniquement* par les deux points C et D, et que ces deux points sont *conjugués harmoniques* par rapport aux deux autres A et B.

En changeant dans la relation précédente les moyens de place et substituant à tous les segments qu'elle contient des longueurs égales et de signes contraires, on a

$$\frac{AC}{AD} = -\frac{BC}{BD},$$

ce qui montre que les points A et B sont, réciproquement, conjugués harmoniques par rapport aux points C et D.

La relation (1) peut s'écrire, en en divisant les deux membres par le nombre positif $\dfrac{DA}{DB}$,

$$\frac{CA}{CB} : \frac{DA}{DB} = -1.$$

Mise sous cette forme, elle exprime que *quatre points situés sur une même droite forment une division harmonique de cette droite lorsque leur rapport anharmonique a pour valeur — 1.*

Si l'on prend pour origine des segments de la relation (1) le milieu O de AB, cette relation devient

$$\overline{OA}^2 = OC \times OD.$$

Il résulte de là, AB restant fixe :

1° que les points C et D sont toujours situés d'un même côté du milieu de AB ;

2° que les deux facteurs OC et OD varient en sens inverse et que lorsque l'un d'eux tend vers zéro, l'autre tend vers l'infini ; autrement dit, lorsque le point C se rapproche du milieu de AB, le point D s'éloigne à l'infini ;

3° que les deux facteurs OC et OD dans leur variation peuvent devenir égaux, auquel cas les deux points C et D se confondent avec B ;

4° que le cercle décrit sur AB comme diamètre coupe à angle droit tout cercle passant par les deux points C et D ; etc.

Enfin, si l'on prend pour origine des segments de la relation (1) le point A, cette relation prend la forme

$$(2) \qquad \frac{2}{AB} = \frac{1}{AC} + \frac{1}{AD}.$$

On donne au segment AB le nom de *moyenne harmonique* des segments AC et AD, et l'on exprime ainsi que lorsque quatre points forment une division harmonique d'une droite, la distance de l'un d'eux à son conjugué est la moyenne harmonique des distances de ce même point à chacun des deux autres.

Cela dit, la relation (2) montre que l'inverse du nombre qui mesure la moyenne harmonique de deux segments est la moyenne arithmétique des inverses des deux nombres qui mesurent ces segments.

154. Faisceaux harmoniques. — Lorsque le rapport anharmonique d'un faisceau de quatre droites OA, OB, OC et OD est égal à — 1, on a ce qu'on appelle un *faisceau harmonique*. En d'autres termes, on désigne sous ce nom tout faisceau de quatre droites qui détermine une division harmonique sur une transversale quelconque. Les deux rayons OC et OD sont dits *conjugués harmoniques* par rapport aux deux autres OA et OB, et l'on dit aussi qu'ils *divisent harmoniquement* l'angle AOB. Les deux rayons OA et OB sont, réciproquement, conjugués harmoniques par rapport aux premiers, et divisent harmoniquement l'angle COD.

Du théorème I découle cet autre, qui démontre l'existence des faisceaux harmoniques :

V. *Etant donnés quatre points qui déterminent une division harmonique sur une droite, si on les joint à un point quelconque extérieur à la droite, on a un faisceau harmonique.*

VI. *Lorsqu'un faisceau harmonique est coupé par une transversale parallèle à l'un des rayons, les trois autres rayons déterminent des segments égaux sur cette transversale,* et réciproquement.

On déduit de ce théorème les corollaires suivants, qui sont la réciproque l'un de l'autre :

1° *Dans un faisceau harmonique, si deux rayons conjugués se coupent à angle droit, ils sont les bissectrices de l'angle des deux autres rayons et de son supplément;*

2° *Les bissectrices d'un angle et de son supplément forment avec les côtés de l'angle un faisceau harmonique dans lequel les deux bissectrices sont deux rayons conjugués.*

VII. *Etant donné un angle AOB, si par un point P pris dans son plan on mène une transversale quelconque, le lieu du conjugué harmonique D du point P par rapport aux deux points où cette transversale coupe les deux côtés de l'angle, est la droite OD conjuguée harmonique de la droite OP par rapport aux deux côtés OA et OB de l'angle.*

Le point P, par lequel passent toutes les positions de la transversale, s'appelle *pôle* de la droite OD, et l'on donne à cette droite OD le nom de *polaire* du point P par rapport aux droites OA et OB.

La manière d'être des deux droites conjuguées OP et OD fait que tout point de l'une a pour polaire l'autre. C'est aussi ce qui a lieu pour les deux autres droites OA et OB.

VIII. *Etant donné un angle* AOB, *si par un point* P *pris dans son plan on mène deux transversales quelconques, le lieu du point d'intersection des deux diagonales du quadrilatère formé est la polaire du point* P *par rapport aux côtés de l'angle.*

Ce théorème fournit un moyen facile pour construire le conjugué harmonique d'un point par rapport à deux autres, et la polaire d'un point par rapport à deux droites qui se coupent.

Il permet en outre de démontrer très simplement la propriété fondamentale du quadrilatère complet.

Tout d'abord disons qu'on appelle *quadrilatère complet* la figure obtenue lorsque dans un quadrilatère ordinaire on prolonge les côtés opposés jusqu'à leurs points de rencontre. Dans un quadrilatère complet il y a six sommets (les quatre du quadrilatère ordinaire et les deux points de rencontre des côtés opposés), et trois diagonales qui unissent deux à deux les sommets opposés (les deux diagonales du quadrilatère ordinaire et la droite qui joint les deux autres sommets).

Cela dit, voici l'énoncé de la propriété en question :

IX. *Dans un quadrilatère complet, chaque diagonale est divisée harmoniquement par les deux autres.*

§ IV. — Méthode des projections orthogonales.

155. D'une manière générale, on appelle *projection d'un point sur un plan* le point de rencontre de ce plan par une droite issue du point considéré. La droite s'appelle la *projetante* du point.

Si la projetante est assujettie à passer par un point fixe situé hors du plan, la projection est dite *conique* ou *centrale* ; le point fixe est le *centre* de projection et la projetante est désignée par l'expression particulière de *rayon projetant*.

Si la projetante est assujettie à être parallèle à une direction déterminée, la projection est dite *oblique*.

Enfin, si la projetante est assujettie à être perpendiculaire au plan de projection, on dit que la projection est *orthogonale*.

Le deuxième mode de projection peut être considéré comme un cas particulier du premier, parce qu'il s'en déduit dans l'hypothèse que le centre de projection s'éloigne à l'infini dans la direction du rayon projetant. Le troisième mode, à son tour, est un cas particulier du deuxième, obtenu dans l'hypothèse que la direction donnée est normale au plan de projection.

Dans ce paragraphe, il ne sera question que de projections orthogonales.

D'après ce qui précède, on appelle *projection orthogonale d'une figure* sur un plan, le lieu des projections orthogonales sur ce plan des points de cette figure.

156. En Géométrie moderne, la méthode des projections orthogonales a pour but de déduire des propriétés des figures, certaines propriétés de leurs projections.

Ses moyens reposent sur des théorèmes dont voici les principaux :

I. *La projection orthogonale d'une droite est une droite.*

A moins que la droite ne soit perpendiculaire au plan, auquel cas la projection se réduit à un point.

II. *Les projections orthogonales de segments d'une même droite sont proportionnelles à leurs segments respectifs.*

III. *Les projections orthogonales de deux droites parallèles sont parallèles.*

IV. *La projection orthogonale d'une tangente à une courbe est tangente à la projection de cette courbe, en un point qui est la projection du point de contact de la courbe et de la tangente considérées.*

Il est ainsi à remarquer que certaines propriétés des figures appartiennent aussi à leurs projections (points en ligne droite, rapport constant des segments d'une droite, parallélisme de deux droites, etc.) : c'est ce qu'on appelle les propriétés *pro-jectives* des figures. Elles sont de deux sortes : les propriétés *descriptives*, qui se rapportent à la situation des lignes, et les propriétés *métriques*, qui sont relatives à leur longueur. D'une manière générale, les propriétés descriptives des figures sont ordinairement projectives ; les autres ne le sont qu'en nombre limité (proportionnalité des segments de droite et de leurs projections, proportionnalité des surfaces planes et de leurs projections, etc.). Ainsi les longueurs des segments de droite, les grandeurs des angles, etc., sont en général altérées dans leurs projections.

Comme exemple d'application de la méthode, on peut prendre celui de l'ellipse, que l'on a déjà considérée (134, VIII) comme la projection orthogonale d'un cercle sur un plan oblique au sien.

Des propriétés suivantes du cercle :

1° Le cercle est une courbe qui a un centre ;

2° Le cercle est une courbe convexe ;

3° Au cercle, on peut mener deux tangentes par un point extérieur ;

4° Dans le cercle, le lieu des milieux des cordes parallèles à une même direction est une droite qui passe par le centre de la courbe et qu'on appelle diamètre ;

5° Le cercle admet une infinité de diamètres ;

6° Dans un cercle, à chaque diamètre en correspond un second parallèle aux cordes que le premier divise en deux parties égales ;

7° Dans un cercle, le carré construit sur un rayon quelconque est constant ; etc.,

on déduit pour l'ellipse les propriétés correspondantes qui suivent :

1° *L'ellipse est une courbe qui a un centre ;*

2° *L'ellipse est une courbe convexe ;*

3° *A l'ellipse, on peut mener deux tangentes par un point extérieur ;*

4° *Dans une ellipse, le lieu des milieux des cordes parallèles à une même direction est une droite qui passe par le centre de la courbe et à laquelle on donne le nom de diamètre ;*

5° L'ellipse admet une infinité de diamètres ;

6° Dans une ellipse, à chaque diamètre en correspond un second parallèle aux cordes que le premier divise en deux parties égales : ces deux diamètres sont dits conjugués l'un de l'autre ;

7° Dans une ellipse, le parallélogramme construit sur deux demi-diamètres conjugués est constant ; etc.

On peut encore déduire du cercle, par la méthode des projections orthogonales : l'expression de la surface de l'ellipse, l'extension à l'hexagone inscrit dans une ellipse du théorème de Pascal relatif à l'hexagone inscrit dans un cercle, un procédé très commode pour construire la tangente à l'ellipse, etc.

Il résulte de tout ce qui précède que cette méthode de transformation — et il en est de même des autres — a pour objet, étant données deux figures dont l'une est la transformée de l'autre, de déduire de la plus simple toutes les propriétés que la transformation n'altère pas pour les appliquer à la seconde sans autre démonstration.

De la sorte, on remplace des théorèmes et des problèmes distincts, qui demandent des démonstrations et des solutions spéciales et particulières, par des théorèmes et des problèmes généraux qui les groupent entre eux et dont les démonstrations et les solutions s'appliquent à toutes les questions qui en dérivent. D'autre part ces méthodes permettent, par les rapprochements des figures et de leurs propriétés, de découvrir très facilement des propriétés inconnues de certaines d'entre elles et de créer ainsi, autant qu'on le veut pourrait-on dire, de nouveaux théorèmes. En résumé, il y a donc, tout à la fois, généralisation et multiplication des propriétés relatives à l'étendue figurée par l'application des méthodes de transformation.

§ V. — Méthode des projections coniques.

157. La projection conique d'un point s'appelle encore la *perspective* de ce point ; le centre de projection prend alors le nom de *point de vue* et le plan de projection celui de *tableau*.

D'après cela, on appelle *projection conique ou perspective d'une figure* sur un plan le lieu des projections coniques ou perspectives sur ce plan des points de cette figure. Le point où une droite rencontre le tableau est dit la *trace de cette droite*, et l'intersection d'un plan et du tableau s'appelle la *trace du plan*.

158. La méthode des projections coniques repose sur les principaux théorèmes suivants :

I. *La perspective d'une droite est une droite.* A moins que la droite ne passe par le point de vue, auquel cas la perspective se réduit à un point.

II. *La perspective de deux droites parallèles entre elles et parallèles au tableau est formée de deux droites parallèles.*

III. *La perspective de deux droites parallèles, obliques au tableau, est formée de deux droites concourantes, et le point de concours est la trace sur le tableau de la parallèle menée par le point de vue à la direction des droites considérées.*

IV. *Les points de concours des perspectives de plusieurs groupes de droites parallèles, de directions diverses, mais parallèles à un même plan, sont sur la trace du plan mené parallèlement au premier par le point de vue.*

V. *La perspective d'une tangente à une courbe est tangente à la perspective de cette courbe en un point qui est la perspective du point de contact de la courbe et de la tangente considérées.*

Si les propriétés descriptives des figures restent projectives dans ce mode de projection, les relations métriques qui jouissent de la même prérogative deviennent moins nombreuses encore que dans le mode précédent : la proportionnalité des segments de droite et des surfaces planes à leurs projections ne subsiste que dans le cas où le tableau est parallèle à la figure projetée ; mais la division harmonique reste projective dans tous les cas.

Comme application de la méthode, considérons les trois coniques. D'après ce que nous avons dit au sujet de leur origine commune, il résulte que la perspective d'un cercle, lorsque le point de vue est sur son axe, est une ellipse, une hyperbole ou une parabole, suivant que le tableau fait avec l'axe du cercle un angle supérieur, inférieur ou égal au demi-angle au sommet du cône de projection.

Il suit de là que des propriétés suivantes du cercle :

1° Le cercle est une courbe convexe ;

2° Au cercle, on peut mener deux tangentes par un point extérieur ;

3° Dans le cercle, le milieu des cordes parallèles à une même direction est une droite qui passe par le centre de la courbe et qu'on appelle diamètre ;

4° Le cercle admet une infinité de diamètres, etc.,
on déduit pour les coniques les propriétés correspondantes qui suivent :

1° *Une conique est une courbe convexe ;*

2° *A une conique, on peut mener deux tangentes par un point extérieur ;*

3° *Dans une conique, le milieu des cordes parallèles à une même direction est une droite qui passe par le centre de la courbe et qu'on appelle diamètre. Dans la parabole, le centre étant projeté à l'infini, tous les diamètres sont parallèles entre eux et par conséquent à l'axe de la courbe ;*

4° *Une conique admet une infinité de diamètres ; etc.*

On peut encore étendre aux trois coniques certains théorèmes, comme celui de Pascal relatif à l'hexagone inscrit dans un cercle.

Mais avant d'aller plus loin, définissons ce qu'on appelle *droite de l'infini* d'un plan et déterminons-en la perspective.

Lorsque deux plans sont parallèles, si l'on fait tourner l'un d'eux autour d'une de ses droites quelconques, les deux plans deviennent concourants ; mais si l'on effectue ensuite un mouvement inverse, la droite d'intersection s'éloigne de plus en plus et lorsque les deux plans redeviennent parallèles, on dit encore qu'ils se coupent et que leur droite d'intersection est à l'infini. Or comme la droite autour de laquelle on a effectué ce double mouvement est quelconque, la droite de l'infini a aussi une direction quelconque. C'est ce qui fait dire que *tous*

*les points à l'infini d'un plan sont sur une même droite, dite droite
de l'infini du plan, et dont la direction est indéterminée.*

Il ressort de ce qui précède qu'on peut toujours rejeter à
l'infini la projection d'un point ou d'une droite d'une figure en
choisissant comme tableau un plan parallèle à la projetante
du point ou au plan projetant de la droite.

La perspective de la droite à l'infini d'un plan est la trace
du plan parallèle au premier mené par le point de vue.

Si dans un quadrilatère complet on fait application du procédé à la droite qui joint les points de rencontre des côtés
opposés du quadrilatère ordinaire, ces points de rencontre se
trouvant projetés à l'infini, les côtés opposés de ce quadrilatère deviennent parallèles et la figure prend la forme d'un
parallélogramme.

Ainsi par la méthode des projections coniques, *un quadrilatère quelconque peut toujours être transformé en un parallélogramme.*

On tire de là une démonstration très simple d'un théorème
précédemment énoncé : Dans un quadrilatère complet, chaque
diagonale est divisée harmoniquement par les deux autres.

159. Homothétie. — A cette méthode on peut rattacher la
théorie des figures homothétiques. Pour le montrer, donnons
d'abord quelques définitions.

On dit que deux figures sont *homothétiques* lorsque les points
de l'une étant respectivement joints aux points correspondants
de l'autre par des droites, ces droites concourent toutes en un
même point, et les distances sur chaque droite, prises dans le
même sens, du point de concours aux deux points qui se
correspondent sur les deux figures, sont dans un rapport
constant.

Deux points correspondants des figures sont dits *homologues* ;
la droite qui les joint est un *rayon vecteur ;* le point de rencontre de tous les rayons vecteurs est le *centre d'homothétie*,
et le rapport constant des distances de ce centre à deux points
homologues des deux figures est le *rapport d'homothétie.*

Si le centre d'homothétie est d'un même côté par rapport

aux deux figures, l'homothétie est dite *directe* ; s'il est entre les deux figures, l'homothétie est dite *inverse*. Mais par une rotation de 180° de l'une des deux figures autour du centre d'homothétie, on peut passer du système direct au système inverse, et vice versa.

Cela dit, voici comment on peut faire dériver les figures homothétiques de la méthode des projections coniques.

Après avoir construit la perspective d'une figure plane, par exemple, sur un tableau parallèle au plan de la figure, si l'on projette en outre orthogonalement sur le tableau l'ensemble de la figure donnée et des rayons projetants, on obtient avec ces deux projections d'une même figure deux figures qui satisfont à toutes les conditions énoncées dans la définition précédente ; ce sont donc deux figures homothétiques.

Parmi les premiers théorèmes relatifs à l'homothétie, les principaux sont les suivants :

I. *La figure homothétique d'un segment de droite est un segment de droite parallèle au premier, de même sens ou de sens contraire, suivant que l'homothétie est directe ou inverse, et ces deux segments sont dans un rapport égal au rapport d'homothétie.*

Ces deux portions de droites sont dites *homologues*.

On déduit de là :

1° *La figure homothétique d'un angle est un angle égal dont les côtés homologues sont parallèles, de même sens ou de sens contraire, suivant que l'homothétie est directe ou inverse ;*

2° *La figure homothétique d'un polygone est un polygone semblable, et le rapport de similitude de ces deux polygones est égal au rapport d'homothétie ;*

3° *La figure homothétique d'un cercle est un cercle et le rapport des rayons de ces deux cercles est égal au rapport d'homothétie ;*

4° *Les tangentes à deux courbes homothétiques en deux points homologues sont parallèles, de même sens ou de sens contraire, suivant que l'homothétie est directe ou inverse.*

II. *Étant données deux figures, s'il existe deux points tels que* *les droites qui joignent l'un d'eux aux différents points de la première figure sont parallèles et proportionnelles aux droites qui joignent le second point aux différents points de la seconde figure, les deux systèmes sont homothétiques, directement ou inversement, suivant que les droites parallèles sont de même sens ou de sens contraire, et le centre d'homothétie est le point de rencontre de la droite qui joint les deux points considérés avec l'une quelconque des droites qui joignent deux à deux les points correspondants des deux figures.*

Ce théorème a pour conséquences les suivantes :

1° *Deux polygones semblables qui ont les côtés parallèles sont homothétiques* ;

2° *Deux cercles situés dans un même plan sont directement et inversement homothétiques.*

Les deux centres d'homothétie de deux cercles divisent harmoniquement la distance des centres.

III. *Deux figures homothétiques à une troisième sont homothétiques entre elles, directement ou inversement, suivant qu'avec la troisième elles sont homothétiques de la même manière ou de manières différentes ; et leur rapport d'homothétie est le quotient des rapports d'homothétie de chacune d'elles prise avec la troisième.*

Si les rapports d'homothétie des deux figures considérées prises chacune avec la troisième sont égaux, le rapport d'homothétie de ces deux figures est égal à l'unité et les deux figures sont égales.

De là cette conséquence qu'on peut, avec un même centre d'homothétie, construire toutes les figures homothétiques à une figure donnée, en faisant varier de zéro à l'infini le rapport d'homothétie.

IV. *Si trois figures sont homothétiques deux à deux, les trois centres d'homothétie sont en ligne droite.*

Cette droite s'appelle *axe d'homothétie.*

En considérant trois cercles situés dans un même plan, on montre, en les prenant deux à deux, qu'ils ont toujours trois centres d'homothétie directe et trois centres d'homothétie inverse ; de plus, comme conséquence du théorème précédent, les trois premiers centres sont sur une même droite, qu'on appelle *axe d'homothétie directe*, et il en est de même de deux centres quelconques d'homothétie inverse et du centre d'homothétie directe qui correspond au troisième centre inverse : chacune de ces droites, au nombre de trois, porte le nom d'*axe d'homothétie inverse*. Le nombre des axes d'homothétie est ainsi de quatre, un direct et trois inverses.

L'homothétie appliquée aux figures de l'espace comporte une série de théorèmes correspondants à ceux qui précèdent.

De tout cela il résulte que l'homothétie constitue un second mode de définition de la similitude des figures, avec cette double particularité cependant qu'elle s'étend aux figures quelconques, mais que dans l'espace l'homothétie directe seule donne des figures semblables. On conçoit dès lors que les centres, les axes et les rapports d'homothétie soient aussi désignés par les noms de *centres*, d'*axes* et de *rapports de similitude*.

160. Homologie. — On peut rattacher de la manière suivante, à la méthode des projections coniques, la théorie des figures homologiques, que l'on doit au général Poncelet.

Étant donnés deux polygones homothétiques, si l'on détermine la perspective de leur ensemble sur un même tableau oblique au plan commun de ces figures, les côtés homologues des polygones obtenus cessent d'être parallèles (158, III) et leurs points de rencontre sont sur une même droite (158, IV) ; de plus les rayons vecteurs qui joignent les points homologues restent concourants en un même point.

Deux figures qui satisfont à ces conditions sont dites *homologiques*. Le point de concours des droites qui joignent les points homologues est le *centre d'homologie* et la droite où se rencontrent les côtés homologues est l'*axe d'homologie*.

Mais les deux conditions d'intersection des côtés homologues des deux figures sur une même droite, et de concours en un même point des droites qui joignent deux à deux les points homologues de ces mêmes figures, ne sont pas toujours nécessaires à la fois pour assurer l'existence de l'homologie ; ainsi, pour les triangles, chacune d'elles entraîne l'autre. De là les deux théorèmes :

I. *Si deux triangles ont tous leurs points homologues situés deux à deux sur des droites qui concourent en un même point, ces deux triangles sont homologiques.*

II. *Si deux triangles ont leurs côtés homologues qui se coupent deux à deux sur une même droite, ces deux triangles sont homologiques.*

En opérant la transformation inverse de celle qui nous a fait passer de l'homothétie à l'homologie, c'est-à-dire en projetant, par la méthode perspective, deux figures homologiques sur un plan choisi de manière que la droite qui contient les points de rencontre de leurs côtés homologues soit rejetée à l'infini, l'homologie redevient homothétie.

La théorie des figures homologiques, que nous n'avons considérée ici qu'au point de vue des figures planes, s'étend aussi aux figures à trois dimensions.

§ VI. — **Méthode des polaires réciproques.**

161. Nous avons déjà défini (154, VII) ce qu'on entend par pôle d'une droite et polaire d'un point par rapport à un angle ou deux droites qui se coupent; nous n'y reviendrons pas.

162. Pôle et polaire dans le cercle. — La définition de ces deux nouveaux termes découle du théorème suivant :

I. *Si l'on mène, par un point P pris dans le plan d'un cercle, une sécante quelconque à ce cercle, le lieu du conjugué harmonique du point P par rapport aux points d'intersection de la sécante et du cercle est une droite perpendiculaire au diamètre qui passe par le point P.*

Cette droite est dite la *polaire* du point P par rapport au cercle, et le point P s'appelle le *pôle* de la droite. Quant à l'intersection de la polaire et du diamètre qui lui est perpendiculaire, elle reçoit le nom de *pied* de la polaire.

Il résulte de ces définitions et du théorème qui les précède les conséquences suivantes :

1° *Le rayon du cercle est moyen proportionnel entre les distances du centre au point et à la droite qui sont respectivement le pôle et la polaire l'un de l'autre ;*

1° *Le pôle et la polaire sont toujours situés d'un même côté du centre du cercle ; si le pôle est à l'extérieur du cercle, la polaire coupe le cercle et coïncide avec la corde qui joint les points de contact des deux tangentes menées du pôle ; si le pôle est à l'intérieur du cercle, la polaire est extérieure ; si le pôle est sur la circonférence du cercle, la polaire est tangente au cercle en ce même point ; si le pôle vient à coïncider avec le centre du cercle, la polaire est rejetée à l'infini, et si le pôle s'éloigne, au contraire, à l'infini, la polaire devient un diamètre perpendiculaire à la direction suivant laquelle le pôle s'est déplacé.*

II. *La polaire de tout point situé sur une droite passe par le pôle de cette droite.*

Et réciproquement, *le pôle de toute droite qui passe par un point est situé sur la polaire de ce point.*

De là quelques corollaires :

1° *Le point de rencontre des polaires de deux points est le pôle de la droite qui joint ces deux points.*

2° Et réciproquement, *la droite qui joint les pôles de deux droites a pour pôle le point de rencontre de ces deux droites.*

III. *Si l'on mène, par un point P pris dans le plan d'un cercle, deux sécantes quelconques à ce cercle, les quatre droites qui joignent deux à deux et des deux manières possibles, les quatre points d'intersection, se coupent sur la polaire du point P.*

Ce théorème fournit un moyen facile de construire la polaire d'un point et, comme la polaire coïncide avec la corde de contact des tangentes issues de ce point, de mener ces tangentes.

163. Polaires réciproques. — Un polygone quelconque et un cercle étant situés dans un même plan, si l'on construit par rapport au cercle les polaires des différents sommets du polygone, on forme un second polygone dont les sommets sont réciproquement les pôles des côtés du premier.

Ce fait résulte de la théorie précédente.

Deux polygones liés ainsi l'un à l'autre sont appelés *polaires réciproques* et l'on donne au cercle par rapport auquel on a déterminé les polaires, le nom de *cercle directeur*.

Comme exemple de figures polaires réciproques on a celui de deux polygones, l'un inscrit et l'autre circonscrit à un cercle de manière que les sommets du premier soient les points de contact des côtés du second.

D'après ce qui précède, dans deux figures polaires réciproques, aux points et aux droites de l'une correspondent des droites et des points de l'autre ; aux points situés en ligne droite de l'une correspondent dans l'autre des droites qui concourent en un même point ; et l'on démontre que le rapport anharmonique de quatre points en ligne droite de l'une est égal à celui du faisceau des quatre droites correspondantes de l'autre.

Il suit de là que toute propriété relative soit à une série linéaire de points, soit à un faisceau de droites, a pour *corrélative* une autre propriété concernant des droites concourantes ou des points en ligne droite. On passe d'un énoncé à l'autre par une simple permutation de termes et la démonstration de l'une des propriétés justifie la seconde.

C'est une nouvelle manifestation du principe de dualité dont il a déjà été question (152).

Les deux théorèmes de Pascal et de Brianchon, relatifs, le premier, à l'hexagone inscrit au cercle, et le second, à l'hexagone circonscrit, qui nous ont aidé à formuler ce principe, sont, d'après ce qui précède, deux théorèmes corrélatifs qui se déduisent l'un de l'autre par la méthode des polaires réciproques.

Comme application de cette méthode, on peut déduire du théorème de Pascal une série d'autres propositions se rapportant successivement au pentagone, au quadrilatère et au triangle inscrits à un cercle, puis formuler à côté de chacune de ces propositions la proposition corrélative. Pour cela on fait dériver le pentagone de l'hexagone en supposant que dans le premier deux sommets consécutifs se sont rapprochés de manière à se confondre, mais on conserve le sixième côté qui devient la tangente au cercle au sommet du pentagone, que l'on considère comme la réunion de deux sommets de l'hexagone. On fait dériver de la même manière le quadrilatère du pentagone, le triangle du quadrilatère et l'on obtient ainsi une série de théorèmes corrélatifs deux à deux :

1. *1° Dans un pentagone, convexe ou non convexe, inscrit dans un cercle, le point de rencontre d'un côté et de la tangente menée par le sommet opposé, et les points de rencontre des autres côtés pris deux à deux et non consécutivement, sont trois points en ligne droite.*

2° Dans un pentagone, convexe ou non convexe, circonscrit à un cercle, la droite qui joint un sommet au point de contact du côté opposé et les diagonales qui joignent les autres sommets pris deux à deux non consécutivement, sont trois droites qui se rencontrent en un même point.

II. *1° Dans un quadrilatère, convexe ou non convexe, inscrit dans un cercle, deux tangentes étant menées par deux sommets consécutifs, les points de rencontre de chacune de ces tangentes avec le côté non contigu qui passe par le point de contact de l'autre, et le point de rencontre des deux autres côtés sont trois points en ligne droite.*

2° Dans un quadrilatère, convexe ou non convexe, circonscrit à un cercle, deux côtés contigus étant considérés, les deux droites qui joignent chaque point de contact à l'extrémité de l'autre côté, et la droite qui joint les deux autres sommets opposés, sont trois droites qui se rencontrent en un même point.

III. *1° Dans un triangle inscrit dans un cercle, les trois points de rencontre de chaque côté avec la tangente menée par le sommet opposé sont en ligne droite.*

2° Dans un triangle circonscrit à un cercle, les trois droites qui joignent chaque sommet au point de contact du côté opposé se rencontrent en un même point.

On pourrait déduire ainsi d'autres théorèmes de la méthode, comme aussi on aurait pu partir du théorème de Brianchon pour obtenir directement les propositions corrélatives à celles que nous avons fait dériver du théorème de Pascal et formuler ensuite ces dernières par application de la méthode des polaires réciproques.

Toute cette théorie des pôles et des polaires ainsi que la méthode qui en dérive s'étendent très avantageusement à l'étude des coniques.

§ VII. — Méthode des figures inverses.

164. Avant d'exposer la méthode des figures inverses, nous croyons utile, pour une meilleure interprétation de ce qui va suivre, de donner d'abord une idée des axes radicaux.

165. Axes radicaux. — Lorsqu'on mène, par un point pris dans un plan, une sécante quelconque à un cercle, le produit des nombres qui mesurent les distances du point donné à chacun des points d'intersection est un nombre constant : on l'appelle *puissance* du point considéré par rapport au cercle. La puissance d'un point est positive ou négative, suivant que le point est extérieur ou intérieur au cercle. Dans le premier cas, la puissance est égale au carré de la tangente menée de ce point au cercle ; dans le second, elle est égale, en valeur absolue, au carré de la demi-corde perpendiculaire au diamètre qui passe par le point ; elle est nulle, lorsque le point est sur la circonférence.

Cela dit, on démontre les théorèmes suivants :

I. *Le lieu des points d'égale puissance par rapport à deux cercles est une droite perpendiculaire à la ligne des centres.*

C'est à cette perpendiculaire qu'on donne le nom d'*axe radical* des deux cercles considérés.

L'axe radical de deux cercles est, d'après ce qui précède, le lieu des points d'où l'on peut mener des tangentes égales à ces deux cercles.

On déduit de là qu'il est équidistant des deux polaires de l'un quelconque des centres d'homothétie des deux cercles par rapport à ces mêmes cercles.

Comme conséquences de ces considérations et du théorème précédent, on a :

1° *Lorsque deux cercles se coupent, l'axe radical coïncide avec la corde commune ;*

2° *Lorsque deux cercles sont tangents, l'axe radical coïncide avec la tangente commune ;*

3° *Lorsque deux cercles sont extérieurs ou intérieurs l'un à l'autre, l'axe radical est extérieur à chaque cercle ; si les cercles sont concentriques, l'axe radical est à l'infini.*

II. *Les axes radicaux de trois cercles pris deux à deux se rencontrent en un même point.*

Ce point s'appelle le *centre radical* des trois cercles.

On tire de ce théorème un moyen simple pour construire l'axe radical de deux cercles qui n'ont pas de point commun (211).

166. Figures inverses. — On dit que deux figures sont *inverses* l'une de l'autre lorsque toute droite issue d'un point fixe convenablement choisi rencontre ces deux figures en deux points tels que le produit de leurs distances au premier est une quantité constante.

Le point fixe s'appelle *origine*, les droites qui en partent sont les *rayons vecteurs*, et le produit constant, la *puissance d'inversion*. Suivant que la puissance est positive ou négative, les rayons vecteurs sont de même sens ou de sens contraires, c'est-à-dire que deux points correspondants sont d'un même côté ou de part et d'autre de l'origine.

Entre deux figures inverses l'une de l'autre, il y a *réciprocité* : elles peuvent, en effet, se déduire réciproquement, la première de la seconde et la seconde de la première, en prenant la même origine et la même puissance d'inversion.

A la figure inverse d'une autre on donne aussi le nom de *transformée par rayons vecteurs réciproques.*

Par opposition à l'expression d'homologues qui désigne deux points ou deux droites homothétiques, on appelle *antihomologues* deux points inverses ou deux droites dont les extrémités de l'une sont inverses des extrémités de l'autre.

Les propriétés les plus générales des figures inverses sont les suivantes :

I. *La distance de deux points d'une figure inverse d'une autre est égale à la distance des deux points correspondants sur cette autre, multipliée par le rapport de la puissance d'inversion au produit des deux rayons vecteurs de la première figure.*

II. *Les tangentes à deux lignes inverses l'une de l'autre, en deux points correspondants, font avec le rayon vecteur qui passe par ces deux points deux angles intérieurs égaux.*

On déduit de là cette conséquence :

L'angle de deux lignes quelconques qui se coupent en un point déterminé est égal à l'angle des lignes inverses qui se coupent au point correspondant du premier.

Cette propriété, qui se traduit encore en disant que l'*inversion conserve les angles*, est des plus importantes dans cette méthode de transformation des figures.

III. *Deux figures inverses d'une troisième par rapport à une même origine sont homothétiques ; le centre d'homothétie est cette origine ; le rapport d'homothétie est égal au rapport des deux puissances d'inversion ; et l'homothétie est directe ou inverse suivant que ces deux puissances sont de même signe ou de signes contraires.*

Ces théorèmes généraux énoncés, en voici quelques-uns qui se rapportent à la droite et au cercle.

IV. *La figure inverse d'une droite est un cercle qui passe par l'origine.*

Et comme deux figures inverses sont réciproques :

La figure inverse d'un cercle qui passe par l'origine est une droite perpendiculaire au diamètre mené par l'origine.

On en déduit qu'une droite et un cercle peuvent toujours être considérés, lorsqu'ils sont situés dans un même plan, comme inverses l'un de l'autre.

Une droite est elle-même son inverse lorsqu'elle passe par l'origine.

V. *La figure inverse d'un cercle, quand l'origine n'est pas sur la courbe, est un cercle.*

Mais l'inverse du centre de l'un quelconque des deux cercles n'est pas le centre de l'autre ; c'est le pied de la polaire de l'origine par rapport à ce dernier cercle.

De ce théorème découlent les corollaires suivants :

1° *Deux cercles quelconques peuvent toujours être considérés, lorsqu'ils sont situés dans un même plan, comme inverses l'un de l'autre ;*

2° *Deux cordes antihomologues de deux cercles se coupent sur l'axe radical de ces cercles ;*

3° *Les tangentes en deux points antihomologues de deux cercles se coupent sur l'axe radical de ces cercles.*

Comme applications, la méthode des figures inverses permet de trouver des propositions nouvelles par la transformation de propositions connues, de simplifier ou de rendre plus élégante la démonstration de certains théorèmes, enfin de résoudre par des constructions simples toute une catégorie de problèmes relatifs aux droites et aux cercles sécants ou tangents entre eux.

La théorie des axes radicaux et celle des figures inverses s'étendent aux figures de l'espace et trouvent particulièrement leurs applications dans l'étude des questions relatives à des systèmes de plans et de sphères.

LIVRE II

GÉOMÉTRIE ÉLÉMENTAIRE PRATIQUE

467. Les questions de géométrie que l'on peut avoir à traiter en s'appuyant sur les théories précédentes comprennent : 1° des démonstrations de propriétés connues des figures ou des recherches de propriétés nouvelles, en d'autres termes des *théorèmes* à établir ou à formuler ; 2° des constructions de figures satisfaisant à certaines données, ou bien des calculs de longueurs, de surfaces ou de volumes, en un mot, des *problèmes* à résoudre.

Les problèmes de géométrie sont ainsi de deux sortes : des problèmes *graphiques* et des problèmes *numériques*.

Nous examinerons successivement dans des chapitres particuliers :

1° Les méthodes de démonstration ou de recherche des théorèmes de géométrie ;

2° Les méthodes de résolution des problèmes graphiques ;

3° Les méthodes de résolution des problèmes numériques.

Ensuite viendra la résolution d'une série de problèmes se rapportant aux différents chapitres et aux diverses espèces de figures de la Géométrie.

CHAPITRE I

MÉTHODES DE DÉMONSTRATION DES THÉORÈMES
DE GÉOMÉTRIE

---

168. En Géométrie, comme en Arithmétique et en Algèbre, la démonstration d'un théorème consiste à établir par le raisonnement que la conclusion de l'énoncé de ce théorème est une conséquence logique de l'hypothèse.

Aussi, avant toute démonstration, faut-il distinguer très nettement l'une de l'autre cette hypothèse et cette conclusion, se rendre un compte exact de leur véritable sens, en se reportant, pour chacun des termes qui les expriment, à celle des définitions qui convient le mieux dans la circonstance ; en d'autres termes, avoir une connaissance précise du point de départ et de celui où l'on doit aboutir.

La démonstration d'un théorème est quelquefois bien simple et bien rapide ; elle se fait pour ainsi dire d'une manière immédiate, sans complication de la figure qui en traduit graphiquement l'énoncé, quelquefois même sans faire usage d'aucun calcul, en se présentant comme le corollaire d'une ou d'un très petit nombre de propositions connues. Mais il n'en est pas toujours ainsi. En général, des constructions auxiliaires sont nécessaires ; très souvent, le calcul doit intervenir ; quelquefois l'ensemble des constructions et du calcul devient indispensable ; enfin il arrive que la démonstration ne peut se faire que par l'établissement d'une série de propositions qui s'enchaînent analytiquement ou synthétiquement entre elles et avec celle qui est à démontrer.

De là plusieurs méthodes ou procédés pour la démonstration des vérités géométriques. Nous allons passer en revue

les principaux d'entre eux en les appliquant successivement à
quelques exemples.

§ I. — Transformations et combinaisons d'égalités.

169. **I.** *Dans un système de quatre droites qui se coupent deux
à deux, de manière à former une figure fermée tangente par ses
côtés ou leurs prolongements à un cercle, la somme de deux côtés
opposés ou adjacents, suivant le cas, est égale à la somme des deux
autres côtés.*

1° Le système fermé des quatre droites est tangent au
cercle par ses quatre côtés.

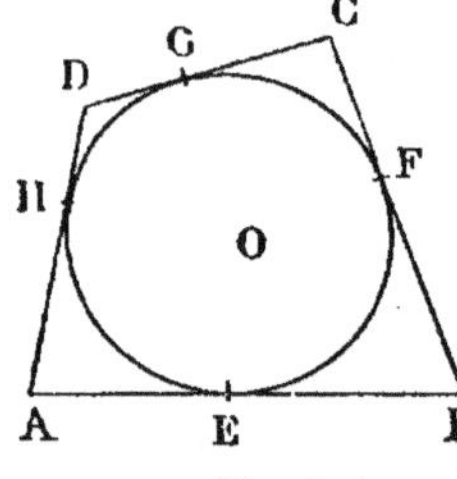
Fig. 3.

Soit ABCD (*fig.* 3) ce système. Désignons par E, F, G, H les points de
contact.

On a
$$AE = AH,$$
$$EB = BF,$$
$$DG = DH,$$
$$GC = CF.$$

En additionnant ces égalités membre à membre, il vient
$$AE + EB + DG + GC = AH + BF + DH + CF,$$
ou
$$AB + DC = AD + BC.$$

Dans ce cas, la somme de deux côtés opposés est égale à la
somme des deux autres.

2° Le système fermé des quatre droites est tangent au cercle
par deux de ses côtés et les pro-
longements des deux autres.

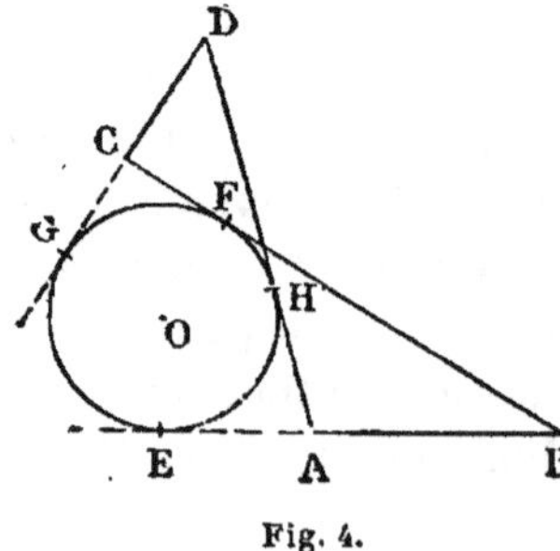
Fig. 4.

Soit ABCD (*fig.* 4) ce système.
Désignons par E, F, G, H les
points de contact.

On a
$$BE = BF,$$
$$AE = AH,$$
$$DH = DG,$$
$$CF = CG.$$

En retranchant membre à membre la deuxième égalité de la

première, et la quatrième de la troisième, puis en additionnant membre à membre les deux égalités résultantes, il vient

$$BE - AE + DH - CF = BF - AH + DG - CG,$$

ou
$$AB + DH - CF = BF - AH + CD,$$

et, en faisant passer CF du premier dans le second membre de cette dernière relation et AH du second dans le premier,

$$AB + AH + DH = BF + CF + CD,$$

ou enfin
$$AB + AD = BC + CD.$$

Dans ce deuxième cas, la somme de deux côtés adjacents est égale à la somme des deux autres.

3° Le système fermé des quatre droites est tangent au cercle par les prolongements des quatre côtés.

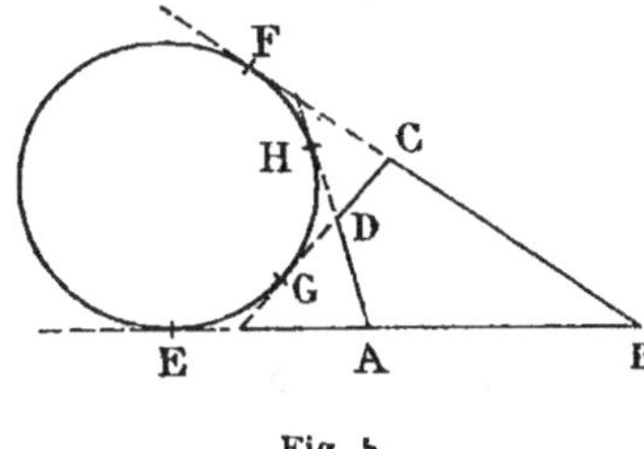

Fig. 5.

Soit ABCD (*fig.* 5) ce système. Désignons par E, F, G, H les points de contact.

On a
$$BE = BF,$$
$$AE = AH,$$
$$CF = CG,$$
$$DH = DG.$$

En retranchant membre à membre la deuxième égalité de la première, et la quatrième de la troisième, puis en additionnant membre à membre les deux égalités résultantes, il vient

$$BE - AE + CF - DH = BF - AH + CG - DG,$$

ou
$$AB + CF - DH = BF - AH + CD,$$

et, en faisant passer CF du premier dans le second membre de cette dernière relation et AH du second dans le premier

$$AB + AH - DH = BF - CF + CD,$$

ou enfin
$$AB + AD = BC + CD.$$

Dans ce troisième cas, la somme de deux côtés adjacents est encore égale à la somme des deux autres côtés.

En résumé, la somme de deux côtés opposés ou adjacents, suivant que le quadrilatère enveloppe le cercle ou lui est extérieur, est égale à la somme des deux autres côtés.

170. II. *Deux triangles qui ont un angle égal sont entre eux comme les produits des côtés qui comprennent cet angle.*

Soient les deux triangles ABC et ADE (*fig.* 6) qui ont un angle égal en A ; il s'agit de démontrer la relation $\dfrac{ABC}{ADE} = \dfrac{AB \times AC}{AD \times AE}$.

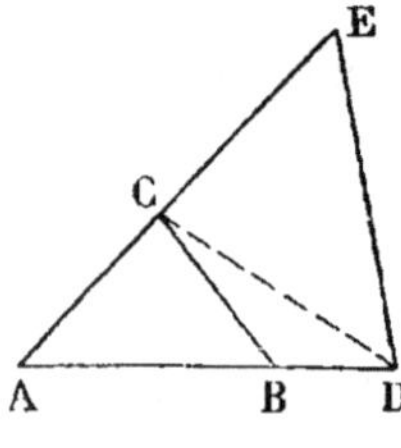

Fig. 6.

Menons la droite CD et comparons le triangle auxiliaire ainsi formé, ACD, à chacun des deux triangles donnés.

Les deux triangles ABC et ADC, dans lesquels on peut prendre pour bases respectives AB et AD, et qui ont ainsi même hauteur, la distance du sommet commun C à ces bases, donnent la relation

$$\frac{ABC}{ADC} = \frac{AB}{AD}.$$

De même les deux triangles ADC et ADE, dans lesquels on peut prendre pour bases respectives AC et AE, et qui ont ainsi même hauteur, la distance du sommet commun D à ces bases, permettent d'écrire

$$\frac{ADC}{ADE} = \frac{AC}{AE}.$$

La multiplication membre à membre de ces deux égalités, après toute simplification, donne la relation prévue

$$\frac{ABC}{ADE} = \frac{AB \times AC}{AD \times AE}.$$

171. III. *Le volume d'un segment sphérique est équivalent au volume d'un cylindre de même hauteur et dont la base serait la section équidistante des deux bases du segment, diminué du demi-volume d'une sphère ayant pour diamètre la hauteur du segment* (Mac-Laurin).

Soit le segment sphérique ABDC (*fig.* 7), dans lequel nous représenterons le volume par V, les rayons EB et FD des bases par r et r', la hauteur EF par h et le rayon GH

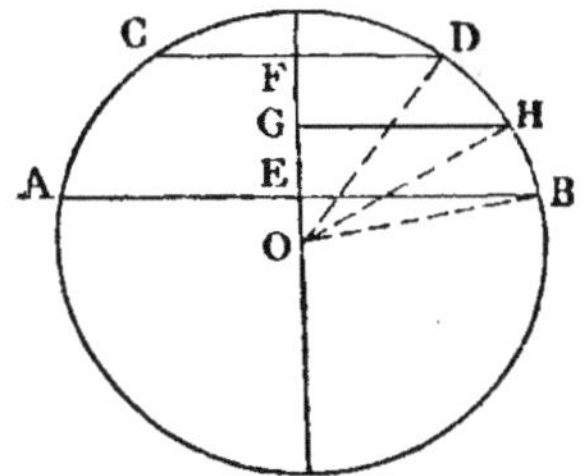

Fig. 7.

de la section équidistante des points E et F par r_1. D'autre part, soit R le rayon de la sphère. Il s'agit d'établir la formule

$$V = \pi r_1^2 h - \frac{1}{12} \pi h^3.$$

On sait que le volume d'un segment sphérique a pour expression

$$(1) \qquad v = \frac{1}{6} \pi h^3 + \frac{1}{2} \pi (r^2 + r'^2) h.$$

Cette dernière formule contient les deux rayons r et r' qui ne sont pas exprimés dans la première, mais où se trouve représenté le rayon r_1. Pour passer de la seconde à la précédente, il faut donc y remplacer r et r' par leurs valeurs en fonction de r_1 et de h.

Le triangle OEB donne

$$\overline{EB}^2 = \overline{OB}^2 - \overline{OE}^2,$$

ou

$$(2) \qquad r^2 = R^2 - (OG - EG)^2.$$

A son tour, le triangle OFD donne

$$\overline{FD}^2 = \overline{OD}^2 - \overline{OF}^2,$$

ou

$$r'^2 = R^2 - (OG + GF)^2;$$

et comme on a

$$GF = EG,$$

il vient

$$(3) \qquad r'^2 = R^2 - (OG + EG)^2.$$

En additionnant membre à membre les égalités (2) et (3), on obtient

$$r^2 + r'^2 = 2R^2 - 2\overline{OG}^2 - 2\overline{EG}^2,$$

ce qu'on peut écrire

$$r^2 + r'^2 = 2\left(R^2 - \overline{OG}^2\right) - 2\overline{EG}^2.$$

Or on a

$$R^2 - \overline{OG}^2 = \overline{GH}^2 = r_1^2,$$

et

$$\overline{EG}^2 = \frac{\overline{EF}^2}{4} = \frac{h^2}{4},$$

d'où l'on tire
$$r^2 + r'^2 = 2r_1^2 - \frac{h^2}{2};$$

et en substituant cette valeur de $r^2 + r'^2$ dans (1), il vient

$$V = \frac{1}{6}\pi h^3 + \frac{1}{2}\pi\left(2r_1^2 - \frac{h^2}{2}\right)h,$$

ou
$$V = \pi r_1^2 h - \frac{1}{12}\pi h^3.$$

§ II — Transformations et combinaisons d'inégalités.

172. I. *La somme des trois médianes d'un triangle est comprise entre le périmètre et le demi-périmètre du triangle.*

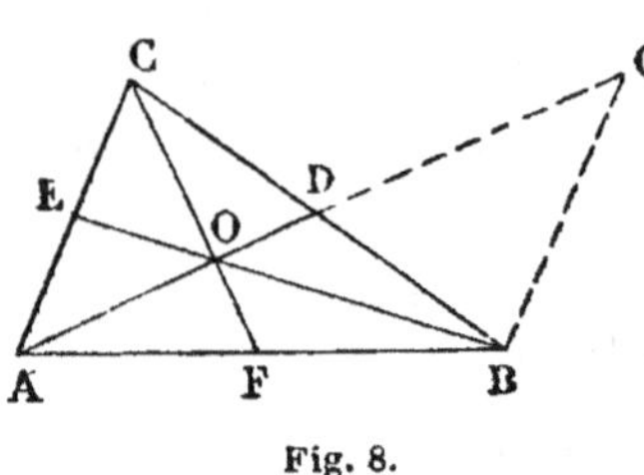

Fig. 8.

Soit le triangle ABC (*fig.* 8), dans lequel on a mené les trois médianes AD, BE et CF.

Prolongeons la médiane AD d'une longueur DG égale à elle-même et menons la droite BG. Dans les deux triangles BDG et ADC, on a $\widehat{BDG} = \widehat{ADC}$, comme angles opposés par le sommet, DG = AD par construction et BD = DC par hypothèse ; ces deux triangles sont donc égaux comme ayant un angle égal compris entre côtés égaux : il s'ensuit que l'on a   BG = AC.

Cela posé, le triangle ABG donne la relation

$$AG \text{ ou } 2AD < AB + BG,$$

ou
$$2AD < AB + AC,$$

ou bien

(1)
$$AD < \frac{AB + AC}{2},$$

c'est-à-dire qu'une médiane quelconque du triangle est moindre que la demi-somme des deux côtés qui la comprennent. On peut donc écrire, pour les deux autres médianes,

(2)
$$BE < \frac{BC + AB}{2},$$

$$(3) \qquad CF < \frac{AC + BC}{2}.$$

En additionnant membre à membre les trois relations (1), (2) et (3), il vient

$$(4) \qquad AD + BE + CF < AB + BC + CA.$$

Ainsi se trouve démontrée la première partie du théorème proposé.

Pour la seconde, considérons une quelconque des médianes, AD par exemple. Des deux triangles ABD et ADC dans chacun desquels elle est un des côtés, on tire successivement

$$AD > AB - BD,$$
$$AD > AC - DC,$$

et en additionnant membre à membre ces deux inégalités,

$$(5) \qquad 2AD > AB + AC - BC,$$

c'est-à-dire que le double d'une médiane quelconque est plus grand que la somme des côtés qui la comprennent diminuée du troisième côté.

On aura donc pour les deux autres médianes

$$(6) \qquad 2BE > BC + AB - AC,$$
$$(7) \qquad 2CF > AC + BC - AB.$$

En additionnant membre à membre les trois relations (5), (6) et (7), il vient

$$2(AD + BE + CF) > AB + BC + CA,$$

d'où

$$(8) \qquad AD + BE + CF > \frac{AB + BC + CA}{2}.$$

C'est la seconde partie de la démonstration.

Si l'on rapproche l'une de l'autre les deux inégalités (4) et (8), on a la traduction algébrique du théorème :

$$AB + BC + CA > AD + BE + CF > \frac{AB + BC + CA}{2},$$

ou bien, en remplaçant les trois côtés du triangle par les lettres a, b, c, et les trois médianes correspondantes à ces côtés par les lettres m, m et m'', pour rendre plus expressive:

cette double relation,

$$a + b + c > m + m' + m'' > \frac{a+b+c}{2} \, .$$

173. II *Dans un angle trièdre, la somme des angles dièdres est comprise entre deux droits et six droits* ([1]).

Soient A, B, C les angles dièdres d'un trièdre et. a', b', c' les faces du trièdre supplémentaire.

Comme on sait que la somme des faces de tout angle trièdre est comprise entre zéro et quatre droits, on peut écrire, pour le trièdre supplémentaire du proposé,

$$0 < a' + b' + c' < 4 \, \mathbf{dr}.$$

En remplaçant dans cette double relation les quantités a', b', c' par leurs valeurs respectives en fonction des dièdres A, B, C du trièdre considéré, et qui sont

$$2 \, \mathrm{dr} - A, \qquad 2 \, \mathrm{dr} - B, \qquad 2 \, \mathrm{dr} - C,$$

il vient $\quad 0 < 2\mathrm{dr} - A + 2\mathrm{dr} - B + 2\mathrm{dr} - C < 4\mathrm{dr},$

ou, en changeant les signes de tous les termes et le sens des deux inégalités,

$$0 > A + B + C - 6\mathrm{dr} > -4\mathrm{dr},$$

et, en ajoutant 6dr à chacun des membres de ces inégalités,

$$6\mathrm{dr} > A + B + C > 2\mathrm{dr}.$$

174 III. *Dans une ellipse, un diamètre quelconque est plus petit que le grand axe.*

Soit MM' un diamètre quelconque de l'ellipse O (*fig.* 9), joignons-en les extrémités à chacun des foyers : la figure MF'M'F ainsi formée est un parallélogramme puisque, par hypothèse, les deux diagonales MM' et FF' se coupent en parties égales au point O. On a donc FM' = F'M. Cela posé, dans le triangle MFM' on a

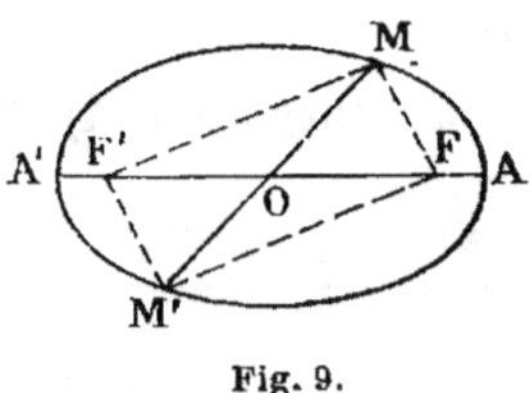

Fig. 9.

([1]) Théorème précédemment énoncé (96, VII).

$$MM' < FM + FM',$$

ou, d'après ce qui précède,

$$MM' < FM + F'M,$$

ou enfin,
$$MM' < AA'.$$

§ III. — Démonstrations analytiques.

175. I. *Les trois hauteurs d'un triangle se coupent en un même point* ([1]).

Soient le triangle ABC et ses trois hauteurs AD, BE et CF (*fig.* 10).

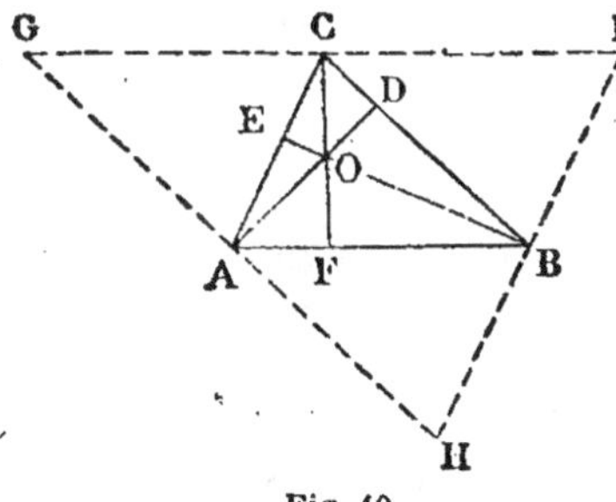

Fig. 10.

Si par chaque sommet du triangle on mène une parallèle au côté opposé, on forme un nouveau triangle GHI dans lequel les milieux des côtés sont marqués par les sommets du premier triangle.

Considérons, en effet, dans ce triangle, un côté quelconque GH ainsi que les deux parallélogrammes ABCG et AHBC, qui résultent des précédentes constructions auxiliaires et dans lesquels la somme des côtés GA de l'un et AH de l'autre est égale à GH ; on a successivement

$$GA = BC$$

et
$$AH = BC,$$

d'où
$$GA = AH.$$

On a de même pour les deux autres côtés du triangle GHI

$$HB = BI,$$
$$IC = CG.$$

Il suit de là que les hauteurs du premier triangle deviennent les perpendiculaires élevées sur les milieux des côtés du second.

([1]) **Théorème précédemment énoncé (149, II).**

La question est donc ramenée à la démonstration de la proposition suivante :

Les perpendiculaires élevées sur les milieux des trois côtés d'un triangle se coupent en un même point.

Sur la figure précédente, et dans le triangle GHI, considérons deux de ces perpendiculaires, AD et BE par exemple. Elles se rencontrent comme étant respectivement perpendiculaires à deux droites concourantes BC et CA, et leur point d'intersection O se trouve à égale distance, d'une part, des sommets G et H du triangle, comme appartenant à la perpendiculaire AD, d'autre part des sommets H et I, comme appartenant à la perpendiculaire BE. Il s'ensuit que les deux distances du point O aux sommets G et I, égales chacune à la distance du même point O au sommet H sont égales entre elles et que le point O appartient à la perpendiculaire CF élevée sur le milieu de GI.

Les trois perpendiculaires considérées se coupent donc en un même point et il en est de même des hauteurs du triangle de la question proposée.

176. II. *Le quadrilatère obtenu en joignant par des lignes droites les milieux consécutifs des côtés d'un losange est un rectangle.*

Soient un losange ABCD (*fig.* 11) et le quadrilatère EFGII

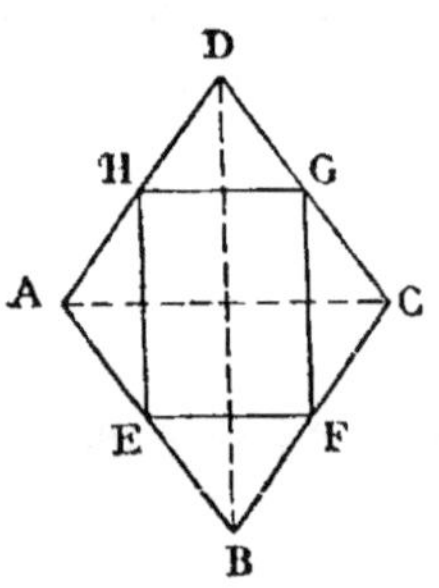

Fig. 11.

obtenu en joignant par des droites les milieux consécutifs de ses côtés. Il s'agit de démontrer que ce quadrilatère est un rectangle.

Pour cela, menons les diagonales du losange et remarquons que les côtés opposés EF et GH du quadrilatère considéré, qui divisent respectivement en deux parties égales, dans le losange, les côtés AD et DC d'une part, AB et BC de l'autre, sont parallèles l'un et l'autre à la diagonale AC, et par suite sont parallèles entre eux. Il en est de même des deux autres côtés opposés EH et FG. Le quadrilatère EFGH est donc un parallélogramme. Pour qu'il soit rectangle, il faut et il suffit qu'un de ses angles soit droit ; et comme ses angles sont égaux deux à deux aux angles formés par les diagonales du losange, d'après le parallélisme de chacune des diagonales et de deux côtés opposés du parallélogramme, la question revient à démontrer la proposition suivante :

Les diagonales du losange se coupent à angle droit (¹).

Pour établir cette proposition, considérons deux sommets opposés du losange, B et D par exemple ; par hypothèse, ils sont équidistants des deux autres A et C et par conséquent la droite BD qui les joint est perpendiculaire au milieu de AC.

Les deux diagonales du losange se coupent donc à angle droit, et le théorème proposé est ainsi démontré.

177. **III**. *Les trois droites qui joignent les milieux des arêtes opposées d'un tétraèdre se coupent en un même point, qui est le milieu de chacune d'elles.*

Soit (*fig.* 12) le tétraèdre ABCD dans lequel il s'agit de prouver que les trois droites EF, GH, IJ, qui joignent les milieux de ses côtés opposés, se coupent en un même point.

Si l'on peut établir que deux quelconques de ces droites se coupent, et que leur point d'intersection les partage chacune en deux parties égales, il s'ensuivra que la troisième passe par ce même point.

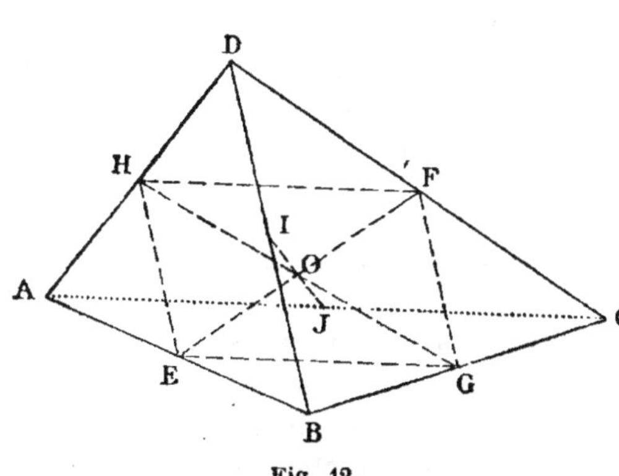

Fig. 12.

La question est donc ramenée à la suivante :

Des trois droites qui joignent les milieux des arêtes opposées

---

(¹) Théorème précédemment énoncé (31, IV).

d'un tétraèdre, deux quelconques se rencontrent et se coupent respectivement en deux parties égales.

Considérons les droites EF et GH qui joignent les milieux des arêtes opposées AB et CD, BC et DA et joignons-en consécutivement les extrémités par des droites : nous formons ainsi un quadrilatère EGFH.

Si l'on peut établir que cette figure est un parallélogramme, il s'ensuivra que les droites EF et GH se couperont en leur milieu comme en étant les diagonales.

A son tour, cette question est donc ramenée à la suivante :

Les milieux des quatre arêtes d'un tétraèdre issues des extrémités de l'une quelconque des deux autres sont les sommets d'un parallélogramme.

Les deux droites EG et HF sont toutes deux parallèles à l'arête AC et égales à sa moitié, comme divisant en deux parties égales, l'une, les côtés AB et BC de la face ABC, et l'autre, les côtés AD et DC de la face ADC.

Le quadrilatère EGFH est donc un parallélogramme.

Il en résulte, en remontant de proche en proche au théorème proposé, que les deux droites EF et GH se coupent en deux parties égales et que la troisième droite IJ passe par leur point de rencontre et y est divisée de la même manière.

§ IV. — Démonstrations synthétiques.

178. Les démonstrations synthétiques sont nombreuses dans l'enchaînement des propositions et des théories géométriques; c'est du reste la méthode généralement suivie pour l'exposition de la science de l'étendue. Mais il en est deux entre toutes qui sont particulièrement à signaler : celles qui sont relatives à l'établissement de l'aire et du volume de la sphère.

Pour arriver en effet à l'expression de l'aire sphérique, on exprime successivement l'aire engendrée par la révolution entière :

1° D'une *portion de droite* autour d'un axe avec lequel elle est dans un même plan et qu'elle ne traverse pas ;

2° D'une *ligne polygonale régulière* autour d'un axe situé dans son plan, extérieur à cette ligne et passant par son centre ;

3° D'un *arc de cercle quelconque* autour d'un de ses diamètres qu'il ne traverse pas ;

4° Enfin d'une *demi-circonférence* autour de son diamètre.

Pour l'établissement du volume de la sphère, on a une démonstration pour ainsi dire parallèle, dans laquelle on exprime successivement le volume engendré par la révolution entière :

1° D'un *triangle* autour d'un axe situé dans son plan, passant par un de ses sommets et ne le traversant pas ;

2° D'un *secteur polygonal régulier* autour d'un axe situé dans son plan, extérieur à sa surface et passant par son centre ;

3° D'un *secteur circulaire* autour d'un diamètre extérieur ;

4° Enfin d'un *demi-cercle* autour de son diamètre.

Voici deux autres exemples :

179. 1. *La somme des distances d'un point quelconque pris à l'intérieur d'un triangle équilatéral aux trois côtés du triangle est constante.*

Pour démontrer cette proposition on établit d'abord la suivante :

La somme des distances d'un point quelconque pris sur la base d'un triangle isocèle aux deux autres côtés du triangle est constante.

Soient le triangle isocèle ABC (*fig.* 13), un point M quelconque pris sur sa base AB, et MD, ME, les perpendiculaires menées de ce point aux côtés égaux du triangle.

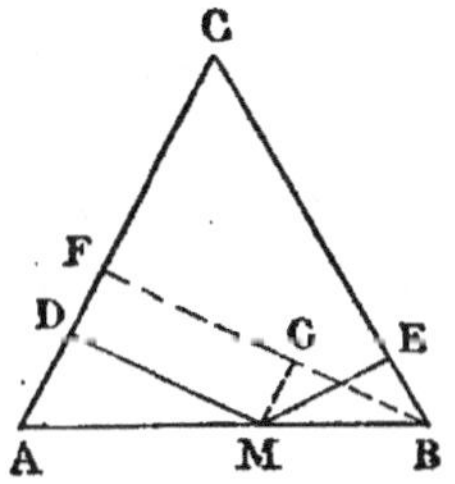

On conçoit que si le point M se déplace et se rapproche de plus en plus de l'un des sommets, de B par exemple, la distance ME tend vers zéro et l'autre tend vers la distance de B à AC. On est donc ainsi conduit à tracer comme première ligne auxiliaire la perpendiculaire BF à AC, et si par le point M on mène la

Fig. 13.

parallèle MG à AC, on forme d'une part, le rectangle DMGF, dans lequel on a

$$(1) \qquad MD = GF;$$

d'autre part, les deux triangles rectangles MEB et MGB qui sont égaux comme ayant même hypoténuse MB et un angle aigu égal $\widehat{GMB} = \widehat{ABC}$. Ces deux angles sont en effet égaux comme respectivement égaux à l'angle CAB : le premier par construction et le second par hypothèse. On en tire

$$(2) \qquad ME = GB.$$

En additionnant membre à membre (1) et (2), on obtient

$$MD + ME = GF + GB = BF,$$

ou

$$MD + ME = \text{constante}.$$

Cela fait, revenons à la question proposée et considérons le triangle équilatéral ABC (*fig.* 14).

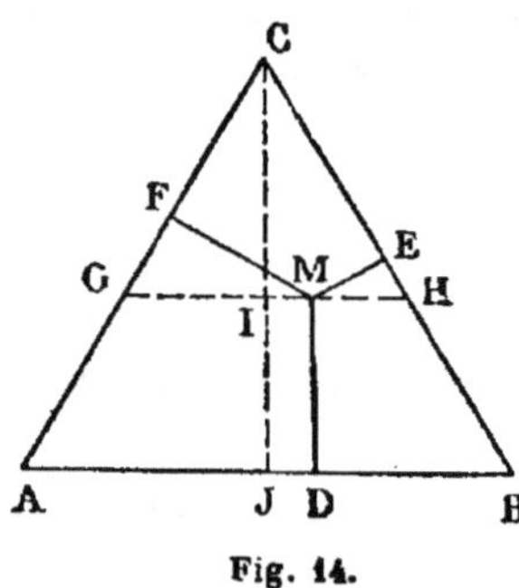

Fig. 14.

Soient un point M quelconque pris à l'intérieur de ce triangle, et MD, ME, MF les perpendiculaires menées de ce point aux trois côtés.

On s'appuie sur la proposition précédente, en conduisant par le point M la parallèle GH à AB et en menant la hauteur CJ du triangle équilatéral, laquelle rencontre GH en I. On a dès lors que la somme des deux distances ME et MF est égale, d'après ce qui précède, à la distance du point H à la droite GC, c'est-à-dire à l'une des hauteurs du triangle équilatéral CGH, autrement dit à CI, les trois hauteurs étant égales. On peut donc écrire

$$(3) \qquad ME + MF = CI.$$

D'un autre côté, on a

$$(4) \qquad MD = IJ,$$

ces deux droites étant toutes deux perpendiculaires à AB, par conséquent parallèles, et étant comprises entre les deux parallèles AB et GH.

En additionnant membre à membre ces égalités (3) et (4), on obtient

$$MD + ME + MF = CI + IJ = CJ,$$

ou

$$MD + ME + MF = \text{constante}.$$

REMARQUE. — On pourrait rechercher ce que devient l'énoncé du théorème proposé lorsque le point M sort de l'intérieur du triangle ; mais ici notre but est plutôt de faire connaître l'application d'une méthode que de passer en revue les différentes particularités d'une question.

180. II *Dans le plan d'un triangle ABC, les droites menées d'un point aux trois sommets déterminent sur les côtés considérés comme indéfinis six segments qui satisfont à la relation*

$$\frac{A'B}{A'C} \times \frac{B'C}{B'A} \times \frac{C'A}{C'B} = -1 \,(^1),$$

A', B', C' *représentant les intersections de ces droites avec les côtés* BC, AC, AB *du triangle.*

La démonstration de ce théorème repose sur le suivant, que nous établirons tout d'abord :

Dans un triangle ABC, une transversale détermine sur les trois côtés considérés comme indéfinis six segments qui satisfont à la relation

$$\frac{A'B}{A'C} \times \frac{B'C}{B'A} \times \frac{C'A}{C'B} = 1 \,(^2),$$

A', B', C' *représentant les intersections de la transversale avec les côtés* BC, AC, AB *du triangle.*

Remarquons d'abord qu'une droite ne peut traverser un triangle que de deux manières : ou bien elle rencontre deux côtés et le prolongement du troisième, ou bien elle rencontre les prolongements des trois côtés. Or, d'après la convention sur les signes des segments, dans le premier cas, deux des rapports contenus dans la relation à établir seront négatifs et

---

le troisième positif, et dans le second cas, les trois rapports seront positifs ; de sorte que dans les deux cas le produit des trois rapports sera positif. Il ne reste donc qu'à prouver que ce produit, dans un des cas, est égal en valeur absolue à l'unité.

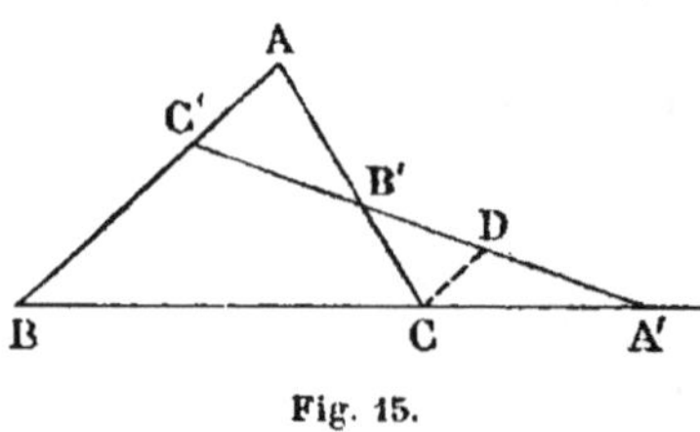

Fig. 15.

Soient le triangle ABC (*fig.* 15) et la transversale A′C′. Par l'un des sommets du triangle, C par exemple, menons au côté opposé la parallèle CD, qui rencontre la transversale au point D.

Les deux triangles semblables BA′C′ et CA′D donnent

$$\frac{A'B}{A'C} = \frac{C'B}{DC}.$$

Des deux autres triangles semblables B′CD et B′AC′ on obtient

$$\frac{B'C}{B'A} = \frac{DC}{C'A}.$$

En multipliant les deux égalités membre à membre, il vient

$$\frac{A'B}{A'C} \times \frac{B'C}{B'A} = \frac{C'B}{C'A},$$

ou, en divisant les deux membres par C′B et les multipliant par C′A,

$$\frac{A'B}{A'C} \times \frac{B'C}{B'A} \times \frac{C'A}{C'B} = 1.$$

Cela établi, revenons à la démonstration du théorème proposé.

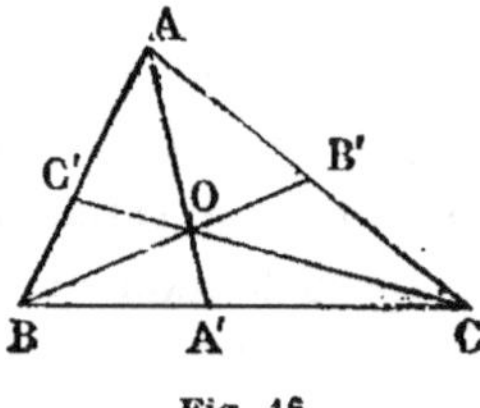

Fig. 16.

Soient le triangle ABC (*fig.* 16) et les trois droites AA′, BB′, CC′ qui passent respectivement par le point O et l'un des sommets du triangle.

D'après le théorème précédent, le triangle ABA′, coupé par la transversale CC′, donne

$$\frac{CB}{CA'} \times \frac{OA'}{OA} \times \frac{C'A}{C'B} = 1,$$

et le triangle AA'C, coupé par la transversale BB', donne de son côté

$$\frac{BA'}{BC} \times \frac{B'C}{B'A} \times \frac{OA}{OA'} = 1.$$

En multipliant ces deux égalités membre à membre, il vient

$$\frac{BA'}{CA'} \times \frac{B'C}{B'A} \times \frac{C'A}{C'B} \times \frac{CB}{BC} = 1,$$

et comme on a $\dfrac{BA'}{CA'} = \dfrac{A'B}{A'C}$; que d'un autre côté, le rapport $\dfrac{CB}{BC}$ est égal à -1, la relation ci-dessus devient

$$\frac{A'B}{A'C} \times \frac{B'C}{B'A} \times \frac{C'A}{C'B} = -1.$$

§ V. — Démonstrations par la réduction à l'absurde.

181. Ce genre de démonstration ne manque pas de rigueur ; néanmoins on lui préfère en général les modes directs de raisonnement et nous conseillons, de notre côté, de ne pas en abuser.

Voici quelques exemples auxquels on peut l'appliquer.

182. I. *Deux droites perpendiculaires à une troisième sont parallèles* [1].

Si elles ne sont pas parallèles, elles sont concourantes, et de leur point d'intersection on pourrait mener à une droite deux perpendiculaires distinctes, ce qui est impossible.

183. II. *Un polygone convexe ne peut avoir plus de trois angles aigus.*

Supposons qu'un polygone convexe puisse avoir quatre angles aigus, par exemple. Il s'ensuivra que les angles extérieurs de ce polygone, qui ont même sommet que ces angles aigus et qui en sont les suppléments, seront tous les quatre obtus. Leur somme serait donc supérieure à quatre angles

---

[1] Théorème précédemment énoncé (28, I).

droits, ce qui est contraire à cette vérité que la somme de tous les angles extérieurs d'un polygone convexe est égale à quatre angles droits.

184 III. *Si dans un même cercle ou dans des cercles égaux, on considère deux cordes inégales qui sous-tendent des arcs plus petits qu'une demi-circonférence, ces deux arcs sont inégaux et le plus grand est sous-tendu par la plus grande corde.*

Soient, dans le cercle O (*fig* 17), deux cordes inégales AB et CD, telles que l'on a AB < CD et qui sous-tendent les arcs respectifs AMB et CND, tous les deux inférieurs à une demi-circonférence. Il s'agit d'établir comme conséquence de ces données la relation   arc AMB < arc CND.

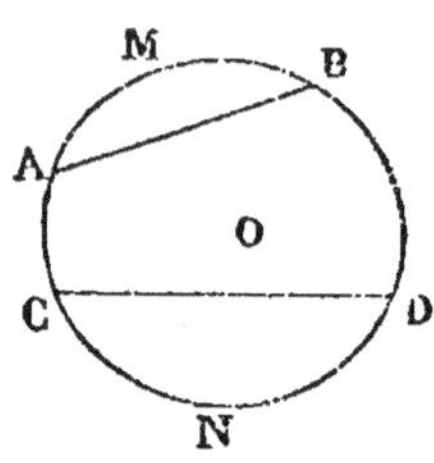

Fig. 17.

Avant de démontrer cette proposition qui est une question de cours, et qui est présentée sous cette forme ou sous une autre, on établit le théorème II (39), dont elle est une partie de la réciproque.

Cela étant, entre les deux arcs considérés il ne peut y avoir que trois relations possibles de grandeur : ou l'arc AMB est égal à l'arc CND, ou il est plus grand, ou il est plus petit.

Si l'arc AMB était égal à l'arc CND, les deux cordes seraient égales, ce qui est contraire à l'hypothèse.

Si l'arc AMB était plus grand que l'arc CND, les deux cordes seraient bien inégales, mais on aurait   AB > CD,   ce qui est encore contraire à l'hypothèse.

De l'absurdité de ces deux suppositions, il s'ensuit donc que la troisième seule est admissible, c'est-à-dire que l'on doit avoir   AB < CD.

§ VI. — Méthode des limites.

185. Nous avons vu ce qu'on entend par *limite* d'une grandeur variable, à propos de la mesure de la circonférence, de l'aire du cercle, de l'aire latérale ainsi que du volume du cylindre et du cône, de l'aire et du volume de la sphère.

Pour traiter chacune de ces questions on fait usage de la *méthode des limites*, c'est-à-dire qu'à la mesure des grandeurs considérées on substitue celle d'autres grandeurs variables d'un ordre plus simple, qui ont les premières pour limites, et l'on passe ensuite des relations ou des formules qui s'y rapportent aux relations et aux formules qui ont trait aux premières, par la substitution des limites aux variables.

Si dans toutes ces questions une grandeur variable d'ordre plus simple que celle dont il s'agit d'obtenir la mesure a pu se présenter naturellement à l'esprit (périmètre ou aire d'un polygone régulier pour la circonférence et le cercle, aire latérale ou volume d'un prisme droit régulier pour l'aire latérale ou le volume d'un cylindre circulaire droit, etc.), et fournir pour l'évaluation de sa mesure une expression algébrique très simple et finie, fonction de ses seuls éléments ordinaires, il n'en est pas toujours ainsi, et bien souvent la mesure de la variable se présente algébriquement sous la forme d'une somme indéfinie de quantités très petites qui décroissent chacune indéfiniment en se rapprochant sans cesse de zéro.

Nous allons en donner deux exemples.

486. 1. *L'aire de l'ellipse a pour mesure le produit de ses deux demi-axes par le nombre π.*

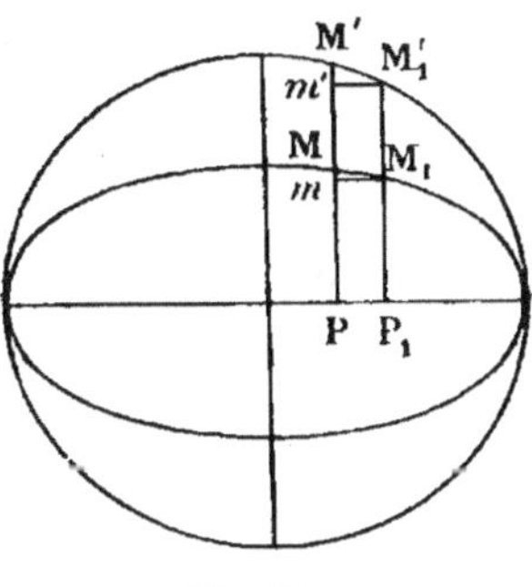

Fig. 18.

Soit une ellipse (*fig.* 18), sur le grand axe de laquelle on décrit son cercle principal.

Considérons deux ordonnées de cette ellipse, MP et M_1P_1, perpendiculaires au grand axe et, très rapprochées l'une de l'autre ; en les prolongeant jusqu'à leur rencontre en M' et M avec le cercle, et en menant par les points

M_1 et M_1' des parallèles M_1m et $M_1'm'$ au grand axe, on forme deux rectangles mM_1P_1P et $m'M_1'P_1P$ qui ont même base PP_1 et pour hauteurs respectives les ordonnées M_1P_1 et $M_1'P_1$ de l'ellipse et du cercle. Ces deux rectangles sont donc entre eux comme leurs hauteurs et permettent d'écrire

$$\frac{mM_1P_1P}{m'M_1'P_1P} = \frac{M_1P_1}{M_1'P_1}.$$

Or on sait que le rapport $\dfrac{M_1P_1}{M_1'P_1}$ est égal à $\dfrac{b}{a}$ (34, VIII), b et a représentant les moitiés du petit et du grand axe de l'ellipse.

On a donc
$$\frac{mM_1P_1P}{m'M_1'P_1P} = \frac{b}{a},$$

ou
$$mM_1P_1P = \frac{b}{a}\, m'M_1'P_1P,$$

et si l'on représente pour abréger par S_0 le rectangle mM_1P_1P et par S_0' le rectangle $m'M_1'P_1P$, cette dernière relation pourra s'écrire

$$S_0 = \frac{b}{a} S_0'.$$

Si l'on considère une troisième ordonnée M_2P_2 perpendiculaire au grand axe et très rapprochée de M_1P_1, en la prolongeant jusqu'en M_2' et menant les parallèles $M_2'm_1'$ et M_2m_1 au grand axe on déterminera deux nouveaux rectangles qui donneront

$$m_1M_2P_2P_1 = \frac{b}{a}\, m_1'M_2'P_2P_1 ;$$

ou, en représentant ces deux rectangles par les notations respectives S_1 et S_1',

$$S_1 = \frac{b}{a} S_1'.$$

Et en continuant ainsi on aurait successivement

$$S_2 = \frac{b}{a} S_2',$$

$$S_3 = \frac{b}{a} S_3', \quad \text{etc.}$$

En additionnant membre à membre toutes ces égalités, il vient

$$S_0 + S_1 + S_2 + S_3 + \ldots = \frac{b}{a} (S_0' + S_1' + S_2' + S_3' + \ldots)$$

Supposons que l'on ait ainsi divisé les surfaces entières de l'ellipse et du cercle principal en petits rectangles, et qu'on en fasse croître le nombre indéfiniment par une diminution continue de la longueur des bases ; il s'ensuivra que les deux sommes $S_0 + S_1 + S_2 + S_3 + \ldots$ et $S'_0 + S'_1 + S'_2 + S'_3 + \ldots$ se rapprocheront respectivement de plus en plus de l'aire de l'ellipse et de l'aire du cercle et qu'à la limite, c'est-à-dire lorsque ces bases tendront vers zéro, la première somme tendra à se confondre avec l'aire de l'ellipse, et la seconde avec l'aire du cercle. On aura donc alors, en représentant par S et S' l'aire de l'ellipse et l'aire du cercle,

$$S = \frac{b}{a} S'.$$

Or comme S' est égal à πa^2, l'aire de l'ellipse a pour expression

$$S = \frac{b}{a} \pi a^2,$$

ou
$$S = \pi ab.$$

187. II. *Le volume engendré par la révolution entière d'une surface plane quelconque autour d'un axe extérieur situé dans son plan a pour mesure le produit de son aire par la circonférence que décrit son centre de gravité.*

Pour démontrer cette proposition, due à Guldin, mathématicien du commencement du XVIIe siècle, quelques notions préliminaires sont indispensables.

En Mécanique, on appelle *centre de gravité* d'un corps le point d'application de la résultante de toutes les actions qu'exerce la pesanteur sur les éléments matériels dont se compose ce corps.

Lorsqu'une des dimensions du corps est très petite par rapport aux deux autres, comme dans une feuille métallique, on assimile le corps à une surface qui serait pesante, et c'est de là que viennent les expressions de centre de gravité d'un triangle, d'un parallélogramme, d'un polygone, d'un cercle.

D'autre part, quand un corps se présente sous une forme

susceptible d'être définie géométriquement et qu'il est homogène dans toutes ses parties, c'est-à-dire que des volumes égaux de ce corps ont des poids égaux, la détermination du centre de gravité devient une simple question de géométrie.

Il s'ensuit qu'une surface géométrique qui a un axe de symétrie a nécessairement son centre de gravité sur cet axe, et que celle qui a un centre de symétrie a son centre de gravité au même point. C'est ainsi qu'un parallélogramme, un polygone régulier, un cercle, ont leur centre de gravité au centre de figure.

Pour déterminer le centre de gravité d'une surface plane décomposable en éléments dont on connaît le centre de gravité, on fait usage du théorème des moments appliqué aux forces parallèles, qui sont ici les poids des divers éléments de la surface. A cet effet, on mène dans le plan de la surface deux droites quelconques, concourantes entre elles, et l'on calcule la distance du centre de gravité de la surface considérée à chacune de ces droites, connaissant les distances à ces mêmes droites des centres de gravité de ses éléments, l'aire de la surface et celles des éléments.

Pour cela, on exprime que le moment de la surface donnée par rapport à chacune de ces droites est égal à la somme des moments de ses éléments par rapport aux mêmes droites; c'est-à-dire que le produit de l'aire de la surface considérée par la distance de son centre de gravité à chacune de ces droites est égal à la somme des produits analogues pour ses divers éléments.

Soit, par exemple, une surface plane S formée des éléments s_0, s_1, s_2, ..., s_{n-1}, dont les distances des centres de gravité à une droite du plan de la figure sont δ_0, δ_1, δ_2, ..., δ_{n-1}. L'application du théorème des moments donne la relation suivante, dans laquelle d représente la distance inconnue du centre de gravité de la surface S à la droite considérée :

$$(1) \qquad Sd = s_0\delta_0 + s_1\delta_1 + s_2\delta_2 + \ldots + s_{n-1}\delta_{n-1} ;$$

on en tire

$$d = \frac{s_0 \delta_0 + s_1 \delta_1 + s_2 \delta_2 + \ldots + s_{n-1} \delta_{n-1}}{S},$$

ou

$$d = \frac{s_0 \delta_0 + s_1 \delta_1 + s_2 \delta_2 + \ldots + s_{n-1} \delta_{n-1}}{s_0 + s_1 + s_2 + \ldots + s_{n-1}}.$$

Par rapport à une autre droite du plan de la surface, concourante avec la première, on obtiendrait une relation semblable qui donnerait une distance d' du centre de gravité de la surface à cette droite.

Les deux parallèles menées ensuite aux droites choisies, à des distances respectivement égales à d et d', dans le sens indiqué par la position de la figure, donneraient par leur inter_section le centre de gravité cherché.

Cela dit, revenons à la proposition à démontrer.

Soit une figure plane quelconque A (*fig.* 19) assujettie à effectuer une rotation complète autour de l'axe X'X extérieur et situé dans son plan.

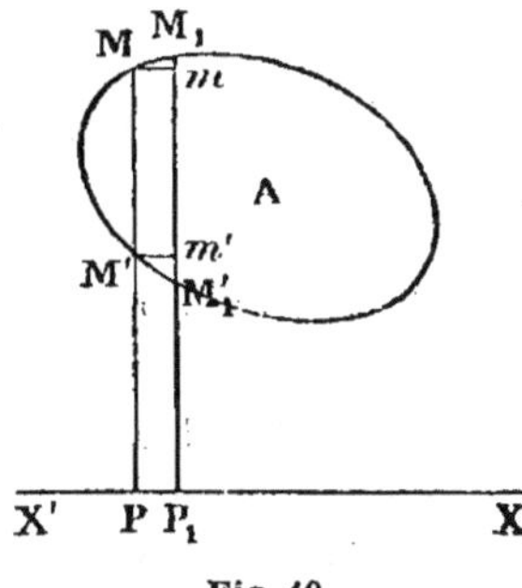

Fig. 19.

Considérons deux perpendiculaires MP et $M_1 P_1$ à l'axe X'X, très rapprochées l'une de l'autre et découpant une portion $MM'M_1'M_1$ de la surface. En menant par les points M et M' des parallèles Mm et M'm' à l'axe X'X, on détermine un rectangle MM'$m'm$ qui engendre dans la rotation un volume v_0 égal à la différence des volumes engendrés par les deux rectangles MP$P_1 m$ et M'P$P_1 m'$, et qui a par conséquent pour expression

$$v_0 = \pi(\overline{\mathrm{PM}}^2 - \overline{\mathrm{PM}'}^2) \times \mathrm{PP}_1 \, ;$$

mais comme $\overline{\mathrm{PM}}^2 - \overline{\mathrm{PM}'}^2$ est égal à $(\mathrm{PM} + \mathrm{PM}')(\mathrm{PM} - \mathrm{PM}')$, la valeur de v_0 peut se mettre sous la forme

$$v_0 = 2\pi \frac{\mathrm{PM} + \mathrm{PM}'}{2} (\mathrm{PM} - \mathrm{PM}') \times \mathrm{PP}_1.$$

Or $\dfrac{\mathrm{PM} + \mathrm{PM}'}{2}$ représente la distance du centre de figure, et par suite du centre de gravité, du rectangle $MM'm'm$ à l'axe $X'X$; d'autre part, le produit $(PM - PM') \times PP_1$ exprime l'aire de ce même rectangle. En désignant par δ_0 la première de ces quantités et par s_0 la seconde, la relation précédente s'écrit

$$v_0 = 2\pi\delta_0 s_0.$$

Si l'on considère une troisième perpendiculaire M_2P_2 à l'axe $X'X$ très rapprochée de M_1P_1 et que l'on mène par les points M_1 et M'_1 des parallèles à cet axe, on déterminera un deuxième rectangle $M_1M'_1m'_1m_1$ qui engendrera dans la révolution un volume v_1 qui aura pour expression

$$v_1 = 2\pi\delta_1 s_1.$$

En continuant ainsi, et en admettant que l'on divise toute la surface considérée en petits rectangles, on aura successivement

$$v_2 = 2\pi\delta_2 s_2,$$
$$v_3 = 2\pi\delta_3 s_3, \quad \text{etc.}$$

Enfin, en additionnant membre à membre toutes ces égalités, il viendra

$$v_0 + v_1 + v_2 + v_3 + \ldots = 2\pi(\delta_0 s_0 + \delta_1 s_1 + \delta_2 s_2 + \delta_3 s_3 + \ldots).$$

Or, si l'on représente par V' la somme des valeurs $v_0 + v_1 + v_2 + v_3 + \ldots$, par S' la somme des surfaces $s_0 + s_1 + s_2 + s_3 + \ldots$; et par d' la distance du centre de gravité de S' à $X'X$, cette égalité pourra s'écrire, d'après la relation (1),

$$V' = 2\pi d'S'.$$

Supposons maintenant qu'on fasse croître indéfiniment le nombre de ces rectangles en rendant de plus en plus petites les distances PP_1, P_1P_2, etc. ; il s'ensuivra que V', S' et d' se rapprocheront respectivement de plus en plus du volume V engendré par la surface considérée, de l'aire S et du centre de gravité d de cette surface, et qu'à la limite, c'est-à-dire lorsque PP_1, P_1P_2, etc., tendront vers zéro, V', S' et d' tendront à se confondre avec V, S et d. On aura donc alors

$$V = 2\pi dS,$$

ou, pour traduire littéralement le théorème proposé,

$$V = S.2\pi d.$$

Remarque. — Il y a aussi un théorème de Guldin pour le calcul des aires de révolution engendrées par des lignes et qui s'énonce ainsi :

L'aire engendrée par la révolution entière d'une ligne plane quelconque autour d'un axe extérieur situé dans son plan a pour mesure le produit de sa longueur par la circonférence que décrit son centre de gravité.

§ VII. — Méthode des projections orthogonales.

188. Cette méthode a été précédemment exposée (155). En voici quelques applications.

189. I. *La projection orthogonale d'un cercle sur un plan oblique au sien est une ellipse* (¹).

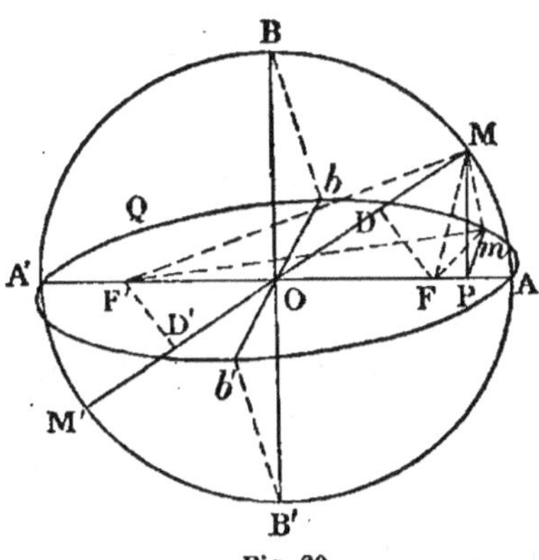

Fig. 20.

Soient (*fig.* 20) ABA'B' le cercle à projeter et Q le plan de projection, que l'on peut supposer passer par le centre O du cercle, attendu que la projection d'une figure sur un plan ne change pas lorsqu'on déplace ce plan parallèlement à lui-même.

Le plan du cercle et le plan de projection se coupent suivant le diamètre AA', et le cercle a pour projection la courbe A*b*A'*b'*. Il s'agit de prouver que cette courbe est une ellipse.

Pour cela, projetons sur le plan Q le diamètre BB' perpendiculaire à AA', et soit *bb* sa projection ; portons ensuite sur

---

(¹) Théorème précédemment énoncé (134, VIII).

AA′ de part et d'autre du centre O des longueurs OF et OF′ égales à la projetante Bb ; enfin considérons un point quelconque M du cercle et sa projection m. Nous allons démontrer que la somme des distances mF + mF′ est une constante.

A cet effet, menons la perpendiculaire mP à AA′ ainsi que la droite MP, et par les points F et F′ abaissons les perpendiculaires FD et F′D′ sur le diamètre MM′. D'après le théorème des trois perpendiculaires, MP est perpendiculaire à AA′ : il en résulte que les deux triangles rectangles BOb et MPm ont leurs côtés respectivement parallèles et sont semblables ; on en tire

$$\frac{\mathrm{M}m}{\mathrm{B}b} = \frac{\mathrm{MP}}{\mathrm{BO}}.$$

De leur côté, les deux triangles rectangles ODF et OPM, qui sont semblables comme ayant un angle aigu commun en O, donnent

$$\frac{\mathrm{FD}}{\mathrm{FO}} = \frac{\mathrm{MP}}{\mathrm{MO}};$$

mais comme on a FO = Bb et MO = BO, on déduit des deux relations précédentes

$$\mathrm{M}m = \mathrm{FD}.$$

Il s'ensuit que les deux triangles rectangles MmF et MDF, qui ont l'hypoténuse commune MF, ont aussi un côté de l'angle droit égal et sont égaux. On en tire

(1) $$m\mathrm{F} = \mathrm{MD}.$$

D'autre part, les deux triangles rectangles MmF′ et MD′F′ sont égaux comme ayant l'hypoténuse commune MF′ et un côté de l'angle droit égal : Mm est égal, en effet, à FD et FD est égal à F′D′ comme côtés homologues dans les deux triangles rectangles égaux ODF et OD′F′. Il en résulte la relation

(2) $$m\mathrm{F}' = \mathrm{MD}'.$$

En additionnant (1) et (2) membre à membre, il vient

$$m\mathrm{F} + m\mathrm{F}' = \mathrm{MD} + \mathrm{MD}';$$

or la droite MD′ est évidemment égale à M′D : on a donc

$$m\mathrm{F} + m\mathrm{F}' = \mathrm{MD} + \mathrm{M}'\mathrm{D} = \mathrm{MM}',$$

et comme MM′ est un diamètre du cercle, on peut écrire

$$m\mathrm{F} + m\mathrm{F}' = \text{constante}.$$

La projection $AbA'b'$ du cercle $ABA'B'$ sur le plan Q est donc une ellipse qui a pour foyers les points F et F'.

Cette démonstration est due à M. Courcelles.

190. II. *Les ordonnées perpendiculaires au grand axe d'une ellipse de deux points correspondants de cette ellipse et de son cercle principal sont dans un rapport constant et égal au rapport du petit axe au grand axe de l'ellipse* (¹).

Soient (*fig.* 21) une ellipse $ABA'B'$, son cercle principal $AB_1A'B_1'$ et les ordonnées MP et M_1P de deux points

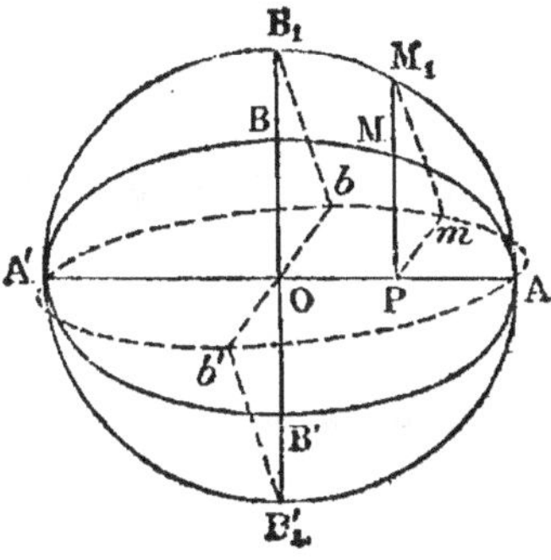

Fig. 21.

correspondants M et M_1, ces ordonnées étant perpendiculaires à AA'. Il s'agit de démontrer que le rapport $\dfrac{MP}{M_1P}$ est constant.

Imaginons que, le cercle restant fixe, on fasse tourner l'ellipse autour de son grand axe AA' jusqu'à ce qu'on ait l'angle B_1bO égal à un angle droit, ce qui est toujours possible puisque cet angle, dans une demi-rotation, varie d'une manière continue de deux droits à zéro. A ce moment, le petit axe BO de l'ellipse a pris la position de bO et l'ordonnée MP celle de mP. D'autre part, la droite B_1b perpendiculaire à bO est aussi perpendiculaire au plan de l'ellipse dans sa position $AbA'b'$, car le plan B_1Ob déterminé par les deux droites B_1O et bO, toutes deux perpendiculaires à AA', est perpendiculaire à AA' et par suite au plan $AbA'b'$ qui passe par cette même droite. Il s'ensuit que B_1b, menée dans le plan B_1Ob perpendiculairement à son intersection bO avec le plan $AbA'b'$, est en même temps perpendiculaire à ce dernier plan, que le point b de l'ellipse $AbA'b'$ est par là même la projection orthogonale du point B_1 du cercle, et, comme conséquence, que cette ellipse est elle-même la projection orthogonale du cercle, car

---

(¹) Théorème précédemment énoncé (134, VIII).

il ne peut pas y avoir deux ellipses différentes ayant pour grand axe AA' et pour demi-petit axe la droite bO.

Il résulte de là que la projetante du point M_1 du cercle, contenue dans le plan M_1Pm qui est perpendiculaire au plan de l'ellipse $AbA'b'$ pour la même raison que le plan B_1Ob, rencontre nécessairement la droite mP et la rencontre au point m.

Cela dit, considérons les deux triangles rectangles B_1Ob et M_1Pm ; ils sont semblables comme ayant un angle aigu égal, $\widehat{B_1Ob} = \widehat{M_1Pm}$, et ils donnent la relation

$$\frac{m\text{P}}{M_1\text{P}} = \frac{b\text{O}}{B_1\text{O}} \, ;$$

mais comme on a mP = MP, bO = BO et B_1O = AO, la relation précédente devient

$$\frac{\text{MP}}{M_1\text{P}} = \frac{\text{BO}}{\text{AO}},$$

ou, en doublant les deux termes du second rapport,

$$\frac{\text{MP}}{M_1\text{P}} = \frac{\text{BB}'}{\text{AA}'}.$$

C'est bien ce qu'il fallait démontrer.

191. I I. *Dans un hexagone convexe ou non convexe inscrit dans une ellipse, les trois points de rencontre des trois couples de côtés opposés sont en ligne droite* ([1]).

Il ressort, en particulier du théorème précédent, qu'une ellipse peut toujours être considérée comme la projection d'un cercle sur un plan oblique au sien : il s'ensuit qu'un hexagone inscrit dans l'ellipse pourra toujours être aussi considéré comme la projection d'un hexagone inscrit dans le cercle et que les trois points de rencontre des trois couples de côtés opposés de l'hexagone de l'ellipse seront les projections des trois points de rencontre des trois couples de côtés opposés de l'hexagone du cercle. Mais comme ces trois derniers points sont en ligne droite (149, 1), il en sera de même des trois autres.

([1]) Théorème précédemment indiqué (156, IV).

§ **VIII**. — **Méthode des projections coniques.**

192. Nous ne reviendrons pas sur l'objet de cette méthode, dont l'exposé a déjà été fait (157, 158) ; nous passerons immédiatement aux applications.

193. I. *La projection conique ou perspective d'un cercle, lorsque le point de vue est situé sur son axe et que le tableau n'est pas parallèle à son plan, est une ellipse, une hyperbole ou une parabole.*

L'ensemble des rayons projetants du cercle forme la surface latérale d'un cône de révolution. Il s'ensuit que la perspective du cercle sur un plan devient une section plane faite dans le cône de révolution ; et comme cette section est une ellipse, une hyperbole ou une parabole suivant que le plan sécant fait avec l'axe du cône un angle supérieur, inférieur ou égal au demi-angle au sommet du cône, il en est de même de la perspective du cercle.

194. II. *Dans un angle solide convexe à quatre faces quelconques, on peut toujours déterminer la direction d'un plan parallèlement auquel toute section est un parallélogramme.*

Soit (*fig.* 22) un angle solide SABCD, convexe et à quatre

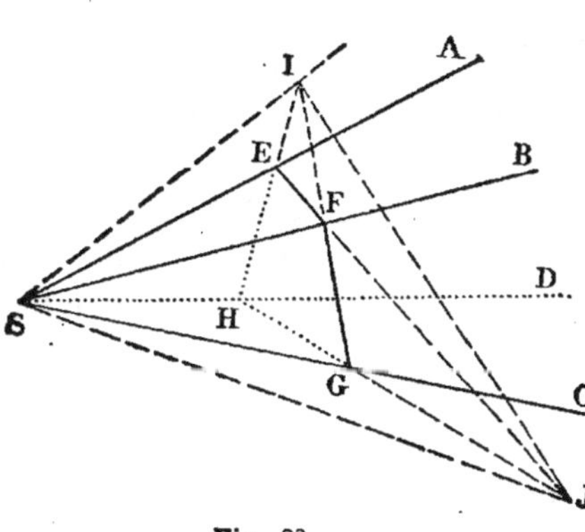

Fig. 22.

faces. Déterminons-y, par un plan quelconque qui rencontre les quatre arêtes, un quadrilatère EFGH dont nous prolongerons les côtés opposés jusqu'à leur rencontre en I et en J. Considérons ensuite le plan déterminé par les deux droites SI et SJ ; ce plan laisse tout entier d'un seul côté l'angle solide. En effet, le plan de la face SAB, par exemple, laisse lui-même cet angle solide tout entier d'un seul côté ; or il contient le point J situé sur une de ses droites EF, et comme le point I est situé en dehors de ce plan, du côté opposé à l'angle solide, la droite IJ est tout entière en dehors de l'angle solide ; il en est de même du plan SIJ.

Il suit de là que tout plan mené parallèlement à SIJ par un point quelconque d'une des arêtes de l'angle solide rencontrera toutes les arêtes et y déterminera un quadrilatère convexe E′F′G′H′. Ce quadrilatère sera la perspective sur le plan sécant du quadrilatère EFGH, S étant le point de vue ; et comme dans cette projection la droite IJ, parallèle au tableau, sera rejetée à l'infini, et avec elle les points I et J, les côtés opposés du quadrilatère E′F′G′H′ seront parallèles : la figure sera donc un parallélogramme.

195. III. *Si deux triangles ont leurs sommets situés deux à deux sur trois droites qui concourent en un même point, leurs côtés se coupent deux à deux en trois points situés en ligne droite.*

Soient (*fig.* 23) deux triangles ABC et DEF dont les sommets A et D, B et E, C et F sont respectivement situés sur les trois droites AO, BO et CO qui concourent au même point O. Il s'agit de démontrer que leurs côtés AB et DE, BC et EF, CA et FD se rencontrent en trois points G, H, I qui sont en ligne droite.

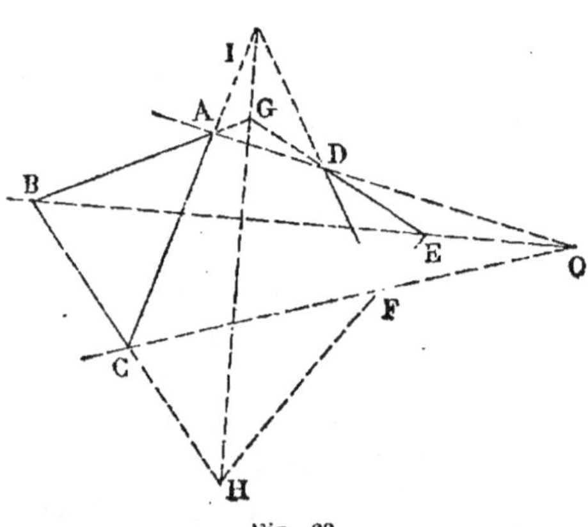

Fig. 23.

Pour cela, projetons coniquement la figure sur un plan choisi de manière que la droite qui joint deux des points, G et H, par exemple, soit rejetée à l'infini ; il s'ensuivra que les perspectives A′B′C′ et D′E′F′ des deux triangles auront leurs côtés A′B′ et D′E′ parallèles ; de même B'C' et E'F' ; de plus, elles auront comme les triangles donnés leurs sommets situés sur trois droites qui concourront en un même point O' (perspective de O). Ces deux perspectives donnent dès lors les relations

$$\frac{O'A'}{O'D'} = \frac{O'B'}{O'E'}$$

et

$$\frac{O'C'}{O'F'} = \frac{O'B'}{O'E'},$$

d'où l'on tirera

$$\frac{O'A'}{O'D'} = \frac{O'C'}{O'F'};$$

c'est-à-dire que les deux côtés C'A' et F'D' seront aussi parallèles, par suite que le point I aura aussi sa projection à l'infini, et comme dernière conséquence que ce point I sera sur la droite GH.

§ IX. — Méthode des polaires réciproques

196. Pour démontrer un théorème par cette méthode déjà connue (163), on construit la figure réciproque de celle qui traduit graphiquement l'énoncé du théorème, et si dans cette nouvelle figure la propriété correspondante de celle que l'on veut établir est démontrée ou peut l'être plus facilement que la proposée, on en déduit cette dernière.

197. I. *Si deux triangles ont leurs côtés qui se coupent deux à deux en trois points situés en ligne droite, leurs sommets sont situés deux à deux sur trois droites qui concourent en un même point.*

Ce théorème est la réciproque du précédent. La démonstration pourrait en être faite par la même méthode. En la donnant par la méthode des polaires réciproques, nous aurons un nouvel exemple des ressources multiples de la Géométrie moderne.

Reprenons la figure précédente et imaginons que l'on en construise, par rapport à un cercle quelconque, la figure réciproque : les droites seront remplacées par leurs pôles et les intersections par leurs polaires.

Soit P la polaire du point O. Soient, d'autre part, A′, B′, C′, D′, E′, F′, K les pôles respectifs des droites BC, AC, AB. EF, DF, DE, IH. Il s'ensuivra que les triangles ABC et DEF auront pour figures réciproques les triangles A′B′C′ et D′E′F′, dans lesquels B′C′, A′C′, A′B′, E′F′, D′F′, D′E′ seront les polaires respectives des sommets A, B, C, D, E, F.

Démontrons d'abord que les deux triangles A′B′C′ et D′E′F′ ont leurs côtés qui se coupent deux à deux en trois points situés en ligne droite.

A cet effet, considérons les trois points A, D, O qui sont en ligne droite : les polaires B′C′ et E′F′ des deux premiers se coupent donc en un point de la polaire P du troisième (162, II) ; les trois points B, E, O sont aussi en ligne droite : les polaires A′C′ et D′F′ de B et de E se coupent aussi en un point de la polaire P de O ; il en est de même des polaires A′B′ et D′E′ des points C et F qui sont avec O sur une même droite. Donc les côtés des deux triangles A′B′C′ et D′E′F′ se coupent deux à deux en trois points situés sur une même droite qui est la polaire P du point O.

Il s'agit maintenant de prouver que ces deux mêmes triangles ont leurs sommets situés deux à deux sur trois droites qui concourent en un même point.

Pour cela, remarquons que les trois droites AB, DE, IH se coupent en un même point G : il s'ensuit que leurs pôles C′, F′, K sont en ligne droite. Sont aussi en ligne droite, pour la même raison, les pôles A′, D′, K des trois droites BC, EF, IH, qui concourent au point H ; de même les pôles B′, E′, K des trois droites AC, DF, IH qui passent par le point I.

Les trois droites C′F′, A′D′, B′E′, ayant un point commun, le point K, concourent donc en un même point.

Remarque. — Le théorème que nous venons de démontrer est un exemple de transformation, par la méthode employée, des propriétés *descriptives* des figures.

198. **II**. *Si d'un point pris dans le plan d'un triangle on mène une droite à chacun des sommets de ce triangle et que par ce même point on élève une perpendiculaire à chacune de ces droites, jusqu'à la rencontre du côté opposé du triangle, les trois points de rencontre ainsi obtenus sont en ligne droite.*

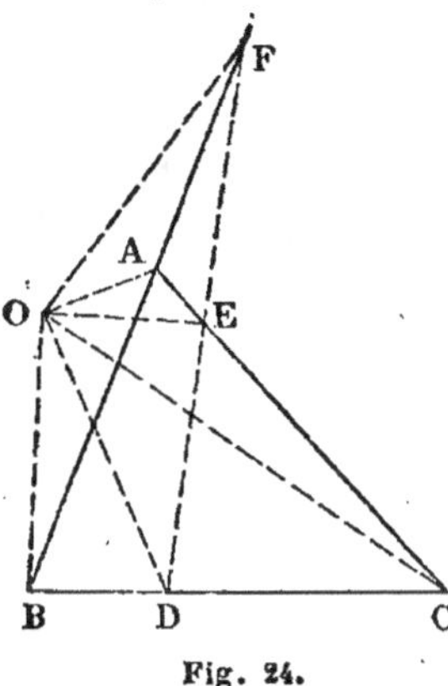

Fig. 24.

Soient (*fig.* 24) le triangle ABC, le point O pris dans son plan, les droites OA, OB, OC menées de ce point aux trois sommets du triangle et les trois perpendiculaires OD, OE, OF élevées par ce même point O à ces trois droites. Il s'agit de démontrer que les trois points de rencontre D, E, F de ces perpendiculaires avec les côtés opposés du triangle sont en ligne droite.

Imaginons que l'on construise la figure réciproque de cette figure, en prenant le point O pour centre du cercle directeur, et soient A′, B′, C′ les pôles respectifs des côtés BC, AC, CA du triangle donné ; dans le triangle A′B′C′ ainsi formé, les côtés B′C′, C′A′, A′B′ seront les polaires respectives des sommets A, B, C.

Cela posé, considérons le point D, situé sur la droite BC ; sa polaire est une droite A′G′ qui passe par le pôle A′ de BC et dont il est possible de déterminer la direction. A cet effet, rappelons que la droite qui joint le centre du cercle directeur au pôle d'une droite est perpendiculaire à cette droite, et remarquons que les deux droites OA et OD, respectivement perpendiculaires aux droites B′C′ et A′G′, sont perpendiculaires l'une à l'autre ; il s'ensuit que B′C′ et A′G′ sont perpendiculaires entre elles et que A′G′ qui passe, dans le triangle A′B′C′, par le sommet A′ opposé à B′C′, est une des hauteurs de ce triangle.

On démontrerait de la même manière que les points E et F ont pour polaires respectives les deux autres hauteurs B′H′ et C′K′ du même triangle.

Or les trois hauteurs d'un triangle se coupent en un même point : donc leurs trois pôles D, E, F sont en ligne droite.

REMARQUE. — Ce deuxième théorème est un exemple de transformation des propriétés *métriques angulaires* des figures.

199. **III**. *Dans un cercle, le rapport anharmonique des quatre points d'intersection de quatre tangentes par une cinquième quelconque est constant* ([1]).

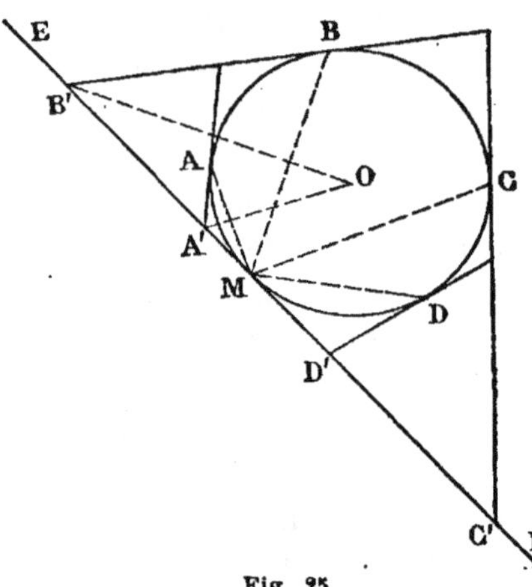

Fig. 25.

Soient (*fig.* 25) un cercle O et quatre droites AA', BB', CC', DD' qui lui sont tangentes respectivement en A, B, C, D et qui coupent une cinquième tangente quelconque EF aux points A', B', C', D'. Il s'agit de démontrer que le rapport anharmonique (A'B'C'D') est constant.

Pour cela, considérons, par rapport au même cercle, la figure réciproque de la précédente. Les tangentes AA', BB', CC', DD' et EF auront pour pôles respectifs leurs points de contact A, B, C, D, M, et les points A', B', C', D' auront pour polaires les cordes de contact MA, MB, MC, MD. Or le rapport anharmonique (A'B'C'D') est égal à celui du faisceau (M.ABCD) (151, II), car les angles A'OB', A'OC',... sont respectivement égaux aux angles AMB, AMC,..., et comme ce dernier rapport anharmonique est constant (151, II), son égal (A'B'C'D') est aussi constant.

REMARQUE. — Nous avons dans ce dernier théorème un exemple de transformation des propriétés *métriques segmentaires* des figures.

______

([1]) Théorème précédemment énoncé (151, II).

§ X. — Méthode des figures inverses.

200. Nous avons fait connaître précédemment (166) l'objet
et les applications de la méthode des figures inverses. La
démonstration d'un théorème par cette méthode se fait d'ordinaire en construisant, par le choix convenable d'une origine,
la figure inverse de celle qui se rapporte à l'énoncé du théorème, de manière à obtenir une construction plus simple que
la première et dans laquelle la propriété correspondante de
celle à établir soit connue ou facile à démontrer.

201. I. *Dans un triangle curviligne formé par trois arcs de
cercle qui ont un point commun en dehors du périmètre du
triangle, la somme des trois angles intérieurs est égale à deux
angles droits.*

Si, prenant pour origine le point commun aux trois cercles,
on construit les inverses de ces cercles, les trois droites ainsi
obtenues se coupent en trois points qui sont les inverses des
sommets du triangle curviligne, et déterminent dès lors un
triangle rectiligne. Or, dans une pareille figure, la somme
des trois angles intérieurs est égale à deux angles droits, et
comme l'inversion conserve les angles, la somme des trois
angles intérieurs du triangle curviligne est aussi égale à deux
angles droits.

Remarque. — On trouve dans la démonstration de ce théorème un exemple de la transformation d'une propriété de figure
rectiligne en une propriété de figure curviligne.

Par la même méthode et en procédant d'une manière identique on pourrait obtenir d'autres propriétés des figures curvilignes en transformant les propositions suivantes relatives
aux figures rectilignes :

1° Le lieu des points de contact de deux circonférences tangentes entre elles et aux deux côtés d'un angle est la bissectrice de cet angle ;

2° Les trois bissectrices d'un triangle se coupent en un
même point ;

3° Les trois hauteurs d'un triangle se coupent en un même point ;

4° La somme des angles intérieurs d'un polygone est égale à autant de fois deux angles droits que le polygone a de côtés moins deux.

202. **II.** *Dans tout quadrilatère inscriptible, le produit des deux diagonales est égal à la somme des produits des côtés opposés* (Théorème de Ptolémée) [1].

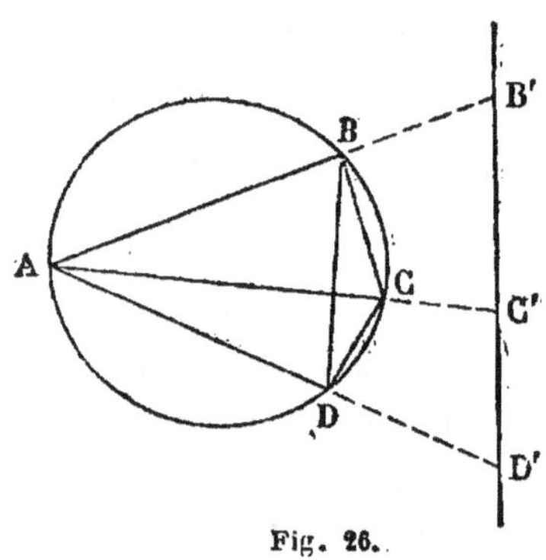

Fig. 26.

Soit (*fig*. 26) le quadrilatère ABCD inscrit dans le cercle O. Il s'agit de démontrer que l'on a

$$AC \times BD = BC \times AD + AB \times CD.$$

Pour cela, construisons la figure inverse du cercle en prenant pour origine un des sommets du quadrilatère, le point A par exemple ; on obtiendra une droite qui contiendra les inverses B′, C′ et D′ des trois autres sommets B, C et D ; et si le point A dans ce quadrilatère a pour sommet opposé le point C, l'inverse C′ de ce dernier se trouvera entre B′ et D′.

On pourra donc écrire

(1) $$B'D' = B'C' + C'D'.$$

Or, on sait (166, I) que la distance de deux points d'une figure inverse d'une autre est égale à la distance des deux points correspondants sur cette autre, multipliée par le rapport de la puissance d'inversion au produit des deux rayons vecteurs de la première figure.

De sorte qu'en représentant ici par i la puissance d'inversion, on aura

---

[1] Théorème précédemment énoncé (53, VIII).

$$B'D' = BD \times \frac{i}{AB \times AD},$$

$$B'C' = BC \times \frac{i}{AB \times AC},$$

$$C'D' = CD \times \frac{i}{AC \times AD},$$

et en substituant aux trois quantités qui se trouvent dans (1) leurs valeurs respectives ainsi exprimées, il viendra, après la division de chaque membre par i,

$$\frac{BD}{AB \times AD} = \frac{BC}{AB \times AC} + \frac{CD}{AC \times AD},$$

ou, en multipliant tous les termes par $\quad AB \times AC \times AD$,

$$AC \times BD = BC \times AD + AB \times CD.$$

203. III. *Étant donné (fig. 27) un losange ABCD, dont les côtés sont des tiges rigides articulées entre elles de manière que la figure puisse subir toutes les déformations possibles, et dans lequel les deux sommets B et D sont reliés à deux autres tiges OB et OD articulées en O, B et D; si le point O restant fixe le point A décrit un cercle passant par le point O, le point C décrira une ligne droite.*

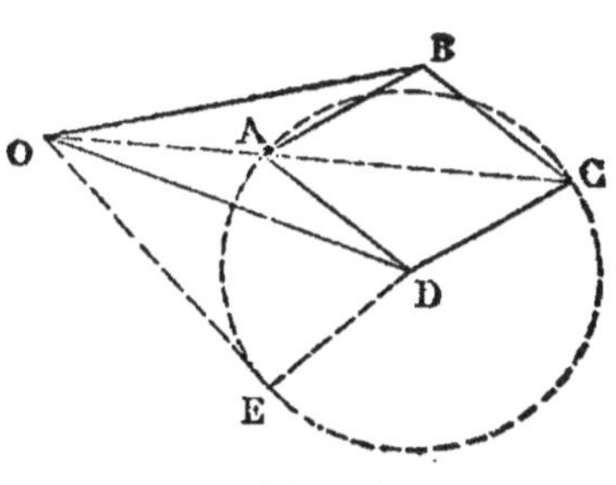

Fig. 27.

Remarquons d'abord que les trois points O, A, C sont toujours en ligne droite, quels que soient les angles du losange, puisqu'ils restent chacun à égale distance des deux points B et D.

D'autre part si l'on considère un cercle décrit du point D comme centre avec DA pour rayon, la puissance du point O par rapport à ce cercle sera égale (165) au carré $\overline{OE}^2$ de la tangente; e comme on a

$$\overline{OE}^2 = \overline{OD}^2 - \overline{DE}^2,$$

ou $\qquad \overline{OE}^2 = \overline{OD}^2 - \overline{DA}^2,$

il s'ensuit que la puissance du point O par rapport au cercle considéré, quelle que soit la position de ce cercle mobile, est une quantité constante comme étant la différence des carrés de deux longueurs constantes OD et DA.

Or la puissance du point O par rapport à ce même cercle, qui contient le point C, s'exprime aussi par le produit

$$OA \times OC,$$

et ce produit définit l'inversion des deux points A et C.

Il résulte de là que si l'on fait décrire une figure quelconque au point A, le point C décrit la figure inverse, et par suite si le point A décrit un cercle passant par l'origine O, le point C décrit une droite.

Remarque I. — On déduirait de même de ce raisonnement que si le point C décrit un cercle passant par l'origine, le point A décrit une droite.

Remarque II. — Cet appareil formé de six tiges rigides articulées entre elles s'appelle du nom de son inventeur, *inverseur de Peaucellier* ; on l'utilise en Mécanique appliquée pour la transformation d'un mouvement circulaire alternatif en un mouvement rectiligne alternatif.

CHAPITRE II

MÉTHODES DE RÉSOLUTION DES PROBLÈMES GRAPHIQUES
DE GÉOMÉTRIE

204. On sait, d'une manière générale, qu'un problème qui n'admet qu'un nombre limité de solutions est un *problème déterminé*, et que celui qui en admet une infinité est un *problème indéterminé*. Mais, en Géométrie, il arrive très souvent qu'un problème indéterminé cesse de l'être lorsqu'on assujettit les données à une autre et seule condition, et toute question de ce genre offre cette particularité que ses solutions, quoique en nombre infini, se présentent dans un certain ordre qui dépend de l'énoncé. Les figures qui en résultent et auxquelles on donne le nom de *lieux géométriques*, jouent un rôle très important dans la résolution des problèmes graphiques.

Elles constituent un de ces procédés particuliers auxquels on a recours, faute de méthode générale de résolution, pour traiter les questions relatives aux constructions géométriques.

On conçoit en effet qu'il ne puisse exister, pas plus en Géométrie qu'en Arithmétique ou en Algèbre, de règle générale, de marche unique pour traiter des questions aussi variées que nombreuses.

Néanmoins, on dispose, en dehors des méthodes de raisonnement, de l'analyse entre autres, cet instrument si précieux et si sûr, de procédés particuliers qui ont pour objet de transformer les figures et de les simplifier, et dont un, comme nous venons de le dire, repose sur la connaissance des lieux géométriques.

La résolution d'un problème comprend :

1° la *construction* de la figure demandée ;

2° la *démonstration* de ce que cette figure répond à l'énoncé de la question ;

3° la *discussion* des résultats, subordonnés à toutes les variations possibles des données.

Pour effectuer la construction, on suppose d'ordinaire le problème résolu et l'on trace au besoin les lignes auxiliaires propres à mieux faire ressortir les relations qui unissent les inconnues aux données du problème. Il va sans dire que la découverte de ces relations dépend essentiellement du choix des constructions auxiliaires et de la connaissance que l'on a des propriétés connues des figures.

Ces liaisons logiques entre inconnues et données permettent de remonter rigoureusement du résultat final à la figure primitive et d'aboutir ainsi à une construction initiale simple que l'on sait effectuer et d'où dépendent ensuite toutes les autres du problème.

On peut dire alors que le problème non seulement est résolu, mais que la démonstration en est faite, parce que la méthode analytique dont on s'est servi porte avec elle la justification de ses moyens.

Il ne reste plus qu'à discuter la construction obtenue, c'est-à-dire à l'étendre à tous les cas qui peuvent se présenter lorsqu'on fait passer les divers éléments de la question par toutes les valeurs qu'ils sont susceptibles de prendre, et à déterminer ainsi les groupes de valeurs pour lesquels le problème admet un nombre défini de solutions ou n'en admet aucune.

Nous ajouterons, au sujet des constructions, que les plus élémentaires auxquelles on ramène généralement celles que l'on se propose d'effectuer sont celle de la droite, déterminée par deux points, et celle du cercle, déterminé par son centre et la longueur de son rayon. On trace ces deux figures au moyen de deux instruments, la *règle* pour la droite, et le *compas* pour le cercle.

§ I. — Solutions immédiates.

205. Parmi les problèmes de géométrie, il en est qui sont des applications immédiates et évidentes de certaines propositions connues et dans lesquels, par conséquent, les relations entre inconnues et données s'aperçoivent sans aucune recherche.

En voici quelques exemples.

206. I. *Trouver le plus court chemin d'un point à une droite.*

On sait que si d'un point pris hors d'une droite on mène la perpendiculaire et diverses obliques à cette droite, la perpendiculaire est plus courte que toute oblique ; il s'ensuit que le plus court chemin d'un point à une droite est donné par la portion de perpendiculaire menée de ce point à cette droite et comprise entre le point et la droite.

207. II. *Construire un triangle connaissant deux côtés et l'angle compris.*

La solution de ce problème, qui apparaît immédiatement à l'esprit, consiste à construire un angle égal à l'angle donné, sur les côtés duquel on porte à partir du sommet des longueurs respectivement égales aux côtés donnés, et à joindre ensuite par une droite les extrémités de ces longueurs.

La figure ainsi obtenue répond à l'énoncé de la question et il ne peut y en avoir d'autre, en raison de ce que deux triangles sont égaux lorsqu'ils ont un angle égal compris entre côtés égaux chacun à chacun.

Remarque. — Si dans une seconde figure construite dans le plan de la première, on intervertissait la disposition des deux longueurs qui représentent les côtés donnés du triangle à construire, on obtiendrait un triangle qui ne s'appliquerait pas sur le premier par un simple déplacement dans leur plan commun, mais on sait que la coïncidence peut être obtenue par un retournement de la seconde figure ; de sorte que le problème, de quelque manière qu'on le traite, n'admet réellement qu'une seule solution.

208. III. *Par un point pris sur une circonférence, mener une tangente à cette circonférence.*

Il saute aux yeux que ce problème trouve sa solution dans ce théorème connu, que la perpendiculaire menée à l'extrémité d'un rayon d'une circonférence est tangente à cette circonférence et par suite qu'il suffit de mener le rayon de la circonférence qui aboutit au point donné et d'élever en ce point, à ce rayon, une perpendiculaire.

Cette droite répond à la question, d'après ce qui vient d'être dit, et il n'y en a pas d'autre, comme conséquence de la réciproque de la proposition précédente — que la tangente à une circonférence est perpendiculaire au rayon mené au point de contact — et de ce que par un point on ne peut mener qu'une perpendiculaire à une droite.

§ II. — Solutions analytiques.

209. Si quelques problèmes graphiques de géométrie peuvent être résolus immédiatement, par la simple application d'une ou d'un très petit nombre de propositions, en général il n'en est pas ainsi ; on a recours alors à la méthode analytique, qui consiste à ramener la construction demandée à une autre plus simple, celle-ci, au besoin, à une troisième, et l'on continue ainsi jusqu'à ce que l'on obtienne une construction que l'on sache effectuer. Mais il peut arriver dans cette marche réductive des opérations de l'esprit qu'un des problèmes auxquels on est successivement conduit soit plus général que celui à résoudre ; dans ce cas on ne retient de ce problème plus général que les solutions qui répondent au problème proposé.

Suivent quelques applications de cette méthode.

210. I. *Construire une tangente commune à deux cercles.*

Soient (*fig.* **28**) deux cercles quelconques O et O', que nous supposerons extérieurs et qui, dès lors, peuvent avoir des tangentes extérieures, c'est-à-dire qui laissent ces cercles d'un même côté de chacune d'elles, et des tangentes intérieures, c'est-à-dire

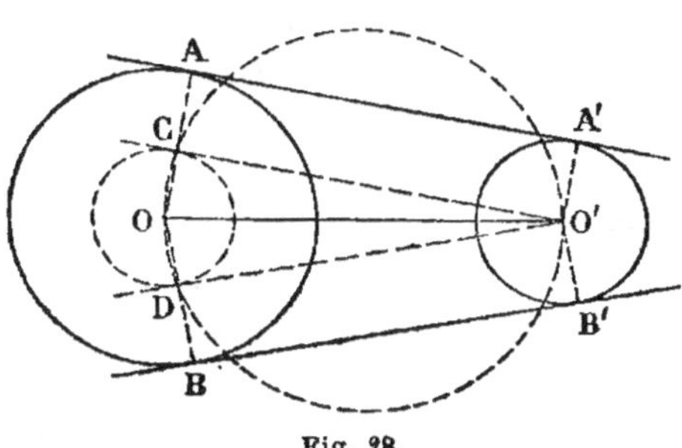

Fig. 28.

qui laissent ces cercles de part et d'autre de chacune d'elles.

1° Considérons d'abord la tangente extérieure AA'. Si l'on joint les points de contact A et A' aux centres respectifs O et O' des cercles et si l'on mène, par le centre O' du plus petit, O'C parallèle à AA', on obtient deux droites OA et O'A' perpendiculaires à AA' et par suite à O'C, et le quadrilatère AA'O'C est rectangle ; de sorte que si l'on décrit un cercle du point O comme centre avec un rayon OC égal à OA — CA, autrement dit à OA — O'A', la droite O'C est tangente à ce cercle.

La question est donc ramenée à cette autre : *Mener à un cercle une tangente par un point extérieur.*

Pour résoudre ce nouveau problème, remarquons que dans le triangle rectangle OCO' on connaît l'hypoténuse OO' ; il s'ensuit que si l'on décrit un cercle sur OO' comme diamètre, le sommet de l'angle droit se trouvera sur ce cercle, de même qu'il doit se trouver sur le cercle de rayon OC : ce sommet sera donc à l'intersection C de ces deux cercles, et comme il y a deux intersections C et D, il y aura deux solutions, c'est-à-dire deux tangentes.

De là la construction suivante : Décrire du centre du plus grand cercle O un troisième cercle dont le rayon OC soit égal à la différence des rayons des cercles donnés ; décrire un quatrième cercle sur la distance des centres OO' comme diamètre ; joindre le point O aux intersections C et D de ces deux derniers cercles ; prolonger les rayons OC et OD jusqu'en A et B ; mener les rayons O'A' et O'B' parallèles aux premiers ; joindre enfin par des droites les points A et A' d'une part, B et B' de l'autre. On a ainsi deux tangentes extérieures communes à deux cercles extérieurs.

2° Considérons maintenant la tangente intérieure AA' (*fig*. 29). Si l'on joint les points de contact A et A' aux centres respectifs O et O' des cercles et si l'on mène O'C parallèle à AA', jusqu'à sa rencontre en C avec OA prolongée, on obtient deux droites OC et O'A' perpendiculaires à AA' et par suite à O'C, et le quadrilatère AA'O'C est rectangle ; de sorte que si l'on décrit un cercle du point O comme centre avec un rayon OC égal à OA + AC, autrement dit à OA + O'A', la droite O'C est tangente à ce cercle.

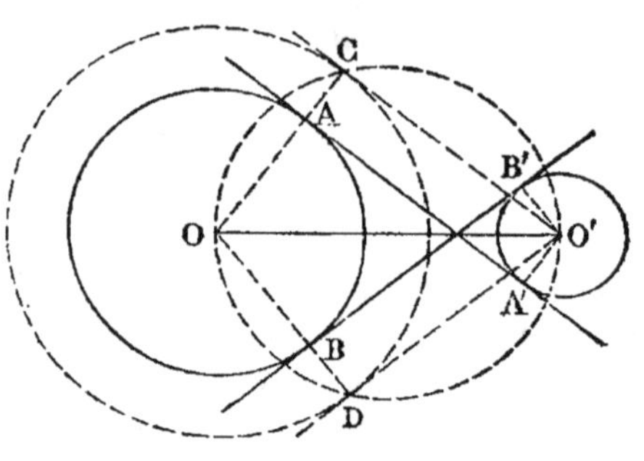

Fig. 29.

La question est donc ramenée à cette autre : *Mener à un cercle une tangente par un point extérieur.*

Nous venons de résoudre ce problème, qui conduit dans la circonstance aux deux solutions O'C et O'D.

On tire de là la construction qui suit : Décrire du centre O de l'un des cercles donnés un troisième cercle dont le rayon OC soit égal à la somme des rayons de ces deux cercles ; décrire un quatrième cercle sur la distance des centres OO' comme diamètre ; joindre le point O aux intersections C et D de ces deux derniers cercles ; mener les rayons O'A' et O'B' respectivement parallèles aux rayons OC et OD, mais en sens inverse ; joindre enfin par des droites les points A et A' d'une part, B et B' de l'autre. On a ainsi deux tangentes intérieures communes à deux cercles extérieurs.

Discussion. — D'après la figure 28, pour que l'on puisse

construire des tangentes extérieures à deux cercles, c'est-à-dire pour que par le point O' on puisse mener deux tangentes au cercle de rayon OC, il faut et il suffit que ce point O' soit à une distance du centre de ce cercle supérieure à son rayon, en d'autres termes, que l'on ait

$$OO' > OC,$$

ou
$$OO' > R - R',$$

si l'on représente par R et R' les rayons des cercles donnés O et O'.

Il suit de là que *deux cercles admettent deux tangentes extérieures lorsqu'ils sont extérieurs, tangents extérieurement ou sécants.*

Si l'on a $OO' = R - R'$, les deux cercles donnés sont tangents intérieurement et le point O' est sur le cercle OC ; dans ce cas il n'y a qu'une tangente pour ce cercle passant par le point O' et il s'ensuit qu'il n'y a aussi qu'une tangente extérieure commune aux deux cercles.

Ainsi, *deux cercles tangents intérieurement n'admettent qu'une tangente extérieure.*

D'un autre côté, d'après la figure 29, pour construire des tangentes intérieures à deux cercles, c'est-à-dire pour que par le point O' on puisse mener deux tangentes au cercle de rayon OC, il faut et il suffit que l'on ait

$$OO' > OC,$$

ou
$$OO' > R + R'.$$

Il suit de là que *deux cercles n'admettent deux tangentes intérieures que lorsqu'ils sont extérieurs.*

Si l'on a $OO' = R + R'$, les deux cercles donnés sont tangents extérieurement et le point O' est sur le cercle OC ; dans ce cas il n'y a qu'une tangente pour ce cercle passant par le point O' et il s'ensuit qu'il n'y a aussi qu'une tangente intérieure commune aux deux cercles.

Ainsi *deux cercles tangents extérieurement n'admettent qu'une tangente intérieure.*

De tout ce qui précède, il résulte que *deux cercles intérieurs n'admettent aucune tangente commune.*

En résumé le problème, considéré dans son ensemble, admet 4, 3, 2, 1 ou 0 solution suivant que les deux cercles donnés sont extérieurs, tangents extérieurement, sécants, tangents intérieurement, ou intérieurs.

REMARQUE. — Cette question peut encore se résoudre en s'appuyant sur la théorie des figures homothétiques, deux cercles pouvant toujours être considérés comme homothétiques de deux manières.

Soient (*fig.* 30) les deux cercles extérieurs O et O'. La droite des centres OO' et la droite CC', qui joint les extrémités des deux rayons OC et O'C' parallèles et dirigés dans le même

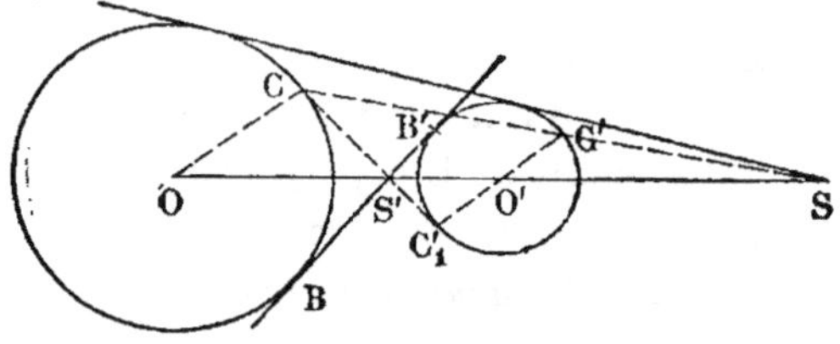

Fig. 30.

sens, déterminent par leur intersection S le centre d'homothétie directe de ces deux cercles. De même la droite des centres et la droite CC'₁ qui joint les extrémités des deux rayons OC et O'C₁ parallèles et dirigés en sens contraire déterminent par leur intersection S' le centre d'homothétie inverse de ces deux cercles.

Or les tangentes extérieures à ces deux cercles passent par le point S et les tangentes intérieures passent par le point S'.

Comme précédemment, la question serait donc ramenée à celle-ci : *Mener à un cercle une tangente par un point extérieur.*

Mais ici, pour construire une tangente extérieure commune aux deux cercles, par le point S on mènera à l'un des cercles une tangente qui sera aussi tangente à l'autre cercle ; et pour avoir une tangente intérieure, par le point S' on mènera également à l'un des cercles une tangente qui sera tangente en même temps à l'autre cercle.

Il va sans dire que la discussion, par cette méthode, conduirait aux résultats précédents.

211. II. *Construire le cercle orthogonal à trois cercles donnés.*

Soient O, O′, O″ (*fig. 31*) trois cercles que nous supposerons extérieurs. Imaginons le problème résolu et soit I le centre du cercle demandé.

Lorsqu'un cercle en coupe orthogonalement un autre, son rayon est égal à la longueur de la tangente menée de son

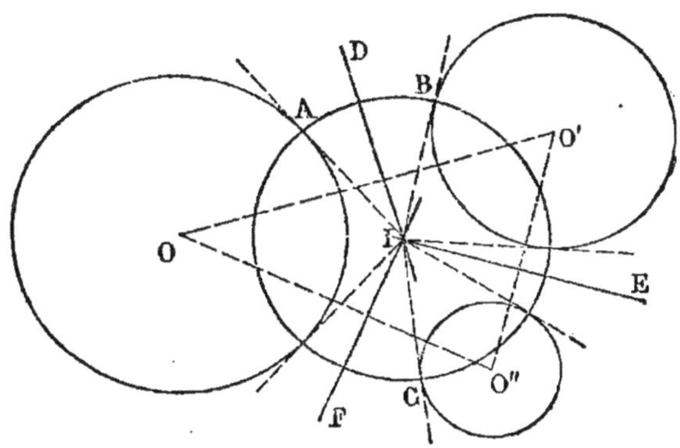

Fig. 31

centre à cet autre, en d'autres termes, le carré de son rayon est égal à la puissance de son centre par rapport à l'autre cercle. Il s'ensuit que les tangentes IA, IB, IC menées du point I respectivement aux trois cercles sont égales; autrement dit, le point I a même puissance par rapport aux trois cercles. Or, le point qui jouit de cette propriété est le centre radical des trois cercles.

La question est donc ramenée à *construire le centre radical de trois cercles donnés.*

Or (165, II) le centre radical de trois cercles est l'intersection commune des trois lieux d'égale puissance par rapport à ces cercles considérés deux à deux, autrement dit des trois axes radicaux de ces cercles.

Cette deuxième question, à son tour, est ainsi ramenée à cette autre : *Construire l'axe radical de deux cercles donnés.*

Soient O et O' (*fig. 32*) deux cercles que nous supposerons extérieurs. Si on les coupe par un troisième, O_1, les intersec-

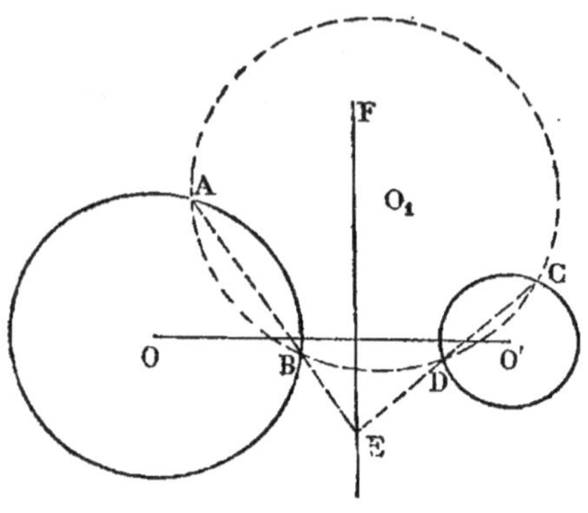

tions déterminent deux cordes AB et CD dont le point commun E appartient à l'axe radical. En effet, en considérant les sécantes EA et EC par rapport au cercle O_1, on a

$$EA \times EB = EC \times ED ;$$

or la première expression représente

Fig. 32.

la puissance du point E par rapport au cercle O (165) et la deuxième la puissance de ce même point E par rapport au cercle O' : le point E a donc même puissance par rapport aux deux cercles donnés, et se trouve ainsi sur l'axe radical de ces deux cercles.

Pour avoir cet axe radical, il suffit donc (165) de mener par le point E la perpendiculaire EF à la droite des centres OO'.

De là la solution suivante du problème proposé : Construire comme il vient d'être dit deux des axes radicaux DI et EI, par exemple, des trois cercles donnés (le troisième est inutile) pour obtenir par leur intersection le centre radical I de ces trois cercles ; déterminer la longueur IA de l'une quelconque des tangentes menées du point I aux cercles, et décrire un cercle de ce point I comme centre, avec un rayon égal à la longueur IA.

Discussion. — 1° *Les centres des trois cercles ne sont pas en ligne droite.* Deux cas se présentent :

Si les axes radicaux se rencontrent à l'extérieur des cercles, du centre radical ainsi déterminé on peut mener des tangentes aux cercles et le problème admet alors une solution.

Si la rencontre des axes radicaux se fait dans l'intérieur d'un cercle, le centre radical se trouve à l'intérieur des trois cercles et de ce point il est impossible de mener des tangentes aux cercles : dans ce cas, le problème n'a pas de solution.

2° *Les centres des trois cercles sont en ligne droite.* Les trois axes radicaux, perpendiculaires à une même droite — la ligne des centres — sont parallèles, et le centre radical est rejeté à l'infini. Le cercle orthogonal aux trois cercles devient alors une droite, celle qui passe par les trois centres.

212. III. *Construire un carré équivalent à un polygone donné.*

Lorsque l'aire d'une figure s'exprime par le produit de deux lignes, on peut écrire que le carré à construire est équivalent au rectangle construit sur ces deux lignes, et la question se résout facilement. C'est ainsi que l'on opère lorsqu'il s'agit d'un polygone régulier, d'un quadrilatère dont deux côtés au moins sont parallèles, d'un triangle quel qu'il soit. Mais dans le cas d'un polygone quelconque, il n'y a pas de formule qui permette d'en exprimer l'aire par un produit de deux longueurs.

On ramène alors le problème au suivant : *Construire un triangle équivalent à un polygone donné.*

Soit le polygone ABCDE (*fig.* 33) qu'il s'agit de transformer en un triangle équivalent. Con-

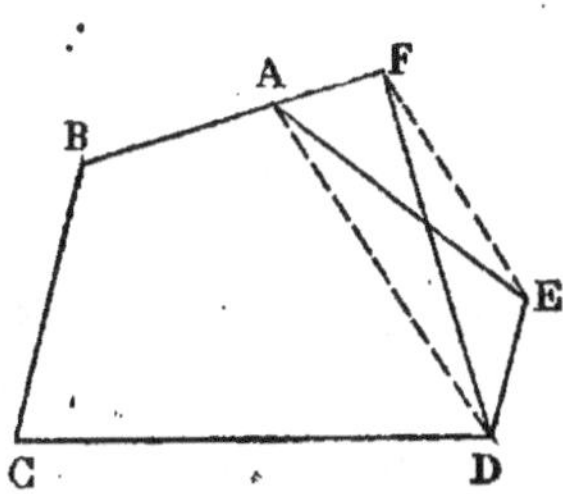

Fig. 33.

sidérons une des diagonales qui joignent les extrémités de deux côtés consécutifs, AD par exemple, et menons par le sommet E la parallèle EF à la diagonale AD jusqu'à sa rencontre en F avec le côté BA prolongé. En joignant le point F au point D, on forme un triangle AFD équivalent au triangle AED, comme ayant même base AD et même hauteur, les deux sommets E et F étant situés sur la parallèle EF à AD. Il s'ensuit que si du polygone donné on retranche le triangle AED, pour y ajouter ensuite le triangle AFD, le polygone résultant sera équivalent au premier, mais il aura un côté de moins. Quel que soit le nombre des côtés du polygone proposé, en continuant ainsi on le transformera nécessairement en un triangle équivalent.

On se trouve alors en présence de cette question : *Construire un carré équivalent à un triangle donné.*

Soient b un des côtés de ce triangle et h la hauteur correspondante ; si x représente le côté du carré cherché, on devra avoir

$$x^2 = b \times \frac{h}{2},$$

c'est-à-dire que le côté du carré sera la moyenne proportionnelle des deux longueurs b et $\dfrac{h}{2}$.

A son tour, le problème qui précède est ramené au suivant : *Construire la moyenne proportionnelle de deux droites.*

On sait : 1° que la perpendiculaire menée d'un point quelconque d'un cercle sur un diamètre est moyenne proportionnelle entre les deux segments qu'elle détermine sur ce diamètre ;

2° qu'une corde quelconque d'un cercle est moyenne proportionnelle entre le diamètre qui passe par l'une de ses extrémités et sa projection sur ce diamètre ;

3° que si l'on mène à un cercle, par un point extérieur, une tangente et une sécante, la tangente est moyenne proportionnelle entre la sécante entière et sa partie extérieure.

De là trois méthodes différentes pour trouver la moyenne proportionnelle de deux droites données.

Première méthode. — Sur une droite indéfinie X'X (*fig.* 34) on porte à la suite l'une de l'autre deux longueurs AB et BC respectivement égales aux deux droites données ; sur leur somme AC comme diamètre, on décrit un demi-cercle, et l'on élève en

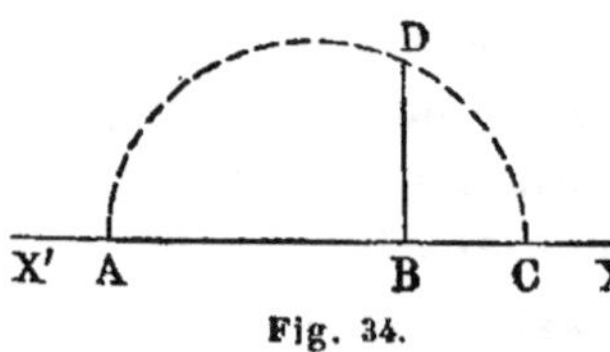

Fig. 34.

B une perpendiculaire à la droite AC jusqu'à la rencontre du cercle en D : la longueur BD est la moyenne proportionnelle demandée.

Deuxième méthode. — On porte sur une droite indéfinie X'X

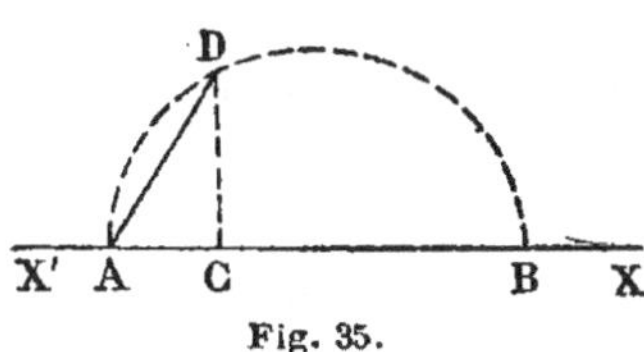
Fig. 35.

(*fig.* 35) à partir d'un même point A, et dans le même sens, deux longueurs AB et AC respectivement égales aux deux droites données ; sur AB comme diamètre, on décrit un demi-cercle ; on élève en C une perpendiculaire à la droite AB jusqu'à la rencontre du cercle en D, et l'on joint le point D au point A : la droite AD est la moyenne proportionnelle cherchée.

Troisième méthode. — A partir d'un point A pris sur une

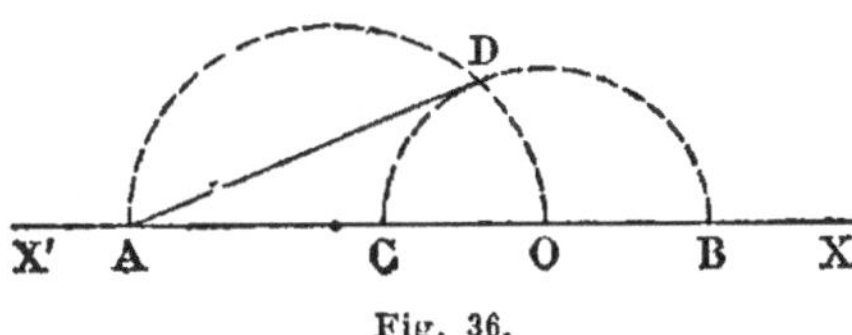
Fig. 36.

droite indéfinie X'X (*fig.* 36), on porte sur cette droite et dans le même sens, comme précédemment, deux longueurs AB et AC respectivement égales aux deux droites données ; sur CB comme diamètre on décrit un demi-cercle, auquel on mène par le point A la tangente : la portion AD de cette tangente comprise entre le point A et le point de contact est la moyenne proportionnelle aux deux droites considérées.

§ III. — Méthode des lieux géométriques.

213. La résolution d'un problème graphique se ramène généralement à la construction d'une droite ou d'un cercle (204) ; or, ces deux figures, droite et cercle, se déterminent d'ordinaire par la construction d'un nombre suffisant de points, deux pour la droite et deux ou trois pour le cercle, suivant que l'un de ces points est ou non le centre de ce cercle.

On peut donc dire que, réduits à leurs plus simples éléments, les problèmes graphiques reviennent à une construction de points.

La méthode la plus généralement employée pour la résolution de cette dernière question, recherche, détermination ou construction d'un point, est celle des *lieux géométriques*.

Elle consiste, après avoir supposé le problème résolu et, si elles ne sont pas exprimées dans l'énoncé, trouvé les conditions propres à déterminer les points à construire, à faire abstraction de l'une de ces conditions, ce qui donne lieu à un problème indéterminé, dont la solution se traduit par une ligne ou lieu géométrique dont tous les points répondent exclusivement à la question ainsi modifiée. Reprenant ensuite le problème proposé, on néglige de nouveau une des conditions, mais une autre que la précédente, et l'on obtient encore, comme solution indéterminée, un second lieu géométrique dont tous les points satisfont exclusivement à la question ainsi restreinte. De ces deux constructions auxiliaires il résulte que le point ou les points, pour remplir toutes les conditions du problème donné, doivent se trouver à la fois sur les deux lieux géométriques : les intersections de ces deux lignes donneront donc ces points.

On conçoit que la facilité avec laquelle on résout un problème graphique dépend essentiellement du choix des lieux à construire, autrement dit des deux conditions que l'on a successivement à négliger.

La droite et le cercle sont les seules lignes dont on se serve en Géométrie élémentaire. Il s'ensuit que si les deux lieux sont des droites, le problème admet une solution ou n'en admet aucune, suivant que les deux droites se coupent ou sont parallèles ; si les deux lieux sont deux cercles ou un cercle et une droite, le problème admet deux solutions, une seule ou n'en admet aucune, suivant que les deux lignes se coupent, sont tangentes ou n'ont aucun point commun.

La méthode des lieux géométriques, si commode pour la résolution des problèmes, sert encore à leur discussion; il suffit, à cet effet, de déterminer les conditions pour que les deux lieux aient des points communs, intersections ou contacts ; on en déduit, pour les différents cas qui peuvent se présenter, le nombre de ces points communs, et par suite le nombre de figures qui répondent à la question.

Tout ce qui précède se rapporte à la détermination de points dans un plan. Quand il s'agit de points dans l'espace, les lieux peuvent être des plans ou des surfaces courbes, cylindriques, coniques ou sphériques ; mais ces lieux peuvent se ramener pour la plupart aux précédents.

Avant de passer à l'application de la méthode des lieux géométriques à la résolution des problèmes, rappelons pour la rendre plus commode et plus prompte, les principaux lieux que nous a donnés la partie théorique de la Géométrie.

Lieux rectilignes. — 1° Le lieu des points équidistants de deux points donnés est la perpendiculaire menée au milieu de la droite qui joint ces deux points.

2° Le lieu des points équidistants de deux droites qui se coupent comprend les deux bissectrices des quatre angles formés par les deux droites données.

3° Le lieu des points situés à une distance donnée d'une droite comprend deux droites parallèles à la droite donnée et symétriques par rapport à cette droite.

4° Le lieu des points dont la somme ou la différence des distances à deux droites qui se coupent est constante comprend quatre droites perpendiculaires aux deux bissectrices des angles formés par les deux droites données.

5° Le lieu des points dont la différence des carrés des distances à deux points fixes est constante est une perpendiculaire à la droite qui joint les deux points fixes.

6° Le lieu des points d'où l'on peut mener des tangentes égales à deux cercles donnés est une droite perpendiculaire à la droite des centres (axe radical).

Lieux curvilignes. — 7° Le lieu des points situés à une distance donnée d'un point est le cercle décrit du point donné comme centre avec un rayon égal à la distance donnée.

8° Le lieu des points situés à une distance donnée d'un cercle comprend deux cercles concentriques ayant respectivement pour rayon celui du cercle donné augmenté ou diminué de la distance donnée.

9° Le lieu des milieux des cordes égales d'un même cercle est un cercle concentrique.

10° Le lieu des points d'où l'on voit sous un angle donné un segment de droite donnée comprend deux arcs de cercles symétriques par rapport au segment et passant par ses deux extrémités.

11° Le lieu des points dont les distances à deux points fixes sont dans un rapport constant donné est un cercle dont le centre se trouve sur la droite qui joint les deux points fixes.

12° Le lieu des points dont la somme des carrés des distances à deux points fixes est constante est un cercle qui a pour centre le milieu de la droite qui joint les deux points fixes ([1]).

Venons maintenant à la résolution de quelques problèmes par la méthode qui nous occupe.

314. I. *Construire un cercle de rayon donné tangent à deux droites données qui se coupent.*

Supposons le problème résolu et soient (*fig.* 37) AB et CD les deux droites qui se coupent et O le cercle qui a pour

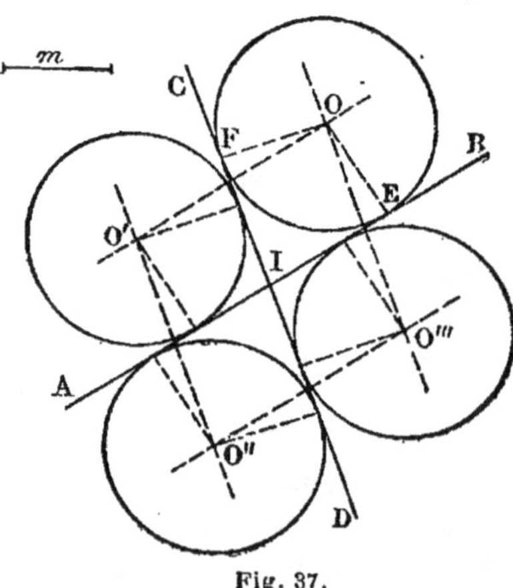

Fig. 37.

rayon la longueur donnée OE = *m*. N'envisageons d'abord que la situation du cercle par rapport à la droite AB, en faisant abstraction de la seconde condition. Son centre étant à une distance OE de la droite AB appartient au lieu des points distants d'une longueur OE de AB : ce lieu se compose des deux parallèles OO' et

O″O‴ menées à AB symétriquement par rapport à cette droite et à une distance OE.

En négligeant ensuite la situation du cercle O par rapport à la droite AB pour la considérer exclusivement par rapport à la droite CD, un raisonnement analogue nous conduit à cette conclusion que son centre appartient au lieu des points distants d'une longueur OF = OE de CD; or, ce lieu se compose à son tour des deux parallèles OO‴ et O′O″ menées à CD symétriquement par rapport à cette droite et à une distance OF.

Il résulte de tout cela que le point O appartenant à la fois aux deux lieux doit se trouver à leur intersection, et comme ces deux lieux sont deux couples concourants de parallèles, ils ont quatre points communs.

Le problème admet donc quatre solutions représentées par les quatre cercles égaux O, O′, O″, O‴ symétriques deux à deux par rapport à l'intersection I des deux droites données.

La construction est donc la suivante : mener à chacune des droites données, et de part et d'autre, une parallèle distante du rayon donné; les quatre intersections de ces parallèles sont les centres de quatre cercles qui répondent à la question.

Le problème est toujours possible.

215. II. *Construire un triangle connaissant un côté, l'angle opposé et la hauteur correspondante.*

Le problème étant supposé résolu, soit ABC (*fig.* 38) le triangle cherché, dans lequel on connaît le côté BC, l'angle A et la hauteur AD. Si l'on néglige la condition relative à la hauteur, on aura à considérer les triangles qui ont le côté BC et l'angle A communs; on sait que ces triangles ont leur sommet A sur un arc de cercle passant par BC et déterminant

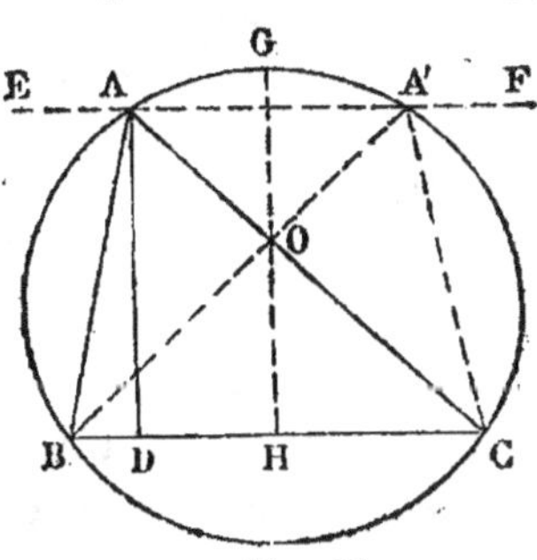

Fig. 38.

avec BC un segment capable de l'angle A. Faisant ensuite

abstraction de cette donnée de l'angle A pour tenir compte de la hauteur, on aura à considérer les triangles qui ont le côté commun BC et même hauteur AD ; ces triangles ont leur sommet sur la droite EF menée parallèlement à BC à une distance AD.

Le sommet du triangle cherché, devant être à la fois sur l'arc de cercle BAC et sur la droite EF, se trouvera à leur intersection A.

De là la construction suivante : décrire sur le côté donné un segment capable de l'angle donné et mener une droite parallèle à ce côté à une distance égale à la hauteur donnée : le troisième sommet du triangle cherché se trouve à l'intersection de ces deux lignes.

Discussion. — Menons par le centre O du cercle la perpendiculaire GH à BC et observons que de tous les triangles qui ont pour côté BC et dont l'angle opposé est sur l'arc BAC, celui dont la hauteur est maxima a son sommet A en G. Pour que le problème soit possible, il faut donc et il suffit que l'on ait $AD \leqslant GH$.

Si AD est inférieur à GH, les deux lieux se couperont et le problème aura deux solutions ; si AD est égal à GH, les deux lieux seront tangents et le problème n'aura qu'une solution ; enfin si AD est supérieur à GH, les deux lignes n'auront aucun point commun et le problème n'aura pas de solution.

Il est à remarquer que le second triangle A'BC que donne la deuxième solution du premier cas est le symétrique du triangle ABC et que par le retournement de l'un, ces deux triangles peuvent être amenés à coïncider exactement. On peut donc ajouter à ce qui précède que le problème, lorsqu'il est possible, ne conduit qu'à un seul triangle.

REMARQUE. — Chacun des deux lieux qui viennent de nous servir se compose en réalité de deux lignes symétriques par rapport, à BC ; il s'ensuit que le problème peut aussi comporter, à la rigueur, des solutions au-dessous de BC ; mais comme ces solutions sont identiques aux précédentes, on ne s'en occupe pas.

216. III *Construire le point d'où l'on voit sous le même angle trois longueurs consécutives prises sur une même droite.*

Imaginons le problème résolu et soit (*fig.* 39) P le point d'où l'on voit sous le même angle les longueurs AB, BC et CD prises

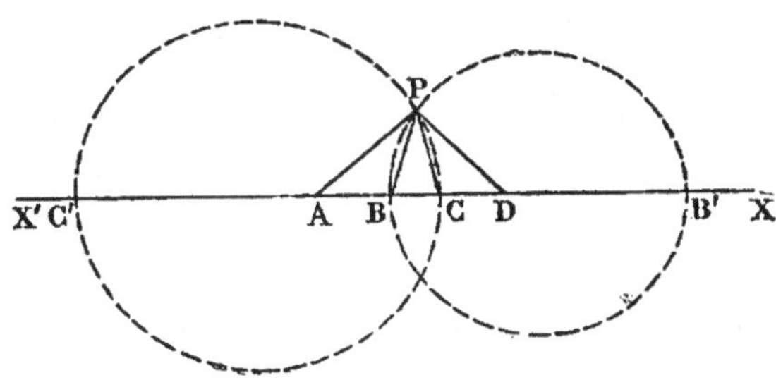

Fig. 39.

l'une à la suite de l'autre sur la droite X'X. Les deux angles APB et BPC étant égaux, la droite PB, dans le triangle APC, est bissectrice de l'angle APC, et l'on a

$$\frac{PA}{PC} = \frac{AB}{BC} = \text{constante.}$$

Il s'ensuit que le point P appartient au lieu des points dont le rapport des distances aux deux points fixes A et C est égal au rapport constant $\frac{AB}{BC}$; ce lieu est le cercle décrit sur le segment BB' comme diamètre, B' étant le conjugué harmonique de B par rapport aux deux points A et C (153 et 48, V).

D'un autre côté, les deux angles BPC et CPD étant égaux, la droite PC dans le triangle BPD est bissectrice de l'angle BCD, et l'on a

$$\frac{PB}{PD} = \frac{BC}{CD} = \text{constante.}$$

Le point P appartient donc au lieu des points dont le rapport des distances aux deux points fixes B et D est égal au rapport constant $\frac{BC}{CD}$: ce lieu est le cercle décrit sur le segment CC' comme diamètre, C' étant le conjugué harmonique du point C par rapport aux deux points B et D.

Il résulte de tout ce qui précède que le point P appartenant à la fois aux deux lieux doit se trouver à leur intersection.

De là la construction suivante : déterminer le conjugué harmonique B′ du point B par rapport aux deux points A et C, et décrire un cercle sur BB′ comme diamètre ; déterminer ensuite le conjugué harmonique C′ du point C par rapport aux deux points B et D, et décrire un cercle sur CC′ comme diamètre : la rencontre de ces deux cercles donne le point P.

Discussion. — 1° Supposons que les trois longueurs AB, BC et CD sont inégales, ainsi que nous l'avons implicitement admis dans ce qui précède (figure et raisonnement).

a) Si la plus petite longueur est comprise entre les deux autres, B′ est à droite de B, et C′ à gauche de C ; les deux cercles BB′ et CC′ se coupent en deux points symétriques par rapport à la droite X′X et le problème admet deux solutions.

b) Si la moyenne longueur est placée entre les deux autres (*fig*. 40), les deux points B′ et C′ sont situés d'un même côté

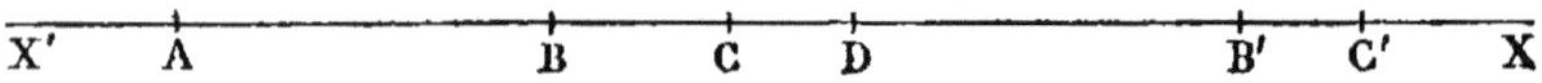

$$X' \quad A \qquad\qquad B \quad C \quad D \qquad\qquad\qquad B' \quad C' \quad X$$

Fig. 40.

par rapport à cette longueur et pour que les deux cercles BB′ et CC′ se coupent, il faut et il suffit que l'on ait

$$CC' > CB'.$$

Le problème admet alors, comme précédemment, deux solutions symétriques par rapport à X′X.

Lorsqu'on a

$$CC' = CB',$$

les deux cercles sont tangents, et comme leur point commun est sur la droite X′X, on dit qu'il n'y a pas, à vrai dire, de solution pour le problème envisagé, tous les points de la droite X′X jouissant comme le point P ainsi déterminé de la propriété d'être le sommet de trois angles nuls sous lesquels on voit les trois segments de droite considérés. Mais le point P est une solution pour le problème où il s'agirait de trouver un point tel que ses distances aux deux points A et C soient dans le rapport

$\dfrac{AB}{BC}$ et que ses distances aux deux points B et D soient dans

le rapport $\dfrac{BC}{CD}$.

Enfin lorsqu'on a $CC' < CB'$, les deux cercles n'ont aucun point commun et le problème n'admet aucune solution.

c) Si la plus grande longueur se trouve entre les deux autres, B' est à gauche de B et C' à droite de C ; dans ce cas les deux cercles BB' et CC' sont extérieurs l'un à l'autre et le problème n'a pas de solution.

2° Deux des trois longueurs AB, BC et CD sont égales et la troisième leur est inférieure.

d) Si la troisième est placée entre les deux autres, B' est à droite de B et C' à gauche de C : les deux cercles se coupent et le problème admet deux solutions symétriques par rapport à X'X.

e) Si les deux longueurs égales, AB = BC par exemple, sont contiguës (*fig.* 41), B' est à l'infini et le cercle BB' devient

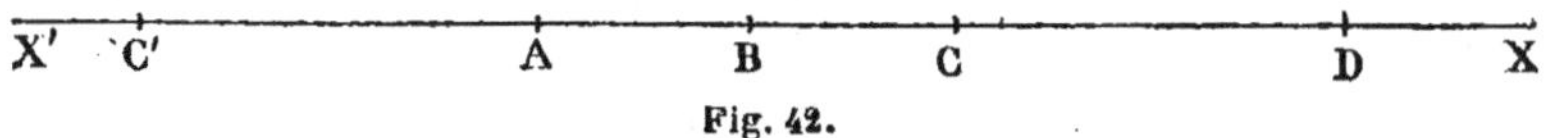

Fig. 41.

la perpendiculaire à X'X menée par B. Quant à C', il est à droite de C ; par conséquent le cercle CC' n'a aucun point commun avec la perpendiculaire qui passe en B : dans ce cas, le problème n'a pas de solution.

3° Deux des trois longueurs AB, BC et CD sont égales et la troisième leur est supérieure.

f) Si les deux longueurs égales, AB = BC par exemple, sont contiguës (*fig.* 42), B' est à l'infini et le cercle BB' devient

Fig. 42.

la perpendiculaire à X'X menée en B. Quant à C', il est à gauche de C, et le cercle CC' rencontre en deux points la perpendiculaire qui passe en B : le problème admet ici deux solutions symétriques par rapport à X'X.

g) Si la troisième longueur est entre les deux autres, B′ est à gauche de B, C′ à droite de C et les deux cercles n'ont aucun point commun : il n'y a pas de solution pour le problème.

4° Les trois longueurs AB, BC et CD sont égales. Les deux points B′ et C′ sont à l'infini, et les deux cercles BB′ et CC′ deviennent les perpendiculaires à X′X menées par les points B et C ; ces deux droites étant parallèles n'ont aucun point commun et le problème, dans cette hypothèse, n'admet aucune solution.

§ IV. — Méthode des figures semblables.

247. Un procédé assez fréquemment employé pour résoudre les problèmes graphiques de géométrie consiste dans la construction d'une figure semblable à la figure demandée et à passer ensuite de la première à la seconde, en s'appuyant généralement sur la connaissance d'une ligne ou de points de la figure à réaliser homologues d'une ligne ou de points de la figure auxiliaire : on le désigne sous le nom de *méthode des figures semblables*.

En voici quelques exemples.

248. I. *Construire un triangle connaissant les trois hauteurs.*

Désignons par a, b, c les trois côtés de ce triangle et par h, h' et h'' les trois hauteurs correspondantes. Dans un triangle, les trois produits obtenus en multipliant chaque côté par la hauteur correspondante sont égaux entre eux comme représentant le double de l'aire de ce triangle. On peut donc écrire

$$ah = bh' = ch''.$$

D'autre part, on sait que si d'un point pris hors d'un cercle on mène une sécante, le produit de la sécante entière par sa partie extérieure est constant. De sorte que si d'un point convenablement choisi à l'extérieur d'un cercle, on mène trois sécantes à ce cercle, de manière que les parties extérieures soient respectivement égales aux trois hauteurs du triangle cherché, en désignant par l, m, n les sécantes entières, on aura les relations

$$lh = mh' = nh'',$$

et en les divisant membre à membre par les premières, il viendra

$$\frac{l}{a} = \frac{m}{b} = \frac{n}{c}.$$

On voit par là que les sécantes entières ainsi obtenues seront proportionnelles aux trois côtés du triangle demandé. Pour avoir ce triangle, il suffira donc d'en construire un, ABC,

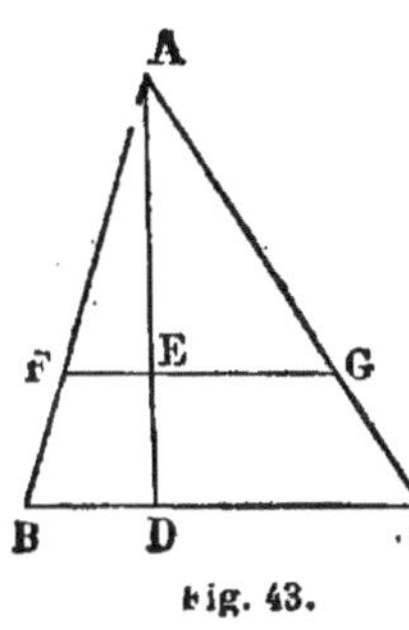

Fig. 43.

avec les trois longueurs l, m, n qui lui sera semblable (*fig*. 43); puis de mener par un des sommets A de ce triangle auxiliaire la hauteur AD, sur laquelle on portera à partir du point A une longueur AE égale à la hauteur du triangle cherché correspondante au côté dont BC est l'homologue; la parallèle FG menée à BC par le point E déterminera le triangle demandé AFG.

219. II. *Inscrire un carré dans un triangle donné.*

Soient ABC (*fig*. 44) le triangle donné et DEFG le carré à inscrire. Considérons que les deux droites

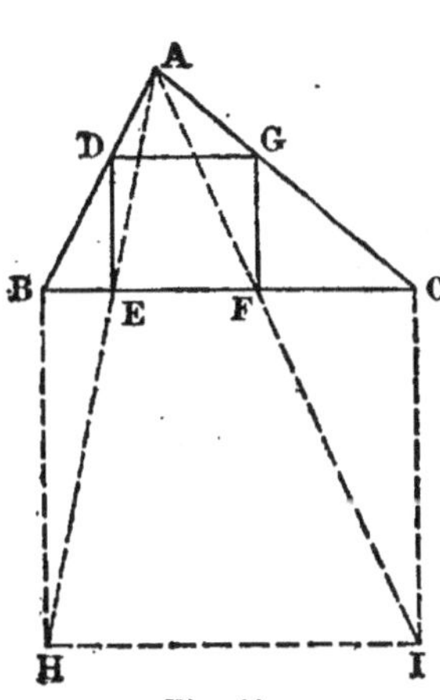

Fig. 44.

AB et AC issues du point A passent par les sommets D et G du carré à inscrire, et menons par le même point A les droites AE et AF qui passent par les deux autres sommets E et F du carré. En prenant alors le point A comme centre de similitude directe et la droite BC comme homologue de DG, si l'on mène par les points B et C des parallèles aux droites DE et GH jusqu'à leurs rencontres en H et I avec les droites AE et AF, en joignant H et I par une droite, on forme une figure BHIC semblable au carré inscrit, car cette figure est homotbétique du carré DEFG.

On peut d'ailleurs, sans faire appel à la théorie des figures homothétiques, démontrer tiès facilement que le quadrilatère BHIC est un carré.

Le problème se résout donc ainsi : construire, sur BC pris pour côté, un carré BHIC ; joindre par des droites les sommets H et I de ce carré au sommet A du triangle ; mener par les points de rencontre E et F de ces droites avec BC, des parallèles ED et FG à la direction HB ; joindre enfin les deux points D et G.

REMARQUE I. — Par une construction analogue, on peut résoudre des questions comme les suivantes :

1° *Inscrire dans un triangle donné un rectangle semblable à un rectangle donné.*

La construction est la même que la précédente.

2° *Inscrire dans un triangle donné* ABC *un triangle semblable à un second triangle donné de manière qu'un de ses sommets soit sur le côté* AB *et que le côté opposé à ce sommet soit parallèle à ce côté* AB.

On construit (*fig.* 45) sur le côté BC du triangle donné un triangle BHC semblable au second triangle donné, on joint le point H au point A et par l'intersection E des deux droites AH et BC on mène des parallèles ED et EG à HB et à HC, et l'on joint par une droite les deux points D et G : le triangle DEG est le triangle demandé comme étant l'homothétique de BHC par rapport au centre de similitude A.

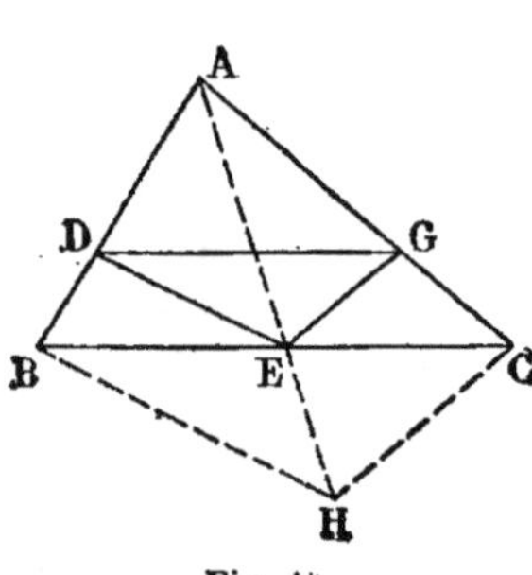

Fig. 45.

REMARQUE II. — Dans le procédé qui précède, et pour les trois problèmes considérés, au lieu de prendre le point A comme centre de similitude on aurait pu se servir d'un autre sommet quelconque du triangle, B par exemple, mener

la droite BG et construire la figure auxiliaire semblable à la
figure à construire (carré, rectangle ou triangle) en partant de
la connaissance du point A comme homologue du point D.

220. III. *Construire un triangle semblable à un triangle donné
et dont les sommets soient situés sur trois cercles concentriques
donnés par leurs rayons.*

Soit ABC (*fig.* 46) le triangle à construire de manière que ses

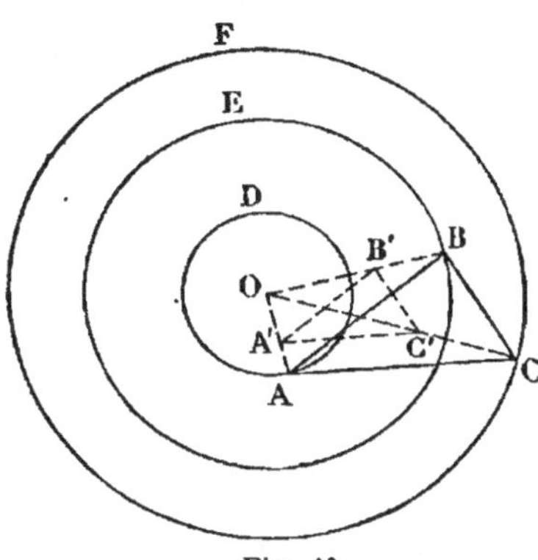

Fig. 46.

trois sommets se trouvent
sur les trois cercles D,E,F.

Considérons les rayons
OA, OB et OC, et par un
point quelconque A′ de
OA menons les deux pa-
rallèles A′B′ et A′C′ à AB et
à AC pour avoir des lon-
gueurs qui soient respec-
tivement proportionnelles
aux rayons OA, OB et OC.
En joignant les deux points

B′, C′ on forme un triangle A′B′C′ semblable au triangle ABC
comme étant son homothétique par rapport au point O.

La solution suivante du problème est dès lors la conséquence
de ces considérations : Construire un triangle A′B′C′ semblable
au triangle donné ; construire le lieu des points dont le rapport des distances à deux des sommets de ce triangle, A′ et B′
par exemple, soit égal au rapport des deux droites OA′ et OB′,
autrement dit des deux rayons connus OA et OB ; construire de
même le lieu des points dont le rapport des distances au troisième sommet C′ et à l'un des deux premiers, B′ par exemple,
soit égal au rapport des deux droites OC′ et OB′, autrement dit
des deux rayons connus OC et OB ; joindre l'intersection O de
ces deux lieux aux trois sommets du triangle A′B′C′ ; prolonger
ces droites jusqu'à leurs rencontres respectives en A, B, C avec
les cercles décrits du point O comme centre et ayant pour
rayons les trois longueurs données ; joindre enfin par des

droites les points **A, B** et **C,** pour avoir le triangle ABC demandé.

§ V. — Méthode de renversement.

221. On simplifie parfois d'une manière très sensible la résolution d'un problème graphique, en intervertissant l'ordre des constructions, c'est-à-dire en partant des inconnues pour remonter aux données de la question : ce procédé porte le nom de *méthode de renversement*. La figure que l'on obtient ainsi est égale ou semblable à celle que l'on veut réaliser. Dans le premier cas il est facile de la transporter au lieu et dans la position qu'elle doit occuper ; dans le second cas, il reste à construire une figure semblable à la figure auxiliaire connaissant une ligne de la première.

Quelques exemples vont éclairer ces indications.

222. I. *Mener une tangente à un cercle donné, de manière que la partie comprise entre les deux côtés d'un angle qui a son sommet au centre du cercle soit égale à une longueur donnée.*

Soient (*fig.* 47) le cercle donné O, l'angle AOB qui a son sommet au centre de ce cercle et la tangente AB à construire.

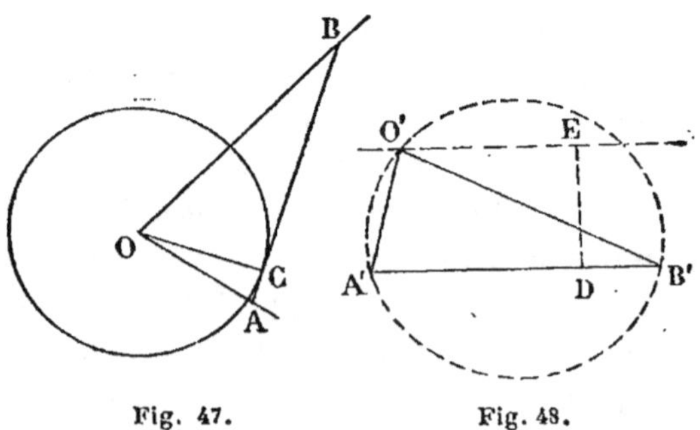

Fig. 47.   Fig. 48.

Dans le triangle AOB, on connaît le côté AB, l'angle opposé et la hauteur correspondante OC à ce côté, comme égale au rayon du cercle. On peut donc construire ce triangle en décrivant (*fig.* 48) sur une droite   A′B′ = AB   un segment

En voici l'application à quelques exemples.

226 I *Tracer une droite égale et parallèle à une droite donnée qui ait ses extrémités sur deux cercles donnés.*

Soient (*fig.* 52) les deux cercles donnés O et O′ ainsi que la droite *m* donnée en grandeur et en direction Si l'on déplace le cercle O′ de manière que son centre O′ décrive une droite O′O″ parallèle et égale à *m*, tous les points de ce cercle décriront des droites identi-

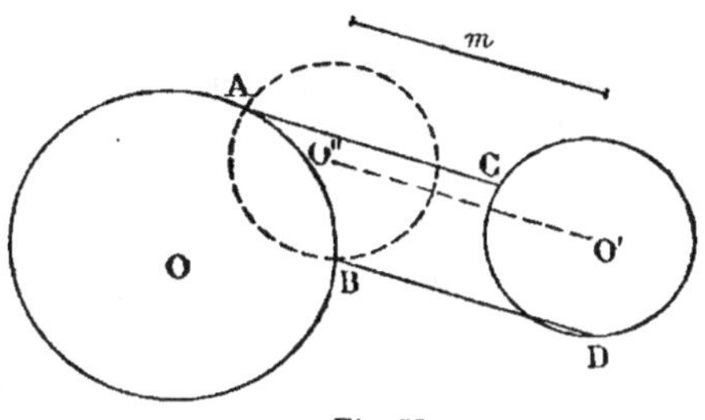
Fig. 52.

ques, et si dans sa position O″ le cercle mobile coupe, comme dans la figure, le cercle fixe O en deux points A et B, en menant par l'un de ces points, A par exemple, une parallèle à *m* jusqu'à sa rencontre en C du cercle O′, la droite AC sera la droite demandée.

Le problème aura deux solutions, une seule ou n'en admettra aucune, suivant que les deux cercles O et O″ seront sécants, tangents ou extérieurs l'un à l'autre.

227. II. *Inscrire dans un cercle donné un trapèze isocèle dont on connaît la hauteur et la différence des deux bases.*

Soit ABCD (*fig.* 53) le trapèze demandé. Si l'on transporte parallèlement à lui-même le côté BC de manière à l'amener dans la position ED, le triangle isocèle AED est déterminé par sa base qui est la différence des bases du trapèze et par sa hauteur qui est celle du trapèze. On peut donc le construire. En menant ensuite la perpendiculaire GO au milieu G de AD, et en traçant de l'une des

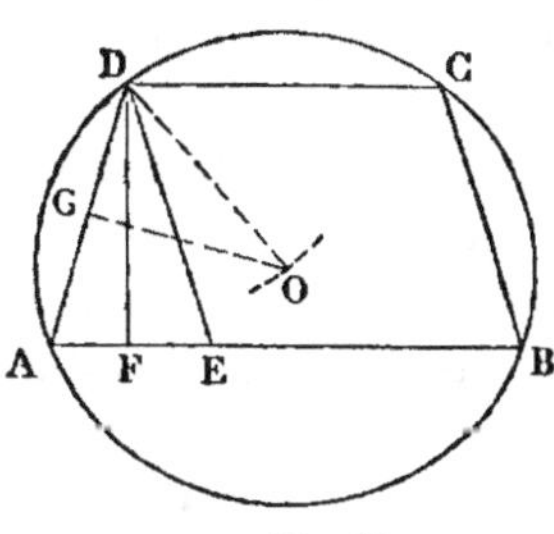
Fig. 53.

extrémités du côté AD comme centre, de D par exemple, un

arc de cercle avec un rayon égal à celui du cercle donné, l'intersection O de ces deux lignes donnera le centre du cercle circonscrit au trapèze. Pour compléter le trapèze, il suffira donc de décrire ce cercle, de prolonger AE jusqu'en B, de mener DC parallèle à AB, de joindre enfin les deux points B et C. Dans l'ensemble, on aura ainsi une figure égale à celle qui est à réaliser. Il ne restera plus qu'à transporter le trapèze isocèle ABCD ainsi obtenu dans le cercle qu'il doit occuper.

Le problème n'est possible qu'autant que le cercle DO rencontre la perpendiculaire GO à droite de DF. Si la rencontre se fait sur DF, le trapèze isocèle se réduit à un triangle.

228 III. *Construire un cercle tangent à un cercle donné et à une droite donnée en un point donné.*

Remarquons d'abord que le cercle à construire peut occuper deux positions différentes : être tangent au cercle donné extérieurement ou intérieurement. D'où deux cas à considérer, que nous allons examiner successivement.

1° Soit le cercle O' tangent extérieurement au cercle donné O et tangent à la droite donnée AB au point C (*fig.* 54).

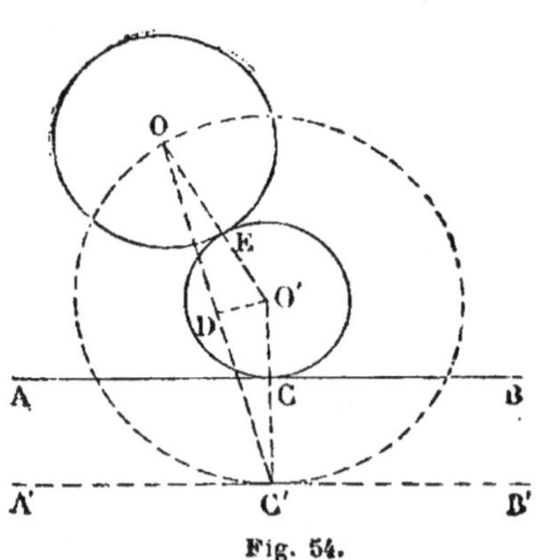

Fig. 54.

Si l'on déplace parallèlement à elle-même la droite AB, d'une longueur égale au rayon du cercle O, pour lui donner la position A'B', le point C venant en C', le cercle qui aura O' pour centre et O'C' pour rayon sera tangent à la droite A'B' au point C' et passera par le centre O du cercle donné. Or il est facile de déterminer le centre O' de ce cercle car il est l'intersection des deux perpendiculaires menées l'une à A'B' par le point C' et l'autre à OC' par son milieu.

De là la construction suivante pour résoudre le problème

proposé : mener par le point C une perpendiculaire à AB ; porter sur cette perpendiculaire, à partir de AB et du côté opposé au cercle O, une longueur CC′ égale au rayon de ce cercle ; joindre par une droite les deux points O et C′, et mener une perpendiculaire au milieu de cette droite : l'intersection des deux perpendiculaires CO′ et DO′ est le centre du cercle demandé. Il convient de déterminer le point de contact E avec le cercle O en joignant les deux centres O et O′.

2° Soit le cercle O′ tangent intérieurement au cercle donné O et tangent à la droite donnée AB au point C (*fig.* 55).

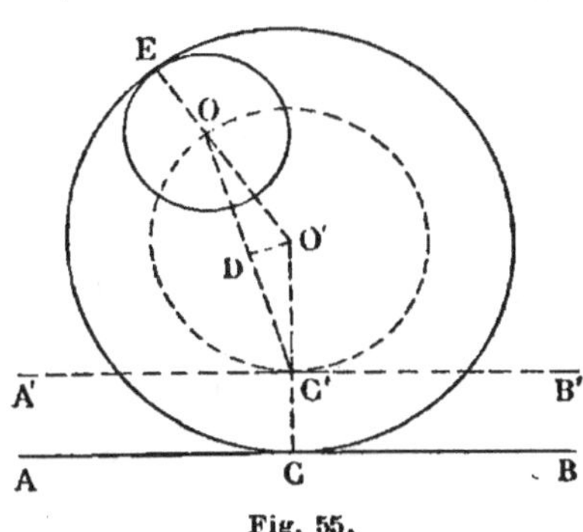

Fig. 55.

Si l'on déplace parallèlement à elle-même la droite AB d'une longueur égale au rayon du cercle O, de manière qu'elle vienne occuper la position A′B′ et le point C la position C′, le cercle qui aura O′ pour centre et O′C′ pour rayon sera tangent à la droite A′B′ en C′ et passera par le centre O du cercle donné. Or le centre O′ de ce cercle est l'intersection des deux perpendiculaires menées l'une à A′B′ par le point C′ et l'autre à OC′ par son milieu D.

De ces considérations on déduit la construction suivante qui donne la seconde solution du problème : mener à AB, par le point C, une perpendiculaire sur laquelle on détermine un point C′ situé, à partir de AB et du côté du cercle O, à une distance CC′ égale au rayon de ce cercle ; joindre par une droite le point C′ au point O, et mener une perpendiculaire à OC′ par son milieu : l'intersection des deux perpendiculaires CO′ et DO′ est le centre du cercle demandé, dont le point de contact E avec le cercle O s'obtient en joignant les deux centres O et O′ et prolongeant au delà de O la droite obtenue.

§ VII. — Méthode des rotations.

229. La résolution des problèmes graphiques emprunte aussi des moyens de simplification à un procédé qui consiste également ment dans le déplacement d'une figure ou d'une portion de figure dans son plan, mais en la faisant tourner autour d'un point fixe du plan, et ce procédé porte le nom de *méthode des rotations*.

Quelques exemples vont le faire comprendre.

230. I. *Construire un triangle semblable à un triangle donné de manière que l'un de ses sommets soit situé en un point donné et que les deux autres se trouvent sur deux droites parallèles données.*

Soit ABC (*fig.* 56) le triangle demandé. Si on le fait tourner

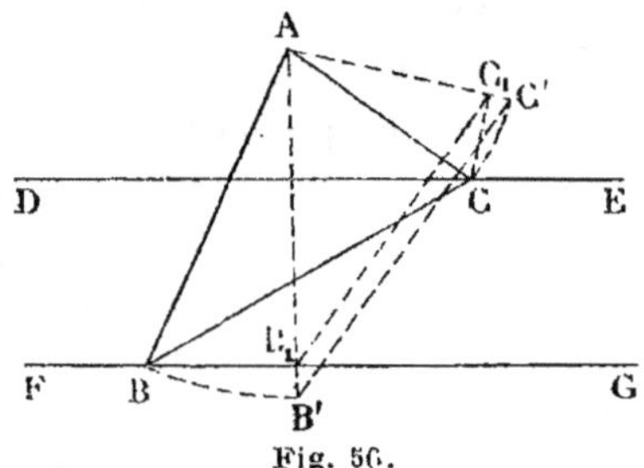

autour du sommet A situé au point donné, de manière que le côté AB vienne se placer perpendiculairement aux parallèles DE et FG sur lesquelles se trouvent ses deux autres sommets, il prendra la position AB'C', et si l'on mène alors,

par l'intersection B_1 de AB' avec FG, la parallèle B_1C_1 à B'C', on forme un triangle AB_1C_1 semblable à AB'C' et par suite au triangle donné ; on peut le construire parce qu'on en connaît le côté AB_1. Remarquons d'autre part que si l'on joint les deux points C et C_1 on obtient un triangle ACC_1 semblable au triangle ABB_1 ; les angles CAC_1 et BAB_1 sont en effet égaux comme représentant chacun l'angle de rotation, et le rapport $\dfrac{CA}{C_1A}$ des deux côtés qui comprennent le premier angle est égal au rapport $\dfrac{BA}{B_1A}$ des deux côtés qui comprennent le second, car en considérant les deux triangles semblables B_1AC_1 et BAC, les côtés C_1A et B_1A du premier sont les côtés homologues des côtés CA et BA du second. Il résulte de cette similitude des deux triangles ACC_1 et ABB_1 que l'angle AC_1C est droit comme son égal AB_1B.

De là la solution suivante du problème : mener du point A la perpendiculaire AB_1 sur la parallèle FG ; construire sur AB_1 un triangle AB_1C_1 semblable au triangle donné ; élever en C_1 une perpendiculaire C_1C à AC_1 ; joindre par une droite les points A et C ; faire en A avec la droite AB_1 un angle $B_1AB = C_1AC$ et mener la droite BC.

Remarque. — Le problème comporte une seconde solution si les deux sommets B et C ne sont pas assujettis à se trouver respectivement sur les parallèles FG et DE, car alors le sommet C peut être situé sur FG et le sommet B sur DE.

La solution s'obtiendrait par une construction analogue.

231. II. *Inscrire dans un parallélogramme donné un rectangle dont on donne l'angle des diagonales.*

Soit ABCD (*fig.* 57) le rectangle à construire dans le parallélogramme EFGH. Son centre coïncide nécessairement avec celui du parallélogramme. Si l'on fait tourner autour du centre commun O des deux figures le côté FG du parallélogramme d'un angle égal à l'angle des diagonales du rectangle, ce côté vient prendre la position F'G' et le point B se superpose au point C puisque les demi-diagonales OB et OC sont égales.

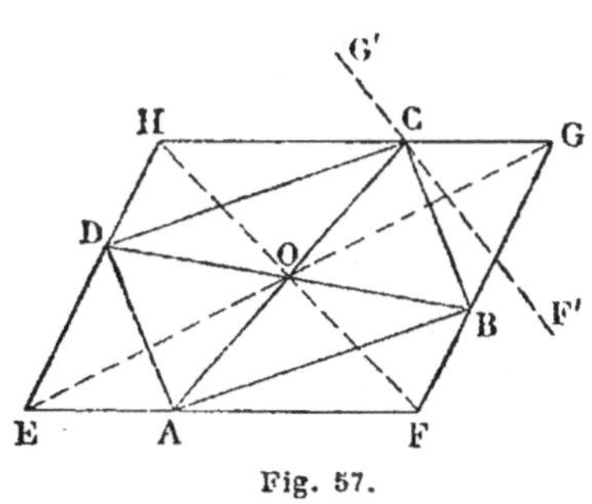

Fig. 57.

La détermination du point C résulte donc de l'intersection du côté HG du parallélogramme donné avec la droite F'G' qui représente la position du côté FG après sa rotation autour du centre O du même parallélogramme. Et ce point étant connu, pour achever la figure il ne reste plus qu'à mener la droite CO et à la prolonger jusqu'en A : ce sera une diagonale du rectangle; à faire en O, avec OC, un angle COB égal à l'angle donné des diagonales du rectangle, à prolonger BO jusqu'en D : ce sera la seconde diagonale du rectangle ; à joindre enfin consécutivement les extrémités A, B, C et D de ces diagonales.

232. III. *Inscrire dans un triangle donné un triangle semblable à un second triangle donné et de manière qu'un de ses sommets soit situé en un point donné d'un des côtés du premier.*

Soit DEF (*fig.* 58) le triangle demandé, l'un de ses sommets se trouvant au point donné D du côté AB du triangle ABC dans

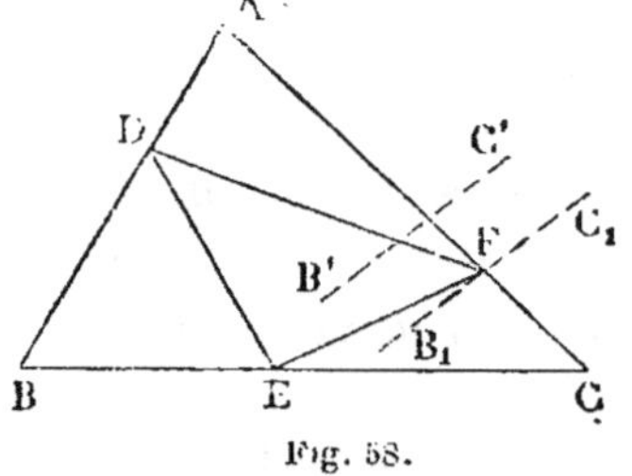

Fig. 58.

lequel l'inscription doit avoir lieu.

Faisons tourner le côté BC du triangle ABC autour du point D, d'un angle égal à l'angle EDF : il viendra prendre la position B'C'. Si, prenant alors le point D comme centre de similitude, on construit la droite homothétique de B'C' de manière que le rapport d'homothétie soit égal au rapport $\dfrac{DF}{DE}$, cette droite B_1C_1 sera parallèle à B'C' et passera nécessairement au point F.

De ces considérations on déduit la solution suivante du problème : Faire tourner la droite BC autour du point donné D d'un angle égal à l'angle connu EDF ; construire par rapport au point D pris comme centre de similitude la droite homothétique B_1C_1 de la nouvelle position B'C' de BC, en prenant pour rapport d'homothétie le rapport connu $\dfrac{DF}{DE}$; placer à l'intersection F des deux droites AC et B_1C_1 le second sommet du triangle cherché ; faire au point D avec DF un angle égal à l'angle connu FDE, et prolonger jusqu'en E qui devient le troisième sommet ; il ne reste plus qu'à joindre par une droite les deux points E et F pour avoir le triangle demandé.

§ VIII. — Méthode de retournement ou de symétrie.

233. Par la *méthode de retournement* ou *de symétrie* on fait prendre à certaines données de la figure à réaliser une position provisoire, au moyen d'un retournement ou d'une construction symétrique de ses données, afin de rapprocher des éléments ou de leur donner une autre disposition dans le but de rendre plus visible ou plus commode la construction à effectuer.

234. I. *Déterminer sur une droite donnée un point dont la somme des distances à deux points donnés situés d'un même côté de la droite soit minimum.*

Soit C (*fig.* 59) le point de la droite X'X dont la somme des distances aux points A et B est minimum. Construisons par

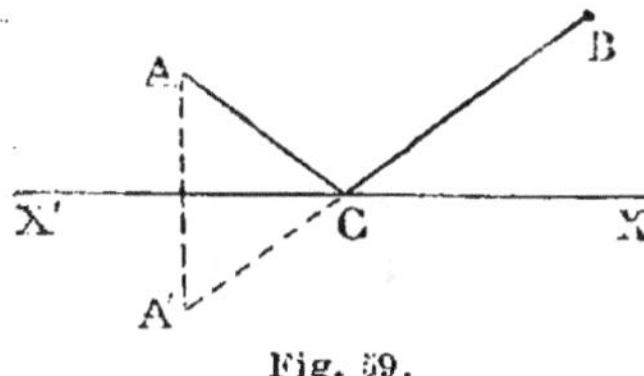

Fig. 59.

rapport à X'X le symétrique A' du point A et joignons par une droite les points A' et C. La somme des distances AC + CB se traduit par l'expression A'C + CB et son minimum doit être le même que celui de A'C + CB. Or ce dernier n'est assujetti qu'à exprimer le plus court chemin du point A' au point B, car les deux lignes X'X et A'CB auront toujours un point commun puisque les extrémités A' et B de la seconde sont situées de part et d'autre de la première. Ce plus court chemin sera donc la ligne droite.

La solution du problème est ainsi la suivante : Construire par rapport à la droite donnée X'X le symétrique de l'un des points donnés, de A par exemple ; joindre par une droite le point A' ainsi obtenu au point B : l'intersection des deux droites X'X et A'B donne le point C demandé.

REMARQUE I. — Ce problème trouve son application dans la réflexion de la lumière sur un miroir plan et dans le jeu du billard.

REMARQUE II. — Par des constructions analogues on peut résoudre des problèmes comme les suivants :

1° *Etant donnés deux points à l'intérieur d'un angle, trouver le chemin minimum pour aller d'un point à l'autre en touchant les deux côtés de l'angle;*

2° *Déterminer sur une droite donnée un point tel que les tangentes menées de ce point à deux cercles situés d'un même côté de la droite fassent le même angle avec cette droite.*

235. II. *Dans un triangle, on mène de l'un des sommets une droite qui détermine deux segments additifs sur le côté opposé. Trouver sur cette droite un point d'où les deux segments soient vus sous le même angle.*

Soit O (*fig*. 60) le point de la droite AD du triangle ABC d'où l'on voit sous le même angle les deux segments BD et DC. En

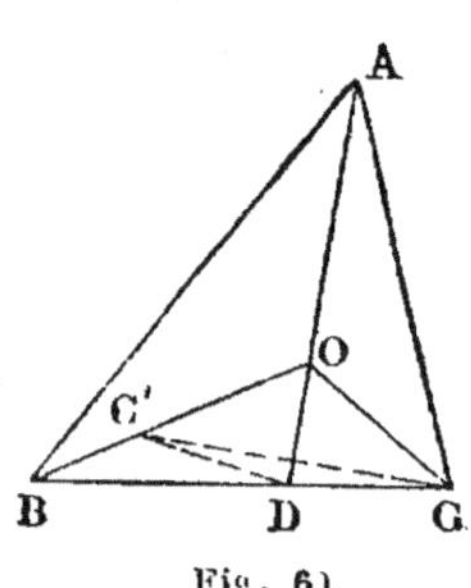

Fig. 60.

faisant tourner autour de AD le triangle ODC pour le rabattre sur le triangle ODB, l'angle COD, égal à l'angle BOD, s'y appliquera exactement et le point C' se placera sur la droite BO.

Il suit de là que la solution du problème sera la suivante : Construire par rapport à la droite AD le point symétrique de l'une des extrémités du côté BC, de C par exemple ; joindre le point C' ainsi obtenu au point B et prolonger la droite BC' qui donne par sa rencontre avec AD le point O demandé.

REMARQUES. — Le point O ne se trouve pas nécessairement entre le point A et le point D ; il est au-dessous du point D lorsque le plus petit des deux segments BD et DC est adjacent au plus grand des deux angles en D.

Lorsque la droite AD est perpendiculaire à BC et que les côtés AB et AC sont inégaux, le point O vient en D et les deux angles sous lesquels on voit de ce point les deux segments sont nuls ; mais comme cette propriété est commune à tous les points de BC, on n'a pas à vrai dire une solution, on peut même dire que dans ce cas le problème n'en admet pas.

Si la droite AD restant perpendiculaire à BC, les côtés AB et AC sont égaux, tous les points de AD considérée comme indéfinie répondent à la question, qui admet alors une infinité de solutions.

236. III. *Construire un triangle connaissant deux côtés et la différence des deux angles adjacents au troisième côté.*

Soit le triangle ABC (*fig.* 61) dans lequel on connaît les deux côtés AB et AC ainsi que la différence des deux angles C et B.

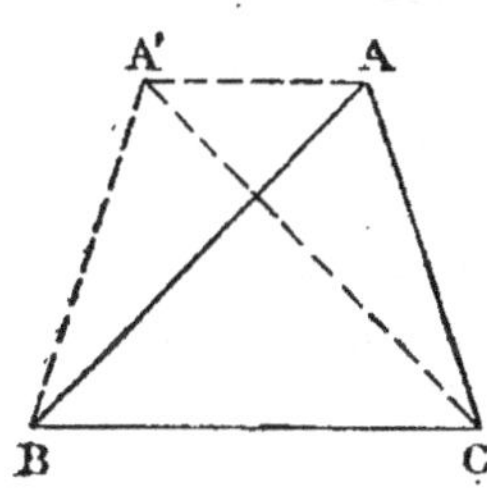

Si l'on retourne ce triangle de manière à lui faire occuper la position A'BC, et que l'on mène ensuite la droite AA', qui est parallèle à BC, on détermine un triangle ACA', dans lequel on connaît, d'une part, l'angle ACA' comme étant égal à l'excès de l'angle ACB sur l'angle ABC, puisqu'on a $\widehat{A'CB} = \widehat{ABC}$, d'autre part, les deux côtés AC et A'C = AB, qui comprennent cet angle : on peut dès lors construire ce triangle ACA', et la figure à réaliser s'achève ensuite facilement.

La solution du problème se résume ainsi : construire le triangle ACA' avec les deux côtés donnés en comprenant entre ces côtés la différence d'angles donnée ; mener la droite CB parallèlement à AA' et décrire du point A comme centre avec un rayon AB égal à CA' un arc de cercle qui détermine par sa rencontre avec la droite CB le troisième sommet B du triangle demandé.

237. IV. *Inscrire dans un cercle donné un quadrilatère dont on connaît deux côtés opposés et la somme des deux autres.*

Soit ABCD (*fig.* 62) le quadrilatère demandé, dans lequel on connaît les deux côtés AD et BC et la somme des deux autres AB + DC.

Si l'on retourne le triangle ADC, de manière à lui faire

occuper la position AD′C, on pourra inscrire dans le cercle
le triangle BCD′, puisqu'on en connaîtra les deux côtés consécutifs BC et CD′. Mais cette opération a déterminé dans la figure le triangle ABD′, dont le côté BD′ est connu comme étant en même temps un côté du triangle BCD′, dont la somme des deux autres côtés AB + AD′ est égale à la somme donnée AB + DC, et

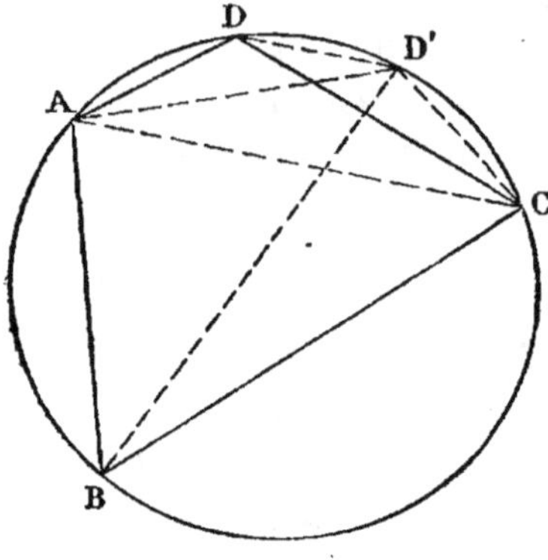

Fig. 62.

dont l'angle BAD′ est le supplément de son opposé BCD′ dans le quadrilatère inscrit ABCD′. Ce triangle peut donc être construit et son sommet A donne un troisième sommet du quadrilatère cherché ; le quatrième, D, se trouve sur la parallèle D′D à CA.

De ces considérations découle la solution suivante du problème : Porter successivement comme cordes du cercle les longueurs données BC et CD′ = AD ; mener la droite BD′ ; construire sur BD′ un triangle ABD′ dont on donne un côté BD′, la somme des deux autres AB et AD′ = DC et dont le sommet opposé au premier côté est sur le cercle donné ; joindre le sommet A ainsi obtenu au sommet C ; mener D′D parallèle à CA jusqu'à sa rencontre en D avec le cercle ; enfin joindre le point D aux points A et C.

Nous admettons que le problème est possible par le choix de ses données, car notre but ici est uniquement de faire connaître une méthode.

Remarque I. — Pour la construction d'un triangle dans les conditions où se présente le triangle ABD′, nous renvoyons le lecteur au n° 278.

Remarque II. — Par une construction analogue on peut résoudre le problème suivant :

Inscrire dans un cercle donné un quadrilatère dont on connaît deux côtés opposés et le rapport des deux autres.

§ IX. — Méthode des figures inverses.

238. Cette méthode, qui nous a déjà servi à démontrer certains théorèmes, est une des plus fécondes de la Géométrie ; nous allons l'appliquer à la résolution de quelques problèmes.

239. I. *Mener par l'un des points d'intersection de deux cercles une droite telle que le produit des deux cordes interceptées soit égal à un carré donné* m^2.

Soient les deux cercles O et O' (*fig.* 63), A le point d'intersection par lequel doit être menée la droite demandée, et ABC cette droite. On doit avoir

$$AB \times AC = m^2.$$

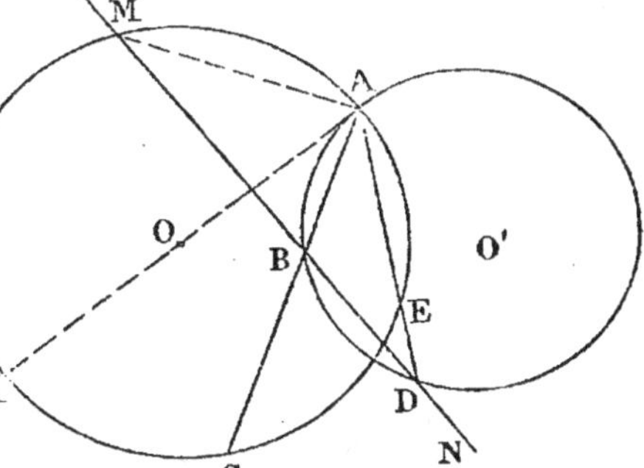
Fig. 63.

En faisant abstraction du cercle O', le lieu du point B est la figure inverse du cercle O par rapport au point A. Le point B devant donc se trouver à la fois sur le cercle O' et sur l'inverse du cercle O, se trouvera à leur intersection.

La question revient donc, en prenant le point A pour centre d'inversion et m^2 pour puissance d'inversion, à construire l'inverse du cercle O, qui est ici une droite ; pour cela, il suffit de mener du point A une corde AM $= m$ et d'abaisser du point M une perpendiculaire sur le diamètre AA' : cette perpendiculaire MN est la droite inverse du cercle O. Elle rencontre le cercle O' en deux points B et D ; en joignant l'un d'eux par une droite au point A, on a la droite demandée.

Il est à remarquer que le problème admet deux solutions, une seule ou n'en admet aucune, suivant que la droite MN est sécante, tangente ou extérieure au cercle O'.

240. II. *Construire un cercle tangent à deux cercles donnés et passant par un point donné.*

Soient O et O' les deux cercles donnés (*fig. 64*), A le point donné et O″ le cercle demandé.

Si l'on construit la figure inverse de chacun des cercles, en prenant le point A pour centre d'inversion et en choisissant, pour simplifier, la puissance d'inversion de manière que l'un

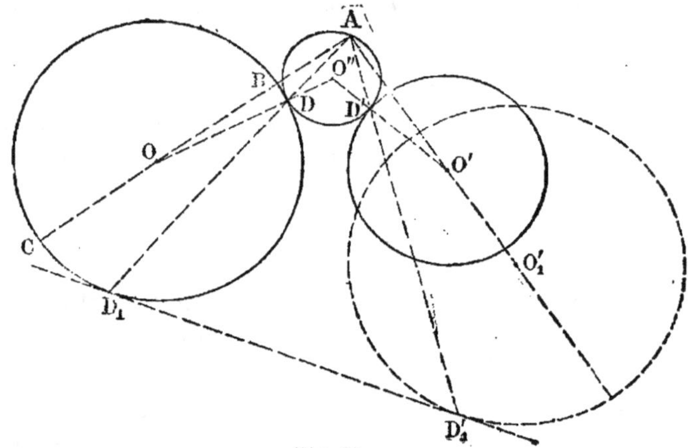

Fig. 64.

des cercles, O par exemple, soit son propre inverse, ces deux cercles O et O' auront des cercles O et O'₁ pour figures inverses et le cercle O″, qui passe par le point A, aura pour inverse une droite qui sera tangente aux deux cercles O et O'₁.

La solution du problème est donc la suivante : construire l'inverse du cercle O' en prenant le point A pour centre d'inversion et pour puissance d'inversion la puissance $AB \times AC$ du point A par rapport au cercle O ; mener une tangente D₁D'₁ commune au cercle O et à l'inverse O'₁ du cercle O', et construire ensuite l'inverse de cette tangente : le cercle O″ qui résulte de cette dernière opération, et qui passe par les inverses D et D' des points de contact de la tangente D₁D'₁ avec les cercles O et O'₁, est le cercle demandé.

Comme le problème de la tangente commune à deux cercles

peut avoir quatre solutions, il s'ensuit que le proposé en admet en général le même nombre.

Remarque. — On ramène d'ordinaire le problème suivant à celui que nous venons de résoudre lorsqu'on fait usage de la méthode des figures inverses pour en obtenir la solution :

Construire un cercle tangent à trois cercles donnés.

Pour cela, les trois cercles donnés étant O, O′, O″ (*fig.* 65) et le cercle cherché O_1, si parmi les cercles donnés O″ est celui de moindre rayon, en décrivant un cercle concen-

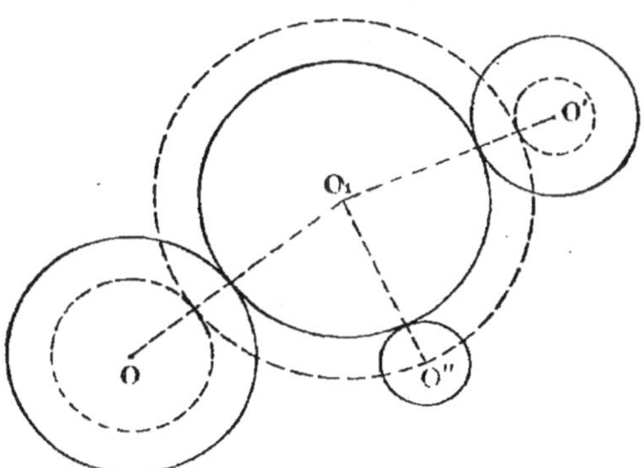

Fig. 65.

trique dans chacun des deux autres avec un rayon égal à l'excès de son propre rayon sur celui du cercle O″, le cercle décrit de O_1 avec un rayon égal à son propre rayon augmenté de celui de O″, passera par le point O″ et sera tangent à chacun des seconds cercles O et O′. On substitue donc ainsi, au cercle O_1 tangent aux trois cercles donnés, un cercle concentrique assujetti à passer par le point O″ et à être tangent aux deux cercles de rayons connus et concentriques aux cercles O et O′.

Comme le cercle O_1 peut être tangent extérieurement ou intérieurement aux trois cercles, qu'il peut dans son contact les envelopper successivement puis séparément ou par deux, le problème admet en général huit solutions.

On donne à cette question le nom de problème d'Apollonius.

241. III. *Inscrire dans un cercle donné un quadrilatère dont les côtés passent chacun par un point donné.*

Nous emprunterons à M. Petersen la solution suivante, à laquelle nous ajouterons une figure pour la rendre plus facile à comprendre.

Soient (*fig.* 66) le cercle donné O, et les points a, b, c, d par lesquels doivent passer les côtés AB, BC, CD, DA du quadrilatère à construire. Ces points servent de centre d'in-

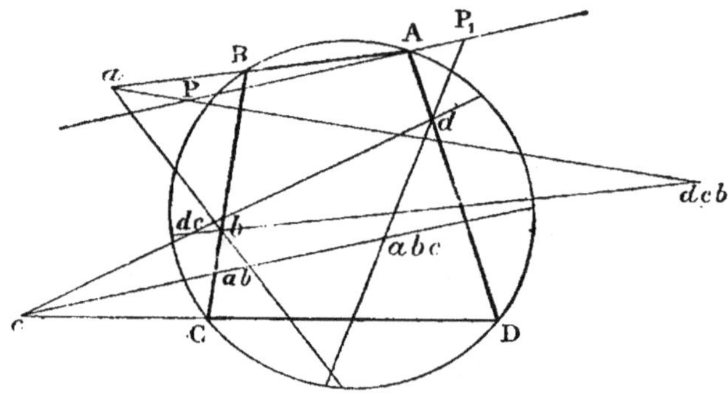

Fig. 66.

version et l'on prend pour chacun d'eux, comme puissance d'inversion, sa puissance par rapport au cercle. Cela dit, considérons un des sommets de ce quadrilatère, A par exemple ; si l'on en prend l'inverse successivement par rapport à chacun des points a, b, c, d, il revient en A. D'autre part, soit P le point obtenu en faisant l'inversion du point d successivement autour des points c, b et a. Menons la droite PA et prenons-en l'inverse successivement par rapport aux points a, b, c et d; elle donne d'abord un cercle qui passe par les points a, B et (dcb), puis un deuxième cercle qui passe par les points (ab), C et (dc), puis un troisième cercle qui passe par les points (abc), D et d, enfin une droite P₁A qui passe par le point A et l'inverse P₁ de (abc) par rapport au point d.

Le point P₁ s'obtient, d'après ce qui précède, en prenant

l'inverse du point a successivement par rapport aux points b, c, d. Or les deux droites P_1A et PA sont telles que la première résulte de la seconde par quatre inversions successives, et comme ces opérations ne peuvent altérer ni la valeur, ni le sens de l'angle que fait la droite PA avec le cercle, il en résulte que l'angle que fait la droite P_1A avec le même cercle est égal au premier et de même sens, par suite, que ces deux droites n'en forment qu'une seule qui passe par le point A.

De là la solution suivante du problème : construire l'inverse P du point d successivement par rapport aux points c, b, a; construire de même l'inverse P_1 du point a successivement par rapport aux points b, c, d; la droite PP_1 par son intersection avec le cercle donne le point A. En joignant A et a on obtient le sommet B; en joignant B et b, on obtient le sommet C, et ainsi de suite.

Remarque. — Cette solution peut s'appliquer à un polygone quelconque d'un nombre pair de côtés.

Si le nombre de côtés est impair, la solution est un peu différente.

On donne à cette question le nom de problème de Castillon.

§ X. — Méthodes de recherche des lieux géométriques.

242. Nous avons exposé plus haut la méthode des lieux géométriques pour la résolution des problèmes graphiques de géométrie et nous l'avons appliquée à quelques-uns de ces problèmes, mais nous n'avons pas encore fait connaître les procédés employés pour la recherche même de ces lieux. C'est ce que nous allons faire ici.

Rappelons d'abord qu'on appelle lieu géométrique une ligne ou une surface dont tous les points, à l'exclusion de tout autre, jouissent d'une propriété commune.

Pour établir qu'une ligne ou une surface est un lieu répondant à une condition donnée, il faut donc démontrer que tout point pris sur cette ligne ou cette surface appartient au lieu et que tout point pris hors de cette ligne ou de cette surface n'appartient pas au lieu.

243. Lieux plans. — Nous nous occuperons d'abord des lieux dont toutes les parties sont situées dans un même plan et qu'on appelle pour cela des *lieux plans*.

L'exemple qui suit répond aux considérations qui précèdent.

244. I. *Le lieu des points d'où l'on voit sous un angle donné un segment de droite donné se compose de deux arcs de cercle symétriques par rapport au segment et passant par ses deux extrémités.*

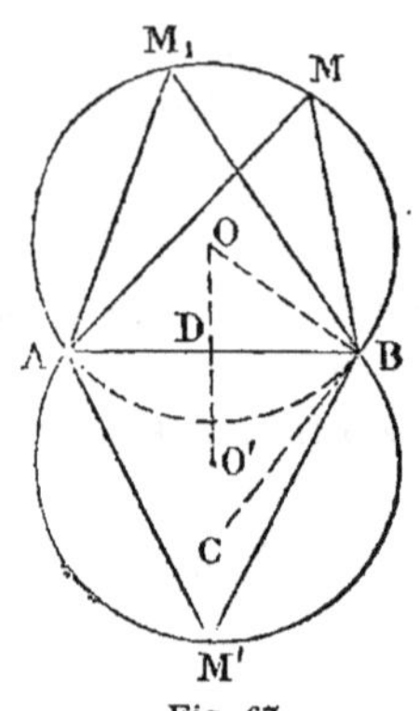

Fig. 67.

Soient AB (*fig*. 67) le segment de droite et M un point du lieu. Si par les trois points A, M, B on fait passer le cercle qu'ils déterminent, l'arc AMB est une moitié du lieu ; l'autre moitié est formée du symétrique AM'B de cet arc.

Il s'agit d'abord de démontrer que tout point pris sur l'un ou l'autre de ces arcs appartient au lieu. Soit un point quelconque M_1. Si l'on joint ce point ainsi que le point M aux extrémités A et B de la droite AB, on obtient deux angles AM_1B et AMB qui sont égaux comme inscrits dans un même segment de cercle : M_1 est donc sur le lieu. Pour démontrer qu'un point M' de l'arc inférieur appartient au lieu, on considère l'angle AM'B, et l'on voit qu'il est aussi égal à l'angle AMB comme inscrit dans un segment AM'BA symétrique du précédent et par conséquent capable du même angle.

Il reste à prouver que tout point pris hors des deux arcs AMB et AM'B n'appartient pas au lieu. Et pour cela il suffit de dire que tout angle qui aura son sommet en dehors ou à l'intérieur de l'ensemble de ces arcs et dont les côtés passeront par les points A et B sera par cela même plus petit ou plus grand que l'angle AMB.

On construit ce lieu en remarquant que l'angle ABC, formé à l'une des extrémités de la droite donnée de manière que son côté BC soit tangent au cercle O, est égal à l'angle AMB comme ayant l'un et l'autre pour mesure la moitié de l'arc ADB. La construction est donc la suivante : faire en B avec AB, et au-dessous, un angle ABC égal à l'angle donné ; élever la perpendiculaire DO au milieu de AB et la perpendiculaire BO à la droite BC : le point de rencontre O de ces deux perpendiculaires donne le centre de l'arc AMB dont le rayon est OB.

Pour avoir l'arc AM'B, il suffit de prolonger, au-dessous de AB, la perpendiculaire DO d'une longueur DO' égale à DO ; le point O' est le centre de cet arc qui a même rayon que le précédent.

On peut aussi, pour démontrer qu'une figure est un lieu, prouver d'abord, comme dans la question suivante, que tout point du lieu appartient à la figure, et, réciproquement, que tout point de la figure appartient au lieu.

24. II. *Le lieu des points dont les distances à deux points fixes sont dans un rapport constant donné est un cercle*([1]).

Soient A et B (*fig.* 68) les deux points fixes et M un point du lieu.

Si l'on mène les bissectrices MC et MD de l'angle AMB et de son supplément BME, on obtient par leur intersection avec AB et son prolongement deux points C et D qui déterminent chacun sur AB deux segments dont le rapport, en considérant les termes avec leur valeur absolue, $\dfrac{CA}{CB}$ est égal à $\dfrac{MA}{MB}$, c'est-à-dire au rapport constant donné. Il s'ensuit que les deux points C et D sont deux

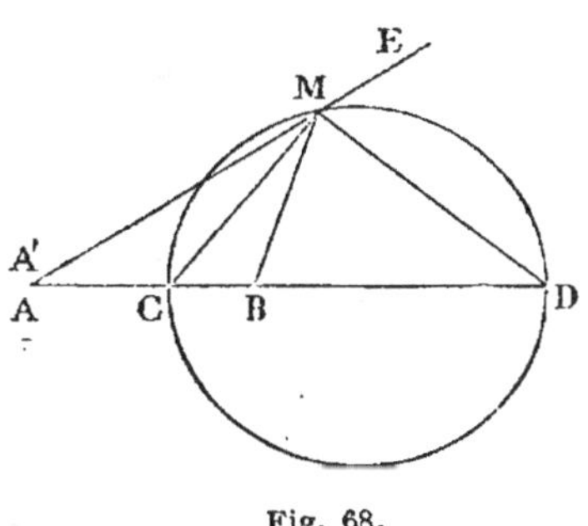

Fig. 68.

tant donné. Il s'ensuit que les deux points C et D sont deux

([1]) Lieu précédemment énoncé (48, V).

points fixes qui appartiennent au lieu. D'autre part les deux bissectrices MC et MD forment en M un angle droit dont les côtés sont assujettis à passer, d'après ce qui précède, par les points C et D ; il en résulte que le point M se trouve sur un cercle ayant pour diamètre la longueur CD.

Réciproquement, tout point M du cercle appartient au lieu. En effet, après avoir mené les droites MD, MB et MC, si l'on fait en M, avec MC, un angle CMA′ égal à l'angle CMB, les droites MC et MD seront bissectrices de l'angle A′MB et de son supplément et elles détermineront sur A′B des segments tels que l'on aura

$$\frac{CA'}{CB} = -\frac{DA'}{DB},$$

ou

$$\frac{CA'}{DA'} = -\frac{CB}{DB},$$

ce qui peut s'écrire

$$\frac{A'C}{A'D} = -\frac{BC}{BD},$$

c'est-à-dire que le point A′ est le conjugué harmonique du point B par rapport à CD, et comme déjà le point A est ce conjugué harmonique, A′ coïncide avec A. Il s'ensuit que le rapport $\frac{MA}{MB}$, égal en valeur absolue au rapport $\frac{CA}{CB}$, est égal au rapport constant donné et par conséquent le point M appartient au lieu.

Enfin il est des cas où il suffit d'établir que tout point qui satisfait à la condition du lieu se trouve sur une figure. C'est lorsque le tracé du lieu par un de ses points est la conséquence de cette condition, comme dans le problème suivant :

246. III. *Un triangle variable, mais qui reste toujours semblable à lui-même, tourne autour d'un de ses sommets de manière qu'un autre sommet parcoure une droite fixe ; déterminer le lieu géométrique décrit par le troisième sommet.*

Soit ABC (*fig.* 69) le triangle variable, assujetti à tourner

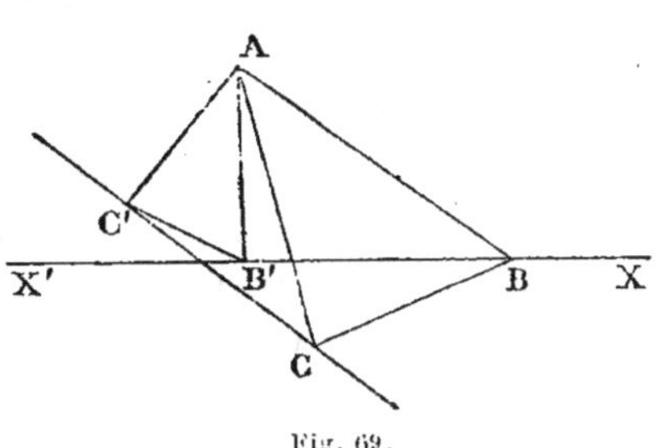

Fig. 69.

autour du point A, de manière qu'en restant semblable à lui-même son sommet B parcourt la droite fixe X'X. Il s'agit de trouver le lieu décrit par le troisième sommet C.

Pour cela, considérons le triangle dans sa position AB'C' telle que AB' est perpendiculaire à X'X et menons la droite CC'. On a, d'une part,

$$\frac{AC'}{AC} = \frac{AB'}{AB}.$$

D'autre part, les deux angles CAC' et BAB' sont égaux comme résultant de l'addition de l'angle CAB' à deux angles B'AC' et BAC égaux par hypothèse. Il s'ensuit que les deux triangles CAC' et BAB' sont semblables comme ayant un angle égal compris entre côtés homologues proportionnels, et comme l'angle BB'A est droit, il en est de même de l'angle CC'A. La droite CC' est donc perpendiculaire à AC'.

Le lieu décrit par le sommet C est donc une droite perpendiculaire à AC'.

247. Dans la recherche des lieux géométriques il arrive souvent que l'esprit entrevoit immédiatement la forme et la position de la figure à déterminer.

C'est ainsi qu'avant toute démonstration il saute aux yeux :

Que le lieu des points équidistants de deux points donnés est la perpendiculaire menée par le milieu de la droite qui joint ces deux points ;

Que le lieu des points équidistants de deux droites parallèles est la parallèle à ces droites menée à égale distance de l'une et de l'autre ;

Que le lieu des points distants d'une longueur donnée d'un point fixe est un cercle qui a pour centre le point fixe et pour rayon la longueur donnée ;

Que le lieu des milieux des cordes égales d'un même cercle est un cercle concentrique, de rayon égal à la distance d'un de ces milieux au centre du cercle ; etc.

Mais il n'en est pas toujours ainsi et l'on a généralement besoin pour connaître le lieu, de construire quelques-uns de ses points, d'avoir recours à des constructions auxiliaires et parfois à la méthode analytique, c'est-à-dire de ramener la recherche du lieu proposé à celle d'un autre de détermination plus facile ou que l'on connaît déjà.

Voici quelques exemples qui répondent à ces considérations :

248. IV. *Quel est le lieu des points d'où l'on voit deux cercles sous le même angle ?*

Soient les deux cercles O et O′ (*fig.* 70).

Remarquons d'abord que les deux centres I et I′ de similitude directe et inverse des deux cercles sont deux points du

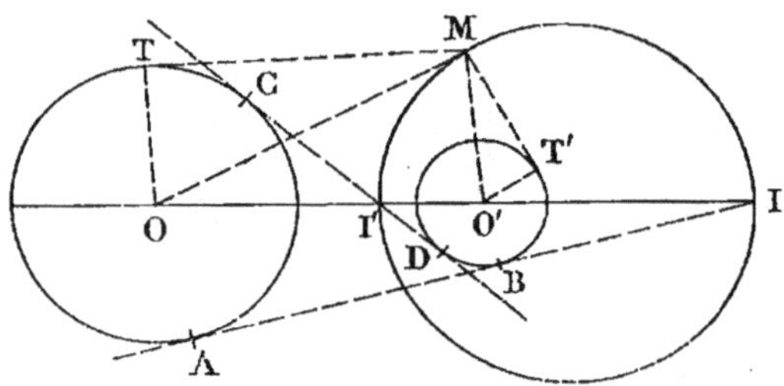

Fig. 70.

lieu, car l'angle AIO est la moitié de l'angle sous lequel on voit les deux cercles du point I, et que les deux angles égaux CI′O et DI′O′ sont les moitiés des angles sous lesquels on voit ces mêmes cercles du point I′·

Soit M un troisième point du lieu. En le joignant aux centres des cercles et en menant les tangentes MT et MT′ ainsi que les rayons de contact OT et O′T′, les angles OMT et O′MT′ qui sont les moitiés des angles sous lesquels on voit les deux cercles sont égaux par hypothèse ; il s'ensuit que les deux triangles rectangles OMT et O′MT′ sont semblables et donnent la relation

$$\frac{OM}{O'M} = \frac{OT}{O'T}.$$

Mais on a aussi, en ne considérant que les valeurs absolues des lignes,

$$\frac{OI}{O'I} = \frac{OI'}{O'I'} = \frac{OT}{O'T}.$$

On déduit donc de ces relations que les distances du point **M** aux centres O et O' des cercles sont dans un rapport constant et égal à celui des distances du point I et du point I' aux mêmes points O et O', et par suite la question est ainsi ramenée à celle du *lieu des points dont les distances aux deux points fixes O et O' sont dans un rapport constant.*

On sait que ce lieu est un cercle ayant II' pour diamètre.

Si les deux cercles donnés se coupent, le lieu n'est plus un cercle complet, mais un arc de cercle dont les extrémités aboutissent aux deux intersections des cercles donnés et qui enveloppe le plus petit de ces cercles.

Si les deux cercles sont égaux, le lieu est une droite perpendiculaire à leur ligne des centres.

Si les deux cercles donnés sont intérieurs, il n'y a pas de lieu.

249. v. *Quel est le lieu des points d'où l'on peut mener des tangentes égales à deux cercles donnés ?*

Soient les deux cercles O et O' (*fig.* 71) et **M** un point du lieu.

Du triangle rectangle MTO on tire

$$\overline{MT}^2 = \overline{MO}^2 - \overline{OT}^2,$$

et du triangle rectangle MT'O'

$$\overline{MT'}^2 = \overline{MO'}^2 - \overline{O'T'}^2.$$

Or, comme par hypothèse MT est égal à MT', les deux relations précédentes donnent

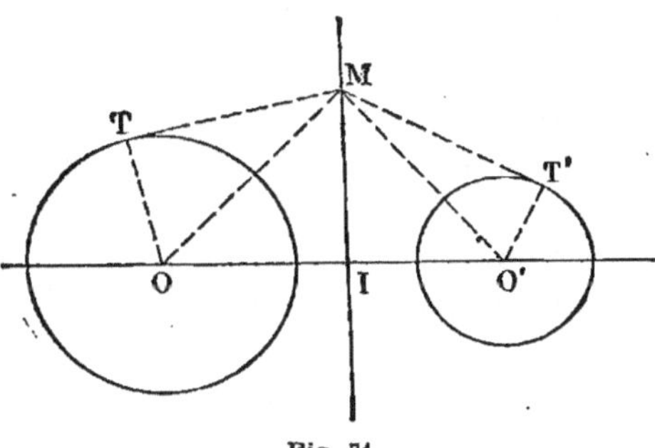

Fig. 71.

$$\overline{MO}^2 - \overline{OT}^2 = \overline{MO'}^2 - \overline{O'T'}^2,$$

ou

$$\overline{MO}^2 - \overline{MO'}^2 = \overline{OT}^2 - \overline{O'T'}^2,$$

c'est-à-dire, en représentant par r et r' les rayons des deux cercles,

$$\overline{MO}^2 - \overline{MO'}^2 = r^2 - r'^2.$$

Il s'ensuit que la différence des carrés $\overline{MO}^2 - \overline{MO'}^2$ des distances du point M aux centres O et O' des cercles est une quantité constante $r^2 - r'^2$. La question revient donc à la recherche du *lieu des points dont la différence des carrés des distances à deux points fixes est constante.*

On sait (53, V) que ce lieu est une perpendiculaire à la droite qui joint les deux points fixes.

Si les deux cercles sont tangents extérieurement ou intérieurement, le lieu est la tangente commune.

S'ils sont sécants, le lieu coïncide avec la corde commune mais ne comprend que les parties extérieures.

S'ils sont concentriques, le lieu est à l'infini.

Ajoutons que le lieu demandé se dit aussi (165, I) le *lieu des points d'égale puissance par rapport à deux cercles donnés* et qu'il a reçu le nom d'*axe radical* des deux cercles.

Il peut arriver que le lieu présente des points remarquables, des axes de symétrie, et dans ce dernier cas des sommets, qui sont les extrémités de ces axes. On conçoit que la détermination de ces éléments du lieu ait une très grande importance parce qu'elle facilite considérablement la résolution de la question.

C'est ainsi que dans le problème II on a déterminé les deux points remarquables C et D qui sont les deux extrémités du diamètre, autrement dit d'un axe du lieu demandé, et qu'on en a fait autant dans le problème IV pour les deux points I et I' qui sont aussi les extrémités du diamètre ou d'un axe du lieu cherché.

Le problème suivant nous servira de troisième exemple.

250. VI. *Quel est le lieu des centres des cercles tangents à deux cercles donnés intérieurs l'un à l'autre ?*

Supposons d'abord que les points de contact des cercles variables avec les deux cercles fixes soient extérieurs par rapport aux premiers, et soient O et O' *(fig. 72)* les deux cercles donnés. On conçoit, d'une part, que le lieu aura la forme d'une courbe fermée dont la droite OO' sera un axe de symétrie. D'autre part, il est évident que les milieux C et C' de AB et de B'A' seront des points remar-

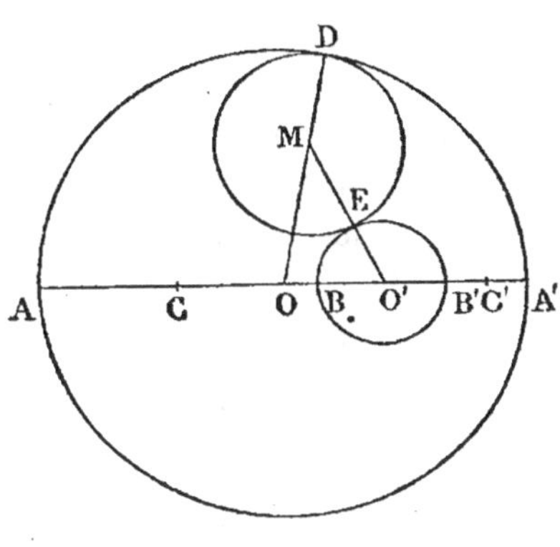

Fig. 72.

quables, des sommets de la courbe. Enfin si l'on considère un point quelconque M du lieu, et en désignant par r et r' les rayons des cercles O et O', on aura

$$MO = r - MD$$

et
$$MO' = ME + r',$$

d'où
$$MO + MO' = r + r' + ME - MD,$$

et comme ME est égal à MD,

$$MO + MO' = r + r'.$$

Il résulte de là que la somme des distances du point M aux centres O et O' des cercles est égale à une quantité constante

$$r + r'.$$

La question est ainsi ramenée à la détermination du *lieu des points dont la somme des distances à deux points fixes O et O' est constante et égale à $r + r'$.*

On sait que ce lieu est une ellipse dont O et O' sont les deux foyers et CC' le grand axe égal à $r + r'$.

Si les cercles variables sont tangents aux deux cercles donnés de manière à embrasser le petit cercle comme dans la figure 73, on conçoit encore que le lieu aura la forme d'une courbe fermée dont AA' sera un axe. D'autre part, il est évident que les milieux C et C′ de AB et de B′A′ seront des points remarquables du lieu, des sommets de la courbe. Enfin, si l'on considère un point quelconque M du lieu, et en désignant par r et r' les rayons des cercles O et O′, on a

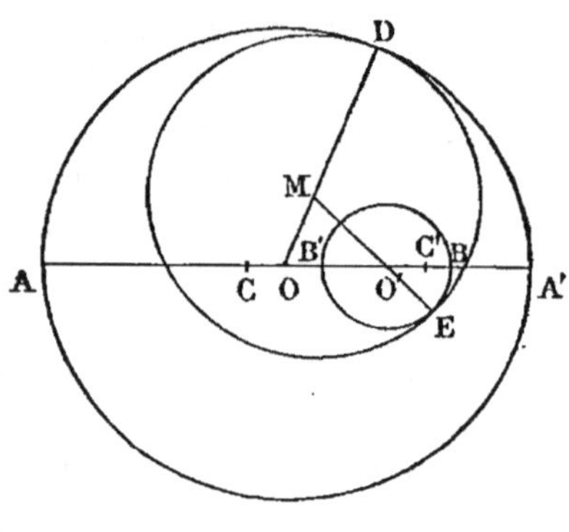

Fig. 73.

$$MO = r - MD,$$

$$MO' = ME - r',$$

d'où

$$MO + MO' = r - r' + ME - MD,$$

et comme ME est égal à

MD, $$MO + MO' = r - r'.$$

Il suit de là que la somme des distances du point M aux centres O et O′ est égale à une quantité constante $r - r'$.

La question est ramenée, dans ce second cas, à la détermination du *lieu des points dont la somme des distances à deux points fixes* O *et* O′ *est constante et égale à* $r - r'$.

Ce lieu est une ellipse dont O et O′ sont les deux foyers et CC′ le grand axe égal à $r - r'$.

En résumé, le lieu demandé comprend deux ellipses homofocales, c'est-à-dire ayant leurs foyers communs, les centres des deux cercles donnés, et pour grand axe, l'une la somme des rayons de ces cercles, l'autre la différence de ces mêmes rayons.

251. Lieux de l'espace. — Les lieux de l'espace ont souvent leurs analogues parmi les lieux plans, et la connaissance de ces derniers permet en général d'énoncer immédiatement la forme des premiers.

Sachant, en effet, que :

1° le lieu plan des points équidistants de deux points donnés est la perpendiculaire menée par le milieu de la droite qui joint les deux points ;

2° le lieu plan des points équidistants de deux droites qui se coupent se compose des deux bissectrices des quatre angles formés par les deux droites données ;

3° le lieu plan des points situés à une distance donnée d'un cercle comprend deux cercles concentriques ayant respectivement pour rayon celui du cercle donné augmenté ou diminué de la distance donnée ;

4° le lieu plan des points dont les distances à deux points fixes sont dans un rapport constant donné est un cercle dont le centre se trouve sur la droite qui joint les deux points donnés ;

etc.,

on peut dire immédiatement que :

1° *le lieu de l'espace des points équidistants de deux points donnés est le plan mené perpendiculairement au milieu de la droite qui joint les deux points donnés ;*

2° *le lieu de l'espace des points équidistants de deux plans qui se coupent se compose des deux plans bissecteurs des quatre dièdres formés par les deux plans donnés ;*

3° *le lieu de l'espace des points situés à une distance donnée d'une surface sphérique comprend deux surfaces sphériques concentriques ayant respectivement pour rayon celui de la sphère donnée augmenté ou diminué de la distance donnée ;*

4° *le lieu de l'espace des points dont les distances à deux points fixes sont dans un rapport constant donné est une surface sphérique dont le centre se trouve sur la droite qui joint les deux points donnés.*

Parfois on passe des lieux plans aux lieux correspondants de l'espace par un mouvement de translation ou de rotation des plans qui contiennent les premiers.

Si l'on déplace parallèlement à elle-même la figure relative :

1° au lieu plan des points distants d'une droite d'une longueur donnée, qui comprend deux droites parallèles à la première, situées de part et d'autre et distantes de cette première droite d'une longueur donnée ;

2° au lieu plan des points équidistants d'un point donné, qui est un cercle ;

3° au lieu plan des points dont les distances à deux points

fixes sont dans un rapport constant donné, qui est un cercle;

etc.,

on obtient:

1° *le lieu de l'espace des points équidistants d'un plan d'une longueur donnée, qui comprend deux plans parallèles au premier, situés de part et d'autre et distants de ce premier plan de la longueur donnée;*

2° *le lieu de l'espace des points équidistants d'une droite, qui est une surface cylindrique circulaire;*

3° *le lieu de l'espace des points dont les distances à deux droites fixes sont dans un rapport constant donné, qui est une surface cylindrique circulaire.*

Si l'on fait tourner autour de son axe de symétrie:

1° le lieu plan des points distants d'une droite d'une longueur donnée, dont il a été question plus haut;

2° le lieu plan des points d'où l'on voit sous un angle donné un segment de droite donné, qui se compose de deux arcs de cercle symétriques par rapport au segment et passant par ses deux extrémités;

3° le lieu plan des points d'où l'on voit deux cercles extérieurs inégaux sous le même angle, qui est un cercle enveloppant le plus petit et dont le centre se trouve sur la ligne des centres donnés;

etc.,

on obtient:

1° *le lieu de l'espace des points distants d'une droite d'une longueur donnée, qui est une surface cylindrique ayant la droite pour axe;*

2° *le lieu de l'espace des points d'où l'on voit sous un angle donné un segment de droite donnée, qui est une surface de révolution, engendré par la rotation du lieu plan autour de la droite;*

3° *le lieu de l'espace des points d'où l'on voit deux sphères extérieures inégales sous le même angle, qui est une surface sphérique qui enveloppe la plus petite sphère et dont le centre se trouve sur la ligne des centres des sphères données.*

La détermination exacte des lieux de l'espace demande souvent l'emploi des procédés de la Géométrie descriptive. Voici cependant des exemples où la recherche directe de ces lieux peut se faire par les moyens de la Géométrie élémentaire.

252. VII. *Quel est le lieu des points équidistants de trois droites de l'espace qui se coupent en un même point ?*

Soient (*fig.* 74) les trois droites AA′, BB′, CC′, qui se coupent au même point O.

Considérons d'abord deux de ces droites, AA′ et BB′. Le lieu plan des points équidistants de ces deux droites se compose de deux droites rectangulaires entre elles et bissectrices des quatre angles formés par ces deux droites. Il résulte évidemment de là, et la démonstration en est simple, que le lieu des points de l'espace équidistants des deux droites AA′ et BB′ comprend deux plans menés par les bissectrices des angles formés par ces deux droites et perpendiculairement au plan de ces droites ; ces plans sont aussi perpendiculaires entre eux. Représentons-les par P et P₁.

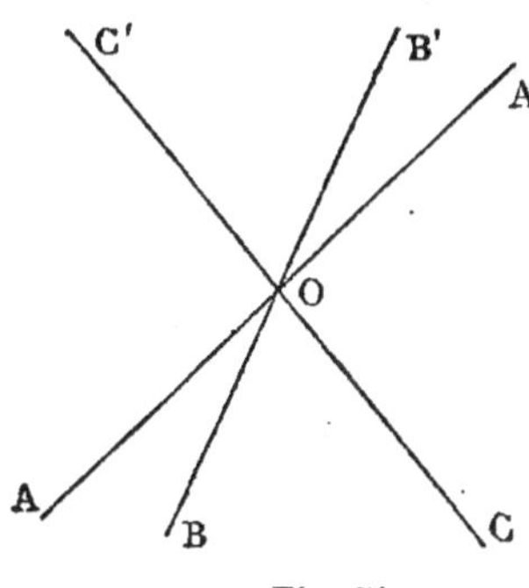

Fig. 74.

Si l'on considère ensuite les deux droites AA′ et CC′, on arrivera de même à établir que le lieu des points de l'espace équidistants de ces deux droites comprend aussi deux plans qui ont par rapport à ces droites la même position que les plans P et P₁ par rapport aux droites AA′ et BB′. Désignons-les par Q et Q₁.

Cela établi, il est évident que tout point qui se trouvera à la fois sur les deux lieux (P, P₁) et (Q, Q₁), étant ainsi équidistant, d'une part de AA′ et de BB′, d'autre part de AA′ et de CC′, sera équidistant des trois droites données et appartiendra par là même au lieu demandé. Ce lieu sera donc donné par les intersections de chacune des parties du premier lieu avec chacune des parties du second, c'est-à-dire par les intersections de P et de Q, de P et de Q₁, de P₁ et de Q, de P₁ et de Q₁. Il se composera ainsi de quatre droites passant par le point O, situées à l'intérieur des huit trièdres formés par les trois droites données, et faisant chacune le même angle avec les trois arêtes du trièdre qui la contient.

253. VIII. *Quel est le lieu des milieux d'un segment de droite donné qui se déplace en s'appuyant par ses deux extrémités sur deux droites perpendiculaires l'une à l'autre et non situées dans le même plan ?*

Soit M (*fig.* 75) le milieu d'un segment de droite AB qui se meut de manière à s'appuyer constamment par ses deux extrémités A et B sur les deux droites CD et EF rectangulaires

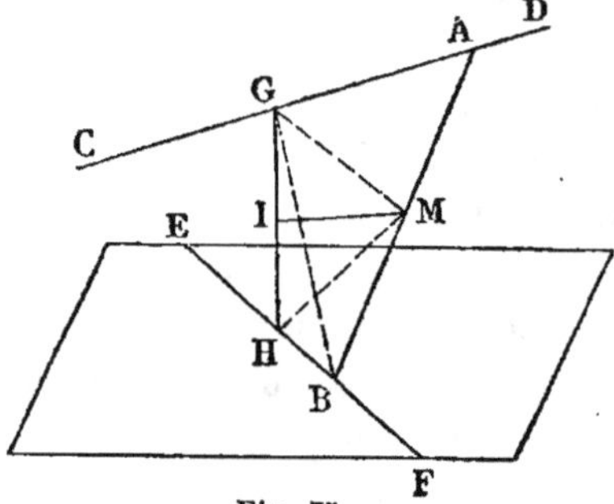

Fig. 75.

entre elles mais non situées dans le même plan.

Menons la perpendiculaire commune GH aux deux droites CD et EF. La droite CD perpendiculaire à la fois aux deux droites EF et GH est perpendiculaire à leur plan et par suite à la droite GB qui passe par son pied G dans ce plan ; il s'ensuit que le triangle AGB est rectangle en G et par suite que la droite GM qui joint le sommet G de l'angle droit au milieu M de l'hypoténuse AB est égale à la moitié de cette hypoténuse. Par un raisonnement analogue on démontrerait que la droite HM est aussi égale à la moitié de AB. Il résulte de tout cela que le triangle GMH est isocèle, que ses côtés sont constants, que la droite IM qui joint le sommet M de ce triangle isocèle au milieu I de sa base est perpendiculaire sur GH et qu'elle est aussi constante.

D'où il résulte que le lieu cherché est un cercle dont le plan est perpendiculaire au milieu de la perpendiculaire commune aux deux droites données, c'est-à-dire parallèle à ces deux droites et équidistant de chacune d'elles, et dont le centre est le milieu de la perpendiculaire commune.

CHAPITRE III

MÉTHODES DE RÉSOLUTION DES PROBLÈMES NUMÉRIQUES DE GÉOMÉTRIE

---

§ I. — Préliminaires.
Construction d'expressions algébriques.

254. Pour soumettre au calcul un problème de géométrie qui s'y prête, on commence d'ordinaire par construire avec ses données et ses inconnues la figure qui répond à la question ; au besoin, on y trace les lignes auxiliaires propres à mieux faire ressortir les relations qui unissent les grandeurs connues à celles qui sont à chercher ; on rapporte toutes ces grandeurs à une même unité arbitraire, qu'il n'est même pas nécessaire de déterminer ; on les représente ensuite, ou, pour mieux dire, leurs mesures, par des lettres et l'on traduit en équations les diverses liaisons qui existent entre elles. Si l'on peut obtenir autant d'équations que d'inconnues, le problème est déterminé, et quand on sait résoudre ces équations on est conduit à des expressions algébriques ou *formules* qui sont la représentation des inconnues par leurs valeurs ou leurs mesures. Ainsi comprise, la solution de la question qui nous occupe est générale et permet ensuite, soit de trouver la valeur numérique des inconnues, soit, d'ordinaire, de construire ces inconnues lorsqu'elles représentent des longueurs.

Les formules qui résultent de la résolution par le calcul d'un problème de géométrie présentent cette particularité qu'elles sont *homogènes* si l'unité ou les unités de grandeur sont restées indéterminées, c'est-à-dire que tous les termes sont de même degré par rapport à l'espèce de grandeur considérée ;

il s'ensuit que ces termes sont du premier degré si les inconnues exprimées sont des lignes, du second ou du troisième degré si ces inconnues sont des surfaces ou des volumes représentés par leurs éléments linéaires, et du degré zéro quand les inconnues sont des rapports de grandeurs de même espèce, rapports de lignes, ou de surfaces, ou de volumes.

4. — Construction de formules.

255. Lorsqu'une formule homogène exprime une longueur, on peut en général trouver graphiquement cette longueur, en effectuant certaines constructions, au moyen de la règle et du compas, avec les longueurs représentées dans cette formule. Il est même utile de joindre cette solution graphique à la solution algébrique, chaque fois qu'il est possible de le faire ; les deux se complètent, car chacune d'elles donne de la question un aspect particulier et fait souvent ressortir des propriétés de la figure que l'autre ne comporte pas.

Ainsi comprise la solution numérique d'un problème de géométrie contient une nouvelle méthode de résolution graphique qui s'ajoute aux précédentes.

Les différents cas de construction des formules qui se rencontrent dans les questions d'ordre élémentaire peuvent se résumer comme il suit.

256. I. *La formule se présente sous la forme d'un monome rationnel.* — *Construction d'une quatrième proportionnelle à trois longueurs données.*

Pour exprimer une longueur, un monome doit être du premier degré.

S'il est entier, la formule se présente sous la forme

$$x = a \, ;$$

a doit y représenter la mesure d'une longueur, et l'on a ainsi immédiatement la valeur de l'inconnue.

Si le monome est fractionnaire, son numérateur doit contenir un facteur linéaire de plus que son dénominateur. Dans ce cas, la plus simple des formules affecte la forme

$$x = \frac{ab}{a_1},$$

et l'inconnue est la quatrième proportionnelle aux trois longueurs que représentent a_1, a et b, puisque la relation précédente peut s'écrire $\dfrac{a_1}{a} = \dfrac{b}{x}$.

Pour construire cette quatrième proportionnelle, après avoir mené par un point O deux droites quelconques indéfinies (*fig.* 76), on porte sur l'une d'elles, à partir de ce point O, deux longueurs OA et OB respectivement égales aux segments de

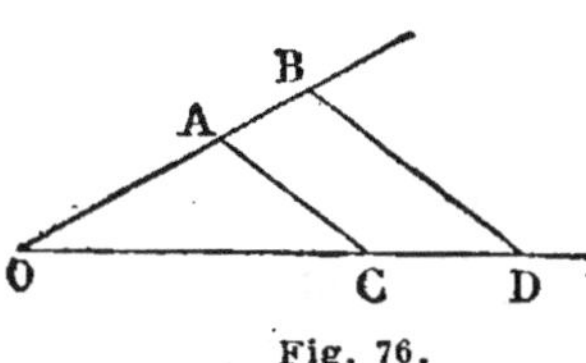
Fig. 76.

droite que mesurent les quantités a_1 et a, puis, sur l'autre droite, une longueur OC égale au segment de droite que mesure la quantité b ; en joignant les points A et C et en menant par le point B une parallèle BD à AC, on obtient une longueur OD qui représente l'inconnue cherchée, car on a

$$\frac{\text{OA}}{\text{OB}} = \frac{\text{OC}}{\text{OD}},$$

d'où

$$\text{OD} = \frac{\text{OB} \times \text{OC}}{\text{OA}},$$

ou, en remplaçant ces longueurs par leurs mesures (x représentant la mesure de l'inconnue),

$$x = \frac{ab}{a_1}.$$

Si le monome fractionnaire contient un nombre quelconque de facteurs linéaires au dénominateur et ce même nombre plus un au numérateur, la formule a pour expression

$$x = \frac{abcd \ldots kl}{a_1 b_1 c_1 d_1 \ldots k_1}.$$

Pour avoir l'inconnue, on construit une première longueur de mesure x_1 telle que l'on ait

$$x_1 = \frac{ab}{a_1},$$

puis une deuxième de mesure x_2, qui satisfasse à la relation

$$x_2 = \frac{x_1 c}{b_1},$$

puis une troisième de mesure x_3, qui réponde à la condition

$$x_3 = \frac{x_2 d}{c_1},$$

et ainsi de suite jusqu'à ce qu'on ait épuisé tous les facteurs. S'il y a n facteurs au dénominateur, la dernière longueur construite a pour mesure

$$x = \frac{x_{n-1} l}{k_1},$$

et c'est cette longueur qui représente l'inconnue, car en multipliant membre à membre toutes les égalités ci-dessus, on obtient, après la suppression des facteurs communs aux deux termes du résultat,

$$x = \frac{abcd \ldots kl}{a_1 b_1 c_1 d_1 . \quad k_1}.$$

La question se résout donc, dans ce cas, par la construction d'une suite de quatrièmes proportionnelles.

257. II *La formule se présente sous la forme d'un polynome rationnel.*

Si les termes du polynome sont entiers, chacun d'eux devant être du premier degré se trouve être représenté par la mesure d'une longueur, et la formule s'exprime comme il suit dans sa forme générale :

$$x = a \pm b \pm c \ldots \pm l.$$

Pour obtenir la valeur de l'inconnue, on porte sur une droite indéfinie, à partir d'un point fixe O pris arbitrairement, et dans le sens de gauche à droite, une longueur OA égale à celle que mesure la quantité a ; puis à partir du point A, dans le même sens ou dans le sens contraire, suivant qu'elle est positive ou négative, une longueur AB égale à celle que mesure la quantité $\pm b$; puis, à partir du point B, en opérant de même, une longueur BC égale à celle que mesure la quantité $\pm c$, et ainsi de suite, jusqu'à ce qu'on ait déterminé un point L en portant une dernière longueur égale à celle que mesure la quantité $\pm\,l$. La droite OL donne la longueur de l'inconnue cherchée.

Si les termes du polynome sont des monomes fractionnaires, on détermine comme précédemment la valeur linéaire de chacun d'eux et l'on est ramené au cas que nous venons d'examiner.

258. **III.** *La formule se présente sous la forme d'un quotient de polynomes rationnels.*

Pour exprimer une longueur, un quotient doit être du premier degré, c'est-à-dire que si son dénominateur est du degré n, son numérateur est du degré $n+1$. La formule dans ce cas peut donc être la suivante :

$$x = \frac{A \pm B \pm C \ldots \pm L}{A_1 \pm B_1 \pm C_1 \ldots \pm L_1},$$

dans laquelle A, B, C, ..., L sont des monomes du $(n+1)^e$ degré et A_1, B_1, C_1, ..., L_1 des monomes du n^e degré.

Pour obtenir la valeur de l'inconnue, on choisit une longueur de mesure p et l'on construit une série de longueurs a, b, c, ..., l, a_1, b_1, c_1, ..., l_1 qui satisfassent aux conditions

$$a = \frac{A}{p^n}; \qquad b = \frac{B}{p^n}; \qquad c = \frac{C}{p^n}; \qquad \ldots; \qquad l = \frac{L}{p^n};$$

$$a_1 = \frac{A_1}{p^{n-1}}; \qquad b_1 = \frac{B_1}{p^{n-1}}; \qquad c_1 = \frac{C_1}{p^{n-1}}; \qquad \ldots; \qquad l_1 = \frac{L_1}{p^{n-1}}.$$

La formule devient alors

$$x = \frac{p^n (a \pm b \pm c \ldots \pm l)}{p^{n-1} (a_1 \pm b_1 \pm c_1 \ldots \pm l_1)},$$

ou
$$x = p_1 \cdot \frac{a \pm b \pm c \ldots \pm l}{a_1 \pm b_1 \pm c_1 \ldots \pm l_1}$$

et comme on sait construire une formule qui se présente sous la forme d'une somme algébrique de longueurs, on pourra obtenir la valeur linéaire de chacun des termes du rapport précédent : si α et α_1 représentent respectivement ces deux termes, la formule se réduit à

$$x = p \cdot \frac{\alpha}{\alpha_1},$$

et la question est ramenée à la construction d'une quatrième proportionnelle aux longueurs que mesurent α_1, p et α.

359. IV. *La formule se présente sous la forme d'une expression irrationnelle.*

Considérons d'abord le radical du second degré.

Pour qu'un radical de cet ordre exprime une longueur, la quantité qui se trouve au-dessous doit être du second degré. Dans ce cas la plus simple des formules est la suivante :

$$x = \sqrt{ab},$$

et l'inconnue est la moyenne proportionnelle aux deux longueurs qui ont respectivement pour mesures les quantités a et b.

On a vu (212) comment on construit la moyenne proportionnelle à deux droites.

Si le radical du second degré contient un monome fractionnaire $\dfrac{A}{B}$ dont le dénominateur est du degré n et le numérateur du degré $n+2$, on fait choix d'une longueur de mesure p et l'on construit des longueurs a et b qui satisfassent aux conditions

$$a = \frac{A}{p^{n+1}}; \qquad b = \frac{B}{p^{n-1}},$$

et la formule $x = \sqrt{\dfrac{A}{B}}$ devient

$$x = \sqrt{\frac{p^{n+1}a}{p^{n-1}b}},$$

ou

$$x = \sqrt{\frac{p^2 a}{b}} = \sqrt{p \cdot \frac{pa}{b}}.$$

L'inconnue est la moyenne proportionnelle entre la longueur que mesure la quantité p et la quatrième proportionnelle aux longueurs mesurées par les quantités b, p, a.

Lorsque la formule se présente sous la forme d'un radical

dont le degré est une puissance de **2** supérieure à la première, pour que ce radical exprime une longueur il faut que la quantité placée au-dessous soit homogène et du même degré que l'indice du radical. Soit $x = \sqrt[4]{A \pm B}$ une formule de ce genre, dans laquelle A et B sont des monomes du quatrième degré.

Après avoir fait choix d'une longueur de mesure p on construit les longueurs a et b qui satisfont aux conditions

$$A = p^3 a ; \qquad B = p^3 b,$$

et la formule précédente prend la forme

$$x = \sqrt[4]{p^3(a \pm b)}.$$

Si l'on représente par α la mesure de la longueur qui exprime la valeur linéaire du binome $a \pm b$, cette formule devient

$$x = \sqrt[4]{p^3 \alpha} = \sqrt[4]{p^2 . p\alpha} ;$$

ou enfin, en désignant par β la mesure de la longueur qui exprime la valeur linéaire de l'expression $\sqrt{p\alpha}$,

$$x = \sqrt[4]{p^2 \beta^2} = \sqrt{\sqrt{p^2 \beta^2}} = \sqrt{p\beta}.$$

L'inconnue est la moyenne proportionnelle entre les longueurs que mesurent les quantités p et β.

Il est à remarquer que la solution de la question se résume dans la substitution au radical proposé du quatrième degré de deux radicaux superposés du second degré.

Par les procédés que nous venons d'exposer on peut construire toutes les expressions irrationnelles qui représentent des longueurs à la condition que les radicaux qu'elles contiennent soient du second degré ou puissent s'y ramener.

Telle est la marche générale à suivre pour la construction des différentes formules qui expriment des longueurs.

Mais il est des cas où cette construction peut être simplifiée, comme dans le problème suivant :

Construire la formule $x = \sqrt{a^2 \pm b^2}$.

Dans le premier cas, c'est-à-dire en donnant à b^2 le signe $+$, on considère l'inconnue x comme étant la mesure de l'hypoténuse d'un triangle rectangle dont a et b mesurent respectivement les côtés de l'angle droit.

Dans le second cas, c'est-à-dire en prenant b^2 avec le signe —, on considère l'inconnue x comme étant la mesure d'un des côtés de l'angle droit d'un triangle rectangle dont a et b mesurent respectivement l'hypoténuse et l'autre côté de l'angle droit.

On construirait la formule générale

$$x = \sqrt{a^2 \pm b^2 \pm c^2 \pm \dots}$$

par le moyen d'une suite de triangles rectangles qui donneraient successivement les longueurs de mesures y, z, etc., satisfaisant respectivement aux relations

$$y = \sqrt{a^2 \pm b^2},$$
$$z = \sqrt{y^2 \pm c^2},$$

$$\cdots\cdots\cdots$$

2. — Construction des racines d'une équation du second degré à une inconnue.

260. La possibilité de la construction de toute expression irrationnelle qui ne contient que des radicaux du second degré entraîne nécessairement celle des racines de l'équation du second degré à une inconnue : c'est la question que nous allons résoudre par une méthode particulière et fort simple. Toute équation homogène du second degré peut être mise sous la forme

$$x^2 \pm ax \pm b^2 = 0$$

et présente les quatre types

$$(1) \qquad x^2 + ax + b^2 = 0,$$
$$(2) \qquad x^2 - ax + b^2 = 0,$$
$$(3) \qquad x^2 - ax - b^2 = 0,$$
$$(4) \qquad x^2 + ax - b^2 = 0,$$

dans lesquels a et b représentent deux longueurs par leurs mesures.

Remarquons d'abord que la première et la troisième de ces

équations se déduisent respectivement de la seconde et de la quatrième par le changement de x en $-x$; il s'ensuit que leurs racines sont celles de ces dernières changées de signe, et par suite qu'il suffit pour traiter la question qui nous occupe de savoir construire les racines des équations (2) et (4). Ces équations peuvent se mettre sous la forme

$$x(a-x) = b^2,$$
$$x(a+x) = b^2,$$

et l'on voit ainsi que construire leurs racines revient à construire, dans le premier cas, deux longueurs x et $a-x$ dont la somme est a et la moyenne proportionnelle b, et dans le second cas deux longueurs x et $x+a$ dont la différence est a et la moyenne proportionnelle b.

Pour que les racines de l'équation (2) soient réelles, il faut et il suffit que l'on ait $\dfrac{a}{2} \geqslant b$, et alors ces deux racines sont positives. Les racines de l'équation (4) sont réelles, mais de signes contraires et c'est la plus petite en valeur absolue qui est positive.

La question est donc ramenée à la résolution des deux problèmes suivants :

261 1. *Construire deux droites connaissant leur somme et leur moyenne proportionnelle.*

Supposons le problème résolu et soient AB et BC (*fig.* 77) les deux longueurs demandées. Si sur leur somme AC on construit un demi-cercle, cette ligne déterminera sur la perpendiculaire menée à AC par le point B une longueur BD égale à la moyenne proportionnelle des deux longueurs cherchées. De là la construction suivante : sur la somme AC des deux longueurs à construire décrire un demi-cercle ;

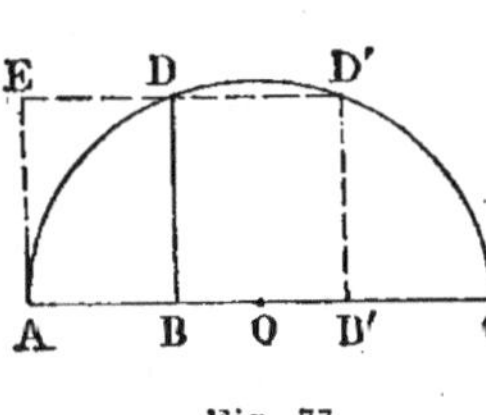

Fig. 77.

élever en un point quelconque de AC, A par exemple, la perpendiculaire à cette droite et y porter une longueur AE égale à la moyenne proportionnelle donnée ; mener par le point E la parallèle à AC ; abaisser enfin de l'intersection D de cette parallèle avec le demi-cercle la perpendiculaire DB à AC : le point B détermine sur AC les deux longueurs demandées AB et BC.

Si la parallèle ED coupe le demi-cercle, il y a deux intersections D et D' et par suite deux points de division B et B' sur AC. Mais il est facile de voir que l'on a AB' = BC et B'C = AB, par suite que la question n'a qu'une solution qui comporte deux longueurs inégales.

Si la parallèle ED est tangente au demi-cercle, il n'y a qu'un point de division sur AC, qui se trouve en son milieu ; dans ce cas l'unique solution comporte deux longueurs égales.

Enfin si la parallèle ED ne rencontre pas le demi-cercle, il n'y a pas de solution. Cette impossibilité est due à ce que la moyenne proportionnelle est supérieure au rayon du demi-cercle, c'est-à-dire à $\dfrac{a}{2}$; c'est ce que le calcul nous avait déjà donné.

Ce problème s'énonce encore ainsi : *Construire les deux côtés d'un rectangle connaissant leur somme et le côté du carré équivalent au rectangle.*

262. II. *Construire deux droites connaissant leur différence et leur moyenne proportionnelle.*

Supposons le problème résolu et soient (*fig.* 78) AB et AC les deux droites demandées. Si sur leur différence BC prise

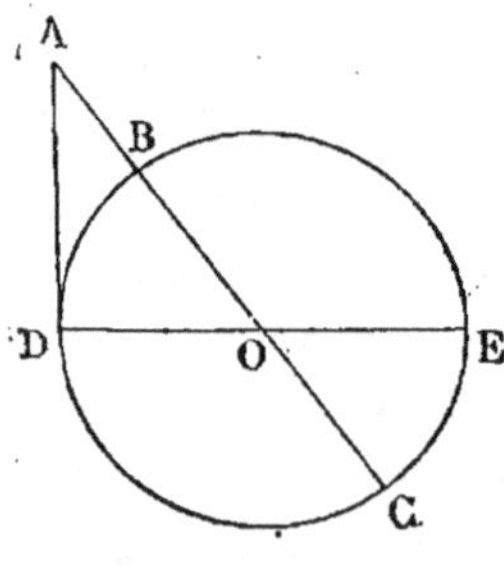

pour diamètre on décrit un cercle et que par le point A on mène une tangente AD à ce cercle, cette tangente sera la moyenne proportionnelle aux deux longueurs AB et AC. D'où la construction suivante : sur la différence DE = BC des deux longueurs à construire décrire un cercle ayant cette différence pour diamètre ; mener par le

Fig. 78.

point D la perpendiculaire à DE et y porter une longueur DA égale à la moyenne proportionnelle donnée ; enfin joindre le point A au centre O du cercle et prolonger au delà : les deux intersections B et C de cette dernière droite avec le cercle déterminent les deux longueurs demandées AB et AC.

Le problème est toujours possible et n'admet qu'une solution.

Cette question s'énonce encore de la manière suivante :

Construire les deux côtés d'un rectangle connaissant leur différence et le côté du carré équivalent au rectangle.

§ II. — Problèmes du premier degré.

263. Ces préliminaires établis, passons à l'application du calcul algébrique à quelques problèmes de géométrie, en commençant par ceux qui conduisent à des équations du premier degré.

264. I. *Calculer les côtés d'un triangle isocèle connaissant le périmètre* $2p$ *et la hauteur* h *correspondant à la base.*

Représentons par $2x$ la base du triangle et par y la longueur de chacun des deux autres côtés. En exprimant d'une part que le périmètre $2y + 2x$ est égal à $2p$, d'autre part que le carré y^2 d'un des deux côtés égaux est égal à la somme des carrés x^2 de la demi-base et h^2 de la hauteur, on aura les deux équations suivantes :

$$2y + 2x = 2p$$

et
$$y^2 = x^2 + h^2,$$

qui peuvent s'écrire

(1) $$y + x = p,$$

(2) $$y^2 - x^2 = h^2.$$

En divisant ces deux équations membre à membre, la seconde par la première, on obtient

(3) $$y - x = \frac{h^2}{p},$$

et des deux équations (1) et (3), qui forment un système équivalent à celui qui résulte de la mise en équation du problème, on tire

$$y = \frac{p^2 + h^2}{2p} \qquad \text{et} \qquad x = \frac{p^2 - h^2}{2p}.$$

Discussion. — Pour que cette solution du problème soit acceptable, il faut et il suffit que les valeurs de y et de x, qu'elle comporte, soient positives, et que l'expression $2x$ de la base représente une longueur moindre que l'expression $2y$ de la somme des deux autres côtés du triangle à construire.

La valeur de y est évidemment positive ; pour que celle de x le soit, il faut que l'on ait

$$p^2 > h^2 \qquad \text{ou} \qquad p > h.$$

D'autre part, pour que la longueur de la base soit moindre que la somme des longueurs des deux autres côtés, on doit avoir

$$2x < 2y,$$

ou, plus simplement, $\qquad x < y,$

ce qui s'exprime comme il suit en fonction des données :

$$\frac{p^2 - h^2}{2p} < \frac{p^2 + h^2}{2p}.$$

Or cette relation est toujours satisfaite.

La possibilité du problème ne dépend donc que de la seule condition $\qquad p > h,$

c'est-à-dire que la moitié du périmètre doit être plus grande que la hauteur.

Construction géométrique. — Pour obtenir graphiquement la valeur de y (*fig.* 79), on construit d'abord celle de $p^2 + h^2$, en

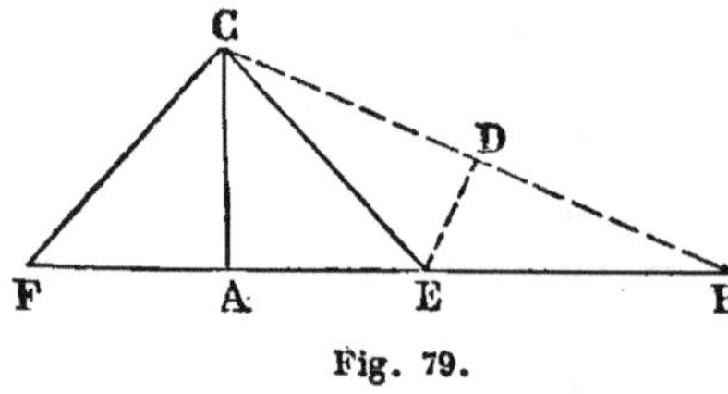

Fig. 79.

portant sur les deux côtés d'un angle droit CAB des longueurs AB et AC respectivement égales à p et à h et en menant la droite CB ; on a ainsi une longueur dont le carré représente

l'expression $p^2 + h^2$. Si par le milieu D de BC on mène la perpendiculaire DE, le point E détermine sur AB une longueur EB égale à y. En effet, les deux triangles DEB et CAB sont semblables et donnent la relation

$$\frac{EB}{DB} = \frac{CB}{AB},$$

ou, en remplaçant ces longueurs par leurs valeurs algébriques,

$$\frac{y}{\dfrac{\sqrt{p^2+h^2}}{2}} = \frac{\sqrt{p^2+h^2}}{p},$$

d'où l'on obtient pour y la valeur précédente,

$$y = \frac{p^2+h^2}{2p}.$$

Comme conséquence, AE représente la longueur de x ou de la demi-base.

La construction du triangle s'achève en portant à gauche du point A une longueur AF égale à AE et en joignant les deux points E et F au point C : la figure CFE est le triangle demandé.

265. 11. *Dans un triangle donné* ABC, *inscrire un triangle équilatéral* DEF, *de manière que le sommet* F *soit situé sur* BC *et que le côté* DE *soit parallèle à* BC.

Supposons le problème résolu et soit (*fig.* 80) le triangle équilatéral DEF inscrit dans le triangle donné ABC. Représentons par a le côté BC de ce dernier triangle, par h sa hauteur AG, par x la distance AI du sommet A au côté DE du triangle à construire, et par y la longueur de ce côté, qui est aussi celle des deux autres DF et FE. De la similitude des deux triangles ADE et ABC on tire la relation

$$\frac{AI}{AG} = \frac{DE}{BC},$$

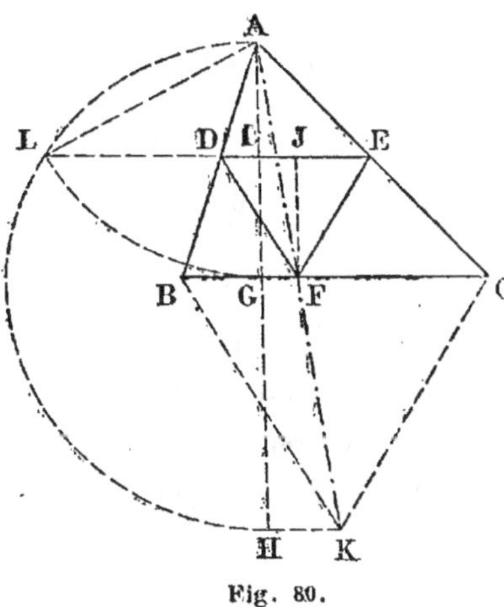

Fig. 80.

ou (1)

$$\frac{x}{h} = \frac{y}{a}.$$

D'autre part, on a

$$JF = \frac{FE\sqrt{3}}{2},$$

ou (2)
$$h - x = \frac{y\sqrt{3}}{2}.$$

La résolution du système d'équations (1) et (2) donne pour x et y les valeurs suivantes :

(3)
$$x = \frac{2h^2}{a\sqrt{3} + 2h},$$

(4)
$$y = \frac{2ah}{a\sqrt{3} + 2h}.$$

Discussion. — Pour que ces valeurs de x et de y soient acceptables, il faut et il suffit qu'elles soient positives, que celle de x soit plus petite que h et que celle de y soit plus petite que a.

Il est manifeste que les valeurs de x et de y sont positives. D'autre part, celle de x, $\dfrac{2h^2}{a\sqrt{3} + 2h}$, est inférieure à h, puisque mise sous la forme $h \cdot \dfrac{2h}{a\sqrt{3} + 2h}$ elle se présente sous l'expression d'un produit de deux facteurs dont l'un est h et l'autre, $\dfrac{2h}{a\sqrt{3} + 2h}$, est inférieur à l'unité. La valeur de y, de son côté, est inférieure à a, car, écrite sous la forme $a\,\dfrac{2h}{a\sqrt{3} + 2h}$, elle représente un produit de deux facteurs, l'un égal à a, et l'autre, $\dfrac{2h}{a\sqrt{3} + 2h}$, inférieur à l'unité.

Par les valeurs de x et de y on voit que la solution du problème est indépendante de la forme du triangle donné.

Construction géométrique. — Pour construire la valeur de x, remarquons que l'équation (3) qui l'exprime peut s'écrire

$$h^2 = \left(\frac{a}{2}\sqrt{3} + h \right)x \qquad \text{ou} \qquad \frac{\frac{a}{2}\sqrt{3} + h}{h} = \frac{h}{x},$$

ce qui fait ressortir que x est une troisième proportionnelle aux longueurs $\dfrac{a}{2}\sqrt{3}+h$ et h. En prolongeant la hauteur AG ou h du triangle donné d'une longueur GH égale à la hauteur $\dfrac{a}{2}\sqrt{3}$ d'un triangle équilatéral BKC ayant BC ou a pour côté, on a la longueur $\dfrac{a}{2}\sqrt{3}+h$. Si sur cette droite prise pour diamètre on décrit un demi-cercle et que du point A on trace avec un rayon égal à AG ou h un arc de cercle qui coupe le premier en L, en menant la perpendiculaire LE à la droite AG on détermine sur celle-ci une longueur AI égale à x. En effet, on a

$$\overline{AL}^2 = AH \times AI,$$

ou
$$\overline{AG}^2 = AH \times AI,$$

c'est-à-dire
$$h^2 = \left(\dfrac{a}{2}\sqrt{3}+h\right)x.$$

La valeur de y est représentée par la portion DE de la perpendiculaire LE à AH, comprise entre les côtés AB et AC du triangle donné.

On achève la construction du triangle DEF en déterminant le point F, soit en menant la perpendiculaire JF sur le milieu de DE, soit en joignant le point K au point A : l'une et l'autre de ces droites donnent le point F par leur intersection avec BC, la première parce que le troisième sommet du triangle équilatéral doit se trouver à la fois sur BC et sur le lieu des points équidistants de D et de E, la seconde parce que dans les deux figures homothétiques BKC et DFE la droite KF qui joint deux points homologues K et F doit passer par le point A de concours des deux droites BD et CE qui joignent aussi dans ces deux figures des points homologues, B et D d'une part, C et E de l'autre.

REMARQUE. — Nous avons déjà donné (219) une méthode générale pour inscrire graphiquement un triangle de forme quelconque dans un triangle donné, qui repose sur la propriété des figures homothétiques.

266. III. *Un cercle étant donné, trouver sur le prolongement* *de l'un de ses rayons un point tel qu'en menant par ce point une tangente au cercle l'aire décrite dans une rotation complète autour du rayon considéré par la portion de tangente comprise entre le point de contact et le point cherché soit dans un rapport donné $\dfrac{m}{n}$ avec l'aire décrite par l'arc de cercle compris entre le rayon et la tangente.*

Soit A (*fig. 81*) le point demandé. Menons la tangente AT ; du point T abaissons la perpendiculaire TB à OA, et représentons par r le rayon du cercle et par x la distance du point A au centre O du cercle.

Fig. 81.

L'aire décrite par AT aura pour expression

$$(1) \qquad \pi BT \times AT.$$

Or les deux triangles rectangles semblables ABT et ATO donnent

$$\frac{BT}{BA} = \frac{OT}{AT},$$

ou

$$\frac{BT}{BA} = \frac{r}{AT},$$

d'où

$$BT \times AT = r.BA ;$$

l'expression (1) devient ainsi

$$(2) \qquad \pi r.BA.$$

D'autre part, on a $\quad BA = OA - OB,$

ou $\qquad BA = x - OB.$

En portant cette valeur de BA dans l'expression (2), elle devient

$$(3) \qquad \pi r(x - OB).$$

Enfin de la relation

$$\overline{OT}^2 = OA \times OB,$$

ou $\qquad r^2 = x . OB,$

que donne le triangle ATO, on tire

$$OB = \frac{r^2}{x},$$

et cette valeur de OB introduite dans l'expression (3) donne pour valeur de l'aire décrite par la tangente

$$(4) \qquad \pi r\left(x - \frac{r^2}{x}\right).$$

D'un autre côté l'aire décrite par l'arc de cercle CT a pour expression

$$(5) \qquad 2\pi r . BC.$$

Or on a $\qquad BC = OC - OB,$

ou, d'après les valeurs respectives de $OC = r$ et $OB = \dfrac{r^2}{x}$,

$$BC = r - \frac{r^2}{x}.$$

L'expression (5) devient donc

$$(6) \qquad 2\pi r\left(r - \frac{r^2}{x}\right).$$

Dès lors, en exprimant que le rapport des deux quantités (4) et (6) est égal à $\dfrac{m}{n}$, on a l'équation du problème :

$$\frac{\pi r\left(x - \dfrac{r^2}{x}\right)}{2\pi r\left(r - \dfrac{r^2}{x}\right)} = \frac{m}{n},$$

qui devient, par simplification,

$$\frac{x + r}{2r} = \frac{m}{n};$$

d'où l'on tire

$$(7) \qquad x = \frac{(2m - n)}{n} . r.$$

Discussion. — Pour que le problème soit possible, il faut et il suffit que la valeur de x soit plus grande que r et que l'on ait, par conséquent,

$$\frac{2m - n}{n} > 1,$$

d'où $\qquad m > n.$

Dans ce cas, en effet, x étant plus grand que r, le point A est extérieur au cercle et la construction de la tangente peut avoir lieu.

Si m était égal à n, x serait égal à r, le point A serait sur le cercle, et les deux surfaces décrites se réduiraient à zéro.

Si m était inférieur à n, x serait plus petit que r. Par suite le point A se trouverait à l'intérieur du cercle, la tangente ne pourrait pas être construite, et le problème serait impossible.

Construction géométrique. — L'équation (7) qui donne directement la valeur de x montre que x est la quatrième proportionnelle entre les longueurs n, $2m-n$ et r. Pour avoir x, il suffit donc de construire cette quatrième proportionnelle, ce que l'on sait faire (256).

§ III. — Problèmes du second degré.

267. 1. *Diviser une droite limitée en moyenne et extrême raison.*

Diviser une droite en moyenne et extrême raison c'est la partager en deux segments tels que le plus grand soit moyen proportionnel entre la droite entière et l'autre segment.

Soit AB (*fig.* 82) la portion de droite qu'il s'agit de diviser en moyenne et extrême raison. Supposons le problème résolu et soit M le point de division. Représentons par a la longueur de AB et par x la longueur AM. L'équation du problème sera la suivante :

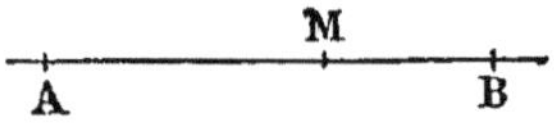

$$x^2 = a(a-x),$$

ou (1)
$$x^2 + ax - a^2 = 0.$$

Fig. 82.

Discussion. — Les racines de cette équation sont réelles, car la relation

$$\frac{a^2}{4} + a^2 > 0$$

est toujours satisfaite.

Ces deux racines ont leur somme, $-a$, négative et leur produit, $-a^2$, aussi négatif ; il s'ensuit qu'elles sont de signes contraires et que la plus grande en valeur absolue est négative. La racine positive est représentée par la longueur AM et elle a pour expression

$$x' = \frac{a}{2}(\sqrt{5} - 1).$$

La racine négative est représentée par une longueur AM', prise à gauche du point A, et elle a pour expression

$$x'' = - \frac{a}{2}(\sqrt{5}+1).$$

Ainsi, il y a deux points qui divisent une portion de droite en moyenne et extrême raison, mais il n'y en a que deux, l'un situé entre l'origine et l'extrémité de la portion de droite et l'autre en dehors, à gauche de l'origine.

Construction géométrique. — Pour obtenir graphiquement la valeur de x', on construit d'abord (*fig.* 83) celle de $\frac{a}{2}\sqrt{5}$, qui est l'hypoténuse d'un triangle rectangle ayant pour côtés de l'angle droit a et $\frac{a}{2}$.

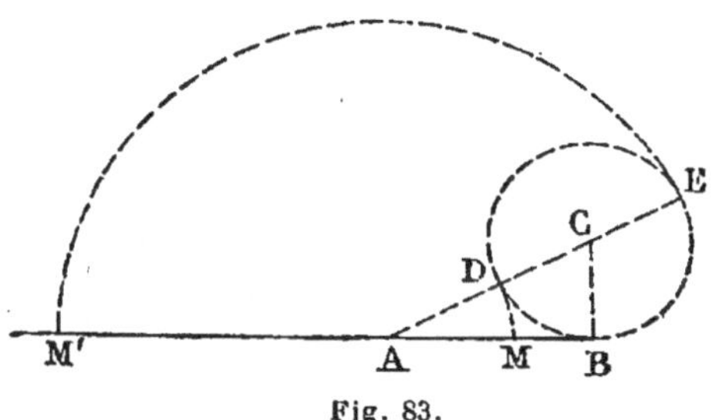

Fig. 83.

A cet effet, sur la perpendiculaire élevée à l'extrémité B de la droite AB, on porte une longueur $BC = \frac{AB}{2}$, et la droite AC représente la valeur $\frac{a}{2}\sqrt{5}$, car on a

$$AC = \sqrt{\overline{AB^2} + \overline{BC^2}},$$

c'est-à-dire $$AC = \sqrt{a^2 + \frac{a^2}{4}} = \frac{a}{2}\sqrt{5}.$$

De cette longueur AC pour avoir x' il suffit de retrancher une longueur $\frac{a}{2}$, autrement dit le rayon du cercle CB, ou CD ; il s'ensuit que AD représente la valeur de x'. En décrivant du point A comme centre un arc de cercle de rayon AD, le point d'intersection M de cet arc avec la droite AB détermine une longueur AM égale à x' ou à $\frac{a}{2}(\sqrt{5}-1)$.

x'' ayant pour expression $-\left(\frac{a}{2}\sqrt{5} + \frac{a}{2}\right)$, pour en obtenir la construction graphique, il faut d'abord remarquer que si à la longueur $AC = \dfrac{a}{2}\sqrt{5}$ on ajoute le rayon $\dfrac{a}{2}$ du cercle ou CE on obtient en AE la valeur absolue de x'' ; pour en avoir la valeur relative, il suffit de porter cette longueur AE à gauche du point A sur le prolongement de AB en décrivant de A comme centre avec un rayon égal à AE l'arc de cercle EM'.

REMARQUE. — On peut se proposer d'exprimer la valeur absolue de chacune des longueurs BM et BM'. L'une et l'autre se déduisent de ce qui précède ; on a, en effet,

$$BM = AB - AM = a - \frac{a}{2}(\sqrt{5} - 1) = \frac{a}{2}(3 - \sqrt{5})$$

et
$$BM' = AB + AM' = a + \frac{a}{2}(\sqrt{5} + 1) = \frac{a}{2}(3 + \sqrt{5}).$$

268. II. *Calculer les côtés d'un rectangle connaissant la diagonale d et le côté a d'un carré équivalent.*

Soient x et y les deux côtés de ce rectangle. Pour en déterminer la valeur, on a le système de deux équations simultanées

$$(1) \qquad x^2 + y^2 = d^2,$$
$$(2) \qquad xy = a^2.$$

En additionnant ces équations membre à membre après avoir multiplié les deux membres de la seconde par 2, on obtient

$$(x + y)^2 = d^2 + 2a^2,$$
$$\text{ou } (3) \qquad x + y = \sqrt{d^2 + 2a^2}.$$

Les deux équations (2) et (3) forment un système équivalent au système de (1) et (2) et leurs racines sont celles de l'équation

$$(4) \qquad X^2 - \sqrt{d^2 + 2a^2} \cdot X + a^2 = 0.$$

Discussion. — Pour que les racines de cette équation soient réelles, il faut et il suffit que l'on ait

$$\frac{d^2 + 2a^2}{4} - a^2 \geqslant 0,$$

c'est-à-dire
$$d^2 \geqslant 2a^2,$$
ou
$$d \geqslant a\sqrt{2}.$$

Si l'on a $\ d > a\sqrt{2}$, les deux racines sont réelles et distinctes, et comme leur somme, $\sqrt{d^2 + 2a^2}$, ainsi que leur produit, a, sont positifs, elles sont toutes deux positives. Dans ce cas le problème admet une solution et une seule : les deux côtés du rectangle sont représentés respectivement par les deux longueurs

$$x = \frac{\sqrt{d^2 + 2a^2} + \sqrt{d^2 - 2a^2}}{2},$$

$$y = \frac{\sqrt{d^2 + 2a^2} - \sqrt{d^2 - 2a^2}}{2}.$$

Si l'on a $\ d = a\sqrt{2}$, les deux racines de l'équation (2) sont réelles et égales et le problème admet encore une solution représentée par un carré dont le côté a pour expression la valeur commune des deux racines,

$$x = y = \frac{\sqrt{d^2 + 2a^2}}{2} = a.$$

Si l'on avait $\ d < a\sqrt{2}$, les deux racines de l'équation (2) seraient imaginaires et le problème serait impossible.

Construction géométrique. — Examinons d'abord le cas où l'on a $\ d > a\sqrt{2}$. La représentation graphique de la valeur de x s'obtient en construisant l'expression $\dfrac{\sqrt{d^2 + 2a^2}}{2}$ ou son égale $\sqrt{\dfrac{d^2}{4} + \dfrac{a^2}{2}}$ et en ajoutant à la longueur obtenue celle qui résulte de la construction de l'expression $\dfrac{\sqrt{d^2 - 2a^2}}{2}$ ou de son égale $\sqrt{\dfrac{d^2}{4} - \dfrac{a^2}{2}}$.

La quantité $\sqrt{\dfrac{d^2}{4} + \dfrac{a^2}{2}}$ représente l'hypoténuse d'un triangle rectangle ayant pour côtés de l'angle droit $\dfrac{d}{2}$ et $\dfrac{a\sqrt{2}}{2}$. On obtient ce triangle de la manière suivante :

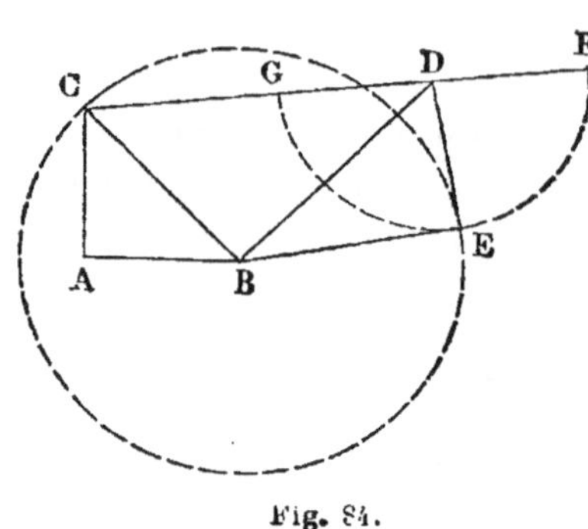

Fig. 84.

construire (*fig.* 84) un triangle rectangle ABC dont les côtés de l'angle droit AB et AC ont une même longueur égale à $\dfrac{a}{2}$; mener la droite BC qui est ainsi égale à $\dfrac{a\sqrt{2}}{2}$; sur la perpendiculaire menée en B à BC porter une longueur égale à $\dfrac{d}{2}$: le triangle BCD est le triangle rectangle demandé, dont l'hypoténuse CD est égale à

$$\sqrt{\frac{d^2}{4} + \frac{a^2}{2}}.$$

La quantité $\sqrt{\dfrac{d^2}{4} - \dfrac{a^2}{2}}$ représente un côté d'angle droit d'un triangle rectangle ayant pour hypoténuse $\dfrac{d}{2}$ et pour second côté de l'angle droit $\dfrac{a\sqrt{2}}{2}$. On obtient ce triangle de la manière suivante : du point B comme centre, décrire un cercle de rayon $BC = \dfrac{a\sqrt{2}}{2}$; du point D mener la tangente DE à ce cercle et joindre les deux points B et E ; le triangle BED est le triangle rectangle demandé, dont le côté de l'angle droit DE est ainsi égal à $\sqrt{\dfrac{d^2}{4} - \dfrac{a^2}{2}}$.

On conçoit ensuite que si du point D comme centre, avec un rayon égal à DE, on décrit un arc de cercle EF, le point F détermine sur la droite CD prolongée une longueur CF égale à x. On a, en effet,

$$CF = CD + DF,$$

ou

$$CF = CD + DE,$$

et, d'après les valeurs précédemment exprimées de CD et de DE,

$$CF = \sqrt{\frac{d^2}{4} + \frac{a^2}{2}} + \sqrt{\frac{d^2}{4} - \frac{a^2}{2}}.$$

Le prolongement de l'arc EF de l'autre côté de E détermine au point G sur la droite CD une longueur CG égale à y. On a, en effet,

$$CG = CD - GD,$$

ou

$$CG = CD - DE,$$

c'est-à-dire

$$CG = \sqrt{\frac{d^2}{4} + \frac{a^2}{2}} - \sqrt{\frac{d^2}{4} - \frac{a^2}{2}}.$$

Ainsi les deux côtés du rectangle cherché ont respectivement pour longueurs CF et CG.

Dans le cas où l'on a $d = a\sqrt{2}$, la construction de la valeur commune de x et de y se réduit à celle de l'hypoténuse d'un triangle rectangle isocèle dont les deux côtés de l'angle droit sont égaux à $\dfrac{d}{2}$, et cette hypoténuse donne le côté du carré résultant du deuxième cas ci-dessus prévu, par conséquent reproduit le côté a du carré donné.

269. III. *Calculer les dimensions d'un cylindre inscrit dans une sphère de rayon r, sachant que sa surface totale est équivalente à celle d'un cercle de rayon a.*

Si l'on coupe la sphère et le cylindre inscrit par un plan passant par l'axe du cylindre, la section faite dans la sphère est un grand cercle et, dans le cylindre, un rectangle inscrit dans ce grand cercle. Soit ABCD (*fig.* 85) le rectangle inscrit dans le cercle O.

Désignons par x le rayon EB du cylindre et par y sa demi-hauteur OE. La droite OB représentera le rayon r de la sphère.

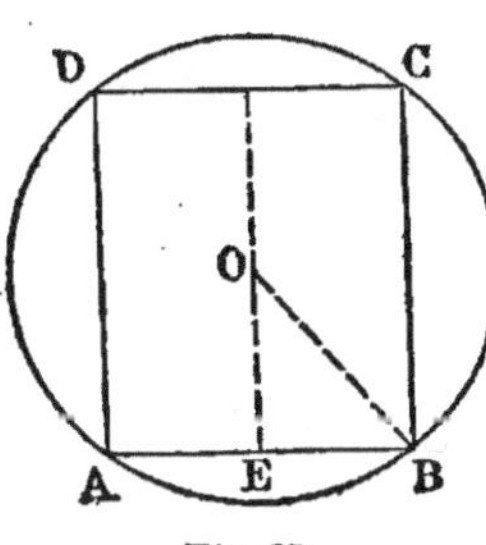

Fig. 85.

En exprimant que la surface totale du cylindre est égale à πa^2, on aura une première équation du problème,

$$2\pi x^2 + 4\pi xy = \pi a^2.$$

Du triangle rectangle OEB, on déduit la seconde,

$$x^2 + y^2 = r^2.$$

Ce système d'équations peut s'écrire plus simplement,

(1) $$2x^2 + 4xy = a^2,$$

(2) $$x^2 + y^2 = r^2.$$

De la première, on tire

(3) $$y = \frac{a^2 - 2x^2}{4x},$$

et cette valeur de y transportée dans l'équation (2) donne, toutes réductions et simplifications faites,

(4) $$20x^4 - 4(a^2 + 4r^2)x^2 + a^4 = 0.$$

Il s'agit de résoudre cette équation bicarrée ; à chacune de ses racines ou valeurs de x correspondra une valeur de y que donnera l'équation (3).

Discussion. — La première condition pour que cette équation (4) ait ses racines réelles est que l'on ait

$$4(a^2 + 4r^2)^2 - 20a^4 \geqslant 0,$$

ou $$(a^2 + 4r^2)^2 - 5 a^4 \geqslant 0,$$

ou $$(a^2 + 4r^2 + a^2 \sqrt{5})(a^2 + 4r^2 - a^2 \sqrt{5}) \geqslant 0,$$

ce qui revient à

$$a^2 + 4r^2 - a^2 \sqrt{5} \geqslant 0,$$

puisque l'expression $a^2 + r^2 + a^2 \sqrt{5}$ est toujours positive.

De cette dernière inégalité, on tire

$$a^2 \leqslant \frac{4r^2}{\sqrt{5} - 1},$$

ou, plus simplement, en multipliant les deux termes de l'expression qui forme le second membre par $\sqrt{5} + 1$,

$$a^2 \leqslant r^2(\sqrt{5} + 1).$$

Lorsque cette condition est remplie, les valeurs de x^2 tirées de l'équation (4) sont toutes deux réelles.

Il faut encore que ces valeurs de x^2 soient positives : cette condition, à son tour, est satisfaite, la somme de ces deux valeurs, $\dfrac{a^2 + 4r^2}{5}$, et leur produit, $\dfrac{a^4}{20}$, étant positifs.

On aura dès lors quatre valeurs réelles pour x dont deux seront positives et les deux autres négatives. Les deux pre-

mières seules conviennent, car x est une longueur essentiel-
ement positive. Ces deux valeurs ont pour expression

$$x' = \sqrt{\frac{a^2 + 4r^2 - \sqrt{(a^2 + 4r^2)^2 - 5a^4}}{10}},$$

$$x'' = \sqrt{\frac{a^2 + 4r^2 + \sqrt{(a^2 + 4r^2)^2 - 5a^4}}{10}}.$$

Quant aux valeurs correspondantes de y, il faut aussi qu'elles soient positives, et pour cela, on doit avoir, d'après l'équation (3),

$$a^2 > 2x^2,$$

ou
$$\frac{a^2}{2} > x^2.$$

On s'assure que cette condition est remplie, si en remplaçant, dans l'équation (4), x^2 pa $\cdot \dfrac{a^2}{2}$, on trouve un résultat qui permette d'établir que $\dfrac{a^2}{2}$ est au moins supérieur à la plus petite racine x'^2 de cette équation.

Cette substitution donne pour résultat

$$4a^2(a^2 - 2r^2).$$

De là plusieurs cas à considérer.

1° Si l'on a $a^2 > 2r^2$, la condition se concilie avec la première, $a^2 \leqslant r^2(\sqrt{5} + 1)$, et l'expression $4a^2(a^2 - 2r^2)$ est positive. Il s'ensuit que $\dfrac{a^2}{2}$ est en dehors des deux racines x' et $\cdot x''^2$, et comme il est supérieur à leur demi-somme $\dfrac{a^2 + 4r^2}{10}$ — puisque l'inégalité $\dfrac{a^2}{2} > \dfrac{a^2 + 4r^2}{10}$ entraîne la suivante $a^2 > r^2$, qui est satisfaite par l'hypothèse $a^2 > 2r^2$ — il en résulte qu'il est supérieur aux deux racines x'^2 et x''^2, et par suite que les deux valeurs de y sont positives.

Dans ce cas, le problème admet deux solutions.

2° Si l'on a $a^2 = 2r^2$, l'expression $4a^2(a^2 - 2r^2)$ s'annule, ce qui démontre que l'une des valeurs de x est égale à $\dfrac{a^2}{2}$ ou r^2, et par suite que $x = r$. La valeur correspondante de y est zéro et le cylindre, dont les deux bases se confondent avec un grand cercle de la sphère, a une hauteur nulle. Quant à l'autre valeur de x^2, on l'obtient, par exemple, en retranchant la première valeur r de la somme des deux, $\dfrac{a^2 + 4r^2}{5}$, dans laquelle on a d'abord remplacé a^2 par $2r^2$, et l'on trouve $\dfrac{r^2}{5}$, d'où l'on tire, pour seconde valeur de x,

$$x = \frac{r\sqrt{5}}{5},$$

ce qui donne pour valeur correspondante de y

$$y = \frac{2r\sqrt{5}}{5}.$$

On a ainsi un cylindre de hauteur double du diamètre.

Dans ce second cas, on peut encore dire que le problème admet deux solutions, dont une consiste dans un cylindre de hauteur nulle qui se confond avec un grand cercle de la sphère donnée.

3° Si l'on a $a^2 < 2r^2$, l'expression $4a^2(a^2 - 2r^2)$ est négative. Il s'ensuit que $\dfrac{a^2}{2}$ est compris entre les deux racines x' et x''^2 de l'équation (4), et par suite qu'il n'est supérieur qu'à la plus petite racine x'^2; d'où une seule valeur x acceptable pour x, la plus grande x'' ne l'est pas.

Dans ce cas le problème n'admet qu'une solution.

On a vu au début de la discussion du problème que la première condition de possibilité se traduit par la relation

$$a^2 \leqslant r^2(\sqrt{5} + 1).$$

Si l'on examine le cas où l'on a

$$a^2 = r^2(\sqrt{5} + 1),$$

on trouve que les deux racines x'^2 et x''^2 de l'équation (4) sont égales et par suite que le problème ne comporte qu'une solution.

Remarque. — De ce que a^2 ne peut pas être supérieur à $r^2(\sqrt{5} + 1)$, il s'ensuit que πa^2 ou la surface totale du cylindre à inscrire dans la sphère ne peut pas être supérieure à $\pi r^2(\sqrt{5} + 1)$. Il en résulte que de tous les cylindres que l'on peut inscrire dans une sphère de rayon r, celui qui nous est donné par le cas particulier précédent a pour surface totale ce maximum $\pi r^2(\sqrt{5}+1)$. Ses dimensions sont les suivantes :

$$x = r\sqrt{\dfrac{5+\sqrt{5}}{10}},$$

$$y = r\sqrt{\dfrac{5-\sqrt{5}}{10}}.$$

§ IV. — Problèmes sur les maxima et les minima.

270. Les variations des fonctions algébriques d'une ou de plusieurs variables, qui expriment des longueurs, des surfaces ou des volumes, présentent généralement un intérêt tout particulier dans leur étude, surtout lorsque ces fonctions sont susceptibles de passer par des maxima ou des minima.

Aux questions de ce genre, on applique pour les résoudre les méthodes que nous avons exposées en Algèbre (226 et suivants) et à propos desquelles nous avons indiqué quelques-unes de ces questions.

En voici d'autres que nous allons examiner.

271. I. *Diviser une droite a en deux segments x et y tels que la fonction $x^2 + 3y^2$ prenne sa plus petite valeur possible.*

Soient AB (*fig*. 86) la droite de longueur a et C le point de division cherché. Représentons par x le segment AC et par y le segment CB.

Fig. 86.

Comme on a ainsi la relation

$$x + y = a,$$

si l'on en tire la valeur de y,

$$y = a - x,$$

et qu'on la porte dans l'expression $x^2 + 3y^2$, on obtient l'expression

$$(1) \qquad 4x^2 - 6ax + 3a^2.$$

Nous emploierons la méthode directe (*Alg.*, 227) pour étudier cette fonction.

Comme elle se présente sous la forme d'un trinome du second degré, dont le coefficient du terme en x^2 est positif, elle varie de $+\infty$ à une valeur minima pour augmenter ensuite jusqu'à $+\infty$, lorsqu'on y fait varier x d'une manière continue de $-\infty$ à $+\infty$.

Cette fonction présente donc, dans ses variations, un minimum.

Si on l'écrit sous la forme

$$\left(2x - \frac{3}{2}\,a\right)^2 + \frac{3}{4}\,a^2,$$

on voit qu'elle atteint son minimum lorsque le premier terme $\left(2x - \frac{3}{2}\,a\right)^2$ s'annule, c'est-à-dire lorsqu'on a

$$2x = \frac{3}{2}\,a,$$

ou

$$x = \frac{3}{4}\,a,$$

et le minimum est égal au second terme $\frac{3}{4}\,a^2$ de la fonction.

La valeur correspondante de y est

$$y = a - \frac{3}{4}\,a,$$

ou

$$y = \frac{a}{4}.$$

Ainsi il existe un point, et un seul, situé entre A et B qui divise la droite AB en deux segments tels que la fonction $x^2 + 3y^2$ atteigne une valeur minima, et ce point se trouve à des distances de A et de B qui sont entre elles dans le rapport de 3 à 1.

Si l'on veut connaître la marche des variations de la fonction donnée lorsque le point C se déplace de A en B, c'est-à-dire lorsque x varie de 0 à a, il suffit de substituer successivement à x, dans l'expression (1), les valeurs 0 et a ; on obtient $3a^2$ et a^2.

Le tableau suivant résume alors ces variations :

x	0	croît	$\dfrac{3}{4}a$	croît	a
$f(x)$	$3a^2$	décroît	$\dfrac{3}{4}a^2$	croît	a

minimum.

272. II. *Trouver le triangle isocèle de surface minima circonscrit à un rectangle de dimensions a et b.*

Soit EFG (*fig.* 87) le triangle isocèle demandé circonscrit au rectangle donné ABCD, dans lequel $AB = a$ et $BC = b$.

En représentant la demi-base HG du triangle par x et sa hauteur EH par y, on a pour expression de la surface de ce triangle

$$xy.$$

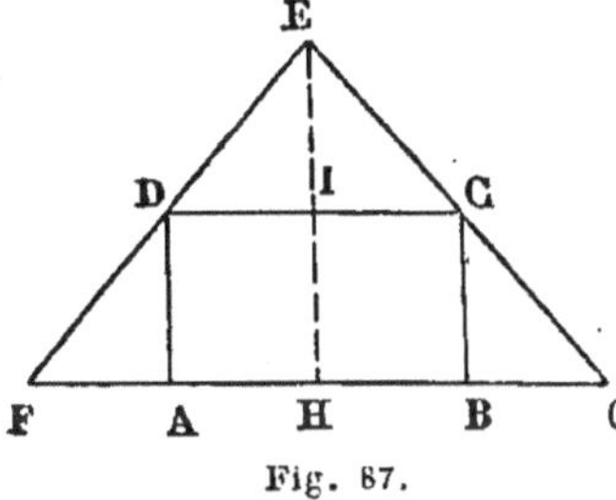

Fig. 87.

Les deux triangles semblables EHG et EIC donnent la relation

$$\frac{EH}{HG} = \frac{EI}{IC},$$

ou

$$\frac{y}{x} = \frac{y - b}{\dfrac{a}{2}},$$

d'où

$$y = \frac{2bx}{2x - a}.$$

En portant, dans xy, cette valeur de y, la surface du triangle a pour expression

$$\frac{2bx^2}{2x - a}.$$

C'est de cette fonction qu'il s'agit de déterminer la valeur maxima.

Nous emploierons pour cela la méthode indirecte (*Alg.*, **232**), et à cet effet nous égalerons la fonction à z et nous aurons l'équation

$$z = \frac{2bx^2}{2x - a},$$

d'où l'on tire

$$2bx^2 - 2zx + az = 0.$$

Pour que les racines de cette équation en x soient réelles, il faut et il suffit que l'on ait

$$z^2 - 2abz \geqslant 0,$$

ou

$$z(z - 2ab) \geqslant 0.$$

Or cette relation, dont le premier membre s'annule pour les deux valeurs $z = 0$ et $z = 2ab$, ne peut être satisfaite que pour les valeurs de z inférieures à 0 ou supérieures à $2ab$. Il s'ensuit que $2ab$ est un minimum ; mais 0 ne peut pas être, dans la circonstance, un maximum, la surface du triangle représentée par z ne pouvant être une quantité négative.

Ainsi de tous les triangles isocèles circonscrits au rectangle de dimensions a et b, il en est un dont la surface est la plus petite possible. Cette surface minima a pour expression

$$2ab,$$

et les valeurs correspondantes de x et de y sont

$$x = a \quad \text{et} \quad y = 2b ;$$

c'est-à-dire que le triangle isocèle cherché a respectivement pour base et pour hauteur les doubles de la base et de la hauteur du rectangle.

273. III. *Trouver le cylindre circulaire droit de volume maximum dont la somme du rayon et de la hauteur est égale à a.*

Désignons par x le rayon et par y la hauteur du cylindre. Les données de la question fournissent la relation

$$(1) \qquad x + y = a,$$

et l'on a pour expression du volume du cylindre

$$\pi x^2 y.$$

C'est donc de cette fonction qu'il s'agit de trouver le maximum, ou, ce qui revient au même, de la suivante :

$$x^2 y,$$

car le maximum de la première correspond au maximum de la seconde, π étant un nombre constant.

D'après le théorème II sur les maxima et les minima ($Alg.$, 239), le produit $x^2 y$ de puissances positives des deux nombres positifs variables x et y dont la somme $x + y$ est constante, sera maximum lorsque ces nombres seront proportionnels à leurs exposants, c'est-à-dire lorsqu'on aura

$$\frac{x}{2} = y.$$

En combinant cette relation avec (1), on obtient pour valeurs de x et de y

$$x = \frac{2a}{3}$$

et

$$y = \frac{a}{3}.$$

Il résulte de là que le volume maximum est égal à

$$\frac{4}{27}\, \pi a^3.$$

En résumé, le cylindre circulaire droit dont la somme du rayon et de la hauteur est égale à a prend un volume maximum lorsque le rayon est double de la hauteur.

274. IV. *Trouver le cône circulaire droit de surface totale maxima inscrit dans une sphère de rayon* r.

Si l'on coupe la sphère et le cône inscrit par un plan passant par l'axe du cône, la section faite dans la sphère est un grand cercle, et, dans le cône, un triangle isocèle inscrit dans ce grand cercle. Soit ABC (*fig.* 88) le triangle isocèle inscrit dans le cercle O.

Représentons par x le rayon DC du cône, par y sa hauteur AD et par z son apothème AC.

La surface totale S aura pour expression

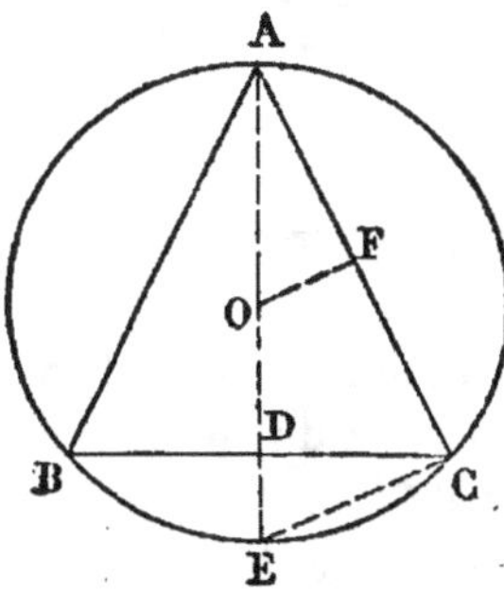

Fig. 88.

$$(1) \qquad \pi(x^2 + xz)$$

et les inconnues auront entre elles les relations suivantes :

$$z^2 = 2ry,$$
$$x^2 = y(2r - y).$$

Si l'on tire de la première de ces relations la valeur de y,

$$y = \frac{z^2}{2r},$$

pour la porter dans la seconde, on aura

$$x^2 = \frac{z^2(4r^2 - z^2)}{4r^2};$$

enfin, si l'on substitue la valeur de x obtenue de cette dernière relation, dans l'expression (1) de la surface du cône, cette expression devient

$$(2) \qquad \frac{\pi}{4r^2} z^2[r^2 - z^1 + 2r \cdot \sqrt{4r^2 - z^2}].$$

Cette expression est irrationnelle ; on en fait disparaître le radical en prenant une inconnue auxiliaire v, telle que l'on ait

$$\sqrt{4r^2 - z^2} = v,$$

d'où l'on tire $\qquad z^2 = 4r^2 - v^2.$

La substitution dans (2) de cette valeur de z^2 donne

$$\frac{\pi}{4r^2} v(4r^2 - v^2)(2r + v),$$

ou $\qquad \frac{\pi}{4r^2} v(2r - v)(2r + v)^2.$

C'est de cette fonction qu'il s'agit de trouver le maximum, ou, en supprimant le facteur constant $\frac{\pi}{4r^2}$, de la suivante :

$$v(2r - v)(2r + v)^2,$$

qui se présente sous la forme d'un produit de trois facteurs variables.

Si la somme de ces trois facteurs, abstraction faite de l'exposant du troisième, était constante, il suffirait d'appliquer le théorème II sur les maxima et les minima (*Alg.*, 239) ; mais elle ne l'est pas ; dans ce cas, on la rend constante en multipliant chacun des facteurs par un nombre constant positif, ce qui ne modifie pas les conditions du maximum, et l'on détermine ensuite ces nombres auxiliaires de manière que la somme des facteurs soit constante. C'est ce qu'on appelle la *méthode des coefficients indéterminés.*

Multiplions ici les trois facteurs par les nombres respectifs α, β et γ ; nous aurons la nouvelle fonction

$$\alpha v(2\beta r - \beta v)(2\gamma r + \gamma v)^2 \, ;$$

la somme des trois facteurs sera

$$\alpha v + 2\beta r - \beta v + 2\gamma r + \gamma v = (\alpha - \beta + \gamma)v + 2(\beta + \gamma)r.$$

Pour que cette somme soit constante, il faut et il suffit que l'on ait

$$(3) \qquad \alpha - \beta + \gamma = 0,$$

car elle se réduit à l'expression $\quad 2(\beta + \gamma)r, \quad$ qui est constante.

Mais alors on a, par application du théorème II précité,

$$\alpha v = 2\beta r - \beta v = \frac{2\gamma r + \gamma v}{2},$$

d'où l'on tire

$$\alpha = \frac{\gamma(2r + v)}{2v},$$

$$\beta = \frac{\gamma(2r + v)}{2(2r - v)},$$

et en portant ces valeurs de α et de β dans (3), on obtient, après la division de tous les termes par γ,

$$\frac{2r + v}{2v} - \frac{2r + v}{2(2r - v)} + 1 = 0,$$

ou (4) $\qquad 2v^2 - rv - 2r^2 = 0.$

Cette équation donne pour valeur de v

$$v = \frac{r}{4}(1 \pm \sqrt{17}).$$

Or v représente, dans la figure ci-dessus, la corde EC du cercle ; c'est ce qu'indique la valeur $v = \sqrt{4r^2 - z^2}$, et cette longueur pour être acceptable doit être positive et plus petite que $2r$. Des deux racines de l'équation (4) la racine positive satisfaisant seule à cette double condition est seule à retenir.

Ainsi le cône circulaire droit inscrit dans une sphère de rayon r atteint son maximum de surface totale lorsque la corde EC devient égale à

$$\frac{r}{4}(1 + \sqrt{17}).$$

Cette corde est le double de la distance de l'apothème du cône au centre de la sphère.

274bis. **V**. *Trouver le maximum du volume d'un cylindre inscrit dans une sphère de rayon donné.*

Soit ABCD (*fig.* 89) le cylindre inscrit dans la sphère O de

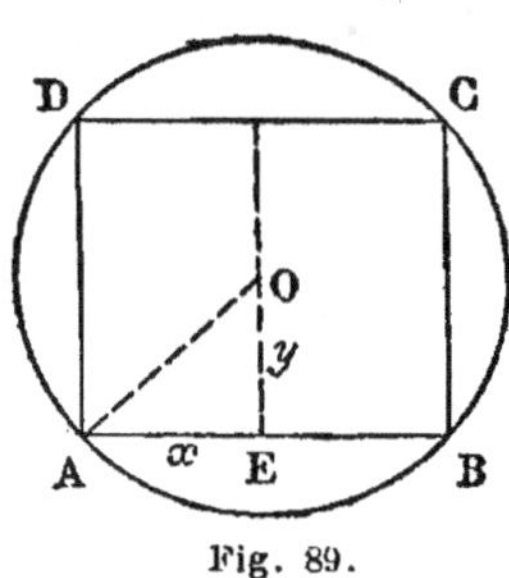

Fig. 89.

rayon r. Désignons par x le rayon AE de ce cylindre et par y sa demi-hauteur. Son volume aura pour expression

$$(1) \qquad 2\pi x^2 y,$$

ou bien, en substituant à x^2 sa valeur tirée de la relation

$$x^2 + y^2 = r^2,$$

que fournit le triangle rectangle AEO,

$$2\pi(r^2 - y^2)y.$$

Il s'agit dès lors de chercher le maximum de cette fonction $2\pi(r^2 - y^2)y$, ou, en supprimant le facteur constant 2π, de

$$(2) \qquad (r^2 - y^2)y.$$

A cet effet, nous emploierons la méthode des dérivées (*A lg.*, 301 et suivants).

La fonction (2), dans laquelle y est la variable, a pour dérivée

$$(3) \qquad r^2 - 3y^2,$$

et cette dérivée s'annule pour les deux valeurs

$$y' = -\frac{r\sqrt{3}}{3}, \qquad y'' = \frac{r\sqrt{3}}{3}.$$

La première de ces valeurs est à rejeter; mais la seconde est acceptable, et s'il arrive, lorsque y en croissant passe par cette valeur $\frac{r\sqrt{3}}{3}$, que la dérivée change de signe et devient négative après avoir été positive, à cette même valeur de y correspond un maximum pour la fonction. Or, si l'on fait dans la fonction (2) y d'abord égal à $\frac{r\sqrt{3}}{3} - \alpha$, puis à $\frac{r\sqrt{3}}{3} + \alpha$, α étant une quantité très petite, cette fonction prend respectivement les valeurs $+ 2r\alpha\sqrt{3}$ et $- 2r\alpha\sqrt{3}$; elle passe donc du signe $+$ au signe $-$, et il en résulte que la fonction (2), par suite la fonction (1), atteint un maximum pour $y = \frac{r\sqrt{3}}{3}$.

Ce maximum de la fonction (1) est

$$\frac{4}{9}\,\pi r^3\sqrt{3},$$

et la valeur correspondante de x, d'après la relation $x^2+y^2=r^2$, est $\dfrac{r\sqrt{6}}{3}$.

———————

CHAPITRE IV

RÉSOLUTION DE PROBLÈMES

§ I. — Construction de points.

275. I. *Construire le point équidistant de trois points non en ligne droite.*

Soient A, B, C (*fig.* 90) les trois points donnés. Le point cherché devant être à égale distance de chacun d'eux, se trouvera à égale distance de A et de B, et à égale distance de B et de C ; il appartient donc à la fois aux deux lieux géométriques de points équidistants, d'une part, de A et de B, d'autre part, de B et de C ; il se trouve donc à leur intersection.

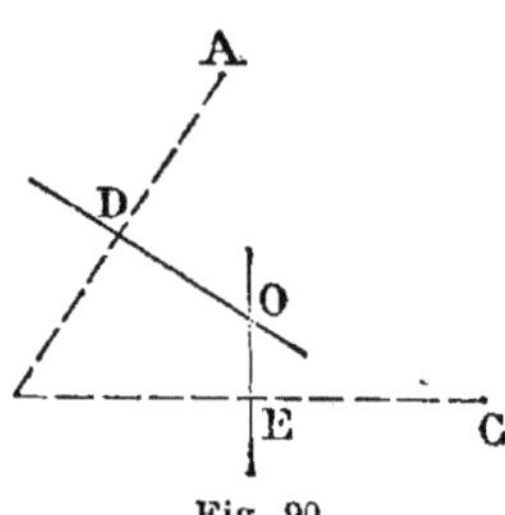

Fig. 90.

Or comme chacun de ces lieux est la perpendiculaire menée au milieu de la droite qui joint les deux points correspondants, le point cherché est donné par l'intersection de deux droites DO et EO respectivement perpendiculaires sur deux autres AB et BC qui se coupent, et comme cette intersection fournit toujours un point et n'en fournit qu'un, le point O, le problème admet toujours une solution et n'en admet qu'une.

Voir (280) la construction de la perpendiculaire sur le milieu d'une droite.

Remarque I. — Le point O est le centre du cercle que déterminent les trois points A, B et C. Il est aussi le centre de tous les cercles équidistants des trois points donnés, en tant que ces trois points sont toujours, pour chaque cercle, ou tous les trois extérieurs ou tous les trois intérieurs au cercle.

REMARQUE II. — Si les trois points étaient en ligne droite, les deux perpendiculaires menées par les milieux D et E des droites AB et BC seraient parallèles et leur point d'intersection serait rejeté à l'infini ; dans ce cas il n'y aurait pas de solution.

276. II *Construire un point équidistant de trois droites qui se coupent.*

Soient AB, BC et CA (*fig. 91*) trois droites qui se coupent et forment entre elles le triangle ABC. Le point cherché devant

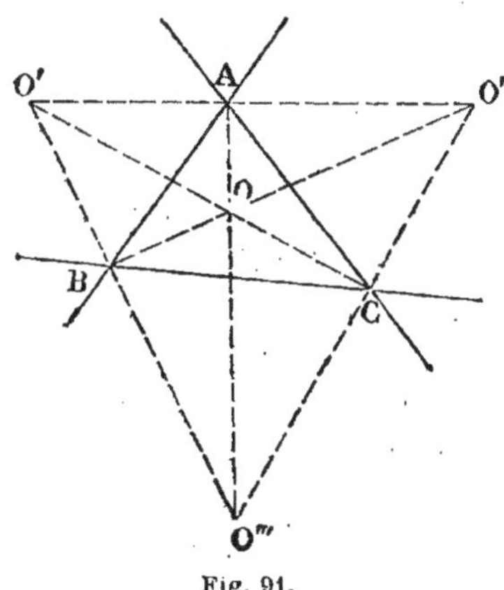
Fig. 91.

être à égale distance de chacune d'elles se trouvera à égale distance de AB et de BC et à égale distance de BC et de CA ; il appartient donc à la fois aux deux lieux de points équidistants, d'une part, de AB et de BC, d'autre part, de BC et de CA : par suite, il se trouve à leur intersection.

Rappelons d'abord que ces lieux se composent (213) de deux droites perpendiculaires entre elles, qui sont les bissectrices des deux angles adjacents formés par les deux droites correspondantes.

Si l'on considère deux des bissectrices, BO et CO par exemple, des angles intérieurs du triangle ABC, ces deux droites sont nécessairement concourantes et leur point commun O est équidistant de AB, de BC et de CA ; il répond donc à la question et, d'après ce qui précède, il appartient aussi à la bissectrice intérieure AO du troisième angle du triangle.

Considérons maintenant la bissectrice BO' de l'angle extérieur en B du triangle ; elle rencontre en O' la bissectrice CO de l'angle intérieur C, car ces deux droites font avec BC des

angles intérieurs dont la somme est inférieure à deux droits;
le point O' se trouve donc aussi à égale distance des trois droites qui forment les côtés du triangle, et par suite il appartient
aussi à la bissectrice AO' de l'angle extérieur en A du
triangle.

On démontrerait de même que la bissectrice CO″ de l'angle
extérieur en C du triangle se rencontre en O″ avec la bissectrice intérieure de l'angle B, par suite que O″ est un troisième
point équidistant des trois droites qui forment le triangle ABC,
et que ce point appartient aussi à la bissectrice AO″ de l'angle
extérieur en A du triangle.

Enfin les bissectrices extérieures des angles en B et en C du
triangle, respectivement perpendiculaires aux deux droites
concourantes BO et CO, sont elles-mêmes concourantes et leur
point commun O‴ est un quatrième point qui satisfait à la
question et se trouve situé en même temps sur la bissectrice
intérieure de l'angle A du triangle.

Le problème admet donc quatre solutions et n'en admet pas
d'autres.

Si deux des droites étaient parallèles et la troisième sécante,
il n'y aurait que deux solutions représentées par deux points
situés entre les deux droites parallèles, de part et d'autre de la
sécante.

Si les trois droites passaient par un même point, ce point,
situé à une distance nulle de chaque droite, serait encore une
solution et la seule pour ce cas.

Enfin si les trois droites étaient parallèles entre elles, il n'y
aurait pas de solution.

Remarque I. — Dans le premier cas de la question, représenté par la figure précédente, le point O, situé à l'intérieur du
triangle, est le centre du cercle tangent aux trois côtés du
triangle, autrement dit du *cercle inscrit* au triangle. Les trois
points O', O″ et O‴, situés à l'extérieur du triangle, sont les
centres des trois cercles tangents extérieurement au triangle
à l'un des côtés du triangle et aux prolongements des deux
autres : ces cercles sont dits *exinscrits* au triangle.

Remarque II. — Les démonstrations qui précèdent conduisent à l'énoncé des propositions suivantes :

1° *Les trois bissectrices des angles intérieurs d'un triangle se coupent en un même point qui est le centre du cercle inscrit au triangle.*

2° *Les bissectrices de deux angles extérieurs d'un triangle et la bissectrice intérieure du troisième angle se coupent en un même point qui est le centre d'un des trois cercles exinscrits au triangle.*

Voir (340) le calcul des rayons des cercles inscrit et exinscrits au triangle en fonction des côtés de ce triangle.

277. III. *Construire le point d'où l'on voit sous le même angle les trois côtés d'un triangle.*

Soit O (*fig.* 92) le point du plan du triangle qui répond à la question.

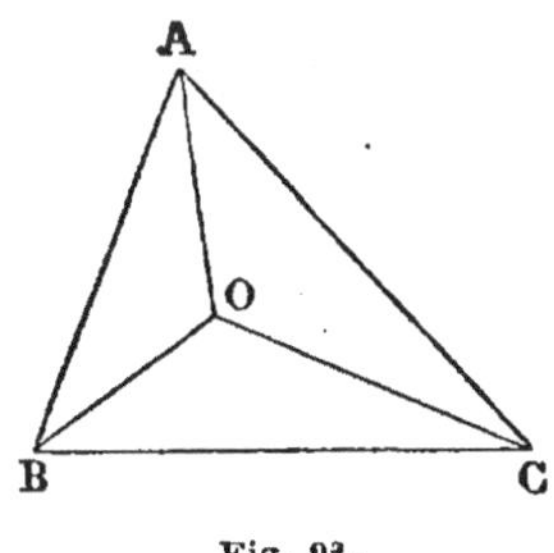

Fig. 92.

Il s'ensuit que les trois angles AOB, BOC et COA sont égaux ; mais comme d'autre part la somme de ces trois angles est égale à 4 droits, la valeur de chacun d'eux est égale à

$$\frac{4}{3} \, \text{dr.}$$

Si l'on peut construire le point d'où l'on voit deux des côtés du triangle sous un angle égal à $\frac{4}{3}$ de droit, de ce même point on verra évidemment le troisième côté sous le même angle et le point ainsi obtenu répondra à la question.

Le problème revient donc à construire sur deux des côtés quelconques du triangle un segment de cercle capable d'un angle de $\frac{4}{3}$ de droit. Si ces deux cercles se coupent en dehors du point commun à ces deux côtés et que ce second point d'intersection se trouve à l'intérieur du triangle, ce point répond à la question.

Lorsque le plus grand angle du triangle est inférieur à $\frac{4}{3}$ dr. le problème est toujours possible.

Si l'un des angles du triangle est égal à $\frac{4}{3}$ dr., en construisant sur les côtés de cet angle les segments capables de l'angle $\frac{4}{3}$ dr., on a deux cercles tangents et dont le point de contact coïncide avec le sommet de l'angle considéré du triangle. De ce point on voit le côté opposé sous un angle égal à $\frac{4}{3}$ dr., mais les deux côtés adjacents sont vus sous un angle nul ; ce point ne répond donc pas à la question et il en résulte que dans ce cas le problème est impossible.

Si l'un des angles du triangle est supérieur à $\frac{4}{3}$ dr., les deux segments capables de l'angle de $\frac{4}{3}$ dr. construits sur les deux côtés de cet angle sont tels que les cercles auxquels ils appartiennent ont leur second point d'intersection en dehors du triangle et que ce sont les arcs correspondants à l'angle supplémentaire qui se coupent en ce point. Dans ce cas encore, il n'y a pas de solution et le problème est impossible.

Il est à remarquer que pour résoudre la question proposée on l'a ramenée à cette autre :

Construire le point d'où l'on voit sous un angle donné deux segments de droite qui ont une extrémité commune et ne sont pas sur le prolongement l'un de l'autre.

Nous avons résolu et discuté cette question lorsque l'angle donné est égal à $\frac{4}{3}$ dr.

Si l'angle était quelconque, on construirait sur chacun des segments de droite le lieu des points d'où l'on voit ce segment sous l'angle donné, et chaque lieu se composant de deux arcs de cercle symétriques par rapport au segment correspondant (244), il y aurait autant de points répondant à la question que ces deux lieux auraient de points communs en dehors des deux segments, c'est-à-dire 4, 3, 2 ou 1, suivant les données du problème. Mais comme les deux lieux pourraient aussi n'avoir pas de ces points communs, il s'ensuivrait, dans ce cas, l'impossibilité du problème.

278 .IV. *Trouver sur un cercle un point dont la somme des distances à deux autres points donnés du cercle soit égale à une longueur donnée.*

Le problème étant supposé résolu, soit C le point du cercle O (*fig. 93*) dont la somme   CA + CB   de ses distances aux points A et B est égale à une longueur donnée.

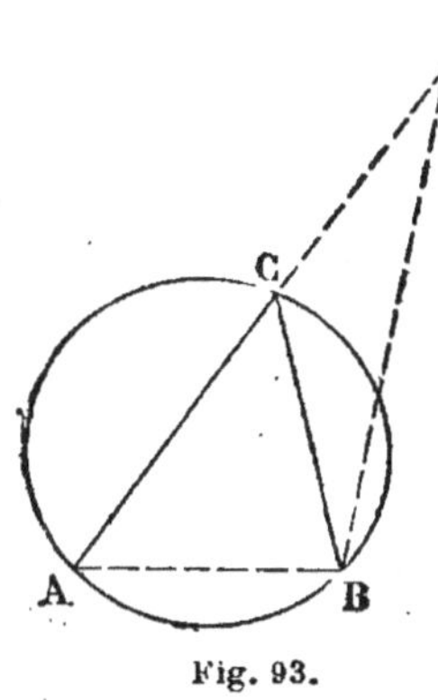
Fig. 93.

Si l'on prolonge la droite AC d'une longueur CD égale à BC, la droite AD représente la longueur donnée De sorte que si l'on mène les deux droites AB et BD, on a un triangle ABD dont on connaît les deux côtés AB et AD, ainsi que l'angle ADB opposé au premier, car on sait qu'il est la moitié de l'angle connu ACB, le triangle BCD étant isocèle. La résolution du problème repose donc sur la détermination du point D. Or ce point se trouve à l'intersection du segment capable de l'angle ADB construit sur AB et de l'arc de cercle décrit du point A comme centre avec un rayon égal à AD. En joignant le point D ainsi obtenu au point A, la rencontre C de la droite DA et de la circonférence donne le point demandé.

Si les deux arcs se coupent en deux points, le problème admet deux solutions ; s'ils sont tangents, il n'a qu'une solution, et s'ils ne se rencontrent pas, il n'a pas de solution.

Remarque. — Il est un problème qui présente avec celui-ci une très grande analogie, c'est le suivant :

Construire un triangle connaissant un côté, l'angle opposé et la somme des deux autres côtés.

Connaissant dans la figure précédente le côté AB, l'angle ACB et la somme   AC + CB   des deux autres côtés, on détermine le point auxiliaire D comme il vient d'être dit plus haut, et le point C s'obtient ensuite en élevant une perpendiculaire sur le milieu de la droite BD.

279. V. *Trouver sur une droite un point d'où l'on voit deux cercles donnés sous le même angle.*

Soient (*fig.* 94) O et O′ les deux cercles et AB la droite donnés.

Le point cherché doit se trouver, d'une part sur la droite AB et, de l'autre, sur le lieu des points d'où l'on voit les deux

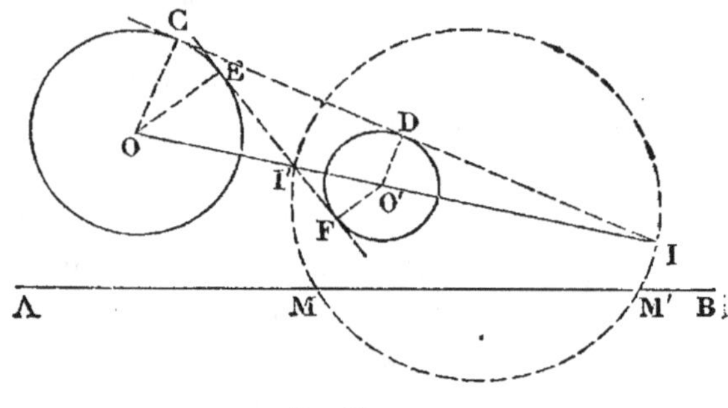

F g. 94.

cercles sous le même angle ; or ce lieu (248) est un cercle ayant pour diamètre la distance des centres de similitude des deux cercles.

Si le lieu a deux points communs avec la droite AB, le problème admet deux solutions ; si le lieu et la droite sont tangents, le problème n'a qu'une solution ; enfin si le lieu et la droite n'ont aucun point commun, le problème n'a pas de solution.

§ II. — Construction de droites

280. I. *Construire la perpendiculaire au milieu d'un segment de droite donné.*

Soit AB (*fig.* 95) le segment de droite. La perpendiculaire en son milieu étant le lieu des points équidistants de ses deux extrémités A et B, pour la construire il suffit de déterminer deux de ses points.

Pour cela on décrit de chacune des extrémités A et B du segment, prises comme centres, et avec un même rayon

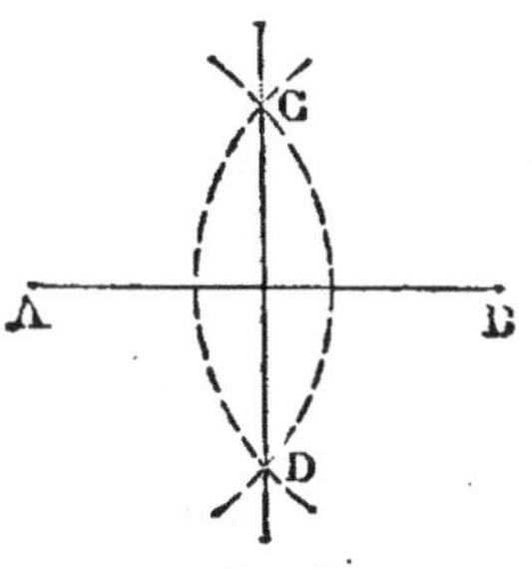

Fig. 95.

plus grand que la moitié de la distance AB, deux arcs de cercle qui se coupent nécessairement en deux points C et D situés au-dessus et au-dessous de la droite, et ces points appartiennent l'un et l'autre à la perpendiculaire; il suffit ensuite de les joindre pour avoir la perpendiculaire demandée CD.

Dans la pratique on ne trace de ces deux arcs que les parties qui servent à déterminer leurs intersections.

284. II. *Mener par un point donné la perpendiculaire à une droite donnée.*

Le point donné peut être sur la droite donnée ou hors de la droite.

1° *Le point est sur la droite.* — Soit O (*fig.* 96) le point par lequel on veut mener la perpendiculaire à la droite AB. Pour tracer cette perpendiculaire, il faut avoir un autre de ses points et pour cela ramener le problème au précédent.

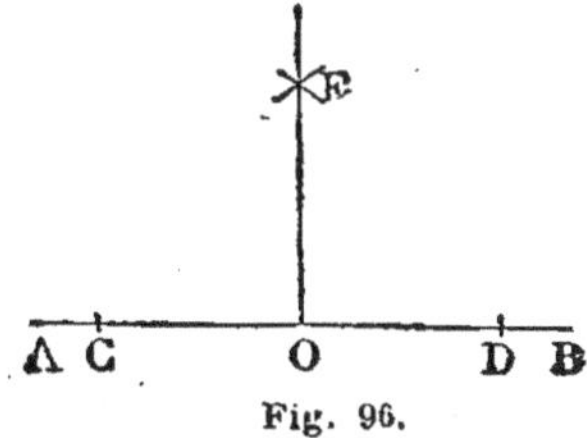

Fig. 96.

A cet effet, on détermine sur AB un segment, dont le point O est le milieu, en décrivant de ce point O comme centre, avec un même rayon pris arbitrairement, deux arcs de cercle qui coupent AB en C et en D ; puis de ces deux derniers points pris comme centres, on décrit, avec un même rayon plus grand que la moitié de CD, deux autres arcs de cercle, qui se coupent nécessairement en deux points situés l'un au-dessus et l'autre au-dessous de la droite et appartenant à la perpendiculaire élevée par le milieu O de CD ; comme un seul de ces points suffit, si E est ce point, en le joignant au point O on a la perpendiculaire demandée.

Dans la pratique, on limite les deux derniers arcs aux parties qui servent à la détermination d'un seul de leurs points d'intersection.

Cette position sur la droite du point par lequel doit passer la perpendiculaire présente un cas particulier qu'il est utile et intéressant de connaître, c'est lorsque le point limite la droite d'un côté.

Soit AB (*fig.* 97) une droite limitée au point B par lequel on veut mener une perpendiculaire.

Supposons le problème résolu et soit BC la perpendiculaire ;

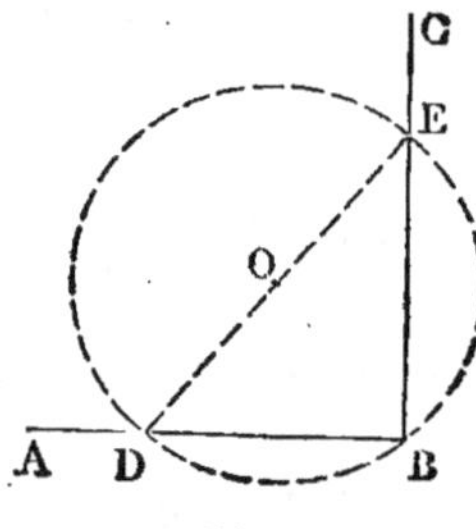

Fig. 97.

si l'on considère un cercle passant par le point B et dont le centre se trouve dans l'angle ABC, ce cercle coupe les côtés de cet angle en deux points D et E qui sont les extrémités du diamètre du cercle. D'où la construction suivante : la demi-droite se dirigeant de droite à gauche, d'un point O quelconque pris en dehors de la demi-droite à gauche de la perpendiculaire à conduire, décrire avec un rayon égal à OB un cercle qui coupe nécessairemen AB en un second point D ; joindre le point D au point O et prolonger la droite jusqu'à la seconde rencontre en E de la circonférence ; mener enfin la droite BE qui est la perpendiculaire cherchée.

2° *Le point est hors de la droite.* — Soit O (*fig.* 98) le point par lequel on veut mener la perpendiculaire à la droite AB. Pour tracer cette perpendiculaire, il faut en avoir un second point et pour cela ramener la question au problème I (280). A cet effet, on détermine sur AB un segment dont les deux extrémités soient équidistantes du point O, en décrivant de ce point comme centre, avec un rayon plus grand que sa distance à la droite, un arc

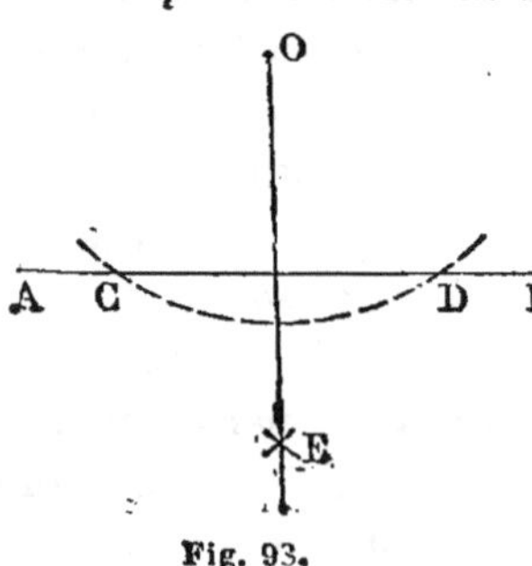

Fig. 93.

un rayon plus grand que sa distance à la droite, un arc

de cercle qui coupe AB en C et D ; puis de ces deux derniers points pris comme centres, on décrit, avec un même rayon plus grand que la moitié de CD, deux arcs de cercle qui se coupent en deux points situés au-dessus et au-dessous de la droite ; comme un seul de ces points suffit, on choisit pour plus d'exactitude dans le tracé le second E : en le joignant au point O, on a la perpendiculaire demandée.

282. III. *Par un point donné, mener à travers deux couples de droites parallèles une sécante telle que les segments interceptés par les deux couples soient égaux.*

En supposant le problème résolu, soient (*fig.* 99) (M, N) et (P, Q) les deux couples de parallèles, O le point donné et EH la droite à construire. On a EF = GH.

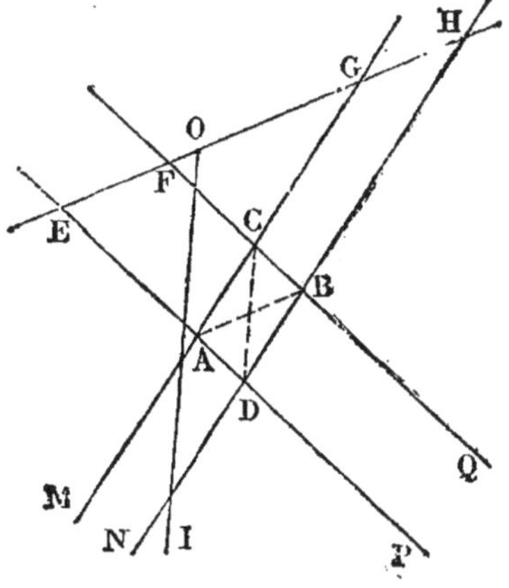

Fig. 99.

Si par le point A commun aux deux droites M et P on mène une parallèle à la droite EH et qu'on y porte une longueur AB égale à la longueur interceptée

EF = GH,

le point B, pour le premier couple de parallèles, se trouvera sur la droite N, et pour le second sur la droite Q ; il se trouvera donc à leur intersection, et la droite AB sera une des diagonales du parallélogramme ADBC. D'où la construction suivante : dans le parallélogramme ADBC formé par les intersections des deux couples de parallèles, mener une diagonale AB et par le point O tracer une parallèle EH à cette diagonale.

En menant par le point O une parallèle OI à la seconde diagonale CD, on a une seconde solution.

Si les deux couples de parallèles sont parallèles entre eux et que la distance des deux parallèles soit différente dans les deux couples, le problème est impossible ; mais si les deux couples de parallèles, étant parallèles entre eux, sont tels que la distance des deux droites soit la même dans chaque couple, le problème admet une infinité de solutions.

283. IV. *Par une des intersections de deux cercles qui se coupent mener une sécante telle que la somme des deux cordes interceptées soit égale à une longueur donnée.*

Supposons le problème résolu et soient O et O' (*fig.* 100) les deux cercles qui se coupent, A un de leurs points d'intersection, et BC la sécante à construire.

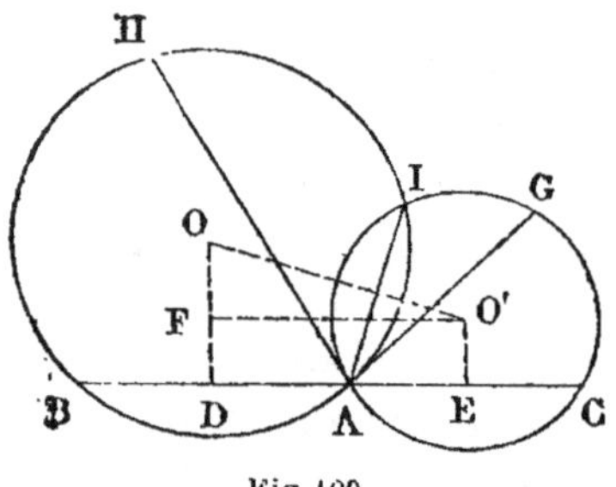

Fig. 100.

Si sur BC on abaisse des centres des cercles les perpendiculaires OD et O'E, et que par le centre le plus rapproché de BC on mène à cette droite la parallèle FO', on a

$$FO' = DE = \frac{BC}{2} ;$$

il s'ensuit que le triangle OFO' est déterminé parce qu'on en connaît l'hypoténuse OO', distance des centres des cercles, et le côté de l'angle droit FO', moitié de la longueur donnée BC ; il peut donc être construit. D'où la solution suivante : construire sur la distance OO' des centres des deux cercles, prise comme hypoténuse, un triangle rectangle OFO' dont un des côtés de l'angle droit FO' soit égal à la moitié de la somme donnée des deux cordes, et mener, par le point A, la perpendiculaire à la direction OF : la portion BC de cette perpendiculaire comprise dans les deux cercles donne la solution de la question.

Discussion. — Pour que le problème soit possible, il faut d'abord que le triangle rectangle OFO' puisse être construit et, pour cela, que l'on ait

$$FO' \leqslant OO'.$$

Lorsque FO' atteint sa valeur maxima OO', le triangle se réduit à la ligne des centres, la sécante est parallèle à cette ligne et sa partie comprise entre les deux cercles atteint son maximum, égal au double de la distance des centres.

Si à partir de ce moment on fait tourner la sécante autour du point A de manière que le point B se rapproche indéfiniment du point A, la somme BC des cordes diminue d'une manière continue (c'est ce que démontre la diminution progressive du côté FO' du triangle OFO'), et lorsque B se confond avec A, la sécante est tangente en A au cercle O et elle occupe alors une position limite, au delà de laquelle les deux cordes se superposeraient au lieu de s'ajouter l'une à l'autre comme dans toutes les positions précédentes. Dans cette position la corde du cercle O est nulle et l'autre est égale à AG : cette longueur est un minimum pour la somme des deux cordes.

Si la rotation de la sécante autour du point A, lorsque la somme des cordes a atteint son maximum, s'effectue en sens inverse du précédent, c'est-à-dire de manière que le point C se rapproche indéfiniment du point A, la somme BC des deux cordes diminue d'une manière continue, et lorsque C se confond avec A, la sécante est tangente au cercle O' et elle occupe alors une seconde position limite, au delà de laquelle les deux cordes se superposeraient au lieu de s'ajouter l'une à l'autre. Dans cette position la corde du cercle O' est nulle et l'autre est égale à AH : cette longueur est un second minimum pour la somme des deux cordes.

Deux cas peuvent se présenter.

1º Lorsque les deux cercles ont des rayons différents, les deux minima que nous venons de déterminer sont aussi différents l'un de l'autre, comme dans la figure précédente ; il s'ensuit que le problème est toujours possible lorsque la longueur donnée comme somme des deux cordes est comprise entre le double de la distance OO' des centres et la corde AG du petit cercle menée tangentiellement à l'autre par l'un des points d'intersection.

Il y a plus ; si la longueur donnée est comprise entre le double de la distance OO' des centres et la corde AH du grand cercle menée tangentiellement à O′ par le point A, le problème admet deux solutions.

Si la longueur donnée est comprise entre la corde AG du petit cercle tangente au cercle O et la corde AH du grand cercle tangente à O′, le problème n'admet qu'une solution.

Enfin si la longueur donnée est plus petite que AG ou plus grande que le double de OO′, le problème n'admet aucune solution.

2° Lorsque les deux cercles ont des rayons égaux, les deux minima AG et AH deviennent égaux ; alors le problème admet deux solutions lorsque la longueur donnée est comprise entre ce minimum unique et le double de la distance des centres, et il n'en admet aucune lorsque la longueur donnée est inférieure à ce minimum ou supérieure au double de la distance des centres.

REMARQUE. — On peut rattacher à la discussion précédente les faits qui résultent de la rotation de la sécante dans l'intérieur de l'angle HAG. Pour cela, comme les deux cordes s'y superposent au lieu de s'y juxtaposer, on peut considérer comme négative la plus petite des deux ; la portion de la sécante comprise dans l'intérieur des cercles, en dehors de leur partie commune, devient alors une somme algébrique. L'examen du triangle rectangle OFO′ construit pour chaque position de la sécante démontre, dans ce cas, que la somme algébrique des deux cordes diminue de AH jusqu'à zéro, lorsque la sécante passe de la position AH à la position AI, et que cette somme augmente ensuite de zéro à AG, lorsque la sécante passe de la position AI à la position AG.

En résumant toute la discussion, considérée à ce dernier point de vue, on peut donc dire :

1° que dans une rotation complète de la sécante de direction AI autour du point A, la somme algébrique des deux cordes part de zéro, pour croître d'une manière continue jusqu'à ce qu'elle atteint une valeur maxima égale au double de la distance des centres des deux cercles, et pour décroître ensuite de la même manière jusqu'à zéro ;

2° que la possibilité du problème n'est assujettie qu'à la seule condition que la somme algébrique des cordes soit inférieure ou au plus égale au double de la distance des centres des deux cercles donnés

284. V. *Mener, dans l'intérieur d'un triangle, une sécante parallèle à une direction donnée, de manière que la partie comprise entre deux côtés indiqués soit égale à la somme des deux segments déterminés sur ces côtés et situés entre la sécante et le troisième côté.*

Le problème étant supposé résolu, soit (*fig.* 101) la droite EF, parallèle à la direction D et égale à la somme BE + FC

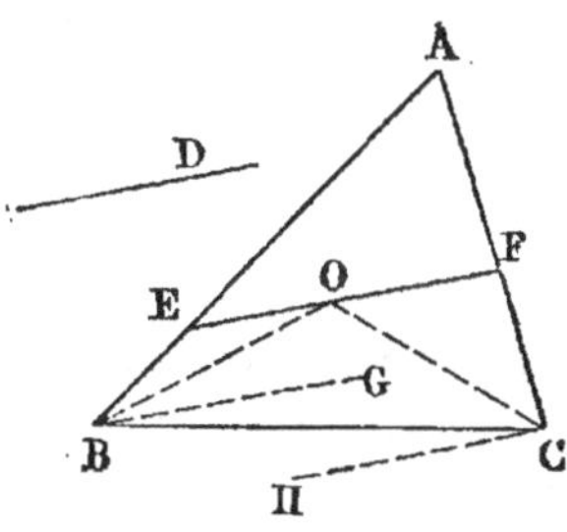

Fig. 101.

des deux segments qu'elle détermine sur les deux côtés AB et AC du triangle ABC, ces segments étant situés entre la droite EF et le côté BC.

De ce que l'on a

$$EF = BE + FC,$$

on déduit qu'il existe sur EF un point O qui divise cette droite en deux parties EO et OF respectivement égales à BE et à FC. En joignant ce point O aux deux sommets B et C du triangle, on forme deux triangles BEO et OFC qui sont isocèles comme ayant chacun deux côtés égaux ; il s'ensuit que dans le premier les deux angles EBO et EOB sont égaux et que dans le second les deux angles FOC et OCF sont aussi égaux. Or l'angle EOB est égal à l'angle OBG que l'on forme en menant la parallèle BG à EF, autrement dit à la direction D et par suite BO est bissectrice de l'angle EBG. De même l'angle FOC est égal à l'angle OCH formé en menant la parallèle CH à OF ou à la direction D, et il en résulte que CO est bissectrice de l'angle FCH.

Ces considérations conduisent à la solution suivante : des deux extrémités B et C du côté non rencontré par le segment de droite EF, mener les parallèles BG et CH à la direction D; construire les bissectrices des angles ABG et ACH et par leur rencontre O mener la parallèle EF à la direction D.

Discussion. — Pour que le problème soit possible, il faut que les deux bissectrices BO et CO se rencontrent dans l'intérieur du triangle, et cela ne peut être qu'autant que le plus petit des deux angles que fait avec BC la direction D soit au plus égal au plus petit des deux angles B et C.

1° Admettons que l'angle B soit plus petit que l'angle C. Si nous supposons que la direction D soit d'abord parallèle à AB, c'est-à-dire si elle fait avec BC un angle égal à B, le point O se trouvera sur AB et EF se confondra avec ce côté du triangle.

Si la droite D tourne autour d'un de ses points de manière que l'angle qu'elle fait avec BC diminue, le point O rentre dans l'intérieur du triangle, et la droite EF, devenant distincte de AB, coupe les deux côtés AB et AC du triangle.

Imaginons que la droite D continue à tourner dans le même sens pour effectuer une demi-rotation : lorsqu'elle devient parallèle à BC, le point O est le point de concours des bissectrices des angles du triangle et la droite EF devient parallèle à BC ; lorsqu'elle dépasse cette position, EF redevient oblique à BC, mais dans le sens contraire au précédent ; lorsqu'elle fait un angle avec CB d'ouverture tournée à gauche, égal à B, le point O se trouve en C, la droite EF, qui passe par le point C, ne coupe que le côté AB, et le segment de AC considéré dans l'énoncé de la question devient nul ; enfin, lorsqu'elle dépasse cette dernière position, le problème devient impossible et reste sans solution jusqu'à ce que D revienne, après sa demi-rotation, à sa direction de départ.

2° Si l'angle C était plus petit que B, en raisonnant comme il vient d'être fait on retrouverait en sens contraire les résultats précédents.

3° Le cas où les deux angles B et C seraient égaux se déduit très simplement du premier.

285. VI. *Construire la hauteur d'un tétraèdre dont on donne les six arêtes.*

Soit SABC (*fig.* 102) un tétraèdre dont on connaît les six arêtes et dans lequel on prend pour base la face ABC.

Si du pied O de la hauteur de ce tétraèdre on mène sur AB
et BC les perpendiculaires OD et OE, en joignant les points
D et E au sommet S on a, d'après le théorème des trois perpendiculaires, des droites SD et SE respectivement perpendiculaires à AB et à DC. Il s'ensuit que la hauteur cherchée
est donnée par la construction d'un des triangles rectangles
SOD ou SOE.

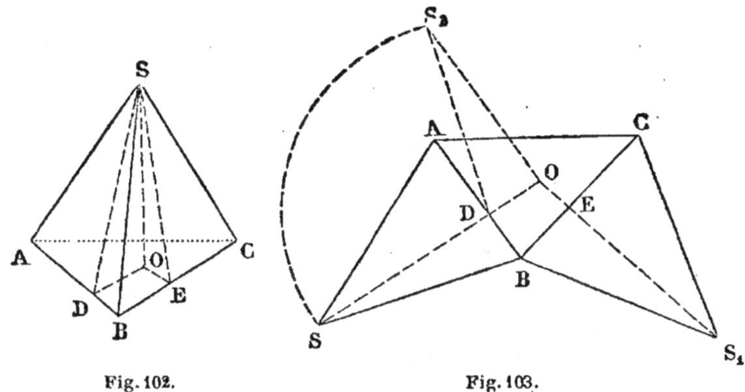

Fig. 102.   Fig. 103.

Remarquons en outre que si l'on rabat les faces SAB et SBC
du tétraèdre sur le plan de la base ABC, les droites SD et SE
se placeront sur le prolongement des droites OD et OE.

De là la solution suivante: construire (*fig.* 103) la base ABC
du tétraèdre ; dans le même plan et sur les côtés AB et BC
construire les faces SAB, S_1BC ; mener sur AB et BC, de S
et de S_1, les perpendiculaires SD et S_1E, qui se coupent au
point O, lequel donne le pied de la hauteur du tétraèdre ;
enfin, sur OD par exemple, construire le triangle rectangle
S_2OD, dont on connaît, en dehors du côté OD, l'hypoténuse
S_2D = SD. Le troisième côté S_2O de ce triangle rectangle
donne la hauteur du tétraèdre.

§ III. — Construction d'angles.

286. I. *Construire en un point donné d'une droite un angle
égal à un angle donné.*

Soient A (*fig. 104*) l'angle donné, A'X la droite et A' le point de cette droite (*fig. 105*) où doit être construit l'angle demandé.

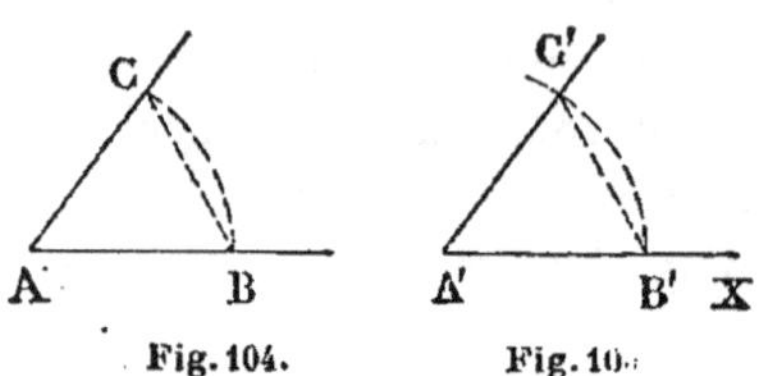

Fig. 104.   Fig. 105.

La solution du problème repose d'abord sur cette proposition, que dans un même cercle ou dans des cercles égaux, aux arcs égaux correspondent des angles au centre égaux, puis sur cette seconde, que dans le même cercle ou dans des cercles égaux les cordes égales sous-tendent des arcs égaux. Des points A et A' pris comme centres, avec une même ouverture de compas arbitraire, on décrit donc les arcs de cercle BC et B'C', et du point B', pris à son tour comme centre, on décrit, avec un rayon égal à la corde BC, un arc qui rencontre l'arc B'C' au point C' : en joignant le point C' au point A' on a l'angle A' égal à l'angle A. En effet, les arcs BC et B'C', appartenant à des cercles égaux et étant sous-tendus par des cordes égales, sont égaux ; il s'ensuit que les angles au centre A et A' correspondants sont égaux.

287. II. *Construire en un point donné d'une droite un angle égal à la somme de deux angles donnés.*

Soient A et A_1 (*fig. 106*) les deux angles donnés, A'X la droite et A' le point sur cette droite (*fig. 107*) où doit être construit l'angle demandé.

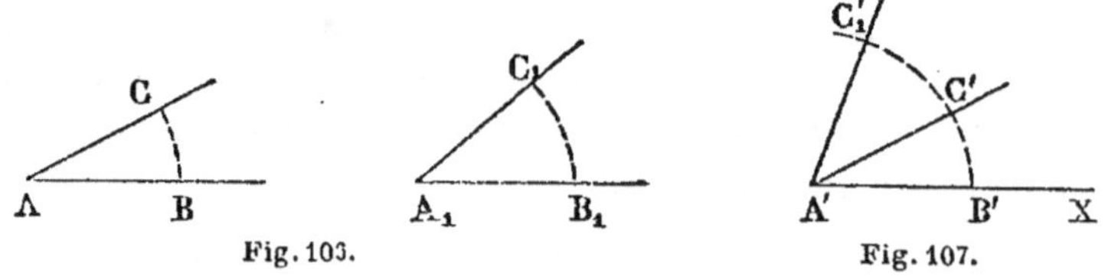

Fig. 106.   Fig. 107.

On sait que la somme de deux angles est l'angle qui résulte de leur juxtaposition sur un même plan, de manière que leurs sommets et un de leurs côtés coïncident, et que les deux autres côtés soient situés de part et d'autre du côté devenu commun. Il en résulte que pour construire en A′ avec la droite A′X un angle égal à la somme des deux angles A et A_1, on décrira des trois points A, A_1 et A′, pris comme centres, avec un même rayon arbitraire, des arcs de cercle BC, B_1C_1 et $B′C′_1$, et en opérant comme dans le problème précédent, on construit au point A′ avec la droite A′X un angle B′A′C′ égal à l'angle A, puis, au même point A′, avec la droite A′C′ un angle C′A′C′_1 égal à l'angle A_1 : l'angle $B′A′C′_1$ est, d'après ce qui vient d'être dit, égal à la somme des deux angles donnés.

En construisant au point A′, sur la droite $A′C′_1$, toujours dans le même sens que précédemment, un angle égal à un troisième angle donné, on obtiendrait la somme de trois angles ; on aurait de la même manière la somme d'un nombre quelconque d'angles donnés.

Si dans cette opération tous les angles donnés étaient égaux, l'angle somme serait, dans ce cas particulier, un angle multiple de l'un des angles donnés. La résolution de ce problème : *Construire un angle double, triple, etc., d'un angle donné*, se fait donc par les mêmes procédés que pour obtenir la somme de plusieurs angles.

288. III. *Construire en un point donné d'une droite un angle égal à la différence de deux angles donnés.*

Soient (*fig.* 108) A et A_1 les deux angles donnés, A′X la

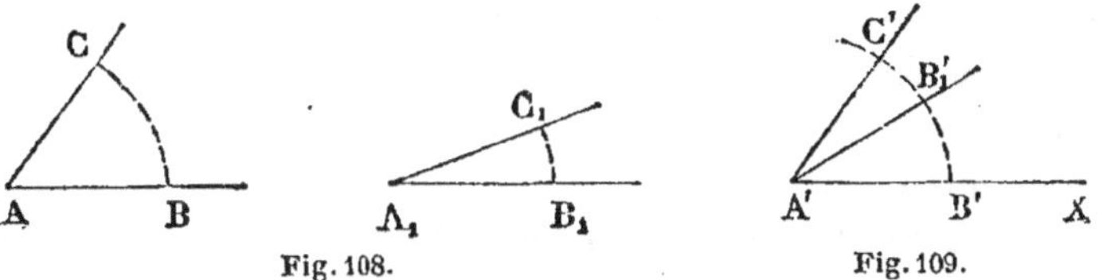

Fig. 108.   Fig. 109.

droite et A′ le point sur cette droite (*fig.* 109) où l'on veut construire l'angle demandé.

L'angle qui représentera la différence des deux angles A et A_1 sera un angle qui, augmenté de l'angle A_1, donnera pour somme des deux l'angle A. Pour l'obtenir, on construira donc en A′, sur la droite A′X, en se servant du procédé suivi dans le problème I (286), un angle $\widehat{B'A'C'}$ égal à l'angle **A**; puis sur A'C', au point A', dans le sens de B', un angle $\widehat{C'A'B'_1}$ égal à l'angle A_1 : l'angle $\widehat{B'A'B'_1}$ est l'angle demandé. On a, en effet,

$$\widehat{B'A'B'_1} + \widehat{B'_1A'C'} = \widehat{B'A'C'},$$

ou

$$\widehat{B'A'B'_1} + \widehat{B_1A_1C_1} = \widehat{BAC},$$

d'où

$$\widehat{B'A'B'_1} = \widehat{BAC} - \widehat{B_1A_1C_1}.$$

Construire le complément d'un angle c'est déterminer la différence de deux angles dont l'un est un angle droit et l'autre l'angle donné. Ce problème se résout donc comme le précédent.

C'est encore chercher la différence de deux angles que d'avoir à *construire un des angles d'un triangle connaissant les deux autres*, car c'est déterminer l'excès de deux droits sur la somme des deux angles donnés. En construisant cet angle somme des deux autres et en prolongeant un de ses côtés au delà de son sommet, l'angle que fait ce prolongement avec l'autre côté est le troisième angle du triangle.

289. IV. *Construire une face d'un trièdre connaissant les deux autres et le dièdre qu'elles comprennent.*

Soit (*fig.* 110) le trièdre SABC, dans lequel on connaît les deux faces ASB et ASC ainsi que le dièdre SA, et dont il s'agit de construire la face BSC. Nous supposerons que la face ASC se trouve dans le plan de la figure et que l'arête SB est en avant de ce plan.

Si par un point quelconque D de l'arête SA on mène à cette arête un plan perpendiculaire, on détermine, dans les deux faces données, les droites DE et DF respectivement perpendiculaires à l'arête SA, et dans la face BSC la droite EF qui forme avec les longueurs SE et SF un triangle SEF dont la construction donnera l'angle ESF, autrement dit la face cherchée du trièdre.

La droite DF est représentée en vraie grandeur sur la figure, puisque la face ASC et le plan de la figure coïncident ; par le rabattement ASB_1 de la face ASB sur le plan de la figure, on obtient la vraie grandeur DE_1 de la droite DE ; on connaît d'autre part l'angle EDF qui est l'angle plan du dièdre donné ; on peut donc construire en vraie grandeur DE′F le triangle DEF. Le triangle SEF s'obtiendra ensuite en décrivant des

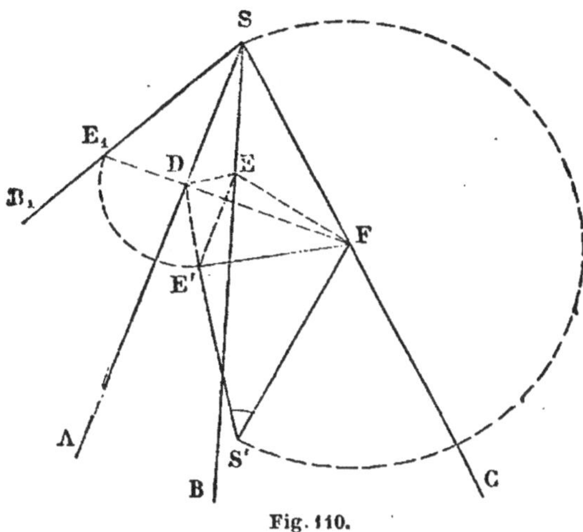

Fig. 110.

points F et E′, pris comme centres, avec des rayons respectivement égaux à FS et à E_1S (vraie grandeur de ES), des arcs de cercle qui se coupent en S′, et en joignant S′ aux points E′ et F : l'angle E′SF représente en vraie grandeur la face demandée BSC du trièdre en question.

290. V. *Construire l'angle plan d'un des dièdres d'un trièdre dont on donne les trois faces.*

Soient SABC (*fig.* 111) l'angle trièdre donné par ses trois faces, la face ASC coïncidant avec le plan de la figure et l'arête SB se trouvant en avant de ce plan.

1° Supposons qu'il s'agisse d'abord de construire l'angle plan du dièdre SB. Nous faisons, pour cela, passer par un point D quelconque de l'arête SB un plan perpendiculaire à cette arête, qui coupera la face ASC suivant une droite EF et les deux autres suivant les droites DE et DF, toutes deux perpendiculaires à SB.

L'angle EDF est celui qu'il s'agit d'avoir en vraie grandeur.

A cet effet, sur le plan de la face ASC, rabattons les deux autres faces en ASB_1 et CSB_2 ; les droites DE et DF donneront, dans leur rabattement, les perpendiculaires ED_1 à SB_1 et FD_2

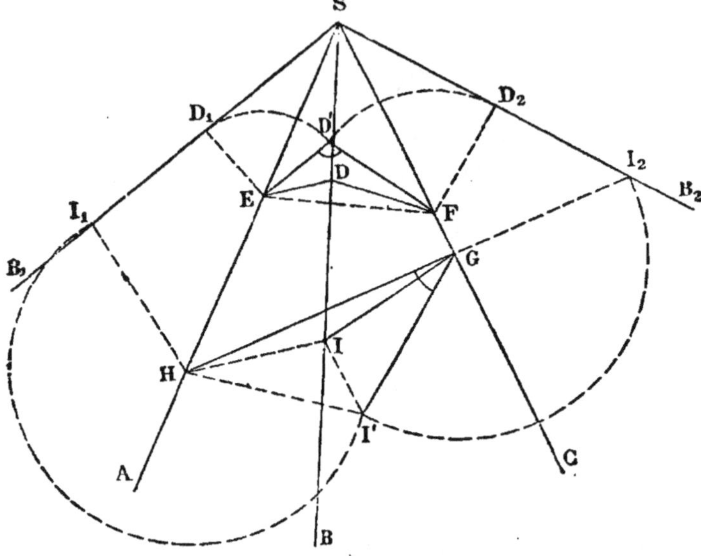

Fig. 111.

à SB_2 ; de plus leurs pieds D_1 et D_2 seront évidemment à des distances égales SD_1 et SD_2 du point S. On obtient ainsi, en vraie grandeur, les trois côtés EF, ED_1 et FD_2 du triangle DEF, que l'on sait dès lors construire.

D'où la solution suivante : construire, en les juxtaposant, les trois faces B_1SA, ASC et CSB_2 du trièdre ; prendre sur SB_1 et SB_2 deux longueurs égales SD_1 et SD_2 ; élever aux droites SB_1 et SB_2 les perpendiculaires D_1E et D_2F jusqu'à leur rencontre, pour la première, de la droite SA en E, et pour la seconde, de la droite SC en F ; joindre E et F et décrire des points E et F comme centres, avec des rayons respectivement égaux à ED_1 et à FD_2, des arcs de cercles qui se coupent en D' ; enfin, mener les droites D'E et D'F : l'angle ED'F est l'angle plan du dièdre SB.

2° Si l'on veut construire l'angle plan de l'un des deux autres dièdres, de SC par exemple, nous faisons passer par un point G quelconque de l'arête SC un plan perpendiculaire à cette arête, qui coupe les faces ASC et BSC suivant les droites GH et GI, toutes deux perpendiculaires à SC, et la face ASB suivant la droite IH. L'angle HGI est celui qu'il s'agit d'avoir en vraie grandeur.

Pour cela, nous effectuerons comme précédemment le rabattement, sur le plan de ASC, des deux autres faces ; la droite GI se rabat suivant la perpendiculaire GI_2 à SC et la droite HI suivant la droite HI_1, telle que la distance SI_1 est évidemment égale à la distance SI_2. On a ainsi, en vraie grandeur, les trois côtés GH, HI_1 et GI_2 du triangle GHI, que l'on peut dès lors construire.

D'où la solution suivante : construire, en les juxtaposant, les trois faces B_1SA, ASC et CSB_2 du trièdre ; prendre sur SB_1 et SB_2 des longueurs égales SI_1 et SI_2 ; du point I_2 abaisser la perpendiculaire sur SC et prolonger jusqu'à la rencontre en H de SA ; joindre H et I_1 et décrire des points G et H pris comme centres, avec des rayons respectivement égaux à GI_2 et HI_1 des arcs de cercles qui se coupent en I' ; enfin mener les droites I'G et I'H : l'angle HGI' est l'angle plan du dièdre SC.

§ IV. — Division de droites et d'angles.

291. I. *Diviser un segment de droite en 2, 4, 8, ..., 2^n parties égales.*

La division d'un segment de droite en deux parties égales rentre dans le problème de la construction de la perpendiculaire au milieu d'une droite limitée et s'y ramène ; l'opération est donc la même.

Pour diviser un segment de droite en quatre parties égales, on le divise d'abord en deux parties égales, comme il vient d'être dit, puis chaque moitié à son tour est divisée en deux parties égales par le même procédé.

On opère de la même manière sur chaque quart du segment

pour avoir la division en huit parties égales, et l'on continue ainsi de suite pour obtenir autant de divisions qu'en exprime le nombre 2^n.

292. II. *Diviser un segment de droite en parties proportionnelles à des longueurs ou à des nombres donnés.*

Soient (*fig*. 112) AB la droite à diviser et M, N, P les longueurs données.

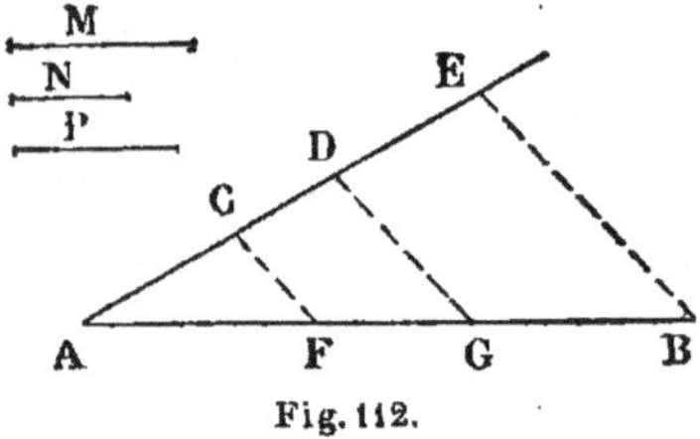

Fig. 112.

De l'une des extrémités de la droite AB, A par exemple, menons une droite AX dans une direction différente et portons sur cette droite, à partir du point A, les unes à la suite des autres, des longueurs AC, CD et DE respectivement égales aux longueurs M, N, P ; joignons le point E au point B et menons par les points D et C les parallèles DG et CF à EB : les points F et G déterminent sur AB les segments demandés AF, FG et GB. On a, en effet (48, III),

$$\frac{AF}{AC} = \frac{FG}{CD} = \frac{GB}{DE},$$

c'est-à-dire

$$\frac{AF}{M} = \frac{FG}{N} = \frac{GB}{P}.$$

Si au lieu de longueurs M, N, P, proportionnellement auxquelles on a divisé la droite AB, on donnait des nombres, l'opération serait la même, après avoir porté sur AX des longueurs proportionnelles à ces nombres et déterminées en adoptant une longueur arbitraire pour unité.

Ce problème comprend cet autre comme cas particulier : *Diviser un segment de droite en un nombre quelconque de parties égales,* car si les longueurs AC, CD, DE que l'on porte sur AX sont égales, les longueurs AF, FG, GB le seront aussi.

293. III. *Etant donnés, sur une droite indéfinie, trois points A, B, C, déterminer le conjugué harmonique du point C par rapport aux deux autres points.*

Supposons le problème résolu et soit D (*fig.* 113) le point cherché. On sait (153) que si C et D sont conjugués harmoniques l'un de l'autre par rapport aux points A et B, réciproquement A et B sont conjugués harmoniques l'un de l'autre par rapport aux points C et D, c'est-à-dire que la droite AB est le diamètre du cercle lieu de tous les

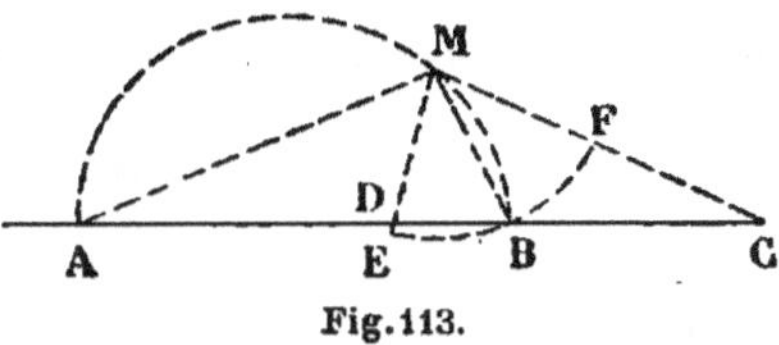
Fig. 113.

points dont les distances MD et MC aux points D et C sont dans un rapport égal à $\dfrac{BD}{BC}$, par suite que les droites MB et MA sont les bissectrices de l'angle DMC et de son supplément.

D'où la construction suivante : décrire sur la droite donnée AB, prise comme diamètre, un demi-cercle AMB ; joindre un point M quelconque de cette courbe aux points B et C ; faire au point M avec MB et du côté opposé à l'angle BMC, un ang'e BME égal à BMC : l'intersection D de la droite ME avec la droite AB donne le point demandé.

Le problème ainsi considéré est toujours possible.

S'il s'agissait de déterminer le point C, connaissant le point D, la construction serait analogue ; après avoir décrit le demi-cercle AMB, on joindrait un point quelconque M de cette courbe aux points D et B, et l'on ferait au point M, avec MB, du côté opposé à l'angle DMB, un angle BMC égal à DMB.

Trois cas pourraient se présenter : ou MC rencontrerait AB à droite du point B ou à gauche du point A ; ou bien MC serait parallèle à AB : dans les deux premiers cas, il y aurait une solution ; dans le troisième, le conjugué de D serait rejeté à l'infini et il n'y aurait pas de solution. Ce cas se présente lorsque D est au milieu de AB.

294. IV. *Diviser un angle en 2, 4, 8, ..., 2^n parties égales.*

La solution de ce problème s'appuie sur le fait qu'on ramène la mesure des angles à celle des arcs compris entre leurs côtés et décrits de leur sommet comme centre avec un rayon arbitrairement choisi. Ici, par conséquent, nous ramènerons la division d'un angle en 2, 4, 8, . . ., 2^n parties égales à la division, de la même manière, de l'arc qui lui sert de mesure.

Soient A (*fig.* 114) l'angle donné, et BC l'arc compris entre ses côtés et décrit de son sommet A comme centre avec un rayon quelconque AB.

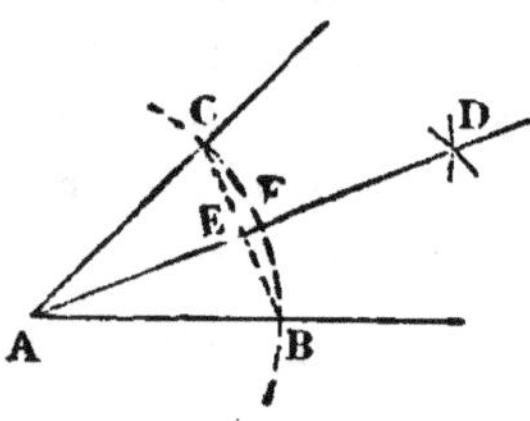
Fig. 114.

Admettons d'abord qu'il s'agisse de diviser l'angle A, et par conséquent l'arc BC, en deux parties égales. On sait que la perpendiculaire menée au milieu d'une corde partage cette corde et l'arc sous-tendu en deux parties égales. De cette perpendiculaire au milieu de BC on connaît le point A ; pour en avoir un second, des points B et C comme centres, avec un même rayon plus grand que la moitié de BC, on décrit des arcs de cercle qui se coupent en deux points, dont un seul, D par exemple, est à déterminer dans la circonstance : la perpendiculaire AD au milieu E de la corde BC donne par sa rencontre F avec l'arc BC le milieu de cet arc. Les deux angles au centre BAD et DAC interceptant ainsi des arcs égaux BF et FC sont égaux ; AD est donc la bissectrice de l'angle donné.

Pour diviser l'angle A en quatre parties égales, on le divise d'abord en deux parties égales, comme il vient d'être fait, puis chaque moitié est à son tour divisée en deux parties égales par le même procédé.

On opère de la même manière sur chaque quart de l'angle pour avoir la division en huit parties égales, et l'on continue ainsi de suite pour obtenir autant de divisions égales qu'en exprime le nombre 2^n.

295. V. *Diviser un angle droit en trois parties égales.*

La trisection d'un angle quelconque ne peut pas se faire par le moyen de la règle et du compas, mais lorsqu'il s'agit du cas particulier d'un angle droit la trisection est possible. L'opération repose sur ce que la différence de l'angle droit et de l'angle du triangle équilatéral est égale à $\frac{1}{3}$ de droit.

Pour diviser en trois parties égales l'angle droit A (*fig.* 115), du sommet A, pris comme centre, avec un rayon arbitraire AB, on décrit un arc de cercle BC, puis des points B et C, pris à leur tour comme centres, avec un même rayon égal à

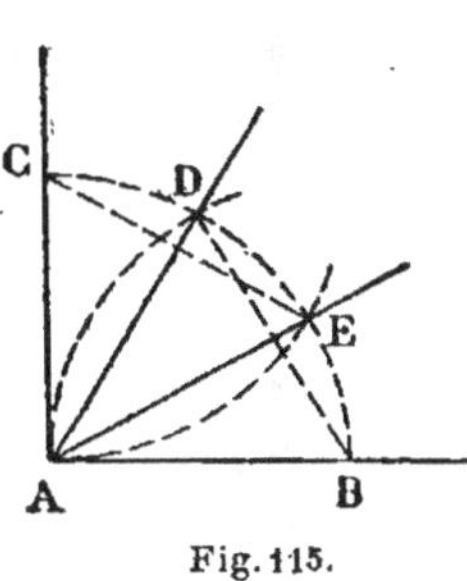

Fig. 115.

AB on décrit les arcs de cercle AD et AE qui coupent le premier en D et en E. Les droites AE et AD divisent l'angle droit en trois parties égales. En effet, le triangle ADB, obtenu en menant la droite BD, est un triangle équilatéral puisque ses trois côtés sont égaux à AB; il s'ensuit que l'angle BAD est égal à $\frac{2}{3}$ de droit et que son complément CAD est égal à $\frac{1}{3}$ de droit. On démontre de même que l'angle BAE est égal à $\frac{1}{3}$ de droit en le considérant comme le complément de l'angle CAE du triangle équilatéral ACE. Il est évident, d'après ce qui précède, que l'angle DAE est aussi égal à $\frac{1}{3}$ de droit.

§ V. — Construction de triangles.

296. 1. *Construire un triangle connaissant deux côtés et l'angle opposé à l'un d'eux.*

A l'extrémité A d'une demi-droite AX (*fig.* 116) faisons un angle YAX égal à l'angle donné; sur la droite AY portons une longueur AB égale à celui des côtés qui est adjacent et non opposé à l'angle donné; du point B comme centre, avec un rayon égal à l'autre côté donné, celui qui est opposé à l'angle donné, décrivons

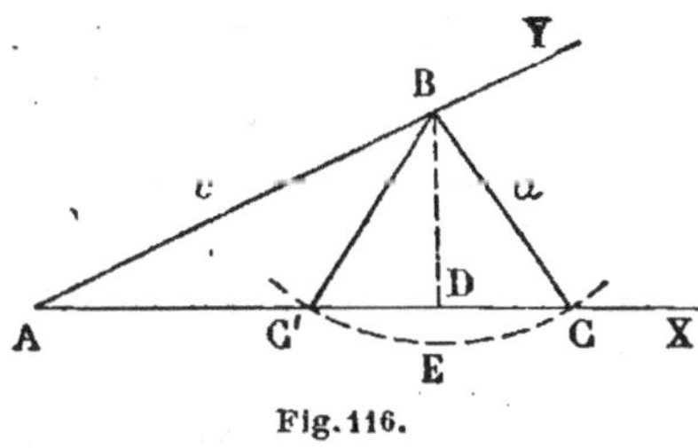

Fig. 116.

un arc de cercle CE; si C est une intersection de cet arc

avec la droite AX, en joignant B et C on obtient le triangle ABC demandé.

Discussion. — Désignons par a et c les côtés BC et AB du triangle opposés aux angles A et C.

La première condition pour que le problème soit possible est que l'arc décrit de B avec a pour rayon rencontre la droite AC, c'est-à-dire qu'en menant la perpendiculaire BD à AX on ait

$$a \geqslant BD.$$

1° Supposons que l'on ait $a > BD$, l'arc de cercle CE rencontre la droite AX en deux points ; mais pour la possibilité il faut que l'un au moins de ces points soit situé à droite du point A, et comme cela dépend de la valeur de l'angle A et de la longueur de a comparée à celle de c, nous ferons les hypothèses suivantes.

a). A $< 90°$. Si l'on a en même temps $a < c$, les deux points d'intersection sont situés à droite du point A, comme dans la figure précédente, et le problème admet les deux solutions ABC et ABC′

Si l'on a $a = c$, l'un des points d'intersection est à droite du point A et l'autre coïncide avec A. Le problème n'a qu'une solution, qui consiste dans un triangle isocèle.

Et si l'on a $a > c$, l'un des points d'intersection est à droite du point A et l'autre à gauche. Le problème n'admet encore qu'une solution.

b). A $= 90°$. On a alors $c = BD$ et l'hypothèse précédente $a > BD$ se traduit par cette autre $a > c$, la seule admissible, car il s'agit ici d'un triangle rectangle dans lequel a est l'hypoténuse. Dans ce cas l'arc CE rencontre la droite AX en deux points situés de part et d'autre du point A. On a deux triangles rectangles, mais qui ne constituent qu'une solution parce qu'ils sont égaux.

c). A $> 90°$. On doit avoir nécessairement $a > c$, car, à l'angle obtus A du triangle cherché est opposé le plus grand côté a. Dans ce cas, l'arc CE a un point de commun avec AX à droite du point A. et le problème admet une solution.

2° Supposons maintenant que l'on ait $a = BD$; l'arc de cercle CE est tangent à la droite AX, et le problème n'est pas possible qu'autant que l'on a en même temps $A < 90°$; le problème admet alors une solution qui consiste dans un triangle rectangle.

3° Si l'on avait $a < BD$, le problème serait impossible.

297. II *Construire un triangle inscrit dans un cercle, dont on connaît les milieux des arcs sous-tendus par ses côtés.*

Supposons le problème résolu et soit ABC (*fig.* 117) le triangle demandé, inscrit dans le cercle O sur lequel sont donnés les milieux M, N, P des arcs sous-tendus par les côtés AB, BC, CA.

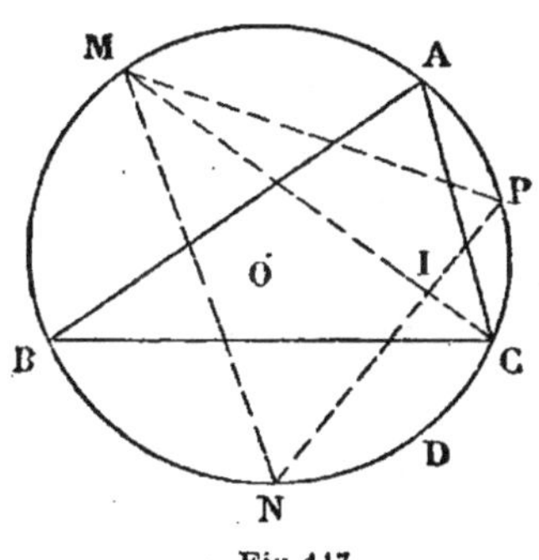

Fig. 117.

Si l'on joint entre eux les trois points M, N, P, et qu'on mène la droite MC, qui réunit un de ces points au sommet opposé du triangle ABC, on a dans MC la perpendiculaire menée de M à NP : l'angle MIP, en effet, a pour mesure

$$\frac{\text{arc MAP} + \text{arc NDC}}{2}.$$

Or, on a par hypothèse

$$\text{arc MAP} = \frac{\text{arc BAC}}{2}$$

et

$$\text{arc NDC} = \frac{\text{arc BNC}}{2},$$

d'où $\dfrac{\text{arc MAP} + \text{arc NDC}}{2} = \dfrac{\text{arc BAC} + \text{arc BNC}}{4} = \dfrac{1}{4}$ de

circonférence; c'est-à-dire que l'angle MIP est droit.

D'où la construction suivante : joindre entre eux les points donnés M, N, P ; mener les hauteurs du triangle MNP et les prolonger jusqu'à la rencontre du cercle : les trois intersections ainsi obtenues donnent les trois sommets du triangle cherché.

Remarque. — La droite MC est bissectrice de l'angle C. car les deux angles ACM et MCB sont égaux comme angles inscrits ayant même mesure, les moitiés des deux arcs égaux AM et MB qu'ils comprennent entre leurs côtés. En conséquence, les hauteurs du triangle MNP sont en même temps bissectrices des angles du triangle ABC.

298. III. *Construire un triangle connaissant la hauteur, la bissectrice et la médiane issues d'un même sommet.*

Le problème étant supposé résolu, soit ABC (*fig*. 118) le triangle demandé. Construisons le cercle O circonscrit au triangle, et soient AD et AF la hauteur et la médiane données.

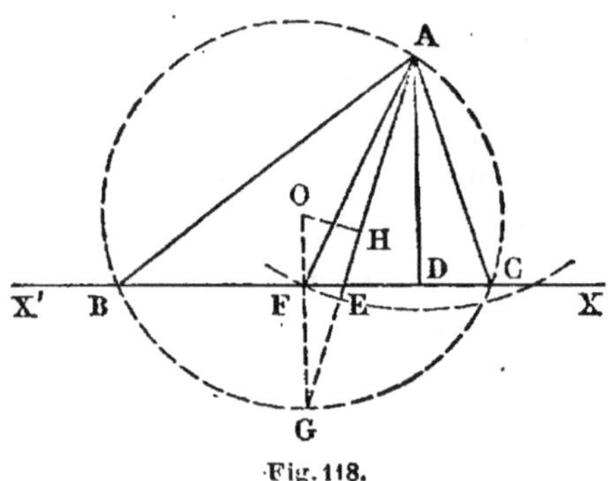

·Fig. 118.

Le milieu G de l'arc BGC, déterminé par la perpendiculaire FG élevée par le milieu de BC, est un point de la bissectrice du triangle issue du sommet A ; cette bissectrice , joignant ainsi les deux points A et G qui appartiennent respectivement aux deux parallèles AD et FG, et qui se trouvent de part et d'autre de BC, rencontre nécessairement le segment FD de BC, compris entre ces parallèles, en un point E situé entre les extrémités F et D de ce segment ; il s'ensuit que la bissectrice et la médiane sont situées d'un même côté par rapport à la hauteur et que le pied de la seconde est le plus éloigné du pied de la dernière.

Cela dit, remarquons que le triangle rectangle ADE est déterminé parce qu'on en connaît l'hypoténuse AE et un des côtés AD de l'angle droit ; de plus que le point O se trouve à l'intersection de la perpendiculaire FG prolongée au-dessus de BC et de la perpendiculaire HO menée par le milieu H de AG.

D'où la solution suivante : construire le triangle rectangle ADE et tracer les prolongements DX et EX' de part et d'autre de ED ; du point A comme centre, avec un rayon égal à la longueur AF de la médiane, décrire un arc de cercle qui coupe la droite X'X en deux points et conserver de ces deux points le point F qui se trouve avec le point E du même côté du point D ; élever à X'X au point F la perpendiculaire OG qui rencontre la droite AE prolongée au point G ; mener AG et sur son milieu H élever la perpendiculaire HO ; du point de rencontre O de HO et de GO, pris comme centre, avec un rayon égal à OG, décrire le cercle O qui passe nécessairement au point A et détermine, par ses deux intersections avec X'X, les deux autres sommets B et C du triangle cherché.

Discussion. — Désignons par h, b et m la hauteur, la bissectrice et la médiane données.

Il ressort de ce qui précède que la possibilité du problème est subordonnée aux relations

$$h < b < m.$$

Il s'ensuit que si deux de ces longueurs sont égales et que la troisième soi différente, le problème est impossible.

Enfin si ces trois longueurs sont égales, elles se confondent dans une perpendiculaire à X'X ; tous les triangles isocèles qui ont pour hauteur cette longueur de perpendiculaire répondent à la question, et le problème est alors indéterminé.

299. IV. *Construire un triangle connaissant un côté, l'angle opposé et le rayon du cercle inscrit.*

Supposons le problème résolu et soit ABC (*fig.* 119) le triangle demandé, dans lequel on connaît l'angle A, le côté opposé BC et le rayon du cercle inscrit O, dont D, E, F sont les trois points de contact avec les côtés du triangle.

Si nous construisons le cercle exinscrit O' et si nous désignons par H et I ses points de contact avec les côtés AB et AC prolongés, nous remarquons que l'on a, d'une part,

$$BD = BF,$$
$$BH = BG,$$

d'où (1) $$BD + BH \text{ ou } DH = BF + BG;$$

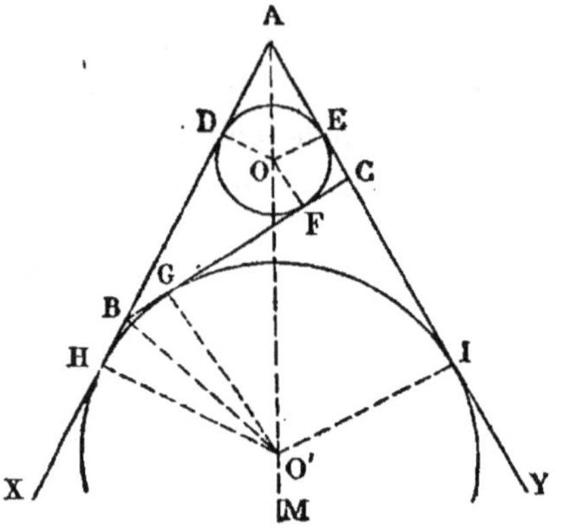

d'autre part,

$$CE = CF,$$
$$CI = CG,$$

d'où

(2) $$CE + CI \text{ ou } EI = CF + CG,$$

et, en additionnant (1) et (2) membre à membre,

$$DH + EI = (BF + CF) + (BG + CG),$$

ou

(3) $$DH + EI = 2BC.$$

Mais on a aussi $$AH = AI,$$
et $$AD = AE;$$
on en tire $$AH - AD = AI - AE,$$
c'est-à-dire $$DH = EI.$$

La relation (3) peut donc s'écrire
$$2DH = 2BC,$$
d'où $$DH = BC.$$

On tire de là la solution suivante : construire l'angle **XAY** égal à l'angle donné; mener sa bissectrice AM ; inscrire dans l'angle le cercle O de rayon donné, dont D est le point de contact avec AX; porter sur AX à partir du point D une longueur DH égale au côté donné BC; mener la perpendiculaire HO′ à AX, qui donne par son intersection avec AM, le centre du cercle exinscrit O′; décrire ce cercle et mener aux deux cercles O et O′ la tangente commune intérieure qui détermine par ses intersections B et C avec les côtés de l'angle **XAY** les deux autres sommets du triangle.

Discussion. — Pour que le problème soit possible, il faut que les deux cercles O et O′ soient extérieurs ou tangents extérieurement. Dans le second cas, il n'y a qu'une tangente et pai suite qu'une solution. Dans le premier, comme on peut mener aux deux cercles deux tangentes intérieures communes, il y a deux triangles, mais ils sont symétriques l'un à l'autre par rapport à la bissectrice AM, et l'on peut encore dire que le problème n'admet qu'une solution.

300. V. *Construire un triangle connaissant un angle, le rapport des deux côtés qui le comprennent, et la hauteur correspondant au troisième côté.*

Le problème étant supposé résolu, soit ABC (*fig.* 120) le triangle demandé dans lequel on connaît l'angle A, le rapport

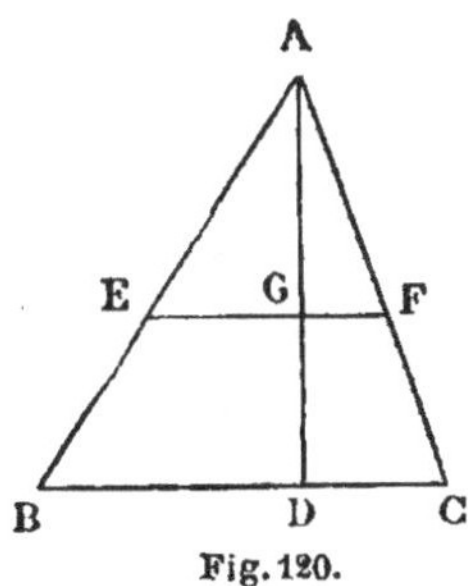

Fig. 120.

des deux côtés AB et AC et la hauteur AD. On sait qu'en prenant sur AB et AC des longueurs AE et AF qui soient dans le même rapport que AB et AC, la droite EF obtenue en joignant les deux points E et F est parallèle à la droite BC.

De là la solution suivante : construire un angle EAF égal à l'angle donné ; porter sur ses côtés des longueurs AE et AF assujetties à la seule condition d'être dans le rapport donné ; mener EF ; abaisser du point A sur EF la perpendiculaire AG ; porter sur cette perpendiculaire prolongée au besoin une longueur AD égale à la hauteur donnée ; la droite BC menée par le point D parallèlement à EF détermine sur les deux côtés de l'angle EAF les deux autres sommets B et C du triangle.

Nous avons dans cette solution une application de la méthode des figures semblables.

301. VI *Construire un triangle connaissant un angle, le côté opposé et le rapport des deux autres côtés.*

Supposons le problème résolu et soit ABC (*fig.* 121) le triangle demandé, dans lequel on connaît l'angle A, le côté opposé BC et le rapport des deux autres AB et AC.

Le sommet A opposé au côté BC appartient donc, d'une

part, au lieu BMC des points d'où l'on voit la droite BC sous
un angle égal à l'angle donné, d'autre part au lieu DND' des
points dont les distances à deux points fixes A et B sont dans

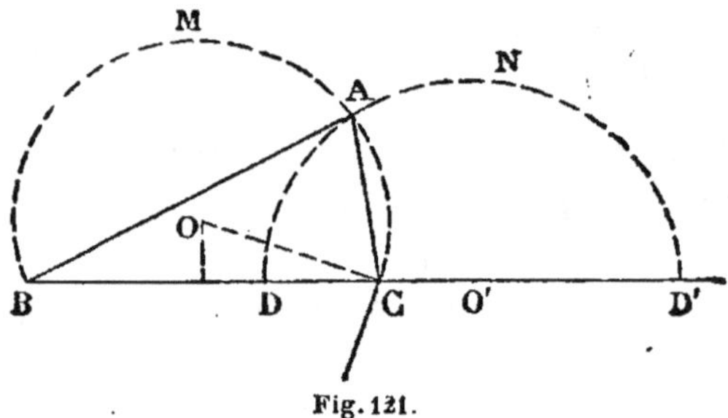

Fig. 121.

un rapport égal au rapport donné ; il s'ensuit que ce sommet
se trouve à l'intersection A des deux lieux.

Le premier lieu comprend avec l'arc BMC un arc symétrique
par rapport à BC, mais son intersection avec le second lieu
donnerait un triangle symétrique de ABC par rapport à BC ;
par suite on peut dire que le problème n'admet qu'une
solution.

302. VII. *Construire sur une droite donnée un triangle
semblable à un triangle donné.*

Soit A'B' (*fig.* 122) la droite sur laquelle il s'agit de cons-

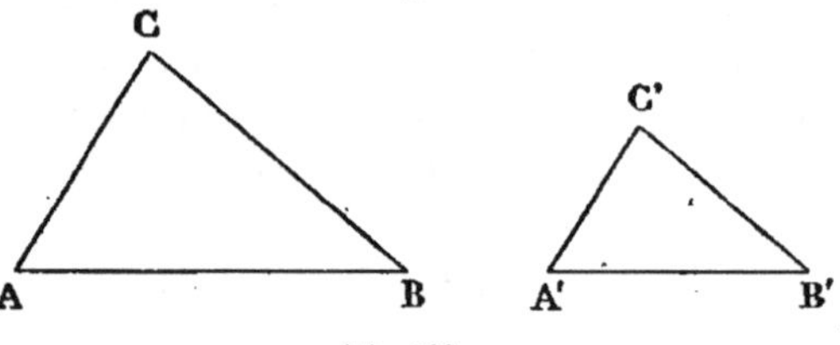

Fig. 122.

truire un triangle semblable au triangle ABC, A'B' devant
être l'homologue de AB.

Pour résoudre le problème, on cherche des longueurs B'C'
et A'C' qui soient avec BC et AC dans le même rapport que
A'B' et AB et l'on ramène ainsi la question à la construction
d'un triangle connaissant ses trois côtés. A cet effet, après avoir

construit un angle quelconque XOY (*fig*. 123), on prend sur OX, et à partir du point O, des longueurs OE, OF, OG respec-

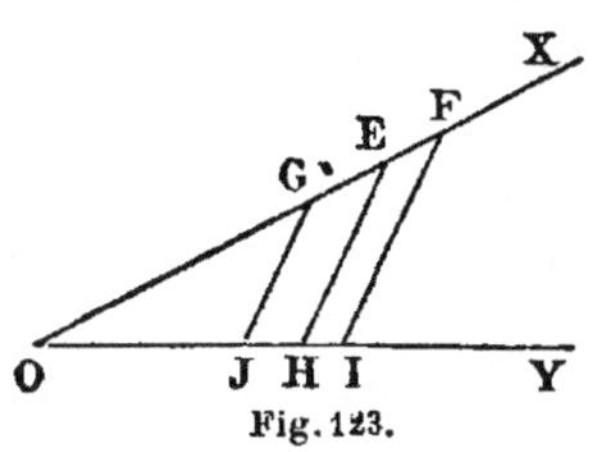

Fig. 123.

tivement égales aux côtés AB, BC et CA du triangle donné, puis sur OY on porte une longueur OH égale à A'B' ; en joignant le point E au point H et en menant par F et G les parallèles FI et GJ à EH, on obtient les trois côtés OH, OI et OJ du triangle à construire.

Une autre manière de résoudre le problème consiste à faire en A' et en B' des angles respectivement égaux aux angles A et B du triangle donné ; le triangle A'B'C' ainsi obtenu est aussi semblable au triangle donné, les deux triangles ayant les trois angles égaux chacun à chacun.

L'une et l'autre de ces constructions trouvent leur application dans cet autre problème : *Construire sur une droite donnée un polygone semblable à un polygone donné*.

Pour cela on décompose le polygone donné en triangles, et en partant de la droite donnée, prise comme homologue d'un des côtés du polygone donné, on construit, par le procédé précédent, un premier triangle semblable au triangle correspondant du polygone ; sur celui-là un second, semblable à son correspondant, et ainsi de suite, en ayant soin de disposer ces triangles dans le même ordre que dans le polygone donné. Le polygone résultant de cette juxtaposition de triangles est le polygone demandé, car il est par rapport au polygone donné composé d'un même nombre de triangles semblables et semblablement placés.

§ VI. — Construction de quadrilatères.

303. I. *Construire un carré connaissant la différence entre la diagonale et le côté.*

En admettant le problème résolu, soit ABCD (*fig*. 124) le carré demandé. Menons la diagonale AC, et du point A comme centre, avec un rayon égal à AB, décrivons l'arc BED qui rencontre la diagonale en E, et qui détermine ainsi la longueur

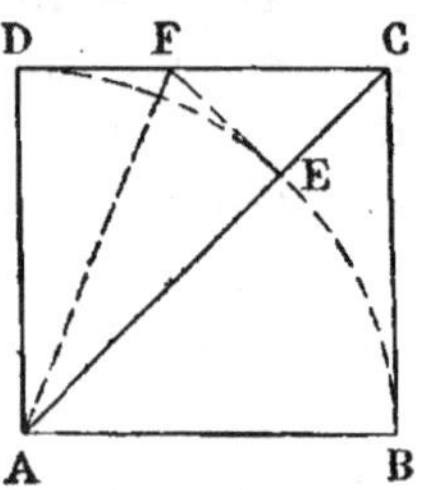

Fig. 124.

EC donnée. Si l'on élève par le point E la perpendiculaire EF à EC, on forme un triangle rectangle isocèle CEF dont on connaît par conséquent les deux côtés de l'angle droit ; de plus cette perpendiculaire EF est tangente en E à l'arc de cercle BED ; il en est de même de DF, et comme ces deux tangentes EF et DF passent par le même point F, on a EF = DF ; il s'ensuit que la droite FA est bissectrice de l'angle DAE.

De là la solution suivante : construire un triangle rectangle isocèle CEF de manière que les deux côtés de l'angle droit CE et EF soient égaux à la différence donnée ; prolonger CF au delà de F et mener la bissectrice de l'angle EFD ainsi obtenu ; cette bissectrice détermine par son intersection avec le prolongement de CE la seconde extrémité A de la diagonale CA du carré cherché. Pour achever la figure, il suffit de mener AD perpendiculaire à CD, AB parallèle à DC et CB parallèle à DA.

304. II. *Construire un carré qui soit avec un autre carré dans un rapport donné.*

Soient $\dfrac{p}{q}$ le rapport donné et N (*fig.* 125) le côté du carré

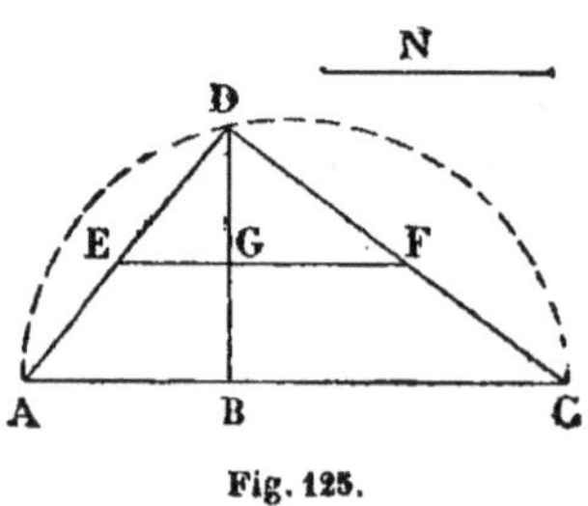

Fig. 125.

donné. Si M représente le côté du carré à construire, on aura

$$\frac{M^2}{N^2} = \frac{p}{q}.$$

Or on sait que dans un triangle rectangle le rapport des carrés des côtés de l'angle droit est égal au rapport des projections de ces mêmes côtés sur l'hypoténuse.

Portons donc sur une droite AC deux longueurs consécutives AB et BC assujetties à la seule condition que leur rapport soit égal à $\dfrac{p}{q}$; sur leur somme AC prise comme diamètre, décrivons le demi-cercle ADC ; par le point B élevons la perpendiculaire BD à AC, et joignons le point D d'intersection de cette perpendiculaire avec l'arc de cercle aux points A et C. Si l'on porte sur DC, à partir du point D, une longueur DF égale à N, en menant par le point F la parallèle FE à AC, on détermine par l'intersection E de cette parallèle avec DA une longueur DE qui est le côté du carré demandé. En effet, on a

$$\frac{\overline{DE}^2}{\overline{DF}^2} = \frac{EG}{GF} = \frac{AB}{BC} = \frac{p}{q},$$

et comme DF est égal à N, il vient

$$\frac{\overline{DE}^2}{N^2} = \frac{p}{q}. \qquad\qquad \text{C. Q. F. D.}$$

Il résulte de là que si l'on fait, dans cette dernière relation, $q = 1$ et si l'on donne à p les valeurs 2, 3, 4,..., etc., DE représente le côté d'un carré double, triple, quadruple, etc., de celui qui a pour côté N.

Ce dernier problème se résout encore en construisant un triangle rectangle dont les côtés de l'angle droit sont égaux à N ; l'hypoténuse représente le côté d'un carré double de $\overline{N}^2$. Si sur cette hypoténuse prise comme côté d'angle droit on construit un deuxième triangle rectangle, dont le second côté de l'angle droit est égal à N, la nouvelle hypoténuse est le côté d'un carré triple de $\overline{N}^2$. En continuant cette suite de triangles rectangles, chacun ayant pour un de ses côtés de l'angle droit la dernière hypoténuse obtenue et pour second côté la longueur N, les hypoténuses successives sont les côtés de carrés respectivement quadruple, quintuple, etc., de $\overline{N}^2$.

Dans cette série de triangles rectangles, si le premier a pour côtés de l'angle droit deux longueurs M et N, le deuxième l'hypoténuse du premier et une longueur P, le troisième l'hypoténuse du second et une longueur Q, etc., les hypoténuses successivement obtenues sont les côtés de carrés respectivement équivalents à la somme des deux carrés $\overline{M}^2 + \overline{N}^2$, des trois carrés $\overline{M}^2 + \overline{N}^2 + \overline{P}^2$, des quatre carrés $\overline{M}^2 + \overline{N}^2 + \overline{P}^2 + \overline{Q}^2$, etc. On résout ainsi ce problème : *Cons-truire un carré équivalent à la somme de plusieurs carrés donnés.*

Enfin, il est important d'ajouter que toutes ces construc-tions trouvent leur application dans la résolution des pro-blèmes suivants :

1° *Construire un polygone semblable à un polygone donné et qui soit avec lui dans un rapport donné.*

2° *Construire un polygone semblable à plusieurs polygones donnés semblables entre eux et qui soit équivalent à leur somme.*

On sait, en effet, qu'il suffit pour construire un polygone semblable à un polygone donné de connaître un des côtés du polygone à construire (302).

305. III. *Construire un rectangle connaissant le périmètre et la diagonale.*

Supposons le problème résolu et soit ABCD (*fig.* 126) le rectangle cherché.

Menons la diagonale AC. Dans le triangle ACD, on con-naît le côté AC, l'angle opposé D, qui est un angle droit, et la somme des deux autres côtés AD + DC, qui représente le de-mi-périmètre.

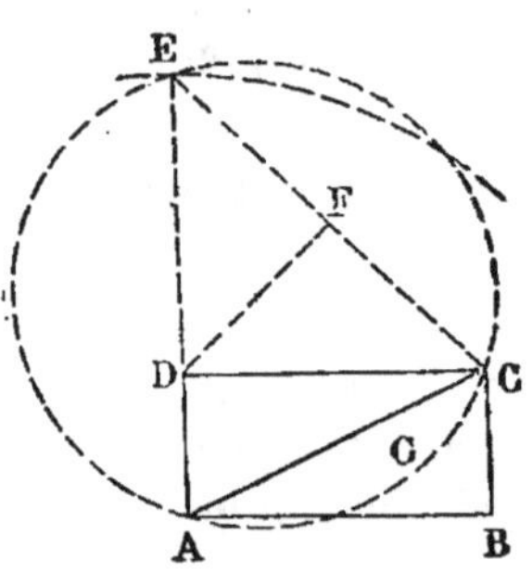

Fig. 126.

La question revient donc à construire un triangle connais-sant un côté, l'angle opposé et la somme des deux autres côtés. Ce problème a été résolu (278).

Ici nous construirons sur AC le segment AECA capable de l'angle moitié d'un droit et du point A comme centre, avec un rayon égal au demi-périmè-tre donné, on décrira un arc de cercle dont l'intersection E avec l'arc du segment précédent permettra de construire le rectangle. Il suffira, en effet, de joindre le point E au point A et au point C, de mener par le milieu F de EC la perpendiculaire FD, dont l'intersection avec EA donnera le troisième sommet D du rectangle. En joignant D et C et en menant par A et C les parallèles AB et CB à DC et à DA, on obtiendra le rectangle demandé ABCD.

Discussion. — Si l'arc décrit du point A comme centre avec un rayon AE a deux points communs avec l'arc AEC, le second point donne un second rectangle, mais comme il est égal au précédent, le problème n'admet en somme qu'une solution.

Si l'arc de rayon AE est tangent à l'autre, il n'y a qu'un rectangle et partant qu'une solution.

Enfin, lorsque l'arc AE ne rencontre pas l'autre, le problème est impossible.

Cela dit, recherchons les limites entre lesquelles doit varier le demi-périmètre pour qu'il y ait toujours une solution.

Pour cela remarquons que la possibilité du problème est subordonnée à ce que l'arc de rayon AE ait au moins un point commun avec l'arc AEC et que AE soit plus grand que AC. Or pour que la première condition soit satisfaite il faut que AE ou le demi-périmètre du rectangle soit inférieur ou au plus égal au diamètre du second arc. En désignant le demi-périmètre par p et le rayon du cercle par r, on doit avoir la relation

$$2r \geqslant p > AC,$$

et pour exprimer $2r$ en fonction de AC, il suffit de considérer que l'angle AEC est égal à un demi-droit, par suite que l'arc AGC est égal au quart de la circonférence, de sorte que la droite AC représente le côté du carré inscrit dans le cercle AEC (321); il s'ensuit que $2r$ exprime la diagonale de ce carré. D'où cette conclusion que le problème est toujours possible si le demi-périmètre donné est supérieur à AC tout en étant inférieur ou au plus égal à la diagonale du carré construit sur AC.

306. IV. *Construire un trapèze connaissant ses quatre côtés.*

Soit ABCD (*fig.* 127) le trapèze demandé. Si par l'une des extrémités de la petite base, D par exemple, on mène une parallèle au côté CB, on forme un triangle AED qui est déterminé par les données du trapèze, car on en connaît les trois côtés AD, DE qui est égal à CB, et AE égal à   AB — CD.

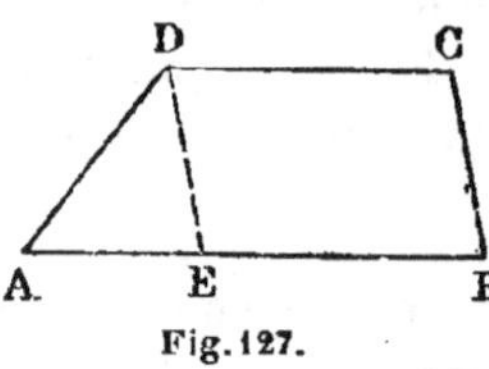

Fig. 127.

La solution est donc la suivante : construire le triangle ADE et prolonger AE au delà du point E ; par le sommet D mener à AB la parallèle DC et porter sur cette parallèle la longueur DC de la petite base du trapèze : la parallèle CB à DE détermine par son intersection B avec la droite AB le quatrième sommet du trapèze cherché.

Cette construction est une application de la méthode des *translations parallèles*.

307. v. *Construire un quadrilatère convexe inscriptible connaissant les quatre côtés ainsi que l'ordre dans lequel ils se succèdent.*

Soit ABCD (*fig.* 128) le quadrilatère demandé.

Si nous construisons avec le côté BC, considéré comme

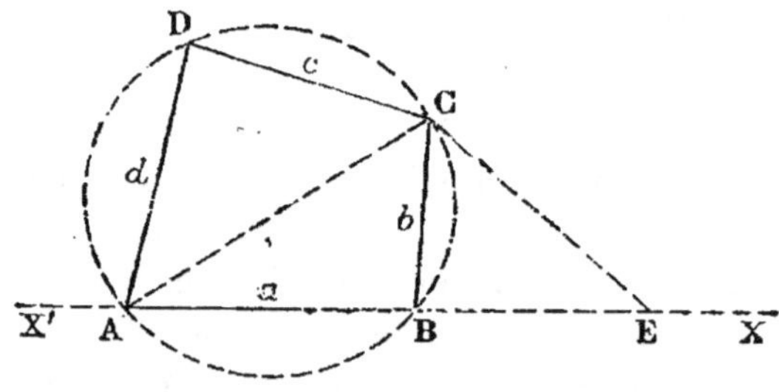

Fig. 128.

l'homologue de CD, le triangle CBE semblable au triangle CDA, on a la relation

$$\frac{BE}{DA} = \frac{BC}{CD},$$

ou, en désignant les côtés AB, BC, CD et DA par les lettres

a, b, c et d,
$$\frac{BE}{d} = \frac{b}{c},$$

d'où
$$BE = \frac{bd}{c}.$$

D'un autre côté l'angle CBE, étant égal à l'angle CDA, est le supplément de l'angle ABC et il s'ensuit que le côté BE se trouve sur le prolongement de AB.

Enfin, on tire de ces mêmes triangles semblables la relation
$$\frac{CE}{CA} = \frac{BC}{CD},$$

ou
$$\frac{CE}{CA} = \frac{b}{c},$$

c'est-à-dire que le point C est à des distances des points E et A dont le rapport est égal à $\dfrac{b}{c}$.

Il résulte de tout cela que le sommet C du quadrilatère se trouve, d'une part, sur le cercle décrit du sommet B comme centre avec un rayon égal au côté b, et d'autre part sur le lieu des points dont le rapport des distances aux deux sommets A et E est constant et égal à $\dfrac{b}{c}$.

De là la solution suivante : prendre sur une droite indéfinie X'X une longueur AB égale au côté a ; prolonger ce côté d'une longueur BE égale à $\dfrac{bd}{c}$; décrire du point B comme centre un cercle de rayon égal au côté b ; construire le lieu des points dont le rapport des distances aux deux points A et E est égal au rapport des deux côtés b et c ; l'intersection de ces deux cercles donne le troisième sommet C du quadrilatère. Décrire enfin des points C et A pris comme centres, avec des rayons respectivement égaux à c et à d, des arcs de cercle qui déterminent par leur intersection à l'opposé de B par rapport à AC, le quatrième sommet D du quadrilatère.

Comme la détermination du point C se fait aussi par une intersection d'arcs de cercle, il peut y avoir deux points C mais ils sont symétriques l'un de l'autre par rapport à X'X et il en résulte que le problème n'admet qu'une solution.

REMARQUE. — Il est intéressant de savoir que si l'ordre dans lequel se succèdent les côtés du quadrilatère devenait arbitraire, six quadrilatères symétriques deux à deux par rapport à la perpendiculaire menée par le milieu de a répondraient à la question et constitueraient par conséquent trois solutions distinctes, caractérisées par le seul fait que a y aurait respectivement pour côté opposé les longueurs b, c, d.

308. **VI** *Inscrire dans un quadrilatère donné un quadrilatère semblable à un autre quadrilatère donné.*

Désignons par ABCD le premier des quadrilatères donnés, par EFGH le second, et considérons que ce problème admet un inverse que nous pouvons formuler ainsi :

Circonscrire à un quadrilatère donné EFGH un quadrilatère A'B'C'D' semblable à un autre quadrilatère donné ABCD.

Un simple examen de ces deux problèmes montre assez clairement que le second est plus facile à résoudre directement que le premier, car la construction, sur les côtés du quadrilatère donné EFGH, des segments capables des angles du quadrilatère à réaliser A'B'C'D' donnera déjà les lieux des quatre sommets. D'autre part, il est utile de considérer que si l'on sait trouver la solution de cette seconde question, on pourra s'en servir pour obtenir très simplement celle de la première. Il suffira, en effet, de diviser chaque côté du quadrilatère ABCD en deux parties proportionnelles aux segments que déterminent, sur les côtés homologues du quadrilatère circonscrit A'B'C'D', les sommets du quadrilatère inscrit EFGH, puis de joindre consécutivement les points de division obtenus.

Cherchons donc à résoudre la seconde question (*fig*. 129).

Les sommets des angles A' et C' se trouvent sur les arcs de segments capables de ces angles et décrits respectivement sur EH et FG ; d'autre part, le triangle A'B'C', semblable au triangle correspondant ABC dans le quadrilatère donné ABCD, a ses angles C'A'B' et B'C'A' connus, et comme l'un des côtés de chaque angle passe par un point fixe, le point E pour le premier et le point F pour le second, situés respectivement sur les cercles O et O′, il est facile de déterminer sur

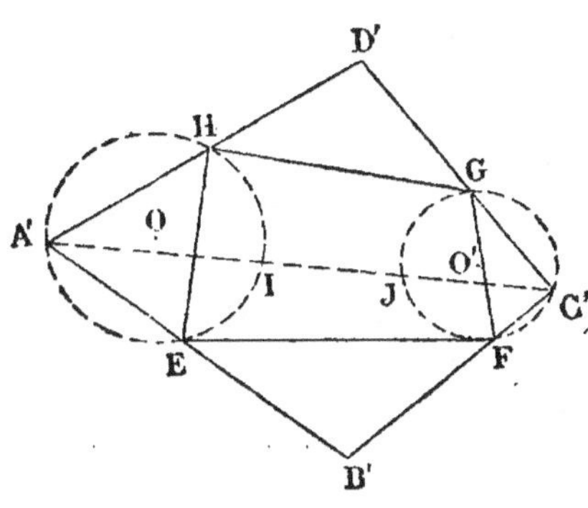
Fig. 129.

ces cercles où ces angles sont inscrits les deux points fixes I et J par lesquels passent leurs deux autres côtés.

De là la solution suivante : construire sur deux côtés opposés, EH et FG par exemple, du quadrilatère EFGH, les segments capables des angles A et B du quadrilatère ABCD ; prendre, à partir de E et de F, les arcs EI et FJ doubles de ceux qui mesurent les angles CAB et BCA dans ce dernier quadrilatère ; mener IJ et prolonger de part et d'autre jusqu'à la rencontre en A′ et en C′ des arcs des segments précédemment décrits ; en joignant ces deux premiers sommets du quadrilatère cherché, A′ aux points E et H, et C′ aux points F et G, on obtient quatre droites qui prolongées suffisamment déterminent par leurs intersections les deux autres sommets B′ et D′ du dit quadrilatère.

Nous avons supposé que l'angle A′ du quadrilatère A′B′C′D′ correspondait au côté EH du quadrilatère EFGH, mais il pourrait correspondre à l'un quelconque des côtés de ce quadrilatère, ce qui conduirait à quatre solutions ; d'autre part chacune des positions de l'angle A′ donne lieu à deux quadrilatères différents, car avec la position sur EH par exemple, les angles opposés B′ et D′ peuvent avoir pour correspondants respectifs dans les côtés de EFGH, EF et GH ou bien GH et EF : d'où il ressort que le problème admet huit solutions.

Il en est de même du problème proposé.

§ VII. — Division de triangles et de quadrilatères.

309. I. *Diviser un triangle en trois parties proportionnelles à des nombres donnés, par trois droites issues d'un point intérieur et aboutissant aux trois sommets du triangle.*

Soit le triangle ABC (*fig.* 130) que les droites OA, OB et OC divisent en trois parties telles que l'on a

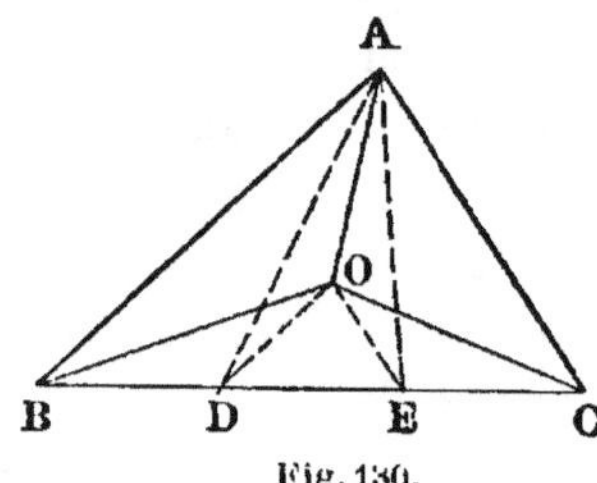

Fig. 130.

$$\frac{\mathrm{AOB}}{m} = \frac{\mathrm{BOC}}{n} = \frac{\mathrm{AOC}}{p}.$$

Si l'on mène les droites OD et OE respectivement parallèles aux côtés AB et AC et qu'on joigne ensuite les points D et E au point A, le triangle ABD ayant même base AB et même hauteur que le triangle AOB lui est équivalent ; de même le triangle AEC est équivalent au triangle AOC pour la même raison ; il s'ensuit que, par différence entre le triangle total ABC et les deux sommes équivalentes AOB + AOC et ABD + AEC, le triangle ADE est équivalent au triangle AOC. Or les trois triangles ABD, ADE et AEC ayant un sommet commun A, par conséquent même hauteur par rapport aux côtés opposés, sont entre eux comme ces côtés, de sorte que l'on a

$$\frac{\mathrm{BD}}{m} = \frac{\mathrm{DE}}{n} = \frac{\mathrm{EC}}{p}.$$

D'où la construction suivante : diviser le côté BC en trois parties proportionnelles aux nombres m, n, p ; par les points de division D et E, mener les parallèles DO et EO aux côtés AB et AC ; le point de rencontre O de ces parallèles est le point intérieur du triangle cherché ; il suffit de le joindre aux trois sommets du triangle pour avoir la division demandée.

On peut encore résoudre le problème en menant à AB une parallèle qui lui soit distante d'une fraction de la hauteur correspondante égale à $\dfrac{m}{m+n+p}$, puis une parallèle à AC distante d'une fraction de la hauteur correspondante égale à $\dfrac{p}{m+n+p}$: la rencontre de ces deux parallèles donne le point O.

Si les trois nombres m, n, p sont égaux, le triangle est divisé en trois parties équivalentes. Cette division s'obtient, par le premier procédé, en divisant BC en trois parties égales et en continuant comme ci-dessus ; par le second, en menant à chacun des côtés AB et AC une parallèle qui leur soit distante du tiers de la hauteur correspondante.

310. ɪɪ. *Diviser un triangle en parties proportionnelles à des nombres donnés par des parallèles à l'un de ses côtés.*

Soit le triangle ABC (*fig.* 131) que les droites DE et FG

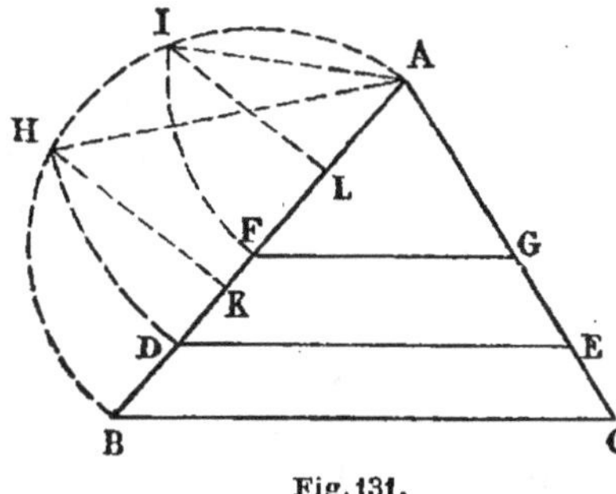
Fig. 131.

parallèles à BC divisent en parties telles que l'on a
$$\frac{BCED}{m} = \frac{DEGF}{n} = \frac{FGA}{p}.$$

Si sur AB comme diamètre on décrit un demi-cercle AHB, que du point A pris comme centre on décrive les arcs DH et FI, et que des points H et I on abaisse sur AB les perpendiculaires HK et IL, on aura

$$\frac{ABC}{\overline{AB}^2} = \frac{ADE}{\overline{AD}^2} = \frac{AFG}{\overline{AF}^2},$$

et comme on a, d'autre part,

$$\overline{AD}^2 = \overline{AH}^2 = AB \times AK,$$

$$\overline{AF}^2 = \overline{AI}^2 = AB \times AL,$$

en portant ces valeurs de $\overline{AD}^2$ et de $\overline{AF}^2$ dans les précédentes relations il viendra

$$\frac{ABC}{\overline{AB}^2} = \frac{ADE}{AB \times AK} = \frac{AFG}{AB \times AL},$$

et en multipliant chaque rapport par AB,

$$\frac{ABC}{AB} = \frac{ADE}{AK} = \frac{AFG}{AL},$$

d'où l'on tire

$$\frac{ABC - ADE}{AB - AK} = \frac{ADE - AFG}{AK - AL} = \frac{AFG}{AL},$$

ou

$$\frac{BCDE}{KB} = \frac{DEGF}{LK} = \frac{AFG}{AL},$$

ce qui revient à dire que les trois parties BCED, DEGF et AFG du triangle ABC sont proportionnelles aux longueurs KB, LK et AL, et comme elles sont par hypothèse proportionnelles aux nombres m, n, p, on peut écrire

$$\frac{KB}{m} = \frac{LK}{n} = \frac{AL}{p}.$$

La solution est donc la suivante : partager l'un des côtés que doivent rencontrer les parallèles à mener, AB par exemple, en parties KB, LK et AL proportionnelles aux nombres donnés m, n, p ; élever en K et L les perpendiculaires à AB ; joindre au point A leurs points de rencontre H et I avec le demi-cercle construit sur AB comme diamètre ; décrire du point A pris comme centre, avec des rayons égaux à AH et à AI, des arcs de cercle qui coupent AB aux points D et F : les droites DE et FG, parallèles à BC, donnent la division du triangle demandée.

Si les nombres m, n, p sont égaux, le triangle se trouve divisé par ce procédé en trois parties équivalentes.

REMARQUE. — La division d'un trapèze en parties proportionnelles à des nombres donnés par des parallèles aux bases s'obtient, après le prolongement des côtés non parallèles pour former un triangle, par un procédé analogue.

311. III *Diviser un triangle en moyenne et extrême raison par une parallèle à l'un de ses côtés.*

Diviser un triangle en moyenne et extrême raison, c'est

décomposer ce triangle en deux parties telles que l'aire de la plus grande partie soit moyenne proportionnelle entre l'aire du triangle total et celle de la plus petite partie. Comme cette division, par une parallèle à l'un des côtés du triangle donné, détermine dans la figure un trapèze et un triangle, deux cas sont à considérer dans la résolution du problème : ou la plus grande partie du triangle total est

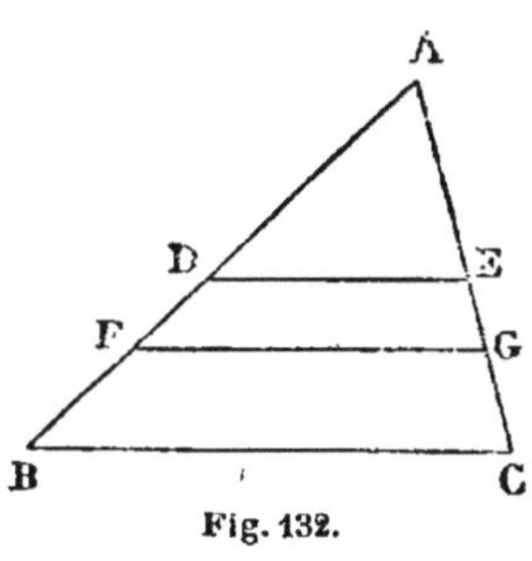

Fig. 132.

représentée par le trapèze, ou bien elle l'est par le triangle partiel.

1° Supposons d'abord que le trapèze représente la plus grande partie du triangle ABC et soit DE (*fig.* 132) la parallèle demandée. On a alors

$$\frac{\text{ABC}}{\text{BCED}} = \frac{\text{BCED}}{\text{ADE}},$$

ou

$$\frac{\text{ABC}}{\text{ABC} - \text{ADE}} = \frac{\text{ABC} - \text{ADE}}{\text{ADE}},$$

et comme les triangles ABC et ADE sont proportionnels aux carrés de leurs côtés homologues, on peut remplacer cette dernière relation par la suivante :

$$\frac{\overline{\text{AB}}^2}{\overline{\text{AB}}^2 - \overline{\text{AD}}^2} = \frac{\overline{\text{AB}}^2 - \overline{\text{AD}}^2}{\overline{\text{AD}}^2},$$

ou

$$\left(\overline{\text{AB}}^2 - \overline{\text{AD}}^2\right)^2 = \overline{\text{AB}}^2 \times \overline{\text{AD}}^2,$$

qui est équivalente aux deux suivantes :

$$\overline{\text{AB}}^2 - \overline{\text{AD}}^2 = \text{AB} \times \text{AD},$$
$$\overline{\text{AB}}^2 - \overline{\text{AD}}^2 = - \text{AB} \times \text{AD}.$$

La première donne

$$\text{AD} = \frac{\text{AB}}{2}\left(-1 \pm \sqrt{5}\right),$$

et comme il s'agit ici d'une longueur essentiellement positive, la racine négative doit être rejetée ; on a donc comme première valeur acceptable de AD

$$(1) \qquad AD = \frac{AB}{2}(\sqrt{5} - 1).$$

De la relation

$$- AB \times AD = \overline{AB}^2 - \overline{AD},$$

on tire

$$AD = \frac{AB}{2}(1 \pm \sqrt{5});$$

mais, de même que précédemment, on doit rejeter la racine négative, de sorte que l'on a comme seconde valeur acceptable de AD

$$(2) \qquad AD = \frac{AB}{2}(\sqrt{5} + 1).$$

Toutefois cette dernière valeur **ne répond pas** directement à la question, car elle représente une longueur plus grande que AB, et telle que divisée en moyenne et extrême raison, AB en serait le plus grand segment, mais elle serait une solution du problème plus général : *Déterminer par une parallèle à l'un des côtés d'un triangle un trapèze qui soit moyen proportionnel entre le triangle donné et le triangle obtenu par cette droite.*

Il ne reste donc à considérer que la solution (1), qui indique que **AD** est le plus grand segment de la droite AB divisé en moyenne et extrême raison.

La construction à effectuer pour obtenir le point de division D est connue (267) : nous n'y reviendrons pas.

2° Admettons que le triangle partiel représente la plus grande partie du triangle donné ABC et soit FG la parallèle demandée. On a alors

$$\frac{ABC}{AFG} = \frac{AFG}{BCGF},$$

ou

$$\frac{ABC}{AFG} = \frac{AFG}{ABC - AFG},$$

et, en substituant comme précédemment aux triangles les carrés de leurs côtés homologues,

$$\frac{\overline{AB}^2}{\overline{AF}^2} = \frac{\overline{AF}^2}{\overline{AB}^2 - \overline{AF}^2},$$

ou

$$\overline{AF}^4 + \overline{AB}^2 \times \overline{AF}^2 - \overline{AB}^4 = 0.$$

Si l'on fait dans cette relation $\overline{AF}^2$ égal à $AB.x$, elle devient, après toutes simplifications,

$$x^2 + AB.x - \overline{AB}^2 = 0,$$

d'où l'on tire

$$x = \frac{AB}{2}(-1 \pm \sqrt{5}),$$

et comme x est une quantité positive, en rejetant la racine négative, on a comme valeur acceptable

$$x = \frac{AB}{2}(\sqrt{5} - 1).$$

x représente donc le plus grand segment de AB divisé en moyenne et extrême raison, et comme $\overline{AF}^2$ est égal à $AB.x$, la longueur AF est la moyenne proportionnelle entre AB et x.

La construction qui donne le point F consiste donc à diviser AB en moyenne et extrême raison, à prendre la moyenne proportionnelle entre AB et son plus grand segment, et à porter cette moyenne proportionnelle sur AB, à partir du point A.

312. IV. *Diviser un quadrilatère en parties proportionnelles à des nombres donnés par des droites issues d'un même sommet.*

Soit $ABCD$ (*fig.* 133) le quadrilatère divisé par les droites AE et AF en parties telles que l'on a

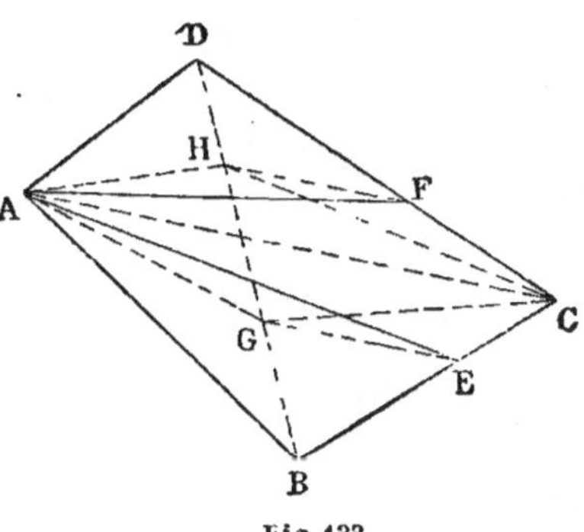

Fig. 133.

$$(1)\frac{ABE}{m} = \frac{AECF}{n} = \frac{AFD}{p}.$$

Si l'on trace les deux diagonales AC et BD du quadrilatère et que par les points E et F on mène les parallèles EG et FH à AC, en joignant les points de rencontre G et H de ces droites avec BD aux sommets A et C, on forme des triangles AGC et AHC qui sont respectivement équivalents aux triangles AEC et AFC.

On peut donc écrire

$$ABC - AGC = ABC - AEC,$$

ou   (2) $$ABCG = ABE,$$

et $$ADC - AHC = ADC - AFC,$$

ou   (3) $$ADFH = AFD.$$

Par l'addition membre à membre des relations (2) et (3), on obtient

$$ABCG + ADFH = ABE + ADF,$$

et, en retranchant chaque membre de cette dernière relation d'une même quantité, le quadrilatère total ABCD, il vient

$$ABCD - (ABCG + ADFH) = ABCD - (ABE + ADF),$$

ou   (4) $$AGCH = AECF.$$

Si l'on remplace dans (1) les numérateurs par leurs valeurs tirées de (2), (3) et (4), on a

$$\frac{ABCG}{m} = \frac{AGCH}{n} = \frac{ADCH}{p},$$

ou bien $$\frac{ABG + BCG}{m} = \frac{AGH + GCH}{n} = \frac{AHD + HCD}{p}.$$

Or les triangles ABG, AGH et AHD ont un sommet commun, le point A, par conséquent une hauteur commune, la distance de ce sommet à la diagonale BD : représentons cette hauteur par h. De même les triangles BCG, GCH et HFD ont un sommet commun, le point C, et par suite une hauteur commune, la distance de ce sommet à la diagonale BD : représentons cette hauteur par h'. En exprimant l'aire de chacun de ces six triangles en fonction de ces hauteurs et des côtés opposés, et en substituant les valeurs obtenues aux triangles eux-mêmes dans la relation précédente, on aura

$$\frac{BG(h + h')}{m} = \frac{GH(h + h')}{n} = \frac{HD(h + h')}{p},$$

d'où $$\frac{BG}{m} = \frac{GH}{n} = \frac{HD}{p},$$

c'est-à-dire que les longueurs BG, GH et HD sont proportionnelles aux nombres donnés m, n, p.

De là la solution suivante : mener les deux diagonales AC et BD du quadrilatère ; diviser celle qui ne passe pas par le sommet d'où doivent partir les droites de division, BD dans notre figure, en parties proportionnelles aux nombres donnés m, n, p; mener par les points de division G et H des parallèles GE et EF à la seconde diagonale AC : en joignant au sommet A les points de rencontre E et F de ces parallèles avec les côtés BC et CD, on obtient la division demandée du quadrilatère.

Si les longueurs BG, GH et HD sont égales, les droites AE et AF donnent un partage du quadrilatère en parties équivalentes.

§ VIII. — Construction de cercles.

3'3. Parmi les problèmes relatifs à la construction du cercle, les plus connus et peut-être les plus remarquables par leur ensemble et les liens qui les réunissent, sont ceux dans lesquels le cercle est assujetti à trois conditions de l'ordre des suivantes : passer par un point, être tangent à une droite, être tangent à un cercle. En combinant ces trois espèces de conditions, on a dix problèmes résumés comme il suit :

1° Cercle passant par trois points ;
2° — passant par deux points et tangent à une droite ;
3° — passant par deux points et tangent à un cercle ;
4° — passant par un point et tangent à deux droites ;
5° — passant par un point et tangent à une droite et à un cercle ;
6° — passant par un point et tangent à deux cercles ;
7° — tangent à trois droites ;
8° — tangent à deux droites et à un cercle ;
9° — tangent à une droite et à deux cercles ;
10° — tangent à trois cercles.

Après avoir résolu les numéros 1, 6, 7 et 10 (275, 240, 270. 240), occupons-nous des suivants.

314. I. *Construire un cercle passant par un point donné et tangent à deux droites données* (N° 4).

Soient (*fig.* 134) AB et AC les deux droites, D le point, et O le cercle demandé.

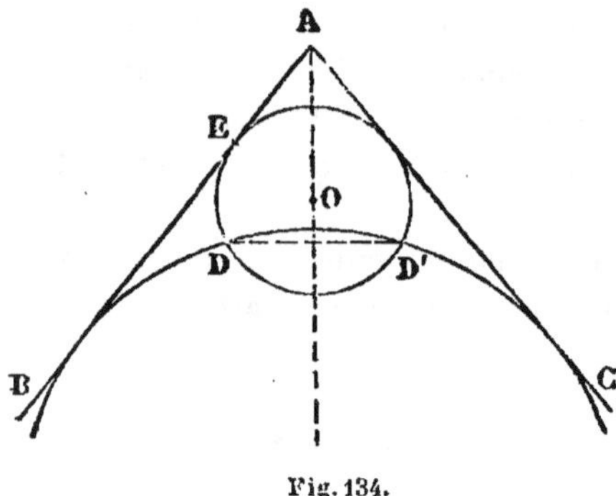

Fig. 134.

Remarquons que ce cercle contient le symétrique D′ du point D par rapport à la bissectrice de l'angle BAC et que ce point D′, par conséquent, est déterminé. Il s'ensuit que le cercle qui passera par les deux points D et D′, et qui sera tangent à l'une des deux droites données, sera tangent à l'autre et répondra ainsi à la question. Le problème est donc ramené au suivant :

Construire un cercle passant par deux points donnés et tangent à une droite donnée. (C'est le n° 2 des problèmes ci-dessus.)

Soient (*fig.* 135) AB la droite, C et D les deux points et O le cercle demandé qui est tangent à la droite au point E.

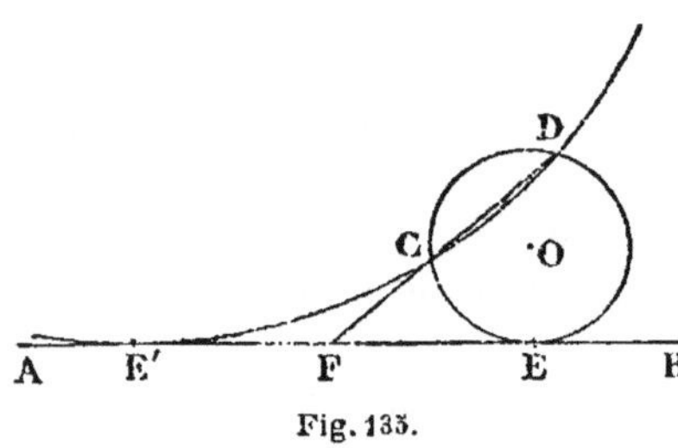

Fig. 135.

Menons la droite CD et prolongeons-la jusqu'à la rencontre en F de AB. La tangente FE et la sécante FD menées du même point F au cercle O donnent la relation

$$\overline{FE}^2 = FC \times FD.$$

Comme les deux longueurs FC et FD sont connues, leur moyenne proportionnelle donne la longueur FE, et par suite le point E est déterminé.

Ce deuxième problème est ainsi ramené à cet autre :

Construire un cercle passant par trois points donnés. (C'est le n° 1 de la liste ci-dessus des problèmes relatifs au cercle.)

Remarquons que la moyenne proportionnelle FE peut aussi

être portée dans le sens FE′, il s'ensuit que le problème admet deux solutions.

Mais ajoutons que les deux points C et D doivent être du même côté de AB pour la possibilité du problème, que si C et D sont situés sur une parallèle à AB il n'y a qu'une solution, et que si l'un des points est sur la droite il n'y a aussi qu'une solution.

Si nous revenons maintenant à la question proposée, nous pouvons dire qu'elle admet deux solutions, soit que le point D se trouve à l'intérieur de l'un des angles formés par les deux droites données, soit qu'il se trouve sur l'une de ces droites.

REMARQUE. — On ramène à ce dernier problème le n° 8 de notre liste, c'est-à-dire la *construction d'un cercle tangent à deux droites et à un cercle donnés*, par la méthode des translations parallèles, qui consiste ici à réduire le cercle à son centre et à substituer aux deux droites deux parallèles qui en sont distantes d'une longueur égale au rayon du cercle donné. Mais on obtient quatre solutions au lieu de deux en raison de ce que le cercle à construire peut avoir, pour chacune des solutions résultant du problème précédent, deux espèces de contact avec le cercle donné : contact extérieur et contact intérieur.

315. II. *Construire un cercle passant par un point donné et tangent à une droite et à un cercle donnés* (N° 5).

Soient (*fig.* 136) AB la droite, O le cercle et C le point donnés.

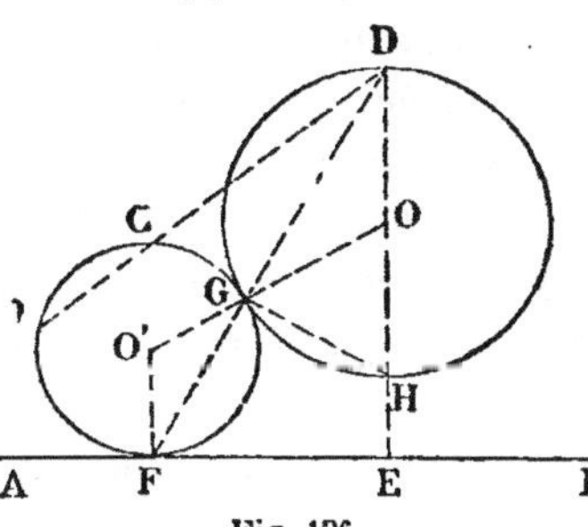

Fig. 136.

Soit aussi O′ le cercle demandé.

Si l'on mène par les deux centres O et O′ les perpendiculaires DE et O′F à AB, la droite qui joint le point de contact G de ces deux cercles au point D passe par le point F, car le point G est le centre d'homothétie inverse des deux cercles et les deux rayons OD et O′F dirigés en sens contraires sont parallèles.

Si nous considérons dès lors les deux triangles rectangles semblables DEF et DGH, on a

$$\frac{DG}{DE} = \frac{DH}{DF},$$

d'où $\qquad\qquad DG \times DF = DE \times DH.$

D'autre part, les deux sécantes DF et DI menées du point D au cercle O′ donnent

$$DG \times DF = DC \times DI.$$

En rapprochant ces deux dernières relations, qui ont un membre commun, on peut écrire

$$DE \times DH = DC \times DI,$$

c'est-à-dire que les quatre points E, H, C et I se trouvent sur un même cercle, et comme on connaît les trois premiers de ces points, pour avoir le quatrième, il suffit de construire le cercle déterminé par les trois autres et de mener la droite DC : la seconde intersection de cette droite et du cercle auxiliaire donne le point I. La question est alors ramenée à cette autre traitée plus haut :

Construire un cercle passant par deux points donnés et tangent à une droite donnée.

Ce dernier problème admet deux solutions, qui conduisent généralement à quatre dans le problème proposé, en raison des deux espèces de contact, extérieur et intérieur, du cercle à construire avec le cercle donné.

Nous connaissons les conditions nécessaires pour que ce problème soit possible et admette deux solutions ou une seule. Si nous revenons à la question proposée, nous pouvons dire qu'elle n'est possible qu'autant que le point et le cercle sont d'un même côté de la droite et que le point n'est pas à l'intérieur du cercle, et dans ce cas il y a généralement quatre solutions. Si le point est sur le cercle ou sur la droite, il n'y a que deux solutions.

D'après le raisonnement précédent le problème II peut encore être ramené à la *construction d'un cercle passant par deux points donnés et tangent à un cercle* (N° 3), que nous étudions plus loin (316).

REMARQUE. — On peut résoudre le N° 9 de nos problèmes sur le cercle, qui a pour objet la *construction d'un cercle tangent à une droite et deux cercles donnés*, en s'appuyant sur la solution qui précède. A cet effet, on se sert de la méthode des translations parallèles, qui consiste ici à réduire le plus petit cercle à son centre, le second, à un cercle concentrique de rayon égal à la différence des rayons des deux cercles, et à substituer à la droite une parallèle qui en est distante de la longueur du rayon du petit cercle et qui est à l'opposé des deux cercles par rapport à cette droite. Mais en revenant du problème simplifié à l'autre, comme on remplace un point par un cercle, qui a deux espèces de contact avec le cercle à construire, le problème admet en général un nombre double de solutions, c'est-à-dire huit.

316. III. *Construire un cercle passant par un point donné et tangent à deux cercles donnés* (N° 6).

La méthode des figures inverses nous a servi à donner une solution de ce problème (240) ; nous nous proposons ici d'en donner une seconde analogue aux précédentes.

Soient (*fig.* 137) O et O′ les deux cercles et A le point donné ; soit aussi O″ le cercle demandé.

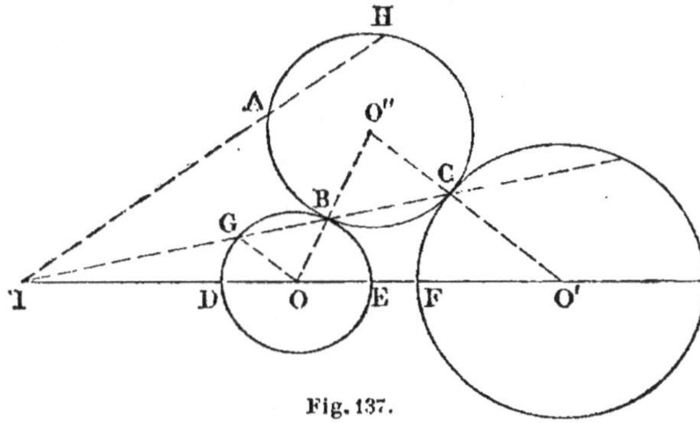

Fig. 137.

Les deux points de contact B et C du cercle O″ avec les cercles O et O′ sont les centres d'homothétie inverse du premier et de chacun des deux autres ; il s'ensuit (159, IV) que la droite BC passe par le centre I d'homothétie directe des deux cercles O et O′. On peut donc écrire $\dfrac{ID}{IG} = \dfrac{IF}{IC}$.

D'autre part, les sécantes menées du point I au cercle C donnent

$$\frac{\text{ID}}{\text{IG}} = \frac{\text{IB}}{\text{IE}} \cdot$$

De ces deux relations on tire

$$\frac{\text{IB}}{\text{IE}} = \frac{\text{IF}}{\text{IC}},$$

d'où
$$\text{IB} \times \text{IC} = \text{IE} \times \text{IF}$$

(on pourrait écrire directement cette relation en s'appuyant sur la théorie des figures inverses).

En joignant le point I au point A et prolongeant jusqu'en H, on a aussi

$$\text{IB} \times \text{IC} = \text{IA} \times \text{IH},$$

et en rapprochant cette relation de la précédente, on obtient
$$\text{IE} \times \text{IF} = \text{IA} \times \text{IH}.$$

C'est-à-dire que les quatre points E, F, A, H sont sur un même cercle que déterminent les trois premiers ; pour avoir le quatrième, on construit donc ce cercle et l'on mène la droite IA : la seconde intersection de ces deux lignes donne le point H cherché. On connaît ainsi deux points A et H du cercle à construire. La question est ainsi ramenée à la suivante :

Construire un cercle passant par deux points donnés et tangent à un cercle donné (N° 3).

Soient (*fig.* 138) O le cercle, et A et B les points donnés. Soit aussi O′ le cercle cherché.

Si par les deux points A et B on fait passer un cercle auxi-

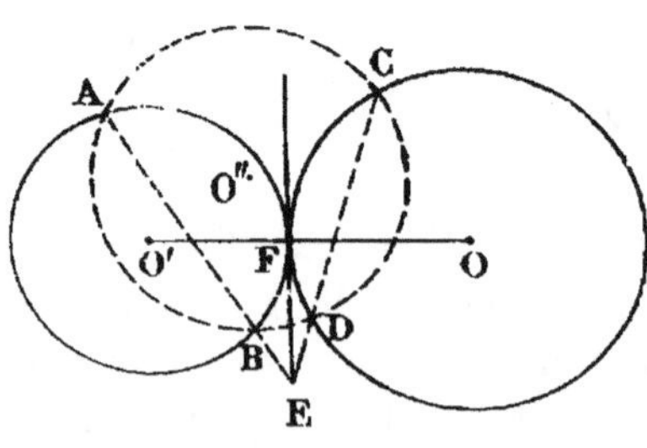

Fig. 138.

liaire qui coupe le cercle donné en deux points C et D, les deux cordes AB et CD communes, l'une aux deux cercles O′ et O″, et l'autre aux deux cercles O et O″, rencontrent la tangente commune FE aux cercles O et O′ en un même point E, car ces trois droites sont les trois axes radicaux de ces trois cercles considérés deux à deux. Le point E est con…

déterminé par la connaissance du cercle O et des points A et B. Lorsqu'on l'aura obtenu, en décrivant un cercle auxiliaire O″ et en menant les cordes AB et CD prolongées jusqu'à leur rencontre, il suffira de mener la tangente EF au cercle donné pour avoir le point F. On connaîtra dès lors trois points du cercle demandé et le problème sera ainsi ramené au N° 1.

Remarquons toutefois que du point E on peut mener deux tangentes au cercle O, et par suite que le problème admet deux solutions, qui conduisent généralement à quatre, dans le problème proposé, en raison des deux espèces de contact, intérieur et extérieur, du cercle à construire avec chacun des cercles donnés.

Pour que le dernier problème traité soit possible, il faut que les deux points soient à la fois extérieurs ou intérieurs au cercle, et dans l'un et l'autre de ces cas, il y a deux solutions. Si l'un des points se trouve sur le cercle, il n'y a qu'une solution.

Si nous passons de là à la question proposée, nous pouvons dire qu'elle n'est possible qu'autant que le point est extérieur aux deux cercles, et dans ce cas il y a généralement quatre solutions. Si le point est sur l'un des cercles, il n'y a que deux solutions.

Remarque. — On a vu (240) comment on ramène le N° 10 de notre série au problème qui vient d'être résolu : nous n'y reviendrons pas, mais il nous semble utile et intéressant, avant de passer à d'autres questions, de faire ressortir le bel exemple d'application de la méthode analytique à la résolution des problèmes de géométrie qu'offre la série dont nous nous sommes occupés. Ainsi les N°ˢ 8, 9 et 10 se ramènent respectivement aux N°ˢ 4, 5 et 6, ceux-ci aux N°ˢ 2 et 3 et ces derniers au N° 1.

317. IV. *Construire un cercle passant par deux points donnés et coupant orthogonalement un cercle donné.*

Soit O' (*fig.* 139) le cercle qui passe par les points A et B et qui coupe orthogonalement en C et en D le cercle O. Menons la droite OA et soit E le point de rencontre avec le cercle O'. Le

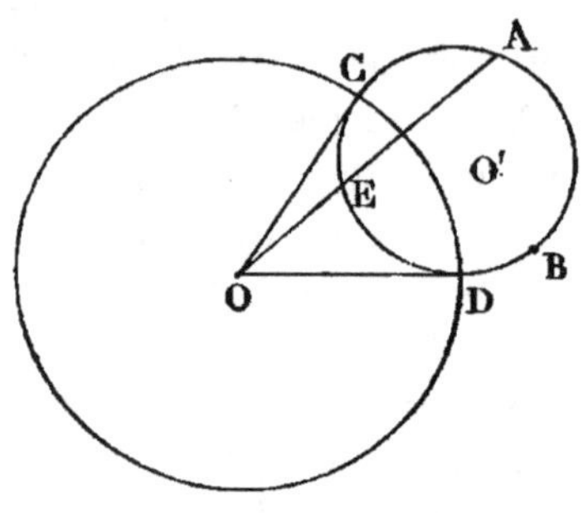

Fig. 139.

rayon OC est tangent au cercle O' puisque les deux cercles sont orthogonaux l'un par rapport à l'autre ; on a donc

$$\overline{OC}^2 = OA \times OE,$$

et comme OC et OA sont des longueurs connues, on peut déterminer OE.

De là la construction suivante : joindre l'un des points donnés, A par exemple, au centre O du cercle donné ; trouver sur cette droite OA un point E, tel que l'on ait $\overline{OC}^2 = OA \times OE$; le cercle déterminé par les trois points A, B, E est le cercle demandé.

Cette solution est indépendante de la position des points, qu'ils soient tous les deux extérieurs, comme dans la figure, tous les deux intérieurs, ou l'un extérieur et l'autre intérieur ; mais lorsque les deux points sont situés sur une même droite passant par le centre du cercle donné, le problème est impossible, ou, pour mieux dire, le cercle cherché devient cette droite.

348. V. *Construire un cercle de rayon donné qui coupe sous des angles donnés un cercle et une droite donnés.*

Soit O' (*fig.* 140) le cercle de rayon donné qui coupe sous des angles donnés le cercle O et la droite AB.

En général, on appelle angle de deux cercles l'angle des tangentes menées à ces cercles par un de leurs points d'intersection, dans le même sens circulaire, et par analogie on appelle angle d'un cercle et d'une droite, l'angle de la droite avec la tangente au cercle, menée par un des points d'intersec-

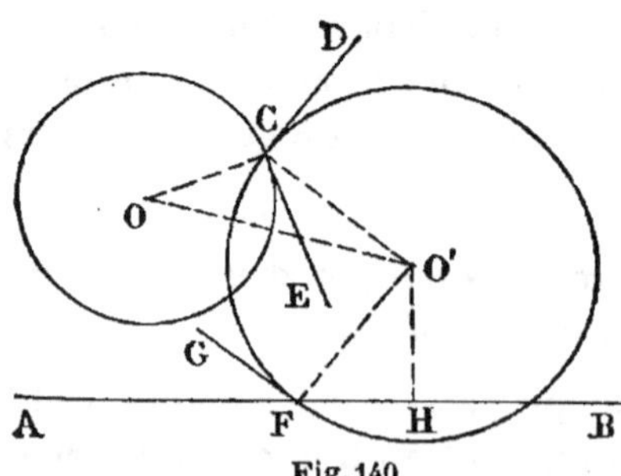

Fig. 140

tion, la droite et la tangente étant considérées dans le même sens.

Cela posé, l'angle DCE des tangentes CD et CE aux deux cercles est l'angle de ces cercles, et cet angle est égal à l'angle OCO' des deux rayons OC et O'C menés au point C d'intersection, car on a

$$\widehat{DCE} = \widehat{DCO'} + \widehat{O'CE} = 1\,dr + \widehat{O'CE},$$

et

$$\widehat{OCO'} = \widehat{OCE} + \widehat{ECO'} = 1\,dr + \widehat{ECO'},$$

d'où

$$\widehat{DCE} = \widehat{OCO'}.$$

Du triangle OCO', on connaît donc les deux côtés OC et O'C, qui sont les rayons donnés des cercles O et O', et l'angle OCO' compris entre ces côtés, qui est l'angle donné sous lequel se coupent les deux cercles : on peut donc construire la longueur OO'.

D'autre part, l'angle AFG que fait la tangente FG au cercle O' avec la droite FA, est l'angle du cercle O' et de la droite AB. Si nous considérons que le rayon FO' de longueur donnée est perpendiculaire à la tangente FG, il s'ensuit que le triangle rectangle FO'H est déterminé parce qu'on en connaît l'hypoténuse FO' et l'angle FO'H qui est égal à l'angle AFG : on peut donc construire la longueur HO'.

De tout cela ressort la solution suivante : construire le triangle OCO' et décrire du point O, pris comme centre, un cercle de rayon OO' qui est un premier lieu du centre O' ; construire le triangle FO'H et mener à AB, de part et d'autre, à une distance égale à HO', deux parallèles qui forment un second lieu du centre O' : ce centre se trouve ainsi à l'intersection de ces deux lieux.

Le problème admet quatre solutions, trois, deux, une, ou n'en admet point, suivant que les deux lieux ont quatre points communs, trois, deux, un, ou n'en ont aucun.

319. VI. *Construire dans un triangle trois cercles tels que chacun d'eux soit tangent aux deux autres ainsi qu'à deux côtés du triangle* (Problème de Malfatti).

La résolution de ce problème demande l'établissement préalable des deux lemmes qui vont suivre.

1° *Trois cercles étant donnés dans un même plan, si deux tangentes communes extérieures relatives à deux couples de ces cercles et une tangente commune intérieure relative au troisième couple concourent en un même point, les secondes tangentes communes extérieures relatives aux deux premiers couples de cercles et la seconde tangente commune intérieure relative au troisième couple concourent aussi en un même point.*

Soient O, O′ et O″ (*fig.* 141) les trois cercles donnés, *ab*, une tangente commune extérieure aux deux cercles O et O′,

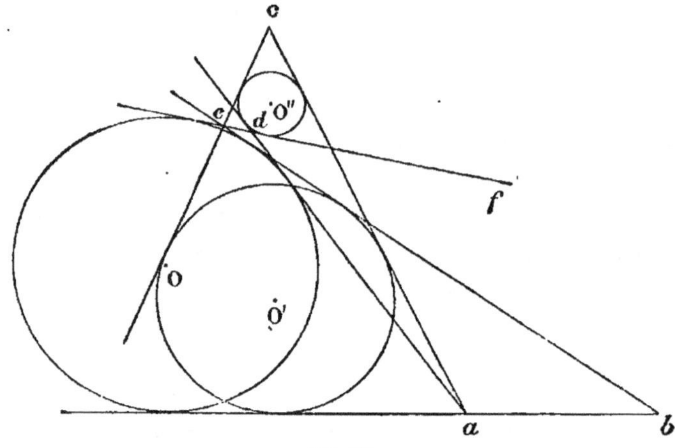

Fig. 141.

ac, une tangente commune extérieure aux deux cercles O′ et O″ et *ad* une tangente commune intérieure aux deux cercles O et O″, ces trois tangentes se rencontrent en un même point *a*. Il s'agit de démontrer que les secondes tangentes communes extérieures *eb* et *ec* relatives aux deux premiers couples de cercles, se rencontrent en un même point *e* avec la seconde tangente commune intérieure *ef* relative au troisième couple, et pour cela que la seconde tangente *ef* menée au cercle O″ par le point de rencontre *e* des deux tangentes *be* et *ce* est tangente au cercle O.

On a établi (169) que dans un système de quatre droites qui

se coupent deux à deux de manière à former une figure fermée tangente par ses côtés ou leurs prolongements à un cercle, la somme de deux côtés opposés ou de deux côtés adjacents, suivant que le quadrilatère enveloppe le cercle ou lui est extérieur, est égale à la somme des deux autres. Le quadrilatère *abec*, circonscrit au cercle O′, donne

$$ac + ab = be + ce,$$

et le quadrilatère *aced*, circonscrit au cercle O″, donne

$$ac + ed = ad + ce.$$

En retranchant ces deux égalités membre à membre, il vient

$$ab - ed = be - ad,$$

ou
$$ab + ad = be + ed,$$

c'est-à-dire que le quadrilatère *abed* est circonscriptible à un cercle, et comme trois de ses côtés *ab*, *be* et *ad* sont déjà tangents au cercle O, il s'ensuit que le quatrième *ed* l'est aussi, c'est-à-dire que la seconde tangente *ef* au cercle O″ est aussi tangente au cercle O.   C. Q. F. D.

2° *Deux cercles étant donnés dans un même plan, si on les coupe par une même droite telle que les cordes interceptées soient égales, ces deux cercles seront vus sous un même angle du point de concours des tangentes menées aux deux cercles par leurs intersections extrêmes avec la droite.*

Soient O et O′ (*fig.* 142) les deux cercles coupés par la droite AB de manière que les deux cordes interceptées AC et DB sont égales. Il s'agit de démontrer que ces deux cercles sont vus sous le même angle du point E, où se rencontrent les tangentes AE et BE menées aux deux cercles par leurs intersections extrêmes A et B avec la droite AB.

A cet effet, menons sur AB les perpendiculaires OF, O′G et EH. Les deux triangles semblables AHE et AFO donnent

$$\frac{AE}{EH} = \frac{AO}{AF}.$$

De leur côté, les deux triangles semblables BEH et BGO′ donnent

$$\frac{EH}{BE} = \frac{BG}{BO'},$$

d'où, en multipliant membre à membre ces deux relations et remarquant que $AF = BG$,

$$\frac{AE}{BE} = \frac{AO}{BO'},$$

ce qui revient à dire que les deux triangles rectangles AEO et BEO', obtenus en menant les droites EO et EO', ont leurs

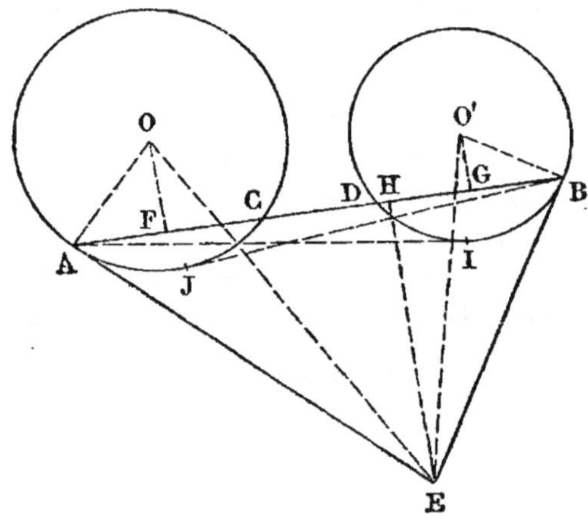

Fig. 142.

côtés de l'angle droit proportionnels et par conséquent sont semblables. Il s'ensuit que les angles AEO et BEO' sont égaux, et comme ils sont les moitiés des angles sous lesquels on voit les deux cercles du point E, la proposition est démontrée.

Remarquons en outre, si l'on mène les tangentes AI et BJ, que l'on a

$$\overline{AI}^2 = AB \times AD = AB \times (AB - DB)$$

et $$\overline{BJ}^2 = AB \times BC = AB \times (AB - AC).$$

Or AC et DB sont par hypothèse des longueurs égales, d'où

$$AI = BJ.$$

Ce que l'on aurait pu écrire immédiatement en s'appuyant

sur ce que la puissance du point A par rapport au cercle O′ est égale à la puissance du point B par rapport au cercle O.

Réciproquement, si la droite AB rencontre les cercles O et O′ de telle manière que les tangentes AI et BJ sont égales, les cordes AC et BD seront égales.

Ces deux lemmes démontrés, revenons au problème proposé.

Soient ABC (*fig*. 143) le triangle dans lequel les trois cercles O, O′ et O″ répondent à la question et D, E, F leurs points de contact entre eux.

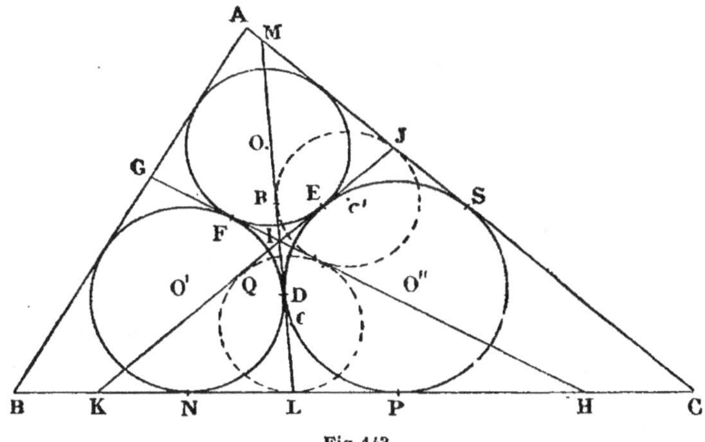

Fig. 143.

Si l'on mène les tangentes communes intérieures à ces cercles GH, JK et LM, elles se coupent en un même point I qui est le centre radical des trois cercles. Soient d'autre part N et P les points de contact des cercles O′ et O″ avec le côté BC du triangle ; on a

$$\mathrm{LH} - \mathrm{LK} = \mathrm{NH} - \mathrm{PK} = \mathrm{FH} - \mathrm{EK} = \mathrm{IH} - \mathrm{IK}.$$

Les membres extrêmes de ces relations montrent que le point L est le point de contact avec KH du cercle inscrit dans le triangle KIH. Soit c ce cercle et désignons par c' et c'' les cercles analogues tangents en J et G aux côtés AC et AB.

Considérons maintenant les trois cercles c, c' et O″ qui forment les trois couples (c, O''), (c', O'') et (c, c'). Les tangentes communes extérieures JK et ML des deux premiers couples se rencontrent en un même point I avec la tangente commune intérieure GII du troisième couple ; il s'ensuit, d'après le premier lemme, que la seconde tangente commune intérieure du troisième couple passe par le point de concours C des secondes tangentes communes extérieures BC et AC des deux autres. De plus, cette seconde tangente commune intérieure relative au couple (c, c') est bissectrice de l'angle C, car on a

$$LD = LP = QE$$
et
$$DR = JS = JE,$$

d'où, en additionnant membre à membre les relations formées par les termes extrêmes de ces deux lignes d'égalités,

$$LD + DR = QE + JE,$$
ou
$$LR = QJ,$$

ce qui revient à dire, d'après la réciproque de la remarque du second lemme, que les cercles c et c' intercepteraient deux cordes égales sur la droite qui joindrait le point L au point J, par suite que les deux cercles sont vus sous le même angle du point C et conséquemment que la seconde tangente commune intérieure de ces deux cercles est bissectrice de l'angle C.

De là se déduit la solution suivante : construire les bissectrices des trois angles du triangle donné ABC, qui se coupent au centre T du cercle inscrit ; inscrire un cercle dans chacun des triangles ainsi formés ATB, BTC et CTA ; mener les secondes tangentes communes intérieures de ces trois cercles considérés deux à deux, qui forment trois triangles ayant pour côtés une de ces tangentes et deux côtés du triangle ABC : les cercles inscrits dans ces derniers triangles sont les cercles demandés.

Cette solution nous l'avons empruntée à M. Desboves.

§ IX. — Division de la circonférence et du cercle.

320. I. *Diviser un arc de cercle en* 2, 4, 8, ..., 2^n *parties égales.*

On sait que la perpendiculaire menée par le milieu de la
corde d'un arc divise cet arc en deux
parties égales. Pour diviser l'arc
AMB (*fig.* 144) en deux parties
égales, on mènera donc, comme on
sait le faire (280), la perpendiculaire
CD au milieu de la corde AB de cet
arc, et le point de rencontre M de
cette perpendiculaire et de l'arc donnera le point de division cherché.

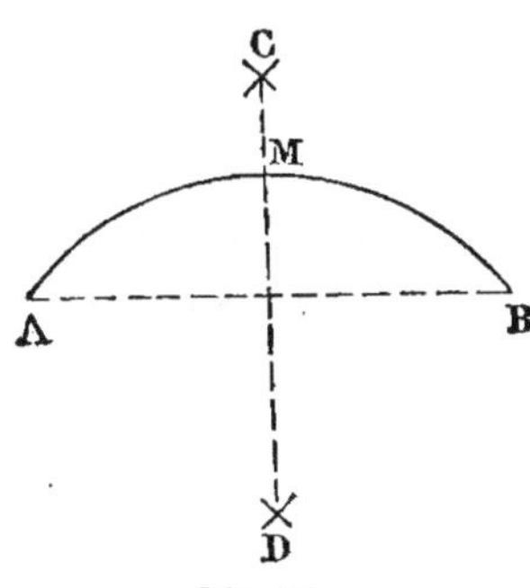

Fig. 144.

On divise un arc en quatre parties
égales, en le divisant d'abord en
deux parties égales, puis en effectuant la même opération sur
chacune de ses moitiés.

Si l'on divisait ensuite chaque quart en deux parties égales,
par le même procédé, on aurait la division en huit parties
égales. On conçoit qu'en continuant ainsi on arrive à la division
en un nombre de parties égales représenté par une puissance
donnée 2^n de 2.

324. II. *Diviser une circonférence de cercle en quatre parties
égales.*

Soit AMB (*fig.* 145) un arc égal au quart de la circonférence O. En menant les rayons OA
et OB on obtient un angle droit
AOB ; par suite, en prolongeant ces
rayons au delà du point O jusqu'à
la circonférence, on a deux diamètres qui forment entre eux quatre
angles droits et divisent, par leurs
extrémités A, B, C, D, la circonférence en quatre parties égales.

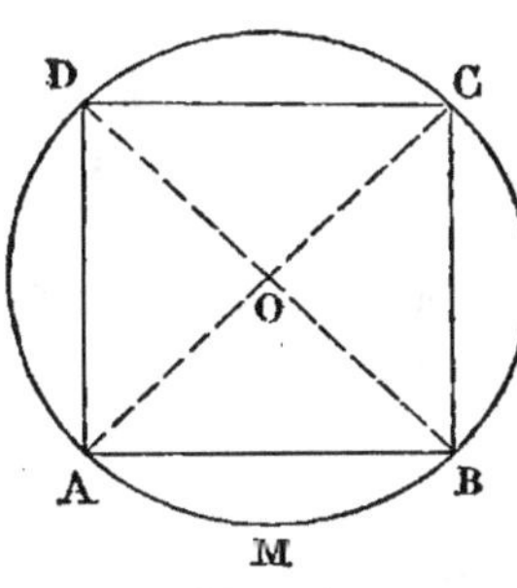

Fig. 145.

D'où la solution : construire deux
diamètres perpendiculaires l'un à l'autre.

REMARQUE I. — Si l'on joint deux à deux et consécutivement
ces quatre points de division, on obtient le carré inscrit dans

la circonférence donnée, car les quatre côtés de la figure sont égaux comme cordes sous-tendant des arcs égaux, et ses quatre angles sont droits comme inscrits dans des demi-cercles.

On peut se proposer d'exprimer le côté du carré inscrit dans une circonférence en fonction du rayon de cette circonférence. Pour cela, considérons le triangle AOB, par exemple; il donne

$$\overline{AB}^2 = \overline{AO}^2 + \overline{BO}^2,$$

ou, en représentant le rayon de la circonférence par r et le côté du carré par c_4,

$$c_4^2 = 2r^2,$$

d'où
$$c_4 = r\sqrt{2}.$$

Remarque II. — On divise une circonférence en 8, 16, ..., 2^n parties égales, en la divisant d'abord en quatre parties égales, puis en divisant chaque quart en deux parties égales, chaque huitième en deux parties égales, et ainsi de suite jusqu'à ce qu'on obtienne dans la circonférence entière autant de parties égales qu'en exprime le nombre 2^n.

Si l'on joint deux à deux et consécutivement les points de division obtenus dans chaque opération, on forme des polygones réguliers convexes de 8, 16, .. , 2^n côtés; et en les joignant deux à deux, non plus consécutivement, mais de 3 en 3 par exemple, c'est-à-dire en comprenant entre les extrémités de chaque corde un nombre de divisions premier avec 8, 16, ... ou 2^n, on obtient des polygones réguliers étoilés de 8, 16, ... ou 2^n côtés (56).

On verra plus loin (343) comment on calcule le côté d'un polygone régulier de $2n$ côtés, inscrit dans une circonférence, en fonction du rayon de cette circonférence et du côté du polygone régulier inscrit de n côtés.

322 III. *Diviser une circonférence en six parties égales.*

Soit AMB (*fig.* 146) un arc égal au sixième de la circonfé-

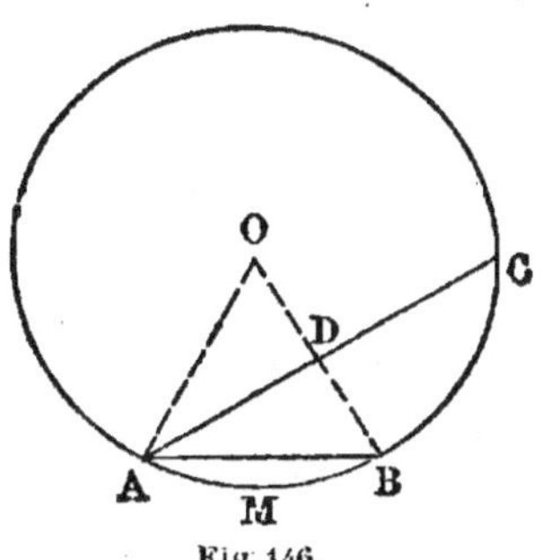
Fig. 146.

rence O. En menant les rayons OA et OB on obtient un angle AOB égal à $\dfrac{2d}{3}$; il s'ensuit qu'en joignant A et B on forme un triangle équilatéral AOB, de sorte que la corde qui sous-tend l'arc AMB se trouve être égale au rayon de la circonférence.

D'où la solution : d'un point A quelconque de la circonférence, pris comme centre, décrire avec un rayon égal à celui de la circonférence un arc qui la coupe en B ; du point B, opérer de la même manière et ainsi de suite jusqu'à ce qu'on revienne au point A, après six opérations semblables.

REMARQUE I. — Si l'on joint deux à deux et consécutivement ces six points de division, on obtient l'hexagone régulier inscrit dans la circonférence donnée, car les six côtés de la figure sont égaux comme cordes sous-tendant des arcs égaux, et ses six angles sont égaux comme inscrits dans des segments égaux.

En désignant par r le rayon de la circonférence, et par c_6 le côté de l'hexagone régulier, on a

$$c_6 = r.$$

REMARQUE II. — En considérant de deux en deux les six points de division uniformes de la circonférence on a la division de cette ligne en trois parties égales.

Si l'on mène les cordes correspondantes, on obtient le triangle équilatéral. Pour en exprimer le côté AC en fonction du rayon r, il suffit de remarquer que les deux droites AC et OB, perpendiculaires l'une à l'autre, se coupent en parties égales, de sorte qu'on a

$$AC = 2AD \qquad \text{et} \qquad OD = \frac{OB}{2} = \frac{OA}{2}.$$

Or le triangle AOD donne

$$AD = \sqrt{\overline{OA}^2 - \overline{OD}^2},$$

ou
$$AD = \sqrt{\overline{OA}^2 - \frac{\overline{OA}^2}{4}} = \frac{OA}{2}\sqrt{3},$$

de sorte qu'il vient
$$AC = OA\sqrt{3},$$

c'est-à-dire, en représentant par c_3 le côté du triangle équilatéral,
$$c_3 = r\sqrt{3}.$$

REMARQUE III. — On divise une circonférence en 12, 24, ..., $2^n \times 3$ parties égales en la divisant d'abord en six parties égales, puis en divisant chaque sixième en deux parties égales, chaque douzième en deux parties égales, et ainsi de suite jusqu'à ce qu'on obtienne dans la circonférence entière autant de parties égales qu'en exprime le nombre $2^n \times 3$.

Si l'on joint deux à deux et consécutivement les points de division obtenus dans chaque opération, on forme des polygones réguliers convexes de 12, 24, ..., $2^n \times 3$ côtés; et en joignant ces points de 5 en 5, de 7 en 7, etc. (5, 7 étant premiers avec 12, 24, ..., $2^n \times 3$), on obtient des polygones réguliers étoilés de 12, 24, ..., $2^n \times 3$ côtés (56).

323. **IV.** *Diviser une circonférence en dix parties égales.*

Soit AMB (*fig.* 147) un arc égal au dixième de la circonférence O. En menant les rayons OA et OB on obtient un angle AOB égal à $\frac{2d}{5}$; il s'ensuit qu'en joignant A et B on forme un triangle isocèle AOB dont les angles à la base sont égaux chacun à $\dfrac{2d - \frac{2d}{5}}{2}$ ou à $\frac{4d}{5}$, c'est-à-dire au double de l'angle O. Si donc on mène la bissectrice de l'un de ces angles à la base, de A par exemple, on forme dans le triangle AOB deux triangles isocèles ACO et BAC, d'après lesquels on a
$$OC = AC = AB.$$

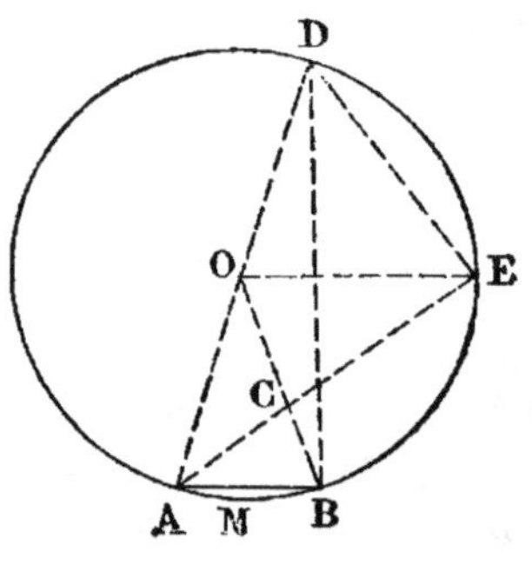

Fig. 147.

D'autre part, cette bissectrice AC détermine sur OB deux

segments proportionnels aux deux autres côtés du triangle AOB ; de sorte qu'on a aussi

$$\frac{OC}{CB} = \frac{OA}{AB},$$

ou, en remplaçant AB par son égal OC, et OA par son égal OB,

$$\frac{OC}{CB} = \frac{OB}{OC},$$

d'où
$$\overline{OC}^2 = OB \times CB,$$

et comme AB est égal à OC,

$$\overline{AB}^2 = \overline{OC}^2 = OB \times CB,$$

c'est-à-dire que la corde qui sous-tend l'arc d'un dixième de circonférence est égale au plus grand segment du rayon divisé en moyenne et extrême raison.

De là la solution suivante : diviser le rayon de la circonférence donnée en moyenne et extrême raison ; avec un rayon égal au plus grand segment, décrire d'un point A quelconque de la circonférence, pris comme centre, un arc de cercle qui coupe la circonférence en B ; du point B opérer de même et continuer ainsi jusqu'à ce qu'on revienne au point A après dix opérations semblables.

REMARQUE I. — Si l'on joint deux à deux et consécutivement ces dix points de division, on obtient le décagone régulier inscrit dans la circonférence donnée, car les dix côtés de la figure sont égaux comme cordes sous-tendant des arcs égaux et ses dix angles sont égaux comme inscrits dans des segments égaux. En désignant par r le rayon de la circonférence et par c_{10} le côté du décagone régulier, on a (267)

$$c_{10} = r \frac{\sqrt{5} - 1}{2}.$$

En joignant ces points non plus consécutivement, mais de trois en trois, on obtient le décagone régulier étoilé. Pour en exprimer le côté en fonction du rayon de la circonférence, prolongeons, dans la figure 147, AO et AC jusqu'en D et E : AC étant bissectrice de l'angle BAD, les deux arcs BE et ED sont égaux et comprennent chacun $\frac{2}{10}$ de la circonférence' de sorte que AE est le côté du décagone régulier étoilé. Si l'on mène le rayon OE, on forme les deux triangles isocèles semblables AOE et ACO, qui donnent la relation

$$\frac{AE}{AO} = \frac{AO}{AC},$$

d'où
$$AE = \frac{\overline{AO}^2}{AC} = \frac{\overline{AO}^2}{AB},$$

c'est-à-dire que l'on a, en désignant par c'_{10} le côté du décagone régulier étoilé,

$$c'_{10} = \frac{r^2}{r\dfrac{\sqrt{5}-1}{2}} = r\,\frac{\sqrt{5}+1}{2}.$$

Remarque II. — En considérant de deux en deux les dix points de division uniforme de la circonférence, on a la division de cette ligne en cinq parties égales. Si l'on mène les cordes correspondantes, on obtient le pentagone régulier convexe, mais si l'on joint ces cinq points de division de deux en deux, on obtient le pentagone régulier étoilé.

Le côté du premier, c_5, représenté (*fig.* 147) par la corde DE, forme avec le diamètre de la circonférence et le côté du décagone régulier étoilé le triangle rectangle AED, qui donne

$$DE = \sqrt{\overline{AD}^2 - \overline{AE}^2},$$

ou
$$c_5 = \sqrt{4r^2 - r^2\frac{(\sqrt{5}+1)^2}{4}} = r\,\frac{\sqrt{10-2\sqrt{5}}}{2}.$$

Le côté du second, c'_5, représenté (*fig.* 147) par la corde BD, forme avec le diamètre de la circonférence et le côté du décagone régulier convexe le triangle rectangle ABD, qui donne

$$BD = \sqrt{\overline{AD}^2 - \overline{AB}^2},$$

ou
$$c'_5 = \sqrt{4r^2 - r^2\frac{(\sqrt{5}-1)^2}{4}} = r\,\frac{\sqrt{10+2\sqrt{5}}}{2}.$$

Remarque III. — On divise une circonférence en 20, 40, ..., $2^n \times 5$ parties égales en la divisant d'abord en 10 parties égales, puis en divisant chaque dixième en deux parties égales, chaque vingtième en deux parties égales, et ainsi de suite jusqu'à ce qu'on obtienne dans la circonférence entière autant de parties égales qu'en exprime le nombre $2^n \times 5$.

Si l'on joint deux à deux et consécutivement les points de division obtenus dans chaque opération, on forme des polygones réguliers convexes de 20, 40, ..., $2^n \times 5$ côtés ; et en joignant ces points de 3 en 3, de 7 en 7, etc. (3, 7, étant premiers avec 20, 40, ..., $2^n \times 5$), on obtient des polygones réguliers étoilés de 20, 40, ..., $2^n \times 5$ côtés (56).

324. V. *Diviser une circonférence en quinze parties égales.*

Soit AMB (*fig.* 148) un arc égal au quinzième de la circonférence O. Prenons à partir du point B un arc BMC égal au sixième de la circonférence ; nous aurons pour valeur de l'arc CA $\left(\dfrac{1}{6} - \dfrac{1}{15}\right)$ ou $\dfrac{1}{10}$ de circonférence, c'est-à-dire que l'arc AMB est égal à l'excès du sixième de la circonférence sur le dixième.

D'où la solution suivante : prendre sur la circonférence, à partir d'un point quelconque A un arc AC égal à son $\dfrac{1}{10}$, puis du point C

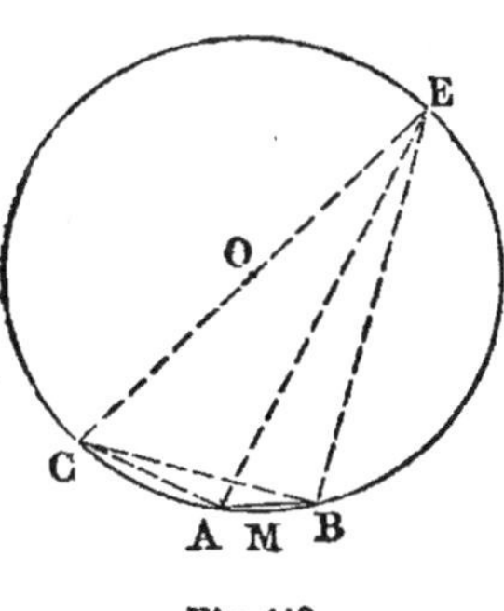

Fig. 148.

un arc CB égal à son $\dfrac{1}{6}$: l'arc AB est le quinzième de la circonférence. Il suffit ensuite de décrire du point B pris comme centre, avec un rayon égal à la corde de l'arc AB, un arc de cercle qui coupe la circonférence en D ; d'opérer de la même manière au point D et de continuer ainsi jusqu'à ce qu'on revienne au point A, après avoir obtenu la division cherchée.

Remarque I. — Si l'on joint deux à deux et consécutivement ces quinze points de division, on obtient le pentédécagone régulier inscrit dans la circonférence donnée, car les quinze côtés de la figure sont égaux comme cordes sous-tendant des arcs égaux et ses quinze angles sont égaux comme inscrits dans des segments égaux.

Pour exprimer le côté AB en fonction du rayon de la circonférence, menons le diamètre CE, joignons le point E aux points A et B, et menons les cordes AC et BC. D'après le théorème de Ptolémée (53, VIII), on peut écrire

$$AB \times CE + AC \times BE = AE \times BC.$$

Or on a $CE = 2r$; $AC = c_{10}$; $BE = c_3$; $AE = c'_5$; $BC = r$; d'où l'on tire

$$AB = \frac{c'_5 \times r - c_{10} \times c_3}{2r},$$

ou

$$c_{15} = r\,\frac{\sqrt{10 + 2\sqrt{5}} - \sqrt{3}(\sqrt{5} - 1)}{4}.$$

En joignant de 2 en 2, de 4 en 4 et de 7 en 7 les quinze points de division uniforme de la circonférence, on obtient trois pentédécagones réguliers étoilés, et les seuls qu'on puisse former.

Par des procédés analogues au précédent on trouve les résultats suivants :

$$c'_{15} = r\,\frac{\sqrt{3}(\sqrt{5} + 1) - \sqrt{10 - 2\sqrt{5}}}{4},$$

$$c''_{15} = r\,\frac{\sqrt{3}(\sqrt{5} - 1) + \sqrt{10 + 2\sqrt{5}}}{4},$$

$$c'''_{15} = r\,\frac{\sqrt{3}(\sqrt{5} + 1) + \sqrt{10 - 2\sqrt{5}}}{4}.$$

REMARQUE II. — On divise une circonférence en 30, 60, ..., $2^n \times 3 \times 5$ parties égales, en la divisant d'abord en 15 parties égales, puis en divisant chaque quinzième en deux parties égales, chaque trentième en deux parties égales, et ainsi de suite jusqu'à ce qu'on obtienne dans la circonférence entière autant de parties égales qu'en exprime le nombre $2^n \times 3 \times 5$.

Si l'on joint deux à deux et consécutivement les points de division obtenus dans chaque opération, on forme des polygones réguliers convexes de 30, 60, ..., $2^n \times 3 \times 5$ côtés ; et en joignant ces points de 7 en 7, de 11 en 11, etc. (7, 11 étant des nombres premiers avec 30, 60, ..., $2^n \times 3 \times 5$), on obtient des polygones réguliers étoilés de 30, 60, ..., $2^n \times 3 \times 5$ côtés (56).

325. VI. *Diviser l'aire d'un cercle en parties proportionnelles à des nombres donnés par des cercles concentriques.*

Soient OC et OB (*fig.* 149) les cercles qui divisent l'aire du cercle OA en parties proportionnelles aux nombres m, n, p, de manière que l'on a

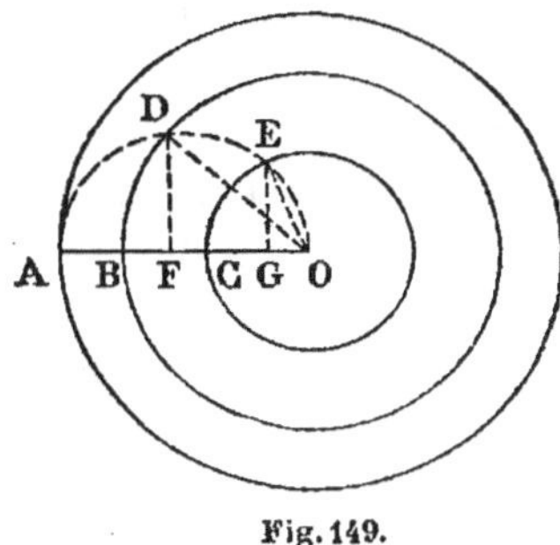

Fig. 149.

$$\frac{\text{couronne AB}}{m} = \frac{\text{couronne BC}}{n} = \frac{\text{cercle OC}}{p}.$$

Si sur OA comme diamètre on décrit un demi-cercle ADO, qui rencontre les cercles OB et OC en D et en E, et si de ces points D et E on mène sur OA les perpendiculaires DF et EG, on aura

$$\frac{\text{cercle OA}}{\overline{OA}^2} = \frac{\text{cercle OB}}{\overline{OB}^2} = \frac{\text{cercle OC}}{\overline{OC}^2},$$

et comme on a d'autre part

$$\overline{OB}^2 = \overline{OD}^2 = OA \times OF$$

et

$$\overline{OC}^2 = \overline{OE}^2 = OA \times OG,$$

en portant ces valeurs de $\overline{OB}^2$ et de $\overline{OC}^2$ dans les relations précédentes, il viendra

$$\frac{\text{cercle OA}}{\overline{OA}^2} = \frac{\text{cercle OB}}{OA \times OF} = \frac{\text{cercle OC}}{OA \times OG},$$

ou, en multipliant chaque rapport par OA,

$$\frac{\text{cercle OA}}{OA} = \frac{\text{cercle OB}}{OF} = \frac{\text{cercle OC}}{OG},$$

d'où l'on tire

$$\frac{\text{cercle OA} - \text{cercle OB}}{OA - OF} = \frac{\text{cercle OB} - \text{cercle OC}}{OF - OG} = \frac{\text{cercle OC}}{OG},$$

ou

$$\frac{\text{couronne AB}}{FA} = \frac{\text{couronne BC}}{GF} = \frac{\text{cercle OC}}{OG},$$

ce qui revient à dire que les trois parties de l'aire du cercle déterminées par les deux cercles OB et OC sont proportionnelles aux longueurs FA, GF et OG : et comme elles sont par hypothèse proportionnelles aux nombres m, n, p, on peut écrire

$$\frac{FA}{m} = \frac{GF}{n} = \frac{OG}{p}.$$

La solution du problème, semblable à celle du problème II (310), est donc la suivante : partager un rayon quelconque OA du cercle donné en parties FA, GF et OG proportionnelles aux nombres donnés m, n, p ; élever en F et en G les perpendiculaires à OA ; joindre au point O leurs points de rencontre D et E avec le demi-cercle construit sur ·A comme diamètre ; les cercles décrits du centre O avec des rayons égaux à OD et à OE donnent la division demandée.

§ X. — Constructions relatives aux figures à trois dimensions.

326. **1.** *Mener par un point donné une droite qui s'appuie sur deux droites données quelconques de l'espace.*

Soit OP (*fig.* 150) la droite menée par le point O et qui s'appuie en E et en F sur les deux droites quelconques AB et CD de l'espace.

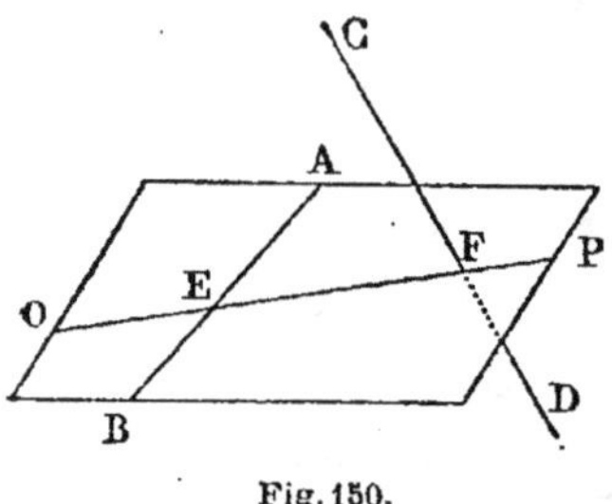
Fig. 150.

Le point O et l'une des droites données, AB par exemple, déterminent un plan, OAB, qui contient la droite OP et qui rencontre l'autre droite CD. Or ce point de rencontre est le point F comme étant commun à la droite CD et au plan OAB puisqu'il appartient à la droite OP située dans ce plan.

D'où la solution suivante : mener par le point donné O et l'une des droites données, AB, le plan qu'ils déterminent ; chercher l'intersection F de ce plan et de la seconde droite CD : la droite OF répond à la question et il n'y en a pas d'autre.

Le problème est impossible ou indéterminé suivant que la droite CD est parallèle au plan OAB ou s'y trouve contenue.

REMARQUE. — On peut résoudre le problème en menant les deux plans OAB et OCD : la droite cherchée est alors l'intersection des deux plans.

327. II. *Construire les trois faces d'un trièdre dont on donne les trois dièdres.*

Les trois faces du trièdre demandé sont les suppléments des trois dièdres du trièdre supplémentaire, de même que dans ce dernier les trois faces sont les suppléments des trois dièdres du premier.

De sorte que pour résoudre le problème on prend les suppléments des trois dièdres donnés, on considère le trièdre supplémentaire qui les a pour faces et l'on en détermine les trois dièdres (290) : les suppléments de ces dièdres sont les faces du trièdre cherché.

328. III. *Etant données trois droites telles que deux quelconques d'entre elles ne sont pas dans un même plan, construire un parallélépipède dont ces trois droites soient des arêtes.*

Soit ABCDEFGH (*fig.* 151) le parallélépipède demandé, dont les trois droites données IJ, KL et MN sont des arêtes.

Les faces ABFE et ADHE qui contiennent la droite IJ sont respectivement parallèles aux droites KL et MN ; les faces

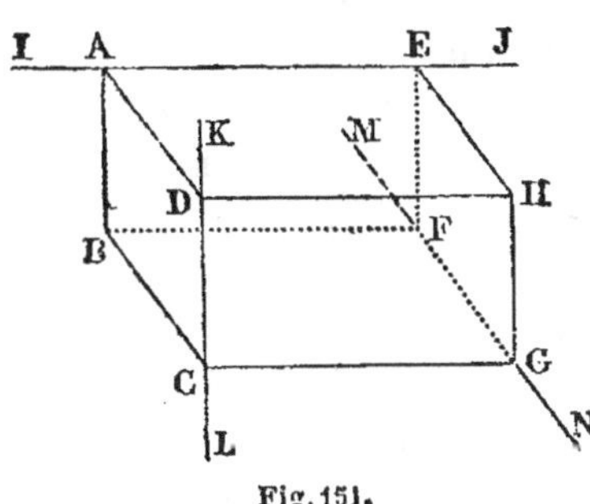

Fig. 151.

DABC et DCGH qui contiennent la droite KL sont respectivement parallèles aux droites MN et AJ ; enfin les faces GFBC et GHEF qui contiennent la droite MN sont respectivement parallèles aux droites AJ et KL.

D'où la solution suivante : par chaque droite donnée mener deux plans respectivement parallèles aux deux autres droites : les intersections des six plans ainsi obtenus déterminent le parallélépipède cherché.

329. IV. *Couper un cube par un plan tel que la section soit un hexagone régulier.*

Pour donner une section qui soit un hexagone, le plan sécant doit rencontrer les six faces du cube et par suite six de ses arêtes, dans le passage successif du contour de la section sur les six faces du solide. Dans le cube ABCDEFGH (*fig.* 152), l'hexagone qui a pour sommets les milieux I, J, K, L, M et N des six arêtes AB, BC, CG, GH, HE et EA, répond à la question. Pour le prouver, il faut démontrer que la figure IJKLMN est plane et qu'elle est un hexagone régulier.

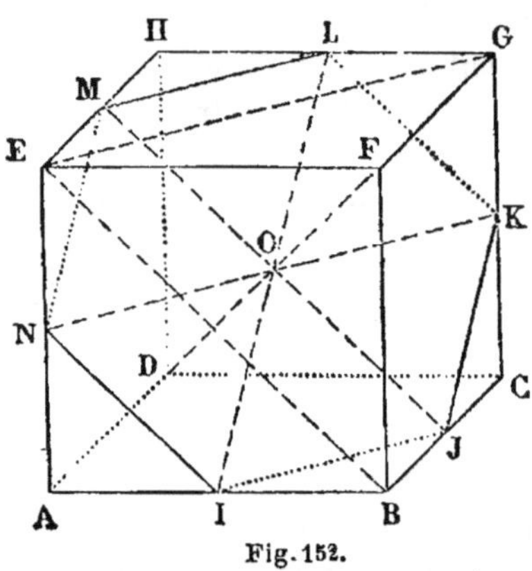

Fig. 152.

La droite LI qui joint le milieu de l'arête HG au milieu de l'arête opposée AB passe nécessairement par le centre O du cube ; il en est de même des droites analogues MJ et NK. D'autre part la droite NK est parallèle à la diagonale EG de la face EFGH, et comme la droite ML est aussi parallèle à EG, il s'ensuit que NK est parallèle à la droite ML du plan déterminé par les deux droites LI et MJ ; de plus, parce qu'elle a un point commun avec ce plan, le point O, elle y est tout entière contenue. Ainsi les trois droites LI, MJ et NK sont toutes les trois dans un même plan ; la figure IJKLMN est donc plane.

Considérons maintenant un des six triangles réunis autour du point O, le triangle MOL par exemple. Le côté ML est égal à la moitié de la diagonale EG de la face EFGH ; MO est égal à la moitié de la droite MJ ou de son égale la diagonale EB de la face ABFE, et comme les diagonales de toutes les faces du cube sont égales, il en résulte que MO est égal à ML. On démontrerait de même que LO est aussi égal à ML. Il suit de là que le triangle MOL est équilatéral. Par le même raisonnement on établirait que les cinq triangles MON, NOI, IOJ, JOK et KOL sont équilatéraux, et comme ils ont deux à deux un côté commun, on en conclut qu'ils sont tous égaux entre eux. La figure qui les réunit tous est donc un hexagone régulier.

Il est à remarquer que le périmètre de cet hexagone régulier n'a aucun point commun avec les six arêtes qui aboutissent aux deux sommets opposés D et F ; de plus que la diagonale DF du cube qui joint ces deux points a ses deux extrémités distantes de chaque sommet de l'hexagone d'une longueur égale à l'hypoténuse d'un triangle rectangle ayant pour côtés de l'angle droit l'arête et la demi-arête du cube, par conséquent que la droite DF est perpendiculaire au plan de l'hexagone.

Enfin, il convient d'ajouter que l'hexagone régulier peut être obtenu par quatre sections différentes pratiquées dans le cube, toutes passant par le centre du solide et étant respectivement perpendiculaires à ses quatre diagonales DF, AG, BH et CE.

330. V. *Diviser un tétraèdre en quatre tétraèdres équivalents de manière qu'ils aient chacun une face appartenant au tétraèdre donné et que le sommet opposé à cette face leur soit commun.*

Soit un tétraèdre quelconque SABC (*fig.* 153). Pour qu'un tétraèdre ayant pour face ABC, par exemple, soit équivalent au quart du tétraèdre SABC, il faut que celui de ses sommets qui est opposé à cette face en soit à une distance égale au quart de la distance du sommet S à la même face dans le tétraèdre SABC. Ce sommet se trouve donc dans le plan mené parallèlement à ABC à une distance égale au quart de la distance du sommet S à cette même face. Si l'on considère de même les deux tétraèdres qui auraient pour faces, l'un ASB par exemple, et l'autre BSC, et qui seraient équivalents au quart du tétraèdre SABC,

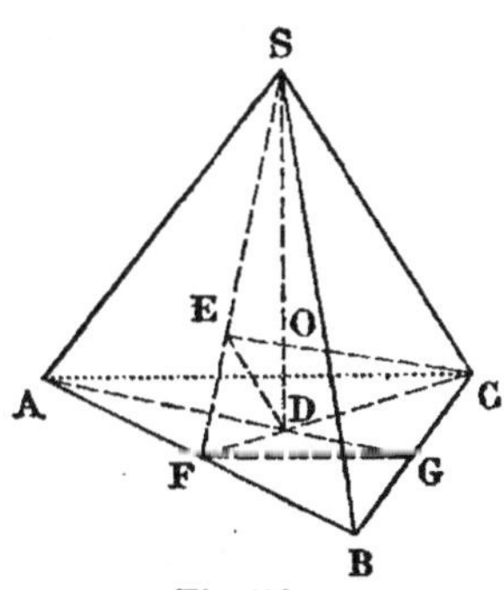

Fig. 153.

dans chacun d'eux le sommet opposé à la face envisagée se trouve dans le plan mené parallèlement à cette face, à une distance égale au quart de la distance, dans le tétraèdre SABC, du sommet opposé, C ou A, à cette même face ASB ou BSC. Il suit de là que le sommet commun aux quatre tétraèdres partiels se trouve à l'intersection des trois plans considérés, et comme les faces ABC, ASB et BSC, auxquelles ces trois plans sont parallèles, ont un point commun et un seul, le point B, les trois plans ont aussi un point commun et un seul. Soit O ce point dont il s'agit de fixer la position.

A cet effet, menons la droite SO et prolongeons-la jusqu'à sa rencontre en D avec la face ABC. Le point O, situé au quart de la distance du point S à la face ASB, détermine sur la droite SD un segment OD égal au quart de SD. Menons de même la droite CO et prolongeons-la jusqu'à sa rencontre en E avec la face ASB. Le segment OE est aussi égal au quart de CE. Le plan déterminé par les deux droites SD et CE coupe l'arête AB au point F et les deux faces ASB et ABC suivant les deux droites SF et CF. En joignant E et D, les deux triangles EOD et SOC, semblables comme ayant un angle égal, $\widehat{EOD} = \widehat{SOC}$, et les côtés qui comprennent cet angle proportionnels, donnent

$$\frac{ED}{SC} = \frac{OD}{SO} = \frac{1}{3}.$$

D'un autre côté les deux triangles EFD et SFC sont aussi semblables, car de la similitude précédente on tire que la droite ED est parallèle à la droite SC; or ces deux triangles donnent

$$\frac{DF}{CF} = \frac{ED}{SC},$$

et, d'après les relations précédentes, on a

$$\frac{DF}{CF} = \frac{1}{3}.$$

D'où l'on déduit

$$DF = \frac{1}{3}\,CF.$$

Ainsi, dans la face ou le triangle ABC, le point D se trouve à une distance du côté AB égale au tiers de la hauteur correspondante. On démontrerait, par un raisonnement identique, que le point D se trouve à une distance de BC égale au tiers de la hauteur correspondante. Ce point D se trouve donc à l'intersection de deux droites menées parallèlement l'une à AB. l'autre à BC, à des distances respectives égales au tiers des distances du sommet C à AB et du sommet A à BC. Ce point existe et est unique, puisque les deux droites AB et BC ont un point commun B et n'en ont qu'un.

Si nous menons la droite AD, prolongée jusqu'en G, il résulte de ce qui précède que DG est le tiers de AG. En joignant F et G on a donc la relation suivante que donnent les deux triangles semblables DFG et ADC :

$$\frac{FG}{AC} = \frac{DF}{DC} = \frac{1}{2}.$$

D'autre part, les deux triangles FBG et ABC, qui sont semblables parce qu'on déduit de la similitude précédente que FG et AC sont des droites parallèles, permettent d'écrire

$$\frac{BF}{BA} = \frac{BG}{BC} = \frac{FG}{AC} ;$$

or, d'après les relations précédentes, on a

$$\frac{BF}{BA} = \frac{1}{2},$$

d'où l'on tire

$$BF = \frac{1}{2} BA$$

et

$$BG = \frac{1}{2} BC,$$

c'est-à-dire que les droites CF et AG sont deux médianes du triangle ABC : il s'ensuit que le point D est le point de concours de ces médianes.

On établirait de même que le point E est le point de concours des médianes de la face ASB.

De là la solution suivante : joindre l'un des sommets S du tétraèdre au point de concours D des médianes de la face opposée ABC ; prendre sur la droite obtenue SD, à partir de son pied D dans la face considérée, le quart DO de sa longueur totale : le point O est le sommet commun aux quatre tétraèdres équivalents formés avec le tétraèdre donné et dont les faces opposées à ce sommet commun sont respectivement les quatre faces du tétraèdre.

Remarque. — On a démontré que le point O divise la droite SD en deux segments DO et SO qui sont entre eux dans le rapport de 1 à 3 ; on démontrerait qu'il en est de même pour la droite CE ; et si l'on joignait le point A et le point B au point O, on prouverait encore que les droites obtenues vont rencontrer les faces opposées au point de concours de leurs médianes et sont divisées de la même manière que les précédentes par le point O. Il suit de là que *les quatre droites qui joignent les quatre sommets d'un tétraèdre aux points de concours des médianes des faces opposées se coupent en un même point situé au quart de leur longueur à partir de ces faces.*

Cette propriété du tétraèdre est la correspondante, dans l'espace, de celle du triangle pour ses médianes.

331. VI. *Construire une sphère passant par quatre points donnés.*

Soit O (*fig.* 154) la sphère qui passe par les quatre points A, B, C, D, que nous supposerons d'abord non situés dans un même plan.

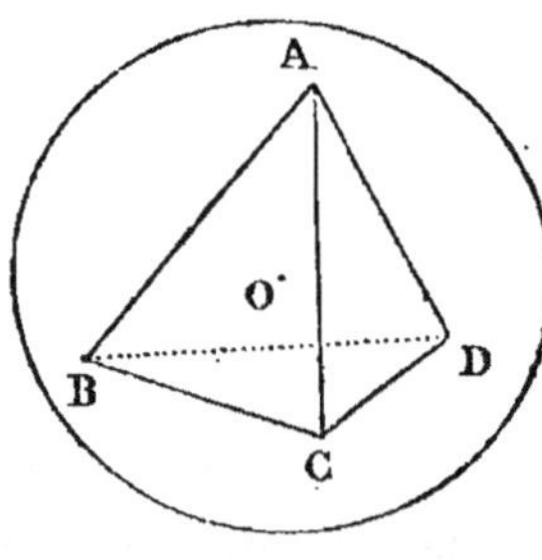

Fig. 154.

Le centre O de cette sphère étant à égale distance des quatre points A, B, C, D, appartient à chacun des plans menés perpendiculairement, et en leur milieu, aux droites qui joignent ces points deux à deux. Si donc l'on considère trois de ces plans, par exemple ceux qui sont perpendiculaires au milieu de AB, de AC et de AD, ils se couperont en un même point, sinon ils auraient une droite commune, dont la direction serait à la fois perpendiculaire aux trois droites AB, AC et AD, et comme ces trois droites ont le point A commun, elles appartiendraient alors à un même plan perpendiculaire à la direction de l'intersection commune des trois plans ; or, par hypothèse, les trois droites AB, AC et AD ne sont pas dans un même plan ; il s'ensuit que les trois plans perpendiculaires en leurs milieux ont un point commun et n'en ont qu'un seul.

La solution du problème est ainsi la suivante : joindre trois des points donnés au quatrième ; mener par le milieu de chaque droite obtenue un plan perpendiculaire : le point commun aux trois plans est le centre de la sphère cherchée.

Si les quatre points étaient situés dans un même plan, les trois plans précédents se couperaient suivant une même droite ou deux droites parallèles selon que les quatre points appartiendraient ou non à un même cercle, et alors le problème admettrait une infinité de solutions ou serait impossible.

§ XI. — Constructions relatives aux courbes usuelles.

332. I. *Mener à une ellipse une tangente assujettie à passer par un point donné.*

Soit PM (*fig.* 155) la tangente menée par le point P à l'ellipse FF'. Joignons le point M aux deux foyers de l'ellipse, prolongeons F'M d'une longueur MC égale à MF, et menons la droite FC ; le triangle FMC est isocèle et la tangente PM, bissectrice de l'angle FMC, est perpendiculaire au milieu de FC. Or le point C, distant du foyer F' d'une longueur égale à F'M + FM ou au grand axe de l'ellipse, appartient au cercle directeur de la courbe ayant pour centre le foyer F' ; d'autre part, le point C, symétrique du foyer F par rapport à la tangente PM, appartient aussi au

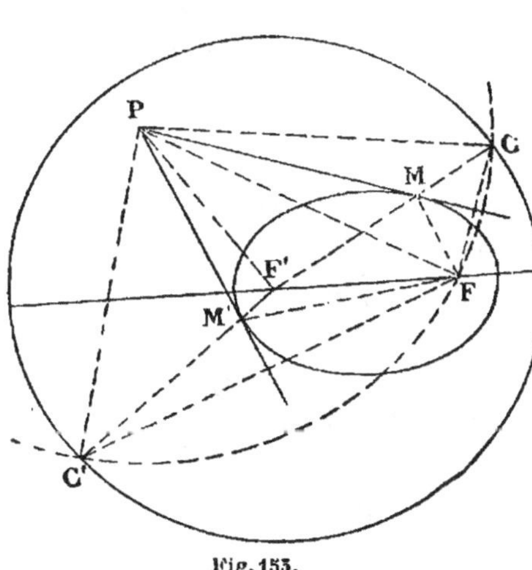

Fig. 153.

cercle décrit du point P comme centre avec un rayon égal à PF.

De là la solution suivante : décrire de l'un des foyers, F'
par exemple, le cercle directeur correspondant ; du point
donné P, pris comme centre, décrire un cercle avec un
rayon égal à la distance de P à l'autre foyer F ; joindre l'intersection C de ces deux cercles aux foyers F et F' : la perpendiculaire menée du point P sur FC est la tangente à
l'ellipse cherchée, et le point M où cette tangente rencontre
la droite F'C est son point de contact avec la courbe.

Discussion. — Pour que le problème soit possible, il faut et
il suffit que le cercle de centre P et de rayon PF rencontre
le cercle directeur de centre F', et pour cela que la distance
de leurs centres PF' soit plus petite que la somme de leurs
rayons PC et F'C et plus grande que leur différence ; en
d'autres termes, que dans le triangle PF'C un côté quelconque
soit plus petit que la somme des deux autres, c'est-à-dire que
l'on ait

$$
(1) \qquad \left\{ \begin{array}{l} PF' < PC + F'C \\ PC < PF' + F'C \\ F'C < PF' + PC. \end{array} \right.
$$

Les deux premières conditions sont toujours satisfaites,
quelle que soit la position du point P, car les relations suivantes que donne le triangle PFF' sont indépendantes de la
situation du point P :

$$
PF' < PF + F'F
$$

et
$$
PF < PF' + F'F ;
$$

en y remplaçant PF par son égal PC et en remarquant que
F'F est inférieur à F'C, on a, *a fortiori*,

$$
PF' < PC + F'C
$$

et
$$
PC < PF' + F'C,
$$

c'est-à-dire les deux premières des relations (1).

Quant à la troisième de ces relations, si l'on remplace PC
par la longueur égale PF et si l'on exprime F'C, longueur du
grand axe de l'ellipse, par $2a$, elle peut s'écrire

$$
2a < PF' + PF.
$$

Sous cette forme, elle indique que pour être satisfaite, il
faut que le point P se trouve en dehors de l'ellipse (134, IV).

Dans ce cas, le triangle PF'C existe et le cercle de centre P et de rayon PF rencontre en deux points C et C' le cercle directeur de centre F' : il y a donc deux solutions.

Si le point P est sur l'ellipse, on a

$$2a = \mathrm{PF'} + \mathrm{PF} ;$$

le triangle PF'C se réduit à une droite et les deux cercles sont tangents ; le problème n'admet qu'une solution.

Enfin, si le point P est à l'intérieur de l'ellipse, on a

$$2a > \mathrm{PF'} + \mathrm{PF} ;$$

le triangle PF'C n'existe plus et les deux cercles ne se rencontrent pas ; le problème est alors impossible.

REMARQUE I. — Lorsque le point P est sur l'ellipse en M, par exemple, au lieu d'employer la construction précédente pour résoudre le problème, on joint le point M aux deux foyers de l'ellipse et l'on mène la bissectrice de l'angle extérieur en M du triangle MFF' ; ou bien on construit le cercle directeur relatif à l'un des foyers, F' par exemple, on mène le rayon vecteur F'M que l'on prolonge jusqu'à la rencontre en C du cercle directeur, et du point M on abaisse une perpendiculaire sur la droite FC qui joint le second foyer au point C.

REMARQUE II. — On peut encore mener par un point donné la tangente à une ellipse en s'appuyant sur cette propriété que les tangentes à l'ellipse et à son cercle principal, en deux points respectifs M et M' qui ont même projection sur un des axes de l'ellipse, rencontrent cet axe au même point (134, VIII). Pour cela (*fig.* 156), on détermine le point M' de manière qu'il ait même projection M_1 que le point M sur le grand axe de l'ellipse, par exemple, et que l'on ait $\dfrac{MM_1}{M'M_1} = \dfrac{b}{a}$; on mène par M' la tangente au cercle, que l'on prolonge jusqu'à sa rencontre en T avec le grand axe : en joignant le point M au point T on a la tangente cherchée. Lorsque le point M est sur l'ellipse, le point M' est à l'intersection du cercle principal et de la perpendiculaire MM_1 à l'axe considéré.

S'il arrivait dans cette construction que la tangente M'T au cercle fût parallèle à l'axe considéré, il s'ensuivrait que la tangente à l'ellipse serait aussi parallèle à cet axe.

REMARQUE III. — On résout, par des procédés analogues, le même problème relatif à l'hyperbole et à la parabole. Pour cette dernière courbe, la directrice remplace, dans la solution, le cercle directeur que l'on construit pour l'ellipse et l'hyperbole.

333. II. *Construire une ellipse connaissant les sommets de l'un des axes et un point.*

Soient A et A' (*fig.* 156) les sommets de l'axe de l'ellipse à construire et M le point donné. Sur AA' comme diamètre, décrivons un cercle ; si le point M est à l'intérieur, ce cercle est le cercle principal ou grand cercle homographique de l'ellipse ; si au contraire

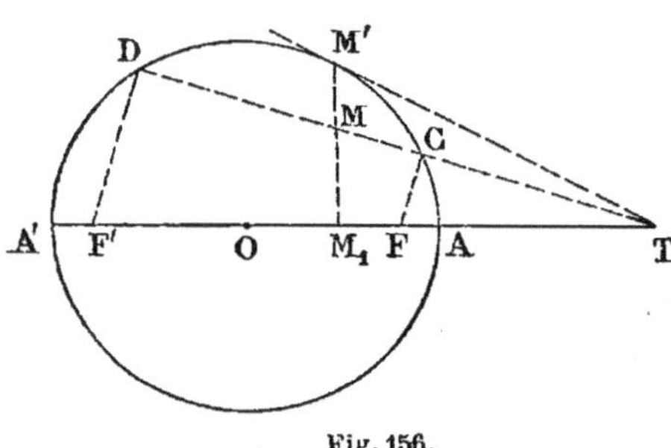

Fig. 156.

le point M est à l'extérieur, le cercle est décrit sur le petit axe de l'ellipse ; c'est son petit cercle homographique. Deux cas se présentent donc dans la résolution du problème.

1° Le point M est à l'intérieur du cercle de diamètre AA'. De ce point M (*fig.* 156) abaissons la perpendiculaire MM$_1$ sur la droite AA', que nous prolongerons au delà du point M jusqu'à sa rencontre en M' avec le cercle principal. Si nous considérons alors les tangentes MT à l'ellipse et M'T à son cercle principal menées en deux points M et M' qui ont même projection M$_1$ sur le grand axe de l'ellipse, nous savons (134, VIII) qu'elles rencontrent cet axe en un même point T. Soient, d'autre part, C et D les points d'intersection de la tangente MT avec le cercle principal. Ce cercle étant défini le lieu des projections des foyers de l'ellipse sur les tangentes à cette courbe, les foyers de l'ellipse sont les points de rencontre

F et F' de la droite AA' avec les perpendiculaires menées à la tangente DT aux points C et D.

D'où la solution suivante : décrire un cercle O sur la droite AA' qui joint les deux sommets donnés, en la prenant comme diamètre ; abaisser sur cette droite du point donné M la perpendiculaire MM_1, prolongée au delà de M jusqu'à la rencontre en M' avec le cercle O ; mener à ce cercle, par le point M', la tangente M'T ; joindre le point T, commun à la tangente et à la droite AA', au point M et prolonger jusqu'à la seconde rencontre en D avec le cercle ; élever en C et en D à la droite DT des perpendiculaires ; les intersections F et F' de ces perpendiculaires avec la droite AA' sont les foyers de l'ellipse et AA' en est le grand axe.

La connaissance de ces éléments permet de tracer la courbe par l'un des procédés connus.

2° Le point M est à l'extérieur du cercle de diamètre AA'.

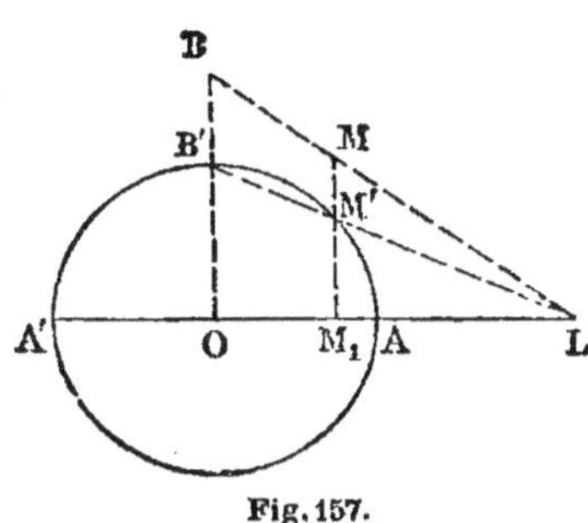

Fig. 157.

De ce point M (*fig.* 157) abaissons sur la droite AA', petit axe de l'ellipse, la perpendiculaire MM_1 qui rencontre le cercle au point M' Menons ensuite la perpendiculaire OB' à AA', joignons le point B' au point M', prolongeons la droite obtenue jusqu'à sa rencontre en L avec AA' et menons la droite LM prolongée jusqu'à sa rencontre en B avec la droite OB'. Entre les segments interceptés sur les deux parallèles OB et M_1M par les trois droites LO, LB' et LB, issues d'un même point L, on a la relation

$$\frac{B'B}{OB'} = \frac{MM'}{M_1M'},$$

ou, en ajoutant chaque dénominateur au numérateur correspondant,

$$\frac{OB}{OB'} = \frac{M_1M}{M_1M'}.$$

Or M_1M et M_1M' représentent les ordonnées perpendiculaires au petit axe de l'ellipse de deux points correspondants de l'ellipse et de son petit cercle homographique ; d'autre part OB' est le demi-petit axe de l'ellipse ; il s'ensuit que OB en est le demi-grand axe.

De là la solution suivante : décrire un cercle O sur la droite AA' qui joint les deux sommets donnés, en la prenant comme diamètre ; abaisser sur cette droite du point donné M la perpendiculaire MM_1 qui rencontre le cercle en M' ; élever à AA', par le centre O du cercle la perpendiculaire OB' ; joindre B' à M' et prolonger la droite obtenue jusqu'à son intersection en L avec AA' ; la droite LM détermine par son intersection avec OB' une longueur OB qui représente le demi-grand axe de l'ellipse. La connaissance des deux axes de l'ellipse permettra de tracer la courbe par l'un des procédés précédemment indiqués.

334. III. *Déterminer les points de rencontre d'une droite et d'une hyperbole dont on donne l'axe transverse et les deux foyers.*

Soit M (*fig.* 158) un des points de rencontre de la droite HI avec l'hyperbole donnée. Si l'on construit le symétrique ω du

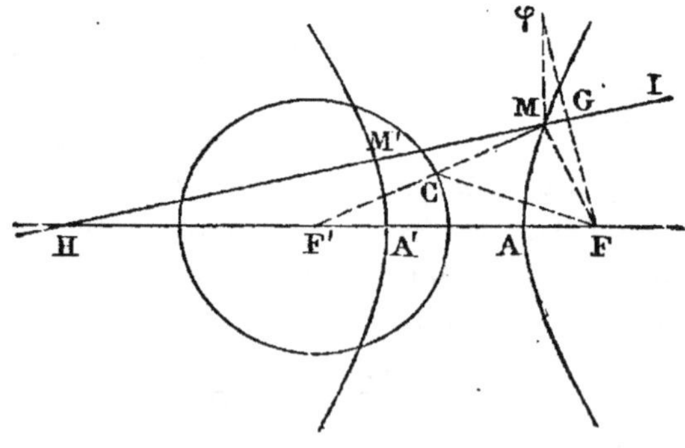

Fig. 158.

foyer F par rapport à la droite HI, en menant à cette droite la perpendiculaire FG et en la prolongeant d'une longueur

$G\varphi = GF$;   si de plus on joint le point M au foyer F', l'intersection C de MF' avec le cercle directeur de centre F' détermine sur MF' une longueur MC = MF ;   il suit de là que le point M est le centre d'un cercle assujetti à passer par les deux points F et φ et à être tangent au cercle directeur de centre F'.

D'où la solution suivante : construire le symétrique φ d'un des foyers de l'hyperbole, F par exemple, par rapport à la droite donnée ; décrire le cercle directeur ayant pour centre le second foyer F' : le centre du cercle passant par F et φ et tangent au cercle directeur de centre F' est le point cherché.

Discussion. — Ce dernier problème, auquel on ramène le proposé, a été résolu (316) et l'on a vu qu'il admet deux solutions, une seule, ou n'en admet aucune, suivant que les deux points donnés sont à la fois extérieurs ou intérieurs au cercle, que l'un des points se trouve sur le cercle, ou que les deux points sont l'un à l'intérieur et l'autre à l'extérieur du cercle.

Il en est de même du problème en question, qui n'est dès lors possible, le point F étant toujours extérieur au cercle directeur, qu'autant que le point φ n'est pas à l'intérieur de ce cercle.

Si φ est à l'extérieur du cercle directeur, il y a deux solutions, M et M', comme dans la figure précédente, M' centre d'un cercle passant par F et φ et tangent intérieurement au cercle directeur ; si φ est sur le cercle, il n'y a qu'une solution.

Remarque. — L'intersection d'une droite et d'une ellipse ou d'une parabole s'obtient par une construction analogue ; mais pour cette dernière courbe, la directrice remplace, dans la solution, le cercle directeur que l'on construit pour l'ellipse et l'hyperbole, de sorte que tout point d'intersection est le centre d'un cercle passant par deux points, F et φ et tangent à une droite, la directrice de la courbe.

335 **IV**. *Mener à une hyperbole une tangente parallèle à une droite donnée.*

Soit MT (*fig.* 159) la tangente à l'hyperbole donnée, parallèle à la droite HI. Si l'on joint le point M aux deux foyers F et F' et que l'on mène la droite FC qui joint le premier foyer F à l'intersection de MF' avec le cercle directeur ayant pour centre le second foyer F', la tangente MT est perpendiculaire au milieu E de FC.

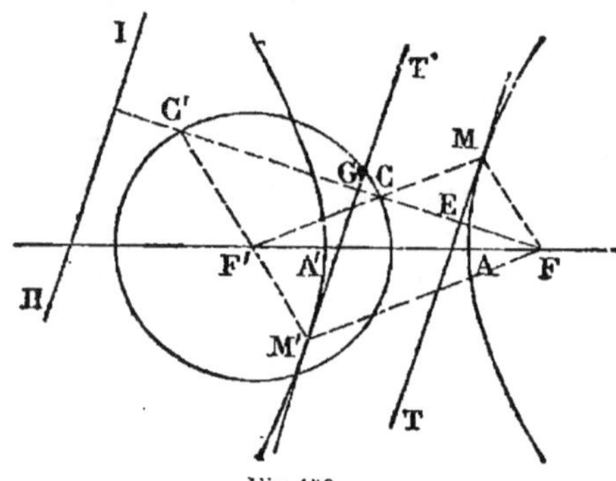

Fig. 159.

D'où la solution suivante : mener du foyer F la perpendiculaire FC à la droite HI : la perpendiculaire élevée au milieu E de FC est la tangente cherchée et le point M où cette tangente rencontre la droite F'C est son point de contact avec la courbe.

Discussion. — Le problème n'est possible qu'autant que la perpendiculaire menée par le foyer F à la droite donnée rencontre le cercle directeur de centre F'.

Si la perpendiculaire et le cercle ont deux points communs, C et C', comme dans la figure, le problème admet deux solutions ; si la perpendiculaire est tangente au cercle, la droite donnée est parallèle à l'axe des asymptotes de l'hyperbole, et le problème n'admet qu'une solution, qui consiste dans cette asymptote, avec un point de contact situé à l'infini sur chacune des branches de la courbe.

REMARQUE. — Ce problème se résout pour l'ellipse et la parabole par des procédés analogues, avec cette différence, pour la dernière courbe, que la directrice remplace le cercle directeur auquel on a recours pour les deux autres.

336. V. *Mener à une parabole une normale par un point de l'axe.*

Soit MN (*fig.* 160) la normale à la parabole donnée menée par le point N situé sur l'axe de la courbe.

Si l'on abaisse du point M la perpendiculaire MP sur l'axe, le segment PN compris entre le pied P de cette perpendiculaire et le point N représente la sous-normale dont la longueur est

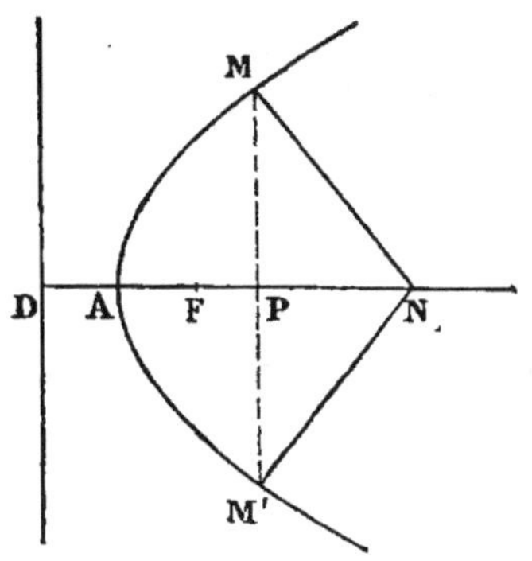

Fig. 160.

constante et égale au paramètre DF.

De là la solution suivante : porter à partir du point donné N, dans le sens NA, une longueur NP égale au paramètre DF ; élever en P la perpendiculaire PM à l'axe : la droite MN qui joint le point d'intersection M de cette perpendiculaire avec la courbe au point N est la normale cherchée.

En prolongeant MP au delà de P, jusqu'à sa seconde rencontre en M' avec la parabole, on obtient une seconde normale M'N symétrique de la première. D'autre part, l'axe étant lui-même normal en A à la courbe, il s'ensuit que par un point N pris sur l'axe de la parabole, on peut lui mener trois normales.

Toutefois les deux premières normales n'existent, d'après ce qui précède, que pour les points de l'axe situés à une distance du sommet A de la courbe supérieure au paramètre.

337. VI. *Construire une parabole ayant pour foyer un des sommets d'un triangle et passant par les deux autres sommets.*

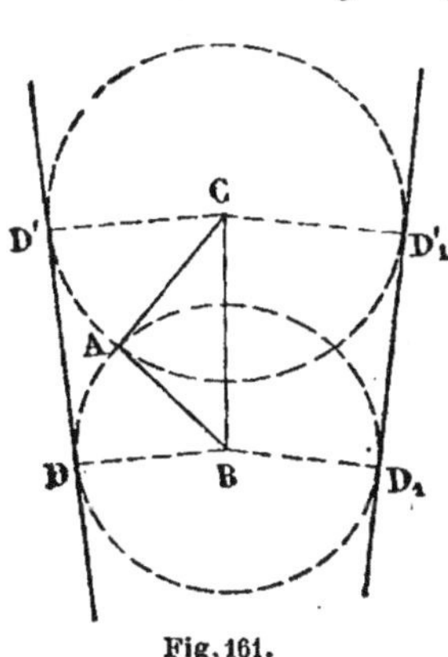

Fig. 161.

Soit le triangle ABC (*fig.* 161) dont le sommet A doit être le foyer d'une parabole qui passe par les deux autres sommets B et C.

La directrice de cette parabole se trouvera à une distance BD égale à BA du point B, et à une distance CD', égale à CA, du point C.

La solution du problème sera donc la suivante : des sommets B et C du triangle donné pris comme centres, avec des rayons respectivement égaux à BA et à CA, décrire deux cercles : la tangente DD' commune aux deux cercles est la directrice de la parabole à construire. Il ne restera plus qu'à se servir d'un des procédés de tracé correspondants à la connaissance de la directrice et du foyer pour obtenir la construction de la courbe.

Il est à remarquer que les deux cercles, qui ont pour distance des centres un des côtés du triangle et pour rayons les deux autres côtés, sont toujours sécants, par conséquent qu'ils admettent deux tangentes extérieures communes ; il s'ensuit que le problème en question a toujours deux solutions.

§ XII. -- Calcul de droites.

338. **I**. *Calculer les trois hauteurs d'un triangle dont on connaît les côtés.*

Dans le triangle donné ABC (*fig.* 162), désignons les côtés BC, CA et AB par les lettres a, b et c ; menons la hauteur AD correspondante au côté BC et désignons-la par h_a.

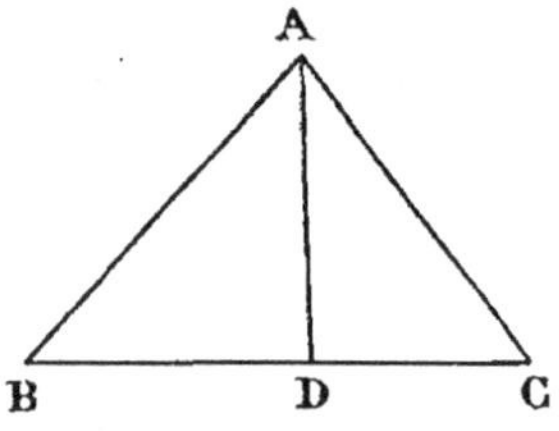

Le triangle rectangle ABD donne la relation

$$h_a^2 = c^2 - \overline{BD}^2.$$

Fig. 162.

D'autre part, on a

$$b^2 = a^2 + c^2 - 2a \times BD,$$

d'où

$$BD = \frac{a^2 + c^2 - b^2}{2a}.$$

En substituant à BD cette valeur dans l'expression de h_a^2 il vient

$$h_a^2 = c^2 - \frac{(a^2 + c^2 - b^2)^2}{4a^2}$$

$$= \frac{4a^2c^2 - (a^2 + c^2 - b^2)^2}{4a^2}$$

$$= \frac{(2ac + a^2 + c^2 - b^2)(2ac - a^2 - c^2 + b^2)}{4a^2}$$

$$= \frac{[(a+c)^2 - b^2][b^2 - (a-c)^2]}{4a^2}$$

$$= \frac{(a+b+c)(a+c-b)(b+a-c)(b-a+c)}{4a^2}.$$

Si l'on désigne par **2p** le périmètre du triangle, c'est-à-dire si l'on pose

$$a + b + c = 2p,$$

on obtiendra

$$a + c - b = 2(p - b),$$
$$b + a - c = 2(p - c),$$
$$b - a + c = 2(p - a),$$

de sorte que l'on pourra écrire

$$h_a^2 = \frac{4p(p-a)(p-b)(p-c)}{a^2},$$

d'où

$$h_a = \frac{2\sqrt{p(p-a)(p-b)(p-c)}}{a}.$$

On aurait de même

$$h_b = \frac{2\sqrt{p(p-a)(p-b)(p-c)}}{b},$$

$$h_c = \frac{2\sqrt{p(p-a)(p-b)(p-c)}}{c}.$$

Ces deux dernières expressions se déduisent de la précédente par une permutation de a respectivement avec b et avec c.

339. II. *Calculer les trois bissectrices d'un triangle dont on connaît les côtés.*

Désignons comme précédemment par a, b, c, les côtés BC, CA et AB du triangle donné ABC (*fig.* 163). Soit AE la bissectrice de l'angle A ; désignons-la par l_a.

Menons la hauteur AD dont nous supposerons le pied D à droite du point E. Le triangle AEC donne la relation

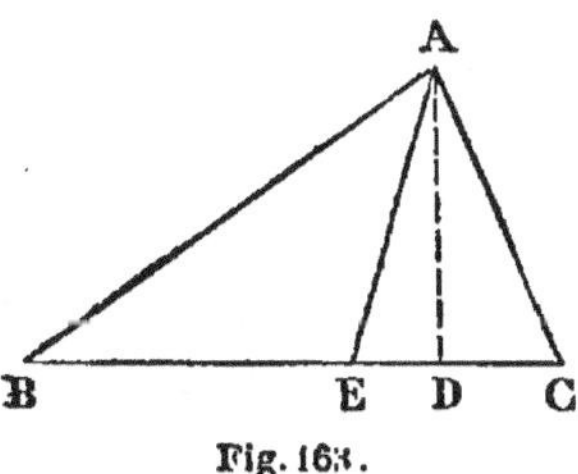

$$l_a^2 = b^2 + \overline{EC}^2 - 2EC \times DC.$$

D'un autre côté on a

$$\frac{EC}{b} = \frac{BE}{c} = \frac{EC + BE}{b + c},$$

ou
$$\frac{EC}{b} = \frac{a}{b+c},$$

d'où
$$EC = \frac{ab}{b+c}.$$

D'autre part, du triangle ABC on tire
$$c^2 = a^2 + b^2 - 2a \times DC,$$

d'où
$$DC = \frac{a^2 + b^2 - c^2}{2a}.$$

De sorte que si l'on remplace, dans l'expression de l_a^2. EC et DC par les valeurs égales que l'on vient de trouver, on aura

$$l_a^2 = b^2 + \frac{a^2 b^2}{(b+c)^2} - \frac{b(a^2 + b^2 - c^2)}{(b+c)}$$

$$= \frac{b[b(b+c)^2 + a^2 b - (b+c)(a^2 + b^2 - c^2)]}{(b+c)^2}$$

$$= \frac{bc[(b+c)^2 - a^2]}{(b+c)^2}$$

$$= \frac{bc(a+b+c)(b+c-a)}{(b+c)^2},$$

et, en posant
$$a + b + c = 2p,$$

$$l_a^2 = \frac{4bcp(p-a)}{(b+c)^2},$$

d'où
$$l_a = \frac{2\sqrt{bcp(p-a)}}{b+c} \, ;$$

on obtiendrait de même
$$l_b = \frac{2\sqrt{acp(p-b)}}{a+c},$$

$$l_c = \frac{2\sqrt{abp(p-c)}}{a+b}.$$

Ces deux dernières expressions se déduisent de la précédente en y permutant, pour la deuxième, les deux lettres a et b, et pour la troisième les deux lettres a et c.

Le théorème de Stewart permet d'obtenir ces résultats d'une manière plus élégante et plus rapide, en même temps qu'il conduit à une intéressante proposition.

Soit le triangle ABC, dans lequel nous considérerons la bis-sectrice l_c, les trois côtés a, b, c et les deux segments BE et EC que la bissectrice détermine sur le côté a; il donne

$$(1) \qquad b^2 \times \text{BE} + c^2 \times \text{EC} - l_a^2 a = a \times \text{BE} \times \text{EC}.$$

On a trouvé plus haut

$$\text{EC} = \frac{ab}{b+c}$$

et l'on obtiendrait par un calcul analogue

$$\text{BE} = \frac{ac}{b+c}.$$

En substituant ces valeurs à EC et à BE dans le premier membre de la relation (1) et en divisant ensuite par a les deux membres résultants de la relation, il vient

$$\frac{b^2c}{b+c} + \frac{bc^2}{b+c} - l_a^2 = \text{BE} \times \text{EC},$$

ou (2)
$$l_a^2 = bc - \text{BE} \times \text{EC},$$

c'est-à-dire que *le carré de la bissectrice d'un angle intérieur d'un triangle est égal au produit des deux côtés qui comprennent cet angle, diminué du produit des deux segments déterminés par la bissectrice sur le troisième côté.*

Si dans cette relation (2) on remplace BE et EC par leurs valeurs données plus haut, on obtient

$$l_a^2 = bc - \frac{a^2 bc}{(b+c)^2},$$

d'où l'on tire la valeur de l_a donnée par la méthode précédente.

Des calculs analogues aux précédents, ayant pour base l'une ou l'autre des deux méthodes que nous venons d'exposer, don-nent pour les bissectrices extérieures du triangle les résultats suivants, dans lesquels le signe $|\ |$ exprime qu'il s'agit de la valeur absolue de la quantité qui y est contenue:

$$l_a' = \frac{2\sqrt{bc(p-b)(p-c)}}{|\,b-c\,|},$$

$$l' = \frac{2\sqrt{ac(p-a)(p-c)}}{|\,a-c\,|},$$

$$l'_c = \frac{2\sqrt{ab(p-a)(p-b)}}{|a-b|}.$$

340 III. *Calculer les rayons des cercles inscrit et exinscrits à un triangle dont on connaît les trois côtés.*

Soient ABC (*fig.* 164) le triangle donné et O, O', O'' et O''' les cercles qui lui sont inscrit et exinscrits. Désignons par a, b,

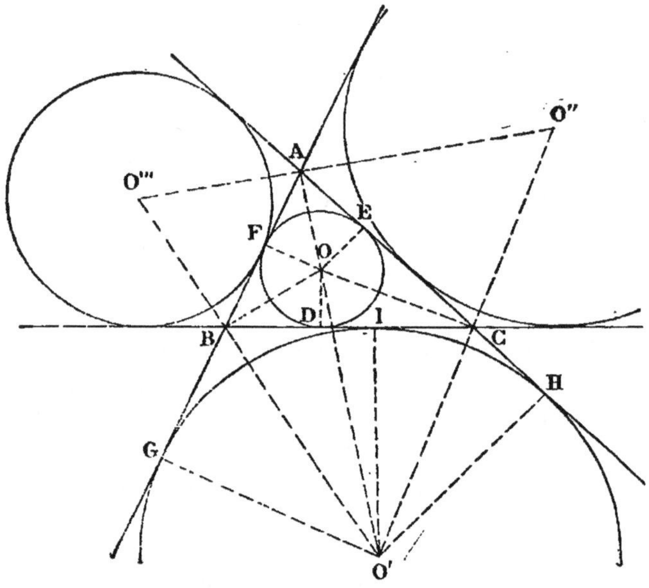

Fig. 164.

c les côtés BC, CA et AB du triangle et par r, r_a, r_b, r_c les rayons respectifs des cercles O, O', O'' et O'''.

CALCUL DE r. — Le triangle ABC est égal à la somme des trois triangles BOC, COA et AOB : on peut donc écrire

$$BOC + COA + AOB = ABC.$$

Si l'on exprime l'aire de chacun des triangles contenus dans le premier membre de cette égalité en fonction de leur hauteur commune, le rayon r du cercle inscrit, et de la base correspondante ; si de plus on désigne par S l'aire du triangle total ABC, la relation précédente devient

$$ar + br + c = 2S,$$

d'où l'on tire

$$r = \frac{2S}{a + b + c},$$

ou, en représentant le périmètre du triangle par $2p$,

$$r = \frac{S}{p}.$$

On verra plus loin (344) que l'aire d'un triangle, en fonction des trois côtés, a pour expression

$$S = \sqrt{p(p-a)(p-b)(p-c)},$$

de sorte qu'en introduisant cette valeur de S dans la précédente relation, on a

$$r = \sqrt{\frac{(p-a)(p-b)(p-c)}{p}}.$$

CALCUL DE r_a, r_b, r_c. — Considérons le centre O' comme sommet commun des trois triangles ABO', ACO' et BCO'. Le triangle ABC est égal à la somme des deux triangles ABO' et ACO', diminuée du triangle BCO'; on peut donc écrire

$$ABO' + ACO' - BCO' = ABC.$$

Si l'on exprime l'aire de chacun des triangles contenus dans le premier membre de cette égalité en fonction de leur hauteur commune, le rayon r_a du cercle exinscrit O', et de la base correspondante; si de plus on désigne par S l'aire du triangle ABC, la relation précédente devient

$$cr_a + br_a - ar_a = 2S,$$

d'où l'on tire

$$r_a = \frac{2S}{b+c-a} = \frac{S}{p-a},$$

et, en remplaçant S par sa valeur en fonction des trois côtés du triangle,

$$r_a = \sqrt{\frac{p(p-b)(p-c)}{p-a}}.$$

Par des calculs identiques on obtiendrait

$$r_b = \sqrt{\frac{p(p-a)(p-c)}{p-b}},$$

$$r_c = \sqrt{\frac{p(p-a)(p-b)}{p-c}}.$$

Ces deux dernières expressions se déduisent de la précédente en y permutant, pour la deuxième, les deux lettres a et b, et pour la troisième, les deux lettres a et c.

341. IV. *Calculer le rayon du cercle circonscrit à un triangle dont on connaît les trois côtés.*

Soient ABC (*fig.* 165) le triangle donné et O le cercle circonscrit.

Menons la hauteur AD, le diamètre AE, et joignons le point E au sommet C. Les deux triangles rectangles ACE et ADB sont semblables parce qu'ils ont un angle aigu égal $\widehat{AEC} = \widehat{ABD}$, comme ayant même mesure ; on en tire la relation

$$\frac{AE}{AB} = \frac{AC}{AD},$$

ou, en désignant le diamètre AE par 2R, les côtés, la hauteur et l'aire du triangle ABC comme dans les problèmes précédents,

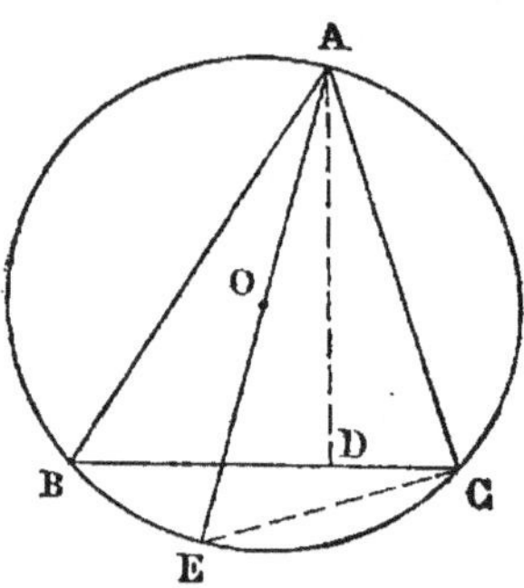

Fig. 165.

$$\frac{2R}{c} = \frac{b}{h_a},$$

d'où

$$2R\,h_a = bc.$$

C'est la démonstration, jusqu'ici, d'un théorème précédemment énoncé (53, VII).

On tire de cette relation

$$R = \frac{bc}{2h_a}.$$

Or, on a

$$h_a = \frac{2S}{a},$$

ce qui donne

$$R = \frac{abc}{4S}.$$

Enfin si, dans cette expression de R, on remplace S par sa valeur en fonction des trois côtés du triangle, on obtient cette autre, qui est l'expression cherchée,

$$R = \frac{abc}{4\sqrt{p(p-a)(p-b)(p-c)}}$$

342. V. *Calculer les diagonales d'un quadrilatère inscrit dont on connaît les quatre côtés.*

Désignons par a, b, c, d les quatre côtés consécutifs AB, BC, CD et DA (*fig.* 166) d'un quadrilatère inscrit, et par x et y ses deux diagonales BD et AC.

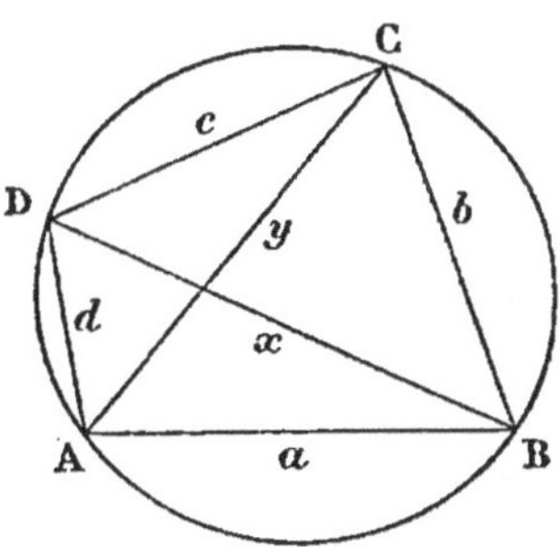

Fig. 166.

Les propriétés du quadrilatère inscrit (53, VIII) donnent les relations

$$xy = ac + bd,$$

$$\frac{x}{y} = \frac{ab + cd}{bc + ad}.$$

De sorte qu'en multipliant et en divisant membre à membre ces deux équations, on obtient

$$x^2 = \frac{(ac + bd)(ab + cd)}{bc + ad}$$

et

$$y^2 = \frac{(ac + bd)(bc + ad)}{ab + cd},$$

d'où

$$x = \sqrt{\frac{(ac + bd)(ab + cd)}{bc + ad}}$$

et

$$y = \sqrt{\frac{(ac + bd)(bc + ad)}{ab + cd}}.$$

343. IV. *Connaissant le côté d'un polygone régulier inscrit dans un cercle de rayon donné, calculer le côté d'un polygone régulier d'un nombre double de côtés inscrit dans le même cercle.*

Soit AB (*fig.* 167) le côté d'un polygone régulier inscrit dans le cercle O. Si nous menons le diamètre CD perpendiculaire à AB, en joignant ensuite A à C nous aurons le côté du polygone régulier d'un nombre double de côtés inscrit dans le même cercle.

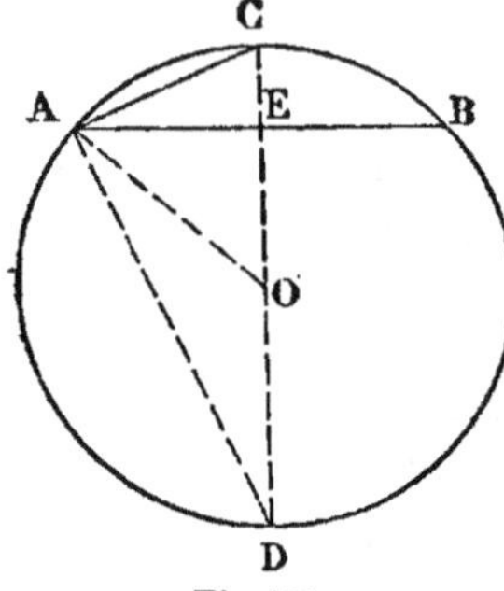

Fig. 167.

Désignons les côtés AB et AC par les lettres c et c_1 et le rayon du cercle par r. Le triangle ACO donne

$$\overline{AC}^2 = \overline{AO}^2 + \overline{CO}^2 - 2CO \times EO,$$

c'est-à-dire

$$c_1^2 = 2r^2 - 2r \times EO.$$

Or on a, dans le triangle rectangle AEO,

$$EO = \sqrt{r^2 - \frac{c^2}{4}},$$

d'où

$$c_1^2 = 2r^2 - 2r\sqrt{r^2 - \frac{c^2}{4}}$$

et

$$c_1 = \sqrt{r(2r - \sqrt{4r^2 - c^2})}.$$

§ XIII. — Calcul de surfaces.

344. I. *Calculer l'aire d'un triangle dont on connaît les trois côtés.*

On sait que l'aire d'un triangle a pour mesure le demi-produit d'un de ses côtés par la hauteur correspondante.

En représentant ce côté par a, la hauteur correspondante par h_a et l'aire par S, on aura

$$S = \frac{1}{2} ah_a.$$

Or on a (338)

$$h_a = \frac{2\sqrt{p(p-a)(p-b)(p-c)}}{a},$$

d'où

$$S = \sqrt{p(p-a)(p-b)(p-c)}.$$

345. II. *Étant donné un triangle, avec ses médianes prises pour côtés on construit un deuxième triangle, puis avec les médianes du deuxième on construit de même un troisième triangle et l'on continue ainsi indéfiniment. Calculer la limite de la somme des aires de tous ces triangles.*

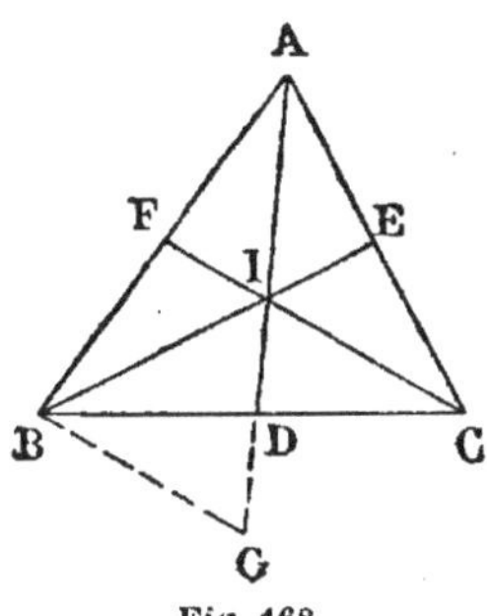

Fig. 168.

Soient ABC (*fig.* 168) le triangle donné d'aire S, AD, BE et CF ses médianes, qui se coupent, comme on le sait (149, II et 330) en un même point et au tiers de leur longueur à partir des côtés auxquels elles aboutissent.

Si l'on prolonge l'une de ces médianes, AD par exemple, et que par le sommet B on mène une parallèle BG à la médiane CF, on forme un triangle BGI dont les côtés sont respectivement les $\dfrac{2}{3}$ des médianes du triangle ABC. En effet, les deux triangles BDG et IDC sont égaux comme ayant un côté égal, BD = DC, adjacent à deux angles égaux chacun à chacun, $\widehat{BDG} = \widehat{IDC}$ et $\widehat{DBG} = \widehat{DCI}$; il s'ensuit que l'on a BG = IC et DG = DI ; de sorte que, dans le triangle BGI, le côté BG est égal aux $\dfrac{2}{3}$ de la médiane CF, le côté GI est égal aux $\dfrac{2}{3}$ de la médiane AD, et BI représente les $\dfrac{2}{3}$ de la troisième médiane BE.

Il résulte de là que le triangle BGI est semblable à celui que l'on construirait avec les trois médianes du triangle ABC ; et comme les côtés du premier sont les $\dfrac{2}{3}$ de ceux du second, leurs aires, en représentant par S_1 celle du triangle formé par les médianes, donnent la relation

$$\frac{S_1}{BGI} = \left(\frac{3}{2}\right)^2 = \frac{9}{4}.$$

D'autre part les deux triangles BGI et BAD, ayant un sommet commun B et les côtés opposés à ce sommet sur une même droite AG, sont entre eux comme ces côtés ; on peut donc écrire

$$\frac{BGI}{BDA} = \frac{GI}{AD} = \frac{2}{3}.$$

Enfin l'on a

$$\frac{BDA}{ABC} = \frac{1}{2}.$$

Si l'on multiplie ces trois égalités membre à membre, il vient

$$\frac{S_1}{ABC} = \frac{3}{4},$$

ou

$$S_1 = \frac{3}{4} S.$$

On établirait de même, en désignant par S_2 l'aire du triangle formé avec les médianes du triangle S_1, par S_3 l'aire du triangle formé avec les médianes du triangle S_2, etc., que l'on a successivement

$$S_2 = \frac{3}{4} S_1 = \frac{3^2}{4^2} S,$$

$$S_3 = \frac{3}{4} S_2 = \frac{3^3}{4^3} S,$$

et ainsi de suite.

De sorte qu'en additionnant ces dernières égalités membre à membre et en ajoutant S aux deux membres du résultat, on obtient

$$S + S_1 + S_2 + S_3 + \ldots = \left(1 + \frac{3}{4} + \frac{3^2}{4^2} + \frac{3^3}{4^3} + \cdots \right) S.$$

En désignant par Σ la limite de la somme de ces aires on aura

$$\Sigma = \frac{1}{1 - \frac{3}{4}} S = 4 S.$$

346. III. *Calculer l'aire d'un octogone régulier dont on connaît le rayon.*

Désignons par O le centre de cet octogone régulier (*fig.* 169) et joignons ce centre aux extrémités d'un même côté AB du polygone.

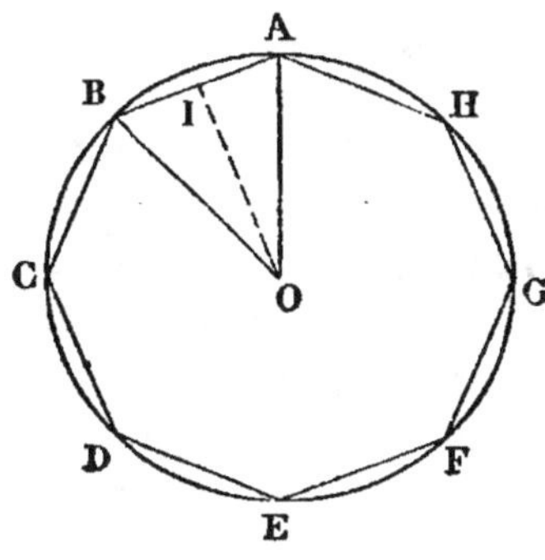

Fig. 169.

Le triangle AOB sera le huitième de l'octogone régulier : on aura donc, en désignant par S l'aire cherchée,

$$S = 8\,AOB,$$

ou

$$S = 4\,AB \times OI.$$

Pour exprimer AB en fonction du rayon de l'octogone régulier, considérons que ce rayon, que nous désignerons par r, est celui du cercle circonscrit, et que nous connaissons l'expression $r\sqrt{2}$ du côté du carré inscrit dans ce cercle. La formule fournie par le problème VI (343) nous donne, pour le côté AB de l'octogone régulier,

$$AB = \sqrt{r(2r - \sqrt{4r^2 - 2r^2})} = r\sqrt{2 - \sqrt{2}}.$$

Dès lors nous aurons, pour OI, la valeur suivante :

$$OI = \sqrt{\overline{AO}^2 - \frac{\overline{AB}^2}{4}} = \sqrt{r^2 - r^2\frac{2 - \sqrt{2}}{4}} = \frac{r}{2}\sqrt{2 + \sqrt{2}}.$$

De sorte que l'on a pour expression finale de l'aire de l'octogone régulier

$$S = 4r\sqrt{2 - \sqrt{2}} \times \frac{r}{2}\sqrt{2 + \sqrt{2}} = 2r^2\sqrt{2}.$$

347. **IV.** *Calculer, dans un cercle dont on connaît le rayon, l'aire comprise entre deux cordes parallèles situées d'un même côté du centre et les arcs qu'elles interceptent sur le cercle, ces deux cordes étant respectivement égales aux côtés du triangle équilatéral et du décagone régulier inscrits.*

Soient, dans le cercle O (*fig.* 170) de rayon r, AB et CD les deux cordes parallèles respectivement égales aux côtés du triangle équilatéral et du décagone régulier inscrits dans ce cercle.

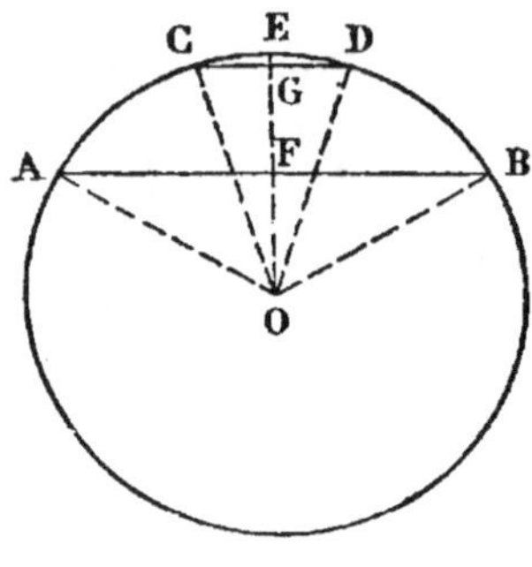

Fig. 170.

La portion de cercle ABDC est la différence des segments ABEA et CDEC ; d'autre part ces segments sont à leur tour les différences respectives des secteurs OBEA et ODEC et des triangles AOB et COD; de sorte qu'on peut écrire

$$\text{ABDC} = \text{OBEA} - \text{AOB} - \text{ODEC} + \text{COD}.$$

Or on a

$$\text{OBEA} = \frac{1}{3}\,\pi r^2,$$

$$\text{ODEC} = \frac{1}{10}\,\pi r^2,$$

$$\text{AOB} = \frac{1}{2}\cdot\text{AB}\times\text{OF}$$

$$= \frac{1}{2}\cdot r\sqrt{3}\times\frac{r}{2} = \frac{1}{4}\,r^2\sqrt{3},$$

$$\text{COD} = \frac{1}{2}\cdot\text{CD}\times\text{OG} = \frac{1}{2}\cdot\frac{1}{2}\,r(\sqrt{5}-1)\times\frac{1}{4}\,r\sqrt{10+2\sqrt{3}}$$

$$= \frac{1}{8}\cdot r^2\sqrt{10-2\sqrt{5}}.$$

De sorte qu'en définitive on a pour l'aire cherchée

$$\text{ABDC} = \frac{1}{3}\,\pi r^2 - \frac{1}{4}\,r^2\sqrt{3} - \frac{1}{10}\,\pi r^2 + \frac{1}{8}\,r^2\sqrt{10-2\sqrt{5}}$$

$$= r^2\left[\frac{7}{30}\,\pi - \frac{1}{8}\left(2\sqrt{3}-\sqrt{10-2\sqrt{5}}\right)\right].$$

348. V. *Calculer l'aire de la surface engendrée par une révolution entière d'un hexagone régulier autour d'un de ses côtés.*

L'hexagone régulier ABCDEF (*fig.* 171), en tournant autour d'un de ses côtés, AB par exemple, engendre :

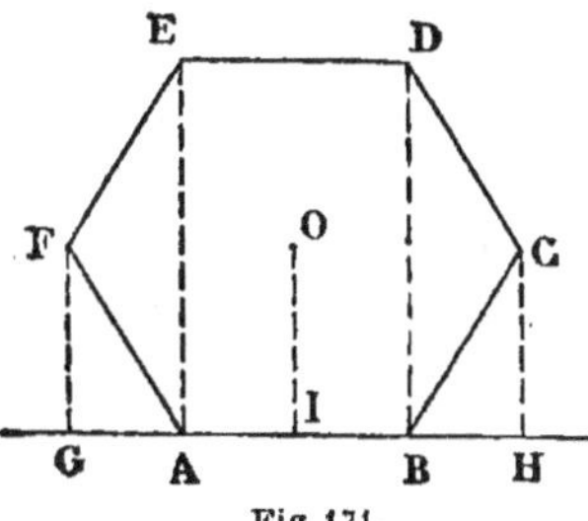
Fig. 171.

1° par le côté ED une surface cylindrique de rayon EA et de hauteur ED, dont l'aire a pour expression

$$\text{Surf ED} = 2\pi \text{EA} \times \text{DE};$$

2° par les côtés EF et DC, deux surfaces latérales de troncs de cône à bases parallèles, égaux, de rayons EA et FG, et de hauteur GA, dont la somme des aires a pour expression

$$2\,\text{Surf EF} = 2\pi(\text{EA} + \text{FG}) \times \text{EF};$$

3° enfin, par les côtés FA et CB, deux surfaces latérales de cônes égaux de rayon FA et de hauteur GA, dont la somme des aires a pour expression

$$2\,\text{Surf FA} = 2\pi \text{FG} \times \text{FA}.$$

En désignant par S la somme des aires engendrées, on aura donc

$$S = 2\pi[\text{EA} \times \text{DE} + (\text{EA} + \text{FG}) \times \text{EF} + \text{FG} \times \text{FA}]$$
$$= 2\pi[\text{EA}(\text{DE} + \text{EF}) + \text{FG}(\text{EF} + \text{FA})],$$

ou bien, à cause des égalités   DE + EF = 2DE

et   EF + FA = 2EF = 2DE,

$$S = 4\pi \text{DE}(\text{EA} + \text{FG}).$$

Or on a, en désignant par c le côté de l'hexagone régulier,

$$DE = c, \qquad EA = c\sqrt{3}, \qquad FG = c\frac{\sqrt{3}}{2},$$

d'où $$S = 4\pi c\left(c\sqrt{3} + c\frac{\sqrt{3}}{2}\right) = 6\pi c^2\sqrt{3}.$$

Par l'application du théorème de Guldin relatif aux surfaces on obtient directement ce résultat. On a, en effet (187, Rem.), en désignant par P le périmètre de l'hexagone régulier, le centre de figure de ce polygone étant son centre de gravité,

$$S = P.2\pi \text{OI},$$

et comme $$OI = \frac{1}{2}\,c\sqrt{3},$$

il vient $$S = 6c.\pi c\sqrt{3} = 6\pi c^2\sqrt{3}.$$

349. VI. *Exprimer l'aire d'une zone en fonction des rayons de ses bases et de sa hauteur.*

Soit AMB (*fig.* 172) l'arc de cercle générateur d'une zone

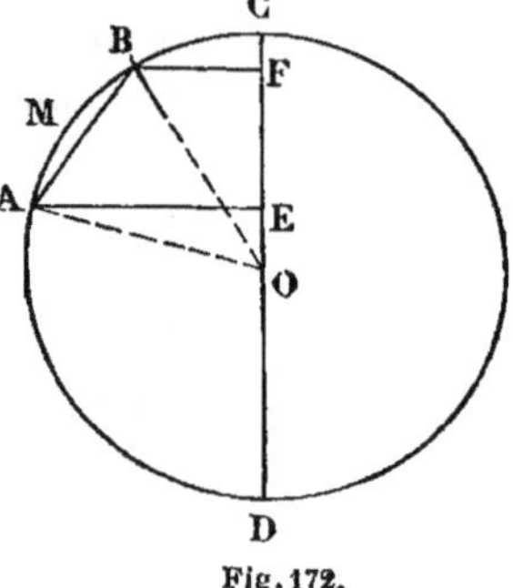

Fig. 172.

dans sa révolution autour du diamètre CD.

L'aire de cette zone a pour expression, en fonction de sa hauteur EF $= h$ et du rayon R du cercle O,

$$S = 2\pi R h.$$

Il s'agit d'exprimer R en fonction des rayons AE $= r$ et BF $= r'$ de la zone.

Nous admettrons que les deux points E et F sont d'un même côté du centre du cercle ; s'ils étaient de part et d'autre, le raisonnement serait le même et le résultat identique à celui que nous allons obtenir.

Les deux triangles rectangles AEO et BFO donnent

$$r^2 = R^2 - \overline{OE}^2,$$
$$r'^2 = R^2 - \overline{OF}^2.$$

D'autre part, on a $\quad h = OF - OE.$

Si l'on remplace dans cette dernière relation OF et OE par leurs valeurs tirées des deux précédentes, on aura

$$h = \sqrt{R^2 - r'^2} - \sqrt{R^2 - r^2}.$$

Pour tirer de cette égalité la valeur de R en fonction des autres quantités qu'elle renferme, faisons passer le second radical dans le premier membre ; il viendra

$$h + \sqrt{R^2 - r^2} = \sqrt{R^2 - r'^2},$$

ou, en élevant les deux membres au carré et simplifiant,

$$h^2 + 2h\sqrt{R^2 - r^2} - r^2 = - r'^2,$$

d'où, en isolant dans le premier membre le terme qui contient le radical, $\quad 2h\sqrt{R^2 - r^2} = r^2 - r'^2 - h^2,$

et, en élevant de nouveau les deux membres au carré,

$$4h^2(R^2 - r^2) = (r^2 - r'^2 - h^2)^2.$$

On tire de là $\quad 4R^2 h^2 = (r^2 - r'^2 - h^2)^2 + 4r^2 h^2,$

ou, en développant le second membre et simplifiant,
$$4R^2h^2 = r^4 + r'^4 + h^4 - 2r^2r'^2 + 2r^2h^2 + 2r'^2h^2.$$

Si l'on ajoute aux deux membres la quantité $4r^2r'^2$, et qu'on simplifie le second membre, on a
$$4R^2h^2 + 4r^2r'^2 = r^4 + r'^4 + h^4 + 2r^2r'^2 + 2r^2h^2 + 2r'^2h^2$$
$$= (r^2 + r'^2 + h^2)^2,$$
d'où l'on obtient
$$4R^2h^2 = (r^2 + r'^2 + h^2)^2 - 4r^2r'^2$$
$$= (r^2 + r'^2 + h^2 + 2rr')(r^2 + r'^2 + h^2 - 2rr')$$
$$= [(r + r')^2 + h^2][(r - r')^2 + h^2] ;$$
on en tire
$$R = \frac{\sqrt{[(r+r')^2+h^2][(r-r')^2+h^2]}}{2h}.$$

Cette valeur de R introduite dans l'expression de l'aire de la zone donne la relation cherchée,
$$S = \pi\sqrt{[(r+r')^2+h^2][(r-r')^2+h^2]}.$$

Dans le cas où la zone n'a qu'une base, on a $r' = 0$, et la formule précédente devient
$$S = \pi(r^2 + h^2).$$

§ XIV. — Calcul de volumes.

350. I. *Calculer le volume d'un tétraèdre régulier dont on connaît l'arête.*

Soit un tétraèdre régulier ABCD (*fig.* 173) dont la hauteur par rapport à la face BCD est AO. Son volume en fonction de l'aire de cette face et de la hauteur correspondante a pour expression

$$V = \frac{1}{3} BCD \times AO.$$

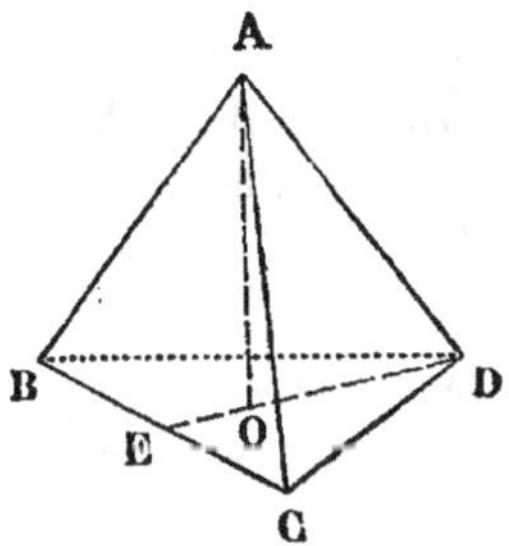

Fig. 173.

La face BCD est un triangle équilatéral dont la hauteur DE passe par le centre O et partage le côté BC en deux parties égales, de sorte qu'on a
$$\overline{DE}^2 = \overline{CD}^2 - \overline{CE}^2,$$

ou, en désignant par a l'arête du tétraèdre régulier,

$$\overline{DE}^2 = a^2 - \frac{a^2}{4} = \frac{3a^2}{4},$$

d'où
$$DE = \frac{a}{2}\sqrt{3} ;$$

il s'ensuit que l'aire de la face BCD a pour expression

$$BCD = \frac{1}{2}\,a \times \frac{a}{2}\sqrt{3} = \frac{a^2}{4}\sqrt{3}.$$

D'autre part le triangle rectangle AOD donne
$$\overline{AO}^2 = AD^2 - \overline{OD}^2.$$

Or OD est égal aux $\frac{2}{3}$ de DE ou de $\frac{a}{2}\sqrt{3}$; on a donc

$$\overline{AO}^2 = a^2 - \frac{a^2}{3} = \frac{2}{3}\,a^2$$

et
$$AO = a\sqrt{\frac{2}{3}}.$$

De sorte que l'expression cherchée du volume du tétraèdre régulier en fonction de l'arête est

$$V = \frac{1}{3} \times \frac{a^2}{4}\sqrt{3} \times a\sqrt{\frac{2}{3}} = \frac{1}{12}\,a^3\sqrt{2}.$$

351. II. *Calculer le volume d'un cône circulaire droit dont on connaît la surface totale sachant d'ailleurs que le rayon de la base est moitié de l'apothème.*

Considérons dans le cône donné la section SAB (*fig.* 174) faite par un plan passant par l'axe du solide ; cette section est un triangle équilatéral dont la hauteur SO est en même temps celle du cône.

Soit πa^2 la surface totale donnée du cône. On a

$$\pi\overline{AO}^2 + \pi AO \times SA = \pi a^2,$$

c'est-à-dire, en désignant par r le rayon de la base du cône,

$$3\pi r^2 = \pi a^2,$$

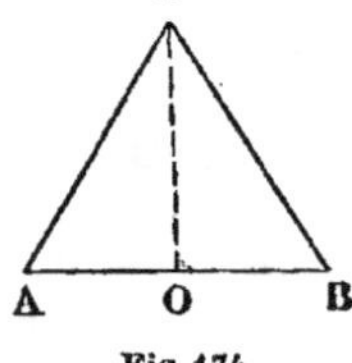

Fig. 174.

ou plus simplement

(1) $$3r^2 = a^2.$$

Le volume v du cône a pour expression

$$v = \frac{1}{3}\,\pi r^2 \times SO = \frac{1}{3}\,\pi r^2\sqrt{4r^2 - r^2}$$

$$(2) \qquad = \frac{1}{3}\,\pi r^3\sqrt{3}.$$

En éliminant r entre les relations (1) et (2) on obtient l'expression cherchée,

$$v = \frac{1}{9}\,\pi a^3.$$

352. III. *Calculer le volume d'une sphère circonscrite à un cube dont on connaît l'arête.*

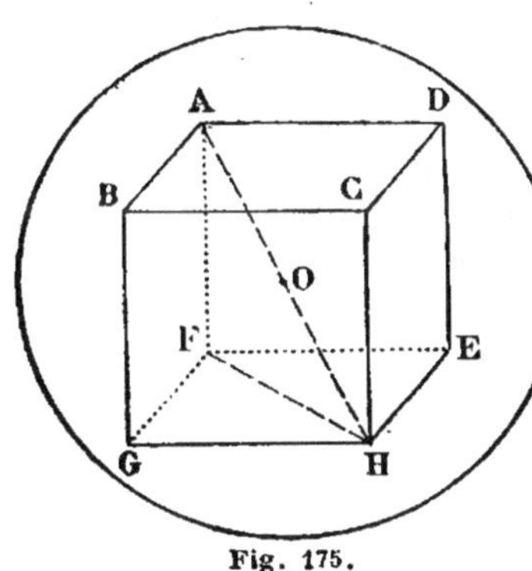

Fig. 175.

Soient ABCDEFGH (*fig.* 175) le cube donné, et O son centre, qui est en même temps celui de la sphère circonscrite. Menons la diagonale AH du cube et la diagonale FH de la face EFGH.

Le volume cherché aura pour expression

$$V = \frac{1}{6}\,\pi\overline{AH}^3.$$

Or

$$AH = \sqrt{\overline{AF}^2 + \overline{FH}^2}$$

et

$$\overline{FH}^2 = \overline{FG}^2 + \overline{GH}^2,$$

c'est-à-dire que l'on a

$$AH = \sqrt{\overline{AF}^2 + \overline{FG}^2 + \overline{GH}^2},$$

ou, en désignant l'arête du cube par a,

$$AH = \sqrt{3a^2} = a\sqrt{3}.$$

On a donc pour le volume cherché

$$V = \frac{1}{6}\,\pi a^3(\sqrt{3})^3 = \frac{1}{2}\,\pi a^3\sqrt{3}.$$

353. IV. *Dans un tétraèdre régulier dont on connaît l'arête on mène un plan sécant parallèle à deux arêtes opposées et à des distances de ces arêtes proportionnelles à deux nombres donnés. Calculer le volume des deux solides obtenus.*

Soit EFGH (*fig.* 176) le plan sécant mené à travers le tétraèdre régulier ABCD parallèlement aux deux arêtes AB et CD et à des distances de ces arêtes proportionnelles aux deux nombres m et n.

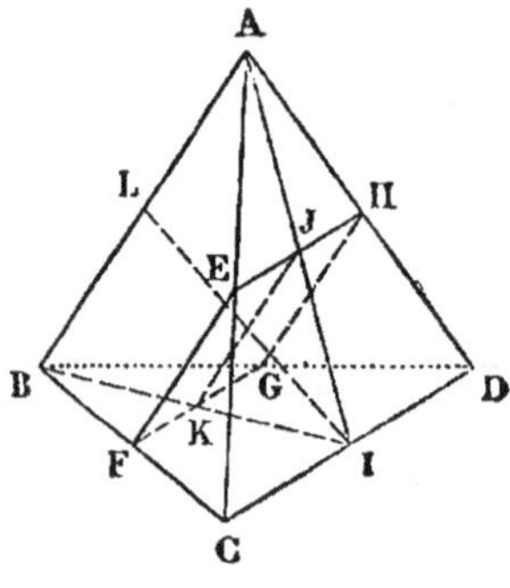

Fig. 176.

Les deux solides déterminés sont deux prismes tronqués EFCDHG et AEHGBF.

Considérons le premier de ces prismes, à travers lequel nous mènerons le plan que déterminent la droite AB et le milieu I de CD. Ce plan coupe les faces ACD et BCD du tétraèdre suivant deux droites IA et IB perpendiculaires à l'arête CD ; il est par conséquent lui-même perpendiculaire à cette arête et détermine dans le prisme une section droite IJK. Le volume v du prisme EFCDHG a dès lors pour expression

$$v = \frac{1}{3}\, \text{IJK}(\text{CD} + \text{EH} + \text{FG}).$$

Cherchons successivement la valeur de chacune des quantités qui entrent dans le second membre de cette relation en fonction des données du problème.

Les deux triangles IJK et IAB sont semblables parce que JK est parallèle à AB comme déterminée dans le plan EG, parallèle à AB, par le plan ABI contenant AB ; on a donc la relation

$$\frac{\text{IJK}}{\text{ABI}} = \frac{\overline{\text{IJ}}^2}{\overline{\text{IA}}^2} = \frac{n^2}{(m+n)^2},$$

d'où

$$\text{IJK} = \frac{n^2}{(m+n)^2}\cdot \text{ABI}.$$

Or on a pour le triangle ABI

$$ABI = \frac{1}{2}\,AB \times IL = \frac{1}{2}\,a\sqrt{\overline{AI}^2 - \overline{AL}^2} = \frac{1}{2}\,a\sqrt{\frac{3a^2}{4} - \frac{a^2}{4}}$$

$$= \frac{1}{4}\,a^2\sqrt{2}.$$

On a donc
$$IJK = \frac{1}{4}\,\frac{n^2}{(m+n)^2}\cdot a^2\sqrt{2}.$$

D'autre part, on a
$$CD = a,$$

$$\frac{EH}{CD} = \frac{JA}{IA} = \frac{m}{m+n},$$

d'où
$$EH = \frac{m}{m+n} \times CD = \frac{m}{m+n}\cdot a\,;$$

enfin
$$FG = EH = \frac{m}{m+n}\cdot a.$$

De sorte que le volume du prisme EFCDHG a pour formule

$$v = \frac{1}{12}\cdot\frac{n^2}{(m+n)^2}\cdot a^2\sqrt{2}\left(a + \frac{2m}{m+n}\,a\right)$$

$$= \frac{1}{12}\,\frac{n^2(3m+n)}{(m+n)^3}\,a^3\sqrt{2}.$$

On aurait de même, pour le volume v' du prisme AEHGBF,

$$v' = \frac{1}{12}\,\frac{m^2(m+3n)}{(m+n)^3}\,a^3\sqrt{2}.$$

Cette expression se déduit de la précédente par la permutation des deux lettres m et n.

Remarque. — Si l'on additionne les expressions des deux volumes v et v', on retrouve, comme on devait s'y attendre, l'expression du volume du tétraèdre régulier en fonction de son arête.

354. V. *Calculer le volume engendré par la révolution entière d'un pentagone régulier de rayon donné autour d'un axe passant par un de ses sommets et parallèle au côté opposé.*

En tournant autour d'un axe X'X (*fig* 177) passant par son sommet C et parallèle au côté opposé AE, le pentagone régulier ABCDE engendre un volume équivalent à la somme des volumes d'un cylindre ayant pour rayon AH et pour hauteur AE, et de deux troncs de cône égaux ayant pour rayons AH et BG et pour hauteur GH, somme diminuée des volumes de deux cônes égaux ayant pour rayon BG et pour hauteur GC.

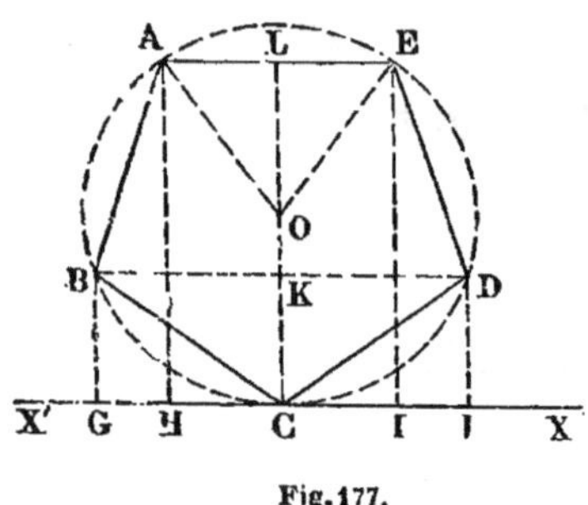

Fig. 177.

En désignant par v le volume du cylindre, par v' le volume de chaque tronc de cône, par v'' le volume de chaque cône et par V le volume total, on a

$$V = v + 2v' - 2v''.$$

Cherchons successivement l'expression de v, $2v'$ et $2v''$ en fonction du rayon r du pentagone régulier. On a d'abord

$$v = \pi\overline{\mathrm{AH}}^2 \times \mathrm{HI}.$$

Or
$$\mathrm{AH} = \mathrm{LO} + \mathrm{OC} = \sqrt{\overline{\mathrm{AO}}^2 - \overline{\mathrm{AL}}^2} + \mathrm{OC}$$

$$= \sqrt{r^2 - \frac{1}{16}r^2(10 - 2\sqrt{5})} + r = \frac{1}{4}r(5 + \sqrt{5})$$

et
$$\mathrm{HI} = \mathrm{AE} = \frac{1}{2}r\sqrt{10 - 2\sqrt{5}},$$

d'où
$$v = \pi.\frac{1}{16}r^2(5 + \sqrt{5})^2.\frac{1}{2}r\sqrt{10 - 2\sqrt{5}}$$

$$= \frac{5}{4}\pi r^3\sqrt{5 + 2\sqrt{5}}.$$

D'autre part, on a

$$v' = \frac{1}{3}\pi\left(\overline{\mathrm{AH}}^2 + \overline{\mathrm{BG}}^2 + \mathrm{AH} \times \mathrm{BG}\right) \times \mathrm{GH}.$$

Or
$$GH = \frac{GJ - HI}{2} = \frac{BD - AE}{2} = \frac{c'_5 - c_5}{2}$$

$$= \frac{1}{4}\, r\left(\sqrt{10 + 2\sqrt{5}} - \sqrt{10 - 2\sqrt{5}}\right) = \frac{1}{2}\, r\sqrt{5 - 2\sqrt{5}}$$

et
$$BG = \sqrt{\overline{BC}^2 - \overline{GC}^2} = \sqrt{\overline{BC}^2 - \frac{\overline{BD}^2}{4}}$$

$$= \sqrt{\frac{1}{4}\, r^2(10 - 2\sqrt{5}) - \frac{1}{16}\, r^2(10 + 2\sqrt{5})} = \frac{1}{4}\, r(5 - \sqrt{5}),$$

d'où
$$v' = \frac{1}{3}\pi\left[\frac{1}{16}\, r^2(5 + \sqrt{5})^2 + \frac{1}{16}\, r^2(5 - \sqrt{5})^2\right.$$
$$\left. + \frac{1}{16}\, r^2(5 + \sqrt{5})(5 - \sqrt{5})\right]\frac{1}{2}\, r\sqrt{5 - 2\sqrt{5}}$$

$$= \frac{5}{6}\,\pi r^3\sqrt{5 - 2\sqrt{5}}$$

et
$$2v' = \frac{5}{3}\,\pi r^3\sqrt{5 - 2\sqrt{5}}$$

Enfin, on a
$$v'' = \frac{1}{3}\,\pi\overline{BG}^2 \times GC.$$

Or
$$GC = \frac{1}{2}\, BD = \frac{1}{4}\, r\sqrt{10 + 2\sqrt{5}},$$

d'où
$$v'' = \frac{1}{3}\,\pi \cdot \frac{1}{16}\, r^2(5 - \sqrt{5})^2 \cdot \frac{1}{4} r\sqrt{10 + 2\sqrt{5}}$$

$$= \frac{5}{24}\,\pi r^3\sqrt{5 - 2\sqrt{5}}$$

et
$$2v'' = \frac{5}{12}\pi r^3\sqrt{5 - 2\sqrt{5}}.$$

De sorte que l'on a, pour le volume cherché,
$$V = \frac{5}{4}\,\pi r^3\sqrt{5 + 2\sqrt{5}} + \frac{5}{3}\pi r^3\sqrt{5 - 2\sqrt{5}} - \frac{5}{12}\,\pi r^3\sqrt{5 - 2\sqrt{5}}$$

$$= \frac{5}{4}\,\pi r^3\left(\sqrt{5 + 2\sqrt{5}} + \sqrt{5 - 2\sqrt{5}}\right)$$

$$= \frac{5}{4}\,\pi r^3\sqrt{\left(\sqrt{5 + 2\sqrt{5}} + \sqrt{5 - 2\sqrt{5}}\right)^2}$$

$$= \frac{5}{4}\,\pi r^3\sqrt{10 + 2\sqrt{5}}.$$

Par l'application du théorème de Guldin relatif aux volumes, on obtient directement ce résultat. On a, en effet (187), en désignant par S l'aire du pentagone régulier, le centre de figure de ce polygone étant son centre de gravité,

$$V = S.2\pi OC,$$

et comme
$$S = 5.AOE = \frac{5}{2} AE \times LO$$

$$= \frac{5}{2} \cdot \frac{1}{2} r\sqrt{10 - 2\sqrt{5}} \cdot \frac{1}{4} r(1 + \sqrt{5}) = \frac{5}{8} r^2\sqrt{10 + 2\sqrt{5}},$$

il vient
$$V = \frac{5}{8} r^2\sqrt{10 + 2\sqrt{5}}.2\pi r$$

$$= \frac{5}{4} \pi r^3\sqrt{10 + 2\sqrt{5}}.$$

NOTE SUR LA GÉOMÉTROGRAPHIE

OU L'ART DES CONSTRUCTIONS GÉOMÉTRIQUES

355. Toute construction géométrique comprend une suite plus ou moins longue d'opérations élémentaires, qui s'effectuent avec la règle ou le compas, et quelquefois avec l'équerre ; on conçoit dès lors que la simplicité d'une construction dépende de ces opérations élémentaires et soit, d'une manière générale, d'autant plus grande que leur nombre est plus petit.

Compter les opérations élémentaires des constructions géométriques ; comparer, en se plaçant à ce point de vue, deux ou plusieurs constructions relatives à une même question ; établir par suite, sinon d'une manière rigoureuse, tout au moins approximative, le degré de simplicité de chaque construction : tel est l'objet de la *Géométrographie*, que l'on doit à un mathématicien français, M. E. Lemoine.

Dans son mémoire sur *la Géométrographie ou la simplicité réelle des constructions géométriques*, M. E. Lemoine s'exprime ainsi : « Le géomètre ne s'occupe que de la brièveté de l'expression dans sa démonstration, c'est tout ce qu'il doit viser ; celui qui construit ce qu'a exprimé le géomètre est placé à un tout autre point de vue, et il faut quelquefois de nombreuses opérations avec la règle et le compas pour placer sur l'épure un point que le géomètre a déterminé en deux mots ; il y a donc deux genres très différents de simplicité en géométrie : la simplicité didactique dans l'exposition de la science, la seule qu'on ait considérée réellement jusqu'ici, et la simplicité de la construction, très distincte de la première, et qui n'avait jamais été étudiée. »

Pour arriver à l'expression de cette simplicité, l'auteur de la Géométrographie adopte les notations suivantes :

op (R_1) désigne l'opération qui consiste à faire passer le bord de la règle par un point marqué, par suite

op ($2R_1$) c'est, spéculativement, faire passer le bord de la règle par deux points marqués ;

op (R_2) c'est tracer une droite en suivant un bord de la règle ;

op (R_1') c'est faire coïncider le bord de l'équerre avec un point marqué, par suite op ($2R_1'$) c'est faire coïncider le bord de l'équerre avec une droite tracée ;

op (E) c'est faire glisser l'équerre le long de la règle jusqu'à ce que le bord passe par un point donné ;

op (C_1) c'est mettre une des pointes du compas en un point marqué, par suite op ($2C_1$) c'est, spéculativement, prendre avec le compas une longueur donnée ;

op (C_2) c'est mettre une des pointes du compas en un point indéterminé d'une ligne tracée ;

op (C_3) c'est tracer un cercle.

De sorte que toute construction géométrique peut être représentée par un symbole de la forme générale suivante :

$$\text{op}(mR_1 + nR_1 + pE + qC_1 + rC_2 + sR_2 + tC_3),$$

dans laquelle m, n, p, ... sont des nombres entiers.

Le nombre total $m + n + p + q + r + s + t$ des opérations élémentaires, qui est en raison inverse de la simplicité de la construction, s'appelle le *coefficient de simplicité* ; et le nombre $m + n + p + q + r$ des seules opérations de préparation dont dépend l'exactitude de la construction, s'appelle le *coefficient d'exactitude*.

Appliquons maintenant ces données à quelques questions connues.

356. **I.** *Par un point pris hors d'une droite, mener la perpendiculaire à cette droite.*

1° Du point O pris comme centre (*fig.* 178), avec un rayon

arbitraire, mais plus grand que la distance du point à la droite,
on décrit un cercle qui coupe la
droite AB en deux points C et D :

$$op\,(C_1 + C_3).$$

De chacun des points C et D, pris
comme centres, avec un même
rayon arbitraire, plus grand que
la moitié de CD, on décrit deux
cercles qui se coupent :

$$op\,(2C_1 + 2C_3).$$

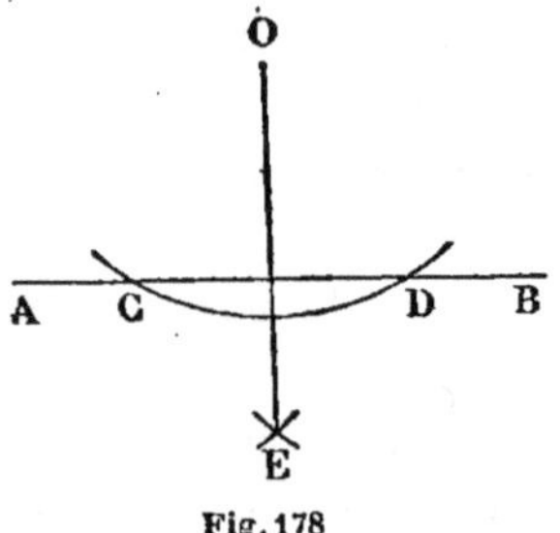

Fig. 178

Enfin, on joint le point O à l'un des points d'intersection E
des deux cercles : $op\,(2R_1 + R_2).$

La construction a ainsi pour symbole le suivant :

$$op(2R_1 + 3C_1 + R_2 + 3C_3),$$

qui donne : simplicité, 9 ; exactitude, 5.

2° Par l'emploi de la règle et de l'équerre, on place l'équerre
(*fig.* 179) de manière qu'un des côtés de l'angle droit coïncide
avec la droite : $op(2R'_1).$ On
applique la règle à côté de
l'équerre de manière qu'elle
s'appuie sur l'hypoténuse et
l'on fait glisser l'équerre le
long de la règle jusqu'à ce
que le second côté de l'angle
droit passe par le point :
$op(E)$. On trace enfin suivant

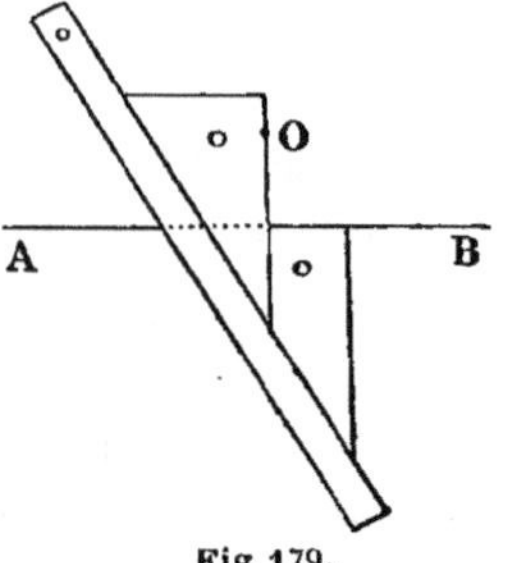

Fig. 179.

ce côté une droite qui est la perpendiculaire cherchée : $op(R_2).$

Cette construction a dès lors pour symbole

$$op(2R'_1 + E + R_2),$$

d'où : simplicité, 4 ; exactitude, 3.

357. II. *Par un point O pris hors d'une droite* AB *mener une
parallèle à cette droite.*

1° Du point O, pris comme centre (*fig.* 180), avec un rayon arbitraire plus grand que la distance du point à la droite, on décrit un arc de cercle qui coupe la droite AB au point C : $op(C_1 + C_3)$. Du point C, pris comme centre, avec le même rayon OC, on décrit un second arc de cercle qui coupe la droite donnée au point D :

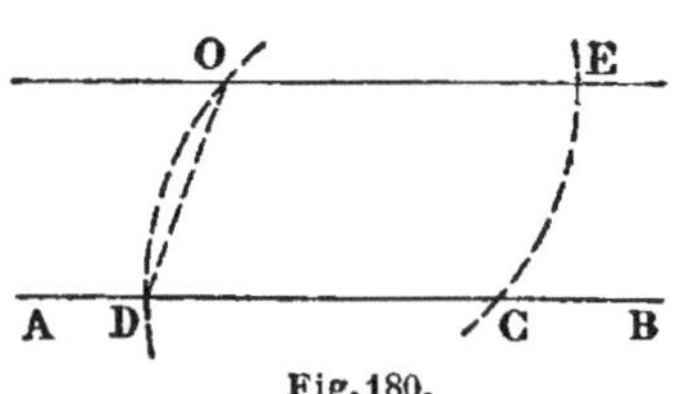

Fig. 180.

$op(C_1 + C_3)$. On prend avec le compas la longueur DO et du point C, pris comme centre, avec cette longueur pour rayon, on décrit un arc de cercle qui coupe l'arc passant par le point C au point E : $op(3C_1 + C_3)$. Enfin, on joint le point O au point E : $op(2R_1 + R_2)$.

Le symbole de la construction est donc

$$op(2R_1 + 5C_1 + R_2 + 3C_3);$$

il donne : simplicité, 11 ; exactitude, 7.

2° Par l'emploi de la règle et de l'équerre, on place l'équerre (*fig.* 181) de manière qu'un de ses côtés coïncide avec la droite :

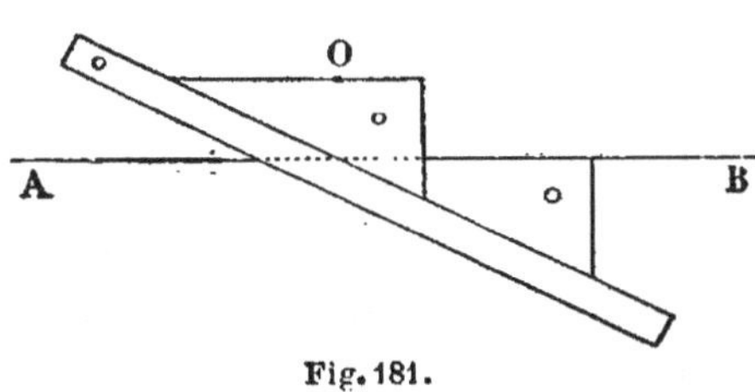

Fig. 181.

$op(2R'_1)$. On applique la règle à côté de l'équerre de manière qu'elle s'appuie sur un autre côté, et l'on fait glisser l'équerre le long de la règle jusqu'à ce que le premier côté passe par le point O : $op(E)$. On trace enfin suivant ce côté une droite qui est la parallèle demandée : $op(R_2)$.

On obtient ainsi le symbole suivant de la construction :

$$op(2R'_1 + E + R_2),$$

d'où l'on tire : simplicité, 4 ; exactitude, 3.

358. *III. Construire un cercle passant par trois points* A, B, C *non en ligne droite.*

Des points A et B (*fig.* 182), pris comme centres, avec un même rayon arbitraire plus grand que la moitié de AB et de BC, on décrit deux arcs de cercle qui se coupent aux points D

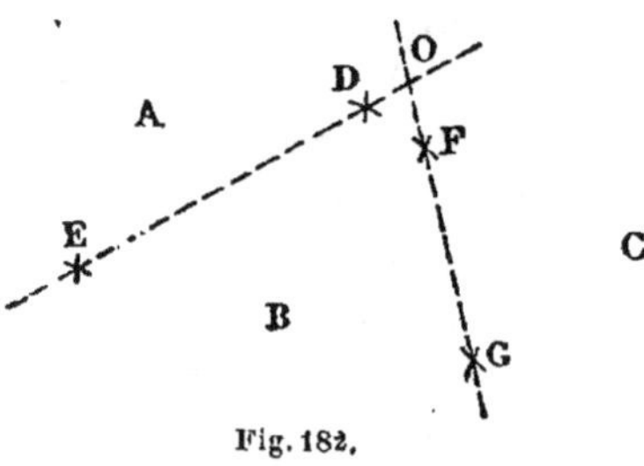

Fig. 182.

et E : $op(2C_1 + 2C_3)$. Du point C pris comme centre, avec le même rayon on décrit un arc de cercle qui coupe celui qui a B pour centre aux points F et G : $op(C_1 + C_3)$. On mène ensuite les droites DE et FG : $op(4R_1 + 2R_2)$. L'intersection O de ces deux droites est le centre du cercle cherché, que l'on décrit en prenant pour rayon la distance du point O à l'un des points A, B ou C : $op(2C_1 + C_3)$.

Le symbole de cette construction est donc le suivant :

$$op(4R_1 + 5C_1 + 2R_2 + 4C_3),$$

qui donne : simplicité, 15 ; exactitude, 9.

359. IV. *Mener à un cercle les deux tangentes issues d'un point donné.*

On mène la droite OO′ (*fig.* 183) qui joint le centre O du cercle au point donné O′ : $op(2R_1 + R_2)$. On prend le milieu de

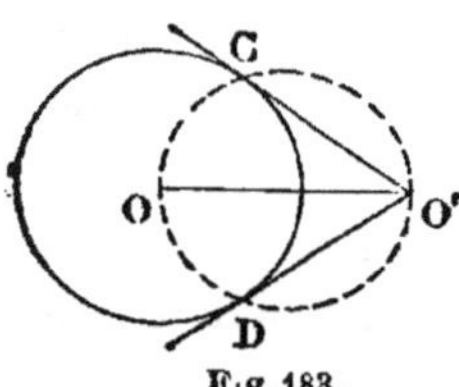

Fig. 183.

cette droite, ce qui revient à élever une perpendiculaire au milieu de OO′ : $op(2R_1 + 2C_1 + R_2 + 2C_3)$. On décrit sur OO′, pris comme diamètre, un cercle qui rencontre le cercle donné aux points C et D : $op(2C_1 + C_3)$. En joignant les points C et D au point O′, on a les deux tangentes demandées : $op(4R_1 + 2R_2)$.

La construction a donc pour symbole :

$$op(8R_1 + 4C_1 + 4R_2 + 3C_3)$$

et l'on en tire : simplicité, 19 ; exactitude, 12.

Autre méthode. — Voici une autre construction que l'on rencontre parfois dans des ouvrages de Géométrie. Du point donné O' (*fig.* 184) pris comme centre, avec un rayon égal à la distance OO' de ce point au centre du cercle donné, on décrit un cercle qui coupe le premier aux points A et B : op $(2C_1 + C_3)$. Du point A, pris comme centre, avec un rayon égal à AO, on décrit un arc de cercle qui coupe le cercle de centre O' au point C : op $(2C_1 + C_3)$. Du point O, pris comme centre, avec un rayon égal à OC, on décrit un cercle qui rencontre le cercle de centre O' en C et en D : op $(2C_1 + C_3)$. On joint le point O aux deux points C et D : op $(4R_1 + 2R_2)$. Enfin, on joint au point O' les intersections E et F des droites OC et OD avec le cercle donné et l'on a les deux tangentes cherchées : op $(4 R_1 + 2 R_2)$.

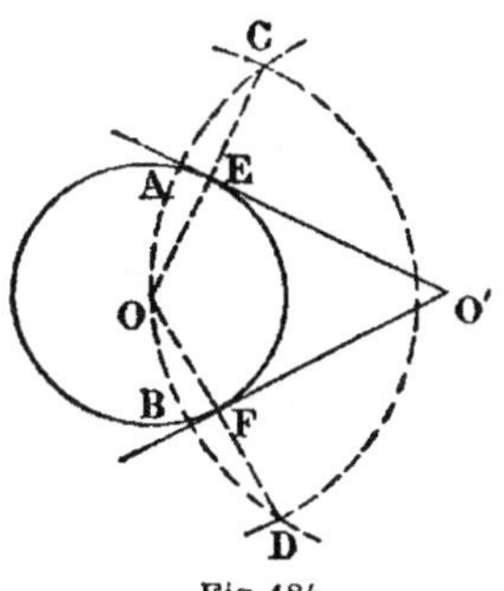
Fig. 184.

La construction a ainsi pour symbole :

$$\text{op } (8R_1 + 6C_1 + 4R_2 + 3C_3),$$

d'où : simplicité, 21 ; exactitude, 14.

Cette deuxième construction présente donc moins d'avantages que la précédente.

360. V. *Construire la moyenne proportionnelle de deux droites données.*

Revoyons successivement les trois constructions que nous avons données de ce problème (212).

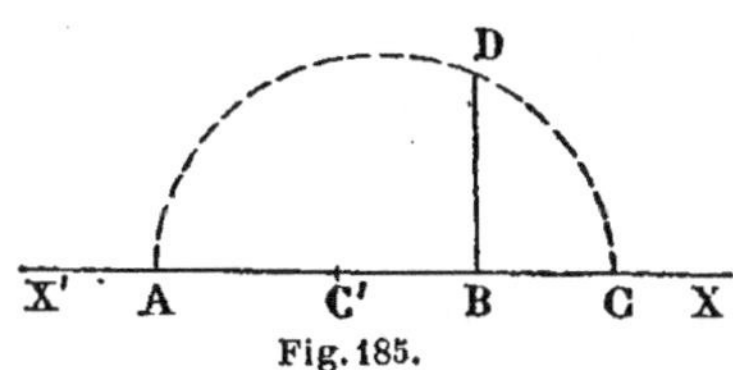
Fig. 185.

Première méthode (fig. 185).— On trace une droite quelconque X'X : op (R_2). Sur cette droite on porte successivement à partir d'un point A quelconque, deux longueurs AB et BC respectivement égales aux droites données, et la longueur BC on la porte aussi de B en C' :

op $(5C_1 + C_2 + 2C_3)$. On prend le milieu de AC, ce qui revient à élever une perpendiculaire au milieu de cette droite : op $(2R_1 + 2C_1 + R_2 + 2C_3)$. Sur AC pris comme diamètre on décrit un cercle : op $(2C_1 + C_3)$. En B on élève une perpendiculaire à AC en se servant du cercle déjà décrit du point C pour trouver le milieu de AC ainsi que de son rayon pour décrire un cercle égal du point C' : op $(2R_1 + C_1 + R_2 + C_3)$. I a portion BD de cette perpendiculaire, comprise entre le point B et l'intersection D avec le cercle construit sur AC, donne la moyenne proportionnelle demandée.

Et pour symbole de la construction on a

$$op(4R_1 + 10C_1 + C_2 + 3R_2 + 6C_3),$$

soit: simplicité, 24 ; exactitude, 15.

Deuxième méthode (*fig.* 186). — On trace une droite quelconque X'X : op (R_2). Sur cette droite, à partir d'un point C quelconque, et de part et d'autre, on porte deux longueurs CA et CA' égales chacune à la plus petite des droites données, puis dans le sens AA', une longueur AB égale à la seconde droite :

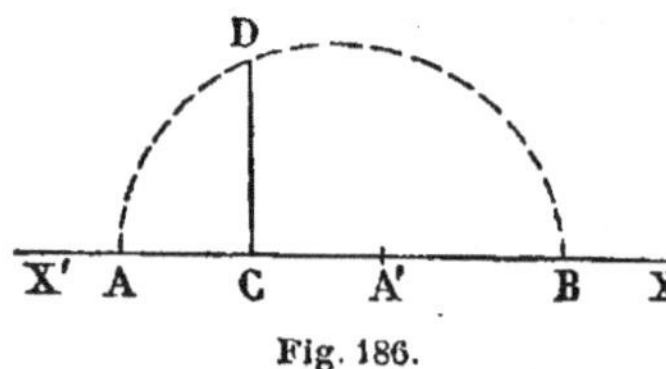

Fig. 186.

op $(5C_1 + C_2 + 2C_3)$. On prend le milieu de AB en se servant du cercle déjà décrit du point A avec un rayon égal à AB ainsi que de son rayon pour décrire un cercle égal du point B : op $(2R_1 + C_1 + R_2 + C_3)$. Sur AB pris comme diamètre on décrit un cercle : op $(2C_1 + C_3)$. En C on élève une perpendiculaire à AB, en se servant du cercle déjà décrit du point A pour trouver le milieu de AB ainsi que du rayon de ce cercle pour en décrire un égal du point C' : op $(2R_1 + C_1 + R_2 + C_3)$.

La droite AD qu'il n'est pas nécessaire de tracer représente la moyenne proportionnelle cherchée.

Et la construction a pour symbole le suivant :

$$op(4R_1 + 9C_1 + C_2 + 3R_2 + 5C_3)$$

qui donne : simplicité, 22 ; exactitude, 14.

Troisième méthode (*fig.* 187). — On trace une droite quelconque X'X : op (R_2). Sur cette droite, à partir d'un point A quelconque, on porte d'abord une longueur AB égale à une des droites données, puis, dans le même sens, une longueur AC égale à la seconde droite :

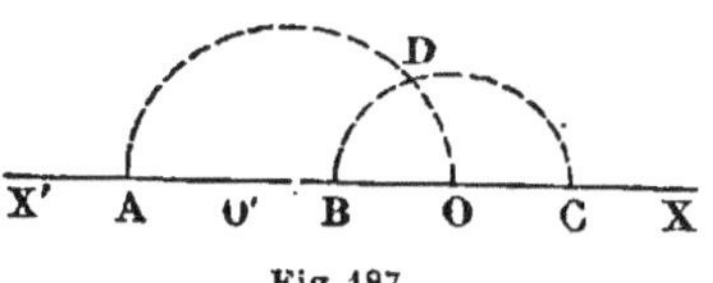

Fig. 187.

op $(5C_1 + C_2 + 2C_3)$. On prend le milieu O de CB : op $(2R_1 + 2C_1 + R_2 + 2C_3)$. Sur CB pris comme diamètre, on décrit un cercle : op $(2C_1 + C_3)$. On prend le milieu O' de AO : op $(2R_1 + 2C_1 + R_2 + 2C_3)$. Et sur AO pris comme diamètre on décrit un cercle qui coupe le précédent au point D : op $(2C_1 + C_3)$. La longueur AD qu'il n'est pas nécessaire de tracer donne la moyenne proportionnelle demandée.

On a pour symbole de la construction

$$op (4R_1 + 13C_1 + C_2 + 3R_2 + 8C_3).$$

On en tire : simplicité, 29 ; exactitude, 18.

Il ressort de cet examen des trois méthodes précédentes pour construire la moyenne proportionnelle de deux longueurs données que la seconde, bien conduite, est la plus simple des trois.

TABLE DES MATIÈRES

Préface.

INTRODUCTION

	Pages
Chapitre I. — *Des sciences mathématiques*	1
§ I. — Objet et division des mathématiques.	2
§ II. — Démonstration.	3
§ III. — Définitions.	4
§ IV. — Axiomes et postulats	4
§ V. — Théorèmes et problèmes	5
Chapitre II. — *Des méthodes générales de raisonnement.*	7
§ I. — Analyse.	7
§ II. — Synthèse	9
§ III. — Méthode de réduction à l'absurde	10
Chapitre III. — *De l'enseignement des sciences mathématiques.*	12
§ I. — La leçon.	13
§ II. — Les interrogations	15
§ III. — Les devoirs.	18
§ IV. — Considérations générales	19

ARITHMÉTIQUE

LIVRE I

Arithmétique théorique.

Chapitre I. — *Notions et vérités premières de l'Arithmétique*	23
Chapitre II. — *Numération*	25
§ I. — Numération parlée	25
§ II — Numération écrite.	27

Pages

Chapitre III. — *Opérations fondamentales* 29

§ I. — Addition 30
§ II. — Soustraction 32
§ III. — Multiplication 35
§ IV. — Division 39
§ V. — Puissances 43
§ VI. — Egalités et inégalités 45

Chapitre IV. — *Propriétés des nombres.* 47

§ I. — Divisibilité 47
§ II. — Plus grand commun diviseur 54
§ III. — Plus petit commun multiple 57
§ IV. — Nombres premiers 59
§ V. — Applications des nombres premiers 61

Chapitre V. — *Nombres fractionnaires.* 64

§ I. — Considérations générales 64
§ II. — Transformations des nombres fractionnaires . . . 67
§ III. — Opérations sur les nombres fractionnaires . . . 69
§ IV. — Extension aux nombres fractionnaires des théorèmes
       sur les nombres entiers 74
§ V. — Extension de la définition des nombres fractionnaires. 75

Chapitre VI. — *Nombres décimaux* 76

§ I. — Définition, numération et propriétés élémentaires . . 76
§ II. — Opérations sur les nombres décimaux 78
§ III. — Conversion des nombres fractionnaires en nombres
       décimaux 80
§ IV. — Fractions ordinaires génératrices des fractions décimales 83

Chapitre VII. — *Racines* 89

§ I. — Définitions et principes généraux 89
§ II. — Racine carrée 90
§ III. — Racine cubique 98
§ IV. — Racines de degré quelconque 104

Chapitre VIII. — *Nombres incommensurables ou irrationnels* . . . 112

§ I. — Considérations générales 112
§ II. — Opérations et principes sur les nombres irrationnels . 118
§ III. — Calcul des radicaux 120

Chapitre IX. — *Rapports et proportions.* 122

§ I. — Rapports 122
§ II. — Proportions 126
§ III. — Grandeurs proportionnelles 129

Chapitre X. — *Approximations* 131

§ I. — Considérations générales 131
§ II. — Erreurs absolues 133
     1. Addition 133
     2. Soustraction 134
     3. Multiplication 136

Pages

    4. Division 139
    5. Racine carrée 142
§ III. — Erreurs relatives 144
    1. Addition et soustraction 145
    2. Multiplication 145
    3. Division 147
    4. Racine carrée 148

CHAPITRE XI. — *Différents systèmes de numération* 150

LIVRE II

Arithmétique pratique.

CHAPITRE I. — *Méthodes et procédés de démonstration des théorèmes arithmétiques* 155

§ I. — Transformations d'expressions arithmétiques . . . 156
§ II. — Transformations et combinaisons d'égalités . . . 158
§ III. — Transformations et combinaisons d'inégalités . . . 161
§ IV. — Procédés divers 162
§ V. — Démonstrations analytiques 166
§ VI. — Démonstrations synthétiques 169
§ VII. — Démonstrations par la réduction à l'absurde . . . 172

CHAPITRE II. — *Méthodes et procédés de résolution des problèmes arithmétiques* 174

§ I. — Solutions immédiates 176
§ II. — Solutions analytiques 178
§ III. — Méthode des proportions ou des rapports égaux . . 183
    1. Règle de trois 183
    2. Partages proportionnels 190
§ IV. — Méthode de réduction à l'unité 196
§ V. — Méthode des hypothèses 202
    1. Hypothèse simple 203
    2. Hypothèse double 205

CHAPITRE III. — *Résolution de problèmes* 214

§ I. — Numération et opérations fondamentales 214
§ II. — Propriétés des nombres 220
§ III. — Fractions 226
§ IV. — Puissances et racines 239
§ V. — Intérêt simple 246
§ VI. — Escompte 258
    1. Escompte commercial 259
    2. Escompte rationnel 263
    3. Relation entre l'escompte commercial et l'escompte rationnel 267
§ VII. — Echéance commune 276
§ VIII. — Rentes sur l'Etat 291
§ IX. — Partages proportionnels 294
§ X. — Règles de société 299
§ XI. — Mélanges 306
§ XII. — Alliages 319
§ XIII. — Mouvement 332

ALGÈBRE ÉLÉMENTAIRE

LIVRE I

Algèbre élémentaire théorique.

Pages

CHAPITRE I. — *Nombres et expressions algébriques.* 349

§ I. — Nombres positifs et nombres négatifs 349
§ II. — Fractions algébriques 355
§ III. — Expressions algébriques 359

CHAPITRE II. — *Opérations algébriques* 362

§ I. — Addition 362
§ II. — Soustraction 364
§ III. — Multiplication 366
§ IV. — Division 371
§ V. — Puissances 377
§ VI. — Racines 378
§ VII. — Calcul des radicaux 379

CHAPITRE III. — *Notions générales sur les équations et les inéquations.* 381

§ I. — Définitions 381
§ II. — Identités et inidentités 383
§ III. — Equations et inéquations 385

CHAPITRE IV. — *Equations et inéquations du premier degré à une
inconnue* 392

§ I. — Résolution de l'équation du premier degré à une
inconnue 392
§ II. — Résolution de l'inéquation du premier degré à une
inconnue 396
§ III. — Résolution d'un système d'inéquations simultanées du
premier degré à une même inconnue 398

CHAPITRE V. — *Equations et inéquations du premier degré à plusieurs
inconnues* 400

§ I. — Généralités 400
§ II. — Résolution d'un système de deux équations simultanées
du premier degré à deux inconnues 405
§ III. — Résolution d'un système de n équations simultanées du
premier degré à n inconnues 410
§ IV. — Représentation graphique de l'équation $ax + by = c$ . . 413

CHAPITRE VI. — *Equations et inéquations du second degré à une
inconnue* 421

§ I. — Résolution de l'équation du second degré à une inconnue. 421
§ II. — Trinome du second degré 427
§ III. — Résolution des inéquations du second degré à une
inconnue 440
§ IV. — Résolution de l'équation bicarrée 444
§ V. — Trinome bicarré 448

Pages

Chapitre VII. — *Equations du second degré à plusieurs inconnues* . 455

§ I. — Généralités. 455
§ II. — Résolution d'un système de n équations simultanées à n inconnues dont l'une est du second degré et les $n-1$ autres du premier degré 456
§ III. — Résolution d'un système de deux équations simultanées du second degré à deux inconnues. 457

Chapitre VIII. — *Progressions* 459

§ I. — Progressions arithmétiques 459
§ II. — Progressions géométriques. 461

Chapitre IX. — *Logarithmes* 466

§ I. — Définition des logarithmes. 466
§ II. — Propriétés des logarithmes 468
§ III. — Logarithmes vulgaires 469

LIVRE II

Algèbre élémentaire pratique.

Chapitre I. — *Méthodes et procédés de démonstration des théorèmes algébriques.* 473

§ I. — Transformations d'expressions 474
§ II. — Transformations et combinaisons d'égalités . . . 477
§ III. — Transformations et combinaisons d'inégalités. . . 480
§ IV. — Emploi des quantités imaginaires 482
§ V. — Procédés divers 484
§ VI. — Démonstrations analytiques 489
§ VII. — Démonstrations synthétiques 491
§ VIII. — Démonstrations par la réduction à l'absurde 500

Chapitre II. — *Méthode générale de résolution des problèmes algébriques.* 503

§ I. — Mise en équation. 503
§ II. — Problèmes indéterminés 513
§ III. — Problèmes impossibles 517
§ IV. — Solutions négatives 520
§ V. — Discussion. 531

Chapitre III. — *Résolution de questions.* 540

§ I. — Calcul algébrique. 540
§ II. — Equations et inéquations du premier degré 548
§ III. — Problèmes du premier degré 553
§ IV. — Equations et inéquations du second degré. 564
§ V. — Problèmes du second degré 579
§ VI. — Problèmes sur les maxima et les minima 590
§ VII. — Progressions 617
§ VIII. — Logarithmes 632
§ IX. — Intérêts composés 639
§ X. — Annuités 649

Note sur les dérivées et leur application à l'étude de quelques fonctions 665

GÉOMÉTRIE ÉLÉMENTAIRE

LIVRE I

Géométrie élémentaire théorique.

Pages

CHAPITRE I. — *Notions et vérités premières de la géométrie.* 683

§ I. — Généralités 683
§ II. — Ligne 684
§ III. — Plan. 686
§ IV. — Angle 687

CHAPITRE II. — *Ligne droite.* 689

§ I. — Mesure des droites 689
§ II. — Angles 691
§ III. — Triangles 694
§ IV. — Perpendiculaires et obliques 698
§ V. — Parallèles 700
§ VI. — Somme des angles d'un polygone 703
§ VII. — Parallélogrammes 704
§ VIII. — Symétrie dans le plan 706

CHAPITRE III. — *Cercle* 708

§ I. — Définitions. 708
§ II. — Positions relatives d'une droite et d'un cercle. . . . 709
§ III. — Arcs et cordes. 711
§ IV. — Positions relatives de deux cercles 713
§ V. — Mesure des angles 715
§ VI. — Déplacement dans son plan d'une figure plane de
forme invariable 718

CHAPITRE IV. — *Figures semblables* 720

§ I. — Longueurs proportionnelles 720
§ II. — Polygones semblables 722
§ III. — Relations métriques entre les différentes droites d'un
triangle 724
§ IV. — Droites proportionnelles dans le cercle. 728
§ V. — Polygones réguliers. 729
§ VI. — Mesure de la circonférence 732

CHAPITRE V. — *Aires.* 739

§ I. — Aires des polygones. 739
§ II. — Aire du cercle. 742
§ III. — Comparaison des aires 743

CHAPITRE VI. — *Droites et plans de l'espace.* 745

§ I. — Notions préliminaires 745
§ II. — Droites et plan perpendiculaires. 747

Pages

§ III. — Droites et plans parallèles. 748
§ IV. — Angles dièdres 750
§ V. — Plans perpendiculaires. 754
§ VI. — Angle d'une droite et d'un plan 755
§ VII. — Plus courte distance de deux droites 756
§ VIII. — Angles polyèdres. 756

Chapitre VII. — *Polyèdres* 760

§ I. — Définitions. 760
§ II. — Prisme 764
§ III. — Pyramide 766
§ IV. — Symétrie dans l'espace 769
§ V. — Polyèdres semblables 772

Chapitre VIII. — *Corps ronds* 774

§ I. — Généralités sur les surfaces 774
§ II. — Cylindre de révolution 777
§ III. — Cône de révolution 779
§ IV. — Sphère 782
§ V. — Déplacement dans l'espace d'une figure de forme inva-
       riable 791

Chapitre IX. — *Courbes usuelles* 793

§ I. — Généralités sur les lignes courbes 793
§ II. — Ellipse 794
§ III. — Hyperbole 800
§ IV. — Parabole 806
§ V. — Analogies de l'ellipse, de l'hyperbole et de la parabole. 811
§ VI. — Hélice 812

Chapitre X. — *Premières notions de géométrie moderne* 815

§ I. — Préliminaires. 815
§ II. — Transversales 816
§ III. — Rapports anharmoniques 817
§ IV. — Méthode des projections orthogonales 824
§ V. — Méthode des projections coniques 827
§ VI. — Méthodes des polaires réciproques 834
§ VII. — Méthode des figures inverses 838

LIVRE II

Géométrie élémentaire pratique.

Chapitre I. — *Méthodes de démonstration des théorèmes de géométrie.* 844

§ I. — Transformations et combinaisons d'égalités 845
§ II. — Transformations et combinaisons d'inégalités . . . 849
§ III. — Démonstrations analytiques. 852
§ IV. — Démonstrations synthétiques 855
§ V. — Démonstrations par la réduction à l'absurde . . . 860
§ VI. — Méthode des limites 861

§ VII. — Méthode des projections orthogonales. 868
§ VIII. — Méthode des projections coniques 872
§ IX. — Méthode des polaires réciproques 874
§ X. — Méthode des figures inverses. 878

CHAPITRE II. — *Méthodes de résolution des problèmes graphiques de géométrie.* 882

§ I. — Solutions immédiates 884
§ II. — Solutions analytiques 885
§ III. — Méthode des lieux géométriques 894
§ IV. — Méthode des figures semblables. 903
§ V. — Méthode de renversement. 907
§ VI. — Méthode des translations parallèles. 909
§ VII. — Méthode des rotations 913
§ VIII. — Méthode de retournement ou de symétrie 916
§ IX. — Méthode des figures inverses. 920
§ X — Méthode de recherche des lieux géométriques . . . 924

CHAPITRE III. — *Méthodes de résolution des problèmes numériques de géométrie.* 938

§ I. — Préliminaires. — Construction d'expressions algébriques. 938
    1. Construction de formules 939
    2. Construction des racines d'une équation du second
        degré à une inconnue 945
§ II. — Problèmes du premier degré 948
§ III. — Problèmes du second degré 955
§ IV. — Problèmes sur les maxima et les minima 964

CHAPITRE IV. — *Résolution de problèmes* 973

§ I. — Construction de points 973
§ II. — Construction de droites 979
§ III. — Construction d'angles. 988
§ IV. — Division de droites et d'angles. 994
§ V. — Construction de triangles 998
§ VI. — Construction de quadrilatères 1006
§ VII. — Division de triangles et de quadrilatères. . . . 1015
§ VIII. — Construction de cercles 1022
§ IX. — Division de la circonférence et du cercle. . . . 1035
§ X. — Constructions relatives aux figures à trois dimensions. 1045
§ XI. — Constructions relatives aux courbes usuelles . . . 1052
§ XII. — Calcul de droites 1061
§ XIII. — Calcul de surfaces. 1069
§ XIV. — Calcul de volumes. 1076

Note sur la géométrographie ou l'art des constructions géométriques. 1085